수십 년간 이어온 토목시공기술사의 명작

토목시공기술사

용어설명 ①

권유동·이맹교 지음

BM (주)도서출판 성안당

■ 도서 A/S 안내

성안당에서 발행하는 모든 도서는 저자와 출판사, 그리고 독자가 함께 만들어 나갑니다.

좋은 책을 펴내기 위해 많은 노력을 기울이고 있습니다. 혹시라도 내용상의 오류나 오탈자 등이 발견되면 **"좋은 책은 나라의 보배"**로서 우리 모두가 함께 만들어 간다는 마음으로 연락주시기 바랍니다. 수정 보완하여 더 나은 책이 되도록 최선을 다하겠습니다.

성안당은 늘 독자 여러분들의 소중한 의견을 기다리고 있습니다. 좋은 의견을 보내주시는 분께는 성안당 쇼핑몰의 포인트(3,000포인트)를 적립해 드립니다.

잘못 만들어진 책이나 부록 등이 파손된 경우에는 교환해 드립니다.

저자 문의 : acpass@daum.net

본서 기획자 e-mail : coh@cyber.co.kr(최옥현)

홈페이지 : http://www.cyber.co.kr   전화 : 031) 950-6300

급속한 디지털 전환과 지속가능한 발전이 화두가 되는 시대, 건설산업은 그 어느 때보다 빠른 변화를 맞이하고 있습니다. 스마트 건설기술의 도입, ESG 경영과 친환경 건설의 확대, 중대재해처벌법 시행에 따른 안전관리 강화 등 새로운 패러다임이 업계 전반을 재편하고 있습니다.

토목시공기술사는 이러한 변화의 중심에서 미래 건설산업을 이끌어갈 역량을 증명하는 필수 자격입니다. 단순한 기술지식을 넘어 복잡하고 다양한 건설현장을 종합적으로 관리하며, 안전·품질·환경·원가를 통합적으로 조율하는 핵심 전문가입니다. 특히 전통 건설기술과 디지털기술을 융합하여 프로젝트 전 과정을 체계적으로 관리할 수 있는 역량을 갖춘 관리자로서, 급변하는 건설환경에서 중추적 역할을 담당하게 될 것입니다.

기술사 시험은 결국 자신의 한계를 뛰어넘는 도전입니다. 이 도전을 성공으로 이끌기 위해 집필한 이 책이 완벽하다고 말씀드릴 수는 없지만, 수험생 여러분의 합격을 위한 든든한 파트너가 되고자 최선을 다했습니다.

특히 최근 출제경향에서 중요성이 더욱 부각되고 있는 '용어설명' 문제에 대응하여 다음과 같은 점에 중점을 두어 이 책을 구성하였습니다.

✎ 이 책의 특징

1 최신 출제기준과 경향을 충실히 반영하였습니다.
2 기출문제를 바탕으로 예상되는 문제들까지 알차게 담았습니다.
3 문장을 간략화·도식화하여 이해와 암기를 쉽게 하였습니다.
4 시험시간 배분을 고려한 현실적인 모범답안을 제시했습니다.
5 개정된 법령과 설계·시공기준을 반영하여 최신성을 유지했습니다.

이 책을 발간하는 과정에서 함께해주시고 응원해주신 김우식 원장님과 도서출판 성안당 이종춘 회장님, 그리고 편집부 직원 여러분께 깊은 감사를 드립니다. 또한 이 책이 출간을 허락하신 하나님께 영광을 돌립니다.

이 책이 여러분의 꿈을 현실로 만드는 데 도움이 되기를 진심으로 바랍니다. 기술사 자격 취득이라는 목표를 향해 함께 달려가는 모든 분들을 응원합니다.

저자 일동

Professional Engineer Civil Engineering Execution

기술사 시험준비요령

기술사를 준비하는 수험생 여러분들의 영광된 합격을 위해 시험준비요령 몇 가지를 조언드리니 참고하여 도움이 되었으면 합니다.

01 평소 paper work의 생활화

① 기술사 필기시험은 논술형이 대부분이기 때문에 서론·본론·결론이 명쾌해야 합니다.

② 따라서 평소 업무와 관련하여 paper work을 생활화하여 기록·정리가 남보다도 앞서야 시험장에서 당황하지 않고 답안을 정리할 수 있습니다.

02 시험준비시간의 지속적 할애

① 학교를 졸업한 후 현장 실무 및 관련 업무부서에서 생업으로 근무하기 때문에 지속적으로 책을 접할 수 있는 시간이 부족하며 이론을 정립시키기에는 아직 준비가 미비한 상태입니다.

② 따라서 현장 실무 및 관련 업무의 경험을 토대로 이론을 정립, 정리하고 확인하는 최소한의 시간이 필요합니다. 단, 공부를 쉬지 말고 하루에 단 몇 시간이든 지속적으로 하겠다는 마음의 각오와 준비가 필요하며 대략적으로 400~600시간은 필요하다고 생각합니다.

03 과년도 출제문제를 총괄적으로 정리

① 먼저 시험답안지를 동일하게 인쇄한 후 과년도 문제를 자기 나름대로 자신이 좋아하고 평소 즐겨 쓰는 미사어구를 사용하여 point가 되는 item 정리작업을 단원별로 합니다.

② 단, 정리 시 관련 참고서적을 모두 읽으면서 모범답안을 자신의 것으로 만들어내야 합니다. 처음에는 엄두가 나지 않고 진도가 나가지 않겠지만 한 문제, 한 문제 모범답안이 나올 때 자신감과 뿌듯함을 느낄 수 있습니다.

04 Subnote의 정리 및 item의 정리

① 각 단원별로 모범답안을 끝내고 나면 기술사의 1/2은 합격한 것과 마찬가지입니다. 그러나 워낙 방대한 분량의 정리를 끝낸 상태라 다 알 것 같지만 막상 쓰려고 하면 '내가 언제 이런 답안을 정리했지' 하는 의구심과 실망에 접하게 됩니다. 여기서 실망하거나 포기하는 사람은 기술사가 되기 위한 관문을 영원히 통과할 수 없게 됩니다.

② 자! 이제 1차 정리된 모범답안을 전반적으로 약 10일간 정서한 후 각 문제의 item을 토대로 subnote를 정리하여 전반적인 문제의 layout을 자신의 머리에 입력하는 겁니다. 이 subnote를 직장에서 또는 전철이나 택시에서 수시로 꺼내보며 지속적으로 암기해보세요.

05 시험답안지에 직접 답안작성 연습

① 자신이 정리작업한 모범답안과 subnote의 item 작성이 끝난 상태라 자신도 모르게 문제제목에 맞는 item이 떠오르며 생각이 나게 됩니다. 이 상태에서 한 문제당 서너 번씩 쓰기를 반복하면 암기하지 못하는 부분이 어디이며, 그 이유는 무엇인지 알게 됩니다.

② 예를 들어, '콘크리트의 내구성에 영향을 주는 원인 및 방지대책에 대하여 논하라'라는 문제를 외운다고 할 때 크게 그 원인은 '탄산화, 동해, 알칼리골재반응, 염해, 온도변화, 진해, 화해, 기계적 마모 등'을 들 수 있습니다. 이때 '탄, 동, 알, 염, 온, 진, 화, 기'로 외우고, 그 단어를 상상하여 '타는듯한 동해바다에 알칼리와 염분이 많고, 날씨가 더우니 온진화기'라는 문장을 생각해내면 어떨까요? 이렇듯 스스로 암기법을 만들어 외우는 방법은 기술사 학습에서 매우 중요한 부분입니다. 그 다음 그 방지대책은 술술 생각이 나서 답안정리가 자연히 부드럽게 서술하실 수 있습니다.

06 시험 전일 준비사항

① 그동안 앞서 설명한 수험준비요령에 따라, 그리고 개인적 차이를 보완한 방법으로 갈고 닦은 실력을 최대한 발휘해야만 시험에 합격할 수 있습니다.

② 그러기 위해서는 시험 전일 일찍 취침에 들어가 다음날 맑은 정신으로 시험에 응시해야 함을 잊지 마세요. 시험 전일 준비해야 할 사항은 수험표, 신분증, 필기도구(검정색 볼펜), 자(17cm 이상), 모양자, 연필(샤프), 지우개, 도시락, 음료수(녹차 등), 그리고 그동안 공부했던 모범답안 및 subnote철을 가방에 가지런히 넣은 후 잠을 청하시면 됩니다.

07 시험 당일 수험요령

① 수험 당일 시험장 입실시간보다 1시간~1시간 30분 전에 현지 교실에 도착하여 시험 대비 워밍업을 해보고 책상상태 등을 파악하여 파손상태가 심하면 교체 등을 해야 합니다. 그리고 차분한 마음으로 subnote를 음미하며 시험시간을 기다립니다.

② 입실시간이 되면 시험관이 시험요령, 답안지 작성요령, 수험표, 신분증 확인 등을 실시합니다. 이때 당황하지 말고 시험관의 설명을 귀담아 듣고 그대로 시행하면 됩니다. 시험종이 울리면 문제를 파악하고 제일 자신 있는 문제부터 답안작성을 하되, 시간배분을 반드시 고려해야 합니다. 즉 100점을 만점이라고 할 때 25점짜리 4문제를 작성한다고 하면 각 문제당 25분에 완성해야지, 많이 안다고 30분까지 활용한다면 어느 한 문제는 5분을 잃게 되어 답안지가 허술하게 됩니다.

③ 따라서 점수는 최적의 시간배분에 의해 효과적으로 운영되어야만 얻을 수 있습니다. 1교시가 끝나면 휴식시간이 다른 시험과 달리 길게 주어지는데, 1교시 시험결과에 연연해 하지 말고 다음 교시의 예상되는 시험문제를 subnote에서 반복하여 읽기를 추천드립니다.

④ 2교시가 끝나면 점심시간이지만 밥맛이 별로 없고 신경이 날카로워지는 것을 느끼게 됩니다. 그러나 식사를 하지 않으면 체력유지가 되지 않아 오후 시험을 망치게 될 확률이 높습니다. 따라서 준비해 온 식사는 반드시 해야 하며, 식사가 끝나면 subnote를 다시 보며 오전에 출제되지 않았던 문제 위주로 유심히 눈여겨보세요.

⑤ 답안작성 시 고득점을 할 수 있는 요령은 일단 깨끗한 글씨체로 그림, 한문, 영어, Flow-chart 등을 골고루 사용하여 지루하지 않게 작성하되, 반드시 써야 할 item, key point는 빠뜨리지 않아야 채점자의 눈에 들어오는 답안지가 될 수 있습니다.

⑥ 만일 시험준비를 많이 했는데도 전혀 모르는 문제가 나왔을 때는 문제를 서너 번 더 읽고 출제자의 의도가 무엇이며, 왜 이런 문제를 출제했을까 하는 생각을 하면서 자료정리 시 여러 관련 참고서적을 읽으면서 생각했던 예전으로 잠시 돌아가 관련된 비슷한 답안을 생각해보고 새로운 답안을 작성하면 됩니다. 이것은 자료정리 시 열심히 한 수험생과 대충 남의 자료만 보고 달달 외운 사람과 반드시 구별되는 부분이라 생각됩니다.

⑦ 1차 합격이 되고 나면 2차 경력서류, 면접 등의 준비를 해야 하는데, 면접관 앞에서는 단정하고 겸손하게 응해야 하며 묻는 질문에 또렷하고 정확하게 답변해야 합니다. 만일 모르는 사항을 질문하면 대충 대답하는 것보다 솔직히 모른다고 하고, 그와 유사한 관련 사항에 대해 아는대로 답한 뒤 좀 더 공부하겠다고 하는 것도 한 방법입니다.

⑧ 끝으로 본인이 기술사 시험준비 때의 과정을 대략적으로 설명했는데 개인차에 따라 맞지 않는 부분도 있겠으나 크게 어긋남이 없다고 판단되면 상기 방법으로 시도해 보시기 바라며, 수험생 여러분 모두에게 합격의 영광이 있기를 진심으로 바랍니다. 끝까지 응원합니다!

■ 필기시험

직무 분야	건설	중직무 분야	토목	자격 종목	토목시공기술사	적용 기간	2023. 1. 1. ~ 2026. 12. 31.

직무내용 : 토목시공분야의 토목기술에 관한 고도의 전문지식과 실무경험에 입각한 계획, 연구, 설계, 분석, 시험, 운영, 시공, 평가 또는 이에 관한 지도, 건설사업관리 등의 기술업무를 수행하는 직무이다.

검정방법	단답형/주관식 논문형	시험시간	400분(1교시당 100분)

시험과목	주요 항목	세부항목
시공계획, 시공관리, 시공설비 및 시공기계 그 밖의 시공에 관한 사항	1. 토목건설사업관리	1. 건설사업관리계획 수립 2. 공정관리, 건설품질관리, 건설안전관리 및 건설환경관리 3. 건설정보화기술 4. 시설물의 유지관리
	2. 토공사	1. 토공시공계획 2. 사면공, 흙막이공, 옹벽공, 석축공 3. 준설 및 매립공 4. 암 굴착 및 발파
	3. 기초공사	1. 지반 조사 및 분석 2. 기초의 시공(지반안전, 계측관리) 3. 지반개량공 4. 수중구조물시공
	4. 포장공사	1. 포장시공계획 수립 2. 연성재료포장(아스팔트콘크리트포장) 3. 강성재료포장(시멘트콘크리트포장) 4. 도로의 유지 및 보수관리
	5. 상하수도공사	1. 시공관리계획 2. 상하수도시설공사 3. 상하수도관로공사
	6. 교량공사	1. 강교 제작 및 가설 2. 콘크리트교 제작 및 가설 3. 특수 교량 4. 교량의 유지관리
	7. 하천, 댐, 해안, 항만공사, 도로	1. 하천시공 2. 댐시공 3. 해안시공 4. 항만시공 5. 시공계획 6. 시설공사
	8. 터널 및 지하공간	1. 터널계획 2. 터널시공 3. 터널계측관리 4. 터널의 유지관리 5. 지하공간
	9. 콘크리트공사	1. 콘크리트 재료 및 배합 2. 콘크리트의 성질 3. 콘크리트의 시공 및 철근공 4. 특수 콘크리트 5. 콘크리트구조물의 유지관리
	10. 토목시공법규 및 신기술	1. 표준시방서/전문시방서 기준 및 관련 사항 2. 주요 시사이슈 3. 기타 토목시공 관련 법규 및 신기술에 관한 사항

■ 면접시험

직무 분야	건설	중직무 분야	토목	자격 종목	토목시공기술사	적용 기간	2023. 1. 1. ~ 2026. 12. 31.

직무내용 : 토목시공분야의 토목기술에 관한 고도의 전문지식과 실무경험에 입각한 계획, 연구, 설계, 분석, 시험, 운영, 시공, 평가 또는 이에 관한 지도, 건설사업관리 등의 기술업무를 수행하는 직무이다.

검정방법	구술형 면접시험	시험시간	15~30분 내외

시험과목	주요 항목	세부항목
시공계획, 시공관리, 시공설비 및 시공기계 그 밖의 시공에 관한 전문지식/기술	1. 토목건설사업관리	1. 건설사업관리계획 수립 2. 공정관리, 건설품질관리, 건설안전관리 및 건설환경관리 3. 건설정보화기술 4. 시설물의 유지관리
	2. 토공사	1. 토공시공계획 2. 사면공, 흙막이공, 옹벽공, 석축공 3. 준설 및 매립공 4. 암 굴착 및 발파
	3. 기초공사	1. 지반조사 및 분석 2. 기초의 시공(지반안전, 계측관리) 3. 지반개량공 4. 수중구조물시공
	4. 포장공사	1. 포장시공계획 수립 2. 연성재료포장(아스팔트콘크리트포장) 3. 강성재료포장(시멘트콘크리트포장) 4. 도로의 유지 및 보수관리
	5. 상하수도공사	1. 시공관리계획　　　　　 2. 상하수도시설공사 3. 상하수도관로공사
	6. 교량공사	1. 강교 제작 및 가설　　 2. 콘크리트교 제작 및 가설 3. 특수 교량　　　　　　 4. 교량의 유지관리
	7. 하천, 댐, 해안, 　 항만공사, 도로	1. 하천시공　　　　　　　 2. 댐시공 3. 해안시공　　　　　　　 4. 항만시공 5. 시공계획　　　　　　　 6. 시설공사
	8. 터널 및 지하공간	1. 터널계획　　　　　　　 2. 터널시공 3. 터널계측관리　　　　　 4. 터널의 유지관리 5. 지하공간
	9. 콘크리트공사	1. 콘크리트 재료 및 배합 2. 콘크리트의 성질 3. 콘크리트의 시공 및 철근공 4. 특수 콘크리트 5. 콘크리트구조물의 유지관리
	10. 토목시공법규 및 　 신기술	1. 표준시방서/전문시방서 기준 및 관련 사항 2. 주요 시사이슈 3. 기타 토목시공 관련 법규 및 신기술에 관한 사항
품위 및 자질	11. 기술사로서 　 품위 및 자질	1. 기술사가 갖추어야 할 주된 자질, 사명감, 인성 2. 기술사 자기개발과제

※ 종로기술사학원(http://www.jr3.co.kr)

※ 한국산업인력공단(http://www.q-net.or.kr)

1. 원서접수 바로가기 클릭

2. 회원가입

　1) 회원가입 약관

　2) 본인인증

　　① 공인 I-PIN 인증

　　② 휴대폰 인증

　3) 신청서 작성

　4) 가입완료

3. 학력정보 입력

4. 경력정보 입력

5. 추가정보 입력

6. 응시자격진단결과 "응시가능" 여부 확인

7. 접수내역리스트

8. 개인접수

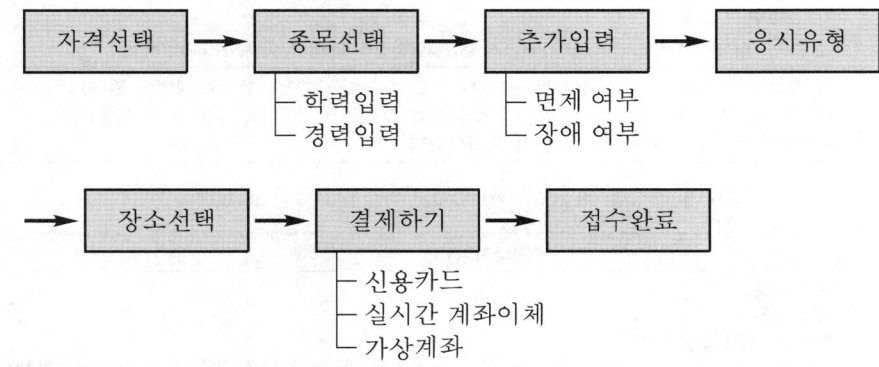

9. 수험표, 영수증 출력

Professional Engineer Civil Engineering Execution

【수험표 견본】

○○○○년 정기 기술사 ○○회				사 진
수험번호	1234567	**시험구분**	필기	
종목명	토목시공기술사			
성 명	홍길동	**생년월일**	○○○○년 ○○월 ○○일	

시험일시 및 장소	일시 : ○○○○년 ○○월 ○○일 (일) 08:30까지 입실완료 장소 : ○○○학교 　　－ 주소 : ○○시　○○○구 ○○동 　　－ 위치 : ○호선 지하철 ○○역 ○번 출구 접수기관 : ○○지역본부 결재일자 : ○○○○년 ○○월 ○○일 인터넷 : http://www.q-net.or.kr 　　　　　　　　　　　　　　　　　　　　○○○○년 ○○월 ○○일 　　　　　　　　　　　　　　　　　　　　한국산업인력공단　이사장
응시자격 안내	응시자격항목 : 기사 자격 취득 후 동일직무분야에서 4년 이상 실무에 종사한 자 서류제출기간 : 해당사항 없음 서류제출장소 : 해당사항 없음 제출서류안내 : 해당 없음 ※ 외국학력취득자의 경우 응시자격서류제출 시 공증절차가 필요하오니 다음 사항을 반드시 확인바랍니다. 　(http://www.q-net.or.kr > 원서접수 > 필기시험안내 > 외국학력서류제출안내) － 실기접수기간 이전에도 응시자격서류제출은 가능하나 경력서류는 4대 보험 가입증명을 할 수 있는 　경우에 한하며, 학력서류는 상시 제출가능함 － 학력서류는 학사과정에 한하며 석·박사과정은 경력으로 인정 － 실기시험접수기간 내(4일)에 응시자격서류(원본)를 제출해야 동 회차 실기시험접수 가능함 － 온라인 학력서류제출은 필기합격(예정)자 발표일까지 가능 　(기사, 산업기사 : 학력/기술사 : 한국건설기술인협회경력) － 필기시험일 기준으로 응시자격요건을 충족하지 못한 경우 필기시험 합격무효처리됨(필기시험 없는 　경우 실기접수 마감일이 기준) － 모든 관련 학과는 전공명 우선이 원칙
합격(예정)자 발표일자	○○○○년 ○○월 ○○일 －인터넷 : http://www.q-net.or.kr, ARS : 1666-0100(개별 통보하지 않음)
검정수수료 환불안내	○○○○년 ○○월 ○○일 09 : 00 ~ ○○○○년 ○○월 ○○일 23 : 59 (100% 환불) ○○○○년 ○○월 ○○일 00 : 00 ~ ○○○○년 ○○월 ○○일 23 : 59 (50% 환불) ※ 환불기간 이후에는 수수료 환불이 불가합니다.
실기시험 접수기간	○○○○년 ○○월 ○○일 09 : 00 ~ ○○○○년 ○○월 ○○일 18 : 00

기타사항
◎ 선택과목 : 필기시험(해당 없음) ◎ 면제과목 : 필기시험(해당 없음) ◎ 장애 여부 및 편의요청사항 : 해당 없음 / 없음 　(장애응시 편의사항 요청자는 원서접수기간 내에 장애인수첩 등 관련 증빙서류를 응시시험장 관할 지부(사)에 제출하여야 함) 　※ 장애인 수험자 편의제공은 관련 증빙서류 심사결과에 따라 달라질 수 있음

국가기술자격검정 기술사 필기시험 답안지(제1교시)

제 회

제1교시	종목명	

수험자 확인사항 ☑ **체크바랍니다.**	1. 문제지 인쇄 상태 및 수험자 응시종목 일치 여부를 확인하였습니다. 확인 ☐ 2. 답안지 인적사항 기재란 외에 수험번호 및 성명 등 특정인임을 암시하는 표시가 없음을 확인하였습니다. 확인 ☐ 3. 지워지는 펜, 연필류, 유색 필기구 등을 사용하지 않았습니다. 확인 ☐ 4. 답안지 작성 시 유의사항을 읽고 확인하였습니다. 확인 ☐

답안지 작성 시 유의사항

1. 답안지는 표지 및 연습지를 제외하고 총 7매(14면)이며, 교부받는 즉시 매수, 페이지 순서 등 정상 여부를 반드시 확인하고 1매라도 분리되거나 훼손하여서는 안 됩니다.
2. 시험문제지가 본인의 응시종목과 일치하는지 확인하고, 시행 회, 종목명, 수험번호, 성명을 정확하게 기재하여야 합니다.
3. 수험자 인적사항 및 답안작성(계산식 포함)은 **지워지지 않는 검은색 필기구만을 계속 사용**하여야 합니다.
4. 답안 정정 시에는 **두 줄(=)을 긋고 다시 기재 가능**하며 **수정테이프 사용 또한 가능**합니다.
5. 답안작성 시 자(직선자, 곡선자, 템플릿 등)를 사용할 수 있습니다.
6. 문제의 순서에 관계없이 답안을 작성하여도 되나 주어진 **문제번호와 문제를 기재**한 후 답안을 작성하고 전문용어는 원어로 기재하여도 무방합니다.
7. 요구한 문제 수보다 많은 문제를 답하는 경우 기재 순으로 요구한 문제 수까지 채점하고 나머지 문제는 채점대상에서 제외됩니다.
8. 답안작성 시 답안지 양면의 페이지 순으로 작성하시기 바랍니다.
9. 기 작성한 문항 전체를 삭제하고자 할 경우 반드시 해당 문항의 답안 전체에 대하여 명확하게 X표시(X표시한 답안은 채점대상에서 제외)하시기 바랍니다.
10. 수험자는 시험시간이 종료되면 즉시 답안작성을 멈춰야 하며, 종료시간 이후 계속 답안을 작성하거나 감독위원의 **답안지 제출지시에 불응**할 때에는 당회 시험을 **무효** 처리합니다.
11. 각 문제의 답안작성이 끝나면 바로 옆에 **"끝"**이라고 쓰고, 최종 답안작성이 끝나면 줄을 바꾸어 중앙에 **"이하 여백"**이라고 써야 합니다.
12. 다음 각호에 1개라도 해당되는 경우 답안지 전체 혹은 해당 문항이 0점 처리됩니다.

〈답안지 전체〉
  1) 인적사항 기재란 이외의 곳에 성명 또는 수험번호를 기재한 경우
  2) 답안지(연습지 포함)에 답안과 관련 없는 특수한 표시를 하거나 특정인임을 암시하는 경우
〈해당 문항〉
  1) 지워지는 펜, 연필류, 유색 필기류, 2가지 이상 색 혼합사용 등으로 작성한 경우

※ 부정행위처리규정은 뒷면 참조

HRDK 한국산업인력공단 Human Resources Development Service of Korea

부정행위 처리 규정

국가기술자격법 제10조 제6항, 같은 법 시행규칙 제15조에 따라 국가기술자격검정에서 부정행위를 한 응시자에 대하여는
당해 검정을 정지 또는 무효로 하고 3년간 이 법에 따른 검정에 응시할 수 있는 자격이 정지됩니다.

1. 시험 중 다른 수험자와 시험과 관련된 대화를 하는 행위
2. 답안지를 교환하는 행위
3. 시험 중에 다른 수험자의 답안지 또는 문제지를 엿보고 자신의 답안지를 작성하는 행위
4. 다른 수험자를 위하여 답안을 알려주거나 엿보게 하는 행위
5. 시험 중 시험문제 내용과 관련된 물건을 휴대하여 사용하거나 이를 주고받는 행위
6. 시험장 내외의 자로부터 도움을 받고 답안지를 작성하는 행위
7. 미리 시험문제를 알고 시험을 치른 행위
8. 다른 수험자의 성명 또는 수험번호를 바꾸어 제출하는 행위
9. 대리시험을 치르거나 치르게 하는 행위
10. 수험자가 시험시간에 통신기기 및 전자기기[휴대용 전화기, 휴대용 개인정보 단말기(PDA), 휴대용 멀티미디어 재생장치
    (PMP), 휴대용 컴퓨터, 휴대용 카세트, 디지털 카메라, 음성파일 변환기(MP3), 휴대용 게임기, 전자사전, 카메라
    부착 펜, 시각표시 외의 기능이 부착된 시계]를 사용하여 답안지를 작성하거나 다른 수험자를 위하여 답안을 송신하는
    행위
11. 그 밖에 부정 또는 불공정한 방법으로 시험을 치르는 행위

[연 습 지]

※ 연습지에 성명 및 수험번호를 기재하지 마십시오.
※ 연습지에 기재한 사항은 채점하지 않으나 분리 훼손하면 안됩니다.

감독확인 (인) 성명 수험번호

HRDK 한국산업인력공단

[연 습 지]

1쪽

번호		

차 례

Professional Engineer Civil Engineering Execution

[TIP] 시간이 부족할 때는 별표(★) 표시된 기출문제만, 시간이 여유 있을 때는 전체 기출문제를 학습하시는 것이 합격에 도움이 됩니다.

제1장 토 공

제1절 │ 일반 토공

제2절 ┃ 연약지반

🔲 연약지반 과년도 문제 / 161

제3절 　사면안정

□ 사면안정 과년도 문제 / 249

제4절 | 옹벽 및 보강토

□ 옹벽 및 보강토 과년도 문제 / 273

제5절 | 건설기계

□ 건설기계 과년도 문제 / 299

CONTENTS

제2절 | 기초공

□ 기초공 과년도 문제 / 429

제3장 콘크리트

제1절 철근공사

□ 철근공사 과년도 문제 / 579

CONTENTS

Professional Engineer Civil Engineering Execution

제2절 ┊ 거푸집공사

□ 거푸집공사 과년도 문제 / 645

● 제3절 │ **일반 콘크리트**

☐ **일반 콘크리트 과년도 문제 / 677**

CONTENTS

CONTENTS

제4절 ┃ 특수 콘크리트

🔲 특수 콘크리트 과년도 문제 / 925

부록 과년도 출제경향 분석표

제1장 ▶ 토 공

일반 토공 과년도 문제

1. 상대밀도 [00중(10)]
2. 흙의 연경도(Consistency) [03중(10)]
3. 흙의 연경도(consistency) [16중(10)]
4. Atterberg한계 [05후(10)]
5. Atterberg Limits(애터버그한계) [08전(10)]
6. 흙의 소성지수(PI ; Plasticity Index) [01중(10)]
7. 입도분포곡선 [14후(10)]
8. GPR(Ground Penetrating Radar)탐사 [04후(10)]
9. GPR(Ground Penetrating Radar)탐사 [09중(10)]
10. 지하레이더탐사(GPR : Ground Penetrating Radar) [16전(10)]
11. 토목공사 현장의 설계와 시공에서 지반조사의 순서 [21후(10)]
12. 시추주상도 [19후(10)]
13. Sounding [99전(20)]
14. 지반조사방법 중 사운딩(sounding)의 종류 [15전(10)]
15. 지반조사시 표준관입시험(SPT)결과로 파악 및 추정할 수 있는 사항 [24전(10)]
16. 표준관입시험(SPT : Standard Penetration Test) [22전(10)]
17. 표준관입시험에서의 N치 활용법 [02중(10)]
18. N값의 수정(수정 N치) [01중(10)]
19. N값의 수정 [08중(10)]
20. 표준관입시험(SPT)에서의 N값 보정 [25후(10)]
21. 모래 밀도별 N값과 내부마찰각의 상관관계 [04중(10)]
22. 내부마찰각과 N값의 상관관계 [10후(10)]
23. 콘관입시험(Cone Penetration Test) [07전(10)]
24. 평판재하시험 [95전(20)]
25. 평판재하시험 [01전(10)]
26. 평판재하시험 [03후(10)]
27. 평판재하시험 결과 이용시 주의사항 [09전(10)]
28. 평판재하시험(PBT) 적용시 유의사항 [11후(10)]
29. 평판재하시험 결과 이용시 주의사항 [09전(10)]
30. 평판재하시험(PBT) 적용시 유의사항 [11후(10)]
31. 평판재하시험 결과 적용시 고려사항 [12중(10)]
32. 평판재하시험시 유의사항 [15중(10)]
33. CBR과 N치와의 관계 [98후(20)]
34. 수정CBR [24전(10)]
35. 도로공사에서 노상의 지내력을 구하는 시험법 [14중(10)]
36. 내부마찰각과 안식각 [02전(10)]
37. 흙의 안식각(安息角) [15전(10)]
38. 흙의 전응력(Total Stress)과 유효응력(Effective Stress) [16후(10)]
39. 공극수압 [17중(10)]
40. 점토지반과 모래지반의 전단특성 [96후(20)]
41. 표면장력(surface tension) [14전(10)]
42. 확산이중층(Diffuse double layer) [18후(10)]
43. 점토의 예민비 [06전(10)]
44. 딕소트로피(Thixotropy)현상 [06후(10)]
45. Thixotropy현상(예민비) [09전(10)]
46. 과소압밀(Under Consolidation)점토 [09후(10)]
47. 슬래킹(Slacking)현상 [05전(10)]
48. 비화작용(slaking) [13중(10)]
49. Bulking(부풀음)현상 [00후(10)]
50. 용적팽창현상(bulking) [13중(10)]
51. Bulking현상 [17중(10)]
52. 용적팽창현상(Bulking) [20후(10)]
53. 액상화(Liquefaction) [02중(10)]
54. 액상화(Liquefaction) [18전(10)]
55. 액상화(Liquefaction) [21전(10)]
56. 액상화 검토가 필요한 지반 [17전(10)]
57. 통일분류법에 의한 흙의 성질 [02중(10)]
58. 흙의 통일분류법 [11중(10)]
59. 흙의 소성도(plasticity chart) [12후(10)]
60. 잔류토(Residual Soil) [17중(10)]
61. 붕적토(Colluvial Soil) [20후(10)]
62. 흙의 다짐원리 [01중(10)]
63. 흙의 다짐원리 [11후(10)]
64. 흙의 다짐특성 [02후(10)]
65. 영공기 간극곡선(Zero Air Void Curve) [05중(10)]
66. 영공기 간극곡선(zero air void curve) [12후(10)]
67. 최적 함수비(O.M.C) 설명 [00중(10)]
68. 최적 함수비 [02전(10)]
69. 최적 함수비(O.M.C) [05전(10)]
70. 최적 함수비(O.M.C) [07중(10)]
71. 최적 함수비(O.M.C) [08중(10)]
72. 최적 함수비(O.M.C) [11전(10)]
73. 흙의 최대 건조밀도 [07후(10)]
74. 들밀도시험(Fild Density) [03중(10)]

일반 토공 과년도 문제

1 흙의 기본적 성질

Ⅰ. 정의

① 흙은 토립자(고체)를 중심으로 하여 그 사이에 물(액체), 공기(기체)의 3상으로 구성되어 있고 구성요소의 체적과 중량에 따라 성질이 크게 달라진다.

② 상호 간의 관계는 체적과 중량으로 나타낼 수 있는데, 상의 체적관계는 간극률, 간극비, 포화도를 사용하며, 상의 중량관계는 함수비를 사용하여 표시한다.

Ⅱ. 흙의 삼상도

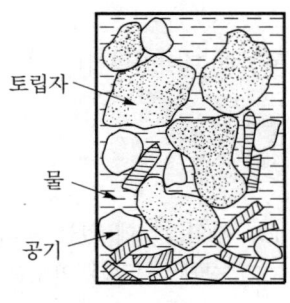

< 자연상태에 있는 흙 >

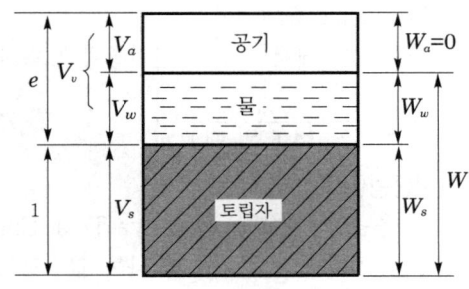

< 흙의 주상도 >

Ⅲ. 기본적 성질

1) 간극비(Void Ratio)

토립자의 용적에 대한 간극의 용적비

$$e = \frac{V_v}{V_s}$$

여기서, V_v : 간극의 용적, V_s : 토립자의 용적

2) 간극률(Porosity)

흙 전체의 용적에 대한 간극용적의 백분율

$$n = \frac{V_v}{V} \times 100 [\%]$$

여기서, V : 흙 전체의 용적

3) 포화도(Degree of Saturation)

간극 속 물용적의 비율로서 흙이 포화상태에 있으면 $S = 100\%$ 이며, 완전히 건조되어 있으면 $S = 0$ 이다.

$$S = \frac{V_w}{V_v} \times 100 [\%]$$

4) 함수비(Water Content)

토립자의 중량에 대한 물중량의 백분율로서 노건조상태의 흙의 함수비는 0이다.

$$w = \frac{W_w}{W_s} \times 100\,[\%]$$

여기서, W_w : 물의 중량, W_s : 토립자의 중량

5) 함수율

흙 전체의 중량에 대한 물중량의 백분율

$$w' = \frac{W_w}{W} \times 100\,[\%]$$

여기서, W : 흙 전체의 중량

6) 비중(Specific Gravity)

비중이란 4℃에서의 물의 단위중량에 대한 어느 물질의 단위중량이다.

$$G_s = \frac{\gamma_s}{\gamma_w\,(4\,℃\,일\,때)}$$

7) 단위중량(밀도)

① 습윤단위중량(Wet Density = Total Unit Weight) : 자연상태에 있는 흙의 중량을 이에 대응하는 용적으로 나눈 값으로 흙의 다져진 상태, 입경과 입도분포, 함수비에 따라서 변한다.

$$\gamma_t = \frac{W}{V} = \frac{G_s + S e}{1 + e}\gamma_w$$

② 건조단위중량(Dry Unit Weight) : 흙을 노건조시켰을 때의 단위중량

$$\gamma_d = \frac{W_s}{V}$$

③ 포화단위중량(Saturated Unit Weight) : 흙이 수중에 있거나 모관작용에 의하여 완전히 포화되었을 때의 단위중량

$$\gamma_{sat} = \frac{G_s + e}{1 + e}\gamma_w$$

④ 수중단위중량(Submerged Unit Weight) : 흙이 지하수의 아래에 있으면 부력을 받으므로 이때의 단위중량은 포화단위중량에서 부력을 뺀 만큼 감소한다.

$$\gamma_{sub} = \gamma_{sat} - \gamma_w = \frac{G_s - 1}{1 + e}\gamma_w$$

8) 상대밀도(Relative Density, D_γ)

조립토의 느슨한 상태와 조밀한 상태의 간극 크기를 비교하기 위해 사용된다.

$$D_\gamma = \frac{e_{\max} - e}{e_{\max} - e_{\min}} \times 100\,[\%]$$

2 흙의 간극비(Void Ratio)

Ⅰ. 정의

① 흙은 토립자와 간극으로 구성되고, 간극은 물과 공기로 구성되어 있으며, 간극비란 토립자의 용적에 대한 간극용적의 비를 말한다.

② 간극비$(e) = \dfrac{\text{간극의 용적}(V_v)}{\text{토립자의 용적}(V_s)}$

Ⅱ. 삼상도

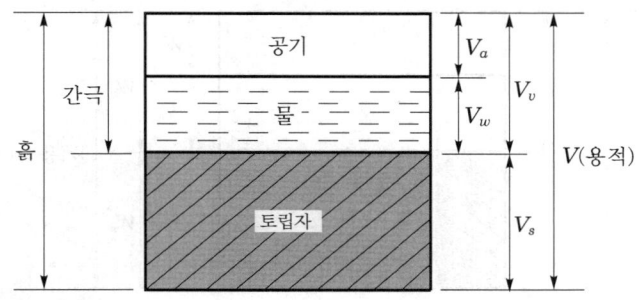

Ⅲ. 간극비의 성질

① 간극비가 크면 전단강도는 적어진다.
② 간극비가 크면 지지력은 적어진다.
③ 간극비가 크면 압축성은 커진다.
④ 간극비가 크면 투수성은 커진다.
⑤ 간극비가 크면 Boiling현상이 발생한다.
⑥ 간극비가 크면 압밀침하가 커진다.
⑦ 간극비가 크면 모래지반에서 내부마찰력이 적어진다.
⑧ 간극비가 크면 점토지반에서 점착력이 적어진다.

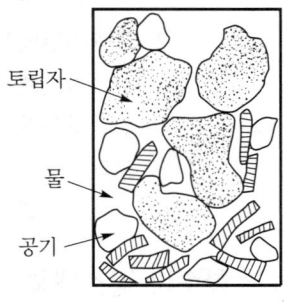

< 자연상태의 흙 >

Ⅳ. 간극비 감소대책

① 다짐
② 연약지반개량
③ 탈수공법
④ 배수공법

3 흙의 함수비(Water Content)

Ⅰ. 정의

① 함수량은 흙 속에 포함되어 있는 물의 중량을 나타낸 것으로 일반적으로 함수비로 표시하며, 토립자의 중량에 대한 수분의 중량의 비를 백분율로 표시한 것이다.

② 함수비$(w) = \dfrac{\text{물의 중량}(W_w)}{\text{토립자의 중량}(W_s)} \times 100[\%]$

Ⅱ. 흙의 삼상도

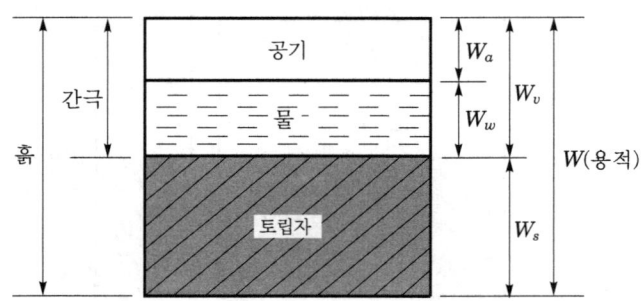

Ⅲ. 함수비의 영향

① 액상화현상 발생
② 모래지반에서는 Boiling현상 발생
③ 점토지반에서는 Heaving현상 발생
④ 전단강도가 적어짐
⑤ 모래지반에서는 내부마찰력 감소
⑥ 점토지반에서는 점착력 감소

Ⅳ. 함수비 감소대책

① 배수공법
② Sand Drain공법
③ Paper Drain공법
④ Pack Drain공법

4 상대밀도(Relative Density)

[00중(10)]

Ⅰ. 정의

① 흙쌓기 현장에서 사질토의 다짐 정도를 나타내는 수치로서 다짐 후 느슨한 상태인지, 조밀한 상태인지를 판단한다.

② 상대밀도를 구하는 방법으로 간극비로 구하는 방법과 건조밀도로 구하는 방법이 있다.

Ⅱ. 구하는 식

1) 간극비 이용방법

$$D_\gamma = \frac{e_{max} - e}{e_{max} - e_{min}} \times 100[\%]$$

e_{max} : 가장 느슨한 상태의 간극비
e_{min} : 가장 조밀한 상태의 간극비
e : 자연상태의 간극비

2) 건조밀도 이용방법

$$D_\gamma = \left(\frac{\gamma_d - \gamma_{d\,min}}{\gamma_{d\,max} - \gamma_{d\,min}} \right) \frac{\gamma_{d\,max}}{\gamma_d} \times 100[\%]$$

$\gamma_{d\,max}$: 최대 건조밀도
$\gamma_{d\,min}$: 최소 건조밀도
γ_d : 자연상태의 건조밀도

Ⅲ. 상대밀도의 활용

① D_γ은 0~100% 범위에 있다.

② D_γ이 $\frac{1}{3}$ 이하이면 느슨한 상태이다.

③ D_γ이 $\frac{1}{3} \sim \frac{2}{3}$이면 보통의 상태이다.

④ D_γ이 $\frac{2}{3}$ 이상이면 조밀한 상태이다.

Ⅳ. 표준관입시험 N치와 상대밀도

N치	지반상태	상대밀도(%)
0~4	대단히 느슨	0~15
4~10	느슨	15~35
10~30	보통	35~65
30~50	조밀	65~85
50 이상	대단히 조밀	85~100

5 흙의 연경도(Consistency)

[03중(10), 05후(10), 08전(10), 10전(10), 16중(10)]

Ⅰ. 정의

① 점성토는 일반적으로 물을 포함하고 있으며 함수량의 변화에 따라 흙의 강도와 체적이 변한다.

② 건조한 흙에 물을 가하면 흙의 상태가 변하고, 수축한계·소성한계·액성한계는 각 변화추이의 한계를 일정한 시험방법으로 정한 것으로, 이들의 변화하는 한계를 흙의 연경도(Consistency) 또는 Atterberg한계라 한다.

Ⅱ. 흙의 Consistency

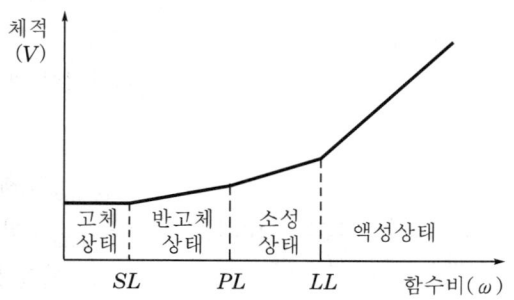

Ⅲ. Atterberg한계

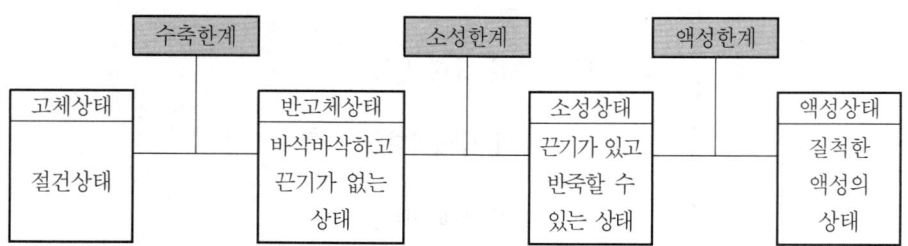

1) 수축한계(SL : Shrinkage Limit)
함수량이 감소해도 흙의 부피가 감소하지 않고, 함수량이 어느 양 이상으로 늘어나면 흙의 부피가 증대하게 되는 한계의 함수비

2) 소성한계(PL : Plastic Limit)
파괴 없이 변형시킬 수 있는 최소의 함수비로 압축, 투수, 강도 등 흙의 역학적 성질을 추정할 때 사용

3) 액성한계(LL : Liquid Limit)
외력에 전단저항력이 Zero가 되는 최소의 함수비

4) 소성지수(PI : Plasticity Index)
   ① $PI = LL - PL$
   ② 소성상태에 있을 수 있는 물의 범위로 소성상태가 클수록 물을 많이 함유
5) 액성지수(LI : Liquidity Index)
   ① $LI = \dfrac{w_n - PL}{PI}$
   ② 자연상태에서의 흙의 함수비(w_n)에서 소성한계(PL)를 뺀 값을 소성지수(PI)로 나눈 값
   ③ 자연상태의 함수비(w_n)가 액성한계(LL)보다 클 경우 액성지수(LI)가 1 이상 되어 충격에 의한 유동성이 크다.

Ⅳ. 용도
   ① 흙의 분류
   ② 흙의 안정성 판단
   ③ 흙의 강도 파악
   ④ 흙의 체적변화 파악
   ⑤ 흙입자 간의 부착력 파악

6 액성한계(LL : Liquid Limit)

Ⅰ. 정의

① 점착력이 있는 흙에서 함수비의 변화에 따라 흙의 공학적 성질이 크게 변화되는 데, 함수비상태에 따라 흙이 외력에 대한 전단저항력이 0가 되는 상태의 최소 함수비를 액성한계라 한다.

② 액성한계는 Atterberg한계에서 흙이 소성상태에서 액성상태로 변하게 되는 한계점으로 LL(Liquid Limit)로 표시한다.

Ⅱ. 액성한계 측정방법

1) 액성한계측정기

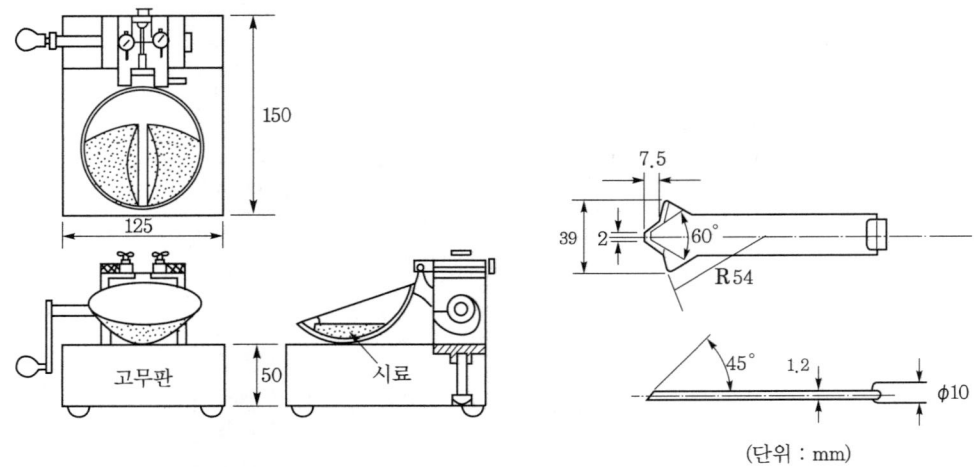

(단위 : mm)

2) 시험 준비

① 준비된 시료를 황동접시에 두께 약 10mm가 되도록 주걱으로 만든다.

② 홈파기 날로서 중앙 부위에 직각으로 세워서 시료를 둘로 나눈다.

③ 황동접시를 1초에 2회 정도의 회전으로 낙하시킨다.

④ 중앙부 홈이 맞닿을 때 황동접시의 낙하횟수를 기록한다.

3) 액성한계 측정

홈 밑부분의 흙이 청동접시 25회 낙하에 약 15mm의 길이로 합쳐질 때의 함수비가 액성한계이다.

Ⅲ. 액성한계 관계식

1) 소성지수

$$PI = LL - PL$$

2) 연경도(연경지수)

$$CI = \frac{LL - W_n}{PI}$$

여기서, W_n : 자연상태의 함수비

3) 압축지수

$$C_c = 0.009\,(LL - 10)$$

Ⅳ. Atterberg한계 도해

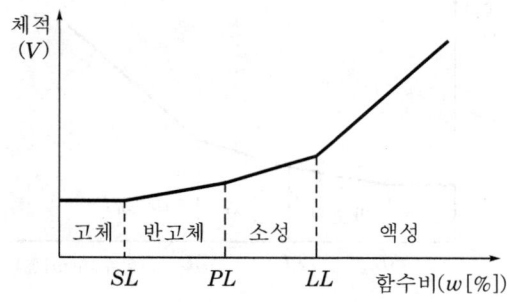

7 소성지수(PI : Plasticity Index)

[01중(10)]

Ⅰ. 정의

① 소성지수(PI : Plasticity Index)란 흙이 끈기가 있고 반죽할 수 있는 소성상태에서의 함수비 범위를 가리키는 지수이다.

② 소성지수는 점토함유량에 거의 비례하며 세립토를 분류하는 지표로도 사용된다.

③ 소성지수가 크면 여러 형태를 만들 수 있는 흙의 상태이며, 비소성의 흙(소성지수 Zero)은 모래와 같은 상태이다.

Ⅱ. Atterberg한계

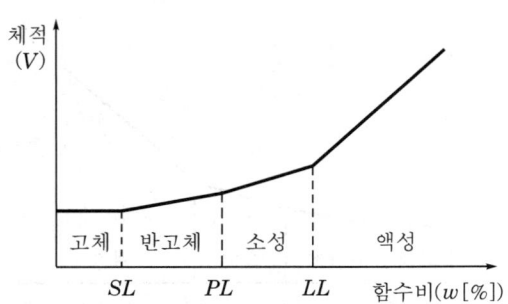

① SL(Shrinkage Limit) : 수축한계

② PL(Plastic Limit) : 소성한계

③ LL(Liquid Limit) : 액성한계

Ⅲ. 소성지수(PI) 관계식

$$소성지수(PI) = 액성한계(LL) - 소성한계(PL)$$

Ⅳ. 소성지수의 용도

① 세립토의 흙 분류에 이용

② 전단강도 증가율 추정

③ 세립토의 유동화현상 규명

$$액성지수(LI) = \frac{W_n - PL}{소성지수(PI)}$$

여기서, W_n : 자연상태의 함수비

④ 흙의 안정성 판단(Consistency)

⑤ 활성도(A)를 구할 때 적용

8 | 토질조사의 종류

[21후(10)]

Ⅰ. 정의

① 토질조사는 기초 및 토공사의 설계·시공에 필요한 Data를 구하기 위한 것으로 토질의 성질, 지층의 분포, 지하수위 등을 알기 위하여 실시한다.

② 토질의 종류와 사용목적에 따른 적합한 조사와 시험을 해야 하며 공사 중·후 안전과도 직결되므로 정확한 조사가 요구된다.

Ⅱ. 토질조사의 순서

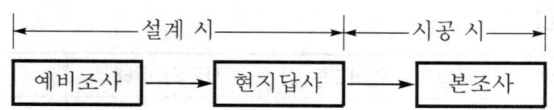

Ⅲ. 토질조사의 종류

1) 지하탐사법
   ① 짚어보기　　　　　　　　② 터파보기
   ③ 물리적 탐사법

2) Boring
   ① 오거보링(Auger Boring)　　② 수세식 보링(Wash Boring)
   ③ 회전식 보링(Rotary Boring)　④ 충격식 보링(Percussion Boring)

3) Sounding
   ① 표준관입시험　　　　　　② Vane Test
   ③ Cone관입시험　　　　　　④ 스웨덴식 Sounding

4) Sampling(시료 채취)
   ① 교란시료 채취(Disturbed Sampling)
   ② 불교란시료 채취(Undisturbed Sampling)

5) 토질시험
   ① 물리적 시험　　　　　　② 역학적 시험

6) 지내력시험
   ① 재하시험　　　　　　　② 말뚝박기시험
   ③ 말뚝재하시험

9 토질시험의 분류

Ⅰ. 개요

① 토질시험은 건설공사의 착수 전에 지반에 대한 필요한 Data를 얻기 위하여 현장에서 채취한 시료를 대상으로 행하는 시험을 말한다.

② 토질시험을 크게 분류하면 물리적 성질시험, 역학적 성질시험, 지지력특성시험으로 나누어 나타낼 수 있다.

Ⅱ. 물리적 성질시험

시험항목	시험으로 얻어지는 값	시료의 상태	결과 이용
비중시험	흙입자의 비중	교란시료	• 흙의 기본적 성질(간극비, 포화도)의 계산
함수량시험	함수비	함수량이 변하지 않은 시료	• 흙의 기본적 성질 계산
입도시험	입경가적곡선 유효경 균등계수 곡률계수	교란시료	• 입도에 따른 흙의 분류 • 재료로서의 흙의 규정
액성한계시험 소성한계시험 수축한계시험	액성한계 유동지수 소성한계 액성지수 수축한계 선수축 체적변화	교란시료	• 컨시스턴시에 의한 흙의 분류 • 흙의 공학적 성질 측정 • 토공재료로서의 적정성 및 동상 가능성 판정
#200체(0.075mm) 통과량시험 밀도시험	입도백분율 습윤밀도 건조밀도	교란시료 교란시료 불교란시료	• 토질 안정처리효과 판정 • 흙의 기본적 성질 계산 • 지반의 다짐도 판정

Ⅲ. 역학적 성질시험

시험항목	시험으로 얻어지는 값	시료의 상태	결과 이용
투수시험 (정수위법, 변수위법)	포화토의 투수계수	포화상태의 흙	• 침투, 투수성에 대한 설계 및 계산
압밀시험	간극비−하중곡선 체적압축계수 선행압밀계수 선행압밀하중 시간−압밀도곡선 압밀계수 1차 압밀비 투수계수	불교란시료	• 점성토의 침하량 및 침하속도 계산
직접전단시험	전단저항각 점착력	교란시료 불교란시료	• 기초, 사면 및 옹벽의 안정계산
일축압축시험	일축압축강도 점착력 예민비 응력−변형관계	교란시료 (점성토) 불교란시료	• 기초, 사면 및 옹벽의 안정계산
삼축압축시험	측압에 대응하는 압축강도 전단저항각 점착력 응력−변형관계 간극수압	불교란시료 교란시료	• 기초, 사면 및 옹벽의 안정계산

Ⅳ. 지지력특성시험

시험항목	시험으로 얻어지는 값	시료의 상태	결과 이용
다짐시험	함수비−밀도곡선 최대 건조밀도 최적 함수비 상대밀도	교란시료 (사질토)	• 노반 및 흙쌓기의 시공방법 결정 • 시공관리
CBR시험	설계CBR 수정CBR	교란시료 불교란시료	• 포장두께 설계 • 노반의 설계

10 지하탐사법

Ⅰ. 정의

① 지하탐사법이란 현장 지반의 구성을 분석하고, 설계자료를 얻기 위하여 지반을 조사하는 것으로 간이적인 지반조사방법이다.

② 지층의 토질, 지하수, 지질 등을 조사하는 방법으로 짚어보기, 터파보기, 물리적 탐사법 등이 있다.

Ⅱ. 종류

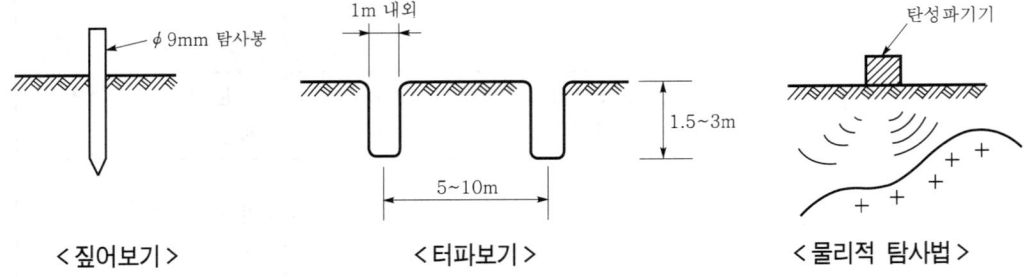

| < 짚어보기 > | < 터파보기 > | < 물리적 탐사법 > |

1) 짚어보기
   ① ϕ9mm 철봉을 이용하여 인력으로 삽입하거나 때려 박아보는 법
   ② 저항 울림, 꽂히는 속도, 내리 박히는 손 감각으로 지반의 단단함을 판단
   ③ 얕은 지층의 생땅을 알기 위해 사용
   ④ 숙련되면 정확도가 높음

2) 터파보기
   ① 생땅의 위치, 지하수위 등을 알기 위해 삽으로 구멍을 파보는 법
   ② 얕은 지층 토질, 지하수 파악
   ③ 활석, 기초 등이 얇고 경미한 건축물의 기초에 사용
   ④ 간격 5~10m, 구멍지름 1.0m 내외, 깊이 1.5~3.0m

3) 물리적 탐사법
   ① 지반의 구성층 및 지층변화의 심도를 판단하는 방법
   ② 흙의 공학적 성질을 판별하기 곤란하므로 Boring과 병용하면 경제적
   ③ 종류에는 전기저항식, 강제진동식, 탄성파식 탐사방법 등이 있음
   ④ 지층의 변화하는 심도를 측정할 수 있는 전기저항식을 주로 사용

11 GPR(Ground Penetrating Radar)탐사

[04후(10), 09중(10), 16전(10)]

Ⅰ. 정의

① GPR탐사는 지표에 송·수신기를 설치하여 지하의 불균질대에서 반사되어 온 전자기파 혹은 레이더파를 지중에 침투시켜 돌아오는 반사파로 지하구조물을 영상화하는 방법이다.

② 지구 물리탐사방법 중 한 가지로서 지질 및 구조물에 대한 고해상도 이미지를 제공하며, 이를 이용하여 다양한 산업분야에 필요한 정보를 확인할 수 있으며 최근 기술적인 이용범위가 확대되고 있다.

Ⅱ. 탐사방법

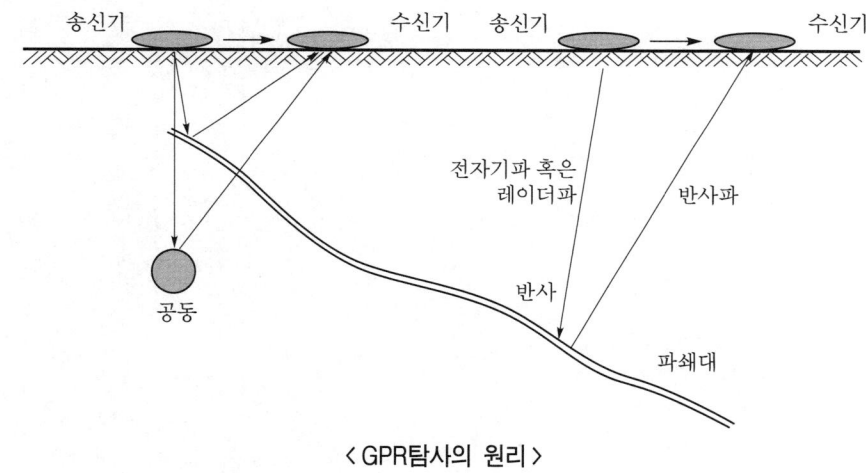

< GPR탐사의 원리 >

Ⅲ. 특징

① 일반 물리탐사에 비해 장비가 간단하고 작업이 용이하다.

② 고주파를 사용하므로 해상도가 월등하다.

③ 조사자료가 영상처리되므로 객관적이고 신뢰성이 높다.

④ 주변 구조물에 손상을 주지 않고 실시하는 비파괴 지반탐사이다.

Ⅳ. 적용 범위

① 지반조사, 지하구조물조사, 도로 포장두께 및 결함조사

② 터널 라이닝두께 및 결함조사

③ 지하공동조사, 오염대조사

④ 고고학 발굴을 위한 조사

⑤ Sink hole

⑥ 액상화구간

V. 적용 시 고려사항

① GPR탐사는 탐사에 적합한 지형이어야 소기의 목적을 달성할 수 있다.

② 도심지의 교통소음과 지하의 지하수위가 존재하면 적용이 곤란하다.

③ 점성이 큰 지반은 감쇠현상으로 적용성이 결여된다.

12 탄성파 토모그래피(Geotomography)탐사

Ⅰ. 정의

① 탄성파 토모그래피탐사란 한 개의 시추공에는 탄성파 발생장치를, 다른 시추공
　에는 수신장치를 설치한 후 단계별로 탄성파를 발생시켜 여러 각도로 측정하여
　두 시추공 사이의 지층구조를 영상화하는 방법이다.

② 암석과 파쇄대, 공동 등에서 각기 다른 탄성파 통과속도를 이용하여 시추공 사이
　의 지질구조를 연속적으로 정밀조사하는 물리탐사이다.

Ⅱ. 시험방법

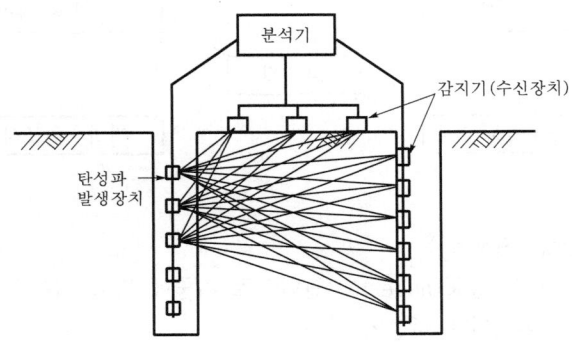

① 시추공 Boring 실시

② 탄성파 발생장치(Tx : Transmitter)와 수신장치(Rx : Receiver) 설치

③ 탄성파 발생 후 도달시간과 통과거리, 통과속도 측정

④ 시추공 사이 지층구조를 단층촬영(단면촬영)하여 영상화

Ⅲ. 특징

장점	단점
• 가장 정확한 시추공 내의 탐사법 • 다중수신으로 자료 획득이 신속	• 모든 방향의 투시는 곤란 • 시간과 비용이 많이 소요됨 • 해석 시 전문지식이 필요

Ⅳ. 결과 이용

① 정확한 지층 구분

② 지중 공동 및 연약대 위치 파악

③ 지반 물성치 산정

④ 지중 침하 여부 판단

⑤ 활동파괴면 파악

⑥ 지열 및 자원 매장량탐사

13 Boring

[25전(25)]

Ⅰ. 정의

① Boring이란 지중에 철관을 꽂아 천공하여 그 안의 토사를 채취, 관찰할 수 있는 지반조사의 가장 중요한 방법이다.

② 지중의 토질분포, 흙의 층상 및 구성 등을 알 수 있고 주상도를 그릴 수 있으며 표준관입시험, Vane Test 등과 같은 다른 지반조사방법과 병용하기도 한다.

Ⅱ. Boring의 목적

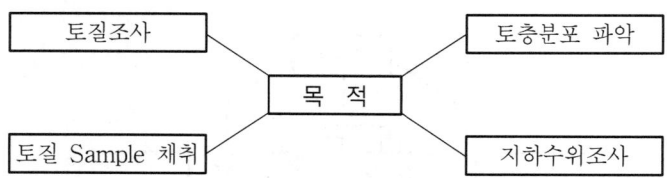

Ⅲ. 종류

1) 오거보링(Auger Boring)
   ① 나선형으로 된 송곳(auger)을 인력으로 지중에 박아 지층을 알아보는 방법
   ② 깊이 10m 이내의 점토층에 사용

2) 수세식 보링(Wash Boring)
   ① 선단에 충격을 주어 이중관을 박고 물을 뿜어내어 파진 흙과 물을 같이 배출
   ② 흙탕물을 침전시켜 지층의 토질을 판별

3) 회전식 보링(Rotary Boring)
   ① Drill Rod의 선단에 첨부한 날(bit)을 회전시켜 천공하는 방법
   ② 안정액은 Drill Rod를 통하여 구멍 밑에 안정액 Pump로 연속하여 송수하고 Slime을 세굴하여 지상으로 배출
   ③ Bit의 종류 : Fish Tail Bit, Crown Bit, Short Crown Bit, Cutter Crown Bit, Auger, Sampling Auger 등

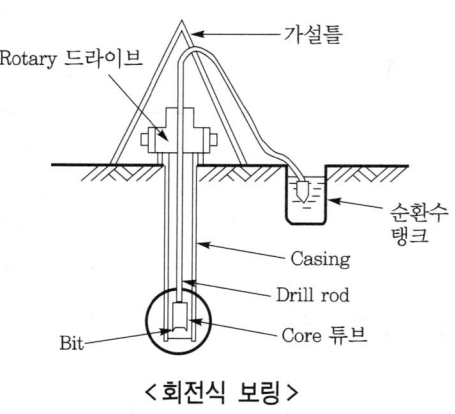

< 회전식 보링 >

4) 충격식 보링(Percussion Boring)
   ① 와이어로프의 끝에 충격날(Percussion Bit)의 상하작동에 의한 충격으로 토사·암석을 파쇄 천공하여 파쇄된 토사는 Bailer로 배출
   ② 공벽 토사의 붕괴를 방지할 목적으로 안정액 사용
   ③ 안정액은 황색 점토 또는 Bentonite를 사용

14 시추주상도(柱狀圖)

[19후(10)]

Ⅰ. 정의

① 지질 단면을 도화(圖化)할 때에 사용하는 도법으로, 지층의 층서(層序), 포함된 제물질의 상태, 층두께 등을 축적으로 표시한 것을 토질주상도라 한다.

② 현장에서 Boring test나 표준관입시험을 통하여 지반의 경연상태와 공내수위 등을 조사하여 지하 부위의 단면상태를 예측할 수 있는 예측도로 시추주상도라고도 한다.

Ⅱ. 필요성

Ⅲ. 시추주상도 기입내용

① 지반조사지역 ② 조사일자 및 작성자
③ Boring방법 ④ 공내수위
⑤ 심도에 따른 토질 및 색조 ⑥ 지층두께 및 구성상태
⑦ 표준관입시험에 의한 N치 ⑧ Sampling방법

Ⅳ. 시추주상도 실례

심도 (m)	주상도	토질	N치	공내수위
			0 10 20 30 40	
-1.5		표토		
		사질 점토		융수기 ▽
-4.0				
		가는 자갈 (굵은 모래)		
-7.0				
		실트질 점토		갈수기 ▽
-9.4				
-11.0		점토질 모래		

15 Sounding

[99전(20), 15전(10)]

Ⅰ. 정의

① 지반조사의 일종으로 Rod 선단에 부착한 저항체를 지중에 매입하여 관입, 회전, 인발 등의 힘을 가하여 그 저항치에서 토층의 상태를 알 수 있는 방법이다.

② Sounding은 간편성, 기동성에 특징이 있으나 기능 및 정도 등에 난점이 있어 Boring과 같은 다른 조사방법과 병용하여 효과를 증대시킬 필요가 있다.

Ⅱ. 종류

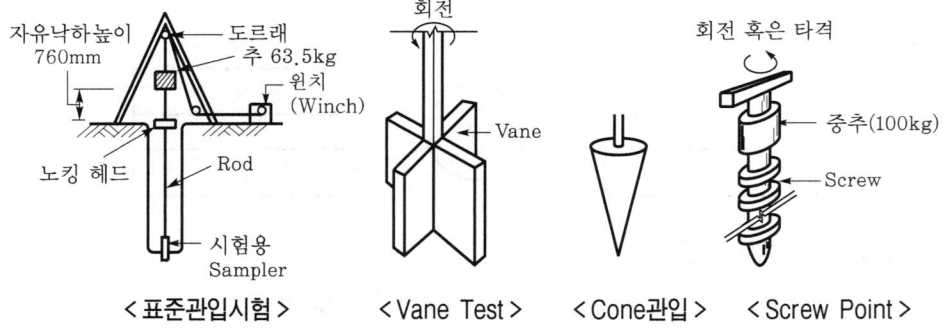

< 표준관입시험 >　　< Vane Test >　　< Cone관입 >　　< Screw Point >

1) 표준관입시험(Standard Penetration Test)
   ① 표준관입시험용 Sampler(Split Spoon Sampler)를 쇠막대(Rod)에 끼우고 760mm의 높이에서 63.5kg의 떨공이를 자유낙하시켜 300mm 관입시키는 데 요하는 타격횟수 N치를 구하는 시험으로 사질지반에 주로 사용
   ② 흙의 지내력 측정
   ③ N치가 클수록 밀실한 토질

2) Vane Test
   ① Boring의 구멍을 이용하여 Vane(+자형 날개)을 지반에 때려 박고 회전시켜 저항하는 Moment 측정
   ② 회전력에 의해 점토질의 점착력 판단
   ③ 연한 점토질에 사용하며 깊이는 10m 이내가 적당

3) Cone관입시험
   ① 끝에 부착된 원추형 Cone을 지중에 관입할 때의 저항력 측정
   ② 흙의 경연 정도를 조사하며 연약한 점토질지반에 사용

4) 스웨덴식 Sounding
   ① 선단에 Screw Point를 달아 중추(100kg)의 무게와 회전력에 의하여 관입저항을 측정하는 방법
   ② 관입량과 회전수로 토층의 상황 판단
   ③ 모든 토질에 적용되며 최대 관입심도는 25~30m 정도

16 표준관입시험(SPT : Standard Penetration Test)

[09후(10), 22전(10)]

Ⅰ. 정의

① 표준관입시험용 Sampler(Split Spoon Sampler)를 쇠막대(Rod)에 끼우고 760mm 의 높이에서 63.5kg의 떨공이를 자유낙하시켜 300mm 관입시키는 데 필요한 타 격횟수 N치를 구하는 시험을 말한다.

② 주로 모래지반에 사용한다.

Ⅱ. 시험장치

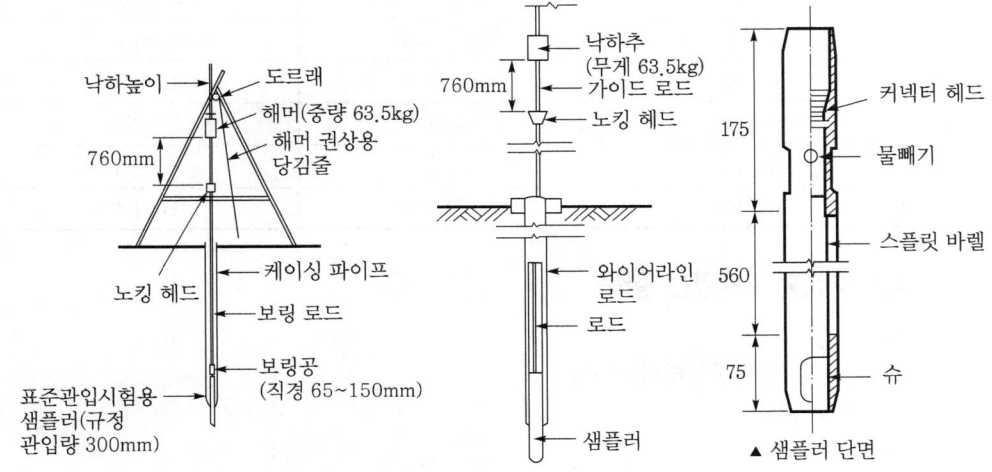

▲ 샘플러 단면

Ⅲ. 시험순서

① 정지작업

② Boring

③ 시험용 기구 설치

④ Rod 선단부에 표준관입시험용 Sampler(Split Spoon Sampler) 부착

⑤ 굴착구멍 저부에 Sampler 매입

⑥ 760mm의 높이에서 63.5kg의 떨공이 낙하

⑦ 타격횟수 N치 측정

⑧ Data 작성

Ⅳ. 용도

① 지내력 측정

② 토질주상도 기초자료

17 N치

Ⅰ. 정의

① N치란 표준관입시험 시 중량 63.5kg의 떨공이를 760mm의 높이에서 자유낙하시켜 시험용 Sampler를 300 mm 관입시키는 데 필요한 타격횟수를 말한다.

② N치를 통하여 흙의 지내력을 측정하며 N치가 클수록 지반상태가 조밀한 토질이다.

Ⅱ. N치와 흙의 상대밀도

N치	지반상태	상대밀도(%)
0~4	대단히 느슨	0~15
4~10	느슨	15~35
10~30	보통	35~65
30~50	조밀	65~85
50 이상	대단히 조밀	85~100

Ⅲ. N치로 추정할 수 있는 항목

1) 모래지반
   ① 상대밀도(다짐상태의 정도)
   ② 전단저항각
   ③ 지지력계수
   ④ 탄성계수
   ⑤ 허용지지력

2) 점토지반
   ① Consistency(연경의 정도)
   ② 일축(一軸)압축강도
   ③ 점착력
   ④ 허용지지력

18 표준관입시험에서의 N치 활용법

[02중(10), 24전(10)]

I. 정의

① N치란 표준관입시험(SPT)에서 표준 샘플러가 300mm 지반 속으로 관입시키는 데 요구되는 해머의 타격횟수를 말한다.

② 구해진 N치를 통하여 흙의 지내력을 측정하여 지반상태의 연경 정도를 파악하는 데 이용되어진다.

II. N치로 추정할 수 있는 사항

점성토 ─┬─ Consistency, 일축압축강도
　　　　 └─ 말뚝지지력, 극한지지력, 점착력

사질토 ─┬─ 상대밀도, 내부마찰각
　　　　 └─ 지지력계수, 탄성계수, 허용지지력

III. N치의 활용법

1) 일축압축강도(q_u) 추정

① N치를 이용하여 점토의 일축강도값을 추정

② $q_u = 0.12 \sim 0.13N \fallingdotseq \dfrac{N}{8} [\text{kgf/cm}^2]$

2) 말뚝의 지지력(Q_u) 산정

① Meyerhof에 의한 지지력 산정

② $Q_u = 30N_p A_p + \dfrac{1}{5}N_s A_s + \dfrac{1}{2}N_c A_c [\text{tf}]$

3) 극한지지력(q_u) 추정

① 구조물의 침하에 따른 허용지지력 추정

② $q_u = \alpha C N_c + \beta \gamma_1 B N_r + \gamma_2 D_f N_q [\text{tf/m}^2]$

4) 상대밀도 측정

N치	지반상태	상대밀도(%)
0~4	매우 느슨	0~15
4~10	느슨	15~35
10~30	보통	35~65
30~50	조밀	65~85
50 이상	매우 조밀	85~100

5) 내부마찰각 추정

① 토질학자 Dunham, Terzaghi에 의한 상관관계

② $\phi = \sqrt{12N} + 25$

6) 지지력계수

7) 탄성계수 등

19 N값의 수정(수정 N치)

[01중(10), 08중(10), 25후(10)]

Ⅰ. 정의

① N값이란 지반의 연경 정도를 파악하기 위하여 실시하는 표준관입시험에서 Rod 끝에 부착된 표준 샘플러가 지반 속에 300mm 관입될 때의 해머 타격횟수로 구해지는 값이다.

② N값의 수정은 실제 시험을 행하는 현장에서 샘플러가 부착된 Rod길이와 지반의 구성토질 및 지표면의 상재하중 등을 고려하여 얻어진 N값을 수정하는 것을 말한다.

Ⅱ. N치의 활용

Ⅲ. N값의 수정

1) Rod길이에 의한 수정(N_1)

Rod길이가 15m보다 클 때 실측 N치를 다음과 같이 수정한다.

$$N_1 = N'\left(1 - \frac{x}{200}\right)$$

N_1 : 수정치
N' : 실측치
x : Rod길이(m)

2) 토질에 의한 수정(N_2)

실측 N치가 15 이상인 경우에 토질에 대하여 N치를 수정한다.

$$N_2 = 15 + \frac{N' - 15}{2}$$

N_2 : 수정치
N' : 실측치

3) 상재하중에 의한 수정(N_3)

N값의 측정치는 상재하중에 따라 크게 달라지므로 상재압에 의한 수정을 한다.

$$N_3 = N' C_N$$

$$C_N = 0.77\log\left(\frac{20}{P_0}\right)$$

P_0 : 유효상재하중(kgf/cm^2)

20 모래 밀도별 N값과 내부마찰각의 상관관계

[04중(10), 10후(10)]

Ⅰ. 정의

① N값이란 표준관입시험(SPT) 시 중량 63.5kg의 Hammer를 760mm 높이에서 자유낙하시켜 시험용 Sampler를 300mm 관입시키는 데 필요한 타격횟수를 말한다.

② 내부마찰각은 모래지반에서 모래입자 간의 엇물림으로 인한 마찰저항의 크기를 말하며, 모래에 따른 고유의 값이 아닌 전단시험방법 및 배수조건에 따라 달라진다.

Ⅱ. 모래 밀도별 N값

N값	지반상태	상대밀도(%)	내부마찰각(ϕ)	
			Meyerhof	Peck
0~4	대단히 느슨	0~15	0~30°	0~28.5°
4~10	느슨	15~35	30~35°	28.5~30°
10~30	보통	35~65	35~40°	30~36°
30~50	조밀	65~85	40~45°	36~41°
50 이상	매우 조밀	85~100	45° 이상	41° 이상

Ⅲ. 내부마찰각

1) 흙의 전단강도(Coulomb의 법칙)

$$S = C + \bar{\sigma} \tan\phi$$

S : 전단강도, C : 점착력
$\bar{\sigma}$: 유효응력, ϕ : 내부마찰각
$\tan\phi$: 마찰계수

① 점토지반(내부마찰각 Zero) : $S \fallingdotseq C$

② 모래지반(점착력 Zero) : $S \fallingdotseq \bar{\sigma} \tan\phi$

2) 내부마찰각에 영향을 미치는 요인

① 입자의 크기
② 입자의 형상
③ 입자의 분포
④ 상대밀도
⑤ 물
⑥ 시험방법

Ⅳ. N값과 내부마찰각의 상관관계

1) Dunham의 공식

입자분포	공식
입자가 모나고 입도 양호	$\phi = \sqrt{12N} + 25$
입자가 모나고 입도 불량	$\phi = \sqrt{12N} + 20$
입자가 둥글고 입도 양호	$\phi = \sqrt{12N} + 20$
입자가 둥글고 입도 불량	$\phi = \sqrt{12N} + 15$

2) Peck의 공식
$$\phi = 0.3N + 27$$

3) 오오자카의 공식
$$\phi = \sqrt{20N} + 15$$

21 Vane Test

Ⅰ. 정의

Boring의 구멍을 이용하여 +자 날개형의 Vane을 지중의 소요깊이까지 넣은 후 회전시켜 회전력에 의해 저항하는 Moment를 측정하여 전단강도를 구하는 방법을 말한다.

Ⅱ. Vane Test장치

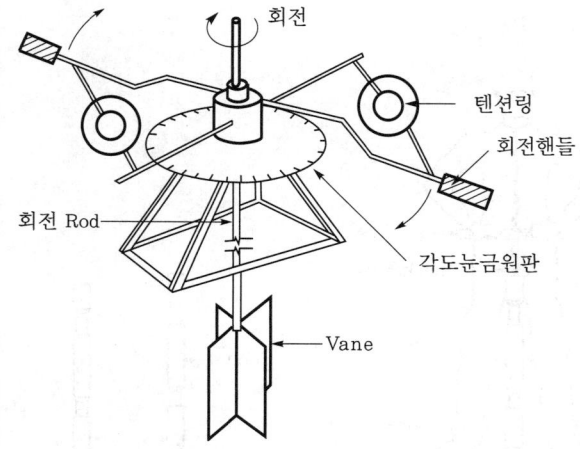

Ⅲ. 용도

① 점토질의 점착력 판별
② 기초 저면지내력 확인

Ⅳ. 특성

① 연한 점토질에 사용
② 굳은 진흙층에서 Vane의 삽입이 곤란하므로 부적당
③ 깊이 10m 이상이 되면 Rod의 되돌음 등이 있어 부정확

22 콘관입시험(Cone Penetration Test)

[07전(10)]

Ⅰ. 정의

① 콘관입시험은 강봉의 선단에 원추형 Cone을 달고 지중에 관입시켜 관입저항치를 측정하여 지반의 지지력을 측정하는 시험이다.

② 비교적 넓은 지역의 조사 시 보링공 사이의 개략적인 토층 성상을 파악하기 위해 실시하며 연약지반에 주로 사용된다.

③ 연속적으로 지중에 관입하므로 지반의 심도에 따라 지지력을 측정할 수 있다.

Ⅱ. 시험도

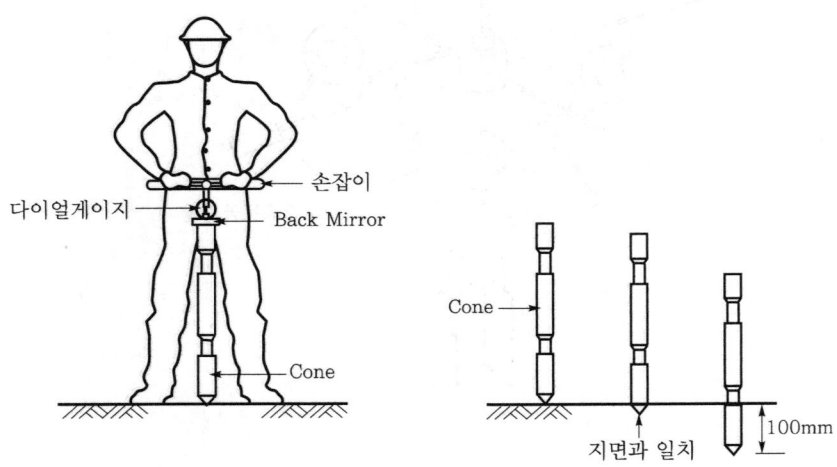

시험장비가 간단하고 시험이 용이하며 비용이 적게 든다.

Ⅲ. 특징

① 지반의 심도변화에 따라 연속적인 시험이 가능하다.

② 시험이 간단·신속하다.

③ 비용이 적게 소요된다.

④ 시료 채취가 불가능하다.

⑤ 자갈·암반층에서는 부정확하다.

Ⅳ. Cone관입시험의 분류

```
          ┌ 정적 콘관입시험 ─┬ 휴대용 콘관입시험(Portable Cone Penetrometer)
          │                 ├ 화란식 콘관입시험(Dutch Cone Penetrometer)
          │                 └ 피조콘관입시험(Piezocone Penetrometer)
          └ 동적 콘관입시험(Dynamic Cone Penetration)
```

1) 휴대용 콘관입시험(Portable Cone Penetrometer)

① $N<4$인 지반에 적용

② 연약지반에서 차량의 통과 여부를 판정할 목적으로 사용

③ 측정 가능한 범위는 1.5MPa 정도

2) 화란식 콘관입시험(Dutch Cone Penetrometer)

① $4<N<30$인 지반에 적용

② 유효조사심도가 25m 정도이며, 가장 많이 사용되는 Cone관입시험임

③ 호박돌이나 매우 연약한 지반 이외에는 정밀도가 표준관입시험보다 높음

3) 피조콘관입시험(Piezocone Penetrometer)

① 점토 및 사질토지반에 적용

② 유효조사심도는 50m 정도이며, 최근에는 시험기구 발전으로 70m까지 시험 가능

③ 시험결과의 신뢰성이 높고 적용성이 많아 중요한 구조물인 경우 많이 적용함

4) 동적 콘관입시험(Dynamic Cone Penetrometer)

① 시험지반에 Cone관입시험기를 설치하고 일정한 무게의 Hammer를 자유낙하시켜 정해진 관입깊이에 따른 타격횟수(N_d)를 측정

② 사질토 연약지반개량효과에 이용

③ N치와의 관계 : $N = \dfrac{N_d}{1.15}$

23 피조콘(Piezocone)관입시험

Ⅰ. 정의

① 피조콘은 기존의 Dutch Cone을 개량하여 콘저항치와 마찰력을 측정하면서 간극수압 및 간극수압 소산이 동시 측정되는 지반조사장비이다.

② 연결로드에 전기식 Cone을 장착하여 일정한 관입속도로 지중에 압입하여 소정의 심도까지 연속적으로 관입저항 및 슬리브의 마찰력, 과잉 간극수압을 측정하는 장비이며 필요에 따라 콘관입을 중단하고 간극수압 소산시험을 수행할 수 있다.

Ⅱ. Piezocone장비의 구성

구성항목	용도	규격
전기식 콘	선단지지력, 슬리브의 마찰력, 과잉 간극수압 등을 측정	표준 콘 • 콘의 선단각 : 60° • 콘 선단면적 : $10cm^2$ • 콘 선단직경 : 35.7mm • 슬리브의 마찰면적 : $150cm^2$ • Piezo Element : 콘 Tip 바로 뒤에 위치
추진Rod	전기식 콘을 지중에 관입할 때 연결Rod로 사용	• Rod의 형식 : 단관 • Rod 직경 : 35.7mm • 재질 : 고강도 강철 • 길이 : 1m/1본
유압관입기, 디젤엔진	콘을 지중에 관입하는 장비	• 관입능력 : 20ton • 장비하중 : 800kg
진공펌프	콘을 강제 포화시킬 때 사용	• 포화작업시간 : 2시간 • 포화액체 : 실리콘오일
데이터 관리	• 콘에 대한 초기 보정치 입력 • 측정치의 Reading • IBM PC와의 Interface	

Ⅲ. 특징

① 연속적인 지층 주상 및 강도 파악
② 수평방향 압밀특성 파악
③ 점성토층 내에 분포하는 Sand Seam층 파악 가능
④ 지반개량 전·후의 강도기준치 설정
⑤ 응력경로 및 과압밀비 측정
⑥ 간극수압 측정
⑦ 관련 토질 정수의 측정

Ⅳ. 자료 처리

① 전기식 콘관입기는 연속적인 자료수집으로 인하여 복잡한 측정자료의 처리와 수집기능이 요구된다.
② 매 회 측정은 20~50mm마다 수행된다.
③ 전송된 Data는 자체 출력프로그램인 CPT-Main에 의하여 현장에서 직접측정 결과를 CRT를 통하여 파악이 가능하다.
④ 전산출력결과표

Ⅴ. 피조콘관입시험과 표준관입시험의 특징 비교

구분	피조콘관입시험	표준관입시험
자료의 연속성	○	×
자료의 신뢰도	○	△
간극수압 측정	○	×
Sand Seam 유무 판정	○	×
시료의 채취	×	△
응력경로, OCR 판정	○	×
조사비	○	○

Ⅵ. 시험결과치 이용

① 비배수강도 결정
② 투수계수 결정
③ 선행압밀하중 결정
④ 압밀계수 추정

24 공내재하시험(Pressure Meter Test)

Ⅰ. 정의

① 보링 실시 후 시추공의 공벽면을 가압하여 그때의 공벽면변형량을 측정함으로써 지반의 강도와 변형특성을 측정하는 시험이다.

② 연약점토지반에서 경암까지 지반특성의 파악과 암반분류의 지표를 얻기 위해 실시하며, 평판재하시험이나 지반의 교란 없이 지반의 특성 파악이 가능하다.

Ⅱ. 공내재하시험 모식도

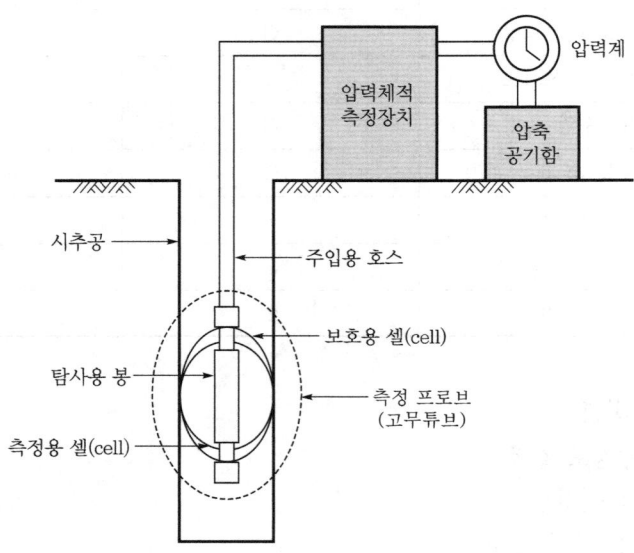

Ⅲ. 시험방법

① 시추공 굴착 후 고무튜브로 된 측정 프로브(Probe) 삽입

② 측정 프로브를 가스압으로 팽창시켜 형성된 고무재질의 측정용 셀과 시추공 벽면을 밀착

③ 압축가스로 대략 0.1MPa 정도로 가압

④ 단계가압량은 예상파괴압의 1/10 정도

⑤ 한계압에 도달 시까지 반복 실시

⑥ 변위-압력곡선을 작성 후 변형계수와 탄성계수를 산출

Ⅳ. 시험결과의 이용

① 흙의 분류에 이용

② 비배수 전단강도 측정에 이용

③ 정지토압계수 산정

④ 기초 설계 시 허용지지력 추정 및 침하량 산정

25 Sampling(시료 채취)

Ⅰ. 정의

① 지반의 토질 판별을 위하여 시료를 채취하는 방법을 말한다.

② 시료를 채취하는 방법에는 크게 교란시료 채취와 불교란시료 채취로 분류할 수 있다.

Ⅱ. 용도

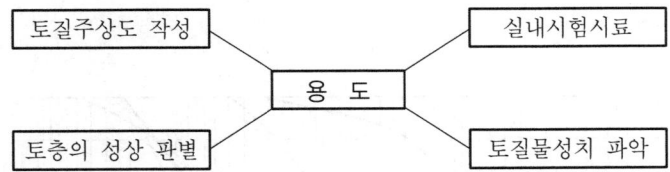

Ⅲ. 분류

1. 교란시료 채취(Disturbed Sampling)

토질이 흐트러진 상태로 채취한 시료를 말한다.

1) 특성

① 토성, 다짐성 등을 시험

② 토량환산계수를 구하기 위하여 교란시료와 불교란시료를 채취

2) Remold Sampling

Auger에 의하여 연속적으로 Sample을 채취하는 방법

2. 불교란시료 채취(Undisturbed Sampling)

토질이 자연상태 그대로 흩어지지 않도록 채취하는 것으로 Boring과 병행하여 실시한다.

1) 특성

① 흙의 분류시험, 역학적 시험에 사용

② 전단, 압축, 투수, 입도 등을 시험

2) 채취방법

① Thin Sampling : N치 0~4 정도의 연약한 점토 채취, 높은 신뢰도

② Composite Sampling : N치 0~8 정도의 굳은 점토 또는 다져진 모래 채취

③ Dension Sampling : N치 4~20 정도의 경질 점토 채취

④ Foil Sampling : 연약지반에 사용되며 완전히 연결된 시료 채취 가능

26 입도 분석(입경가적곡선)

Ⅰ. 정의

① 흙의 기본적 성질에서 공학적인 중요한 요소는 흙의 입도구성, 광물조성 Consi-
stency, 흙덩어리의 구조 등으로 흙을 분류하는 기준도 이에 따르고 있다.

② 입도분포라 함은 흙을 구성하는 토립자를 입경에 의하여 구분한 분포상태를 말
하며 흙의 밀도, 투수성, 강도 등의 공학적 성질을 좌우하는 중요한 요소이다.

Ⅱ. 입경가적곡선

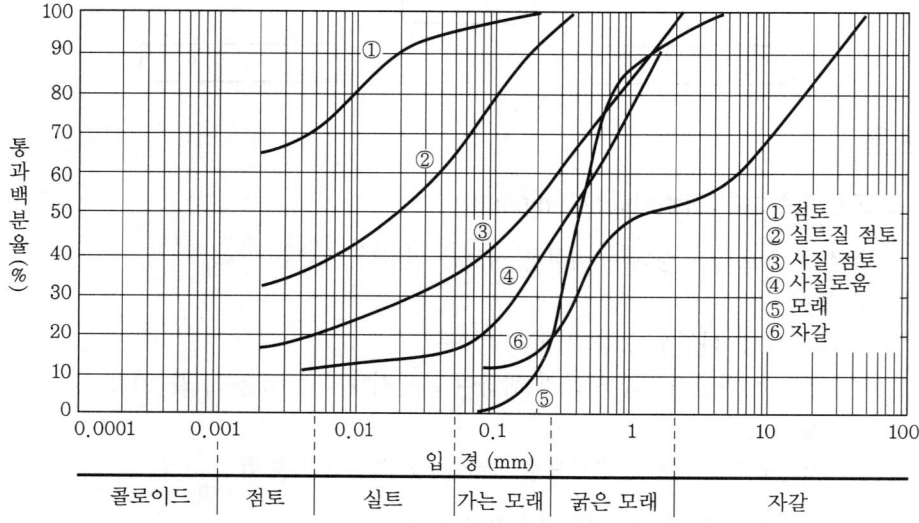

체가름시험 분석결과를 반대수지(Semi Log Paper)의 횡축에 대수눈금으로 입경을
표시하고, 종축에 통과중량백분율을 표시하여 Plot 했을 때 토질의 입경에 따른 가
적곡선이 나타난다.

1) 균등계수(C_u)

통과중량백분율 10%, 30%, 60%에 해당하는 입경을 각각 D_{10}, D_{30}, D_{60}이라 할
때 조립도의 입도분포가 좋고 나쁜 정도를 나타내는 계수이다.

$$C_u = \frac{D_{60}}{D_{10}}$$

2) 곡률계수(C_g)

$$C_g = \frac{D_{30}^2}{D_{60}D_{10}}$$

C_u	입도상태	C_g
1	균등 입도	
≤ 4	입도분포 나쁨	
≥ 10	입도분포 좋음	$1 \le C_g \le 3$

3) 유효경

① 입경가적곡선에서 통과중량백분율 10%에 해당하는 D_{10}을 흙의 유효경이라 한다.

② 유효경은 사질토의 투수성과 밀접한 관계가 있다.

투수계수 $k = (100 \sim 174)D_{10}^2 [\text{cm/sec}]$

4) Filter규정

통과백분율 15%, 85%에 해당하는 입경 D_{15} 및 D_{85}를 기준으로 한다.

$$(4 \sim 5)D_{85} \ge d_{15} > (4 \sim 5)D_{15}$$

여기서, d_{15} : 필터재료의 통과중량백분율 15%의 입경

D_{15} : 필터에 접하는 지반토의 통과백분율 15%에 해당되는 입경

D_{85} : 필터에 접하는 지반토의 통과백분율 85%에 해당되는 입경

Ⅲ. 입도 분석방법

1) 체가름시험법

No.4, No.10, No.20, No.40, No.60, No.140, No.200번체를 체 진동기에 거치하고 시료를 위에 담고 충분히 체질한 다음 전체 시료에 대한 각 체에 남은 잔여시료 중량의 비로써 각 체의 통과중량백분율을 산출한다.

$$\text{각 체의 통과중량백분율} = \frac{\text{각 체에 남은 잔류시료중량}}{\text{전체 시료중량}} \times 100[\%]$$

2) 침강 분석법

정수 중에 토립자가 침강하는 속도와 흙 입경과의 관계를 나타내는 Stokes법칙을 적용한 것으로 비중계법(Hydrometer Method), 피펫법(Pipet Method), 광투과법(Photo Extinction Method) 등이 있으며 일반적으로 비중계법이 많이 이용된다.

27 | Stokes법칙과 영동작용(Brown운동)

Ⅰ. 정의

Stokes법칙이란 한 개의 구를 정수 중에 떨어뜨렸을 때의 침강속도는 그 구의 직경의 제곱에 비례한다는 원리로 침강속도를 구하는 것을 말한다.

Ⅱ. 침강속도

$$V = \left(\frac{\gamma_s - \gamma_w}{18\mu} \right) gd^2 \, [\text{cm/sec}]$$

여기서, γ_s : 토립자의 단위중량

γ_w : 물의 단위중량

μ : 물의 점성계수

d : 토립자의 직경

g : 중력가속도

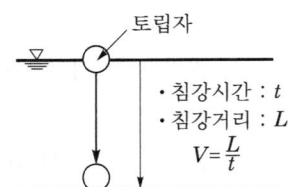

- 침강시간 : t
- 침강거리 : L

$$V = \frac{L}{t}$$

Ⅲ. Stokes법칙의 가정과 실제와의 차이점

구분	Stokes법칙 가정	실제(점토)
침강입자	완전 구형	판상
입자침강	단독 침강	간섭침강(응집)
침강속도	느림	수십~수백배 빠름

Ⅳ. 용도

① 준설점토 침강속도 산정

㉠ 침강속도가 느린 점토입자에는 Stokes법칙을 적용하는 것이 타당하나, Stokes법칙의 가정조건과 점토입자의 침강형태가 달라 실제 침강속도와는 차이가 크다.

㉡ 원심모형시험결과와 비교 검토 후 적용함이 타당하다.

② 세립토 흙분류(실트, 점토) : 비중계 분석시험으로 분류

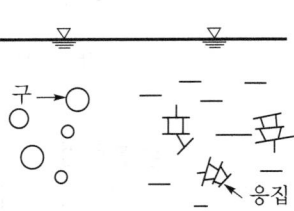

V. 영동작용(Brown운동)

① 영동작용이란 물속에서 미세한 입자가 입자표면의 전하 때문에 가라앉지 않고 떠돌아다니는 현상을 말한다.

② 준설한 준설점토 거동은 입자크기가 미세하고 입자표면의 음의 전하 때문에 처음에는 영동작용을 하다가 시간이 흐르면 응집하여 중량이 무거워 침강한다.

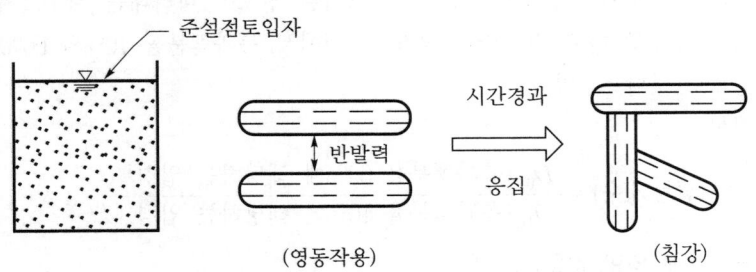

(영동작용)　　　　(침강)

28 균등계수, 곡률계수

I. 균등계수(Uniformity Coefficient)

1) 정의

균등계수는 조립토의 입도분포가 좋고 나쁜 정도를 나타내는 계수로써, 입도 분석 자료를 토대로 하여 작성한 입경가적곡선에서 통과백분율 10%와 60%에 해당하는 입경으로 구할 수 있다.

2) 관계식

$$C_u(\text{균등계수}) = \frac{D_{60}(\text{통과백분율 60\%에 해당하는 입경})}{D_{10}(\text{통과백분율 10\%에 해당하는 입경})}$$

3) 균등계수에 의한 입도분포 판정

모래에서 $C_u \geq 6$, 자갈에서 $C_u \geq 4$일 경우 좋은 입도분포에 속한다.

C_u	입도분포상태
1	균등 입도
≤ 4	나쁜 입도분포
≥ 10	좋은 입도분포

II. 곡률계수(Coefficient of Curvature)

1) 정의

입도 분석자료에서 통과백분율 10%, 30%, 60%에 해당하는 입경을 각각 D_{10}, D_{30} D_{60}이라 할 때 구해지는 계수로서 균등계수와 함께 입도분포 판정에 이용된다.

2) 관계식

$$C_g(\text{곡률계수}) = \frac{D_{30}^2(\text{통과백분율 30\%에 해당하는 입경})}{D_{10}(\text{통과백분율 10\%에 해당하는 입경})D_{60}(\text{통과백분율 60\%에 해당하는 입경})}$$

3) 입도 판정

C_g	입도 판정
1~3	좋은 입도분포
$1 < C_g < \sqrt{C_u}$	$C_u \geq 10$일 때 좋은 입도분포
$C_g < 1,\ C_g > \sqrt{C_u}$	단계 입도분포

Ⅲ. 입경가적곡선

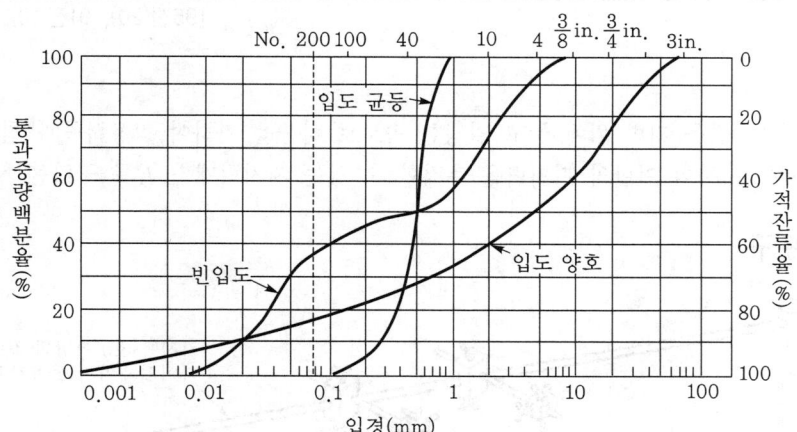

29 평판재하시험(PBT : Plate Bearing Test)

[95전(20), 01전(10), 03후(10)]

I. 정의

재하평판을 지반 위에 놓고 일정한 속도로 하중을 가하여 작용하중과 침하량의 관계를 구하여 지반의 지지력을 추정할 수 있는 지지력계수 K를 구하는 시험이다.

II. 시험도구

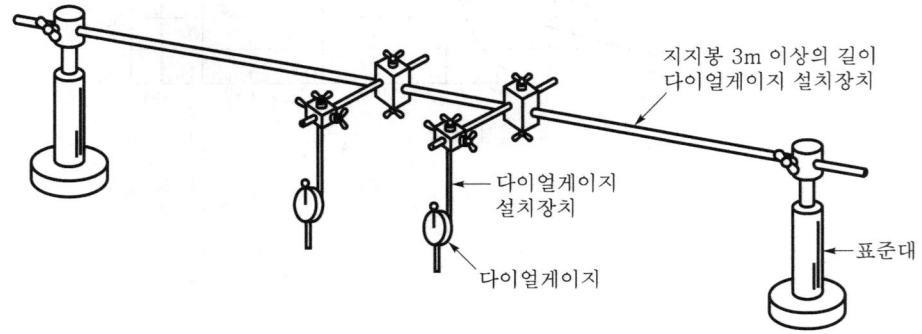

지지봉 3m 이상의 길이
다이얼게이지 설치장치

다이얼게이지
설치장치

다이얼게이지

표준대

1) 재하판
   ① 원형 : 직경 300mm, 400mm, 750mm
   ② 정사각형 : 300×300×25mm, 400×400×25mm
2) 하중장치
   자동차 또는 트레일러와 같은 소요의 반력을 얻을 수 있는 장치로서 재하판의 끝에서 1m 이상 떨어진 지점에 지지점을 설치한다.
3) 측정장비
   ① 유압Jack
   ② Gauge
   ③ 기록장치 및 표준대
4) 침하량 측정장치
   재하판의 침하량을 측정하는 장치로서 재하판의 끝에서 3m 이상 떨어진 지점에 지지점을 설치한다.

III. 특징

① 실물재하시험으로 신뢰성이 있다.
② 지반지내력의 정도를 정확히 측정한다.
③ 시험 시 설비규모가 크다.
④ 재하방법에 따라 실물재하와 반력재하로 나눈다.

Ⅳ. 시험방법

1) 시험지반 정리
시험지반 지표면을 작은 삽 등의 도구로 수평으로 정리한다.

2) 재하판 설치
정리된 지표면 위를 평탄하게 하기 위해 필요시 모래를 얇게 깔고, 그 위에 재하판을 설치한다.

3) 재하장치 설치
재하판 중심에 Jack을 설치하고, 재하장치의 지지점은 재하판으로부터 1m 이상 떨어지게 한다.

4) 얕은 기초 평판재하시험(KS F 2444)
① 재하판의 안정을 위해서 $35kN/m^2$의 초기 접지압을 가한 상태를 초기치로 한다.
② 계획된 시험목표하중의 1/8 이하로 8단계로 나누고 누계적으로 동일 하중을 흙에 가한다.
③ 각 단계별 하중 증가 후 최소 15분 이상 하중을 유지해야 하며, 침하가 정지하거나 침하비율이 일정하게 될 때까지 하중을 유지하도록 한다.

5) 도로의 평판재하시험(KS F 2310)
① 재하판의 안정을 위해서 $35kN/m^2$의 초기 접지압을 가한 상태를 초기치로 한다.
② 하중강도가 $35kN/m^2$씩 되도록 하중을 단계적으로 증가시킨 후 침하 진행이 정지되면 하중계와 변위계의 눈금을 읽는다.
③ 침하량이 15mm에 달하거나 재하응력이 지반항복점을 넘으면 시험을 멈춘다.
④ 각 단계별 하중 증가 후 최소 15분 이상 하중을 유지해야 하며, 침하가 정지하거나 침하비율이 일정하게 될 때까지 하중을 유지하도록 한다.
⑤ 시험결과로부터 종축에 침하량, 횡축에 하중을 표시하여 하중-침하량곡선을 그린다.

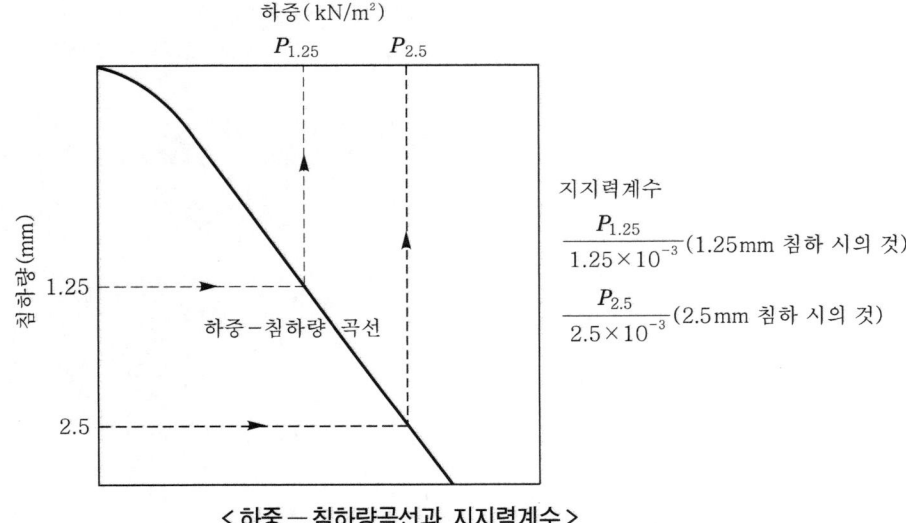

< 하중-침하량곡선과 지지력계수 >

⑥ 하중강도–침하량곡선으로부터 소정의 침하량 시의 시험하중을 구하여 다음 식에 의하여 지지력계수를 계산한다.

$$K(\text{지지력계수}) = \frac{\text{시험하중}(kN/m^2)}{\text{침하량}(mm)} \, [MN/m^3]$$

㈜ 침하량은 시험의 목적에 상응하는 값이라야 한다. 일반적으로 Cement Concrete 포장에서는 1.25mm, Asphalt 포장에서는 2.5mm를 이용한다.

30 평판재하시험 적용 시 유의사항

[09전(10), 11후(10), 12중(10), 15중(10)]

Ⅰ. PBT의 종류

① 도로의 평판재하시험(KS F 2310) : 재하판을 지반 위에 놓고 일정한 속도로 하중을 가하여 작용하중과 침하량의 관계를 구한 뒤 지반의 지지력을 추정할 수 있는 지지력계수 K를 구하는 시험이다.

② 얕은 기초 지내력시험(KS F 2444) : 평판재하시험은 하중 – 침하량곡선 위에 항복하중이 나타날 때까지 재하를 계속하지만, 하중에 여유가 있으면 지반이 파괴상태에 도달할 때까지 하중을 가한다. 시험이 끝나면 항복하중의 1/2 또는 파괴하중의 1/3 중 작은 것을 장기허용지지력으로 하고, 그의 2배를 단기허용 지지력으로 한다.

Ⅱ. 시험방법

① 시험지반 정리
② 재하판 설치
③ 재하장치 설치
④ 재하시험
⑤ 시험결과 정리

Ⅲ. 적용 시 유의사항(결과 이용 시 주의사항)

1) 항복하중의 결정

① 항복하중은 여러 방법의 결과를 비교하여 종합적으로 결정하여야 한다.
② 항복하중의 결정방법
    ㉠ 하중 – 침하곡선을 이용하는 방법
    ㉡ $\log P - \log S$곡선법
    ㉢ $S - \log t$ 법

2) 허용지지력의 결정

① 일반적으로 허용지지력은 설계자가 하중조건, 침하조건, 현지 여건 등을 종합적으로 검토하여야 한다.
② 허용지지력을 구할 때는 다음 조항들의 최소값을 사용한다.
    ㉠ 항복하중의 1/2 이하
    ㉡ 극한하중의 1/3 이하
    ㉢ 상부구조물에 따라 정한 허용침하량의 하중 이하

3) 시험지점의 토질변화

① 실제는 시험장치의 크기가 작은 관계로 실제 기초폭보다 훨씬 작은 면적을 사용하므로 시험결과에 나타난 지지력이나 침하량을 그대로 설계에 반영해서는 안 된다.

② 재하시험의 응력이 미치지 않는 깊이에 연약지반이 있을 경우에는 자연시료를 이용하여 하부연약층의 전단특성과 압밀특성 등을 사전에 파악한 후 실제 기초의 지지력과 침하량을 산출하여야 한다.

4) 지하수의 변동

지하수가 낮았던 지점에서 어떤 원인으로 지하수가 상승하면 흙의 유효단위중량은 대략 50% 정도로 저하되므로 지반의 극한지지력도 대략 반감한다.

5) Scale Effect

Boring 및 기타의 조사에 의하여 지반이 균질하고 하부에 연약지반이 없는 것이 인정되어도 재하시험결과를 그대로 적용할 것이 아니라, 반드시 재하판의 크기 및 실제 기초의 크기를 비료한 Scale Effect를 고려하여야 한다.

31 지지력계수(Modulus of Subgrade Reaction)

Ⅰ. 정의

① 노상과 보조기층의 지지력크기를 나타내는 계수로서 평판재하시험을 통하여 얻을 수 있으며 침하량에 대한 시험하중의 비로 나타낸다.

② 평판재하시험에서 사용하는 재하판의 크기는 300mm, 400mm, 750mm가 있으며 지반계수 또는 K치를 나타내기도 한다.

Ⅱ. 산정식

$$K(\text{지지력계수}) = \frac{P(\text{시험하중}\,[\text{kN/m}^2])}{S(\text{침하량}\,[\text{mm}])}\,[\text{MN/m}^3]$$

Ⅲ. 용도

① 지반지내력 산정   ② 노상지지력 산정
③ 보조기층지지력 산정   ④ Con'c 포장 설계

Ⅳ. 측정방법

1) 시험지반 정리
시험지반 지표면을 작은 삽 등의 도구로 수평으로 정리한다.

2) 재하판 설치
정리된 지표면 위를 평탄하게 하기 위해 필요시 모래를 얇게 깔고, 그 위에 재하판을 설치한다.

3) 재하장치 설치
재하판 중심에 Jack을 설치하고, 재하장치의 지지점은 재하판으로부터 1m 이상 떨어지게 한다.

4) 재하시험
① 재하판의 안정을 위해서 35kN/m²의 초기 접지압을 가한 상태를 초기치로 한다.
② 하중강도가 35kN/m²씩 되도록 하중을 단계적으로 증가시킨 후 침하 진행이 정지되면 하중계와 변위계의 눈금을 읽는다.
③ 침하량이 15mm에 달하거나 재하응력이 지반항복점을 넘으면 시험을 멈춘다.
④ 각 단계별 하중 증가 후 최소 15분 이상 하중을 유지해야 하며, 침하가 정지하거나 침하비율이 일정하게 될 때까지 하중을 유지하도록 한다.

5) 시험결과의 정리
① 시험결과로부터 종축에 침하량, 횡축에 하중을 표시하여 하중－침하량곡선을 그린다.
② 하중－침하량곡선으로부터 소정의 침하량 시의 시험하중을 구하여 다음 식에 의하여 지지력계수(K)를 계산한다.

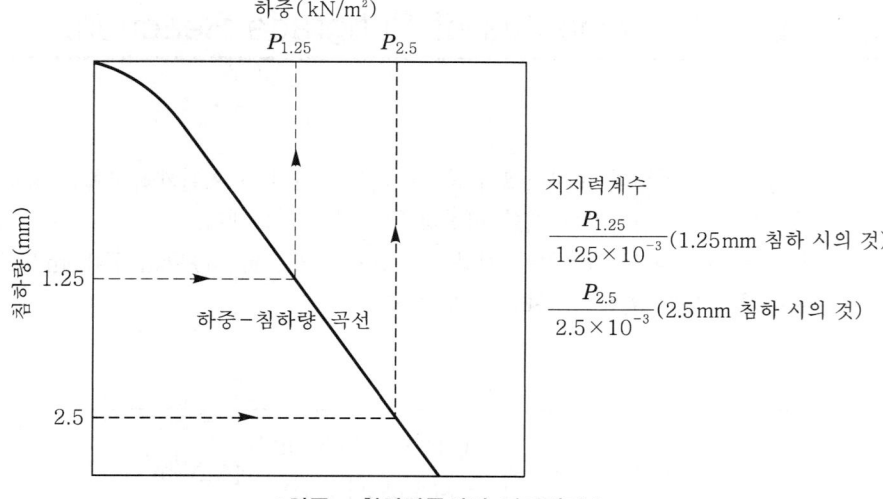

지지력계수

$$\frac{P_{1.25}}{1.25 \times 10^{-3}} (1.25\text{mm 침하 시의 것})$$

$$\frac{P_{2.5}}{2.5 \times 10^{-3}} (2.5\text{mm 침하 시의 것})$$

< 하중 － 침하량곡선과 지지력계수 >

$$K(\text{지지력계수}) = \frac{\text{시험하중}(\text{kN/m}^2)}{\text{침하량}(\text{mm})} [\text{MN/m}^3]$$

㊟ 침하량은 시험의 목적에 상응하는 값이라야 한다. 일반적으로 Cement Concrete 포장에서는 1.25mm, Asphalt 포장에서는 2.5mm를 이용한다.

6) 재하장치

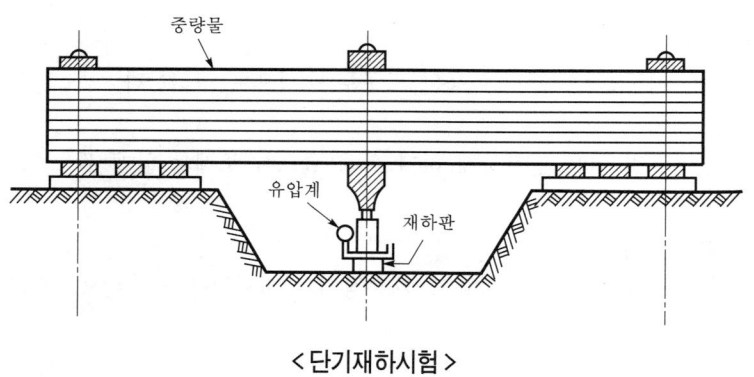

< 단기재하시험 >

7) 평판의 크기

① 지지력계수는 평판의 지름에 따라 다르므로 사용하는 판의 지름(cm)을 부기하여 K_{30}, K_{75}와 같이 적는다.

② K_{30}의 값은 대략 $2.2 K_{75}$에 상당한다.

8) 설계에 적용(K치의 활용)

① 아스팔트 포장에서 기층의 지지력목표치는 $K_{30} = 294\text{MN/m}^3 (= 28\text{kgf/cm}^3)$이다.

② 콘크리트 포장의 보조기층에서는 $K_{30} = 196\text{MN/m}^3 (= 20\text{kgf/cm}^3)$로 하고 있다.

32 CBR(California Bearing Ratio)

[10전(10), 24전(10)]

Ⅰ. 정의

① 노상토의 지지력상태 파악 및 재료 선정, 포장 설계에 사용되는 Data를 얻기 위하여 시험실에서 준비한 시료로서 규정의 관입시험을 실시하는 것을 CBR시험이라 한다.

② 지름 50mm의 Piston을 1mm/분 속도로 관입시켜 관입깊이별로 구한 시험하중을 표준 하중으로 나누어 백분율로 구하는 것을 CBR값으로 하며 다음과 같이 나타낸다.

$$CBR = \frac{시험하중(kN)}{표준\ 하중(kN)} \times 100[\%]$$

Ⅱ. CBR의 분류

분류 ─┬─ 실내CBR ─┬─ 수침CBR(선정CBR) : 재료 선정에 사용
      │   └─ 수정CBR(설계CBR) : 연성 포장두께 설계에 사용
      └─ 현장CBR ─── 노상지지력 확인

Ⅲ. CBR 측정

1) 공시체 제작

① 잔여시료에서 함수량을 측정하여 최적 함수비가 되도록 물을 넣어 시료가 균일해지도록 고르게 섞은 후 밀폐용기에 넣어 12시간 이상 보관한다.

② 준비된 몰드에 밀폐용기에 넣어 둔 시료를 5층으로 나누어 넣고 각 층 55회, 25회, 10회의 다짐에 의한 공시체를 각 조 3개씩 9개 만든다.

③ 제작한 공시체 위에 축이 붙은 유공판을 올려놓고 그 위에 하중판을 5kg이 되도록 올려 놓는다.

④ 이때 하중판의 무게는 노상토 위에 실제 포장의 무게를 환산하여 정한다.

2) 수침

① 하중판을 올려 놓은 상태로 몰드를 수침시키고, 팽창량 측정을 위한 다이얼게이지를 설치한다.

② 수조 내의 수위는 유공판 축의 상부보다 낮게 수위를 유지시킨다.

3) 팽창량 측정

① 다이얼게이지눈금을 1, 2, 4, 8, 24, 48, 72, 96시간에 읽고 기록한다.

② 4일 수침 후 몰드를 재하시험기에 올려 놓는다.

③ 재하시험기의 피스톤이 공시체의 윗면에 밀착하도록 한다.

4) 관입시험

① 피스톤의 관입속도가 1mm/분 되게 일정한 속도가 유지되도록 하중을 가한다.

② 관입량이 0.5, 1.0, 1.5, 2.0, 2.5, 3.0, 4.0, 5.0, 7.5, 10.0, 12.5mm일 때 하중게이지 눈금을 읽어 기록한다.

③ 관입시험이 끝난 몰드는 공시체를 뽑아서 공시체표면 5~30mm 깊이의 함수량 시료를 채취한다.

5) CBR 계산

① 관입시험결과로부터 얻은 시험하중으로 단위하중을 구한다.

② 단계별 관입량에 대하여 하중을 Plot하여 그래프를 그린다.

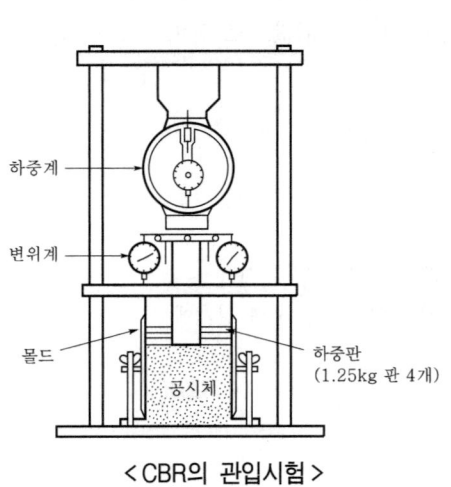

< CBR의 관입시험 >

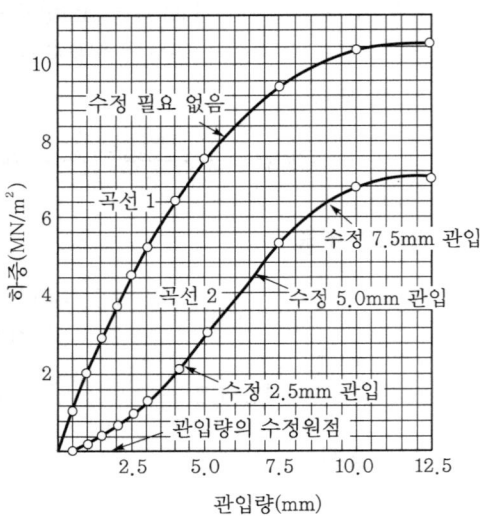

③ 곡선 수정

㉠ 곡선 1과 같이 2차 곡선이면 수정 불필요

㉡ 곡선 2와 같이 3차 곡선으로 나타낼 때는 변곡점에서 공통 접선을 그어 이 접선이 $y = 0$인 축과 만나는 점을 수정된 점으로 한다.

㉢ 이때의 관입량 2.5, 5.0mm일 때의 하중을 구한다.

④ CBR 산정 : 관입량 2.5mm일 때의 하중을 표준 하중 13.4kN으로 나누어 100을 곱한 것이 2.5mm의 CBR값이 된다.

$$\text{CBR} = \frac{\text{시험하중(kN)}}{\text{표준 하중(kN)}} \times 100[\%]$$

⑤ 표준 하중표

관입량(mm)	표준 하중강도(MN/m^2)	표준 하중(kN)
2.5	6.9	13.4
5.0	10.3	19.9
7.5	13.1	25.8
10.0	15.9	31.2
12.5	18.0	35.3

33 CBR과 N치의 관계

Ⅰ. CBR

1) 정의
   ① CBR이란 현장 사용재료로 공시체를 제작하여 4일간 수침 후 팽창률 및 관입에 대한 하중을 측정하여 시험단위하중의 표준 단위하중에 대한 비를 백분율로 나타낸 것으로서 다음과 같다.
   ② $CBR = \dfrac{\text{시험하중(kN)}}{\text{표준 하중(kN)}} \times 100 [\%]$

2) CBR의 종류
   ① 실내CBR
      ㉠ 수침CBR(선정CBR)
      ㉡ 수정CBR(설계CBR)
   ② 현장CBR

3) 관입량 및 표준 하중

관입량(mm)	표준 단위하중(MN/m^2)	표준 하중(kN)
2.5	6.9	13.4
5	10.3	19.9

4) 목적
   ① 재료 선정
   ② 노상지지력 확인
   ③ 연성 포장두께 결정

Ⅱ. N치

1) 정의
   ① N치란 현장에서 임의 지점에서의 지반상태를 파악하기 위해서 외경 51mm의 표준 관을 63.5kg의 해머로 낙하고 760mm에서 타격할 때 표준 관이 300mm 관입될 때 낙하횟수를 말한다.
   ② 표준관입시험을 통하여 낙하횟수 N값뿐만 아니라 불교란 및 교란시료를 채취하고 개략적인 지하수위 측정 등을 할 수 있는 현장시험이다.

2) 시험도구
   ① 표준 관(Split Spoon Sampler)
   ② Hammer
   ③ Rod

3) 목적
① 점착력 추정
② 일축압축강도 추정
③ 상대밀도 추정
④ 내부마찰각 추정
⑤ 침하량 추정
⑥ 극한지지력 추정

Ⅲ. CBR과 N치의 관계

구분	사질지반	점성지반
N치	• 상대밀도 추정 • 내부마찰각 추정 • 침하량 추정 • 극한지지력 추정	• 점착력 추정 • 일축압축강도 • 흙의 연경도
	• 변형계수 • 횡방향 지반반력계수	
CBR	• 성토재료 선정 • 노상지지력 판정 • 도로 포장두께 설계 • 재료의 팽창률 측정 • 재료의 흡수율 측정	

34 도로공사에서 노상의 지내력을 구하는 시험법

[14중(10)]

Ⅰ. 노상의 지내력 확보목적

① 노상은 상부로부터 전달되는 교통하중을 분산시켜 노체에 전달하는 역할
② 노상의 지내력은 흙의 성질, 다짐상태, 함수비의 변동에 따라 변화
③ 노상의 지내력 부족은 도로 포장의 주요 파괴원인임

Ⅱ. 노상의 지내력시험법

구분	시험법	
현장시험방법	• CBR Test • Proof Rolling Test	• 평판재하시험(PBT)
실내시험방법	• 직접전단시험 • 일축압축시험	• 삼축압축시험 • 동탄성계수(M_R)시험

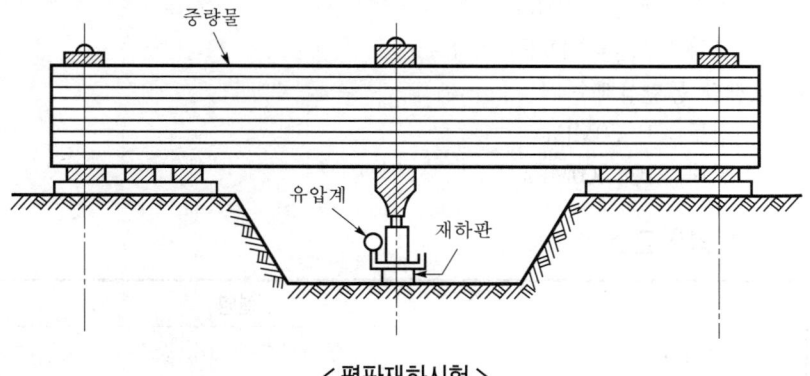

< 평판재하시험 >

Ⅲ. 도로의 평판재하시험(KS F 2310)

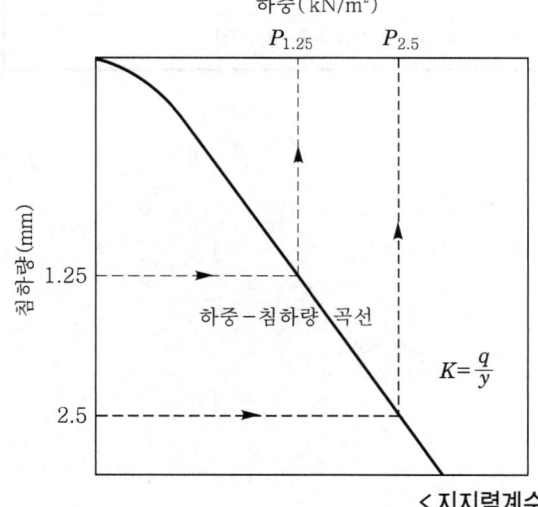

< 지지력계수(K) 목표치 >

$K\,[\text{MN/m}^3]$	노상	보조기층
CCP	147	196
ACP	196	294

Ⅳ. 동탄성계수(Resilient Modulus, Dynamic Young Modulus, M_R)

① 흙의 탄성적 성질을 표시하는 지표로서 노상에서 윤하중에 의한 지지력을 모사한 시험법으로 결정된 계수

② 외력에 의한 노상의 실제 응력상태와 동일한 삼축압축시험을 반복 실시

③ 산정식

$$M_R = \frac{\sigma_d}{\varepsilon_R}$$

여기서, M_R : 동탄성계수(MPa), σ_d : 반복축차응력, ε_R : 축방향 변형률

④ 측정방법

　㉠ UTM을 이용한 동탄성계수시험

　㉡ 간접인장방식을 이용한 동탄성계수시험

　㉢ 비파괴시험을 이용한 동탄성계수시험

⑤ 토질상태

　㉠ 양호 : M_R =70MPa 이상

　㉡ 불량 : M_R =21MPa 이상

⑥ 토질별 동탄성계수

　㉠ 점토 : 1~50MPa

　㉡ 모래 : 10~300MPa

Ⅴ. 동탄성계수 영향요소

구분	설명
함수비	증가할수록 M_R 감소
다짐도	클수록 M_R 증가
동결융해	반복되는 동결융해로 M_R 급격히 감소
흙의 입도분포	느슨한 입도일수록 M_R 작음

35 흙의 전단강도(Shear Strength)

Ⅰ. 정의

① 흙의 성질은 일반적으로 물리적 성질과 역학적 성질로 구별할 수 있으며, 역학적 성질로는 전단강도, 압밀, 투수성 등이 있다.

② 전단강도는 흙의 가장 중요한 역학적 성질로서 기초의 하중이 그 흙의 전단강도 이상이 되면 흙은 붕괴되고, 기초는 침하, 전도되며 기초의 극한지지력을 알 수 있다.

Ⅱ. 전단강도(Coulomb의 법칙)

$$S = C + \bar{\sigma} \tan\phi$$

S : 전단강도, C : 점착력, $\bar{\sigma}$: 유효응력
$\tan\phi$: 마찰계수, ϕ : 내부마찰각

① 점토(내부마찰각 Zero) : $S \fallingdotseq C$

② 모래(점착력 Zero) : $S \fallingdotseq \bar{\sigma} \tan\phi$

Ⅲ. 전단강도시험(실내시험)

1) 직접시험

① 전단상자(Shear Box)에 흙시료를 담아 수직력의 크기를 고정시킨 상태에서 수평력을 가하여 시험하며 점착력과 내부마찰각을 산출한다.

② 종류에는 일면 전단시험과 이면 전단시험이 있다.

2) 일축압축시험

불교란 공시체에 직접 하중을 가해 파괴시험을 하며, 흙의 점착력은 일축압축강도의 1/2로 본다.

3) 삼축압축시험

자연과 거의 같은 조건 속에서 일정한 측압을 가하면서 수직하중을 가해 공시체를 파괴하여 시험하며, 모어의 응력원에 의해 간극수압과 점착력, 내부마찰각을 산출한다.

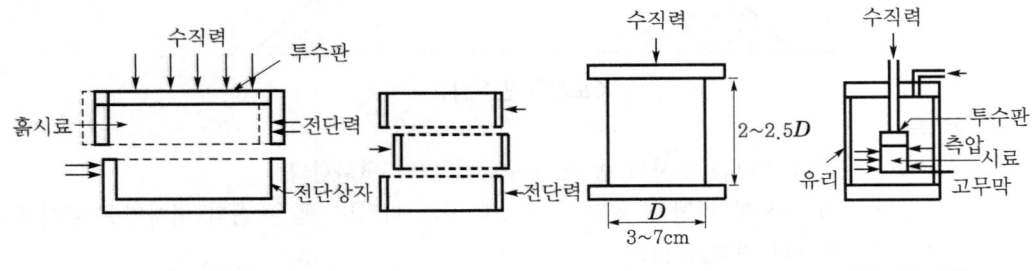

〈 일면 전단시험 〉   〈 이면 전단시험 〉   〈 일축압축시험 〉   〈 삼축압축시험 〉

36 내부마찰각과 안식각

[02전(10)]

I. 내부마찰각

1) 정의

내부마찰각이란 흙 속에 작용하는 수직응력과 전단응력과의 관계식($S = C + \sigma \tan\phi$)이 이루는 직선이 수직응력축과 이루는 각을 말한다.

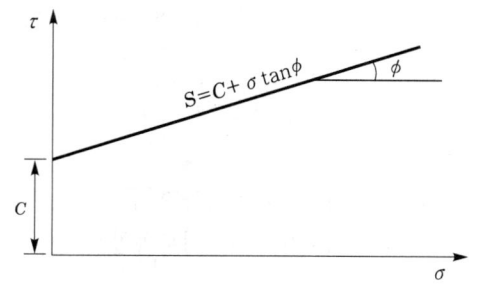

τ : 전단응력
σ : 유효응력
ϕ : 내부마찰각(전단저항각)
C : 점착력
S : 전단강도

2) 특성

① Coulomb의 이론
② 흙입자 간의 마찰성분 표시
③ 흙의 전단방법 및 배수조건에 따라 상이하게 나타남
④ 전단강도를 결정하는 데 중요한 강도 정수

II. 안식각

1) 정의

① 토사의 안식각(휴식각, Angle of Repose)이란 안정된 비탈면과 원지면(原地面)이 이루는 흙의 사면(斜面)각도를 말하며 자연경사각이라고 한다.
② 기초파기의 구배는 토사의 안식각에서 결정되므로 토질에 따라 다르다.

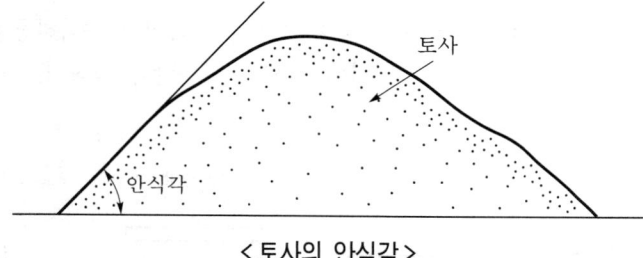

< 토사의 안식각 >

2) 특성

① 토사의 안식각은 토사의 종류, 함수량에 따라 변화한다.
② 흙파기 경사의 안정은 흙의 밀실도에 따라 다르며, 돋은 흙의 경사면은 깎아낸 경사면보다 각도가 크다.
③ 흙파기의 경사각은 안식각의 2배로 본다.

37 토사의 안식각(휴식각)

[15전(10)]

Ⅰ. 정의

① 토사의 안식각(安息角, 휴식각, Angle of Repose)이란 안정된 비탈면과 원지면(原地面)이 이루는 흙의 사면(斜面)각도를 말하며 자연경사각이라고 한다.

② 기초파기의 구배는 토사의 안식각에서 결정되므로 토질에 따라 다르다.

Ⅱ. 토사의 안식각

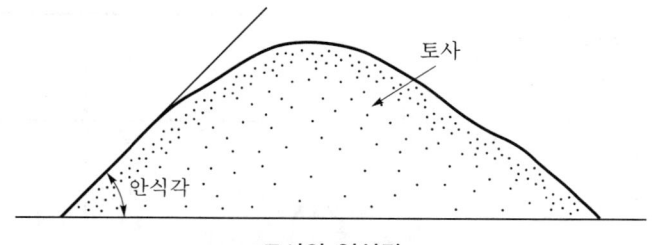

< 토사의 안식각 >

흙의 종별		중량(kg/m³)	안식각(°)	흙파기 경사각(°)
모래	건조상태	1,500~1,800	20~35	40~70
	습윤상태	1,600~1,800	30~45	60~90
	젖은 상태	1,800~1,900	20~40	40~80
흙	건조상태	1,300~1,600	20~45	40~90
	습윤상태	1,300~1,600	25~45	50~90
	젖은 상태	1,600~1,900	25~30	50~90
진흙	건조상태	1,600	40~50	80 이상
	습윤상태	2,000	20~25	40~50
자갈		1,600~2,200	30~48	60~96
모래와 진흙이 섞인 자갈		1,600~1,900	20~37	40~74

Ⅲ. 특성

① 토사의 안식각은 토사의 종류, 함수량에 따라 변화한다.

② 흙파기 경사의 안정은 흙의 밀실도에 따라 다르며, 돋은 흙의 경사면은 깎아낸 경사면보다 각도가 크다.

③ 흙파기의 경사각은 안식각의 2배로 본다.

38 흙의 전응력과 유효응력

[16후(10)]

I. 정의

① 전응력은 흙 속의 임의의 면에서 작용하는 단위면적당 전 수직응력을 말한다.
② 유효응력은 전응력에서 간극수압을 뺀 것으로, 포화된 지반에서 토립자 접촉면을 통해 전달되는 압력을 말한다.

II. 유효응력 산출

① 전응력
$$\sigma = \gamma_1 z_1 + \gamma_{sat} z_2$$
② 간극수압
$$u = \gamma_w z_2$$
③ 유효응력
$$\bar{\sigma} = \sigma - u$$
$$= \gamma_1 z_1 + \gamma_{sat} z_2 - \gamma_w z_2$$
$$= \gamma_1 z_1 + (\gamma_{sat} - \gamma_w) z_2$$
$$= \gamma_1 z_1 + \gamma_{sub} z_2$$
④ 전단강도
$$S = C + \bar{\sigma} \tan \phi$$

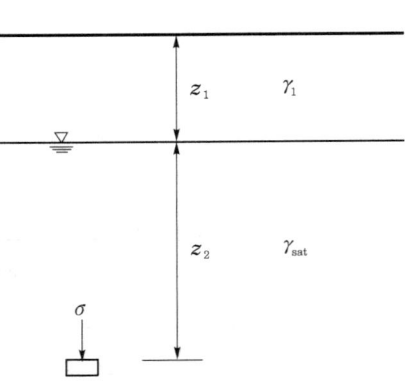

III. 특성

① 유효응력은 전응력(σ)에서 간극수압(u)을 뺀 값이다.
② 유효응력은 흙덩이의 변형과 전단에 관계있다.
③ 모관현상이 있는 영역에서는 부의 간극수압이 생기므로 유효응력이 증대된다.
④ 상향의 흐름이 있는 사질지반에서 유효응력이 0이 될 때의 동수경사를 한계동수경사라 한다.
⑤ 유효응력이 0이 되는 시점에서 모래가 위로 솟구쳐 오르는 분사현상이 발생한다.
⑥ 느슨한 사질지반이 진동, 충격을 받게 되면 간극수압 상승으로 유효응력이 감소되어 전단저항을 상실하고 지반이 액체와 같은 상태로 변하는 액상화가 발생된다.

IV. 흙의 종류별 전단강도

일반적인 흙	사질토	점성토
$C \neq 0, \ \phi \neq 0$	$C = 0, \ \phi \neq 0$	$C \neq 0, \ \phi = 0$
$S = C + \bar{\sigma} \tan\phi$	$S = \bar{\sigma} \tan\phi$	$S = C$

39 간극수압(공극수압)

I. 정의

① 지하 흙 중에 포함된 물에 의한 상향수압을 간극수압이라 한다.
② 흙의 유효응력이란 전응력에서 간극수압을 뺀 값을 말한다.

II. 간극수압의 크기

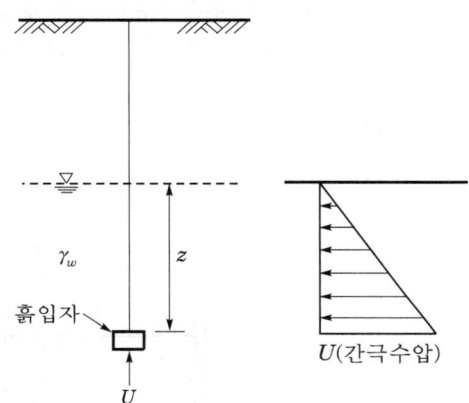

$$U = \gamma_w z$$

U : 간극수압
γ_w : 물의 단위중량
z : 물의 깊이

III. 간극수압의 특징

① 지반 내 유효응력을 감소시킨다.
② 지반 내 전단강도를 저하시킨다.
③ 물이 깊을수록 간극수압이 커진다.
④ 지하수위, 지중의 투수성, 압밀의
   진행 등을 조사하는 데 이용된다.

IV. 간극수압의 측정

① Piezo Meter로 측정한다.
② 터파기 시공 시 토사층 내부의 간극수압을 측정하기 위해 지중에 설치한다.

V. 유효응력과의 관계

$$\overline{\sigma}(\text{유효응력}) = \sigma(\text{전응력}) - U(\text{간극수압})$$

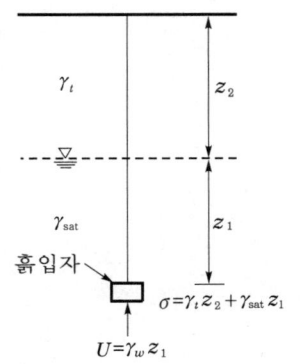

γ_{sat} : 물의 포화상태 단위중량
γ_t : 흙의 단위중량
z_1 : 물의 깊이
z_2 : 흙의 깊이

$$\sigma = \gamma_t z_2 + \gamma_{\text{sat}} z_1$$

$$U = \gamma_w z_1$$

40 과잉 간극수압(Excess Porewater Pressure)

Ⅰ. 정의

① 완전히 포화되어 있거나 또는 부분적으로 포화되어 있는 흙에 하중이 가해지면 그 하중으로 인해 흙 속의 간극수에 의한 수압이 생기게 되는데, 이를 과잉 간극수압이라 한다.

② 이 수압으로 인하여 어느 두 점 사이에 수두차가 생겨 흙 속에 간극수가 흐르게 되는데, 투수계수가 적은 점토를 통해 물이 흘러 나간다면 오랜 시간에 걸쳐 물이 빠지면서 흙의 체적이 감소되는 현상을 압밀이라 한다.

Ⅱ. 관계식

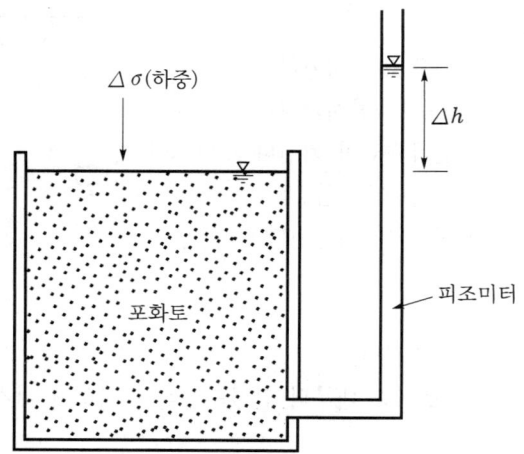

$$U_e\,(과잉\ 간극수압)=\Delta\sigma\,(가해진\ 하중)$$
$$=\Delta h\,(수주높이)\gamma_w\,(물의\ 단위중량)$$

Ⅲ. 과잉 간극수압의 발생

① 포화지반에 하중이 작용할 때
② 연약지반에 압밀이 진행될 때
③ 지반이 압축될 때

Ⅳ. 과잉 간극수압의 특성

① 지반에 하중작용 시 발생한다.
② 토질에 따라 소산기간을 달리한다.
③ 압밀되는 과정에서 서서히 소산된다.
④ 압밀 완료와 함께 과잉 간극수압도 없어진다.

41 잔류강도(Residual Strength)

Ⅰ. 정의

① 잔류강도란 과압밀점토와 조밀한 모래의 전단응력－전단변형곡선에서 최대 강도 이후 전단변형이 증가하면 전단응력은 감소하다가 일정한 값이 될 때의 전단응력을 말한다.

② 최대 강도($\tau_p = C + \sigma \tan \phi_p$)는 작은 전단변형에서 발생되고, 잔류강도($\tau_\gamma = \sigma \tan \phi_\gamma$)는 큰 전단변형에서 발생한다.

Ⅱ. 최대 강도와 잔류강도

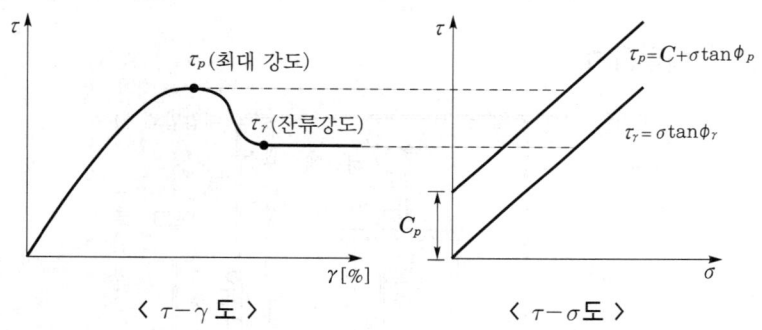

〈 $\tau - \gamma$ 도 〉　　　　〈 $\tau - \sigma$ 도 〉

큰 전단변형이 발생된 흙의 전단강도는 점착력(C)이 거의 0이 되고, 마찰저항(ϕ_γ)만 존재한다.

Ⅲ. 잔류강도의 측정

① 직접전단시험
② CD 삼축압축시험

Ⅳ. 잔류강도의 적용

① 붕괴 후 복구된 사면안정 검토
② 인장균열이 발생된 심한 과압밀점토, 사면안정 검토
③ 균열이 발생한 사력댐 사면안정 검토
④ 국부 전단파괴 발생 지반 : 연약지반의 극한지지력 산정 및 성토 사면안정 검토
⑤ 이질(성층) 사면안정 검토

42 배압(Back Pressure)

Ⅰ. 정의

① 투수성이 적은 지반에 배수가 생기지 않는 급속한 재하속도로 하중이 작용할 때 원지반의 압축강도를 구하기 위해 비압밀 비배수(UU : Unconsolidated Undrained) 삼축압축시험을 한다.

② 현장에서 완전히 포화되었던 시료라 하더라도 실험실에서 삼축압축시험할 때에는 수분의 증발로 인해 포화도가 떨어지는 바, 이를 방지할 목적으로 시험실에서 시료를 처음부터 100% 포화시키려고 시료 속으로 수압을 가하는 것을 Back Pressure라 하며, 적당한 배압이 유지되었을 때 삼축압축시험을 행한다.

Ⅱ. 삼축시험기 배압장치

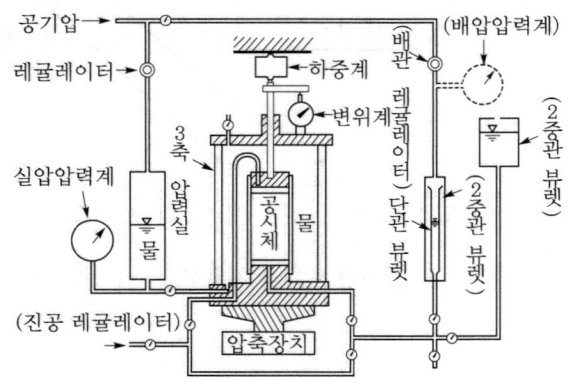

Ⅲ. 배압을 가하는 목적

① 불포화토는 유발된 간극수압의 정확한 측정을 위해 불포화토를 포화시키는 것으로 시료 속에 존재하는 공기를 제거하기 위한 것이다.

② 삼축시험기 공시체 하부 Cap에 배압의 물을 보내고 상부 Cap에 진공펌프를 연결하여 공기를 빼낸다.

Ⅳ. 배압을 가할 시 주의사항

① 배압을 0.03MPa 정도로 아주 작게 가하나 3축실의 구속압력보다는 약간 크게 한다.

② 진공압은 배수를 촉진하기 위한 것이다.

③ 배압은 구속압력과 동시에 가해야 하며, 만일 배압이 구속압력보다 더 커지면 시료가 교란되므로 주의한다.

④ 배압이 구속압력보다 낮게 되면 시료가 압밀되는 결과를 초래한다.

⑤ 다소 시간이 걸리더라도 상부 Cap에 연결시킨 진공펌프 Line에서 시료 속에 공기가 제거되고 간극수가 일정하게 유출될 때까지 계속한다.

43 표면장력(surface tension)

[14전(10)]

Ⅰ. 정의

① 표면장력이란 액체표면에서 응집(cohesion)으로 인해 서로 당기는 힘을 말한다.

② 액체표면뿐만 아니라 섞이지 않는 액체의 경계면 고체와 기체, 고체와 고체 등 접촉면의 변화에 대한 에너지의 존재로 생기는 것으로 계면장력이라고도 한다.

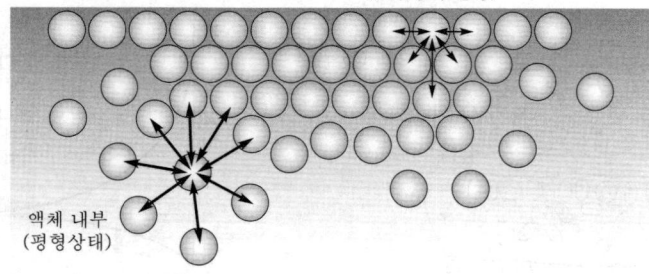

액체표면
(표면장력 발생)

액체 내부
(평형상태)

Ⅱ. 액체별 표면장력

구분	에탄올	물(50℃)	물(0℃)	수은
표면장력(mN/m)	22.2	67.9	75.6	487

Ⅲ. 성질 개선원리

계면활성제 흡착·침투	→	표면장력 저하	→	분리·분산

Ⅳ. 활용

1) 표면활성제

① 계면활성제의 용액은 물보다 평면장력이 작아 침투성이 좋다

② 시멘트입자표면에 흡착·팽윤작용하여 시멘트입자의 물을 충분히 접촉시켜 수화작용이 향상됨

2) 습윤제

① 물의 표면장력을 감소시켜 투과능력을 향상시킴

② 대상물질 내의 구석진 곳까지 습윤화함

3) AE감수제

① 감수효과가 뛰어남(12~16%)

② Bleeding 감소

③ 동결융해 저항성 향상

④ 시공연도 향상

44 확산이중층(Diffuse Double Layer)

[18후(10)]

Ⅰ. 정의

확산이중층이란 점토입자의 전기력이 미치는 영향범위를 말하며 점토광물의 종류에 따라 반발력의 범위가 변한다.

Ⅱ. 확산이중층의 모식도

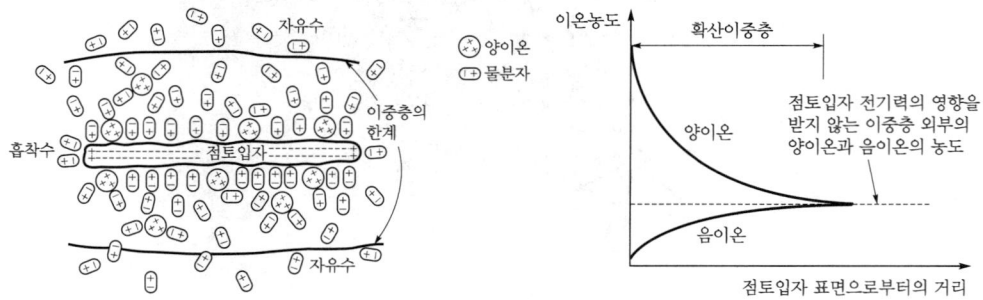

① 흡착수(absorbed water) : 확산이중층 내에 존재하는 물. 점성이 강함
② 자유수(free water) : 확산이중층 밖에 존재하는 물

Ⅲ. 존재이유

① 화학적 풍화작용으로 점토가 생성되는 과정에서 음이온 발생
② 점토광물 결합 시 동형치환으로 음이온 존치
③ 동형치환(isomorphous substitution) : 어떠한 원자가 비슷한 이온반경을 가진 다른 원자와 치환하는 현상
④ 물분자의 양이온으로 평형 유지

Ⅳ. 확산이중층두께에 따른 공학적 특성

구분	면모구조	이산구조
확산이중층	얇음	두꺼움
전기력	인력 우세	반발력 우세
간극비(e)	크다	작다
투수계수(k)	크다	작다
강도	크다	작다

45 점토지반과 모래지반의 전단특성

[96후(20)]

I. 정의

① 흙의 성질은 일반적으로 물리적 성질과 역학적 성질로 구별할 수 있으며, 역학적 성질로는 전단강도, 압밀, 투수성 등이 있다.

② 전단강도는 흙의 가장 중요한 역학적 성질로서 기초의 하중이 그 흙의 전단강도 이상이 되면 흙은 붕괴되고, 기초는 침하, 전도되며 기초의 극한지지력을 알 수 있다.

II. 전단강도

$$S = C + \overline{\sigma}\tan\phi$$

① 점토(내부마찰각 Zero) : $S = C$
② 모래(점착력 Zero) : $S = \overline{\sigma}\tan\phi$

III. 점토지반의 전단특성

1) 전단강도 저하
   ① 일반적으로 전단강도가 적으며 포화될 때 전단강도가 크게 저하한다.
   ② 교란되면 전단강도가 상실된다.

2) 소성변형 발생
   장기하중에 의하여 소성변형을 일으킨다.

3) 건조수축현상이 큼
   ① 수분이 증발될 때 수축현상이 현저하게 나타난다.
   ② 수분을 흡수하면 부피가 팽창한다.

4) Thixotropy 발생
   교란된 점토가 시간경과로 강도가 서서히 회복되어가는 현상을 말한다.

5) 예민비가 큼
   ① 교란되지 않은 시료의 교란된 시료에 대한 압축강도비로서 예민비가 크다.
   ② 예민비 $= \dfrac{q_u(\text{불교란시료의 압축강도})}{q_{ur}(\text{교란시료의 압축강도})}$

6) 동상현상 발생
   모관 상승고가 크기 때문에 동상피해가 크다.

7) Heaving 발생
   지반고 차이에 의하여 낮은 지반의 굴착면이 부풀어오르는 현상으로 바닥의 융기라고도 한다.

8) Leaching으로 강도 저하

　　오랜 시간이 경과된 해양점토에서 염분함량이 낮아지면서 강도가 저하되는 현상이다.

9) 과압밀비로 점토 구분

　　점토지반에서 현재의 유효연직응력에 대한 과거에 받은 압축응력에서 얻는 선행압밀응력의 비를 말한다.

10) 압밀침하가 큼

　　점성토지반에서 지표면의 하중 증가로 지반의 체적이 감소되면서 침하가 발생하는 현상이다.

Ⅳ. 사질지반의 전단특성

1) 지지력이 큼

　　점성토에 비해서 지지력이 크며 다져진 모래에서는 지지력이 매우 크다.

2) 지진 시 액상화 발생

　　느슨한 모래지반에서 순간 충격, 지진, 진동 등에 의해 간극수압의 상승 때문에 유효응력이 감소되어 전단저항을 상실하고 지반이 액체와 같이 되는 현상이다.

3) Dilatancy현상이 뚜렷

　　외력이 가해지면 체적이 감소될 때 (−)Dilatancy, 체적이 증가하면 (+)Dilatancy라 한다.

4) 동상방지층 재료로 이용

　　모관수의 상승고가 낮아서 동상피해가 적다.

5) Boiling현상 발생

　　지하수위차에 의하여 사질지반에서 낮은 지표면으로 지하수와 함께 지반토가 부풀어 오르는 현상이다.

6) 전단력이 내부마찰각으로 결정됨

　　흙 속에 작용하는 수직응력과 전단저항과의 관계직선이 수직응력축과 이루는 각을 말한다.

7) 3축압축시험

　　사질지반에서는 점착력이 아주 적어 전단시험을 3축압축시험으로 한다.

46 흙의 예민비(Sensitivity Ratio)

[06전(10)]

Ⅰ. 정의

① 점토에 있어서 자연시료는 어느 정도의 강도가 있으나, 이것의 함수율을 변화시키지 않고 이기면 약해지는 성질이 있으며, 흙의 이김에 의해서 약해지는 정도를 표시한 것을 예민비라 한다.

② S_t(예민비)$=\dfrac{q_u(\text{자연시료의 강도, 불교란시료의 강도})}{q_{ur}(\text{이긴 시료의 강도, 교란시료의 강도})}$

Ⅱ. 토질에 따른 예민비(S_t)

1) 점토지반

① $S_t > 1$

② $S_t < 2$는 비예민성, $S_t = 2{\sim}4$는 보통, $S_t = 4{\sim}8$은 예민, $S_t > 8$은 초예민

2) 모래지반

$S_t \leq 1$

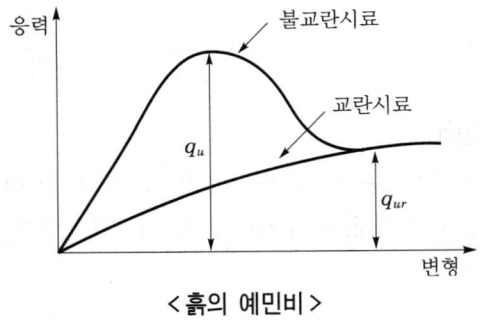

< 흙의 예민비 >

Ⅲ. 예민비의 성질

① 점토지반에서는 점토를 이기면 자연상태의 강도보다 작아진다.

② 점토지반에서는 진동다짐을 해서는 안 되며 전압식 다짐을 해야 한다.

③ 모래지반에서는 모래를 이기면 자연상태의 강도보다 커진다.

④ 모래지반에서는 진동식 다짐을 해야 한다.

Ⅳ. 주의사항

① 예민비가 큰 지반은 전단강도가 불리하다.

② 예민비는 특히 점토지반에서 고려되어야 하며 다짐 시 충분한 검토가 이루어져야 한다.

③ 점토지반은 자연상태를 유지하여 지반의 강도를 저하시켜서는 안 된다.

④ 점토지반은 다짐 시 진동을 일으키는 장비는 피한다.

⑤ 사질지반에서는 다짐공법 선정 시 가능한 한 진동을 일으키는 장비를 선정한다.

47 Thixotropy(강도회복현상)

[06후(10), 09전(10)]

Ⅰ. 정의

① 자연상태(불교란상태)의 점토는 일정한 강도를 갖게 되지만 자연상태의 점토를 교란시키면 배열구조가 파괴되면서 강도가 현저히 저하된다.

② 강도가 저하된 교란상태의 점토는 시간이 경과함에 따라 강도가 서서히 회복하는데, 이러한 강도회복현상을 Thixotropy라 한다.

Ⅱ. Thixotropy현상 도해

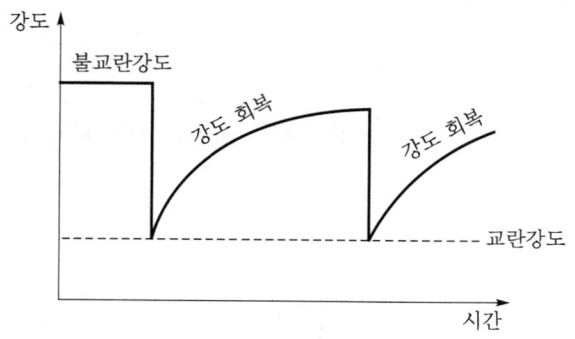

Ⅲ. Thixotropy와 예민비

점토에 있어서 자연시료는 어느 정도의 강도가 있으나, 이것의 함수율을 변화시키지 않고 교란시킨 다음 Thixotropy현상으로 회복된 강도에 대한 자연시료의 강도비를 예민비라 한다.

$$S_t (예민비) = \frac{q_u (자연시료의 \ 강도, \ 불교란시료의 \ 강도)}{q_{ur} (이긴 \ 시료의 \ 강도, \ 교란시료의 \ 강도)}$$

Ⅳ. Thixotropy영향

1) 말뚝재하시험의 Time effect

기성Pile을 점토지반에 타격하여 박을 때 진동과 충격으로 하부 지반이 교란되어지므로, 원지반의 강도로 회복된 후 재하시험을 행해야 하는 바 회복소요일은 타입 후 10여일이 소요된다.

2) 말뚝박기

예민한 점토에서 말뚝타입에 의하여 지반이 교란되면 시일이 지남에 따라 재하능력이 커진다.

3) Trafficability

함수비가 비교적 적은 점토지반이라도 작업로로 사용하게 되면 통과차량의 횟수 증가에 따라 Trafficability가 저하된다.

4) 부등침하

넓은 점토지반에서 공사를 할 때 인근 현장에서의 진동, 충격으로 구조물의 부등침하가 발생한다.

5) 지반의 연약화

도로공사에서, 노상 상부공의 다짐공사에서 하부 노상에서의 Thixotropy현상으로 지반이 연약화된다.

6) 안정액

미세한 점토광물로 이루어지는 Bentonite분말이 물과 혼합하면 안정액이 되는 바, 안정액을 비순환상태로 두면 끈적끈적한 상태(Gel화된 상태)가 되고, 순환상태로 유동화시키면 물 같은 상태(Sol화된 상태)가 된다. 이와 같이 Sol−Gel−Sol의 순환이 가능한 상태를 Thixotropy성질이라 한다.

48 활성도(活性度, Activity)

Ⅰ. 정의

① 흙의 입경이 작으면 작을수록 그 흙의 단위중량당 표면적이 증가하기 때문에 토립자에 흡착되어 있는 수분은 그 흙 속에 존재하는 점토입자의 크기와 밀접한 관계가 있다.

② 활성도란 점토의 광물성분이 일정하다고 할 때 2μ보다 가는 입자의 중량백분율에 대한 소성지수의 비로 나타내며, 이것이 1.25 이상은 활성이 강하고, 0.75 이하는 활성이 약하다고 한다.

$$점토의 \ 활성도(A) = \frac{소성지수(PI)}{2\mu 보다 \ 가는 \ 입자의 \ 중량백분율}$$

Ⅱ. 3대 점토광물

① Kaolinite   ② Illite   ③ Montmorillonite

Ⅲ. 중요 점토광물의 활성도

점토광물	활성도	점토광물	활성도
석영	0	Illite	0.5~1.3
Calcite	0.18	Ca－Montmorillsnite	1.5
Muscovite	0.23	Na－Montmorillonite	4~7
Kaolinite	0.3~0.5	－	－

Ⅳ. 한국의 몇 가지 해성점토의 활성도

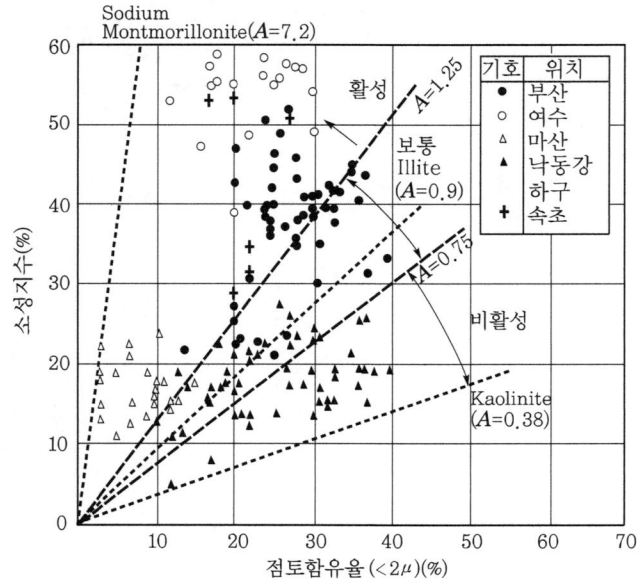

49 과압밀비(OCR : Over Consolidation Ratio)

[09후(10)]

Ⅰ. 정의

① 과압밀비란 현재의 유효연직응력에 대한 선행압밀응력의 비를 말하며, 선행압밀 응력은 어떤 점토에서 과거에 받은 최대의 압축응력을 말한다.

$$\text{OCR(과압밀비)} = \frac{\sigma_c(\text{선행압밀응력})}{\sigma'(\text{현재의 유효연직응력})}$$

② OCR이 1보다 클 때를 과압밀상태라 하고, 1과 같을 때를 정규압밀상태라 하며, 1보다 적을 때를 압밀 진행 중인 상태라고 한다.

③ $\sigma' = \gamma' z$
   여기서, γ' : 유효단위중량, z : 심도

Ⅱ. 선행압밀응력을 구하는 법

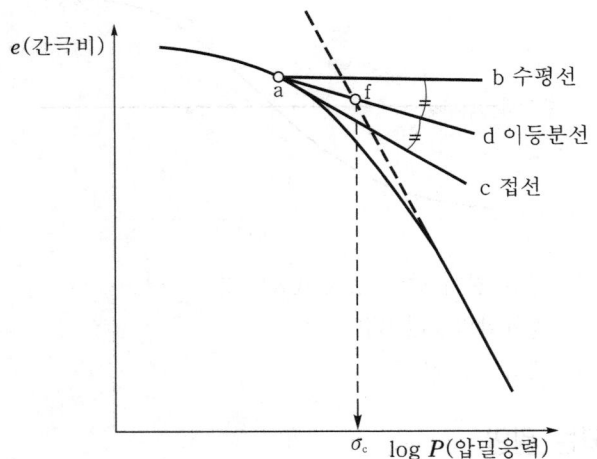

① 가로축에 압밀응력을 표시하고, 세로축에 간극비곡선인 $e - \log P$곡선을 표시한다.
② 곡률반경이 가장 적은 a점을 통과하는 수평선 $\overline{ab}$ 를 그린다.
③ a점에 접하는 접선 $\overline{ac}$ 를 그린다.
④ 수평선 $\overline{ab}$ 와 접선 $\overline{ac}$ 의 2등분선 $\overline{ad}$ 를 그린다.
⑤ $e - \log P$ 선의 직선부를 연장하여 2등분선 $\overline{ad}$ 와 교차하는 점 f 에 해당하는 가로축의 압밀응력이 선행압밀응력이다.

Ⅲ. 과압밀점토 및 정규압밀점토

1) 과압밀점토(Over Consolidated Clay, OCR>1)
   ① 지표면의 토층이 일부 제거되었거나 지하수위가 지표면 아래로 강하하였다면 선행압밀응력은 현재의 유효응력보다 더 큰 값을 보일 때의 응력상태 흙을 말한다.
   ② σ_c(선행압밀응력) $> \sigma'$(현재의 유효연직응력)

2) 정규압밀점토(Normally Consolidated Clay, OCR = 1)
 ① 수중에서 퇴적되어 형성된 점토층이 퇴적 이후 지층이나 수위의 변화가 전혀 없었다면 그 토층 임의의 깊이에서의 유효연직응력이 선행압밀응력과 동일할 때의 응력상태에 있는 흙을 말한다.
 ② σ' (현재의 유효연직응력)$=\sigma_c$ (선행압밀응력)

3) 과소압밀점토(Under Consolidated Clay, OCR < 1)
 ① 최근에 성토되어 압밀이 진행 중으로 아직 유효연직응력(σ')에 도달하지 않은 상태의 흙을 말한다.
 ② 공학적으로 불안하여 과소압밀점토를 정규압밀점토로 잘못 계산 시 예상치 못한 침하 발생이 우려된다.
 ③ σ' (현재의 유효연직응력) $>\sigma_c$ (선행압밀응력)

Ⅳ. 과압밀비

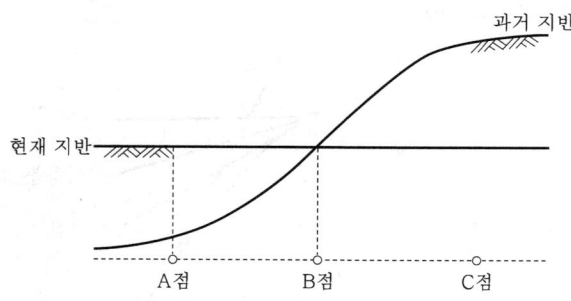

① OCR < 1 : 압밀 진행 중인 상태(A점)
② OCR = 1 : 정규압밀상태(B점)
③ OCR > 1 : 과압밀상태(C점)

Ⅴ. 흙이 과압밀되는 원인

① 토피하중 제거
② 구조물 제거
③ 지질학적 침식
④ 빙하의 후퇴
⑤ 지하수위 변동으로 간극수압 변화
⑥ 식물에 의한 증발
⑦ 2차 압밀에 의한 흙구조 변화
⑧ 풍화작용
⑨ 온도, pH, 염분농도 변화

50 | Swelling(팽윤현상), Slacking(비화현상)

Ⅰ. Swelling

1) 정의
① 점토지반에서 다량의 물을 흡수하면 체적이 크게 팽창하면서 흙입자가 수중에서 분산되는데, 이와 같은 현상을 Swelling(팽윤현상)이라 한다.
② 팽윤현상은 점토 토립자의 흡착이온의 종류에 따라 크게 달라지며, 특히 몬모릴로나이트는 가장 현저한 팽창을 일으켜 원체적의 10배 정도로 팽창한다.

2) 팽윤단계
① 1단계 : 흙의 간극 속에 물이 채워지는 단계
② 2단계 : 흙입자가 물을 흡수하여 팽창하는 단계

3) 지반에 미치는 영향
① 계절적인 수축과 팽윤에 따라 지반의 침하 발생
② 기초의 융기 및 건축물의 균열 발생
③ 기초 설계 시 깊은 기초 고려

Ⅱ. Slacking

1) 정의
① 연한 암석(퇴적암)의 경우 암석을 건조한 후 침수시키면 체적이 팽창하면서 입자 간의 결합력이 저하되어 차츰 부스러지는 현상을 Slacking(비화현상)이라 한다.
② Slacking이 심한 암석으로는 이암, 사문암, 녹니암 등이 있다.

2) 비화현상의 요인
① 지하수위의 변동
② 자연적인 풍화
③ 지반 굴착에 따른 암석의 흡수팽창

3) 지반에 미치는 영향
① 절토면의 표면 탈락
② 산사태
③ 지반 굴착 시 암반 돌출

Ⅲ. 흡수팽창과 Bulking, Swelling, Slacking

1) 흡수팽창
광물입자 간의 결합력이 광물과 물의 표면장력보다 약한 경우에 간극수에 의하여 암석의 체적이 증대되는 현상

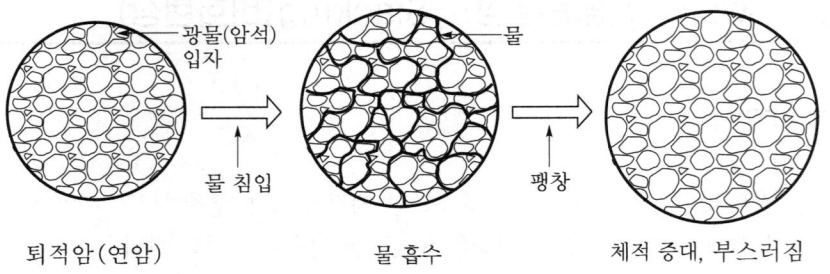

퇴적암(연암)	물 흡수	체적 증대, 부스러짐

2) Bulking
   ① 모래지반의(표면장력에 의한) 흡수팽창현상
   ② 모래지반에 물이 흡수되면 표면장력에 의해 체적이 팽창되는 현상
3) Swelling
   ① 점토지반의 용매결합에 의한 흡수팽창현상
   ② 점토지반에 물이 흡수되면 용매결합에 의해 체적이 팽창되는 현상
4) Slacking
   ① 연한 암석의 흡수팽창으로 인한 부스러짐현상
   ② 연한 암석에 물이 흡수되면 체적이 팽창하면서 부스러지는 현상

51 Slacking현상

[05전(10), 13중(10)]

I. 정의

① 광물입자 간의 결합력이 광물과 물의 표면장력보다 약한 경우에는 간극수에 의하여 암석의 체적이 증대하는데, 이러한 현상을 흡수팽창이라 한다.

② 일부의 퇴적암은 천연상태의 암석을 건조한 후 침수하면 체적이 팽창하면서 입자 간의 결합력이 저하되어 차츰 부스러져가는 현상을 Slacking(비화현상)이라 한다.

II. 개념도

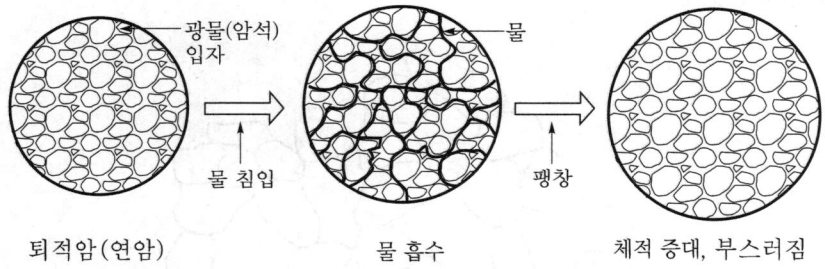

광물(암석)입자   물

물 침입   팽창

퇴적암(연암)   물 흡수   체적 증대, 부스러짐

III. Slacking현상의 발생이 심한 암석

① 사문암
② 녹니암
③ 이암(Mud Stone)
④ Shale(혈암, 이판암)

IV. Slacking현상의 요인

① 지하수위의 변동
② 자연적인 풍화
③ 지반 굴착에 따른 암석의 흡수팽창

V. Slacking현상의 영향

① 점토면의 표면 탈락
② 사면 붕괴
③ 터널 굴착 시 암의 낙하
④ 지반 굴착 시 암반 돌출
⑤ 골재강도 저하

52 | Bulking(용적팽창현상)

[00후(10), 13중(10), 17중(10), 20후(10)]

Ⅰ. 정의

① 모래나 실트가 물에 약간 머물고 있을 때 그 흙은 극히 느슨한 상태가 되어 마치 벌집처럼 엉켜서 건조한 경우에 비해 체적이 훨씬 증가하는 것을 볼 수 있는데, 이러한 현상을 용적팽창현상(Bulking)이라 한다.

② 두 입자 사이의 수막에 작용하는 표면장력 때문에 이와 같은 현상이 생긴다.

③ 이러한 체적변화는 입자의 크기와 함수비에 의존하는데, 함수비가 5~6%일 때 그 체적은 최대가 된다.

Ⅱ. 용적팽창구조도

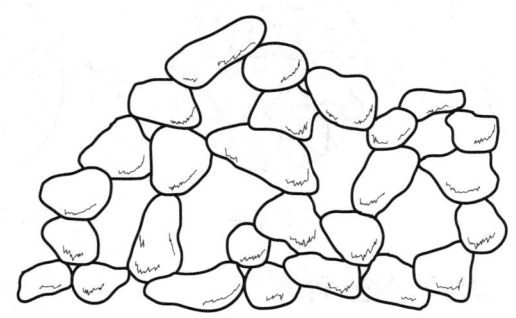

< 모래의 용적팽창현상이 생겼을 때의 구조 >

Ⅲ. 모래에서의 다짐

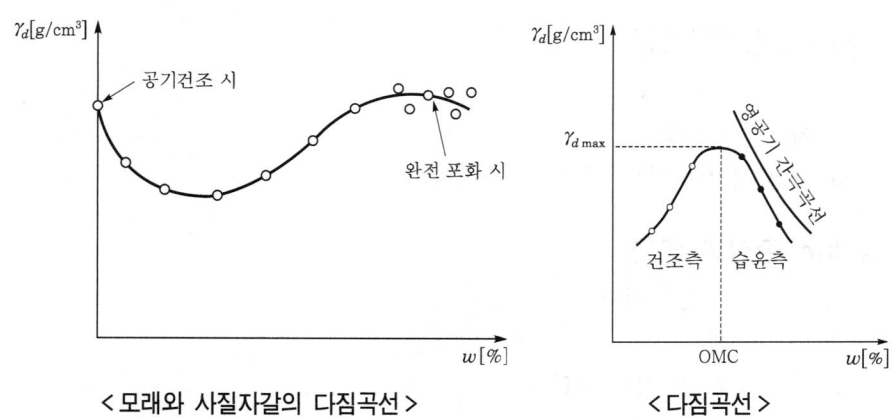

< 모래와 사질자갈의 다짐곡선 > < 다짐곡선 >

① 점성이 없는 깨끗한 모래에 대해 다짐시험을 하였다면 다짐곡선의 모양은 점성 토와는 달리 위의 그림과 같이 그려진다.

② 다짐을 하는 동안 충분히 배수가 잘 되어서 과잉 간극수압이 생기지 않는 사질토라면 다짐곡선은 대략 이와 같은 모양을 보인다.

③ 함수비가 대단히 적을 때에는 다짐이 행해지는 동안 토립자의 이동은 입자의 마찰에 의해 저항한다.

④ 이때 물을 약간 가하면 모관장력이 생겨서 저항력이 더 증가된다.

⑤ 따라서 이때에는 그림에 보인 바와 같이 건조단위중량이 공기건조 때보다 더 떨어진다.

⑥ 이러한 현상을 벌킹(Bulking)이라 한다.

⑦ 그러나 물을 더 증가시키면 모관장력이 없어지므로 처음의 단위중량과 거의 비슷하거나 약간 더 커진다.

⑧ 이와 같이 점성이 없는 깨끗한 모래에 대한 최적 함수비(OMC)는 완전 포화 시의 함수비와 거의 같으며, 그 이상 물을 가하면 여분의 물은 간극을 통해 쉽게 배수되어 버린다.

53 한계간극비(Critical Void Ratio)

Ⅰ. 정의

① 한계간극비란 흙의 전단변형 시 전단변형률이 증가하여도 간극비의 변화가 없는 일정한 간극비를 말한다.

② 조밀한 모래 또는 과압밀점토는 작은 전단변형률에서는 간극비가 감소하나, 전단변형률이 증가하면서 간극비가 증가하다가 큰 전단변형률에서는 간극비가 일정해진다.

③ 느슨한 모래 또는 정규압밀점토는 전단변형률이 증가할수록 간극비가 감소하다가 큰 전단변형률에서는 간극비가 일정해진다.

Ⅱ. 한계간극비와 Dilatancy 관계도

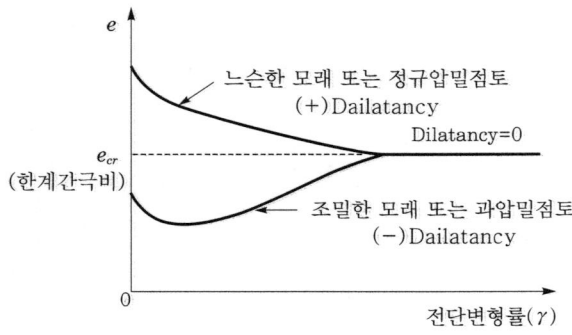

Ⅲ. 한계간극비 산정방법

① 직접전단시험 실시

② 전단변형률(γ)과 간극비(e) 측정

③ $e - \gamma$곡선 작도 후 한계간극비(e_{cr}) 산정

Ⅳ. 용도

① 액상화 판정

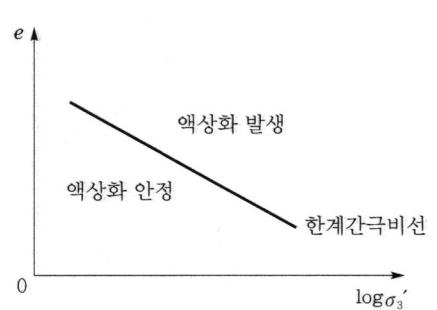

② 한계상태 설정

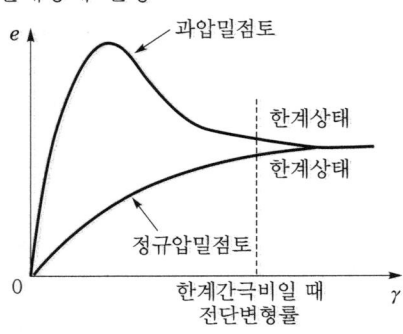

54 액상화(Liquefaction)

[02중(10), 10전(10), 17전(10), 18전(10), 21전(10)]

I. 정의

① 액상화란 모래지반에서 순간 충격, 지진, 진동 등에 의한 간극수압의 상승 때문에 유효응력이 감소되어 전단저항을 상실하고 지반이 액체와 같은 상태로 변화되는 현상이다.

② 모래지반에서 지진 등과 같은 수평진동하중에 의해 액상화 발생이 크게 나타나며, 구조물에 미치는 영향은 아주 크다.

II. 액상화의 영향

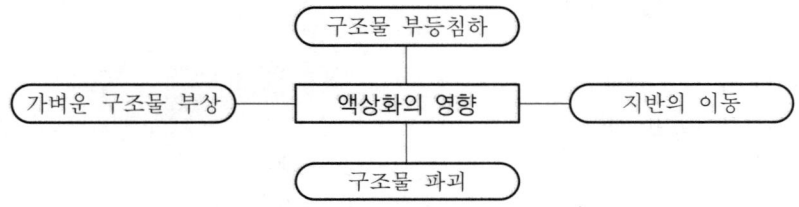

III. 액상화의 발생원인

① 포화된 느슨한 모래가 진동과 같은 동하중을 받으면 모래의 부피가 감소되어 간극수압이 발생하여 유효응력이 감소되어 발생

② Coulomb의 법칙에서 유효응력($\overline{\sigma}$)을 상실할 때 액상화 발생

③ 전단강도 : $S = C + \overline{\sigma}\tan\phi$

④ 모래지반의 전단강도 : $S = \overline{\sigma}\tan\phi$

⑤ 액상화상태의 전단강도는 $S = \overline{\sigma}\tan\phi$에서 유효응력 $\overline{\sigma}$가 감소되어 전단강도가 상실됨

IV. 액상화 검토가 필요한 지반

중점검토대상 토층	액상화 검토 생략 토층
• 느슨하고 입도가 불량한 모래지반 • 지반에 입도 불량한 모래지반이 포함된 경우 • N치가 20 이하인 모래지반	• 지하수위 위의 지반 • N치가 20 이상인 지반 • 대상지반의 심도가 20m 이상인 지반 • 소성지수가 10 이상이고 점토성분이 20% 이상 포함된 지반 • 상대밀도가 80% 이상인 지반 • 세립토함유량이 35% 이상인 지반

V. 액상화 예측기법

$$F_s = \frac{저항응력비}{전단응력비} \geq 1.0 \sim 1.5$$

1) 간편예측법
    ① 전단응력비를 공식으로 간편하게 산정(저항응력비= τ (전단력)$/\sigma'$ (유효상재압))
    ② 저항응력비는 N 치로 도표에서 간편하게 산정
    ③ 허용치 : $F_s \geq 1.5$

2) 상세예측법
    ① 전단응력비를 프로그램으로 상세하게 산정
    ② 저항응력비는 진동 삼축압축시험으로 상세하게 산정
    ③ 허용치 : $F_s \geq 1.0$

VI. 액상화대책

1) 밀도 증가방법
    ① Vibro Floation   ② 모래다짐말뚝
    ③ 폭파   ④ 동적 압밀
    ⑤ Vibro 탬핑   ⑥ 전압
    ⑦ 무리말뚝   ⑧ 생석회말뚝

2) 입도 개량 및 고결
    ① 치환   ② 주입고결
    ③ 표층 혼합 처리   ④ 심층 혼합 처리

3) 포화도의 저하(배수공법)
    ① Well Point   ② Deep Well

4) 간극수압 소산(Gravel Drain)

5) 전단변형 억제(널말뚝)

6) 흙쌓기에 의한 유효응력 증가

55 통일분류법(Unified Classification System, Casagrande분류법)

[05전(10), 11중(10)]

Ⅰ. 정의

① 통일분류법은 A. Casagrande(1942)가 비행장의 노상토를 분류하기 위하여 고안한 AC분류법을 발전시킨 분류법이다.

② 세계적으로 가장 많이 사용하고 있는 것으로, 이 분류법은 특히 기초공학분야에서 많이 사용하며, 1969년에는 ASTM에 의하여 흙을 공학적 목적으로 분류하는 표준 방법으로 채택되었다.

Ⅱ. 흙 분류법의 종류

1) 일반적인 분류
2) 입경에 의한 분류
    ① 입도 분석
    ② 삼각좌표분류법
3) 공학적 분류
    ① 통일분류법
    ② AASHTO분류법

Ⅲ. 통일분류법에서 흙 분류방법

① 입도에 의한 조립토와 세립토로 분류
② 조립토에서 입도 및 함유세립토의 컨시스턴시에 따라 8종류로 분류
③ 세립토에서 컨시스턴시만으로 6종류로 분류
④ 관찰에 의한 판별로 유기질토를 추가하여 합계 15종으로 흙을 분류

Ⅳ. 사용되는 문자

구분	제1문자		제2문자	
	기호	설명	기호	설명
조립토	G S	자갈 모래	W P M C	양호한 입도의 불량한 입도의 실트를 함유한 점토를 함유한
세립토	M C O	실트 점토 유기질토	L H	소성 또는 압축성이 낮은 소성 또는 압축성이 높은
유기질토	Pt	이탄토	—	—

56 | 소성도(Plasticity Chart)

[12후(10)]

Ⅰ. 정의

① 소성도란 흙의 공학적 분류방법인 통일분류법과 AASHTO분류법에서 세립토를 분류하기 위해 종축에는 소성지수(PI), 횡축에는 액성한계(LL)를 표시한 도표이다.

② 통일분류법의 소성도를 Casagrande 소성도라 하며 A선, B선, C선, U선으로 표시하여 세립토를 분류한다.

Ⅱ. 소성도

1) 소성도 Graph

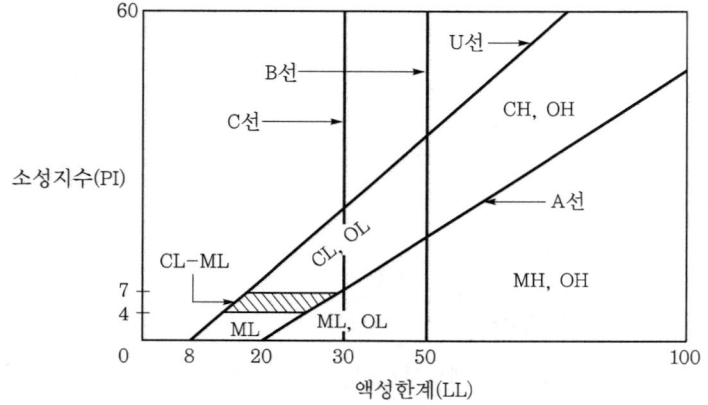

2) 사용문자

구분	제1문자		제2문자	
	기호	설명	기호	설명
조립토	G S	자갈 모래	W P M C	양호한 입도의 불량한 입도의 실트를 함유한 점토를 함유한
세립토	M C O	실트 점토 유기질토	L H	소성 또는 압축성이 낮은 소성 또는 압축성이 높은

Ⅲ. 소성도 Graph에서 각 선의 의미

1) A선

① 소성지수(PI)＝0.73(LL−20)인 선이다.

② 점토와 실트의 구분선

㉠ A선 위 : 점토(CL과 CH)

㉡ A선 아래 : 실트(ML과 MH), 저유기질토(OL과 OH)

2) B선

① 액성한계(LL) 50%인 선이다.

② 점토의 소성 정도 판정

㉠ B선 오른쪽 : 점토의 소성이 크다(고소성).

㉡ B~C선 : 점토의 소성이 중간이다(중간 소성).

㉢ C선 왼쪽 : 점토의 소성이 작다.

③ 실트의 압축 정도 판정

㉠ B선 오른쪽 : 실트의 압축성이 크다.

㉡ B선 왼쪽 : 실트의 압축성이 작다.

3) C선

① 액성한계(LL) 30%인 선이다.

② 점토의 소성 정도 판정

㉠ C선과 B선 사이 : 점토의 소성이 중간 정도이다.

㉡ C선 왼쪽 : 점토의 소성이 작다.

③ 실트의 압축 정도 판정

㉠ C선과 B선 사이 : 실트의 압축성이 중간 정도이다.

㉡ C선 왼쪽 : 실트의 압축성이 작다.

4) U선

① 소성지수(PI)＝0.9(LL−8)인 선이다.

② 점토의 액성한계, 소성지수의 관계 상한선이다.

③ U선 위로 시험결과가 나타나면 시험이 잘못된 것을 의미한다.

Ⅳ. 소성도의 활용

① 세립토의 흙 분류

② 세립토 흙의 공학적 성질을 판단

③ 점토의 팽창성 정도 판단

④ 성토재료의 선정

⑤ 흙의 Consistency(연경성) 파악

57 팽창성 흙(Expansive Soil)

Ⅰ. 정의

① 팽창성 흙이란 몬모릴로나이트 점토광물을 많이 함유한 소성이 큰 흙을 말하며, 물을 흡수하면 체적이 팽창되고, 건조되면 체적이 감소한다.

② 체적변화가 방지된 상태에서 물을 흡수하면 팽윤압이 발생되므로 기초 설계 시 팽윤압에 대한 대책을 수립해야 한다.

Ⅱ. 팽창성 흙 판별방법

1) 팽창 Potential(E_p)$= 0.0033 ZS_W$

$$S_W = \frac{\Delta H}{H} \times 100$$

Z : 팽창 영향깊이(함수비 변동깊이)

H : 당초 시료높이

ΔH : 물 흡수로 팽창된 높이차

2) S_W 측정(비구속 팽창시험)

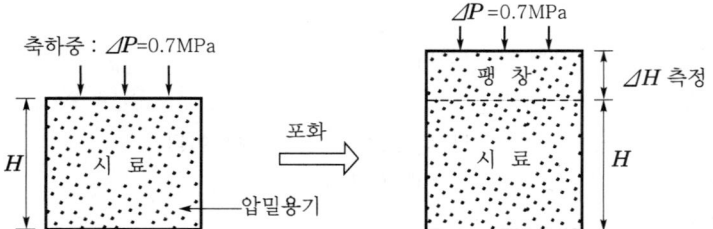

3) 팽창성 지반 : $E_p \geq 0.5$

Ⅲ. 팽창성 지반의 문제점

① 수분 흡수 시 지반팽창 및 침하

② 기초 설치 시 팽윤압 발생

③ 기초 융기 및 침하로 기초 균열 또는 파손 발생

Ⅳ. 팽창성 지반의 대책

1) 치환

① 팽창영향깊이가 얕을 때 적용

② 팽창성 흙을 제거하고 양질토로 치환

2) 차수벽 설치

① 구조물 하부지반에 차수벽을 설치하여 물 유입 차단

② 기초 하부는 시멘트+물 다짐 시 안정처리

③ 차수벽 : Slurry Wall, Sheet Pile, SCW

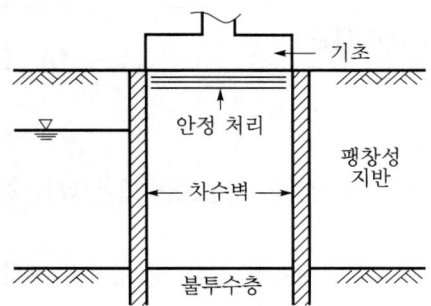

3) 최적 함수비(OMC) 습윤측 다짐

　　필댐 심벽 다짐 시 습윤측 다짐 → 팽창성 최소

4) 말뚝기초 및 현장 타설말뚝 시공

5) 터널막장 붕괴 방지

　　① 팽윤압작용으로 이완영역 확대 방지

　　② 강관 다단 그라우팅, 차수 그라우팅(우레탄, SGR, LW 등) 시공

58 Montmorillonite

Ⅰ. 정의

① Montmorillonite란 점토광물의 일종으로 입자 간의 결합력이 적고 수침 시 팽창
성이 큰 점토이다.

② Montmorillonite를 많이 함유한 점토 및 암석은 팽창·수축이 크므로 기초면에
팽윤압이 생기고, 터널 굴착면의 압축, 흙막이 굴착 바닥의 팽윤이 될 수 있다.

Ⅱ. 점토광물의 종류 및 결합구조

① Kaolinite   ② Illite   ③ Montmorillonite

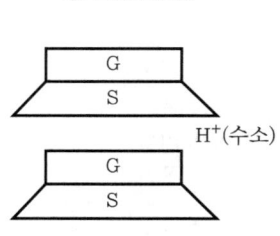
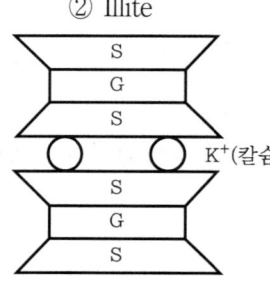
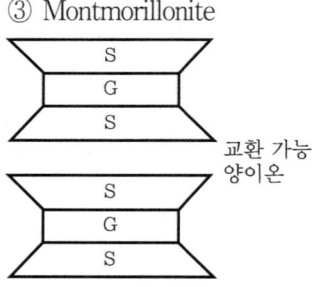

여기서, G : Gibsite, S : Silica

Ⅲ. Montmorillonite의 특성

① 통일분류법의 흙 분류 : CH(고소성 점토)

② 활성점토 : 활성도(A) > 1.25(팽창성이 크다)

③ 수침 시 체적변화를 방지하면 팽윤압 발생

④ 교란으로 강도 감소와 Thixotropy효과에 의한 강도회복 큼

⑤ 간극비(e)가 매우 크고 투수계수(k)가 작음

⑥ 팽창성질을 이용하여 지수 또는 방수재 등의 재료로 활용

⑦ 입자 간의 결합력이 적고 매우 불안한 구조(이산구조)

⑧ 압축성이 매우 크므로 과다한 침하 발생

Ⅳ. 팽창성 흙의 문제점

① 물 흡수 시 지반 팽창 및 과다한 침하 발생

② 기초 설치 시 팽윤압 발생

③ 기초 융기 및 침하로 기초 균열 또는 파손 발생

59 잔류토(잔적토, Residual Soil)

I. 정의

① 잔류토(잔적토)란 풍화작용에 의해 분해된 암석이 이동하지 않고 원위치에서 토층을 형성하는 것을 말한다.

② 모암의 성질을 유지하며 함수비가 높고 실트질 점토에서 모래까지 다양하게 분포한다.

II. 풍화(weathering)작용 : 잔류토의 생성원리

1) 물리적 풍화

온도변화에 의해 암반이 팽창·수축을 반복해 쪼개져서 흙이 되는 과정

2) 화학적 풍화

화학반응에 의하여 암반의 광물이 완전히 다른 광물로 바뀌며 흙이 되는 과정

3) 용해

이산화탄소가 녹아있는 빗물이나 지하수에 의해 석회암이 용해되는 과정

III. 특징

① 정규압밀지반

② 풍화작용에 의해 분해된 암석이 원위치에서 토층 형성

③ 토층의 심도가 깊어짐에 따라 흙입자의 크기가 증대됨

④ 통일분류법상 SM, SC로 구분됨

IV. 잔류토의 문제점

① 외부하중이 작용할 때 큰 압밀침하 발생

② 다짐작업 시 부스러져 강도 저하로 인한 과다짐이 우려됨

③ 풍화도가 클수록 흙에 세립분이 많이 존재

④ 풍화도가 클수록 간극비, 간극률, 함수비가 큼

⑤ 비표면적이 큼

60 붕적토(Colluvial Soil)

[20후(10)]

Ⅰ. 정의

붕적토란 절벽 또는 급경사 암반 사면의 풍화물이 중력작용에 의해 사면 아래로 흘러내려 퇴적된 흙을 말하며, 애추라고도 한다.

Ⅱ. 붕적토의 퇴적과정

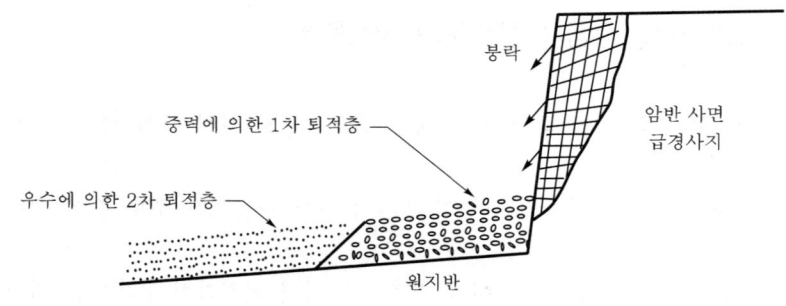

Ⅲ. 공학적 특성

① 토립자의 입경이 크고 느슨하게 결합되어 공학적 성질이 불량함
② 투수성이 매우 커서 물의 침투가 용이함
③ 원지반과 경계층이 수로가 되어 지반활동을 유발시킴
④ 하중재하 시 압축성이 크고 물의 침투 시 활동파괴가 발생됨

Ⅳ. 구조물 설계 시 대처방법

① 붕적토구간에는 구조물 설계를 제외시킬 것
② 지반굴착 재다짐 후 구조물 설치 및 배수시설 설치
③ 상부 사면안정 처리 실시

Ⅴ. 붕적토와 잔적토의 비교

구분	붕적토(Colluvial Soil)	잔적토(Residual Soil)
정의	풍화토가 중력작용으로 붕괴된 흙	풍화되어 그 자리에 퇴적된 흙
현장 유의사항	• 기초지반으로 부적합 • 절성토 시 붕괴위험	• 압밀침하 발생 우려 • 다짐 철저, 연약지반 개량 필요

61 군지수(GI : Group Index)

Ⅰ. 정의

① 미국 AASHTO 분류법의 근거가 되는 지수로서 재료에서 0.08mm체 통과백분율, 액성한계, 소성지수의 값에 의해 정해지는 수이다.

② 군지수가 0에 가까울수록 조립토의 재료이고, 클수록 미립자의 함유량이 큰 재료이며 노상토에서 사용이 어려워진다.

Ⅱ. 계산식

$$GI = 0.2a + 0.005ac + 0.01bd$$

여기서, a : 0.08mm체 통과중량백분율에서 35%를 뺀 값, 0~40의 정수만 취함

b : 0.08mm체 통과중량백분율에서 15%를 뺀 값, 0~40의 정수만 취함

c : 액성한계에서 40%를 뺀 값, 0~20의 정수만 취함

d : 소성한계에서 10%를 뺀 값, 0~20의 정수만 취함

Ⅲ. 도표로 GI 구하는 방법

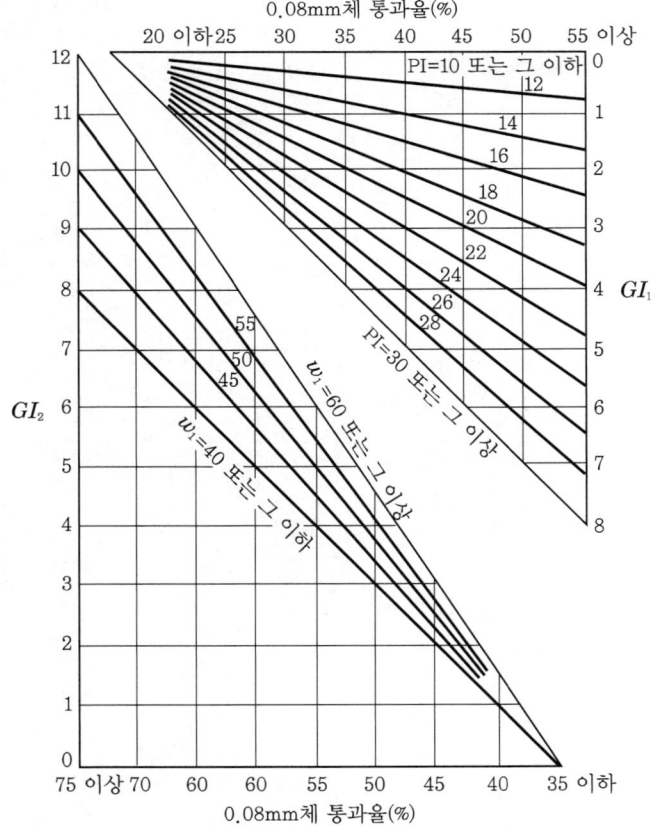

0.08mm체 통과율, 액성한계, 소성지수를 알면 다음 표에 의해서 군지수(GI)를 구할 수 있다.

$$GI = GI_1 + GI_2$$

Ⅳ. AASHTO분류에서 GI의 적용

일반적 분류	입상토 (0.075mm체 통과율 35% 이하)								실트 – 점토 (0.075mm체 통과율 35% 초과)			
분류기호	A-1		A-3	A-2					A-4	A-5	A-6	A-7
	A-1-a	A-1-b		A-2-4	A-2-5	A-2-6	A-2-7					A-7-5 A-7-6
군지수	0		0	0			4 이하		8 이하	12 이하	16 이하	20 이하
주요 구성재료	석편, 자갈, 모래		세사	실트질 또는 점토질 자갈, 모래					실트질 흙		점토질 흙	
노상토로서의 일반적 등급	우 또는 양								가 또는 불가			

㈜ A-7-5의 소성지수는 액성한계에서 30을 뺀 값과 같거나 그보다 작아야 한다.

　　A-7-6은 이보다 커야 한다.

* NP는 비소성(nonplastic)을 의미함

62 흙의 다짐원리(다짐특성)

Ⅰ. 정의

① 느슨한 흙에 진동, 충격 등의 외력을 가하여 다짐을 하게 되면 간극 속의 공기가 쉽게 배출되어 체적이 감소되어 흙의 단위중량이 크게 되고 전단 강도가 증대되는 등의 공학적인 성질이 개선되는데, 이것이 다짐의 원리이다.

② 이와 같이 외력작용으로 간극 속의 공기가 진동, 충격에 의해 쉽게 배출되는 것이 간극 속의 간극수가 오랜 시간을 두고 배출되는 압밀과 쉽게 구별된다.

Ⅱ. 다짐원리(다짐특성)

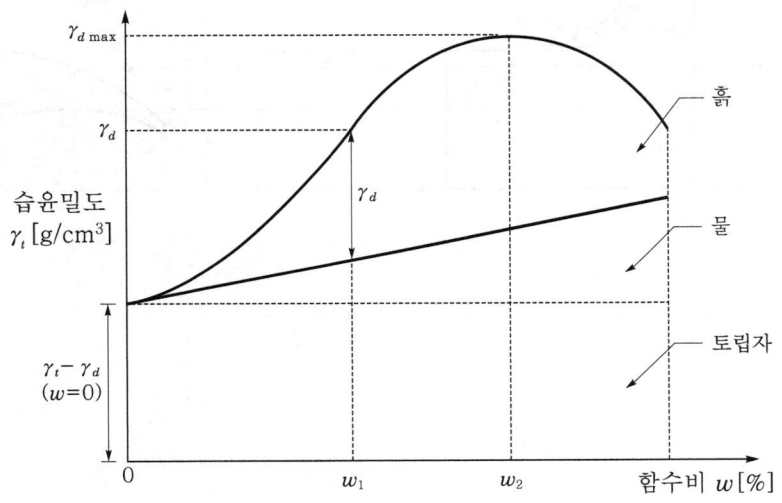

여기서, γ_d : 흙의 건조밀도(g/cm^3)

$\gamma_{d\max}$: 실내다짐실험에 의한 최대 건조밀도(g/cm^3)

1) 건조토

건조한 흙은 입자 간의 결합력이 부족하여 체적압축이 곤란

2) 함수비 증가

흙에 물을 가하여 외력을 가하게 되면 흙 속에서 물이 윤활작용을 하게 되어 입자간의 결속이 양호

3) 최대 건조밀도 산출

① 함수비를 증가시키면서 다짐을 행하여 각 함수비에 따른 건조밀도 산출

② $\gamma_d - w$ 그래프에 각각의 시험결과치를 표시하여 다짐곡선 작성

③ 다짐곡선에서 최대 건조밀도와 최적 함수비 산출

4) 최적 함수상태 유지

　사용재료의 함수비는 최적 함수비에 근접하게 유지하여 현장 사용

5) 다짐효과 증대

　흙이 최적 함수비상태에서 다짐에 의해서 체적 감소가 가장 크게 됨

Ⅲ. 다짐과 흙의 성질

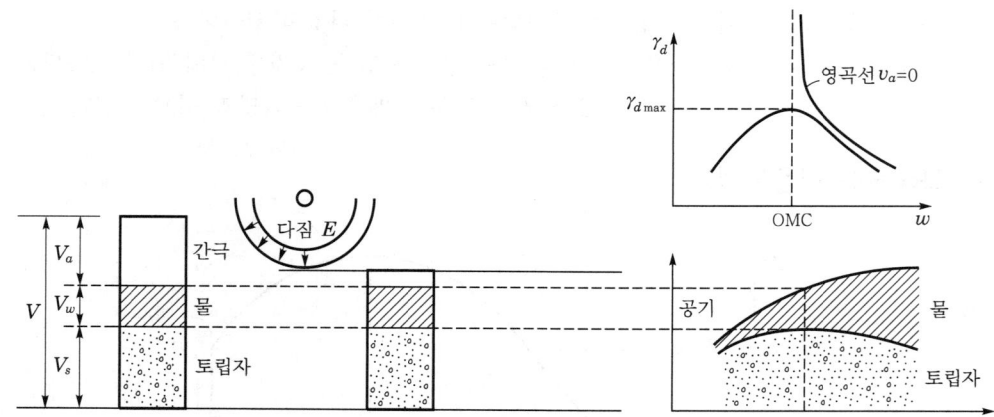

63 실내다짐시험과 현장다짐시험

I. 정의

① 다짐시험이란 현장 성토 시공에서 다짐 정도를 판단하기 위한 시험으로 실내다짐과 현장다짐을 구분하여 행하는 시험을 말한다.

② 다짐시험은 시험실에서 행하는 실내다짐시험과 작업현장에서 직접 실시하는 현장다짐시험이 있다.

II. 실내다짐방법의 종류

다짐방법		래머질량 (kg)	몰드 안지름 (cm)	다짐 층수	1층당 다짐횟수	허용 최대 입자지름(mm)
표준다짐	A	2.5	10	3	25	19
	B	2.5	15	3	55	37.5
수정다짐	C	4.5	10	5	25	19
	D	4.5	15	5	55	19
	E	4.5	15	3	92	37.5

III. 실내다짐시험

1) 다짐방법

① 표준다짐 : 2.5kg의 래머를 30cm의 높이에서 자유낙하시켜 25회 다짐하는 방법으로 보통의 표준 시험법이다.

② 수정다짐 : 4.5kg의 래머를 45cm의 높이에서 자유낙하시켜 55회 다지는 방법이다.

2) 흙 사용방법

① 건조법 : 흙을 건조시켜 사용하는 방법으로 공기건조시킬 경우 허용 최대 입자의 체를 통과시킬 수 있을 때까지 건조시키고, 항온건조로에 건조시킬 경우 건조온도는 50℃를 넘지 않도록 한다. 보통의 표준 시험방법이다.

② 비건조법 : 흙시료를 건조시키지 않고 사용하는 방법으로 자연함수량이 많은 점성토의 경우에 사용한다.

3) 흙시료 사용방법

① 반복법 : 준비한 흙시료에 물을 가하여 여러 종류의 함수량을 가진 시료를 만들어 동일 시료를 반복 사용하는 방법이다. 보통의 표준 시험방법이다.

② 비반복법 : 각각의 함수량별로 흙시료를 준비하여 사용하는 방법으로 점성토의 경우에 사용한다.

IV. 현장다짐시험

1) 목적
   ① 다짐장비 선정
   ② 부설두께 결정
   ③ 다짐횟수의 표준 결정

2) 방법
   ① 부설두께 변경
   ② 다짐장비종류 변경
   ③ 다짐횟수 변경

3) 측정항목
   함수비, 입도, 밀도, 표면침하량, Cone관입시험, CBR, 평판재하시험, 투수시험 등

64 실내다짐시험

Ⅰ. 정의

① 실내다짐시험이란 현장에서 사용할 재료에서 다짐에 대한 특성을 조사하기 위하여 실시되는 시험이다.

② 실내다짐시험에서 건조밀도와 함수비와의 관계를 Plot하여 최대 건조밀도와 최적 함수비를 구한다.

Ⅱ. 다짐에너지

다짐에너지란 단위체적당 흙에 가해지는 에너지를 말한다.

$$E_c = \frac{W H N_l N_b}{V} [\text{kg} \cdot \text{cm/cm}^3]$$

여기서, E_c : 다짐에너지, W : 추의 질량, H : 추의 낙하고
N_l : 다짐층수, N_b : 각 층당 다짐횟수

Ⅲ. 시료 준비

① 최대 입경 37.5mm일 때 현장 시료 15kg

② 최대 입경 19mm일 때 현장 시료 5~8kg

③ 시료 사용방법 : 반복법, 비반복법

Ⅳ. 다짐방법

다짐방법		래머질량 (kg)	몰드 안지름 (cm)	다짐 층수	1층당 다짐횟수	허용 최대 입자지름(mm)
표준다짐	A	2.5	10	3	25	19
	B	2.5	15	3	55	37.5
수정다짐	C	4.5	10	5	25	19
	D	4.5	15	5	55	19
	E	4.5	15	3	92	37.5

Ⅴ. 건조밀도 및 함수비 측정

① 동일 시료로 함수비를 변화시킨 6~8개 준비

② 실내다짐시험 실시

③ 각 시료의 건조밀도 및 함수비 측정

④ 습윤밀도 산출

$$\gamma_t = \frac{W}{V}$$

⑤ 건조밀도 산출

$$\gamma_d = \frac{\gamma_t}{1 + \dfrac{w}{100}}$$

VI. 최대 건조밀도 결정

① 위에서 구한 각각의 시료에 대한 건조밀도와 함수비를 그래프에 Plot한다.
② 도표에서 정점치를 최대 건조밀도라 할 때 이에 대응하는 함수비가 얻어진다.
③ 이때의 함수비를 최적 함수비(OMC)라 한다.

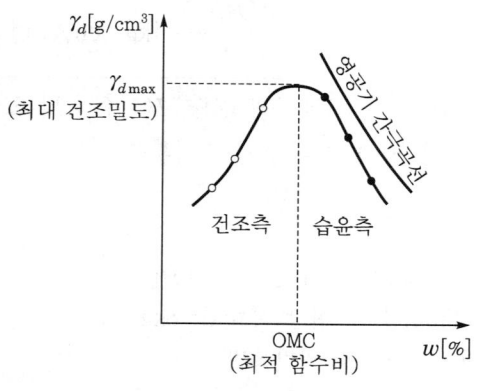

〈 다짐곡선 〉

VII. 함수비변화에 따른 흙의 상태변화

① 수화단계(반고체영역)
② 윤활단계(탄성영역)
③ 팽창단계(소성영역)
④ 포화단계(반점성영역)

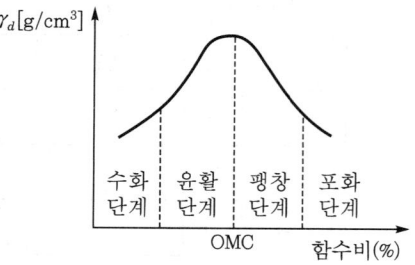

〈 흙의 상태변화 〉

VIII. 다짐영향요소

① 함수비
② 토질
③ 다짐에너지

65 다짐곡선

[24전(10)]

Ⅰ. 정의

① 흙은 토립자와 물과 공기로 구성되어 있으나 외부에서 압력을 가하게 되면 흙 내부에 있는 공기가 빠져나가게 되어 체적을 감소시키고 밀도를 높이는 것을 다짐이라 한다.

② 흙을 다질 때 함수비에 의하여 다짐의 효과가 달라지는데 다짐효과를 보기 위하여 가로축에 함수비, 세로축에 건조밀도를 취하여 도시한 것이 다짐곡선이다.

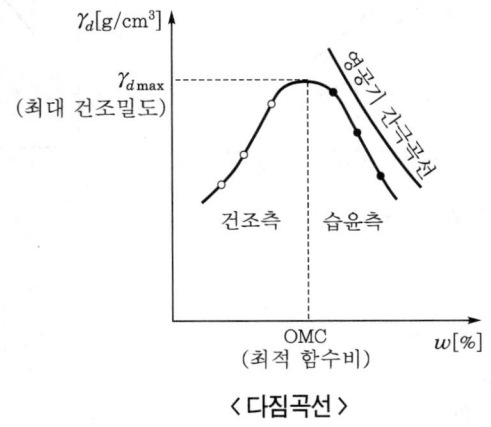

〈 다짐곡선 〉

Ⅱ. 흙의 다짐효과에 영향을 미치는 요소

1) 함수비변화

흙은 함수비 증가에 따라 수화, 윤활, 팽창, 포화 단계를 거치는데 윤활단계에서 $\gamma_{d\,max}$ 와 OMC를 얻는다.

2) 흙의 종류

① 조립토일수록 다짐곡선이 급경사이고, $\gamma_{d\,max}$가 크고, OMC는 작다.

② 양입도는 $\gamma_{d\,max}$가 크고, OMC는 작다.

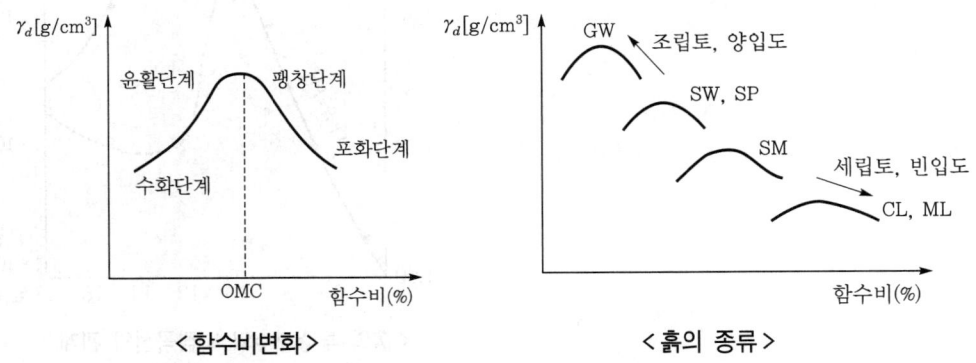

〈 함수비변화 〉   〈 흙의 종류 〉

3) 다짐에너지

다짐에너지가 클수록 $\gamma_{d\,max}$가 크고, OMC는 작다.

4) 다짐횟수

① 다짐횟수가 많을수록 다짐에너지가 커진다.

② 다짐횟수가 너무 많으면 오히려 과도한 전압이 될 수 있다.

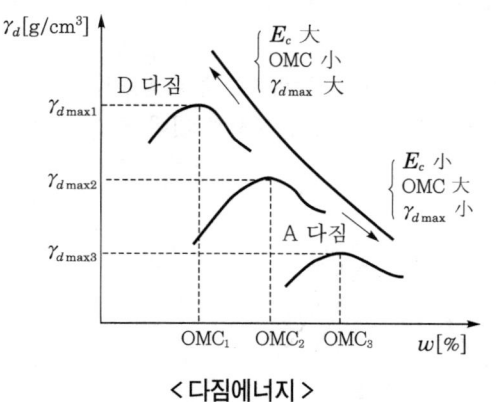

< 다짐에너지 >   < 다짐횟수 >

Ⅲ. 다짐효과

① 지지력 증대

② 투수성 감소

③ 압축성 최소화

④ 밀도 증대

⑤ 흙의 균질화

Ⅳ. 다짐곡선과 흙의 투수계수의 관계

다져진 흙의 투수계수는 함수비가 증가함에 따라 감소하다가 최적 함수비보다 약간 높은 함수비측에서 최소가 되며, 최적 함수비를 지나면 투수계수는 약간 증가한다.

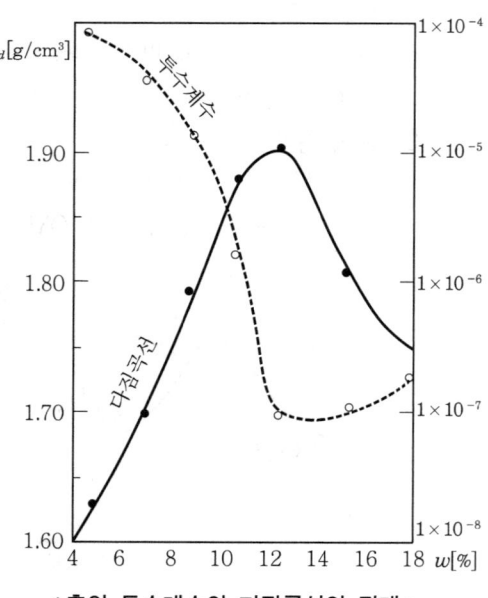

< 흙의 투수계수와 다짐곡선의 관계 >

66 영공기 간극곡선(Zero Air Void Curve)

[05중(10), 12후(10)]

Ⅰ. 정의

① 영공기 간극곡선이란 다짐으로 간극 속의 공기를 완전히 배출하면 간극에는 공기가 0인 상태가 되는데, 이때의 다짐곡선($\gamma_d - w$)을 말하며 영간극곡선 또는 포화곡선이라고도 한다.

② 영공기 간극곡선은 완전 포화상태일 때와 함수비로 얻을 수 있는 이론적인 최대 건조밀도이므로, 다짐시험곡선은 반드시 영공기 간극곡선의 왼쪽에 나타난다.

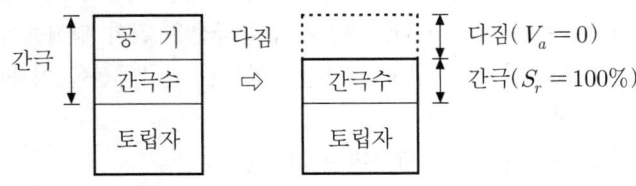

〈 영공기 간극상태 〉

Ⅱ. 작도방법

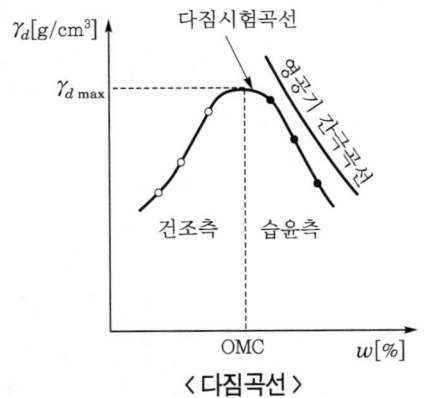

〈 다짐곡선 〉

1) 건조밀도(γ_d)공식 이용

① $\gamma_d = \dfrac{G_s \gamma_w}{1+e}$ 에 $e = \dfrac{G_s w}{S_\gamma}$ 를 대입한다($\because S_\gamma e = w G_s$).

② $\gamma_d = \dfrac{G_s \gamma_w}{1 + \dfrac{G_s w}{S_\gamma}}$

2) 영공기 간극곡선 작도

① $\gamma_d = \dfrac{G_s \gamma_w}{1 + \dfrac{G_s w}{100}}$ (영공기 간극상태 : $S_\gamma = 100\%$)

② 함수비(w)를 변화하면서 γ_d를 계산한다.

③ $\gamma_d - w$곡선에 표시되는 점을 연결한다.

Ⅲ. 용도

① 실내다짐곡선 적정 여부 확인

  ㉠ 다짐시험결과의 다짐곡선이 영공기 간극곡선 왼쪽에 위치해야 한다.

  ㉡ OMC 습윤측 다짐곡선과 영공기 간극곡선은 거의 평행해야 한다.

② 최대 건조밀도 및 최적 함수비 결정 : 영공기 간극곡선을 이용하여 다짐시험 시 다짐곡선에서 구한다.

③ 최적 함수비에 의한 다짐함수비 관리

④ 최대 건조밀도에 의한 다짐관리기준 결정

67 최적 함수비(OMC : Optimum Moisture Content)

[00중(10), 02전(10), 05전(10), 07중(10), 08중(10), 11전(10)]

I. 정의

① 흙에 있어서 함수비가 적을 경우 토립자 간의 마찰저항이 크기 때문에 다짐의 효과가 적고 건조밀도도 적게 된다.

② 함수비가 증가함에 따라 흙 속의 물이 윤활제 역할을 하게 되어 다짐효과가 높아지고 건조밀도가 높아지는데 다짐효과가 가장 좋을 때 최대 건조밀도가 얻어지는 바, 이때의 함수비를 최적 함수비라 한다.

II. 최적 함수비 구하는 순서

1) 건조밀도 측정

① 동일 시료로 함수비를 변화시킨 시료 6~8종 준비

② 실내다짐시험 실시

③ 습윤밀도 산출

$$\gamma_t = \frac{W}{V}$$

④ 건조밀도 산출

$$\gamma_d = \frac{\gamma_t}{1 + \dfrac{w}{100}}$$

2) 도표 작성

① 세로축 : 건조밀도

② 가로축 : 함수비

③ 6~8개의 시료에서 구한 건조밀도와 함수비의 관계를 Plot한다.

④ Plot한 점들을 자연스럽게 연결한다.

3) 최적 함수비 결정

① 도표에서 건조밀도 최대치를 최대 건조밀도라 할 때 이에 대응하는 함수비가 얻어진다.

② 이때의 함수비를 최적 함수비(OMC)라 한다.

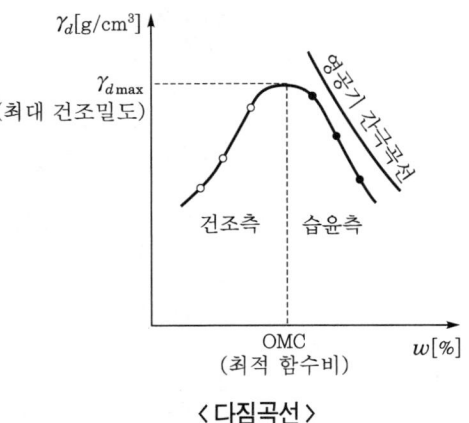

< 다짐곡선 >

Ⅲ. 건조밀도와 함수비와의 관계

① 최적 함수비란 최대 건조밀도를 가질 때의 함수비로서 Proctor가 제안한 방법에 의해 시공 전에 시료에 의한 다짐시험을 실시하여 건조밀도－함수비곡선을 그렸을 때 정점에서의 함수비이다.

② 동일한 흙에 대해서도 다지는 방법을 달리하면 건조밀도와 최적 함수비와의 크기도 달라지게 된다.

③ 연약토와 같은 다습토는 최적 함수비를 현장에서 정하기 곤란하고 사용토를 건조시킴으로써 최대 건조밀도까지 도달시킬 수 있다.

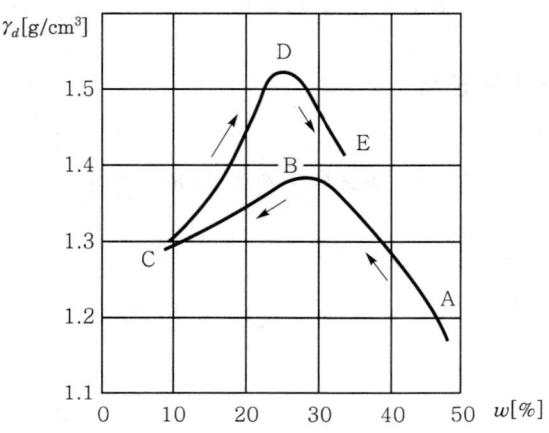

- ABC곡선 : 함수비를 점차 저하시키면서 시험
- CDE곡선 : 함수비를 점차 증가시키면서 시험

68 흙의 최대 건조밀도

[07후(10)]

Ⅰ. 정의

① 흙을 다질 때 함수비에 의하여 다짐의 효과가 달라지는데, 다짐효과를 위하여 가로축에 함수비, 세로축에 건조밀도를 취하여 도시하여 최적 함수비상에서 얻어지는 것을 흙의 최대 건조밀도라 한다.

② 흙의 최대 건조밀도는 실내다짐시험에서 건조밀도와 함수비의 관계를 Plot하여 최대 건조밀도와 최적 함수비를 구한다.

Ⅱ. 최대 건조밀도의 결정

① 동일 시료로 함수비를 변화하여 실내다짐시험을 실시한다.

② 각 시료의 건조밀도 및 함수비를 측정하여 그래프에 Plot한다.

③ 도표에서 결정치를 최대 건조밀도라 할 때 이에 대응하는 함수비가 최적 함수비라 한다.

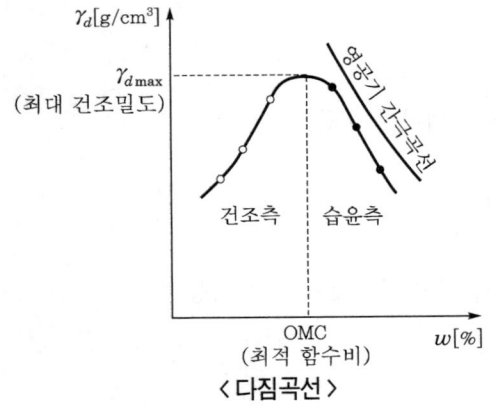

〈 다짐곡선 〉

Ⅲ. 함수비변화에 따른 흙의 상태변화

① 수화단계(반고체영역)

② 윤활단계(탄성영역)

③ 팽창단계(소성영역)

④ 포화단계(반점성영역)

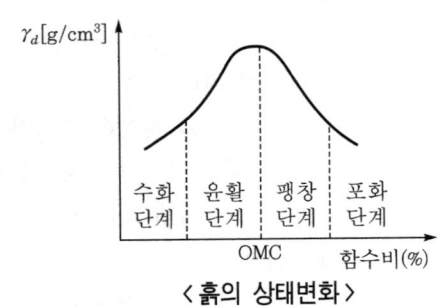

〈 흙의 상태변화 〉

Ⅳ. 이용(적용)

① 다짐도(R_c) 산정　　　　② 다짐도 판정

$$R_c = \frac{\text{현장다짐시험}(\gamma_d)}{\text{실내다짐시험}(\gamma_{d\,\max})} \times 100[\%]$$

③ 최적 함수비 산정　　　　④ 시공함수비 결정

69 다짐밀도(들밀도시험)

[03중(10)]

Ⅰ. 정의

① 다짐밀도(들밀도시험, Field Density)란 현장 성토작업에서 다짐작업한 지반의 다짐 정도를 알기 위해서 다짐된 성토부의 현장 밀도를 구하는 것을 말한다.

② 현장에서 다짐밀도를 측정하는 방법으로 모래치환법, 고무막법, 방사능법 등이 있으며 현장에 가장 많이 사용하는 공법으로 모래치환법을 이용한다.

Ⅱ. 목적

목적 ┬ 품질 확인 ┬ 현장에서 다진 흙의 품질 확인
　　　│　　　　　└ 시방조건과 비교 검토
　　　└ 상대다짐도 측정 : 실내다짐시험과 비교하여 상대다짐도 측정

Ⅲ. 현장 밀도 측정방법의 종류

1) 모래치환법

　　가장 실용적

2) 고무막법

　　물 또는 기름을 가압하여 치환

3) 코어법

　　코어기로 다짐토 채취

4) 방사능법

　　흙을 교란시키지 않고 즉석에서 측정 가능

Ⅳ. 모래치환법

1) 현장시험방법

① 현장에서 다짐된 성토부의 재료를 일정량 파낸다.

② 표준사(캐나다 오타와산)를 재료를 파낸 구멍에 넣는다.

③ 파낸 재료의 중량을 측정한다.

④ 채워 넣은 표준사의 체적을 구한다.

⑤ 현장에서 파낸 흙의 함수비(w)를 측정한다.

2) Data 정리

① 습윤밀도$(\gamma_t) = \dfrac{W(\text{현장에서 파낸 흙의 중량})}{V(\text{파낸 구멍의 체적})}$

② 건조밀도$(\gamma_d) = \dfrac{\gamma_t(\text{습윤밀도})}{1 + \dfrac{w}{100}(\text{현장에서 파낸 흙의 함수비})}$

V. 최대 건조밀도 측정

현장에서 사용하는 재료를 시험실에서 실내다짐시험을 실시하여 여러 개의 변화된 함수비를 시료를 통하여 최대 건조밀도와 이에 대응하는 최적 함수비(OMC)를 구한다.

VI. 다짐도(Relative Density)

현장에서 다짐기계로 다짐을 한 성토체의 다짐상태를 판단하기 위하여 현장 다짐밀도(현장 건조밀도)와 시험실에서 구한 최대 건조밀도와의 관계에서 상대다짐도를 구할 수 있다.

$$R_c \, (\text{다짐도}) = \frac{\gamma_d \, (\text{현장 건조밀도})}{\gamma_{d\,\max} \, (\text{시험실에서 구한 최대 건조밀도})} \times 100[\%]$$

VII. 다짐도의 적용

공종	다짐도
노체	90% 이상
노상	95% 이상
보조기층	95% 이상

70 다짐도(Relative Density)

[05중(10)]

Ⅰ. 정의

① 다짐도란 현장 성토작업에서 다짐 정도를 판단하는 방법으로 시험실에서 구한 최대 건조밀도에 대한 현장 건조밀도의 비를 백분율로 나타낸 것이다.

② 흙에 외력을 가하여 흙 속에 공기를 배출하고 체적 감소 및 압축성 저하, 강도 증대 등의 목적으로 행하는 작업을 다짐이라 하며 그 시공 정도를 규정짓는 척도이다.

$$R_c\,(\text{다짐도})=\dfrac{\gamma_d\,(\text{현장 건조밀도})}{\gamma_{d\max}\,(\text{시험실 최대 건조밀도})}\times100[\%]$$

Ⅱ. 다짐도 영향요소

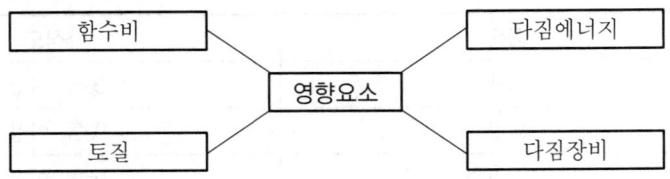

Ⅲ. 필요성

① 성토작업에서 다짐상태 판정
② 다짐작업에서 다짐장비 적정성 판정
③ 사용재료의 적정성 검토
④ 현장에서의 시공능력 확인

Ⅳ. 현장 건조밀도 측정방법

① 모래치환법
② 고무막법
③ 코어법
④ 방사능법

Ⅴ. 시험실 최대 건조밀도 측정방법

1) 건조밀도 측정
① 동일 시료로 함수비를 변화시킨 시료 6~8종 준비
② 실내다짐시험 실시
③ 습윤밀도 산출

$$\gamma_t=\dfrac{W}{V}$$

④ 건조밀도 산출

$$\gamma_d = \dfrac{\gamma_t}{1 + \dfrac{w}{100}}$$

2) 도표 작성

① 세로축 : 건조밀도

② 가로축 : 함수비

③ 6~8개의 시료에서 구한 건조밀도와 함수비의 관계를 Plot한다.

④ Plot한 점들을 자연스럽게 연결한다.

3) 최적 함수비 결정

① 도표에서 건조밀도 최대치를 최대 건조밀도라 할 때 이에 대응하는 함수비가 얻어진다.

② 이때의 함수비를 최적 함수비(OMC)라 한다.

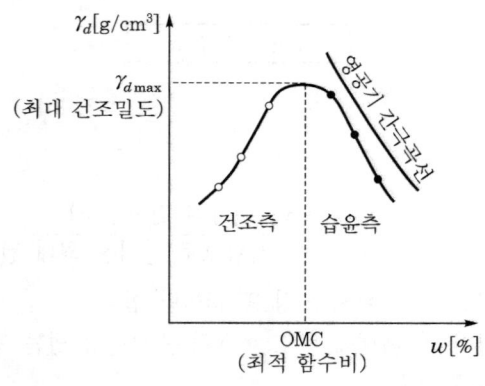

〈 다짐곡선 〉

VI. 다짐도 규정

공종	다짐도
노체	90% 이상
노상	95% 이상
보조기층	95% 이상

71 다짐도 판정

[98중후(20), 08전(10), 11후(10)]

Ⅰ. 정의

① 다짐이란 흙에 인위적인 에너지를 가하여 흙의 공학적 성질을 개선시키는 것을 말한다.

② 다짐도 판정이란 다짐을 실시한 지반의 토립자 간극에서 얼마만큼 공기가 배출되고 다짐이 되었는지를 판단하는 방법을 말한다.

Ⅱ. 다짐의 목적

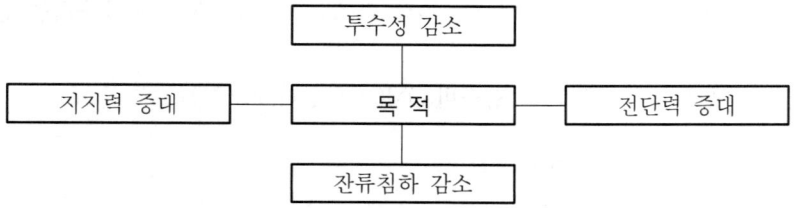

Ⅲ. 다짐도 판정

1) 건조밀도

① R_c (다짐도) $= \dfrac{\gamma_d \, (\text{현장의 건조밀도})}{\gamma_{d\max} \, (\text{실내다짐시험으로 얻어진 최대 건조밀도})} \times 100 \, [\%]$ 가

시방규정 이상(노체 90%, 노상 95%)이면 합격

② 도로의 흙쌓기 및 흙댐에 주로 이용하는 신빙성 있는 방법

③ 적용이 곤란한 경우

㉠ 토질변화가 심한 곳

㉡ 기준이 되는 최대 건조밀도를 구하기 어려운 경우

㉢ 함수비가 높아 이를 저하시키는 것이 비경제적일 때

㉣ Over Size를 함유한 암재료

2) 포화도, 간극비

① $G_s w = Se$

여기서, G_s : 토립자의 비중, S : 포화도, w : 함수비, e : 간극비

② 포화도 $(S) = \dfrac{G_s w}{e}$

③ 간극비 $(e) = \dfrac{G_s w}{S}$

④ 고함수비 점토 등과 같이 건조밀도로 규정하기 어려운 경우에 적용

3) 강도특성

① 현장에서 측정한 지반지지력계수 K치, CBR치, Cone지수 등으로 판정

② 안정된 흙쌓기 재료(암괴, 호박돌, 모래질 흙)에 적용

③ 함수비에 따라 강도의 변화가 있는 재료에는 적용 곤란

4) 상대밀도(Relative Density)

① $D_r = \dfrac{e_{\max} - e}{e_{\max} - e_{\min}} \times 100 = \left(\dfrac{\gamma_d - \gamma_{\min}}{\gamma_{d\ \max} - \gamma_{\min}} \right) \dfrac{\gamma_{d\ \max}}{\gamma_d} \times 100 [\%]$

② 점성이 없는 사질토에 이용

5) 변형량

① Proof Rolling, Benkelman Beam의 변형량이 시방기준 이하면 합격

② 노상면, 시공 도중의 흙쌓기면에 적용

6) 다짐기종, 다짐횟수

① 시험성토결과에 따라 다짐기종, 한 층 포설두께, 다짐횟수 결정

② 토질이나 함수비변화가 크지 않은 현장에서 적용

72 과전압(Over Compaction)

[01중(10), 16후(10), 19중(10), 23전(10)]

Ⅰ. 정의

① 흙을 다짐하여 강도 증진을 목적으로 할 때 최대 건조 밀도가 얻어지는 최적 함수비의 건조측에서 다질 때 더 큰 강도를 얻을 수 있다.

② 대형의 다짐기계로 최적 함수비의 습윤측에서 다짐을 하게 되면 흙의 구성체가 파괴되어 오히려 강도가 더 저하되게 되는데, 이를 과전압(과다짐)이라 한다.

Ⅱ. 과다짐에 의한 피해

① 표면의 흙입자 파손
② 흙덩이의 전단파괴
③ 흙의 분산화
④ 강도 저하
⑤ 시공면 밀림현상 발생

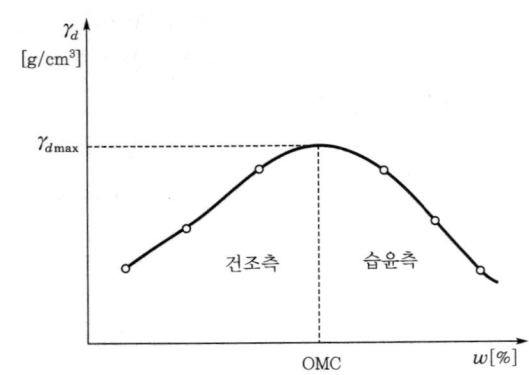

Ⅲ. 세립토 다짐의 특성

1) 습윤측
   ① 다짐에너지의 크기에 따른 강도의 증감이 매우 적음
   ② 매우 큰 에너지를 가하면 강도가 오히려 감소(과전압)

2) 건조측
   ① 일반적으로 다짐에너지가 증가하면 강도 증가
   ② 동일한 에너지에 대해서도 습윤측 다짐보다 강도 증가

Ⅳ. 과다짐 발생원인

① 한 층의 다짐횟수가 많을 때
② 토질이 화강풍화토일 때
③ 다짐에너지가 너무 큰 다짐장비 사용
④ 최적 함수비의 습윤측에서 과도한 다짐 시

Ⅴ. 방지대책

① 건조측에서 다짐
② 적정 다짐장비 선정
③ 다짐횟수규정 준수
④ 표면 과다 살수금지

73 엇물림(Interlocking)

Ⅰ. 정의

① 엇물림이란 사질토 전단파괴면의 모난 입자가 서로 겹쳐진 배열을 하고 있는 것을 말하며, 쇄석으로 다진 보조기층과 모난 입자가 많은 조밀한 사질토에서 많이 볼 수 있다.

② 엇물림효과는 입자의 마찰저항이 아닌 흙구조 저항으로 전단저항력이 커져 전단강도가 엇물림상태가 아닌 사질토보다 커진 것을 말한다.

Ⅱ. 전단파괴면의 거동

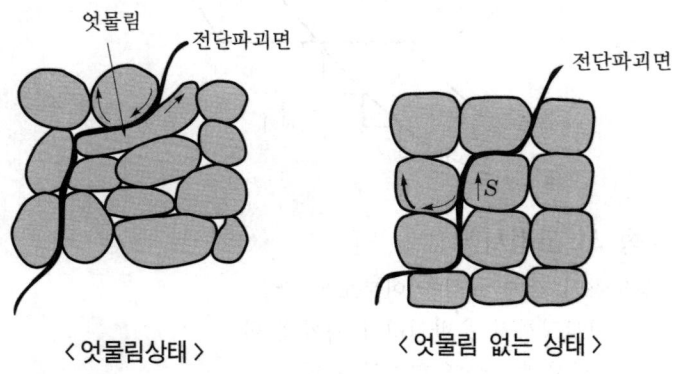

〈 엇물림상태 〉　　　〈 엇물림 없는 상태 〉

Ⅲ. 특징

1) 사질토에서 발생
   ① 엇물림은 입자가 작고 약한 점성토보다 사질토에서 발생
   ② 느슨한 사질토보다 조밀한 사질토에서 발생

2) 입자배열에 영향
   ① 입자가 둥글고 일정한 것보다 모나고 입자의 크기가 일정하지 않은 사질토에서 많이 발생
   ② 쇄석이나 모난 입자가 많은 조밀한 사질토에서 많이 발생

3) 전단저항력 증가
   ① 엇물림효과로 흙구조의 저항인 전단저항력 증가
   ② 지반의 지내력 증가

74 토공의 시공기면(formation level)

[15전(20), 23중(10)]

Ⅰ. 정의
① 시공기면은 절·성토를 하려는 지반의 계획고를 말한다.
② 토공사의 경제성 확보를 위하여 절·성토량의 차이가 최소화되어 균형을 이루도록 시공기면을 작성한다.

Ⅱ. 시공도

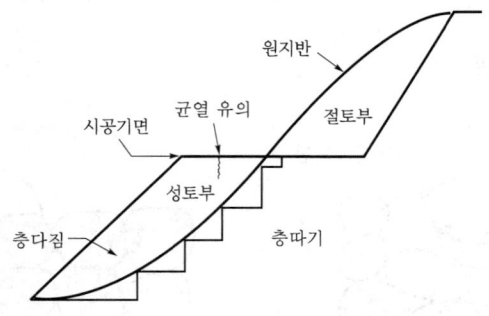

Ⅲ. 시공기면 결정 시 고려사항
① 절·성토량이 같게 균형을 이루도록 함
② 토취장·사토장까지 운반거리가 가깝게 함
③ 연약지반, 산사태, 낙석위험지역을 피함
④ 암석굴착량을 최소화
⑤ 용지 보상, 지장물 간섭이 적도록 계획

Ⅳ. 시공기면의 균열 발생원인
① 절·성토부 지지력 불균일
② 용수, 침투수에 따른 성토부의 연화
③ 경계부 다짐 불충분
④ 경사지반 성토부의 Sliding

Ⅴ. 시공기면 지지력 확보방안
① 횡단구배 1 : 4
② 완화구간 3m 폭으로 설치
③ 벌개 제근
④ 다짐 철저

75 토공 정규

[97중후(20)]

Ⅰ. 정의

① 토공 정규란 일반적으로 흙 구조물의 시공 단면을 예측할 수 있도록 설치한 규준틀을 말한다.
② 시공기면 이상 부분의 주요 치수, 형상 등을 표시함으로써 시공의 기준이 된다.

Ⅱ. 필요성

① 시공과정의 척도
② 부실 시공 방지
③ 공사의 방향 제시
④ 공기 및 공사비 절감

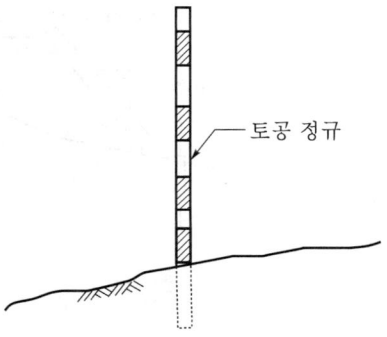

토공 정규

Ⅲ. 종류

1) 성토
 ① 시공 정도 판단
 ② 성토속도 준수
 ③ 포설두께 관리

2) 절토
 ① 절취면 경사 표시
 ② 절취개시선 표시
 ③ 절취한계 표시
 ④ 설치간격
  ㉠ 직선구간 : 20 m
  ㉡ 곡선구간 : 10 m
  ㉢ 지형이 복잡한 지역 : 추가 설치

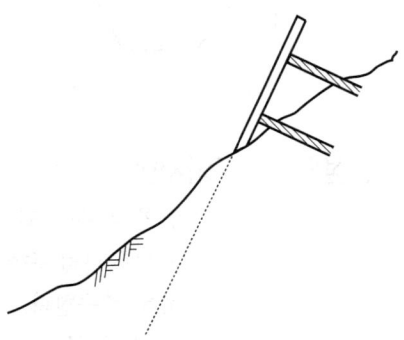

3) 도로공사
 ① 각 층의 한계 표시
 ② 시공순서 결정
 ③ 도로한계선 표시

4) 철도공사
 ① 단면형상 표시
 ② 시공방향 제시

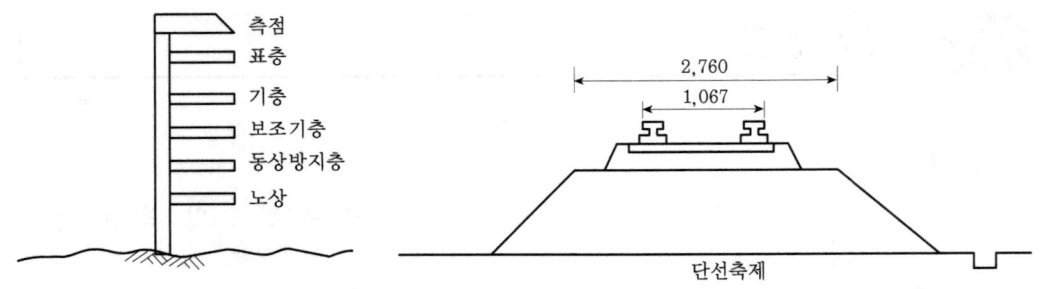

5) 기타

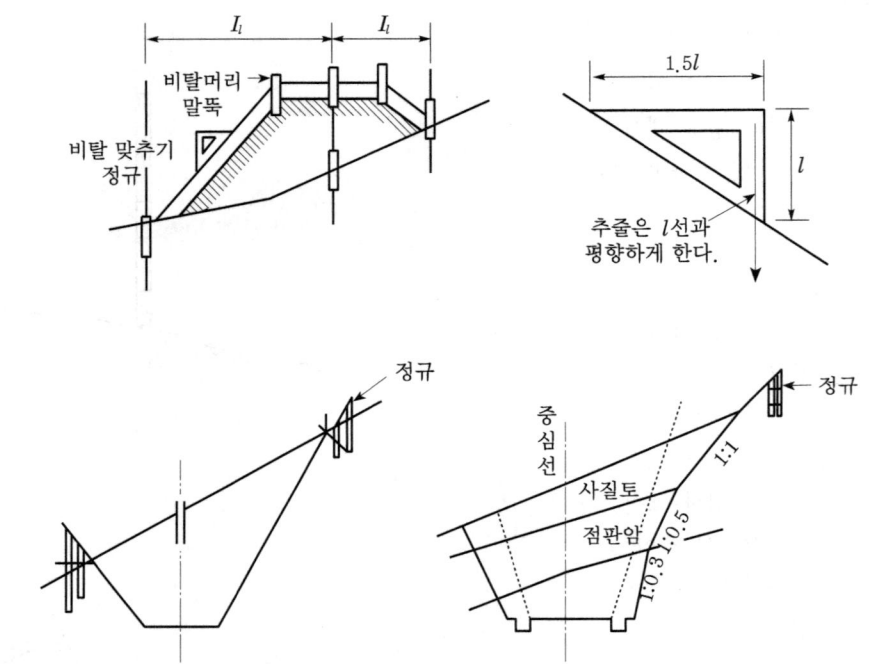

Ⅳ. 설치 시 주의사항

① 토공작업의 기준이 되므로 이동, 변형하지 않도록 설치한다.
② 강풍, 강우에 의해 손실되지 않도록 한다.
③ 설치간격을 준수한다.
④ 지형이 복잡한 곳, 곡선부 등에는 추가 설치한다.
⑤ 식별이 잘 되도록 한다.
⑥ 작업장비에 의한 손실을 방지한다.
⑦ 토공작업 완료 시까지 보존한다.

76 | 토취장 선정요건

[97전(20), 22중(10)]

I. 정의

① 토취장이란 필요한 성토재료를 얻기 위하여 자연상태의 토사를 절취하는 장소를 말한다.

② 토취장 선정은 토질, 채취 가능한 양, 현장까지의 운반거리 등을 고려하여 선정하여야 한다.

II. 사전조사

사전조사 ┬ 예비조사 : 지형도, 지질도, 항공사진, 과거 공사기록, 입지조건
　　　　　├ 현장조사 : 자료조사, 현장답사, Boring, Sounding, Sampling
　　　　　└ 본조사 : 흙분류시험, 토성시험, 강도시험

III. 선정요건

1) 토질조건 검토
   ① 성토재료로서의 적합성 여부
   ② 자연상태의 함수비, 입도분포, 입경 등의 검토

2) 필요량
   ① 공사에 필요한 토량의 존재 여부
   ② 선별작업 시 사용 불가능한 골재의 비율 등 검토

3) 운반거리
   ① 현장까지의 운반거리에 따른 경제성 고려
   ② 운반로의 지장물상태
   ③ 토사운반에 따른 민원 발생 여부

4) 환경규제
   ① 지역 환경에 따르는 자연환경 파손에 따른 규제 여부
   ② 특히 문화재발굴지역, 관광지 등

5) 용지보상
   ① 토취장 개발에 따른 용지보상관계
   ② 대지가격 등을 고려

6) 토질변화
   ① 토질변화에 따른 불량토 발생 정도
   ② 불량토 처리방법 및 사토계획 검토

7) 지형
　　① 재료 채취에 따른 사태 우려성 검토
　　② 토사 채취에 따른 지형변동 고려

8) 지하수
　　① 지하수 용수에 대한 검토
　　② 토사유출방지대책 수립

9) 시공성
　　① 장비의 Trafficability
　　② 시공의 난이도 검토

10) 운반로
　　① 운반도로의 경사
　　② 토사운반로 중 오르막길 유무
　　③ 운반로상태 점검

77 토공 성토재료 선정

Ⅰ. 개요

① 토공작업에서 성토재료 선정은 토공작업의 성패를 좌우하는 매우 중요한 작업으로 성토작업에 앞서 재료 선정작업이 우선되어야 한다.

② 성토재료 선정은 장비의 Trafficability가 확보되어야 하고, 다짐 시공 후 강도 발휘가 용이하며 시공성, 경제성을 고려하여 선정해야 한다.

Ⅱ. 성토용 재료의 구득방법

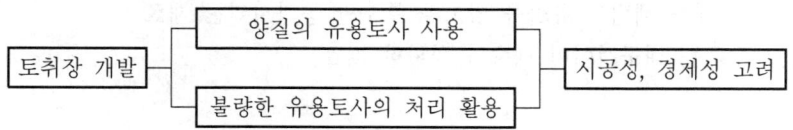

Ⅲ. 성토재료 선정

1) 공학적 안정
   ① 압축성과 투수성이 작고 지지력이 큰 재료
   ② LL < 50, PI < 10

2) 입도 양호
   ① 크고 작은 토립자가 적당히 혼합된 재료
   ② $C_u \geq 10,\ 1 \leq C_g \leq 3$

3) 최소 간극
   ① 토립자 사이의 간극이 적은 재료
   ② 다짐성이 양호하고 지내력이 큰 재료

4) 전단강도
   ① 성토 비탈면의 안정에 필요한 전단강도를 가진 재료
   ② 점착력이 크고 내부마찰각이 큰 재료

5) 지지력
   ① 완성 후의 재하에 대한 충분한 지지력을 가진 재료
   ② 교통하중 등의 이동하중에 대한 저항성이 큰 재료

6) 시방규정 부합
   ① 자연함수비가 액성한계보다 낮은 재료
   ② 진동이나 유수에 대해 안정한 재료

7) 소요다짐도
   ① 규정된 다짐도를 만족하는 재료
   ② 공사현장의 인근 지역에서 경제적으로 구할 수 있는 재료

8) 골재입도
    ① 고른 입도분포를 가진 재료
    ② 시공상 취급이 쉽고 다짐효과가 좋은 재료

9) Trafficability
    ① 전단강도가 크고 압축성이 작은 재료
    ② 시공기계의 주행성이 확보되고 충분한 전압이 되는 재료

10) 이물질 제거
    ① 가급적 균등질의 재료
    ② 유기물, 기타 유해한 잡물을 포함하지 않은 재료

11) 배수성
    ① Filter재는 세립분 유출을 막고 침투수만 통과시키는 재료
    ② 투수재는 내구적이며 배수가 원활한 재료

78 단차(段差)

Ⅰ. 정의

① 단차란 구조물 접속부와 지하 매설물의 위치 또는 도로 포장면의 주행선과 노견 사이에서 이질층 존재, 압축성 차이, 지지력 상이, 부등침하 등의 원인에 의해 높이차가 발생되는 것을 말한다.

② 단차는 교량 등의 접속부에서는 구조물에 손상을 주고 소음 발생의 원인이 되며, 주행차량의 안전운전을 크게 위협하는 요인으로 사고 발생원인이 되기도 한다.

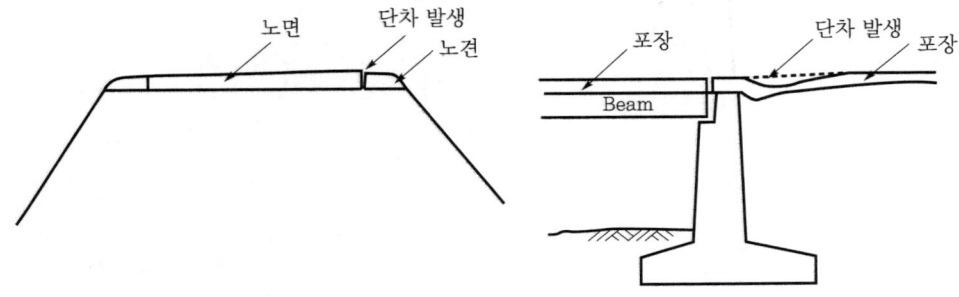

Ⅱ. 단차의 피해

① 구조물 손상   ② 주행성 악화
③ 교통사고 유발   ④ 소음 발생

Ⅲ. 발생원인

① 노상의 부등침하   ② 노견과 주행선의 재료 상이
③ 배수 불량   ④ 지표수 침투
⑤ 다짐 불충분   ⑥ 기층 부적정
⑦ 뒤채움 시공 불량   ⑧ 지반 부등침하

Ⅳ. 방지대책

① 양질의 뒤채움재료   ② 충분한 다짐
③ 소형 장비 이용   ④ Approach Slab
⑤ 맹암거 설치   ⑥ 노면구배
⑦ 층따기 실시   ⑧ 층다짐 준수
⑨ Grouting

Ⅴ. 단차 보수방법

① 덧씌우기   ② 부분 재포장

VI. 단차 측정

① 단차의 측정은 1차선당 3점 이상 또는 가장 깊은 곳에서 시행하며 최대치 D[mm]로 단차량을 나타낸다.

② 측정은 실을 당겨서 단차 부분의 깊이 D를 측정한다.

③ 측정길이는 일반 도로에서는 10m, 고속도로에서는 15m로 한다.

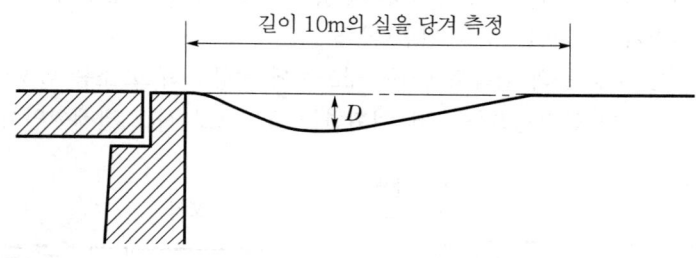

79 Approach Slab

Ⅰ. 정의

① 구조물 본체와 흙쌓기 접속부에서 발생되는 단차를 최소화하기 위해서 구조물에 접근하여 흙쌓기부에 설치하는 철근콘크리트판을 Approach Slab이라 한다.

② Approach Slab의 설치길이는 일반적으로 설계속도, 흙쌓기 높이, 교통량 등을 고려하여 결정한다.

Ⅱ. 구조

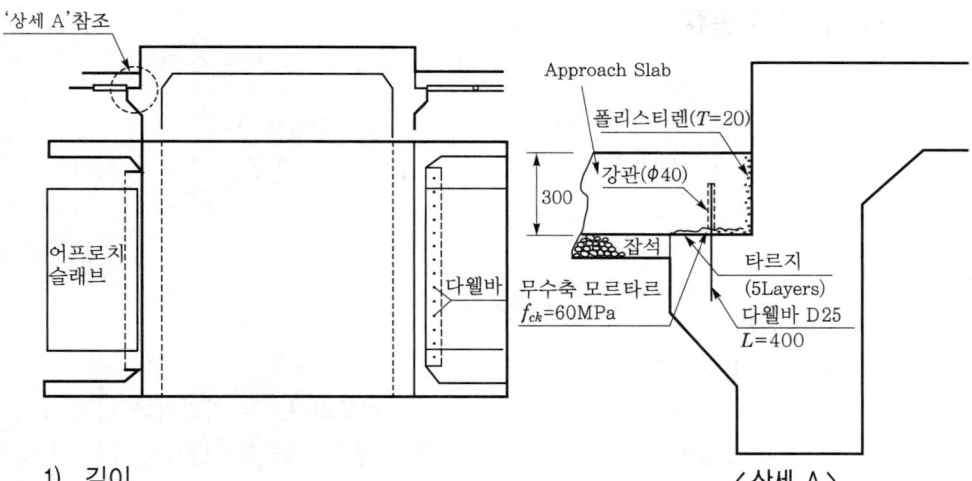

〈상세 A〉

1) 길이

Approach Slab의 길이는 3~8m 범위로 한다.

2) 설치폭

슬래브의 폭은 차선 및 양쪽 노견을 포함하는 폭으로 한다.

3) 받침대

① 암거, 교대 등의 배면에는 Approach Slab가 놓일 수 있는 받침대를 설치한다.

② 받침대에는 고무판과 앵커볼트를 설치한다.

③ Slab와 받침대, 암거의 측벽 등의 사이에는 이음재를 삽입한다.

④ 흙쌓기 측에는 특별한 받침구조는 설치하지 않는다.

Ⅲ. 시공

① 설치장소 다짐 : Approach Slab를 설치하는 장소는 가능한 한 공사용 차량에 의한 자연다짐을 하여 뒤채움부에 안정을 취한 다음 시공한다.

② 시공면 처리 : Approach Slab의 기초 바닥면은 충분한 고르기를 하여 평탄하게 마무리한다.

③ 콘크리트 타설 : Slab 콘크리트 타설은 콘크리트 포장에 준하여 시공한다.

80 절토공사 시 유의사항

Ⅰ. 정의

① 토공사에서 절토부 노상 시공은 지역에 따라 각기 다른 토사, 암반으로 구성되므로 지반의 지내력이 불균형하게 되어 노상이 연약화 또는 부등침하 등을 일으키게 된다.

② 이러한 요인에 의해 시공 후 하자 발생률이 일반 성토구간보다 높은 점을 감안하여 시공관리를 하여야 한다.

Ⅱ. 절토작업장비의 종류

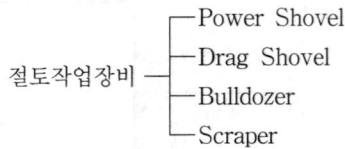

Ⅲ. 유의사항

1. 절토부 지반 처리

1) 원지반이 암반인 경우

절취부가 암반인 경우 암석의 절취면을 노상 마무리면으로 정리하나 리핑 또는 발파로 인하여 요철이 생긴 경우는 물의 영향을 받지 않는 동상방지층 또는 보조기층용 재료를 포설하고 충분한 다짐을 하여야 한다.

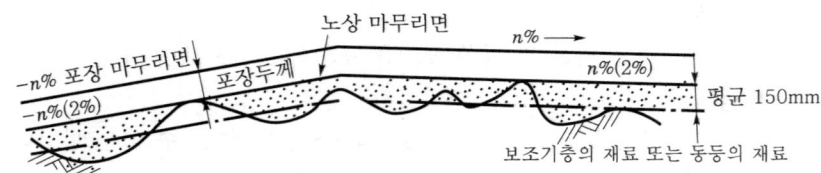

< 원지반이 암인 경우의 노상 >

2) 절토면의 토질이 다른 경우

① 계획노상면이 암반과 토사가 접합되는 곳에서는 그 경계부에 1 : 4 정도의 경사를 가지는 접속구간을 두는 것으로 한다.

② 접합부는 재료의 성질이 다른 점을 고려하여 토사절취부측은 노상 마무리선에서 약 15cm 정도 깊이로 밭갈이 후 함수비를 조정하여 충분히 다짐한다.

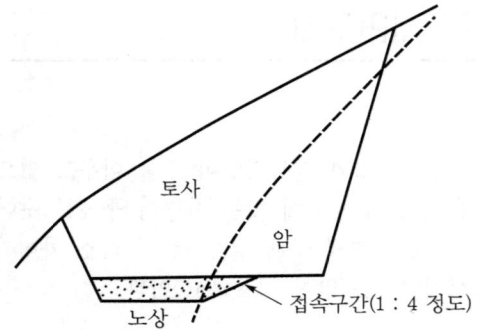

< 절토면의 토질이 다른 경우의 노상 >

3) 토사절취부 재료

① 지하수 등의 영향으로 함수상태가 높을 때 함수비를 조정 후 사용한다.

② 재료가 성토재료의 품질기준에 미달될 때는 사토 처리한다.

2. 절토부 지하수 처리

① 지하수가 다량으로 발생하는 지역은 절취부 끝단 하부를 노상 하단으로 유도

② 횡방향으로 설치되는 맹암거는 현장상태에 따라 적당한 간격으로 설치

③ 절취부 하단 노상부에 설치되는 맹암거의 유공관은 구멍이 아래로 향하게 설치

④ 부직포는 배수기능 저하 방지를 위한 것으로 파손 방지

3. 기타

① 붕적토, 풍화가 심한 비탈면의 절토

② 토류벽 설치, 활동 방지 말뚝공

③ 사질토 등 침식하기 쉬운 토질

④ 균열절리가 많은 암

⑤ 균열면이 활동면으로 되는 경우

⑥ 지하수위가 높은 경우

81 절토, 성토 사면구배

Ⅰ. 정의

① 토공작업에서 절토작업과 성토작업이 주를 이루고 있으며 작업 후 절토부와 성토부의 안전을 위하여 토질에 맞는 사면에 구배를 두어야 한다.

② 토질별 절토, 성토 사면의 구배 설계기준이 다소 차이가 있으나 시공현장에서는 국토교통부 설계기준을 많이 이용하고 있다.

Ⅱ. 절토 사면구배

토질구분	사면높이 (m)	사면구배		
		국토부	한국도로공사	LH공사
토사 (사질토, 점성토)	5m 이상	1 : 1.5	1 : 1.5	1 : 1.5
	0~5m	1 : 1.2	1 : 1.2	1 : 1.2
리핑암(풍화암)	5m 이상	1 : 0.7	1 : 1.0	1 : 1.0
	0~5m			
발파암 연암	5m 이상	1 : 0.5	1 : 0.5	1 : 0.5
	0~5m			
경암	5m 이상			
	0~5m			

Ⅲ. 성토 사면구배

토질구분	사면높이 (m)	사면구배		
		국토부	한국도로공사	LH공사
토사	6m 이상	1 : 1.8	1 : 1.8	
	0~6m	1 : 1.5	1 : 1.5	
	5m 이상			1 : 2.0
	0~5m			1 : 1.5

Ⅳ. 소단 설치기준

토질구분	소단 설치기준		
	국토부	한국도로공사	LH공사
절토	• 토사 : 5m마다 폭 1m 소단 4% 횡단구배 • 리핑암 : 7.5m마다 1m 소단 • 발파암 : 20m마다 폭 3m 소단	• 발파암 : 20m마다 폭 3m 소단	• 5m마다 1~1.5m 폭 필요시 10m마다 폭 1.5m 소단과 배수공
성토	6m마다 폭 1m 소단	6m마다 폭 1m 소단	

Ⅴ. 굴착면의 기울기기준

토질구분	지반의 종류	기울기
흙	모래	1 : 1.8
	그 외 흙	1 : 1.2
암반	풍화암	1 : 1.0
	연암	1 : 1.0
	경암	1 : 0.5

82 성토 시공방법

I. 개요

① 성토 시공은 시공도면과 일치하게 말뚝, 판자 등을 이용하여 규준틀을 설치하고 지반정리를 한 다음 흙쌓기 시공을 해야 한다.

② 성토 시공방법으로는 수평층쌓기, 전방층쌓기, 비계층쌓기, 물다짐공법 등이 있으며, 현장 여건을 고려하여 공법을 선정한다.

II. 시공방법 종류

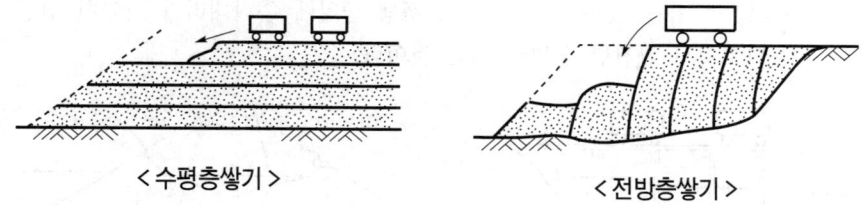

< 수평층쌓기 >   < 전방층쌓기 >

1) 수평층쌓기

① 위의 그림과 같이 수평으로 쌓아 올리면서 다지는 공법 중 두껍게 까는 방법과 얇게 까는 방법이 있다.

② 두껍게 까는 방법은 900~1,200mm 정도씩의 두께로 깔고 약간의 기간을 두어 자연침하를 시키거나 다지기를 하고, 또 다음 층을 깔아서 같은 방법을 되풀이하는 방법으로 주로 하천 제방 또는 도로 및 철로 등의 축제에 적당하다.

③ 또 얇은 층으로 까는 방법은 300~600mm 정도씩의 두께로 깔아서 한 층마다 적당한 습기를 주어 충분히 다진 후에 같은 방법으로 다음 층을 깔아 올라가는 방법으로서 저수지, 흙댐과 옹벽 및 교대의 뒤채움 및 도로·토공 등에 주로 이용한다.

④ 이 방법은 공사기간이 길어져서 공사비가 많아지는 것이 결점이기는 하나, 충분히 다짐을 할 수 있고 준공 후 침하가 적으며, 물의 투수를 방지할 수 있어 중요한 공사에 있어서는 이 방법이 많이 쓰여진다.

2) 전방층쌓기

① 흙을 차례로 전방에 급경사로 내려 쏟으며 쌓아가는 방법으로 급경사쌓기라고도 한다.

② 이 공법은 공사 중에 압축이 적어서 완성 후에도 침하가 크므로 중요한 공사에서는 이용하지 않는 것이 좋다.

③ 공사비가 적게 들고 공사진척이 빨라 낮은 높이의 도로 및 철로 등의 축제에 이용되지만 좋은 공법은 아니다.

3) 비계층쌓기

① 잔교식 비계(架橋)를 만들어 그 위에 궤도(rail)를 깔고 위에서 흙을 내려 쏟아서 점차 쌓아 올라가는 방법이다.

② 이와 같은 시공은 공사비가 많이 들기는 하나 높은 흙쌓기를 동시에 하고자 할 때에 많이 사용된다.

4) 물다짐공법

① 바다, 하천 및 호수 등에서 땅깎기한 흙을 물에 함유시켜 이것을 Pump로 배송관을 통하여 흙댐 등이 있는 곳까지 큰 수두를 가지도록 수송하여 Nozzle로 분출하는 방법으로 미국 등지에서 많이 사용하고 있다.

② 각 분출구에서 물에 함유된 흙이 분출될 때 입자가 큰 것은 양 비탈면 부근에 가라앉고, 가는 입자는 물과 함께 흙댐 중앙에 흘러내려가 자연히 침전되어 굳게 다져져서 완전한 심벽이 되는 것이다.

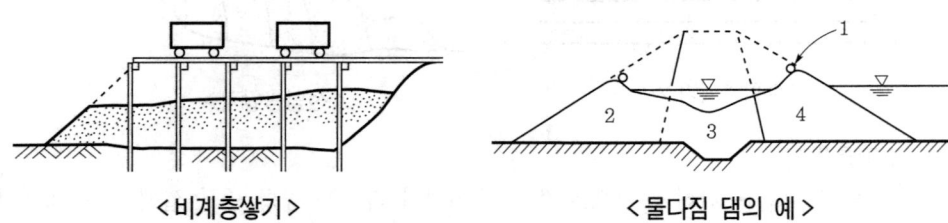

< 비계층쌓기 >   < 물다짐 댐의 예 >

83 성토공사 시 유의사항

I. 개요

① 현장에서 성토작업이 여러 가지 조건에 따라 시공 후에 발생될 수 있는 문제점 등을 고려하여 성토작업 시 유의해야 할 사항을 미리 선정하여 작업계획을 수립하여야 한다.

② 특히 유의해야 할 성토작업으로는 구조물과 토공접속부 시공, 편절·편성구간 시공, 절성경계부 시공, 비탈면 시공 등이 있다.

II. 성토 시공방법

III. 유의사항

1. 구조물과 토공접속부 시공

1) 부등침하의 원인
   ① 지형상 다짐작업이 어려워 뒤채움작업이 불량했을 때
   ② 지하수의 용출이나 지표수의 침투에 의해 성토체가 연약화되었을 때
   ③ 성토체의 기초지반이 경사져 있을 때
   ④ 불량한 연약지반처리 후 시공했을 때

2) 방지대책
   ① 연약지반처리 철저
   ② 다짐 철저
   ③ 부설두께는 200~300mm로 하여 층다짐
   ④ 양질의 토사를 뒤채움재로 사용
   ⑤ 좁고 다짐이 어려운 곳에서는 소형 다짐기로 얇은 층으로 하여 다짐
   ⑥ 편토압 방지
   ⑦ 뒤채움 층두께 및 높이가 양쪽에서 동일하게
   ⑧ 뒤채움부에 배수시설 설치
   ⑨ 포장체의 강성 증가
   ⑩ Approach Slab 설치

3) 품질관리
   ① 뒤채움재료 : 입도, PI, 수침CBR 등
   ② 현장시험 : 현장 밀도시험, 평판재하시험, Proof Rolling

2. 편절 · 편성구간, 절성경계부

1) 문제점
   ① 절토부와 성토부의 지지력 및 침하량 차이
   ② 유수나 침투수에 의한 지반 연약화
   ③ 경계부의 다짐 불충분
   ④ 기초지반과 성토의 접착 불량

2) 대책
   ① 완화구간 설치
   ② 지하 배수
   ③ 비탈 끝에 배수층 설치
   ④ 절토부뿐만 아니라 성토부에도 Bulldozer다짐
   ⑤ 층따기 시공

3. 비탈면 다짐 및 시공

   ① 다짐장비에 의한 다짐 : 비탈면 경사가 완만할 때, 전압식, 진동식, 충격식
   ② 여성(余盛) 후 절취, 성형하는 방법 : 비탈면 경사가 급할 때

4. 암성토

   ① 입도 준수(필요시 소할, 최대 치수 준수 등)
   ② 얇은 층으로 포설하여 추진력이 큰 Roller로 다짐
   ③ 평판재하시험, Proof Rolling, 현장 전단시험 등으로 다짐도 평가 실시

84 암버력 쌓기 시 유의사항

Ⅰ. 개요

① 도로공사현장에서 발생한 암버력을 성토재료로 사용할 때는 노체 이하에서 사용하여야 하며 암버력의 특성을 파악하여 토사와 구분하여 시공하여야 한다.

② 토사와 혼합 사용하게 되면 다짐장비 선정 및 포설두께 등의 시공관리가 특히 요구된다.

Ⅱ. 암버력 쌓기 시 유의사항

1) 포설두께

① 암버력재료의 사용 시 최대 직경의 1.5배 이하

② 시험 성토다짐을 통한 최적의 포설두께 결정

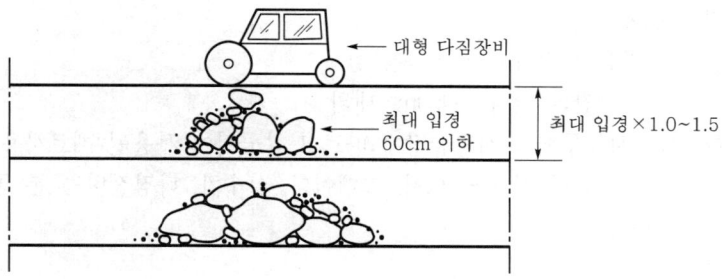

대형 다짐장비

최대 입경 60cm 이하

최대 입경×1.0~1.5

2) 암버력 최대 치수

① 현장 성토작업에 사용되는 최대 치수는 60cm 이하

② 규정 이상의 버력은 포설 전 브레이커 등을 이용하여 파쇄하여 사용

3) 다짐방법

전압형태로 버력의 Interlocking 확보

4) 다짐장비

① 기진력이 큰 다짐장비 사용

② 불도저 또는 Road Roller 등의 자중이 큰 장비

③ Sheep-foot Roller 사용

5) 시공장소

① 노체 완성면 아래에 한하여 사용

② 노체 이상의 암버력 시공은 도로 포장체에 나쁜 영향을 초래하므로 사용 억제

6) 토사 캡핑

① 암버력 사용한 성토 시 매 층의 공극을 채울 수 있게 토사로 캡핑 시공

② 토사 캡핑은 암버력 위에 규정두께로 포설하고 충분한 다짐으로 공극을 채울 수 있게 시공

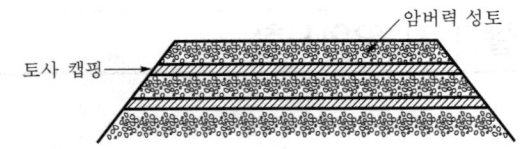

7) 파쇄장비

　　　다짐이 곤란한 입경은 파쇄 사용을 위하여 브레이커가 달린 백호를 투입하여 시공

Ⅲ. 품질관리방안

1) 암질시험

　　① 암버력 경도

　　② 침투수에 의한 풍화 정도

　　③ 암버력의 마모성

2) 다짐도

　　노체 다짐 시공에서 90% 이상

3) 시험다짐 실시

　　① 일정 구간을 설정하여 시험다짐 실시

　　② 시험 시공구간의 면적은 400m^2 내외

　　③ 한 층의 시공두께는 시방규정에 따르고 본공사에 사용될 재료사용

　　④ 시험 시공구간에 사용될 도저, 그레이더, 살수차, 다짐장비는 본 공사에 사용될 장비 사용

4) 자료 활용

　　① 시험 시공으로 얻은 포설두께, 다짐횟수, 함수비 등을 본 공사에 적용

　　② 재료변경, 다짐장비 교체 등의 변동사항이 발생하면 기준값 변동

5) 포설위치

　　암버력과 기타 재료를 동시에 포설해야 될 경우에 암버력은 외측에, 기타 재료는 내측에 포설해야 한다.

6) 중간 차단층 설치

　　암버력으로 시공되는 흙쌓기부의 마지막 층은 작은 조각, 입상재료, Soil Cement 중간층 등을 두어 공극을 충분히 차단해야 한다.

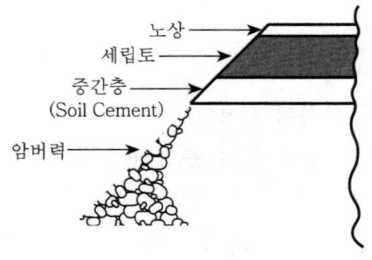

〈 성토 시공 〉

7) 압축성이 큰 재료를 사용할 때

연암재 등 압축성이 큰 암버력은 되도록 사용하지 않는 것이 좋으나, 사용할 때에는 압축을 적게 받는 개소에 사용하고 큰 압축침하가 생기지 않도록 충분히 다진다.

8) 작업 시 유의사항

① 최적 함수비, 포설두께, 다짐횟수 등 규정 준수

② 이물질 혼입금지

③ 작업차량통로 수시변경

④ 포설면은 4% 횡단구배 유지

⑤ 성토법면 세굴 방지목적으로 가마니 및 비닐 도포

85 노체 성토 부위의 배수대책

[02후(10)]

Ⅰ. 정의

① 성토작업에서 중요한 시공관리는 성토재료의 선택, 다짐방법, 다짐도 확보 및 성토 시공 후 관리가 아주 중요한 요소이다.

② 노체 성토 시공에서 매 층 시공 마무리면은 강우에 의해서 노체 성토부의 함수비 증가, 유실 등의 영향을 최소화하기 위하여 적절한 공법의 배수대책이 요구된다.

Ⅱ. 노체 성토 부위의 배수대책

1) 횡방향 구배

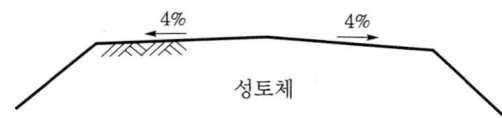

① 강우에 대한 표면배수 처리

② 비고임현상 방지

③ 성토체의 흡수에 따른 연약화 방지목적

2) 배수로 설치

① 성토 사면에 배수로 설치

② 설치배수로는 세굴방지공법 적용

③ 우수 유입부는 비닐로 덮어 보호

3) 평탄성 관리

① 다짐 마감면의 평탄성 관리

② 요철 부위에 빗물 고임 등으로 함수비 증가

③ 포설작업 시 평탄관리 후 다짐 실시

4) 유도배수로 설치

① 성토 시공면이 넓은 경우 : 유도배수로 설치

② 성토재료를 이용하여 배수도랑 설치

5) 차량 통제

① 강우 또는 강우 직후 작업차량 통과로 성토면의 배수지연

② 성토면의 교란으로 시공면이 연약화되므로 차량 통행 차단

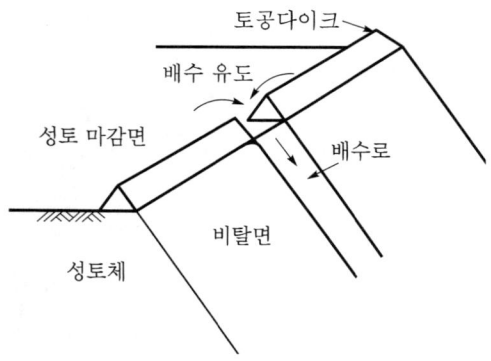

6) 가배수로 설치
   ① 집중강우 예상 시 노면부에 가배수로 설치
   ② 일정 간격으로 비닐, 가마니 등으로 가배수로 설치

7) 밀실 다짐
   ① 장마철 성토다짐은 잦은 강우로 성토재료 유실
   ② 일일작업 마무리 시 포설재료는 밀실 다짐 후 작업 마무리

86 | 여성토(더돋기, Extra-Banking)

Ⅰ. 정의

① 흙쌓기(성토작업)에서 성토 완료 후 지반의 침하, 성토체 침하 등을 예측하여 성토작업 완료 후 요구되는 성토고 확보를 위하여 작업 시 미리 흙을 더 높게 쌓는 것을 여성토라 한다.

② 여성토는 현장 성토작업에서 필수적인 조건이며, 육상 성토작업은 물론 해상에서 행해지는 항만공사에서도 적용되고 있다.

Ⅱ. 도해

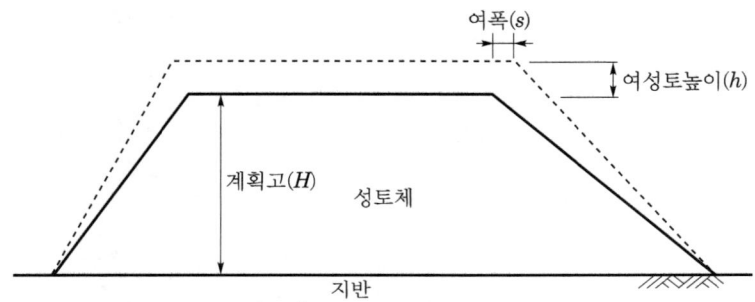

Ⅲ. 토질별 여성토 표준(Winkler이론)

1) 평지지반

토질	s	h
점토	$1/8\,H$	$1/12\,H$
흙	$1/9\,H$	$1/14\,H$
모래	$1/15\,H$	$1/23\,H$
자갈	$1/40\,H$	$1/40\,H$

2) 경사지반

① h_1, s_1은 H 대신 $H_1 + \dfrac{1}{2}H_2$ 사용

② h_2, s_2은 H 대신 $H_1 - \dfrac{1}{2}H_2$ 사용

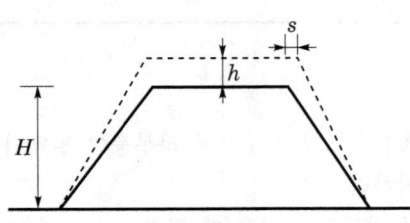
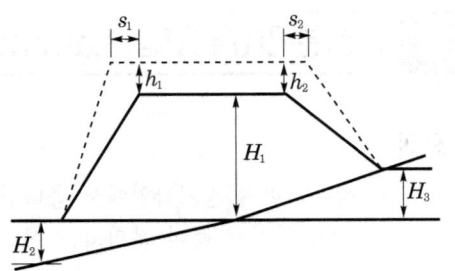

Ⅳ. 여성토의 필요성

① 침하가 우려될 때
② 성토재료 유실이 우려될 때
③ 상부 마루여유폭이 필요할 때
④ 토적변화가 큰 재료일 때

Ⅴ. 성토높이에 따른 여성토높이

성토고	여성토높이
3m 미만	성토고의 10%
3~6m 미만	성토고의 8~10%
6~9m 미만	성토고의 6~8%
9~12m 미만	성토고의 4~6%

Ⅵ. 성토작업 시 유의사항

① 경사지 성토작업
② 고함수비재료 성토작업
③ 절토부 성토작업
④ 연약지반상 성토작업
⑤ 암버럭 사용 시

87 층분리(層分離, Lamination)

Ⅰ. 정의

① 층분리란 흙쌓기작업에서 층다짐 시공을 할 때 상부층과 하부층이 일체가 되지 않고 각각의 층이 분리되는 현상을 말한다.

② 특히 성토재료가 상이하거나 함수비가 적정하지 않을 때 표면이 건조할 때 발생하기 쉬운 현상으로 성토체의 강도 및 안정성에 크게 해를 끼치는 요인이다.

Ⅱ. 층분리의 영향

① 성토체의 일체성 결여
② 성토체의 활동
③ 상부층의 균열 발생
④ 성토지반 강도 저하

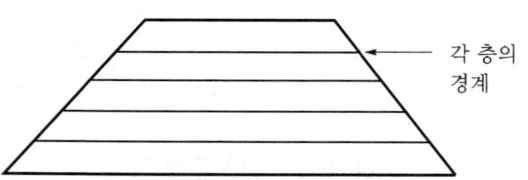

각 층의 경계

Ⅲ. 층분리에 의한 피해

① 각 층의 미끄럼현상
② 강도 저하
③ 상부구조물 파손
④ 측방유동

Ⅳ. 원인

① 성토재료 불량
② 다짐 시공 불량
③ 다짐장비 적용 잘못
④ 상부층 성토시기 지연
⑤ 함수량 부적정

Ⅴ. 방지대책

① 층별 부착력검사
② 적정 다짐장비 선정
③ 상부층 포설 전 살수
④ 사용재료 입도 조정
⑤ 시험 시공 철저
⑥ 함수비 조절

88 Mass Curve(유토곡선, 토적곡선)

[97중전(20), 06후(10), 11중(10), 18중(10), 21전(10)]

Ⅰ. 정의

① 토공에서 성토와 절토의 계획토량, 운반거리 등을 결정하는 것을 토량 배분이라고 하며, 토량 배분을 효율적으로 하기 위하여 유토곡선을 작성하며 토적곡선이라고도 한다.

② 도로공사 등의 토량 배분에서는 토적곡선을 이용함으로써 운반거리, 토량의 평형관계를 정확히 파악할 수가 있다.

Ⅱ. Mass Curve를 이용한 토량 배분

1. 유토곡선 작성법

① 측량에 의해 종단면상에 시공기면을 그린다.

② 횡단면도부터 각 구간의 토량을 계산한다.

③ 토량계산서를 이용하여 누가토량을 계산한다.

④ 종축에 누가토량, 횡축에 거리를 취한 그래프 속에 누가토량을 기입한다.

2. 토량계산서 작성법

축점	거리 (m)	절토 (+)			성토 (−)					공제 토량 (m³)	누가 토량 (m³)
		단면적 (m²)	평균 단면적 (m²)	토량 (m³)	단면적 (m²)	평균 단면적 (m²)	토량 (m³)	토량 변화율 (C)	보정 토량 (m³)		

3. 유토곡선

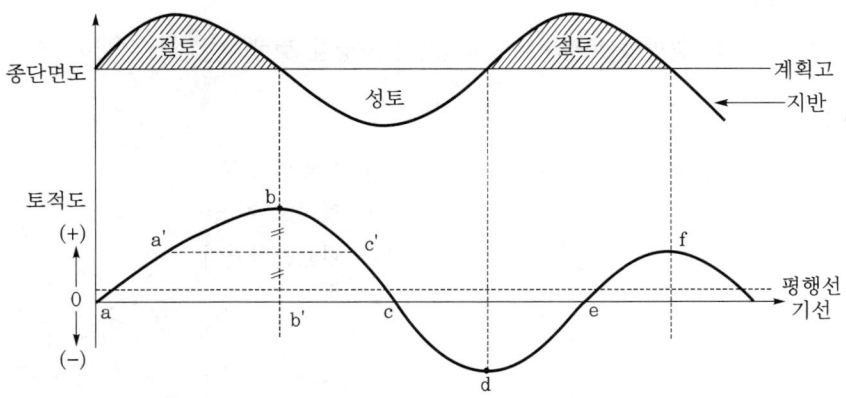

4. 유토곡선의 성질

1) 절성토구간
   상승 부분 a−b와 d−f는 절토구간을, 하강 부분 b−d는 성토구간을 나타낸다.
2) 극대점과 극소점
   극대점(정점) b와 극소점(저점) d는 절토와 성토의 경계이다.
3) 산모양과 골모양
   ① 산모양(a−b−c)으로 굴착토가 왼쪽에서 오른쪽으로 이동한다.
   ② 골모양(c−d−e)으로 굴착토가 오른쪽에서 왼쪽으로 이동한다.
4) 토량의 과잉과 부족
   기선 위에서 끝나면 토량의 과잉이며, 기선 아래서 끝나면 토량의 부족을 나타낸다.
5) 평균운반거리
   a−c구간의 평균운반거리는 a′−c′이다.
6) 전토량
   기선에서 정점까지의 거리(b−b′)는 절토에서 성토로 운반되는 전토량이다.

5. 장비기종의 선정

1) 토량 배분이 결정된 후에는 유토곡선을 이용하여 운반거리, 운반토량, 토질조건, 지형상태 등을 고려해서 경제적인 기종을 선택한다.
2) 운반거리별 적정 장비
   ① Bulldozer : 50m 이하
   ② Scraper : 50~500m
   ③ Dump Truck : 500m 이상

6. 유대량, 무대량

1) 유대량
   불도저+스크레이퍼+덤프트럭
2) 무대량
   유토곡선의 종방향 토량+토량계산서의 횡방향 토량

Ⅲ. 유의사항

① 토량 계산　　　　② 토량변화율
③ 사토장 선정　　　④ 평형선 결정
⑤ 장비 선정　　　　⑥ 평균운반거리

89 유토곡선(Mass Curve)의 극대치, 극소치

Ⅰ. 정의

① 토공에 있어서 성토와 절토의 계획토량, 운반거리 등을 결정하는 것을 토량 배분이라고 한다.

② 도로공사 등의 토량 배분에서는 토적곡선을 이용함으로써 운반거리, 토량의 평형관계를 정확히 파악할 수가 있다.

Ⅱ. 유토곡선

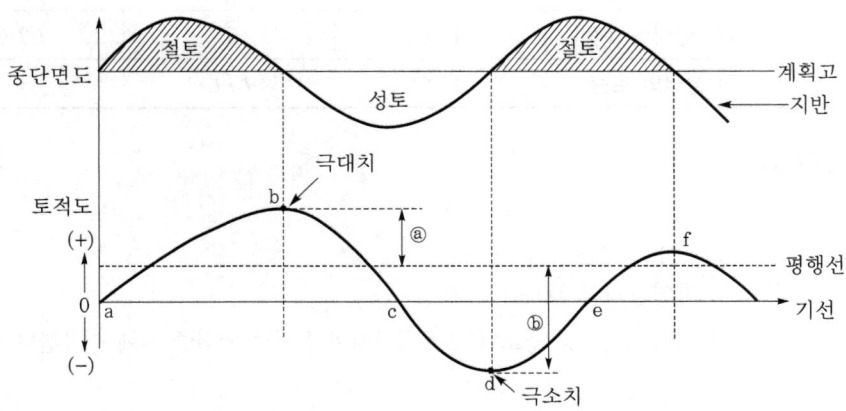

Ⅲ. 극대치

① 극대치는 극대점에서의 값을 의미한다.

② 토공작업에서 절토에서 성토로 전환되는 변이점이다.

③ 극대점에서 평형선까지의 수직거리 ⓐ는 좌측 토공을 절토하여 우측으로 성토하는 운반토공량이다.

Ⅳ. 극소치

① 극소치는 극소점에서의 값을 의미한다.

② 토공작업 시 성토에서 절토로 전환되는 변이점이다.

③ 극소점에서 평형선까지의 수직거리 ⓑ는 우측 토공을 절토하여 좌측으로 성토하는 운반토공량이다.

90 토량환산계수(f)

[94후(10), 00전(10), 02중(10), 05중(10), 10후(10), 16후(10), 18전(10), 19후(10), 24후(10)]

Ⅰ. 정의

토공작업에서 자연상태의 흙과 다져진 상태의 흙에 따른 토량변화율을 이용하여 작업 토량을 구하는 데 사용하는 계수로 토량변화율 L값과 C값을 이용하여 산정한다.

Ⅱ. 토량환산계수(f)

구하는 Q / 기준이 되는 q	자연상태의 토량	흐트러진 상태의 토량	다져진 상태의 토량
자연상태의 토량	1	L	C
흐트러진 상태의 토량	$1/L$	1	C/L
다져진 상태의 토량	$1/C$	L/C	1

Ⅲ. 토량변화율

1) L값

$$L = \frac{\text{흐트러진 상태의 토량}}{\text{자연상태의 토량}}$$

일반 토사인 경우 1.1~1.4 정도이고, 토공사에서 운반토량 산출 시에 이용한다.

2) C값

$$C = \frac{\text{다져진 상태의 토량}}{\text{자연상태의 토량}}$$

일반 토사에서 0.85~0.95 정도이며, 성토 시공 시 반입물량 산출 시 이용한다.

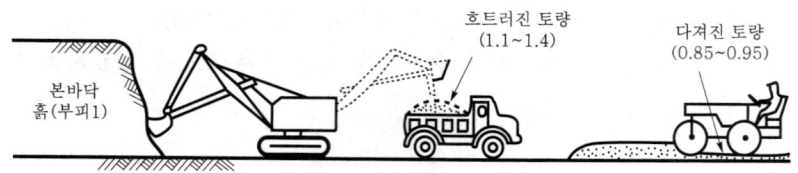

본바닥 흙(부피1)
흐트러진 토량 (1.1~1.4)
다져진 토량 (0.85~0.95)

< 흙의 체적변화 >

Ⅳ. 용도

① 운반토량 산정　　② 건설기계작업능력 산정
③ 공기 산정　　④ 시공계획 수립

91 지반의 동상(Frost Heave) 및 융해(Thawing)

Ⅰ. 동상(Frost Heave)

1) 정의

① 동상현상이란 겨울철에 대기의 온도가 $0℃$ 이하로 내려가면 흙 속의 간극수가 동결하여 흙 속에 얼음층이 형성되어 체적이 증가하기 때문에 지표면이 위쪽으로 부풀어 오르는 현상을 말한다.

② 지표면의 동상은 Ice Lense 때문이며, 지표면의 위쪽으로 부풀어 오르는 두께는 Ice Lense의 두께와 같다.

2) 동상을 일으키기 쉬운 흙

① $C_u < 5$ 이고, 0.02mm 이하의 입경을 10% 이상 함유한 경우

② $C_u > 15$ 이고, 0.02mm 이하의 입경을 3% 이상 함유한 경우

3) 동상을 지배하는 3요소(동상원인)

① Silt와 같은 세립토가 흙으로 모관현상이 큰 토질

② 동절기 기온이 $0℃$ 이하로 되어 지반이 동결되는 온도

③ 지하수가 모관작용으로 동상범위까지 상승

Ⅱ. 융해(Thawing)

1) 정의

① 동절기에 얼었던 지반의 온도가 $0℃$ 이상으로 상승할 때 동상에 의해 형성된 Ice Lense가 녹기 시작하나, 녹은 물이 적절히 배수되지 않아 얼었던 흙의 함수비는 얼기 전의 함수비보다 크게 되어 지반이 연약하고 강도가 떨어지는 현상을 융해라 한다.

② 융해현상을 일으키는 흙은 동상성 흙과 같이 실트질 흙에서 가장 뚜렷하게 나타나며, 유해한 상태에서의 함수비는 일반적으로 액성한계보다 높다.

③ 융해현상이 발생하면 지반이 침하되어 도로나 건물 등의 안정에 피해를 입히게 된다.

2) 발생원인

① 융해수가 배수되지 않을 경우 ② 지표수의 침입

③ 지하수의 상승

3) 방지대책

① 배수층 설치 ② 동결깊이 내 물의 침입 방지

③ 동상방지층 설치 ④ 양질의 노상재료 시공

92 도로의 동결융해

[13전(10)]

Ⅰ. 정의

① 도로 하층부에 위치한 흙 속에 포함된 수분이 얼거나 녹는 현상을 동결융해 (Freezing and Thawing)라 한다.

② 도로 하층부 지반에서 흙 속의 물이 겨울에 얼고 봄에 녹는 현상이 발생하면 지반이 연약해지고 강도가 약해지며 불규칙해진다.

Ⅱ. 원인

① 융해수가 배출되지 않을 경우   ② 지표수의 침입
③ 지하수의 상승

Ⅲ. 방지대책

① 배수층 설치   ② 동결깊이 내 수분의 침입 방지
③ 동상방지층 설치   ④ 양질의 노상재료 시공

Ⅳ. 도로의 포장두께 산정

1) 동결심도(Z) 결정

① $Z = C\sqrt{F}\,[\text{cm}]$

② $Z = \sqrt{\dfrac{48kF}{L}}\,[\text{cm}]$

여기서, C : 정수(3~5), F : 동결지수($\text{℃} \cdot \text{day}$)

k : 열전도율($\text{cal/cm} \cdot \text{sec} \cdot \text{℃}$), L : 융해잠재열(cal/cm^3)

2) 포장두께 산정

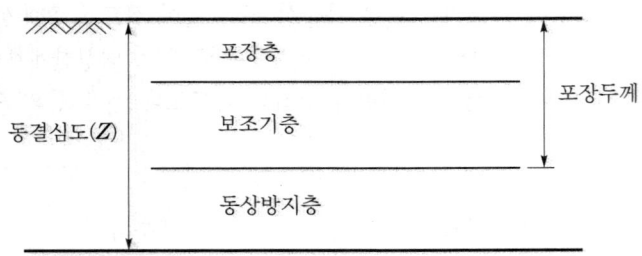

93 동결지수(Freezing Index)

Ⅰ. 정의

① 동결지수란 누적일평균기온(℃·day)−일(day)의 곡선에서 최고점과 최저점의 차이값을 말한다.

② 동결지수로 동결심도를 구하며, 도로 및 직접기초 설계 시 동해예방에 이용한다.

Ⅱ. 산정방법

1) 현장에 직접 산정하는 방법

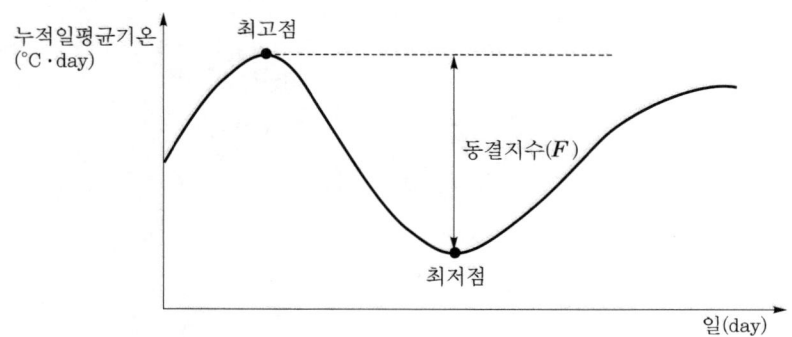

2) 기상자료 이용방법

과거 10년간 최대 동결지수 또는 30년간 최대값 3개의 평균동결지수

Ⅲ. 용도

1) 동결심도(Z) 결정

① $Z = C\sqrt{F}\,[\text{cm}]$

② $Z = \sqrt{\dfrac{48kF}{L}}\,[\text{cm}]$

여기서, C : 정수(3~5), F : 동결지수(℃·day)

k : 열전도율(cal/cm·sec·℃), L : 융해잠재열(cal/cm³)

2) 포장두께 산정

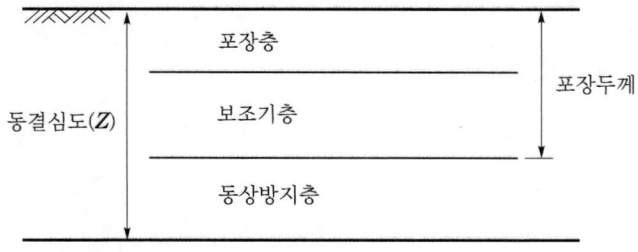

3) 기초근입깊이 산정

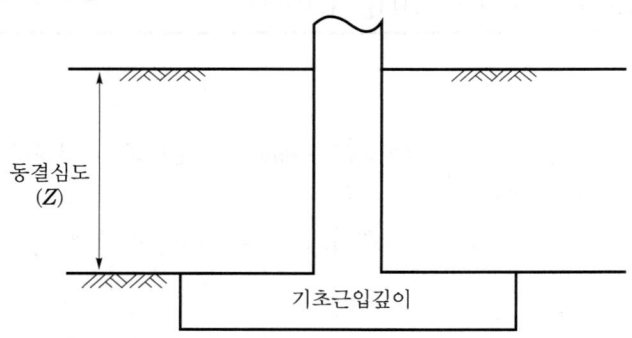

94 동결심도

[95중(20), 00중(10), 02중(10)]

Ⅰ. 정의

① 동결심도란 한랭기 시 기온이 0℃ 이하로 내려감으로써 일어나는 동해의 피해가 미치는 지표면에서의 깊이를 말한다.

② 동결심도를 구하는 방법으로는 Test Pit, 동결지수, 열전도율 등을 이용하여 구하는 방법이 있다.

Ⅱ. 동상을 지배하는 3요소(동상원인)

1) Silt

건조한 모래나 자갈 등에서는 동해가 일어나지 않으며 Silt와 같은 비교적 세립의 흙 속에서 일어나기 쉽다.

2) 온도

0℃ 이하의 대기온도가 오랫동안 지속되면 서릿발(Ice Lense)이 형성되며, 이것이 동상의 원인이 된다.

3) 모관수

동상의 조건으로 물의 공급이 많아질 경우 서릿발의 형성이 증대된다.

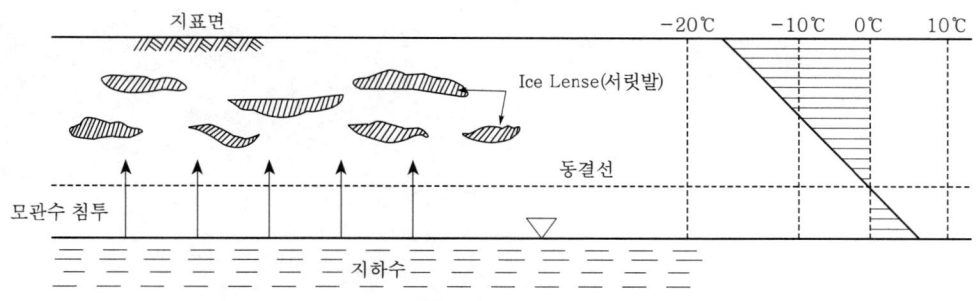

< 서릿발의 형성 >

Ⅲ. 동결심도 산출방법

1) 현장조사

① 동결심도계 이용

② Test Pit에서 관찰

2) 동결지수

① 동결지수란 누적일평균기온−일의 곡선에서 최고점과 최저점의 차이값을 말한다.

② 동결심도$(Z) = C\sqrt{F}$ [cm]

여기서, C : 정수(3~5), F : 동결지수(℃ · day)

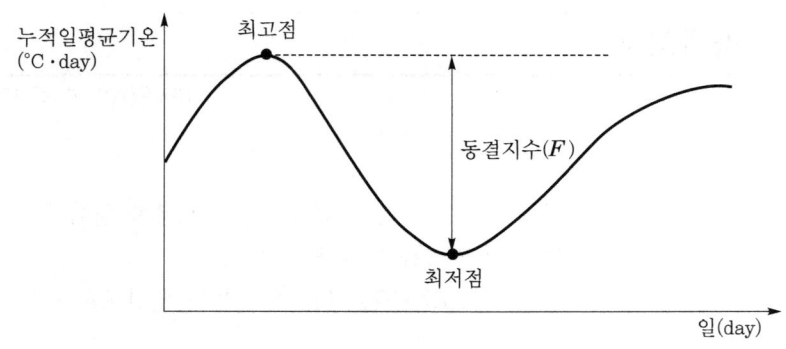

3) 열전도율

① 열전달이 흙과 물의 잠재열로 이루어진다고 가정한다.

② 동결심도$(Z) = \sqrt{\dfrac{48kF}{L}}$ [cm]

여기서, k : 열전도율, F : 동결지수(℃ · day), L : 융해잠재열(cal/cm^3)

Ⅳ. 동상 방지대책

① 치환공법 ② 차수공법
③ 단열공법 ④ 안정처리공법
⑤ 지하수위 저하 ⑥ 배수층 설치

95 | Ice Lense현상

[02전(10)]

Ⅰ. 정의

① 동결심도 위에 존재하는 흙이 0℃ 이하의 기온에 의해서 얼게 되면 인접한 간극 속의 물을 끌어들여 얼음의 결정이 만들어진다.

② 인접한 간극이 비게 되면 모관 상승으로 지하수가 올라오게 되고, 이와 같은 과정을 반복하여 형성된 얼음의 결정(結晶)을 Ice Lense(서릿발)라 한다.

Ⅱ. Ice Lense의 형성도

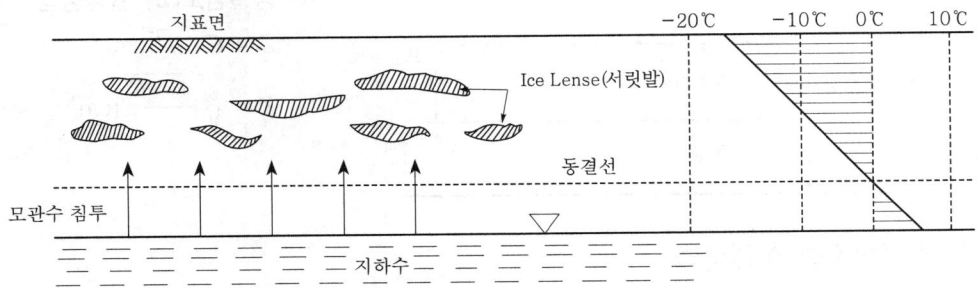

Ⅲ. 동상을 지배하는 3요소(동상원인)

1) Silt

건조한 모래나 자갈 등에서는 동해가 일어나지 않으며 Silt와 같은 비교적 세립의 흙 속에서 일어나기 쉽다.

2) 온도

0℃ 이하의 대기온도가 오랫동안 지속되면 서릿발(Ice Lense)이 형성되며, 이것이 동상의 원인이 된다.

3) 모관수

동상의 조건으로 물의 공급이 많아질 경우 서릿발의 형성이 증대된다.

Ⅳ. 동상 방지대책

① 치환공법   ② 차수공법
③ 단열공법   ④ 안정처리공법
⑤ 지하수위 저하   ⑥ 배수층 설치

96 　노상토 동결관입허용법

[16후(10)]

Ⅰ. 정의

① 노상토 동결관입허용법이란 동결로 인한 융기량이 포장파괴를 일으킬 만한 양이 아니라면 노상의 동결을 어느 정도 허용하는 것이 경제적이라는 개념의 방법이다.

② 포장층의 동상방지층의 두께를 설계하는 방법 중 하나이다.

Ⅱ. 동결심도(Z)와 동상방지층

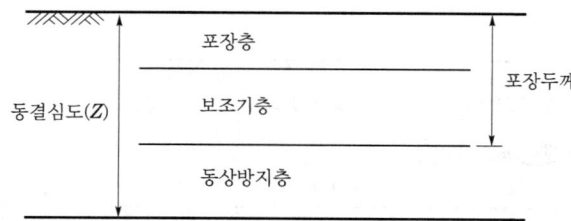

▶ 동결심도(Z) 결정방법

$$Z = C\sqrt{F}\,[\text{cm}]$$

$$Z = \sqrt{\frac{48kF}{L}}\,[\text{cm}]$$

Ⅲ. 동상방지층 설계방법

1) 완전방지법(Complete Protection Method)
   ① 동결작용에 의한 표면변위량을 없애기 위해 충분한 두께의 비동결성층을 설치하는 방법
   ② 포장의 융기와 지반의 약화를 억제하는 방법이나 비경제적인 설계방법임

2) 감소노상강도법(Reduced Subgrade Strength Method)
   ① 해빙으로 인한 노상강도 감소를 근거로 하여 포장두께를 결정하는 방법
   ② 설계기준 설정에 어려움이 있고, 포장두께는 동결지수와 직접적인 관계가 아니므로 잘 사용하지 않음

3) 동결관입허용법(Limited Subgraded Frost Protection Method)
   ① 노상이 일부 동결되어도 포장파괴를 일으키지 않을 양이면 노상동결을 어느 정도 허용하는 방법
   ② 경제적인 설계방법으로 국내설계법으로 적용함

Ⅳ. 동상방지층 품질기준

구분	기준
소성지수	10 이하
수정CBR(%)	10 이상
모래당량(%)	20 이상

V. 동상방지층 생략기준

① 노상 최종면에서 2m 이내에 지하수위대가 위치하면 동상방지층 설치

② 노상 최종면에서 2m 이하에 지하수위대가 위치하면 동상방지층 생략 가능

③ 성토고가 2m 이상인 고성토구간에는 노상토의 품질기준 확보 시 동상방지층 생략 가능

④ 박스 및 교대 뒤채움부는 동상 우려가 크므로 동상방지층 설치

VI. 동결지수(F)의 적용 시 문제점

① 설계노선의 지반고(평지, 산지)에 따른 세분화된 적용 필요

② 지역별, 토질별 세분화된 자료 미비

③ 동일지역 및 인근지역의 노선에 대한 설계 시 이전 자료를 검토 없이 적용

④ 장기 관측자료를 토대로 한 한국형 동결심도모델 구축 필요

97 트래버스(Traverse)측량

[07전(10)]

Ⅰ. 정의

① 트래버스측량이란 측점을 연결하여 이루어지는 다각형에 대한 측선의 길이와 방향을 관측하여 측점의 위치를 결정하는 측량이다.

② 다각형을 이루는 선분을 측선이라 하며, 측선이 연결되어진 것을 트래버스라고 한다.

③ 각 측점 간의 거리와 각도를 측정하고 좌표치를 계산하여 측점의 위치를 결정하는 측량이다.

Ⅱ. 트래버스의 형상

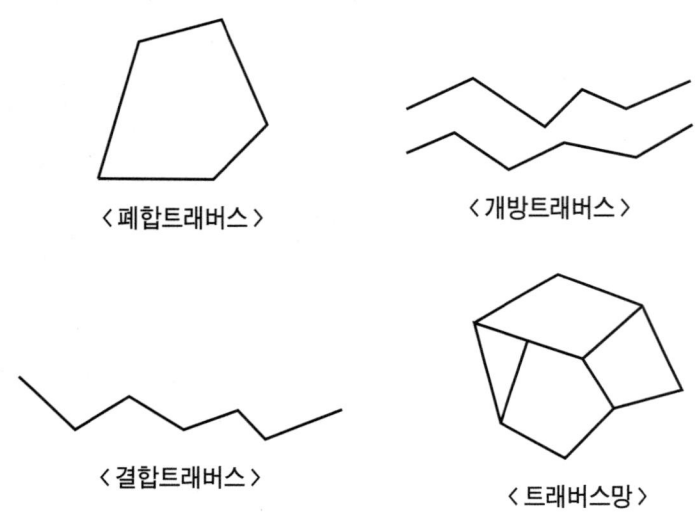

〈 폐합트래버스 〉　　〈 개방트래버스 〉

〈 결합트래버스 〉　　〈 트래버스망 〉

1) 폐합트래버스(Closed Traverse)

　① 임의의 한 측점에서 출발하여 다시 출발점으로 되돌아오는 다각형 구성

　② 비교적 정확도가 높은 측량으로 소규모 지역의 측량에 적합

2) 개방트래버스(Open Traverse)

　① 시점과 종점 사이에 아무런 관계도 없는 트래버스

　② 측량결과의 점검이 되지 않음

　③ 노선측량의 답사 등 높은 정확도가 요구되지 않는 측량에 적합

3) 결합트래버스(Decisive Traverse)

　① 여러 가지 점 사이를 잇는 트래버스

　② 측량결과 점검될 수 있는 정확도가 가장 높은 측량

　③ 대규모 지역의 측량에 적합

4) 트래버스망(Traverse Net)

폐합트래버스에서 다시 내부의 측량이 필요시 사용

Ⅲ. 특징

① 먼저 다각형을 만들고 세부측량에 들어가기 때문에 적은 오차 발생
② 정밀도는 삼각측량만큼 좋지 않으나 거리측량에 대한 어려움이 없을 때 이용
③ 측량의 목적, 지형 또는 기지점의 위치 등에 따라 트래버스형(形) 선정
④ 면적을 정확하게 파악할 때 유용하게 사용

Ⅳ. 트래버스측량의 순서

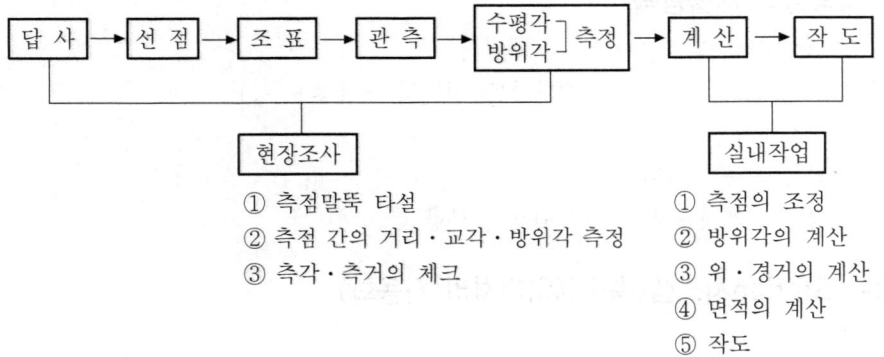

Ⅴ. 트래버스측량의 목적

① 세부측량을 위한 기준점 결정
② 도로, 수로, 철도, 하천 등 노선의 위치결정 시 기준점의 노선측량
③ 시준이 복잡한 시가지측량

98 공사 착수 전 확인측량

[13후(10)]

Ⅰ. 개요

① 건설업자는 공사 착수 전 발주된 설계도면과 실제 현장의 이상 유무를 확인하기 위하여 확인측량을 실시하여야 한다.

② 확인측량은 현장에 측량기준점의 위치(좌표)를 확인하여 기준점 및 인조점을 설치하고, 가수준점(TBM : Temporary Bench Mark)의 확보와 왕복수준측량 등을 실시한 후 공사관리관에게 그 결과를 보고한다.

Ⅱ. 확인측량결과 제출항목

① 건설사업관리기술인의 검토의견서

② 확인측량결과도면(종·횡단면도, 평면도, 구조물도 등)

③ 산출내역서

④ 공사비 증·감대비표

⑤ 당초 설계내용의 변경이 필요한 사항

Ⅲ. Total Station시스템(측량데이터처리 자동화)

1) 정의

광파거리측정기능과 트랜싯의 측각기능을 겸비하고 경사거리·수평각·고저각을 관측하여 자동적으로 디지털로 전자수첩에 기록한다.

2) 구성

구분	내용
데이터컬렉션 (전자수첩)	• 측량결과를 자동으로 판독하고 결과 및 정밀도를 판정한다.
컴퓨터	• 측량데이터를 계산·처리한다.
플로터 (자동제도기)	• 축적에 대응하여 자동적으로 작도한다. • 오차나 인위적인 실수가 적다.

Ⅳ. 측량의 종류

① 기준점측량 : 기존 CP점(Control Point) 확인 및 신설점 측정

② 수준점측량 : 가수준점(TBM) 및 도근점

③ 중심점측량 : 현장에 구간(sta.)별 체인을 깃발 등으로 확인·설치

④ 종단측량 : 설계 시 종선형의 높이를 측량·확인

⑤ 횡단측량 : 종선형의 다음 측점을 기준으로 직각방향 좌우높이를 용지경계선까지 측정하고, 설계 시 횡단도를 확인측량함

⑥ 용지측량 : 편입용지 부분 확인 및 현장에 깃발 등 설치

⑦ 토공량측량 : 절·성토량을 구간(sta.)별로 산출

V. 공사 착공 전 현장조사항목

① 지반 및 지질상태
② 매설물 및 장애물(공사용수 인입)
③ 공사용수 및 배수시설상태
④ 진입도로현황

99 일반 토공 관련 용어

1) 비중(Specific Gravity)
  ① 물리학에서는 물질이 어느 온도에서 보이는 질량과 같은 체적의 4℃ 증류수의 질량과의 비
  ② 흙의 경우는 흙의 고체 부분의 질량과 같은 체적의 15℃ 증류수의 질량과의 비

2) 토중수(土中水)
  ① 흙의 간극에 액체로 존재하는 물
  ② 일반적으로 중력수, 모관수, 흡착수로 나누며 광의의 간극수와 같은 뜻

3) 다이얼게이지(Dial Gauge)
  정확한 침하량(1/100mm)을 측정할 수 있는 시계형의 측정기구로서 지내력시험에 이용

4) 마사토(화강암질 풍화토)
  화강암이 풍화한 흙으로 이 토층은 균열이 많고 침식을 받기 쉽다.

5) 대수층(Aquifer)
  ① 지하수면 아래의 지반은 일반적으로 지하수로 포화되어 있으며, 사력층의 물은 유동성이 좋고 점토층의 물은 유동성이 나쁘다.
  ② 모래층과 같이 지하수를 풍부히 갖고 투수성이 높은 층을 대수층이라 한다.

6) 영향권(Influence Area)
  우물에서 지하수를 양수하면 주변 지하수의 수위나 수압이 저하한다. 우물 양수에서 지하수위 저하가 발생하는 범위를 말하며 영향원이라고도 한다.

7) 비중계 분석
  ① 비중계 분석이란 세립토입자의 침강속도를 측정하여 Stokes법칙으로 세립토 입도를 분석하는 시험을 말한다.
  ② 세립토인 실트와 점토는 의무적으로 비중계 분석으로 입경을 결정하도록 규정되어 있다.

8) 면모(Flocculent)구조
  ① 점토입자 간 전기적 인장력이 우세하여 면과 모서리가 결합된 구조이며 확산이 중층두께가 작은 점토에 해당된다.
  ② 바다에 퇴적된 점토의 구조형태이고 최적 함수비(OMC)의 건조측에서 다지는 점토이다.
  ③ 점토입자 간의 결합력이 크므로 안정된 구조이다.

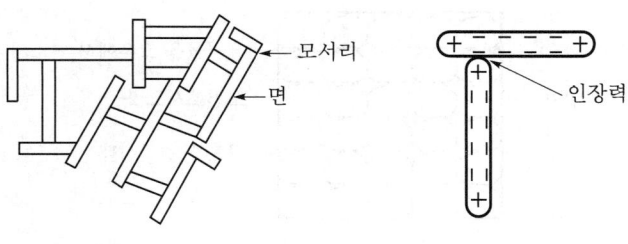

〈면모구조〉

9) 이산(Dispersion)구조
 ① 점토입자가 전기적 반발력이 우세하여 면과 모서리가 서로 결합되지 않은 구조이며 확산이중층두께가 큰 점토에 해당한다.
 ② 하천 또는 안정액 속에 퇴적된 점토의 구조형태이고, 최적 함수비(OMC) 습윤측에서 다지는 점토이다.
 ③ 점토입자 간의 결합력이 적어 매우 불안전한 구조이다.

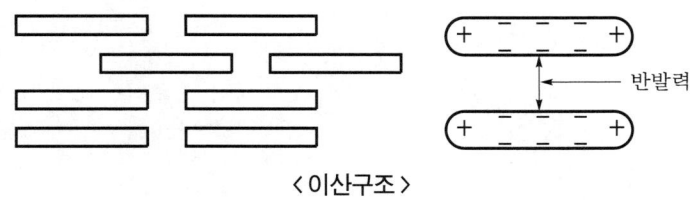

〈이산구조〉

10) 붕괴성 흙(Collapsible Soil)
 ① 붕괴성 흙이란 물에 포화되면 외력의 증가 없이도 체적이 크게 감소하는 흙으로 풍적토인 레스와 화산재 퇴적토가 해당된다.
 ② 붕괴성 흙의 지반은 강우나 지하수위 상승으로 인해 지반 포화로 갑자기 붕괴되어 과도한 침하가 발생하므로 구조물 설계 시 반드시 대책을 수립해야 한다.

11) 유기질토
 ① 유기질토란 동식물의 부패물과 부패물분해과정에서 발생한 유기물과 인접한 무기질토와 혼합된 흙을 말한다.
 ② 해안지반과 빙하작용을 받는 지역에 주로 분포하고 유기물함량이 약 5% 이상이면 흙의 공학적 성질이 불량하다.

12) 강열감량법(Ignition Loss Method)
 ① 강열감량법이란 유기질토를 강열건조시켜 무기질토에 흡착된 유기물의 함량을 분석하기 위한 시험법을 말한다.
 ② 유기물함량이 약 5% 이상이면 흙의 강도가 감소되고 침하가 크게 발생되어 흙의 공학적 성질이 불량해진다.
 ③ 강열감량법(연소법) 시험방법
  ㉠ 노건조시료(105±5℃에서 24시간 건조) 약 2g 준비
  ㉡ 노건조시료를 고온 노건조에서 800℃로 3시간 강열건조시킴
  ㉢ 강열건조된 시료무게를 측정함

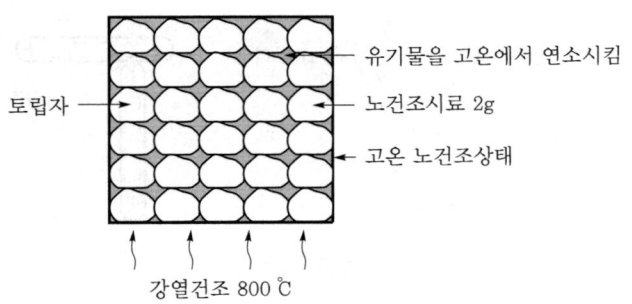

유기물을 고온에서 연소시킴

토립자

노건조시료 2g

고온 노건조상태

강열건조 800 ℃

13) 중크롬산칼륨법

① 중크롬산칼륨법이란 유기질토에 함유된 유기물을 중크롬산칼륨과 반응시켜 유기물 속의 탄소를 탄산가스로 휘산시키는데 소비된 중크롬산칼륨량을 파악하여 유기물함량을 분석하는 시험법이다.

② 반응한 탄소량은 중크롬산칼륨의 당초 색깔이 변할 때까지 첨가한 황산암모늄 부피이다.

그대가 죽지 않은 궁극의 이유

우리의 머리털 하나까지 세인 바 되었고 참새 한 마리도 주의 허락 없이 떨어지지 않는다는 말씀이 생각난다.

나는 1,300명의 나환자 성도들이 사는 곳에서 신학을 가르친 일이 있었다. 내 피부를 보고 기적같이만 느껴졌다.

어느 소경이 이야기를 들은 적이 있다. 단 3분 동안만이라도 하늘과 초원과 꽃을 보고, 아내의 얼굴과 아기의 미소를 본다면 죽어도 한이 없겠다고 했다. 내가 소경이 아닌 것 하나만으로도 평생 못다 감사 하겠다고 생각했다.

하루에도 30만 명이 지구상에서 죽어가는데 내가 죽지 않는 것이 30만분의 1의 기적이며, 궁극의 이유는 하나님이 죽지 않게 한 것이다. 내가 소경이 아닌 궁극의 이유도 하나님이 그렇게 하신 것이다. 내가 예수를 주라 부르고 하나님을 아버지라 불러 그의 자녀가 된 것이 내가 태어난 일보다 더 큰 기적 중의 기적 같이만 느껴진다.

제1장 ▶ 토 공

제2절 연약지반

연약지반 과년도 문제

1. 연약지반의 정의와 판단기준 [07후(10)]
2. 연약지반에서 발생하는 공학적 문제 [12후(10)]
3. 연약지반개량공법 선정기준 [98중후(20)]
4. 진동다짐(Vibro-Floatation)공법 [07전(10)]
5. SCP(Sand Compaction Pile) [10후(10)]
6. 약액주입공법 중 L.W(불안정 물유리)공법 [96중(20)]
7. 약액 주입에서의 용탈현상 [17중(10)]
8. 동다짐(Dynamic Compaction)공법 [96전(20)]
9. 동압밀(Dynamic Consolidation)공법 [99후(20)]
10. 연약지반치환공법 [97후(20)]
11. 폭파치환공법 [09전(10)]
12. 연약지반 개량을 위한 선행재하(Preloading) [94후(20)]
13. Pre-loading [03전(10)]
14. 선행재하(Pre-loading)압밀공법 [11전(10)]
15. 선행재하(Preloading)공법 [18전(10)]
16. 한계성토고 [05전(10)]
17. 한계성토고 [13중(10)]
18. 한계성토고 [17전(10)]
19. 경량성토공법 [08중(10)]
20. EPS(Expanded Poly-Styrene)공법 [15후(10)]
21. 압성토공법 [02전(10)]
22. 압성토공법 [09중(10)]
23. Pack Drain [99전(20)]
24. Packed Drain Method의 시공순서 [03중(10)]
25. 통수능(通水能, discharge capacity) [19전(10)]
26. 점성토지반의 교란효과(Smear Effect) [06중(10)]
27. 스미어존(Smer Zone) [14후(10)]
28. Smear Effect(교란효과)의 문제점 및 대책 [22후(10)]
29. 흙의 압축과 압밀 [90후(10)]
30. 압밀과 다짐의 차이 [04후(10)]
31. 연약 점토층의 1차 및 2차 압밀 [96전(20)]
32. 흙의 압밀특징과 침하종류 [17중(10)]
33. 압밀도(degree of consolidation) [14전(10)]
34. GCP(Gravel Compaction Pile) [16전(10)]
35. 진공압밀공법 [02전(10)]
36. PTM공법(Progressive Trenching Method) [22중(10)]
37. 심층혼합처리(Deep Chemical Mixing)공법 [11전(10)]
38. 고압분사 교반주입공법 중에서 R.J.P(Rodin Jet Pile)공법 [02후(10)]
39. 연약지반처리공법 적용에 따른 침하압밀도 관리방법 [98중전(20)]
40. 연약지반의 계측 [14후(10)]
41. 연약지반의 계측 [24후(10)]
42. 연약지반 성토시 주요 계측항목과 계측기의 종류 [24전(10)]
43. 토목섬유보강재 감소계수 [16후(10)]

1 연약지반의 정의와 판단기준

[07후(10)]

I. 정의

① 연약지반은 강도가 약하고 압축되기 쉬운 지반을 말한다.

② 연약지반은 점토나 실트와 같은 미세한 입자의 흙이나 간극이 큰 유기질토, 또는 이탄토, 느슨한 모래 등으로 이루어진 토층으로 구성되어 있다.

③ 지하수위가 높고 제체 및 구조물의 안정과 침하문제를 발생시키는 지반이다.

II. 연약지반의 판단기준

① 일반적으로 지반의 강도를 판단할 때 모래는 상대밀도를 표시하고, 점토의 굳기(Consistency)로 표시한다.

② 연약지반의 판정기준은 표준관입시험에서의 N치와 일축압축강도(q_u), 콘관입시험(q_c)에 의해 연약지반을 판단한다.

구분	점성토 및 이탄질		사질토
층두께	10m 미만	10m 이상	−
N치	4 이하	6 이하	10 이하
q_u[kN/m^2]	60 이하	100 이하	−
q_c[kN/m^2]	800 이하	1,200 이하	4,000 이하

III. 연약지반개량공법

1) 사질토
   ① 진동다짐공법
   ② 모래다짐말뚝공법
   ③ 폭파다짐공법
   ④ 전기충격공법
   ⑤ 약액주입공법
   ⑥ 동다짐공법

2) 점성토
   ① 치환공법
   ② 압밀공법
   ③ 탈수공법(압밀촉진공법)
   ④ 배수공법
   ⑤ 고결공법
   ⑥ 동치환공법
   ⑦ 전기침투공법
   ⑧ 침투압공법
   ⑨ 대기압공법
   ⑩ 표면처리공법

3) 사질토 · 점성토(혼합토)
   ① 입도조정법
   ② Soil Cement공법
   ③ 화학약제혼합공법

2 연약지반에서 발생되는 공학적 문제

[12후(10)]

Ⅰ. 정의

① 연약지반이란 점토나 실트와 같은 미세한 흙이나 간극이 큰 유기질토 또는 느슨한 모래 등으로 이루어진 지반이다.

② 연약지반은 지반의 강도가 약하여 제체 및 구조물의 안정과 침하문제를 발생시킨다.

Ⅱ. 연약지반의 판단기준

구분	점성토 및 이탄질		사질토
층두께	10m 미만	10m 이상	–
N치	4 이하	6 이하	10 이하
q_u [kN/m²]	60 이하	100 이하	–
q_c [kN/m²]	800 이하	1,200 이하	4,000 이하

Ⅲ. 연약지반에서 발생되는 공학적 문제

1. 점성토 및 이탄질

1) 전단강도 저하
   ① 일반적으로 전단강도가 적으며 포화될 때 전단강도가 크게 저하한다.
   ② Thixotropy현상으로 교란되면 전단강도가 상실된다.

2) 소성변형 발생
   장기하중에 의하여 소성변형을 일으킨다.

3) 건조수축현상이 큼
   ① 수분이 증발될 때 수축현상이 현저하게 나타난다.
   ② 수분을 흡수하면 부피가 팽창한다.

4) Thixtropy 발생
   교란된 점토가 시간경과로 강도가 서서히 회복되어 가는 현상을 말한다.

5) 예민비가 큼
   ① 교란되지 않은 시료의 교란된 시료에 대한 압축강도비로서 예민비가 크다.
   ② 예민비 $= \dfrac{q_u(\text{불교란시료의 압축강도})}{q_{ur}(\text{교란시료의 압축강도})}$

6) 동상현상 발생
   모관 상승고가 크기 때문에 동상피해가 크다.

7) Heaving 발생
   지반고차이에 의하여 낮은 지반의 굴착면이 부풀어 오르는 현상으로 바닥의 융기라고도 한다.

2. 사질토

1) 지진 시 액상화 발생

느슨한 모래지반에서 순간 충격, 지진, 진동 등에 의해 간극수압의 상승 때문에 유효응력이 감소되어 전단저항을 상실하고 지반이 액체와 같이 되는 현상이다.

2) Dilatancy현상이 뚜렷

외력이 가해지면 체적이 감소될 때 (-)Dilatancy, 체적이 증가하면 (+)Dilatancy 라 한다.

3) Boiling현상 발생

지하수위차에 의하여 사질지반에서 낮은 지표면으로 지하수와 함께 지반토가 부풀어 오르는 현상이다.

4) 전단강도를 내부마찰각이 결정함

흙 속에 작용하는 수직응력과 전단저항과의 관계직선이 수직응력축과 이루는 각을 말한다.

3 지반개량공법

Ⅰ. 정의

① 연약지반이란 강도가 약하고 압축성이 큰 흙으로 이루어진 지반으로서 점토, 실트, 유기질토 및 액상화되기 쉬운 느슨한 사질토 등의 지반을 말한다.

② 지반개량공법은 지반의 지지력을 증대시키기 위한 것으로 크게 사질토, 점성토, 사질토·점성토에서의 지반개량공법으로 분류할 수 있다.

Ⅱ. 목적

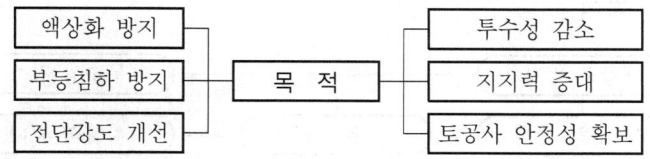

Ⅲ. 공법의 분류

1) 사질토 : $N \leq 10$

① 진동다짐공법(Vibro Floatation공법)

② 모래다짐말뚝공법(Sand Compaction Pile공법)

③ 폭파다짐공법

④ 전기충격공법

⑤ 약액주입공법

⑥ 동압밀공법(동다짐공법, Dynamic Compaction공법)

2) 점성토 : $N \leq 4$

① 치환공법 : 굴착치환공법, 미끄럼치환공법, 폭파치환공법

② 압밀공법(재하공법) : 선행재하공법, 사면선단재하공법, 압성토공법

③ 탈수공법(압밀촉진공법) : Sand Drain공법, Paper Drain공법, Pack Drain공법

④ 배수공법 : Deep Well공법, Well Point공법

⑤ 고결공법 : 생석회말뚝공법, 소결공법, 동결공법

⑥ 동치환공법(Dynamic Replacement공법)

⑦ 전기침투공법

⑧ 침투압공법

⑨ 대기압공법

⑩ 표면처리공법

3) 사질토·점성토(혼합토)

① 입도조정법

② Soil Cement공법

③ 화학약액혼합공법

4 연약지반개량공법 선정기준

[98중후(20)]

Ⅰ. 정의

① 연약지반이란 함수비가 높고 일축압축강도가 적은 점토, 실트 및 유기질토, 느슨한 사질토 등으로 구성된 지반을 총칭한다.

② 개량공법을 선정할 때는 지반조건, 범위, 구성토질, 시공성 등을 고려하여 공법을 선정하여 대상지반의 성질을 개량할 수 있어야 한다.

Ⅱ. 지반개량의 목적

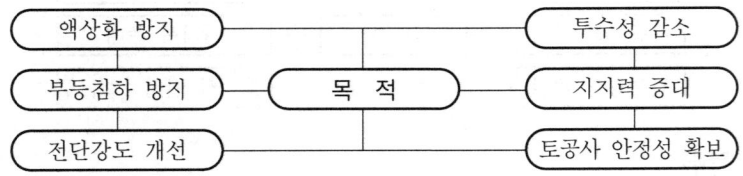

Ⅲ. 공법 선정기준

1) 지반조건
   ① 연약층의 깊이 및 분포, 구조
   ② 지지층의 깊이 및 종류

2) 지반의 물리적·역학적 성질
   ① 입도분포, 전단특성, 압축특성, 투수계수
   ② 과압밀비, 정지토압계수

3) 토사의 화학적 성질
   ① 구성광물 및 기타 화학적 성질
   ② 유기물함량

4) 지하수조건
   ① 지하수위
   ② 지하수의 화학적 성질

5) 사용목적별 기대효과
   ① 지지력, 허용침하량, 부등침하
   ② 구조물의 내용연한
   ③ 투수계수

6) 투입재료조건
   ① 투입예상재료, 재료 취득의 용이성
   ② 토취장 확보, 운반거리, 재료야적장 확보

7) 장비투입조건

   ① 투입예상장비

   ② 장비 진입 가능 여부

8) 환경조건

   ① 소음, 진동, 분진, 오수, 사토장

   ② 인근 구조물에 미치는 영향

   ③ 지하구조물, 매설물 설치현황

9) 개량효과에 대한 신뢰도

   ① 공법의 원리 정립 여부

   ② 과거의 시공사례

10) 연약층분포

   ① 연약층의 깊이

   ② 연약층의 규모

11) 시공성

   ① 시공의 용이성

   ② 시공 시 예상되는 문제점

12) 경제성

   ① 본공사의 공사비와 비교

   ② 지반 개량목적에 대한 경제성 검토

13) 안전성

   ① 공법 적용 시 안전상태 파악

   ② 인근 구조물 영향 파악

14) 무공해성

   ① 지하수오염 여부

   ② 지하수 고갈

   ③ 소음, 진동 발생

5 진동다짐공법(Vibro Floatation)

[07전(10)]

Ⅰ. 정의

① 수평방향으로 진동하는 Vibro Float를 이용하여 사수와 진동을 동시에 일으켜 느슨한 모래지반을 개량하는 공법이다.

② 진동과 물다짐을 병용하므로 지반을 다져 밀도를 크게 하여 지지력을 증대시킬 수 있다.

Ⅱ. 특징

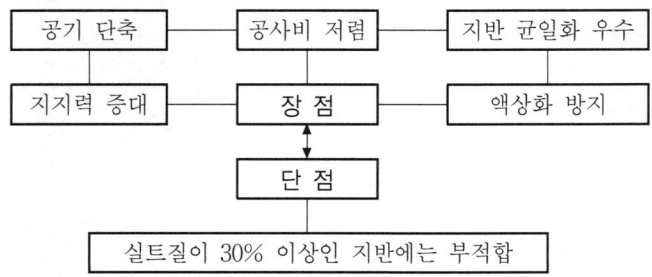

Ⅲ. 시공순서

① Float 선단의 Water Jet와 Float의 수평진동으로 관입

② 골재를 충전하고 Float의 상하운동을 반복하며 다짐

③ Vibro Float를 0.3m 정도씩 점차적으로 상승시키며 진동을 가해 다짐 완료. 이때 선단에서의 사수는 중단하고 가로분출사수로 투입재 다짐

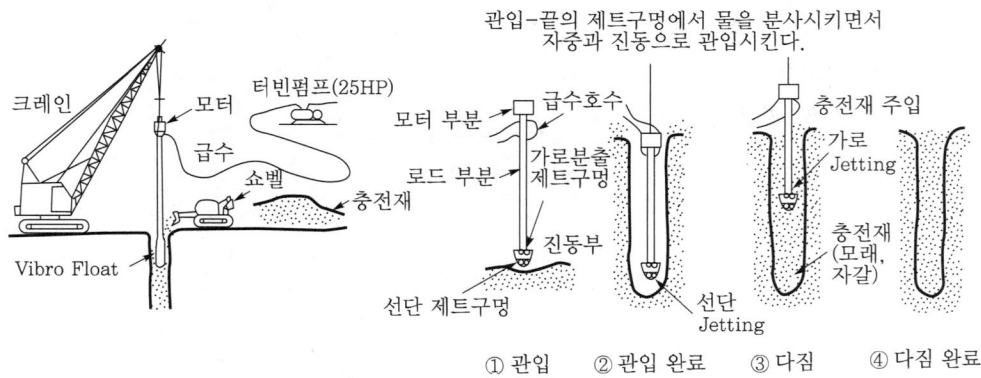

< Vibro Floatation공법 >

6 | Vibro Composer(Sand Compaction)공법

[10후(10)]

I. 정의

① Vibro Composer공법은 모래다짐말뚝(Sand Compaction Pile)공법의 대표적인 것으로서 지반에 모래다짐말뚝을 조성하는 공법으로 지반의 지지력을 향상시킬 수 있다.

② 이 공법은 연약한 점토지반에 다져진 모래기둥을 축조하면서 그 효과로 지반을 조밀하게 하여 지반을 개량시키는 공법이다.

II. 시공순서

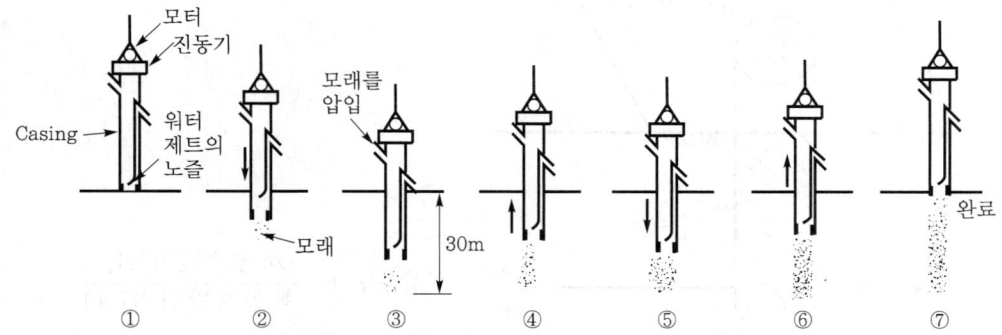

① Casing을 지상에 설치하고 Pipe 선단에 모래 Nozzle을 설치한다.

② 진동기를 작동하여 Pipe를 지중에 관입시키고 Water jet를 병행한다.

③ 소정의 깊이까지 도달했을 때 Casing 속에 일정량의 모래를 투입한다.

④ Casing을 소정의 높이만큼 끌어올리며 압축공기로 Casing 속의 모래를 땅속에 밀어 넣는다.

⑤ Casing을 다시 박고 투입된 모래를 진동에 의해 다진다.

⑥ 다시 Casing을 소정의 높이로 끌어올려 모래를 투입한다.

⑦ ⑤와 ⑥의 작업을 되풀이하여 모래말뚝을 완성한다.

III. 특징

① 기계의 소모, 소음 및 고장이 적음

② 자동기록에 의한 시공관리기능

③ 별도의 발전설비 필요

④ 소규모 공사에 부적합

⑤ 큰 진동에 의하므로 모래말뚝의 품질이 균일함

Ⅳ. 개량효과

  1) 느슨한 사질토지반

    ① 다져진 모래말뚝과 함께 지반의 강도를 더하여 지반의 지지력 향상

    ② 액상화 방지 및 구조물에 생기는 침하량 감소

  2) 점성토지반

    ① 모래말뚝에 의한 복합지반이 형성되므로 지지력 향상

    ② 연약층이 치환되어 지반의 전단강도 증가

Ⅴ. 복합지반효과(Composite Ground Effect)

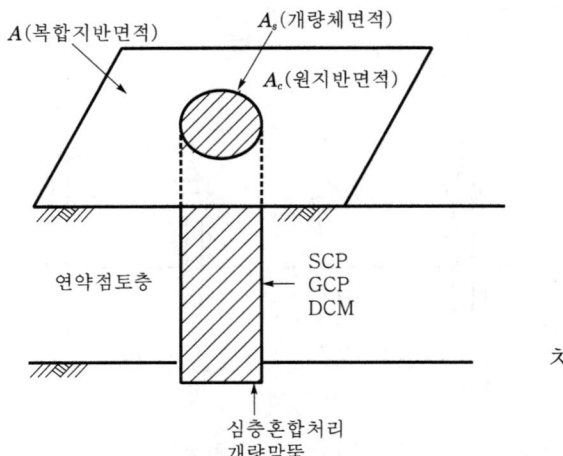

$$치환율(a_s) = \frac{개량체면적(A_s)}{복합지반면적(A)}$$

  ① 연약점토층에 강도가 큰 재료(모래, 쇄석)를 다짐한 말뚝이 설치된 지반

  ② 원지반과 시멘트재료를 강재 혼합한 구근이 시공된 지반

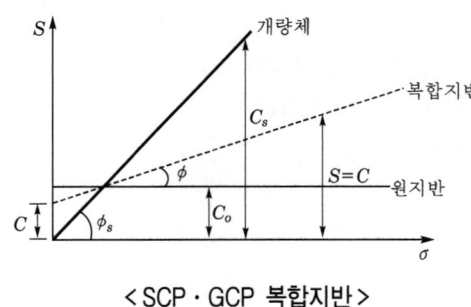

< SCP · GCP 복합지반 >

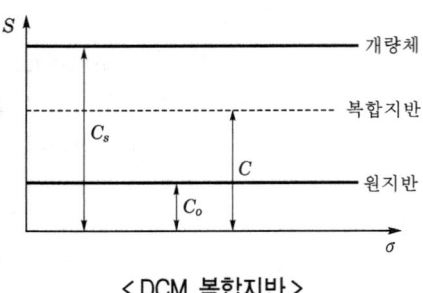

< DCM 복합지반 >

7 폭파다짐공법

Ⅰ. 정의

① 폭파다짐공법은 각종 구조물의 기초지반의 안정화를 목적으로 지반 내부에 에너지를 가하여 다짐함으로써 지지력의 증가, 미끄럼파괴의 방지, 침하 및 활동의 방지를 꾀하는 공법이다.

② 폭파다짐공법은 지중에서 다이나마이트 등의 화약류를 폭발시켜 고압의 가스를 발생시키며, 그 압력으로 지반을 파괴하여 다짐하는 것이다.

Ⅱ. 목적

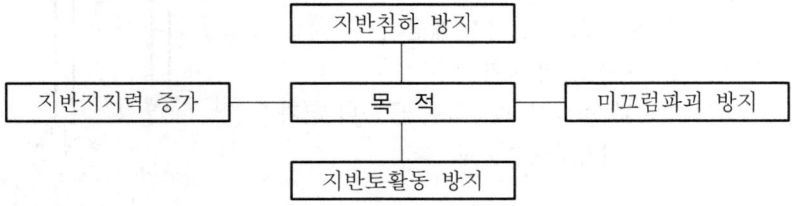

Ⅲ. 특징

① N치 40 정도까지 다짐이 가능하다.

② 실트 20% 이상, 점토 5% 이상의 흙에서는 부적합하다.

③ 완전히 건조된 지반이나 100% 포화상태인 지반이 적당하다.

④ 대규모일수록 경제적이다.

⑤ 공사비는 종래 공법의 1/4 정도이다.

Ⅳ. 지반개량공법의 종류

1) **모래다짐말뚝공법**

① 사질토의 지반의 유동화 방지, 점성토의 연약지반개량 등에 이용된다.

② 샌드콤팩션파일공법 등 여러 가지 공법이 있다.

2) **지하수위저하공법**

① 투수지반 중의 토립자의 부력을 소실시켜 지중의 유효응력을 증대시킨다.

② Deep Well, Well Point공법 등이 있다.

3) **다짐말뚝공법**

① 사질지반에 적용하는 공법으로 말뚝 타입 시 흙이 말뚝 주위로 이동하며, 또한 진동에 의해 지반이 다져지는 공법이다.

② 비경제적으로 지금은 사용되지 않는다.

4) **폭파다짐공법**

지중에 화약류를 폭발시켜서 지반을 파괴하여 다지는 공법이다.

8 약액주입공법

Ⅰ. 정의
① 지반 내에 주입관을 설치하고 약액을 지중으로 압송하여 흙입자 간의 간극을 충진함으로써 지반을 고결시키는 공법이다.
② 주입재(약액)는 현탁액형과 용액형으로 분류할 수 있으며, 지반의 지수·차수 또는 지반강도 증대를 목적으로 한다.

Ⅱ. 특징
① 효과가 확실하고 설비가 간편
② 소음, 진동이 적으며 공기가 짧음
③ 협소한 공간에서도 공사가 가능
④ 고도의 기술과 경험이 필요하며 공사비 고가
⑤ 약액에 따른 지하수오염문제

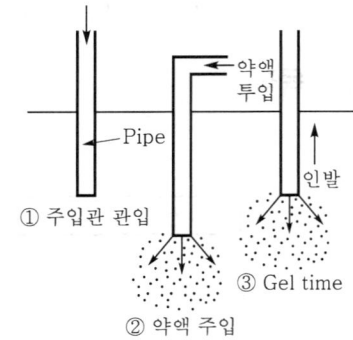

< 약액주입공법 >

Ⅲ. 주입재(약액)의 분류

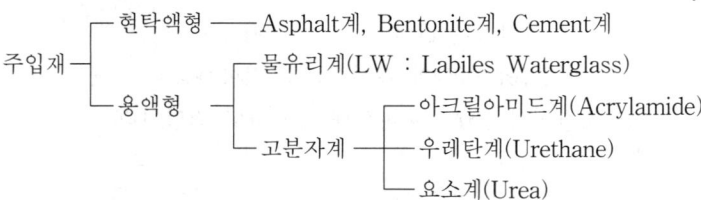

Ⅳ. 공법의 적용성
① 흙막이공 바닥의 Heaving 방지
② 도심지 굴착 시 인접 건물의 Underpinning
③ 토류벽의 토압 경감
④ 댐 기초의 차수
⑤ Shield터널 굴진
⑥ 터널 굴진 시 상부지반 붕락 방지

Ⅴ. 주입방법
① 침투식 Grouting
② 다짐식 Grouting
③ 에워싸기식 Grouting
④ 분사식 Grouting

VI. 시공순서

1) **주입관 설치**

지반상태 주입관의 종류에 따라 보링법, 타입법, Jetting법 중 하나를 결정하여 주입관을 설치한다.

2) **주입공법**
① 반복주입공법
② 단계주입공법
③ 유도주입공법

3) **주입재 압송**
① 1.0shot방식
② 1.5shot방식
③ 2.0shot방식

4) **개량성과 검토**
① 주입범위, 주입상태조사
② 지반강도 증가상황조사
③ 지수효과조사
④ 지반 및 구조물변형조사

VII. 시공 시 유의사항

① 약액의 희석·유실 방지
② 수압 파쇄(Hydraulic Fracture) 예방
③ 물유리농도
④ 반응률이 큰 경화제 사용
⑤ 수분사용량 억제
⑥ 정압주입
⑦ 주입공간격 축소
⑧ Micro Cement(일반 시멘트입자의 1/10 크기) 사용
⑨ 시험주입 실시(Test Grouting)

9 LW공법(불안정 물유리)

[96중(20)]

Ⅰ. 정의

① LW(Labiles Water glass)란 불안정화한 물유리로서 규산소다와 시멘트를 혼합한 약액으로 주입하는 용액형 주입재이다.

② LW공법은 지반개량은 물론 지하수 차단효과를 겸하고 있는 다목적주입공법이다.

Ⅱ. 약액의 분류

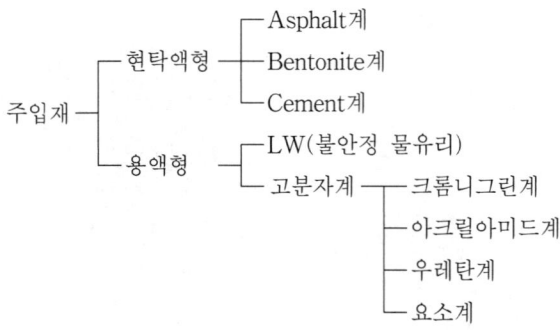

Ⅲ. 물유리계의 특징

① 차수효과가 크다.

② 지반오염 우려가 적다.

③ 경제성이 있다.

④ 침투성은 양호하나 고결토의 강도가 낮다.

⑤ 시멘트와 병용 사용으로 강도 증대효과를 얻을 수 있다.

Ⅳ. 물유리의 겔(Gel)화 원리

$$규산\ 모노마\ \xrightarrow[중합]{제1단계}\ 콜로이드입자(Sol)\ \xrightarrow[집합과\ 중합]{제2단계}\ 망눈형\ 입자구조(Gel)$$

① 제1단계에서 규산 모노마가 규합되어 고분자화해서 콜로이드입자를 형성한다.

② 제2단계에서는 이 입자들이 서로 집합·중합하여 연속적인 구조를 조성하고, 용매를 통해 확장해서 겔(Gel)화에 이르게 된다.

V. 시공방법

1) 주입관 설치

지반상황, 주입관의 종류에 따라 보링법, 타입법, Jetting법 중 하나를 결정하여 주입관을 설치한다.

2) 주입공법

① 반복주입공법

② 단계주입공법

③ 유도주입공법

3) 주입재 압송

① 1.0shot방식

㉠ 지하수의 유속이 크지 않을 때

㉡ Gel Time이 비교적 긴 경우(20분) 적용

② 1.5shot방식

㉠ 유속이 클 때나 용수, 누수가 많을 때

㉡ Gel Time이 2~10분일 경우 적용

③ 2.0shot방식

㉠ 간편하고 가장 보편적인 시스템

㉡ 각각 다른 두 주입관을 나와 혼합되는 순간 고결화할 경우 적용

VI. 시공 시 유의사항

① 약액의 희석·유실 방지

② 수압 파쇄(Hydraulic Fracturing) 예방

③ 물유리농도 증대

④ 반응률이 큰 경화제 사용

⑤ 수분사용량 억제

⑥ 정압주입

⑦ 주입공간격 축소

⑧ Micro Cement 사용

⑨ 시험주입 실시(Test Grouting)

⑩ 불투수층까지 근입 시공

10 SGR(Soil Grouting Rocket)공법

Ⅰ. 정의

① SGR공법은 물유리계를 주입재로 사용하는 이중관복합주입공법으로 특수 선단 장치로 지반에 형성시킨 유도공간을 통해 급결주입재와 완결주입재를 복합 주입하는 공법이다.

② 급결주입재는 지반 내 큰 공극을 충진하고 완결주입재의 유실을 방지하며 gel화되기 전까지 액상을 유지하여 지반의 미세공극으로의 충전을 가능하게 한다.

Ⅱ. 시공 Mechanism

주입노즐관을 통해 주입재를 직접 지반에 방출하는 예전 방식에 비해 유도관을 통해 저압(0.4~0.8MPa)으로 주입재를 방출하므로 지반에 대한 균등한 침투 효과 발휘

① A액 : 급결주입재

② B액 : 완결주입재

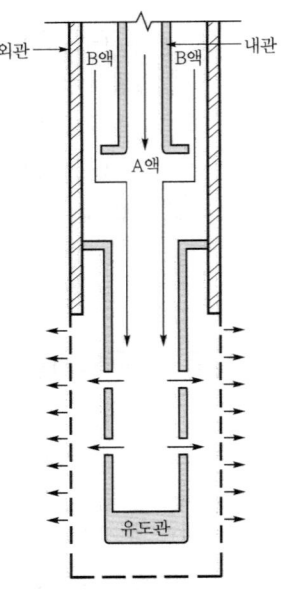

Ⅲ. 시공순서

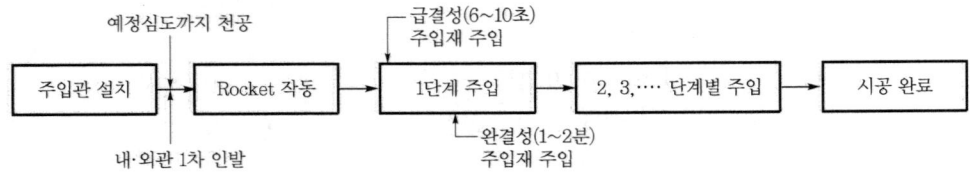

Ⅳ. 적용 지반

① 유속이 빠른 자갈 및 전석층

② 사질토 및 점성토에는 액상주입 가능

③ 지하 40m 이상의 사력층에는 효과 저하

④ 실트질 점토층에 효과 저하

V. 시공 시 유의사항

① 천공 전 지하매설물위치 확인

② 사전에 지표에 marking된 표식으로 천공위치 확인

③ Rod의 길이로 천공심도 확인

④ 수준계, 측량기를 사용하여 수직 정도 측정

⑤ 주입재 혼합 시 겔타임(Gel time) 측정

VI. SGR공법과 LW공법의 비교

구분	SGR공법	LW공법
주입재료	물유리용액, 시멘트풀, 급결약액	물유리용액, 시멘트풀
주입방식	2.0shot	1.5shot
주입압력	저압(0.4~0.8MPa)	0.1MPa
Gel time	2분 이하	2~10분
적용 지반	• 모든 지반 • 흐름이 있는 침투지반의 차수	• 실트층을 제외한 모든 지반 • 흐름이 없는 정수지반의 차수
개량강도	0.36~2.5MPa	1~3MPa

11 CGS(Compaction Grouting System)공법

Ⅰ. 정의

① CGS공법은 비유동성의 모르타르형 주입제를 지중에 압입하여 기둥형상의 고결체를 형성함과 동시에 주변 지반을 압축강화시키는 지반개량공법이다.

② 주입재는 slump값이 30mm 이하의 저유동성 mortar로 유동성 확보를 위한 세립토(silt크기)와 내부마찰각 증대를 위한 조립토(모래)로 구성되며 soil cement가 기본재료이다.

③ 느슨한 흙을 사방으로 밀어내어 지중에 구근형의 pile을 형성하므로 지지말뚝으로서의 지지력과 주위 지반의 지내력 확보를 동시에 만족시키는 공법이다.

Ⅱ. 시공순서

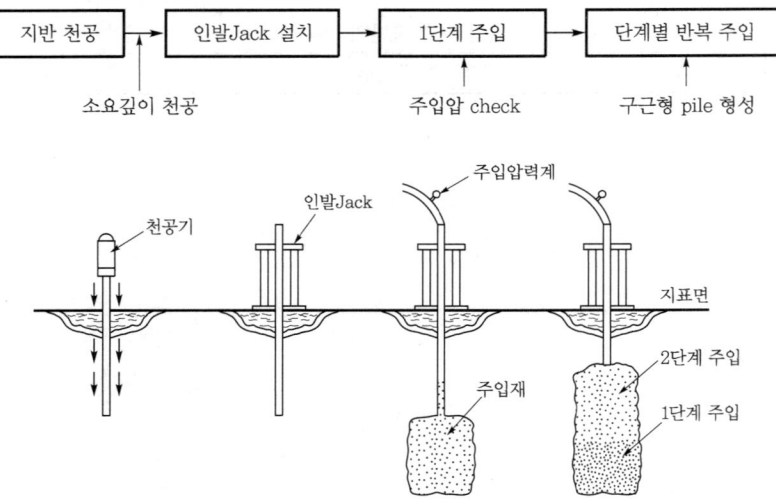

1) 지반천공

천공기 또는 Hand Drill로 소요깊이까지 천공

2) 인발Jack 설치

① 천공기를 인발할 Jack 설치

② 천공기에 주입장비 설치 및 주입 준비

3) 1단계 주입

단계별 주입폭은 350mm 내외

4) 단계별 반복 주입

① 주입 및 인발 반복

② 구근형 Pile 형성

Ⅲ. 특징

① 개량체의 강도(8~20MPa) 조정 가능
② 지반보강효과 우수
③ 작업공정이 단순하여 시공관리 용이
④ 소음 및 진동이 적음
⑤ 소규모 장비로 협소한 장소의 시공 가능
⑥ 부등침하 발생으로 기울어진 구조물의 복원용으로 사용
⑦ 지하수가 흐르는 지역에도 주입재가 이탈되지 않음

Ⅳ. 적용 장소

1) 지반개량
   연약토층에 compaction grouting을 실시하여 압밀 개량
2) 부동침하 보강 및 복원
   열악한 지반조건 및 기초의 부실로 인한 부동침하 발생 시 원상태로 복원
3) Underpinning
   기존 구조물의 지반보강작업 시 좁은 실내공간에서도 작업 가능
4) 주변 지반 보강
   기존 구조물에 근접한 지하터파기작업 시 주변 지반 보강용으로 사용
5) 공동구 충전
   폐광이나 석회암동굴 등의 공동구를 충전시키고 기둥 형성
6) Slab jacking
   하부 연약지반 또는 뒤채움 부적절로 인한 slab 처짐 시 복원 및 지지pile 형성
7) 차수
   호안 및 제방매립층의 공극을 채워 차수시킴

Ⅴ. CGS공법의 용도

1) 지반 개량(ground improvement)
   ① 대상지반의 전체적 또는 국부적 개량에 따른 기초지반의 지내력 향상
   ② 타 공법에 비하여 즉시 지반개량효과 확인 가능
   ③ 터널 굴착공사 시 주변 지반의 보강 및 수평토압 감소효과
   ④ 부두 안벽기초 및 배면 보강, 차수 또는 지수, 지반의 액상화 방지책
2) 말뚝(structure element)
   ① 기존 구조물 underpinning
   ② PC말뚝이나 현장 타설말뚝 등의 대체효과
3) 충진(void fill)
   사석이나 지반의 공동 충진
4) 복원(re-leveling)
   구조물의 부동침하 발생 시 원상태로의 수평 복원 및 장래 침하 방지책

12　Leaching(용탈현상)

[17중(10)]

Ⅰ. 정의

① Leaching(용탈현상)이란 물에 의해 토립자 광물성분이 용해되거나 토립자 흡착
수농도가 감소되어 시간이 경과함에 따라 지반강도가 저하되는 현상을 말한다.

② 점토에서 Leaching이란 담수에 의해 해성점토의 염분의 농도 및 입자 간의 결합
력이 감소되어 전단강도가 저하되는 현상이다.

③ 약액주입에서 Leaching이란 지반의 간극에 주입하여 고결된 Homogel의 실리카
농도가 지하수에 의해 감소되어 전단강도가 감소되는 현상이다.

Ⅱ. Leaching으로 인한 전단강도(S) 변화

1) 해성점토지반

① 점토구조의 변환으로 전단강도 감소

② 진행성 파괴 및 유동화 발생

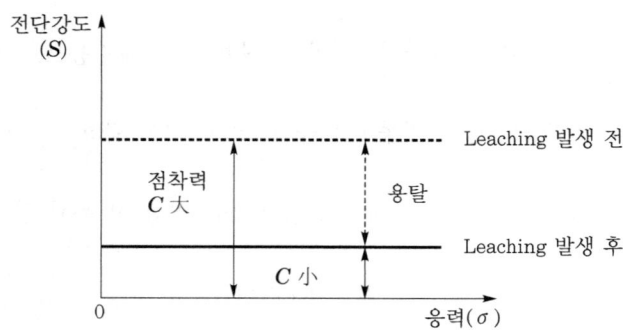

2) 약액주입지반

① 주입재의 농도가 감소되어 전단강도 감소

② 지반이 연약해지고 투수성이 증가하여 Piping 발생

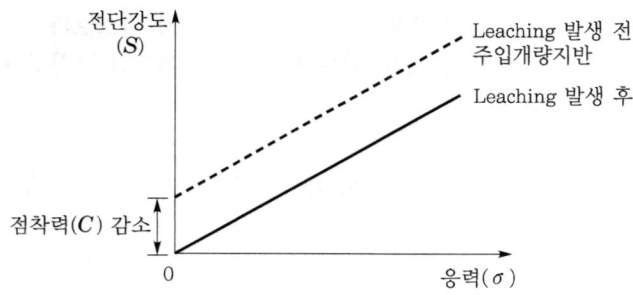

Ⅲ. Leaching 시 문제점

① 지반의 안정성 저하

② 과대한 침하 발생

③ 측방유동 발생

④ 진행성 파괴 발생

Ⅳ. 대책

1) 침하저감공법

① 심층혼합처리공법(DCM)

② Sand Compaction Pile공법

2) 침하촉진공법

① 진공압밀공법(대기압공법)

② Preloading공법

③ Drain공법(탈수공법)

13 주입률과 주입비(Groutability Ratio)

I. 주입률

1) 정의

① 주입률이란 주입대상지반의 간극 속에 주입된 그라우팅액의 백분율을 말한다.

② 주입률$(\lambda) = n\alpha(1+\beta)[\%]$

여기서, n : 간극률$\left(= \dfrac{V_v}{V} \times 100\right)(\%)$

α : 충진계수, β : 손실계수

2) 토질별 주입률

① 사질토지반 : $\lambda = 40 \sim 50\%$

② 점성토지반 : $\lambda = 30 \sim 50\%$

③ 시험 시공으로 주입률 조정이 필요함

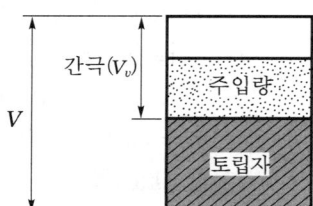

II. 주입비(Groutability Ratio)

1) 정의

① 주입비란 그라우트재의 입경에 대한 주입대상지반의 입경의 비를 말하며, 주입대상지반의 그라우팅액을 주입 시 주입 가능성을 판단하는 데 이용된다.

② 주입비$(G_R) = \dfrac{\text{주입대상지반의 입경}(D)}{\text{그라우트의 입경}(G)}$

2) 토질별 주입비

구분	주입비	주입 판정
토사	$G_R = \dfrac{D_{15}}{G_{85}}$ 여기서, D_{15} : 통과율이 15%일 때의 입경 G_{85} : 통과율이 85%일 때의 입경	$G_R \geq 15$ 주입 가능
암반	$G_R = \dfrac{\text{균열폭}}{G_{95}}$	$G_R \geq 5$ 주입 가능

14 동다짐(동압밀, Dynamic Compaction)

[96전(20), 99후(20)]

Ⅰ. 정의

① 연약지반에서 지지력 증가, 침하 방지 등의 목적으로 점토지반에 동치환공법이 사용되는 반면에, 동다짐공법은 사질지반에 사용하는 공법으로 동압밀공법(Dynamic Consolidation Method)이라고도 한다.

② 크레인에 달린 무거운 추를 자유낙하시켜 지표면에 충격을 줌으로써 발생되는 충격에너지 W파(표면파), S파(전단파), P파(압축파)에 의해 지반다짐효과와 강도를 증진시키는 공법이다.

Ⅱ. 특징

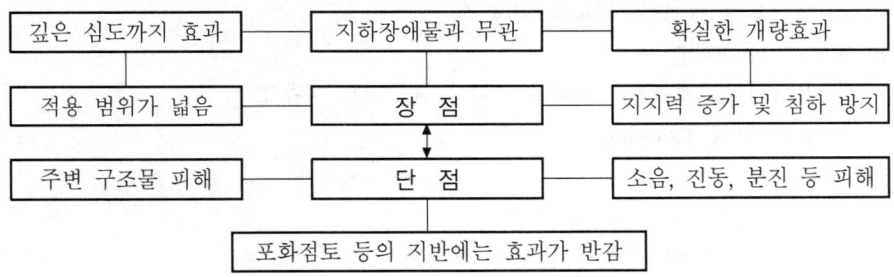

Ⅲ. 용도

① 사질지반개량공법

② 넓은 범위 개량

③ 연약지반의 지지력 증가

④ 침하 방지

Ⅳ. 시공 Flow Chart

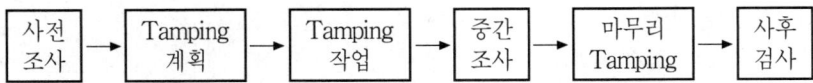

Ⅴ. 시공장비

① 중량추(8~40ton)

② 크레인

③ 불도저

④ 계측기

VI. 시공순서

1) 사전조사
   ① 설계도서 검토
   ② 기존 자료 검토(토질, 지하수위, 주변 여건)

2) Tamping계획
   ① 시공 전 사전조사 토대로 계획
   ② 사용할 추의 무게, 낙하고, 다짐간격, 크레인용량 결정

3) Tamping작업
   ① 중량의 추를 대형 크레인으로 5~30m 높이에서 낙하
   ② 수m 간격으로 설정된 타격점을 집중적으로 타격

4) 중간조사
   ① 조사위치는 사전조사지점과 가능한 한 가까운 곳
   ② 개량효과 확인 및 Engineering 분석

5) 마무리 Tamping
   ① Tamping으로 생긴 웅덩이 부위를 불도저로 메우고
   ② 다음 단계 Tamping

6) 사후검사
   ① 설계조건과 일치하는지 확인
   ② 개량효과 확인 및 Engineering 분석

VII. 시공 시 유의사항

① 인접 구조물 보호
② 불균일성 지반 시공
③ 진동, 소음
④ 토립자 비산
⑤ 세립토지반의 시공
⑥ 경제적 시공면적
⑦ 정보화 시공
⑧ 시공효과 점검

15 연약지반치환공법

[97후(20)]

Ⅰ. 정의

① 연약지반이란 함수비가 높고 일축압축강도가 작은 점토, Silt 및 유기질토, 느슨하게 쌓인 사질토 등으로 구성된 지반을 뜻한다.

② 연약지반치환공법은 연약한 부위의 지반흙을 양질의 토사로 바꾸어주는 공법으로 미끄럼치환, 굴착치환, 폭파치환 등의 공법이 있다.

Ⅱ. 지반개량의 목적

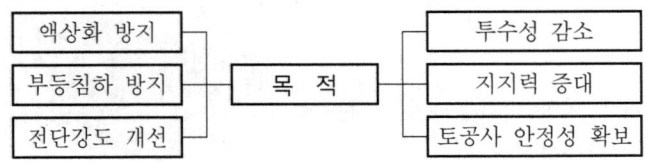

액상화 방지		투수성 감소
부등침하 방지	목 적	지지력 증대
전단강도 개선		토공사 안정성 확보

Ⅲ. 치환공법별 특징

1. 미끄럼치환

1) 정의

연약지반 위에 성토 재하중을 이용하여 성토체 하부의 연약층을 미끄럼작용으로 외부로 밀어내는 공법이다.

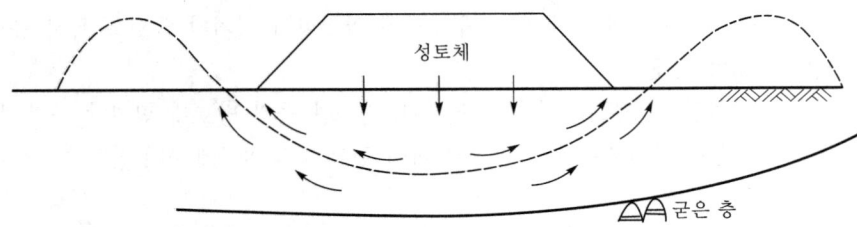

2) 특징

① 굳은 층이 얇게 분포할 때 시공효과가 있다.

② 시공이 단순하고 빠르다.

③ 기술적인 문제점이 있다.

2. 굴착치환

1) 정의

지표면에서 굴착장비를 이용하여 연약층을 굴착하여 파내고 그곳에 양질의 토사를 채워넣는 공법을 말한다.

2) 특징

① 양질의 재료 구득이 용이할 때 시공한다.

② 연약층이 깊으면 적용이 곤란하다.

③ 굴착한 연약토의 처리가 문제된다.

④ 경제성을 고려하여 선정해야 한다.

⑤ 개량공법으로는 확실한 공법이다.

3. 폭파치환

1) 정의

지반 연약층에 폭약을 장진한 다음 성토 재하중을 가하고 화약을 폭파하여 폭발력에 의해 연약층이 이완될 때 성토 재하중이 하부로 작용하여 연약층을 밀어내는 공법이다.

2) 특징

① 폭발력에 의한 치환효과가 크다.

② 작업이 단순하다.

③ 치환작업이 빠르게 이루어진다.

④ 특수한 공정이 필요하지 않다.

Ⅳ. 시공 시 유의사항

1) 치환토 처리

치환된 연약토의 처리는 사토장을 선정하여 정해진 장소로 옮겨야 한다.

2) 인근 구조물

지반 융기, 폭파 등에 의해 인근 구조물에 악영향이 끼치지 않도록 특히 유의한다.

3) 지하 매설물 보호

지중에 매설된 상수도관, 하수관, 전선관, 가스관 등의 방호에 힘써야 하며, 특히 동축케이블 등은 관계기관에 미리 통보하여 관계자 입회하에 시공한다.

4) 용수 처리

치환작업 중에 용수가 있을 때에는 지하배수장치를 이용하여 배수하며 시공한다.

5) 양질의 재료

시공에 사용되는 양질의 재료는 운반거리 등을 고려하여 경제성을 검토한 후에 사용한다.

16 압밀공법(재하공법)

I. 정의

① 연약점토지반에 하중을 가하여 흙을 압밀시키는 연약지반개량공법으로 Preloading 공법, 사면선단재하공법, Surcharge공법이 있다.

② 개량할 지반에 큰 하중을 가하여 오랜 시간 압밀시키는 공법으로 공사기간이 짧은 공사에서는 적용이 곤란한 공법이다.

II. 종류

1. Preloading공법(선행재하공법)

1) 정의

연약지반의 표면에 등분포하중을 가하여 압밀시키는 공법으로 압밀침하를 촉진시키기 위하여 Sand Drain공법과 병행하여 사용되기도 한다.

2) 특성

① 사전재하하여 하중에 의해서 압밀 촉진

② 재하는 성토가 일반적

③ 흙의 전단강도를 증가시킨 후 성토 부분 제거

④ 공기가 충분할 때 적용

2. 사면선단재하공법(비탈 끝 재하공법)

1) 정의

성토한 비탈면 옆부분을 0.5~1.0m 정도 더돋음하여 비탈면 끝부분의 전단강도를 증가시킨 후 더돋음 부분을 제거하여 비탈면을 마무리하는 공법이다.

2) 특성

① 흙의 압축특성 또는 강도특성을 이용

② 더돋음을 제거한 후 다짐기로 다짐

③ 성토 사면안정효과

3. Surcharge공법(압성토공법)

1) 정의

토사의 측방에 소단모양의 성토를 하여 활동에 대한 저항모멘트를 증가시켜 성토지반의 활동파괴를 예방하는 공법이다.

2) 특징

① 넓은 용지와 충분한 성토재료 필요

② 원리가 간단

③ 공사 중에는 공사용 도로로서 이용 가능

④ 압성토높이는 성토 본체높이(H)일 때 $H/3$, 길이는 $2H$

17 연약지반 개량을 위한 선행재하(Preloading)

[94후(20), 03전(10), 11전(10), 18전(10)]

Ⅰ. 정의

① 연약지반개량공법으로 점성토지반의 압밀을 촉진시키기 위하여 연약지반 위에 미리 큰 하중을 가하여 지반을 압밀시키는 공법이다.

② 선행재하공법은 오랜 시간 동안 하중을 가해야만 하기 때문에 공사기간에 여유가 있는 공사현장에서 적용이 가능한 단점을 가지고 있다.

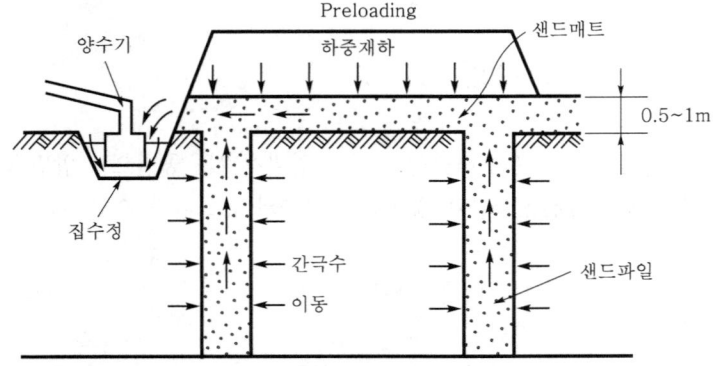

Ⅱ. 목적

① 압밀에 의한 침하를 미리 끝나게 하여 구조물에 유해한 잔류침하를 제거

② 압밀에 의하여 점성토지반의 강도를 증가시켜 기초지반의 전단파괴 방지

Ⅲ. 특징

① 사전재하하여 하중에 의해서 압밀 촉진

② 연약한 기초지반 개량

③ 효과적이며 경제적

④ 압밀의 종료를 기다리기 때문에 공기가 길어짐

⑤ 적용 지반이 한정

Ⅳ. 시공방법

① 구조물 축조 전 재하중을 가함

② 정치기간을 둠

③ 침하량관리

④ 재하중 제거

⑤ 구조물 축조

V. 시공 시 유의사항

① 침하하중의 크기, 침하속도 등을 Check
② 지반의 활동에 대한 안정성을 지속적으로 관찰
③ 계획 시의 예측과 일치하는지를 확인하여 필요하면 설계내용 수정

VI. 하중을 재하하는 방법

① 토사 또는 암석 성토
② 물탱크 설치
③ 지하수위 낮춤
④ 진공Mat 사용
⑤ Anchor 또는 Jack 사용

VII. 계측관리

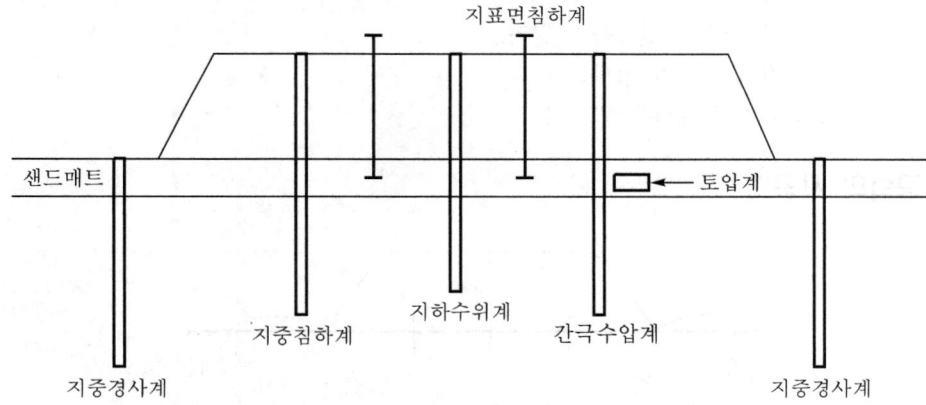

VIII. 문제점

① 성토재료 확보
② 사용 후 토사 처리
③ 사토장 필요
④ 정치기간이 김

18 폭파치환공법

[09전(10)]

I. 정의

① 연약지반이란 함수비가 높고 일축압축강도가 작은 점토, Silt 및 유기질토, 느슨하게 쌓인 사질토 등으로 구성된 지반을 말한다.

② 폭파치환공법은 지반연약층에 폭약을 장진한 다음 성토 재하중을 가하고 화약을 폭파하여 폭발력에 의해 연약층이 이완될 때 성토 재하중이 하부로 작용하여 연약층을 밀어내는 공법이다.

II. 공법의 특징

① 폭발력에 의한 치환효과가 크다.

② 시공이 단순하고 빠르다.

③ 치환작업이 빠르게 이루어진다.

④ 특수한 공정이 필요하지 않다.

⑤ 기술적인 문제가 없다.

⑥ 화약관리의 제약을 받는다.

III. 공법의 시공도

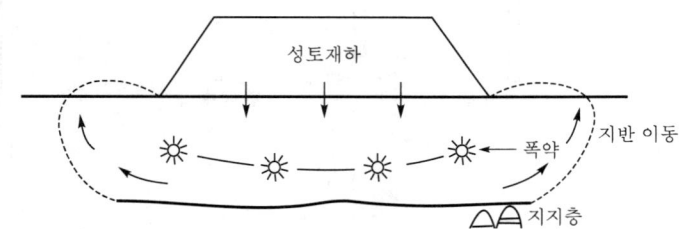

IV. 시공 시 유의사항

① 치환토 처리

② 인근 구조물 보호

③ 지중에 매설된 상하수도관, 전선관, 가스관 등의 지하 매설물의 보호

④ 용수 처리

⑤ 시공에 사용되는 치환토는 양질의 재료 사용

19 한계성토고

Ⅰ. 정의

① 연약지반 위에 일시적으로 급속 성토를 높게 행하면 연약지반이 Sliding 파괴가 일어나므로 단계성토를 시행하여야 한다.

② 한계성토고란 성토 시공 시 연약지반이 Sliding파괴(전단파괴)가 발생되지 않는 범위에서의 최대 성토높이를 말한다.

③ 한계성토고는 원지반의 강도특성을 분석하여 결정하고 지반이 연약할수록 한계성토고는 낮고, 성토속도는 늦어진다.

Ⅱ. 한계성토고의 시공실례

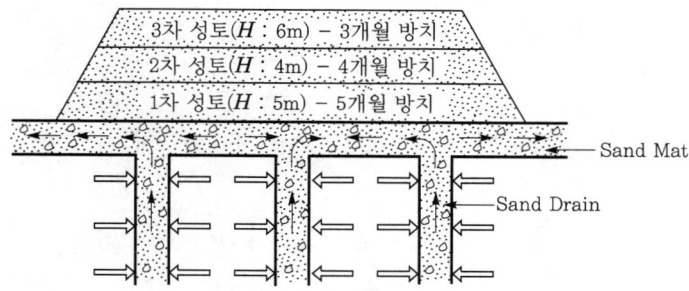

Ⅲ. 한계성토고 계산방법

$$H_c = \frac{q_u}{\gamma_t F_s} = \frac{5 \sim 7C}{\gamma_t F_s}$$

여기서, H_c : 한계성토고

q_u : 연약지반의 극한지지력

γ_t : 성토흙의 단위체적중량

F_s : 안전율(1.1~1.2)

C : 연약지반 평균점착력

Ⅳ. 급속 성토 시 문제점

① 과잉 간극수압 발생

② 간극수압 증가로 지반의 전단파괴 발생

③ 지반의 측방유동 발생

④ Drain재의 파단 발생

⑤ 성토체 상부균열 발생

V. 한계성토고의 목적

① 지반의 전단파괴 방지
② 사면의 활동 방지로 사면안정 도모
③ 지중응력 및 임의 위치의 압밀도 고려
④ 합리적인 압밀침하 촉진

VI. 한계성토고의 활용

① 연약지반 성토고 결정
② 공기 산정
③ 단계성토횟수 산정
④ 적정 시공법 선정

20 강도 증가율(S_u/P')

I. 정의

① 강도 증가율이란 점토지반에 작용하는 유효상재압($\Delta P'$)에 대한 비배수 전단강도 증가량(ΔS_u)의 비를 말한다.

$$강도 \ 증가율(\alpha) = \frac{\Delta S_u}{\Delta P'}$$

② 점토지반이 성토하중으로 압밀침하되면 원지반의 비배수 전단강도가 증가하므로 강도 증가율은 연약지반개량공사나 단계별 성토 시공 등의 설계나 시공관리에 중요한 요소이다.

II. 지반 전단강도 증가 Mechanism

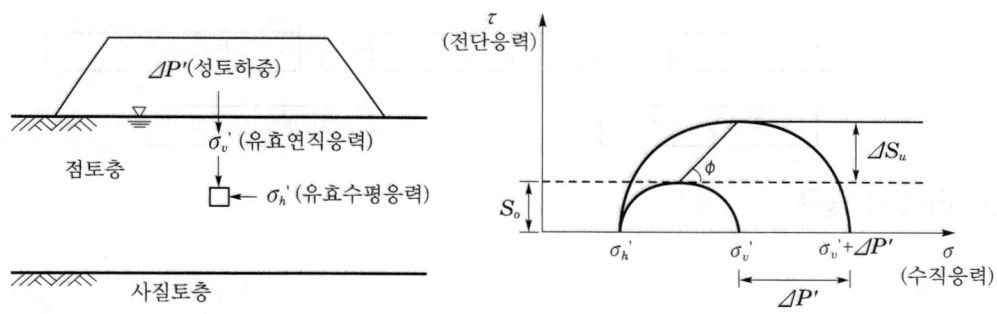

III. 산정방법

① 소성지수방법
② 심도별 전단강도시험방법
③ CU 삼축압축시험방법

IV. 용도

① 단계성토높이 결정
② Preloading 후 지반강도 증가량 산정
③ 단계성토 장기 안정 검토

21 EPS공법(Expanded Poly-Styrene)

[08중(10), 15후(10)]

Ⅰ. 정의

① EPS공법이란 대형 발포 폴리스티렌(Expanded Poly-Styrene)블록을 성토재료와 뒤채움재료로서 도로, 철도, 단지 조성 등의 토목공사에 이용하는 공법이다.

② 재료의 초경량성, 내압축성, 내수성 및 자립성 등의 특징을 효과적으로 이용하는 공법으로 시공성이 우수하며 공기 단축은 물론 뒤채움 시공에서는 구조물에 작용하는 토압을 감소시키는 우수한 공법이다.

Ⅱ. 특징

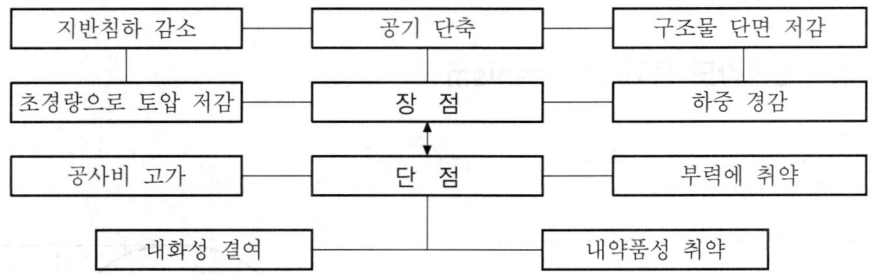

Ⅲ. EPS의 종류

① 형내발포법
② 압출발포법

Ⅳ. EPS재료의 특성

성질	시험방법	단위	제조법					
			형내발포법					압출법
종별			D-30	D-25	D-20	D-16	D-12	D-29
밀도	JIS-K-7222	kg/m³	30	25	20	16	12	29
압축강도 (5% 변형 시)	JIS-K-7220	kg/cm²	1.8	1.4	1.0	0.7	0.4	2.8
난연성	JIS-A-9511		○	○	○	○	×	×

Ⅴ. 용도

① 암반 사면 성토
② 도로확폭 성토
③ 구조물 뒤채움
④ 산사태 복구
⑤ 연약지반 성토작업

Ⅵ. 시공순서 Flow Chart

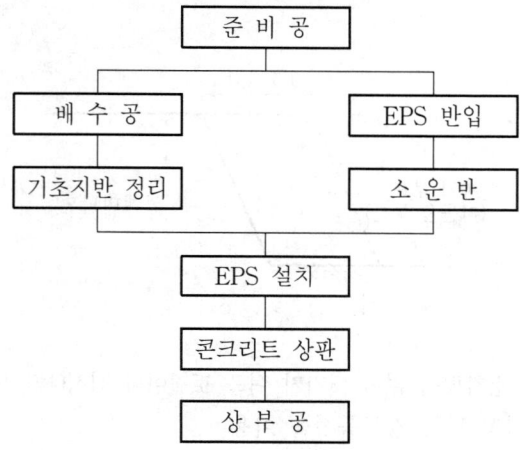

```
            ┌───────────┐
            │  준 비 공  │
            └─────┬─────┘
        ┌─────────┴─────────┐
  ┌───────────┐       ┌───────────┐
  │  배 수 공  │       │  EPS 반입  │
  └─────┬─────┘       └─────┬─────┘
  ┌───────────┐       ┌───────────┐
  │ 기초지반 정리 │       │  소 운 반  │
  └─────┬─────┘       └─────┬─────┘
        └─────────┬─────────┘
            ┌───────────┐
            │  EPS 설치  │
            └─────┬─────┘
            ┌───────────┐
            │ 콘크리트 상판 │
            └─────┬─────┘
            ┌───────────┐
            │  상 부 공  │
            └───────────┘
```

Ⅶ. 시공 시 유의사항

① EPS 저장
② 시공 전 용수 처리
③ 화기 엄금
④ 곡선구간 시공관리
⑤ 가공 절단은 공장가공원칙
⑥ 시공 중 EPS 위로 차량주행금지
⑦ 부력 검토(지하수위)
⑧ 원호파괴에 대한 안정
⑨ 단차(아래위층 간) : 1cm, 틈새(인접 블록 간) : 2cm

22 사면선단재하공법

Ⅰ. 정의

① 성토한 비탈면 옆부분을 0.5~1.0m 정도 더돋음하여 비탈면 끝부분의 전단강도를 증가시킨 후 더돋음 부분을 제거하여 비탈면을 마무리하는 공법이다.

② 비탈면 안정에 필요한 기간이 장기간 소요되므로 공사기간에 여유가 있는 공사에서만 적용시킬 수 있다.

Ⅱ. 시공도해

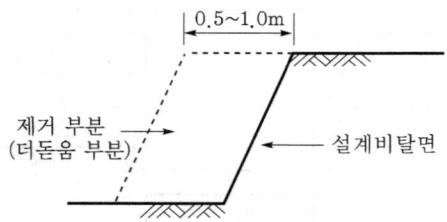

Ⅲ. 특성

① 성토재료가 점착력이 없어 씻기기 쉬운 토질이나 식생(植生)이 곤란한 토질에 적용

② 흙의 압축특성 또는 강도특성을 이용

③ 성토 사면안정효과

④ 더돋음 폭만큼의 용지가 필요

⑤ 더돋음만큼 작업량 증가

Ⅳ. 시공순서

① 성토치수보다 0.5~1.0m 정도 더돋음(덧붙임)

② 더돋음 부분을 고르고 다짐 실시

③ 다짐 완료 후 Power Shovel, Back Hoe, 불도저 등으로 더돋음 부분 굴착

④ 더돋음 부분 굴착 후 불도저, 다짐기 등으로 다시 다짐

Ⅴ. 시공 시 유의사항

① 덧붙임의 충분한 다짐을 위해 프로그래머, 진동콤팩터, 소형 진동롤러를 사용한다.

② 더돋음 부분을 깎아낼 때는 Back Hoe보다는 불도저로 밑으로 깎아내리는 것이 더 효과적이고 경제적이다.

③ 경사가 급하거나 성토고가 높은 법면을 다짐 시 다짐기를 위로 끌면서 하는 것이 효과적이다.

④ 진동롤러에 의한 다짐은 내리막 다짐 시 성토재 붕괴의 우려가 있으므로 끌어올리면서 다짐을 실시한다.

23 Surcharge공법(압성토공법)

Ⅰ. 정의

① 토사의 측방에 소단모양의 성토를 하여 활동에 대한 저항모멘트를 증가시켜 성토지반의 활동파괴를 예방하는 공법이다.

② 연약지반에 성토를 하면 지지력의 부족으로 성토가 과다한 침하를 일으켜 성토부의 측방에 융기를 일으키게 되므로 융기하는 부위에 하중(Surcharge)을 가하여 균형을 취하는 방법이다.

Ⅱ. 압성토의 구성

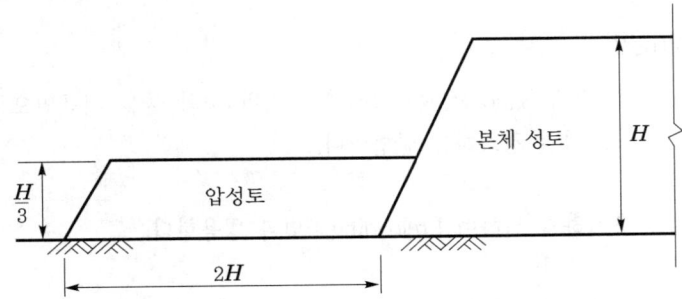

① 압성토 높이는 성토 본체높이(H)의 $H/3$가 최대

② 압성토 길이는 $2H$ 정도

Ⅲ. 특징

① 원리가 간단, 높은 신뢰성

② 설계 및 시공이 용이

③ 안정대책으로 유효

④ 넓은 용지와 충분한 성토재료 필요

Ⅳ. 적용 조건

① 넓은 용지 취득이 용이할 것

② 용지의 지가가 저렴할 것

③ 값이 저렴한 성토재료를 얻을 수 있을 것

Ⅴ. 압성토(押盛土)의 효과

① 주변 지역과 완충지대 역할

② 공사 중에는 공사용 도로로서 이용 가능

③ 성토지반의 활동파괴예방

④ Heaving 방지

24 Vertical Drain공법(연직배수공법)

Ⅰ. 정의

① Vertical Drain(연직배수공법)이란 연약한 점성토지반에 투수성이 좋은 수직의 Drain을 박아 지반 중의 간극수를 탈수시켜 압밀을 촉진하는 공법으로 압밀촉진 공법이라고도 한다.

② 지반의 밀도를 높이는 공법으로, 압밀이 진행되어 간극비가 감소되어 흙의 압축과 전단강도의 증가를 가져온다.

Ⅱ. 종류

1. Sand Drain공법

1) 연약한 점토지반에 Sand Pile을 시공하여 지반 중의 물을 지표면으로 배제시켜 단기간에 지반을 압밀 강화하는 공법이다.

2) 특징

① 압밀을 촉진하기 위하여 Preloading공법과 병용한다.

② 압밀효과가 크다.

③ 침하속도 조절이 가능하다.

④ Drain 시공 시 주위 지반 교란 및 단면이 일정치 못하다.

2. Paper Drain공법

1) Sand Drain 공법과 원리는 같으나 모래 대신 Card Board를 연약지반에 압입하여 압밀을 촉진시키는 공법이다.

2) 특징

① Card Board 시공 시 주위 지반의 교란이 적다.

② 시공속도가 빠르다.

③ Drain재가 공장제품으로 품질·가격면에서 유리하다.

④ 장시간 사용 시 열화현상으로 배수효과가 감소된다.

3. Pack Drain공법

1) Sand Drain공법의 Sand Pile이 절단되는 단점을 보완하기 위해 개발된 공법으로 포대(Pack)에 모래를 채워 Drain의 연속성 확보가 가능하다.

2) 특징

① Pack으로 인해 Sand Pile이 절단되지 않는다.

② 직경이 작은 Sand Pile 시공으로 모래사용량이 감소된다.

③ 시공속도가 빠르다.

④ 장비의 선정 및 적용성에 어려움이 있다.

25 Sand Drain공법

Ⅰ. 정의

① 연약한 점토지반에 Sand Pile을 시공하여 지반 중의 물을 지표면으로 배제시켜 단기간에 지반을 압밀 강화하는 공법이다.

② 점토지반에 적용하며 압밀을 촉진하기 위하여 Preloading공법, 지하수위저하공법 등과 병용한다.

Ⅱ. 개념도

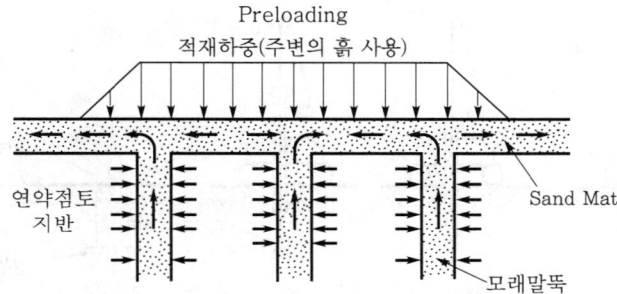

Ⅲ. 특징

① 압밀효과가 큼

② 단기간(2~3개월) 내에 다짐 가능

③ 침하속도 조절 가능

④ Drain 시공 시 주위 지반이 교란되기 쉬움

⑤ 시공비가 저렴

⑥ Drain(Sand Pile) 단면이 일정하지 못함

Ⅳ. 시공순서

① Sand Mat 시공 : Sand Mat의 재료는 투수성이 크고, 두께는 0.5~1.0m로 함

② Casing(Mandrel) 관입 : 타격 또는 진동에 의해 Pipe를 소정의 깊이까지 관입

③ 모래 투입 : Casing 속에 모래를 채움(직경 400~500mm)

④ Casing 인발 : 채워진 모래를 압입하면서 Casing을 인발하여 Sand Pile 완성

⑤ 성토 : 재하중으로서의 성토를 시공

Ⅴ. 시공 시 유의사항

① Casing은 항상 수직으로 관입

② 시공 시 각 위치마다 관입깊이와 소요모래량을 Check하여 Drain재의 소요깊이 도달과 중간 지점에서 끊어짐의 방지

③ Sand Drain 시공 중 기존에 설치한 현장 계측장비를 손상시키지 않도록 주의

26 Paper Drain공법

Ⅰ. 정의

① Sand Drain공법과 원리는 같으나 모래 대신 Card Board를 연약지반에 압입하여 압밀을 촉진시키는 공법이다.

② Vertical Drain공법의 일종으로 모래기둥보다 배수기능이 낮지만 시공속도가 빠르고 경제성이 좋은 공법이다.

Ⅱ. 시공도

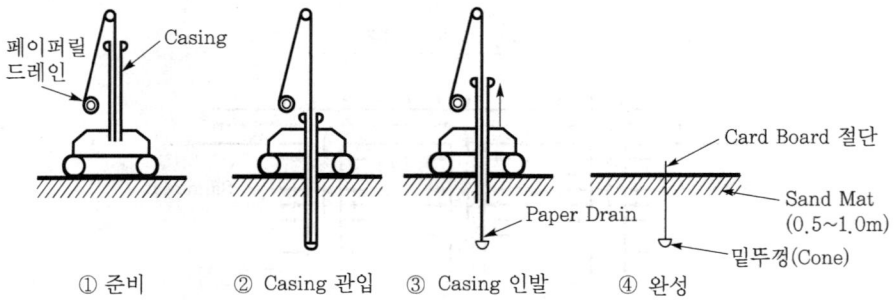

① 준비   ② Casing 관입   ③ Casing 인발   ④ 완성

Ⅲ. 특징

① Card Board 시공 시 주위 지반의 교란이 적음

② 시공속도가 빠름(250공/day, 1,500m/day)

③ Drain재가 공장제품으로 품질이 균일하고 저렴

④ 장시간 사용 시 열화현상으로 배수효과가 감소

⑤ 단단한 모래층에는 관입 곤란하며 배수재의 재질에 따라 배수효과가 좌우

Ⅳ. 시공순서

① Sand Mat 시공 : Sand Mat의 재료는 투수성이 크고, 두께는 0.5~1.0m로 함

② Casing(Mandrel) 관입 : Card Board를 삽입한 밑뚜껑(Cone)이 있는 Casing을 소정의 깊이까지 관입

③ Casing 인발 : Card Board와 밑뚜껑(Cone)을 지중에 남긴 채 Casing 인발

④ Card Board 절단 : Card Board를 지표면상에서 300mm 남기고 절단

⑤ 성토 : 재하중으로서 성토 시공을 함

Ⅴ. 시공 시 유의사항

① 내구성과 투수성이 좋은 Drain재 사용

② Casing 인발 시 Drain재가 따라 올라오는 수가 있으므로 주의

③ 관입깊이를 기록하여 Boring 시에 측정한 연약층의 심도와 비교

④ 세립자에 의한 막힘현상에 주의

27 Pack Drain공법

[99전(20), 03중(10)]

Ⅰ. 정의

① Sand Drain공법의 Sand Pile이 절단되는 단점을 보완하기 위해 개발된 공법으로 포대(Pack)에 모래를 채워 Drain의 연속성 확보가 가능하다.
② Vertical Drain공법의 일종으로 동시에 4본 시공으로 시공성 및 경제성이 탁월한 공법이며 모래기둥이 절단되지 않는 장점이 있다.

Ⅱ. 시공도

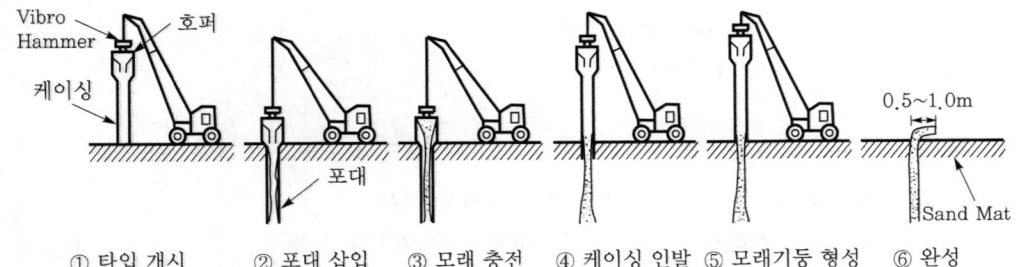

① 타입 개시 ② 포대 삽입 ③ 모래 충전 ④ 케이싱 인발 ⑤ 모래기둥 형성 ⑥ 완성

Ⅲ. 특징

① Pack으로 인해 Sand Pile이 절단되지 않음
② 직경이 작은 Sand Pile 시공으로 모래사용량이 적어 경제적
③ 시공속도가 빠름(4본을 동시에 시공)
④ 설계된 직경의 확인이 가능하므로 시공관리가 용이
⑤ 장비의 선정 및 적용성에 어려움이 있음
⑥ 작업원의 숙련도 요구 및 시공실적, 경험 축적의 부족

Ⅳ. 시공순서

① Sand Mat 시공 : Sand Mat의 재료는 투수성이 크고, 두께는 0.5~1.0m로 함
② Casing(Mandrel) 관입 : Vibro Hammer로 밑뚜껑(Cone)이 있는 Casing을 소정의 깊이까지 관입
③ 포대 삽입 : Casing이 소정 심도에 도달하면 Casing 내에 포대를 삽입하여 모래 충진(직경 100~150mm)
④ Casing 인발 : 압축공기를 Casing 속에 보내며 Casing을 인발
⑤ 성토 : 시공이 완료되면 재하중으로서 성토 시공을 함

Ⅴ. 시공 시 유의사항

① Pack을 Sand Mat 위로 0.5~1.0m 노출
② Casing을 수직상태로 관입
③ 지표 및 심층의 침하량 측정 철저

28 | PVC Drain공법

Ⅰ. 정의

Plastic Drain공법의 일종으로 특수 가공한 다공질의 PVC Drain재를 연약한 점토지반에 관입하여 지반 중의 간극수를 탈수시키는 연직배수공법(Vertical Drain공법)이다.

Ⅱ. Plastic Drain공법의 종류

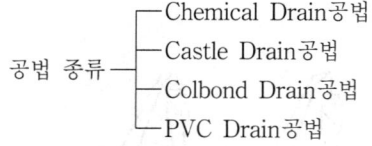

```
          ┌─ Chemical Drain공법
          ├─ Castle Drain공법
공법 종류 ─┤
          ├─ Colbond Drain공법
          └─ PVC Drain공법
```

Ⅲ. 특징

① PVC Drain 시공 시 주위 지반의 교란이 적음
② 압밀을 촉진하기 위하여 성토재하와 같은 재하중을 병용
③ 침하속도 조절 가능
④ 시공성 양호

Ⅳ. 시공순서

1) Sand Mat 시공
   Sand Mat의 재료는 투수성이 크고 장비의 주행성이 좋을 것
2) Casing(Mandrel) 관입
   PVC Drain을 삽입한 밑뚜껑(Cone)이 있는 Casing을 소정의 깊이까지 관입
3) Casing 인발
   PVC Drain과 Cone을 지중에 남긴 채 Casing 인발
4) PVC Drain 절단
   PVC Drain을 지표면상에서 절단 후 관입위치별 심도 기록
5) 성토
   재하하중으로서 성토 시공을 함

Ⅴ. 시공 시 유의사항

① 내구성과 투수성이 좋은 PVC Drain재 사용
② Casing 인발 시 PVC Drain재가 따라 올라오는 수가 있으므로 주의
③ 세립자에 의한 막힘현상에 주의

29 Sand Mat(부사)

Ⅰ. 정의

① 연약지반에 성토 시공, 지반개량공법 등을 하는 경우에 투수성을 향상시키고 Trafficability(장비의 주행성)를 확보하기 위하여 시공에 앞서 0.5~1.0m 정도의 모래 또는 자갈 섞인 모래를 포설하는 것을 Sand mat라 한다.

② 연약지반에서 지반 개량에 사용하는 동질의 모래를 포설하여 시공기계의 작업능률을 크게 향상시키는 역할을 한다.

Ⅱ. 개념도

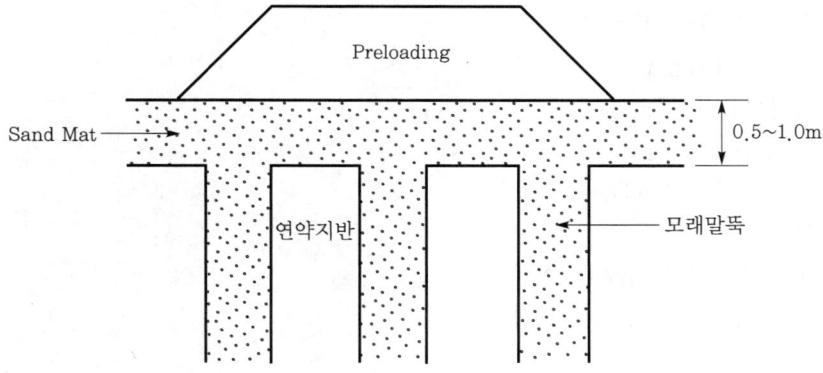

Ⅲ. 목적

① 연약층의 압밀을 위한 상부배수층의 역할

② 성토 내의 지하 배수층 역할을 하여 성토 내의 수위를 저하

③ 성토 및 연약지반대책의 시공에 필요한 장비의 Trafficability 확보

④ 연약층이 지반 상부에 있고 얇은 경우에 Sand Mat층의 시공만으로 지반 처리

⑤ 점토지반에 적용

Ⅳ. 재료

① 투수성이 좋은 재료

② 장비의 Trafficability를 확보할 수 있는 재료

③ 투수계수가 1×10^{-3}cm/sec 이상의 모래

④ 자갈이 포함된 모래

30 통수능(通水能, Discharge Capacity)

[19전(10)]

Ⅰ. 정의

① 통수능이란 주어진 동수경사에서 얼마나 큰 유량으로 물이 흐를 수 있는지 수로의 통수능력를 나타내는 척도이다.

② 연직배수재의 통수능이란 연약점토층에 설치된 연직배수재로 들어오는 간극수를 지표층에 설치된 샌드매트로 유출시키는 유량(cm^3/sec)을 말한다.

Ⅱ. PBD의 통수능력

PBD의 통수능력은 Drain재료의 지반의 함수상태에 따라 차이가 발생한다.

1) Drain재(코어+필터)

① 폭 : 100mm

② 두께 : 3~5mm

③ 중량 : 70g/m 이상

④ 인장강도 : 100kg/폭 이상

2) 통수능력

① 직선부 : $25cm^2/sec$ 이상

② 굴곡부 : $15cm^2/sec$ 이상

Ⅲ. 통수능력에 영향을 미치는 요인

1) 타설간격

① 일반적으로 1~2m 정도

② 타설형태는 사각형이나 마름모꼴이 유리

2) 타설각도(연직도)

① 타설각도는 2° 이하가 유리

② 연직도검사 후 철저히 확인

3) 구멍 막힘

① 세립자의 이동으로 필터에 구멍 막힘현상 발생

② 적정 통수능력의 확보 곤란

4) Drain재의 시공

① Drain재료의 기준(두께, 중량, 인장강도)

② Drain재료의 연결 시공 방지

5) Drain재의 손상

① Drain재 파손 시 통수능력의 저하가 확연함

② Drain재 손상이 발생하지 않도록 적정 인장강도 확보

6) 배수저항

① 지반의 압밀이 진행됨에 따라 Drain재의 종방향 통수능력

② 통수능력 저하로 인하여 압밀지연

Ⅳ. 통수능 확보방안

① 강성이 큰 연직배수재 선정

② 교란효과를 고려한 통수능시험으로 배수재간격 결정

③ 통수 단면적이 큰 연직배수재 선정

Ⅴ. 통수능시험방법(Delft시험)

① 삼축압축시험의 원리를 이용한 통수능시험기

② 배수재를 고무멤브레인으로 감싼 후 구속압을 가한 상태에서 배수재를 통해 종방향으로 흘러나오는 통수량 측정

③ 구속압 증가 및 재하기간의 효과 고려 가능

④ 배수재가 휘어졌을 경우에도 시험 가능

⑤ Clogging현상 고려 불가 → 복합통수능시험기

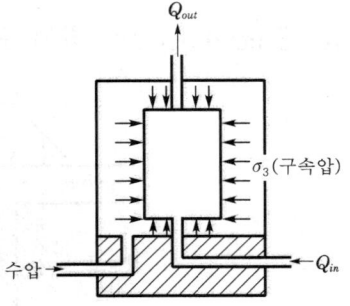

31 점성토지반의 교란효과(Smear Effect)

[06중(10), 14후(10), 22후(10)]

Ⅰ. 정의

① 점성토 중에 지반 개량을 하기 위해 Sand Drain, Pack Drain, Paper Drain, Plastic Drain, Menard Drain을 타입할 때 연직배수재의 주변이 교란되는 경우가 있는데, 이 영역을 스미어존(Smear Zone)이라 한다.

② Smear Zone에서 교란의 영향으로 투수계수가 감소하여 압밀이 지연되게 되는데, 이와 같은 현상을 점성토 교란효과(Smear Effect)라 한다.

Ⅱ. Smear Effect 발생 모식도

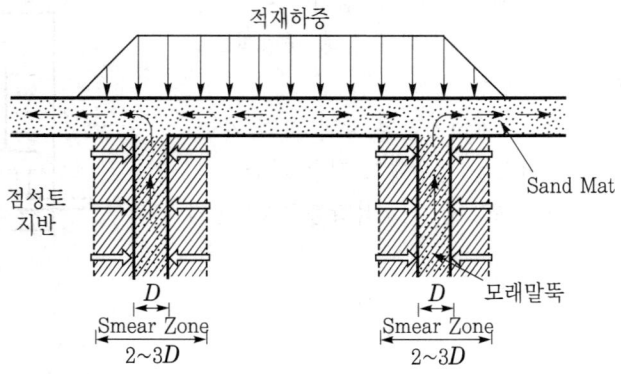

Smear Zone에서 압밀 지연의 Smear Effect 발생

Ⅲ. 영향인자

① Smear Zone의 두께 및 저하된 투수계수

② 연직배수재 타입 시 사용되는 중장비의 지반에 미치는 충격범위

③ 연직배수재에서 멀어질수록 Smear Effect 감소

Ⅳ. Smear Effect 저감방안

① 설계 시 수평압밀계수를 저감하여 사용할 것

② 연직배수재의 직경을 감소하여 적용할 것

③ 시공 시 가급적 지반 교란이 적게 되도록 할 것

④ Sand Mat의 적정 투수성이 확보되도록 할 것

32 웰저항(Well Resistance)

Ⅰ. 정의

① 웰저항이란 탈수공법에서 연직배수재 속으로 유입된 간극수가 빨리 샌드매트 (Sand Mat)로 배출되지 못하여 압밀이 지연되는 현상을 말한다.

② 웰저항을 연직배수재로 들어오는 간극수의 흐름이 샌드매트로 배출되는 흐름보다 빠를 때 발생하는 현상이다.

Ⅱ. 웰저항원리

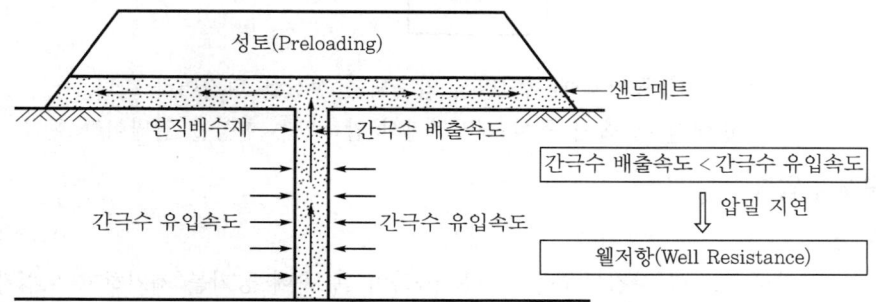

Ⅲ. 원인

간극수 유입속도(大)	간극수 배출속도(小)
• 점성토지반 수평투수계수(k_h)가 큰 경우 • Sand Seam이 존재하는 경우	• 연직배수재의 길이가 긴 경우 • 연직배수재의 재료 불량 • 연직배수재의 간격이 넓은 경우 • 연직배수재의 절단, 꺾임, 막힘현상 발생

Ⅳ. 대책

① 설계 시 수평압밀계수(C_h) 감소

② 시험 시공으로 연직배수재 통수능력 확인

③ 적절한 연직배수재 재료 선정

④ 연직배수재 시공 시 수직도 유지

⑤ 연직배수재의 절단, 꺾임, 막힘현상 방지

33 압축과 압밀

[90후(10)]

Ⅰ. 압축(Compression)

1. 흙의 압축(다짐과 압밀)

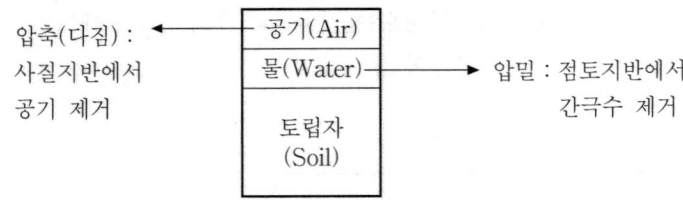

압축(다짐) :
사질지반에서
공기 제거

공기(Air)

물(Water)

토립자
(Soil)

압밀 : 점토지반에서
간극수 제거

① 사질지반에서 공기가 배제되면서 압축되는 현상을 다짐이라 한다.
② 점토지반에서 흙 속의 물이 제거되면서 압축되는 현상을 압밀이라 한다.

2. 모래의 압축

1) 정의

압축이란 느슨한 사질토에서 외력을 가하여 흙 속에 공기를 제거하고 토립자 간의 간격을 조밀하게 하여 지반의 밀도 증가 및 지지력 증가, 강도 향상을 가져오는 것을 말하며 다짐이라고 한다.

2) 특성

① 모래지반에서 발생
② 흙 중에 간극 배제
③ 단시간 내 진행
④ 비교적 작은 하중에도 압축침하 발생
⑤ 흙의 역학적 성질 및 물리적 성질 개선
⑥ 탄성적 변형 발생

3. 점토의 압축

1) 정의

미세한 입자의 점성토지반에서 외력에 의하여 비압축성인 간극수가 빠져나오면서 압축침하가 서서히 장시간에 걸쳐 압축변형을 일으키는데, 이를 압밀이라고 한다.

2) 특성

① 점토지반에 발생
② 흙 속의 간극수 배제
③ 장기간에 걸친 침하
④ 비교적 큰 침하량
⑤ 소성적 변형 발생

II. 압밀(Consolidation)

1) 정의

압밀이란 연약점토지반에서 하중을 가하여 흙 속에 간극수를 제거하는 것을 의미하며, 압밀현상은 장기적으로 서서히 이루어져 침하가 발생하는데 이를 압밀침하 또는 장기 압밀침하라 한다.

2) 점토의 압밀곡선

① 점토의 압밀시험에서 압력 P에 대한 간극비 오름을 순차적으로 표시하여 압축곡선에서 곡선의 경사 $-\Delta e/\Delta P$에 비례승한 값을 체적압축계수라 한다.

② 체적압축계수

$$m_v = \frac{1}{1+e_o} \frac{\Delta e}{\Delta P}$$

여기서, e_o : 초기 간극비

$\dfrac{\Delta e}{\Delta P}$: 압축계수

③ 최적 압축계수 m_v는 유효응력 P의 증가와 더불어 감소하므로 일정한 값이 아니다.

④ Skempton에 의한 예민하지 않은 불교란된 정규 압밀점토의 압축지수 추정치

$$C_c = 0.009(LL-10)$$

여기서, LL : 액성한계

34 압밀과 다짐의 차이

[04후(10), 17중(10)]

I. 압밀

1) 정의
① 압밀이란 연약점토지반에서 하중을 가하면 흙 속의 간극수가 소산되어 지반이 압축되는 것을 말한다.
② 압밀현상은 장기적으로 서서히 이루어져 침하가 발생하는데, 이를 압밀침하 또는 장기 압밀침하라 한다.

2) 특성
① 점성토지반에서 발생
② 흙 중의 간극수 배제
③ 장기적으로 진행
④ 소성적 변형 발생
⑤ 비교적 큰 침하량

II. 다짐

1) 정의
① 다짐이란 흙의 함수비는 크게 변하지 않고 흙에 외력을 가해서 간극 속의 공기만을 배출하여 토립자 간의 간격을 조밀하게 하므로써 지반이 압축되는 것을 말한다.
② 다짐은 전압 또는 진동 충격으로 이루어지며, 결과적으로 공기의 부피가 감소하여 흙의 밀도가 증가하게 되어 전단강도가 증가된다.

2) 특성
① 모래지반에서 발생
② 흙 중의 공기 제거
③ 단기간 내 진행
④ 탄성적 변형 발생
⑤ 압축침하량이 작게 발생

III. 압밀과 다짐의 차이 비교

구분	압밀	다짐
간극 배제	간극수	공기
시간	장기	단기
적용 지반	점성토	사질토
침하량	크다	작다
변형 거동	소성적	탄성적
함수비변화	변화 발생	변화 미발생
목적	강도 증가, 침하 촉진	강도 증가, 투수성 감소
그림	Air / Water →간극수 제거 / Soil	Air →공기 제거 / Water / Soil

35 흙의 침하

[17중(10)]

I. 정의

① 흙에 외력이 가해지면 흙 속의 간극이 적게 되어 침하가 생기게 되는데 지반에 따라 침하현상이 달리 나타난다.

② 침하의 종류로는 하중재하와 동시에 일어나는 즉시 침하와 시간경과로 1차 압밀침하, 2차 압밀침하 등으로 나누어진다.

II. 침하의 종류

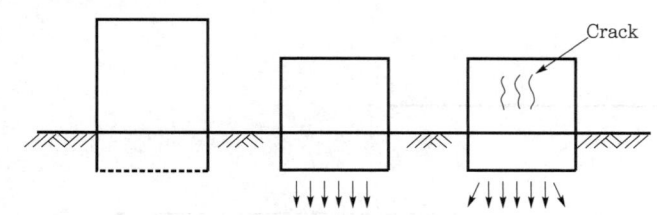

▶ 적용
- 사질토의 침하 $= S_i$
- 포화점토의 침하 $= S_i + S_c$
- 불포화점토의 침하
  $= S_i + S_c + S_s$

〈탄성침하〉   〈1차 압밀침하〉   〈2차 압밀침하〉

1) 탄성침하(Immediate Settlement, S_i)
   ① 재하와 동시에 일어나는 즉시 침하
   ② 하중을 제거하면 원상태로 환원
   ③ 모래지반에서는 압밀침하가 없으므로 탄성침하를 전체 침하량으로 함

2) 1차 압밀침하(Consolidation Settlement, S_c)
   ① 점성토지반에서 탄성침하 후에 장기간에 걸쳐서 일어나는 침하
   ② 흙이 자중 또는 외력을 받아 간극수가 빠져나가면서 그 부피가 줄어들며 침하되는 것으로 하중을 제거하면 침하상태로 남음

3) 2차 압밀침하(Creep Settlement, S_s)
   ① 점성토의 Creep에 의해 일어나는 침하
   ② 압밀침하 완료 후 계속되는 침하현상으로 구조물 Crack 발생원인

III. 침하에 의한 영향

① 상부구조물 균열   ② 지반의 침하
③ 구조물 누수

IV. 방지대책

① 탈수공법(압밀촉진공법) : Sand Drain공법, Paper Drain공법, Pack Drain공법
② 배수공법 : Well Point공법, Deep Well공법
③ 압밀공법 : Preloading공법, Surcharge공법, 사면선단재하공법
④ 밀도 증대 : Vibro Floatation공법, Sand Compaction Pile공법, 동압밀공법

36 연약점토층의 1차 압밀과 2차 압밀

[96전(20)]

Ⅰ. 정의

① 압밀이란 흙 속에 간극수가 지반 자체 자중 및 외력작용으로 외부로 배출되면서 흙의 밀도가 증가되는 현상을 말한다.

② 압밀은 점토지반에서 작용하중에 의해 오랜 시간에 걸쳐 침하가 계속되고 최종 침하량도 비교적 크게 나타난다.

Ⅱ. 침하량 산정

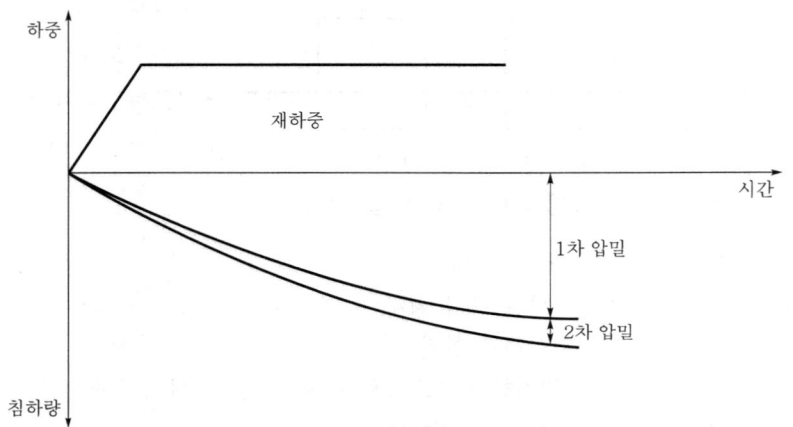

〈1차 압밀과 2차 압밀과의 관계도〉

$$S_{total} \quad = \quad S_i \quad + \quad S_c \quad + \quad S_s$$

전체 침하량	탄성침하	1차 압밀침하	2차 압밀침하
	(사질토−즉시)	(점토질−장기)	(유기질 점토−Creep)

Ⅲ. 1차 압밀(Consolidation Settlement)

① 흙에 일정한 하중이 가해질 때 흙 중에 간극수가 유출됨에 따라 생기는 흙의 체적이 감소(압축)되는 현상을 말한다.

② 1차 압밀은 재하 중 초기에 크게 나타나며 장기간에 걸쳐 발생한다.

③ 1차 압밀침하량

$$S_c = \frac{C_c}{1+e} H \log \frac{P' + \Delta P}{P'}$$

여기서, C_c : 압축지수, e : 간극비, H : 점토층 두께

P' : 점토층 중앙부 유효연직응력, ΔP : 유효응력 증가분

IV. 2차 압밀(Creep Settlement)

① 흙에 장기적인 하중이 가해질 때 1차 압밀로 간극수가 배제된 후에는 토립자가 재배열되면서 발생하는 침하를 2차 압밀침하라 한다.

② 1차 압밀량에 비하여 천천히 발생하며 압밀침하량도 작은 경우가 보통이다.

③ 2차 압밀침하량

$$S_s = C_\alpha H_p \log\frac{t}{t_p}$$

여기서, C_α : 2차 압축지수, $H_p = H - S_c$

t_p : 1차 압밀침하 완료시간, t : 구하고자 하는 임의시간

37 압밀도(Degree of Consolidation)

[14전(10)]

Ⅰ. 정의

① 점토층에 하중을 재하하면 흙 속의 간극수 배수가 원활하지 않아 과잉 간극수압이 발생하게 된다.

② 압밀도란 간극수의 배수 정도로 점토층의 압밀진행 정도를 판정하는 것을 말한다.

Ⅱ. 압밀도 산정식

$$U = \frac{U_i - U_e}{U_i} \times 100 [\%]$$

여기서, U_i : 초기 과잉 간극수압, U_e : 임의 심도에서 임의 시간의 과잉 간극수압

Ⅲ. 압밀시험방법

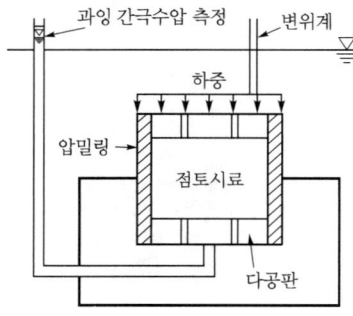

$$P_1 = 0.01 \text{MPa} \cdots$$
$$P_8 = 1.28 \text{MPa}$$
하중 증가율 $\left(\dfrac{\Delta P}{P} = 1 \right)$

① 점토시료 제작(직경 : 60mm, H : 20mm)

② 단계하중 재하(8단계압 재하)

③ 각 단계 하중 재하시간 : 24시간(총 8일)

④ 일정한 시간간격으로 각 단계 하중의 압축량 측정

⑤ 재하순서와 동일하게 압력을 제거하면서 팽창량 측정

Ⅳ. 압밀도(U) 해석 및 적용

① 동일한 시간에서 점토층의 압밀도는 깊이에 따라 다르다.

② 점토층의 상단과 하단은 재하 초기에 압밀이 완료된다.

③ 점토층 중간은 훨씬 압밀이 적게 발생된다.

④ 성토깊이, 재하시간의 영향계수에 따른 Grid를 만들어 압밀도를 구한다.

⑤ 1단계 성토에 따른 증가된 점착력(ΔC) 산정

ΔC = 강도 증가율(α)×유효상재압($\Delta P'$)×압밀도(U)

V. 연약지반의 단계성토순서

① 연약지반의 비배수 전단강도로부터 한계성토고 산정

② 한계성토고를 고려하여 방치기간 결정

③ 방치기간 경과 후에 비배수 전단강도 증가량 산정

④ 증가된 전단강도로부터 전체 성토고 계산

⑤ 전체 성토고에서 1단계 한계성토고를 제외한 추가성토고 계산

⑥ 1단계 성토에 따른 증가된 점착력 산정

38 고결공법

Ⅰ. 정의

① 고결공법이란 고결재를 토립자 사이의 간극에 주입시켜 흙의 화학적 고결작용을 통하여 지반의 강도 증진, 압축성의 억제, 투수성의 변화를 촉진시키는 공법을 말한다.

② 공법의 종류로는 생석회말뚝공법, 동결공법, 소결공법 등이 있다.

Ⅱ. 종류

1. 생석회말뚝공법

1) 지반 내에 생석회(CaO)에 의한 말뚝을 설치하여 흙을 고결화시켜 지지력의 증대와 말뚝 주변의 지반 강화를 도모하는 공법이다.

2) 특성
   ① 생석회가 흡수, 발열함에 따라 간극수압 발생 억제
   ② 생석회가 흡수, 팽창할 때의 압력에 의해 연약층을 압축 및 압밀
   ③ 생석회와 연약토의 화학반응에 의해 말뚝 주변의 흙을 고결화
   ④ 연약점토, 실트질지반의 개량에 적합

2. 동결공법

1) 지중의 수분을 일시적으로 동결시켜 지반의 강도와 차수성을 향상하고 그동안에 목적된 본 공사를 실시하는 일종의 가설공법이다.

2) 특징
   ① 토질에 관계없이 일정하게 동결된다.
   ② 동결된 흙의 강도가 대단히 크고 차수성이 높다.
   ③ 시공관리가 용이하며 시공의 신뢰성이 높다.
   ④ 흙의 동결 시 팽창영향이 주변 지반에 영향을 미친다.
   ⑤ 지하수의 유속이 클 때 동결 곤란하다.
   ⑥ 공사비가 높다.

3. 소결공법

1) 점토질의 연약지반 중에 보링하여 구멍을 뚫고 그 속을 가열하여 그 주변의 흙을 탈수시켜 지반을 개량하는 고결공법의 일종이다.

2) 종류
   ① 밀폐식에 의한 방법 : 가스, 석유 등을 구멍 내에서 연소시켜 공벽을 가열하는 방법
   ② 개방식에 의한 방법 : 외부에서 가열한 고온의 공기를 구멍 내의 배기관을 통해 불어넣는 방법

제1장 토공

39 생석회말뚝공법

I. 정의

① 지반 내에 생석회(CaO)말뚝을 설치하여 흙을 고결화시켜 연약층의 강화를 도모하는 공법이다.

② 흙 속의 물을 급속하게 탈수함과 동시에 말뚝 자신의 체적이 2배로 팽창하여 지반을 강제 압밀시켜 지지력의 증대와 말뚝 주변 지반도 강화가 된다.

II. 시공도해

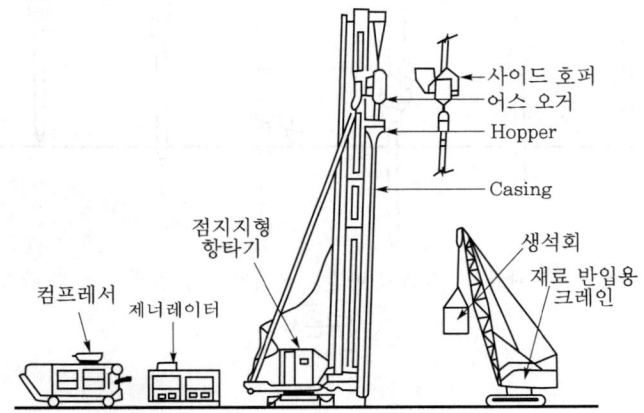

III. 적용 범위

① 지지력의 급속 증대

② 압밀침하의 저감

③ 기초지반의 진동 경감

④ 말뚝효과

IV. 특성

① 생석회가 흡수, 발열함에 따라 간극수압 발생 억제

② 생석회가 흡수, 팽창할 때의 압력에 의해 연약층을 압축 및 압밀

③ 생석회와 연약토의 화학반응에 의해 말뚝 주변의 흙을 고결화

④ 연약점토, 실트질지반의 개량에 적합

V. 시공순서

① 소정의 위치에 말뚝타설기를 설치하고 수직으로 조정
② Casing을 회전시키면서 소정의 심도까지 관입
③ 관입 완료 후 Casing의 회전을 멈추고 Casing 상부의 Hopper로 생석회 투입
④ 재료 투입 후 Casing 상단의 기밀밸브를 닫고, Casing 내 기압이 소정의 값에 이를 때까지 컴프레서에 의해 압축공기 보냄
⑤ Casing 내압이 소정의 값에 이르면 Casing을 역회전시키며 인발
⑥ 내압을 서서히 내리면서 Casing 인발을 완료하고 공동부가 생긴 경우 토사로 메움

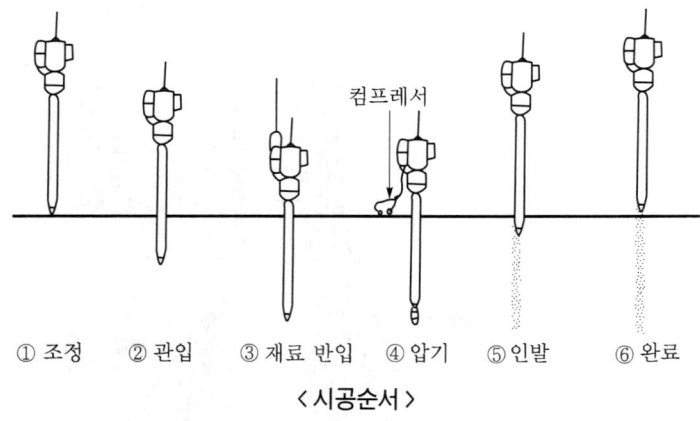

① 조정　　② 관입　　③ 재료 반입　④ 압기　⑤ 인발　　⑥ 완료

〈 시공순서 〉

40 동결공법

Ⅰ. 정의

① 연약지반개량공법의 분류에서 지반을 고결시키는 공법의 일종으로 지반에 액체질소와 같은 냉매를 흐르게 하여 주위 지반의 흙을 동결시키는 공법이다.

② 냉매의 종류, 열교환형식에 따라 브라인방식과 가스방식으로 나눌 수 있으며 지하굴착, 터널공사, LNG탱크 건설 등에 이용되기도 한다.

Ⅱ. 동결공법의 분류

1) 브라인방식

염화칼슘, 염화마그네슘 등의 수용액(브라인)을 냉동기 내에서 $-20 \sim -30℃$ 정도로 냉각하여 지중의 동결관에 순환시켜 지반을 동결시키는 공법이다.

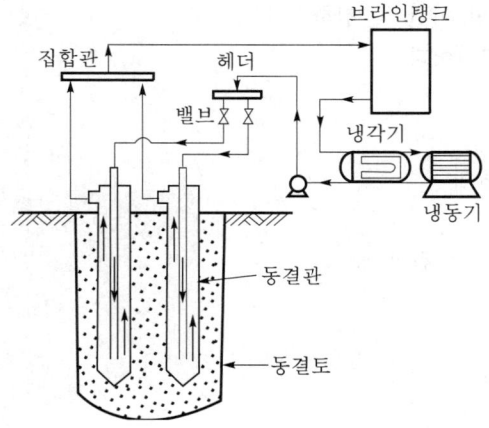

2) 가스방식

액체질소를 지중의 동결관 내에 공급하여 동결관을 통과한 가스를 대기 중으로 방출시키는 형식으로 지반을 동결시키는 공법이다.

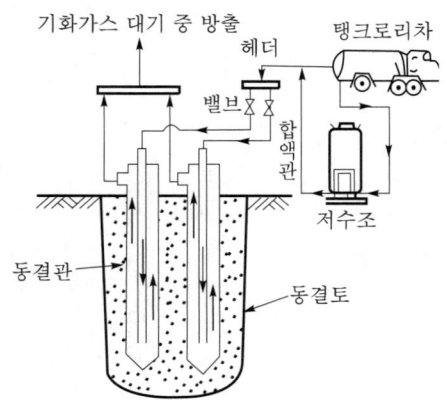

Ⅲ. 특징

1) 장점
① 동결된 토사의 강도가 크다.
② 지수성이 크다.
③ 지반오염이 되지 않는다.
④ 지반이 균일하게 고결된다.
⑤ 모든 토질에 적용 가능하다.
⑥ 시공관리가 용이하다.
⑦ 시공의 신뢰성이 크고 안전 시공이 가능하다.

2) 단점
① 지반이 팽창하는 피해가 있다.
② 지하수의 유속이 빠르면 시공이 곤란하다.
③ 전문기술이 요구된다.
④ 해동 시 지반 이완 및 침하가 발생한다.
⑤ 공사비가 고가이다.

Ⅳ. 용도

① 지하 굴착공사
② TBM 굴진
③ 지하 LNG탱크 건설 등

Ⅴ. 시공순서

① 동결관 설치
② 배관작업
③ 기밀시험
④ 동결 시작
⑤ 본공사 착수(굴착작업)
⑥ 지반융해

Ⅵ. 시공 시 유의사항

① 동결관 설치방법
② 배관 점검
③ 환경공해
④ 지반팽창에 대한 조치
⑤ 지중매설물

41 동치환공법(Dynamic Replacement Method)

Ⅰ. 정의

① 무거운 추를 크레인을 사용하여 고공으로부터 낙하시켜 연약지반 위에 미리 포설하여 놓은 쇄석 또는 모래·자갈 등의 재료를 타격하여 지반으로 관입시켜 대직경의 쇄석기둥을 지중에 형성하는 공법이다.

② 공사방법은 큰 에너지로 타격을 가하면 추는 지표의 쇄석을 지중으로 관입시키고 추가 함몰됐던 자리에 다시 쇄석을 채우고, 이를 다시 타격으로 관입시키는 공정을 되풀이하여 지중에 대직경의 쇄석기둥을 설치하는 것이다.

Ⅱ. 시공

1) 시공한계

① 점성토 연약지반에 실시할 경우 깊이 4.5m까지 가능

② 4.5m 이상되는 연약지반을 개량할 경우 Menard Drain공법을 선행하여 동치환기둥이 배수통로의 기능을 하게 함

2) 시공순서 Flow Chart

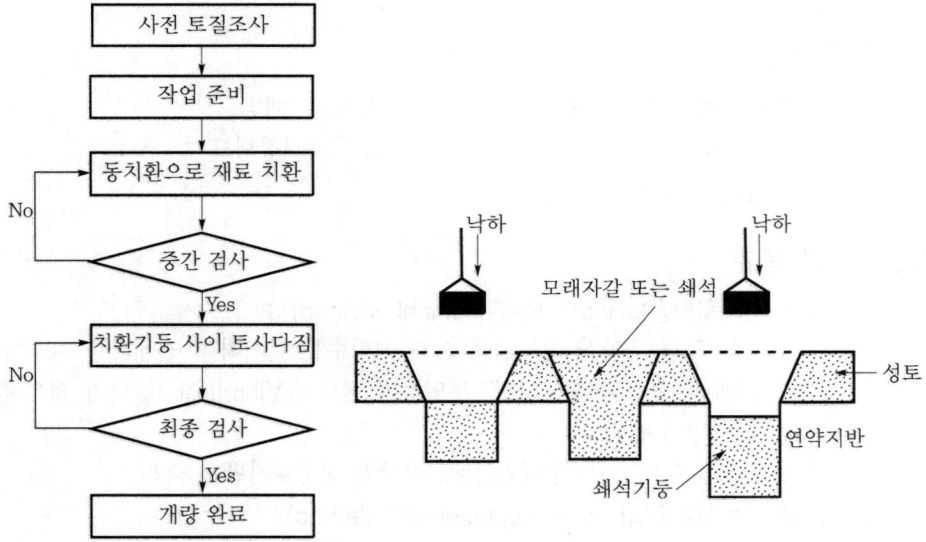

Ⅲ. 적용

① 점성토지반

② 연약층의 심도가 얕은 경우

42 쇄석말뚝(GCP : Gravel Compaction Pile)

[16전(10)]

Ⅰ. 정의

① 쇄석말뚝공법은 지반 개량을 목적으로 고안된 공법으로 지반에 반강제적으로 쇄석기둥을 설치하여 지지력 증가, 침하량 감소 및 수직드레인 역할을 하는 현장타입 쇄석기둥 설치공법이다.

② 쇄석말뚝공법은 점토, 실트, 모래층 등에 적용되며 도로, 제방, 항만 등의 대단위 지역의 기초공법으로 널리 사용되고 있다.

Ⅱ. 공법의 원리

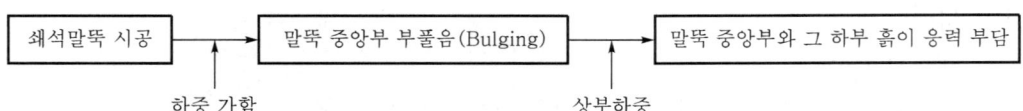

① 지중에 설치된 쇄석말뚝에 하중이 가해지게 되면 쇄석말뚝이 Bulging(부풀음)현상으로 쇄석말뚝 측벽이 부풀어지게 된다.

② 작용하중이 쇄석말뚝에 전달되면 상부응력을 하부지지층까지 전달하지 않고 부풀어진 중앙 부위와 그 하부의 흙이 응력을 부담한다.

Ⅲ. 적용 대상

① 점토, 실트, 모래층 등   ② 도로, 제방
③ 항만구조물   ④ 유류저장탱크
⑤ 대단위 공업단지

Ⅳ. 공법의 분류

1) 습식 진동치환공법(Vibro Replacement Method)

① 전기식 또는 유압식 진동기에 의해 고압수를 분사하여 진동기를 지중에 관입하여 Hole을 형성한 후 쇄석을 투입하며 진동기(Vibrofloat)로 다져 쇄석말뚝을 형성하는 방법이다.

② 0.075mm체(#200체) 통과량 18% 이상인 점성토지반에 적용

2) 건식 진동치환공법(Vibro Displacement Method)

① 습식 진동치환공법과 유사하며 진동기를 관입할 때 고압수를 사용하지 않는 방법이다.

② 관입 시 Hole의 붕괴가 발생되지 않는 정도의 비배수 전단강도가 $0.4 \sim 0.6 kg/cm^2$ 이상이고 지하수위가 낮은 경우에 적용한다.

3) 케이싱쇄석말뚝공법(Cased Borehole Method)

① 보링기를 사용하여 케이싱을 설치한 후 쇄석을 투입하면서 추를 사용하여 다짐작업을 병행하며 케이싱을 인발하는 방법이다.

② 소규모 지역으로 장비 투입이 곤란한 경우에 적용한다.

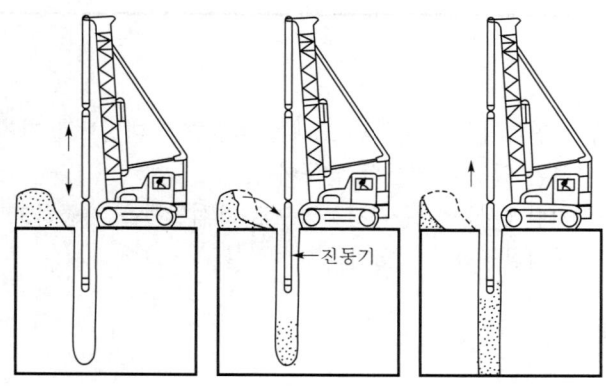

< 진동치환공법 >

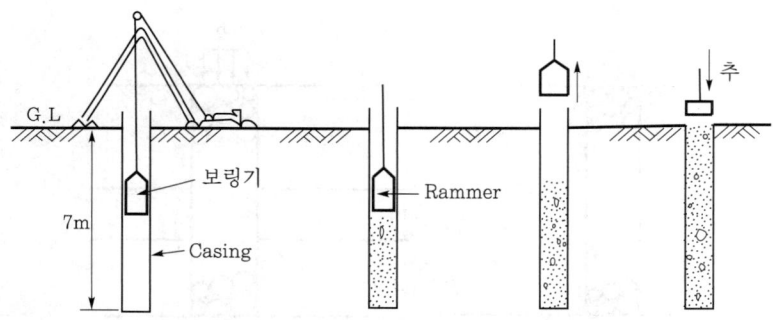

< 케이싱쇄석말뚝공법 >

4) 동치환공법

① 굴착기로 2~3m 깊이의 구덩이에 쇄석을 채우고 무거운 추를 크레인을 사용하여 높은 곳에서 자유낙하시켜 이때의 타격에너지로 쇄석을 관입하는 방법이다.

② 초연약지반, 쓰레기매립지, 성토매립지 등의 대규모 지역의 지반처리공법에 적용한다.

Ⅴ. 쇄석말뚝의 배치형식

구조물기초모양에 따라 배치 결정을 하며 일반적으로 정방형 또는 삼각형 모양을 사용한다.

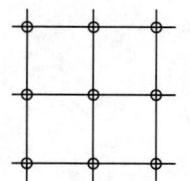 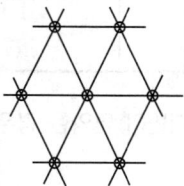 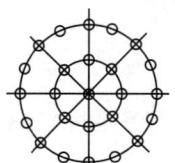 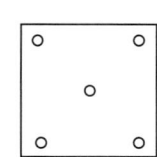

43 쇄석말뚝의 파괴 거동(Mechanism)

[20후(25)]

I. 정의

① 쇄석말뚝은 연약지반에 쇄석과 모래를 적절한 상대밀도로 다지면서 압입하여 원지반에 형성된 일정한 지름의 말뚝이다.

② 모래 연약지반에서는 진동다짐공법으로 쇄석말뚝을 시공하고 실트 및 점토연약지반은 진동치환공법이 적합하다.

II. 파괴 메커니즘

1) 팽창파괴

   ① 원지반 전단강도가 최소인 지반에서 팽창 발생

   ② 쇄석말뚝 팽창파괴 발생

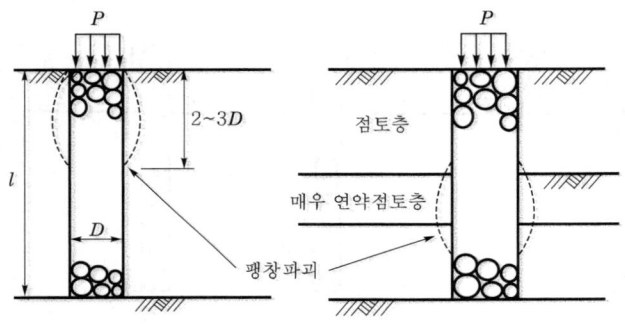

〈쇄석말뚝길이가 긴 경우〉

2) 전단파괴

   ① 하중재하 시 원지반 팽창이 발생하지 않는 경우 전단파괴 발생

   ② 말뚝길이가 짧은 쇄석말뚝

   ③ 상부지반이 연약한 비균질지반

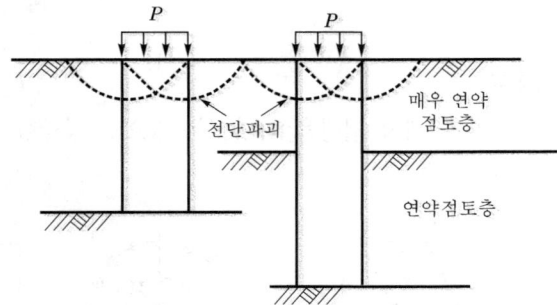

〈짧은 말뚝〉   〈상부지반이 연약한 경우〉

3) 관입파괴

   ① 쇄석선단이 연약층 내에 있는 짧은 말뚝에 발생

   ② 재하하중$(P) > Q_s + Q_p$

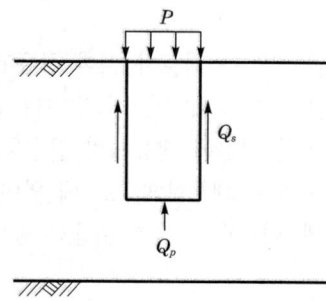

44 전기침투공법

Ⅰ. 정의

① 전기침투공법은 실트분이나 점토가 많이 함유된 지반에서는 투수계수가 작아져서 물의 흐름이 완만하여 Well Point공법이나 진공 Deep Well공법의 효과가 적어지게 되는데, 이러한 지반에 적용시켜 집수효과를 높이는 공법이다.

② 강제배수공법의 일종으로 대부분의 토질에 있어서 물은 양극에서 음극을 향하여 흐르게 되어 있는데, 이러한 원리를 이용한 공법이다.

Ⅱ. 시공법

① 음극에는 Well Point를, 양극에는 Well Point에서 분리하여 설치한 철봉이나 강널말뚝을 지중에 삽입한다.

② 전기를 통과시키면 물은 양극에서 음극으로 흐르게 되며, 이때 Well Point를 통하여 배수시킨다.

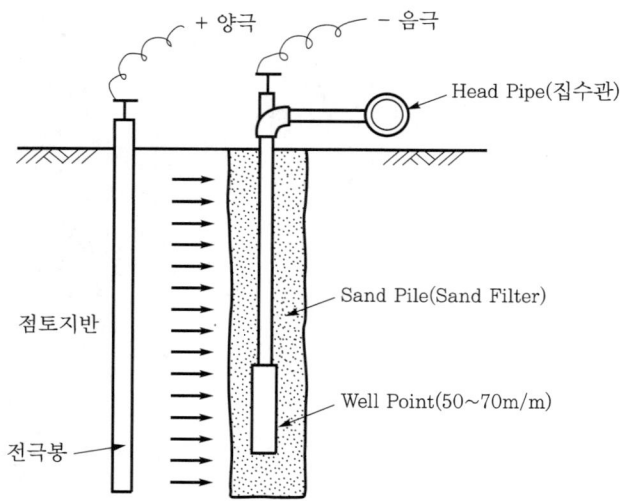

Ⅲ. 특징

① 점토지반의 간극수 탈수
② 강제 배수와 함께 압밀 촉진
③ 점토지반의 강도 증가

Ⅳ. 적용

① 투수성이 매우 작은 점토지반
② Vertical Drain공법(연직배수공법)에 밀려서 현재는 거의 사용되지 않음

45 대기압공법(진공압밀공법, Vacuum Consolidation Method)

[02전(10)]

Ⅰ. 정의

① 지중을 진공상태로 만들어 재하중으로 성토 대신 대기압을 이용하여 연약점토층을 탈수에 의해 압밀을 촉진시키는 공법이다.

② Vertical Drain공법에서 Preloading에 의한 성토하중으로 전단파괴가 발생하는 것을 방지하는 공법으로서, 깊은 연약지층의 탈수에 의한 강도 증진에 적합하다.

Ⅱ. 개념도

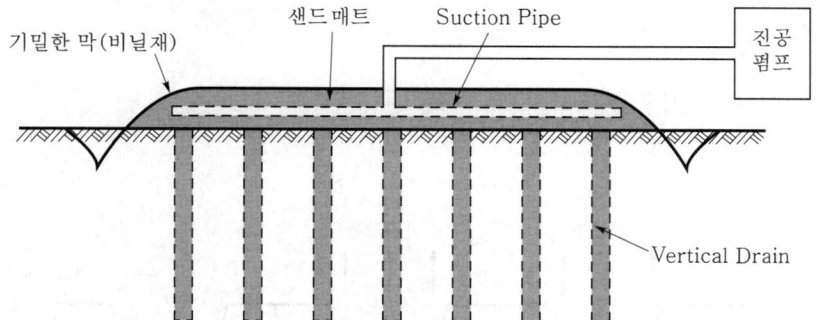

기밀한 막(비닐재) 샌드매트 Suction Pipe 진공 펌프 Vertical Drain

Ⅲ. 특징

1) 장점
   ① 깊은 심도까지 압밀효과가 확실
   ② 대기압을 이용하므로 하중에 의한 전단파괴를 방지
   ③ 배수속도가 탈수공법에 비해 2배 이상 단축
   ④ 공기 단축 및 시공성 양호

2) 단점
   ① 기밀에 따른 진공상태의 존속이 중요하며 계측관리 도입이 필수
   ② 침하 발생 시 수직Drain의 기능 불량
   ③ 침하 발생 시 배수기능 불량에 따른 압밀효과 저하

Ⅳ. 시공순서

① 개량대상 점토층의 상면에 Sand Filter(Sand Mat) 시공
② 수직Drain 설치
③ 다공성의 Suction Pipe를 Sand Filter 내에 설치
④ Suction Pipe를 외부의 진공펌프에 연결
⑤ Sand Filter층의 상부에 비닐 등의 기밀막을 씌워 대기가 침입하지 않도록 조치
⑥ 진공펌프를 가동하여 흡기(吸氣) 및 흡수(吸水)

46 | PTM공법(Progressive Trenching Method)

[22중(10)]

Ⅰ. 정의

① 상부표층에 트렌치(trench)를 점진적으로 형성함으로서 표면배수 및 지하수위 저하를 유도하여 표면건조층(crust)을 형성하는 공법이다.

② 트렌치의 깊이와 간격을 조절하여 표면건조층의 두께를 늘려 후속 공정을 위한 지반지지력 및 공사장비의 주행성(trafficability)을 확보하는 공법이다.

Ⅱ. 준설매립토지반의 표층처리공법

① 자연건조공법

② PTM공법

③ 수평진공배수공법

Ⅲ. 시공도

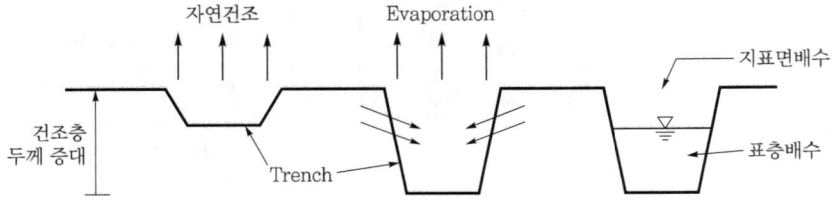

Ⅳ. 적용 지반

① 대규모 준설매립공사

② 함수비가 높은 초연약지반의 표층건조처리

Ⅴ. 특징

① 배수로망의 단계적 조성을 통한 초연약지반의 표층자연 건조처리공법

② 표층건조처리공법으로 해사나 육상토를 사용하지 않고 해상점토(준설토)만으로 준설매립을 시행

③ 매립된 초연약지반상을 중장비가 작업할 수 있는 수준으로 저렴한 공사비로 개량 가능

Ⅵ. 수평진공배수공법

① 준설토 매립에 따라 형성되는 초연약지반 내에 0.5~1.5m 간격으로 배수재를 다단으로 수평매설하는 공법

② 매설된 배수재의 단부에서 진공펌프를 이용하여 연약지반에 부압을 작용시켜 지반 내에 포함되어 있는 다량의 수분을 강제로 배출하여 초연약지반을 단기간에 압밀 개량

③ 대량의 준설토를 동시에 탈수처리
④ 개량 후에는 점성토의 함수비를 액성한계 이하로 저감 가능

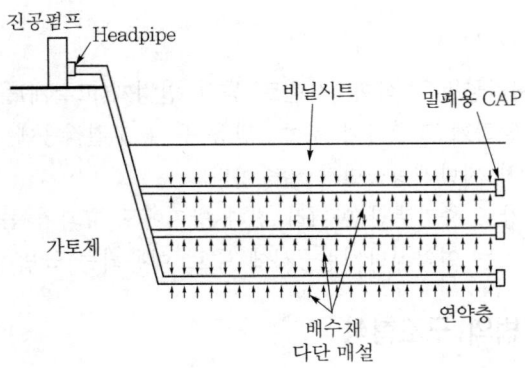

47 심층혼합처리공법(Deep Chemical Mixing Method)

[11전(10)]

I. 정의

① 심층혼합처리공법은 석회, 시멘트 등의 안정재(고결재)를 심층의 연약층에 공급하여 균일하게 혼합하여 포졸란반응 등의 고결작용에 의해 연약층을 강화시키는 화학적 지반개량공법의 일종이다.

② 연약층의 강도 증가뿐만 아니라 침하 방지에도 효과가 큰 공법으로 항만구조물 기초공사 또는 연약지반개량공사에 주로 이용되는 공법이다.

II. 심층혼합 처리공법의 구조형식

① 전면 지지형식

② 뜬 기초형식

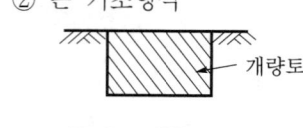

③ Pile형식

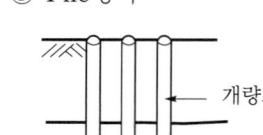

④ 벽식

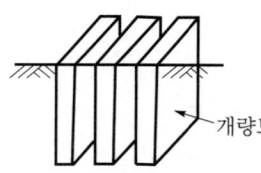

⑤ 블록형식

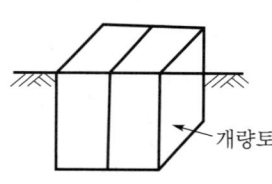

⑥ 격자형식

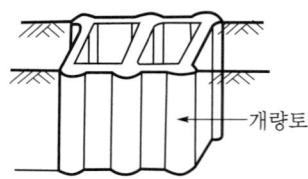

III. 공법의 분류

1) DLM(Deep Line Mixing Method)
생석회 또는 소석회를 고체상태로 원지반에 공급하여 교반 혼합하는 방법으로 말뚝모양으로 형성된다.

2) DJM(Dry Jet Mixing)
육상에만 적용되는 공법으로 생석회가루를 고압공기로 압송하여 지중에 공급하여 교반 혼합하는 방법으로 말뚝모양으로 형성된다.

3) CMC(Cement Mixing Consolidation)
시멘트모르타르와 시멘트가루를 압송하여 원지반에 공급하며 교반 혼합하는 방법으로 말뚝모양으로 형성된다.

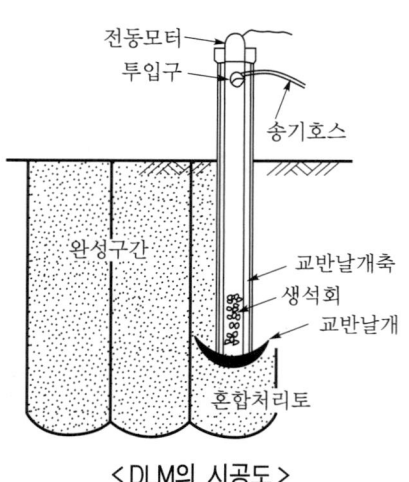

< DLM의 시공도 >

4) DCM(Deep Chemical Mixing)

벽모양 또는 격자모양의 복합지반을 형성하는 것으로 안정재는 시멘트슬러리를 사용하는 공법이다.

5) DCCM(Deep Continuous Cement Mixing)

교반기계를 상하로 움직이면서 동시에 작업선을 수평으로 움직여서 경사상으로 교반되어 연속적인 벽모양의 복합지반을 형성하는 공법이다.

Ⅳ. 특징

① 타 공법에 비하여 개량효과가 크다.
② 실내배합시험이 필요하다.
③ 공기가 비교적 빠르다.
④ 잔토처리문제가 없다.
⑤ 진동이나 소음과 같은 건설공해가 없다.

Ⅴ. 공법의 적용

① 방파제 기초   ② 안벽 기초
③ 저장탱크 기초   ④ 굴착면 부풀음 방지
⑤ 구조물 기초   ⑥ 토류구조물
⑦ 기타 토목구조물 기초

Ⅵ. 시공법 비교표

시공법의 분류는 사용재료분말형식의 분체계 공법과 시멘트페이스트를 이용한 슬러리계 공법으로 대별된다.

공법명		안정제	시공방법·기계	형상
분체계	DLM	생석회 (소석회)	연직 승강 프로펠러 교반	Pile형식
	DJM	시멘트가루 (석회가루)	연직 승강 프로펠러 교반	Pile형식
슬러리계	CMC	시멘트모르타르 시멘트슬러리	연직 승강 프로펠러 교반	Pile형식, 벽식
	DCM	시멘트슬러리	연직 승강 프로펠러 교반	전면식, 벽식, 격자형식
	DCCM	시멘트슬러리	경사 승강(연직 승강) 프로펠러 교반	전면식, 벽식

48 혼합공법(Mixing Method)

Ⅰ. 정의

① 다른 흙, 자갈, 깬돌 등을 더해 입도 조정을 하거나 시멘트화학약제를 혼합하는 공법으로 지반개량공법의 일종이다.

② 공법의 종류로 입도조정공법, Soil Cement공법, 화학약제혼합법 등이 있다.

Ⅱ. 종류

1. 입도조정법

1) 정의

흙의 안정성·투수성을 개량하기 위해 다른 흙, 자갈, 깬돌 등을 더하여 혼합하고 다지는 공법

2) 특징

① 깔아 고르기는 재료분리를 일으키지 않아야 하며 타이어롤러를 병용하면 효과적

② 깔아 고른 재료는 비에 의해 세립토가 유출해 버릴 수 있으므로 그 날 중에 다지기를 완료

③ 노반, 운동장, 활주로의 기층이나 각종 성토의 강화 개량에 사용

2. Soil Cement공법

1) 정의

분쇄한 흙에 Cement Paste를 혼합하여 다져서 보강하는 혼합처리공법

2) 특징

① 사질토에서 압축강도가 3~10MPa까지 도달하나, 점토질에서는 그다지 증대되지 않음

② 흙을 이용하기 때문에 Con′c에 비해 공사비 저렴

③ 주로 주열식 흙막이 벽에 사용하며 구조적으로 강도는 기대할 수 없음

3. 화학약제혼합법

1) 정의

흙에 소석회, 염화석회, 물유리, 합성수지 계면활성제 등의 화학약제를 혼합하여 지반을 개량하는 공법

2) 특징

① 지반의 전단강도 강화

② 소석회를 점토에 10% 정도 혼합하여 당초 0.2MPa의 강도를 10MPa까지 증가시키는 것이 가능

49 JSP공법(Jumbo Special Pile)

I. 정의

① 연약지반개량공법으로 고압(20MPa)의 Air Jet를 이용하여 차수, 지지말뚝, 기초지반의 지지력 증대 등의 효과를 얻을 수 있는 지반고결제의 주입공법이다.

② Double Rod 선단에 Jetting Nozzle을 장착하여 경화제(Cement Milk)를 분사하면서 원지반과 혼합되어 지반 중에 원주형의 고결체를 조성하는 공법이다.

II. JSP 시공도

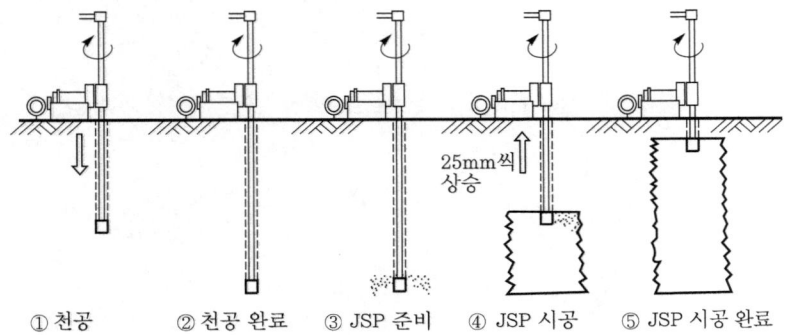

① 천공   ② 천공 완료   ③ JSP 준비   ④ JSP 시공   ⑤ JSP 시공 완료

III. 용도

① 구조물의 기초를 위한 지반 보강
② 굴착 주변 물막이
③ 연속 벽체(흙막이 벽)
④ Underpinning공법
⑤ 지하철공사
⑥ 지하저장탱크 기초

IV. 특징

① 시공의 확실성
② 장비가 소형으로 경제성 우수
③ 모든 지반에 적용 가능
④ 지반강도와 지수효과를 높이는 이중효과
⑤ Pile Joint 부분 누수 발생에 유의
⑥ 고압으로 주위 지반 교란

V. 시공순서

1) 굴착 개시

   지반조건에 따른 Rod의 회전속도, 소정의 방향, 계획심도로 착공

2) 굴착 완료

   계획심도까지 착공이 완료되면 JSP 시공상태로 Rod 회전을 바꾸어 맞춤

3) JSP 개시

   초고압 Air Jet를 시동하고, 착공수 주입을 Cement Milk 주입으로 바꾸면서 JSP 개시

4) JSP 시공 완료

   회전과 동시에 Rod를 서서히 인발하면서 JSP 시공 완료

50 RJP(Rodin Jet Pile)공법

[02후(10)]

I. 정의

① RJP공법이란 다중관의 Rod를 사용하여 물·공기·경화재료를 선단부에서 초고압으로 분사하여 지반에 고결체를 만드는 공법이다.

② 30~60MPa의 초고압으로 물과 공기를 분사하여 지반을 절삭·각반하고 이어서 공기와 Cement Paste를 분사하여 지반을 다시 절삭·각반시키면서 Rod를 천천히 회전 상승시켜 지중에 직경 2m 이내의 원주상의 고결체를 형성한다.

II. 특징

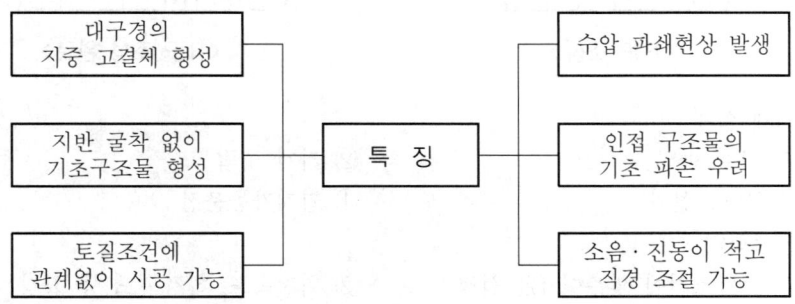

III. 시공법

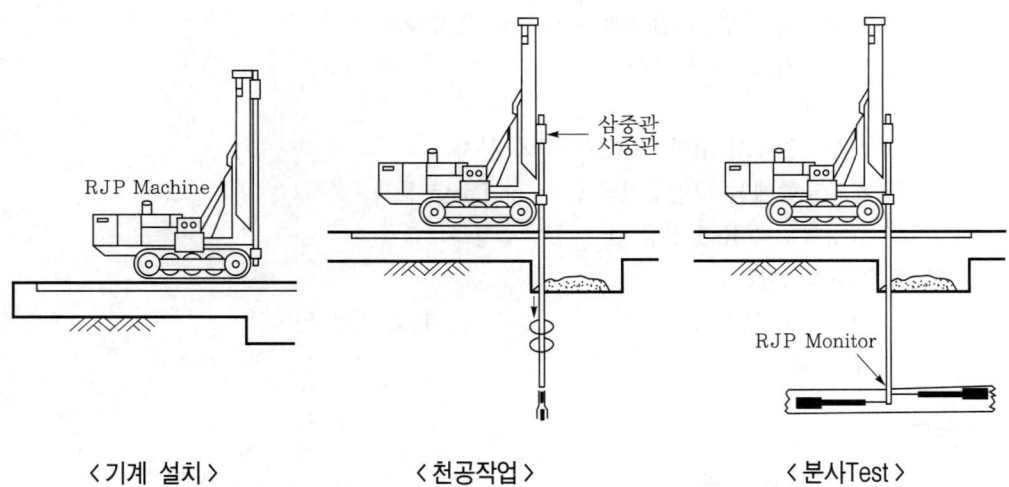

〈 기계 설치 〉　　〈 천공작업 〉　　〈 분사Test 〉

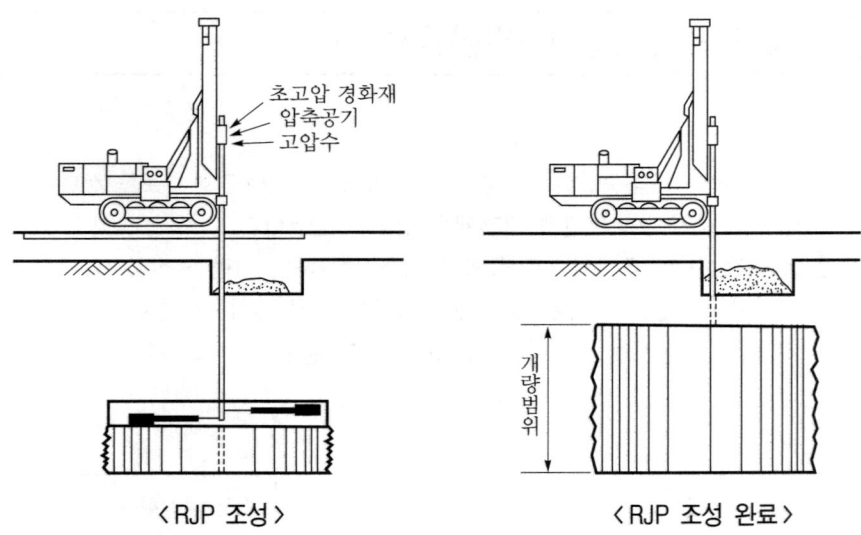

〈RJP 조성〉　　　　　　〈RJP 조성 완료〉

1) 기계 설치
   ① 기계 반입　　　　　　② 기계 조립
   ③ Plant 설치　　　　　　④ 기계가동운전

2) 천공작업
   ① 지반조건에 맞추어 Bit 선정　　② 회전속도, 하강속도 등 결정
   ③ 계획심도까지 삭공(削孔)

3) 분사Test
   ① 계획심도 도달 후 Rod의 회전속도, 인상속도 설정
   ② 압축공기, 고압수 분사

4) RJP 조성
   ① 상부노즐에서 고압수와 고압공기 분사
   ② 하부노즐에서 고압공기와 Cement Paste 분사
   ③ 규정속도로 Rod 상승

5) RJP 조성 완료
   ① 천공구멍 메우기　　　　② Rod 지상 인발
   ③ Rod 내부 세척

Ⅳ. 용도

   ① 터널 갱구, 막장 보호　　　② 교각, 교대 기초 보강
   ③ 각종 Tank 기초　　　　　④ 지하 토류벽
   ⑤ 각종 구조물 기초　　　　⑥ Underpinning

V. RJP장비 배치도

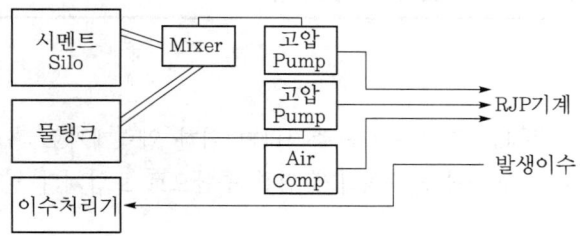

VI. RJP작업 공정도

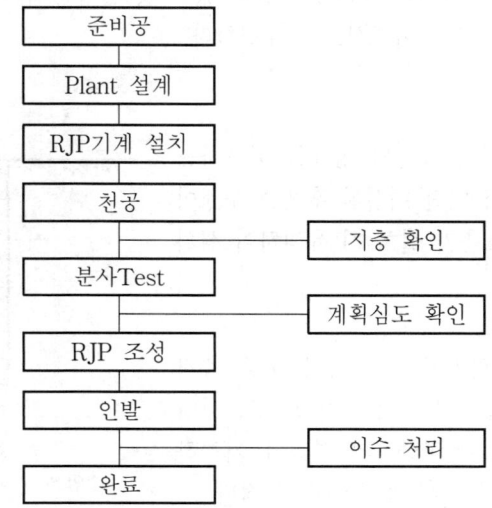

VII. 시공 시 유의사항

① 가설용지 확보　　　　　　　　② 자재반입로 확보
③ 시공심도 확인　　　　　　　　④ 최소 토피두께 확인
⑤ 소음, 진동, 비산 등 건설공해에 대한 대비책 수립
⑥ 수도, 전기, 가스, 통신 등 지하 매설물 보호
⑦ 인접 구조물 영향 고려

VIII. RJP와 JSP공법 비교

구분	RJP(Rodin Jet Pile)	JSP(Jumbo Special Pile)
분사압력	초고압(30~60MPa)	고압(20MPa)
분사재료	• 1차 : 물+공기 • 2차 : 공기+Cement Paste	• 공기+Cement Paste
Rod	3중관(공기+고압수+경화제)	2중관(공기+경화제)
경화제 충전	경화제(Cement Paste)는 토사를 치환한 후 충전	경화제를 토사와 Mixer
지중 고결체	토사를 제거한 단독 고결체 형성	토사와 혼합한 Soil Cement 고결체 형성

51 Piezometer(간극수압계)

Ⅰ. 정의

① 토중에 작용하는 간극수압을 측정하기 위한 압력계기로 흙의 전응력을 측정하는데 있어 유효응력을 측정하기 위한 수단으로 토압계와 일반적으로 동시에 측정하고 있다.

② 계기의 원리는 압력계와 거의 동일하지만 흙의 유효응력을 차단하고 간극의 수압만을 측정하기 위한 Filter가 달려 있는 것이 다른 점이며, 구조형식으로 전기계측식과 스탠드파이프식으로 대별한다.

Ⅱ. 계기의 설치

1) 간극수압계 설치는 계측의 성패를 좌우하는 중요한 요소로서 일단 매설된 후에는 수정이 불가능하므로 계측기 설치 시 유의하여 설치하여야 한다.

2) 설치방법의 종류

① 성토 중 부설방식 : 성토작업 도중 측정 위치에 계기를 부설하는 방법으로 작업이 용이하고 정교한 작업관리가 가능하며 타 방법에 비해 계기 파손이 적다.

② 원지반 삽입방법 : 원지반에 보링기계를 이용하여 계기를 삽입용 로드의 선단에 부착한 후 공바닥에서 정적으로 1~2m 삽입하여 정착한다.

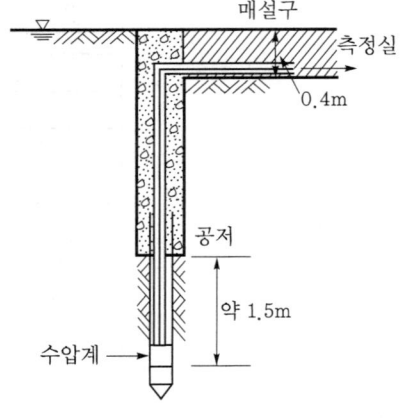

< 간극수압계의 설치방법 >

Ⅲ. 간극수압계의 종류

1) 전기계측식 간극수압계

① 선단에 필터(filter)와 압력변환부(픽업)가 흙의 유효응력을 차단하고 수압을 전기량으로 변환하여 리드선을 거쳐 지시부(gauge)에 전달하는 형식이다.

② 종류

㉠ 스트레인 Gauge형

㉡ Carlson형

㉢ 접동저항형

㉣ 차동트랜스형

㉤ 진동현형

2) 스탠드파이프식 간극수압계

① 고강성 파이프의 하단에 달려 있는 팁으로 수압을 도입하는 간단한 구조로서 상단이 대기에 개방되어 파이프 내의 수위를 측정하는 개단식과, 상단이 밀폐되어 압력계로 측정하는 것이 있다.

② 종류

㉠ 개단 간극수압계

㉡ 폐단 간극수압계(마노미터형 간극수압계)

- Burdon관 압력계
- 일단 공중 마노미터
- 일단 수중 마노미터(정수압계기)

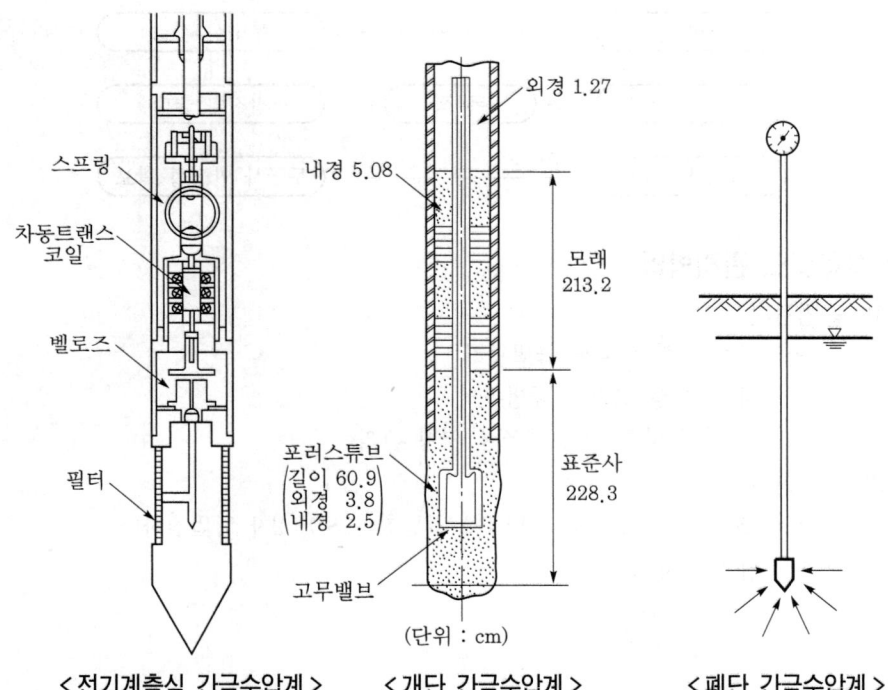

< 전기계측식 간극수압계 >　　< 개단 간극수압계 >　　< 폐단 간극수압계 >

Ⅳ. 간극수압의 측정

① 간극수압은 계기의 특성에 따라 다소의 Time Lag가 예상되고, 이를 정확하게 추정하여 측정치를 보정하는 것이 어렵다.

② Time Lag의 영향을 제거하기 위하여 최저 1시간에 1회의 연속 측정으로 1일 평균치를 구한다.

③ 측정간격을 재하, 압밀, 강우 등에 의한 지하수위 상승 등의 외적조건의 변화에 따라 적절히 결정하여 자료의 신뢰성을 높인다.

52 | 연약지반 침하압밀도 관리방법

[98중전(20), 24전(10), 24후(10)]

Ⅰ. 정의

① 연약지반이란 함수비가 높고 일축압축강도가 적은 점토, 실트(Silt) 및 유기질토, 느슨하게 쌓인 사질토 등으로 구성된 지반을 총칭한다.

② 연약지반을 개량할 때 그 지반에 있어서 압밀, 침하과정을 파악하기 위하여 침하압밀도 관리 등 방법을 이용하게 된다.

Ⅱ. 연약지반개량의 목적

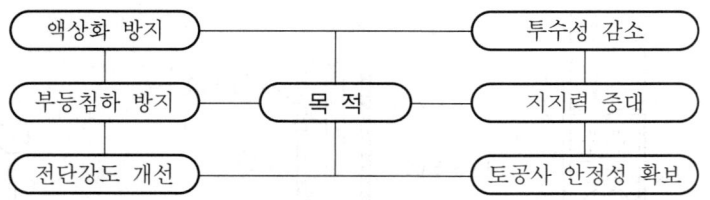

Ⅲ. 침하압밀도 관리방법

1) 공법관리

① 연약지반 구성에 따른 공법관리

② 시공성, 경제성 고려한 공법관리

③ 지반 개량에 따른 인근 구조물 영향 관리

2) 침하관리

① 침하(S_{total})＝탄성침하(S_i)＋1차 압밀침하(S_c)＋2차 압밀침하(S_s)

② 탄성침하(즉시 침하량)

$$S_i = \frac{3}{4}\frac{qB}{E}I_p$$

③ 1차 압밀침하량

$$S_c = \frac{C_c}{1+e}H\log\frac{P'+\Delta P}{P'}$$

④ 2차 압밀침하량(Creep압밀침하량)

$$S_s = C_a H_p \log\frac{t}{t_p}$$

⑤ 압밀시간

$$t = \frac{T_v}{C_v}Z^2$$

⑥ 압밀도
$$U = 1 - \frac{U_t}{U_i} = \frac{S_t}{S_c}$$

⑦ 잔류침하량
$$\Delta S = (1 - U)S_c$$

3) 시공관리
  ① 지하수위계 설치
  ② 간극수압계 설치
  ③ 측방유동
  ④ 부등침하

4) 개량성과 관리
  ① Cone관입시험
  ② 평판재하시험
  ③ 표준관입시험

5) 계측관리
  ① 계측항목 : 침하, 변위, 토압, 간극수압, 지하수위
  ② 계측기 설치위치

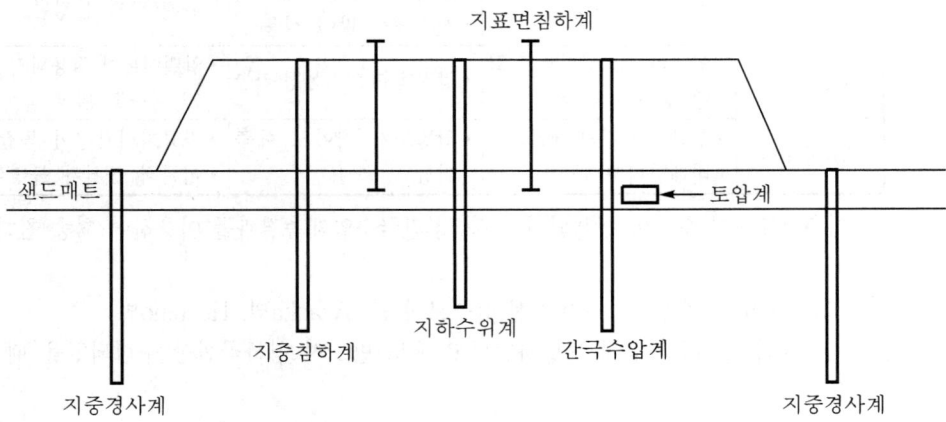

6) 공사기간 관리

공사기간	공법
장기간	압밀공법, 배수공법
단기간	치환공법, 탈수공법, 고결공법

53 연약지반 침하관리와 안정관리

Ⅰ. 연약지반 침하관리

1) 정의

연약지반 성토 시 침하관리란 성토 전에 설치된 침하계의 시간별 측정치를 이용하여 장래침하량 예측, 선행하중 제거시기 및 침하 완료시간 추정, 침하에 따른 문제를 해결하기 위하여 실시하는 계측관리를 말한다.

2) 개념

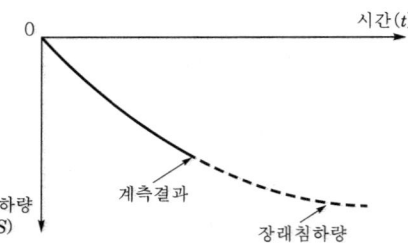

① 장래침하량 예측 및 침하 완료시간 추정
② 선행하중 제거시기 결정
③ 기존 구조물의 부등침하 억제

3) 재하성토 제거시기 결정

분석기법	개요	장점	단점
쌍곡선법	• 침하가 쌍곡선적으로 감소한다고 가정	• 적용성 양호 • 단기침하 추정에 효과적 • 현장에서 많이 적용	• 압밀 초기에는 예측 불완전(작게 산정됨)
Asaoka법	• 압밀이론을 바탕으로 최종 침하량 산정	• 압밀계수(C_v) 산정 가능	• 압밀이론이 적용되지 않는 경우도 발생
Hoshino법	• 침하는 시간의 제곱근에 비례한다고 가정	• 압밀도가 작아도 예측 가능	• 자료처리과정이 복잡 • 이론적 근거가 불명확

① 계측그래프의 수렴이 진행되면 침하 및 간극수압계측결과를 이용하여 최종 침하량 예측 가능
② 최종 침하량 예측기법 : 쌍곡선법(주로이용), Asaoka법, Hoshino법
③ 계측결과 설계침하량에 도달하였다고 해도 반드시 침하곡선상 수렴되었을 때 성토체 제거

Ⅱ. 연약지반 안정관리

1) 정의

연약지반 성토 시 안정관리란 연약지반 성토하중의 증가가 지반강도 증가와 균형이 되도록 성토속도를 조절하는 것을 말하며, 관리방법에는 극한평형법, 수치해석 및 계측관리방법이 있다.

2) 개념

① 성토속도 조절
② 성토방치기간에 불안 시 대책 수립
③ 성토 완료 후 수평변위량이 감소할 때까지 계측

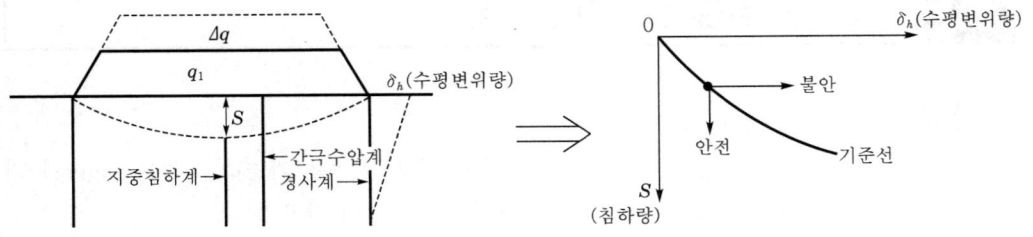

Ⅲ. 개념 비교

구분	침하관리	안정관리
관리목적	• 장래침하량 예측 • 선행하중 제거시기 결정 • 기존 구조물의 부등침하 억제	• 성토속도 조절 • 성토 후 불안 시 대책 수립
관리기간	• 잔류침하량 < 허용침하량	• 성토 완료 후 수평변위량이 감소하는 시기

54 토목섬유(Geosynthetics)

Ⅰ. 정의

① 토목섬유는 세립자의 이동을 차단하고, 물의 이동은 가능하게 하는 Filter의 기능을 발휘하므로 지하수가 있는 토질에 많이 사용하고 있다.

② 토공사 시 토립자의 이동을 차단하고 물만 배수하므로 연약지반개량의 효과와 제방의 분리 및 Filter 등의 목적으로 사용된다.

Ⅱ. 특징

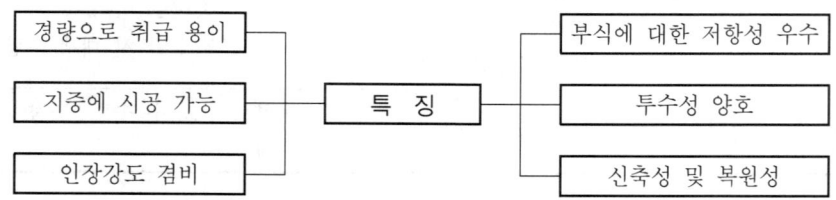

Ⅲ. 종류

① 지오텍스타일(Geotextiles)
② 지오멤브레인(Geomembranes)
③ 지오그리드(Geogrids)
④ 지오웹(Geoweb)
⑤ 지오넷(Geonet)
⑥ 지오매트(Geomat)
⑦ 지오셀(Geocell)
⑧ 지오컴포지트(Geocomposites)

Ⅳ. 기능

1) 필터기능(여과기능)
① 세립자의 이동을 차단
② 적용 : 수직드레인, 흙댐 필터, 맹암거

2) 분리(分離)기능
① 세립자와 자갈 등의 조립재가 외부하중에 의해서 서로 혼합되는 것을 방지
② 연약지반 위에 성토제방, 노체의 노상침투 방지로 사용

3) 배수기능
① 투수성이 낮은 재료와 밀착 설치하여 물을 모아 배수로 및 집수정으로 배출
② 적용 : 댐의 수평배수, 옹벽의 수직배수, 터널의 유도배수

4) 보강기능
① 인장 및 전단응력이 발생하는 부분에 토목섬유를 삽입하여 구조물 보강
② 연약지반 성토 시 매트 또는 사면보호공으로 사용

5) 차단기능
토립자의 이동을 차단

6) 그 밖의 특수 기능
① 하천 및 해안 사면의 침식과 유실 방지목적으로 사용되는 Geo-former
② 사면보호재로 사용하는 Geoweb
③ 해양오탁방지재로서 Silt Protector
④ 연약지반 압밀 촉진 배수재로서 Drain Board
⑤ 해안의 파장을 줄이는 목적으로 사용하는 Air Baloon Screen
⑥ 거푸집의 보조재료로서 사용되는 Textile-form

V. 시공상 유의사항

① 보관은 가급적으로 옥내 보관을 하며 습기, 우수 등으로부터 보호
② 포설면을 평탄하게 정지하고 돌출된 조립재의 제거 및 오목한 곳은 메움처리
③ 포설 전 표토 제거 및 배수처리 실시
④ 조립재가 많은 지반의 경우 성토 다짐으로 인한 확인 철저
⑤ 성토 시 다짐 후의 토목섬유의 파손 방지
⑥ 다짐장비, 포설두께 등을 조정하여 토목섬유의 파손 방지
⑦ 강우 시에는 이미 포설된 부위는 비닐 등으로 보양
⑧ 연약지반에서는 일정한 간격으로 침하량 측정

55 | 토목섬유보강재 감소계수

[16후(10)]

Ⅰ. 토목섬유보강재(Geogrid)

인장 및 전단응력이 발생하는 부분에 토목섬유를 삽입하여 구조물을 보강, 겉보기 점착력 발현

Ⅱ. 토목섬유보강재 감소계수

$$보강재의\ 허용인장강도(T_a) = \frac{극한인장강도(T_u)}{감소계수(RF)}$$

$$RF = RF_{CR} \times RF_D \times RF_{ID}$$

여기서, RF : 감소계수(Reduction Factor), RF_{CR} : 크리프 감소계수(2.5~5.0)

RF_D : 내구성 감소계수(≥1.1), RF_{ID} : 시공성 감소계수(≥1.1)

Ⅲ. 감소원인

① 시공 중에 발생할 수 있는 기계적인 손상
② 지속적인 정적하중 또는 동적하중
③ creep, 노화(aging), 온도 상승, 구속압 등
④ 천연지반 또는 오염지반에 의한 화학적 변화

Ⅳ. 토목섬유의 기능

기능	설명
필터기능	• 세립자이동 차단기능 • 흙댐 필터층, 맹암거, 옹벽 적용
배수기능	• 물을 통과시키는 기능 • 흙댐 필터층, 명암거, 옹벽 등 적용
차수기능	• 물의 이동을 차단하는 기능 • 폐기물매립장, 방수에 적용
보강기능	• 인장응력 및 전단응력에 저항하는 기능 • 보강토공법, 연약지반 성토에 적용
분리기능	• 원지반과 성토재의 혼합 방지기능 • 연약지반 성토 시 적용

56 연약지반 관련 용어

1) 잔류침하(Residual Settlement)
   ① 성토와 구조물의 하중에 의해 생기는 지반의 침하 중 공사 완료 후에 남아 있는 부분
   ② 발생이 되면 건설된 구조물의 기능을 손상시키므로 연약지반개량공법을 적용하여 최소화해야 함

2) 간극수압계(Piezometer)
   ① 흙 속에 작용하는 간극수압을 계측하기 위한 압력계이다.
   ② 원리는 일반적인 압력계와 같으며 흙의 유효응력을 차단하고 간극수압만을 이끌어내도록 필터가 구비되어 있다.

제1장 토공

제3절 사면안정

사면안정 과년도 문제

1. Land Creep [02전(10)]
2. Land Slide와 Land Creep [12전(10)]
3. 산사태 원인 [97후(20)]
4. 사면 붕괴의 내 · 외적 발생원인 [23전(10)]
5. Seed Spray에 의한 법면 보호 [95중(20)]
6. 낙석방지공 [02후(10)]
7. 토석류(Debris Flow) [12전(10)]
8. 사방댐 [22전(10)]
9. 터널 막장의 주향과 경사 [14후(10)]
10. 평사투영법 [05중(10)]
11. 사면 거동 예측방법 [06후(10)]

1 | 산사태(Land Slide)

Ⅰ. 정의

① 사면은 자연 사면과 인공 사면의 두 종류로 분류되는데, 자연 사면에서 발생되는 경사면 붕괴현상을 산사태라고 한다.

② 산사태는 지질, 지형에 따라 장시간에 걸쳐 완속으로 사면이 서서히 이동하는 형태의 크리프성의 붕괴와 사면의 이동이 급격히 발생하는 붕괴형태로 나타난다.

Ⅱ. 산사태 발생원인

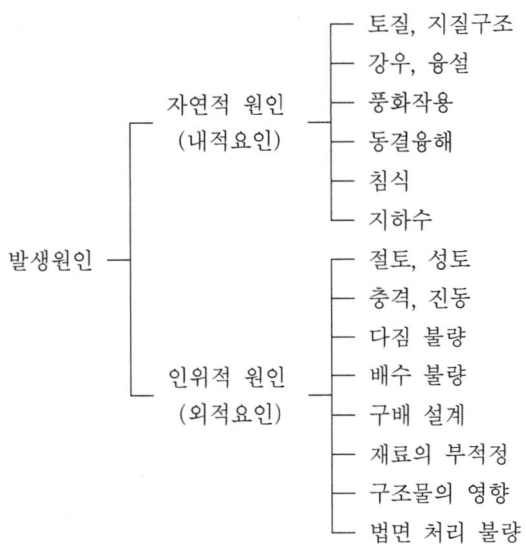

Ⅲ. 우리나라 산사태의 특성

1) 길이

   20m 길이에 걸쳐 발생된 산사태는 전체의 50%에 달하고 100m 이상 길이의 산사태는 전체의 14% 정도 해당한다.

2) 폭

   발생폭이 5m인 경우가 가장 많으며 20m인 이하 경우가 전체의 90% 정도 해당한다.

3) 발생깊이

   산사태의 발생깊이는 1m 정도의 깊이가 가장 많으며, 2m 이하의 경우가 전체 90%에 해당한다.

4) 발생면적

   일반적으로 발생면적이 2,000m^2 이하의 경우가 대부분이다.

Ⅳ. 산사태 발생규모별 분류

1) 소규모 산사태
   ① 동일한 조건에서 산사태 발생이 1~3개소일 때
   ② 최대 시간 강우강도가 10mm, 누적강우량이 40mm를 초과할 때

2) 중규모 산사태
   ① 동일 조건에서 4~19개소 발생할 경우
   ② 최대 시간 강우강도가 15mm, 누적강우량이 80mm를 초과할 때

3) 대규모 산사태
   ① 동일 조건에서 20개소 이상 발생할 경우
   ② 최대 강우강도가 35mm, 누적강우량이 140mm를 초과할 때

Ⅴ. 산사태 경보기준

강우에 의한 산사태 경보기준으로 활용할 때 경보시점을 기준으로 이틀간(48시간) 거슬러 올라간 기간 동안의 누적강우량과 강우강도로써 나타낸다.

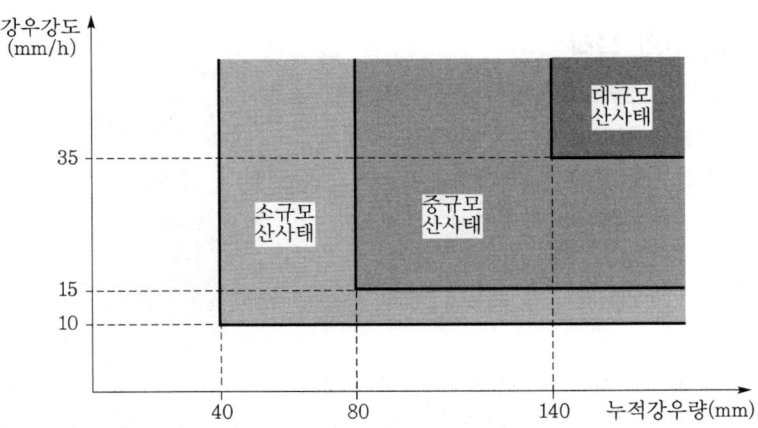

1) 소규모 산사태 발생 가능성 있음
   누적강우량이 40mm에 도달하고, 강우강도가 10mm에 도달할 때

2) 중규모 산사태 발생 가능성 많음
   누적강우량 80mm 이상, 강우강도 15mm가 될 때

3) 대규모 산사태 경보
   누적강우량 140mm 이상, 강우강도 35mm 이상일 때

2 Land Creep

[02전(10), 10전(10)]

Ⅰ. 정의

① Land Creep란 자연적으로 조성된 자연 사면에서 강우, 융설 및 지하수위 상승 등에 의한 중력의 작용으로 장기간에 걸쳐 완속으로 사면이 비교적 완만하게 낮은 곳으로 이동하는 현상을 말한다.

② 산사태와 같은 자연 사면의 붕괴는 사면의 이동이 급격하게 발생되는 Land Slide와 사면의 이동이 완속으로 서서히 이동되는 Land Creep으로 분류하는데, 광의의 뜻으로는 모두 같이 산사태라고 한다.

Ⅱ. 산사태의 분류

분류 ┬ Land Creep : 사면의 이동이 완만하게 발생
     └ Land Slide : 사면의 이동이 급격히 발생

Ⅲ. Land Creep의 특징

① 이동속도가 아주 완만하다.

② 발생규모가 비교적 대규모이다.

③ 지속적으로 오랜 시간 계속된다.

④ 지하수 및 침투수의 영향이 크다.

Ⅳ. 발생원인

1) 제3기층

① 암석의 생성시대가 새롭고 고결도가 불충분하다.

② 함수율이 매우 크기 때문에 상당한 깊이까지 풍화가 진행되어 점토화되고 있다.

2) 파쇄대

지질구조선 또는 단층선에 따라 암석이 파괴되는 지대로서, 이 파쇄대에서 Land Creep 발생이 쉽다.

3) 화산 온천지

온천지에서는 화산암류의 변질에 의한 점토화가 발생원인이 된다.

4) 단층대

① 지하수의 공급원이 되기도 하며 단층면에서 Land Creep 발생이 되고 있다.

② 단층대에서 암석이 파쇄되어 점토화된다.

5) 지질구조

① 단층, 습곡, 단사구조, 암맥의 관입 등에 의해 발생원인이 된다.

② 지형이 직선상 대상(帶狀)의 배열을 가지는 지질구조이다.

Ⅴ. 대책공법

① 배수공 설치
② 피복공
③ 절토 및 압성토공
④ 엄지말뚝공
⑤ 앵커 설치
⑥ 옹벽 설치공법

Ⅵ. Land Creep과 Land Slide의 비교

구분	Land Creep	Land Slide
원인	• 강우, 융설, 지하수위 상승	• 호우, 융설, 지진
발생시기	• 장기간 걸쳐 발생	• 호우 중, 호우 직후, 지진 시
지질	• 제3기층, 변질암지대, 단층대 • 단층, 습곡, 단사구조, 암맥의 관입	• 표층의 풍화 및 약화가 현저한 투수성이 좋은 사질토, 풍화암
지형	• 5~20°의 완경사면	• 30° 이상의 급경사면
토질	• 점성토, 연질암 등 Sliding면	• 불연속층면
발생상태	• Sliding속도가 완만하고 연속적 • 활동토괴는 거의 원형 • 지하수에 의한 영향이 큼 • 계속형 • 발생규모가 대단히 넓고 깊음	• Sliding속도가 대단히 빠르고 순간적 • 활동토괴가 현저하게 교란 • 강우강도에 의한 영향이 큼 • 돌발형 • 발생규모가 작음
대책공법	• 배수공 설치 • 피복공 • 절토, 압성토공 • 엄지말뚝공 • 앵커 설치 • 옹벽 설치공법	• 법면보호공 • 사면경사 완화 • 옹벽 설치 • 배수설비

3   Land Slide와 Land Creep

[12전(10)]

Ⅰ. 정의

산사태와 같은 자연 사면의 붕괴는 사면의 이동이 급격하게 발생되는 Land Slide 와 사면의 이동이 완속으로 서서히 이동되는 Land Creep으로 분류된다.

Ⅱ. 특징

1) Land Slide
  ① 사면의 경사가 30° 이상의 급경사인 경우에 해당한다.
  ② 사면의 붕괴속도가 급격하다.
  ③ 발생규모는 국지적인 경우가 많다.
  ④ 폭우 등 강우의 영향을 많이 받는다.

2) Land Creep
  ① 이동속도가 아주 완만하다.
  ② 발생규모가 비교적 대규모이다.
  ③ 지속적으로 오랜 시간 계속된다.
  ④ 지하수 및 침투수의 영향이 크다.

Ⅲ. Land Slide와 Land Creep의 비교

구분	Land Slide	Land Creep
원인	• 호우, 융설, 지진	• 강우, 융설, 지하수위 상승
발생시기	• 호우 중, 호우 직후, 지진 시	• 장기간 걸쳐 발생
지질	• 표층의 풍화 및 약화가 현저한 투수성이 좋은 사질토, 풍화암	• 제3기층, 변질암지대, 단층대 • 단층, 습곡, 단사구조, 암맥의 관입
지형	• 30° 이상의 급경사면	• 5~20°의 완경사면
토질	• 불연속층면	• 점성토, 연질암 등 Sliding면

4 산사태 원인

[97후(20), 23전(10)]

Ⅰ. 개요

① 자연 사면에서 발생되는 경사면 붕괴현상을 산사태라고 하며, 토질·지질 등 자연적 요인과 절·성토 등에 의한 인위적 요인이 있다.

② 대책공법 선정 시에는 대상지역의 기상특성, 지반특성 및 산사태 발생기구특성 등이 고려되어야 한다.

Ⅱ. 산사태의 분류

분류 ┬ Land Creep : 사면의 이동이 천천히 발생
    └ Land Slide : 사면의 이동이 급격히 발생

Ⅲ. 원인(내·외적원인)

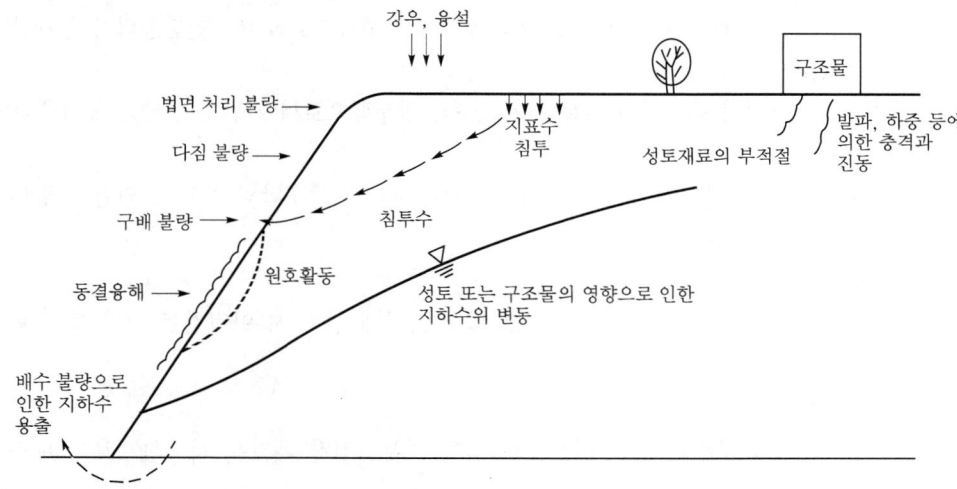

1. 내적원인

1) 토질, 지질구조

산사태가 일어나기 쉬운 지질로는 제3기층, 파쇄대, 화산 온천지 등이 있으며 단층, 습곡, 단사구조 등의 지질구조와도 깊은 관계가 있다.

2) 강우, 융설

붕괴의 가장 큰 요인으로서 표면수의 침투에 의한 간극수압의 증가, 자중의 증가, 강도의 저하로 인한 활동저항력이 감소된다.

3) 풍화작용

풍화되기 쉬운 토질의 사면으로서 풍화작용의 진행속도가 빠른 경우 사면이 불안정해지기가 쉽다.

4) 동결융해

동결되었던 흙이 융해되면서 수축과 팽창이 반복되면 지반이 연약화되어 전단강도가 감소된다.

5) 침식

하천 또는 해안이 침식작용에 의해 사면 선단 부분이 세굴되면 상부 사면은 안정을 잃어 붕괴된다.

6) 지하수

지하수가 풍부한 지층에서 지하수위의 변동으로 인해 수압이 상승할 경우 유효응력이 감소된다.

2. 외적원인

1) 절토, 성토

절토에 의한 전단강도의 저하 혹은 성토하중의 증가에 따른 활동력의 증대 등에 의해 내부전단응력이 증가된다.

2) 충격, 진동

발파에 의한 충격 또는 진동으로 암의 균열이 발생함으로써 내부전단응력이 증가된다.

3) 다짐 불량

성토체의 다짐이 불충분한 부분에 지표수가 침투함으로써 지반의 연약화가 가중된다.

4) 배수 불량

침투수의 배수 처리가 불량할 경우 성토체 내의 간극수압의 증가로 인한 비탈면의 유효응력이 감소된다.

5) 구배 설계

곡선구간에서의 지나친 편구배, 절토 및 성토구배 선정 시 안정검토 미비 등이 원인이다.

6) 재료의 부적정

성토 시공 시 차수층 또는 필트층의 역할에 부적절한 재료를 사용함으로써 배수성 및 다짐효과가 저하된다.

7) 구조물 구축의 영향

산사태 위험지의 터널 굴착 또는 댐 건설에 따른 담수로 인해 지하수위변화 또는 인위적인 지형변화가 발생된다.

8) 법면 처리 불량

절토공사 시 Earth Anchor 등의 법면보호공을 하지 않거나 다짐이 불충분한 이완 상태로 두었을 때 붕괴의 원인이 된다.

Ⅳ. 대책

① 지표수, 지하수 배제
② 배토공
③ 압성토공
④ 옹벽공
⑤ 말뚝공법
⑥ 소일네일링(Soil Nailing)공법
⑦ Rock Bolt공법

Ⅴ. 사면의 붕괴유형빈도 및 붕괴시기(고속도로 사면)

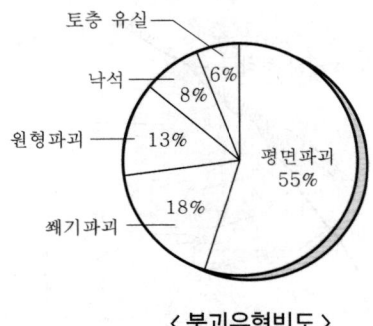
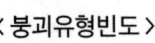

〈 붕괴유형빈도 〉   〈 붕괴시기 〉

5 Seed Spray(분사파종)

[95중(20)]

Ⅰ. 정의

① 성토, 절토부의 비탈면보호공법의 일종으로 비탈면 녹화를 위하여 초지(서양 잔디) 씨앗을 기계를 이용하여 파종하는 것을 말한다.

② 이 공법은 종자와 양생제, 비료, 전착제, 색소, 물, 성장 촉진제 등을 혼합하여 고압공기를 이용하여 살포하는 공법으로 식수, 식생이 곤란한 토사 사면 녹화에 많이 이용된다.

Ⅱ. 현장 시공도

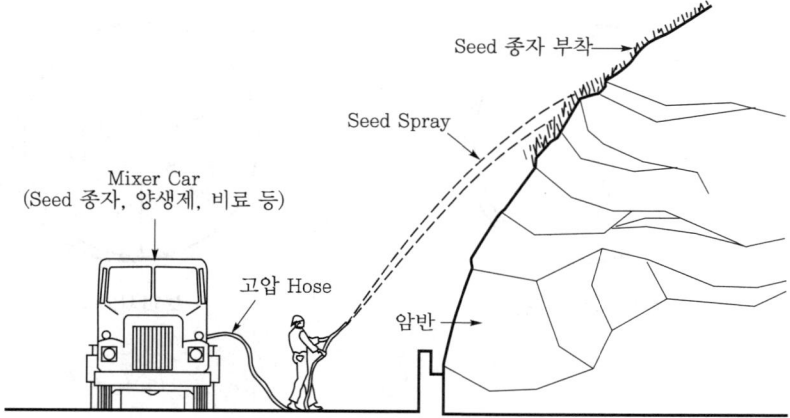

Ⅲ. 특징

① 암 절취면 녹화가 가능하다.　　② 시공속도가 빠르다.

③ 강우에 의한 손실이 적다.　　④ 넓은 면적 시공 시 경제성이 있다.

⑤ 시험 시공 후 실시한다.

Ⅳ. 시공장비

① 믹서　　② 분무기

③ 압송장치　　④ 양중기

⑤ 공기압축기

Ⅴ. 사용재료

1) 양생제

① Fiber류　　② Net, Mat, Sheet류

③ 볏짚, 톱밥　　④ 화학약제류

2) 비료

일반 복합비료 사용

3) 색소

색소 녹화는 시공지역과 미시공지역을 구분함으로써 작업을 용이하게 한다.

4) 전착제

비탈면 시공 시 씨앗, Fiber, 비료 등이 흘러내리는 것을 방지하기 위해 전착제(Car-boxy Methyl Cellulose)를 사용한다.

5) 물

깨끗한 시냇물이나 상수도 물을 사용하며, 오염되거나 식물 생육에 불리한 이물질이 섞여 있는 물을 사용해서는 안 된다.

6) 기타

종자 발아 후 생육의 원활을 기할 수 있는 성장 촉진제 및 토탄 이끼(Peat Moss) 같은 첨가제를 사용한다.

VI. 용도

① 암반 사면 식생   ② 급경사 비탈면 시공

③ 공기 단축을 요하는 곳   ④ 인력 시공이 곤란한 사면 녹화

VII. 시공 시 유의사항

1) 시공면 정리

비탈면 경사, 소단, 이물질 등을 정리한다.

2) 용수 처리

용수 시에는 유도배수하여 비탈면을 보호한다.

3) 뜬돌 제거

뜬돌, 요철 등을 정리하여 비탈면을 정리한다.

4) 혼합물 선정

종자, 비료, 흙, 물 등을 선정한다.

5) 기상변동

갑작스런 기상변동에 특히 유의한다.

6) 시공시기

① 동절기인 11~1월을 제외하고 연중 시공이 가능하다.

② 보통 춘계는 3~6월, 추계는 8~10월에 많이 시공한다.

③ 북향에 비해 남향의 사면이 식생에 우수하다.

7) 종자 살포

파종 종자 선정은 지역여건에 맞는 종자로 반드시 2종류 이상의 종자를 혼합 파종해야 한다.

8) 재파종

파종 후 1개월 이내에 발아가 되지 않거나 전면에 고루 발아되지 않을 때에는 당초 공법으로 재파종해야 한다.

6 낙석방지공

[02후(10)]

Ⅰ. 정의

① 인공 사면 또는 자연 사면은 강우, 융설, 충격, 지표수 침투 등의 요인에 의하여 사면이 붕괴되는 사고가 대량 발생된다.

② 낙석방지공은 암반으로 구성된 사면에서 균열, 절리, 부석, 풍화 등에 의해서 발생되는 낙석을 방지하기 위하여 설치되는 구조물이다.

Ⅱ. 현장 시공실례

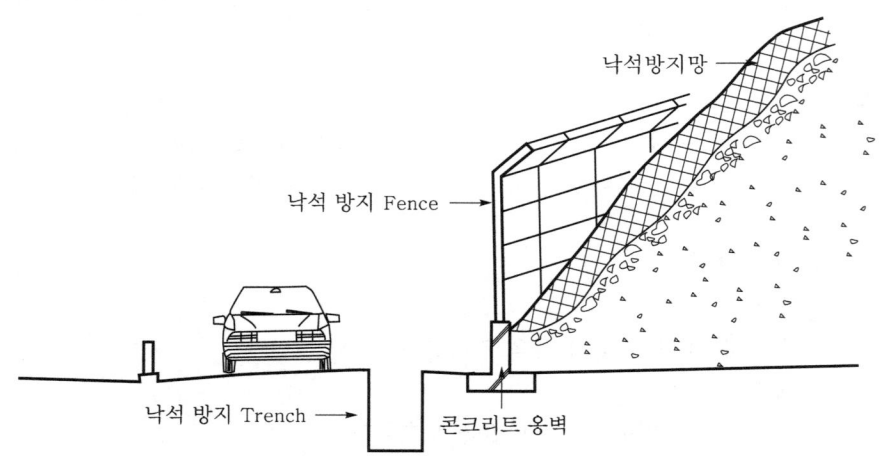

Ⅲ. 낙석 발생원인

① 균열 진행 ② 지하수 용출
③ 동결융해 ④ 진동, 충격

Ⅳ. 낙석방지공

1) Wire Net
   ① 암반 사면에 Nail을 박고 Wire 고정
   ② 격자형태의 Wire에 Net를 연결
   ③ 낙석이 예상되는 사면을 피복

2) Rock Anchor공법
   ① 균열 절리가 발달된 암반 사면에 시공
   ② 암반에 구멍을 뚫어 PS강봉, PS강선으로 부석 고정
   ③ 규모가 큰 암석덩어리에 사용됨

3) Rock Bolt
  ① 탈락이 예상되는 암괴 고정
  ② 암반에 천공하여 25~30mm 철근을 넣어서 고정시킴

4) 숏크리트
  ① 균열이 심한 암반 사면을 콘크리트로 피복
  ② 탈락이 예상되는 암석의 규모, 입지조건 등을
     고려하여 시공
  ③ 숏크리트 시공 전 배수공 설치

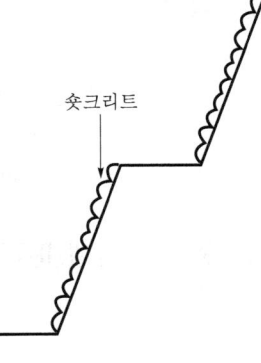

숏크리트

5) 녹생토공법
  ① 암반 사면에 식생하는 공법
  ② 점토와 종자, 물, 전착제, 영양제, 비료 등을 혼합하
     여 사면을 피복하는 공법
  ③ 용수가 많은 사면 시공 곤란
  ④ 단시간의 시공으로 녹화효과가 큼

6) 격자블록공법
  ① 콘크리트로 만들어진 격자블록으로 암반 사면 보강
  ② 격자형태로 블록을 시공하고 내부에 블록 또는 돌을 이용하는 공법
  ③ 격자블록은 일정 간격으로 암반에 고정

7) 옹벽공법
  ① 사면 선단부에 콘크리트 옹벽 설치
  ② 잦은 낙석이 예상되는 곳은 옹벽 위에 낙석 방지 Fence 설치

7 토석류(Debris Flow)

[12전(10)]

I. 정의

① 토석류란 주로 집중호우의 영향으로 산사태가 발생할 경우 토석이 물과 함께 하류로 세차게 밀려 떠내려가는 현상을 말한다.

② 토석류는 발생이나 규모의 예상이 어려우며, 파괴력은 수류에 비해 5~10배로 크며, 그 피해 또한 극심하다.

II. 토석류 발생 메커니즘

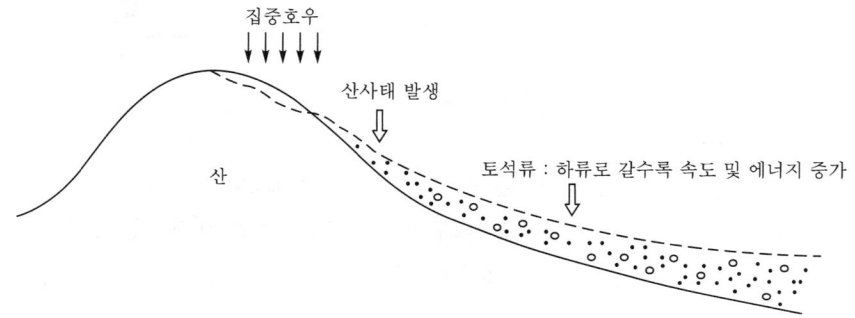

III. 분류

1) 수로형 토석류

① 계곡과 같이 물이 흐르는 곳에서 발생

② 우리나라에 발생하는 대부분의 토석류형태

③ 과거 지리산 계곡에서 발생한 토석류는 수많은 인명피해를 수반함

2) 사면형 토석류

① 수로가 아닌 사면에서 발생하는 토석류

② 최근 강원도에서 발생하였으며 수로형 토석류에 비해 피해규모가 큼

IV. 특징

① 하류로 갈수록 규모가 증가하고 속도(20~40km/h)도 증가함

② 먼 거리로 이동되며 인명과 재산피해 발생이 큼

③ 지속적으로 발생하며 예측 곤란

V. 방지대책

1) 댐 건설
① Check Dam(골막이)
② 사방댐(Erosion Control Dam)
③ 수질 정화댐

2) 골막이망
① 코일스프링의 압축을 이용하여 골막이망 설치
② 토석류의 운동에너지 흡수

3) 산림정비사업 실시
① 떠내려갈 우려 있는 나무 간벌
② 황폐지 정비

8 사방댐

[22전(10)]

I. 정의

① 사방댐이란 토사, 작은 돌 및 기타 침식물들의 이동을 억제하기 위해 계류를 횡단하여 설치하는 구조물을 말한다.

② 산사태나 토석류로 인하여 발생하는 재해를 일으키는 유해토사를 하류로 이동하지 못하게 억제·조절하며 동시에 무해한 토사를 하류로 유출시키는 역할을 한다.

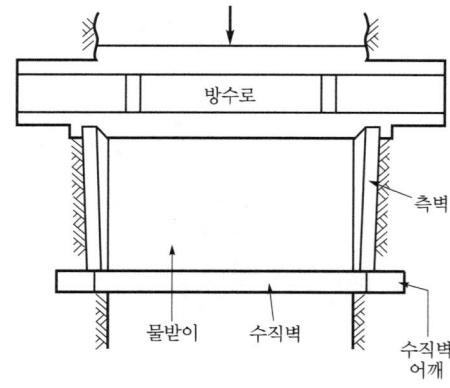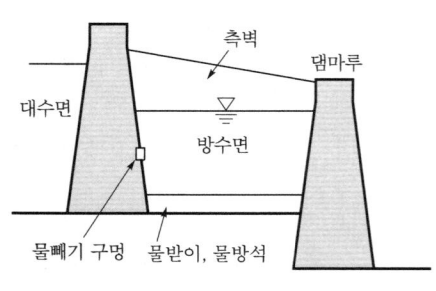

II. 사방댐의 종류 및 기능

1) 중력식 사방댐
   ① 토석 차단이 주목적인 사방댐
   ② 콘크리트 사방댐, 전석 사방댐, 블록 사방댐

2) 버팀식 사방댐
   ① 유목 차단을 주목적으로 하는 사방댐
   ② 버트리스(Buttress) 사방댐, 스크린댐, 슬리트댐

3) 복합식 사방댐
   ① 토석과 유목을 동시 차단하는 것이 주목적인 사방댐
   ② 다기능 사방댐, 빔크린 사방댐, 콘크린 사방댐

III. 시공순서

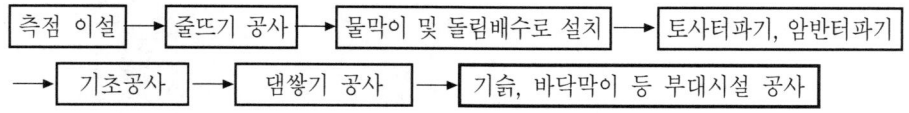

Ⅳ. 위치 선정

① 상류부가 넓고 댐자리의 계류(골짜기를 흐르는 물)폭이 좁은 곳

② 지류의 합류점 부근에서는 합류점의 하류부

③ 암반이 노출되어 있거나 지반이 암반일 가능성이 높은 곳

④ 중장비의 진출이 용이한 곳

⑤ 특수 목적을 가지고 시설하는 경우에는 그 목적 달성에 적합한 장소

Ⅴ. 시공 시 유의사항

① 계안(계곡의 기슭)을 굴착할 때 비탈면 붕괴나 산사태 등이 발생하지 않도록 유의한다.

② 계상(계곡의 바닥)의 기울기는 1/2~2/3 내외로 하되 토석의 크기와 유역면적을 고려한다.

③ 계폭이 급격히 좁아지는 곳은 기초암반의 위치가 깊은 경우가 많다.

④ 댐방향은 직선유로에서는 방수로의 중심선이 유심선에 직각이 되도록 설정하고, 곡선부에서는 하류를 향해 유심선의 접선과 직각이 되도록 설정한다.

⑤ 댐어깨는 양쪽 끝부분이 암반의 경우 1~2m, 토사의 경우 2~3m 이상으로 한다.

⑥ 댐 본체의 콘크리트 타설 시 분리타설을 원칙으로 한다.

⑦ 전도, 활동, 제체파괴(내부응력), 기초지반의 지지력에 대한 안정을 확보해야 한다.

Ⅵ. 사방댐의 단면과 기울기

① 댐 몸체 상류면의 기울기는 전석댐, 콘크리트 사방댐의 경우 수직으로 하거나 1 : (0.1~0.2)로 하되, 저사선(사방댐에 흙이 가득 찼을 때 예상되는 높이) 등을 참고하여 토석이 많이 퇴적되는 계류에서는 급하게, 세굴이 심한 계류에서는 완만하게 한다.

② 댐 몸체 하류면의 기울기는 사방댐 단면에 의해 결정하되 댐의 유효고, 떠내려 올 토석의 최대 크기, 저수되는 물의 깊이, 상류측의 기울기 등을 고려하여 결정한다.

③ 중력식 사방댐의 마루두께

> ㉠ 떠내려 올 토석의 크기가 작은 계류 : 0.8m 이상
>
> ㉡ 일반 계류 : 1.5m 이상
>
> ㉢ 홍수로 큰 토석이 떠내려 올 위험성이 있는 곳 : 2.0m 이상
>
> ㉣ 상류에서 산사태가 발생할 경우 토석이 대량 떠내려 올 위험성이 있거나, 산사태로 측압을 받게 될 위험성이 있는 곳 : 2.0~3.0m 내외

9　주향과 경사

[14후(10)]

I. 정의

① 주향(Strike)이란 암반 불연속면의 진행방향 직선과 정북(正北)을 기준으로 하였을 때의 각도를 말하며, 암반 불연속면의 진행방향을 나타낸다.

② 경사(Dip)란 암반 불연속면의 기울기를 말하며, 암반 불연속면과 수평선의 각도를 나타낸다.

③ 경사방향이란 암반 불연속면의 경사의 발달방향을 표시하는 것으로 암반 불연속면을 수평면에 투영하여 정북으로부터 시계방향으로 잰 각도를 말한다.

II. 주향, 경사 및 경사방향 도시

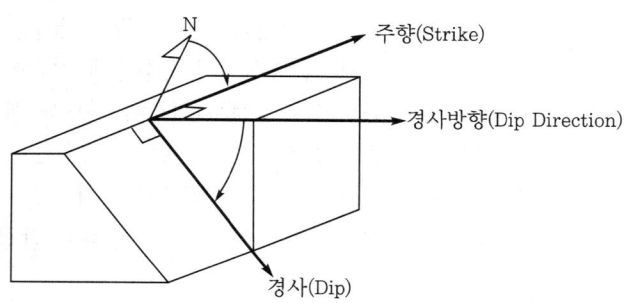

III. 측정방법

① 주향

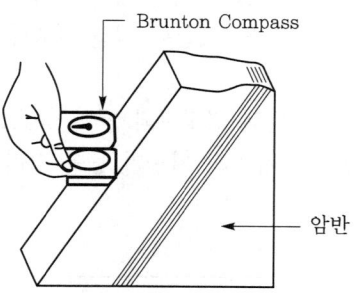

② 경사

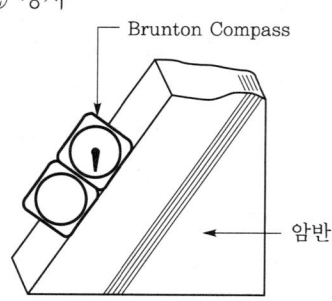

※ Brunton Compass를 이용하여 주향과 경사를 측정함

IV. 용도

① 암반의 형상 및 강도 예측

② 암반 사면파괴형태 결정 : 평사투영법

③ 암반터널 막장안전성평가

④ 암반터널 굴착공법 결정

⑤ 암반터널공사 공기 및 공사비 예측

⑥ 암반 사면안정공법 선정

10 평사투영법

[05중(10)]

Ⅰ. 정의

① 평사투영법이란 암반 불연속면의 주향과 경사를 측정하여 Net에 불연속면의 극점을 투영하여 불연속면을 입체적으로 파악하고, 마찰원과 비교하여 암반 사면의 안정성을 정성적으로 예비 검토하는 방법을 말한다.

② 투영된 불연속면의 극점의 밀도분포로 암반 사면의 파괴형태를 분류한다.

③ 암반의 사면의 안정 해석에는 평사투영법과 한계평형법이 있으며, 평사투영법은 조작이 간단하므로 구조지질학분야와 암반공학에서 암반의 안정성 분석에 많이 이용되고 있다.

Ⅱ. 작도방법

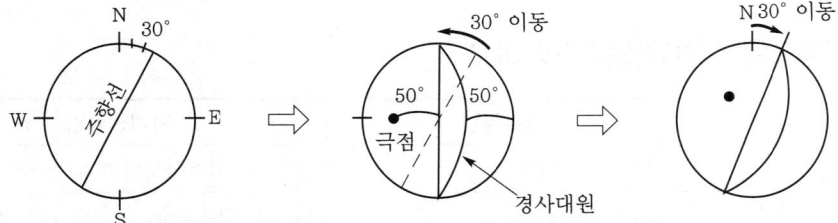

① 암반 불연속면의 주향과 경사(N30°E, 50°SE) 측정

② 주향선 작도

③ 주향선을 원점으로 이동

④ 극점 및 경사대원 작도

⑤ 전도파괴영향선 작도

⑥ 주향선 원상태로 이동

⑦ 극점궤적 작도

Ⅲ. 특징

1) 장점

① 현장에서 암반의 주향과 경사를 조사하여 비교적 손쉽게 사면의 안정성 여부를 예비 판단할 수 있다.

② 넓은 면의 판정 시 유리하다.

2) 단점

① 암반 사면의 중요한 요인(암체의 단위중량, 내부마찰각(ϕ), 사면의 높이)들이 반영되지 않는다.

② 안전율을 구할 수 없다.

③ 개략적인 파괴형태만 알 수 있다.

④ 주향과 경사 불연속면, 절리방향만으로 해석한 개략적인 분석법이다.

Ⅳ. 평가

① 원형(원호)파괴

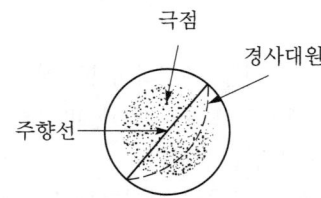

② 평면파괴

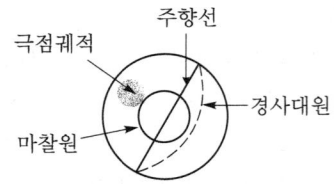

③ 쐐기파괴

④ 전도파괴

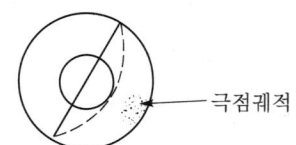

Ⅴ. 평사투영법과 한계평형법의 비교

구분	평사투영법	한계평형법
개요	개략적 해석(예비 판정)	정밀 해석(평사투영법결과 위험 부위)
해석 시 적용 요소	절취면의 주향, 경사, 암반의 내부 마찰각(ϕ)	암체의 단위중량, 점착력(C), 지하수압 (간극수압), 사면의 높이

① 평사투영법(개략적 해석) : 지표조사결과 위험한 암반지점의 개략적인 사면안정 해석

② 한계평형법(정밀 해석) : 평사투영법결과 위험 판정 부위의 정밀 사면안정 해석

11 사면 거동 예측방법

[06후(10)]

Ⅰ. 정의

① 사면 거동을 예측하기 위해서는 사면의 계획, 설계, 시공을 위한 조사가 우선되어져야 필요한 자료를 수집하여 사면의 상태를 파악할 수 있다.

② 사면 거동은 주변에 어떤 징후가 나타나며, 그 중에서 예측할 수 있는 것으로는 사면의 균열, 돌쌓기부의 균열이나 변형, 측구구조물이나 노반의 균열이 발생하고 우물, 논, 습지의 수위변화 등의 징후가 나타난다.

Ⅱ. 사면 거동 예측방법

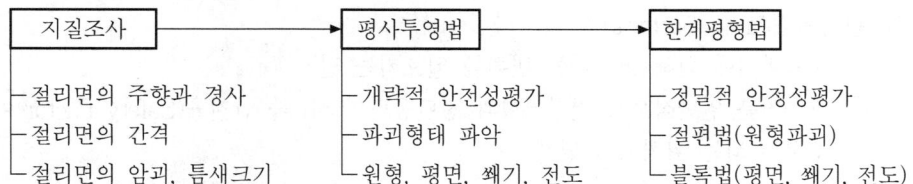

지질조사	평사투영법	한계평형법
─ 절리면의 주향과 경사	─ 개략적 안전성평가	─ 정밀적 안정성평가
─ 절리면의 간격	─ 파괴형태 파악	─ 절편법(원형파괴)
─ 절리면의 암괴, 틈새크기	─ 원형, 평면, 쐐기, 전도	─ 블록법(평면, 쐐기, 전도)

1) 지질조사
   ① 사면의 균열　　　　　　　　② 돌쌓기부의 균열이나 변형
   ③ 측구구조물이나 노반의 균열　④ 우물, 논, 습지 등의 수위변화
   ⑤ 절리면의 주향과 경사 및 간격　⑥ 절리면의 암괴, 틈새크기

2) 평사투영법
   ① 주향과 경사로 암반 사면의 파괴형태를 평가
   ② 투영된 불연속면 극점의 밀도분포로 암반 사면의 파괴형태 분류
   ③ 위험한 암반지역의 개략적인 사면 거동 해석

3) 한계평형법
   ① 활동면상의 사면안전율을 활동력과 저항력비로 나타내어 평가
   ② 평사투영법 결과 사면의 위험 부위를 정밀 해석

Ⅲ. 사면 붕괴 시 조치사항

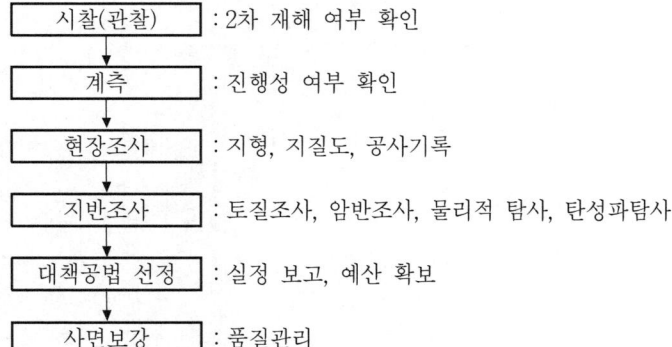

시찰(관찰)	: 2차 재해 여부 확인
계측	: 진행성 여부 확인
현장조사	: 지형, 지질도, 공사기록
지반조사	: 토질조사, 암반조사, 물리적 탐사, 탄성파탐사
대책공법 선정	: 실정 보고, 예산 확보
사면보강	: 품질관리

12 사면안정 관련 용어

1) 낙석(Rockfall)

암반의 균열이 확대·격리되거나 토사 중의 암괴가 탈락하는 경우 개수로 표현할 수 있을 정도의 양의 돌이 붕락(Fall)하는 현상

2) 사면 붕괴 예지

① 피난과 교통장애 등의 대책을 마련하기 위하여 산사태의 발생과 사면의 붕괴위험성 등 금후에 일어날 사면의 움직임을 예측하는 것

② 크게 나누어 직접 사면의 변화 거동을 계측하여 행하는 방법, 그 거동과 밀접한 관계가 있는 요인(통상 감수량)에 주목하여 행하는 방법 등의 2가지가 있다.

3) 활동면(Sliding Surface)

① 전단파괴에 의해 어긋나는 변위를 일으키는 면

② 활동면은 일반적으로 전단저항과 전단응력의 비, 즉 안전율(Safety Factor)이 최소치로 되는 위치에서 발생

기적과 신앙

예수님의 비유 가운데 부자와 나사로의 이야기가 있는데 부자는 음부에 가서 뜨겁고 목이 타는 고통을 받는 중에 아브라함에게 간청하기를 나사로를 환생 부활시켜 자기 집에 보내어 생존한 형제 다섯 명에게 증거해서 사후의 고통을 면하게 해 달라고 했다. 아브라함이 대답하기를 저들이 모세와 선지자의 말을 믿지 아니하면 비록 죽은 자가 살아나서 증거할지라도 믿지 않는다고 단정해서 말했다.(눅 16:19~31)

다시 말하면 성경과 전도자의 증언을 듣지 않는 사람은 최대 기적인 죽은 형제가 살아나서 증언해도 권함을 받지 않는다는 뜻이다.

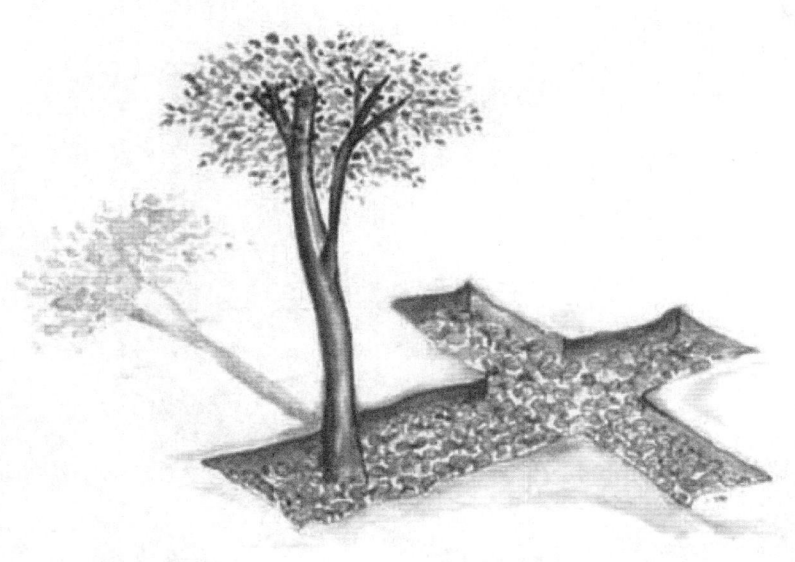

제1장 ▶ **토 공**

제4절 옹벽 및 보강토

옹벽 및 보강토 과년도 문제

1. 옹벽의 안정조건 [00전(10)]

2. 옹벽 배면의 침투수가 옹벽에 미치는 영향 [08전(10)]

3. 옹벽의 이음(Joint) [22중(10)]

4. 3경간 연속보, 캔틸레버(cantilever) 옹벽의 주철근 배근도 작성 [14중(10)]

5. 보강토공 [97중후(20)]

6. 보강토공법 [02중(10)]

7. 보강토 옹벽의 장점 및 단점 [21중(10)]

8. 기대기 옹벽의 정의와 설계시 고려하중 [22후(10)]

9. 절토부 판넬식 옹벽 [18중(10)]

10. 토류벽의 아칭(Arching)현상 [12전(10)]

1 토압(Earth Pressure)

Ⅰ. 정의

① 흙이 구조물에 미치는 압력 또는 흙 속의 단면에 작용하는 횡방향 압력을 토압 (Earth Pressure)이라 한다.

② 토압은 흙의 구조, 입도, 함수율 등에 따라 크게 변화하며, 토압의 종류에는 주동 토압, 수동토압, 정지토압이 있다.

Ⅱ. 토압분포도

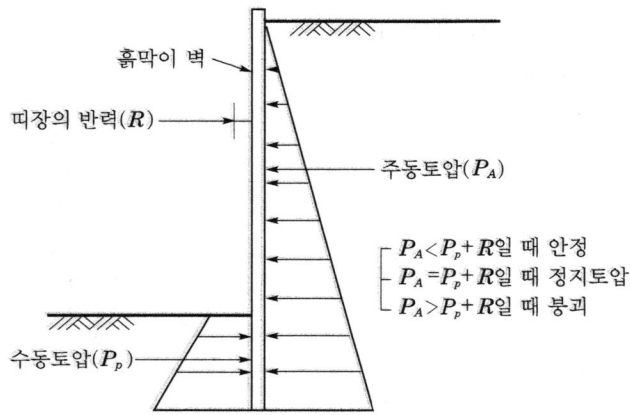

흙막이 벽

띠장의 반력(R)

주동토압(P_A)

$P_A < P_p + R$일 때 안정
$P_A = P_p + R$일 때 정지토압
$P_A > P_p + R$일 때 붕괴

수동토압(P_p)

Ⅲ. 토압의 종류

1) **주동토압**(Active Earth Pressure, P_A)
   ① 벽체가 전면으로 변위가 생길 때의 토압
   ② 배면흙이 가라앉음
   ③ 정지토압보다 토압이 감소
   ④ 주로 옹벽에서 발생

2) **수동토압**(Passive Earth Pressure, P_P)
   ① 벽체가 배면으로 변위가 생길 때의 토압
   ② 배면흙이 부풀어 오름
   ③ 정지토압보다 토압이 증대
   ④ 흙막이 벽에서 주로 발생

3) **정지토압**(Earth Pressure at Rest, P_0)
   ① 벽체의 변위가 없을 때의 토압
   ② 지하구조물에 작용하는 토압

Ⅳ. 토압의 변화

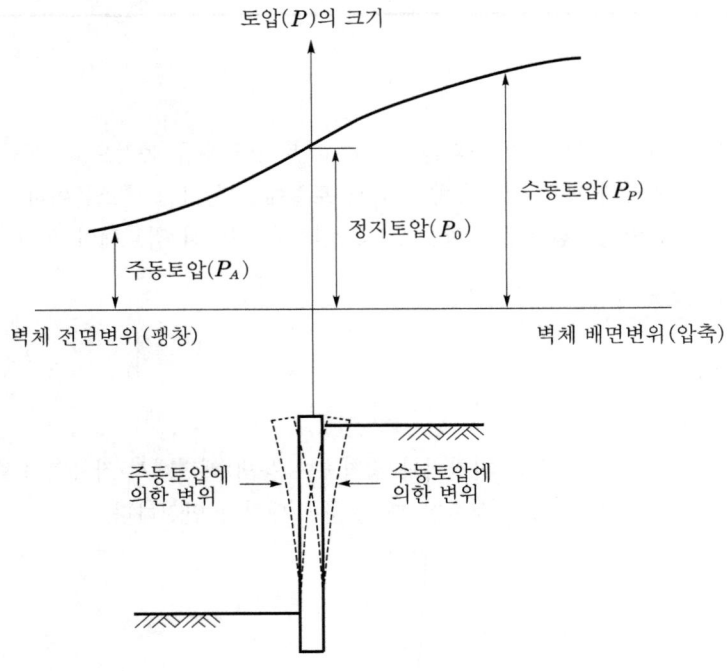

Ⅴ. 토압의 관계

수동토압 > 정지토압 > 주동토압$(P_P > P_0 > P_A)$

2 옹벽의 안정조건

[00전(10)]

Ⅰ. 개요

① 옹벽이란 배후토사의 붕괴를 방지하고 부지 활용을 목적으로 만들어지는 구조물로서 자중과 배면흙의 중량에 의해 토압에 저항하는 구조물이다.

② 옹벽의 안정조건으로는 활동, 전도, 침하에 대해서 검토해야 한다.

Ⅱ. 옹벽의 안정조건

1. 활동에 대한 안정

1) 안정조건

옹벽의 밑면에 작용하는 마찰력과 점착력이 옹벽 배면에서 작용하는 수평토압과 지진력의 수평방향력 등에 저항할 때 활동에 대하여 안전하다.

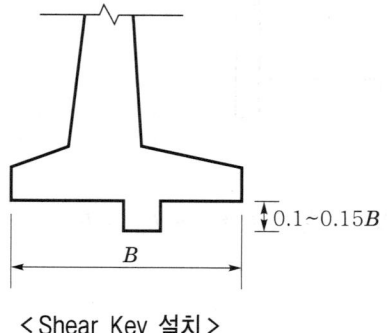

$0.1\sim0.15B$

B

< Shear Key 설치 >

2) 안전율

$$F_s = \frac{\text{기초저면에서의 마찰력의 합계}}{\text{수평력의 합계}} \geq 1.5$$

3) 대책

① Shear Key 설치

② 말뚝 기초 시공

2. 전도에 대한 안정

1) 안정조건

옹벽이 토압 및 지진력에 의해 옹벽 밑면 앞굽에서의 회전하려는 Moment보다 저항하려는 Moment가 클 때 옹벽은 전도에 대해 안전하다.

2) 안전율

$$F_s = \frac{\text{저항모멘트}}{\text{전도모멘트}} \geq 2.0$$

3) 대책
　　① 자중 증대
　　② 뒷굽길이 증대
　　③ 옹벽 높이 감소

3. 지지력에 대한 안정

1) 안정조건
　　옹벽 자중을 포함한 연직력의 합력이 기초지반의 극한지지력보다 적어야 옹벽이 지지력으로부터 안전하게 된다.

2) 안전율

$$F_s = \frac{지반의\ 허용지지력}{연직력의\ 합력} \geq 1.0$$

3) 대책
　　① 저판면적 확대
　　② 지반 개량

4. 옹벽을 포함한 전체 활동면의 안정

1) 안정조건
　　① 지반지지력이 충분하여도 기초지반 하부에 연약층이 있을 때 용수, 자중 및 배면의 외력에 의한 지반 자체에 활동면이 생기게 된다.
　　② 이 같은 경우의 안전 검토는 마찰원법 등이 사용된다.

2) 안전율
　　$F_s = 1.5$ 이상으로 한다.

5. 부상에 대한 안정

　　① 옹벽을 지하수위 이하에 설치하는 경우
　　② 옹벽이 부력에 의해 부상되는지 여부를 검토

3 | 옹벽 배면의 침투수가 옹벽에 미치는 영향

[08전(10)]

Ⅰ. 개요

① 옹벽구조물의 안전 여부는 배면에 작용하는 수압의 유무에 따라 지대한 영향을 받게 되므로, 옹벽 설계 시 배수공 설계를 합리적으로 수행하여 수압이 작용치 않도록 하여야 한다.

② 특히 우기 시에는 침투수가 유입되는 것을 막기 위한 시설로 배수용 반월관을 설치하여 비탈면의 표면수나 용수가 옹벽에 침투하거나 전면으로 흐르는 것을 방지하여야 한다.

Ⅱ. 침투수가 옹벽에 미치는 영향

1) 옹벽 배면 주동토압 증가

① 배수시설이 없는 경우

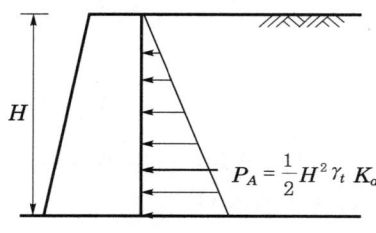

$$P_A = \frac{1}{2}H^2 \gamma_t K_a$$

〈 건기 시 주동토압 〉

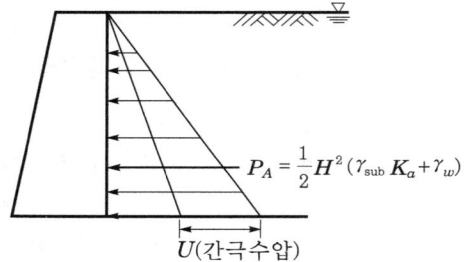

$$P_A = \frac{1}{2}H^2 (\gamma_{sub} K_a + \gamma_w)$$

U(간극수압)

〈 우기 시 주동토압 : 건기 시보다 약 2배 증가 〉

② 배수공과 연직배수시설을 설치한 경우 : 우기 시 주동토압은 건기 시 주동토압보다 약 35% 증가

③ 경사배수시설을 설치한 경우 : 우기 시 주동토압은 건기 시 주동토압보다 약 5% 증가

2) 옹벽 배면에 지하수위 상승

지표수가 침투하여 옹벽 배면의 지하수가 상승하여 주동토압이 증가하여 옹벽의 전도가 발생할 수가 있다.

3) 지지력 감소

지표수의 침투에 따른 옹벽 배면 지하수 상승에 따른 지지력 감소요인이 된다.

4) 활동전도 발생

① 침투수가 침투하면 세굴 발생

② 세굴에 따른 토압의 변화가 발생하고 주동토압의 증가로 인해 전도나 지지력 부족에 따른 활동 발생

5) 사면활동파괴 발생

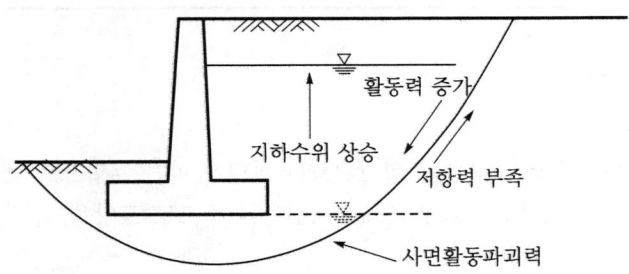

4   Rankine과 Coulomb토압의 차이

Ⅰ. Rankine토압론

1) 소성론 해석

   흙이 횡방향 팽창, 압축에 의한 소성파괴상태에 따른 토압으로 해석한다.

2) 벽마찰각을 무시하고 Mohr-Coulomb파괴기준으로 토압을 산정한다.

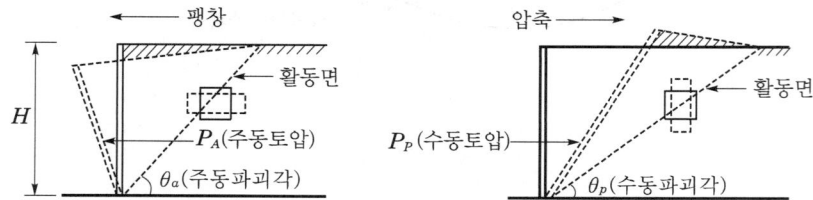

Ⅱ. Coulomb토압론

1) 흙쐐기론

   흙이 쐐기상태로 하향으로 활동하면서 벽면에 작용하는 토압으로 해석한다.

2) 힘의 다각형을 이용 도해법 및 근사 해법으로 토압을 산정한다.

3) 벽마찰각(δ)을 고려한다.

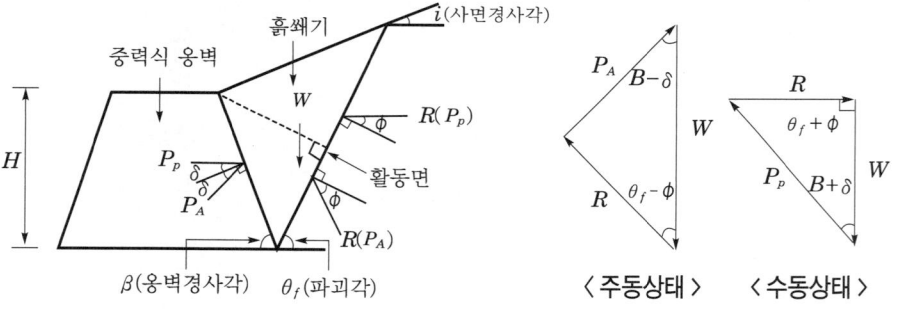

Ⅲ. Rankine과 Coulomb토압의 비교

구분		Rankine	Coulomb
벽마찰각(δ)		무시함	고려함
토압	주동토압	• 과대평가 : 설계상	• 실제 근접 : 적정
	수동토압	• 과소평가 : 안전측	• 과대평가 : 신뢰성 저하
토압작용방향		지표면과 평행	벽마찰각만큼 경사
토압 산정		모어-쿨롱파괴기준	힘의 다각형 이용
파괴면 내 배면토상태		소성상태 토압	파괴면만 극한상태
토압작용		• 안정 검토 : 역T형, L형 옹벽 • 벽체구조 검토 : 쿨롱토압 적용	• 안정 검토 : 중력식 옹벽 • 벽체구조 검토 : 중력식, 역T형, L형 옹벽

5 옹벽의 이음

[22중(10)]

I. 신축이음(Expansion Joint)

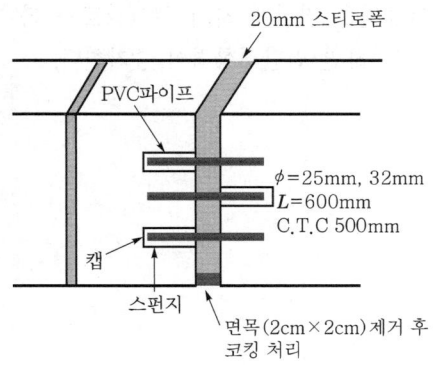

① 콘크리트의 수화열, 온도변화 등의 부피변화에 의한 균열 방지를 위한 이음으로 신축이음 간 간격이 15m를 넘어가지 않게 시공하며 중력식, 반중력식 옹벽은 10m마다 설치한다.
② 옹벽 직선구간에 신축이음을 설치한다.
③ 신축이음부 양쪽의 일체성을 위해 Slip Bar를 시공한다.
④ Dowel Bar, Slip Bar(강봉) : $\phi = 25$mm 또는 32mm, $L = 600$mm, 500mm 간격 시공
⑤ Joint Filler : 스티로폼, 역청코르크, 아스팔트코르크, Rubber Pad, 20mm

II. 수축이음(Contraction Joint, Control Joint)

① 옹벽 벽체 부위의 건조수축으로 인한 균열을 유도하기 위한 이음으로 최대 9m 간격으로 시공한다.
② 깊이 35mm(단면 10% 이상) 정도의 V형 또는 U형 홈을 설치하며 철근을 잘라서는 안 된다.
③ 문양거푸집이 설치되는 경우에는 생략이 가능하다.

III. 신축이음과 수축이음의 비교

종류	기능	간격	시공
신축이음	온도변화, 균열 방지	15m 이하	철근 절단, 지수판 설치
수축이음	건조수축, 균열제어	9m 이하	철근 연속, 단면 감소

Ⅳ. 시공이음(Construction Joint)

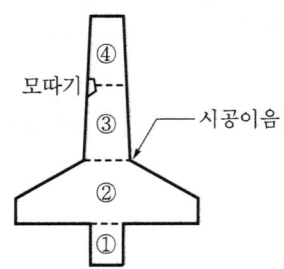

① 콘크리트 타설계획상의 계획된 이음으로 계획되지 않은 추가적인 시공이음(Cold Joint)이 발생되지 않도록 한다.

② 선타설 콘크리트표면을 거칠게 하여 콘크리트를 타설하며, 쐐기를 설치하면 전단저항력이 증가한다.

6 3경간 연속보, 캔틸레버옹벽의 주철근 배근도 작성

[14중(10)]

Ⅰ. 개요

① 연속보란 연속 경간에 설치되어 한쪽 또는 양쪽 단부가 연속되는 보를 말한다.

② 캔틸레버(cantilever)식 옹벽이란 벽체에 널말뚝이나 부벽이 연결되어 있지 않고 저판 및 벽체만으로 토압을 받도록 설계된 철근콘크리트 옹벽을 말한다.

③ 주철근이란 주된 단면력이 작용하는 방향으로 휨모멘트와 축력에 저항하기 위하여 배치하는 철근을 말한다.

Ⅱ. 3경간 연속보 주철근 배근도

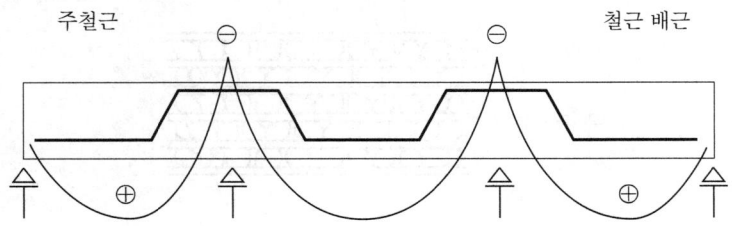

Ⅲ. 캔틸레버옹벽의 주철근 배근도

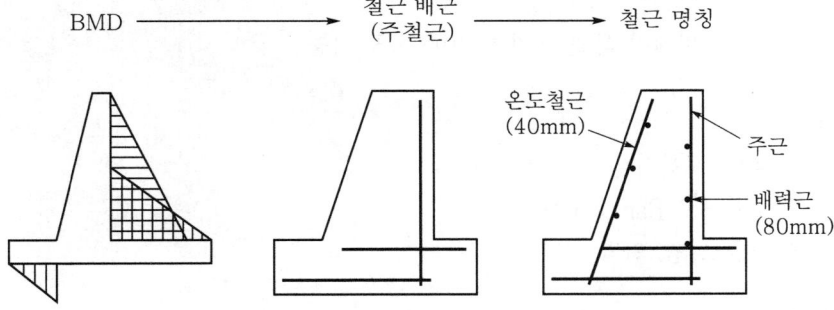

Ⅳ. 철근 배근 시 검사항목

① 철근의 종류, 공칭지름, 수량, 간격

② 겹침이음의 이음길이 및 위치

③ 이음결속선의 결속 여부(결속률)

④ 철근 녹 발생 및 이물질 부착 여부

⑤ 시공 전후 철근의 휘어짐

⑥ 각 부위별 최소 피복두께 확보 여부

⑦ 간격재의 종류, 수량, 배치

7 보강토공(보강토공법)

[97중후(20), 02중(10), 21중(10)]

Ⅰ. 정의

① 보강토공이란 점착력이 적은 흙에 인장강도가 큰 보강재를 삽입하여 자중이나 외력에 대하여 강화된 성토체 또는 벽체를 구축하는 것이다.

② 흙과 보강재와의 부착면에서 생기는 마찰력으로 인한 전단저항을 증대시키는 공법으로 최근 이용도가 높아지고 있는 신공법이다.

Ⅱ. 보강토(補强土)공법의 원리

점착력이 없는 흙＋인장강도와 마찰력이 큰 보강재＝겉보기 점착력 부여

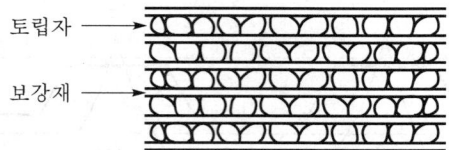

Ⅲ. 특징

① 신속 시공

② 높은 옹벽의 축조 가능

③ 연약지반에서 특별한 기초 없이 시공 가능

Ⅳ. 용도

① 옹벽, 토류시설

② 고가도로 Ramp, 교대

③ 소규모 댐, 안벽

Ⅴ. 구성요소

1) Skin Plate(전면판)

① 뒤채움재 유실 방지, 보강재의 연결, 옹벽 외관의 미화역할

② 공장제품인 Precast Con'c Panel과 Metal Skin이 있음

2) Strip Bar(보강재)

① 뒤채움재의 토압에 의한 인장력 부담

② 마찰저항이 크고 내구성이 좋아야 함

③ Geotextile, Geogrid, Geocomposite, Geomembrane 등 사용

3) 뒤채움재

① 내부마찰각이 큰 조립토

② 배수성이 좋고 화학적으로 안정된 재료

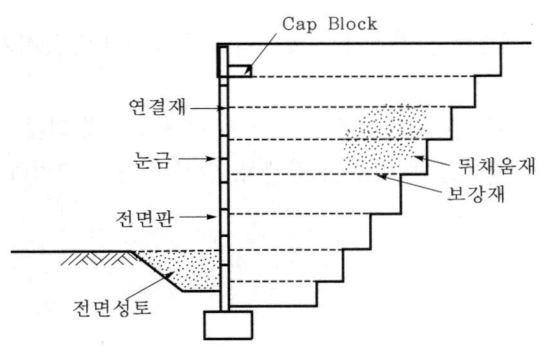

4) 연결재

5) 줄눈재

6) Cap Block

Ⅵ. 시공 시 유의사항

1) 뒤채움재 선정

옹벽의 뒤채움재와 동일한 재료 사용

2) 포설

전면판 휨 방지를 위해 앞쪽에서 뒤쪽으로 포설

3) 다짐

성토체를 20~30cm 두께로 적정 다짐기계를 사용

4) 보강재 시공

수평으로 설치하고 요철이 일어나지 않도록 시공

5) 수직도관리

전면판과 보강재의 각도는 90°를 유지

Ⅶ. 개발방향

① Skin의 PC화로 품질 향상 및 단가 절감

② 다양한 품질의 보강재 개발로 활용범위 확대

③ 벽체의 변형을 최소화할 수 있는 공법 개발

8 특수 옹벽

Ⅰ. 정의

① 옹벽이란 배면에서 작용하는 토압에 대항하여 배면토사가 붕괴하는 것을 막는 흙막이 벽을 말한다.

② 특수 옹벽이란 일반적인 중력식, 역T형, 부벽식 옹벽 외에 특수 목적으로 시공되어지는 옹벽구조물로써 시공성, 경제성, 안전성 등을 고려하여 공법을 선정한다.

Ⅱ. 종류

① 앵커옹벽

② Soil Nailing Wall

③ Crib Wall

④ 격자틀 앵커 Wall

⑤ Texsol옹벽

Ⅲ. 공법별 특징

1) 앵커옹벽

① 현장 타설말뚝(CIP공법, SCW공법), 엄지말뚝 및 토류판, 지중 연속벽 또는 Sheet Pile 등으로 지중에 벽체를 먼저 설치 후 굴착을 해 내려가면서 Anchor을 설치하여 토압을 지지시키는 공법이다.

② 사면 절취 시에는 앵커를 설치하면서 굴착면을 Shotcrete, 콘크리트판 등으로 보호하여 사면을 안정시키는 방법을 사용한다.

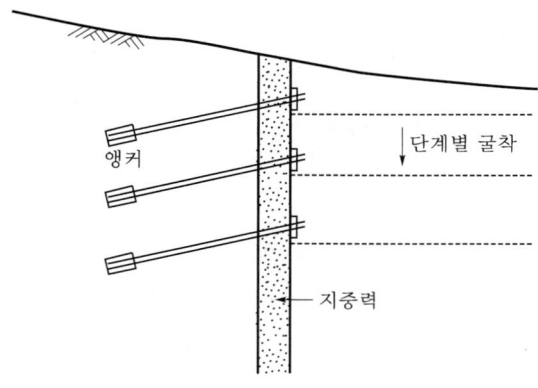

2) Soil Nailing Wall

① 절취지반에 강봉을 삽입하고 Grouting 한다.

② 보강토이론과 같으나 자연지반에 설치하는 것이 상이하다.

③ 높이와 Nailing폭의 비는 0.5~0.7이며, Nailing의 간격은 0.5~1.5m²당 1개씩으로 한다.

④ 표면 처리는 Shotcrete 또는 Texsol 등으로 처리한다.

⑤ Nailing된 토체는 일체 중력식 구조물로 거동한다.

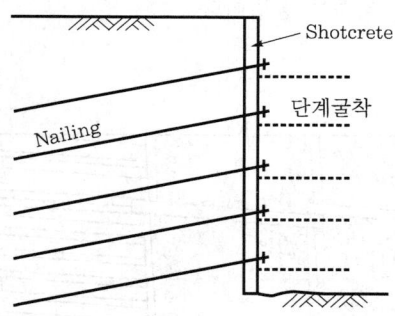

3) Crib Wall(방틀옹벽)

① Crib옹벽은 험준한 산악지역의 단면 시공에 적합하다.

② 해석은 중력식 옹벽으로 외적 안정 검토를 시행하며, 부재의 규격은 격자틀 안에 흙을 채웠을 때를 기준으로 내적 안정을 검토한다.

4) 격자틀앵커옹벽

콘크리트 격자틀과 Anchor를 결합시켜 사면을 보호하는 형식의 구조물이다.

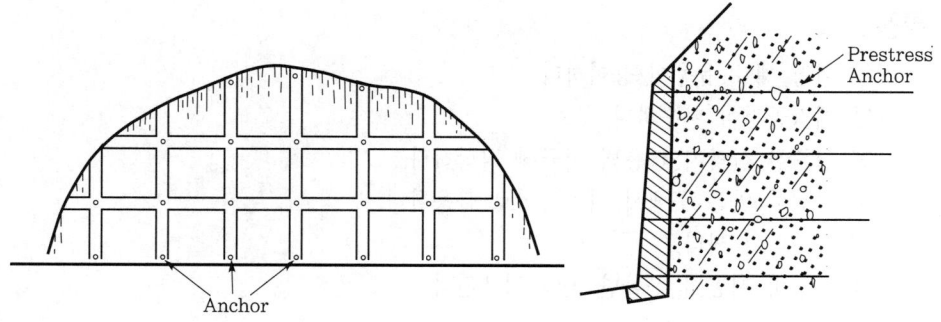

5) Texsol옹벽

① 특수 장비로 자연산 모래와 여러 가닥의 연속 장섬유로 구성된 화학섬유를 모래와 동시에 살포하여 토립자의 마찰로 강도를 증가시켜 옹벽의 역할을 하는 것이다.

② 현장에서 모래중량의 0.1~0.2% 정도의 화학섬유를 혼합하여 만드는 획기적인 신공법의 옹벽이다.

9 | Crib Wall(방틀)

I. 정의

① 목재, 철근콘크리트, 강재로 격자틀(Frame)을 만들어 내부에 토사, 자갈, 버력 등을 채워서 옹벽 또는 가물막이 등에 사용하는 공법을 말한다.

② 벽체에 작용하는 토압은 틀과 내부의 토사중량으로 저항하는 일종의 중력식 옹벽형태로 안정을 취하는 공법이다.

II. Crib Wall의 도해

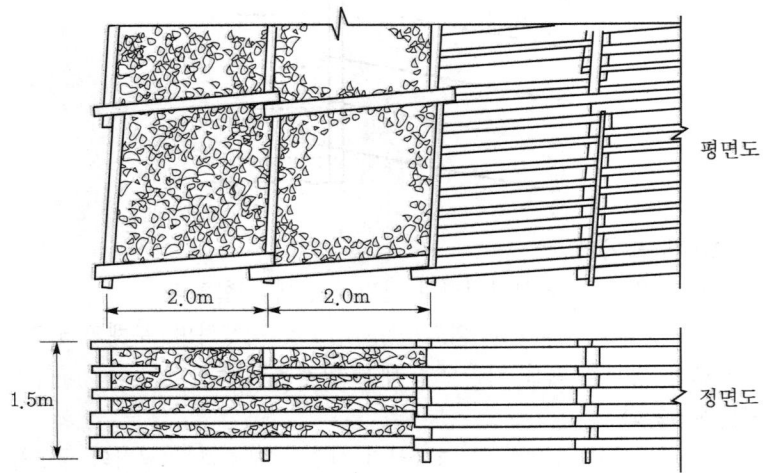

평면도

2.0m   2.0m

1.5m

정면도

III. 특징

① 현장 재료 유용이 용이하다.

② 제작공정이 단순하다.

③ 험준한 산악지역 옹벽 시공에 적합하다.

④ 수심이 얕은 곳에서 가물막이로 사용한다.

⑤ 공사비가 싸다.

⑥ 중장비 시공이 곤란한 곳에 적용된다.

IV. 용도

① 옹벽   ② 가물막이

③ 하천 호안, 수제   ④ 기초세굴방지공

⑤ 군 작전용 구조물

10 텍솔(Texsol)공법

Ⅰ. 정의

① Texsol은 특수한 장비를 사용하여 자연산 모래에 화학섬유를 현장에서 모래중량의 0.1~0.2% 혼합하여 만드는 획기적인 건설재료이다.
② 여러 가닥의 연속 장섬유로 구성된 화학섬유가 모래와 결합하여 토립자와 화학섬유의 마찰로 강도를 증가시켜 옹벽의 역할을 하는 것이다.

Ⅱ. Texsol공법의 공정

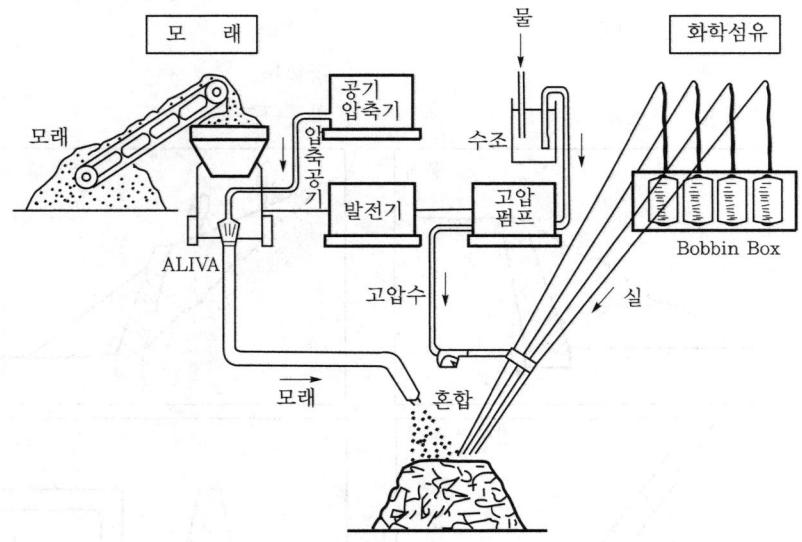

Ⅲ. 특성

① 양생기간이 필요 없는 현장 타설   ② 투수성 불변
③ 충격 및 소음 흡수   ④ 내진특성
⑤ 수직에 가까운 경사각도로 시공   ⑥ 거푸집, 뒤채움 없는 즉석 시공
⑦ 식재 및 식수 가능   ⑧ 설치부지면적 절감
⑨ 각종 부지형상에 맞도록 형태조정 가능
⑩ 바람, 유수에 의한 침식 및 세굴 방지
⑪ 원상태 모래에 비해 놀라운 강도 증가로 구조체 형성
⑫ 원상태 모래에 특수 계수 유지로 표면식생 가능
⑬ 변형률 증가로 유연성구조물 제작 가능

Ⅳ. 시공순서 Flow Chart

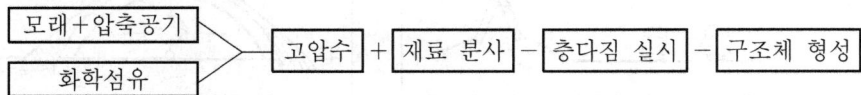

V. Texsol공법의 효과

① 부지면적 절감   ② 저판 불필요

③ 현장 지형에 용이하게 적용   ④ 부등침하영향 적음

⑤ 연약지반에서 기초공사비 절감   ⑥ 표면식생 가능

⑦ 자재수급 용이   ⑧ 기계화 시공으로 노무비 절감

⑨ 공사기간 단축

VI. 용도

① 토류벽 또는 옹벽   ② 경사면 법면 처리

③ 암사면 식생   ④ 경사면 침식 방지

⑤ 내진구조물 기초   ⑥ 방음벽

⑦ 방호벽   ⑧ 방화벽

⑨ 충격흡수구조물   ⑩ 방폭구조물

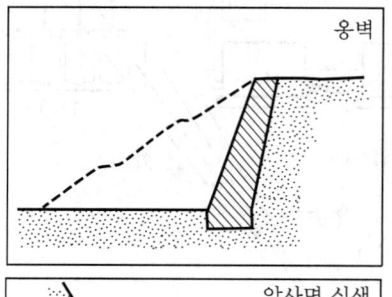

옹벽

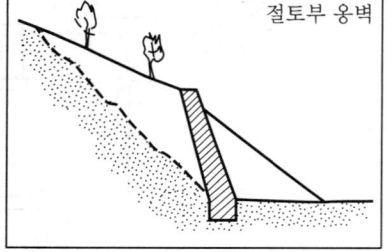

절토부 옹벽

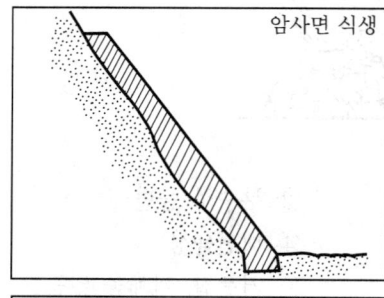

암사면 식생

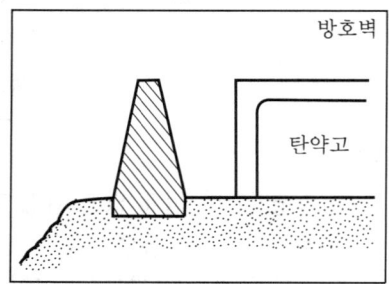

방호벽 / 탄약고

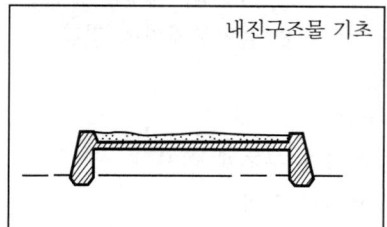

내진구조물 기초

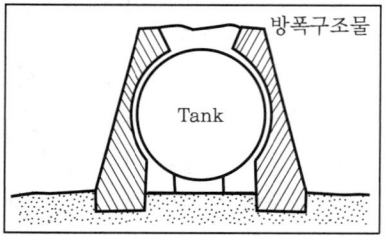

방폭구조물 / Tank

방음벽

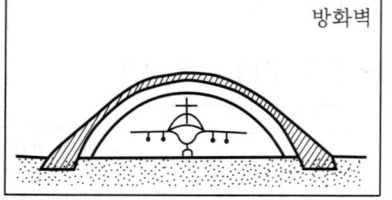

방화벽

11 기대기 옹벽

Ⅰ. 정의

① 기대기 옹벽이란 절토부의 낙반 등 암석의 이탈이 발생할 가능성이 있거나 단층과 파쇄대가 발달하여 절토 사면의 불안정성이 예상되는 경우 시공하는 옹벽이다.

② 절토부 전면을 벽체로 형성하지 않고 일부분에만 설치하기 때문에 보통 기대기 옹벽 배면의 지하수위로 인한 수압을 작용하중으로 고려하지 않으나, 다만 많은 지하수의 유입이 예상되는 지반조건에서는 수압을 고려하여 배수시설 시공을 철저히 한다.

Ⅱ. 기대기 옹벽의 종류

1) 합벽식 옹벽

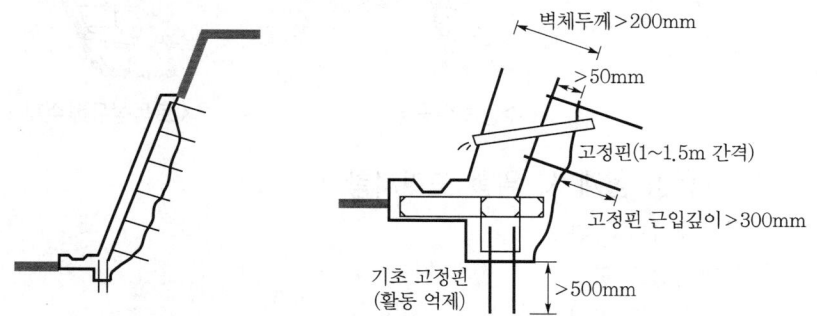

① 절토부 비탈면에 현장 타설 콘크리트 시공을 하여 콘크리트로 암석의 이탈을 방지하는 공법이다.

② 비탈면과 합벽식 옹벽이 일체화되도록 철근으로 보강하며(300mm 이상 근입, 1~1.5m 간격), 벽체가 두꺼울수록, 경사가 급해질수록 간격을 좁게 한다.

2) 계단식 옹벽

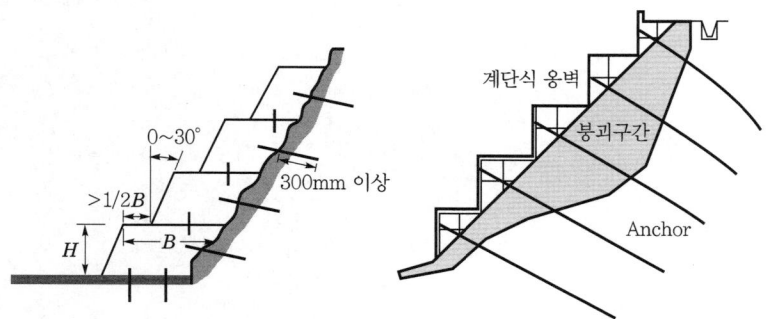

① 파괴가 예상되는 구간이 넓을 때에는 계단식으로 기대기 옹벽을 시공한다.

② 계단 사이의 시공이음이 발생하며 동시에 계단 사이의 마찰저항력으로 활동에 대해 저항한다.

③ 철근 또는 Anchor를 사용하여 절토 사면의 활동에 대한 안전율을 높인다.

Ⅲ. 기대기 옹벽의 안정성 검토
   ① 외적 안정에 대한 검토 : 활동, 전도, 침하
   ② 내적 안정에 대한 검토 : 전단파괴, 휨파괴

Ⅳ. 기대기 옹벽의 배수시설
   ① 기대기 옹벽은 수압을 고려하지 않도록 설계하며 지하수위 상승을 막기 위해 배수시설을 설치한다.
   ② 배수시설의 종류 : 배수구멍, 수평배수공, 토목섬유배수재

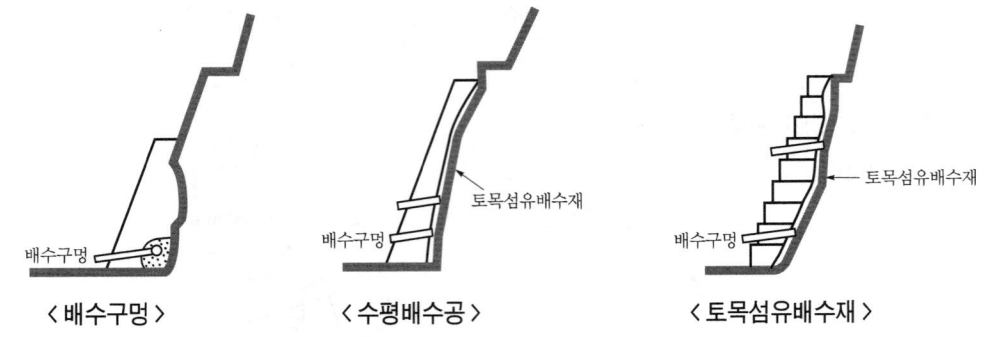

   〈 배수구멍 〉   〈 수평배수공 〉   〈 토목섬유배수재 〉

Ⅴ. 비탈면구조물공 설계 시 위험 고려사항
   ① 산사태위험도 판정
   ② 붕괴위험도 판정
   ③ 낙석위험도 판정
   ④ 풍화위험도 판정
   ⑤ 붕괴예상규모 산정
   ⑥ 비탈면 10m 길이 이상 시 안정 계산 실시

12 절토부 패널식 옹벽

[18중(10)]

Ⅰ. 정의

① 절토부 옹벽은 일반 RC옹벽과 달리 보강재(Bolt, Anchor, Nailing)로 시공하여 원지반 전단강도를 증가시키고 PC Panel을 전면판으로 활용한 벽체를 형성시킴으로써 수평토압에 저항하고 지반의 이완을 억제시키는 공법이다.

② 일반 옹벽에 비해 PC Panel을 활용하여 공기 단축이 가능하고 미관이 수려하며 지보재 보강으로 원지반의 이완을 최소화하여 절토량을 최소화 및 소단부에 조경을 할 수 있는 친환경적인 공법으로 절토부 보강토 옹벽이라고도 한다.

Ⅱ. 적용

① 파쇄가 심한 풍화대구간 적용

② 붕괴가 예상되는 사면의 안정용도로 활용

Ⅲ. 종류

1) PEM(Prestressed Earth Method)옹벽 : Earth Bolt(시스템 긴장재) 사용

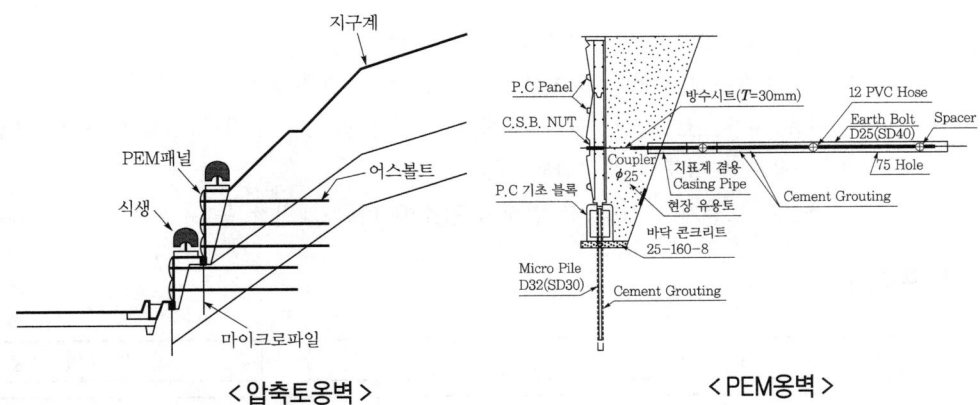

< 압축토옹벽 >   < PEM옹벽 >

2) PAP(Prestressed Anchor and Precast Panel)옹벽 : Earth Anchor 사용

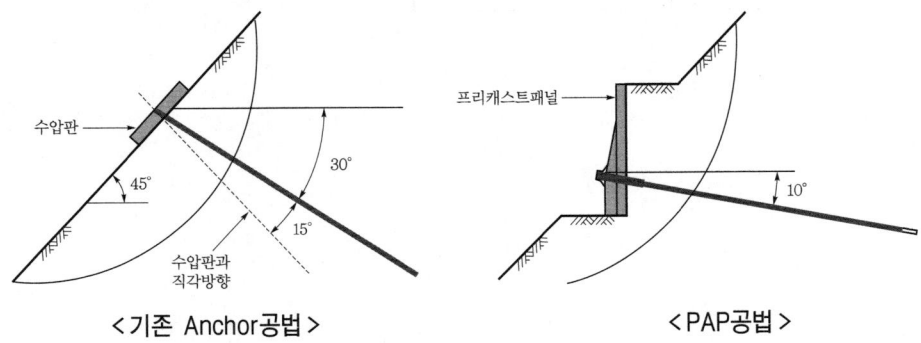

< 기존 Anchor공법 >   < PAP공법 >

3) PC Panel 합벽식 옹벽 : Soil Nailing 사용

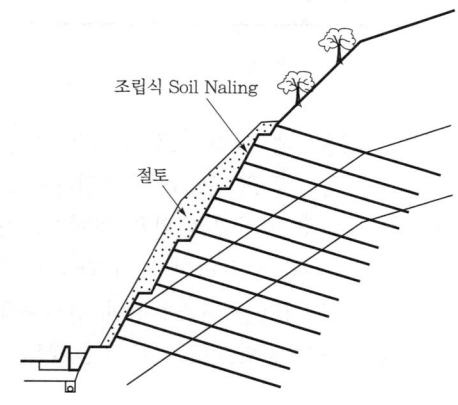

조립식 Soil Naling

절토

Ⅳ. 특징

① 원지반 절취 최소화 및 단계별 굴착으로 이완 최소화

② 일반 옹벽공법에 비하여 절토량과 뒤채움량이 적어 공사비 절감

③ Earth Bolt, Anchor, Soil Nailing, Rock Bolt 등의 보강재 사용으로 원지반강도 증진

④ 저판이 없어 일반 옹벽공법에 비하여 부지이용률 증가

⑤ Precast제품을 사용하여 품질이 우수하고 공기 단축 가능

⑥ PC제품 사용으로 곡선선형 시공에 어려움이 있으며 현장 유용토가 없을 경우 뒤채움용으로 별도의 토사반입 필요

⑦ Anchor를 보강재로 사용 시 인장력 감소에 따른 재인장 등 유지관리 필요

Ⅴ. 시공순서

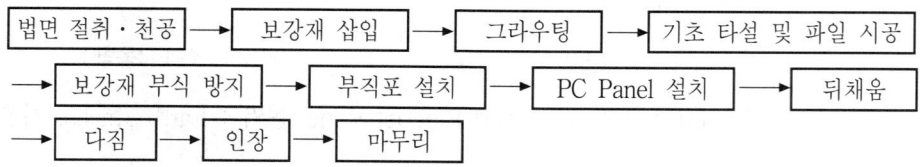

법면 절취·천공 → 보강재 삽입 → 그라우팅 → 기초 타설 및 파일 시공 → 보강재 부식 방지 → 부직포 설치 → PC Panel 설치 → 뒤채움 → 다짐 → 인장 → 마무리

13 Arching현상(Arching Action)

[12전(10)]

Ⅰ. 정의

① Arching현상이란 하중작용으로 변위가 발생하는 지반은 변위가 없는 인접 지반의 주면마찰저항으로 작용하중의 크기가 감소하고, 인접 지반은 토압이 증가한다.

② 변형되려는 부분의 토압이 변위가 없는 지반으로 전달되는 응력의 전이현상을 Arching현상이라 한다.

Ⅱ. 개념도

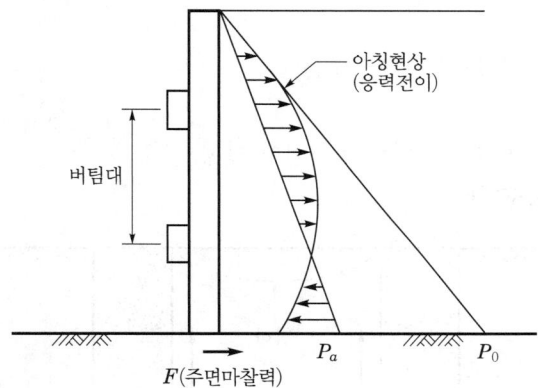

Ⅲ. 구조물에 미치는 영향

1) 흙댐 심벽

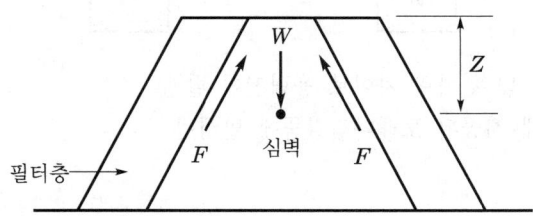

① $W' = W - 2F = \gamma z - 2F$

여기서, W : 응력전이 전 토피하중

W' : 응력전이 후 토피하중

② 재료의 강성차이로 응력전이 발생

③ 침하가 없는 인접 지반의 응력이 부등침하가 발생하는 지반으로 전이

④ Arching현상이 클 경우 수평응력보다 수압이 크게 발생하며, 수압 파쇄현상이 발생되어 댐 붕괴원인이 된다.

2) 지하 매설Box

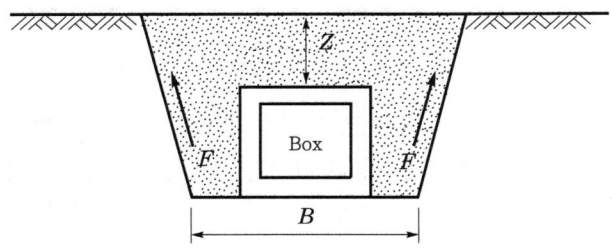

① 굴착폭(B)이 넓을 경우는 응력전이가 발생하지 않는다.
② 굴착폭(B)이 좁을 경우에 침하가 없는 원지반의 응력이 되메우기 지반으로 응력
   전이
③ 주면마찰력저항으로 토압 감소

3) 지하 매설관
   재료 강성 및 침하량 차이로 응력전이 발생

4) 모래다짐말뚝(SCP)

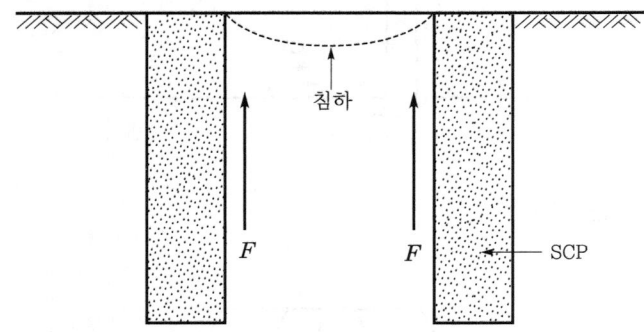

① 재료 강성 및 침하량 차이로 응력전이 발생
② 점토지반에 시공된 모래다짐말뚝에 발생됨

14 옹벽 및 보강토 관련 용어

1) 토압분포(Earth Pressure Distribution)

① 토압의 분포는 일반적으로 깊이에 비례한 삼각형분포가 기본이 된다. 그러나 이것은 강성벽(콘크리트 옹벽, Caisson 등)인 경우에 벽의 전체 높이에 있어서 일제히 주동 또는 수동상태로 되는 경우에 한한다.

② 강성벽에서도 변위의 방식에 따라 이것과 다른 분포를 하는 경우가 있고 연성벽(Flexible Wall)인 경우에는 깊이방향의 변위분포가 직선적으로 되어 주동, 수동 또는 정지상태가 혼재하며, 토압은 복잡한 분포형을 이룬다.

제1장 토공

건설기계 과년도 문제

1. Shovel계 장비의 종류와 적용 [96후(20)]
2. 건설기계의 조합원칙 [11전(10)]
3. 불도저의 작업원칙 [97후(10)]
4. 건설기계의 작업효율 [98후(20)]
5. 건설기계의 작업효율 [00전(10)]
6. 시공효율 [04전(10)]
7. Back Hoe작업량 산출방법 [04후(10)]
8. Trafficability의 용도 [94후(10)]
9. 트래피커빌리티(Trafficability) [01전(10)]
10. 장비의 주행성(Trafficability) [02중(10)]
11. 트래피커빌리티(Trafficability) [05중(10)]
12. 건설기계의 트래피커빌리트(Traficability) [12중(10)]
13. 흙의 입도분포에 의한 주행성(Trafficabillty) 판단 [11중(10)]
14. 흙의 입도분포에 의한 기계화 시공방법 판단기준 [12전(10)]
15. 건설기계의 주행저항 [11후(10)]
16. 건설기계의 주행저항 [15후(10)]
17. 토공중기의 경제적 운반거리 [95중(20)]
18. 표준 트럭하중 [05후(10)]
19. 교량등급에 따른 DB, DL하중 [15후(10)]
20. 교량의 설계 차량활하중(KL-510) [16중(10)]
21. 교량의 등급 [21후(10)]
22. 건설기계 경비의 구성 [05중(10)]
23. 건설기계의 손료 [08중(10)]
24. 건설기계 경제수명 [97중후(20)]
25. 건설기계의 경제적 사용시간 [06중(10)]
26. 건설기계 마력 [00후(10)]
27. Crusher장비조합 [99중(20)]
28. 임팩트 크러셔(Impact Crusher) [04전(10)]
29. 준설선의 종류 [00중(10)]
30. 준설매립선의 종류 및 특징 [17후(10)]
31. 준설매립선의 종류 및 특징 [23중(10)]
32. 준설선의 종류 및 특징 [19전(10)]
33. 호퍼준설선(Trailing Suction Hopper Dredger) [07전(10)]
34. 펌프준설선의 작업효율의 합리적 결정방법 [21전(10)]
35. 항만공사 시 토사의 매립방법 [21중(10)]
36. 준설토 재활용방안 [11중(10)]
37. 건설공사용 크레인 중 이동식 크레인의 종류 및 특징 [16전(10)]

1 Shovel계 장비의 종류와 적용

[96후(20)]

Ⅰ. 정의

① 토공용 기계는 대체적으로 굴착, 적재, 운반, 정지, 다짐으로 구분할 수 있는데, 해당 공사가 요구하는 시공법, 능률, 작업조건, 성질 등을 파악하여 가장 효과적인 장비를 선정해야 한다.

② 작업효율의 극대화를 위해서는 각 장비의 장단점을 비교하고 작업의 물량, 공기 등을 분석하여 장비와 규격을 합리적으로 조합하여 사용해야 한다.

Ⅱ. Shovel계 장비의 종류

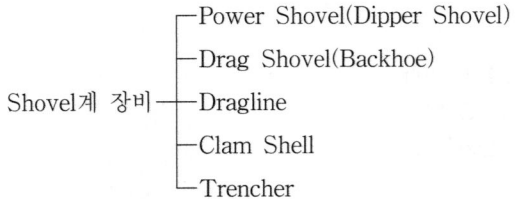

Shovel계 장비
- Power Shovel(Dipper Shovel)
- Drag Shovel(Backhoe)
- Dragline
- Clam Shell
- Trencher

Ⅲ. Shovel계 장비의 종류와 적용

1) Power Shovel(Dipper Shovel)
   ① Shovel계 굴착기계 중 가장 기본이 되는 장비이다.
   ② 기계보다 높은 위치의 굴착작업에 적합하다.
   ③ 단단한 토질의 굴착도 가능하다.
   ④ 운반기계와 조합하여 사용하면 효과적이다.
   ⑤ Crawler형과 Tire형이 있다.

2) Drag Shovel(Backhoe)
   ① 토공의 주된 장비로서 사용되며 Wire-rope식과 유압식이 있다.
   ② 지면보다 낮은 위치의 굴착이 용이하나 높은 곳도 굴착과 적재가 가능하다.
   ③ 정확한 위치의 굴착이 가능하므로 구조물 기초의 굴착에 적합하다.
   ④ 현장 여건이 좋으면 Power Shovel과 동일한 작업능력을 발휘한다.

3) Dragline
   ① 기계보다 낮은 장소의 굴착이 용이하다.
   ② 넓은 면적의 연한 토질을 광범위하게 굴착할 때 유효하다.
   ③ 단단한 지반의 굴착에는 부적합하다.
   ④ 하상 굴착, 골재 채취 등 수중작업에도 사용된다.
   ⑤ 수중 굴착작업 시에는 구멍 뚫린 버킷(Bucket)을 사용한다.

4) Clam Shell

　① 기초 및 우물통 등의 좁은 장소의 깊은 굴착에 적합하다.

　② 높은 장소에의 적재작업에도 사용된다.

　③ 단단한 지반의 굴착에는 부적합하다.

　④ 자갈, 모래 등의 채취에 가장 많이 이용된다.

　⑤ 버킷의 종류에 따라 가볍고 흐트러진 재료의 취급, 굴착작업 등 용도가 다르다.

5) Trencher

　① 가스관, 수도관 등의 매설 및 배수로 굴착에 사용된다.

　② 굴착된 토사는 컨베이어에 의해 배출된다.

2 기계의 조합원칙

Ⅰ. 개요

① 기계의 조합은 각 기계의 장단점을 비교하고, 완료해야 할 작업의 물량, 공기 등을 종합적으로 판단하여 여러 종류의 기계와 규격을 합리적으로 결합함으로서 최대의 효율을 얻도록 해야 한다.

② 각 기계의 용량과 대수를 최대한 균형 있게 조합함으로서 전체 작업의 능률을 높여 시공단가를 절감시켜야 한다.

Ⅱ. 건설기계의 조합원칙

1) 작업능력의 균형
가장 효율적인 기계의 조합을 위해서는 각 기계의 작업능력을 균등화하여 각 작업의 소요시간을 일정화하는 것이 필요하다.

2) 조합작업의 중복화
직렬작업을 중복시켜 작업을 병렬화하면 시공량이 증대될 뿐 아니라 고장 등에 의한 타 작업의 휴지를 방지하여 손실의 위험분산효과가 있다.

3) 조합작업의 감소
일반적으로 분할되는 작업의 수가 증가하면 작업효율이 저하되어 합리적인 조합작업이 되지 못하므로 기계의 작업효율을 고려한 합리적 조합이 요구된다.

Ⅲ. 토공기계의 조합 예

공종명 \ 작업명	굴착	적재	운반	다짐	마감
도로공사	Bulldozer	Pay Loader	Dump Truck	Roller	Grader
축제공사	Bulldozer	Power Shovel	Dump Truck	Bulldozer	Bulldozer
댐공사	Bulldozer	Pay Loader	Scraper, Belt Conveyor	Bulldozer	Grader

3 불도저의 작업원칙

[97후(10)]

Ⅰ. 정의

① 불도저는 Tractor의 전면에 배토판(Blade)을 부착하여 자체 중량을 이용하여 토사를 굴착·집토하는 기계이다.

② 전면에 부착하는 배토판의 종류에 따라 그 용도가 달라진다.

Ⅱ. 불도저의 분류

```
          ┌ 주행장치 ┬ 무한궤도식(Crawler Type)
          │          └ 차륜식(Tire Type)
  분류 ───┤
          │          ┌ Straight도저
          └ 부착장비 ┤ Angle도저
                     ├ 틸트도저
                     └ Rake도저
```

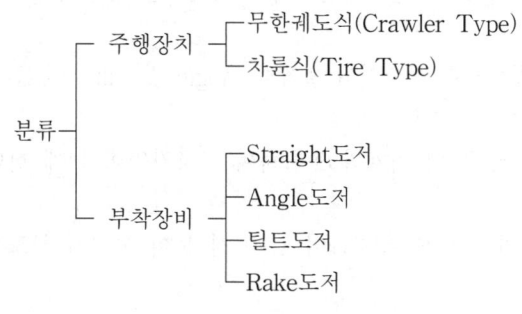

< Straight도저 >

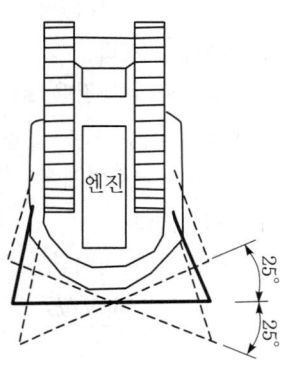

< Angle도저 >

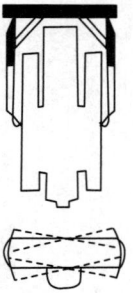

< 틸트도저 >

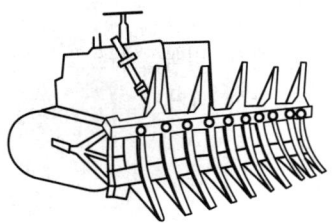

< Rake도저 >

Ⅲ. 불도저의 작업원칙

1) 단거리작업

   50m 전후의 비교적 단거리 굴착, 운반용 기계로 사용된다.

2) 운반거리 최소화

   운반작업은 항상 운반거리가 최소화되도록 한다.

3) 하향작업

   굴착과 운반은 가급적 중력을 이용한 하향작업이 되도록 한다.

4) Cycle Time 단축

   Cycle Time의 단축에 주력함으로써 운전시간당의 작업횟수를 증대시킨다.

5) 토질에 따른 배토판 조절

   토질조건 및 작업목적에 적합하도록 불도저의 절삭각, Angle 및 Tilt각 등을 조절한다.

6) 조합작업

   Scraper, Shovel, Dump Truck 등의 기계와 조합하여 보조작업이 되게 한다.

7) 작업로 정비

   작업로는 항상 양호한 상태가 되도록 유지하여 강우 시 물이 고이지 않도록 한다.

8) 평탄작업

   굴착과 운반작업은 항상 지면이 평탄하게 유지될 수 있도록 한다.

9) 배토판 조작

   배토판의 조작은 조금씩, 그리고 부드럽게 행한다.

10) 병행작업

    토사운반작업에서 작업능률을 향상시키기 위하여 병행작업을 실시한다.

11) 시공능력

    불도저 단위시간당 작업량이다.

$$Q = \frac{60qfE}{C_m} \ [\text{m}^3/\text{h}]$$

Ⅳ. 불도저의 기본작업

① 굴착, 운반, 성토

② 다짐, 적재

③ 매립

④ 개간, 벌목, 제근

⑤ 암석 제거

4 Bulldozer의 작업능력

I. 개요

① 건설기계에서 Bulldozer의 역할은 굴착, 적재, 운반, 포설, 다짐 등을 할 수 있는 만능 기계로서, 토목건설현장에서 큰 몫을 차지하는 장비이다.
② Bulldozer의 작업능력은 배토판의 크기, 흙의 종류, 기능공의 숙련도 등에 따라 크게 달리 나타난다.

II. Bulldozer의 분류

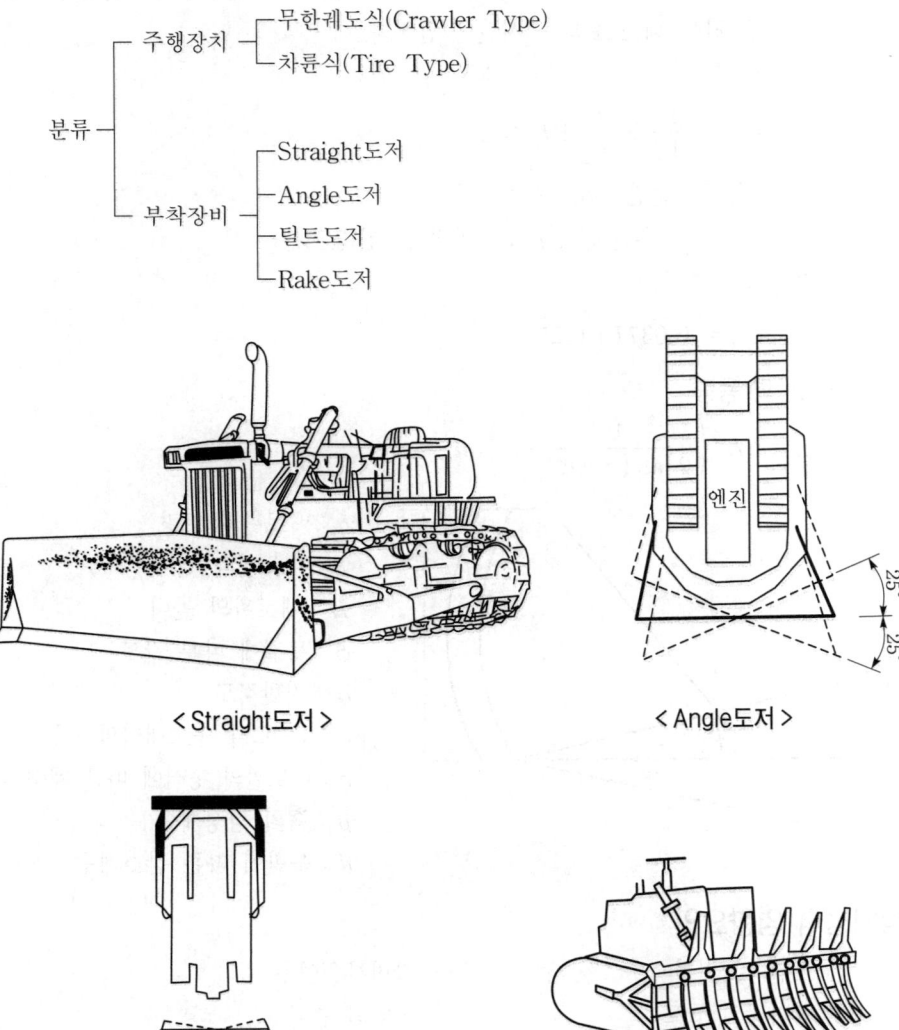

< Straight도저 > < Angle도저 >

< 틸트도저 > < Rake도저 >

Ⅲ. 작업능력

1) 의의

Bulldozer의 작업능력은 단위시간당 Bulldozer가 처리하는 능력을 말한다.

2) 작업능력 산정

$$Q = \frac{60qfE}{C_m} \ [\text{m}^3/\text{h}]$$

여기서, q : 배토판의 용량(m^3), f : 토량환산계수

E : 작업효율, C_m : 사이클 타임(min)

3) 사이클타임

① 사이클타임(C_m)은 불도저가 반복하여 작업할 때 전진 및 후진작업으로 1회의 작업을 하는 데 소요되는 시간을 말한다.

② 구하는 식

$$C_m = \frac{L}{V_1} + \frac{L}{V_2} + t_g$$

여기서, L : 운반거리, V_1 : 전진속도

V_2 : 후진속도, t_g : 기어변속시간(0.25분)

③ 경험적인 값

$$C_m = 0.037\,l + 0.25$$

4) 배토판의 용량

$$q = LH^2\left(\frac{1}{2\tan(\phi+\alpha)} + \varepsilon\right)\mu d$$

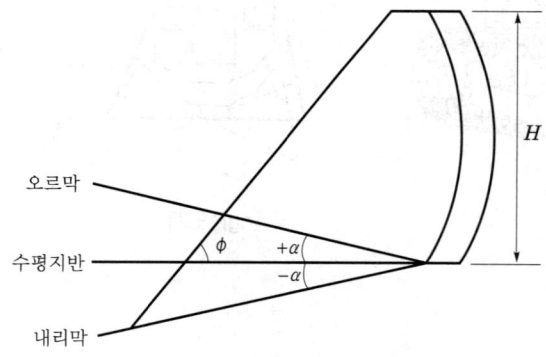

q : 배토판의 토량

L : 배토판의 길이

H : 배토판의 높이

ϕ : 토질에 따른 각도

α : 지반각도

  (오르막 +, 내리막 −)

ε : 배토판의 형식에 따른 계수

μ : 흙의 점성계수

d : 운반에 따른 감소계수

Ⅳ. 작업능력 영향요인

① 토질 및 지형   ② 장비사용연수

③ 작업장의 규모   ④ 작업의 종류

⑤ 기능도의 숙련도   ⑥ 장비의 적용성

5 　건설기계의 작업효율

[98후(20), 00전(10), 04전(10), 10전(10)]

Ⅰ. 정의

① 건설기계의 작업량을 산출할 때 기계의 작업능률을 판단하는 요소로서 작업량 산출식에 곱하여 실제 작업량을 산출하는 데 쓰이는 계수이다.

② 시공효율 중에서 가동일수율 이외의 작업능률계수(E_1)와 작업시간(E_2)을 곱하여 얻은 값을 작업효율(E)이라 한다.

Ⅱ. 작업효율

$$E(작업효율) = E_1(작업능률계수)\,E_2(작업시간율)$$

1. 작업능률계수(E_1)

1) 산정식

$$작업능률계수(E_1) = \frac{실시\ 시공량}{표준\ 시공량}$$

2) 영향을 미치는 요인

① 자연적 조건
   ㉠ 기상의 영향
   ㉡ 기계의 적응성
   ㉢ 현장조건

② 기계적 조건
   ㉠ 기종 선정, 기계배치, 조합의 양부
   ㉡ 기계 유지, 수리의 양부
   ㉢ 기계의 능력

③ 관리적 조건
   ㉠ 시공법 및 취급
   ㉡ 운전원, 감독자의 경험
   ㉢ 현장환경

2. 작업시간율(E_2)

1) 산정식

$$작업시간율(E_2) = \frac{실작업시간}{운전시간}$$

2) 영향을 미치는 요인
　① 조사 및 조정시간
　　㉠ 운전원의 현장조사
　　㉡ 기계 조정 및 정비
　② 대기시간
　　㉠ 작업대기
　　㉡ 장애물 제거
　　㉢ 연락대기
　　㉣ 연료보급대기
　　㉤ 기상에 의한 대기
　③ 인위적 손실시간
　　㉠ 운전원의 숙련도 차이
　　㉡ 생리적 정지

Ⅲ. 불도저의 작업효율(E)

흙의 명칭	작업효율
모래, 조건이 좋은 보통 흙	0.8~0.6
역질토, 보통 흙, 조건이 좋은 돌이 섞인 점질토, 점토	0.7~0.5
조건이 나쁜 보통토, 암괴, 호박돌, 자갈	0.6~0.4
조건이 나쁜 돌이 섞인 점질토, 점토, 고결된 역질토	0.5~0.3
조건이 나쁜 점질토, 점토	0.4~0.2

6 　건설기계 가동률

Ⅰ. 정의
기계 가동률이란 공사에 투입된 건설기계의 총대수에 대한 가동대수의 비율이다.

Ⅱ. 기계 가동률 산정식

$$기계\ 가동률 = \frac{가동대수}{건설기계의\ 총대수} \times 100[\%]$$

Ⅲ. 가동률에 영향을 미치는 요소
1) **기상조건**
   강풍, 폭우, 폭설 등의 악천후
2) **정비 불량**
   공사용 기계의 큰 고장 및 수리
3) **안전사고**
   예상하지 못한 재해 및 인재사고
4) **사전 준비**
   작업 및 재료의 사전 준비 및 대기
5) **작업원**
   운전자 또는 작업 관련자의 병고·휴업
6) **불가항력 요인**
   천재 및 최악의 지반조건
7) **민원**
   기계의 발생 소음 및 진동에 따른 공해

Ⅳ. 가동률 향상방안
① 효율성·연속성을 고려한 최적 기종의 선택
② 기계의 유지관리와 조직화
③ 면밀한 사전작업계획
④ 기계의 자동화·Robot화·무인화
⑤ 기계운전의 Software 개발
⑥ 저공해성 기계 개발
⑦ 과학적인 시공관리기법에 따른 기계운영

7 건설기계 가동일수율

Ⅰ. 정의

① 가동일수율이란 시공효율의 한 요소로서 작업장이나 건설기계의 투입일수에 대한 가동일수의 비율로 나타낸다.

② 작업현장에서 투입된 기계가 실작업에 투입되어 가동할 수 있는 실질적인 기계의 가동을 나타내는 것으로 시공효율에서 중요한 요소이기도 하다.

Ⅱ. 산정식

$$가동일수율 = \frac{가동일수}{투입일수} \times 100 \, [\%]$$

여기서, 가동일수 : 실제 작업한 일수

투입일수＝가동일수＋정비일수＋휴지일수

Ⅲ. 가동일수 저하요인

① 천재, 악천후, 나쁜 지질 등의 불가항력적인 요인

② 우발적인 기계 고장, 정비

③ 재해사고

④ 장시간 작업대기

⑤ 재료공급대기

⑥ 작업원의 질병 및 휴업

⑦ 발주자 지시에 의한 대기

⑧ 근로 쟁의

Ⅳ. 가동일수 향상방안

① 정비·점검 철저

② 소모성 부품여유 확보

③ 기사 및 보조기사 항시 현장 상주

④ 최신 장비 현장 입고

8 굴삭기 작업량 산정

[04후(10)]

Ⅰ. 개요

① 굴삭장비의 종류 및 규격이 다양화됨에 따라 지반의 상태, 장비의 작업위치, 운 반로 및 교통장애, 각종 공해 등을 고려한 장비 선택이 되어야 작업량의 효율성 을 높일 수 있다.

② 굴삭장비로는 쇼벨계 굴삭기와 Bulldozer로 크게 대별할 수 있다.

Ⅱ. 굴삭기 작업량 산정

① Shovel계 굴삭기

$$Q = \frac{3,600qkfE}{C_m} \, [\text{m}^3/\text{h}]$$

여기서, q : Bucket의 용량(m^3), k : 버킷계수, f : 토량환산계수

E : 굴삭기의 작업효율, C_m : 1회 사이클시간(sec)

② Bulldozer

$$Q = \frac{60qfE}{C_m} \, [\text{m}^3/\text{h}]$$

여기서, q : 삽날의 용량(m^3), f : 토량환산계수

E : 불도저의 작업효율, C_m : 1회 사이클시간(min)

Ⅲ. 굴삭기의 종류

1) Shovel계 굴삭기

① Power Shovel : Bucket으로 전방의 흙을 파올려 몸체를 회전하며 Truck에 적재

② Back Hoe : Power Shovel의 몸체에 앞을 긁는 Arm과 Bucket을 달고 있는 기계

③ Clamshell : Crane의 Boom 끝에 Clam Bucket을 달아 자유낙하시켜 흙을 파냄

④ Dragline : Boom 끝에 Line을 단 Bucket을 지면에 따라 끌어당기면서 굴삭

2) Bulldozer

트랙터에 장치된 삽날(Blade)로 지표면을 평행으로 굴삭하여 운반

9　Ripperability(리퍼의 작업성)

Ⅰ. 정의

① Ripperability란 리퍼의 작업성 또는 리핑 가능성으로 토공작업에서 연암 또는 굳은 지반에서 불도저에 장착된 Ripper를 이용하여 굴착작업을 하게 되는데, 이 때 Ripper에 의해 작업할 수 있는 정도를 뜻한다.

② 원지반 암반의 Ripperability를 판정할 때는 탄성파속도, 강도, 풍화도, 불연속면의 상태, 주향 등에서 얻어지는 총 평점을 이용한다.

Ⅱ. 암 절취공법

① 발파공법 ② 유압Jack공법 ③ 팽창 파쇄공법 ④ 제어발파공법 ⑤ 리퍼공법

Ⅲ. Ripperability 판정방법

① 탄성파속도　　　② 일축압축강도　　　③ 풍화도
④ 불연속면의 간격, 연속성, 상태　　　⑤ 주향, 경사

Ⅳ. Ripperability 평점표

다음 평점표에서 평점의 합이 75 이상은 발파작업 없이 Ripper만의 작업이 불가능하다.

등급	Ⅰ	Ⅱ	Ⅲ	Ⅳ	Ⅴ
암질	매우 양호	양호	보통	불량	매우 불량
탄성파속도 (m/sec)	2,150 이상	1,850~2,150	1,500~1,850	1,200~1,500	450~1,200
평점	26	24	20	12	5
일축압축강도 (kg/cm^2)	700 이상	200~700	100~200	30~100	17~30
평점	10	5	2	1	0
풍화도	신선(F)	다소 풍화(WS)	보통 풍화(MW)	많이 풍화(HW)	완전 풍화(CW)
평점	9	7	5	3	1
불연속면간격	3m 이상	1~3m	0.3~1m	0.05~0.3m	0.05m 이하
평점	30	25	20	10	5
불연속면의 연속성	연속성 없음	약간 연속성	연속적이고 협재된 점토 없음	연속적이고 협재된 점토 약간	연속적이고 점토 협재
평점	5	5	3	0	0
불연속면상태	분리흔적 없음	약간 분리된 상태	1mm 이하 분리상태	틈이 5mm 이하	틈이 5mm 이상
평점	5	5	4	3	1
주향과 경사	매우 불량	불량	보통	양호	매우 양호
평점	15	13	10	5	3
총평점	90~100	70~90	50~70	25~50	25 이하
Ripperability	발파 (Blasting)	리핑 극히 곤란 및 발파 (Extremely Hard Ripping and Blasting)	리핑 매우 어려움 (Very Hard Ripping)	리핑 어려움 (Hard Ripping)	쉽게 리핑됨 (Easy Ripping)

10 Trafficability(주행성능)

[94후(10), 01전(10), 02중(10), 05중(10), 11중(10), 12전(10), 12중(10)]

Ⅰ. 정의

① 토공사 시 사용하는 시공기계가 그 토질에 대하여 주행할 수 있는가, 즉 주행의 난이 정도를 Trafficability라 한다.

② Trafficability는 흙의 종류나 함수비에 의해 달라지는 바, 간단한 조사방법으로는 Cone관입시험기에 의한 Cone지수(Cone Index)를 구하여 주행성능을 판단한다.

Ⅱ. Trafficability 판단방법 : Cone지수(q_c)

1) 사질토인 경우

$$q_c = 4\,N\,[\text{kPa}]$$

여기서, N : 표준관입시험의 N치

2) 점성토인 경우

$$q_c = 5\,q_u = 10\,C\,[\text{kPa}]$$

여기서, q_u : 일축압축강도(kPa), C : 흙의 점착력(kPa)

Ⅲ. 장비 주행이 가능한 Cone지수의 최소치

기계종류	Cone지수($q_c\,[\text{kPa}]$)
습지 불도저	300 이상
중형 불도저	500 이상
대형 불도저	700 이상
피견인식 스크레이퍼	700 이상
자주식 스크레이퍼	1,000 이상
덤프트럭	1,500 이상

Ⅳ. 용도

① 작업기계 구륜방법 결정 ② 기계 사용을 위한 지반상태 확인
③ 작업능률 파악 ④ 작업공법 선정을 위한 척도
⑤ 조합장비의 종류 및 소요대수 결정

Ⅴ. Trafficability 향상방안

① 모래 부설 ② 지표수 처리
③ 지하수위 저하 ④ 용출수 유도배수
⑤ 습지형 장비 사용

11 기계의 주행저항

[11후(10), 15후(10)]

Ⅰ. 정의

① 기계화 시공은 공사의 질 향상, 시공단가의 절감, 시공속도의 향상 등을 목표로 하여 개발된 기계로서 인간을 노동으로부터 해방시키고 인력 시공으로 불가능한 공사를 가능하게 한다.

② 기계의 주행저항이란 기계 자체의 저항과 외부환경에 따른 저항으로 나타낼 수 있으며 가능한 한 저항을 적게 하여 기계효율을 증대시키는 것이 중요하다.

Ⅱ. 기계화 시공의 효과

① 공사비 절감 ② 공기 단축 ③ 품질 향상
④ 안전 시공 ⑤ 노무 절감

Ⅲ. 주행저항의 분류

① 전동저항(Rolling Resistance) : 기계의 전동저항은 다음 식에 따라 구한다.

$$R_\gamma = \mu\gamma\,W$$

여기서, R_γ : 전동저항(kg), W : 차륜이 받은 총무게(ton)
  $\mu\gamma$: 전동저항계수(kg/ton)

② 경사저항 : 경사저항은 다음 식과 같다.

$$R_g = W \times 10\text{kg/ton} \times S$$

여기서, R_g : 경사저항(kg), W : 총무게(＝자중＋하중)(ton), S : 경사(%)

따라서 경사 1%일 때 총무게 1ton당 1% 또는 10kg의 증감이 있다.

③ 공기저항 : 차량이 주행할 때 받는 공기저항은 다음 식으로 구한다.

$$R_a = \lambda\,A\,v^2$$

여기서, R_a : 공기저항(kg)
  λ : 공기저항계수(건설기계에서는 보통 0.07로 가정한다.)
  A : 차량 정면의 투영면적(늑앞바퀴의 간격×차량높이)
  v : 주행속도(m/sec)

④ 가속저항 : 가속저항은 다음 식으로 구한다.

$$R_i = \frac{W}{g}a$$

여기서, R_i : 가속저항(kg), W : 기계의 총무게(kg)
  g : 중력가속도(9.8m/sec^2), a : 기계의 가속도(m/sec^2)

12 토공중기의 경제적 운반거리

[95중(20)]

Ⅰ. 정의

① 토공작업은 굴착, 적재, 운반, 정지, 다짐으로 대별할 수 있으나, 이 중 운반작업이 공사비에 큰 몫을 차지하므로 운반기계 선정 시 현장 여건 및 운반거리를 고려하여 신중하게 선정하여야 한다.

② 토공운반장비로는 Bulldozer, Scraper, Dump Truck 등이 있으며 시공성, 경제성을 고려하여 운반장비를 선정한다.

Ⅱ. 운반중기 선정 시 고려사항

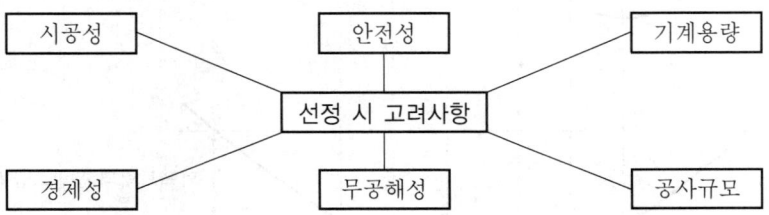

Ⅲ. 운반중기의 종류

① Bulldozer
② Scraper
③ Dump Truck

Ⅳ. 경제적 운반거리

1. 장비별 운반거리

1) Bulldozer

① 토공판의 양단에서 갈려 나오는 흙을 언덕모양으로 남겨두고 도랑의 벽으로서 활용한다.

② 불도저 2대를 토공판의 양단을 가지런히 하여 병렬작업을 하면 운반작업능률이 크게 오른다.

③ 경제적 운반거리는 50m 이하이다.

2) Scraper

① 작업현장이 넓고 지형이 단조로우며 토질조건도 양호한 현장에서 스크레이퍼자체로 지반을 굴토하고 운반하여 포설하는 중기이다.

② 피견인식과 자주식이 있으며 지반상태에 따라 작업능률이 크게 다르게 나타난다.

③ 경제적 운반거리는 500m 이하이다.

3) Dump Truck

　① 적재장비로 트럭의 적재함에 흙을 싣고 운반하는 자주식 장비이다.

　② 운반거리가 멀수록 경제성이 우수하다.

　③ 경제적인 운반거리는 500m 이상이다.

2. 유토곡선에 의한 운반거리

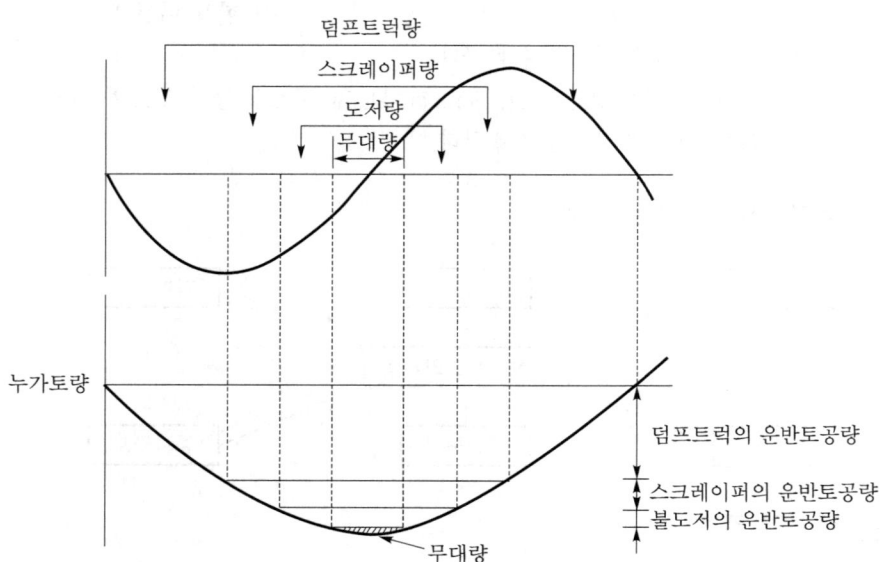

3. 시공단가에 의한 운반거리

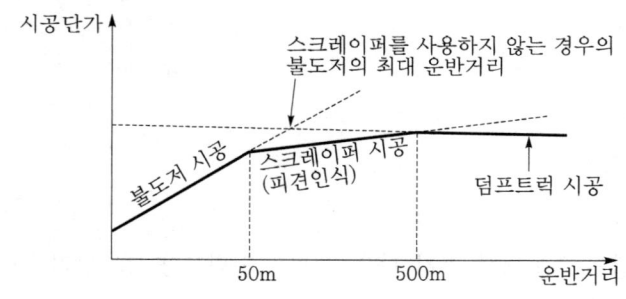

13 | 표준 트럭하중(DB, DL하중)

Ⅰ. 정의

① 교량의 설계하중에는 고정하중, 활하중 및 기타 다양한 하중으로 구성되며, 활하중에는 차량하중과 보도하중으로 구분하며, 차량하중에는 표준 트럭하중(DB하중)과 차선하중(DL하중)으로 구분한다.

② 표준 트럭하중(DB하중)이란 미국설계기준인 Semi-Trailer를 설계기준차량으로 하여 교량이 차량의 하중을 견딜 수 있는 정도를 표현한 기준이다.

③ 통상적으로 교량을 설계할 경우 DB하중과 DL하중을 검토한 후 더 불리한 하중으로 설계하도록 되어 있으며, 일반적으로 지간 45m를 기준으로 짧은 쪽은 DB하중을, 긴 지간은 DL하중이 설계하중으로 고려된다.

Ⅱ. 교량의 설계하중

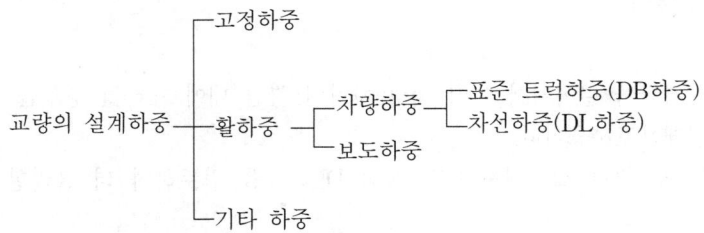

교량의 설계하중 산정 시 활하중의 요소 중 하나가 표준 트럭하중이다.

Ⅲ. 표준 트럭하중의 특성

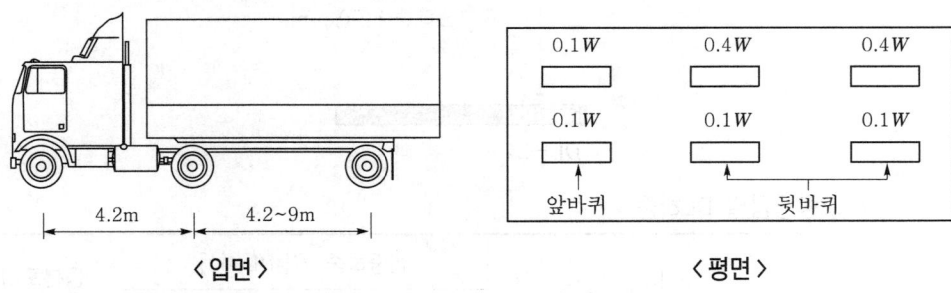

〈입면〉　　　〈평면〉

① 차량하중의 앞바퀴 1개가 부담하는 하중이 $0.1W$씩이고, 뒷바퀴 1개가 부담하는 하중을 $0.4W$라고 본다.

② 앞바퀴 2개($0.2W$)와 뒷바퀴 4개($1.6W$)의 하중을 합하면 $1.8W$가 되며, W는 중량(ton)을 의미한다.

③ 교량 설계 시 DB-24란 DB($1.8W$)×24란 의미로

$$1.8\,W \times 24 = 43.2\text{ton}$$

차량중량 43.2ton 이하의 차량이면 모두 통과할 수 있다는 뜻이다.

④ DB의 어원은 D(Doro), B(Ban Truck, Semi−Trailer)로써 D는 도로의 이니셜이고, B는 반트럭이라는 뜻이다.

⑤ DL의 어원은 D는 도로의 이니셜이고, L은 Lane(차선)에서 가져왔으므로 차선하중이라 한다.

Ⅳ. 표준 트럭하중에 의한 교량의 등급

표준 트럭하중	교량의 등급	통과 가능 차량의 중량
DB−24	1등교	$1.8\,W \times 24 = 43.2\text{ton}$
DB−18	2등교	$1.8\,W \times 18 = 32.8\text{ton}$
DB−13.5	3등교	$1.8\,W \times 13.5 = 24.3\text{ton}$

Ⅴ. DL하중(차선하중)

1) 정의

① 교량의 경간이 길어져서 여러 대의 차량이 경간 내에 재하될 경우를 고려한 가상의 설계분포하중이다.

② 통상적으로 교량 설계에서 DB하중과 DL하중을 검토하여 더 불리한 하중으로 설계한다.

③ DB하중이나 DL하중의 점유폭은 3m로 본다.

2) DL하중의 기준

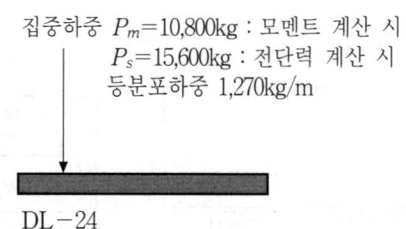

집중하중 $P_m = 10,800\text{kg}$: 모멘트 계산 시
$P_s = 15,600\text{kg}$: 전단력 계산 시
등분포하중 1,270kg/m

DL−24

3) 교량등급별 DL하중

등급	기호	집중하중 P[tf/Lane]		등분포하중 W[tf/m/Con'c]
		휨모멘트	전단력	
1등교	DL−24	10.8	15.6	1.27
2등교	DL−18	8.1	11.7	0.95
3등교	DL−13.5	6.08	8.78	0.71

VI. DB하중과 DL하중의 차이점

구분	DB하중	DL하중
개념	3축 트럭(Semi-Trailer) 1대	여러 차량의 등분포하중
어원	표준 트럭하중 D(Doro) B(Ban Truck)	차선하중 D(Doro) L(Lane)
적용 대상	Slab	교각
적용 하중	총중량	집중하중+등분포하중

14 교량의 설계차량활하중(KL-510)

[16중(10), 21후(10)]

Ⅰ. 정의

① 1962년 '강도로교 설계 표준 시방서'에서 규정된 DB하중으로 교량의 등급을 규정하였다가 교량의 장대화 건설과 통행차량의 중·대형화 제작 등에 따라 2015년부터 '도로교설계기준-한계상태설계법'에서의 KL하중으로 변경되었다.

② 설계차량활하중은 표준 트럭하중과 표준 차로하중으로 구성된다.

③ 점유폭(3m)과 표준 차로폭(3.6m)은 동일하나, 표준 트럭하중이 KL-510으로 바뀌었고 재하차로수에 의한 다차로 재하계수를 도입하였다.

Ⅱ. 표준 트럭하중과 표준 차로하중

1) 표준 트럭하중(중량과 축간거리)

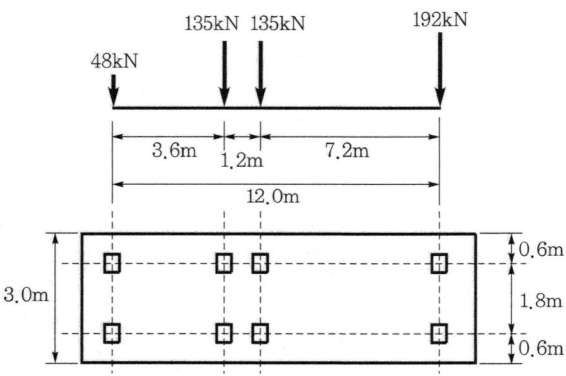

2) 표준 차로하중

① $L \leq 60$m일 때 $w = 12.7$[kN/m]

② $L > 60$m일 때 $w = 12.7\left(\dfrac{60}{L}\right)^{0.1}$[kN/m]

여기서, L : 표준 차로하중이 재하되는 부분의 지간

Ⅲ. 특징

① 표준 트럭하중은 재하차로 내(3.6m)에서 횡방향으로 3m의 폭을 점유한다.

② 표준 차로하중은 종방향으로 균등하게 분포하며, 횡방향으로는 3m의 폭으로 균등하게 분포되어 있다.

③ 표준 차로하중의 영향에는 충격하중을 적용하지 않는다.

④ DB, DL하중과 다르게 재하차로수에 의한 다차로 재하계수를 도입하였다.

Ⅳ. 다차로 재하계수

재하차로의 수	1	2	3	4	5 이상
다차로 재하계수(m)	1.0	0.9	0.8	0.7	0.65

Ⅴ. 도로교등급기준

교량등급	DB Load	KL Load
1	DB−24	KL−510
2	DB−18	KL−510×0.75
3	DB−13.5	KL−510×0.75×0.75

① 교량의 설계차량활하중 KL−510으로 설계하는 교량을 1등교로 한다.
② 2등교는 1등교 활하중효과의 75%를 적용한다.
③ 3등교는 2등교 활하중효과의 75%를 적용한다.

Ⅵ. 교량에 작용하는 하중의 종류

지속하는 하중	변동하는 하중
• 구조물의 중량, 설비의 고정하중 • Prestress • Con'c Creep의 영향 • Con'c 건조수축의 영향 • 수평토압, 수직토압 • 상재하중 • 말뚝 부마찰력	• 차량활하중, 제동하중, 보도하중 • 충격하중, 충돌하중 • 풍하중(차량, 구조물) • 온도변화의 영향 • 지진하중 • 정수압, 유수압, 부력, 양압력 • 파압, 지반변동의 영향

15 | BWIM(Bridge Weigh-In-Motion)시스템

Ⅰ. 정의

① 교량에 작용하는 통행차량의 하중을 산출하는 시스템으로 차량의 중량에 따라 측정된 교량의 응답(변형률)을 바탕으로 계산된다.

② 교량의 영향선을 이용하여 통행차량의 총중량 및 각 축의 중량의 산출한다.

③ 과적차량으로 발생하는 도로 파손과 도로수명 감소를 저감하기 위한 개선된 교량의 활하중 산출시스템이다.

Ⅱ. BWIM의 구성

① 변형률센서 : 주행차량에 의한 교량의 변형률 측정

② 축감지기센서 : 주행차량의 속도, 차량축의 수, 축간거리 측정

③ 데이터로거 : 데이터의 수집 및 변환장치

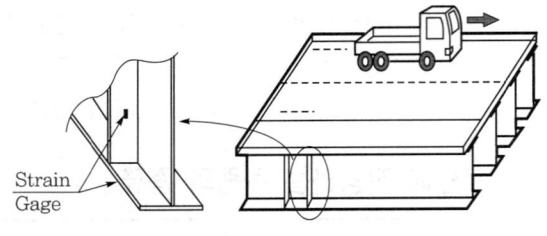

Ⅲ. BWIM시스템

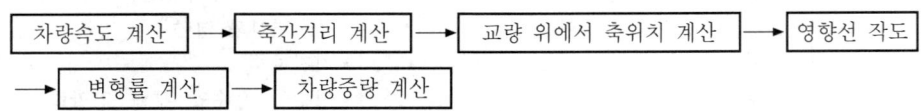

Ⅳ. 현장 계측결과 적용 시 주의사항

① 교량의 평면형상에 따라 하중의 분배차이를 고려해야 한다.

② 최대 변형이 발생하는 곳에 Strain Gauge를 설치해야 한다.

③ 교량의 동적특성을 반영하여 모드형상과 고유진동수를 해석에 고려해야 한다.

④ 차량주행시험과 더불어 정밀해석모델을 기반으로 수치시뮬레이션을 수행해 정확도를 향상시킨다.

⑤ 영향선 대신 하중패턴을 인식하는 기법으로 인공신경망(ANN : Artificial Neural Network)기법을 활용한다.

Ⅴ. 기대효과

① 정확한 교량의 상태평가 및 수명평가, 성능평가

② 사장교 등 케이블교량에 작용하는 활하중 산출

③ 설계차량활하중 제정 시 기초자료로 활용

16 건설기계경비의 구성

[05중(10), 08중(10)]

I. 정의

① 건설공사에서 기계경비라고 함은 시공기계 사용에 필요한 경비로서 기계손료, 운전경비, 조립 및 해체비, 운송비 등을 말한다.

② 기계경비의 건설기계 사용에 수반하여 각 부분이 마모되고, 이것이 누적되어 정비 또는 수리비를 필요로 하게 되며 그 성능이 저하되므로 기계일수록 커지게 된다.

II. 기계경비의 구성

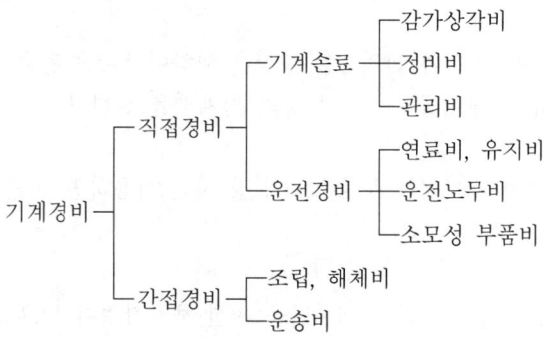

III. 구성요소

1) 감가상각비

① 건설기계의 손상, 마모 정도를 실제 사용연수로 나누어서 비용으로 계상하여 기계의 가치 정도를 감하여 나가는 것이다.

② 감가상각의 산정방법에는 정액법, 연수정율법, 산고비례법 등이 있으나 어떠한 방법으로 감가상각하여도 상각비의 누계액은 동일하다.

2) 정비비

① 건설기계를 항상 정상적인 상태로 유지하기 위하여 정기적인 손실점검, 주유, 조정과 정상적으로 마모된 부품교환 등을 하는 정비와 비정상적인 손상에 의한 수리를 하는 데 드는 비용이다.

② 정비비의 구성

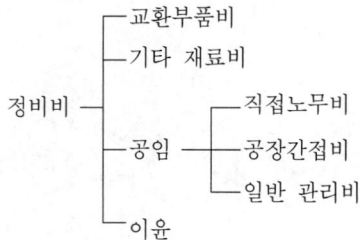

3) 관리비
    ① 건설기계를 관리하는 데 필요한 경비를 말하며 보관비, 세금, 보험료, 금리 등의
       합계액으로 구성된다.
    ② 기계의 관리비인 보관비, 세금, 보험료, 금리의 비용은 1년간을 기준으로 계산되
       기 때문에 보통 연간 관리비로 취급하고, 연간 관리비를 평균가격으로 나눈 값
       을 연간관리비율이라고 한다.

4) 연료비
    건설기계의 엔진이 정격출력으로 운전될 때 연료소비량이다.

5) 유지비
    기계의 엔진회전을 원활하게 하는 엔진오일, 기어오일, 유압작동유, 그리스 등의 정
    기적인 교환 또는 보충하는 데 필요한 경비이다.

6) 운전노무비
    기계화 시공에서 기계의 주조종원과 작업능률 향상을 위하여 부조종원을 두게 되는
    데, 이들에게 지급하는 급여, 상여금, 제 수당 등의 합계액을 말한다.

7) 소모성 부품비
    기계의 운전시간에 비례하여 소모되는 부품으로 일정 시간 사용하면 교환을 필요로
    하는 부분품을 말한다.

8) 조립, 해체비
    기계 사용을 위해서 조립을 할 경우와 기계운반을 위한 해체작업이 필요할 때 소요
    되는 비용으로 기계기구 사용료 및 재료비로 구성된다.

9) 운송비
    건설기계의 현장 투입에 소요되는 왕복 운송에 소요되는 비용으로서 공사현장에서
    가장 가까운 시·도청 소재지로부터 공사현장까지의 운송에 소요되는 경비를 말한다.

17 건설기계 경제수명

[97중후(20), 06중(10)]

I. 정의

① 건설기계의 경제수명은 건설현장에서 사용하는 건설기계의 경제적인 사용시간을 연간 표준 가동시간으로 나눈 값을 말한다.

② 건설기계 사용에 있어서 기계부품비, 정비비, 기타 소요경비 등이 기계의 실작업량에 비해 과다 지출이 되지 않는 시기까지를 경제수명으로 한다.

$$경제수명 = \frac{내구연한}{연간\ 표준\ 가동시간}$$

II. 경제수명의 영향요인

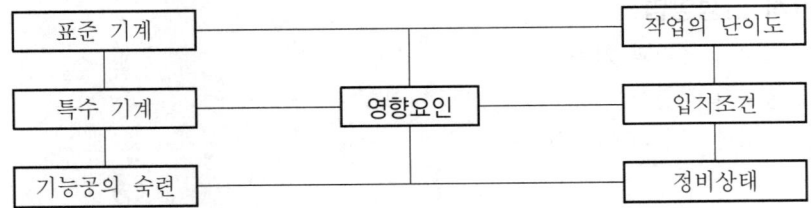

III. 경제수명의 증대요인

1) **예방정비**
   일일정비, 수시정비 등을 통한 기계의 마모 방지

2) **점검, 검사**
   정기적인 점검과 검사를 통한 기계의 기능 유지

3) **관리체계 현대화**
   현대화된 관리체계 도입으로 기계의 수명 연장

4) **종사원 교육**
   최신 기계 도입에 따른 종사자 교육으로 기계의 오동작 방지

5) **적정 기종 선정**
   공사의 종류, 토질, 현장 조건을 감안한 기종을 선정함으로써 과도한 작업 방지

6) **표준 기계**
   표준 기계는 정비비가 저렴하고 타 공사의 전용 및 전매 용이

7) **안정성**
   결함이 적고 충분한 정비가 이루어진 기계를 선정하여 기계의 가동률 제고

8) **제작사의 신뢰도**
   제작사의 신용도, A/S 등을 검토 후 기계를 구입함으로써 기계의 신뢰도 확보

Ⅳ. 경제수명 감소요인

1) 정비 불량
정기검사, 정비 및 점검 불량 등에 의한 기계의 효율성 저하

2) 조작 미숙
기능공의 기계조작 미숙에 의한 기계의 손상 및 결함 초래

3) 특수 기계
기계의 전용성, 범용성의 결여로 인한 가동률 저조로 기계의 노화

4) 작업 난이도
기계의 용량, 적용성을 벗어난 과도한 작업에 투입함으로써 물리적 손실 초래

5) 사용조건의 부적정
지형, 토질에 부적합한 기계를 사용함으로써 기계의 내구성 저하

Ⅴ. 건설기계 선정방법
① 공사의 조건과 기종
② 용량의 적합성
③ 적정한 조합의 가능성

18 건설기계 마력

[00후(10)]

Ⅰ. 정의

① 건설기계의 동력원으로 사용되는 원동기의 능력을 표시하는 단위로 1초간에 얼마만한 일을 하였는가를 나타내는 것으로 '마력=힘×속도'로 구해진다.

② 건설기계의 능력을 나타낼 때 사용하는 단어로 마력(馬力)이라는 말을 사용하며, 수식으로 나타내면 힘(kg)과 속도(m/sec)의 곱으로 나타낸다.

Ⅱ. 마력 산정법

1) Meter법

① 1마력(1HP) : 75kg · m/sec　　② 단위 : PS(Pferde Starke)

2) Feet-pond법

① 1마력(1HP) : 76.07kg · m/sec　② 단위 : HP(Horse Power)

3) kW와 상관관계

1kW=1.3596PS=1.3405HP

1PS=0.9859HP=0.7355kW

1HP=1.0143PS=0.746kW

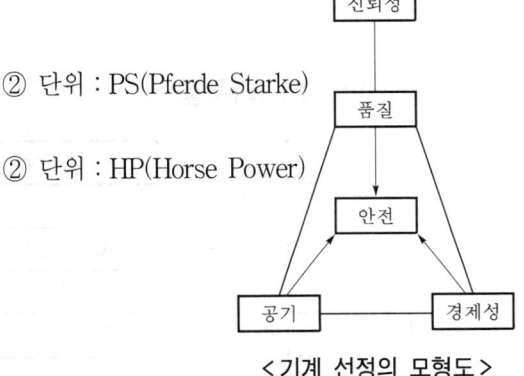

< 기계 선정의 모형도 >

Ⅲ. 마력단위의 원리

체중 75kg의 사람이 1초간 1m 높이에 올라갔을 때, 또는 1kg의 물건을 1초간에 75m 높이에 올렸을 때의 힘을 1마력이라 한다.

Ⅳ. 마력의 종류

1) 순간 최대 마력

원동기가 낼 수 있는 순간적인 최대의 힘을 말하며 기계가동률 및 연료소비율 등을 고려하지 않은 상태로 장시간의 가동은 불가능한 마력

2) 실용 최대 마력

정격회전속도에 의하여 1시간 이상 연속시험에 견딜 수 있는 실용상의 최대 마력

3) 실용 정격마력

실용 최대 마력과 동일 조건하에서 10시간 이상 연속시험에 견딜 수 있는 마력으로 실용 최대 마력의 약 85%를 채용하며 통상 건설기계에 적용

4) 연속 정격마력

선박 또는 펌프처럼 연속적으로 수천시간을 사용할 수 있는 마력으로 실용 최대 마력의 약 70% 정도 채용

Ⅴ. 마력에 영향을 미치는 요인

① 원동기가 위치한 표고　　　　　② 대기온도

19 | Crusher장비 조합

[99중(20)]

I. 정의

① Crusher란 건설공사현장에서 원석을 파쇄하여 골재를 생산하는 기계로서 석산에서 원석을 채취하여 1차, 2차, 3차 Crusher를 거치는 동안 요구되는 입경의 골재를 얻을 수 있다.

② Crusher는 큰 하중과 진동, 충격, 분진 등이 발생하는 기계로 현장 설치 시 여러 가지 조건 등을 고려해야 하며 부속장비의 조합에도 특히 유의하여 선정해야 한다.

II. 장비 조합 시 고려사항

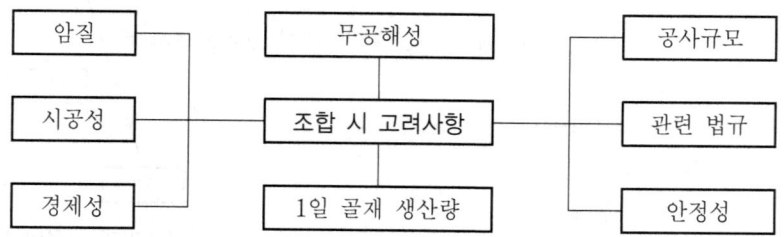

III. 장비 조합

1. 1일 생산량 300ton/h 기준 시

1) Feeder

① 용도 : 쇄석기나 선별기 등에 채취 원석을 연속적으로 정량 공급하는 기계로 체인 Feeder, 에어프론 Feeder, 진동 Feeder, 벨트 Feeder 등이 있다.

② 규격 : 2,130×5×5,490mm, 37kW

2) Jaw Crusher

① 용도 : 원석을 1차 파쇄하는 쇄석기로서 기계적인 방법으로 쇄석판을 반복 압쇄하여 원석을 파쇄하는 기계

② 규격 : 1,070×1,370mm, 150kW

3) 진동스크린

① 용도 : 진동을 이용하여 1차 쇄석기에서 나온 골재를 입자별로 선별하는 기계

② 규격 : 2,130×4,880mm, 15kW

4) 금속감지기

분쇄된 골재에서 금속류를 선별해내는 기계

5) Cone Crusher
   ① 용도 : 1차 쇄석기를 통과한 골재를 보다 적은 입경의 골재로 생산할 때 사용하는 기계로서 2차 쇄석기계
   ② 규격 : $250 \times 1,520$mm, 110kW

6) Conveyor
   ① 용도 : 스크린에 의해 분리된 각 입자를 종류별로 다음 작업장 또는 적치장으로 이동시키는 기계
   ② 규격 : 현장 여건에 맞추어 길이, 경사를 조정하여 사용

7) 동력설비
   장비 가동을 위한 발전설비

8) 집진기

9) 공기압축기

Ⅳ. 조합원칙
   ① 작업능력 균형 유지
   ② 조합작업의 감소
   ③ 조합작업의 중복화

20 임팩트 크러셔(Impact Crusher)

[04전(10)]

Ⅰ. 정의

① Impact Crusher는 쇄석기의 1차 파쇄기로서 회전축에 충격판을 부착하여 고속 회전시켜서 원석에 큰 충격을 주어 파쇄하는 기계이다.

② 쇄석기의 종류에는 1차 파쇄기, 2차 파쇄기, 3차 파쇄기로 나눌 수 있으며, 쇄석기가 암석을 파쇄하는 정도는 파쇄비로 나타낸다.

Ⅱ. Crusher의 종류

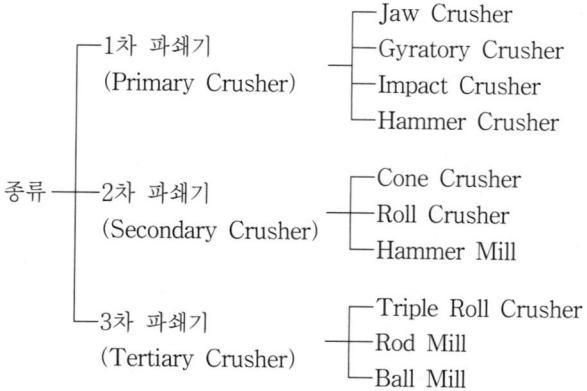

```
              ┌─1차 파쇄기        ┌─Jaw Crusher
              │ (Primary Crusher) ├─Gyratory Crusher
              │                   ├─Impact Crusher
              │                   └─Hammer Crusher
              │
 종류 ────────┼─2차 파쇄기        ┌─Cone Crusher
              │ (Secondary Crusher)├─Roll Crusher
              │                   └─Hammer Mill
              │
              └─3차 파쇄기        ┌─Triple Roll Crusher
                (Tertiary Crusher)├─Rod Mill
                                  └─Ball Mill
```

Ⅲ. Impact Crusher의 특성

① 회전수 변동으로 조골재 및 세골재 생산

② 각이 적은 입방체 골재 생산

③ 마모가 특히 심함

Ⅳ. Crusher에서 파쇄할 때 사용하는 힘

① 압축력(Compression) ② 휨(Bending)

③ 충격(Impact) ④ 전단(Shear)

⑤ 비틀림(Torsion) ⑥ 마찰력(Abrasion)

Ⅴ. 용도

① 소규모 사리(자갈)플랜트

② 각형의 입형 수정작업

21 준설선의 종류

[00중(10), 17후(10), 19전(10), 23중(10)]

Ⅰ. 정의

① 준설(Dredging)이란 수로나 항로의 수심을 확보하기 위하여 해저나 하저의 토사를 제거하는 것을 말한다.

② 준설을 하는 작업선을 준설선(Dredger)이라 한다.

Ⅱ. 준설선의 종류

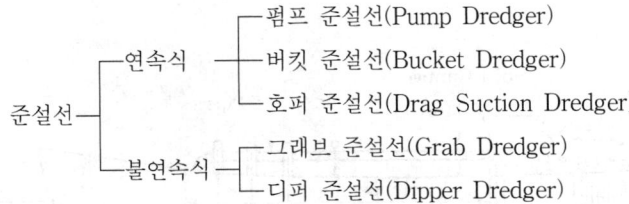

Ⅲ. 준설선 선정 시 고려사항

① 토질

② 준설토량

③ 준설심도

④ 사토장의 조건

⑤ 기타(기상조건, 경제성, 시공성, 환경조건 등)

Ⅳ. 준설선의 적용 토질 및 특징

구분	적용 토질	장점	단점
펌프 준설선	• 연질 또는 사질토사 • 자갈 섞인 토사 • 비교적 단단한 토사에도 많이 적용	• 호퍼가 있는 대형 준설선이 많음 • 니토의 준설능력이 우수 • 단가가 저렴	• 암석이나 단단한 토질에 적용 곤란 • 송토관이 파토에 의해 파손 가능 • 숙련을 요함
버킷 준설선	• 토사나 자갈, 자갈 섞인 토사에 적합 • 연질의 연암 • 많은 양의 준설	• 대규모 공사 적합 • 단가가 비교적 저렴 • 기상조건의 영향이 적음	• 단단한 암반에 적용 곤란 • 닻을 옮길 때 작업 중단
그래브 준설선	• 토사, 자갈 섞인 토사에 적합 • 부분 준설에 적합	• 협소한 장소의 준설 • 소규모 준설량에 적합 • 장비, 기구 간단, 경제적	• 준설능력이 적음 • 해저면 평탄작업은 곤란
디퍼 준설선	• 자갈 섞인 토사 • 연질의 연암 • 단단한 토질에 적용	• 기계고장이 적음 • 굴착력이 큼	• 계속 준설이 되지 않으므로 능력 저하 • 숙련을 요함

22 호퍼 준설선(Trailling Suction Hopper Dredger)

[07전(10)]

Ⅰ. 정의

① 호퍼 준설선은 대규모 항로 준설에 사용하는 것으로, 드래그 석션 준설선(Drag Suction Dredger)이라고도 한다.

② 흡입관 하단의 Drag Head를 통하여 해저토사를 펌프로 끌어올려 선체의 호퍼에 해저토사가 가득 채워지면, 이를 토사장까지 자주식으로 운반하여 토사 방출 Pipe를 통해 사토하거나 매립지에 펌프로 배송한다.

Ⅱ. 구조도

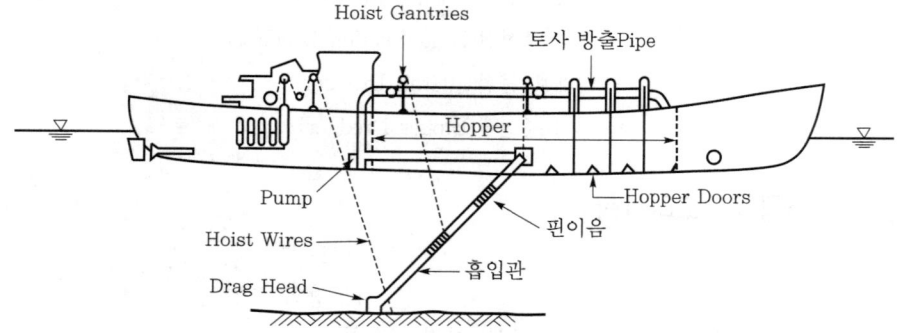

Ⅲ. 특징

① 해저의 토사를 준설펌프로 흡입하여 운반, 배송하는 작업선이다.

② 파랑의 영향을 받지 않아 능률이 좋다.

③ 자력 이동이 가능하여 다른 선박의 운항에 지장을 주지 않는다.

④ 토운선 등의 부속선이 필요없다.

⑤ 대규모 확폭, 충담공사와 하천공사 등의 대량 준설공사에 적합하다.

⑥ 건조비가 고가이며 현재 8,000ton급과 10,000ton급이 개발되었다.

Ⅳ. 준설선의 종류

① Pump Dredger

② Bucket Dredger

③ Drag Suction Dredger(호퍼 준설선)

④ Grab Dredger

⑤ Dipper Dredger

23 펌프 준설선 작업효율의 합리적 결정방법

[21전(10)]

I. 개요

① 펌프 준설선이란 주로 준설토를 이용한 매립공사에 많이 적용되는 준설공법으로 Sand pump를 장치하고, 흡입관을 수저에 거치하여 물과 토사를 함께 흡입하여 배출관을 거쳐 토출한 토사를 토운선 또는 배사관을 통해 사토하는 방식이다.

② 펌프 준설선의 시간당 작업량(Q)에 중요한 부분을 차지하는 작업효율(E)은 현장 여건에 따라 차이가 발생하기 때문에 적용 기준이 합리적이어야 한다.

③ 작업효율의 영향요소인 공사종류, 준설토두께, 평면·단면형상, 해상조건 등에 대해 판단 가능한 기준을 설정하여 검토해야 한다.

II. 펌프 준설선의 작업효율의 합리적 결정방법

1) 펌프 준설선의 시간당 작업량

$$Q = \frac{qE\,b_0}{746}\,[\text{m}^3/\text{h}]$$

여기서, q : 펌프 준설선 전동 환산량(746kW(1,000HP)의 1시간당 준설량)(m^3)
  E : 작업효율
  b_0 : 펌프 준설선의 전동 환산출력

2) 전동 환산량(q)

토질		배송거리(m)								
구분	N치	500	600	800	1,000	1,200	1,400	⋯	3,400	3,500
점토 및 점토질 실트	0	360	360	360	360	360	355	⋯	245	235
	2	325	325	325	320	320	315	⋯	210	200
	5	285	285	285	280	280	275	⋯	175	170
	10	250	250	250	250	245	240	⋯	145	140
	⋮				⋯					
	40	75	75	70	70	65	60	⋯	–	–
모래 및 모래질 실트	0	265	265	265	265	265	265	⋯	180	175
	5	245	245	245	240	240	240	⋯	155	150
	10	215	215	215	215	215	210	⋯	125	120
	15	190	190	190	190	190	185	⋯	105	100
	⋮				⋯					
	50	100	100	100	95	90	85	⋯	–	–

3) 작업효율(E)

악천후, 조석, 조류, 파랑 등 \ 흙의 두께, 평면형상위치, 단면형상 등	적당	약간 작다 약간 산재한다 약간 변화한다	작다 산재한다 변화한다
보통	1.32	1.08	0.87
약간 나쁘다	1.14	0.90	0.72
나쁘다	0.97	0.77	0.61

작업효율의 적용 기준이 명확하지 않고 적당, 약간, 보통, 나쁘다 등의 판단기준이 모호함

4) 합리적 결정방법

$$E = E_1 E_2 E_3 E_4 E_5 E_6$$

여기서, E_1 : 공사종류계수, E_2 : 준설토두께계수, E_3 : 평면형상계수

E_4 : 단면형상계수, E_5 : 해상조건계수, E_6 : 기타 조건계수

Ⅲ. 준설공사의 종류별 특징

종류	특징
일반 준설	쇄암하지 않는 일반 준설공사
쇄암 준설	쇄암선에 장착되어 있는 추를 이용하여 하천이나 해안 바다의 암반을 부순 후 준설하는 공사
발파 준설	바위에 착암기로 천공을 실시한 후 화약으로 폭파하여 부순 후 준설하는 공사

24 항만공사 시 토사의 매립방법

[21중(10)]

I. 항만공사 시 토사의 매립방법

1) 매립지의 이용계획과 매립 후 연약지반처리방안 고려

2) 사전조사사항

① 매립예정지의 토질, 기상, 해상조건

② 매립토사의 조달방법

③ 매립공법의 검토

④ 매립호안의 설계 혹은 기설계된 호안의 안전성

⑤ 공유수면 관리 및 매립에 관한 법률 등 관련 법령에 따른 인·허가절차

⑥ 매립공사로 인한 민원 발생요인

3) 환경관리계획

① 주변 해역의 수질이나 매몰상황 등을 상시 감시할 수 있는 시스템 구축

② 육상운반 시에는 소음, 진동, 분진의 발생 등을 고려하여 적정 운반로 선정

③ 준설토의 유해물 함유로 인한 2차 오염이 발생하지 않도록 유의

4) 안전관리계획

① 위험물, 장애물, 매설물 등의 유무

② 항로상의 통행제한이나 작업해역 항행선박에 대한 대책 수립

③ 야간작업 시의 작업체계 수립

④ 사고 발생 시의 처리대책 수립

5) 시공관리계획

① 이상침하, 활동 등 예측치 못한 사태 발생 시 공사감독자에게 보고하고 대책 수립

② 매립된 구역으로부터 분진 또는 악취 발생 시 공사감독자와 협의하여 대책 수립

③ 매립지반은 심한 요철이 없도록 하여야 하며 시공허용오차(±30cm)로 관리

④ 매립구역을 정기적으로 순찰하며 매립 중이나 매립 후에 연약지반 위험지역에는 출입을 금지하고 표지 설치

6) 배사방법 비교

구분	송토관 이용	살포대선 이용 (Spray pontoon)
시공도		
특징	• 일정 기간 배사 후 토출구 위치 변경 • 임시호안은 오탁 발생 방지 및 유보율 향상을 위해 필요 • 세립질의 집중으로 재료분리 유의	• 소형 바지에 연결된 송토관을 이용하여 배사 • 살포대선 운영관리·이동 난이 • 층 포설되어 균등 매립 가능

Ⅱ. 준설공사의 작업한계

준설선		풍속(m/sec)	파고(m)
종류	규격		
비항식 펌프선	1,000ps 이하	5	0.3
	2,000ps	10	0.4
	3,000ps	10	0.5
그래브선	100ps 이하	5	0.3
	250ps	10	0.4
버킷선	150ps 이하	5	0.3
	400ps	10	0.4
디퍼선	350ps 이하	5	0.3
	1,000ps	10	0.4
쇄암선	중추 10ton	5	0.3
	중추 20ton	10	0.4

① 풍속 15m/sec 이상 시 작업 불가
② 일강우량 10mm 이상 시 야외작업 곤란
③ 시계 1km 이하의 안개 발생 시 토운선 운항 중지
④ 조류는 2~4노트 이상일 경우 작업이 어렵고, 2노트 이하에서도 준설선의 계류
   방향을 저항이 적은 쪽으로 선택
⑤ 호퍼 준설선의 작업한계파고는 크기에 따라 1.5~3.0m 정도이나, 대형선의 경우
   3m 이상인 경우에도 작업 가능

25 준설토 재활용방안

Ⅰ. 정의

준설토는 항만, 하천 등의 바닥을 굴착하여 발생되는 토사로써 환경오염이 없도록 재처리하여 농경지와 콘크리트분야 등에 활용되고 있다.

Ⅱ. 준설토의 분류

① 점토　　　　　　② 점토＋모래　　　　　③ 모래
④ 모래＋자갈　　　⑤ 자갈

Ⅲ. 준설토의 유보율

$$유보율 = \frac{유보량(=준설토량-유실토량)}{준설토량} \times 100[\%]$$

Ⅳ. 준설토 재활용 방안

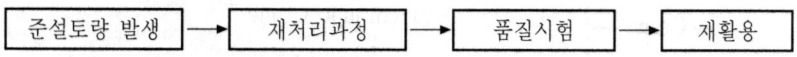

준설토량 발생 → 재처리과정 → 품질시험 → 재활용

1) 농경지 리모델링
① 하천 주변의 농경지에 우선 활용
② 상습침수지역 및 객토로 활용
③ 농경지의 토량개량용

2) 골재 매각
① 선별기계에 의한 골재의 분류
② 골재시장의 수급상황을 감안하여 단계적 판매 중

3) 토목용 건설재료
① 도로의 보조기층용 자갈
② 보도블록, 보차도 경계석
③ 연약지반 처리에 활용

4) 항만, 하천용 콘크리트제품 제작
소파블록, 중공블록 등 각종 블록

5) 하천정비사업
① 하천 제방 축조
② 생태공원 조성 등

6) 고강도 콘크리트 제작
① 하수 슬러지를 이용한 고강도 콘크리트의 제작
② 수중 콘크리트 공사에 활용 가능

26 운반, 양중기

Ⅰ. 정의

① 건설공사에 있어서 운반이 차지하는 비중은 대단히 크며, 토공사에는 토사운반, 골조 및 마감공사에서는 자재운반이 주요 작업이 된다.

② 최근 구조물이 대형화됨에 따라 양중기계 또한 대형화 · 고능률화 · 안전성이 우수한 기계를 요구하게 되었다.

Ⅱ. 양중기의 분류

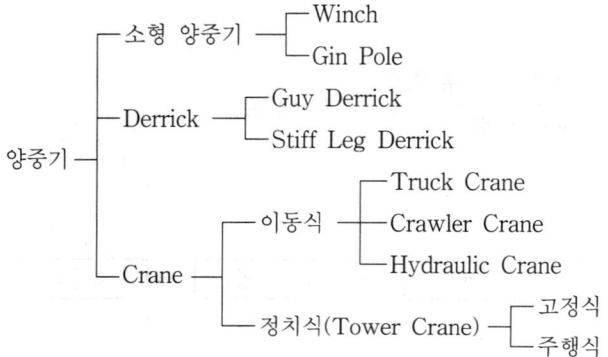

Ⅲ. 운반기계의 종류

1) Bulldozer

트랙터에 장치된 삽날(Blade)로 지표면을 평행으로 굴삭하면서 운반

2) Scraper

단독으로 굴삭 · 적재 · 운반 · 부설 등의 작업을 연속적으로 수행

3) Dump Truck

가장 많이 사용되는 운반기계로서 장거리 운반이 가능

4) Belt Conveyor

시공관리상의 안정성이 보장됨으로 현장 내 골재운반에 많이 사용

Ⅳ. Crane의 특성

1) 이동식 Crane

현장 내 이동의 제한을 받지 않으나 작업능률과 안정성이 떨어진다.

2) 정치식 Crane(Tower Crane)

Jib의 회전반경 내에서만 작업이 가능하나 작업능률이 좋다.

27 | Tower Crane

Ⅰ. 정의

① 최근 구조물이 대형화로 인하여 양중기계 또한 대형화·기계화·고성능화가 요구되고 있다.

② Tower Crane 설치 시는 Mast 고정을 위한 기초 시공 및 당김줄 고정이 매우 중요하며, 이 부분이 견고하지 않으면 대형사고의 우려가 크다.

Ⅱ. Tower Crane 구조도

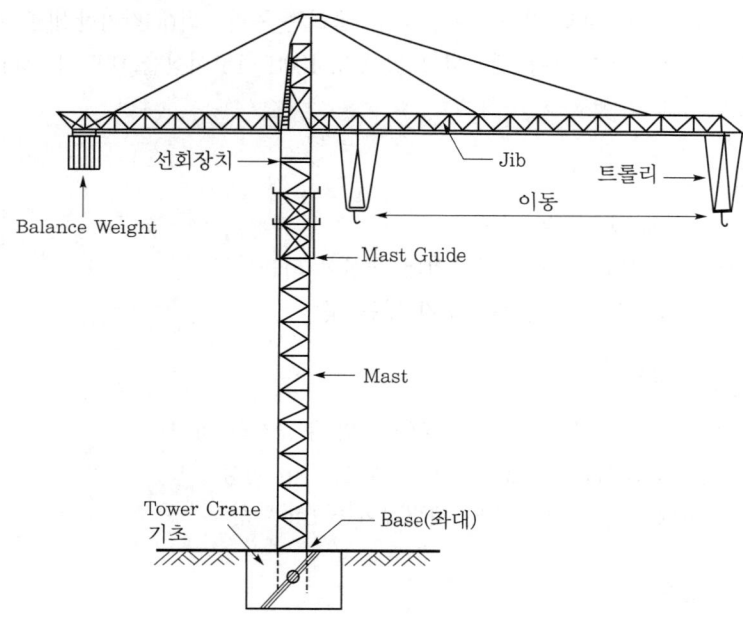

Ⅲ. 종류별 특성

1) 설치방식에 의한 분류(Mast 기초의 이동 여부에 따라)

① 고정식 : 콘크리트, 철골 등의 기초면에 Base를 고정

② 주행식 : Tower Base 밑에 차량을 정착하여 Rail 위를 주행하거나, Tire 또는 Crawler를 장치하여 이동이 가능

2) Climbing방식에 의한 분류(Climbing 시 Base의 상승 여부에 따라)

① Crane Climbing방식

㉠ 크레인 본체와 Mast가 함께 상승하면서 Base도 상부로 이동

㉡ Mast가 적으므로 고층 빌딩에 유리

② Mast Climbing방식

　　㉠ 기초에 Base를 고정하고 Mast Guide 안에서 Segment Mast를 연결

　　㉡ 클라이밍중량이 작아도 되며 단시간 내에 상승할 수 있음

3) Jib형식에 의한 분류(Jib의 기상(起狀) 여부에 따라)

① 경사Jib : Jib을 들어 올리면 작업반경이 바뀌는 것으로 대형 크레인에 사용

② 수평Jib : 수평Jib의 Trolley가 수평으로 이동하여 작업반경을 바꿈

Ⅳ. Tower Crane의 능력

① 시방(示方)은 감아올리는 능력(tf), 최대 작업반경(m), 최대 양정 및 타워높이(m), 감아올리는 속도(m/분), Jib의 길이(m), 자중 등으로 표시한다.

② 능력은 일반적으로 하중모멘트(＝감아올리는 능력×최대 작업반경[tf · m])로 한다.

③ 45~200tf · m가 보통 채용되고 있으며, 100tf · m 이상을 대형 Tower Crane으로 칭한다.

Ⅴ. 배치계획

① 가능한 한 평탄지로 선정

② Crane의 작업반경이 건물배치의 중심이 되는 곳

③ 타 공정의 작업에 지장을 주지 않는 곳

Ⅵ. Mast 기초 시공

① 상부하중에 견딜 수 있는 구조(지반의 부등침하 방지)

② 기초판의 크기는 2×2m 이상, 두께는 1.5m 이상

③ 기초판에 매입되는 앵커의 매립깊이는 1m 이상

Ⅶ. Mast 고정방식

① Wall Anchoring방식 : 구조체의 벽에 고정

② Wire Anchoring방식 : 당김줄(Wire Rope)로 지면에 고정

Ⅷ. 안전사고요인

① 기초Base(좌대)의 강도 부족

② Wire Rope의 파손 및 Joint부 불량

③ 안전장치 미점검

28 이동식 크레인의 종류 및 특징

[16전(10)]

I. 정의

① 건설현장에서 양중작업 시 사용되는 크레인으로 이동이 가능한 장비

② 현장의 규모 및 용도에 맞는 크레인을 사용하며, 최근 구조물의 대형화로 인하여 크레인도 대형화·기계화·고성능화가 요구됨

II. 크레인의 종류

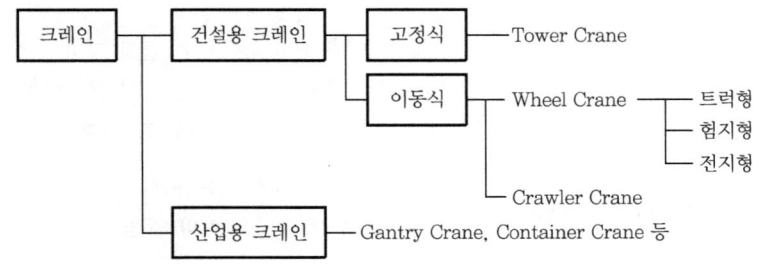

III. 건설공사용 이동식 크레인의 특징

종류	양중무게	주행 특징
Rough Terrain(RT) Crane	10~50ton	험지주행 용이
All Terrain(AT) Crane	80ton 이상	도로주행 및 험지주행
Truck Crane	5~150ton	도로주행 용이
Crawler Crane	50~1,000ton	이동이 적은 건설현장 사용

IV. 이동식 크레인과 타워크레인의 비교

구분	이동식 크레인	타워크레인
이동성	이동 가능	이동 불가
구성	트롤리, 훅(Hook), 훅해지장치, 이동장치(Tire, Crawler)	트롤리, 훅(Hook), 훅해지장치, Mast, Jib, Balance Weight
적용	일반 건설현장	대형 교각, 초고층, 아파트

29 Lease(리스)

Ⅰ. 정의

① Lease란 법률적 용어로 부동산 또는 동산의 소유자가 임대인으로 사용료를 대가로 임차인에게 사용 또는 점유를 인정하는 제도이다.

② 건설업에서는 기계나 장비의 임대에 주로 이용하며, 사용기간에 따라 Lease, Rental, Charter로 구분한다.

Ⅱ. 분류

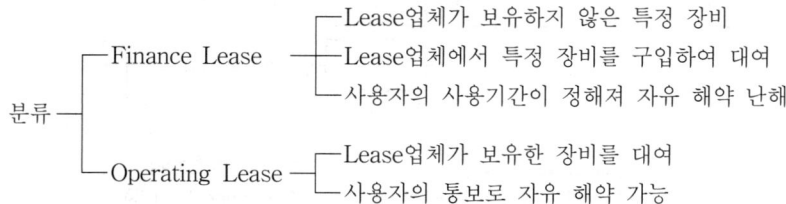

Ⅲ. 특징

① 자금의 고정화를 막아 효율적인 운용을 기대한다.

② 업체의 관리·정비 등의 합리화에 의한 경비 절감을 도모한다.

③ 기계의 노후, 부식에 대처한다.

④ 담보물건이 불필요하다.

Ⅳ. 건설분야에서의 리스(Lease)

1) 리스(Lease)

① 1~2년의 장기간 임대하는 것을 말한다.

② 임차인은 사용기계나 설비에 대한 운전자(조작자)가 있어야 한다.

③ 기계·설비의 정비·수리는 임대업체에서 행한다.

④ 특수한 대형 기계에 주로 적용된다.

2) 렌탈(Rental)

① 월(月) 또는 그 이하 단위로 비교적 단기간에 임대하는 것을 말한다.

② 운전자는 계약 여부에 따라 조정된다.

③ 유지·수리는 임대업체에서 한다.

④ 운전이 간단한 장비에 적용된다.

3) 차터(Charter)

① 운전자와 함께 시간 또는 일(日)단위로 임대하는 것을 말한다.

② 건설분야의 일반적인 중기임차 시 사용한다.

V. Lease, Rental, Charter의 비교

구분	Lease	Rental	Charter
임대기간	길다(1~2년).	비교적 짧다(월 단위).	짧다(일 또는 시간).
기계운전자	필요하다.	계약 여부에 따라 다르다.	필요 없다.
적용 기계	특수 장비	일반 장비	일반 장비
정비·수리	임대업체에서 한다.	임대업체에서 한다.	임대업체에서 한다.

VI. 개발방향

1) 조직의 정비
① 사용자는 기계·장비의 공동 구입을 위한 Lease업체와의 가격협상이 필요하다.
② 장기임대의 경우 임차인은 운전자가 필요하므로 미리 대비해야 한다.

2) 경쟁원리
Lease업체의 경쟁으로 인한 장비의 근대화 및 업체 체질 개선

3) 전문화
기계·설비의 분야별로 전문화한 업체의 필요

30 건설기계 관련 용어

1) 공기압축기(Air Compressor)
   ① 대기압 이상의 압축공기(보통 0.1~0.2MPa 이상)를 만드는 기계이다.
   ② 압축기구에 따라 용적식 압축기와 터보식 압축기로 대별되며 건설공사에서는 0.7MPa 이하의 왕복형, 회전형의 용적식이 많다.
   ③ 용도에 따라 정치식과 가반식, 구조에 따라 수냉, 공냉, 유냉, 1단 압축, 2단 압축 등으로 분류된다.

2) 그라우팅펌프(Grouting Pump)
   ① Cement, Bentonite, Asphalt, 약액 등을 주재로 한 그라우트제를 암반이나 지반 내에 주입하여 간극 충진, 고결 보강, 지수를 하거나, Prepacked공법에서 Mortar 주입을 위한 기계이다.
   ② 형식으로 피스톤펌프, 플런저펌프, 로터리펌프 등이 있으며, 피스톤펌프는 가장 일반적으로 사용되고 있는 것으로서 토출량과 토출압을 넓은 범위에서 선정할 수 있다.

3) 어스 오거(Earth Auger)
   ① Screw Auger의 상단에 전동 또는 유압구동장치를 장착한 것을 오거 리더(Auger Leader)에 정착하고 회전시켜 지반을 착공하기 위한 기계를 말한다.
   ② 사용기종의 대부분은 크롤러형식으로 되어 있으며 3륜 트럭, 4륜 트럭으로 짜여진 것과 트럭프레임으로 짜여진 것 등이 있다.

4) 콘크리트 진동기(Concrete Vibrator)
   ① 혼합한 콘크리트에 진동을 주어 혼합, 운반, 타설 중에 섞여진 공기를 추출하여, 치밀하고 강도 높은 콘크리트를 제조하고, 표면의 마무리 등을 하기 위한 기기이다.
   ② 콘크리트 속에 진동기를 삽입하여 직접 주위에 진동을 주는 내부진동기, 형틀을 통해 간접적으로 진동을 주어 다지는 형틀진동기, 주로 콘크리트제품의 제조에 사용하는 테이블진동기 등으로 분류된다.

5) 항타선(Piling Barge)
   ① 수상구조물의 말뚝이나 널말뚝을 설치하기 위한 항타기를 장비한 작업선이다.
   ② 항타선의 선정 시 말뚝의 길이, 중량, 사용해머의 형식, 망루의 높이, 감아올리는 능력, 가이드 폭 등을 검토한다.

죽음의 영점(零點)에 서 보라.

죽음의 철학자 하이데커의 말을 빌리지 않더라도 삶이란 죽음과 얼굴을 맞대고 있다.

① 반드시 죽는다.

② 언제 죽을지 아무도 모른다. 삶의 길이는 하나님의 절대 비밀인 것이다.

③ 인생은 이 세상에 홀로 왔다 홀로 죽어 간다. 누구도 대신 할 수가 없고, 집단 자산을 하더라도 각자의 죽음이 따로 따로다.

④ 살고 있는 사람은 한 사람도 예외없이 다 죽음이란 종점을 향해 가고 있다.

⑤ 삶이 절대 나의 것이듯이 죽음도 먼 남의 것이 아닌 절대 나의 것이다. 나는 나의 장례식 꿈을 꾼 일이 있다. 하관식이 끝나고 식구들이 헌토를 할 때 깨났다. 관 속에 있던 나, 그 때 나는 가장 가난한 마음의 0점에서 내 양심과 내세와 하나님 앞에 피 묻는 예수의 십자가를 붙잡았다.

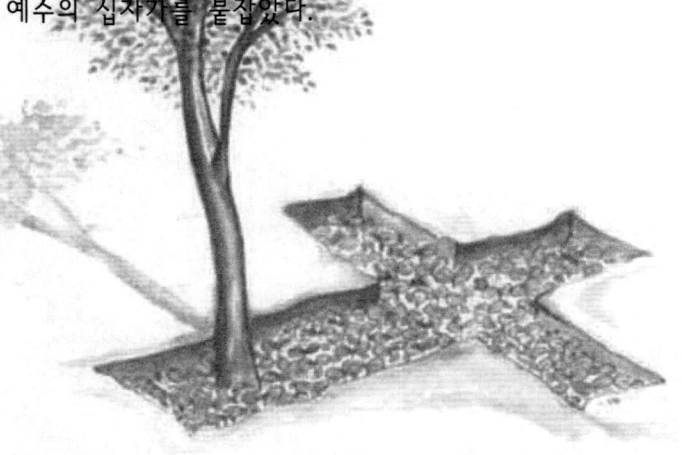

제2장 ▶ **기 초**

제1절 흙막이공

흙막이공 과년도 문제

1. Trench Cut공법 [05후(10)]
2. 이중벽체구조 2열 자립식 흙막이공법(BSCW) [22중(10)]
3. Pile Lock [02전(10)]
4. Slurry Wall공법 [96후(20)]
5. 지하 연속벽(Slurry Wall) [97중후(20)]
6. 지하 연속벽(Diaphram Wall) [07중(10)]
7. 지중 연속벽의 가이드월(Guide Wall)의 역할 [94후(10)]
8. 지하 연속벽의 Guide Wall [01중(10)]
9. 벤토나이트 [00중(10)]
10. 현장타설말뚝 시공시 슬라임 처리 [20전(10)]
11. Cap Beam Concrete [95전(20)]
12. Cap Beam 콘크리트 [16후(10)]
13. 침투수력(Seepage Force) [12전(10)]
14. 유선망(Flow Net) [99전(20)]
15. 유선망 [02전(10)]
16. 유선망(flow net) [14전(10)]
17. 유선망(Flow Net) [22전(10)]
18. Boiling현상 [87(12)]
19. Boiling현상 [99중(20)]
20. 보일링(boiling)현상 [16후(10)]
21. 퀵샌드(Quick Sand)현상 [98후(20)]
22. Quick Sand현상 [02전(10)]
23. 분사현상(Quick Sand) [06후(10)]
24. Piping현상 [00중(10)]
25. 침윤세굴(seepage erosion) [13후(10)]
26. 히빙(Heaving)현상 [07전(10)]
27. 히빙(Heaving)현상 [11전(10)]
28. 히빙(Heaving) 방지대책 [21전(10)]
29. 히빙(Heaving)과 보일링(Boiling) [19전(10)]
30. 부력과 양압력의 차이점 [08전(10)]
31. 부력과 양압력 [16전(10)]
32. 얕은 기초의 부력 방지대책 [18전(10)]
33. 비탈면의 소단 설치기준 [21중(10)]
34. 지수벽 [08후(10)]
35. 지반 굴착시 근접 구조물의 침하 [99후(20)]
36. 도로(지반) 함몰 [15후(10)]
37. 지하안전관리에 관한 특별법 [18전(10)]
38. 정보화 시공 [98중후(20)]
39. 도심지 흙막이 계측 [14전(10)]
40. 흙막이공사의 계측관리 [25후(10)]
41. Earth Anchor [82후(17)]
42. 어스앵커(earth anchor) [19중(10)]
43. 어스앵커공의 시방기준 및 시공순서 [25후(10)]
44. 앵커체의 최소 심도와 간격 [10중(10)]
45. 토사지반에서의 앵커의 정착길이 [13전(10)]
46. 흙막이 가시설의 버팀보(Strut)공법과 어스앵커공법의 비교 [22전(10)]
47. Soil Nailing공법 [10후(10)]
48. 소일네일링(Soil Nailing) [18전(10)]

1 흙파기공법(Excavation Method)

Ⅰ. 정의

① 기초공사를 하기 위해 땅을 파는 일을 흙파기라 하며, 흙파기공사는 주변 지반의 침하가 발생하지 않도록 해야 하며, 흙파기공법은 지반상태에 맞는 적정 공법을 선정해야 한다.

② 흙파기공사에 앞서 지반조사, 인접 구조물, 대지 주변 매설물 등에 대한 충분한 사전조사가 필요하며, 흙파기공법은 크게 모양에 의한 것과 형태에 의한 것으로 분류할 수 있다.

Ⅱ. 사전조사

① 지하구조체의 형태, 규모, 범위 등 설계도서의 검토

② 입지조건 파악

③ 지하수 및 지반상황조사

Ⅲ. 공법의 분류

1) 모양에 의한 분류

① 구덩이파기

② 줄기초파기

③ 온통 파기

2) 형식에 의한 분류

① Open Cut공법

㉠ 비탈면 Open Cut공법

㉡ 흙막이 Open Cut공법

② Island Cut공법

③ Trench Cut공법

④ 지하연속벽공법

㉠ 벽식 공법

㉡ 주열식 공법

⑤ Top Down공법

⑥ Caisson공법

2 Open Cut공법(온통 파기)

Ⅰ. 정의

기초파기에 있어서 구조물 저면을 온통 파내는 것으로, 종류에는 비탈면 Open Cut 공법과 흙막이 Open Cut공법이 있다.

Ⅱ. 종류

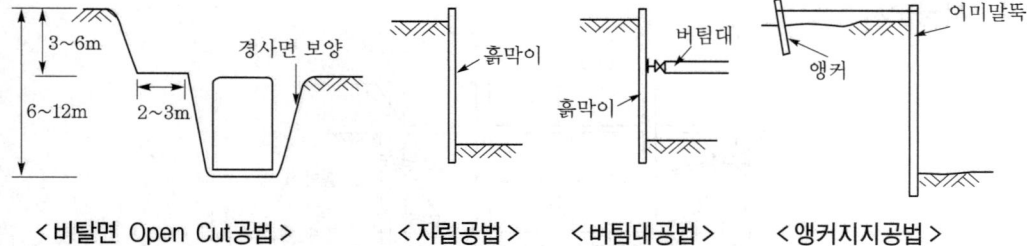

< 비탈면 Open Cut공법 >　　< 자립공법 >　< 버팀대공법 >　< 앵커지지공법 >

1. 비탈면 Open Cut공법

1) 흙파기를 하고자 하는 비탈면에 사면의 안전을 확보하고 기초파기를 하는 공법으로 경사면 보호, 배수로, 집수정 등을 설치하는 경미한 터파기 공법

2) 특징
   ① 지보공 흙막이가 없으므로 경제적
   ② 시공에 제약을 받지 않기 때문에 공기가 단축
   ③ 넓은 부지가 필요하며 깊은 굴착시 토량 증가로 비경제적

2. 흙막이 Open Cut공법

1) 붕괴의 우려가 있는 흙의 이동을 흙막이에 의해 지지시키면서 굴착하는 공법

2) 특징
   ① 부지 전체의 구조물 구축으로 대지의 활용도 양호
   ② 반출토사 감소
   ③ 흙막이 지보공으로 작업의 장애

3) 분류
   ① 자립공법 : 배면토 측압을 흙막이 벽체의 자립에 의해 지지하면서 흙파기하는 공법
   ② 버팀대공법(Strut공법) : 붕괴의 우려가 있는 흙의 이동을 버팀대로 지지하는 공법
   ③ 앵커지지공법(Tie Rod Anchor공법) : 흙막이 외부의 지표면을 이용하여 고정 지지말뚝을 박고 어미말뚝을 당김으로써 흙의 붕괴에 저항하는 공법

3 | Island Cut공법

Ⅰ. 정의

① 흙막이 벽이 자립할 수 있는 만큼의 비탈면을 남기고 중앙부를 먼저 흙파기한 후 구조물을 축조하고 경사버팀대 혹은 수평버팀대를 이용하여 잔여 주변부를 흙파기하여 구조물을 완성시키는 공법이다.

② 비탈면 Open Cut공법과 흙막이 Open Cut공법의 장점을 살린 공법이다.

Ⅱ. 시공순서

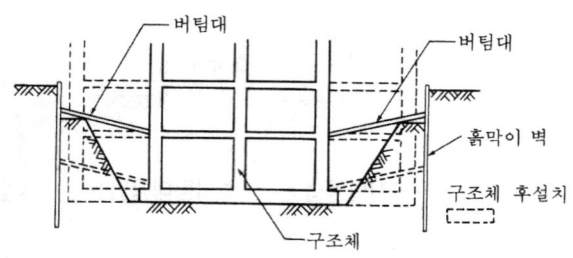

< Island Cut공법 >

① 흙막이 벽 설치
② 흙막이 벽이 자립할 수 있는 만큼의 비탈면을 남기고 중앙 부분 굴착
③ 중앙부 구조물 축조
④ 중앙부 구조물에 버팀대를 설치하고 외주 부분 굴착
⑤ 외주 부분 구조물을 중앙부 구조물과 연결하여 지하구조물 완성

Ⅲ. 특징

① 얕은 지하구조물로 기초범위가 넓은 공사에 적당
② 대지 전체에 구조물 구축 및 지보공(버팀대) 절약
③ 연약지반에서는 비탈면 관계로 깊은 굴착 부적당(깊이 10m 이내)
④ 지하공사 2회 실시로 공기가 길어짐

Ⅳ. Cantilever Cut공법

1) Island Cut공법에서 깊은 굴착에 사용되는 공법으로 중앙부의 구조물 시공방법은 Island Cut공법과 같으나, 외곽 부분은 수평 버팀대 대신 G.L에서 구조체를 구축하여 그 구조체로 흙막이 벽을 지지하여 상층에서 하층으로 작업을 진행해가는 공법

2) 특징
① 공기 단축 및 지보공 절약
② 연약지반에 있어서 Heaving현상 방지

4 | Trench Cut공법

[05후(10)]

Ⅰ. 정의

① 지반이 연약하여 Open Cut공법을 실시할 수 없거나, 지하구조체의 면적이 넓어 흙막이 가설비가 과다할 때 적용하는 공법이다.

②.Island Cut공법과 역순으로 흙을 파내는 공법이다.

Ⅱ. 시공순서

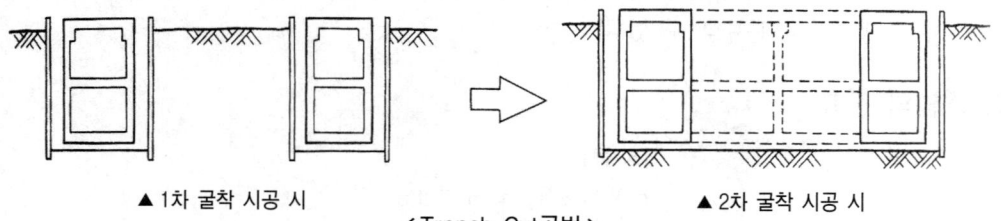

▲1차 굴착 시공 시   < Trench Cut공법 >   ▲2차 굴착 시공 시

① 외주 부분 흙막이 벽 설치

② 외주 부분 굴착

③ 외주 부분 구조체 축조

④ 중앙부의 나머지 부분 굴착

⑤ 중앙부 구조물을 외주 부분 구조물과 연결하여 지하구조물 완성

Ⅲ. 특징

① 중앙 부분 공간 활용 가능

② 버팀대의 길이가 짧아 변형이 적음

③ 흙막이 벽(내측 흙막이 벽)의 이중 설치로 비경제적

④ 깊은 굴착에 부적당

⑤ Island Cut공법보다 공기가 김

Ⅳ. 적용

① 지반이 극히 연약하여 온통 파기가 곤란할 때

② Heaving현상이 예상될 때

③ 굴착면적이 넓어 버팀대를 가설하여도 변형이 심히 우려될 때

5 흙막이공법

Ⅰ. 정의

① 흙막이공법이란 흙막이 배면에 작용하는 토압에 대응하는 구조물로서 기초 굴착에 따른 지반의 붕괴와 물의 침입을 방지하기 위한 목적으로 토압과 수압을 지지하는 공법을 말한다.

② 흙막이공법은 공사의 규모, 공사비용, 공사기간, 토질조건, 현장 여건 등을 감안하여 적정한 공법을 채택하여야 하며, 공법분류상 크게 나누어 지지방식과 구조방식으로 분류할 수 있다.

Ⅱ. 공법의 분류

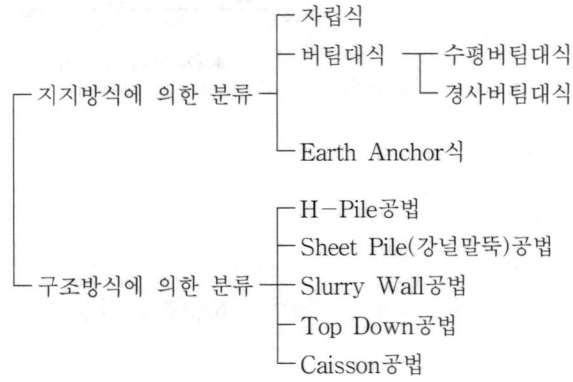

```
                                ┌ 자립식
                                ├ 버팀대식 ─── ┌ 수평버팀대식
           ┌ 지지방식에 의한 분류 ┤              └ 경사버팀대식
           │                    └ Earth Anchor식
           │
           │                    ┌ H-Pile공법
           │                    ├ Sheet Pile(강널말뚝)공법
           └ 구조방식에 의한 분류 ┤ Slurry Wall공법
                                ├ Top Down공법
                                └ Caisson공법
```

Ⅲ. 공법 선정 시 고려사항

① 흙막이 해체 고려
② 구축하기 쉬운 공법
③ 안전하고 경제적
④ 주변 대지조건 고려
⑤ 차수에 있어 수밀성이 높은 공법
⑥ 지반성상에 맞는 공법
⑦ 강성이 높은 공법
⑧ 지하수 배수 시 배수처리공법 적격 여부
⑨ 지하수위
⑩ 토질의 특성과 분포 : 토질주상도
⑪ 굴착심도 고려

6 버팀대식 흙막이공법

Ⅰ. 정의

① 흙막이 벽 안쪽에 띠장(Wale), 버팀대(Strut), 지지말뚝(Support)을 설치하여 토압, 수압 등에 대하여 저항시키면서 굴착하는 공법이다.

② 버팀대 시공방법으로 수평버팀대방식과 경사버팀대방식이 있다.

Ⅱ. 종류

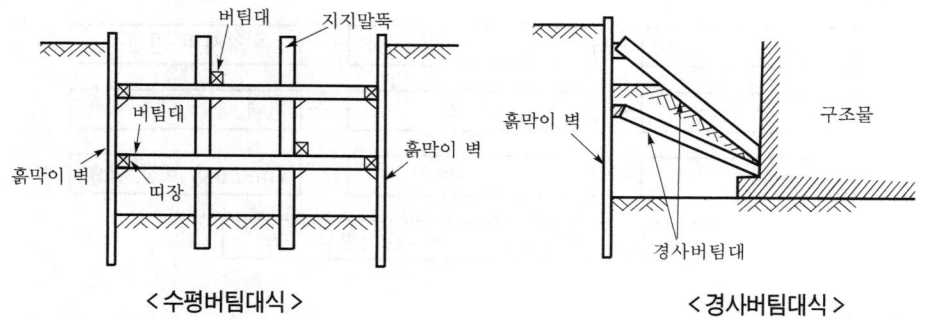

< 수평버팀대식 >   < 경사버팀대식 >

1. 수평버팀대식 흙막이공법

1) 정의

주위에 흙막이 널말뚝을 박고 내부에 버팀대를 대면서 굴착을 진행해가는 공법

2) 특징

① 버팀대식 공법으로 가장 많이 사용되는 공법

② 굴착면 전체 구조물 축조 가능

③ 경험이 풍부하고 공기가 짧음

④ 굴착심도가 깊어지면 버팀대 설치수가 많아져 본 구조물 시공에 장애 초래

⑤ 굴착폭이 커지면 버팀대의 길이가 길어져 구조의 안전성이 저하되므로 보조Pile을 설치하여 수평변위 방지

2. 경사버팀대식 흙막이공법

1) 정의

Island공법처럼 중앙부를 먼저 굴착하고 본체를 구축한 후에 본체의 벽체에 경사지게 버팀대를 걸쳐 흙막이 벽을 지지하면서 굴착해가는 공법

2) 특징

① 버팀대의 길이가 짧아 버팀대의 변형률이 적음

② 수평버팀대식보다 가설비가 적게 듦

③ 대지의 고저차가 있는 경우나 한쪽에 커다란 적재하중이 있는 경우 유리

④ 구조물의 형상이 복잡한 경우 유리

7 H-Pile 흙막이공법

Ⅰ. 정의

① 일정한 간격으로 H-Pile(엄지말뚝)을 박고 기계로 굴토해 내려가면서 H-Pile 사이에 토류판을 끼워서 흙막이 벽을 형성하는 공법이다.

② 대개 지하 5~6m 규모의 공사에 많이 사용하며 띠장, 버팀대를 설치해야 한다.

Ⅱ. 특징

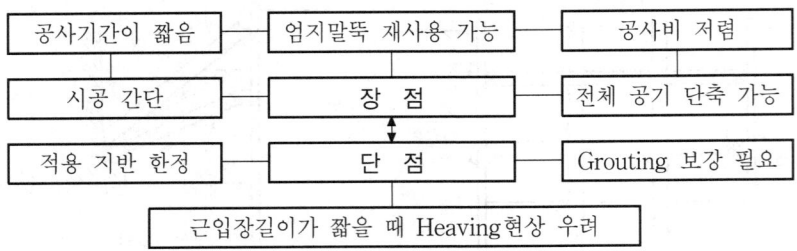

Ⅲ. 시공순서

① 터 고르기(장비의 주행성 확보)

② 일정한 간격으로 엄지말뚝 설치(보통 1.5~2.0m)

③ 굴착

④ 굴착해 내려가면서 동시에 어미말뚝 사이에 토류판 설치

⑤ 띠장, 버팀대, 지지말뚝 설치

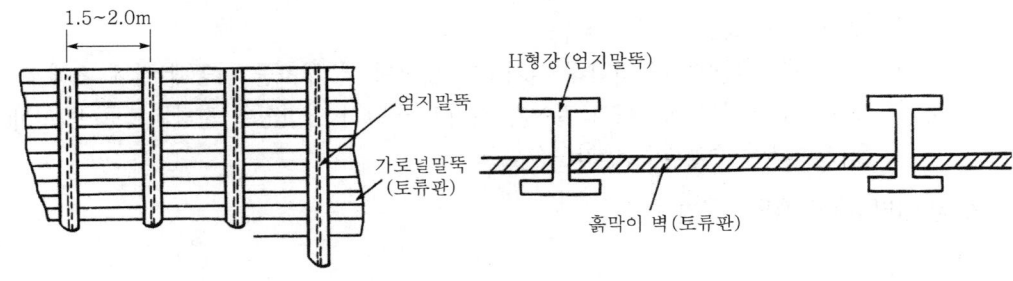

< H-Pile 흙막이공법 >

8 IPS(Innovative Prestressed Support)공법

Ⅰ. 정의

IPS(Innovative Prestressed Support)공법은 기존의 Strut(버팀보)를 사용하지 않고 IPS띠장을 흙막이 벽체에 운반하여 설치한 뒤 PS강선에 긴장력(Prestress)을 가하여 흙막이 벽체를 지지하게 하므로써 굴착으로 인한 토압을 지지하는 공법이다.

Ⅱ. IPS공법의 원리

Corner 버팀보에 설치된 정착장치에서 PS강선에 Prestress를 긴장하므로 인장력(P)에 의해 발생된 반력(Reaction)으로 흙막이 벽체를 지지하는 원리이다.

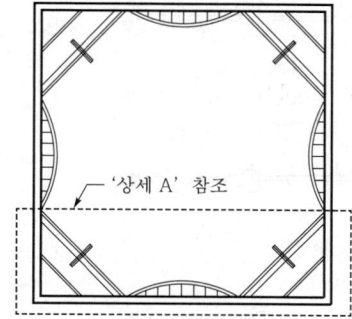

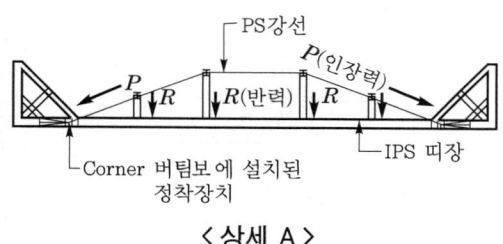

〈 상세 A 〉

Ⅲ. 특징

① 다수의 버팀대로 인한 작업공간의 침해 방지
② 굴착현장에서 중장비의 작업공간 확보로 작업효율 향상
③ 본 구조물작업인 거푸집 및 철근공사 용이
④ 사용강재의 회수율이 높아 경제적
⑤ 가시설 설치 및 본 구조물의 공기 단축 가능
⑥ 띠장의 인장휨파괴 방지로 안정성 증대
⑦ 강재량 및 작업Joint수 절감

Ⅳ. 적용

① 굴착폭이 넓은 지반으로 버팀대의 설치 및 지지가 어려울 경우
② 지중매설물의 손상을 최소화하는 작업
③ 굴착공사 시 지반의 변형을 최소화하여 인근 구조물에 피해를 줄이는 경우
④ 지하수의 영향으로 Earth Anchor 시공이 불가능한 경우(H-pile+Earth Anchor지지방식의 경우)
⑤ 도심지공사

9 Sheet Pile공법(강널말뚝공법)

I. 정의

① 강재의 널말뚝을 연속해서 박아 수밀성이 있는 흙막이 벽을 만들어 이것을 띠장, 버팀대로 지지하는 공법이다.

② 용수가 많고 토압이 크고 기초가 깊을 때 쓰이며 이음구조로 된 U형, Z형, I형 등의 강널말뚝을 연속하여 지중에 관입한다.

II. Sheet Pile의 종류

① Terres Rouges식

② Universal Joint식

 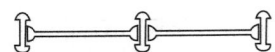

③ Larssen식

④ U.S Steel식

⑤ Lackwanna식

⑥ Simplex식

⑦ Ransom식

III. 특징

1) 장점
   ① 지하수위가 높은 연약지반에 적합
   ② 차수성 우수
   ③ 시공 용이
   ④ 공사비 저렴

2) 단점
   ① 근입깊이를 깊게 하여 Heaving 방지
   ② 타입 시 직타로 인한 소음, 진동 등의 공해
   ③ 자갈 섞인 토질에는 관입이 곤란
   ④ 휨이 크므로 버팀대의 설치가 지연 또는 설치간격이 너무 넓으면 수평변형 발생

10 Pile Lock

Ⅰ. 정의

① Pile Lock은 지하수가 높은 지반의 흙막이 가설구조물로 널말뚝(Sheet Pile)을 사용할 때 널말뚝의 연결부에서 발생되는 누수를 차단시킬 목적으로 사용되는 지수재의 일종이다.

② 널말뚝 자체의 차수성으로 본 구조물 시공에 차질이 예상될 때 널말뚝 이음부에 뿜어 붙여서 시공하는 공법이다.

Ⅱ. 널말뚝에 사용하는 지수재의 종류

① Pile Lock

② 케미가드 U−1

③ Pile Gum

④ 아데카 울트라실(Seal)

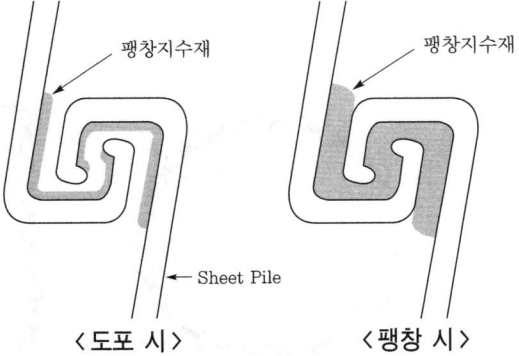

Ⅲ. Pile Lock 시공

1) 연결부 청소

Sheet Pile연결부를 와이어브러시 등으로 이물질을 제거하고 깨끗하게 청소한다.

2) 지수재 도포

널말뚝연결부에 분사기로 지수재를 도포하며 소규모 공사에서는 붓으로 바르기도 한다.

3) 양생

타입 전 도포한 지수재가 널말뚝에 부착될 수 있도록 충분한 시간(24시간)을 두고 양생시킨다.

4) 널말뚝 시공

타입된 널말뚝의 연결부에 침투수가 있을 때 48시간 이내 도포한 지수재가 10배 이상 팽창되어 연결부에서 누수현상을 차단시킨다.

Ⅳ. 차수성의 영향요인

① 널말뚝의 부식 정도   ② 연결부 청소상태

③ 널말뚝의 변형상태   ④ 시공에서의 경사 및 회전

⑤ 수질 및 수압

11 강관 널말뚝

Ⅰ. 정의

① 이음매 없는 나선형 용접을 하거나 겹이음용접을 하여 제작된 강관에 서로 밀실하게 연결할 수 있는 장치를 이용하여 흙막이 벽 또는 가물막이용으로 사용되는 강관을 말한다.

② 강관 널말뚝은 특히 교각기초공사, 교량기초보수, 지하 흙막이 벽, 가물막이 등 작용하는 수압이 비교적 크게 작용하는 곳에 이용되는 가설재료이다.

Ⅱ. 배치형상

< 원형 >   < 타원형 >   < 사각형 >

Ⅲ. 강관 널말뚝 연결구조

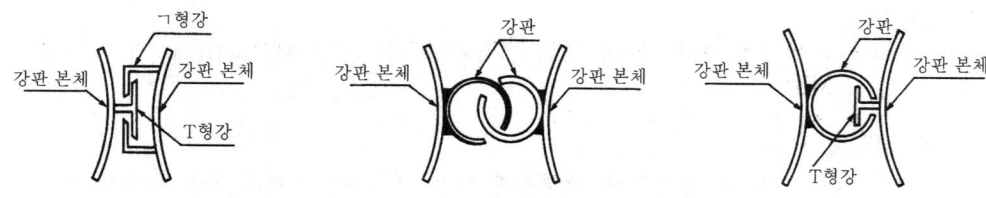

Ⅳ. 용도

① 지하 흙막이 벽
② 가물막이
③ 수중공사 가설구조
④ 교량기초보수공사

12 BSCW(Buttress type Self supporting Composite Wall)공법

[22중(10)]

Ⅰ. 정의

① 연약지반 굴착공사 시 적용할 수 있는 이중벽체구조 2열 자립식 흙막이공법이다.

② 대단위 면적의 굴착 시에도 별도의 지보재를 설치하지 않아도 되는 신공법이다.

Ⅱ. 시공도 및 시공방법

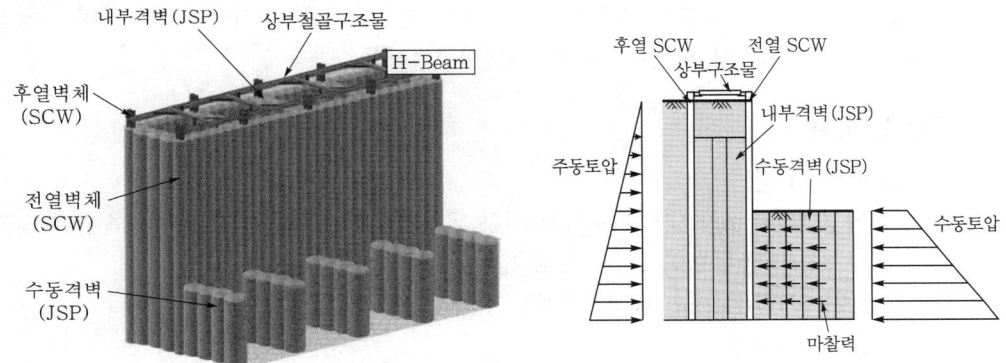

① 오거를 사용하여 설계된 근입깊이까지 SCW벽체 시공(후열 → 전열)

② SCW로 구성된 이중벽체구조 사이에 JSP(Jumbo Special Pile)로 내부격벽 시공

③ 전열과 후열 SCW벽체가 JSP격벽으로 연결되고 격벽 사이의 토사까지 일체화되어 주동토압에 대한 안정성 증대

④ JSP로 수동격벽을 설치하여 흙막이의 강성 증대 및 안전율 확보

Ⅲ. 기대효과

① 개선된 자립식 흙막이로 Strut, Anchor, Racker 등의 지보재 없이 굴착 가능

② 벽체 강성 증대로 토압에 따른 벽체변이 최소화

③ 공사기간 단축과 공사비 절감

④ Anchor의 적용이 어려운 연약지반에서의 안전성 확보 가능

13 Slurry Wall(지하연속벽)공법

[96후(20), 97중후(20), 07중(10)]

I. 정의

① Slurry Wall공법이란 지수벽, 구조체 등으로 이용하기 위해서 지하로 크고 깊은 트렌치를 굴착하여 철근망을 삽입 후 Concrete를 타설한 Panel을 연속으로 축조해 나가거나, 원형 단면 굴착공을 파서 연속된 주열(柱列)을 형성시켜 지하벽을 축조하는 벽식 · 주열식 공법 등이 있으며 지하 연속벽이라고도 한다.

② 지하흙막이공법으로 지수성이 우수하고 영구 구조물로 사용이 가능하며 지하공사에서 안전성이 높은 최신의 흙막이공법이다.

II. 공법의 종류

1) 벽식(壁式) 공법

① 안정액(Bentonite)을 이용하여 지하 굴착벽면의 붕괴를 막으면서 연속된 벽체를 구축하는 공법으로 일반적으로 많이 사용하는 방법이다.

② 종류 : BW(Boring Wall), ICOS, ELSE 등

③ Panel 시공순서

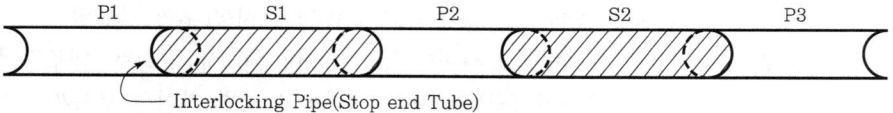

• Primary Panel은 P1→P2→P3 순서로 시공
• Secondary Panel은 S1→S2 순서로 시공, Stop end Tube는 사용치 않음

2) 주열식(柱列式) 공법

① 현장 타설 Con'c Pile을 연속적으로 연결하여 지중에 주열식으로 흙막이 벽을 형성하는 공법으로 말뚝 내에는 철근망, H-Pile 등을 박아 벽체를 보강한다.

② 종류 : SCW, ICOS, Earth Drill, Benoto, RCD, Prepacked Pile(CIP, PIP, MIP) 등

③ 주열의 배치방식

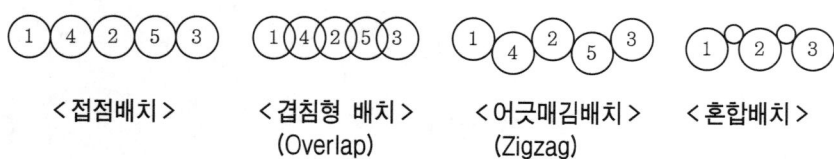

<접점배치> <겹침형 배치> <어긋매김배치> <혼합배치>
       (Overlap)   (Zigzag)

III. 용도

① 가설흙막이 벽, Dam의 차수벽   ② 지하철, 지하도 등의 외벽
③ 구조물 기초용   ④ 공동구, 암거의 외벽

14 벽식 Slurry Wall(Diaphram Wall)공법

I. 정의
① 벽식 Slurry Wall공법이란 지수벽, 구조체 등으로 이용하기 위해서 지하로 크고 깊은 트렌치를 굴착하여 철근망을 삽입한 후 Concrete를 타설한 Panel을 연속으로 축조해 나아가는 벽식 공법이다.
② 굴착공벽의 붕괴 방지를 위해 Bentonite안정액을 사용하며 저소음·저진동공법으로 차수성이 우수하고 안전성 확보가 용이한 공법이다.

II. 시공순서 Flow Chart

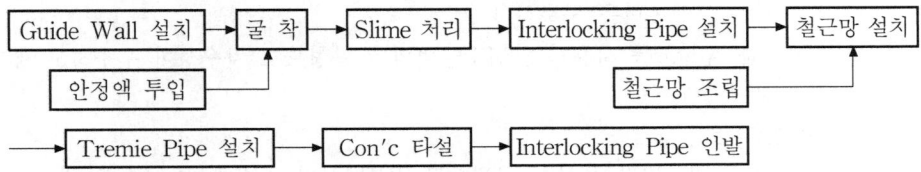

III. 특징
① 소음, 진동이 적다.
② 벽체의 강성이 크다.
③ 차수성이 높다.
④ 지반조건에 좌우되지 않는다.
⑤ 주변 지반에 대한 영향이 적다.
⑥ 공사비가 고가이다.
⑦ Bentonite 이수(泥水) 처리가 곤란하다.
⑧ 굴착 중 공벽의 붕괴 우려가 있다.

IV. 시공 시 주의사항
① 굴착기계의 수직도 유지 및 시공오차는 100mm 이내
② 굴착 시 선단부는 교란되기 쉬우므로 시공속도를 조정하여 천천히 시공
③ Slime은 구조체의 질을 떨어뜨리는 요인이 되므로 Slime 처리 철저
④ 기계 인발을 빨리 진행할 경우 지반 붕괴현상이 발생하므로 천천히 인발
⑤ Bentonite용액관리를 철저히 하여 공벽 붕괴 방지
⑥ Slime은 건설공해물질이므로 분리시설 및 건조 처리하여 철저히 관리

15 주열식 Slurry Wall공법

I. 정의

현장타설 Con'c 말뚝을 연속적으로 연결하여 지중에 주열식으로 흙막이 벽을 형성하는 공법으로 말뚝 내에는 철근망, H-Pile 등을 박아 벽체를 보강한다.

II. 종류

1) SCW(Soil Cement Wall공법)
   ① 흙(Soil)에 직접 Cement Paste를 혼합하여 현장 콘크리트 Pile을 연속시켜 지하연속벽을 만드는 공법이다.
   ② 3축 Auger로 하나의 Element를 조성하여 그 Element를 반복 시공함으로써 지하의 연속벽을 구축한다.
   ③ 1축 Auger를 사용하는 MIP공법의 개량형으로 차수성이 우수하고 공기 단축에 유리하다.

2) ICOS공법
   Earth Drill공법과 유사한 공법으로, ICOS사가 개발한 특수한 Boring Bit로 말뚝 구멍을 하나씩 걸러서 천공한 후 Con'c를 타설하는 공법

3) Earth Drill공법(Calweld공법)
   회전식 Drilling Bucket으로 필요한 깊이까지 굴착하고, 그 굴착공에 철근망을 삽입하고 Con'c를 타설하여 지름 1~2m 정도의 대구경 제자리 말뚝을 만드는 공법

4) Benoto공법(All Casing공법)
   케이싱튜브를 요동장치(Osillator)로 왕복 요동회전시키면서 유압잭으로 경질의 지반까지 관입 정착시킨 후 그 내부를 해머그래브로 굴착하여 공내에 철근망을 세운후 Con'c를 타설하면서 케이싱튜브를 뽑아내어 현장 타설말뚝을 축조하는 공법

5) RCD(Reverse Circulation Drill)공법
   리버스 서큘레이션 드릴로 대구경의 구멍을 파고 철근망을 삽입해서 Con'c를 타설하여 현장 말뚝을 만드는 공법

6) Prepacked Concrete Pile
   ① CIP말뚝(Cast-In-Place Pile) : 지중에 구멍을 뚫고 철근망을 삽입한 다음 자갈을 채운 후 주입관을 통해 Mortar를 주입하여 제자리 말뚝을 형성하는 공법
   ② PIP말뚝(Packed-In-Place Pile) : 중공의 Screw Auger로 소정의 깊이까지 회전시키면서 굴착한 다음 프리팩트 Mortar를 압출시키면서 제자리 말뚝을 형성하는 공법
   ③ MIP말뚝(Mixed-In-Place Pile) : Auger의 회전축대는 중공관으로 되어 있고 축 선단부에서 시멘트페이스트를 분출시키면서 토사와 혼합 교반하여 만드는 일종의 Soil Con'c 말뚝

16 ICOS공법

Ⅰ. 정의

① ICOS공법이란 특수 Boring Bit 또는 Clamshell로 굴착하면서 Bentonite용액을 순환시켜 굴착벽면의 붕괴를 방지하고 철근망을 삽입하여 원형(지름 0.4~1.0 m) 또는 장방형(1.8~5m×0.6~0.8m)의 Con'c 벽체를 지중에 축조하는 공법이다.

② 이탈리아의 ICOS(Impresa Construzioni Opere Specializzate)사의 특허공법이다.

Ⅱ. ICOS공법의 분류

1. 비트공법(Bit Method, 주열식)

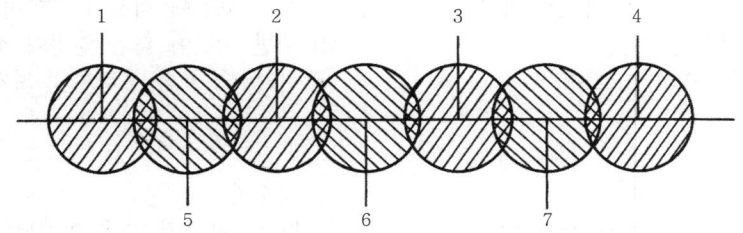

1) Earth Drill공법과 유사한 공법으로, ICOS사가 개발한 특수 Clamshell로 말뚝구멍을 하나씩 걸러서 천공한 후 Con'c를 타설하는 공법이다.

2) 시공순서

① ICOS사가 개발한 특수 Bit로 말뚝구멍을 하나씩 걸려서 천공한다(1, 2, 3, 4 순).

② 천공 시 공벽 붕괴 방지를 위하여 안정액을 사용한다.

③ 천공된 말뚝구멍에 Tremie관을 이용하여 콘크리트를 타설하며, 콘크리트 타설 전 철근망을 삽입하는 경우도 있다.

④ 말뚝과 말뚝 사이의 구멍을 천공한다(5, 6, 7 순).

⑤ 천공된 말뚝구멍에 Tremie관을 이용하여 콘크리트를 타설한다.

2. 클램셀공법(Clamshell Method, 벽식)

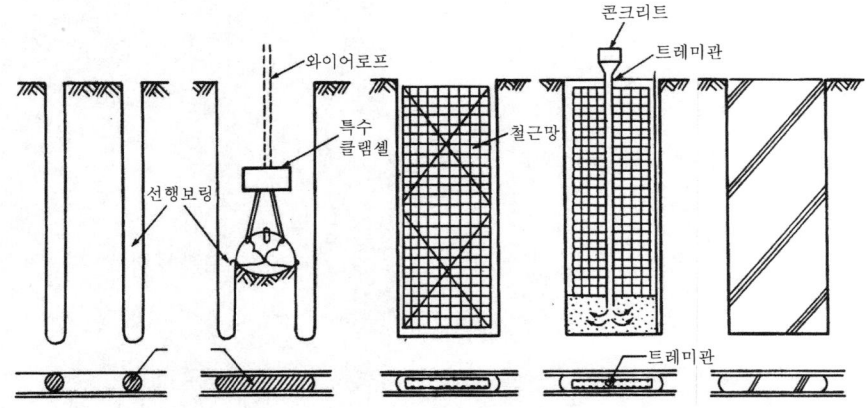

< ICOS Clamshell공법의 시공순서 >

1) Slurry Wall과 유사한 공법으로 ICOS사에서 개발한 특수한 Clamshell로 굴착하여 지중에 길이 1.8~5m, 두께 0.6~0.8m의 연속 벽체를 형성한다.
2) 시공순서
   ① 벽의 Panel 양쪽에 선행 Boring을 한다.
   ② 이때 공벽 붕괴 방지를 위해 안정액을 사용한다.
   ③ 선행 Boring 사이로 특수 Clamshell을 삽입하여 중앙 부분을 굴착한다.
   ④ 굴착 완료 후 철근망을 삽입한다.
   ⑤ Tremie관을 이용하여 콘크리트를 타설한다.

Ⅲ. 특징

① 무소음·무진동공법이다. ② 모든 토질에 적용이 가능하다.
③ 차수성이 높다. ④ 주변 지반에 대한 영향이 적다.
⑤ 공사비가 고가이다. ⑥ 굴착 중 공벽 붕괴의 우려가 있다.

Ⅳ. 용도

① 흙막이 벽 ② 지수벽
③ 지하구조물의 지하벽체 ④ Dam, 제방의 누수 방지벽

Ⅴ. 시공 시 유의사항

① 굴착 시 수직도 체크
② 구멍 내 수위가 지하수위보다 높게 유지하여 공벽 붕괴 방지
③ 기계 인발을 천천히 하여 지반 이완 방지
④ Slime 처리의 철저로 선단 지지력 확보
⑤ Con'c 타설 시 재료분리 방지
⑥ 유동성이 큰 고강도 Con'c 사용
⑦ 지질에 맞는 안정액 선택 및 신선한 안정액과 교체
⑧ Bentonite분리시설 및 건조 처리로 공해관리 철저

17 지하 연속벽의 가이드월(Guide Wall)의 역할

Ⅰ. 정의

① Guide Wall이란 지하 연속벽을 시공하기 위한 선행작업으로 지표면의 붕괴 방지, 벽체의 수직도 유지기준 등 지하 연속벽의 시공 정도를 높일 목적으로 설치하는 구조물이다.

② 특히 Guide Wall은 지중매설물조사 및 하수 처리와 지표면 보호역할 및 흙막이 시공의 평면위치 결정 등 중요한 역할을 한다.

Ⅱ. Guide Wall의 형태

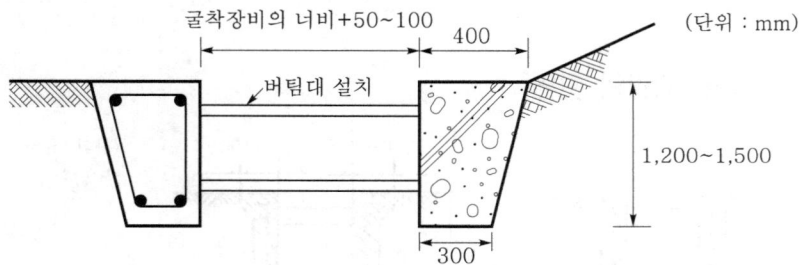

Ⅲ. Guide Wall의 역할

1) **평면위치 결정**
   평면상 연속벽의 시공위치 결정

2) **굴착척도**
   굴착 시 벽체의 수직도 유지 및 굴착기계의 Guide 역할

3) **인접 구조물 보강**
   내·외측 부분 토압 방지

4) **위치 보호**
   굴착장비의 사용에 따른 구조물의 위치 보호

5) **철근망 지지**
   철근망 삽입 시 수직도 유지

6) **장비거치대**
   Interlocking Pipe 인발 시 장비를 거치할 수 있는 작업대 역할

7) **지표 붕괴 방지**
   지표수의 유입을 차단함으로써 지표면의 붕괴 방지

Ⅳ. Guide Wall 시공 시 유의사항

① 굴착 장비의 충격에 견딜 수 있도록 견고해야 한다.

② 굴착기 및 굴착 중 변형 방지를 위해 버팀대를 설치한다.

③ Guide Wall의 폭은 벽 두께보다 50~100mm 크게 한다.

④ Guide Wall의 강성을 확보하여 파괴를 방지한다.

⑤ Guide Wall의 밑넣기를 확보하여 변형을 방지한다.

⑥ 지표면이 경사일 때 높은 쪽과 낮은 쪽을 같은 높이로 시공한다.

⑦ Guide Wall은 최소한 지하수위보다 안정액수위를 1.0~1.5m 이상 높게 유지하도록 설치한다.

⑧ 직각 부분 및 Round 부분은 굴착기의 형태 및 크기를 고려하여 시공한다.

⑨ 설치된 Guide Wall 상부표면에 각 Panel의 위치 및 단위 굴착위치를 정확하게 표기한다.

Ⅴ. 각종 Guide Wall의 단면

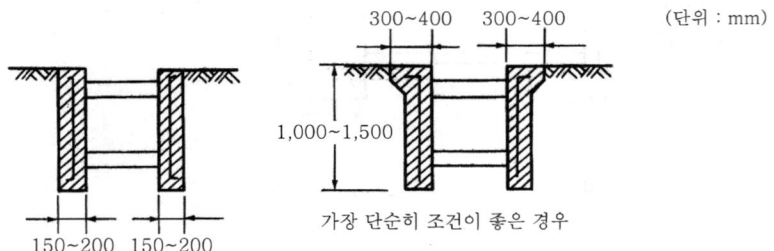

< 지반조건이 좋은 경우 >

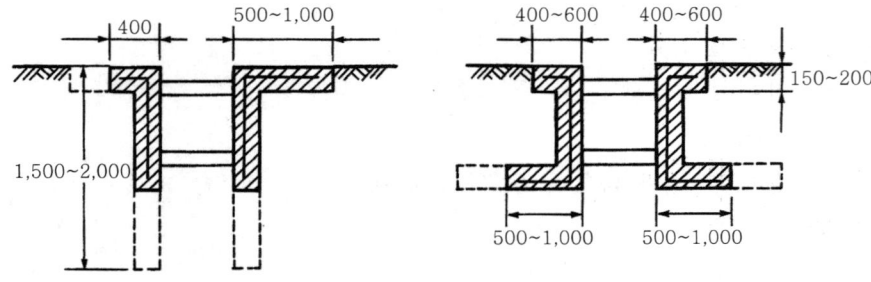

< 지표부의 지반이 약한 경우 >

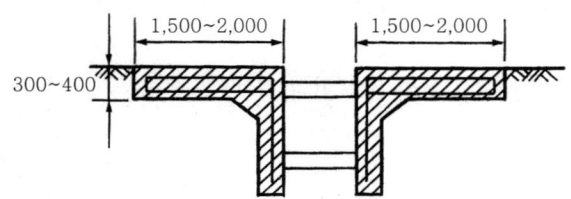

< Guide Wall에 걸리는 재하중이 큰 경우 >

18 | 안정액(Stabilizer Liquid)

I. 정의

① 굴착공사 중 굴착벽면의 붕괴를 막고 지반을 안정시키는 비중이 큰 액체를 총 칭하여 안정액(安定液)이라 한다.

② 안정액은 지반의 상태, 굴착기계 및 공사조건 등에 적합한 안정액을 사용하여야 하며, 안정액관리가 허술하면 사고의 발생원인이 되므로 안정액관리를 철저히 하여야 한다.

II. 안정액의 요구성능

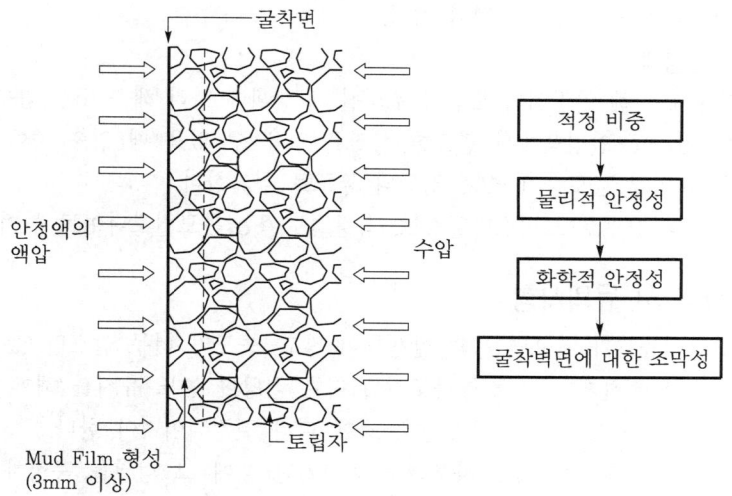

III. 목적

① 장기간에 걸친 굴착면 유지능력으로 굴착벽면의 붕괴 방지

② 현장 Con'c를 중력 치환할 수 있게 하는 낮은 점성

③ 흙의 간극을 Gel화하여 굴착면의 흙입자를 지탱

④ 지반으로부터의 지하수 유입과 지반에서의 안정액 유출을 막아 보호막 형성

IV. 안정액의 분류

1) Bentonite 안정액

① Bentonite는 점토광물의 하나로 응회암, 석영암 등의 유리질 부분이 분해하여 생성된 미세점토로 물을 흡수하여 크게 팽창하는 성질이 있다.

② 좋은 Bentonite란 100cc의 물에 8g의 Bentonite를 혼합했을 때 침전하지 않아 야 한다.

③ 굴착지반 중에 응집이 일어나 물의 이동과 지반의 붕괴를 방지한다.

2) CMC(Carboxy-Methyl Cellulose) 안정액
    ① CMC란 펄프를 화학적으로 처리하여 만든 인공풀로서 물에 혼합하면 쉽게 녹아 점성이 높은 액체가 된다.
    ② 혼합량은 물 100cc에 대해 0.1~0.5g이다.
    ③ 반복 사용이 가능하나 비중이 높은 안정액을 만들 수 없다.

3) Bentonite·CMC 혼합 안정액
    CMC용액에 Bentonite를 2~3% 혼합한다.

4) 폴리머(Polymer) 안정액
    ① 친수성 고분자 화학물로서 물에 용해되어 점성을 나타내는 것으로 전분, 알긴산, 소다, 한천, 고무, 젤라틴 등이 있다.
    ② 굴착 시 혼입되는 토사는 Bentonite계보다 쉽게 분리된다.
    ③ 시멘트염분에 의한 오염이 적다.

5) 염수 안정액
    ① 해수에 의해 안정액의 오염이 우려될 때 상황에 따라 해수 또는 염수를 사용한다.
    ② Bentonite 안정액에서 필요한 성질을 얻을 수 없을 때 염수 중에서 점성이 높은 내염성 점토를 1~2% 정도의 농도로 첨가한다.
    ③ 내염성 점토로 크리소타일점토, 화강점토, Fe 몬모릴로나이트 등이 있다.

V. 안정액 사용 시 유의사항

① 안정액농도가 옅으면 붕괴 발생률이 많고, 농도가 너무 짙으면 Con'c와의 치환이 불완전하게 되므로 공사조건에 따른 적당한 농도 유지를 해야 한다.
② 지질, 지하수, 투수층, 공법종류 등에 따라 결정되어져야 한다.
③ 좋은 성질의 안정액을 사용해도 공사기간 중에 그 성질을 측정하지 않으면 사고의 발생원인이 되므로 비중, 점성, 여과성 등을 관리해야 한다.

19 Bentonite(벤토나이트)

I. 개요

① 자연 그대로 안정되어 있는 지반을 수직으로 굴착하면, 지반의 균형이 파괴되어 트랜치벽면은 항상 붕괴의 우려가 생기므로 이에 대한 대책으로 안정액이 필요하다.

② 벤토나이트는 안정액의 일종으로 고밀도의 팽창성을 갖고 있어 지반을 굴착할 때 지반이 토압에 의해 붕괴되는 것을 방지한다.

II. 안정액관리시험

시험항목	기준치		시험기구
	굴착 시	Slime 처리 시	
비중	1.04~1.2	1.04~1.1	Mud Balance
점성	22~40초	22~35초	점도계
pH농도	7.5~10.5		pH meter
Mud Film두께	3mm 이상	1mm 이상	표준 Filter Press
사분율	15% 이하	5% 이하	Sand Content Tube

III. 벤토나이트의 성질

1) 비중
   ① 진비중 : 2.4~2.95
   ② 분체의 겉보기 비중 : 0.83~1.13
2) 액성한계 : 330~590%
3) 6~12%의 용해 시 pH : 8~10
4) 비표면적 : 80~110m²/g

IV. 기능

① 굴착벽면을 안전하게 지지하여 붕괴 방지
② 굴착벽면에 불침투막을 형성하여 물의 침입 방지
③ 굴착토사의 분리
④ 굴착벽면의 마찰저항 감소

V. 특징

① 활성이 강해 팽윤하기 쉽고 점성을 얻기 쉽다.
② 콘크리트나 해수에 오염되기 쉽다.
③ 사용 후 폐기하는데 분해 및 고형화하기가 어렵다.
④ 물을 함유하면 6~8배의 체적이 팽창한다.

20 | Slime 및 Desanding

Ⅰ. 개요

모래의 함유율이 높으면 Con'c 강도 저하 및 Joint 부위에 Clearing작업을 통해 제거된 이물질이나 Slime이 다시 부착되어 누수의 원인이 되므로, Trench 내의 안정액은 모래함유율이 15% 이내가 될 때까지 계속 Desanding해야 한다.

Ⅱ. Slime

1) 수중 굴착 시 굴착한 흙의 고운 입자가 안정액과 혼합되어 굴착구멍 밑바닥에 가라앉은 침전물질을 말하며, 굴착 종료 후 3시간 경과 후 Slime 처리기로 제거한다.

2) 특징
   ① Slime 미제거 시 침하 발생
   ② Joint 부위에 부착되어 벽체 누수의 원인
   ③ Con'c 타설 시 치환능력을 떨어뜨려 Con'c 강도 저하

Ⅲ. Desanding

1) 굴착이 완료된 Trench 내의 안정액은 Gel화되어 Con'c 타설 시 치환능력을 떨어뜨리고 많은 모래분이 혼입되어 Slime이 발생되며, 이 Slime이 퇴적되면 굴착심도를 유지하지 못하기 때문에 신선한 안정액과 교체시켜 주는 작업을 말한다.

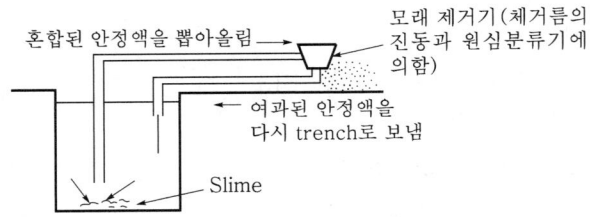

2) 기능
   ① 모래 등의 혼입에 따른 Slime 발생 제거
   ② Joint 부위의 Clearing 작업효과
   ③ Con'c 타설 시 치환능력의저하 방지
   ④ Joint 부위 누수 방지

Ⅳ. 안정액치환방식(공내 Slime 처리방식)

1) Suction Pump방식
   Tremie Pipe나 기타 유사한 Pipe를 굴착 저면까지 설치하고 지상의 Suction Pump로 흡입해서 안정액과 함께 Slime을 퍼올리는 방식

2) Air Lift방식

Trench 내에 Tremie Pipe를 설치한 후 Nozzle을 부착한 Air Hose를 관 내에 투입하고 Compressor로 Air를 보내 그 반발력으로 돌아온 Air와 함께 안정액이 흡입되어 나오는 방식

3) Sand Pump방식

수중Pump를 굴착 바닥까지 내려서 Pump로 직접 퍼올리는 방식

4) Mechanical Pump방식

굴착 저면에 물리적 충격에 의한 반발Slime을 수거하는 방식

21 Tremie관

Ⅰ. 정의

① 수중 Con'c 타설 시 수직 Pipe(Tremie관)를 통해 Con'c 중량에 의해 안정액을 Con'c로 치환하는 역할을 한다.

② Tremie공법은 수중 Con'c 타설 시 굳지 않은 Con'c가 물과 접촉하게 되면 골재 분리 등 여러 가지 문제점이 발생하기 때문에 최대한 물과 접촉하지 않도록 하기 위해 특수관을 이용하여 타설하는 기법이다.

Ⅱ. 종류

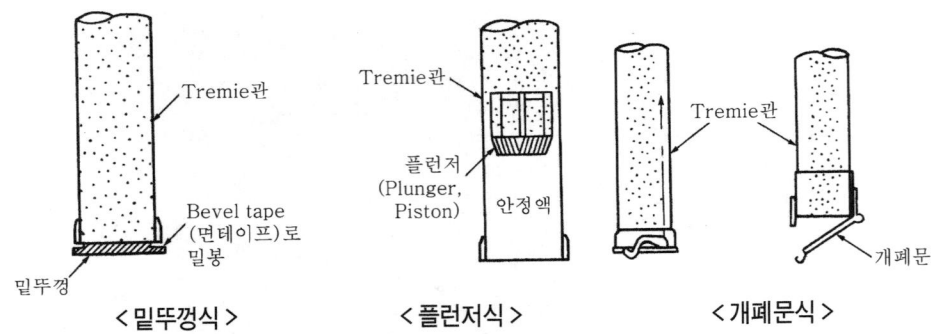

< 밑뚜껑식 >　　< 플런저식 >　　< 개폐문식 >

1) 밑뚜껑식

선단에 뚜껑을 만들어 Con'c 투입 시 Tremie관을 조금 들어 올리면 Con'c 중량에 의해 뚜껑이 자동적으로 제거되면서 Con'c 타설

2) 플런저(Plunger)식

Tremie관 투입구에 관경에 맞는 Plunger를 장착하여 Con'c를 투입하면 관 내의 안정액을 배제하면서 Con'c 타설

3) 개폐문식

선단에 개폐문을 설치하고 Tremie관을 세워 Con'c를 채운 후 선단을 개방하여 Con'c 타설

Ⅲ. Tremie연결방식

1) 플랜지(Flange)연결방식

① 수심이 깊고 대량의 Con'c를 타설할 때 사용

② 타설 시 연결 부위로 물이 들어오는 것을 방지

③ 연결 부위가 견고하여 신뢰성이 높음

2) 소켓(Socket)연결방식

① 수심이 얕을 때 사용　　② 소량의 Con'c를 타설할 때 사용

22 | Cap Beam Concrete

[95전(20), 16후(10)]

Ⅰ. 정의

Cap Beam이란 Slurry Wall 상부 및 Pile 흙막이 상부를 마무리하기 위해 타설하는 테두리보 모양의 Con'c Beam을 말한다.

Ⅱ. Slurry Wall 상부의 Cap Beam

1) 역할

Slurry Wall 상부의 이물질 및 취약 Con'c를 Chipping하여 철근 배근 및 Shear Connector를 설치 후 Con'c를 타설한 Beam 을 말한다.

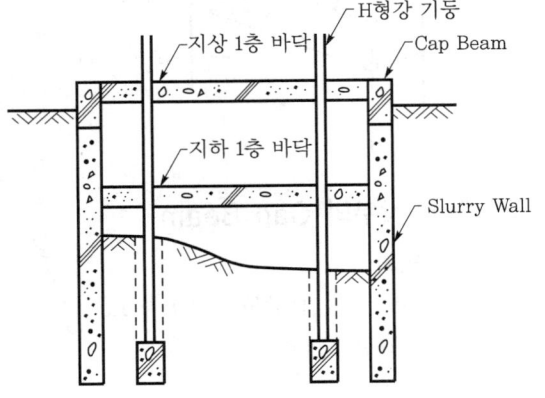

2) 특징

① Panel과 Panel의 연결

② 1층 바닥 수평 확보

③ 하중의 축선 일치

3) Cap Beam의 시공과정

① 두부 정리

㉠ Slime이 혼입된 상부의 성능 저하 콘크리트의 제거

㉡ 두부 정리 시 Guide Wall도 철거

㉢ 두부 정리 완료 후 콘크리트 상판에 Cap Beam 설치

② Guide Wall의 철거

㉠ 원칙적으로 Slurry Wall 양쪽의 Guide Wall 모두 철거

㉡ Slurry Wall 안쪽(터파기쪽) Guide Wall은 즉시 철거

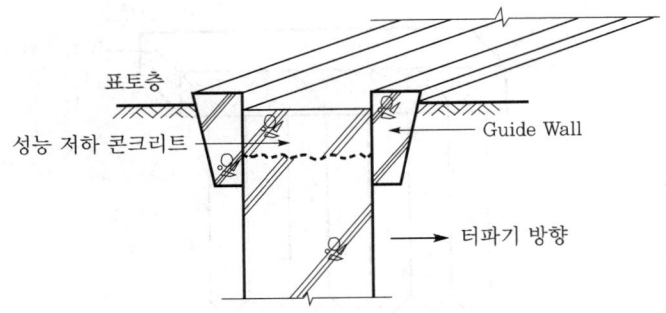

③ Cap beam 시공

㉠ 두부 정리 시 Cap Beam 시공을 위한 Slurry Wall 상부의 Level 확보

     © Slurry Wall 상부의 연속성 확보

     © 상부구조체의 수평 Level 확보

   ④ 연결철근 처리

     ① Slurry Wall과 수평구조체(보, Slab)의 연결철근위치 확인

     © 연결철근의 녹 방지대책 마련

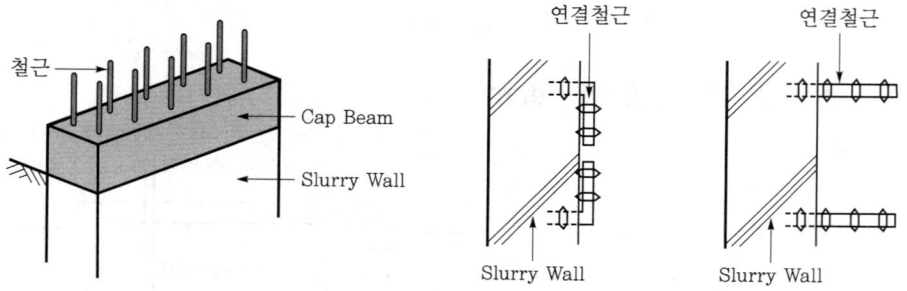

III. Pile 상부의 Cap Beam

1) 의의

  Pile 흙막이 상부에 Pile폭 1.5~2배 정도의 폭으로 철근 배근 후 Con'c를 타설하여
  연결한 Beam을 말한다.

2) 역할

  ① 타설한 기성Pile 상부에 하중이 작용할 때 각 Pile마다 등분포하중을 받을 수 있
   게 한다.

  ② Pile 상부에 축조된 구조물의 부등침하를 방지한다.

  ③ Pile의 활동을 방지한다.

3) 시공방법

  ① Beam의 폭은 Pile폭의 1.5~2배로 한다.

  ② Pile과 일체성이 확보되도록 한다.

  ③ Con'c 강도, 철근량 등의 규정을 준수한다.

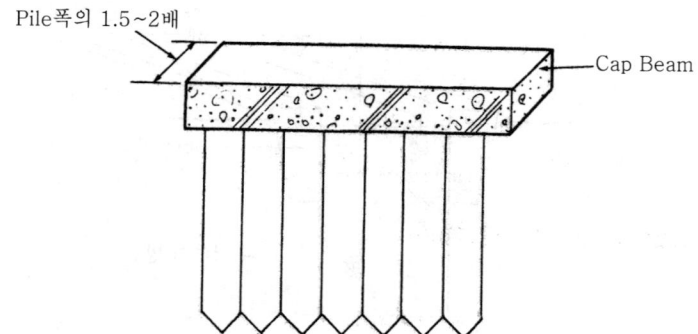

23 Top Down공법(역타공법)

Ⅰ. 정의

① 흙막이 벽으로 설치한 Slurry Wall을 본 구조체의 벽체로 이용하고 기둥과 기초를 시공한 다음 점차 지하로 진행하면서 동시에 지상구조물도 축조해가는 공법이다.

② Top Down공법에서 지하 바닥 Slab 시공방법으로 Slab On Ground, Beam On Ground, Slab On Formwork Support가 있다.

Ⅱ. 시공순서 Flow Chart

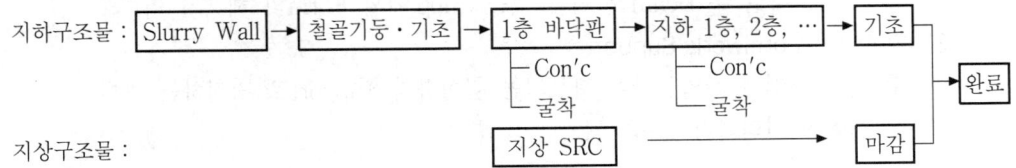

Ⅲ. 종류

1) **완전 역타공법(Full Top Down Method)**
   지하 각 층 Slab를 완전하게 시공하여 지하 연속벽의 지지로 주변 지반의 움직임을 방지하는 가장 안전한 공법

2) **부분 역타공법(Partial Top Down Method)**
   바닥Slab를 부분적(1/2~1/3)으로 시공하는 공법

3) **Beam & Girder식 역타(逆打)공법**
   지하 철골구조물의 Beam과 Girder를 시공하여 지하 연속벽을 지지한 후 굴착하는 공법

Ⅳ. 특징

① 지하·지상의 동시 시공으로 공기 단축이 용이

② 1층 바닥이 먼저 타설되어 작업공간으로 활용 가능

③ 주변 지반에 대한 영향이 적음

④ 기둥, 벽 등의 수직부재에 역Joint 발생으로 마감이 곤란

Ⅴ. 바닥 Slab 시공방법의 종류

1) Slab On Ground
   ① 바닥의 지반을 충분히 다짐하고 무근 Con′c 타설 후 바닥 Con′c를 타설하는 방법

② Slab두께가 커짐

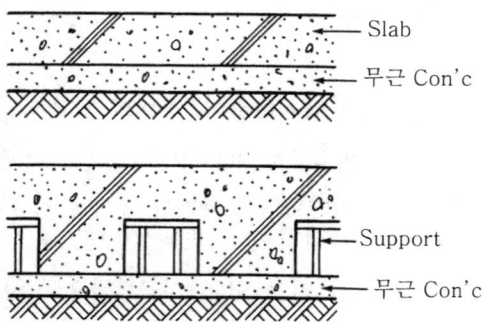

2) Beam On Ground
① Beam 하부를 지면에 닿게 하고 Slab 밑은 Support로 지지하는 방법
② Con'c 타설 후 Beam 사이에 있는 Support와 Form의 해체가 어려움
3) Slab On Formwork Support
① 지반 아래에 작업공간이 확보되는 깊이까지 Support로 지지하는 방법
② 시공이 편리하며 많이 사용

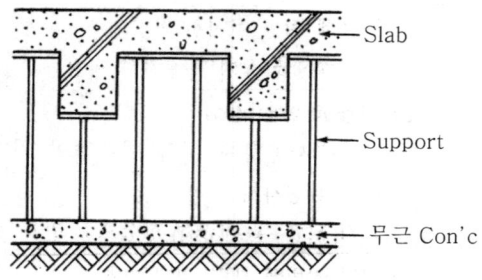

< Slab On Formwork Support >

VI. 시공 시 유의사항
① 지하연속벽공사 시 벽체의 수직도와 Panel Joint의 Slime 제거
② 기둥 및 기초공사 시 기둥의 수직도와 Buckling 점검
③ 연속벽과 기둥의 연결철근의 확인 시공
④ 이음부 처리에 세심한 주의
⑤ 지하수위 유동과 지반변위를 조사하여 안전하고 합리적인 시공관리

24 SPS(Strut as Permanent System, 영구구조물 흙막이)공법

Ⅰ. 정의

① Top Down공법은 가설Strut(버팀대)공법의 성능을 개선하여 본 구조체인 기둥, 보를 흙막이 버팀대로 활용하는 공법이다.

② SPS공법은 Top Down공법의 문제점인 지하공사 시 조명 및 환기 부족을 개선하여 개발된 공법으로 근래에 시공빈도가 가장 높은 공법이다.

Ⅱ. 특징

구분	특징
환기·조명	• 지하공사 시 철골보만 설치하여 아래로 진행하므로 환기 양호 • 최소한의 조명시설로 작업 가능하며, 나머지는 자연채광 이용 • Top Down공법에 비해 지하작업장의 환기·조명이 양호
구조적 안정	• 철골과 RC Slab가 띠장의 역할을 하므로 구조적으로 안정 • 가설Strut 해체 시 발생하는 지반이완현상 감소 • 가설띠장 해체 시 발생하는 지반균열 방지
시공성	• 구조체 철골간격이 가설재의 간격보다 넓어 작업공간 확보 • 굴착공사용 장비의 작업성 향상
공기	• 기초 완료 후 지상과 지하 동시 시공 가능 • 가설Strut의 해체과정 생략으로 공기 감소
원가	• 가시설공사비가 필요 없음 • 공기 단축 및 시공성 향상으로 원가 절감
환경친화적	• 인접 지반에 대한 피해 감소 • 폐기물 발생 저감

Ⅲ. 공법의 분류

1) Up-Up공법(Double Up공법)

① 지하, 지상구조물공사의 동시 진행 가능(Up-Up공법)

② 지하는 최하층 Slab부터 콘크리트 타설

③ 동시에 지상은 철골공사 진행

④ SPS공법 중 Up-Up공법의 활용도 높음

2) Down-Up공법

① 지하구조물 Slab 콘크리트 타설 후 지상구조물공사 진행

② 지하 및 지상공사를 순차적으로 진행하므로 공기 단축에 불리

③ Up-Up공법에 비해 그 활용도가 낮음

25 SCW(Soil Cement Wall)공법

Ⅰ. 정의

지하연속벽공법 중의 하나로 Soil에 직접 Cement Paste를 혼합하여 현장 Con'c Pile을 연속시켜 지중 연속벽을 완성시키는 공법으로 토류벽, 차수벽으로 이용한다.

Ⅱ. 공법의 종류

종류	시공방식
연속방식	3축 Auger로 하나의 Element를 조성하여 그 Element를 반복 시공함으로써 일련의 지중 연속벽을 구축시키는 방식
Element방식	3축 Auger로 하나의 Element를 조성하여 1개공의 간격을 두고 선행과 후행으로 반복 시공함으로써 지중 연속벽을 구축시키는 방식
선행방식	단축(1축) Auger로 1개공의 간격을 두고 선행 시공한 후, Element방식과 동일한 시공법으로 지중 연속벽을 구축시키는 방식

Ⅲ. 특징

① 차수성이 우수하다.
② 공기 단축 및 공사비가 저렴하다.
③ 소음, 진동 및 주변의 피해가 적다.
④ 시공기술능력에 따라 품질의 편차가 크다.
⑤ 토사성질의 양부가 강도를 좌우한다.

Ⅳ. 시공순서 Flow Chart

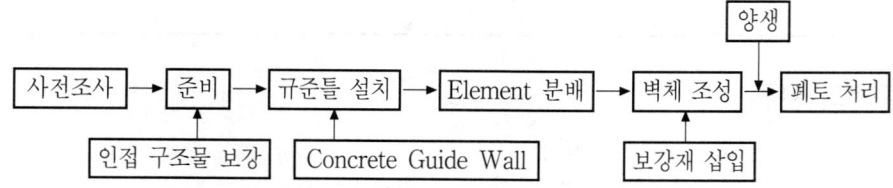

Ⅴ. 시공 시 유의사항

① 근입장의 깊이는 1.5~2m 유지
② Auger 설치 시 Rod수직도 체크
③ 지하수 이동 여부를 사전조사

26 흙의 투수성

I. 정의

① 흙은 아무리 잘 다져져 있다 하더라도 간극은 그 이웃끼리 서로 연결되어 있으며, 연속되어 있는 간극 사이에 물이 흐를 수 있는 성질을 투수성이라 한다.

② 터파기 지반의 투수성은 배수 등의 공사에 중대한 영향을 주며, 투수성의 대소는 지하수위 아래의 기초공사의 난이, 점토지반의 압밀침하속도 등과 관련이 깊다.

II. 다르시(Darcy)의 법칙

$$Q = kiA [\text{cm}^3/\text{s}]$$

여기서, Q : 침투유량, k : 투수계수, i : 동수구배, A : 단면적

III. 토중수(Soil Water)

① 자유수(중력수) : 빗물이나 지표의 물이 지하에 투수하는 물로 지형과 기상에 따라 상하이동한다.

② 흡착수(Absorbed Water) : 상온에서 흙입자의 표면에 생기는 물리화학적 작용에 의해 굳게 흡착되어 있는 물로 빙점이 낮고 표면장력이 크다.

③ 화학수 : 원칙적으로 이동, 변화가 없고 공학적으로 흙입자와 일체로 본다.

IV. 토질별 투수성

1) 점토지반
① 압밀침하의 시간을 지배한다.
② 탈수공법인 Sand Drain공법, Paper Drain공법, Pack Drain공법 등이 관련이 있다.

2) 모래지반
① 투수성이 크다.
② Well Point공법이 투수성과 관련이 있다.

V. 투수계수의 성질

① 투수계수가 큰 것은 투수량이 크고 모래는 점토보다 크다.
② 투수계수는 불교란시료의 투수시험 또는 현지에서 양수시험에 의해 구할 수 있다.

VI. 투수계수에 영향을 주는 요인

입자의 모양, 크기, 간극비, 포화도, 간극수의 점성과 밀도, 흙의 구조

27 침투압(Seepage Pressure)

[12전(10)]

Ⅰ. 정의

① 침투압이란 투수계수가 큰 사질토지반에서 임의의 두 점 간의 수두차로 침투수가 흐를 때 침투수가 흙입자에 가하는 마찰력을 말한다.

② 침투압은 물의 단위중량에 두 점 간의 수두차를 곱하여 구하며 항상 물이 흐르는 방향으로 작용한다.

Ⅱ. 침투압(S) 산정식

$$S = \gamma_w i Z = \gamma_w \frac{\Delta h}{Z} Z = \gamma_w \Delta h \, [\text{tf/m}^2]$$

여기서, γ_w : 물의 단위중량, i : 동수구배

Δh : 임의 두 점 간의 수두차, Z : 심도

Ⅲ. 침투방향에 따른 구분

구분 ┬ 침투가 없는 경우(정수위상태, 침투압=0)
 ├ 하향침투(하향침투압 발생)
 └ 상향침투(상향침투압 발생)

Ⅳ. 산정방법

① 피조미터로 직접 측정하는 방법

② 유선망으로 추정하는 방법

Ⅴ. 용도

① 양압력 산정

② Piping 판정

28 | 동수구배와 한계동수구배

Ⅰ. 동수구배(Hydraulic Gradient)

1) 정의

동수구배란 물이 수평으로 흐르는 경우 임의 두 지점의 전수두를 연결한 직선의 기울기를 말한다.

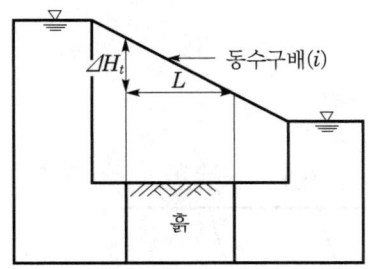

$$동수구배(i) = \frac{전수두차(\Delta H_t)}{물이\ 통과한\ 거리(L)}$$

2) 전수두(H_t)

① 수리학적 $H_t = H_e(위치수두) + H_p(압력수두) + H_v(속도수두)$

② 토질학적 $H_t = H_e + H_p = Z + \dfrac{U}{\gamma_w}$

여기서, Z : 기준면에서 임의의 점까지 거리

U : 간극수압

γ_w : 물의 단위중량

Ⅱ. 한계동수구배(Critical Hydraulic Gradient, 한계동수경사)

1) 정의

한계동수구배란 상향침투압이 증가되어 분사현상이 발생할 때의 동수구배를 말한다.

2) 산정식

$$한계동수구배(i_{cr}) = \frac{G_s - 1}{1 + e}$$

여기서, G_s : 흙의 비중, e : 간극비

Ⅲ. 용도

① 유출속도 산정   ② 침투유량 산정

③ 침투압 산정   ④ 침투속도 산정

⑤ Piping 판정

29 유선망(Flow Net)

[99전(20), 02전(10), 10전(10), 14전(10), 22전(10)]

Ⅰ. 정의

흙 속으로 수위차에 의해서 물이 흐를 때 그 자취를 유선이라 하는데 각 유선에 따라 손실수두가 동일한 위치를 연결한 등수두선에 의해 이루어진 곡선군을 말한다.

Ⅱ. 유선망 작도법

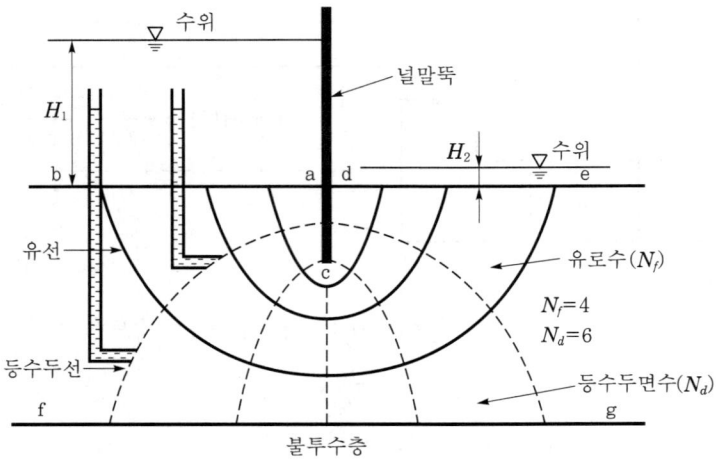

① 상단선 a−c−d와 하단선 f−g 사이를 적당히 분할하여 2~3개의 유선을 최대 및 최소의 a−b와 d−e에 직교하도록 매끄럽게 그린다.
② 이들 유선과 직교하면서 거의 정방형을 이루도록 몇 개의 등수두선을 그린다.
③ 수리학적으로 합리적이고 전체적으로 균형이 잡히도록 수정 보완하여 그림을 완성한다.

Ⅲ. 특징

① 인접한 2개의 유선 사이, 즉 각 유로의 침투유량은 같다.
② 인접한 2개의 등수두선 사이의 수두손실은 서로 동일하다.
③ 유선과 등수두선은 직교한다.
④ 유선망, 즉 2개의 유선과 2개의 등수두선으로 이루어진 사각형은 이론상 정사각형이다(내접원 형성).
⑤ 침투속도 및 동수구배는 유선망의 폭에 반비례한다.

Ⅳ. 목적

① 침투유량 산정
② 임의지점에서 간극수압 추정

30 Boiling(Quick Sand, 분사현상)

[87(12), 98후(20), 99중(20), 02전(10), 06후(10), 16후(10), 19전(10)]

Ⅰ. 정의

① 사질지반에서 지반 굴착 시 흙막이 벽의 배면 지하수위와 굴착 저면과의 수위 차가 클 때 흙막이 벽 내부로 침투한 침투수에 의하여 흙입자 간의 유효응력이 상실, 즉 전단응력이 0이 될 때 굴착 저면을 통하여 지반토인 모래와 물이 분출 하는 현상을 Boiling이라 하며 Quick Sand 또는 분사현상이라 한다.

② Boiling이 발생함으로써 모래와 물이 분출하여 지반이 파괴되는 것을 보일링파 괴(Boiling Failure)라고 한다.

③ Boiling으로 인한 분출현상이 계속되면 지반토가 분출되어 관상, 특히 Pipe모양 인 물의 통로(침투유로)가 형성되는 것을 Piping이라 한다.

④ Boiling 발생은 수위차에 의한 동수구배가 한계동수구배보다 크게 될 때 굴착면 바닥에서 모래가 분출되는 것이다.

Ⅱ. Boiling 발생원리

1) 상향침투

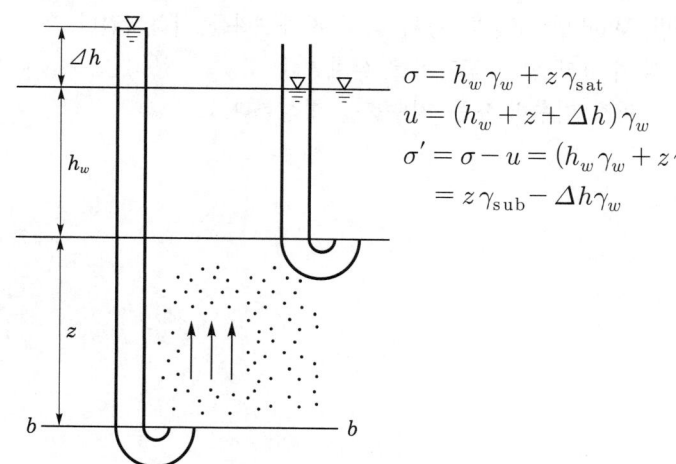

$$\sigma = h_w \gamma_w + z \gamma_{\text{sat}}$$
$$u = (h_w + z + \Delta h) \gamma_w$$
$$\sigma' = \sigma - u = (h_w \gamma_w + z \gamma_{\text{sat}}) - (h_w + z + \Delta h) \gamma_w$$
$$= z \gamma_{\text{sub}} - \Delta h \gamma_w$$

2) 한계동수경사

위의 식에서 유효응력 σ'가 상실되어 0가 된다고 하면

$$z \gamma_{\text{sub}} - \Delta h \gamma_w = 0$$
$$z \gamma_{\text{sub}} = \Delta h \gamma_w$$

즉 $\dfrac{\Delta h}{z} = i_{cr} = \dfrac{\gamma_{\text{sub}}}{\gamma_w} = \dfrac{G_s - 1}{1 + e}$

유효응력이 상실되어 0가 될 때 동수경사(i)를 한계동수경사(i_{cr})라 하며 다음 식 으로 나타낸다.

$$i_{cr} = \dfrac{G_s - 1}{1 + e}$$

3) Boiling 발생

동수경사(i)가 한계동수경사(i_{cr})보다 크게 될 때, 즉 $i > i_{cr}$일 때 Boiling이 발생된다.

4) Boiling에 대한 안전율

$$F_s = \frac{i_{cr}}{i}$$

F_s가 1.5보다 커야 분사현상이 일어나지 않는다.

Ⅲ. 발생원인

① 흙막이의 근입장깊이가 부족할 때
② 흙막이 벽의 배면 지하수위와 굴착 저면과의 수위차가 클 때
③ 굴착 하부지반에 투수성이 큰 모래층이 있을 때

Ⅳ. 방지대책

① 흙막이의 밑둥을 깊이 박는다.
② 흙막이의 근입장을 불투수층까지 박는다.
③ Deep Well공법, Well Point공법 등에 의해 지하수위를 저하시킨다.
④ Sheet Pile 등의 수밀성 있는 흙막이를 설치한다.
⑤ 약액주입공법에 의해 지수벽 또는 지수층을 형성한다.

31 Quick Clay와 Quick Sand

I. Quick Clay

1) 정의
① Quick Clay란 바다에서 퇴적되어 염분으로 면모구조가 된 해성점토가 담수의 영향으로 점토성분 중 염분이 빠져나가 이산구조로 변한 연약한 점토를 말한다.

② 염분이 빠져나가면서 입자 사이의 결합력이 감소되어 압밀침하가 크게 발생하며, 전단강도의 감소가 크다.

2) Quick Clay의 판정방법
① 교란된 지반강도에 대한 자연지반의 불교란강도비인 예민비(S_t)로 판정한다.

$$S_t = \frac{q_u(불교란강도)}{q_{ur}(교란강도)}$$

② 예민비(S_t)가 8~64인 점토를 Quick Clay라 한다.

③ 액성지수(LI) 100% 이상이다.

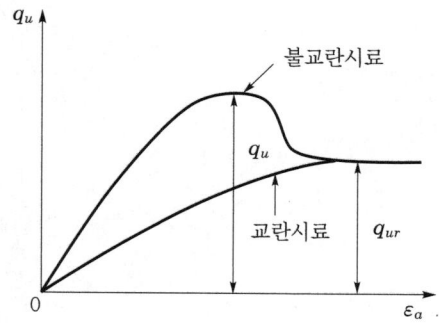

II. Quick Sand

1) 정의
① Quick Sand란 사질토지반에서 수두차로 인해 상향침투압이 발생하여 모래가 위로 분출하는 현상을 말한다.

② 분사현상은 Boiling을 유발하게 하며 Piping의 원인이 되어 토류벽 붕괴 및 제방이 붕괴된다.

2) 분사현상의 판정방법
① 동수구배(i)로 판정
   • 동수구배(i) > 한계동수구배(i_{cr}) : 분사현상 발생

② 유효응력(σ')으로 판정
   • 침투압(S') > 유효응력(σ') : 분사현상 발생

III. Quick Clay와 Quick Sand의 차이점

구분	Quick Clay	Quick Sand
발생원인	면모구조 $\xrightarrow{\text{용탈}}$ 이산구조	수두차
전단강도 감소원인	점토구조 변환	구속하중 감소
문제점	• 진행성 파괴 발생 • 유동화 발생	• Piping 발생 • 액상화현상
판정	• 예민비(S_t)=8~64 • 액성지수(LI) 100% 이상	동수구배, 유효응력

32 Piping

Ⅰ. 정의

① Piping이란 사질지반에서 흙막이 배면의 미립토사가 유실되면서 지반 내에 Pipe 모양의 수로가 형성되어 지반이 점차 파괴되는 현상을 말한다.

② 흙막이 벽에서의 Piping현상은 흙막이 벽 배면에서 발생과 굴착 저면에서 발생하는 두 가지 양상을 보인다.

③ 하천 제방에서의 Piping현상 또한 제체의 Piping과 기초지반의 Piping으로 구분되며 침윤세굴(seepage erosion)이라고도 한다.

Ⅱ. 흙막이 배면 Piping

1) 정의

차수성이 적은 흙막이공법에서 흙막이 배면의 지하수가 흙막이 벽으로 유출될 때 지반토가 유실되어 물의 통로를 형성할 때 발생된다.

2) 도해

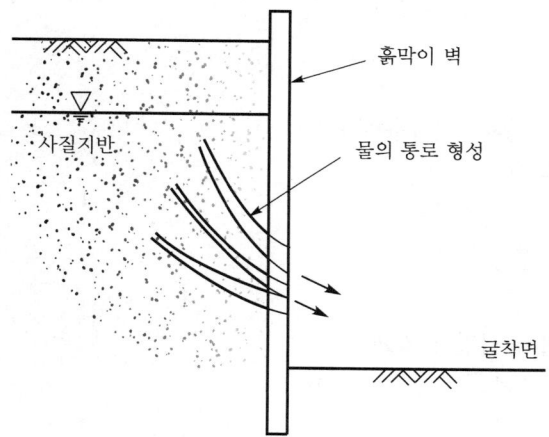

흙막이 벽

물의 통로 형성

사질지반

굴착면

3) 발생원인

① 지하수 과다

② 흙막이 배면 피압수 존재

③ 흙막이 벽의 차수성 부족

4) 방지대책

① 차수성 높은 흙막이공법 시공

② 흙막이 벽 밀실 시공

③ 지하수위 저하

④ 지반 고결

Ⅲ. 굴착 저면 Piping

1) 정의

사질지반에서 흙막이 벽 배면과 굴착 저면과의 수위차가 현저히 클 때 굴착 저면
이 상향의 침투수에 의해 지반토와 함께 물이 분출하여 지반에 물의 통로가 형성
되는 것을 말한다.

2) 도해

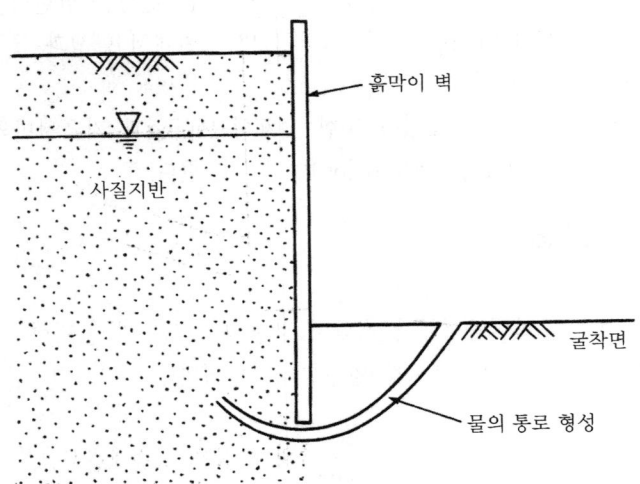

3) 발생원인

① 굴착면과의 높은 지하수위차

② Boiling 발생

③ 투수성이 큰 사질지반

④ 흙막이 근입깊이 부족

4) 방지대책

① 흙막이 벽 근입깊이 깊게

② 지하수위 저하

③ 지반 고결

④ 흙막이 벽 불투수층까지 근입

Ⅳ. Piping에 대한 안전율

$$F_s = \frac{i_{cr}}{i} \geq 2.0$$

33 Dam Up현상

Ⅰ. 정의

지표면 아래에 흐르고 있는 지하수를 어떤 구조물이 차단할 때 하류쪽의 지하수위는 저하되고, 상류쪽의 지하수위가 상승하는 현상을 Dam Up현상이라 한다.

Ⅱ. 개념도

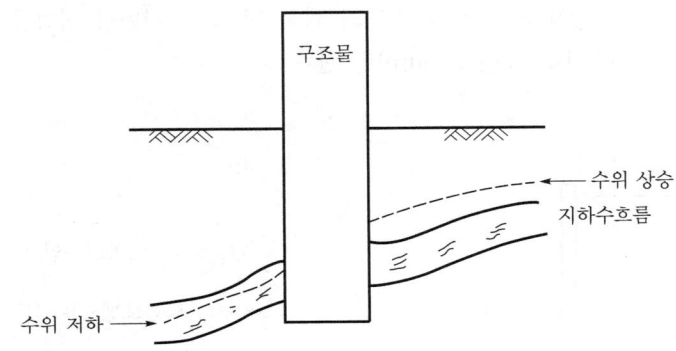

Ⅲ. 문제점

1) **균열 발생**
   하부측의 수압은 저하되고, 상부측의 수압은 상승하면서 구조물에 발생하는 힘의 불균형으로 균열 발생

2) **누수현상**
   구조물 콘크리트의 강도, 내구성, 수밀성 등이 저하되어 구조체에 누수가 발생

3) **구조물 붕괴**
   수압 상승으로 인한 지하측압의 증대로 구조물 붕괴사고 발생 우려

4) **Sliding**
   상류에서 하류로 구조물이 미끄러져 나가 구조물의 균열, 누수, 붕괴현상 초래

Ⅳ. 대책

1) **충분한 구조 계산**
   설계하중의 충분한 산정으로 소요 단면 및 철근량 확보로 구조물의 안전성 확보

2) **외방수**
   지하층 외부를 전부 방수층으로 시공하여 지하수압에 대처

3) **배수**
   Deep Well, Well Point공법 등으로 지하수위 저하

4) **지하수흐름 변경**
   지하수흐름을 구조물에 영향이 없는 쪽으로 우회시켜 흐름에 의한 악영향을 최대한 축소

34 Heaving

[07전(10), 11전(10), 19전(10), 21전(10)]

I. 정의

① 연약점토지반의 굴착 시 흙막이 벽 내외의 흙이 중량차이에 의해서 굴착 저면 흙이 지지력을 잃고 붕괴되어 흙막이 바깥에 있는 흙이 안으로 밀려 굴착 저면 이 부풀어 오르는 현상을 Heaving이라 한다.

② Heaving현상에 의해 굴착 저면의 파괴 및 주변 지반의 침하를 일으키는 현상 을 히빙파괴(Heaving Failure)라 한다.

II. 개념도

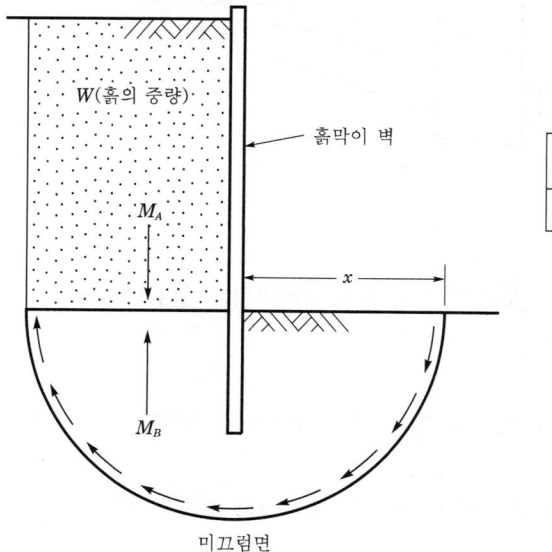

$M_A > M_B \times$안전율일 때 Heaving 발생

- M_A(회전모멘트)$= W\dfrac{x}{2}$
- M_B=마찰면적×흙의 점착력
- 안전율≥1.2

III. 발생원인

① 흙막이 벽의 근입장 부족

② 흙막이 벽 내외의 흙이 중량차이가 클 때

IV. 방지대책

① 흙막이의 근입장을 경질지반까지 박는다.

② 부분 굴착을 하여 굴착지반의 안전성을 높인다.

③ Island Cut공법을 채용해서 흙막이 벽 전면에 중량을 부여한다.

④ 약액주입공법, 동결공법 등으로 굴착 저면을 고결시킨다.

⑤ 강성이 큰 흙막이를 사용한다.

⑥ 흙막이 벽 배면에 Earth Anchor를 시공한다.

35 부력과 양압력

Ⅰ. 부력

1) 정의
  ① 액체 속에 잠겨있는 물체의 표면에 상향으로 작용하고 있는 물의 압력을 부력이라 말한다.
  ② 이 힘의 크기는 물체가 물속에 잠긴 부피와 같은 액체의 무게와 같다.

2) 부력의 산정

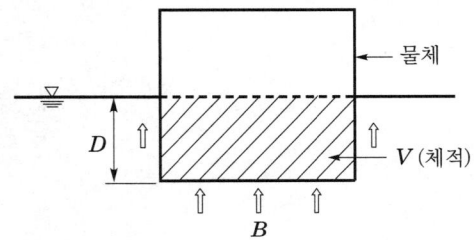

  ① 부력$(B) = \gamma_w V$ [tf]
    여기서, γ_w : 물의 단위중량
        V : 물체가 액체 속에 잠겨 있는 부분의 체적
  ② 부력은 힘의 단위(tf)로 나타낸다.

Ⅱ. 양압력

1) 정의
  ① 구조물이 지하수위 이하에 놓이게 되면 구조물 저면에 상향으로 작용하는 물의 압력을 받게 되는 것을 양압력이라 말한다.
  ② 물이 정수위상태일 때 작용하는 양압력은 정수압과 같고, 구조물 저면에 작용하는 침투수가 있는 경우의 양압력은 침투 시 간극수압과 같다.

2) 양압력의 산정

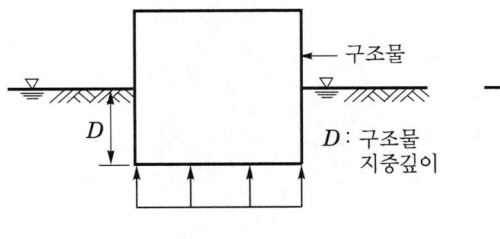
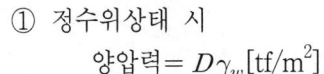
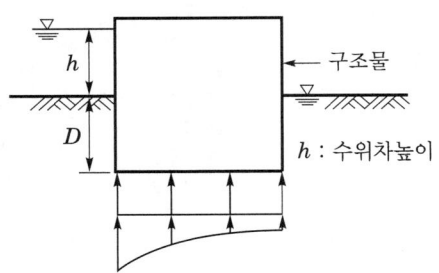

  ① 정수위상태 시
    양압력 $= D\gamma_w$ [tf/m^2]
  ② 침투 발생 시
    양압력 $= (D+h)\gamma_w$ [tf/m^2]

Ⅲ. 구조물에 미치는 영향

① 부력으로 구조물이 부상하면 구조물 변형 및 파손이 크게 발생

② 양압력이 발생하면 구조물 침하 및 균열 발생

Ⅳ. 대책

① 배수공법으로 지하수위 저하

② Slurry Wall, Sheet Pile, Soil Cement Wall공법 등으로 지하수 차단

③ 구조물하중을 증가시키는 방법

④ 구조물 저면에 부상 방지용 Anchor 시공

36 부력을 받은 지하구조물의 부상 방지대책

[18전(10)]

I. 개요

① 지하구조물은 지하수위에서 구조물 밑면까지의 깊이만큼 부력을 받으며 구조물의 자중이 부력보다 적으면 구조물이 부상하게 된다.

② 지하깊이가 깊어질수록 지하수의 영향은 증대하여 부력 또한 커지므로 정확한 지질조사를 토대로 사전대책이 이루어져야 하며, 효율적인 대처방안이 설계 및 시공측면에서 검토되어져야 한다.

II. 부력의 영향

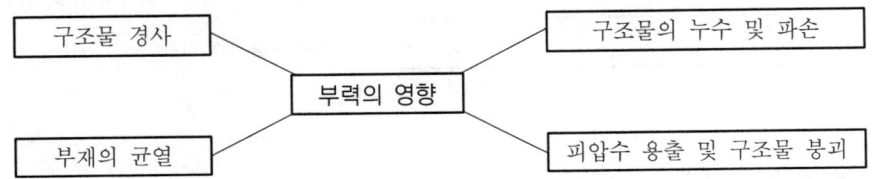

III. 부력의 발생원인

원인	발생현상
지하피압수	압력수두차에 의해 구조물의 기초 저면이 뜨는 현상 발생
지하수위변동	매립지대, 계곡지대 등에 구조물이 위치할 때 우기 시 지하수위의 상승으로 부력 발생
지반여건	구조물의 불투수층이 강한 점토층이나 암반층에 위치할 때 물의 유입으로 인한 수위의 증가로 기초 저면에 부력 발생
구조물의 자중	부력보다 구조물 자중이 적을 때 구조물이 떠오르는 현상 발생

IV. 부상 방지대책

① Rock Anchor를 기초 저면 암반까지 정착시킴
② 마찰말뚝을 이용하여 기초 하부의 마찰력 증대
③ 유입 지하수를 강제 Pumping하여 외부로 배수
④ 구조물 자중 증대로 부력에 대항
⑤ 지하 중간 부위층 지하수 채움
⑥ 브래킷을 설치하여 상부의 매립토 하중으로 수압에 대항
⑦ 지하구조물깊이, 규모 축소 등의 구조물 변경
⑧ 배수공법을 이용하여 지하수위 저하
⑨ 지하실 바닥은 부력을 받으므로 철근 역배근 및 설계응력, 처짐에 대한 것도 고려

37 | 피압수(被壓水)

Ⅰ. 정의

① 지반 중의 대수층에 존재하는 지하수가 상위토층의 지하수보다 높은 수두를 갖을 때 피압수라고 한다.

② 상하의 불투수층, 즉 점토지반 사이에 높은 압력을 갖는 지하수로서 부력 발생, 용출, 공벽 붕괴 등의 현상이 발생한다.

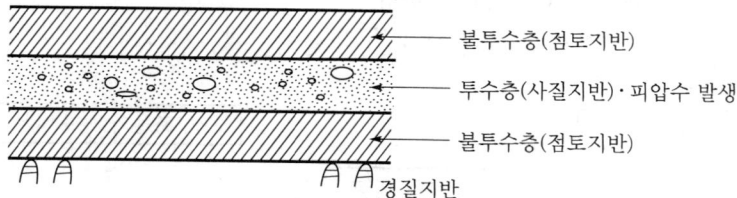

불투수층(점토지반)
투수층(사질지반)·피압수 발생
불투수층(점토지반)
경질지반

Ⅱ. 피압수의 문제점

1) **터파기의 용출현상**
   상부흙의 하중으로 피압수가 유지되다가 굴착 시 흙이 제거되면서 분출되는 현상

2) **제자리 Con´c 말뚝 및 Slurry Wall의 공벽 붕괴**
   굴착벽면에 피압수에 의한 부풀음으로 공벽 붕괴현상 발생

3) **부력 발생**
   압력수두차에 의해 건물의 기초 저면이 뜨는 현상 발생

Ⅲ. 대책

1) **배수공법**
   중력배수, 강제배수 등의 배수공법으로 피압수위 저하로 수압 저하

2) **차수성 흙막이**
   개수성인 H-Pile을 사용할 때 피압수가 토류벽에 침투하므로 차수성이 높은 Sheet Pile, Slurry Wall 등의 차수성이 좋은 공법 선택

3) **지반조사**
   지반조사 시 피압수층을 파악하여 사전대책 수립

4) **흙막이 근입장**
   흙막이 벽의 근입장을 불투수층까지 근입하여 피압수에 의한 흙막이 벽 붕괴 방지

5) **약액주입공법**
   약액주입공법에 의해 지수벽 또는 지수층 설치

38 흙막이공사의 H-Pile에 작용하는 토압

I. 정의

흙막이 벽은 중량물의 적재, 중량차량의 왕래 등으로 인하여 과대 측압이 발생할 우려가 있으므로, 토압에 대한 충분한 힘의 균형관계 해석 및 공사 중에 발생할 수 있는 설계 이외의 작업하중에 대해서도 충분히 고려되어야 한다.

II. 흙막이에 작용하는 토압분포

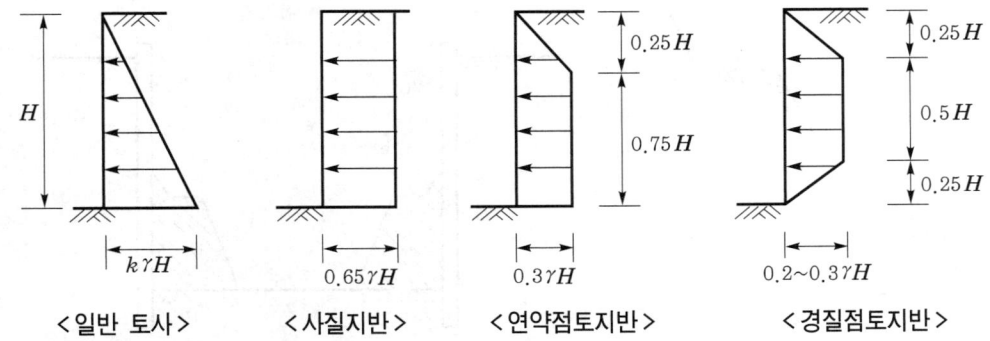

| <일반 토사> | <사질지반> | <연약점토지반> | <경질점토지반> |

여기서, k : 측압계수(주동토압계수)

γ : 습윤토의 단위체적중량(tf/m^3)

H : 깊이(m)

III. 흙막이의 구조 설계 시 유의사항

① 토압, 수압으로 발생되는 측압에 견디어야 한다.

② 과대 변형을 억제해야 한다.

③ 터파기를 한 저부 또는 하부 지반이 안정되어야 한다.

IV. 힘의 균형 도시

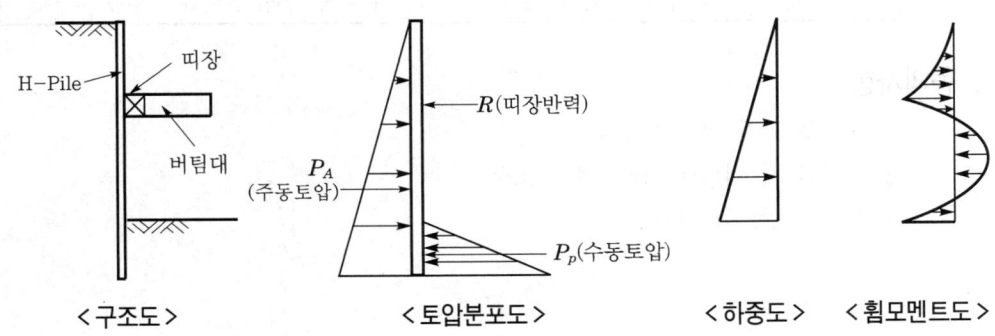

<구조도>　　　<토압분포도>　　　<하중도>　<휨모멘트도>

39 | 소단(小段, Berm)

[21중(10)]

Ⅰ. 정의

절·성토 및 지하 터파기 시 경사면을 한 법면으로 마감할 때 안전상문제가 발생하므로 구배를 수평으로 완화시켜 주는 평탄한 부분을 소단이라 한다.

Ⅱ. 소단의 설치

보통 구배의 소단은 대략 높이 5~6m마다 1~1.5m 폭의 소단을 두는 것이 좋다.

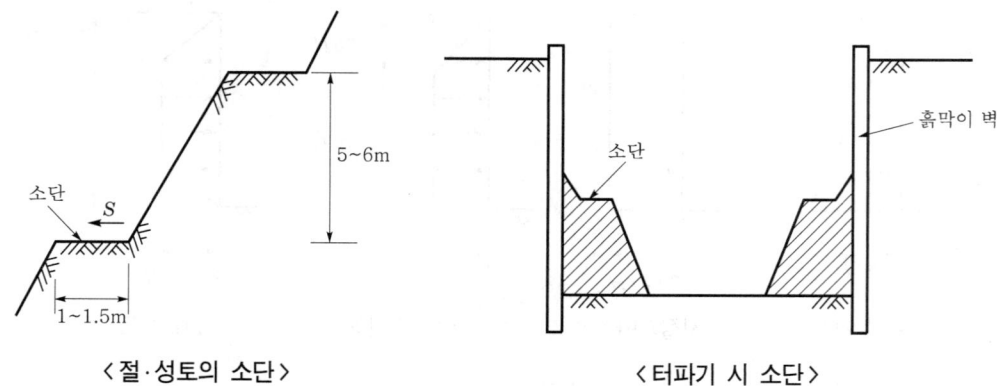

〈 절·성토의 소단 〉　　　　　〈 터파기 시 소단 〉

Ⅲ. 소단의 설치기준

기관명	소단 설치기준	
	절토	성토
국토교통부	• 토사 : 5m마다 폭 1m 소단 4% 횡단구배 • 리핑암 : 7.5m마다 소단 • 발파암 : 20m마다 폭 3m 소단	• 6m마다 폭 1m 소단
한국도로공사	• 발파암 : 20m마다 폭 3m 소단 • 기타 : 5m마다 폭 1m 소단	• 6m마다 폭 1m 소단
LH공사	• 5m마다 1~1.5m 폭 필요시 10m마다 폭 1.5m 소단과 배수공	

Ⅳ. 유의사항

① 절·성토 시 안전성 검토
② 터파기 시 버팀대(Strut)와의 조화
③ 토사의 안식각 고려

40 배수공법

I. 정의

① 배수공법이란 구조물을 구축할 때 굴착면이 지하수위 이하에 있거나 굴착 시에 흘러들어오는 물을 양수에 의해 지하수위를 저하시켜 Dry Work한 상태로 굴착 및 기초공사의 원활한 작업을 도모하기 위하여 채택하는 공법이다.

② 배수공법은 Boiling 및 Heaving 방지, Trafficability 증진, 토공량을 감소할 수 있으나, 배수공법으로 인한 주변 우물의 고갈, 압밀에 의한 지반침하, 하수도침하 등의 문제점들도 고려되어야 한다.

II. 공법의 분류

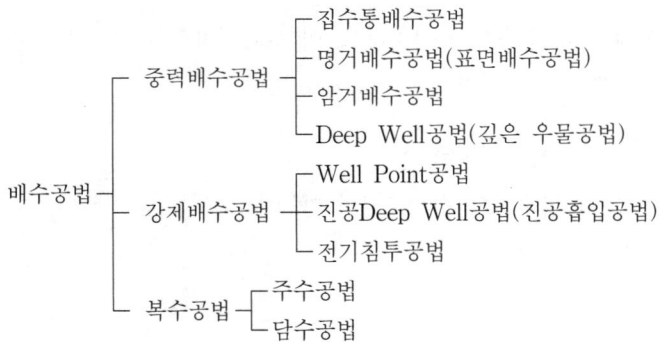

```
            ┌ 중력배수공법 ─┬ 집수통배수공법
            │              ├ 명거배수공법(표면배수공법)
            │              ├ 암거배수공법
            │              └ Deep Well공법(깊은 우물공법)
            │
배수공법 ───┼ 강제배수공법 ─┬ Well Point공법
            │              ├ 진공Deep Well공법(진공흡입공법)
            │              └ 전기침투공법
            │
            └ 복수공법 ─┬ 주수공법
                        └ 담수공법
```

III. 배수의 목적

① 지반의 Dry Work
② 지반의 압밀 촉진(점토지반)
③ 장비의 Trafficability(주행성) 증진
④ Boiling 및 Heaving 방지
⑤ 굴착작업 용이

IV. 공법 선정 시 고려사항

① 토질상황
② 예상수위 저하고
③ 지하수상황
④ 시공성, 경제성, 안정성, 무공해성

41 중력배수공법

Ⅰ. 정의

① 물이 높은 곳에서 낮은 곳으로 흐르는 중력의 법칙을 이용하여 지하수위를 저하시키는 공법으로, 종류에는 집수통배수공법, 명거배수공법, 암거배수공법, Deep Well공법 등이 있다.

② 자연흐름에 의해 집수되는 물을 배수하는 것으로 투수성이 좋은 사질지반에서 많이 이용되며 시공이 간단한 공법이다.

Ⅱ. 종류

1. 집수통배수공법

1) 정의

터파기 한구석에 깊은 집수통을 설치하고, 여기에 지하수가 고이게 하여 수중Pump에 의해 외부로 배수하는 공법

2) 특징

① 설비가 간단하고 경비가 저렴

② 용수상황에 따라 집수통의 수량조절이 가능

③ 투수성이 좋은 사질지반에 유리

2. 명거배수공법

1) 정의

Trench(도랑) 등을 이용하여 배수시키는 공법

2) 특징

① 일반적으로 지표수의 배제에 채용

② 지형의 구배를 이용하여 자연배수가 가능토록 함

3. 암거배수공법

1) 정의

암거(유공관, 자갈)를 지중에 매설하여 배수시키는 공법

2) 특징

① 얕은 층의 지하수를 배제

② 암거재료의 선정에 유의

4. Deep Well공법(깊은 우물공법)

1) 정의

터파기의 장내에 깊은 우물을 파고, Strainer를 부착한 Casing을 삽입하여 수중 Pump로 양수하는 공법

2) 특징
① 고양정의 Pump를 사용할 때 깊은 대수층의 양수가 가능
② 한 개소당 양수량이 많음
③ Well Point공법과 비교하여 준비작업이 복잡하고 공사비도 고가

42 Deep Well공법(깊은 우물공법)

Ⅰ. 정의

① 터파기의 장내에 깊은 우물을 파고, Casing Strainer를 삽입하여 수중Pump로 양수하는 공법이다.

② 지하수위를 강하시키는 공법으로, Strainer와 우물벽과의 공간에는 Filter재료(자갈 등)를 충진하여 Strainer의 막힘을 방지해야 한다.

Ⅱ. 특징

① 고양정의 Pump를 사용할 때 깊은 대수층의 양수가 가능

② 한 개소당 양수량이 많음

③ Well Point공법과 비교하여 준비작업이 복잡하고 공사비도 고가

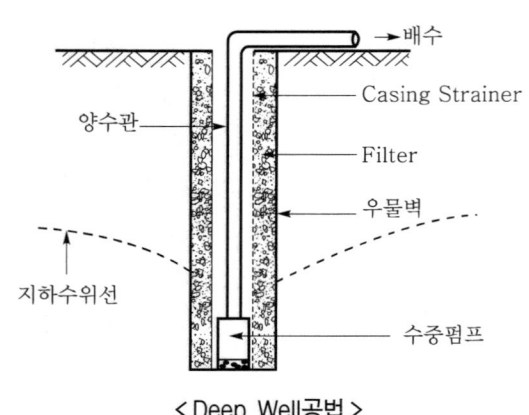

< Deep Well공법 >

Ⅲ. 적용

① 용수량이 매우 많아 Well Point의 적용이 어려운 장소

② 대수층이 사력층 때문에 Well Point의 설치가 곤란한 경우

③ Heaving이나 Boiling현상이 발생할 가능성이 있는 경우

Ⅳ. 시공순서

① 소정의 깊이까지 천공

② Casing Strainer 삽입

③ Strainer와 공벽 사이에 Filter재료를 충진

④ 수중Pump 설치 및 양수

Ⅴ. 시공 시 유의사항

① 굴착 시에는 투수성을 해칠 염려가 있는 공법이나 재료를 사용하지 말 것

② Filter재료는 원지반보다도 투수성이 좋고 세립토가 통과하기 어려운 재료 사용

③ 스크린개공률(開孔率)은 가급적 크게 할 것

④ 우물관의 최하단부에는 바닥뚜껑을 설치하여 양수 중 Boiling현상을 방지할 것

⑤ 스크린 주위는 철망을 감아 Filter재료의 유입을 방지할 것

43 강제배수공법

Ⅰ. 정의
① 진공(Vaccum)에 의해 물을 강제적으로 모아서 배수하는 공법으로, 종류에는 Well Point공법, 진공Deep Well공법, 전기침투공법 등이 있다.
② 자연집수가 되지 않는 지반에 강제적으로 지반 내 지하수를 집수하는 공법으로 지하수영향범위가 아주 넓은 공법이다.

Ⅱ. 종류

1. Well Point공법
1) 정의
지중에 Pipe(집수관)를 1~2m 간격으로 박고, Well Point를 사용하여 지하수를 진공Pump로 흡입 탈수하여 지하수위를 저하시키는 공법
2) 특징
① 투수층이 비교적 낮은 사질Silt층까지도 강제 배수 가능
② Heaving 및 Boiling 방지
③ 공기 단축 및 공사비 절감
④ 압밀침하로 인한 주변 대지 및 도로의 균열 발생
⑤ 지하수위 저하로 주변 우물 고갈

2. 진공Deep Well공법(진공흡입공법)
1) 정의
① 우물관 내의 기압을 진공Pump로 강하시켜 지하수를 수중Pump로 배수하여 지하수위나 피압수두를 저하시키는 공법
② Deep Well공법과 진공Pump를 합친 강제배수공법
2) 특징
① 점성토의 지반 개량에 많이 사용
② 필요수위 저하량과 필요배수량이 많을 때 사용
③ Well Point공법에 비해 설치비가 고가

3. 전기침투공법
1) 정의
물이 양극에서 음극으로 흐르는 원리를 이용한 공법으로 투수성이 매우 작은 점토지반에 사용하며, Vertical Drain공법(연직배수공법)에 밀려서 현재는 거의 사용되지 않는다.
2) 특징
① 점토지반의 간극수 탈수   ② 강제 배수와 함께 압밀 촉진
③ 점토지반의 강도 증가

44 Well Point공법

Ⅰ. 정의

① 지중에 Pipe(집수관)를 1~2m 간격으로 박고 Well Point를 사용하여 지하수를 진공Pump로 흡입 탈수하여 지하수위를 저하시키는 공법이다.

② Well Point공법은 강제배수공법의 대표적인 공법이며 Siemens Well공법이 개발된 공법으로, 양정깊이가 7m 이상 시는 다단식으로 Well Point를 설치한다.

Ⅱ. 특징

① 투수층이 비교적 낮은 사질 Silt층까지도 강제 배수 가능

② Heaving 및 Boiling 방지

③ Dry Work작업 가능

④ 공기 단축 및 공사비 절감

⑤ 압밀침하로 인한 주변 대지, 도로 균열 발생

⑥ 지하수위 저하로 주변 우물 고갈

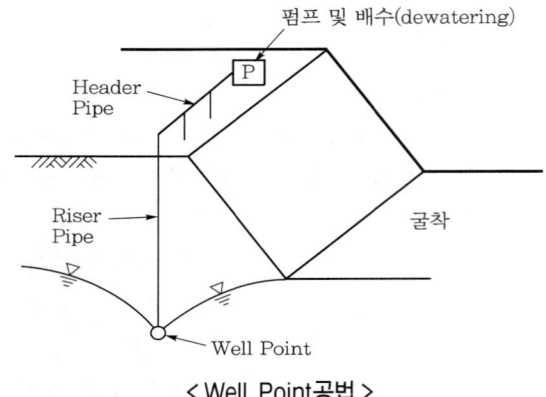

< Well Point공법 >

Ⅲ. 시공순서

1) 집수관 설치

Well Point와 연결된 흡입관(Riser Pipe)을 Water Jet를 이용하여 지중에 관입

2) Filter층 형성

관입 후 Jet압력을 높이면 흡상관 주변 미립분이 씻기고 굵은 입자만 남아 Filter층을 형성. 지반에 따라 Filter층 형성이 곤란할 때 모래를 투입하여 말뚝 형성

3) Header Pipe(가로관)에 연결

집수관은 스톱밸브를 거쳐 Head Pipe에 연결

4) Pump 설치

Header Pipe 끝을 Well Point Pump에 연결하여 물과 공기를 분리

Ⅳ. 시공 시 유의사항

① 지질에 대한 공법의 적정성 여부 검토

② Filter재료는 원지반보다 투수성이 큰 거친 모래 선택

③ 양정깊이 7m 이상 시 다단식 Well Point 채용

④ 예비Pump 및 예비전원을 설치할 것

⑤ 배수로 인한 주변 피해에 유의할 것

45 진공Deep Well공법(진공흡입공법)

Ⅰ. 정의

① 우물관 내의 기압을 진공Pump로 강하시켜 지하수를 빨아들여 수중Pump로 배수하여 지하수위나 피압수두를 저하시키는 공법

② Deep Well공법과 진공Pump를 합친 강제배수공법

Ⅱ. 개념도

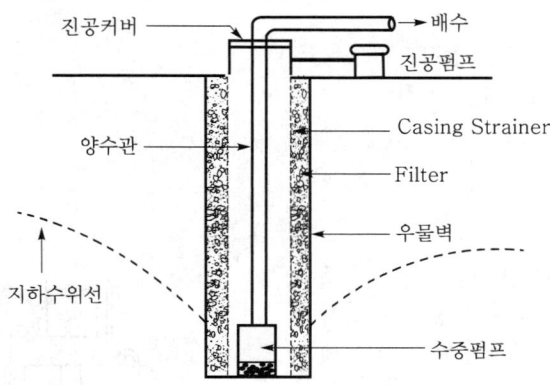

Ⅲ. 특징

① 점성토의 지반 개량에 많이 사용

② 필요수위 저하량과 필요배수량이 많을 때 사용

③ Well Point공법에 비해 설치비 고가

④ 투수층이 작은 대수층에 사용

Ⅳ. 시공순서

① 소정의 깊이까지 굴착

② Casing Strainer를 삽입

③ Strainer와 공벽 사이에 Filter재료를 충진

④ 수중Pump 및 진공Pump 설치(진공베이스로 기밀 유지)

⑤ 우물 내의 기압을 진공Pump로 강하시켜 지하수를 수중Pump로 배수

Ⅴ. 시공 시 유의사항

① 우물관 상부 및 우물관 주위 기밀성 유지

② Filter재료는 투수성이 좋은 재료 사용

③ Filter재료 상단은 점토 등으로 Sealing하여 기밀성을 유지할 것

46 복수공법(Recharge Well Method)

Ⅰ. 정의

① 주변 지반에 주수(注水)함으로써 흙의 함수량변화를 적게 하여 지하수위 저하에 의해 발생되는 주변의 영향을 최소화시키는 공법이다.

② 지하 굴착으로 인해 지하수위가 저하될 때 적용하여 지반변형을 방지할 목적으로 이용된다.

Ⅱ. 이용목적

① 주변 지반침하 방지
② 주변 우물 고갈 방지
③ 지하 매설물 파손 방지

Ⅲ. 종류

1. 주수공법

1) 현장에서 양수한 물을 다시 주수 Sand Pile에 의해 지중에 주입하여 기초 저면의 지하수위를 원상태로 유지시켜 지반의 침하·균열을 방지하는 공법

2) 요점

① Pumping에 의해 고갈한 물을 주입한다.

② 굴착 저면이 인접 구조물의 기초면보다 낮을 때 사용하며 인접 구조물의 부등침하를 방지할 수 있다.

③ 주수한 물에 의한 굴착면의 붕괴를 방지하기 위해 도수 Sand Pile을 둔다.

< 주수공법 >

2. 담수공법

1) 흙막이 벽을 지수벽으로 설치하여도 지하수위가 약간 저하되어 자연수위를 유지하기 어려우므로 주수 Sand Pile을 통하여 지하수위 저하만큼 물을 주수하여 자연수위를 유지하는 공법

2) 요점

① 자연적으로 나가는 물만을 주입한다.
② 흙막이 벽에 강성을 높여야 한다.

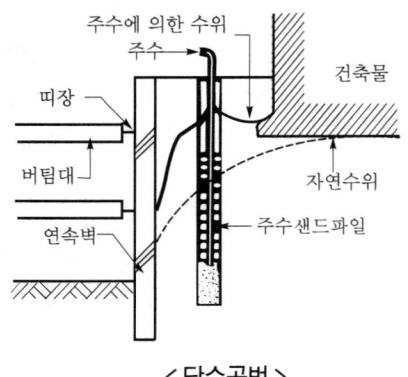

< 담수공법 >

47 흙막이 굴착 시 지하수대책

I. 개요

① 지하구조물의 축조에 있어서 지하수 처리는 토류벽의 안전 시공은 물론 주변 지반에 미치는 영향이 크다.

② 흙막이공사 시 지하수 처리에 대한 검토와 토질에 대한 상세한 조사로 차수공 법 및 배수공법에 의한 지하수 처리를 면밀하게 검토해야 한다.

II. 공법 선정 시 고려사항

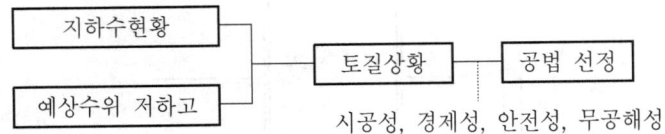

III. 지하수대책의 분류(지하수처리공법)

분류		처리공법
차수 공법	차수흙막이 공법	• Sheet Pile공법(강널말뚝공법) • Slurry Wall공법 • Top Down공법(역타공법)
	약액주입 공법	• Cement주입공법 • LW공법
	고결공법	• 생석회말뚝공법 • 동결공법 • 소결공법
배수 공법	중력배수 공법	• 집수통배수공법 • Deep Well공법(깊은 우물공법)
	강제배수 공법	• Well Point공법 • 진공Deep Well공법(진공흡입공법, Vaccum Deep Well Method) • 전기침투공법
	복수공법	• 주수공법 • 담수공법

48 차수공법(지수공법)

[08후(10)]

Ⅰ. 정의

① 차수공법이란 지하수의 유입을 방지하기 위해 차수벽 또는 지수벽을 설치하는 공법이며, 지하수 처리는 흙막이의 안전 시공에 중요하므로 토질, 지하수상태, 현장상황 등이 고려되어야 한다.

② 지하 굴착공사에서 작업장을 Dry Work한 상태로 유지하고 굴착지반의 Boiling, Heaving, Piping 방지목적으로 이용하고 있다.

Ⅱ. 시공 상세도

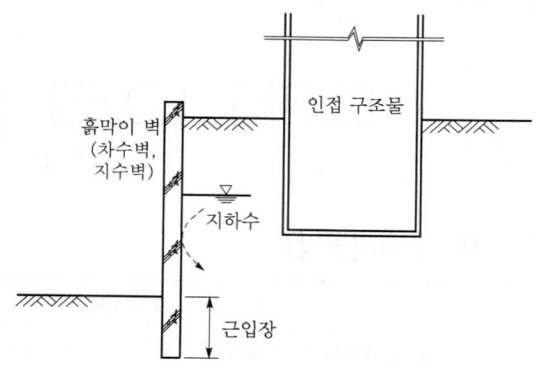

Ⅲ. 종류

공법	특징
차수흙막이 공법	• Sheet Pile공법(강널말뚝공법) : Sheet Pile을 지중에 박아 토압을 지지하고, 이것을 띠장, 버팀대로 지지하는 공법이다. • Slurry Wall공법 : 안정액으로 벽체의 붕괴를 방지하면서 지하로 트렌치를 굴착하여 철근망을 삽입 후 Concrete를 타설한 지하벽을 연속으로 축조해가는 공법이다. • Top Down공법(역타공법) : 흙막이 벽으로 설치한 Slurry Wall을 본 구조체의 벽체로 이용하고 기둥과 기초를 시공한 다음, 지하 및 지상 구조물을 축조해가는 공법이다.
약액주입공법	• Cement주입공법 : 사질연약지반에 Cement Paste를 Grouting하여 지반을 강화하는 공법으로 낮은 농도로 주입을 시작하여 차츰 농도를 높여 완료한다. • LW공법 : 물유리용액과 Cement현탁액을 지중에 주입시켜 지반을 강화하는 공법으로 균일하게 일정 범위 주입이 가능하므로 확실한 주입효과가 있다.
고결공법	• 생석회말뚝공법 : 지반 내에 생석회(CaO)에 의한 말뚝을 설치하여 흙을 고결화시켜 지지력의 증대와 말뚝 주변의 지반 강화를 도모하는 공법이다. • 동결공법 : 지중의 수분을 일시적으로 동결시켜 지반의 강도와 차수성을 향상하고 그동안에 목적된 본 공사를 실시하는 일종의 가설공법이다. • 소결공법 : 점토질의 연약지반에 Boring하여 구멍을 뚫고 그 속을 가열하여 그 주변의 흙을 탈수시켜 지반을 개량하는 고결공법의 일종이다.

49 지반 굴착 시 근접 구조물의 침하

[99후(20)]

Ⅰ. 정의

① 도심지공사 중 지반을 굴착하는 공사현장에서 적용 공법 부적절, 관리 부실 등에 의해 근접해 있는 구조물에 적지 않은 침하가 발생된다.

② 근접 구조물이 있는 현상에서 지반 굴착작업은 굴착 전 사전조사 및 공법 선정 등의 시공계획을 수립한 후 공사를 진행해야 한다.

Ⅱ. 사전조사

Ⅲ. 침하원인

1) 지하수 배수
① 지반 굴착 시 지하수의 과다 배수
② 지하수위 저하에 따른 지반응력상태 변화

2) 지반토 유출
① 지하수의 용출에 의한 지반토의 유출
② 지반 내 간극 발생

3) Boiling
① 굴착 저면에서 지하수 차이에 의해 물과 지반토가 함께 분출
② 흙막이 배면의 지반구성 변화

4) Heaving
① 점성토지반에서 굴착 저면의 지반이 융기되는 현상
② 흙막이 배면의 지반토가 활동을 하는 상태

5) 흙막이 변형
① 규격 부족의 재료 사용
② 재사용 자재의 이상 변형
③ 접합부의 변형
④ 구조 계산 잘못

Ⅳ. 방지대책

1) 수밀성 흙막이 벽 시공
   ① 지하수 배수 억제
   ② 흙막이 벽 배면변형 억제
   ③ 강성 있는 흙막이 벽 시공

2) 복수공법
   배수한 지하수를 다시 지하로 급수하여 종전 지하수위 유지

3) 약액주입공법
   ① 간극수압 감소
   ② 지반 고결
   ③ 지하수 이동 억제

4) Underpinning
   ① 기존 구조물의 기초 보강
   ② 본 공사에 근접 구조물의 밑받이
   ③ 차단벽 설치

5) Strut Jacking
   ① 흙막이 가설구조물의 Strut에 Jacking
   ② 굴착에 따른 흙막이 벽체의 변형 억제

6) 계측관리
   ① 시공 전부터 시공 완료 시까지 구조물의 변형관리
   ② 인근 구조물의 변형관리 및 지반변형 계측
   ③ 계측자료에 따른 대비책 수립

50 지반침하형태에 따른 분류

I. 지반침하형태

1) 침하(沈下, settlement)
   ① 지반의 하향변위를 말하는 광의적 표현
   ② 지지력 부족으로 인한 변형, 흙의 압밀, 다짐 부족, 지하수의 영향, 지장물의 영향, 지하 굴착에 따른 변형 등 다양한 원인으로 침하 발생

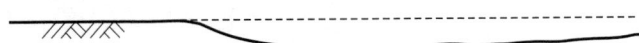

2) 함몰(陷沒, sinking)
   ① 지반이 움푹 팬 형태로 침하된 것
   ② 지반 굴착 또는 지하구조물 시공이 원인이 되어 발생하는 인위적 원인에 의한 지반(도로)함몰현상

3) 싱크홀(sink hole)
   ① 지반 내의 동공(hole, cavity)이 붕괴된 것으로 주로 지하수의 작용에 의해 동공이 발생함
   ② 동공은 암반층인 경우 물에 의한 용식작용(corrosion)으로, 토사층인 경우 지하수흐름에 따른 토사 유출로 발생
   ③ 주로 석회암지반(강원도 삼척, 영월 등)에서 발생하며, 수도권지반은 대부분 화강암 또는 편마암으로 구성되어 자연적으로 싱크홀 발생 가능성이 없음

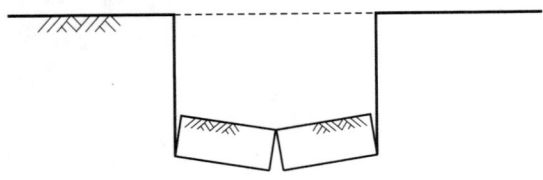

II. 지반함몰의 원인

① 지하수가 높은 토사지반에서 터널 등 굴착 시 전방의 지반이 붕락되어 상부에 동공 형성
② 상하수도 등 지하시설물 연결부의 노후화 및 파손으로 인해 누수가 발생되고, 이때 토사가 물과 함께 빠져나와 점점 지반에 동공이 생겨 발생
③ 구조물 등의 시공을 위한 굴착에 따른 흙막이 가시설 설치 시 벽체를 따라 지하수 및 배면토사가 유출됨으로써 배면지반에 동공 및 지반함몰 발생

Ⅲ. 방지대책

① GPR 등 도로 하부의 지반물리탐사를 실시하여 도로함몰위험도 평가 및 분석
② 지하안전평가제도 실시
③ 지중 폐관 및 공동 충진(grouting) 실시
④ 노후 상하수도 보수 및 교체
⑤ 지하공간통합지도 구축 및 열람
⑥ 흙막이 가시설의 시공안정성 확보, 차수공법 실시
⑦ 계측관리 실시

51 지하안전평가

I. 정의

① 지하안전평가란 사업계획 전 지반침하를 예방하기 위하여 지하안전에 미치는 영향을 조사·예측·평가하는 제도이다.

② 2018년 1월 1일 이후의 지하개발사업자는 지하안전평가의 의무가 있다.

③ 지반의 굴착깊이별로 소규모 및 대규모로 분류되며, 굴착공사 완료 후 착공 후 지하안전조사를 실시한다.

II. 지하안전평가의 분류

종류	적용 대상사업	평가시기
소규모 지하안전평가	지하 10m 이상~20m 미만 굴착공사	착공신고 전까지 협의
지하안전평가	• 굴착깊이 20m 이상 굴착공사 • 터널공사 포함 사업	
착공 후 지하안전조사	지하안전영향평가 대상사업	굴착공사 완료 후

III. Flow Chart

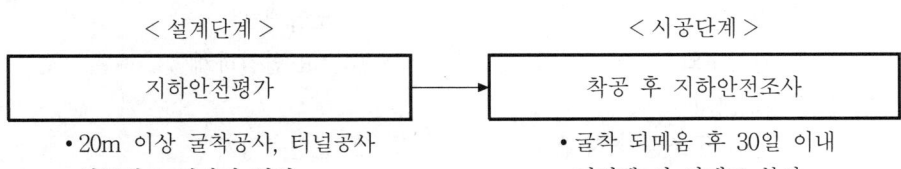

< 설계단계 >	< 시공단계 >
지하안전평가	착공 후 지하안전조사
• 20m 이상 굴착공사, 터널공사 • 착공신고 전까지 협의	• 굴착 되메움 후 30일 이내 • 미이행 시 과태료 부과

IV. 지하안전평가항목

평가항목	평가방법
지반 및 지질현황	• 지하정보통합체계를 통한 정보 분석 • 시추조사(지반 시추 후 시료조사) • 투수시험(일정 시간 내 침투수의 양 측정) • 지하물리탐사(지하상태, 변화의 물리적 특성 조사)
지하수변화에 의한 영향	• 관측망을 통한 지하수조사 • 지하수조사시험 • 광역지하수흐름 분석
지반안전성	• 굴착공사에 따른 지반안전성 분석 • 주변 시설물의 안전성 분석

※ 착공 후 지하안전조사 : 지하안전평가항목＋지하안전 확보방안 이행 여부 추가

52 계측관리(정보화 시공)

[98중후(20), 14전(10), 25후(10)]

Ⅰ. 개요

① 건설현장에서 설계가정치와 실제 지반의 조건이 일치하지 않기 때문에 현재 상태의 안정성과 위험 정도를 판단하고 계측관리결과에 의해 설계와 시공을 보완하면서 시공을 해야 한다.

② 계측관리의 정확성·이용성·경제성 등을 고려하여 계측기기를 선택해야 하며, 현장에서 얻어지는 자료는 예측치와 비교 분석하여 공사의 안정성 및 적합성을 판단해야 한다.

Ⅱ. 목적

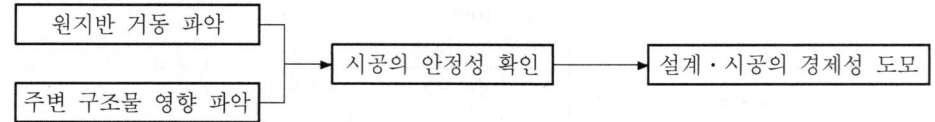

Ⅲ. 공사별 계측항목

1) 연약지반
   ① 침하계   ② 지하수위계
   ③ 경사계   ④ 토압계
   ⑤ 간극수압계   ⑥ 지표면침하계

2) 흙막이공사
   ① 인접 구조물 경사계   ② 균열측정계
   ③ 지중변위계   ④ 지하수위계
   ⑤ 간극수압계   ⑥ 부재응력측정계
   ⑦ 부재변형계   ⑧ 토압계
   ⑨ 소음, 진동측정계   ⑩ 지표면침하계

3) 터널공사
   ① 지표면침하계   ② 천단침하계
   ③ 내공변위계   ④ Shotcrete응력계
   ⑤ Rock Bolt 축력측정계   ⑥ 지중변위계
   ⑦ 지하수위계   ⑧ 간극수압계
   ⑨ 지중침하계

4) 댐공사
   ① 지표면침하계   ② 층별 침하계
   ③ 경사측정계   ④ 간극수압계

⑤ 토압계　　　　　　　　　　　⑥ 누수량측정계

⑦ 수평변위계　　　　　　　　　⑧ 수직변위계

⑨ 이음부 변위 측정　　　　　　⑩ 수위측정기

⑪ 온도계　　　　　　　　　　　⑫ 지진계

Ⅳ. 계측관리의 Flow Chart

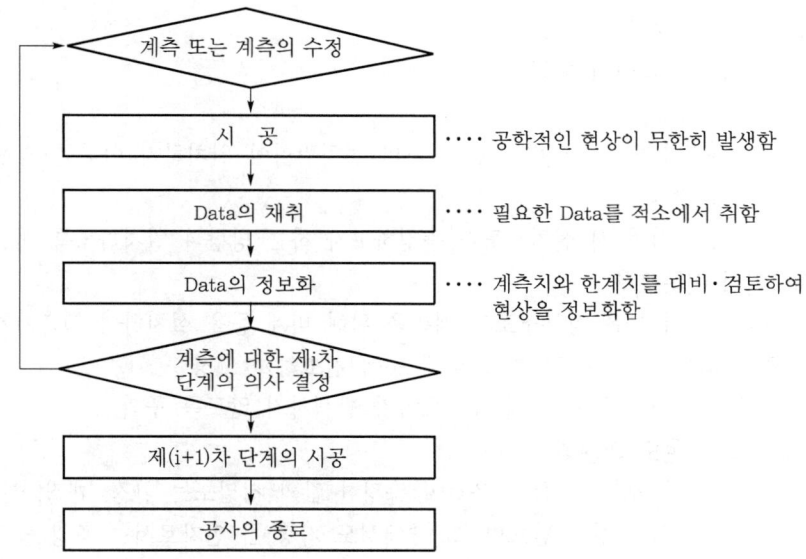

Ⅴ. 계측 시 유의사항

① 제조회사 매뉴얼 참조

② 단말부의 오염, 습기 방지

③ 계측기의 보호캡 사용

④ 사용되는 배터리의 충전 교체

⑤ 일상점검으로 기기오염 및 고장 방지

⑥ 계측기의 충격과 손상 방지

⑦ 계측장비의 식별 가능한 Color화

⑧ 전기플러그의 누전 방지용 캡 사용

⑨ 청결성과 건조상태 유지

53 계측 측정오차

[20후(25)]

I. 건설현장 계측의 불확실성을 유발하는 인자

1) 계측기기 설치에 따른 영향
   ① 곡면 부착의 영향
   ② 응력집중 부분의 부착

2) 계측기기 게이지율의 보정

3) 각도오차
   ① 측정하고자 하는 방향과 계측기기의 설치방향이 일치하지 아니한 경우 설치각
      도오차 발생
   ② 계측기기 설치 시 설치각도가 측정하고자 하는 방향과 일치하도록 신중히 설치

4) 계측기기 이동오차
   ① 교하공간이 높은 상부구조의 계측을 위해 비계 등을 설치하여 계측기기를 고정
      하게 되는 경우 계측기기를 비계 등에 견고하게 고정
   ② 비계의 움직임 등에 의해 계측오차가 발생하지 않도록 주의

5) 계측결과의 온도 의존성
   ① 전기저항식 계측기기를 사용하여 측정한 값의 정밀도는 환경, 재질, 시간, 회로,
      측정기 등의 영향을 받으며, 그 중에서도 가장 큰 인자로서는 측정 중의 온도변
      화에 의한 계측값의 변화임
   ② 계측기기를 측정하고자 하는 곳에 부착하면 하중을 가하지 않은 상태에서도 온
      도의 변화에 따라 저항값이 달라지게 되어 계측값에 영향
   ③ 온도에 의한 영향을 보상하기 위해서는 일반적으로 자기온도보상형 계측기기를
      사용하거나 회로구성을 적절히 하는 방법 등 계측기기 제조사의 사용자설명서
      를 참고

6) 습도에 의한 영향
   ① 일반적으로 실내에서 짧은 시간 동안 계측이 이루어지는 경우 방습처리는 불필
      요할 수 있으나, 장시간 또는 습한 현장에서 재하시험을 실시하는 경우는 방습
      처리가 필수적
   ② 특히 콘크리트 표면에 계측기기를 부착하는 경우 콘크리트 표면의 건조상태, 측정
      장소의 환경 및 콘크리트 내부로부터의 습기 등을 고려하여 적절한 방습처리 실시

7) 리드와이어길이에 의한 영향
   ① 계측기기와 측정장비를 연결하는 리드와이어의 길이가 너무 길면 저항값이 변
      화되어 정밀한 측정이 불가능
   ② 일반적으로 와이어의 길이는 정적 측정의 경우 50m, 동적 측정의 경우 30m 이
      하로 제한하는 것이 바람직

8) 직사광선에 의한 영향

9) 자기장, 고전압, 무전기 사용 등의 잡신호(노이즈)의 영향

Ⅱ. 측정오차의 유형 및 오차의 원인

1) 과대오차(gross error)

① 관측자의 부주의나 측량방법을 잘못 적용함으로써 나타나는 과실(blunder) 또는 착오(mistake)의 결과

② 다른 두 오차보다 크기가 매우 크므로 쉽게 발견

과대오차의 원인	해결방안
• 눈금의 수치를 잘못 읽음 • 야장을 기입할 때 숫자를 바꿔 기록 • 관측자가 잘못 판단하여 다른 목표물을 시준하는 경우	• 각이나 거리를 측정 시 반복 측정 • 두 가지의 단위를 읽고 환산하여 서로 비교 • 삼각형의 내각의 합은 180도라는 것 등과 같은 간단한 조건식으로 검사

2) 정오차(systematic error)

① 크기와 방향을 알 수 있는 오차

② 일정한 조건에서 같은 크기의 오차가 언제나 같은 방향으로 일어나 작은 오차가 모여 큰 오차가 됨(누차, cumulative error)

③ 오차의 원인과 상태만 알면 쉽게 제거 가능

정오차의 종류	발생원인
자연오차(natural error)	빛의 굴절, 열팽창, 기압, 습도 등
기계오차(instrumental error)	기계 중심 불일치, 눈금판의 오차, 기포관의 조정 불완전 등
개인오차(personal error)	눈금을 읽는 버릇 등

3) 우연오차(random error)

① 인위적으로 제어할 수 없이 우연적으로 생기는 오차

② 크기와 방향이 일정하지 않는 무작위성 오차

54 | Earth Anchor공법

[82후(17), 19중(10), 22전(10), 25후(10)]

Ⅰ. 정의

① Earth Anchor공법이란 흙막이 벽 등의 배면을 원통형으로 굴착하고 Anchor체를 설치하여 주변 지반을 지지하는 공법을 말한다.

② Earth Anchor는 흙막이 벽의 Tie Back Anchor로 이용되는 외에도 지내력시험의 반력용, 옹벽의 수평저항용, 흙 붕괴 방지용, 교량에서의 반력용 등 다양한 용도로 사용되고 있다.

Ⅱ. 분류

1. 지지방식별 분류

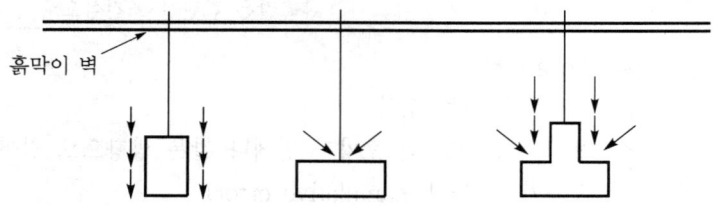

< 마찰형 지지방식 > < 지압형 지지방식 > < 복합형 지지방식 >

1) 마찰형 지지방식

일반적으로 널리 이용되는 지지방식으로 Anchor체의 주면마찰저항에 의해 인장력에 저항하는 방식

2) 지압형 지지방식

Anchor체의 일부 또는 대부분을 국부적으로 크게 확공하여 앞쪽 면의 수동토압저항에 의해 인장력에 저항하는 방식

3) 복합형 지지방식

Anchor체 앞면에 수동토압저항과 주면마찰저항의 합에 의해 인장력에 저항하는 방식

2. 용도에 의한 분류

1) 가설용 Anchor

① 흙막이 배면에 작용하는 토압에 대응하기 위하여 설치하는 Anchor로서 지하구조체가 완성되면 되메우기 전에 철거한다.

② 기초Pile지지력시험의 반력용으로 사용한다.

2) 영구용 Anchor

① 구조물의 별도 보강이 필요할 때 사용한다.

② 구조물의 부상 방지용(Rock Anchor), 옹벽의 수평저항용, 교량의 보강용으로 사용한다.

III. 특징

1) 장점
① 버팀대가 없어 굴착공간을 넓게 활용
② 대형 기계 반입 용이
③ 작업공간이 좁은 곳에서도 시공 가능
④ 공기 단축 용이

2) 단점
① 시공 후 검사 곤란
② 인접한 구조물의 기초나 매설물이 있는 경우 부적합
③ 사질토지반과 굴착심도가 깊어지면 시공 곤란

IV. 시공순서 Flow Chart

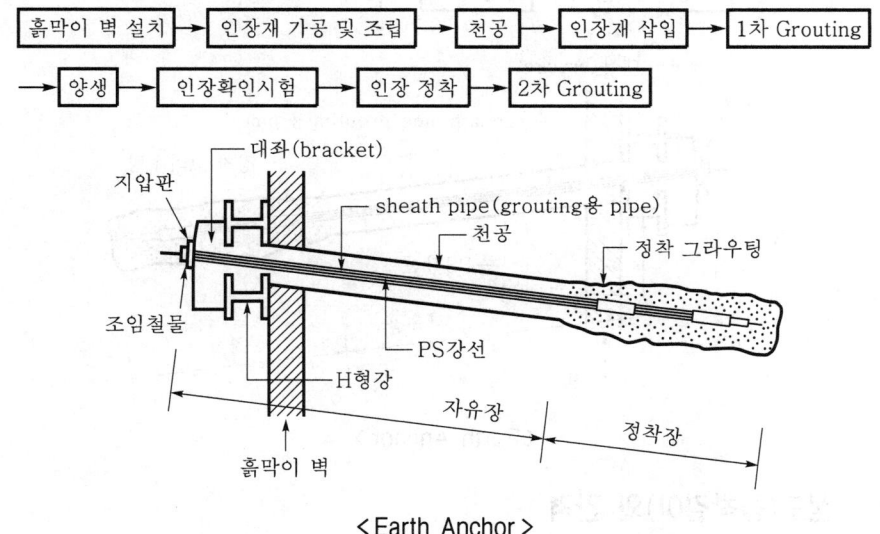

<Earth Anchor>

V. 시공 시 주의사항

① 인장재는 주로 PS강선을 사용하여 가공 및 조립을 정확히 할 것
② 천공 시 공벽을 안전하게 보호할 것
③ 인장재 삽입은 정착장에 안전하게 삽입되도록 깊이 삽입할 것
④ 정착장의 인장력이 설계대로 확보되었는지 반드시 확인할 것
⑤ Grouting재는 인장재에 부식영향이 없을 것
⑥ 인발력이 작용하여 지반균열 발생 시 Grouting으로 지반 보강
⑦ Grouting 양생 시 진동, 충격, 파손이 없도록 주의
⑧ 영구용 Anchor인 경우에는 자유장 부분의 PS강선 부식 방지를 위해 방청제로 2차 Grouting 실시

55 앵커체의 최소 심도와 간격(토사지반)

[10중(10), 13전(10)]

I. 정의
① 흙막이 벽 등의 배면을 원통형으로 굴착하고 앵커체를 설치하여 주변 지반을 지지하는 공법을 Earth Anchor공법이라 한다.
② 이때 앵커체의 인발에 대한 안정성을 유지하기 위하여 앵커체의 최소 심도와 간격을 정해둔다.

II. Earth Anchor의 시공순서

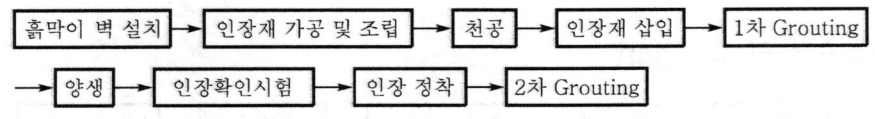

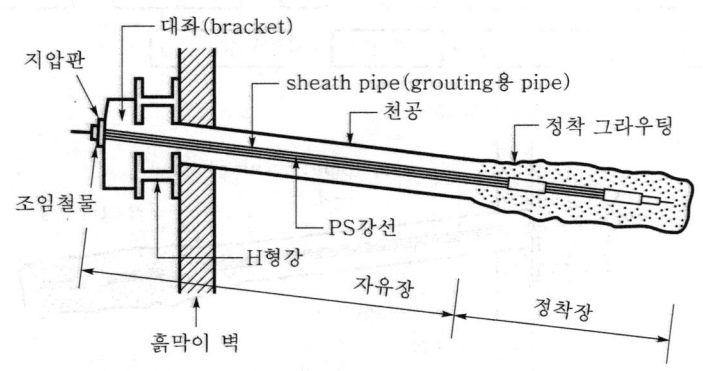

〈 Earth Anchor 〉

III. 최소 심도(정착길이)와 간격

구분	최소 심도	간격
토사지반	5m 이상	$4D$ 이상
암반지반	1.5m 이상	여기서, D : Anchor체의 직경(m)

1) 자유장의 길이
① 자유장의 길이 : 최소 4.5m 이상
② $\left(45° + \dfrac{\phi}{2}\right) + 0.15H$[m] 또는 $\left(45° + \dfrac{\phi}{2}\right) + 1.5$[m] 중 큰 값
③ 마찰형 지지방식 : 10m 이내

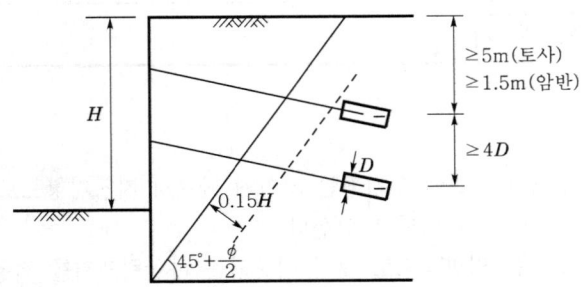

2) Anchor체의 안정

① 1단 앵커 시공 시 초기 변위 억제를 위해 지표면에서 −1.5m 위치에 설치

② 앵커체가 지반의 인발에 대해 안정할 것

56 지압형 앵커

Ⅰ. 정의

① 지압형 앵커란 지반에 고정되는 앵커체 단부의 지압저항으로 인장력을 지지하도록 직경을 크게 한 앵커를 말한다.

② 지압형 앵커는 일반적으로 많이 이용되는 마찰력앵커를 적용할 수 없는 경우에 채택된다.

③ 지압형 앵커는 반드시 설계위치에서의 인장시험으로 설계앵커축력을 결정해야 한다.

Ⅱ. 앵커체의 종류

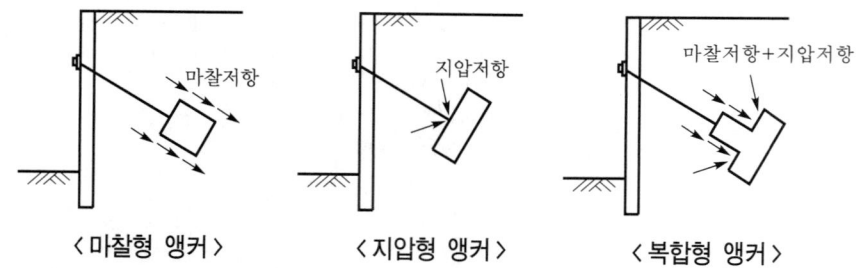

〈 마찰형 앵커 〉　　　〈 지압형 앵커 〉　　　〈 복합형 앵커 〉

Ⅲ. 특징

1) 마찰형 앵커 적용이 곤란한 경우 적용
   ① 마찰형 앵커에 진행성 파괴가 발생하는 경우
   ② 마찰형 앵커로 충분한 지지력 확보가 곤란한 경우

2) 인장시험 필요
   ① 설계위치에서의 인장시험 실시
   ② 인장시험으로 인한 설계앵커축력 결정

3) 실적 미비
   적용 실적이 미비한 상황임

Ⅳ. 시공순서

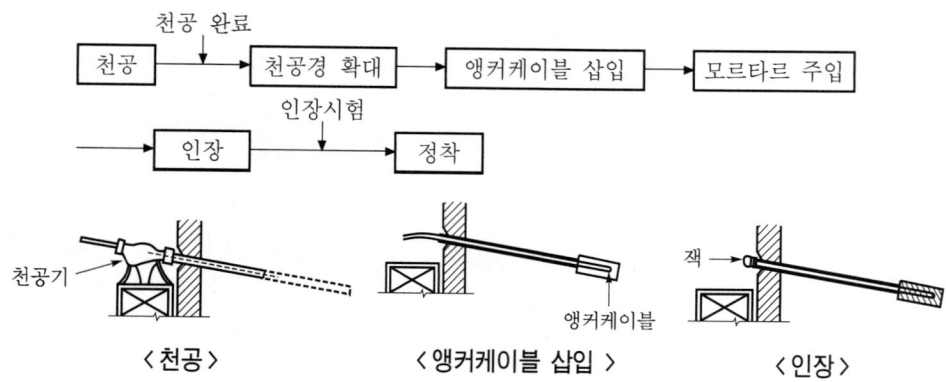

〈 천공 〉　　　〈 앵커케이블 삽입 〉　　　〈 인장 〉

57 Rock Anchor공법

I. 정의

① Rock Anchor란 지반의 암반까지 천공하여 설치하는 Anchor로서 암반과의 정착에 의해 구조물을 지지하는 영구용 Anchor를 말한다.

② 인장재(강봉, PS강선)을 사용하여 사면 보호, 터널 단면 보강, 구조물 부상 방지, 옹벽구조물 지지 등의 여러 용도로 이용되는 공법이다.

II. 용도

① 피압수의 부력에 의한 구조물 부상 방지용

② 옹벽의 수평저항용

③ 사면안정

④ 터널 단면 보강

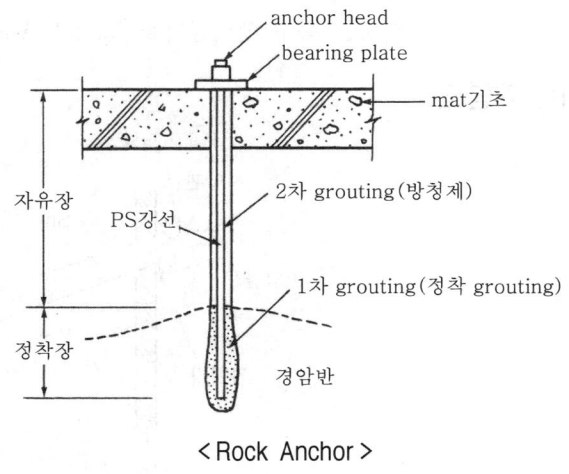

< Rock Anchor >

III. 시공순서

① 암반부에 굴착 천공

② 인장재(PS강선) 삽입

③ 정착장에 1차 Grouting

④ 양생 및 인장 확인

⑤ 인장재 정착

⑥ 자유장의 PS강선 부식 방지를 위해 방청제로 2차 Grouting

IV. 시공 시 주의사항

① 인장재는 주로 PS강선을 사용하여 가공 및 조립을 정확히 할 것

② 천공 시 공벽을 안전하게 보호할 것

③ 인장재 삽입은 정착장에 안전하게 삽입되도록 암반에 깊이 삽입할 것

④ Grouting재는 인장재에 부식영향이 없을 것

⑤ Grouting 양생 시 진동, 충격, 파손이 없도록 주의할 것

58 Jacket Anchor공법

Ⅰ. 정의

① 구조물을 지반에 정착하기 위해 지중에 설치되는 앵커의 정착지반이 쓰레기 및 해안 근접 매립층, 강변 인접 실트층, N치 6~7 이하의 점토층 및 실트층, 그리고 대규모 전석 또는 자갈층으로 이루어졌을 때 현장 시공 시 앵커체의 구근이 형성되지 않으므로 기존의 앵커 시공이 불가능하다.

② 대상지반이 자갈층이나 균열이 많은 지층일 경우의 정착장을 나일론과 면으로 구성된 Jacket Pack으로 보호하고 그라우트재를 주입하여 그라우트앵커체를 형성하는 특수 앵커공법을 Jacket Anchor공법이라 한다.

Ⅱ. 개념도

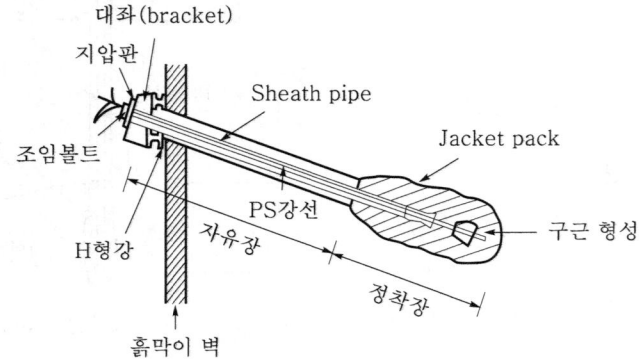

Ⅲ. 특징

① 일반적인 앵커보다 지반마찰력이 2배 정도 증가한다.
② 탈수효과에 의한 강도가 크다.
③ 인장에 의한 크랙의 발생이 최대한 억제된다.
④ 그라우트가 유실되기 쉬운 지층에서도 앵커가 확실히 정착 가능하다.
⑤ 그라우트의 주입량이 감소한다.
⑥ 앵커의 정착부가 면과 나일론으로 구성되어 있어 무게가 가볍다.
⑦ 유연성과 시공성이 기존의 앵커보다 양호하다.

Ⅳ. 적용 지질조건

① 지층 대부분 매립층과 퇴적토층으로 구성된 지반
② 퇴적토층은 주로 세립질 모래지반
③ 연약지층의 점성토층과 호박돌 및 자갈층 지반
④ 해안 매립(주로 전석층) 지반
⑤ 굴착층의 균열이 심한 암반층 지반
⑥ 강변 매립지역

59 소일네일링(Soil Nailing)공법

[10후(10), 18전(10)]

I. 정의

① 소일네일링공법이란 흙과 보강재 사이의 마찰력, 보강재의 인장응력, 전단응력 및 휨모멘트에 대한 저항력으로 흙과 Nailing의 일체화에 의하여 지반의 안정을 유지하는 공법이다.

② 공법의 원리는 보강토공법이나 그라운드앵커(Ground Anchor)공법과 비슷하며, 보강토공법은 주로 성토 사면에 사용되지만, 소일네일링공법은 절토면이나 절토 사면 또는 흙막이공법 등에 사용되는 공법이다.

II. 시공 상세도

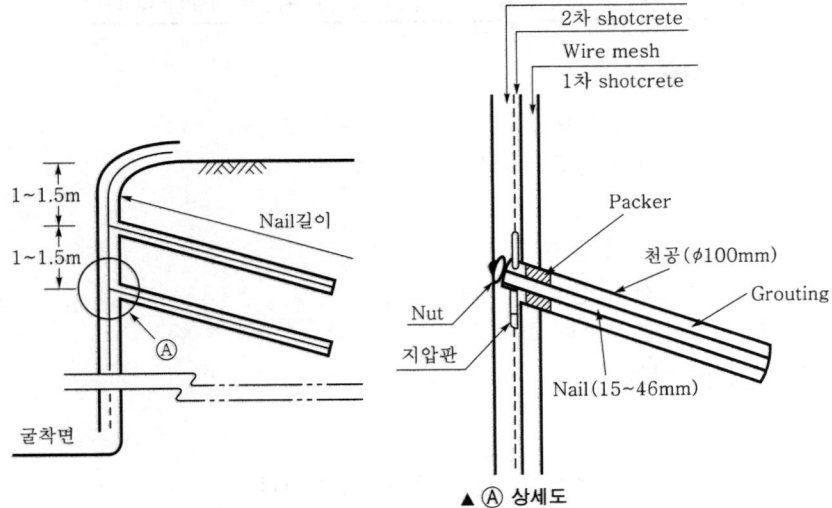

▲ Ⓐ 상세도

III. 종류

① 타입용(driven) 네일 ② 그라우팅용 네일(중력식)
③ 제트그라우팅용 네일(압력식)

IV. 특징

1) 장점
① 공사비 절감 ② 공기 단축
③ 작업공간 활용 ④ 소음·진동피해의 최소화
⑤ 단계적 작업 가능

2) 단점
① 상대변위 발생 우려 ② 지하수가 있을 때 작업 곤란
③ 품질관리가 어려움

Ⅴ. 용도

① 굴착면 안정 및 가설흙막이   ② 사면안정

③ 터널의 지보체계   ④ 기존 옹벽 보강

⑤ 병용공법으로 활용

Ⅵ. 사용재료

① 보강재(Nail)   ② 그라우트(Grout)재

③ 지압판   ④ 콘크리트

⑤ Wire Mesh

Ⅶ. 시공순서 Flow Chart

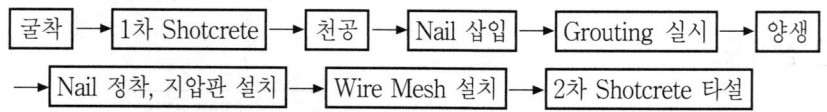

굴착 → 1차 Shotcrete → 천공 → Nail 삽입 → Grouting 실시 → 양생

→ Nail 정착, 지압판 설치 → Wire Mesh 설치 → 2차 Shotcrete 타설

Ⅷ. 시공 시 유의사항

① 굴착작업 시 벽면 보강

② Shotcrete 시공 시 5℃ 이상 기온 유지

③ 천공각도 유지

④ 정해진 천공간격 유지

⑤ Nut를 이용한 긴장작업

⑥ 인발시험기로 부착력 확인

⑦ 배수Pipe 설치

Ⅸ. 문제점

① 점착력이 없는 사질토지반에는 시공이 곤란하다.

② 건조한 지반에서는 시공이 곤란하다.

③ 지하수 아래에서는 시공이 어렵다.

④ Nail과 지압판이 부식될 가능성이 높은 지반에서의 시공이 어렵다.

Ⅹ. 개발방향

① 현장 지반조사 실시와 Soil Nailing의 적용성 검토

② 모든 토질조건에 시공 가능한 공법 개발

③ 특수한 지반에 적용 가능한 공법 개발

60 H형강 버팀보의 강축과 약축

Ⅰ. 정의

① 휨응력을 받는 H형강 버팀보(strut)는 흙막이 지보재로 활용 시 작용하는 토압과 수압에 대한 휨강성을 확보해야 한다.

② H형강은 휨의 작용축에 따라 휨강성(EI)이 큰 강축과 휨강성이 작은 약축으로 구분할 수 있고 강축으로 휨응력을 받도록 시공한다.

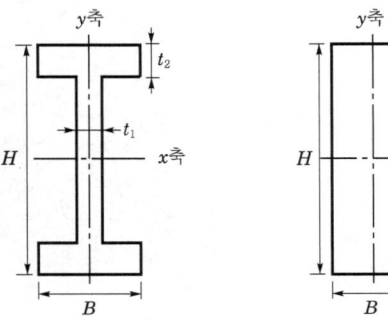

H형강	Barrette pile
$I_x = \dfrac{BH^3}{12} - \dfrac{(B-t_1)(H-2t_2)^3}{12}$	$I_x = \dfrac{BH^3}{12}$
$I_y = \dfrac{HB^3}{12} - \dfrac{(H-2t_2)(B-t_1)^3}{12}$	$I_y = \dfrac{HB^3}{12}$
$\therefore\ I_x > I_y(B=H,\ t_1=t_2)$	$\therefore\ I_x > I_y(H>B)$

Ⅱ. H형강 버팀보의 휨강성 산정 예시

$H \times B \times t_1 \times t_2 = 300\text{mm} \times 300\text{mm} \times 10\text{mm} \times 15\text{mm}$일 때

① 강축의 단면 2차 모멘트($I_x = 20{,}400\text{cm}^4$), 약축의 단면 2차 모멘트($I_y = 6{,}750\text{cm}^4$)

② 강축의 휨강성(EI_x) > 약축의 휨강성(EI_y). 여기서, $E = 210{,}000\text{MPa}$

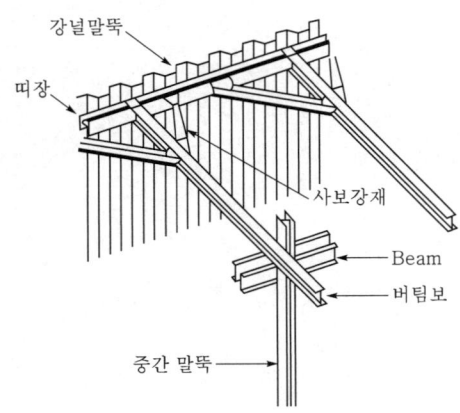

Ⅲ. 단면 2차 모멘트(I)의 특성

① 단면 2차 모멘트의 값은 항상 양(+)의 값을 갖는다.

② 원형 및 정다각형의 도심에 대한 단면 2차 모멘트는 축과 상관없이 모두 값이 같다.

③ EI를 휨강성(bending rigidity)이라고 하며 휨에 대한 강한 정도를 의미한다.

④ 휨강성은 I가 클수록, 단면의 폭 b보다 높이 h를 크게 할수록 유리하다.

61 흙막이공 관련 용어

1) 이수(泥水, Slurry)
  ① 현장 타설말뚝에서 굴착 중 공벽의 붕괴를 방지하기 위하여 공내에 채우는 비중이 높은 물
  ② 이수에는 굴착토 중의 세립분이 물에 혼입하여 자연적으로 이루어질 수 있는 것과 Bentonite 등을 혼합하여 만든 안정액이 있다. 안정액은 맑은 물에 Bentonite를 혼합한 이수로서 분산제, CMC(Carboxy Methyl Cellulose)를 첨가한다.

2) 다이얼게이지(Dial Gauge)
  정확한 침하량(1/100mm)을 측정할 수 있는 시계형의 측정기구로서 지내력시험에 이용

3) 그라우팅(Grouting)공법
  연약지반에 Cement Paste를 압입하여 지반을 경화하는 공법

4) Penetro Meter
  관입시험기로 막대기 끝에 콘 또는 슈를 부착하여 흙 속에 압입하거나 타입하여 관입저항을 구해서 자연지반의 역학적 성상을 파악하는 현장 토질시험기의 하나

5) Earth Pressure Meter
  토압을 측정하는 기계

제2장 기초

기초공 과년도 문제

1. 얕은 기초와 깊은 기초 [99중(20)]
2. 콘크리트구조물 기초의 필요조건 [02후(10)]
3. 국부전단파괴와 전반전단파괴 [98중후(20)]
4. 직접기초에서의 지반파괴형태 [06후(10)]
5. 얕은 기초의 전단파괴 [15후(10)]
6. 보상기초(Compensated foundation) [09전(10)]
7. 보상기초(Compensated foundation) [17전(10)]
8. 순극한지지력과 보상기초 [20중(10)]
9. 깊은 기초의 종류와 특징 [97중전(20)]
10. 무리말뚝 [00전(10)]
11. 무리(群)말뚝 [01후(10)]
12. 무리말뚝효과 [19후(10)]
13. 마이크로파일(Micro Pile) [24중(10)]
14. PHC(Pretensioned spun High strength Concrete) 파일 [02중(10)]
15. 강관말뚝의 부식원인과 방지대책 [12후(10)]
16. 강재의 전기방식 [11전(10)]
17. 전해부식과 부식 방지대책 [21전(10)]
18. 합성PHC말뚝 [16중(10)]
19. 개단말뚝과 폐단말뚝 차이점 [96후(20)]
20. 개단말뚝과 폐단말뚝 [97후(20)]
21. 폐단말뚝과 개단말뚝 [12후(10)]
22. 말뚝의 폐색효과(Plugging) [13전(10)]
23. 배토말뚝과 비배토말뚝의 종류와 특징 [00중(10)]
24. 사항(斜抗) [09중(10)]
25. 말뚝 타입시 유압 Hammer의 특징 [96후(20)]
26. 향타보조말뚝 [24중(10)]
27. 항타기 및 항발기 시공시 주의사항 [22후(10)]
28. 기성말뚝기초의 건전도 및 연직도 측정 [22후(10)]
29. SIP(Soil Cement Injected Precast Pile)공법 [99전(20)]
30. 내부굴착말뚝 [12중(10)]
31. 타입공법과 매입공법 [09후(10)]
32. 말뚝머리와 기초의 결합방법 [22중(10)]
33. 파일쿠션(Pile Cushion) [04전(10)]
34. 말뚝의 지지력 산정방법 [97중전(20)]
35. 말뚝의 정적재하시험과 동적재하시험의 비교 [99후(20)]
36. 말뚝재하시험의 목적과 종류 [17전(10)]
37. 파일동재하시험(Pile Dynamic Analysis) [06중(10)]
38. 말뚝의 동재하시험 [17후(10)]
39. 정·동재하시험(Statnamic Load Test) [99후(20)]
40. 말뚝기초 시험항타 목적 및 기록관리항목 [24후(10)]
41. 공대공 초음파 검층(Cross-hole Sonic Logging : CSL) 시험(현장타설말뚝) [20전(10)]
42. 기초의 허용지내력 [95중(20)]
43. 말뚝의 하중전이함수 [98전(20)]
44. 포인트기초(Point Foundation)공법 [16후(10)]
45. 타입말뚝 지지력의 시간경과효과(Time Effect) [07중(10)]
46. 말뚝의 시간경과효과 [19중(10)]
47. 말뚝의 시간효과(Time Effect) [21후(10)]
48. 말뚝의 주면마찰력 [11중(10)]
49. 말뚝의 부마찰력(Negative Friction) [94후(10)]
50. 부마찰력(Negative Skin Friction) [03전(10)]
51. 부마찰력(Negative Skin Friction) [05전(10)]
52. 말뚝의 부마찰력(Negative Friction) [06후(10)]
53. 말뚝의 부마찰력(Negative Skin Friction) [07전(10)]
54. 부마찰력(Nagative Skin Friction) [19전(10)]
55. 부주면마찰력 검토조건, 발생시 문제점 및 저감대책 [20중(10)]
56. 부주면마찰력 [23후(10)]
57. 주동말뚝과 수동말뚝 [14전(10)]
58. 피어(Pier)기초공법 [05후(10)]
59. 피어기초(pier foundation) [19중(10)]
60. Earth Drill공법 [02전(10)]
61. 돗바늘공법(Rotator type all casing) [09전(10)]
62. Prepacked 콘크리트말뚝 [04후(10)]
63. MIP(Mixed-In-Place Pile) 토류벽 [99중(20)]
64. Open Caisson의 마찰력 감소방법 [03후(10)]
65. 진공케이슨(Pneumatic Caisson)의 침하조건식 [94후(10)]
66. 하이브리드 Caisson [07중(10)]
67. 파일벤트공법 [08전(10)]
68. Underpinning [84(10)]
69. Underpinning공법 [99후(20)]
70. 앵커볼트매입공법 [13중(10)]
71. 도수로 및 송수관로 결정시 고려사항 [20전(10)]

기초공 과년도 문제

72. 도수 및 송수관로의 매설위치와 깊이 [23중(10)]
73. 하수배제방식 1) 합류식, 2) 분류식 [20중(10)]
74. 하수의 배제방식 [22후(10)]
75. 토질별 하수관거 기초의 종류 및 특성 [19후(10)]
76. 상수도관 접합방법 [21중(10)]
77. 상수도관 접합방법 [23전(10)]
78. 도복장강관의 용접접합 [23전(10)]
79. 상수관로공사시 하천횡단방법 및 시공시 주의사항 [25후(10)]
80. 하수관의 시공검사 [01중(10)]
81. 하수관로검사방법 [21후(10)]
82. 관로의 수압시험 [19전(10)]
83. 관로의 수압시험 [24후(10)]
84. 상수도관 갱생공법 [17전(10)]
85. 노후 상수도관 갱생공법 [23후(10)]
86. 상수도관의 부(不)단수공법 [20후(10)]
87. 상수관로 공기밸브(Air Valve)의 기능 및 필요성 [25후(10)]
88. 맨홀 설치계획 시 안전사고 방지방법 [25후(10)]

1 기초공법의 종류

[99중(20)]

I. 개요

① 기초(Foundation, Footing)란 구조물의 최하부에 있어 구조물의 하중을 받아 이것을 지반에 안전하게 전달시키는 구조 부분이다.

② 따라서 기초 밑의 지반 내에 어느 지점에서도 하중으로 인하여 지반을 파괴할 만한 과대한 응력이 발생하지 않도록 기초 밑의 접촉면에 상부구조에서 받는 하중을 잘 분포시켜서 지반에 전달하는 기능을 갖고 있어야 한다.

③ 기초공법에는 직접기초를 얕은 기초라 하고, 말뚝기초와 Caisson기초를 깊은 기초라 한다.

II. 기초공법의 분류

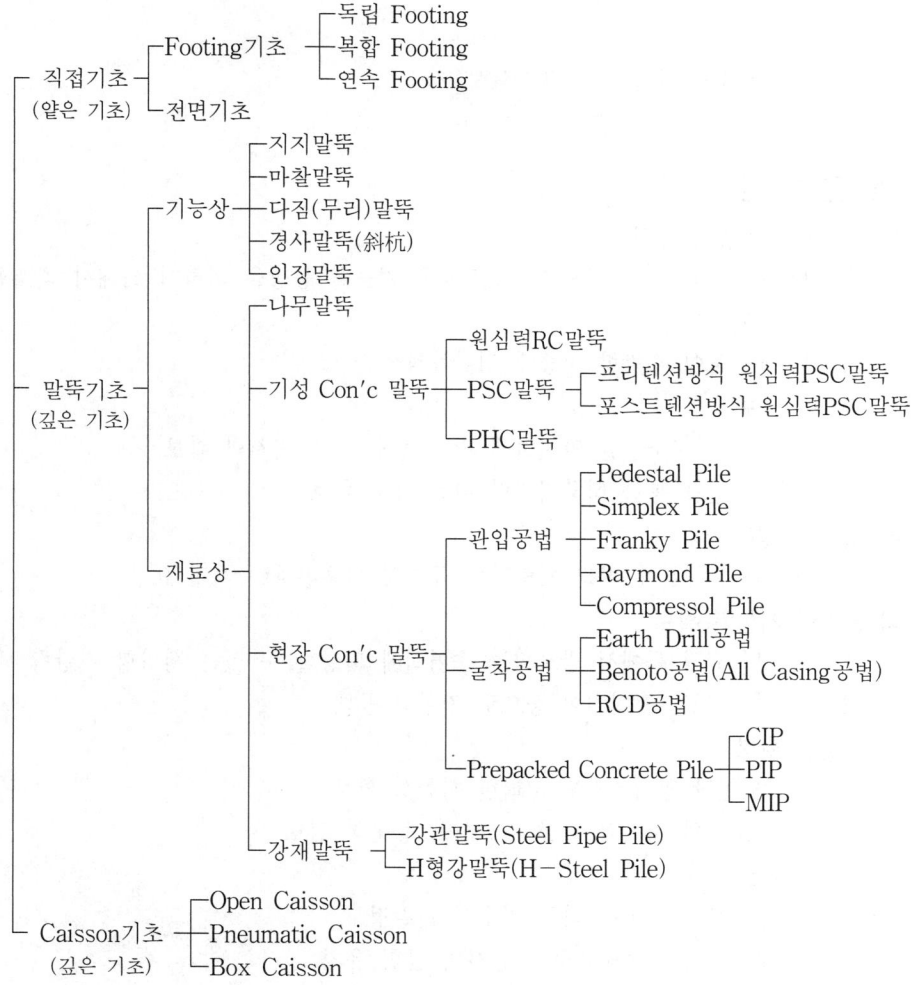

2 콘크리트 구조물의 기초 필요조건

[02후(10)]

I. 개요

① 기초란 상부구조물을 안전하게 지지하기 위하여 축조되는 구조물로 얕은 기초와 깊은 기초로 대별되어 진다.

② 얕은 기초란 상부구조물의 하중을 직접 지반으로 전달시키는 구조로 지반 위에 놓이는 구조이며, 깊은 기초는 말뚝이나 케이슨 등을 이용하여 상부하중을 지중으로 전달시키는 구조를 말한다.

II. 기초의 분류

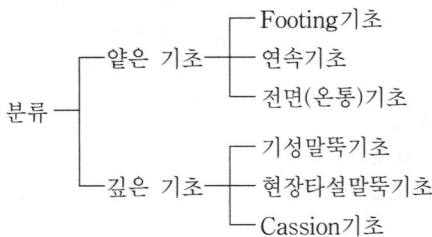

III. 기초 필요조건

1) 최소한 근입깊이 유지

① 상부구조물을 지지하는 기초구조물은 겨울철 동상을 피하기 위해서 최소한 근입깊이가 요구

② 기초구조물이 횡방향 하중에 저항목적

2) 지지력 확보

① 기초는 상부구조물을 안전하게 지지할 수 있는 지지력 확보

② 지지력시험을 통한 허용지지력 이상 강도 확보

3) 허용침하량 이내

상부구조물의 종류에 따라 침하량이 규정의 허용침하량 이내 요구

4) 횡방향 저항력 확보

① 교대 및 교각 등에서 발생되는 수평력에 저항할 수 있는 횡방향 저항력 확보

② 경사말뚝 또는 근입깊이 등으로 저항력 증대

5) 시공성 확보

① 기초는 현장 입지조건을 고려한 시공성 확보

② 상부구조물의 지지와 시공 가능성을 충분히 검토

6) 경제성 확보

① 상부구조물의 종류에 따른 기초형식 결정

② 상부구조물과 기초구조물의 공사비 균형 유지

3 기초허용지내력

[95중(20)]

Ⅰ. 정의

① 허용지내력이란 극한지지력에 대하여 소정의 안전율을 가지며 침하량이 허용치이하가 되게 하는 하중강도의 최대치를 의미한다. 즉 지지력도 안전하고 침하량도 허용치를 초과하지 않는 능력을 말한다.

② 일반적으로 작은 크기의 기초허용지내력은 지력에 의해 결정되고, 큰 기초허용지내력은 침하에 의하여 결정된다.

Ⅱ. 허용지내력

1. 허용지지력

1) 허용지지력$(R_a) = \dfrac{\text{극한지지력}(R_u)}{\text{안전율}(F_s)}$

2) 얕은 기초(직접 기초)의 극한지지력

$$R_u = \alpha c N_c + \beta \gamma_1 B N_r + \gamma_2 D_f N_q$$

여기서, α, β : 기초모양에 따른 형상계수

〈 기초의 형상계수 〉

형상계수 \ 기초	연속기초	원형기초	정사각형기초	사각형기초
α	1.0	1.3	1.3	1.3
β	0.5	0.3	0.4	$0.5 + 1.0\,B/L$

3) 말뚝기초의 극한지지력

① 정역학적 공식

ⓐ Terzaghi공식 : $R_u = R_p + R_f$

ⓑ Meyerhof공식 : $R_u = 30 N_p A_p + \dfrac{1}{5} N_s A_s + \dfrac{1}{2} N_c A_c$

② 동역학적 공식

ⓐ Sander공식 : $R_u = \dfrac{WH}{S}$

ⓑ Engineering News공식 : $R_u = \dfrac{WH}{S + 2.54}$

4) 안전율(F_s)

① 얕은 기초의 안전율 : $F_s = 3$

② 정역학적 공식 : $F_s = 3$

③ 동역학적 공식
　　㉠ Sander공식 : $F_s = 8$
　　㉡ Engineering News공식 : $F_s = 6$

2. 허용침하지지력(q_s)

① 구조물의 축조 시 지반의 조건, 기초의 형식, 상부구조의 특성 등을 고려하여 부등침하가 생기지 않도록 하며 부등침하 발생 시 부등침하에 기인한 부재 각 때문에 부재에 과대한 응력이 발생하여 구조물의 변형이 일어나게 된다.
② 부등침하가 구조물의 악영향을 미치지 않는 범위 내에서 어느 정도의 침하는 허용한다.
③ 기초에 따른 허용침하량

기초의 종류	허용침하량(mm)	
	모래	점토
독립기초	50	75
온통기초	75	125

④ 허용침하지지력(q_s)=허용침하량에 해당하는 지지력

3. 허용지내력

허용지내력은 허용지지력과 허용침하지지력 중 작은 값을 적용한다.

4 국부전단파괴와 전반전단파괴

[98중후(20), 06후(10), 15후(10)]

Ⅰ. 개요

지반상에 상부구조물에 의하여 과도한 침하가 발생될 때 지반이 파괴되는 양상으로 평판재하시험에 의한 하중−침하량곡선상에서 지반이 항복점을 통과하게 되면서 국부전단파괴와 전반전단파괴로 나타난다.

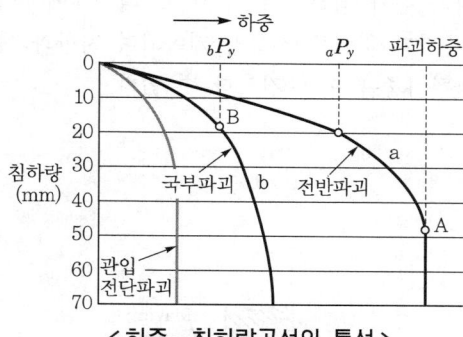

< 하중−침하량곡선의 특성 >

Ⅱ. 국부전단파괴(Local Shear Failure)

1) 정의

지반상의 구조물이 과도한 침하로 지반이 파괴될 때 미끄럼면에 따라서 부분적으로만 극한전단강도가 발휘되는 형태의 지반파괴현상이다.

2) 특성

① 하중−침하량곡선에서 재하 초기부터 곡선이 변곡되면 침하량을 표시한다.

② 뚜렷한 항복점이 없이 점진적인 지반파괴가 발생된다.

③ 지반파괴형상이 진행성 파괴(Progressive Failure)가 계속 진행된다.

④ 항복하중 및 극한하중 결정이 어렵다.

3) 발생토질

① 지반이 느슨한 사질토

② 예민한 점성토

4) 발생도해

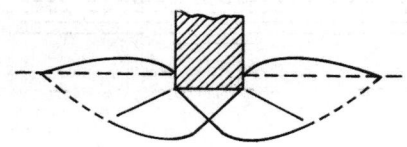

Ⅲ. 전반전단파괴(General Shear Failure)

1) 정의

지반상의 구조물이 과도한 침하로 파괴되기 전에 활동면을 따라 전면적으로 흙의
극한전단강도가 발휘되는 형태의 지반파괴현상이다.

2) 특성

① 하중－침하량곡선에서 재하 초기에는 직선적인 변화로 침하된다.

② 항복점에 도달하면 침하속도가 커지면서 곡선이 급커브로 절곡된다.

③ 하중 증가에 따라 점차 침하량이 커지다가 파괴점에 도달한다.

④ 그 이후 하중 증가가 없이도 침하가 계속되며 지반파괴를 일으킨다.

⑤ 항복하중 및 극한하중을 쉽게 결정할 수 있다.

3) 발생토질

① 치밀한 사질토

② 단단한 점성토

4) 발생도해

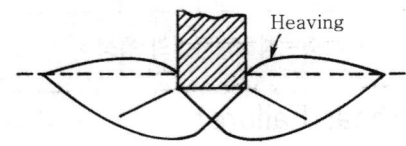

Ⅳ. 관입전단파괴(Punching Shear Failure)

1) 정의

기초가 상당히 느슨한 지반 위에 있으면 Footing기초 양편에서의 전단영역은 명확
하지 않고 지표면의 Heaving도 생기지 않으면서 침하파괴되는 것을 말한다.

2) 발생토질

① 대단히 느슨한 사질토

② 대단히 예민한 점성토

3) 발생도해

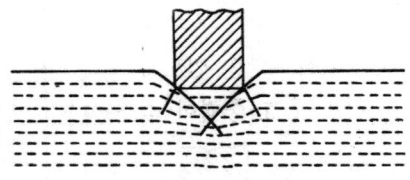

5 기초허용침하량과 대책

Ⅰ. 개요

① 구조물의 축조 시 지반의 조건, 기초의 형식, 상부구조의 특성 등을 고려하여 부등침하가 생기지 않도록 하며 부등침하 발생 시 부등침하에 기인한 부재 각 때문에 부재에 과대한 응력이 발생하여 구조물의 변형이 일어나게 된다.

② 부등침하가 구조물의 악영향을 미치지 않는 범위 내에서 어느 정도의 침하는 허용한다.

Ⅱ. 기초의 종류에 따른 허용침하량

기초의 종류	허용침하량(mm)	
	모래	점토
독립기초	50	75
온통기초	75	125

Ⅲ. 허용침하량 초과 시의 대책

1) 구조물의 강성 증대
   ① 전체 구조물의 강성을 높인다.
   ② 특히 수평재가 유효하기 때문에 수평재를 우선 고려한다.

2) 구조물의 형상 및 중량 배분
   ① 구조물의 길이가 길면 부등침하가 발생하기 쉽다.
   ② 구조물의 길이를 짧게 할 수 없을 경우에는 무게를 가장자리에 크게 하고 중앙부에 작게 배분하여 자중응력이 평균화가 되게 한다.
   ③ 중량 배분이 평균화가 되면 부등침하량이 줄어든다.

3) 구조물의 경량화
   ① 구조물의 자중이 경량화될 수 있도록 설계·시공한다.
   ② 지하실 등을 설치하면 유효중력이 감소한다.

4) Pile의 이용
   ① 지지말뚝을 경질지반까지 지지시킨다.
   ② Rock Anchor 등을 이용하여 주변 지반에 구조물을 지지한다.

5) 지반 개량
   지반을 개량하여 부등침하 발생을 방지한다.

6) 신축이음 설치

6 기초의 부등침하 원인 및 대책

Ⅰ. 개요

① 부등침하는 상부구조에 일종의 강제 변형을 주는 것으로 인장응력과 압축응력이 생기고, 균열은 인장응력에 직각방향으로, 침하가 적은 부분에서 침하가 많은 부분에 빗방향으로 생기는 것이 보통이다.

② 공사 완료 후 부등침하로 인한 균열이 발생되면 보수도 어려울 뿐만 아니라 구조물의 내구성에도 많은 영향을 미치게 되므로, 사전조사단계에서부터 충분한 검토와 지반조사로 지반에 맞는 기초공법을 선정해야 한다.

Ⅱ. 기초침하형태

구분	균등침하	부동침하	
		전도침하	부등침하
도해			
기초지반 및 하중조건	• 균일한 사질토지반 • 넓은 면적의 낮은 건물	• 불균일한 지반 • 좁은 면적의 초고층 건물 • 송전탑 및 굴뚝 등	• 점토지반 • 구조물하중 영향범위 내 점토층 존재

Ⅲ. 부등침하의 원인

① 연약지반 위에 기초 시공
② 연약지반의 분포깊이가 다른 지반에 기초를 시공
③ 종류가 다른 지반에 기초를 시공했을 때 연약지반에 부등침하
④ 지하 매설물 또는 Hole로 인한 부분침하현상
⑤ 서로 다른 기초의 복합 시공으로 인한 부등침하
⑥ 인근 지역에서의 부주의한 터파기로 인한 토사 붕괴로 부등침하
⑦ 지하수위 변동으로 인한 지하수위 상승
⑧ 무리한 구조물 증설로 인한 하중 불균형으로 부등침하

Ⅳ. 부등침하대책

① 지반개량공법으로 연약지반 개량
② 사전지반조사로 지반에 맞는 공법 검토
③ 구조물 자중 저감
④ 마찰말뚝 이용

⑤ 구조물의 평면길이를 짧게 하여 하중 불균형 방지
⑥ 지하수위를 저하시켜 수압의 변화 방지
⑦ 구조물의 형상 및 중량의 균등 배분
⑧ 이질지반이 분포할 경우 복합기초를 사용하여 지지력 확보
⑨ 동일 지반에서는 기초의 제원을 통일하여 부등침하 방지

7 Top-base공법(콘크리트 팽이말뚝 기초공법)

Ⅰ. 정의

① 팽이형 콘크리트 매트 기초공법(Method of Concrete Top-base Mat Foundation) 이란 짧은 팽이모양 Concrete Pile을 연약지반상에 전면기초형태로 연속 압입 설치하여 지중말뚝 주변의 간격을 쇄석으로 채워서 다짐한 후 팽이말뚝 상부의 연결철근을 결속하여 Con'c Mat기초를 만드는 공법이다.

② 연약지반에서의 지지력 증대 및 침하 감소의 효과가 크며 중소규모의 구조물에 적합한 공법이다.

Ⅱ. 구조도

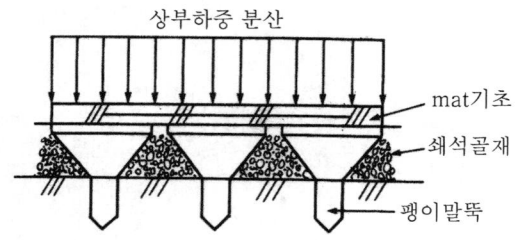

Ⅲ. 특징

① 강성이 큰 Mat기초의 기능 우수
② 소음, 진동이 적음
③ 가격이 저렴하며 재료의 입수 용이
④ 특수 장비가 불필요하며 시공성이 우수
⑤ 지지력 증대 및 침하 억제
⑥ 시공장소에 구애받지 않음
⑦ 진동, 충격 흡수
⑧ 지지력이 크지 않은 중소규모 구조물에 적합

Ⅳ. 용도

① 수로구조물의 기초 : Manhole, Open Channel
② 공사용 도로의 기초 : 가설도로
③ 기계 진동 방지 기초 : 공장
④ 벽체의 기초 : 옹벽
⑤ 교량의 기초 : 교대, 교각
⑥ 도로 포장의 기초 : 노상, 보조기층
⑦ 지주구조물의 기초 : 철탑

⑧ 암거의 기초 : Box-Culvert, Pipe-Culvert
⑨ 구조물의 기초 : 창고, 주택 등 중규모 구조물

V. 시공순서

① 부설지반의 정지
② 작업 곤란 시 작업장 바닥에 쇄석골재 포설
③ 위치철근의 배치
④ 팽이말뚝 압입 설치
⑤ 팽이말뚝 사이에 쇄석골재의 채움 및 다짐
⑥ 연결철근의 결속
⑦ 본 구조물 설치

8 부력기초(Floating Foundation)

[09전(10), 17전(10), 20중(10)]

Ⅰ. 정의

① 부력기초란 지지층이 깊은 경우 기초가 설치되는 지반을 굴착하여 제거한 흙무게로 구조물 하중 증가를 감소 또는 완전히 제거시키는 형식의 얕은 기초의 일종이며 보상기초(Compensated foundation)라고도 한다.

② 지지력은 만족하나 압밀침하가 발생하므로 침하를 허용하는 구조물에 적용하여야 한다.

Ⅱ. 지지원리

① 순극한지지력 : $q_{u\,(net)} = q_u +$ 구조물의 무게 $-$ 배토의 중량

② 배토의 중량이 구조물의 무게보다 클 때 안전(배토의 중량 > 구조물의 무게)

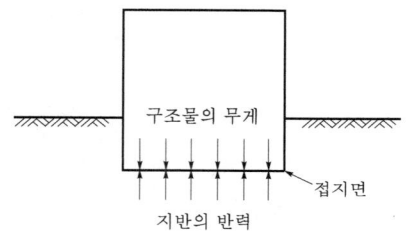

Ⅲ. 설계 시 검토사항

① 기초의 깊이   ② 기둥의 배치

③ 하중의 분포   ④ 구조물의 형상

⑤ 구조물의 중량 배분

Ⅳ. 특징

① 지지층이 깊은 경우의 기초에 적용

② 지지층에 지지되지 않은 기초에 적용

③ 기초의 공사비 절감

④ 침하를 허용하는 구조물에 적용

⑤ 마찰력으로 지지하는 마찰말뚝

Ⅴ. 시공 시 유의사항

① 기초하부지반을 손상시키지 않도록 유의해야 한다.

② 하부에 점토지반이 있을 경우 지하수위에 의한 압밀침하에 유의한다.

③ 기초 부분의 축조는 온통기초로 한다.

④ 구조물 전체의 중량Balance를 고려하여 기초 저면의 접지압이 같도록 한다.

9 | 깊은 기초의 종류와 특징

[97중전(20)]

Ⅰ. 개요

① 깊은 기초란 지표 근처의 지층이 구조물의 하중을 지지할 수 없는 경우에 지중의 굳은 지층에 하중을 전달시키기 위한 구조물이다.

② 이러한 기초에는 말뚝기초와 Pier기초 및 Caisson기초가 대표적인 형식이다.

Ⅱ. 깊은 기초의 종류

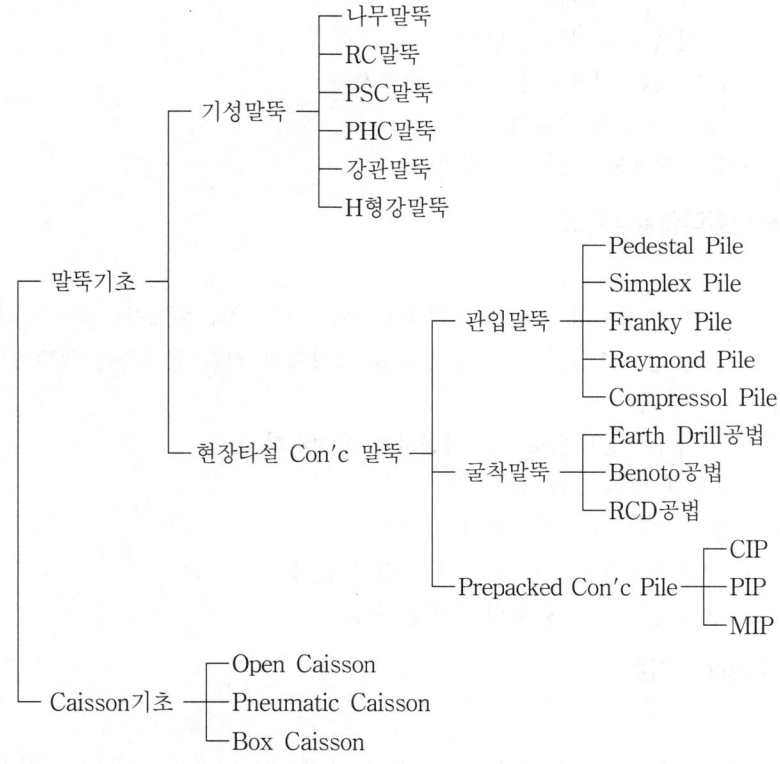

```
                              ┌─ 나무말뚝
                              ├─ RC말뚝
                   ┌─ 기성말뚝 ├─ PSC말뚝
                   │          ├─ PHC말뚝
                   │          ├─ 강관말뚝
                   │          └─ H형강말뚝
                   │
                   │                        ┌─ Pedestal Pile
                   │                        ├─ Simplex Pile
                   │             ┌─ 관입말뚝 ├─ Franky Pile
          ┌─ 말뚝기초│             │          ├─ Raymond Pile
          │        │             │          └─ Compressol Pile
          │        │             │
          │        └─ 현장타설 Con'c 말뚝 ┤          ┌─ Earth Drill공법
          │                      ├─ 굴착말뚝 ├─ Benoto공법
          │                      │          └─ RCD공법
          │                      │                        ┌─ CIP
          │                      └─ Prepacked Con'c Pile ─┼─ PIP
          │                                               └─ MIP
          │
          │           ┌─ Open Caisson
          └─ Caisson기초 ┼─ Pneumatic Caisson
                        └─ Box Caisson
```

Ⅲ. 종류별 특징

1. 기성말뚝

1) 정의

공장에서 미리 제작된 말뚝을 현장에서 타입, 진동, 압입, 사수 등의 방법으로 지중에 삽입시켜서 기초말뚝으로 이용하는 공법이다.

2) 특징

① 지지층이 어느 정도 깊고

② Footing의 터파기가 가능하고 부마찰력 발생이 적을 때 적용 가능

③ 중간층에 전석, 호박돌 등이 있을 때는 시공 곤란

④ 타입말뚝에서 소음, 진동 등 발생

⑤ 지하 매설물이나 지중 장애물 때문에 시공상 문제점 발생

2. 현장관입말뚝

1) 정의

지표면에서 외관 및 중량추를 이용하여 지반에 삽입한 뒤 그 속에 콘크리트를 채워 넣으며 외관을 인발하여 지하에 콘크리트 말뚝을 형성하는 기초공법이다.

2) 특징

① 지반다짐효과가 있다.

② 굳은 지반에서 시공이 곤란하다.

③ 지하수가 많은 지반에서 시공이 곤란하다.

④ 깊은 심도 시공이 곤란하다.

⑤ 최근에는 사용되지 않는 공법이다.

3. Pier기초(현장타설말뚝기초)

1) 정의

구조물기초의 중심에서 지반을 굴착하여 무근 또는 철근콘크리트를 타설하여 지중에 대구경, 깊은 심도의 콘크리트 말뚝을 현장에서 직접 형성하는 공법이다.

2) 특징

① 무소음, 무진동공법으로 도심지공사에 유리하다.

② 시공속도가 빠르고 경제적이다.

③ 대구경의 깊은 기초가 가능하다.

④ 말뚝 선단 및 주변 지반의 교란 우려가 있다.

⑤ 수중 콘크리트의 품질 확인이 곤란하다.

4. 케이슨(Caisson)기초

1) 정의

원형 또는 각형의 상자형태로 콘크리트를 제작하여 지반을 굴착, 침하시켜 지지층에 도달시키는 기초공법으로 수평저항력 및 연직지지력이 큰 기초공법이다.

2) 특징

① 깊은 지지층의 대형 구조물기초에 사용한다.

② 수평저항력을 요구하는 구조물의 기초에 이용된다.

③ 침하심도가 커지면 주면마찰력이 커져서 침하가 곤란하다.

④ 지지력에 대한 신뢰성이 낮다.

⑤ 저반 콘크리트 타설 후 2차 침하가 발생한다.

⑥ 주변 지반이 Boiling, Heaving 등에 의해 이완되기 쉽다.

10 말뚝기초

I. 정의

① 말뚝기초란 기초 하부의 지반이 연약하여 기초 상부의 하중을 지탱할 수 없거나 부등침하의 우려가 있는 곳에 말뚝을 박아 기초의 지지력을 증대시키기 위한 것이다.

② 말뚝기초는 기능상 또는 재료상으로 분류되며 구조물의 구조, 규모, 지반조건, 입지조건 등을 고려하여 말뚝을 선정해야 한다.

II. 말뚝의 분류

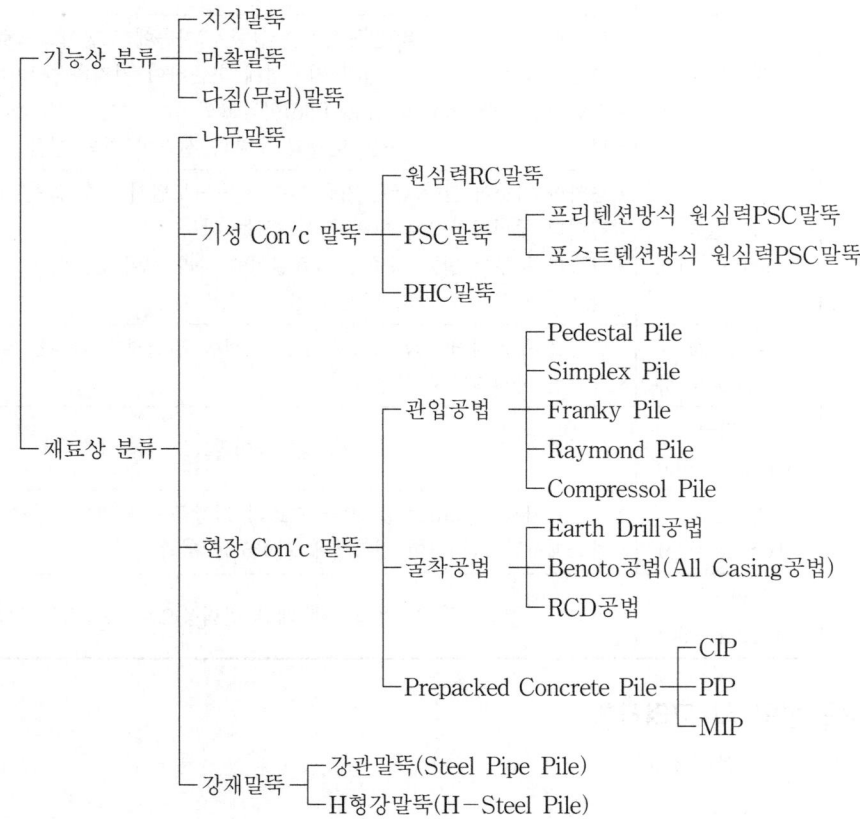

III. 말뚝 선택 시 고려사항

① 구조물구조
② 하중
③ 지내력
④ 말뚝지지력

11 | 말뚝의 기능상 분류

Ⅰ. 개요

① 말뚝기초는 구조물의 하중이 너무 크든가 기초지반의 지내력이 너무 작아서 직접기초로 구조물의 하중을 충분히 지지할 수 없는 경우에 지내력이 충분한 지지층까지 말뚝을 도달시켜 구조물의 하중을 전달하는 기초구조를 말한다.

② 말뚝기초는 크게 기능상 분류와 재료상 분류로 나눌 수 있다.

Ⅱ. 말뚝의 기능상 분류

분류	특징
지지말뚝 (Bearing Pile)	• 연약한 지반에 말뚝을 관통시켜 단단한 지지층에 도달시키므로 상부구조물의 하중을 말뚝 선단의 지지력에 의존하여 지지하는 말뚝 • 선단지지말뚝(End Bearing Pile)이라고도 함 • 말뚝 단면이 받는 하중은 말뚝의 두부와 선단이 거의 같음
마찰말뚝 (Friction Pile)	• 연약한 지층이 깊어 굳은 지층까지 말뚝을 도달시킬 수 없을 때 말뚝전 길이의 주면마찰력에 의해서 지지하는 말뚝 • 말뚝의 두부가 받는 하중은 말뚝길이에 따라 점차 감소하여 말뚝의 선단에서는 하중을 거의 받지 않음
다짐말뚝 (Compaction Pile)	• 말뚝을 무리지어 박음으로써 무른 지반을 밀실하게 다지는 말뚝 • 느슨한 사질지반에 사용함
빗말뚝 (Oblique Pile)	• 횡방향에 저항하는 말뚝으로 횡말뚝이라고도 함
인장말뚝 (Tensile Pile)	• 큰 Bending Moment를 받는 기초의 인장측이나 말뚝의 재하시험 시 하중재하말뚝과 같이 인장력에 저항하는 말뚝
앵커말뚝 (Anchor Pile)	• 반력말뚝재하시험 시 유압잭에 대한 반력용으로 사용하는 말뚝

Ⅲ. 말뚝 선택 시 고려사항

① 구조물구조
② 하중
③ 지내력
④ 말뚝지지력

12 다짐(무리)말뚝

[00전(10), 01후(10), 19후(10)]

I. 정의

① 말뚝은 상부토층의 지지력이 적은 경우에 상부구조물의 하중을 지지력이 큰 하부의 토층이나 암반층에 전달하기 위하여 사용하는 길고 가느다란 부재이다.

② 다짐말뚝이란 경질지반이 너무 깊어서 지지말뚝을 박을 수 없을 경우 사용하는 말뚝으로, 여러 개의 말뚝을 무리지어 박음으로써 무른 지반을 밀실하게 다지는 다짐효과가 있는 말뚝을 말하며 군말뚝이라고도 한다.

II. 말뚝 선택 시 고려사항

III. 특징

① 무리에 속한 말뚝과 흙은 한 덩어리로 움직인다.

② 무리말뚝의 지지력은 개개 말뚝의 합보다 작다.

③ 주위의 상당한 깊이까지 응력이 작용하므로 침하량이 커진다.

④ 지지력을 높이기 위해 말뚝길이보다는 수량을 많게 한다.

IV. 사질토에 설치한 무리말뚝

① 말뚝 주위의 흙이 말뚝지름의 3배 이상 다져진다.

② 좁은 간격으로 타입 시 말뚝 주위와 말뚝 사이의 흙은 상당히 다져진다.

③ 말뚝의 중심간격이 좁을 경우 나중에 타입되는 말뚝은 박기가 어려워진다.

V. 점성토에 설치한 무리말뚝

① 연약하고 예민한 점토에 무리말뚝을 타입하면 흙이 광범위하게 교란된다.

② 무리말뚝 타입 시 말뚝 주위에서 지표면이 부풀어 오른다.

③ 부풀어 오른 흙은 시간이 지나면서 재압밀되어 원래의 전단강도를 회복한다.

④ 재압밀은 말뚝 몸체에 하향력을 유발한다.

13 | Micro Pile

[24중(10)]

Ⅰ. 정의

① Micro pile이란 지반을 천공하여 철근 또는 강봉 등을 삽입하고 grouting하여
형성된 직경 300mm 이하의 소구경 pile을 말한다.

② 대형 차량의 진입 곤란이나 작업공간의 협소로 기존 pile의 시공이 어려운 곳에
적용되며, 또한 부상 방지용이나 기존 기초의 보강용으로 활용된다.

Ⅱ. 시공순서

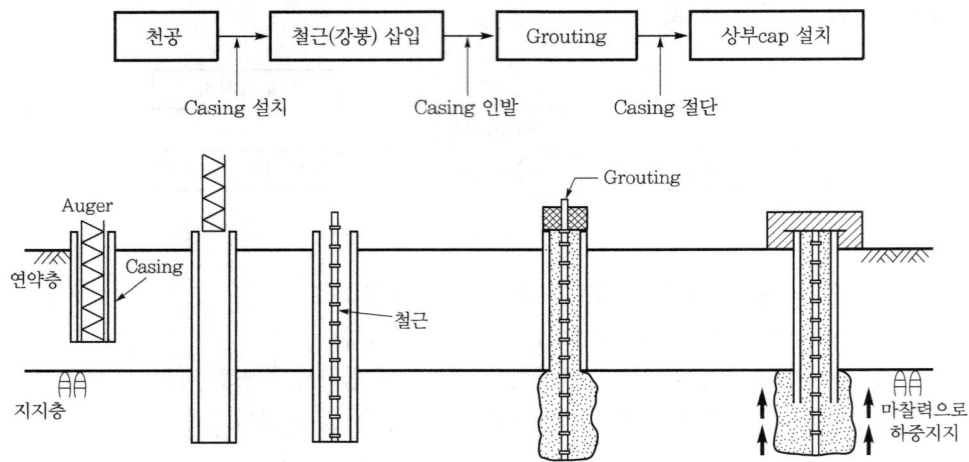

<천공>　　<철근 삽입>　　<Grouting 및 Casing 인발>　<Casing 절단 및 Cap 설치>

Ⅲ. Micro pile의 적용

1) 기존 pile 대안

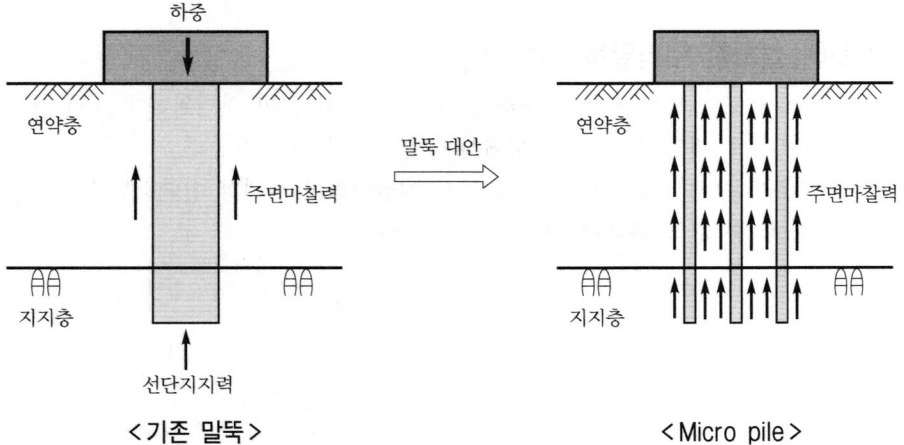

<기존 말뚝>　　　　　　　　　　　<Micro pile>

2) 사면 보강용

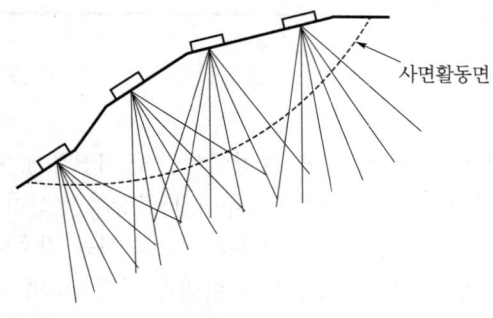

사면활동면

3) 기존 구조물 보강

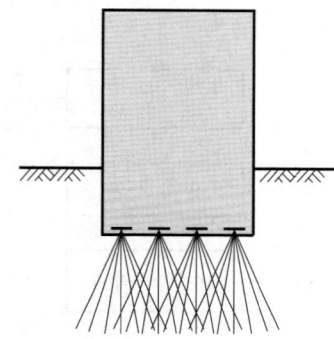

Ⅳ. 특징

① 시공 시 주변 지반 교란 최소
② 시공조건과 토질에 관계없이 시공 가능
③ 기존 말뚝 대안 또는 기존 구조물 보강 등 적용 범위 다양
④ 기존 구조물 보강 시 특수한 천공장비 필요

14 기성 Con'c 말뚝

Ⅰ. 개요

① 기성 콘크리트 말뚝이란 미리 공장에서 철근, PS강재, 콘크리트 등을 이용하여
생산되는 말뚝으로 자동설비가 갖추어진 공장의 생산이므로 품질이 균일하다.

② 기성 Con'c 말뚝은 비교적 큰 내력을 필요로 하는 경우나 지하수위가 낮은 경우
에 많이 사용하며 일반적으로 15m 이내가 경제적이며, 종류로는 원심력RC말뚝,
PSC말뚝, PHC말뚝이 있다.

Ⅱ. 시공 Flow Chart

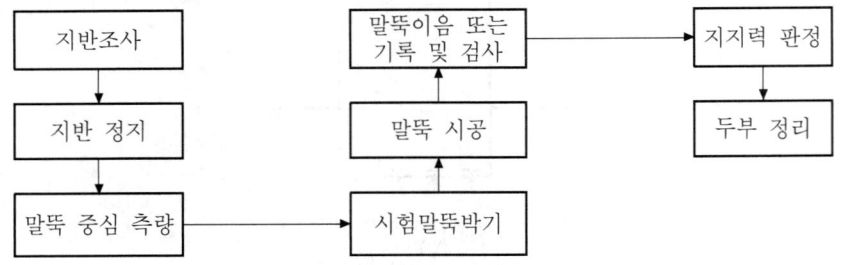

Ⅲ. 종류

종류		특징
원심력RC 말뚝	정의	• 공장 제작으로 단면은 중공원통형이고 보통 RC말뚝이라 부르며, 주로 기초말뚝으로 쓰인다.
	특징	• 재료가 균질하고 강도가 크다. • 선단지반에의 접착성이 우수하다 • 말뚝이음 부분에 대한 신뢰성이 비교적 적다. • 중량물이며 보관, 운반, 박기 등에 주의가 필요하다.
PSC말뚝	Pre−Tensioning Centrifugal PSC Pile	• 사전에 PS강재에 인장력을 주어 놓고, 그 주위에 Con'c를 타설, 경화 후 PS강재를 절단하여 PS강재와 Con'c의 부착으로 프리스트레스를 도입하는 방법
	Post−Tensioning Centrifugal PSC Pile	• Con'c 타설 전에 Sheath관을 설치하고, Con'c 경화 후 Sheath관 내에 PS강재를 넣어 긴장하여 단부에 정착시켜 프리스트레스를 도입하고, Sheath관 내를 시멘트 Grouting 하는 방법
PHC말뚝	정의	• 일반적으로 프리텐션방식에 의한 원심력을 이용하여 제조된 Con'c 말뚝으로 압축강도 80MPa 이상의 고강도 Con'c 사용
	특징	• 설계지지력을 크게 취할 수 있다. • 타격력에 대하여 저항력이 크다. • 휨에 대한 저항력이 크다. • 경제적인 설계가 가능하다.

15 원심력RC말뚝(Centrifugal Reinforced Concrete Pile)

Ⅰ. 정의

① 공장 제작으로 단면은 중공원통형이고 보통 RC말뚝이라 부르며 주로 기초말뚝으로 쓰인다.

② 철근을 배치한 거푸집에 콘크리트를 채워서 거푸집의 회전으로 원심력을 발생시켜 제작하는 말뚝이다. 길이는 15m 정도까지 만들 수 있으나 보통 5~10m 정도가 많이 사용된다.

Ⅱ. 공법 선정 시 고려사항

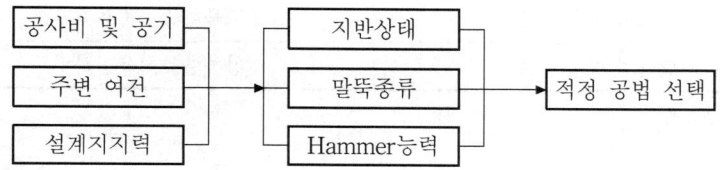

Ⅲ. 특징

장점	단점
• 재료가 균질하고 강도가 큼 • 말뚝길이는 15m 이하로 경제적 • 선단지반에의 접착성이 우수	• 말뚝이음 부분에 대한 신뢰성 부족 • 중량물이며 보관, 운반, 박기 등에 주의 필요 • 중간 경질지층(N=30 정도)의 관통 난해

Ⅳ. 말뚝간격

① 말뚝지름의 2.5배 이상

② 750mm 이상

Ⅴ. 시공 시 유의사항

① 말뚝 자체 및 이음매강도가 충분할 것

② 변형이 없고 내구성이 있을 것

③ 말뚝캡을 필히 씌울 것

④ 안전한 지지와 허용침하한도를 고려할 것

⑤ 소음, 진동, 공사비, 공기를 고려할 것

⑥ 인접 구조물에 대한 영향을 고려할 것

⑦ 말뚝의 수직을 유지할 것

16 PSC말뚝(Prestressed Concrete Pile)

Ⅰ. 정의

① 축방향으로 배근된 PS강재(PS Steel Bar)에 의하여 말뚝 몸체에 Prestress를 가하여 인장력을 증대시킨 말뚝이다.

② 제조법에는 프리텐션법과 포스트텐션법이 있으며, 기초로서 큰 것을 제외하고는 대부분 프리텐션법이 쓰인다.

Ⅱ. 말뚝의 안정성 검토

안정성 검토	안전조건
말뚝지지력 검토	구조물하중≤허용지지력
말뚝침하량 검토	침하량<허용침하량

Ⅲ. 종류

1) **프리텐션방식 원심력PSC말뚝(Pre-tensioning Centrifugal PSC Pile)**
   사전에 PS강재에 인장력을 주어 놓고, 그 주위에 Con′c를 쳐 경화 후 PS강재를 절단하여 PS강재와 Con′c의 부착으로 프리스트레스를 도입하는 방법

2) **포스트텐션방식 원심력PSC말뚝(Post-tensioning Centrifugal PSC Pile)**
   Con′c 타설 전에 Sheath관을 설치하고, Con′c 경화 후 Sheath관 내에 PS강재를 넣어 긴장하여 단부에 정착시켜 프리스트레스를 도입하고 Sheath관 내를 시멘트 Grouting하는 방법

Ⅳ. 특징

① 항타 시 발생하는 반사파에 의한 인장응력을 완전히 흡수하기 때문에 균열이 없다.

② 말뚝이음은 용접이음으로 하기 때문에 신뢰성이 있다.

③ 중간 경질지층($N=30$ 정도)의 관통이 용이하다.

④ RC말뚝에 비해 휨모멘트 저항이 강하다.

⑤ 내구성이 크다.

Ⅴ. 시공 시 유의사항

① 말뚝 자체 및 이음매강도가 충분할 것

② 변형이 없고 내구성이 있을 것

③ 말뚝캡을 필히 씌울 것

④ 말뚝의 수직을 유지할 것

17 PHC말뚝(Pre-tensioning Centrifugal HC Pile)

[02중(10)]

Ⅰ. 정의

① Prestress 도입방식에 의한 원심력을 응용하여 제조된 Con'c 압축강도 80MPa 이상의 고강도 Con'c 말뚝이다.

② PHC Pile용 PS강선은 Autoclave 양생 시 높은 온도에 의한 긴장력 감소를 방지하기 위해 이완 및 풀림이 작은 특수 PS강선을 이용한다.

Ⅱ. 말뚝간격

① 말뚝지름의 2.5배 이상

② 750mm 이상

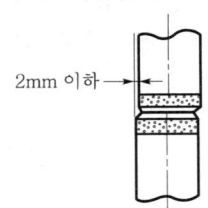

2mm 이하 →

<이음부의 편심량>

Ⅲ. 특성

1) 설계지지력을 크게 취할 수 있다.

   설계기준강도가 80MPa로 종래의 PSC Pile(50MPa)보다 크게 증진한다.

2) 타격력에 대하여 저항력이 크다.

   항타 시 발생하는 반사파에 의한 인장응력을 완전히 흡수하기 때문에 균열이 없다.

3) 경제적인 설계가 가능하다.

   지반의 상황에 맞추어 길이 조정이 가능하며, 주문 후 2일 후에는 납품이 가능하다.

4) 휨에 대한 저항력이 크다.

   축방향의 하중을 받으면서 휨을 받는 저항력이 PSC Pile보다 크다.

5) Creep 및 건조수축이 적다.

   Autoclave를 양생한 콘크리트가 상압증기양생한 콘크리트보다 Creep 및 건조수축이 현저하게 적다.

6) 선단부 Flat Shoe를 채용한다.

   ① Pile의 직진성과 항타 단면을 고려하여 강판제 Flat형 Shoe를 사용한다.

   ② 선단부 흙이 자연적인 돔(Dome)을 형성하여 관입이 용이하다.

Ⅳ. 시공 시 유의사항

① 말뚝의 이음은 용접이음으로 한다.

② 말뚝항타 중간에 전석층, 호박돌이 있을 때 타격을 주의한다.

③ 말뚝캡의 구조는 타격력에 충분히 견디는 강성의 것을 사용한다.

④ 안전한 지지와 허용침하한도를 고려한다.

⑤ 말뚝이음부의 편심량은 이음부 전반에 대하여 2mm 이하이다.

18 Autoclave양생말뚝

Ⅰ. 정의

① Autoclave양생이란 밀폐용기 속에서 시멘트제품을 고압증기로 양생하는 것을 말하며, 이와 같이 양생된 Con′c 말뚝을 고압증기말뚝(Autoclave Curing Pile)이라 한다.

② 고압증기양생으로 제작된 콘크리트 말뚝은 일반 증기양생제품보다 양생시간 단축 및 강도 증대효과가 아주 큰 양생공법이다.

Ⅱ. 특징

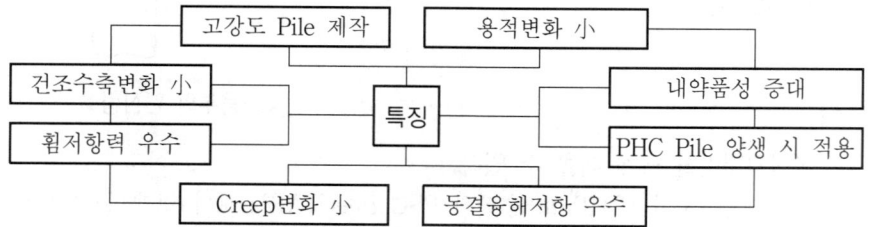

Ⅲ. Autoclave양생에 의한 방법

1) Silica분말 혼입방법

Cement의 일부를 Silica분말로 바꾸는 방법이다.

2) 고성능 감수제 혼입방법

Con′c에 고성능 감수제를 다량으로 혼입시키는 방법이다.

Ⅳ. 제조법(Silica분말 혼입방법)

1) Con′c의 원재료에 Silica분말 혼입

2) 원심력 성형

3) 1차 양생

① Autoclave 전 양생

② 보통 압력의 증기양생

4) 탈형하여 프리스트레스를 가함

5) 2차 양생

① 강철제의 용기 속에서 10기압, 120℃에서 16기압, 200℃ 정도의 포화증기로 양생

② 1차 양생 후 즉시 실시

19 강재말뚝(Steel Pile)

Ⅰ. 정의

① 말뚝을 재질별로 크게 분류할 때 콘크리트와 강재로 분류되는데, 강재말뚝은 말뚝의 구성요소로 강재를 사용하여 원형, 각형, H형 등의 형상으로 제작된 말뚝을 말한다.

② 강재말뚝 단면형상에 따라 강관말뚝(Steel Pipe Pile)과 H형강말뚝(H-Steel Pile)이 있으며, RC말뚝에 비하여 가볍고 운반 및 시공이 용이하다.

Ⅱ. 특징

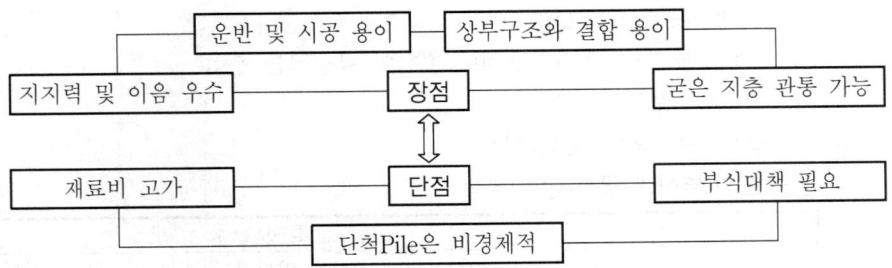

Ⅲ. 종류

1) 강관말뚝(Steel Pipe Pile)

① 강판을 원통형으로 전기저항용접 또는 Arc용접에 의하여 제조한 용접강관이 주로 쓰이며, 용접강관 중에서도 나선강관(Spiral Pipe)이 많이 쓰인다.

② 관의 외경은 약 40~100cm까지의 36종이 있고, 길이는 12~15m 정도이다.

③ 강관말뚝은 장척말뚝으로 사용되는 수가 많으며, 현장용접에 의하여 이어 쓴다.

④ 강관말뚝타입에는 주로 Diesel Hammer를 사용한다.

2) H형강말뚝(H-steel Pile)

① H형 단면으로 된 형강재로 압연형 강재와 용접형 강재로 구분되나, 말뚝으로는 압연형 강재가 주로 쓰인다.

② 말뚝의 이음방법으로는 맞댄 용접과 덧판모살용접이음의 두 종류가 있으며, 용접강도상 덧판모살용접이 좋다.

③ 선단지지말뚝으로 많이 사용한다.

Ⅳ. 시공 시 유의사항

① 강재의 부식두께는 연간 0.05~0.1mm 정도로 부식에 유의해야 한다.

② 방식방법에는 판두께를 증가시키는 법, 도장법, 전기방식법 등이 있다.

③ 전기방식법이 유효하나 경상비가 많이 든다.

20 강관말뚝의 부식원인

[12후(10), 21전(10)]

Ⅰ. 강관말뚝

① 원통형 강관을 Diesel Hammer로 지중에 타입하여 말뚝을 형성하는 공법이다.

② 강관 Pile의 시공지반은 N치가 30~50 정도의 지반에서 30~60m 깊이까지 시공 가능하다.

Ⅱ. 부식의 종류

1) 건식부식(Dry Corrosion)

금속표면에 액체인 물의 적용이 없이 발생되는 부식

2) 습식부식(Wet Corrosion)

① 액체인 물 또는 전해질용액에 접하여 발생되는 부식

② 부식의 대부분을 차지

3) 대기부식, 해수부식, 토중부식

4) 전면(장기)부식과 국부(단기)부식

구분	특징
전면부식	• 금속 전체 표면에 거의 균일하게 일어나는 부식으로 금속 자체 및 환경이 균일한 조건일 때 발생함
공간부식 (Pitting)	• 일반적으로 스테인리스강 및 티타늄 등과 같이 표면에 생성하는 부동태막에 의해 내식성이 유지되는 금속 및 합금의 경우, 표면의 일부가 파괴되어 새로운 표면이 노출되면 그 일부가 용해하여 국부적으로 부식이 진행되는 형태
틈간부식 (Crevice Corrosion)	• 금속표면에 특정 물질(동일금속, 전위가 높은 이종금속, 비금속)의 표면이 접촉되어 있거나 부착되어 있는 경우 그 사이에 형성된 틈에 발생하는 부식
전해부식 (Galvanice Corrosion)	• 이종금속을 서로 접촉시켜 부식환경에 두면 전위가 낮은 쪽의 금속이 전자를 방출(Anode)하게 되어 비교적 빠르게 부식되는 현상 • 동종의 금속을 사용하든지, 이종금속 간 접합 시 절연체 필히 삽입

Ⅲ. 강재의 부식원인

① 지하수

② 토양의 높은 산소농도(O_2)

③ 토양의 낮은 수소이온농도(pH)

④ 해안지역 인근 시공

⑤ 강관말뚝의 재료적인 특성

21 | 강재부식 방지대책

[12후(10)]

Ⅰ. 개요

강재부식은 강도 저하, 내구성 저하, 마감재의 부착력 감소 등의 피해를 발생시키므로, 방청법에 의하여 물과 산소를 강재표면으로부터 차단시켜 부식 진행을 방지해야 한다.

Ⅱ. 철골부식(Mechanism)

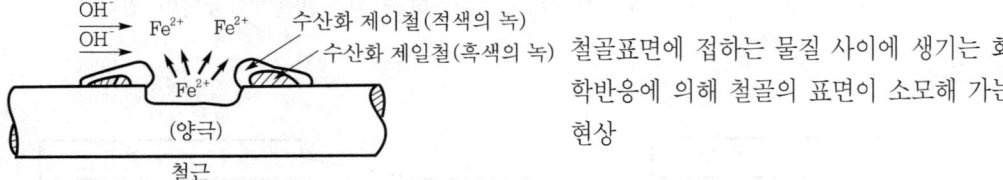

철골표면에 접하는 물질 사이에 생기는 화학반응에 의해 철골의 표면이 소모해 가는 현상

Ⅲ. 부식의 원인

① 강재표면에 물방울이 부착되면 수분에 녹아 있는 산소의 농도차이에 의해 산화
② 고온에 의해 철골 각 부재가 산화되면서 부식
③ 상온에서 국부전지가 발생하여 부식
④ 해안 주변의 해사·해풍으로 인한 염화칼슘에 의해 철의 부식 촉진

Ⅳ. 방지대책(방청법)

종류	시공방법
합금법	• Stainless Steel, Chrome, Nickel 등으로 합금 처리하여 부식을 방지하는 방법
피막법	• 기름(불건성유, Vaseline 등)으로 부재의 피막을 형성하여 습기 또는 공기를 차단할 목적으로 하는 일시적인 방법
도장법	• 부재의 표면에 방청 Paint를 도포하여 피막을 형성하는 방법
전기법	• 외부전류에 의해 부재를 음극으로 하여 분극을 소멸시키는 방법
산소 차단법	• 산소가 침투하지 못하는 진공상태를 유지하여 부식요소인 공기를 차단하는 방법
물 제거 방청법	• 수분 침투의 방지·제거에 의한 방청효과로 가열방법을 이용하며 특수 부재에 적용
도금법	• 부재표면에 녹이 발생하지 않는 아연 등의 금속으로 도금하여 피막을 형성
기타	• Scale : 내식성, 산화철피막 형성 • Lining : 법랑, 고무, Plastic 등 도포 • Parkerizing, Bonderizing : 강재표면에 인산화피막 • 염화물 제거 • 탄산화 방지

22 전기방식공법

[11전(10)]

Ⅰ. 정의

① 전기방식공법이란 해수 또는 지중에 있는 강널말뚝, 강말뚝 등의 강재가 수분 및 염분에 의한 부식이 진행되는데, 이를 방지하기 위하여 전기를 이용하여 수중에 위치하는 강재부식을 막는 공법이다.

② 전기방식공법에는 피방식체(강말뚝, 강널말뚝)보다 전위차가 낮은 비금속체를 설치하여 강재를 방식시키는 유전양극방식과 외부에서 직접 직류전류(방식전류)를 유입시켜 강재에 방식전류를 공급하는 외부전원방식공법이 있다.

Ⅱ. 특징

| 면적당 방식비가 적음 | 특 징 | 방식효과가 확실함 |
| 유지비가 적음 | | 고급 재료가 필요 없음 |

Ⅲ. 용도

① Steel Sheet Pile 안벽방식   ② 잔교, Dolphin의 강재방식
③ 수문, 취수구 Screen방식   ④ 해저 Pile, 기초Steel Pile의 방식
⑤ 급수 및 통신배관, 하역기계 등의 방식

Ⅳ. 공법의 종류

1. 유전양극방식(희생양극법)

1) 정의

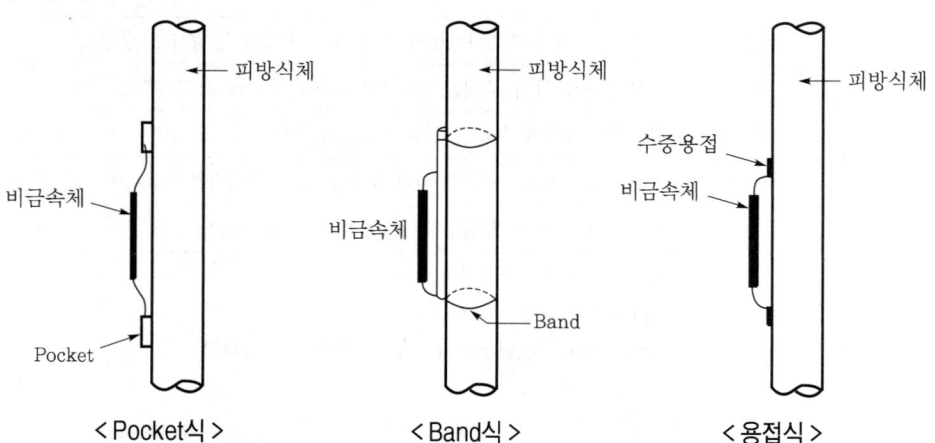

< Pocket식 >   < Band식 >   < 용접식 >

① 피방식체보다 전위가 낮은 비금속체인 알루미늄, 마그네슘, 아연 등의 양극(+극)을 강구조물에 접속하고 피방식체와 비금속체 간의 전위차로 발생하는 전류를 방식전류로 이용하는 방법이다.

② 전류의 유출에 따라 비금속체가 소모되므로 희생양극법이라고 하며 비금속체의 소모에 따라 5년 또는 10년을 주기로 교환 설치하여야 한다.

2) 비금속체 설치방법

① Pocket식   ② Band식   ③ 용접식

2. 외부전원방식

1) 정의

① 외부에서 세렌 또는 실리콘정류기 등의 직류전원장치를 사용하여 피방식체(강말뚝, 강널말뚝)에 (−)전극을 접속하고 해중 또는 지중에 (+)전극을 접속시켜 피방식체에 방식전류를 공급하는 방법으로 전원 공급은 가는 선을 통해 강재 안벽에 연결하여 공급한다.

② 외부전원방식에는 단식변압방식과 복식변압방식(분산방식)이 있으며, 대규모 시설에는 전력손실이 적고 유지비용이 적은 복식변압방식을 이용한다.

2) 외부전원공급방법

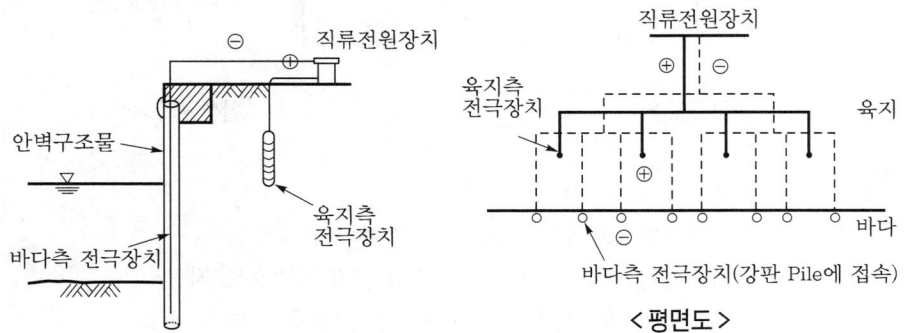

<평면도>

3) 배치방법

① 단식변압방식은 안벽의 경우 100~200m에 한대의 직류전원장치를 설치하여 몇 개의 회로로 분할하여 각 회로마다 배선한다.

② 복식변압방식은 안벽의 연장이 수백m에 달하는 대형시설에 여러 개의 정류기를 분산 배치하여 배선 중의 손실을 거의 0에 가깝게 하는 방식으로 배치한다.

4) 시공 시 주의사항

① 충분한 용량을 가진 부품 사용

② 내식성이 충분한 것 사용

③ 방진, 방수를 고려한 설계

④ 정류기 등은 통풍이 잘 되는 옥내에 설치

⑤ 고저나 지반침하 등을 고려한 기초 처리

23 합성PHC말뚝(복합말뚝, Hybrid Composite Pile)

[16중(10)]

Ⅰ. 정의

① 복합말뚝이란 재료 및 단면특성이 다른 말뚝의 합성으로 효율성을 향상시킨 파일이다.

② 보통 상부에는 수평저항력이 큰 강관말뚝과 하부에는 압축력에 유리한 PHC파일을 사용한다.

Ⅱ. 복합파일 구조도

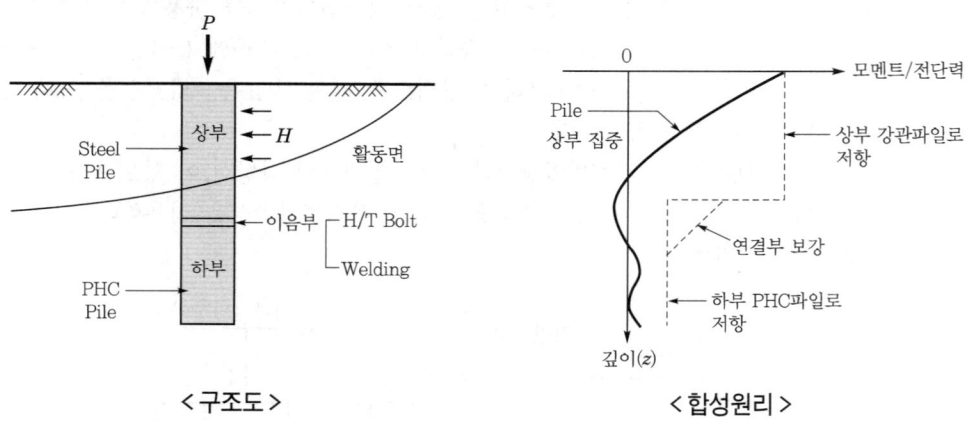

< 구조도 >   < 합성원리 >

Ⅲ. 특징

① 수평력과 휨모멘트가 큰 상부는 강관말뚝 시공

② 하부는 압축력에 대한 저항력이 우수한 PHC말뚝으로 시공

③ 강관말뚝 단부에 이음장치를 부착하고 PHC말뚝과 현장 용접

④ 말뚝재료비 절감(강관말뚝 → 복합말뚝으로 대체)

⑤ 말뚝의 주면마찰력이 증가하므로 연직지지력 증가

⑥ 타입말뚝과 매입말뚝 모두 적용 가능

⑦ 말뚝운반이 쉽고 시공성 양호

⑧ 두부정리에 의한 파일의 손실이 없음

Ⅳ. 이음부(연결부) 유의사항

① 이질의 재료 사용으로 응력집중 시 이음부 취약 우려

② 지지층 심도가 얕아져 이음부가 설계보다 상부에 위치 시 안정성 저하

③ 타입 시 볼트 풀림현상으로 지지력 저하 우려

④ 해양구조물 기초에 이용 시 부식으로 내구성 감소

V. 복합말뚝과 강관, PHC말뚝의 비교

구분	복합말뚝	강관파일	PHC파일
하중 적용성	전단력, 인장력, 모멘트에 우수	전단력, 인장력, 모멘트에 우수	전단력, 인장력, 모멘트에 취약
자중	보통	경량	중량
지지력	우수	보통	아주 우수
경제성	중간	고가	저가
파일두부손실	없음	없음	발생

24 개단말뚝과 폐단말뚝의 차이점

[96후(20), 97후(20), 12후(10)]

Ⅰ. 개요

파일의 종류에 따라 선단부의 형상, 특성이 열려 있는 개단형식과 선단부가 밀폐되어 있는 폐단형식의 말뚝이 있다.

Ⅱ. 개단말뚝

1) 정의

파일의 선단형상이 Open Type으로 개방된 상태로서 강관파일에서 주로 사용되어지는 형식이다.

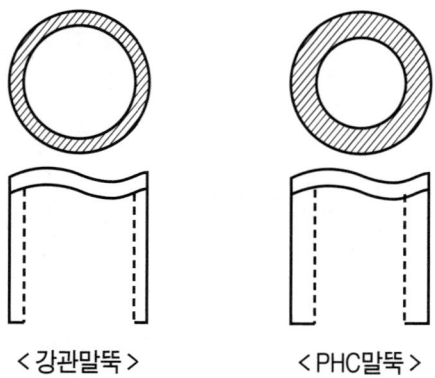

< 강관말뚝 >   < PHC말뚝 >

2) 특징

① 선단이 열려 있는 형상
② 지반다짐효과 감소
③ 대구경의 강관파일 시공
④ 시공능률 향상
⑤ 내부토사 제거 후 Con'c 충진
⑥ 인접 구조물 영향 감소

Ⅲ. 폐단말뚝

1) 정의

말뚝 선단부를 밀폐시켜 말뚝타입 시 지반의 다짐효과를 얻을 수 있으며 파일 내부에 지하수 등 이물질의 침투를 최대한 억제시킬 수 있는 형상의 말뚝을 말한다.

2) 특징
  ① 선단이 폐합된 형상
  ② 주위 지반의 교란 범위가 큼
  ③ 다짐효과에 의한 측압 발생
  ④ 타입순서에 따른 시공 필요
  ⑤ 인근 구조물의 영향 확대
  ⑥ 소음, 진동이 크게 발생

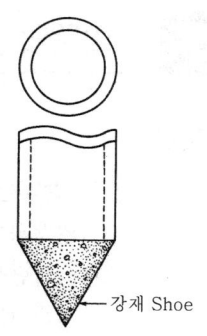

강재 Shoe

Ⅳ. 차이점

차이점	개단말뚝	폐단말뚝
선단부형상	Open	Close
지지력	선단지지력	선단지지력＋주면마찰력
시공성	시공속도 빠름	시공속도 느림
소음, 진동 발생	적다	크다
인접 구조물 영향	다소 적다	많다
대구경 파일 시공	가능하다	시공성이 없다
깊은 기초 시공능력	깊은 지지층까지 시공 가능	깊은 지지층까지 시공 곤란

25 | 말뚝의 폐색효과(plugging)

[13전(10)]

Ⅰ. 정의

① 개방말뚝을 지중에 관입할 때 말뚝 속에 흙이 들어가 말뚝과의 사이에 마찰력이 발생하여 말뚝의 선단이 폐색된 것과 같은 거동을 나타내는 것이다.

② 말뚝 선단부를 밀폐시킨 폐색말뚝의 효과를 나타내므로 지반다짐효과가 우수하며 말뚝 내 지하수 등 이물질의 침투를 방지한다.

Ⅱ. 개념도

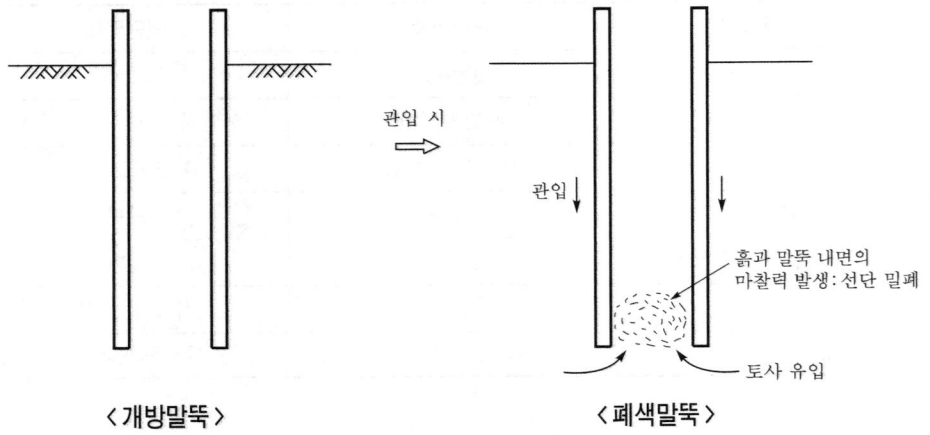

〈 개방말뚝 〉 〈 폐색말뚝 〉

개방말뚝의 관입 시 말뚝 내면과 흙과의 마찰로 선단이 폐쇄된 폐색말뚝의 효과를 냄

Ⅲ. 말뚝의 폐색효과

① 선단 극한지지력 증대

② 주면극한마찰력 증대

③ 지반의 교란범위가 큼

④ 배토말뚝효과 발생

Ⅳ. 말뚝의 폐색효과로 인한 피해

① 개단말뚝이 폐단말뚝으로 형상이 바뀜

② 주위 지반의 교란효과와 교란범위가 큼

③ 주변 지반의 다짐효과에 의한 측압 발생

④ 인근 구조물에 대한 영향 확대

⑤ 소음 및 진동이 크게 발생

⑥ 시공능률 저하

V. 개방말뚝과 폐색말뚝의 비교

구분		개방말뚝	폐색말뚝
말뚝 지지력	선단극한지지력	적다	크다
	주면극한마찰력	적다	크다
말뚝간격		$2D$(교란범위가 적다)	$3D$(교란범위가 크다)
주변 지반영향		적다	크다
시공법		중굴공법	항타공법
시공비		비싸다	싸다
공사기간		길다	짧다
주변 흙 거동에 따른 분류		비배토말뚝	배토말뚝
적용성		• 해양구조물 깊은 기초 • 호박돌 등으로 타입이 곤란한 지반의 깊은 기초	• 민원 발생이 적은 지역 • 호박돌과 자갈층이 존재하지 않는 지반

26 │ 배토말뚝과 비배토말뚝의 종류와 특징

[00중(10)]

I. 정의

① 배토말뚝이란 지반에 타입되는 말뚝에 의하여 지반토가 밀려서 인접 지반이 영향을 받게 되는 말뚝을 말한다.

② 비배토말뚝이란 현장타설말뚝처럼 말뚝이 위치하는 곳의 지반토를 제거하여 인접 지반에 영향을 주지 않는 말뚝을 말한다.

II. 말뚝의 분류

1) 배토말뚝

타격, 진동으로 타입하는 말뚝

2) 비배토말뚝

Preboring말뚝, 현장타설말뚝

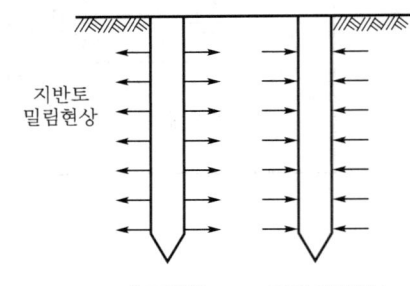

지반토 밀림현상

〈 배토말뚝 〉　〈 비배토말뚝 〉

III. 종류별 특징

1. 배토말뚝

1) 특징

① 지반다짐효과가 크다.

② 말뚝의 주면교란영역이 발생한다.

③ 제작된 말뚝타입으로 시공속도가 빠르다.

④ 타입공법으로 시공이 간단하다.

⑤ 공사비가 비교적 싸다.

⑥ 시공과정에서 건설공해가 발생된다.

2) 종류

① 목재말뚝

② 콘크리트 말뚝 : RC말뚝, PSC말뚝, PHC말뚝

③ 강관폐단말뚝

2. 비배토말뚝

1) 특징

① 지반다짐효과 없다.　② 지지층 확인이 가능하다.

③ 깊은 심도 시공이 가능하다.　④ 말뚝 시공 주면교란이 적다.

⑤ 시공말뚝개수를 줄일 수 있다.　⑥ 건설공해 발생이 적다.

2) 종류

① 중굴말뚝공법 : 강관 속파기　② Preboring말뚝공법 : SIP

③ 인력굴착공법 : Gow공법, Chicago공법

④ 기계굴착공법 : Earth Drill, Benoto, RCD

27 사항(斜抗)

Ⅰ. 정의

① 사항은 연직방향 축선에 대하여 일정한 각도를 가지고 설치된 말뚝이다.

② 수평하중이 작용하면 말뚝이 휨응력을 받으므로 말뚝을 경사지게 하여 수평력의 일부를 말뚝의 축방향력으로 전환시키기 위한 말뚝이다. 말뚝을 경사지게 하면 말뚝의 수평력 부담이 적어져 연직하중 및 수평하중 양쪽이 균형을 이룬다.

Ⅱ. 사항의 형상

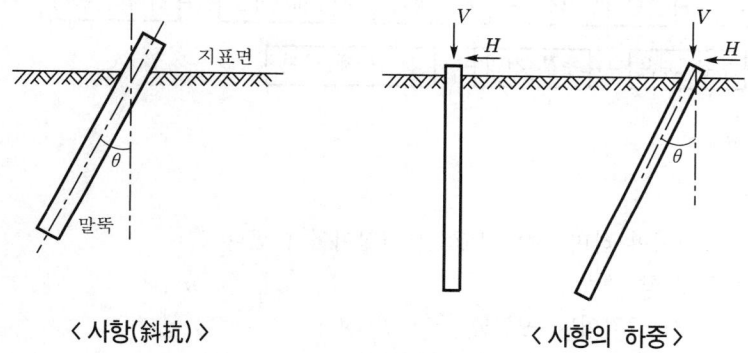

　　　　〈 사항(斜抗) 〉　　　　　　　　〈 사항의 하중 〉

Ⅲ. 사항의 시공방안

1) 측방유동 방지 목적

2) 연직하중 및 수평하중의 균형 유지

수평력의 일부를 말뚝의 축방향력으로 전환시키므로 말뚝의 수평력 부담이 적어져 연직하중 및 수평하중 양쪽이 균형을 이루게 된다.

3) 경제적인 시공 가능

① 수평력이 작을 경우는 연직말뚝으로 수평력을 부담시킨다.

② 수평력이 클 때 말뚝의 횡저항만으로 말뚝의 수평력을 지지시키면 말뚝수가 많아져 비경제적이 된다.

4) 수평력이 큰 구조물에 이용

교대 및 옹벽 등 배면에 토압, 수압 등이 작용하는 구조물 및 잔교 등 연직하중에 비하여 수평하중이 큰 구조물에 많이 이용되고 있다.

5) 무리말뚝의 시공

말뚝기초의 경우 1방향의 경사를 가진 경사말뚝만으로 1개의 기초를 구성하는 경우는 적으며, 경사말뚝을 조합하거나 연직말뚝과 혼용하는 무리말뚝으로 하는 경우가 많다.

28 기성 Con'c Pile의 시공

Ⅰ. 개요

기성 Con'c Pile은 재료 구입이 쉽고 시공이 용이하나 재료의 운반, 저장, 항타 시 균열에 주의해야 하며, 시공 시 진동과 소음으로 인한 건설공해에 대처할 수 있는 저소음 타격공법 및 무소음·무진동 기계장비의 개발이 필요하다.

Ⅱ. 시공순서 Flow Chart

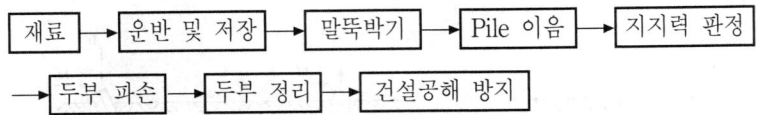

Ⅲ. 시공

1) **재료**
   KS제품이어야 하며, 재령이 28일 이상이어야 한다.

2) **운반 및 저장**
   ① 운반 시 충격이나 손상을 주지 말 것
   ② 말뚝 저장은 2단 이하로 하고, 종류별로 나누어 보관

3) **말뚝박기**

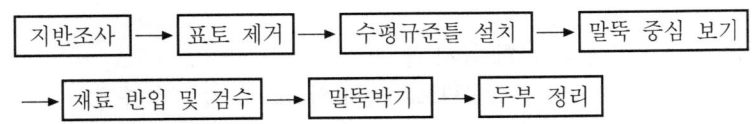

4) **Pile 이음**
   ① 경제적이어야 하며, 시공이 용이하고 단시간 내 이음이 가능해야 한다.
   ② 이음의 종류는 장부식·충전식·Bolt식·용접식이 있다.

5) **지지력 판정**
   지질의 형태, 말뚝형식, 시공성, 경제성의 등에 비추어 적당한 방법을 선택

6) **두부 파손**
   말뚝재의 강도 확보, Cushion재의 두께 확보, 연직도 확보 등으로 말뚝 두부 파손 방지

7) **두부 정리**
   ① 말뚝머리 절단은 Pile에 충격을 주지 않는 기계를 사용하여 소요길이 확보
   ② 두부 정리가 완료된 Pile은 기초 Con'c 타설 시까지 충격 및 오염 방지

8) **건설공해 방지**
   ① 저소음 기성말뚝공법 채택 및 저소음 기성말뚝 세우기 공법 채택
   ② 현장타설 Con'c 말뚝으로 대처

29 　기성 Con´c Pile박기 공법

Ⅰ. 정의

① 기성 Con´c의 말뚝박기 공법으로는 타격공법, 진동공법, 압입공법, Water Jet 공법, Pre-boring공법, 중공굴착공법 등이 있다.

② 구조물의 대형화로 인한 환경공해가 사회적 문제화가 되고 있으므로 소음 및 진동을 억제할 수 있는 무소음·무진동공법인 압입공법, Water Jet공법, Pre-boring공법, 중공굴착공법 등이 많이 사용되고 있다.

Ⅱ. 말뚝박기 공법의 분류

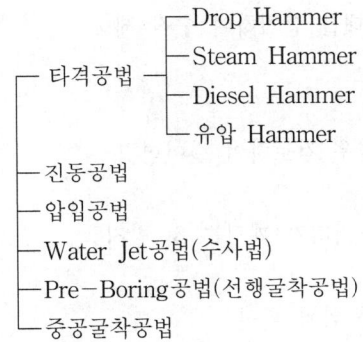

```
                    ┌─Drop Hammer
                    ├─Steam Hammer
         ┌─타격공법 ─┤
         │          ├─Diesel Hammer
         │          └─유압 Hammer
         ├─진동공법
         ├─압입공법
         ├─Water Jet공법(수사법)
         ├─Pre-Boring공법(선행굴착공법)
         └─중공굴착공법
```

Ⅲ. 말뚝박기 순서 Flow Chart

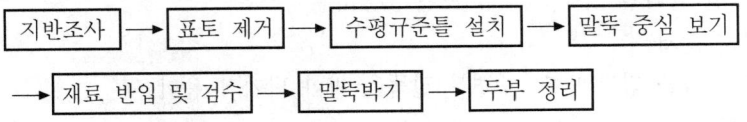

지반조사 → 표토 제거 → 수평규준틀 설치 → 말뚝 중심 보기 → 재료 반입 및 검수 → 말뚝박기 → 두부 정리

Ⅳ. 말뚝박기 공법 선정 시 고려사항

① 공사기간 및 공사비
② 기성 Con´c Pile의 종류
③ Pile의 총수량
④ 중간층을 포함한 지질상황
⑤ 공사현장의 위치
⑥ 말뚝박기 기계의 능력

V. 말뚝박기 시공 시 유의사항

1) 최종 관입량

   10~20회의 타격평균값으로 하여 그 결과 기록, 유지

2) 중단 없이 계속 수직박기

   말뚝 끝이 일정한 깊이까지 닿도록 수직으로 계속 박기

3) 두부 정리

   ① 말뚝머리 절단은 Pile에 충격을 주지 않는 기계를 사용하여 소요길이 확보

   ② 버림 Con'c 위 60mm 남기고, Con'c만 파쇄

4) 이어박기 수량 증가

   예정위치에 도달되어도 최종 관입량 이상일 때

5) 세우기

   ① 시공계획서에 따라 2개소 이상의 규준대를 설치하여 수직 세움

   ② 매다는 점의 위치 준수

6) 길이변경 검토

   예정위치에 도달하기 전 침하되지 않을 경우 검토하여 길이변경

7) Pile 손상 방지

   말뚝머리에 나무 또는 가마니를 덮어 말뚝머리가 깨지는 것 방지

8) Pile위치 확인

   소정 깊이까지 기초 파기하고 정확한 말뚝 위치 확인

9) Pile박기 간격

   ① 중앙부 : 2.5d 이상 또는 750mm 이상

   ② 기초판 끝과의 거리 : 1.25d 또는 375mm

10) Pile박기 순서

    중앙부 말뚝을 먼저 박고, 주변부 말뚝을 박아 박기가 용이

11) 시험항타

    ① 실제 길이보다 긴 것 사용

    ② 실제 말뚝과 동일한 방법으로 시공

12) 인접 말뚝 피해

    항타 시 인접 말뚝이 솟아오르면 타격력을 증가시켜 원지반 이하로 다시 관입

30 타격공법

Ⅰ. 정의

항타기로 말뚝을 직접 타격하여 박는 공법으로 Pile의 종류, 총수량, 지반의 상태, 공사장의 위치, 항타기의 종류 등을 고려하여 적정 Hammer를 선정하여야 한다.

Ⅱ. 현장 시공도

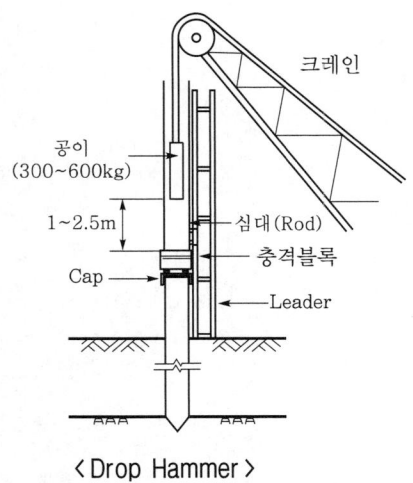

〈Drop Hammer〉

Ⅲ. Hammer의 종류

종류	특징
Drop Hammer (떨공이)	• 지름 45m/m 정도의 쇠막대 또는 철관을 심대(Rod)로 쓰고, 공이는 소요중량 300~600kg의 것을 사용하며, 윈치로 로프를 당겨 공이를 끌어올려 자유낙하로 말뚝을 타설한다. • 가설틀은 4각틀 또는 평틀식으로 비계목을 짜고, 그 중심에 심대(Rod)를 세운다. • 중추의 무게는 말뚝무게의 2배 정도를 선택한다. • 낙하고를 1~2.5m 정도로 하여 말뚝머리의 파손을 막는다.
Steam Hammer	• 증기압을 이용해서 타입하는 기계로 실린더, 피스톤, 자동증기조작밸브 등으로 구성되어 있다. • 기체가 완전히 말뚝머리에 올려져 있어 말뚝머리 파손이 적다.
Diesel Hammer	• Diesel Hammer는 단동식과 복동식이 있으며 기계틀, 기동장치 및 공이(Hammer) 등으로 구성되어 있다. • 비교적 좁은 장소에서도 작업할 수 있으며 타입 정도가 높다. • 최근 가장 널리 쓰이는 기계로 타격에너지가 크다.
유압Hammer	• 유압을 이용하여 램을 상승·낙하시켜 타격에너지를 얻는다. • 램 낙하고 조절이 가능하고, 저소음공법으로 기름·연기의 비산이 없다.

제2장 기초

Ⅳ. 타격공법의 특징

① 시공이 용이하며 시공속도가 빠름

② 우수한 선단지지력 확보

③ 기계음, 타격음 등의 소음, 진동 발생

④ 말뚝두부 파손 우려

31 Diesel Hammer공법

Ⅰ. 정의

Diesel Hammer는 공이(Ram)의 낙하에 의해 말뚝머리를 타격하는 순간 내부연소실의 발화폭발력으로 공이가 원래의 높이까지 위로 오르는 반작용으로 말뚝을 박는 타격공법이다.

Ⅱ. Diesel Hammer의 구동 방식

① 단동식(Single Acting)
② 복동식(Double Acting)

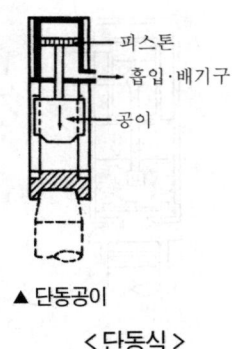

▲ 단동공이

< 단동식 >

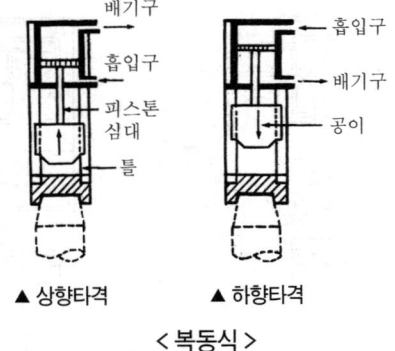

▲ 상향타격　　▲ 하향타격

< 복동식 >

Ⅲ. 특징

1) 장점
　① 타격에너지가 크다.　　② 경비가 저렴하며 기동성이 좋다.
　③ 박는 속도가 빠르다.　　④ 운전이 간단하며 시공관리가 용이하다.

2) 단점
　① 타격에너지가 크므로 말뚝을 파손할 우려가 있다.
　② 타격음이 크고 기름, 연기 등의 비산이 따른다.
　③ 연약지반에서는 발화되지 않으며 능률이 저하된다.

Ⅳ. 시공 시 유의사항

① 타격력이 커서 말뚝머리가 파손될 우려가 있으므로 Cushion두께를 확보하여 말뚝머리 보양 및 파손을 방지한다.
② 말뚝의 연직도를 체크하여 편타에 의한 말뚝 파손을 방지한다.
③ 전체 Cover방식으로 기계 전체를 덮어 타격음에 의한 소음을 방지한다.
④ Clean Hammer를 사용하여 유연(기름, 연기) 비산을 방지한다.

32 유압Hammer의 특징

[96후(20)]

Ⅰ. 정의

① 유압에 의한 Piston Rod의 작동으로 공이(Ram)를 자유낙하시켜서 그 타격력으로 말뚝을 타격하는 공법이다.

② 공이의 낙하높이는 조작판의 제어에 따라 0.1~1.2m의 범위에서 자유로이 선정할 수 있어 지반 조건에 따라 낙하높이를 결정할 수 있다.

Ⅱ. 유압해머 작동기구도

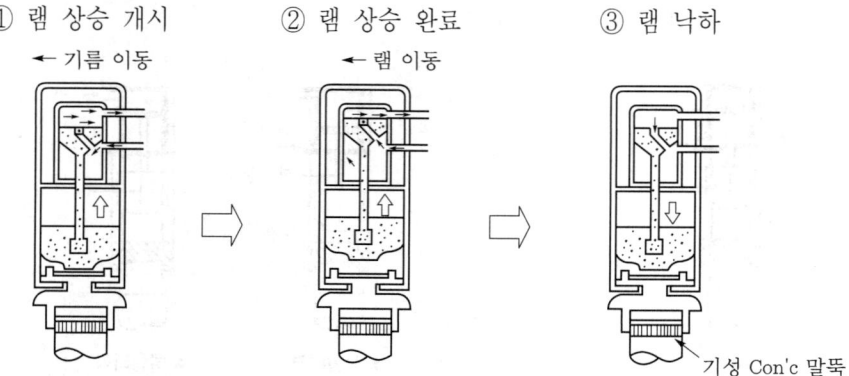

① 램 상승 개시 ② 램 상승 완료 ③ 램 낙하

← 기름 이동 ← 램 이동

기성 Con'c 말뚝

Ⅲ. Hammer 선정 시 고려사항

① 말뚝타입의 가능성

② 경제성 검토

③ 소음, 진동 등의 환경문제

④ 보조공법의 필요 여부 검토

Ⅳ. 특징

1) 장점

① 저소음 시공 : 방음커버를 사용하여 소음 발생을 저감시킬 수 있다.

② 높은 타격에너지 : 디젤해머에 비해 중량의 Ram을 이용하여 높은 타격에너지를 얻는다.

③ 타격에너지 조정 : Ram의 상승높이 조절로 파일규격에 따른 타격에너지 적용이 가능하다.

④ 연약지반 시공 : 디젤의 폭발력과는 달리 Ram의 상승을 유압으로 하므로 연약지반 파일타입에도 시공성이 좋다.

⑤ 무공해 시공 : 유압 작동으로 Ram을 상승하여 낙하시키는 공법으로 기름 비산이 없는 무공해공법이다.

2) 단점

　① 두부 파손 : 높은 타격에너지 때문에 타입 시 파일두부의 파손이 크게 생기므로 타격력에 맞는 적절한 쿠션 사용이 요구된다.

　② 대형 장비 : 유압해머가 디젤해머에 비해 중량이 크기 때문에 대형의 시공장비(크레인)를 요구한다.

　③ 램 쿠션 사용 : 유압해머의 타격력을 확실하게 하고 균등하게 파일에 전달시킬 목적으로 램 쿠션을 사용한다.

V. 시공 시 유의사항

① 대형 작업장비로 작업지반의 안정성 요구

② 파일의 두부파손 방지를 목적으로 쿠션재 관리

③ 타격효율을 고려한 강성이 큰 쿠션재 사용

④ 정확한 타격력을 전달하기 위한 램 쿠션 사용

⑤ 시공 중 쿠션재의 마모·파손상태 관리

⑥ 램 낙하고에 따른 예상 최종 관입량 결정

33 항타보조말뚝

Ⅰ. 개요

① 항타보조말뚝(Follower)이란 현 지반고보다 기초바닥 계획고가 낮을 때의 항타를 위해 본말뚝의 상부에 임시로 설치하는 보조말뚝공법을 말한다.

② 현장조건상 기초바닥면까지 말뚝 시공장비가 진입할 수 없는 깊이나 넓이일 때 적용하며 기초바닥 계획고까지 선굴착보조말뚝의 상단을 항타하여 본말뚝이 지반에 근입되도록 한다.

Ⅱ. 항타보조말뚝 시공방법

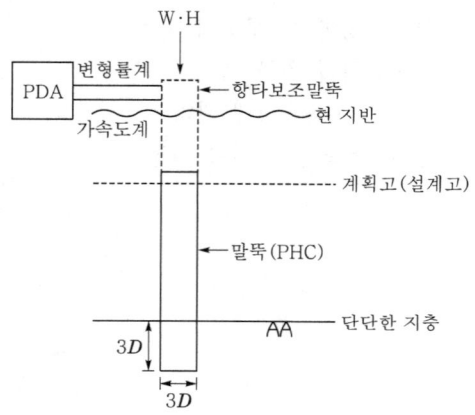

Ⅲ. 말뚝 선시공 시 문제점과 대책

문제점	대책
지지력 감소	• 감소영향의 정량적 해석 무리 → 재하시험에 의한 변화 확인 필요
동재하시험의 적용성	• 강관재질 보조말뚝 → 균일 단면조건으로 해석 가능 • 콘크리트재질 보조말뚝 → 비균일 단면조건으로 해석 고려 • 경험, 전문성 기술자의 시험 및 분석 요함
과잉 항타응력 발생	보조말뚝(단면적 A_1, 항타응력 σ_1) 본말뚝(단면적 A_2, 항타응력 σ_2) • $A_1 > A_2 \rightarrow \sigma_2 > \sigma_1$(본말뚝에 과잉 항타응력 발생) • 보조말뚝의 단면적(A_1)은 본말뚝(A_2)보다 같은 것 또는 작은 것 사용
편심하중 발생	• 보조말뚝 항타 시 보조말뚝 하단과 본말뚝의 상단이 상호이탈에 유의 → 사전 시항타 실시, 축선 일치, 고정 시 편기 시공관리 • 기존의 요철구조로 인한 조립 → 별도의 중간 부재(조립체) 활용

34 항타기 및 항발기 시공 시 주의사항

[22후(10)]

Ⅰ. 정의

① 항타기와 항발기는 길이가 긴 파일을 항타 또는 항발하는 차량용 건설기계로 파일길이 이상의 리더를 장착하여야 하므로 전도위험이 높다.

② 항타기와 항발기를 사용하는 공사현장에서는 안전관리계획을 수립하여야 하며, 조립·해체 등 절차에 대해 정기안전점검과 장비운전원에 대해 최초 노무 제공 시 2시간, 특별교육 16시간 안전교육을 이수해야 한다.

Ⅱ. 항타기 및 항발기 시공 시 주의사항

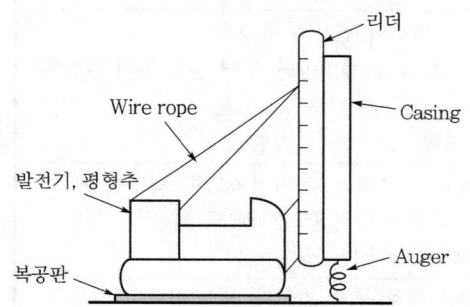

- Auger : 지반 굴착용, 회전력
- 리더(leader) : 수직 굴착 시 가이드역할
- Wire rope : 안전율 5 이상
- 기타 : 발전기, 평형추, 복공판 등

① 지반은 평평하게 유지하고 필요시 쇄석, 철판깔기, 깔목, 복공판 등으로 보완할 것

② N치로 지지력을 판단하며 연약지반의 경우는 접지압 확보를 위해 지반개량 필요

③ 되메우기 후 지반과 같은 불량지반에 주의하고 전도 발생에 유의할 것

④ 평균접지압 $q = 60 \sim 150 \text{kN/m}^2$

⑤ Leader의 수직정밀도는 $L/200$ 이하

⑥ Wire rope의 안전율 $= \dfrac{\text{절단하중}}{\text{최대 하중}} \geq 5$

⑦ 버팀대 사용 시 3개 이상 사용하고 하부는 고정시킬 것

⑧ 버팀줄 사용 시 3개 이상 사용하고 같은 간격으로 배치할 것

Ⅲ. 말뚝의 수직도 확보

① 항타 전 말뚝을 세운 후 말뚝에 직교하는 2방향으로부터 연직도검사

② 연직도 허용오차 : 1/50 미만

③ 항타 완료 후 설계도면의 위치로부터 말뚝 상단위치를 기준으로 D(말뚝직경)/4와 100mm 중 큰 값 이상으로 벗어나지 않아야 함

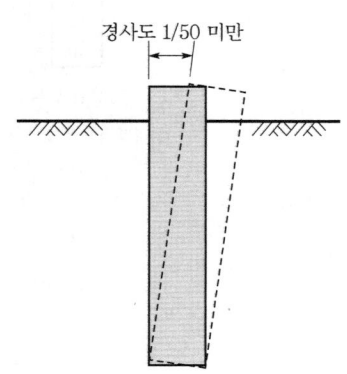

경사도 1/50 미만

35 기성말뚝기초의 건전도 및 연직도 측정

[22후(10)]

Ⅰ. 개요

① 기성말뚝기초는 공장에서 제작 후 현장에 운반하여 항타 또는 압입하는 말뚝으로 반입 시 건전도, 시공 중 수직도 및 매입상태 등을 점검해야 한다.

② 건전도는 말뚝의 결함이나 손상 여부를 식별하는 것을 의미하고, 연직도는 말뚝의 수직정렬상태와 설계위치를 확인할 수 있다.

Ⅱ. 말뚝의 건전도 측정방법

종류	내용
PIT (Pile Integrity Test, 말뚝건전도시험)	• 말뚝 두부에 충격을 가하여 반사파 측정 • 균열, 단면 축소, 이음 불량, 불연속면, 단면 팽창 등의 결함탐지 가능 • 간편하고 신속한 시험 가능(비파괴시험)
PDA (Pile Driving Analyzer, 항타분석기)	• 말뚝 항타 시 발생하는 응력파 측정(가속도계, 변형률계) • 지지력 산정과 함께 말뚝의 건전도평가에도 활용 • 균열이나 파손 등의 결함탐지 가능
초음파탐상법 (Ultrasonic Test)	• 말뚝 내부에 설치된 관을 통해 초음파 신호 전달 • 콘크리트 내부결함 및 불연속면 탐지에 유용 • 주로 대구경 말뚝 및 현장타설말뚝에 적용되나, 기성말뚝에도 손상 의심 시 활용 가능

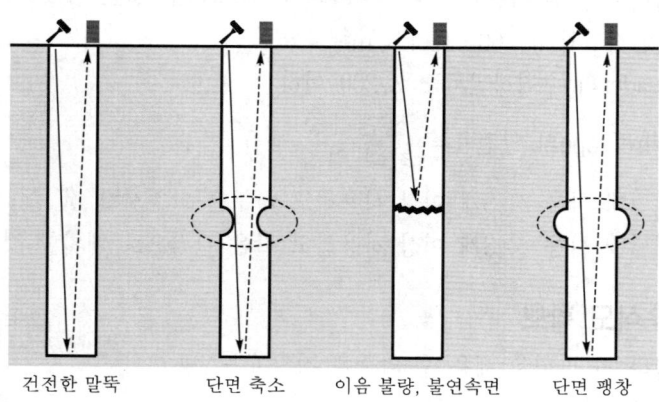

건전한 말뚝   단면 축소   이음 불량, 불연속면   단면 팽창

< 말뚝건전도시험(PIT) >

Ⅲ. 말뚝의 연직도 측정

1) Auger 수직도 확인 후 굴착(항타기 리더 측면)

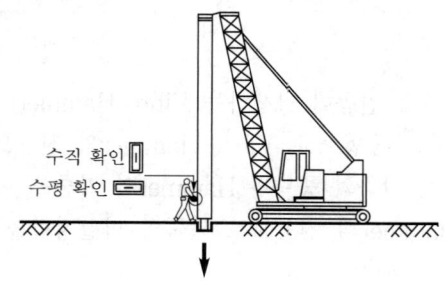

수직 확인
수평 확인

수직 및 수평 확인 후 굴진 ─┬─ 기성말뚝 삽입 시 공벽 붕괴 방지
                         └─ 설계말뚝의 지지력 확보

2) 수준기에 의한 관리(말뚝 측면)

① 말뚝 세우기 직후 확인
② 2~3m 관입 후 확인

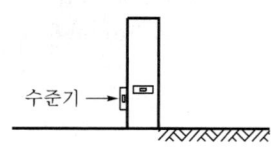

수준기

3) 측량기에 의한 관리

① 두 대의 transit 측량기로 말뚝 상하측량
② 항타작업과 관계없이 확인 가능

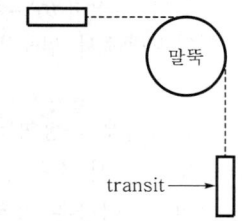

말뚝

transit

4) 허용오차기준

① 연직도 허용오차 : 1/50 미만
② 항타 완료 후 설계도면의 위치로부터 말뚝 상단위치를 기준으로 D(말뚝직경)/4
와 100mm 중 큰 값 이상으로 벗어나지 않아야 함

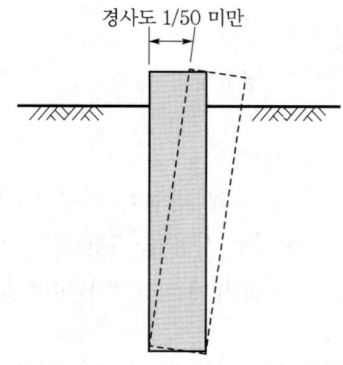

경사도 1/50 미만

36 진동공법

Ⅰ. 정의

① 상하방향으로 진동이 발생하는 Vibro Hammer(진동식 말뚝타격기)를 사용하여 말뚝을 박는 공법으로, Vibro Hammer의 진동으로 주변 저항 및 선단 저항을 저하시켜서 말뚝의 중량과 Hammer의 자중을 이용하여 말뚝을 박는다.

② Vibro Hammer의 진동으로 말뚝의 마찰저항을 저감시켜 말뚝을 인발하는 데 이용하기도 한다.

Ⅱ. 적용

① 연약지반에 적합

② 말뚝 인발에 사용

Ⅲ. 특징

1) 장점

① 정확한 위치방향으로 타입한다.

② 연약지반에서 말뚝박는 속도가 다른 공법보다 빠르다.

③ 말뚝머리에 손상이 적다.

④ 말뚝박기 시 소음이 적다.

⑤ 타입 및 인발을 겸용할 수 있다.

⑥ Leader가 필요없다.

2) 단점

① 경질지반에서는 충분히 관입되지 않는다.

② 대용량의 전력이 필요하다.

③ 진동이 수반된다.

④ 토질변화에의 순응성이 낮다.

⑤ 말뚝의 지지력추정법이 명확하지 않다.

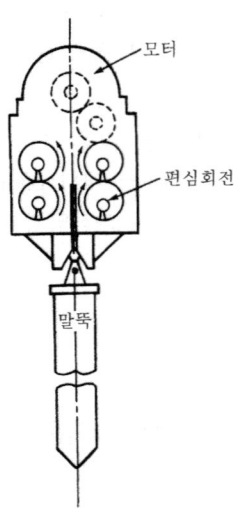

< Vibro Hammer >

Ⅳ. 시공 시 유의사항

① 사질지반에서는 진동에 의해 다짐이 이루어져서 마찰저항이 증가하여 관입이 곤란해지므로 사질지반에서 사용을 피한다.

② 경질지반에서 사용 시 Earth Auger나 Water Jet공법을 병용하여 주면마찰력을 경감하여 타입한다.

③ 시공 시 정전에 대비하여 보조발전시설을 준비한다.

④ Vibro Hammer에 충격흡수제를 붙여서 소음 및 진동을 경감시킨다.

37 압입공법

Ⅰ. 정의

① 유압기구(압입기계)를 갖춘 압입장치의 반력을 이용하여 말뚝을 압입하여 박는 공법으로 압입하중은 계획하중의 1.5배 이상의 하중이 필요하다.

② 압입공법 시 압입시키는 힘은 반력기구만으로는 어려우므로, 일반적으로 타 공법과 병용하여 압입력을 적게 하면서 시공능률을 향상시킨다.

Ⅱ. 공법 선정 시 고려사항

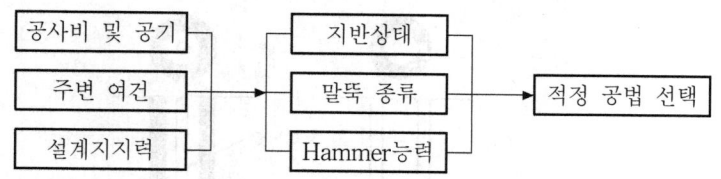

Ⅲ. 압입공법과 병용식

① Pre-Boring공법과의 병용
② 중공굴착공법과의 병용
③ Water Jet공법과의 병용

Ⅳ. 특징

① 압입하중의 측정에 의하여 말뚝의 지지력을 판정할 수 있다.
② 주변 지반을 교란하지 않는다.
③ 비교적 연약지반에 사용하여 소음·진동이 적다.
④ 말뚝두부의 파손이 거의 없다.
⑤ 대규모 설비가 필요하며 기동성이 떨어진다.
⑥ 큰 지지력을 기대하는 말뚝에는 부적당하다.

Ⅴ. 시공 시 유의사항

① 압입장치의 하중에는 기계장치를 포함해도 압입력의 1.5배 이상의 중량이 필요하므로 연약한 지반에서의 이동에 주의한다.
② 압입 시에 말뚝틀과 기계장치가 전도되지 않도록 설치한다.
③ 말뚝에 힘을 전달할 때 말뚝을 확실히 지지하는 동시에 말뚝 본체에 손상을 주지 않도록 매는 장치를 사용한다.
④ Water Jet공법 등의 보조를 받아 지반을 느슨하게 하면서 압입을 용이하게 한다.

38 Water Jet공법(수사법)

Ⅰ. 정의
① 모래층, 모래 섞인 자갈층 또는 진흙층 등에 고압으로 물을 분사시켜 수압에 의해 지반을 무르게 만든 다음 말뚝을 박는 공법이다.
② Water Jet공법 단독으로는 말뚝의 관입이 어려우므로 압입공법과 병용하여 사용하는 경우가 많다.

Ⅱ. 상세도

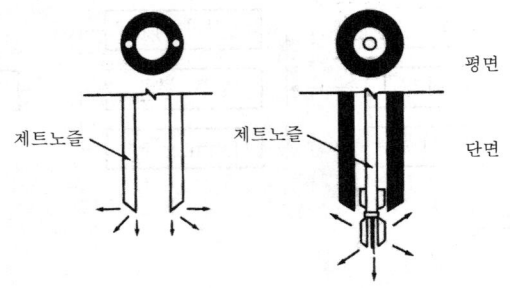

평면

단면

제트노즐   제트노즐

< Water Jet공법 >

Ⅲ. 특징
① 관입이 곤란한 사질지반에 유리한 공법이다.
② 소음, 진동이 적다.
③ 말뚝두부의 파손이 없다.
④ 배출토사를 분석하여 지층이 판명된다.
⑤ 자갈층과 암반을 제외한 모든 지층에 적용 가능하다.
⑥ 물러진 지반의 복구가 어려우므로 재하를 목적으로 하는 기초말뚝에는 사용을 금지한다.

Ⅳ. 시공 시 유의사항
1) 지내력의 확인
   말뚝의 선단지반을 무르게 하므로 지내력의 확인이 필요하다.
2) 지내력 확인방법
   최종 단계에서 타입공법을 이용하고 침하량으로 지내력을 확인한다.
3) 수원의 확보
   수량(水量)이 200~1,000l/min 정도가 필요하므로 별도의 수조를 설치한다.
4) 진흙물 및 배출토 처리
   배출토사가 부지 내에 들어가지 않도록 침전설비를 설치한다.

39 Pre-boring공법(선행굴착공법)

Ⅰ. 정의

Auger로 미리 구멍을 뚫어 기성말뚝을 삽입한 후 압입 또는 타격에 의해 말뚝을 설치하는 공법이다.

Ⅱ. 현장 시공도

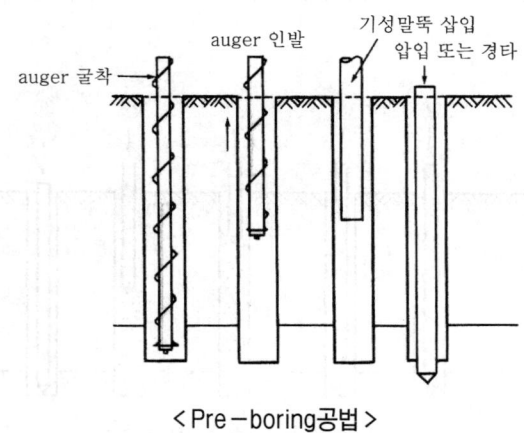

auger 굴착　　auger 인발　　기성말뚝 삽입　압입 또는 경타

< Pre-boring공법 >

Ⅲ. 시공순서

① Auger를 회전하며 지중에 삽입하여 지지층까지 굴착
② 서서히 Auger 인발(공벽 붕괴 방지를 위하여 안정액 사용 가능)
③ 말뚝을 삽입한 후 압입이나 타격(경타)에 의해 말뚝 설치 완료

Ⅳ. 특징

① 말뚝박기 시공 시의 소음 및 진동이 적다.
② 타입이 어려운 전석층이 있어도 시공이 가능하다.
③ 말뚝머리 파손이 적다.
④ 말뚝이 부러질 위험이 없다.
⑤ 천공깊이는 Leader의 높이로 결정되나 통상 15~18m이다.

Ⅴ. 시공 시 유의사항

① 굴착지름은 말뚝지름보다 100mm 정도 크게 한다.
② 주면마찰력은 없으나 선단지지력에 의하여 지지되는 말뚝이므로 말뚝의 허용지지력 계산 시 유의한다.
③ 공벽 붕괴에 유의하고 부득이한 경우에는 안정액을 사용할 수 있다.
④ 선단지지력을 확보하기 위해 압입 또는 경타한다.

40 SIP(Soil Cement Injected Precast Pile)

[99전(20)]

Ⅰ. 정의

① Auger로 안정액을 주입하면서 굴진하고 소정의 깊이에 도달하면 Cement Paste를 주입하면서 서서히 Auger를 인발하여 기성말뚝을 삽입하는 공법이다.

② Auger의 회전은 역회전이 가능하여 굴진과 교반작업의 구분 시공이 용이하며, Pre-boring과 Cement Mortar주입공법을 합한 공법이다.

Ⅱ. 시공순서

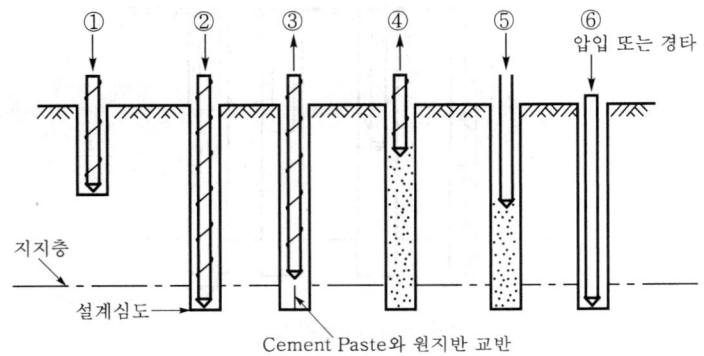

① Auger를 지중에 삽입하여 안정액을 주입하면서 굴진(정회전)

② 지지층 확인 후 설계심도까지 굴진

③ 설계심도까지 도달하면 Auger를 상하 왕복하면서 원지반토와 교반

④ Cement Paste를 주입하면서 Auger를 인발(역회전)

⑤ 기성말뚝 자중으로 삽입

⑥ 압입이나 타격(경타)에 의해 말뚝 설치 완료

Ⅲ. 특징

① 무소음·무진동공법으로 도심지에서 작업 가능

② 다양한 종류의 지층에 사용 가능하며 공정이 단순하여 공기 단축

③ Auger장비는 다축 Auger기로서 3축까지 사용이 가능하나, 선단지층이 단단한 경우에는 단축 Auger기로 시공하여 풍화암까지 시공 가능

Ⅳ. 시공 시 유의사항

① 굴착지름은 말뚝지름보다 100mm 정도 크게 함

② Auger의 수직도 확인 후 굴진 시작

③ 굴착 완료 후 굴진심도를 측정하여 굴진심도가 미달되면 Auger로 재굴진

41 중공굴착공법(中堀工法, 속파기공법, 내부굴착공법)

Ⅰ. 정의

① 말뚝의 중공부에 스파이럴 Auger를 삽입하여 굴착하면서 말뚝을 관입하고, 최종 단계에서 말뚝 선단부의 지지력을 크게 하기 위하여 타격 처리나 시멘트밀크 등을 주입하여 처리하는 공법이다.

② 중공굴착공법은 타격공법으로 시공이 곤란한 지역 또는 부마찰력이 예상되는 지반에 파일을 시공할 때 이용되는 공법으로 무소음·무진동공법이다.

Ⅱ. 시공순서

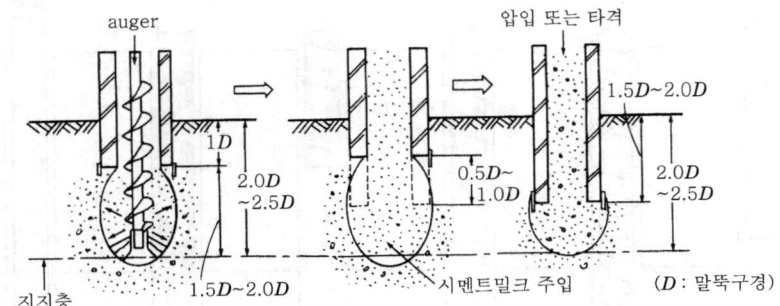

① 소정의 위치에 기계를 설치하고 먼저 2~3m로 터파기를 한다.

② 보조크레인으로 말뚝을 세운다.

③ 말뚝의 중공부에 Auger를 삽입하여 굴착하면서 말뚝을 관입한다.

④ 지지층까지 굴착하여 시멘트밀크 등을 주입한다.

⑤ 압입장치 또는 타격에 의해 말뚝을 침설하여 완료한다.

Ⅲ. 특징

① 대구경 말뚝에 적합한 공법이다.

② 배출토사로 지질 판단이 용이하다.

③ 말뚝 파손이 없다.

④ 타격말뚝에 비해 소음·진동이 적다.

⑤ 스파이럴 Auger로 굴착하기 때문에 경질층 제거가 용이하다.

Ⅳ. 시공 시 유의사항

① 말뚝의 수직도를 확인할 것

② 말뚝의 선단지지력을 확보할 수 있도록 지지층에 확실히 도달시킬 것

③ 선단지지층이 교란되므로 시멘트밀크 등을 주입하여 선단지지력을 확보할 것

④ 자중에 의한 말뚝의 침하에는 한도가 있으므로 압입장치로 말뚝을 압입할 것

42 매입말뚝

[12중(10)]

Ⅰ. 정의

① 매입말뚝이란 말뚝의 시공지점에 굴착장비로 소정의 깊이까지 굴착한 후 말뚝을 삽입하는 공법을 말한다.

② 매입말뚝의 대표적인 공법으로는 Pre-boring공법, SIP(Soil cement Injected Precast Pile)공법, PRD(Percussion Reverse Drill)공법 등이 있다.

Ⅱ. 매입말뚝의 종류 및 시공순서

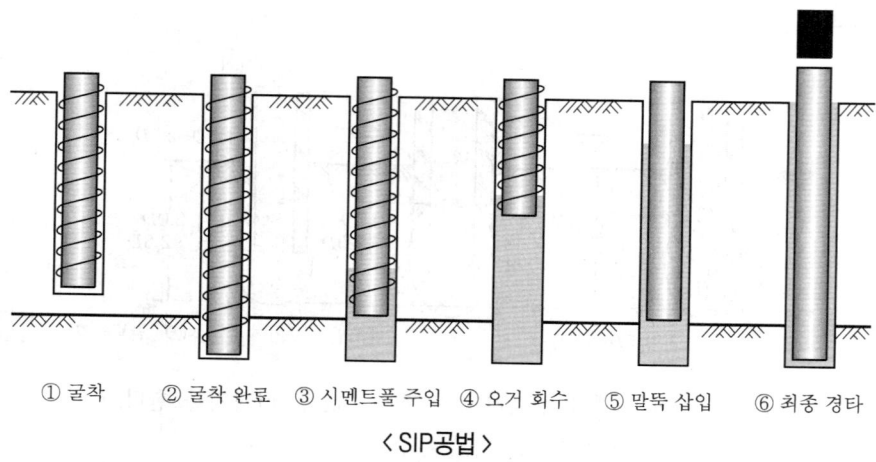

① 굴착　② 굴착 완료　③ 시멘트풀 주입　④ 오거 회수　⑤ 말뚝 삽입　⑥ 최종 경타

〈 SIP공법 〉

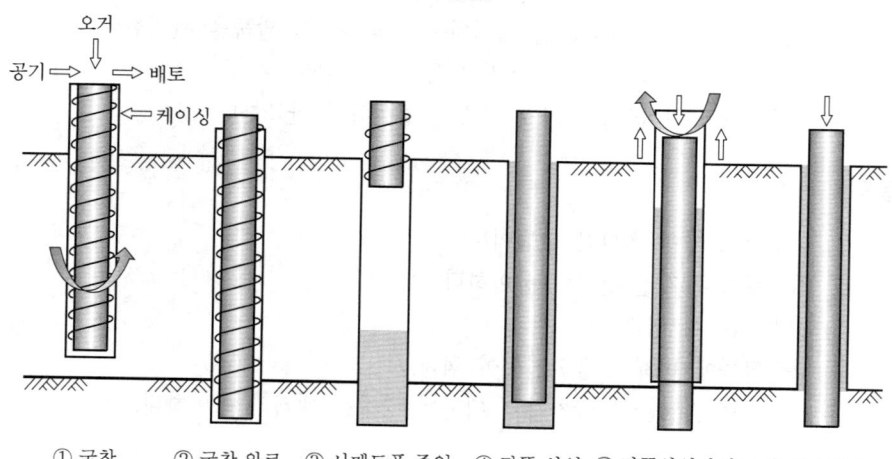

① 굴착　② 굴착 완료　③ 시멘트풀 주입　④ 말뚝 삽입　⑤ 말뚝압입상태로 케이싱 인발　⑥ 말뚝압입 또는 경타

〈 DRA공법(SDA공법) 〉

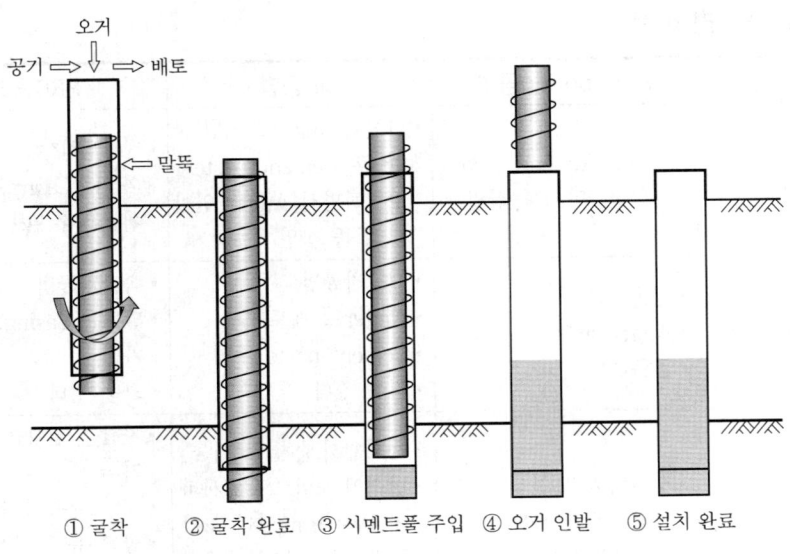

< 속파기 공법 >

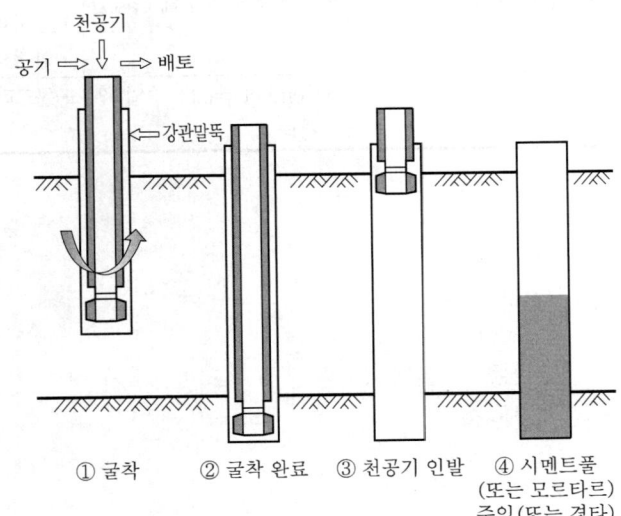

< PRD공법 >

Ⅲ. 시공 시 유의사항

① 말뚝의 지지층 관입 여부를 확인할 것

② Auger 및 Casing 인발 시 공벽 붕괴에 유의

③ Cement Paste 및 콘크리트의 지중 유출에 유의

④ 말뚝의 수직도관리 철저

Ⅳ. 매입말뚝공법의 비교

구분	Pre-boring공법	SIP공법	PRD공법
시공법	• 나선형 Auger로 지반을 굴착한 후 말뚝 삽입	• 나선형 Auger로 지반 굴착 후 Cement paste를 주입하면서 Auger 인발 및 말뚝 삽입	• 상호 역회전하는 내측 Auger와 외측 Casing으로 지반을 천공한 후 말뚝 삽입
시공요점	• 선굴착공법 • Auger 배토 • 최종 항타	• 선굴착공법 • Auger로 배토 • Cement paste 주입 • 최종 경타	• 속파기공법 • 말뚝을 Casing으로 사용 가능 • 최종 경타
특징	• 풍화암까지 천공 가능 • 시공속도가 빠름 • 점토지반에 적용 시 유리 • 시공비 저렴	• 풍화암까지 천공 가능 • 안정액 주입으로 공사비가 Preboring보다 고가 • 주면마찰과 횡저항에 유리 • 공벽 유지를 위해 Casing 사용	• 자갈층, 전석층까지 천공 가능 • 수직도 유지 용이 • 공벽 유지 확실 • 소음, 진동이 큼 • 공사비 고가 • 안정액이 필요 없음
선단처리방법		• Cemnet paste 주입 후 경타	• 콘크리트 속채움 후 경타

43 타입공법과 매입공법

[09후(10)]

Ⅰ. 정의

① 타입말뚝은 지반을 측방과 하향으로 다지면서 낙하에너지에 의해 말뚝을 지반에 관입시키는 공법으로 그 대표적인 예가 해머로 타입한 기성말뚝이다.

② 매입말뚝은 기성말뚝을 지반의 굴착공에 매입하여 설치하는 말뚝으로서, 그 대표적인 예로 중굴공법과 선굴착공법과 회전압밀공법이 있다.

Ⅱ. 타입공법과 매입공법의 비교

구분	타입말뚝	매입말뚝
개요	• 낙하에너지에 의해 말뚝을 지반에 관입시키는 공법 • 주변에 진동 및 소음으로 인한 위해영향이 없을 때 가능한 공법이다. • 연약점토, 느슨한 사질토지반에 용이하며 자갈, 전석 및 $N=50$ 이상 지반에서는 적용이 곤란하다.	• 말뚝 내부에 굴착장비를 넣어 말뚝 선단부의 지반을 굴착이나 구멍을 파서 지반 중에 말뚝을 관입해가는 공법 • 진동 및 소음문제로 인하여 타입말뚝을 적용할 수 없을 경우 • 기초지반에 자갈, 전석이 분포되어 있을 경우 적용
종류	Drop, Diesel, Steam 및 Hydraulic Hammer	중굴공법, 선굴착공법, 회전압밀공법
특징	• 공정이 단순하여 공정이 빠르다. • 지지력 확인이 용이하며 공법 중 가장 확실하다. • 지반에 자갈 및 전석 등이 포함되어 있을 경우 시공이 곤란하다. • 지반의 진동 및 소음이 크다. • 민원 발생소지가 크므로 주변 여건에 따라 제약이 많다. • 말뚝이 15m 이상일 경우 수직이음이 필요하며, 이에 따라 시공효율이 떨어진다. • 지반의 측방이동 및 융기가 발생한다.	• 소음, 진동이 적다. • 대구경 말뚝도 시공 가능하다. • 이음이 없고 긴 말뚝 하나로서 완성이 가능하다. • 길이조절이 비교적 용이하다. • 굴착토사에 의한 중간층 및 지지층의 토질을 확인할 수 있다. • 타입하는 일이 적어 인접 구조물에 대해 영향이 적다. • 타입방식에 비해 시공관리가 어렵다. • 지반의 교란으로 지지력이 저하한다. • 오수 및 이토 처리가 필요하다.

44 Pile 인발공법

Ⅰ. 정의

① Pile 인발공법은 흙막이 벽의 가설재로 사용된 Sheet Pile, H-Pile 등을 박기 불량으로 재시공을 하기 위한 인발 및 공사 완료 후 인발을 하기 위해 실시하며, 기능적으로 크게 정적공법과 동적공법으로 분류할 수 있다.

② 지반에 박혀 있는 말뚝, Sheet Pile 등을 인발하게 되면 그 부위에 간극 형성으로 지반침하, 인근 구조물 경사 등의 위험이 따르므로 인발 후 즉시 양질의 재료로 간극을 채워야 한다.

Ⅱ. 인발공법의 분류

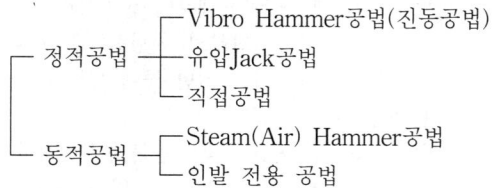

```
               ┌─ Vibro Hammer공법(진동공법)
      ┌─ 정적공법 ─┼─ 유압Jack공법
      │          └─ 직접공법
      └─ 동적공법 ─┬─ Steam(Air) Hammer공법
                  └─ 인발 전용 공법
```

Ⅲ. 인발공법의 분류

1. 정적공법

1) Vibro Hammer공법(진동공법)

① Vibro Hammer의 진동으로 Pile의 마찰저항을 저감하여 인발하는 공법

② 진동은 보통 상하진동에 의한 것이 많고 Sheet Pile 인발 시 많이 사용

2) 유압Jack공법

① 유압Jack 인발력을 Pile에 작용시켜서 인발하는 공법

② 연약지반에 적합하며 리더 없이 크레인 등에 유압Jack을 매달아 인발

3) 직접공법

① Wire Rope에 의해 Winch 또는 Crane을 이용하여 Pile을 인발하는 공법

② 큰 힘을 사용하므로 대규모적인 설비와 위험이 따름

2. 동적공법

1) Steam(Air) Hammer공법

① 타격장치인 Steam Hammer 또는 Air Hammer를 반대방향으로 설치하여 반대방향의 타격력을 주어 Pile을 인발하는 공법

② 컴프레서 등의 제 설비가 필요하며 배기음이 큼

2) 인발 전용 공법

① 인발 전용 장치에 디젤, 압축공기 또는 증기를 동력으로 하여 Pile 상부에 충격을 주어 인발하는 공법

② 압축공기 또는 증기를 사용하는 경우 대규모 설비가 필요하므로 설비가 간편한 디젤식을 많이 사용

45 기성 Con'c Pile의 이음공법

Ⅰ. 개요

① 기성 Con'c Pile은 일반적으로 15m 이하의 말뚝을 많이 사용하기 때문에 15m 이상의 말뚝을 필요로 할 때에는 말뚝을 이음해서 사용한다.

② 기성 Con'c Pile의 이음공법에는 장부식, 충전식, Bolt식, 용접식이 있다.

Ⅱ. 이음공법

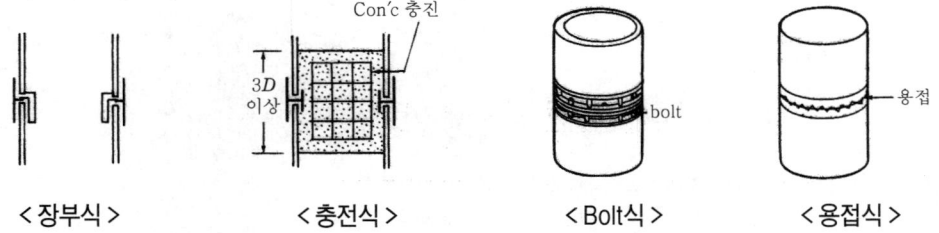

| < 장부식 > | < 충전식 > | < Bolt식 > | < 용접식 > |

1) 장부식 이음(Band식 이음)

   ① 이음부에 Band를 채워서 이음하는 공법

   ② 구조가 간단하여 단시간 내 시공이 가능

   ③ 타격 시 <형으로 구부러지기 쉬우며 강성이 약해 연결 부위의 파손율이 높음

2) 충전식 이음

   ① 말뚝이음부의 철근을 따내어 용접한 후 상하부 말뚝을 연결하는 Steel Sleeve를 설치하여 Con'c로 충진하는 방법으로 일반적으로 많이 쓰이는 공법

   ② 압축 및 인장에 저항할 수 있으며 내식성 우수

   ③ 이음부의 길이는 말뚝지름의 3배($3D$) 이상

3) Bolt식 이음

   ① 말뚝이음 부분을 Bolt로 죄어 시공하는 방법으로 시공이 간단

   ② 이음내력이 우수하나 가격이 비교적 고가

   ③ Bolt의 내식성과 타격 시 변형 우려

4) 용접식 이음

   ① 상하부 말뚝의 철근을 용접한 후 외부에 보강철판을 용접하여 이음하는 방법

   ② 설계와 시공이 우수한 가장 좋은 방법으로 강성이 우수

   ③ 용접 부분의 부식성 문제

Ⅲ. 이음 시 구비조건

① 이음 시 강도 확보 ② 내구성 및 내식성

③ 수직성 유지 ④ 신속하고 간단하게 시공

⑤ 이음부 편심량 2mm 이하

Ⅳ. 말뚝이음에 의한 말뚝재료의 허용하중 감소율

이음방법	용접이음	볼트이음	충전이음
감소율(개소당)	5%	10%	20%

46 말뚝의 지지력 산정방법

[97중전(20)]

Ⅰ. 정의

① 말뚝의 지지력은 말뚝 선단지반의 지지력과 주면마찰력의 합을 말하며, 말뚝의 허용지지력은 말뚝 선단의 지지력과 주면마찰력의 합(合)을 안전율로 나눈 것을 말한다.

② 말뚝의 지지력에는 축방향 지지력, 수평지지력, 인발저항 등이 있으나, 보통 말뚝의 지지력이라 하면 축방향 지지력을 말한다.

Ⅱ. 허용지지력

$$R_a(허용지지력) = \frac{R_u(극한지지력)}{F_s(안전율)}$$

구분	정역학적 공식	동역학적 공식	
		Sander식	Engineering News식
안전율(F_s)	3	8	6

Ⅲ. 지지력 산정방법

1) 정(靜)역학적 추정방법

① 설계 전에 여건상 재하시험을 실시하기 곤란할 때 이용

② 실제 공사 시에는 필히 재하시험에 의한 허용지지력의 확인 필요

③ Terzaghi공식(토질시험에 의한 방법)

$$R_u(극한지지력) = R_p(선단극한지지력) + R_f(주면극한마찰력)$$

④ Meyerhof공식(표준관입시험에 의한 방법)

$$R_u = 30 N_p A_p + \frac{1}{5} N_s A_s + \frac{1}{2} N_c A_c$$

2) 동(動)역학적 추정방법

① Sander공식

$$R_u = \frac{WH}{S}$$

여기서, W : 타격에 유효한 Hammer무게(kg)

H : Hammer낙하고(cm)

S : 말뚝평균관입량(cm)

② Engineering News공식(Wellington공식)

    ㉠ Drop Hammer

$$R_u = \frac{WH}{S + 2.54}$$

    ㉡ Steam Hammer

      • 단동 : $R_u = \dfrac{WH}{S + 0.254} \rightarrow R_a = \dfrac{WH}{F_s (S + 0.254)}$

      • 복동 : $R_u = \dfrac{(W + ap)H}{S + 0.254}$

3) 재하시험에 의한 방법

  ① 일정한 실물시험으로 말뚝의 허용지지력을 직접적으로 산출한다.

  ② 재하시험은 재하가 장기에 이루어지며, 한 개의 말뚝에 대한 시험이라는 점에 대해 고려해야 한다.

4) 소음과 진동에 의한 방법

  ① 말뚝박기 시 소음과 진동의 크기로 지지층 도달 확인

  ② 지지층 도달 전 1.5m 정도 관입 시에 소음과 진동이 최대

5) Rebound Check

  ① 연약지반에서 상부구조물의 하중을 지탱하기 위하여 말뚝기초 시공 시 허용지내력을 산출하는 방법

  ② 관입량과 Rebound Check로 말뚝과 지반의 탄성변형량 확인

6) 시험말뚝박기에 의한 방법

  ① 항타 시공장비 및 작업방법 선정

  ② 말뚝길이, 치수, 이음방법, 정착 시 1회 타격허용관입량 등으로 설계나 시공기간을 결정

7) 자료에 의한 방법

공사지역의 인접한 장소에서 실시한 신뢰성 있는 자료가 있을 때 자료를 참고 및 이용하는 간이적인 방법

8) Pre-boring 시 전류계 지침에 의한 방법

  ① 전류계 지침의 높낮이로 판단하는 방법

  ② 경질지반의 굴착 시 전류계의 지침이 높게 되는데, 이를 보고 깊이와 지지력을 판단

47 말뚝재하시험의 목적과 종류

[17전(10), 22후(10)]

Ⅰ. 말뚝재하시험의 목적

① 말뚝의 지지력 측정
② 말뚝파일의 파손 유무 체크
③ 지지력 분석
④ 말뚝의 건전도 측정

Ⅱ. 말뚝재하시험의 종류

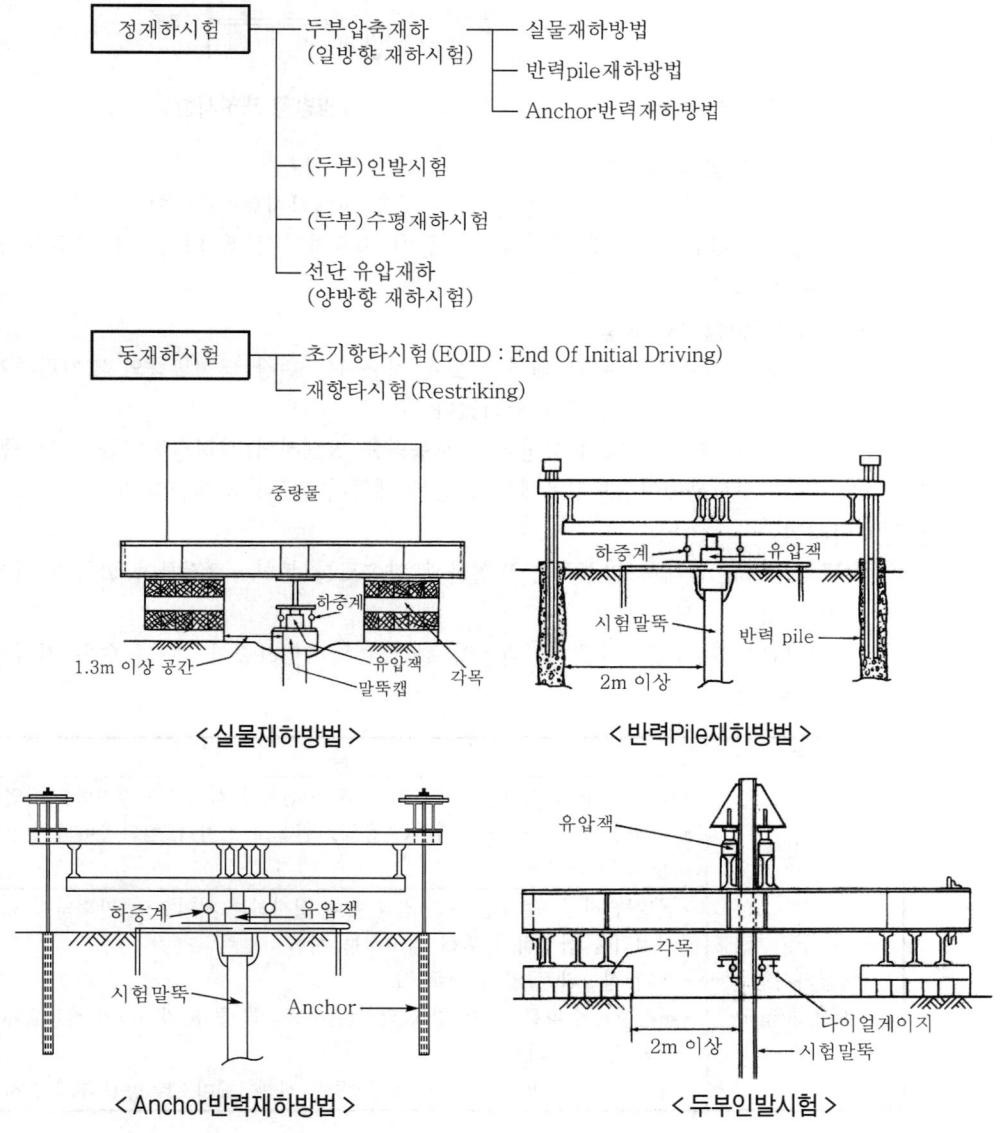

정재하시험	두부압축재하 (일방향 재하시험)	실물재하방법
		반력pile재하방법
		Anchor반력재하방법
	(두부)인발시험	
	(두부)수평재하시험	
	선단 유압재하 (양방향 재하시험)	
동재하시험	초기항타시험(EOID : End Of Initial Driving)	
	재항타시험(Restriking)	

< 실물재하방법 >

< 반력Pile재하방법 >

< Anchor반력재하방법 >

< 두부인발시험 >

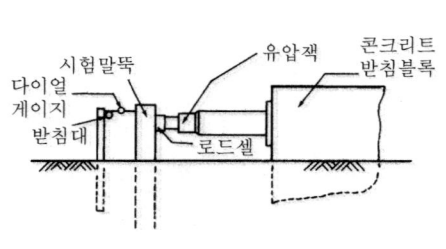

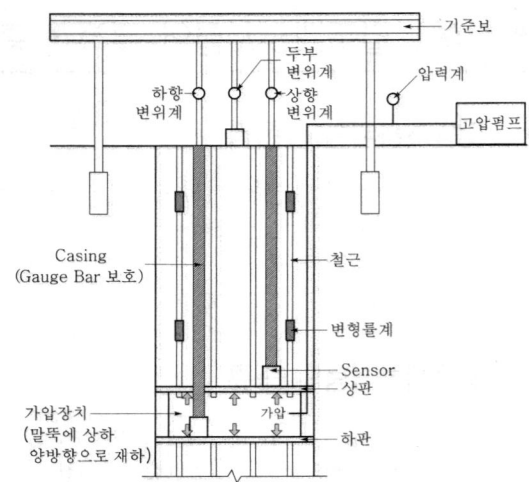

< 외말뚝의 수평재하시험 >   < 양방향 재하시험 >

1) 정재하시험(일방향 재하시험)
   ① 말뚝에 실제 하중으로 재하시험을 하는 것을 정재하시험이라 한다.
   ② 하중재하를 위한 가압 및 반력시스템 등이 필요하여 설계하중이 클 경우 시험 수행이 어렵다.

2) 정재하시험(양방향 재하시험)
   ① 높은 하중을 지지하기 위한 대형 기초에 적용되는 현장 타설말뚝의 지지력평가를 위해 양방향 재하시험이 제안되었다.
   ② 선단에 유압잭을 장착하여 상향력과 하향력을 발생시켜 상하향변위를 측정하는 방식으로 시험하중이 큰 경우에는 일방향 재하시험보다 경제적이다.

3) 동재하시험
   ① 항타 시 말뚝 몸체에 발생하는 변형률과 가속도를 분석·측정하여 말뚝의 지지력을 결정하는 시험이다.
   ② 시험방법이 간단하고 시간 및 비용이 절감되나 시험하중이 증가할수록 정확성이 저하된다.

구분	내용
초기항타시험 (EOID)	• 항타의 시공관리기준을 만들기 위해 시항타 후 실시하여 지지력을 확인 • 타격에 의해 말뚝에 발생하는 응력, 타격 시 지지력, 항타장비의 적정성 등을 측정
재항타시험 (Restriking)	• 본말뚝 시공 후 일정 기간 경과 후에 실시하는 시험으로, 말뚝의 허용지지력을 산정하기 위해 실시하는 시험 • 초기 항타와 동일 말뚝에 실시 • 시간경과에 따른 주면마찰력 및 선단지지력의 증감, 지지력의 시간효과 확인 등을 고려함 • 타입말뚝은 지반 안정 후에, 매입말뚝은 시멘트페이스트 양생 후에 실시

Ⅲ. 정·동재하시험의 시험빈도

① 전체 말뚝수량의 1% 이상 실시

② 말뚝이 100개 미만인 경우에도 최소 1개 이상 실시

48 정재하시험

Ⅰ. 정의

① 기초말뚝의 거동을 파악하기 위하여 가장 확실한 방법으로 타입된 말뚝에 실제 하중으로 재하시험을 하는 것을 정재하시험이라 한다.

② 정재하시험은 시험목적에 따라 시험횟수, 시험방법, 말뚝 시공법, 재하방법, 측정방법 등을 충분히 검토하여 실시해야 한다.

Ⅱ. 시험방법

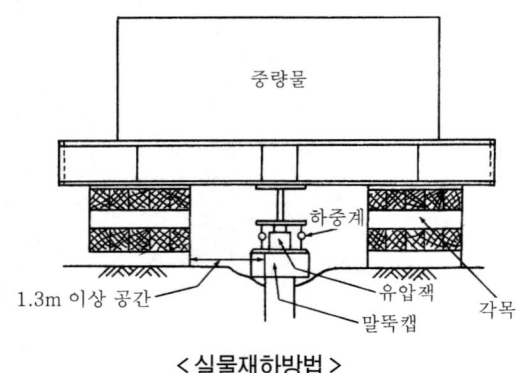

< 실물재하방법 >

1. 압축재하시험

1) 완속재하시험법
① 하중단계 : 설계하중의 25%에서 200%까지 8단계 재하
② 하중 유지 : 침하율이 0.25mm/h 이하가 될 때까지(최대 2시간)
③ 재하 종료 : 침하율이 0.25mm/h 이하 시 12시간, 그 이상 시 24시간
④ 재하하중 : 시험하중의 25%씩 단계별로 1시간씩 간격을 두어 재하

2) 급속재하시험법
① 하중단계 : 각 단계의 하중이 설계하중의 10~15%
② 하중 유지 : 각 단계별 5분 유지하고 침하량 기록
③ 재하 종료 : 극한하중 또는 허용범위까지 재하 후 5분 유지
④ 재하하중 : 4번 정도 나누어 5분씩 유지하면서 재하

3) 반복하중재하시험법
① 하중단계 : 완속재하시험법과 동일
② 하중 유지
㉠ 50%, 100%, 150% 하중단계에서 1시간씩 하중 유지
㉡ 나머지 하중단계에서는 20분 유지
㉢ 완전히 재하되면 50%씩 단계별로 재하하되 20분씩 유지하면서 재하
③ 재하 종료 : 완속재하시험법과 동일
④ 재하하중 : 완속재하시험법과 동일

4) 일정 시간간격시험법
① 하중단계 : 설계하중의 20%씩 8단계 재하
② 하중 유지 : 각 하중단계당 1시간씩 유지
③ 재하 종료 : 설계하중의 200%에서 1시간 유지
④ 재하하중 : 설계하중의 20%씩 재하하되 각 단계별 1시간씩 유지

5) 일정 침하율시험법
① 하중단계 : 일정 침하율(0.25~2.5mm/분) 도달 시 다음 단계 재하
② 하중 유지 : 점성토(0.25~1.25mm/분), 사질토(0.75~2.5mm/분)
③ 재하 종료 : 총침하량 50~75mm 또는 말뚝지름의 15% 도달 시
④ 재하하중 : 총하중재하 후 1시간 기록

6) 일정 침하량시험법
① 하중단계 : 침하량이 말뚝지름 1%가 되는 하중을 단계하중으로 결정
② 하중 유지 : 재하하중변화율이 시간당 총재하하중의 1% 미만일 때
③ 재하 종료 : 총침하량이 말뚝지름(B)의 10%에 도달할 때
④ 재하하중 : 4번 정도 나누어 재하

2. 인발시험
① 타입된 말뚝을 유압잭을 이용하여 인발하는 시험이다.
② 시험방법은 압축재하시험과 비슷한 방법으로 시행한다.

3. 수평재하시험
① 타입된 말뚝이 수평하중에 저항하는 정도를 측정하는 시험이다.
② 무리말뚝에서의 수평재하시험 시 말뚝간격은 지름의 10배 이상이 되어야 한다.
③ 외말뚝의 수평재하시험은 콘크리트 받침 블록을 이용하여 재하한다.

Ⅲ. 해석 및 판정법
1) 측정항목

필수항목	선택항목
• 시간(t) • 하중(P) • 말뚝머리의 변위량(S)	• 말뚝머리의 수평변위량 • 선단 및 중간부의 변위량 • 반력장치의 변위량

2) 하중(P)-침하량(S)관계에 의한 분석법
① $P-S$곡선 분석
② $\log P - \log S$곡선 분석
③ $S - \log t$곡선 분석
④ $\dfrac{dS}{d(\log t)} - P$곡선 분석

3) 침하량에 의한 분석법
① 전침하량기준 곡선 분석
② 잔류침하량기준 곡선 분석

49 파일동재하시험(Pile Dynamic Analysis)

[99후(20), 06중(10), 17후(10)]

I. 정의

① 파일동재하시험은 항타 시 말뚝 몸체에 발생하는 변형률과 가속도를 분석·측정
하여 말뚝의 지지력을 결정하는 시험방법이다.

② 파일의 허용지지력 판단방법

```
┌─ 정역학적 방법 ─ Terzaghi, Meyerhof
├─ 동역학적 방법 ─ Sander, Engineering News, Hiley
└─ 파일재하시험방법 ─┬─ 파일정재하시험
                      └─ 파일동재하시험(PDA Test)
```

II. 시험방법 및 설치도

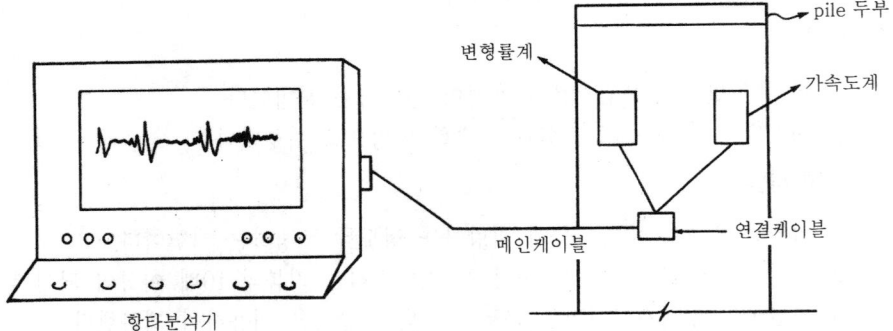

파일두부에 가속도계(Accelero Meter)와 Strain Gauge(Strain Transducer)를 부
착하여 가속도와 변형률을 측정하여 파일에 걸리는 응력을 환산하여 지지력을 측
정하는 방법

III. 항타분석기의 구성

① 항타분석기(Pile Driving Analyzer)
② 가속도계(Accelerometer)
③ 변형률계(Strain Transducer)
④ 메인케이블(Main Cable)
⑤ 연결케이블(Connection Cable)

Ⅳ. 시험목적

구분	초기항타시험(EOID)	재항타시험(Restrike)
목적	항타의 시공관리기준 결정	말뚝의 허용지지력 산정
시험 방법	• 시항타 후 실시 • 타격 시의 말뚝의 응력, 지지력, 항타장비의 적정성 등을 측정	• 본말뚝 시공 후 일정 기간 경과 후 EOID시험과 동일말뚝에 실시 • 시간경과에 따른 주면마찰력 및 선단지지력 증감, Time Effect 등 확인

Ⅴ. 특징

① 시험방법이 간단하다.　　　② 소요내력 파악이 쉽다.
③ 비용이 저렴하다.　　　　　④ 신속한 판정이 가능하다.
⑤ 현장의 활용도가 높다.

Ⅵ. 시험 시 주의사항

① 변형계와 가속계를 정확히 부착시킨다.
② 말뚝지지력 판단 시 감독관을 입회시킨다.
③ 자료의 Data Base화를 실시한다.
④ 정도 확인을 철저히 한다.

Ⅶ. 재하시험 특성 비교

분류	동재하시험	정재하시험
방법	간단하다	부지 확보 등 복잡하다
비용	저렴하다	많이 소요된다
시간	소요시간이 짧다	소요시간이 길다
정도관리	보통이다	우수하다

Ⅷ. 항타분석기 출력치

타격수	낙하고 (m)	항타 에너지 (tf·m)	압축응력 (kgf/cm²)		최대 정적 지지력 (tf)	해머 효율 (%)	건전도 (%)	관입량 (mm)
			두부	선단				

50 정·동재하시험(Statnamic Load Test)

[99후(20)]

Ⅰ. 정의

① 정·동재하시험(Statnamic Load Test)이란 정적 및 동적 재하하중으로 말뚝의 극한지지력을 구하는 시험이다.

② 이 시험법은 캐나다의 버잉험이 개발한 것이며, Statnamic이란 Static의 Stat와 Dynamic의 Namic을 조합하여 만든 용어이다.

Ⅱ. 시험방법

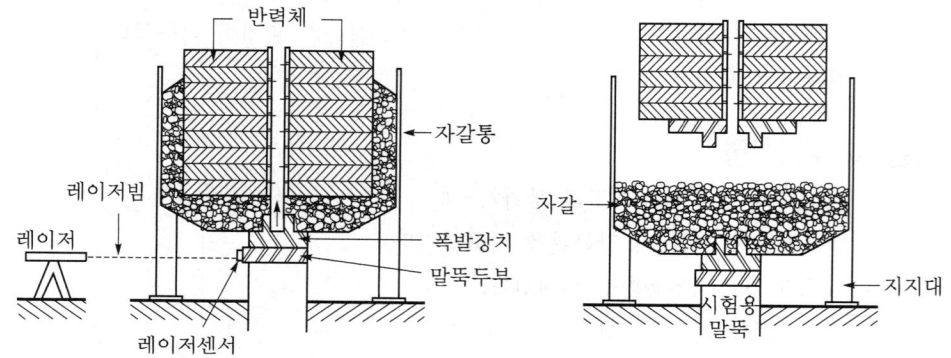

① 말뚝두부에 고체연료를 이용한 폭발장치 설치

② 폭발장치 위에 정재하시험하중 1/20의 반력체 설치

③ 폭발에 의한 말뚝침하

④ 레이저에 말뚝변위량과 다른 장비에 의한 속도, 가속도, 하중 측정

⑤ Computer에 의한 해석으로 극한지지력 산정

Ⅲ. 특징

1) 장점

① 시험시간 단축 및 말뚝 손상이 없음

② 암반지지 말뚝은 정재하시험결과의 일치

③ 대구경 말뚝 또는 현장 타설말뚝의 재하시험 가능

④ 정재하시험하중의 1/20 소요하중만 필요

2) 단점

① 고체연료가격이 고가

② 적용례가 적어 충분한 연구가 필요

③ 마찰말뚝은 적용 곤란

51 말뚝박기 시험(시험말뚝박기, 試抗打)

[24후(10)]

Ⅰ. 정의

① 시항타란 말뚝박기 시험으로 항타장비, 말뚝길이, 작업방법, 허용관입량 등의 내용을 미리 파악하여 본 공사에 이용하기 위해 실시하는 시험이다.

② 시험말뚝은 말뚝박기에 앞서 말뚝길이, 지지력 등을 조사하는 시험으로 실제 말뚝과 동일한 조건으로 시행한다.

Ⅱ. 목적

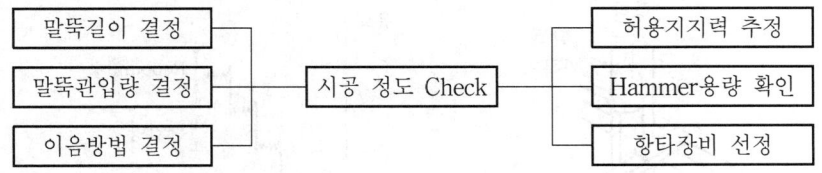

Ⅲ. 시험방법

① 기초면적 $1,500m^2$까지는 2개, $3,000m^2$까지는 3개의 단일 시험말뚝을 설치한다.

② 시험말뚝은 실제 말뚝과 똑같은 조건으로 하고 실제 말뚝박기에 적용될 타격에너지와 가동률로 말뚝을 박는다.

③ 말뚝의 최종 관입량은 10~20회 타격한 평균침하량으로 본다.

④ 말뚝의 최종 관입량과 Rebound 측정량으로 지지력을 추정한다.

⑤ Rebound Check

㉠ 말뚝이 50cm 관입할 때마다 측정

㉡ 말뚝이 약 3m 이내 남았을 때는 말뚝관입량 100mm마다 측정

㉢ Hammer의 낙하고는 말뚝관입량범위에서 평균낙하고 측정

Ⅳ. 시험 시 유의사항

① 말뚝은 중단 없이 연속적으로 박는다.

② 말뚝은 정확히 수직으로 박는다.

③ 관입은 소정의 위치까지 박고 그 이상 무리하게 박지 않는다.

④ 타격횟수 5회에 총관입량이 6mm 이하인 경우는 타입 거부현상으로 본다.

⑤ 말뚝은 기초밑면에서 15~30cm 위의 위치에서 박기를 중단한다.

⑥ 말뚝머리의 설계위치와 수평방향의 오차는 100mm 이하이다.

52 Rebound Check

Ⅰ. 정의

① 연약지반에서 상부구조물의 하중을 지탱하기 위하여 말뚝타입 시 반동에 의해 튀어 오르는 값을 체크하여 기초 시공 시 허용지내력을 산출하는 방식이다.

② 관입량과 Rebound Check로 Hiley공식에 의하여 말뚝의 탄성변형량(C_1)과 지반의 탄성변형량(C_2)을 측정하여 말뚝길이, 치수말뚝의 이음방법 등을 판정한다.

Ⅱ. 현장 실례

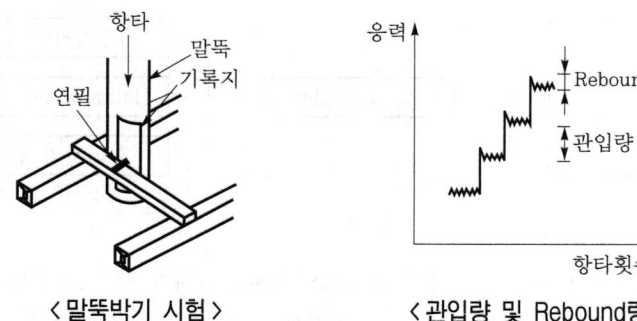

〈 말뚝박기 시험 〉   〈 관입량 및 Rebound량 〉

Ⅲ. Hiley공식

① R_u(극한지지력)$= \dfrac{e_f F}{S + \dfrac{C_1 + C_2 + C_3}{2}}\left(\dfrac{W_h + e^2 W_p}{W_h + W_p} \right)$

여기서, S : 말뚝의 최종 관입량(cm), F : 타격에너지(tf · cm)

C_1 : 말뚝의 탄성변형량(cm), W_h : Hammer의 중량(ton)

C_2 : 지반의 탄성변형량(cm), W_p : 말뚝의 중량(ton)

C_3 : Cap Cushion의 변형량(cm), e_f : Hammer의 효율(0.6~1.0)

e : 반발계수 ┌ 탄성 : $e = 1$
                  └ 비탄성 : $e = 0$

위의 공식에서 C_1, C_2는 항타시험 시 Rebound Check로 구한다.

② R_a(허용지지력)$= \dfrac{R_u(\text{극한지지력})}{F_s(\text{안전율})} = \dfrac{R_u}{3}$

Ⅳ. Check방법

① 말뚝의 일정 부위에 그래프(Graph)지 부착

② 말뚝에 인접하여 연필(펜)을 꽂는 장치 설치

③ 항타에 따른 침하 및 반발력을 그래프지에 도식

V. 측정사항

① 말뚝관입량
② Rebound량 측정
③ Hammer의 낙하고 측정
④ Hammer의 추무게

53 양방향 말뚝재하시험

Ⅰ. 정의

① 현장타설말뚝의 말뚝 선단부 또는 임의 위치에 가압용 재하장치를 설치하여 양방향 말뚝재하시험장치의 상판과 하판에 각각 축방향 하중을 가하는 시험이다.

② 양방향 말뚝재하시험(Bi-directional Pile Load Test)은 지지력 특성시험과 지지력 확인시험으로 구분할 수 있으며, 전자는 말뚝의 선단지지력 특성 또는 주면지지력 특성을 얻는 것이 목적이며, 후자는 이미 정해진 말뚝의 설계지지력의 만족 여부를 확인하는 것이 목적이다.

Ⅱ. 양방향 말뚝재하시험의 시험도해

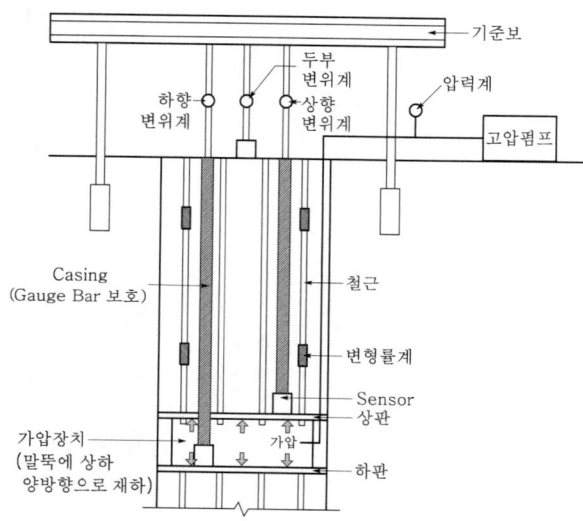

양방향 말뚝재하시험은 말뚝 내 재하장치인 가압장치의 작용에 의해 말뚝 내 상향 및 하향으로 작용하는 압력을 각종 Sensor를 통하여 말뚝의 지지력을 측정하는 시험이다.

Ⅲ. 시험원리

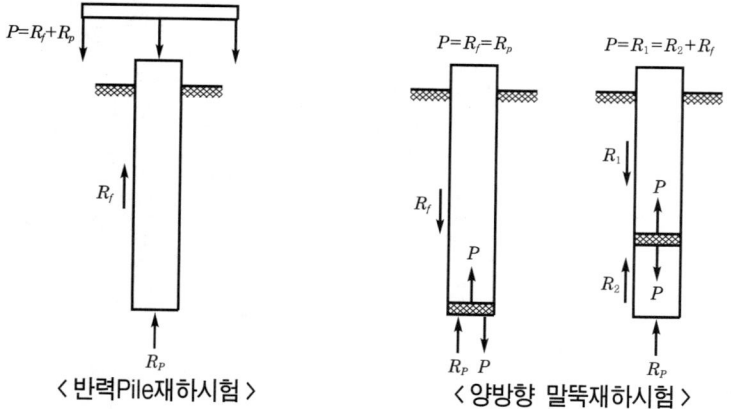

< 반력Pile재하시험 >   < 양방향 말뚝재하시험 >

IV. 측정항목과 시기

1) 측정항목

① 시간

② 하중

③ 말뚝두부 및 양방향 가압장치의 하향/상향변위량

④ 선단 및 중간부의 변위량

⑤ 말뚝체의 변형률(심도별 설치된 하중 측정용 센서의 변형률 또는 응력)

⑥ 말뚝 주변 지반의 변위량

2) 측정시기

모든 자료는 자동화 계측되어야 하며, 자동화 측정시스템에서의 측정항목은 실시간으로 시험의 시작부터 종료까지 지속적으로 자동화 측정하는 것을 표준으로 한다.

V. 시험 시 유의사항

① 계획 최대 하중(80~200MN)의 결정과 가압장치의 설치위치가 가장 중요하다.

② 가압장치는 시험목적에 맞도록 설치하되 말뚝의 설계지지력 확인을 목적으로 하는 경우에는 하부지지력과 상부지지력이 평형이 되는 위치에 설치한다.

③ 가압장치를 철근망에 설치 시 편심·경사가 발생하지 않도록 한다.

④ 시험말뚝은 본말뚝과 같은 시공법으로 시공하며 사용말뚝인 경우 안전성을 확보하도록 한다.

⑤ 시험 중 가압용 호스, 센서연결케이블, 변위봉보호파이프 등이 말뚝두부 상부로 반드시 나와 있어야 하므로 양생기간 중에 손상을 받지 않도록 방호책 등의 조치를 취한다.

⑥ 재하시험 종료 후 가압기구 내부 및 말뚝에 발생된 빈 공간은 본말뚝재료 이상의 고강도 그라우트로 채워야 한다.

⑦ 대구경 현장타설말뚝 기초에 적용함을 기본으로 하며 경사말뚝, 소구경 현장타설말뚝, 항타말뚝, 매입말뚝에 적용할 시에는 별도의 고려가 필요하다.

54 Koden Test(코덴테스트)

Ⅰ. 정의

① 초음파 측벽측정장치로 굴착공의 중심에 센서유닛을 매달아 상하로 이동시키면서 초음파를 발사하여 정확한 수직 단면을 기록하는 장치이다.

② 정확한 데이터를 기초로 하여 기초공사의 고품질화, 공기 단축, 공사비 절감이 가능하다.

Ⅱ. 장치도

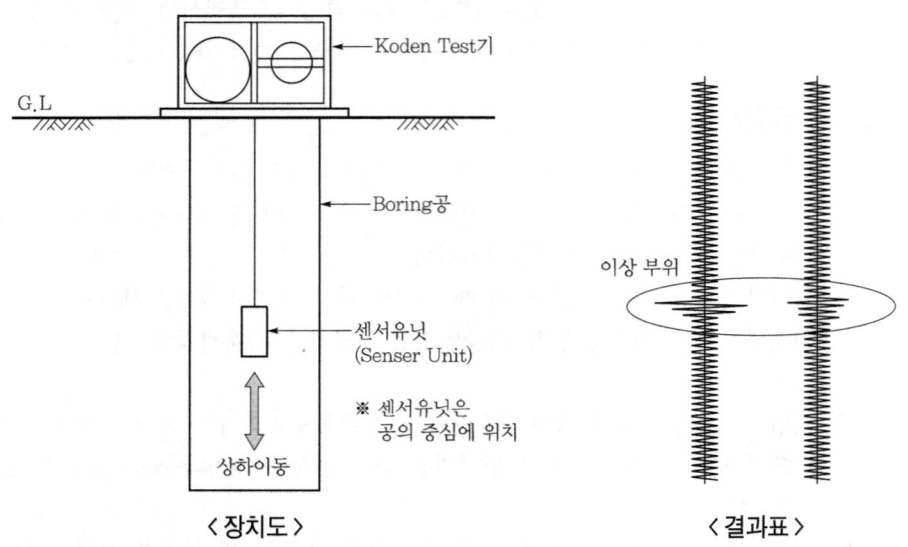

〈 장치도 〉　　　　　　　　　　　　　〈 결과표 〉

Ⅲ. 제원

구분	내용
측정반경	0.5m, 1.0m, 2.0m, 4.0m
측정방식	초음파펄스방식
정밀도	±2%
기록방식	4방향 동시 측정, 2방향 단일 측정

Ⅳ. 특징

① 굴착공의 연직성과 단면형상 측정 및 표시

② 측정한 데이터의 출력 및 이미지화 가능

③ 1회 측정으로 정확한 데이터 산출 가능

④ 최대 100m까지 측정 가능

55 현장타설 콘크리트 말뚝의 건전도시험

[20전(10), 23후(10)]

Ⅰ. 정의

① 현장타설 콘크리트 말뚝에서 말뚝의 두부 정리 전 시공의 양부(良否)를 파악하기 위한 시험이다.

② 말뚝 시공 시 미리 설치된 탐사관(Sonic Guide Pipe)에 송수신센서를 삽입하여 초음파속도를 통해 말뚝의 품질상태와 결함 유무를 확인하는 시험이다.

③ 현장타설말뚝의 공대공초음파검층(CSL : Cross-hole Sonic Logging)시험이라고도 한다.

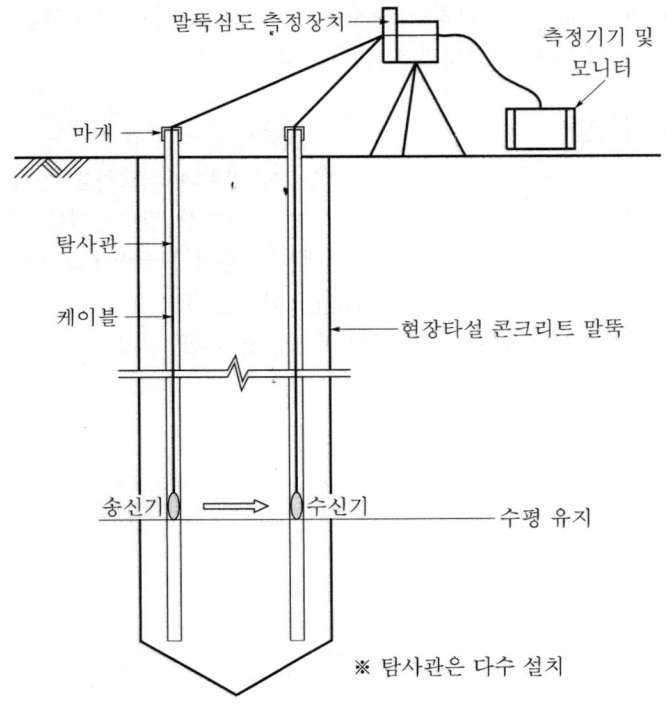

Ⅱ. 시험시기

콘크리트 타설 후 7일 경과 후 30얼 이내 콘크리트 강도가 80% 이상 되는 시점

평균말뚝길이(m)	시험수량(%)
20 이하	10
20~30	20
30 이상	30

Ⅲ. 시험방법

① 노출탐사관의 상부를 일정 길이로 절단
② 탐사관 상단까지 깨끗한 물을 채움
③ 추를 매단 줄자를 넣어 탐사관의 상태 및 심도 확인
④ 송신기 및 수신기 삽입
⑤ 측정기기를 초기화하고 기기작동 시작
⑥ 송신기와 수신기를 동시에 상부로 이동하면서 시험 시작
⑦ 결함의 형태와 위치는 모니터에 표시
  • 도달시간 증가나 신호의 진폭이 감소되면 결함임
⑧ 불량이 의심되는 곳은 송신기 및 수신기 위치를 변화시켜 반복시험 실시
⑨ 다수의 탐사관을 이용하여 탐사위치를 차례로 바꿔가며 시험
⑩ 이상이 없을 시 모르타르로 탐사관 내 그라우팅 실시

Ⅳ. 시험 시 유의사항

① 내부송신과 수신센서의 위치는 말뚝길이 방향과 직교하는 동일 평면상에 설치
② 초음파 발신 및 수신케이블의 길이는 검사대상 말뚝길이를 고려
③ 말뚝의 선단부로부터 송신과 수신센서를 동시에 끌어올리면서 연속적으로 측정
④ 말뚝심도에 따른 검측간격은 50mm 이내로 할 것
⑤ 탐사관의 끝은 이물질이 유입되지 않도록 마개 설치

56 말뚝의 하중전이함수

[98전(20)]

Ⅰ. 정의

① 말뚝의 하중전이는 특정한 위치에 말뚝을 설치하였을 때 말뚝−흙시스템의 모든 요소에 있어 응력−변형률−시간특성 및 파괴특성에 따라 말뚝머리 부분에 작용하는 하중이 여러 가지 조건에 의해 선단부에 변화되어 전달되는 것을 말한다.

② 하중전이함수에 변화를 주는 조건은 간극비, 함수비, 액성한계, 소성지수, 균열계수, 곡률계수 등이 있다.

Ⅱ. 하중전이함수

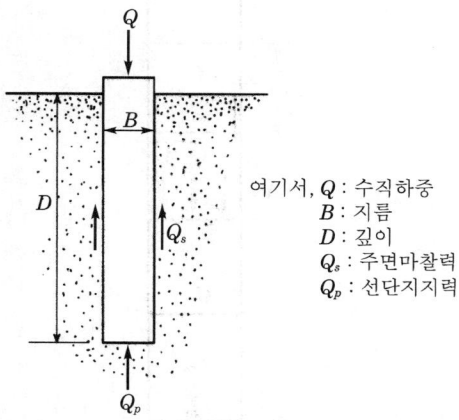

여기서, Q : 수직하중
B : 지름
D : 깊이
Q_s : 주면마찰력
Q_p : 선단지지력

1) 정량적 분석을 위해 위의 그림과 같이 말뚝이 근입된 경우

2) 하중전이 해석

① 말뚝축을 따라 여러 깊이(Z)에 변형률 측정을 Gauge 설치한다.

② 깊이(Z)에 따라 축방향 하중의 측정값을 얻는다.

③ 다음과 같은 말뚝 주변에서의 하중전이를 나타낸다.

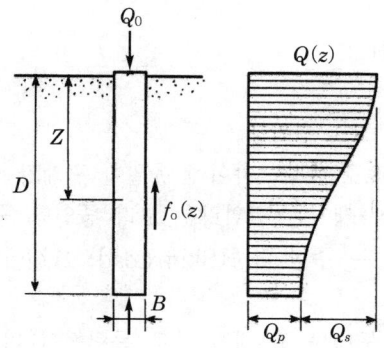
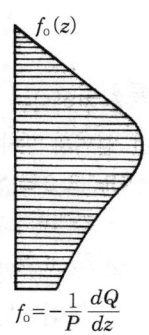

$$f_0 = -\frac{1}{P}\frac{dQ}{dz}$$

④ 위 그림에서 함수 $Q(z)$는 말뚝 주변에서의 하중전이를 나타낸다.

⑤ 이 곡선에서 $Z=D$의 세로좌표값은 말뚝전단하중(Q_p)을 나타낸다.

⑥ $Q-Q_p=Q_s$는 말뚝 주변 하중을 나타낸다.

3) 주변 저항력(f_o)

함수 Q_s를 말뚝 주변 길이 P로 나누면 다음과 같이 말뚝 주변의 주변 저항력분포를 얻을 수 있다.

$$f_o=-\frac{1}{P}\frac{dQ}{dz}$$

Q_s가 깊이 Z에 따라 감소하는 한 f는 양의 값이다.

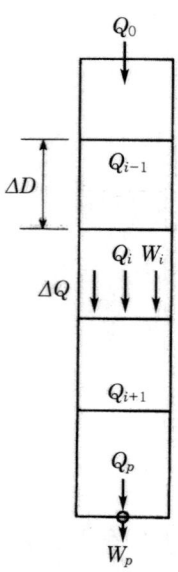

< 하중전이 해석에서 전이함수법 >

4) 하중전이함수

축방향력(Q)은 이른바 전이함수로부터 계산할 수 있는데, 전이함수는 다음 형태의 경험적 혹은 해석적 관계이다.

$$\Delta Q= Q_i- Q_{i-1} = f(W_i)$$

Ⅲ. 전이함수의 특성

① 요소로 전이되는 하중과 그 요소변위량 사이에 유일한 관계가 성립되도록 한다.

② 어떤 임의의 말뚝요소를 따라 생기는 변위량은 고려 중인 말뚝요소 이외의 다른 말뚝요소들에 의해 전이되는 주변 하중(Skin Load) ΔQ에 영향을 받지 않는다는 가정이 있다.

③ 다른 말로 표현하면 말뚝을 둘러싼 흙 대신 서로 독립적인 비선형스프링을 각 요소의 중앙에 설치하여 말뚝을 지지하도록 가정했다는 것이다.

57 포인트기초(Point Foundation)공법

[16후(10)]

Ⅰ. 정의

① PF공법이란 Head, Cone, Tail형태의 구근을 동시에 형성하는 기초공법으로 중·저층 구조물의 지내력기초에 적용된다.

② 특수 교반장비를 사용하여 상부층의 1차 지지층(지내력 확보), 하부층의 침하방지 토사 경화체를 형성하여 침하량제어를 동시에 수행하여 기초를 형성하는 공법이다.

Ⅱ. PF공법의 지지 Mechanism

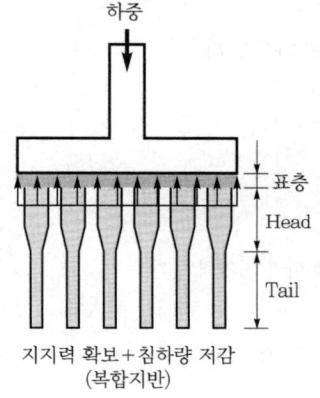

하중

표층
Head
Tail

지지력 확보＋침하량 저감
(복합지반)

지지단계	구성	지지방식	비고
1차 지지층	표층	기초하중을 분산시켜 하부에 전달	$0.3 \sim 2m$
2차 지지층	Head	고개량하여 응력이 큰 상부 지반의 지지력 확보 및 침하량제어	$2D \sim 3D$
3차 지지층	Tail	저개량하여 응력 증가량이 작은 하부지반의 지지력 확보 및 침하량제어	$N = 20 \sim 30$

Ⅲ. PF공법의 시공방법

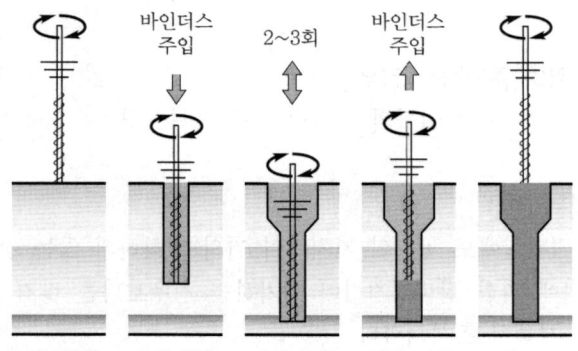

바인더스
주입

2~3회

바인더스
주입

시공위치 → 주입·천공 → 반복 주입 → 주입·인발 → 완료

Ⅳ. PF공법의 특징

① 연약지반개량을 통한 지내력 확보

② 현장 지질조건을 감안한 최적화 기초 시공 가능 : 표층, 중층, 심층으로 구분 가능

③ 하중 부담이 적은 건축물의 과다 설계 시 문제점 해결

④ 파일기초 대비 시공심도 감소 → $N = 20 \sim 30$인 견고한 지지층까지만 시공

⑤ 기초공사의 약 20%의 공기 단축 및 30% 정도의 원가절감효과

58 타입말뚝 지지력의 시간경과효과(Time Effect)

[07중(10), 10중(10), 19중(10), 21후(10)]

Ⅰ. 정의

① 점성토지반에서 말뚝 항타로 인하여 발생한 과잉 간극수압이 시간이 지남에 따라 소산하며, 그에 따라 지반 내의 유효응력이 증가하면서 말뚝의 지지력이 증가하는 현상을 시간경과효과라 한다.

② 사질토지반에서는 말뚝 항타로 인한 과잉 간극수압이 발생하더라도 지반의 높은 투수계수로 인하여 즉시 소산되기 때문에 말뚝의 지지력은 변화하지 않는다는 것이 정설로 인정되었으나, 실무에서는 사질토지반에서도 이러한 시간경과효과가 나타난다.

③ 타입말뚝뿐 아니라 매입말뚝에서도 시간경과효과는 나타난다.

Ⅱ. 시간경과효과의 개념

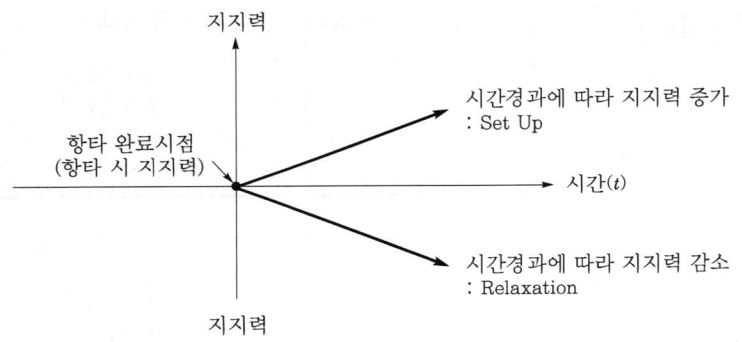

1) 말뚝의 지지력이 증가하는 경우

시간이 경과함에 따라 말뚝의 지지력이 증가하는 경우를 Set Up 또는 Freeze라고 부른다.

2) 변화하지 않는 경우

① 시간이 경과함에도 말뚝의 지지력이 거의 변화하지 않는 경우

② 시간경과에 따라 말뚝지지력이 증가하는 경우보다는 많지 않지만 그래도 상당히 많은 사례가 조사되었다.

3) 말뚝지지력이 감소하는 경우

① 시간이 경과함에 따라 말뚝지지력이 감소하는 경우

② 문헌에 의하면 이러한 경우는 극히 희귀한 경우로 언급하고 있으며 Relaxation 이라고 한다.

Ⅲ. 현장 적용 시 유의사항

① 말뚝기초의 최적 설계와 고강도 강관말뚝의 실무 적용을 위해서는 결국 현장 조건에서의 시험 시공이 필수적이다.

② 말뚝기초의 지지력을 과소 또는 과대평가하면 경제성 상실 및 구조물 안전성을 저하시킨다.

③ 재항타 동재하시험(Restrike Test)을 실시하여 말뚝의 Time Effect를 확인한다.

59 말뚝박기 시 두부 파손의 원인 및 대책

Ⅰ. 개요

① 기성 Con′c 말뚝의 두부는 Cushion 등으로 보호하지만 Hammer의 타격에너지가 가장 크게 전달되는 부위로 파손되는 경우가 많다.

② 말뚝재의 파손은 구조물 전체가 구조적으로 불안정해지는 결과를 가져오게 되므로 말뚝재의 강도 확보, Cushion재의 두께 확보, 연직도 확보 등으로 말뚝두부의 파손을 방지해야 한다.

Ⅱ. 말뚝 파손의 형태

① 말뚝두부 파손　　　　　　② 말뚝두부 종방향 Crack
③ 휨Crack(말뚝 중간부의 횡Crack)　④ 횡방향 Crack
⑤ 말뚝 선단부 파손　　　　　⑥ 말뚝이음부 파손

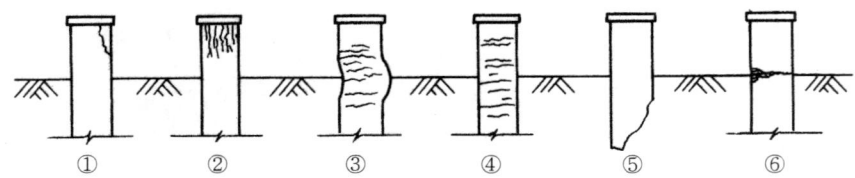

|　①　|　②　|　③　|　④　|　⑤　|　⑥　|

Ⅲ. 파손원인

① 운반 및 취급 부주의　　　② 말뚝강도 부족
③ 편심항타　　　　　　　　④ 타격에너지 과다
⑤ 축선 불일치　　　　　　　⑥ Hammer의 과다 용량
⑦ Cushion두께 부족　　　　⑧ 연약지반에서 타격 시
⑨ 이음부 불량　　　　　　　⑩ 타격횟수 과다
⑪ 지반경사　　　　　　　　⑫ 지중 장애물

Ⅳ. 대책

① 말뚝 운반 및 보관 시 취급주의　② 말뚝재의 강도 확보
③ 편타금지　　　　　　　　　　④ 말뚝관입량 확인
⑤ Hammer와 말뚝의 축선 일치　　⑥ 적정 Hammer의 선정
⑦ Cushion의 두께 확보 및 보강　　⑧ 지반조건에 맞는 시공법 선정
⑨ 이음부 용접 철저　　　　　　⑩ 말뚝의 제한 총타격횟수 엄수
⑪ 타입저항이 적은 말뚝 선정　　⑫ 말뚝두부 파손 시 보강재로 보강
⑬ 연직도의 확인 및 관리　　　　⑭ Rebound량, 관입량을 조사 후 타설시기 결정

60 말뚝의 Cushion

[04전(10)]

I. 정의

① 기성 Con'c 말뚝에서 타격공법은 가격이 저렴하며 균일한 품질과 공사기간을 단축시키는 특성을 가진 깊은 기초공법으로 건설현장에서 많이 이용되는 공법이다.

② 타격되는 기성말뚝의 Hammer와 말뚝 사이에 설치하여 말뚝의 파손을 방지할 목적으로 설치하는 것을 Cushion이라 한다.

II. Cushion 설치방법

1) Hammer와 Cap 사이 설치

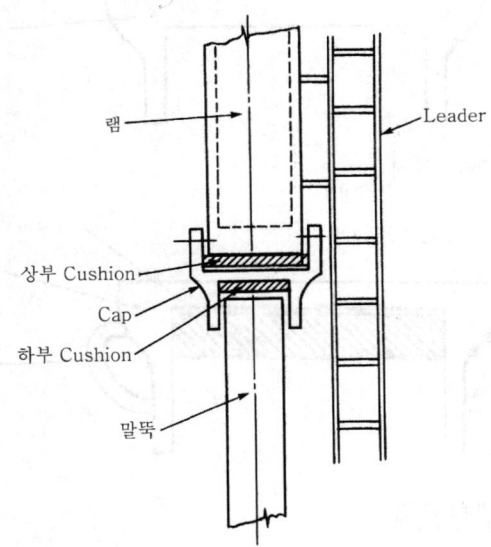

2) Cap 하부에 설치

III. Cushion의 효과

① 말뚝 손상 방지   ② 소음 경감

③ 응력집중 방지   ④ 완충작용

IV. Cushion재료

① 떡갈나무   ② 베니어판

③ 벗나무   ④ 느티나무

V. Cap

1) 역할
   ① 말뚝지지
   ② 편타 방지
   ③ 응력집중 방지
   ④ 말뚝머리 보호

2) 형식
   ① Cushion재 상부 설치

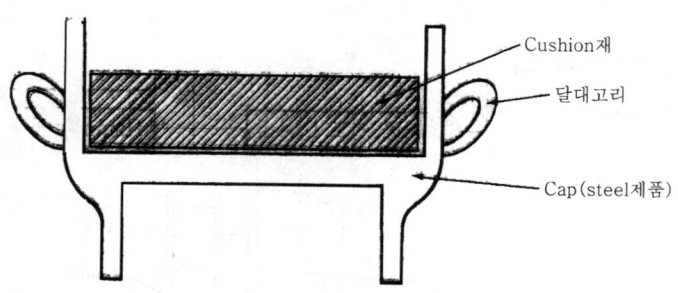

   ② Cushion재 하부 설치

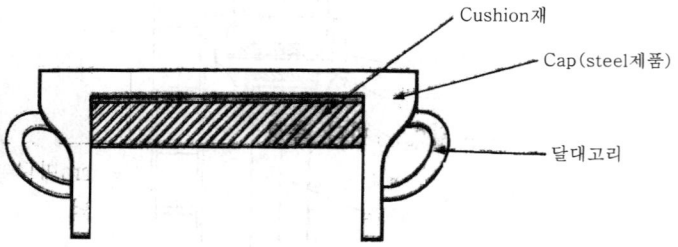

VI. 말뚝의 타격횟수 제한규정

구분	RC말뚝	PSC말뚝	AC말뚝	강말뚝
타격횟수	1,000	2,000	3,000	3,000

61 기성 Con′c 말뚝두부(頭部) 정리

I. 정의

① 말뚝머리 절단을 커터기 또는 말뚝에 유해한 충격 및 손상을 주지 않는 기구를 사용하여 책임기술자의 지시에 따라 말뚝머리를 처리한다.

② 두부 정리가 완료된 말뚝은 기초 Con′c 타설 시까지 충격 방지 및 이음 부분에 오염을 방지해야 한다.

II. 말뚝두부 정리

1) 말뚝이 길 때

① 버림 Con′c 위 60mm 남기고 Con′c만 절단

② 연결Joint철근은 300mm 이상 확보

③ 내부받이판은 Pile지름의 1/2(0.5D) 되는 밑지점에 둘 것

④ Con′c 절단점의 100mm 아래에 Band로 조여 Crack 방지

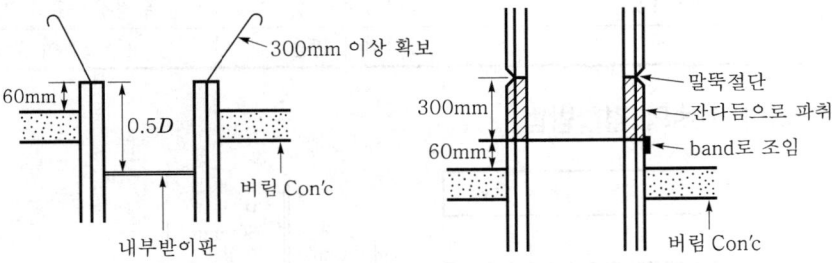

2) 말뚝이 짧을 때

① 보강철물은 Pile본체 철근개수 이상

② Joint철근은 버림 Con′c면 위로 300mm 이상

③ 말뚝머리 주근은 30~45° 벌려서 기초 속 매립

④ 내부받이판은 Pile지름의 1/2(0.5D) 되는 밑지점에 둘 것

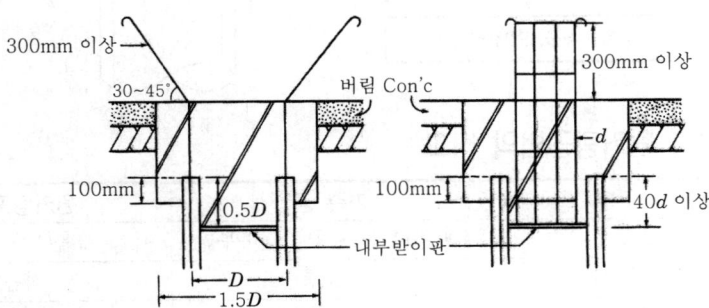

62 말뚝머리와 기초의 결합방법

[22중(10)]

Ⅰ. 정의

① 말뚝머리와 기초의 결합부는 말뚝머리 고정으로 설계하고 결합부에 생기는 모든 응력에 대해 안전하도록 설계하여야 한다.

② 일반적으로 구조물의 안전성과 변위 저감을 위해 강결합방법으로 설계한다.

③ 기존 말뚝 시공 후 말뚝에 커팅 후 강선을 300mm 이상 노출시켜 기초 콘크리트에 매립시켜 일체화하여 결합해야 한다.

Ⅱ. 강결합방법과 힌지결합방법의 비교

구분	강결합방법	힌지결합방법
말뚝의 지표면 수평변위량	수평변위량이 작음 (힌지결합의 1/2)	수평변위량이 큼
말뚝 본체의 휨모멘트	말뚝에 큰 휨모멘트 발생 (힌지결합의 1.55배)	휨모멘트 작음
구조특성	부정정차수가 큼	부정정차수가 작음
실적	시공실적이 많음	시공실적이 적음

Ⅲ. 말뚝머리와 기초의 결합방법

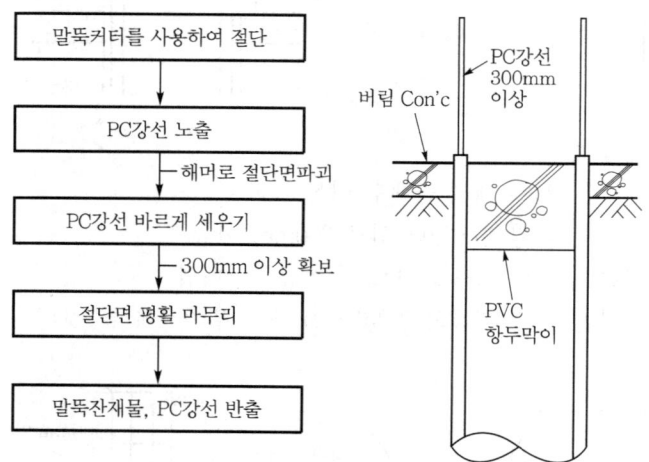

Ⅳ. 기존 공법과 원커팅공법의 비교

구분	기존 공법	원커팅공법
공기	보통(1차 → 커팅 → 마무리)	짧음(1차 커팅)
말뚝 파손	보통	적음
안전성	강선에 의한 위험	없음
경제성	인건비 소요	자재비 소요

63 기성 Pile 무소음·무진동공법

I. 정의

① 건설공사에서 소음·진동에 따른 주변 민원 발생은 사회문제화되고 있으며, 말뚝박기 공사 시의 소음·진동은 다른 공종에 비해 심한 편이다.

② 이를 방지하기 위한 대응책으로 개발된 것은 무소음·무진동공법이며, 도심지 공사에서의 활용은 증가되리라 본다.

II. 무소음·무진동공법의 분류

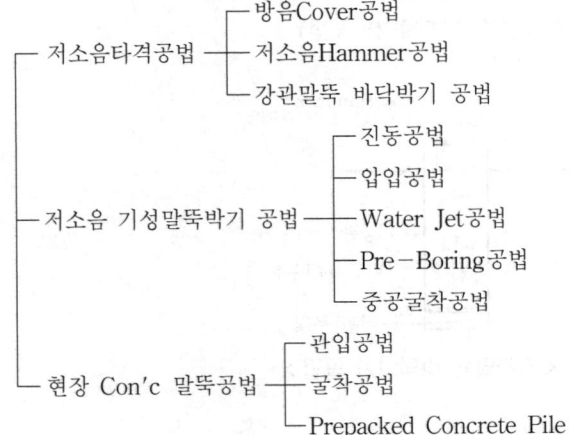

```
                    ┌─ 방음Cover공법
      저소음타격공법 ─┼─ 저소음Hammer공법
                    └─ 강관말뚝 바닥박기 공법

                          ┌─ 진동공법
                          ├─ 압입공법
      저소음 기성말뚝박기 공법 ─┼─ Water Jet공법
                          ├─ Pre-Boring공법
                          └─ 중공굴착공법

                        ┌─ 관입공법
      현장 Con'c 말뚝공법 ─┼─ 굴착공법
                        └─ Prepacked Concrete Pile
```

III. 기성 Pile의 문제점(건설공해)

1) 소음
   ① 항타장비의 소음
   ② 타격음
   ③ 부대장비의 운전음

2) 진동
   ① 타격에 의한 진동
   ② 장비 운용에 의한 진동
   ③ 자재 운반 등에 따른 이동 시 발생하는 진동

3) 분진
   ① 타격 시 타격장비의 Oil 비산
   ② Pile자재의 파손에 의한 발생먼지
   ③ 자재 및 장비의 수송에 따른 현장 토사분진

64 저소음타격공법

Ⅰ. 개요

도심지 기성말뚝박기 공사 시 소음, 진동, 비산, 분진 등으로 인한 주변 민원 발생이 문제가 되고 있으므로 무소음·무진동공법의 활용과 철저한 시공관리로 건설공해를 예방해야 한다.

Ⅱ. 저소음타격공법의 종류

① 방음Cover공법

② 저소음Hammer공법

③ 강관말뚝박기 공법(강관말뚝 바닥치기 공법)

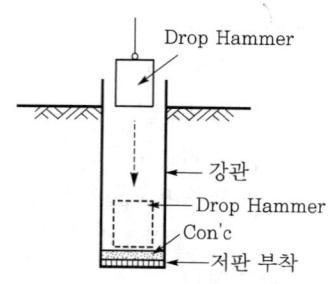

< 강관말뚝 바닥치기 공법 >

Ⅲ. 저소음타격공법

1) 방음Cover공법

① 흡음성이 있는 방음Cover를 부착하여 Diesel Hammer의 소음을 감소시키는 공법

② 방음

㉠ 부분 Cover방식 : Hammer만을 덮는 방식으로 차음효과가 떨어짐

㉡ 전체 Cover방식 : 기계 전체를 덮는 방식으로 부분 Cover방식보다 차음효과 우수

③ 방음Cover의 차음효과는 개구율을 작게 한 완전 밀폐형이 양호

2) 저소음Hammer공법

① Hammer 자체의 구조에 의해 박을 때의 소음이 적은 공법

② 비교적 연약지반에서 사용하며 유압에 의한 Hammer 사용

3) 강관말뚝박기 공법(강관말뚝 바닥치기 공법)

① 저판을 부착시킨 강관의 저부에 적당량의 Con′c를 채우고, 이 부분을 Drop Hammer로 타격해서 관입시키는 공법

② 얇은 강관을 사용하는 경우에는 속 채우기 Con′c를 타설

65 말뚝의 주면마찰력

Ⅰ. 정의

① 지지말뚝은 일반적으로 선단지지력과 주면마찰력에 의해 상부의 하중을 지지한다.

② 주면마찰력에는 말뚝의 상향으로 작용하는 정마찰력과 말뚝의 하향으로 지지하는 부마찰력이 있다.

Ⅱ. 말뚝의 주면마찰력의 분류

① 정마찰력(Positive Friction)

② 부마찰력(Negative Friction)

Ⅲ. 말뚝의 주면마찰력

1) 정마찰력(Positive Friction)

① 지지말뚝에서의 지지력＝선단지지력＋주면마찰력

② 이때 주면마찰력은 상향의 정(正, positive)마찰력으로 Pile의 지지력을 증대시킨다.

③ $R_p + PF > P$

2) 부마찰력(Negative Friction)

① 주면마찰력이 지반의 침하로 인하여 하향으로 작용하여 Pile의 지지력을 감소시킨다.

② $R_p > NF + P$

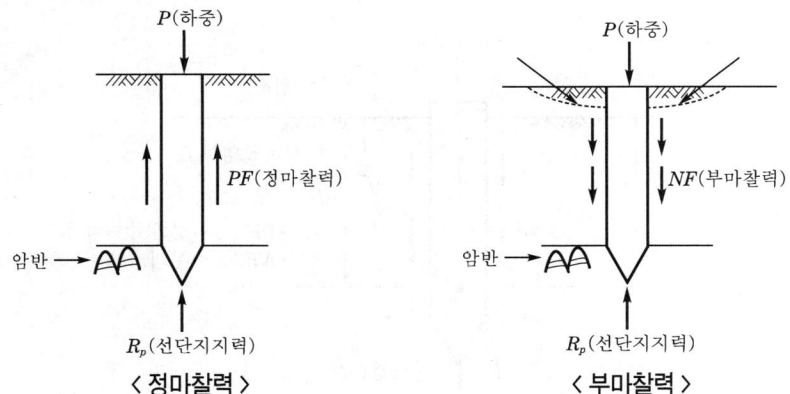

〈 정마찰력 〉 〈 부마찰력 〉

Ⅳ. 말뚝의 중립점

① 말뚝 주변의 침하량은 지표면에서 최대이고 깊이에 따라 점점 감소하며, 중립점이란 압밀층 내에서 지반침하와 말뚝의 침하량이 같아지는 지점을 말한다.

② 중립점의 위치는 말뚝이 박혀 있는 지지층의 굳기에 따라 달라진다.

66 말뚝의 부마찰력(Negative Friction)

[94후(10), 03전(10), 05전(10), 06후(10), 07전(10), 19전(10), 20중(10), 23후(10)]

Ⅰ. 정의

지지말뚝은 일반적으로 선단지지력과 주면(周面)마찰력에 의해 상부하중을 지지시키며, 지반이 연약지반일 때는 주면마찰력이 하향으로 작용하는데, 이때의 마찰력을 부($-$)의 주면마찰력이라 한다.

Ⅱ. 중립점

1) 정의

압밀층 내에서 지반침하량과 말뚝의 침하량이 같아서 상대적 변위가 없는 점을 말하며 $NF(-)$는 중립점 윗부분에서 발생한다.

2) 중립점의 위치

① 중립점까지의 깊이 $= nH$

여기서, n : 말뚝에 따른 계수

H : 말뚝길이

② n값

㉠ 마찰말뚝, 불완전지지말뚝 : 0.8

㉡ 모래, 자갈층에 지지 : 0.9

㉢ 암반, 굳은 층에 지지 : 1

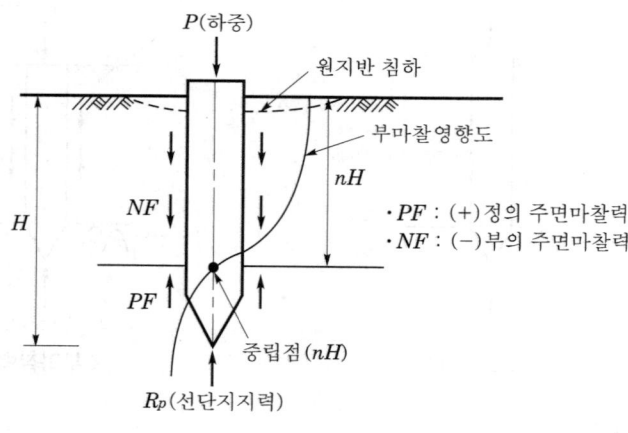

〈 Pile의 중립점 〉

Ⅲ. 부마찰력의 영향

① 지반침하

② 구조물 균열

③ Pile의 지지력 감소

Ⅳ. 부마찰력 발생원인

① 지반 중에 연약지반이 존재할 때
② 침하가 진행 중인 지역에 항타 시
③ Pile의 간격을 조밀하게 항타 시
④ 진동으로 인한 압밀침하 발생 시
⑤ 지하수위 흡상지역에서의 항타 시
⑥ Pile이음부의 시공 불량으로 인한 이
   상응력 발생 시
⑦ 지표면에 과적재물 장기 적재 시

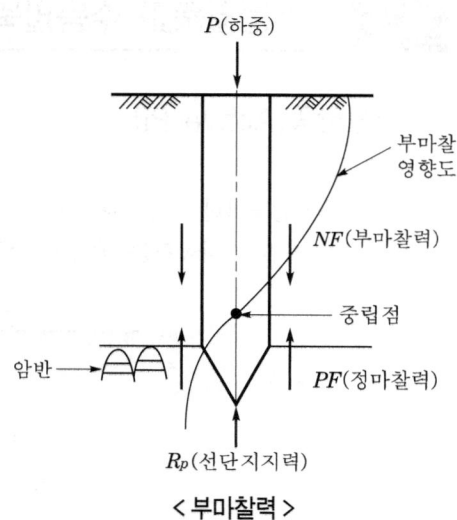

< 부마찰력 >

Ⅴ. 부마찰력 방지대책

① 항타 시공 전 연약지반 개량으로 지
   지력 확보
② Pile표면적을 작게 하여 마찰력 감소
③ 진동으로 인한 주위 지반 교란 방지
④ 지하수를 저하시켜 수압변화 방지
⑤ Casing 사용, Pile표면에 역청제 도포 등으로 마찰력 감소
⑥ Pile의 항타순서 준수
⑦ 지표면의 상재하중 제거로 압밀침하 방지
⑧ 이음부의 마찰력 감소 및 강성 확보
⑨ 지하수위 Check, 토질조사 등 사전조사 철저

67 주동말뚝과 수동말뚝

Ⅰ. 주동말뚝(Active Pile)

1) 정의

주동말뚝이란 수평력이 작용하는 상부구조물에 의해 말뚝두부가 먼저 변형되어 주변 지반이 저항하는 말뚝을 말한다.

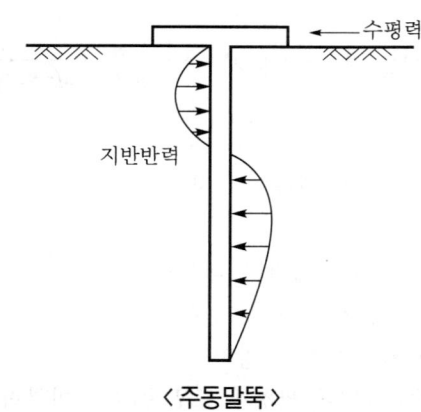

〈 주동말뚝 〉

2) 용도

① 교대 기초말뚝

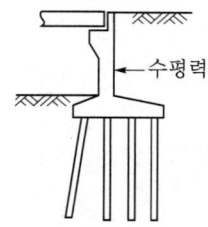

② 해양구조물 기초말뚝

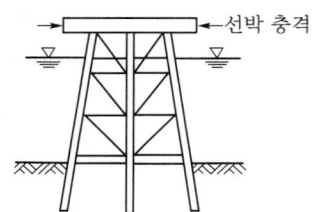

③ 횡잔교

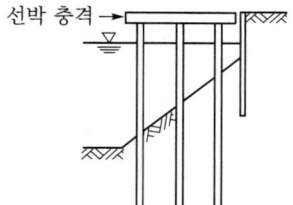

④ Anchor Pile

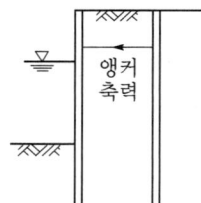

Ⅱ. 수동말뚝(Passive Pile)

1) 정의

수동말뚝이란 말뚝 인접 지반의 성토나 압밀침하 등으로 말뚝 주변 지반이 먼저 변형되어 말뚝에 측방토압이 작용하는 말뚝을 말한다.

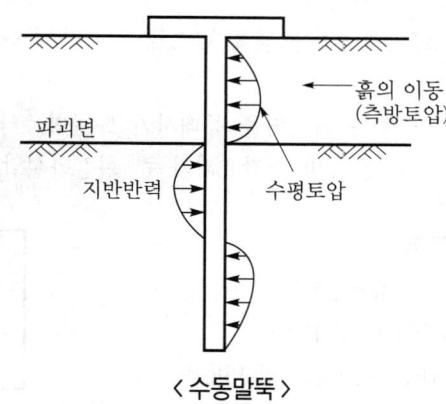

〈 수동말뚝 〉

2) 용도

① 연약지반 교대기초

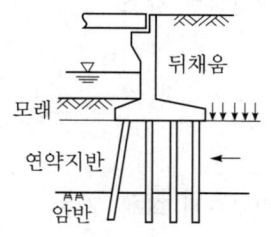

② 연약지반 구조물기초

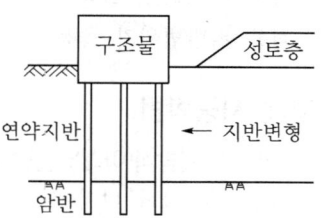

③ 횡잔교(활동)

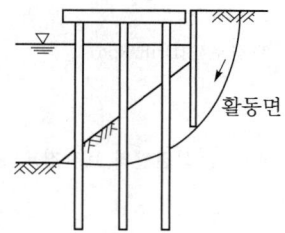

④ 사면안정용 말뚝(엄지말뚝)

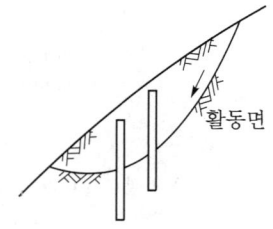

Ⅲ. 주동말뚝과 수동말뚝의 차이점

차이점	주동말뚝	수동말뚝
수평변형 주체	말뚝	주변 지반
작용수평력	상부구조물로 결정	지반과 말뚝의 상호 작용으로 결정
해석방법	간단	복잡

68 선단 확대말뚝(Base Enlarged Pile)

Ⅰ. 정의

① 선단 확대말뚝이란 현장타설 콘크리트 말뚝에서 말뚝 선단부의 단면을 확대시켜 지반과의 접하는 면적을 넓게 함으로써 선단 확대부를 Footing으로 이용하는 말뚝이다.

② 선단을 확대한 말뚝은 지지력을 증대시키고 굴착토의 양과 사용콘크리트를 절감하여 공기 단축 및 공비 절감효과가 큰 현장타설말뚝이다.

Ⅱ. 모양에 따른 말뚝 분류

① 균일 단면말뚝(Uniform Pile)

② 측면 경사말뚝(Tapered Pile)

③ 선단 확대말뚝(Base Enlarged Pile)

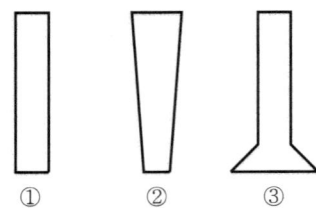

Ⅲ. 특징

① 지지력 증대   ② 굴착토량 감소

③ 사용 콘크리트 절감   ④ 말뚝침하량 감소

⑤ 적용 지반범위가 좁음

Ⅳ. 선단 확대 시공방법

1) 상부 힌지버킷방식(아래열림방식)

① 버킷의 상단에 힌지 설치   ② 드릴로드에 의해 구동

③ 회전팔에 Cutting Teeth 부착   ④ 굴착된 흙은 버킷으로 제거

⑤ 굴착 단면이 원뿔형 형태를 유지

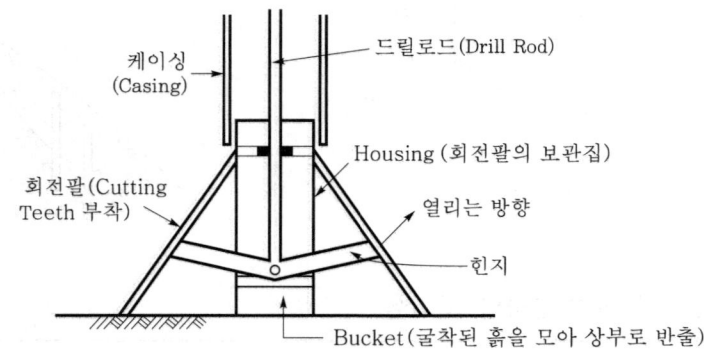

2) 하부 힌지버킷방식(위열림방식)

① 버킷의 바닥에 힌지로 된 팔 설치

② 굴착동작이 항상 구멍 저부에서 작동

③ 굴착 단면형상이 종모양의 형태 유지

④ 안정측면에서는 원뿔형보다 불리

⑤ 바닥 힌지팔이 버킷을 들 때 구멍에 끼는 경향이 있음

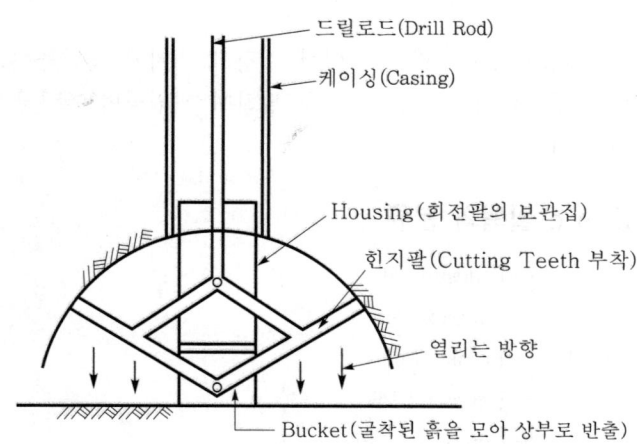

드릴로드(Drill Rod)

케이싱(Casing)

Housing(회전팔의 보관집)

힌지팔(Cutting Teeth 부착)

열리는 방향

Bucket(굴착된 흙을 모아 상부로 반출)

3) 인력굴착방식

① 안정되고 건조한 흙 또는 암반지역에 적용

② 작업자의 안전작업을 목적으로 강재리브(Rib) 사용

③ 굴착공으로 내려서 확대 굴착면에 단단히 접하도록 조립

④ 인력에 의한 확대 굴착작업

V. 시공 시 주의사항

① 느슨한 지반에서 공벽 보호는 Casing 이용

② 케이싱의 내부청결 유지

③ 굴착된 흙이나 암 부스러기는 수거하여 조사내용과 비교

④ 굴착공의 지름이 작을 경우에는 빛을 비추어 검사

⑤ 굴착공 내의 어떠한 흙 부스러기나 덩어리는 콘크리트 타설 전 제거

⑥ 콘크리트 타설 전 바닥깊이 검측

⑦ 굴착 완료 후 콘크리트 타설은 6시간 이내 완료

⑧ 굴착공 내 작업자는 안전띠 및 안전모 착용

⑨ 안전등 및 가스감지장비 설치

69 현장 Con′c 말뚝(제자리 Con′c 말뚝)의 종류

Ⅰ. 정의

제자리 Con′c 말뚝이란 현장에서 소정의 위치에 구멍을 뚫고 Con′c 또는 철근 Con′c를 충진해서 만드는 말뚝을 말하며 관입공법, 굴착공법, Prepacked Con′c Pile이 있다.

Ⅱ. 제자리 Con′c 말뚝의 분류

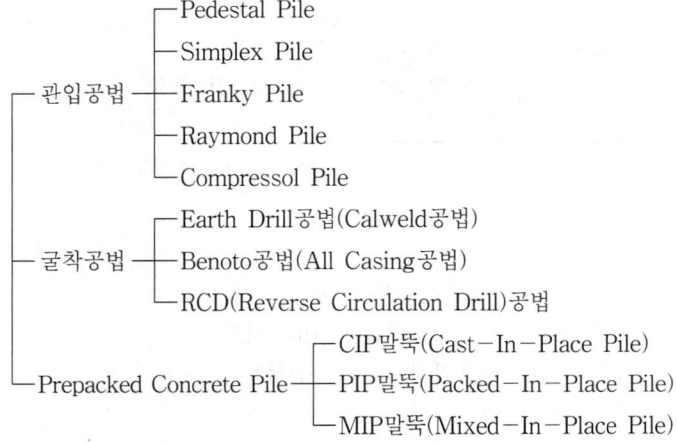

```
                  ┌─ Pedestal Pile
                  ├─ Simplex Pile
      ┌─ 관입공법 ─┼─ Franky Pile
      │           ├─ Raymond Pile
      │           └─ Compressol Pile
      │           ┌─ Earth Drill공법(Calweld공법)
      ├─ 굴착공법 ─┼─ Benoto공법(All Casing공법)
      │           └─ RCD(Reverse Circulation Drill)공법
      │                              ┌─ CIP말뚝(Cast-In-Place Pile)
      └─ Prepacked Concrete Pile ────┼─ PIP말뚝(Packed-In-Place Pile)
                                     └─ MIP말뚝(Mixed-In-Place Pile)
```

Ⅲ. 제자리 Con′c 말뚝

1) 관입공법

① Pedestal Pile[외관＋내관, 구근 형성]

Simplex Pile을 개량하여 지내력 증대를 위해 말뚝 선단에 구근을 형성하는 공법

② Simplex Pile[외관(철제 쉬신)＋추]

외관을 소정의 깊이까지 박고 Con′c를 조금씩 넣고 추로 다지며 외관을 빼내가는 공법

③ Franky Pile[외관(주철제 원추형의 마개)＋추, 합성말뚝]

외관을 추로 내리쳐서 소정의 깊이에 도달하면 내부의 마개와 추를 빼내고 Con′c를 넣어 추로 다져 외관을 조금씩 들어 올리면서 선단 구근말뚝을 형성하는 공법

④ Raymond Pile[얇은 철판제의 외관＋심대(Core), 유각]

얇은 철판제의 외관에 심대(Core)를 넣어 지지층까지 관입한 후 심대를 빼내고 외관 내에 Con′c를 다져 넣어 말뚝을 만드는 공법

⑤ Compressol Pile[3개의 추]

구멍 속의 잡석과 Con′c를 교대로 넣고 중추로 다지는 공법

2) 굴착공법

① Earth Drill공법(Calweld공법) : 회전식 Drilling Bucket으로 필요한 깊이까지 굴착하고 그 굴착공에 철근망을 삽입하고 Con′c를 타설하여 지름 1~2m 정도 의 대구경 말뚝을 만드는 공법

② Benoto공법(All Casing공법) : 케이싱튜브를 요동장치(Osillator)로 왕복 요동 회전시키면서 유압잭으로 경질의 지반까지 관입하여 정착시킨 후 그 내부를 해 머그래브로 굴착하여 공내에 철근망을 세운 후 Con′c를 타설하여 말뚝을 축조 하는 공법

③ RCD(Reverse Circulation Drill)공법 : 리버스 서큘레이션드릴로 대구경의 구멍 을 파고 정수압으로 공벽을 보호하여 철근망을 삽입한 후 Con′c를 타설하여 현 장 말뚝을 만드는 공법

3) Prepacked Concrete Pile

① CIP말뚝(Cast-In-Place Pile) : Earth Auger로 지중에 구멍을 뚫고 철근망을 삽입(생략 가능)한 다음 Mortar주입관을 설치하고 먼저 자갈을 채운 후 주입관 을 통하여 Mortar를 주입하여 제자리 말뚝을 형성하는 공법

② PIP말뚝(Packed-In-Place Pile) : 연속된 날개가 달린 중공의 Screw Auger 의 머리에 구동장치를 설치하여 소정의 깊이까지 회전시키면서 굴착한 다음 흙 과 Auger를 빼올린 분량만큼의 프리팩트 Mortar를 Auger기계의 속구멍을 통 해 압출시키면서 제자리 말뚝을 형성하는 공법

③ MIP말뚝(Mixed-In-Place Pile) : Auger의 회전축대는 중공관으로 되어 있고 축선 단부에서 시멘트페이스트를 분출시키면서 토사를 굴착하여 토사와 시멘트 페이스트를 혼합 교반하여 만드는 일종의 Soil Con′c 말뚝

Ⅳ. 시공 시 유의사항

① 굴착 시 수직도 Check

② 굴착공 내 수위를 지하수위보다 높게 유지하여 공벽 붕괴 방지

③ 기계 인발을 천천히 하여 지반 이완 방지

④ Con′c 타설 시 재료분리 방지

⑤ 유동성이 큰 고강도 Con′c 사용

⑥ 소음 및 진동이 없는 공법 채용

⑦ 지지층에 1m 이상 관입시켜 지지력 확보

70 피어(Pier)기초공법

[05후(10), 19중(10)]

Ⅰ. 정의

① Pier란 지층에 형성되는 Con′c Pile로서 현장타설 Con′c Pile이나 Well공법에서 Pile의 길이는 짧고 직경은 큰 Pile을 의미하며, 보통 직경은 $D=900$mm 이상이고, 길이 $l \leq 15D$인 Pile을 총칭한다.

② Pier기초는 지지력이 크고 소음과 진동이 작기 때문에 도심지 기초공사에 유효한 공법이나 Slime·폐액 등의 처리를 철저히 하여 환경공해의 방지와 수중 Con′c의 품질관리에 유의해야 한다.

Ⅱ. Pier기초공법의 분류

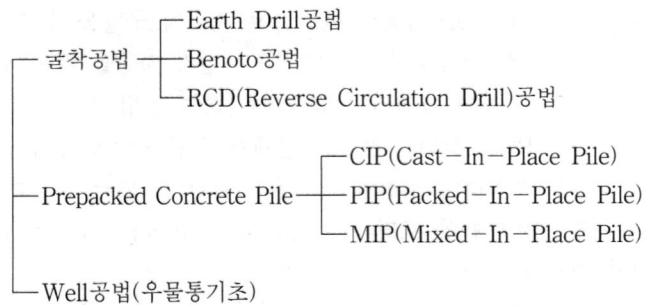

```
         ┌ 굴착공법 ┬ Earth Drill공법
         │          ├ Benoto공법
         │          └ RCD(Reverse Circulation Drill)공법
         │
         │                         ┌ CIP(Cast-In-Place Pile)
         ├ Prepacked Concrete Pile ┼ PIP(Packed-In-Place Pile)
         │                         └ MIP(Mixed-In-Place Pile)
         │
         └ Well공법(우물통기초)
```

Ⅲ. 특징

① 무소음·무진동공법
② 토질상태 직접 확인
③ 확실한 지지층까지 도달
④ 기초의 규격, 깊이 조정 용이

Ⅳ. 환경공해 방지법

① 안정액분리시설 및 건조처리
② 폐액 정화 후 방류
③ 흙탕물침전조 설치

71 관입(貫入)공법

Ⅰ. 정의

① 말뚝용 강관(Steel Pipe)을 지중에 때려박고, 그 속에 철근과 Con′c를 부어 넣어서 만든 제자리 말뚝공법으로, 강관은 단관을 쓰기도 하지만 이중관으로 구성된 공법도 있다.

② 관입공법으로 현장 말뚝 시공은 다짐장비, 낙하추 등의 진동 및 소음이 발생되므로 도심지 시공에는 부적합한 공법이다.

Ⅱ. 관입공법의 종류

① Pedestal Pile
② Simplex Pile
③ Franky Pile
④ Raymond Pile
⑤ Compressol Pile

Ⅲ. 관입공법

1) Pedestal Pile[외관+내관, 구근 형성]
   ① Simplex Pile을 개량하여 지내력 증대를 위해 말뚝 선단에 구근을 형성하는 공법
   ② 외관과 내관의 2중관을 소정의 위치까지 박은 다음 내관은 빼내고 관 내에 Con′c를 부어 넣고 내관을 넣어 다지며 외관을 서서히 빼 올리면 말뚝 선단이 구근을 형성
   ③ 기성말뚝과의 합성말뚝으로도 사용

2) Simplex Pile[외관(철제 쇠신)+추]
   ① 외관을 소정의 깊이까지 박고 Con′c를 조금씩 넣고 추로 다지며 외관을 빼내가는 공법
   ② 외관 끝에는 철제의 쇠신을 대고 외관을 박음

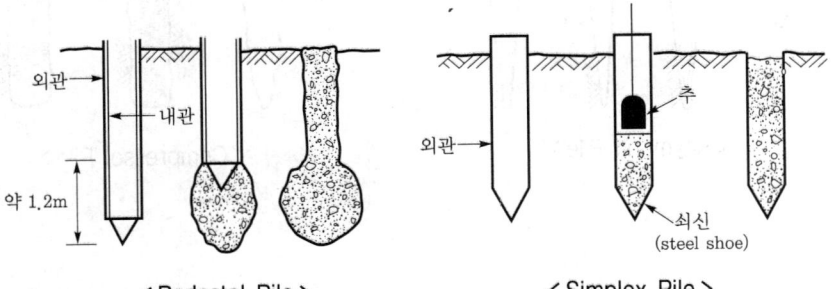

< Pedestal Pile >   < Simplex Pile >

3) Franky Pile[외관(주철제 원추형의 마개)+추, 합성말뚝]

① 심대 끝에 주철제의 원추형 마개가 달린 외관을 추로 내리쳐서 소정의 깊이에 도달하면 내부의 마개와 추를 빼내고 Con′c를 넣어 추로 다져 외관을 조금씩 들어 올리면서 선단 구근 요철말뚝을 형성하는 공법

② 원추형 주철제 마개 대신 나무말뚝을 쓰고 때려박은 다음 Franky Pile 형성과 정을 밟으면 합성말뚝이 됨

③ 소음과 진동이 적어 도심지 공사에 적합

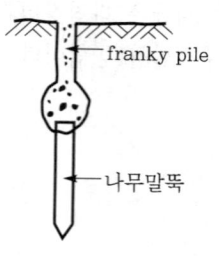

< Franky Pile >

4) Raymond Pile[얇은 철판제의 외관+심대(Core), 유각]

① 얇은 철판제의 외관에 심대(Core)를 넣어 지지층까지 관입한 후 심대를 빼내고 외관 내에 Con′c를 다져넣어 말뚝을 만드는 공법

② 연약지반에 사용

5) Compressol Pile[3개의 추]

① 구멍 속의 잡석과 Con′c를 교대로 넣고 중추로 다지는 공법

② 1.0~2.5ton 정도인 3개의 추(▼ , ⬛ , ⬤)를 사용, 자유낙하하여 천공

③ 지하수가 많이 나지 않는 굳은 지반에 짧은 말뚝으로 사용

④ 원시적인 방법으로 근래에는 사용하지 않음

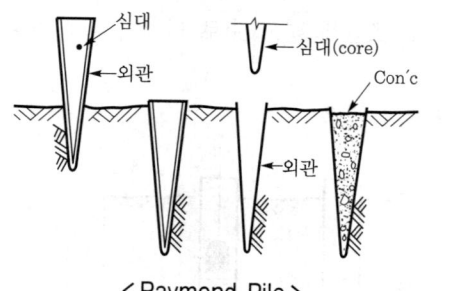

< Raymond Pile >

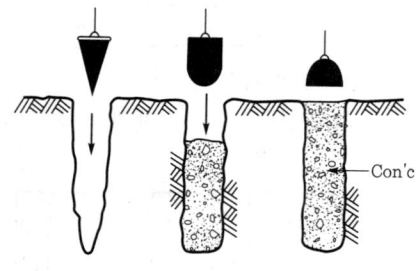

< Compressol Pile >

72 굴착공법

Ⅰ. 정의

① 기계굴착공법은 Casing을 지표 또는 지중에 삽입하여 굴착기계로 굴착하거나 Earth Drill 굴착기로 굴착하여 철근과 Con'c를 부어넣어 제자리 Con'c 말뚝을 형성하는 공법을 말한다.

② 굴착공법은 시공현장의 토질에 따라 공법을 선정하여 시공하게 되는데, 공법으로는 Earth Drill공법, Benoto공법, RCD공법 등이 있다.

Ⅱ. 굴착능률 향상방안

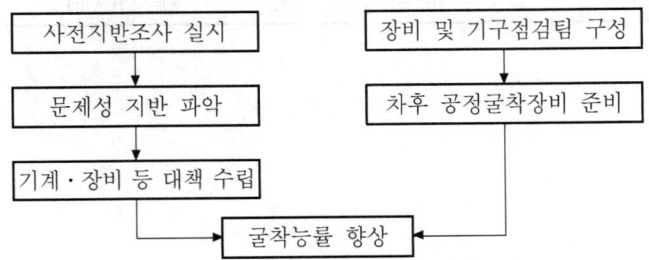

철저한 지반조사로 지반의 문제점을 미리 해결하여 굴착능률을 향상시켜야 함

Ⅲ. 굴착공법의 종류

1) Earth Drill공법(Calweld공법)

① 회전식 Drilling Bucket으로 필요한 깊이까지 굴착하고, 그 굴착공에 철근망을 삽입한 후 Con'c를 타설하여 지름 1~2m 정도의 대구경 제자리 말뚝을 만드는 공법

② 제자리 Con'c Pile 중 진동·소음이 가장 적은 공법

③ 기계가 비교적 소형으로 굴착속도가 빠름

④ 붕괴하기 쉬운 모래층, 자갈층에는 부적당하며 중간 굳은 층의 굴착이 어려움

2) Benoto공법(All Casing공법)

① 케이싱튜브를 요동장치(Osillator)로 왕복 요동회전시키면서 유압잭으로 경질의 지반까지 관입, 정착시킨 후 그 내부를 해머그래브로 굴착하여 공내에 철근망을 세운 후 Con'c를 타설하여 말뚝을 축조하는 공법

② All Casing공법으로 붕괴성이 있는 토질에도 시공 가능

③ 적용 지층이 넓으며 장척말뚝(50~60 m) 시공 가능

④ 기계가 대형이고 중량으로 기계경비가 고가이고 굴착속도 느림

3) RCD(Reverse Circulation Drill)공법
　① 리버스 서큘레이션드릴로 대구경의 구멍을 파고 정수압으로 공벽을 보호하여
　　철근망을 삽입한 후 Con′c를 타설하여 현장 말뚝을 만드는 공법
　② 시공속도가 빠르고 유지비가 비교적 경제적으로 Casing Tube가 필요치 않음
　③ 정수압관리가 어렵고 적절하지 못하면 공벽 붕괴의 원인이 되며 다량의 물이
　　필요

Ⅳ. 굴착공법의 특성 비교

구분	굴착기계	공벽보호방법	적용 지반
Earth Drill공법	Drilling Bucket	안정액(Bentonite)	점토
Benoto공법	Hammer Grab	Casing	자갈
RCD공법	특수 Bit+Suction Pump	정수압(20kPa)	사질토, 암반

73 Earth Drill공법(Calweld공법)

[02전(10)]

Ⅰ. 정의

① 회전식 Drilling Bucket으로 필요한 깊이까지 굴착하고, 그 굴착공에 철근망을 삽입, Con′c를 타설하여 지름 1~2m 정도의 대구경 제자리 말뚝을 만드는 공법

② 미국의 칼웰드사가 고안하여 개발한 공법으로 칼웰드공법이라고도 한다.

Ⅱ. 시공순서 Flow Chart

```
굴착 → 표층 Casing Pipe 삽입 및 안정액 주입 → Slime 제거
→ 철근망 넣기 → Tremie관 삽입 → Con′c 타설 → 표층 Casing 인발
```

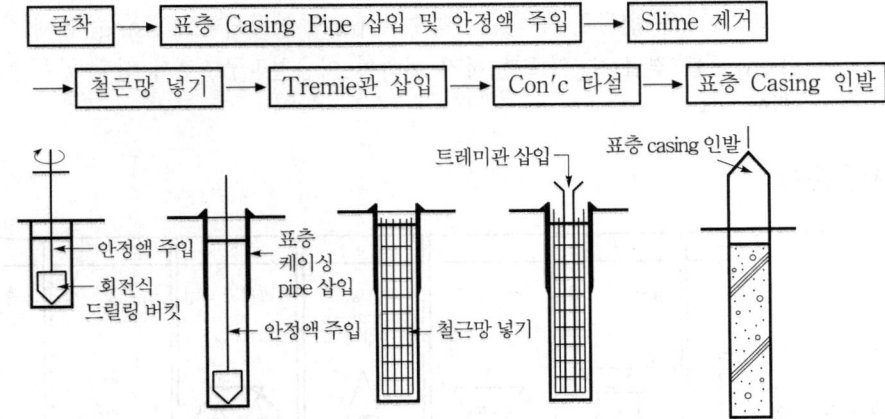

① 굴착   ② Casing pipe 삽입   ③ 철근망 넣기   ④ Tremie관 삽입   ⑤ 표층 casing 인발
및 안정액 주입

Ⅲ. 특징

① 제자리 Con′c Pile 중 진동·소음이 가장 적은 공법

② 기계가 비교적 소형으로 굴착속도가 빠름

③ 좁은 장소에서의 작업이 가능하고 지하수가 없는 점성토에 적당

④ 붕괴하기 쉬운 모래층, 자갈층에는 부적당

⑤ 중간 굳은 층의 굴착이 어려움

⑥ Slime 처리가 불확실하여 말뚝의 초기 침하 우려

Ⅳ. 시공 시 유의사항

① 지표면의 붕괴 방지를 위해 4~8m까지 표층 Casing하고 Bentonite로 공벽을 보호

② Slime 처리를 철저히 하여 지지력 확보

③ Con′c 타설 시 강도 유지와 재료분리 방지로 Con′c 품질 확보

④ 폐액 처리를 철저히 하여 환경공해 방지

74 돗바늘공법(Rotator Type Casing)

[09전(10)]

Ⅰ. 정의

① 돗바늘공법은 Benoto공법과 흡사하면서 상반되는 점도 많은데, 크게 다른 점은 Benoto공법은 요동기(Oscillator)를 사용하며 선 hammer grab, 후 Casing 굴진인 반면, 돗바늘공법은 전선회기(Rotator)를 사용하며 선 Casing, 후 hammer grab의 형식을 갖는 점이다.

② 돗바늘공법에서 사용하는 Casing 선단에는 토사층으로부터 암반에 이르기까지 모든 지층을 천공할 수 있는 특수강 bit가 장착되며, Casing 본체는 강력한 Torque를 견딜 수 있도록 하기 위하여 이중철판구조로서 상당히 두껍게 제작되어 있다.

Ⅱ. 시공순서

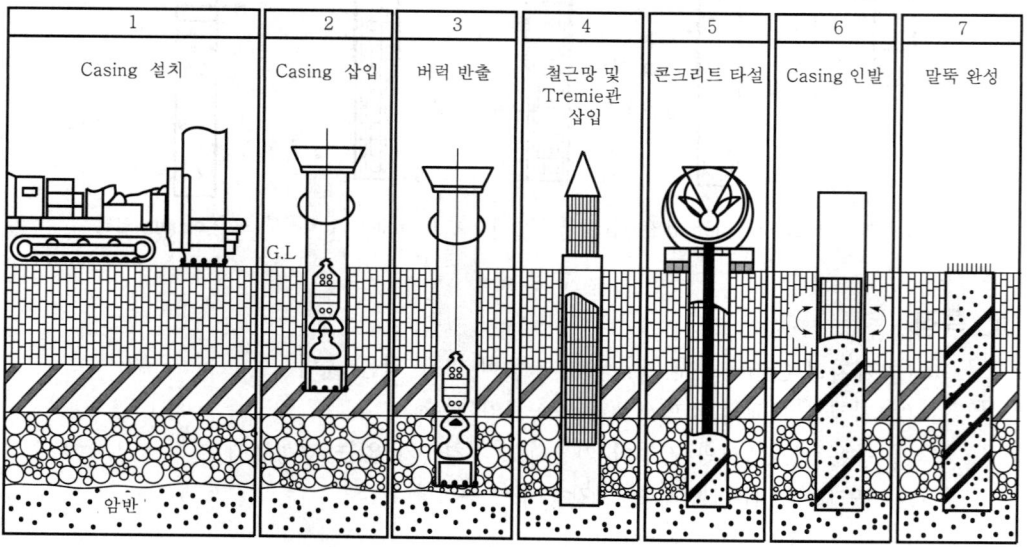

1	2	3	4	5	6	7
Casing 설치	Casing 삽입	버력 반출	철근망 및 Tremie관 삽입	콘크리트 타설	Casing 인발	말뚝 완성

Ⅲ. 공법의 특징

① Casing에 의한 굴진방법이므로 공벽 유지가 확실하다.

② 선단지지층이 암반일 경우 암이 Core의 형태로 채취되므로 그 성분을 확실하게 확인할 수 있다.

③ 말뚝의 수직상태가 양호하다.

④ Casing이 선행하므로 Heaving 및 Boiling현상이 없다.

⑤ 자갈, 전석 등 어떠한 지층이라도 Chisel을 사용하지 않고도 굴진이 가능하다.

⑥ Casing에 의한 굴진이므로 경사진 암반에서의 시공도 별 무리 없다.

⑦ 청수로 공 내부를 청소할 수 있기 때문에 경지반과 콘크리트의 접착이 양호하다.

⑧ 이수를 사용하지 않기 때문에 타설한 콘크리트의 품질이 양호하며 시공속도가 빠르다.

⑨ 장비가 대형이고 고가이다.

⑩ 시공비가 다소 고가이다.

⑪ 장비의 중량이 크므로 진입로나 시공위치에서 빠지거나 기울어지기 쉽다.

⑫ 고가의 Bit, Casing의 마모가 크다.

Ⅳ. 공법의 적용 범위

① 대용량의 말뚝기초

② 자갈, 전석, 암반을 관통해야 하는 곳의 말뚝기초

③ 기성 콘크리트 말뚝, H형강 등 지중매설물의 제거

④ 주열식 지하연속벽 시공 시 암반 근입과 겹이음(Overlapping)

⑤ 수직갱(Open Shaft)

⑥ 터널 등의 환기구

75 Benoto공법(All Casing공법)

I. 정의

① 프랑스의 배노토사가 개발한 대구경 굴삭기에 의한 현장타설말뚝공법이다.

② 케이싱튜브를 요동장치(Osillator)로 좌우 요동시키면서 유압잭으로 경질의 지반 까지 관입하여 정착시킨 후 그 내부를 해머그래브로 굴착하여 공내에 철근망을 세운 후 Con'c를 타설하면서 케이싱튜브를 뽑아내어 현장타설말뚝을 축조하는 공법이다.

II. 시공순서 Flow Chart

```
[Casing Tube 세우기] → [Hammer Grab로 굴착] → [동시에 Casing Tube 삽입]
→ [철근망 넣기] → [Tremie관 삽입] → [Con'c 타설] → [Casing Tube 인발]
```

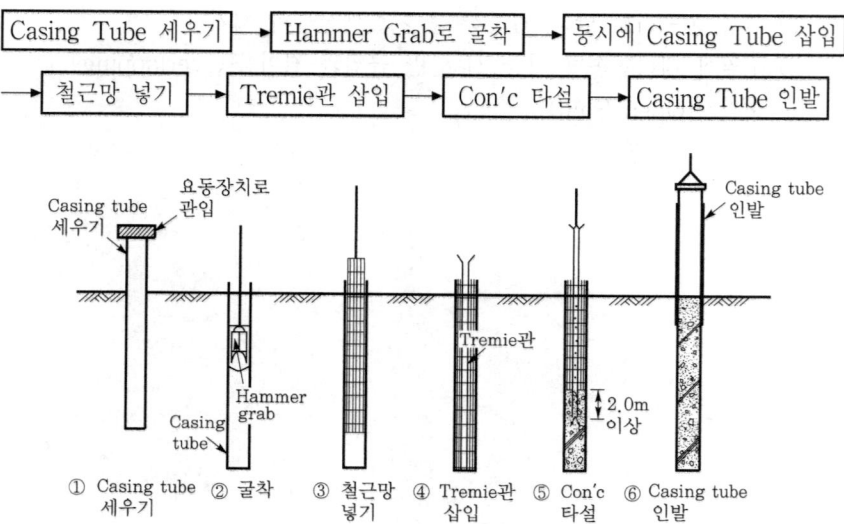

① Casing tube 세우기 ② 굴착 ③ 철근망 넣기 ④ Tremie관 삽입 ⑤ Con'c 타설 ⑥ Casing tube 인발

III. 특징

① All Casing공법으로 붕괴성이 있는 토질에도 시공 가능

② 적용 지층이 넓으며 장척말뚝(50~60m)의 시공이 가능하며 굴착하면서 지지층 확인이 용이

③ 기계가 대형이고 중량으로 기계경비가 고가이며 굴착속도가 느림

④ Casing Tube를 빼는데 극단적인 연약지대, 수상에서는 반력이 크므로 적합하지 않음

IV. 시공 시 유의사항

① 유동성이 큰 고강도 Con'c 사용

② 피압수 차단 등 지하수 처리 철저

③ 말뚝 선단지반의 무름 및 말뚝 주변 지반의 무름 방지

④ Con'c 타설 시 철근망이 뜨는 일이 있으므로 주의

76 RCD공법(Reverse Circulation Drill, 역순환공법)

I. 정의

① 리버스 서큘레이션드릴로 대구경의 구멍을 파고 정수압으로 공벽을 보호하고 철근망을 삽입한 후 Con'c를 타설하여 현장 말뚝을 만드는 공법이다.

② 보통 로터리식 보링공법과는 달리 물의 흐름이 반대이고 드릴로드의 끝에서 물을 빨아올려 굴착토사를 물과 함께 지상으로 배출하여 지반을 굴착하는 공법으로 역순환공법 또는 역환류공법이라고도 한다.

II. 현장 시공도

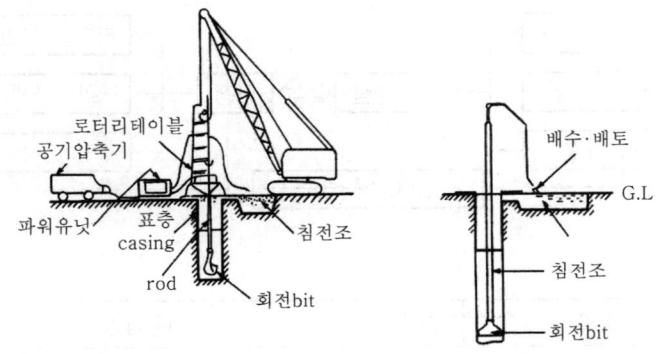

III. 특징

① 시공속도가 빠르고 유지비가 비교적 경제적

② Casing Tube가 필요하지 않으며 수상작업(해상작업)이 가능

③ 타 공법에서 문제가 많은 세사층의 굴착도 가능

④ 정수압관리가 어렵고 적절하지 못하면 공벽 붕괴원인이 되며 다량의 물이 필요

⑤ 호박돌층, 전석층, 피압수 유출 시 굴착 곤란

IV. 시공순서 Flow Chart

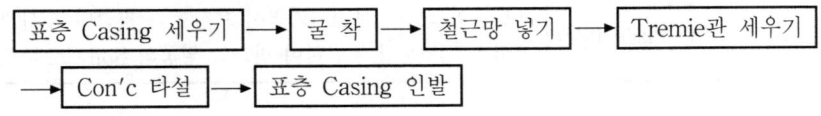

V. 시공 시 유의사항

① 지하수위보다 2m 이상 물을 채워 공벽에 20kPa($\fallingdotseq$ 0.2kgf/cm^2) 이상의 정수압을 유지한다.

② 굴착속도가 너무 빠르면 공벽 붕괴의 원인이 되므로 굴착속도를 지킨다.

③ Tremie 선단은 바닥에서 10~20cm 떨어둔다.

77 Prepacked Con´c Pile

[04후(10)]

Ⅰ. 정의

① Prepacked Con´c Pile이란 기초공사에서 소정의 위치에 구멍을 뚫고 Con´c 또는 주위의 흙을 이용해서 만드는 제자리 말뚝을 말한다.

② 흙막이 벽 및 차수벽 등으로 활용되는 무소음·무진동공법으로 충분한 사전조사와 시공성, 안전성 및 지반에 맞는 적정 공법의 검토가 필요하다.

Ⅱ. 특징

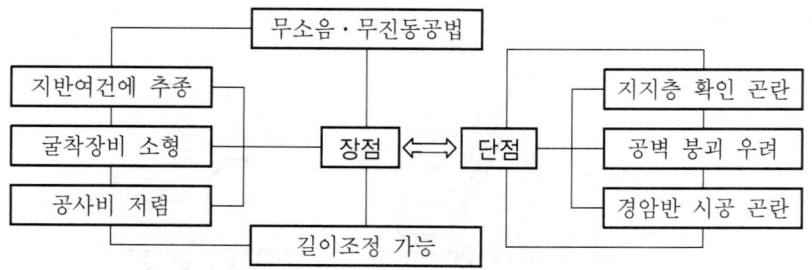

Ⅲ. 종류

종류	시공방법
CIP (Cast−In−Place Pile)	Earth Auger로 지중에 구멍을 뚫고 철근망을 삽입(생략 가능)한 다음 모르타르주입관을 설치하고 먼저 자갈을 채운 후 주입관을 통하여 모르타르를 주입하여 제자리 말뚝을 형성하는 공법이다.
PIP (Packed−In−Place Pile)	연속된 날개가 달린 중공의 Screw Auger의 머리에 구동장치를 설치하여 소정의 깊이까지 회전시키면서 굴착한 다음 흙과 Auger를 빼올린 분량만큼의 프리팩트모르타르를 Auger기계의 속구멍을 통해 압출시키면서 제자리 말뚝을 형성하는 공법이다.
MIP (Mixed−In−Place Pile)	Auger의 회전축대는 중공관으로 되어 있고 축 선단부에서 시멘트페이스트를 분출시키면서 토사를 굴착하여 토사와 시멘트페이스트를 혼합 교반하여 만드는 일종의 Soil Con´c 말뚝이다.

78 CIP(Cast-In-Place Pile)

Ⅰ. 정의

① Earth Auger로 지중에 구멍을 뚫고 철근망(또는 H-Beam)을 삽입한 다음 Mortar주입관을 설치하고 먼저 자갈을 채운 후 주입관을 통하여 모르타르를 주입하여 제자리 말뚝을 형성하는 공법이다.

② 이 공법은 지질이 양호하고 지하수위가 낮은 지반에 적용하며, 공벽 붕괴의 우려가 있는 지반에는 시공이 곤란하다.

Ⅱ. 시공순서 Flow Chart

```
┌─────────────────┐   ┌──────────────┐   ┌─────────────────┐
│ Earth auger로 천공 │ → │ 철근망 삽입   │ → │ Mortar 주입관 설치 │
└─────────────────┘   └──────────────┘   └─────────────────┘

   ┌──────────┐   ┌──────────────┐
→  │ 자갈 충전 │ → │ Mortar 주입   │
   └──────────┘   └──────────────┘
```

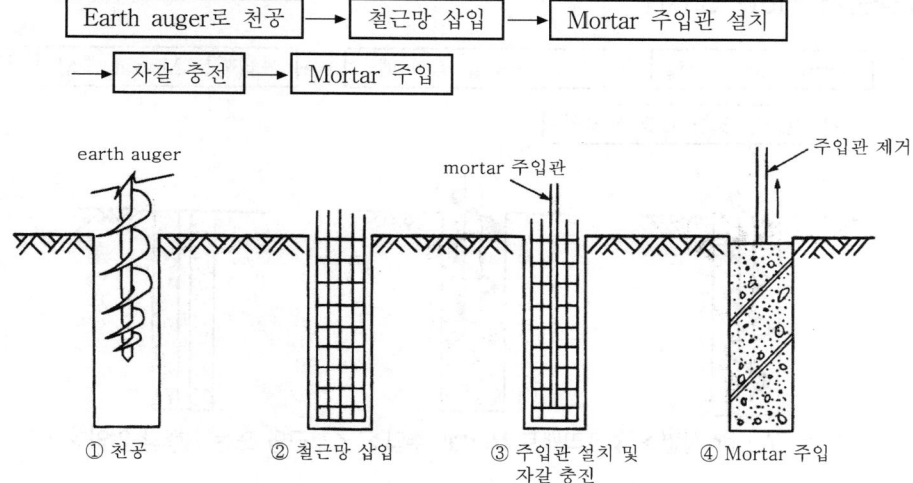

① 천공   ② 철근망 삽입   ③ 주입관 설치 및 자갈 충진   ④ Mortar 주입

Ⅲ. 특징

① 지하수가 없는 경질지층에 사용
② 좁은 장소에 시공장비의 투입 용이
③ 주열식 흙막이 벽체로 이용
④ 벽체 연결 부위 취약

Ⅳ. 시공 시 유의사항

① 굴착 및 주입 시 상부의 표토층 붕괴 방지를 위해 표층 Casing(공 드럼) 설치
② 굴착은 주입효과를 높이기 위해 일정 간격으로 굴착
③ 25mm 이하의 굵은 골재를 균일하게 충진
④ 철근망 삽입과 동시에 Mortar주입관 설치

79 PIP(Packed-In-Place Pile)

Ⅰ. 정의

① 연속된 날개가 달린 중공의 Screw Auger의 머리에 구동장치를 설치하여 소정의 깊이까지 회전시키면서 굴착한 다음, 흙과 Auger를 빼어올린 분량만큼의 프리팩트 Mortar를 Auger기계의 중앙 구멍을 통해 압출시키면서 제자리 말뚝을 형성하는 공법이다.

② Auger를 빼내면 곧 철근망 또는 H형강 등을 Mortar 속에 꽂아서 말뚝을 완성한다.

Ⅱ. 시공순서 Flow Chart

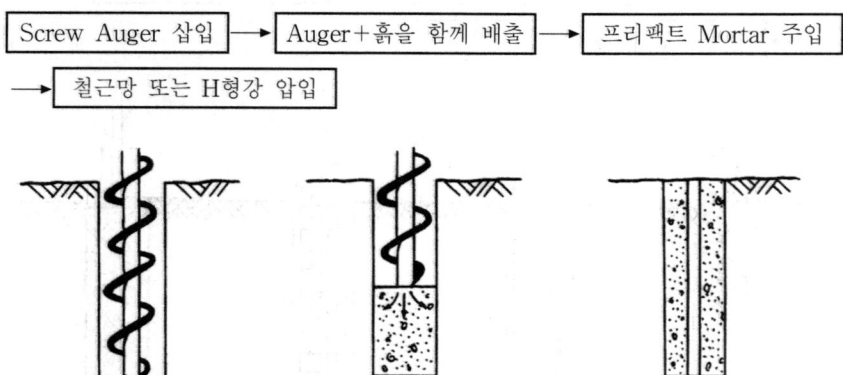

Screw Auger 삽입 → Auger+흙을 함께 배출 → 프리팩트 Mortar 주입 → 철근망 또는 H형강 압입

< Screw Auger 삽입 > < 프리팩트 Mortar 주입 > < 철근망 또는 H형강 압입 >

Ⅲ. Prepacked Con'c Pile의 종류

① CIP(Cast-In-Place Pile)
② PIP(Packed-In-Place Pile)
③ MIP(Mixed-In-Place Pile)

Ⅳ. 특징

① 사질층 및 자갈층에 유리
② Auger만으로 굴착하므로 소음, 진동이 없음
③ 장치가 간단하고 취급 용이
④ 주열식 흙막이 지수벽으로 이용
⑤ 지지말뚝으로 사용

80 MIP(Mixed-In-Place Pile)

[99중(20)]

Ⅰ. 정의

① Auger의 회전축은 중공관으로 되어 있고 축 선단부에서 시멘트페이스트를 분출시키면서 토사를 굴착하여 토사와 시멘트페이스트를 혼합 교반하여 만드는 일종의 Soil Con'c 말뚝이다.

② Auger를 뽑아낸 뒤에 필요에 따라 철근망을 삽입하기도 한다.

Ⅱ. 시공순서 Flow Chart

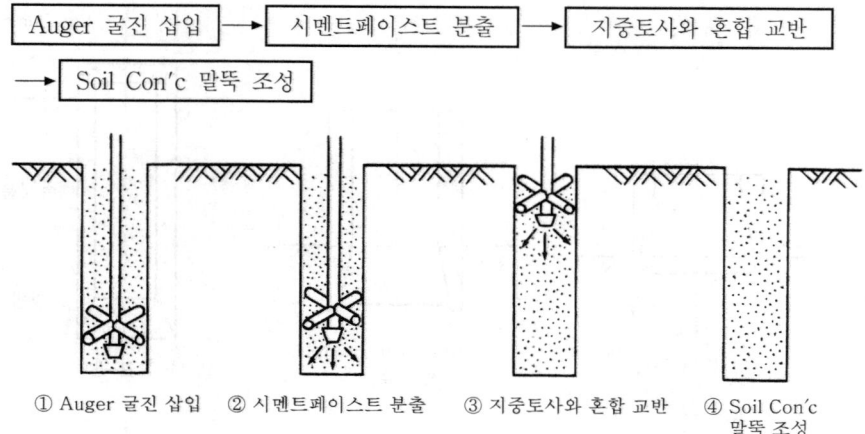

① Auger 굴진 삽입 ② 시멘트페이스트 분출 ③ 지중토사와 혼합 교반 ④ Soil Con'c 말뚝 조성

Ⅲ. Prepacked Con'c Pile의 종류

① CIP(Cast-In-Place Pile)

② PIP(Packed-In-Place Pile)

③ MIP(Mixed-In-Place Pile)

Ⅳ. 특징

① 비교적 연약지반에 사용

② 지하 흙막이 벽으로 사용

③ 사질층, 자갈층에 유리

④ 흙을 골재로 이용하므로 경제적

⑤ 지중에 형성되므로 지지층의 확인 곤란

81 | Open Caisson(우물통기초)공법

Ⅰ. 정의

① Open Caisson공법이란 상하단이 개방된 우물통을 지표면에 거치한후 Caisson 내부에서 지반토를 굴착하여 소정의 지지층까지 침설하는 공법을 말한다.

② 일반적으로 교량기초, 고가교, 기계기초 등에 많이 사용하며 근입심도는 15~20m 정도가 가장 유리하다.

Ⅱ. 시공순서 Flow Chart

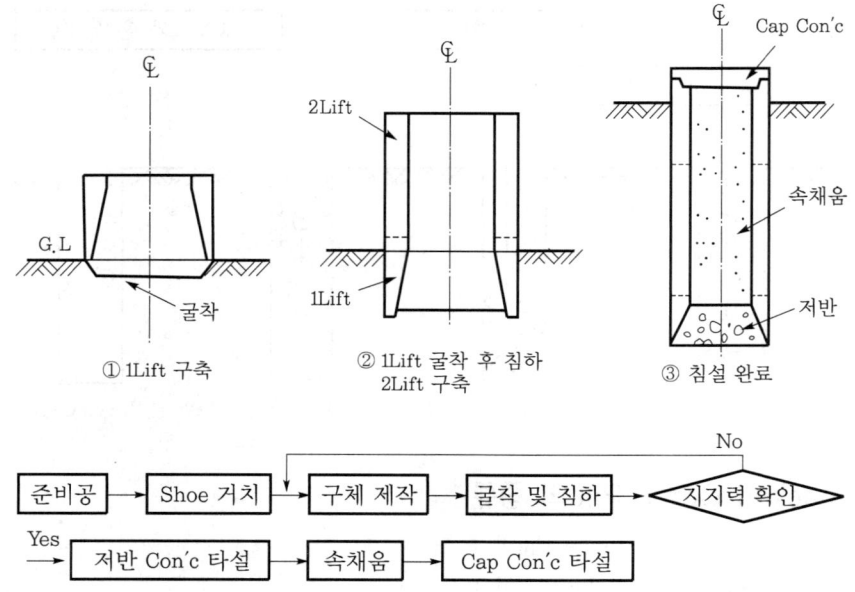

① 1Lift 구축
② 1Lift 굴착 후 침하 2Lift 구축
③ 침설 완료

준비공 → Shoe 거치 → 구체 제작 → 굴착 및 침하 → 지지력 확인 — No
Yes → 저반 Con'c 타설 → 속채움 → Cap Con'c 타설

Ⅲ. 특징

1) 장점
   ① 시공설비 간단
   ② 공사비 적게 들어 경제적
   ③ 소음에 의한 공해가 거의 없음
   ④ 심도를 깊게 할 수 있음

2) 단점
   ① 침하속도가 일정하지 않아 능률 저하
   ② 굴착 중 장애물(호박돌, 전석) 제거가 곤란
   ③ 굴착 중 Shoe 선단의 하부 굴착 시 Caisson의 경사변위가 자주 발생
   ④ 침설 중 주변 지반의 교란으로 인접 구조물에 악영향 발생
   ⑤ 지지력 측정 곤란

Ⅳ. 용도

① 교량 교각기초
② 대형 기계기초
③ 상수도 취수탑

Ⅴ. 거치방식

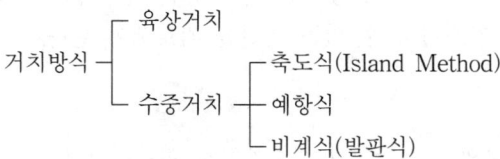

```
거치방식 ┬ 육상거치
         │              ┬ 축도식(Island Method)
         └ 수중거치 ┼ 예항식
                        └ 비계식(발판식)
```

Ⅵ. 경사 수정방법

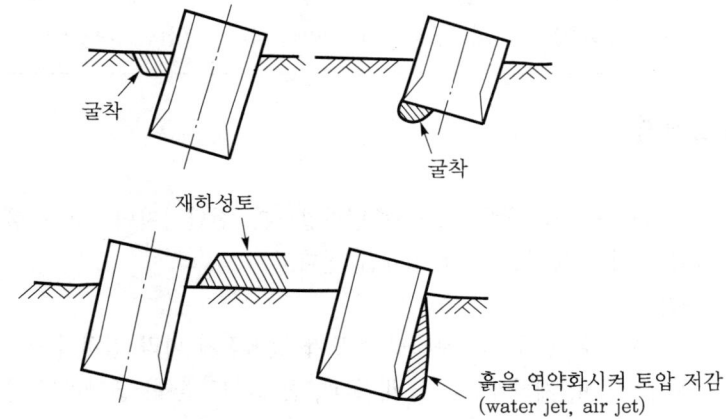

굴착

굴착

재하성토

흙을 연약화시켜 토압 저감
(water jet, air jet)

Ⅶ. 시공 시 유의사항

① 연약지반에 거치 시 부등침하, 경사 등이 발생하므로 지반 개량이 필요
② 우물통 내부 물 배수 시 강제 배수는 지반을 파괴하므로 피할 것
③ 우물통 침설 시 우물통의 경사와 편심에 유의할 것
④ 수중 Con′c의 품질관리 철저
⑤ 굴착 중 Caisson Shoe 부분의 장애물 제거 시 작업원의 안전 확보에 유의

82 Open Caisson의 마찰력 감소방법

[03후(10)]

Ⅰ. 정의

① 우물통은 자중 또는 재하중에 의해 소정의 깊이까지 침하시켜 기초로서의 지지력을 확보해야 한다.

② 침하과정에서 악조건에 의해 침하 불능 시 지반과 우물통 벽면의 마찰저항과 우물통 날끝의 마찰력을 감소시킬 수 있는 방안을 검토해야 한다.

Ⅱ. 침하조건

① 우물통의 침하작업은 내부의 토사굴착과 하중재하로 이루어진다.

② 다음 조건을 만족할 때 침하되거나, 만족하지 않을 때는 침하촉진공법이 필요하다.

$$W_C \ + \ W_L \ > \ F \ + \ P \ + \ U$$
(우물통하중)　(재하중)　(주면마찰력)　(선단지지력)　(양압력)

Ⅲ. 마찰력 감소방법

1) **자중 증대**

우물통의 자중을 증대시킴으로써 주면마찰력과 선단지지력보다 우물통의 하중을 크게 하여 침하의 촉진을 위한 설계를 한다.

2) **재하중공법**

초기에는 자중으로 쉽게 침하하지만 심도가 깊어짐에 따라 침하가 곤란해지면 재하중하여 침하시키며, 재하재료는 Rail, 철괴, 콘크리트 블록, 흙가마니 등을 사용한다.

3) **자갈 채움**

우물통표면에 둥근 자갈을 넣음으로써 우물통구조체와 주변 흙을 절연시킴과 동시에 마찰력을 감소시켜 우물통의 침하를 촉진시킨다.

4) **활성제 도포**

우물통구조체에 특수 표면활성제를 도포하여 주면마찰저항을 감소시켜 침하를 용이하게 하는 공법이다.

5) **용액주입공법**

우물통 주변에 자갈을 채우는 대신 매끄러운 용액을 주입하여 마찰 감소효과를 기대한다.

6) **주수법**

용액주입공법에 사용하는 매끄러운 용액 대신 재료의 구득이나 관계가 용이한 물을 사용한다.

7) 분기법
① 주수법에 사용하는 물 대신 공기를 고압으로 주입시켜 우물통표면과 토사의 사이를 공기막으로 절연시켜 침하를 촉진시킨다.
② 토양의 오염이나 지반을 교란시킬 염려가 없다.

8) Friction Cutter
① 침하 촉진을 위한 Friction Cutter를 날끝에 붙인다.
② 부등침하의 염려가 있으므로 주의하여 굴착하며, Friction Cutter 주변을 먼저 굴착하지 말고 중앙 부근에 먼저 굴착하여 자연침하시킨다.

9) 발파공법(진동공법)
화약 폭발에 의해 우물통 자체에 충격을 가하여 마찰저항을 감소시켜 침하시키는 공법으로 진동공법이라고도 한다.

10) Water Jet공법
우물통의 주면마찰력으로 인하여 침하속도가 느리면 날 끝부분에 물을 고압으로 분사시켜 지반을 느슨하게 하여 마찰력 감소효과를 유도하는 공법이다.

11) Air Jet공법
① Water Jet공법의 물 대신 공기를 고압으로 날 끝부분에 가하여 지반의 이완을 도모하여 침하를 촉진시키는 공법이다.
② 토사의 날림으로 인한 작업환경의 악조건에 유의한다.

12) 수위저하공법
① 우물통 내부의 수위가 양압력으로 작용하여 부력이 발생하므로 우물통침하에 방해가 되므로 수위를 저하시켜 양압력을 줄인다.
② 지나치게 수위를 저하시키면 Boiling, Heaving, Piping 등이 발생하여 우물통의 급격한 침하와 편심의 원인이 되므로 유의해야 한다.

83 Pneumatic Caisson공법(공기잠함공법)

Ⅰ. 정의

① 용수량이 대단히 많고 깊은 기초를 구축할 때에 쓰이는 공법으로 밀폐되어 있는 최하부 작업실 내부를 지하수압에 상응하는 고압공기를 공급하여 지하수의 침입을 방지하면서 흙파기 작업을 하여 Caisson을 침하시키는 공법이다.

② Caisson은 침하되는 대로 지상에서 이어 만들기 하여 지지층지반에 도달하면 작업실에 Con'c를 채워넣어 기초를 구축한다.

Ⅱ. 시공순서 Flow Chart

```
┌─────────────────────┐   ┌─────────────┐   ┌─────────────────┐   ┌───────┐
│ 잠함 하부에 작업실 설치 │ → │ 압축공기 공급 │ → │ 지하수 침입 방지 │ → │ 굴 착 │
└─────────────────────┘   └─────────────┘   └─────────────────┘   └───────┘
```

```
   ┌─────────────────┐   ┌──────────────────┐   ┌───────────┐
 → │ 지하구조체 침하 정착 │ → │ 작업실 Con'c 타설 │ → │ 기초 구축 │
   └─────────────────┘   └──────────────────┘   └───────────┘
```

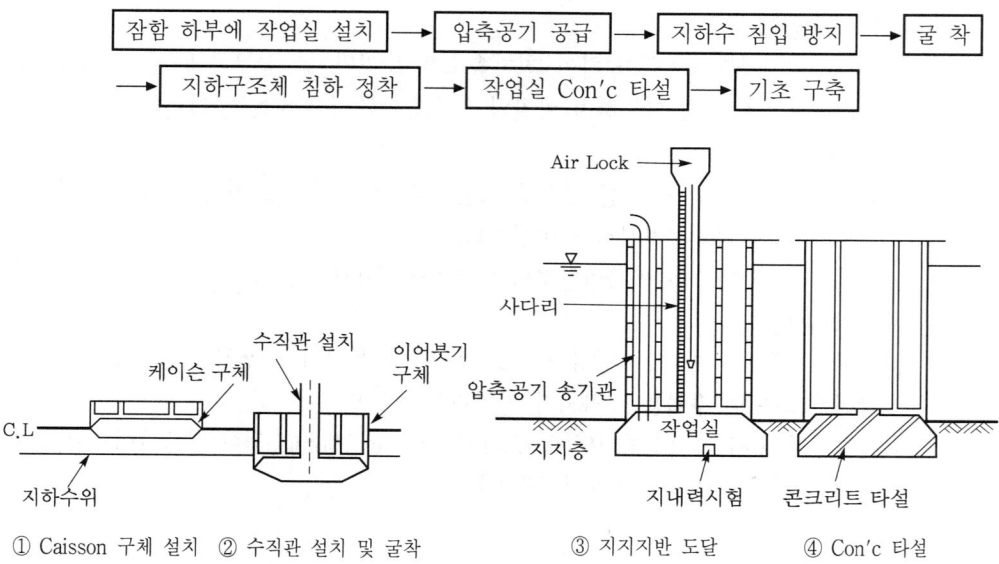

① Caisson 구체 설치 ② 수직관 설치 및 굴착   ③ 지지지반 도달   ④ Con'c 타설

Ⅲ. 특징

① 용수량이 많은 지반의 기초에 적합하며 기초 저면의 지반 확인 가능
② 지하수를 Pumping하지 않으므로 수위 저하에 의한 지반침하가 없음
③ 대형 기계설비로 공사비가 고가
④ 대형은 유압식 굴착기를 사용하고, 소형은 인력 굴착을 하므로 공기가 길어짐

Ⅳ. 시공 시 유의사항

① 작업실은 높이 1.8m 이상으로, 날끝과 천장Slab는 일체 Con'c 타설
② 정전에 대비하여 비상전원 필요
③ 굴착은 중앙부터 파고 주변 파기를 할 것
④ 고기압 내에서 작업하므로 케이슨(잠함)병에 유의

84 진공케이슨(Pneumatic Caisson)의 침하조건식

[94후(10)]

Ⅰ. 정의

진공Caisson이란 Caisson 저부에 작업실을 만들고 압축공기를 넣어 지하수 유입, Heaving과 Boiling을 막으면서 인력 굴착하여 Caisson을 침설시키는 공법이다.

Ⅱ. 진공Caisson의 특징

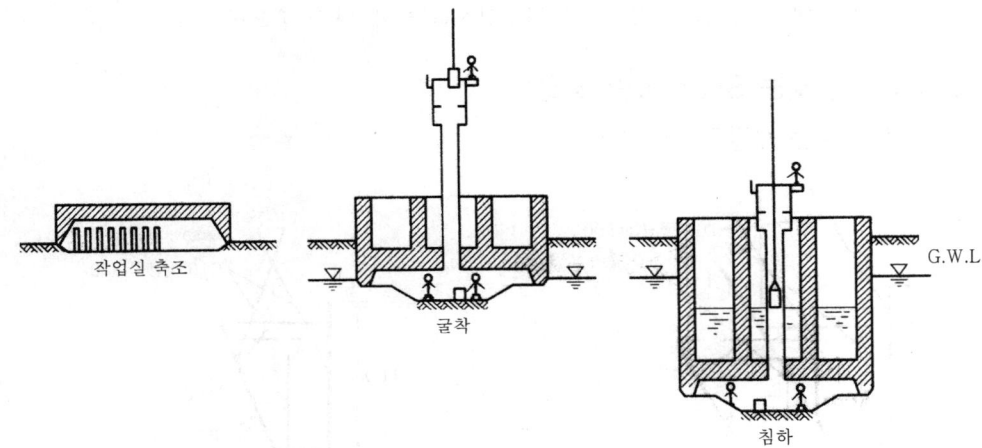

작업실 축조   굴착   침하   G.W.L

① 침하공정이 빠르다.   ② 주위 지반을 흩뜨리지 않는다.
③ 지내력의 평가가 가능하다.   ④ 콘크리트의 품질 확보가 쉽다.
⑤ 지하수 처리가 완벽하다.   ⑥ 관리, 노무인원이 많이 필요하다.
⑦ Caisson병이 발생된다.

Ⅲ. 침하조건식

① 우물통의 침하작업은 내부의 토사 굴착과 하중재하로 이루어진다.
② 다음 조건을 만족할 때 침하되나, 만족하지 않을 때는 침하촉진공법이 필요하다.

$$W_C \quad + \quad W_L \quad > \quad F \quad + \quad P \quad + \quad U$$

(우물통하중) (재하중) (주면마찰력) (선단지지력) (양압력)

Ⅳ. 침하촉진공법

① Friction Cutter 부착   ② Caisson자중 증대
③ Water Jet, Air Jet공법   ④ 표면활성제 도포
⑤ 발파공법   ⑥ 재하중공법
⑦ Caisson 내의 수위 저하로 양압력 감소

85 케이슨기초의 Shoe(표준 날끝)

Ⅰ. 정의

① 케이슨기초는 현장에서 구체를 제작하면서 케이슨 내부를 굴착하여 구체를 침하시키는 기초공법으로 교량, 기계기초 등의 대형 구조물기초에 많이 이용되는 공법이다.

② 케이슨의 침하는 지반의 토질조건에 따라 작업공정이 크게 좌우되므로 구체 제작 전에 토질조건에 맞는 날끝을 선정하는 게 아주 중요하다.

Ⅱ. 토질조건에 맞는 Shoe(표준 날끝)

1) 점성토 혹은 사질토층의 지반

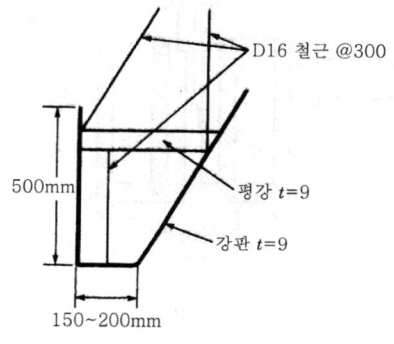

< Open Caisson >

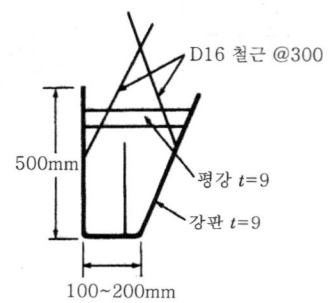

< 공기 Caisson >

2) 큰 조약돌이나 호박돌을 함유한 지반

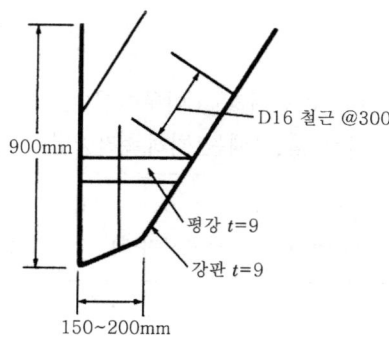

< Open Caisson >

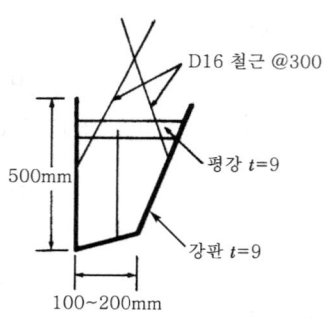

< 공기 Caisson >

3) 발파를 하는 경우

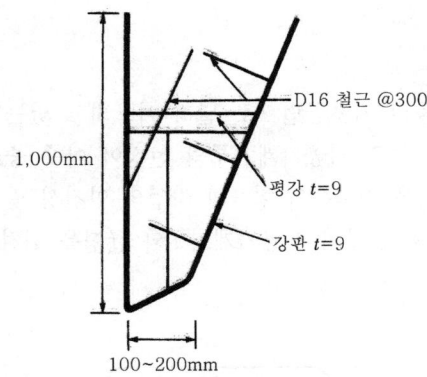

D16 철근 @300

평강 $t=9$

강판 $t=9$

1,000mm

100~200mm

4) 극히 연약한 지반

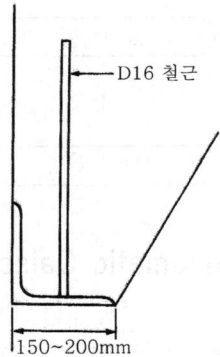

D16 철근

150~200mm

Ⅲ. 날끝 선정 시 고려사항

① 지반토질   ② 케이슨규격

③ 예정침설깊이   ④ 굴착방법

⑤ 시공성, 경제성

86 | 케이슨기초 시공의 기계설비

Ⅰ. 개요

① 대형 토목구조물의 기초공법으로 널리 이용되고 있는 케이슨기초의 시공과정에서 필요로 하는 주요 시공기계기구의 선정이 아주 중요한 요소가 된다.

② 기계설비의 선정은 케이슨의 형식과 작업의 안전성 및 공사규모, 기간 등을 충분히 고려하여 전체 공사의 시공기계기구와 균형을 취하는 것이 매우 중요하다.

Ⅱ. 선정 시 고려사항

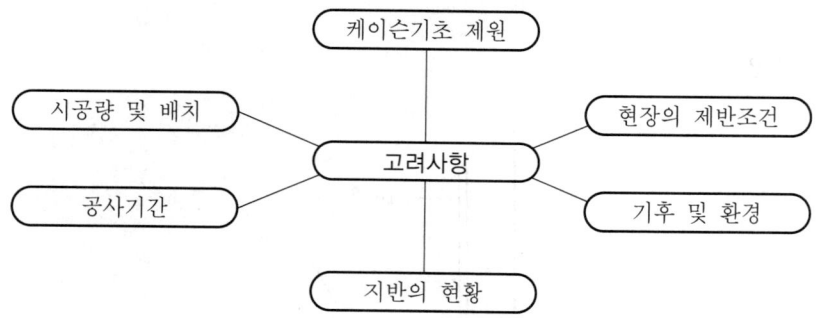

Ⅲ. 공기케이슨 시공기계설비(Pneumatic Caisson)

1) 안전용 설비

유해가스농도측정기, 추락방지책, 안전네트, 고압치료실 등

2) 시공관리용 설비

평판재하시험용 기구, 작업실 관측용 모니터, 관측기구 등

3) 작업기반 작성용 설비

작업용 비계, 복공판, 밑판 등

4) 운반설비

크레인, 트럭, 벨트컨베이어, 불도저 등

5) 콘크리트 타설설비

콘크리트 펌프, 에지테이트, 크레인버킷, 슈트, 진동기 등

6) 동력, 조명, 급수설비

수전반, 트랜스, 발전기, 펌프, 라이트 등

7) 굴착 및 침설설비

양중기, 작업실 내 굴착기계, 토사버킷, 착암기, 하중계, 제트장치, 수중펌프, 휴대식 압력계, 회중전등 등

8) 송기설비

공기압축기, 저압전동기, 공기냉각장치, 공기청정장치, 자동압력조정장치, 공기유량계,
컴프레서, 공기호스, 압력계, 자기기록계 등

9) 의장설비

에어로크, 샤프트, 송기관, 배기관, 하부 도어, 연락장치(벨, 버저, 전화, 인터폰 등)

10) 기타 설비

철근가공대, 절단기, 철근굴곡기, 전기용접기, 가스절단기 등

Ⅳ. Open Caisson 시공기계설비

1) 안전용 설비

유해가스농도측정기, 추락방지책, 안전네트, 고급 용구, 안전표지 등

2) 시공관리용 설비

평판재하시험용 기구, 작업실 관측용 모니터, 관측기구 등

3) 작업기반 작성용 설비

작업용 비계, 복공판, 밑판 등

4) 운반설비

크레인, 트럭, 벨트컨베이어, 불도저 등

5) 콘크리트 타설설비

콘크리트 펌프, 에지테이트, 크레인버킷, 슈트, 진동기 등

6) 동력, 조명, 급수설비

수전반, 트랜스, 발전기, 펌프, 라이트 등

7) 굴착 및 침설설비

양중기, 클램셀, 버킷, 수중펌프, 잠수장비, 제트장치 등

8) 송기·송수설비

공기압축기, 공기호스, 송기 본관, 수중펌프 등

9) 기타 설비

철근가공대, 절단기, 철근굴곡기, 전기용접기, 가스절단기 등

87 Hybrid Caisson(하이브리드케이슨)

[07중(10)]

Ⅰ. 정의

① Hybrid Caisson이란 강재와 철근콘크리트를 견고하게 일체화시킨 합성구조형식으로 구성된 Caisson이다.

② Hybrid Caisson의 구조는 바닥판 및 기초가 철골철근콘크리트구조, 측벽이 합성판구조, 격벽이 강판구조로 구성된다.

③ 합성판은 통상적으로 콘크리트와 비교해서 동일 두께 시 큰 부재강도를 가지기 때문에 판두께를 얇고 경량화하여 부유 시의 흘수(吃水)를 감소시킬 수 있다. 또한 저판을 길게 뺄 수 있어 저면반력의 조정을 가능하게 할 수 있는 등 각각의 조건에 가장 합리적인 단면을 얻어낼 수 있다.

Ⅱ. Hybrid Caisson의 시공도

① 바닥판 및 기초 : SRC(철골철근콘크리트)구조

② 측벽 : 합성판구조(강판＋콘크리트)

③ 격벽 : 강판구조

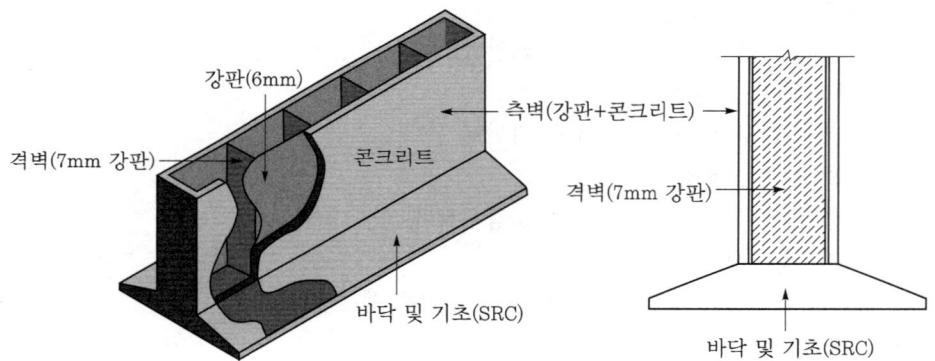

Ⅲ. 적용성

① 내진성능이 필요한 구조물

② 항내의 해수교환 유도

③ 경제적인 Caisson 축소

④ 소파(消波) 가능한 유수실을 갖는 Caisson

Ⅳ. 특징

① 지반 개량의 범위 감소

② Caisson의 경량화

③ 기자재의 간소화

④ 강성 증대

⑤ 자재 및 가설재 감소효과

⑥ 콘크리트량의 감소

⑦ 대형화 가능

V. Hybrid Caisson과 RC Caisson의 차이점

구분	Hybrid Caisson	RC Caisson
사용재료	강판, 형강, 전단연결재, 콘크리트	콘크리트
단면형상	기초를 확대하여 지반반력을 작게 할 수 있음	기초를 설치할 경우 길이는 1.5m 정도까지임
함체자중	• 함체의 자중이 작음 • 흘수가 작은 Caisson의 설계가 용이	Hybrid Caisson과 비교하여 함체의 자중이 큼
인양	인양방향으로 각도를 맞추어 인양비스를 부착하면 들고리를 사용하지 않고 인양 가능	일반적으로 들고리를 사용하여 직접 인양

88 파일벤트공법

[08전(10)]

I. 정의

① 파일벤트공법은 인천대교에서 시공한 공법으로서 교량 상부하중을 지층으로 전달하는 하부구조인 파일기초와 교각을 동일 단면으로 일체화한 공법을 말한다.

② 파일기초 및 교각을 분리하는 일반공법보다 구조역학적인 측면에서 세밀한 검토가 필요하나 시공이 간편하여 공사기간도 대폭 단축될 뿐만 아니라 공사비 절감에도 탁월한 공법이다.

II. 파일벤트공법의 형상

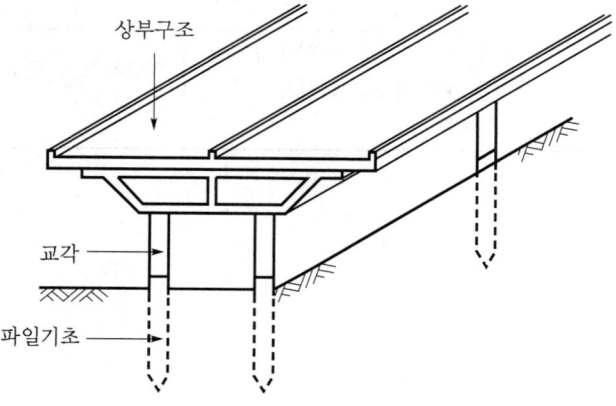

III. 특징

1) 기초와 상부구조의 일체화

① 하부구조인 말뚝과 교각을 동일 단면으로 일체화 시공함으로써 하중전달구조가 확실하다.

② 시공이음이 발생하지 않아 견고한 구조물을 축조할 수 있다.

2) 공사기간 단축

① 일반공법은 하부기초 시공 후 상부공사를 시행함에 따라 공사기간이 많이 걸리고 상부구조와 하부구조의 연결 시 일어나는 문제점들이 많이 발생하고 있다.

② 일반적으로 일반공법에 비해 1개소당 30일 정도의 공기 단축을 가져올 수 있다.

3) 공사비 절감

① 공기가 절감되어 공사비가 절감되고 품질관리도 용이한 공법이다.

② 하부구조인 말뚝과 교각의 일체화에 따른 연속 시공이 가능하고 품질관리의 단일화에 따라 공사비가 절감된다.

4) 구조학적인 측면에서 세밀한 검토 필요

89 Underpinning공법

[84(10), 99후(20)]

Ⅰ. 정의

① Underpinning이란 구조물의 기초를 보강하거나 또는 새로운 기초를 설치하여 기존 구조물을 보호하는 보강공사공법이다.
② 경사된 구조물을 바로잡을 때 또는 인접한 터파기에서 기존 구조물의 침하를 방지할 목적으로 Underpinning을 할 때도 있다.

Ⅱ. 공법의 종류

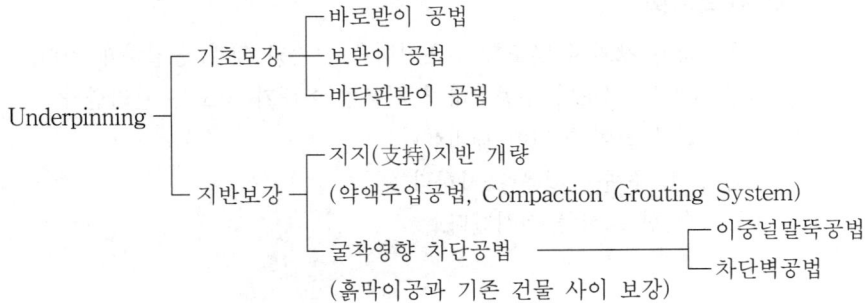

Ⅲ. Underpinning을 실시할 경우

① 구조물에 침하가 생겨 복원할 경우
② 구조물을 이동할 경우
③ 구조물의 침하나 경사를 미연에 방지할 경우
④ 기존 구조물 밑에 지중구조물을 설치할 경우

Ⅳ. 종류별 특징

1) 바로받이 공법
  ① 철골조나 자중이 비교적 가벼운 구조물에 적용
  ② 기존 기초 하부에 신설 기초 설치

2) 보받이 공법
  ① 기존 하부에 신설 보를 설치
  ② 기존 기초를 보강

3) 바닥판받이 공법
  바닥판 전체를 신설 구조물이 받치는 공법

4) 약액주입공법
  ① 고압으로 약액을 주입하면서 서서히 인발
  ② 약액의 종류로는 물유리, 시멘트페이스트 등이 있음

5) Compaction Grouting System
    ① Mortar를 초고압(20MPa 이상)으로 지반에 주입하는 공법
    ② 1차 주입 후 Mortar가 양생하면 재천공하여 주입을 반복

6) 이중널말뚝공법
    ① 인접 구조물과 거리가 여유 있을 때 이중널말뚝공법 적용
    ② 지하수위를 안정되게 유지하여 침하 방지

7) 차단벽공법
    ① 상수면 위에서 공사가 가능한 경우 적용
    ② 구조물 하부 흙의 이동을 막음

V. 시공 시 유의사항

① 부등침하가 생기지 않도록 기초형식을 기존의 것과 동일하게 한다.
② 시공 시에는 기초의 부등침하가 허용치 이내가 되도록 관리한다.
③ 계측관리를 하여 안전에 대비한다.
④ 흙막이 및 주변 상황을 조사한다.
⑤ 하중에 관한 조사를 실시한다.

90 앵커볼트(anchor bolt)매입공법

[13중(10)]

Ⅰ. 정의

① Anchor bolt는 주각부와 기둥 밑판(Base Plate)을 연결하는 부재로 휨모멘트에 의해 발생되는 인장력에 대응한다.
② Anchor bolt 설치 후 기초 상부가 경화된 다음 기둥 세우기를 한다.
③ Anchor bolt 기초매입공법으로는 고정매입·가동매입·나중매입공법이 있으며 현장 여건에 따라 적정 공법을 선택한다.

Ⅱ. 시공도해

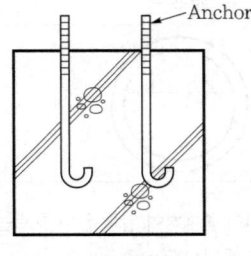
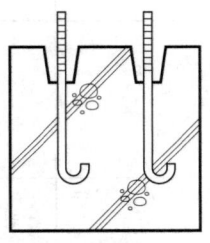
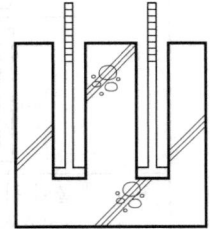

〈 고정매입공법 〉 　〈 가동매입공법 〉 　〈 나중매입공법 〉

Ⅲ. Anchor bolt매입공법

공법		정의 및 특징
고정매입 공법	정의	• 기초철근조립 시 동시에 anchor bolt를 기초 상부에 정확히 묻고 Con′c를 타설하는 공법
	특징	• 대규모 공사에 적합 • 구조안정도가 양호 • 불량 시공 시 보수가 어려움
가동매입 공법	정의	• 고정매입공법과 유사하나 anchor bolt 상부 부분을 조정할 수 있도록 Con′c 타설 전 사전조치해두는 공법
	특징	• 중규모 공사에 적합 • 시공오차의 수정 용이 • 부착강도 저하
나중매입 공법	정의	• Anchor bolt위치에 Con′c 타설 전 bolt를 묻을 구멍을 조치해두거나 Con′c 타설 후 core장비로 천공하여 나중에 고정하는 공법
	특징	• 경미한 공사에 적합 • 시공이 간단하고 보수가 쉬움 • 기계기초에 사용

91 도수로 및 송수관로 결정 시 고려사항

[20전(10), 23중(10)]

Ⅰ. 도수로(Leading Conduit)

취수시설에서 정수시설까지 원수를 도수하는 시설

Ⅱ. 송수관로(Conveying Pipe Line)

정수시설에서 처리된 수돗물을 배수시설까지 송수하는 관로

Ⅲ. 도수로 및 송수관로 결정 시 고려사항

1) 관수로와 개수로

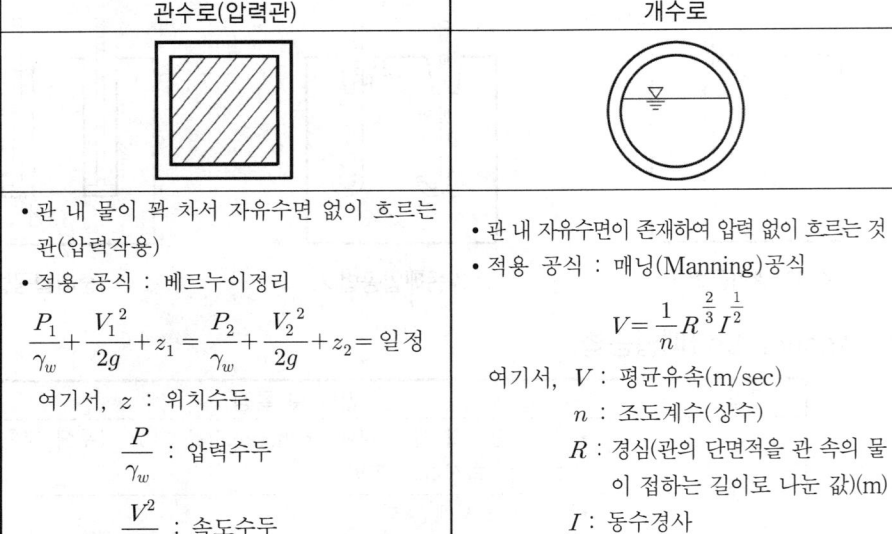

관수로(압력관)	개수로
• 관 내 물이 꽉 차서 자유수면 없이 흐르는 관(압력작용) • 적용 공식 : 베르누이정리 $$\dfrac{P_1}{\gamma_w}+\dfrac{V_1{}^2}{2g}+z_1=\dfrac{P_2}{\gamma_w}+\dfrac{V_2{}^2}{2g}+z_2=일정$$ 여기서, z : 위치수두 $\dfrac{P}{\gamma_w}$: 압력수두 $\dfrac{V^2}{2g}$: 속도수두	• 관 내 자유수면이 존재하여 압력 없이 흐르는 것 • 적용 공식 : 매닝(Manning)공식 $$V=\dfrac{1}{n}R^{\frac{2}{3}}I^{\frac{1}{2}}$$ 여기서, V : 평균유속(m/sec) 　　　　n : 조도계수(상수) 　　　　R : 경심(관의 단면적을 관 속의 물이 접하는 길이로 나눈 값)(m) 　　　　I : 동수경사

2) 지하관거 구비조건

구분	내용
위생안전조건	관 재질로 인한 관 내 수오염 방지
내·외압조건	• 내압 : 실제로 사용하는 관로의 최대 정수압 및 수격압 • 외압 : 토압, 노면하중, 지진력
매설조건	내구성, 내식성
매설환경조건	시공성(관의 접합부구조, 지하매설물현황 등)

제2장 기초

3) 관 재질 선정

구분		설명
강성관	철근콘크리트관	• 공장 제작, 현장 타설(Con'c Box) • 흄관(원심력RC관) : 저렴하나 누수가 많음 • PC관(PS강선 인장) : 내·외압과 부식에 강함 • VR관(Roller전압 콘크리트관) : 수밀성 우수, 저렴
	도관	• 내산성, 내알칼리성 우수 • 마모에 강하나 충격에 약함
연성관	덕타일주철관 (DIP관)	• 내압성, 내식성, 강성 우수 • 중량이 무겁고 이음부 이탈 발생 • 가격 비쌈
	경질폴리염화비닐관 (PVC관)	• 경량으로 시공성, 내화학성 우수 • 매끄러운 안쪽 벽면과 주름진 바깥쪽 면으로 구성
	폴리에틸렌관 (PE관)	• 가볍고 취급이 쉬워 시공성, 내식성 우수 • 부력에 대한 대응 • 고온에 약함 • 소형관에 사용
	파형 강관	• 중량이 가볍고 내식성 우수 • 강관에 아연도금한 것으로 고가 • 우수관로용
	유리섬유강화 플라스틱관	• 내·외면에 유리섬유로 강화 • 내구성 강화

4) 기초형식 결정

직접기초, 모래기초, 쇄석기초, 침목기초, 사다리기초, Con'c기초, 말뚝기초

5) 관로의 부등침하 방지

지반의 N치 검토

6) 관 부식 및 마모 여부

7) 관경에 따른 관의 경사

관경(mm)	100	150	200	250	300
경사	2/100	1.5/100	1.2/100	1/100	1/100 이상

8) 침입수 및 누수검사 실시

9) 매설위치와 깊이(토피고)

① 본관은 도로 중앙에 위치하고, 지관은 보도 또는 차도의 편도측에 부설

② 동결심도보다 깊게 매설

③ 직경 900mm 이하 토피고 120cm, 직경 1,000mm 이상 토피고 150cm 이상 매설

92 하수배제방식(합류식, 분류식)

[20중(10), 22후(10)]

Ⅰ. 하수배제의 필요성

① 수질오탁 방지가 크게 요구되어 대책으로서 하수도의 역할 중요

② 우수배제도 중요하지만 수질보전의 입장에서 분류식 사용

③ 재정능력, 발전현황, 수질오염, 지형지세, 시공성, 유지관리 등 고려

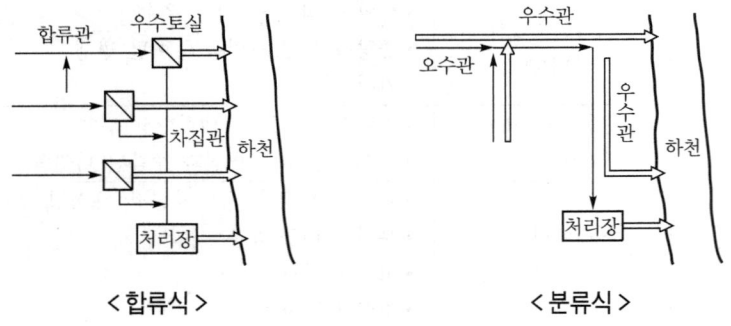

< 합류식 >   < 분류식 >

Ⅱ. 합류식

① 우수와 오수를 동일한 관거로 배제하는 방식

② 지하매설물이 많은 기존의 시가지에 하수관거 설치 시 편리

③ 장단점

장점	단점
• 관 면적이 크므로 검사 용이 • 환기 원활, 악취 적음 • 관 연결 용이, 경비 적음	• 유량이 많아 전력비, 처리비 과다 소요 • 오수와 우수 수송을 위한 관 단면 증대 • 관 누수 및 부등침하 발생 우려

Ⅲ. 분류식

① 오수와 우수를 따로따로 오수관과 우수관에 취해 배제하는 방식

② 시공은 복잡하나 수집된 오수 전량을 처리장으로 보내어 처리 가능

③ 장단점

장점	단점
• 오수관의 유량이 항상 일정 • 유속이 빨라 관 내 침전물 적음 • 소관이므로 세척 용이, 전력비 절약	• 개별 매설해야 하므로 비용 증대 • 오수관과 우수관 연결 시 유의 • 지하매설물이 많은 경우 적용 난이

93 토질별 하수관거기초의 종류 및 특성

[19후(10)]

Ⅰ. 개요

① 지하에 매설되는 관거 및 암거는 보통 긴 연장에 걸쳐 매설되는 경우가 많으므로 관의 종류에 따라 여러 종류의 토질에 적응할 수 있는 기초공법을 채택해야 한다.

② 시공방법으로는 Open Cut공법이 주로 사용되나, 지반의 상태나 주변 구조물과의 관계를 고려하여 공법을 결정한다.

Ⅱ. 토질별 하수관거기초의 종류 및 특성

1) 강성관

직접기초	모래기초	자갈, 쇄석기초
• 지반이 좋을 때 원지반 위에 직접 부설 • 시공성 좋음, 공사비 절감	• 모래두께는 관 하단에서 10~30cm • 균등한 하중분포, 관 보호 목적	• 자갈·쇄석층의 두께는 20~30cm • 다짐하여 기초지반에 정착
콘크리트, 철근콘크리트기초	벼개동목기초	말뚝기초
• 기초자갈 위에 콘크리트 타설 • 부등침하 방지, 외압이 클 때	• 관 밑에 받침을 두어 안정 • 관거의 경사 유지, 접합 용이	• 연약지반에서 대구경 관거 매설 시 • 공사비 고가

2) 연성관

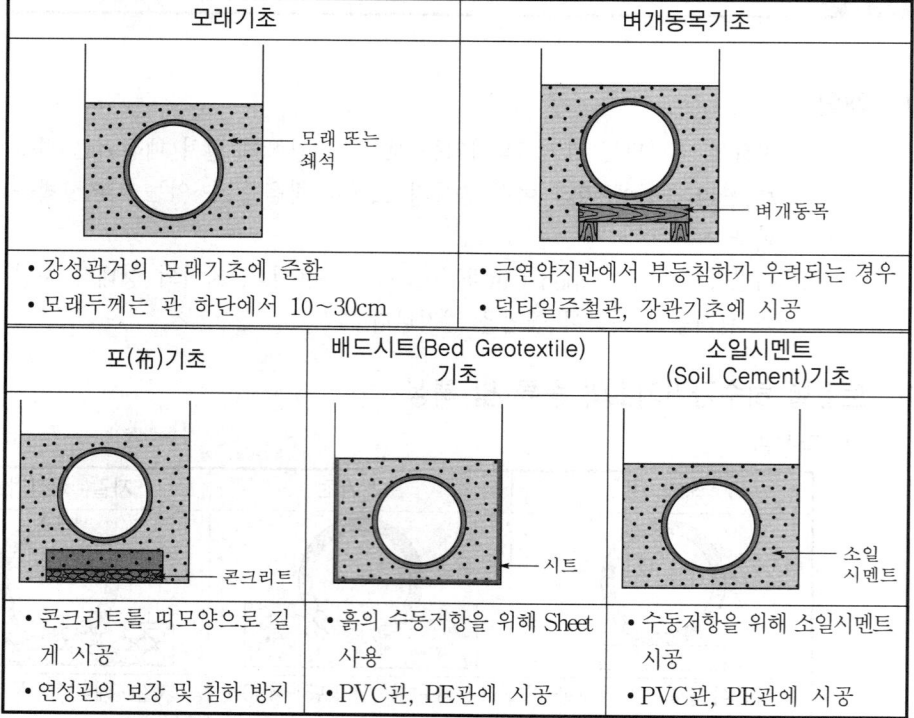

모래기초	벼개동목기초
모래 또는 쇄석	벼개동목
• 강성관거의 모래기초에 준함 • 모래두께는 관 하단에서 10~30cm	• 극연약지반에서 부등침하가 우려되는 경우 • 덕타일주철관, 강관기초에 시공

포(布)기초	배드시트(Bed Geotextile)기초	소일시멘트(Soil Cement)기초
콘크리트	시트	소일시멘트
• 콘크리트를 띠모양으로 길게 시공 • 연성관의 보강 및 침하 방지	• 흙의 수동저항을 위해 Sheet 사용 • PVC관, PE관에 시공	• 수동저항을 위해 소일시멘트 시공 • PVC관, PE관에 시공

Ⅲ. 시공 시 유의사항

① 지반조사
② 지반조건에 따른 관 기초 선정
③ 지중구조물조사
④ 외관검사 : 변형, 파손, 변색
⑤ 부설방향 : 하류측에서 상류측으로
⑥ 중심선과 높낮이 조정하여 정확하게 설치
⑦ 관을 배열할 때에는 관 양쪽에 목재나 모래주머니 등으로 지지하여 관이 구르지 않도록 함
⑧ 이음부 수밀성 확보
⑨ 관 상부 30cm는 모래 또는 양질의 토사로 되메우기함
⑩ 상부 30cm 이후는 원지반 굴착토로 복토
⑪ 층별로 물다짐(OMC)을 실시하며, 관 주위는 다짐도 90%, 상단은 95%로 다짐

94 상수도관 접합방법

Ⅰ. 개요

① 관의 접합은 관종에 따라 연결방법, 연결순서, 연결재료 등을 사전에 검토한 후 시공에 임하여야 한다.

② 상수도관은 크게 덕타일 주철관, 도복장 강관과 기타 관(동관, 스테인리스강관, 에폭시수지분체 내·외면 코팅강관, 폴리에틸렌분체 라이닝강관, 경화 염화비닐관, 유리섬유강화 플라스틱관 등)으로 구분되며, 관종에 따라 접합방식이 정해진다.

Ⅱ. 상수도관 접합방법

1. 덕타일 주철관

1) KP 메커니컬접합 및 메커니컬접합

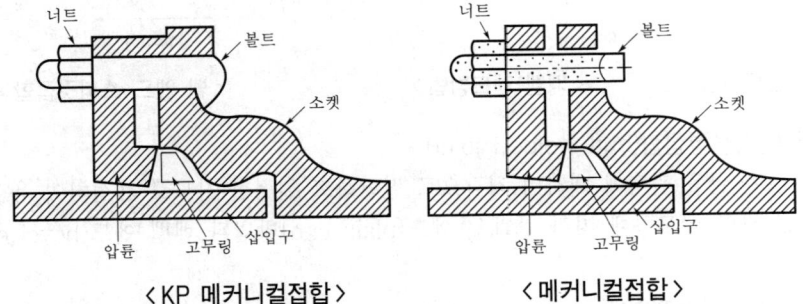

< KP 메커니컬접합 >　　　　< 메커니컬접합 >

① 플랜지부의 수구에 삽입구를 넣어 양관 사이에 고무링을 박고 볼트로 조이는 방식으로 수밀성·내진성이 우수하고 작업이 간단하나, 고무링의 내구성이 저하되어 발생하는 누수 및 균열 발생을 유의하여야 한다.

② KP 메커니컬접합은 수구 부분이 외곽턱을 형성하므로 한층 견고하고 압륜형태가 U자형으로 되어 있어서 강도가 증대되며 공사가 쉽고 취급이 간편하다.

③ 메커니컬접합은 수구 및 삽구가 원추형으로 휨성이 크며 관축방향에 대하여 가동성과 신축이 자유롭다.

2) 타이튼접합

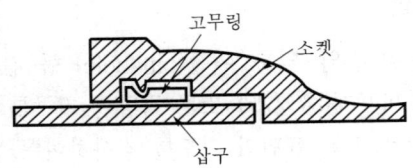

① 타이튼접합은 필요한 부속품이 고무링뿐이므로 접합과정이 간단, 신속하고 접합부의 신축성이 크다.

② 기밀을 유지하기 위하여 수구와 삽구 사이의 고무링을 정교하게 시공하여야 하고, 조인트의 굴곡각도는 2~5°까지 구부릴 수 있다.

3) 접합 시 주의사항

① 관을 접합하기 전에 이음 부속품 및 필요한 기구와 공구를 점검하고 확인한다.

② 관을 접합하기 전에 접합방법, 접합순서, 사용재료 등의 사항에 대하여 공사감독자(건설사업관리자)에게 보고하고 지시를 받는다.

③ 관을 접합하기 전에 삽입구의 바깥면, 소켓의 내면, 압륜 및 고무링 등에 묻어있는 기름, 모래, 기타 불순물을 완전히 제거한다.

④ 관 접합 완료 후 되메우기를 하기 전에 이음 등의 상태를 재확인하고, 접합부 및 관체 외면의 도료가 손상된 곳은 방청도료를 도포한다.

2. 도복장 강관

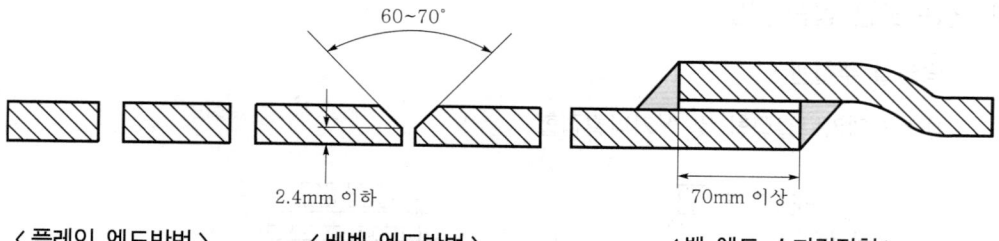

〈 플레인 엔드방법 〉 2.4mm 이하 〈 베벨 엔드방법 〉 60~70° 70mm 이상 〈 벨 엔드 스피것접합 〉

1) 맞대기용접접합(butt welded joint)

① 관 끝을 관축에 대하여 직각으로 절단하고 일정한 각도로 개선하여 용접접합한다.

② 관의 끝모양에 따라 플레인 엔드(plain end)방법과 베벨 엔드(bevel end)방법이 있다.

2) 겹치기 용접접합(lap welded joint)

① 관의 한쪽 끝을 수구(bell end)로 형성하고 수구와 삽구(spigot end)를 연결 조립한 후 관 내·외면을 용접연결하는 방법으로서 대구경 강관의 접합에 적합하다.

② 벨 앤드 스피것접합(bell and spigot joint)이라고도 한다.

3) 접합 시 주의사항

① 용접공사 시작 전에 용접순서, 용접기, 용접봉 등에 대해 점검 및 확인이 필요하다.

② 감전, 아크광선, 스패터의 비산, 중독성가스, 화재와 같은 안전사고에 유의한다.

③ 용접물이 관 내부로 들어가서 유체흐름에 영향을 주지 않도록 한다.

3. 도복장 강관의 검사방법

① 외관검사 : 이물질 혼입, 얼룩, 핀홀(pin hole) 등 검사

② 피복두께 : 전자미후계(微厚計) 또는 적당한 기구를 사용하여 두께검사

③ 밀착검사 : 칼날로 도복 표면의 정도를 검사하여 들뜸 여부 검사

④ 홀리데이 디텍터검사 : 홀리데이 디텍터로 도복 표면의 핀홀, 미도장부 유무 검사

95 하수관의 시공검사

[01중(10), 21후(10)]

I. 정의

① 하수관은 일반적으로 동력방식보다는 자연유하방식으로 오수 또는 우수를 이동시킬 목적으로 설치되는 구조물을 말한다.

② 하수관의 시공검사는 시공이 완료된 하수관의 내·외부 시공 정도, 하수관의 수밀성 등을 검사하는 것으로 대표적으로 육안검사, 연막검사, CCTV검사 등이 있다.

II. 하수관거의 종류

① 콘크리트 흄관
② PSC관
③ PE관

III. 하수관의 시공검사

1) 하수관검사
① 현장에 반입된 관의 성능검사표 점검
② 균열, 변형, 파손 여부 점검
③ 본래의 형상유지 점검

2) 관 기초검사
① 사용관거에 따른 기초 선정
② 모래기초, 자갈기초, 침목기초, 콘크리트기초 등의 상태검사
③ 사용재료, 두께, 규격 등

3) 구배검사
① 하수관로의 구배 검토
② 유입·출구의 수준측량자료 확인

4) 연결검사
① 관 종류에 따른 연결방법 검토
② Socket연결, Collar방식
③ 연결부 수밀성검사

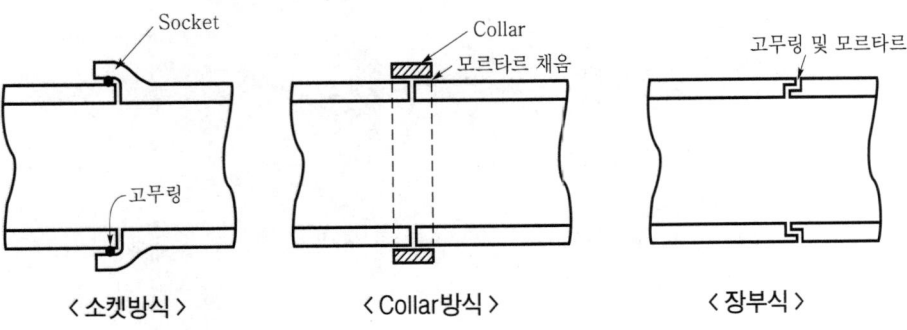

〈 소켓방식 〉　　〈 Collar방식 〉　　〈 장부식 〉

5) 관 내부검사
① CCTV에 의한 관로 내부검사
② 이음부 및 불량 부위 촬영
③ 대구경의 관로인 경우 인력에 의한 직접 육안검사

6) 균열검사
① 현장 반입관거의 균열 발생 검사
② 시공된 관로의 균열 발생 여부

7) 부속품 점검
① 맨홀과의 접합부 시공검사
② 연결관과의 Collar, 고무링 등 검사

8) 용접부검사

9) 누수검사
① 침입수시험   ② 누수시험
③ 공기압시험   ④ 수압시험
⑤ 연기시험

96 관거의 누수시험

[19전(10), 24후(10)]

Ⅰ. 관거의 누수시험

누수시험	특징
침입수시험	• 지하수위가 관 상단 0.5m 이상 시, 관거 내에 침입수가 발생 시 실시
누수시험	• 지하수위가 관 상단 0.5m 미만 시, 물로 가득 찬 관거에서 누수량을 일정 시간 동안 측정
공기압시험	• 공기가압을 통하여 관거의 경간 및 이음부의 수밀성 확인 • 측정된 최종 감압량(ΔP)이 허용감압량(ΔP_0)과 비교하여 합격 여부 판단
연기시험	• 연기를 발생시켜 관거의 유입수(inflow)의 발생위치를 찾음 • 저렴하고 신속
수압시험	• 신설 관거의 수압시험 • 규정수압으로 1시간 동안 유지할 때 압력강하가 0.02MPa를 초과해서는 안 됨

Ⅱ. 관거 누수 저감방안

① 지반조사 실시
② 지반조건에 따른 관 기초 선정
③ 지중구조물조사
④ 외관검사 : 변형, 파손, 변색
⑤ 부설방향 : 하류측에서 상류측으로
⑥ 중심선과 높낮이 조정하여 정확하게 설치
⑦ 관을 배열할 때에는 관 양쪽에 목재나 모래주머니 등으로 지지하여 관이 구르지 않도록 함
⑧ 이음부 수밀성 확보
⑨ 관 상부 30cm는 모래 또는 양질의 토사로 되메우기함
⑩ 상부 30cm 이후는 원지반 굴착토로 복토
⑪ 층별로 물다짐을 실시하며, 관 주위는 다짐도 90%, 상단은 95%로 다짐

Ⅲ. 지하관거 시공도

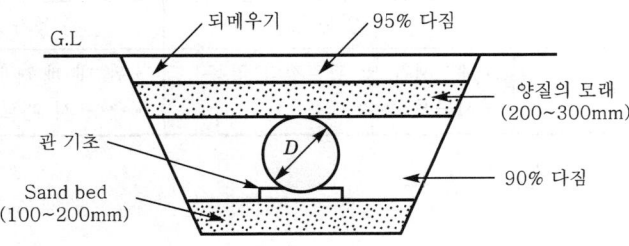

97 상수도관의 부(不)단수공법

[20후(10)]

Ⅰ. 정의

① 상수도관을 단수하지 않고 관로 분기 및 교체하는 공법
② 단수 협의가 불가한 대구경 관로에 적용하여 민원 발생 최소화

Ⅱ. 시공도

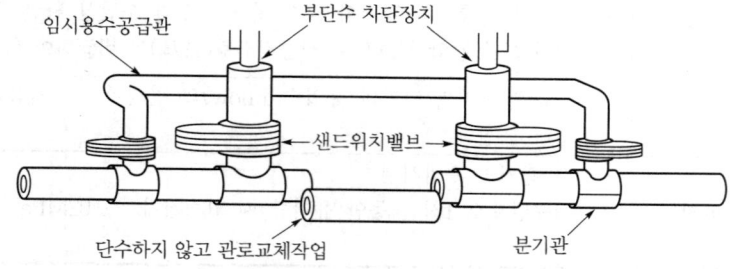

Ⅲ. 도입배경

① 관로의 보수 및 보강, 개량사업 필요
② 단수 시 관 내 배수 및 통수시간 과다
③ 충수 및 통수 시 관 내 이물질 및 수흐름 교란의 2차 피해 발생

Ⅳ. 시공방법

① 배관에 분기관 설치
② 천공 및 샌드위치밸브(Sandwich Valve System) 설치
③ 차단장치 작동 및 임시관 도수 : 단절된 구간의 단수 실시
④ 관로 분기 및 교체작업 실시
⑤ 작업 후 샌드위치밸브, 차단장치 제거 및 천공부 Lock-O ring 설치

Ⅴ. 부단수차단공법과 기존의 단수방법 비교

구분	부단수공법	단수방법
단수 여부	불필요	필요
민원사항	없음	수용가 단수 협의
시공성	• 배수시간 및 관로점검 없음 • 시공성 우수	• 관 내 배수시간 과다 • 충수 시 관로점검 필요

98 상수도관 갱생공법

[17전(10), 20중(25), 22후(25), 23후(10)]

I. 노후 상수도관의 누수

관 접합부, 연결부, 훼손·파열·부식 부위에서 누수 발생

누수원인	누수대책
• 지반침하, 지진 • 중차량진동, 발파진동 • 동파로 인한 파손 • 지하굴착공사 시 파손 • 관 연결부 탈락 • 수밀Band 탈락	• 노후 관 교체 : 갱생, 보수, 교체 • 시공 중 관 기초 정밀 시공 • 시공 중 누수시험 실시 • 동결깊이 이하 시공($Z+300$[mm], 되메우기 1m 이상)

II. 상수도관 갱생공법

1) 세관공법(Cleaning)
   ① 관 내부에 부착된 녹과 슬라임 제거
   ② 비연마공법(Non-aggressive)
      ㉠ 물의 착색을 발생시키는 침전물과 슬라임 제거
      ㉡ 플러싱, 맥동류 세척, 피그
   ③ 연마공법(Aggressive)
      ㉠ 녹이나 부식물질을 제거하여 관의 통수능 회복
      ㉡ 고압수 세척, 스크레이퍼, 강철로드 회전, 블라스팅

2) 분사형 라이닝공법(SIPP : Sprayed In Place Pipe)
   ① 관 내 이물질을 제거한 후 관 내벽이 부식되지 않도록 도료를 관 내벽에 분사하여 라이닝하는 공법
   ② 도료 : 시멘트모르타르, 에폭시, 폴리우레아 등
   ③ 라이닝작업 전 세관작업 실시

3) 현장 경화라이닝공법(CIPP : Cured In Place Pipe)
   ① 에폭시나 PE 등의 열경화성수지를 함침시킨 튜브를 관 내에 삽입한 후 열경화시키는 공법
   ② 열경화 : 80℃ 이상의 온수, 증기, UV
   ③ 기존 관 파손 시에도 라이닝은 파손되지 않아 기존 관의 준구조 보강기능

4) 밀착형 라이닝(Close-Fit Lining)
   ① U자로 접힌 PE라이너를 관 내부로 인입 후 공기압으로 팽창시켜 관 내면에 밀착
   ② 밀착 후 고온수 및 증기로 경화

Ⅲ. 노후 상수도관의 보수 및 교체공법

1) 보수공법

공법	공법내용
Spot Repair	관 내부 손상 부위에 경화라이닝을 이용하여 부분 보수
Joint Repair	슬리브(Sleeve)를 이용하여 손상 부위 보수

2) 교체공법

공법	공법내용
Open Cut	기존 관 굴착 제거 후 신관 매설
Slip Lining	기존 관보다 관경이 작은 관을 삽입 후 그라우팅하여 기존 관과 구조적 일체화
Pipe Bursting	파열·파쇄헤드로 기존 관 파쇄 후 후미에 연결된 신관 삽입

99 | 맨홀 설치계획 시 안전사고 방지방법

[25후(10)]

Ⅰ. 개요

① 맨홀이란 상하수도, 통신, 전력관로 등 유지보수를 위해 설치하는 구조물을 말한다.

② 시공 중 굴착, 유지관리 시 밀폐공간 내부작업 등으로 안전사고 발생위험이 높아 사전계획 및 방지시설 설치 등을 수립해야 한다.

Ⅱ. 안전사고 유형 및 원인

구분	원인
굴착 시 붕괴, 추락	지반 연약화(동결, 융해 반복), 추락방지시설 및 흙막이 미설치
흙막이 붕괴	토압 검토 누락, 지지대 설치 불량
중량물 낙하	줄걸이 상태 미확인, 적정 인양중량 미검토
밀폐공간 질식	산소농도, 유해가스농도 미확인

Ⅲ. 맨홀 안전사고 방지방법

1) 흙막이공법 검토(TS Panel)

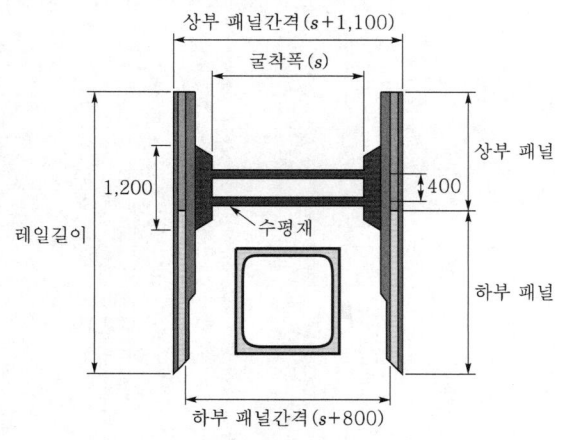

① 작업 전 지반조사, 줄파기 등으로 지반상태 확인

② 기상상황을 확인하여 지반변화 확인

③ 도로구간의 경우 매립층 여부 확인 및 인접구간 하중재하에 의한 붕괴 검토

④ 흙막이 후 프리캐스트 맨홀 설치 또는 현장 타설

2) 추락방지시설 설치

① 맨홀에 사다리 설치상태 확인 및 안전대, 고리 체결 가능 확인

② 조도를 확보하여 장애물 및 개구부 확인

3) 밀폐공간 확인

① 작업 전 산소농도(18% 이상), 유해가스농도(일산화탄소 등) 측정

② 환기설비 설치 및 가동 확인, 마스크 및 호흡용 보호구 준비

4) 작업가능시간 확인 및 준수

    ① 호흡용 보호구 용량 및 작업가능시간을 확인하여 작업계획 수립

    ② 최소 2인 1조로 연락가능수단(무전기 등) 준비 및 작동 확인

5) 맨홀 내부유량 및 기상상황 확인

100 기초공 관련 용어

1) 강성기초(Rigid Foundation)

① 설계상 강체로 가정할 수 있는 기초를 강성기초, 강체로는 가정할 수 없고 강성을 고려하여 설계해야 하는 기초를 탄성체기초(Elastic Foundation)라 한다.

② 기초의 수평저항을 검토하는 경우에 Caisson과 직접기초는 강성기초로서, 말뚝은 탄성체기초로서 취급하는 경우가 많다.

③ 탄성체기초를 연성기초(Flexible Foundation)라 부르는 경우도 있으며 접지압을 구할 때 강성이 충분히 작아서 연성이라 가정할 수 있는 기초인 경우를 연성기초라 한다.

2) 근입비(Depth Ratio)

① 지표면에서 기초Slab 저면까지의 근입깊이(Penetration Depth : D)와 기초Slab의 저면폭(B)과의 비를 말한다.

② 도로교 시방서에서는 근입비(D/B)가 0.5 이하인 것을 직접기초라 하고 있으며, 항만시설의 기준에서는 1.0 이하인 것을 직접기초라 하고 있다.

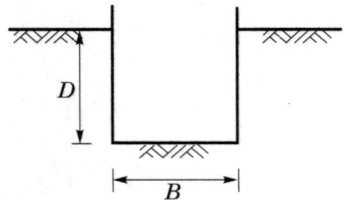

3) 격벽(Partition Wall)

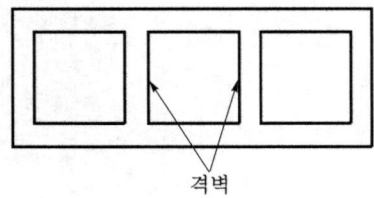

격벽

① Caisson 기초와 널말뚝식 기초의 내부에 있어서 좌우의 측벽 간을 연결하여 단면을 분할하는 연직벽이다.

② 외측에서의 하중에 대한 수평 단면의 보강을 하는 것이 주된 목적이지만 연직 방향의 보강보로서 사용하는 경우도 있다.

4) PRD(Percussion Rotary Drill)말뚝

① 강관말뚝 선단에 Bit를 부착하고 강관 내부에서 오거굴착기로 관 내 흙을 제거하면서 회전에 의해 말뚝을 설치하는 공법이다.

② 모든 지층에 적용이 가능하고 진동·소음이 적으며 굴착과 동시에 말뚝을 설치하므로 시공이 빠르다.

제3장 ▶ 콘크리트

제1절 철근공사

철근공사 과년도 문제

제3장 콘크리트

1 | 원형철근(Round Bar)과 이형철근(Deformed Bar)

Ⅰ. 정의

① 콘크리트구조물에서 압축응력에 비해 비교적 약한 인장응력을 보강할 목적으로 콘크리트 속에 매입하는 것을 철근이라 한다.

② 철근은 크게 표면이 매끈한 원형철근과 인위적으로 요철을 둔 이형철근으로 나누어진다.

Ⅱ. 철근의 구비조건

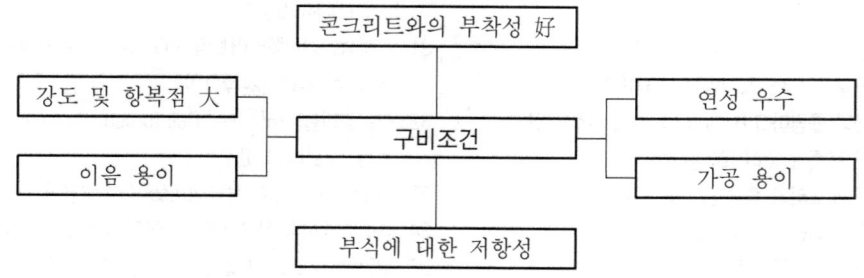

Ⅲ. 원형철근(Round Bar)

1) 정의

강재의 표면이 돌기가 없는 미끈한 표면을 가진 것으로 직경 16mm의 철근을 $\phi16$ 으로 표기하며 부착력이 비교적 낮은 철근으로 환봉이라고도 한다.

2) 형상

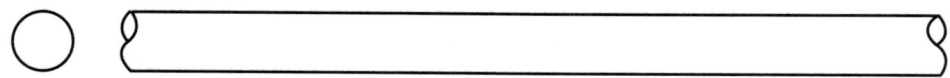

3) 특징

① 부착력이 낮다.

② 미끄럼 저항성이 낮다.

③ 최근 사용이 거의 없다.

Ⅳ. 이형철근(Deformed Bar)

1) 정의

강재의 표면에 리브(Rib)와 마디 등의 요철을 두어 부착력을 크게 한 것으로 동일 단위중량의 원형철근으로 환산한 공칭직경을 사용하며 D10, D13으로 표기한다.

2) 형상

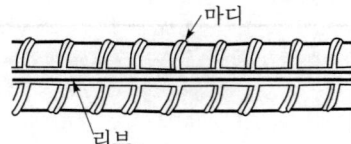 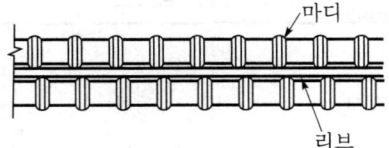

3) 특성

① 부착력이 크다.

② 미끄럼 저항성이 크다.

③ 압축측 배치철근의 갈고리가 필요 없다.

V. 차이점

구분	이형철근	원형철근
부착력	양호	낮다
미끄럼 저항성	크다	적다
사용성	요철로 인한 사용성 난이	사용성 좋음
정착길이	원형에 비해 짧음	정착길이 김
정착방법	갈고리 및 기타 방법	원형 갈고리 필수
가공성	난이	좋다

2 고강도 철근

Ⅰ. 정의

① 철근은 단면형태에 따라 원형철근(ϕ13, round bar)과 이형철근(D13, deformed bar)으로 분류되며, 강도에 따라 일반 철근($f_y = 400$MPa 이하)과 고강도 철근 ($f_y = 400$MPa 초과, hytension deformed)으로 분류된다.

② 현재 현장에서는 고강도 철근(고강도 이형철근)의 사용으로 철근 단면적을 줄여 콘크리트의 주입공간을 확보하고 있다.

Ⅱ. 이형철근의 형상 및 분류

1) 이형철근의 형상

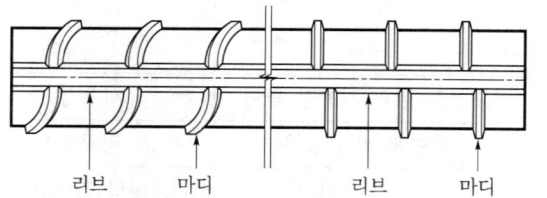
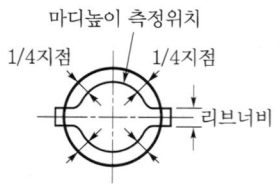

2) 강도에 따른 이형철근의 분류

구분	기호	항복강도(MPa)
일반 철근	SD300	300
	SD350	350
고강도 철근	SD400	400
	SD500	500

① 항복강도가 400MPa인 고강도 철근은 SD400으로 표기한다.

② SD400으로서 25mm의 고강도 철근은 HD25로 표기한다.

Ⅲ. 고강도 철근의 특징

1) 장점

① 일반 철근에 비해 철근의 직경이 약 30% 감소

② 철근직경 감소로 피복두께 확보 용이

③ 철근사용량 감소로 철근공사의 공기 단축 가능

④ 철근순간격의 증가로 굵은 골재의 최대 치수를 크게 할 수 있음

⑤ 콘크리트의 충전성 우수

2) 단점

① 콘크리트의 취성파괴 우려 증가

② 철근가공이 일반 철근에 비해 난해

③ 가공 부위에 녹 발생 과다

3 정(正)철근과 부(負)철근

Ⅰ. 정의

① 콘크리트에서 비교적 약한 인장응력을 보강할 목적으로 이형 또는 원형의 강재를 콘크리트 속에 배치하는데, 이를 철근이라 한다.

② 정철근이란 콘크리트구조물에서 발생되는 (+)모멘트에 저항하기 위해 배치하는 철근이며, 부철근이란 (−)모멘트에 저항하기 위해 배치하는 주철근을 의미한다.

Ⅱ. 철근구조 배치도(3경간 연속보)

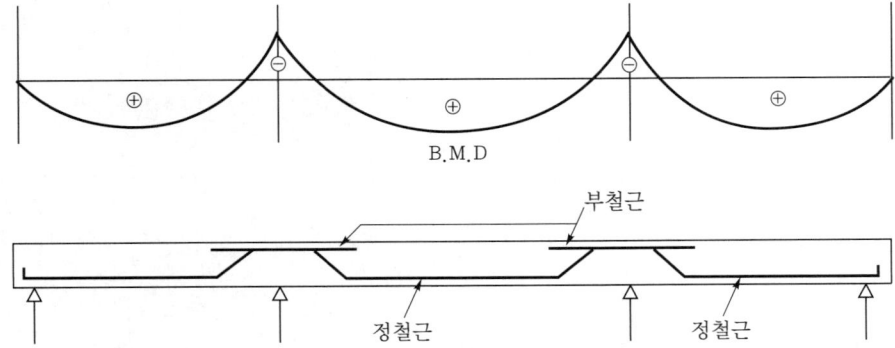

Ⅲ. 철근의 구비조건

① 콘크리트와의 부착성이 좋을 것
② 강도가 크고 항복점이 클 것
③ 연성이 크고 가공이 쉬울 것
④ 부식에 대한 저항성이 있을 것
⑤ 용접이 잘 될 것

Ⅳ. 정철근

1) 정의

슬래브 또는 보에서 정(正, +)의 휨모멘트에 의해서 일어나는 인장응력에 대항하기 위하여 배치한 주철근

2) 배치위치

① 슬래브 및 보의 하부
② 라멘구조의 중앙 하부
③ 옹벽의 벽체 배면

V. 부철근

1) 정의

슬래브 또는 보에서 부(負, -)의 휨모멘트에 의해서 일어나는 인장응력에 대항하기 위하여 배치한 주철근

2) 배치위치

① 연속교의 지점 상부

② 라멘구조의 측벽 상부

③ 보의 기둥 상부

④ 슬래브에서 보 상부

4 주철근과 배력철근

Ⅰ. 정의

① 주철근이란 주된 단면력이 작용하는 방향으로 휨모멘트와 축력에 저항하기 위하여 배치하는 철근을 말한다.

② 배력철근이란 하중을 분산시키거나 균열을 제어할 목적으로 주철근과 직각 또는 직각과 가까운 방향으로 배치한 보조철근을 말한다.

Ⅱ. 철근 배근도

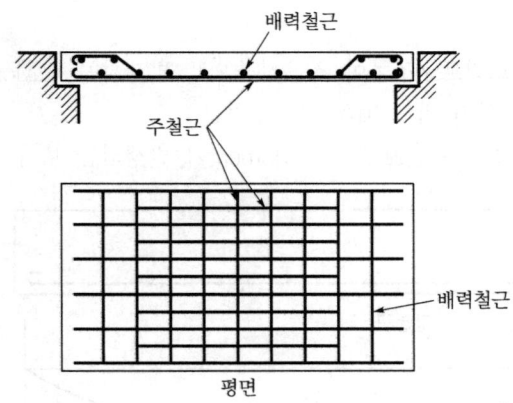

평면

Ⅲ. 배력철근의 역할

① 응력을 분포시킨다.

② 주철근의 간격을 유지한다.

③ 콘크리트 건조수축 및 온도변화에 의한 수축을 감소시킨다.

④ 균열을 분산시킨다.

Ⅳ. 철근 배근검사항목

① 철근가공조립도와의 일치 여부 확인

② 철근종류, 규격지름 등 확인 및 가공 후의 재질변화 여부 확인

③ 설계서 및 도면에 표시된 형상, 수치, 간격 등 확인

④ 피복두께의 확보 및 긴결상태 확인

⑤ 이음위치, 결속상태 확인

⑥ 철근배치 및 조립 시, 들뜬 녹, 유분 및 점토 등 불순물 제거상태 확인

5 주철근과 전단철근

[02후(10), 17중(10)]

Ⅰ. 주철근

1) 정의
   ① 주철근이란 철근구조물을 설계할 때 적용하는 설계하중에 의하여 그 단면적이 정해지는 철근이다.
   ② 철근콘크리트구조물에서 발생되는 인장응력에 저항하기 위해서 콘크리트 속에 배치된다.

2) 분류
   ① 정(正)철근
      ㉠ 철근콘크리트구조물이 작용하중으로 발생하는 ⊕Moment에 의한 인장응력에 저항하기 위해 배치하는 주철근
      ㉡ 정정구조의 단순보에서 ⊕Moment가 발생되는 보의 중앙부 하단에 배치

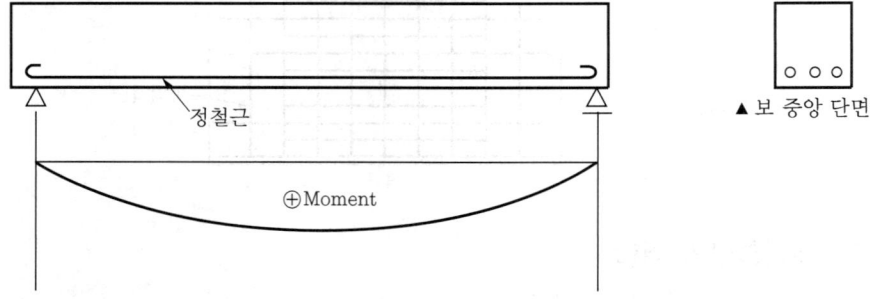

▲ 보 중앙 단면

   ② 부(負)철근
      ㉠ 철근콘크리트구조물에서 발생되는 ⊖Moment에 의한 인장응력에 저항하기 위해 배치하는 주철근
      ㉡ 부정정구조의 연속보에서 ⊖Moment가 발생되는 보의 지점 상단부에 배치

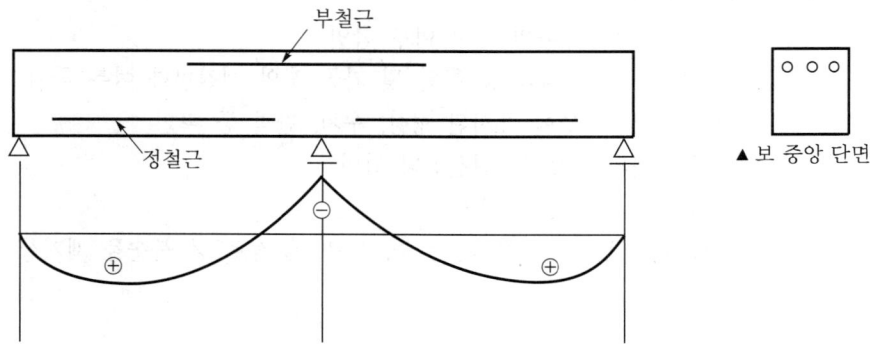

▲ 보 중앙 단면

Ⅱ. 전단철근

1) 정의

① 철근콘크리트구조물에서 보의 중앙부에는 주인장응력이 발생되고, 보의 단부지점 부위에는 보의 축에 대하여 45°의 경사로 발생되는 사인장응력이 발생되는데, 이에 저항하기 위해 배치하는 철근이다.

② 보에서 발생되는 사인장응력에 의해 사인장균열은 보통의 사용상태에서 보에 직각으로 발생되는 휨균열과는 달리 갑작스런 파괴를 발생시킨다.

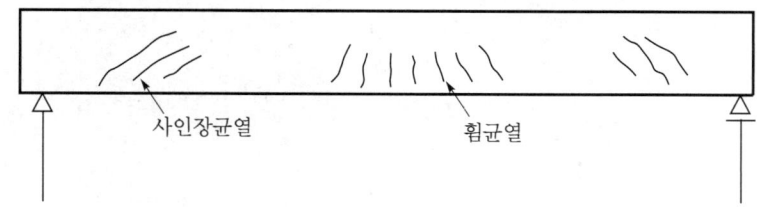

2) 분류

① 절곡철근(Bent Up Bar)

㉠ 철근콘크리트보에서 휨모멘트가 아주 적은 단부 부근의 인장철근을 구부려 올려서 보의 상단부에 배치한다.

㉡ 이를 절곡철근이라 하며 보통의 45°를 구부려 올리거나 내려서 사용한다.

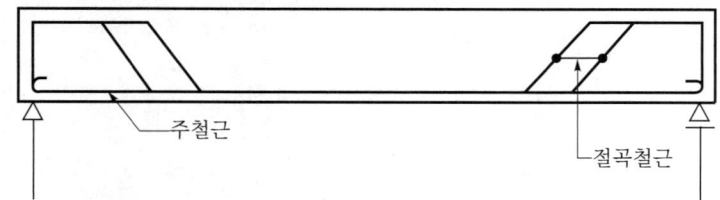

② 스터럽(Stirrup)

㉠ 철근콘크리트보에 배치된 주철근(인장철근)은 그냥 두고 별도의 철근을 보의 축에 45° 또는 90°로 배치하여 사인장응력에 저항하도록 하는 철근이다.

㉡ 스터럽을 주철근에 45°로 배치하는 스터럽을 경사스터럽이라 하며, 90°로 배치하는 스터럽을 수직스터럽이라 한다.

㉢ 경사스터럽은 사인장응력의 작용방향에 평행으로 설치되어 응력상 유리하지만 시공이 번거로워 별로 이용되지 않는다.

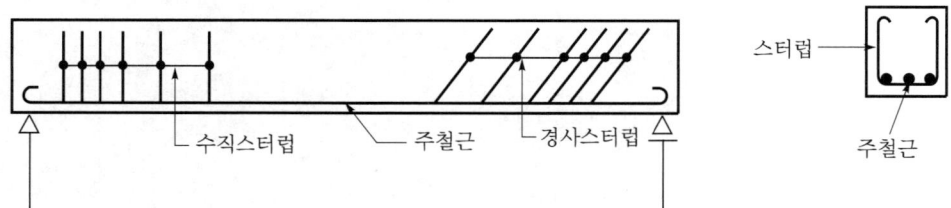

III. 주철근과 전단철근의 비교

구분	주철근	전단철근
구조 해석	설계하중에 의해 단면적이 정해지는 철근	사인장응력에 대항하기 위한 철근
분류	정(正)철근, 부(負)철근	절곡철근, 스터럽
철근의 규격	D25~D32mm	D10~D16mm
역할	구조물 지탱	사인장균열 방지

6 절곡철근(Bent Up Bar)

[79(10)]

Ⅰ. 정의

① 보에서 휨응력에 따라 중앙부에서는 하부에, 단부에 휘어 올려 상부에 배근되는 축방향 철근을 절곡철근 또는 굽힘철근이라 한다.

② 절곡철근은 휨모멘트가 0이 되는 보 안목길이의 1/4지점에서 절곡이 되며, 부재축과 이루는 각도는 30~45°가 적당하다.

Ⅱ. 휨응력에 따른 절곡철근의 배근형태

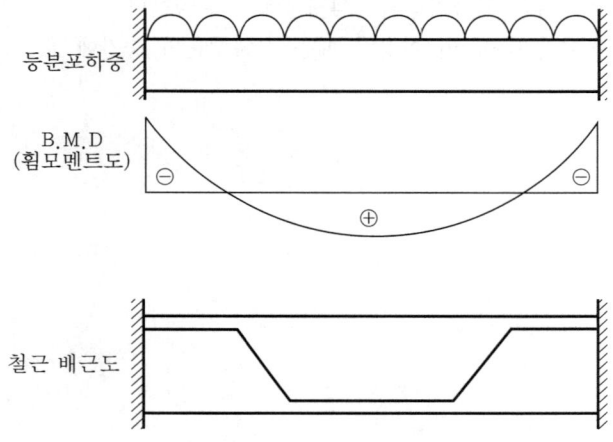

등분포하중

B.M.D
(휨모멘트도)

철근 배근도

Ⅲ. 절곡철근의 역할

① 휨응력에 유효하게 작용
② 상하주근의 간격을 정확하게 유지
③ 스터럽을 결속하는데 필요
④ 보 단부의 사인장(斜引長)균열 방지
⑤ 전단보강에 유효

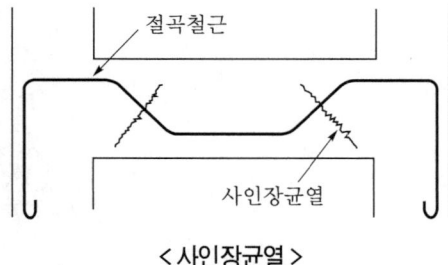

절곡철근

사인장균열

< 사인장균열 >

Ⅳ. 보 철근의 종류

종류	규격	목적	일반사항
주근	D13(ϕ12) 이상	휨력 보강	중요한 보는 복근 배근
절곡철근 (Bent Up Bar)	D13(ϕ12) 이상	사인장균열 방지	안목거리의 1/4지점에서 절곡
늑근 (Stirrup)	D16 이상	전단보강과 주근의 위치 고정	중앙부는 넓게 배근, 단부는 좁게 배근

Ⅴ. 시공 시 주의사항

① 부재축과의 각도는 30~45°로 한다.

② 휨응력이 적은 안목거리의 1/4지점에서 절곡한다.

③ 보의 높이가 600mm 이상일 때는 상하주근의 중간에 보조근을 넣는다.

7 스터럽(Stirrup)

[79(10)]

Ⅰ. 정의

① 전단력에 의하여 발생한 전단응력은 사인장응력으로서 사인장균열이 발생한다.

② 사인장균열에 대비하여 보강한 철근을 전단보강철근, 사인장철근, 복부철근 또는 Stirrup이라 한다.

③ Stirrup에는 수직Stirrup, 경사Stirrup, 절곡철근이 있으며, 전단력이 큰 단부에서는 간격을 좁게 배근하고, 전단력이 적은 중앙부로 갈수록 간격을 넓게 배근한다.

Ⅱ. 도해

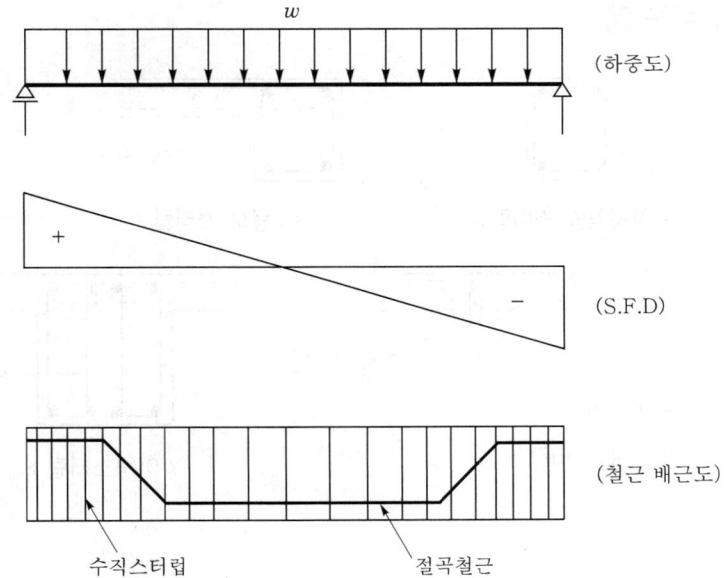

(하중도)

(S.F.D)

(철근 배근도)

수직스터럽   절곡철근

Ⅲ. 스터럽의 종류

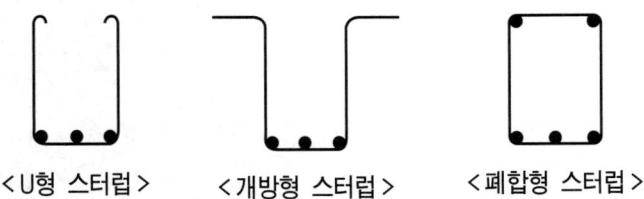

<U형 스터럽>   <개방형 스터럽>   <폐합형 스터럽>

Ⅳ. 스터럽의 배치간격

① 수직스터럽의 간격은 $\frac{1}{2}d$ 이하, 600mm 이하로 한다.

② 경사스터럽과 절곡철근은 45°의 사인장균열면과 한번 이상 교차되도록 배치하며 주철근방향으로 $\frac{3}{4}d$ 이하로 한다.

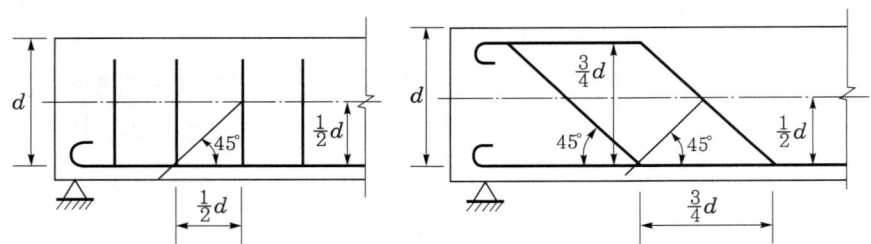

Ⅴ. 스터럽의 사용 예

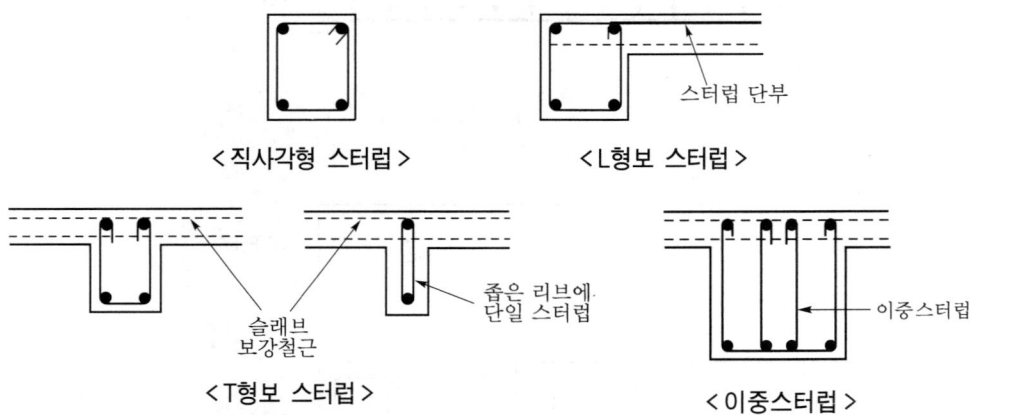

< 직사각형 스터럽 >   < L형보 스터럽 >

< T형보 스터럽 >   < 이중스터럽 >

8 나선철근(Spiral Hoop)

I. 정의

① 기둥에서 좌굴이나 전단력을 받아 주는 Hoop 대신 철근을 이음 없이 나선상
으로 감아 시공하는 철근을 나선철근이라 한다.

② 용접에 의한 폐쇄형 Spiral Hoop는 일반 Hoop보다 전단 보강의 효과가 더 크고,
콘크리트의 탈락 및 주근의 노출에 의한 내구성 저하를 억제하는 효과가 있다.

II. 시공 상세도

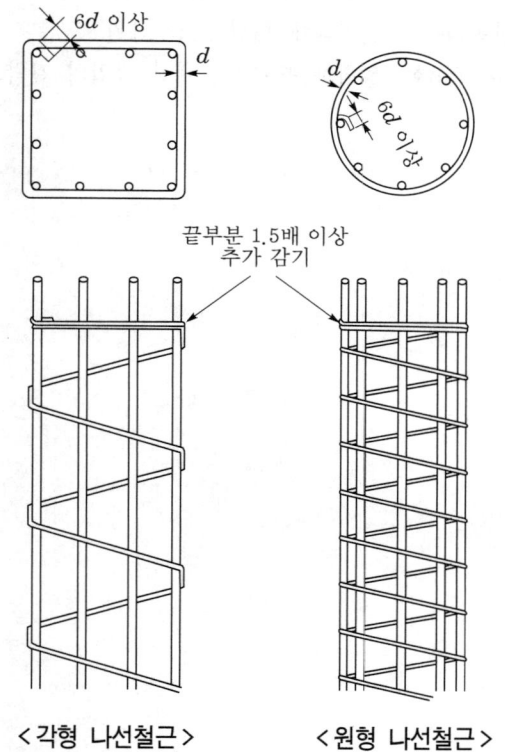

< 각형 나선철근 >   < 원형 나선철근 >

III. 분류

① 각형(角形) 나선철근 : 각형 기둥에 사용

② 원형(圓形) 나선철근 : 원형 기둥에 사용

IV. 필요성

① 지진력에 대한 보강 필요

② 전단보강, 좌굴 방지, 콘크리트 구속 등에 효과적인 공법 요구

③ 철근의 기계적 접합법의 실용화 필요

Ⅴ. 특징

① 전단력에 대한 저항이 큼

② 좌굴 방지에 효과적

③ 콘크리트의 탈락 방지 및 구속력 증대

④ 내진 설계에 유리

⑤ 철근의 가공비가 고가임

⑥ 재료비가 고가임

Ⅵ. 개발방향

① 기둥의 전단보강, 구조체의 내구성 확보, PC화 등의 차원

② 지진 시 반복되는 전단파괴에 대한 보강 차원

③ 철근의 Pre-fab화, 성력화(省力化), 현장 작업의 간략화 차원

9 심부구속철근

Ⅰ. 심부구속철근의 정의

교각 또는 기둥의 파괴한도를 높이기 위해 심부를 가로질러 배근하는 횡방향 철근

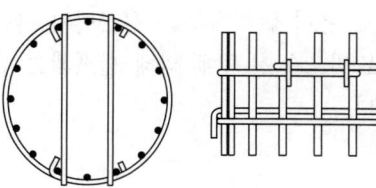

〈 심부구속철근 배근도 〉

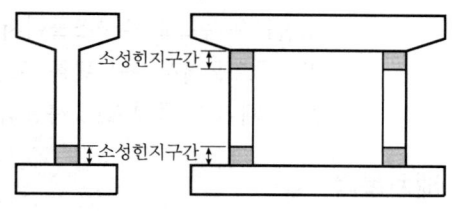

〈 심부구속철근 배치구간 〉

Ⅱ. 심부구속철근의 역할

① 내진보강철근 : 교각기둥의 연성 강화
② 철근의 좌굴파괴 방지
③ 교각 심부의 콘크리트 구속
④ 사용성 및 안정성 증대
⑤ 교각기둥의 소성힌지구간에 배근하여 응답수정계수(R) 조정 : 하부구조가 연결 부분보다 먼저 항복하도록 설계

Ⅲ. 설계기준

① 기둥의 최소 단면치수 : 2,500mm
② 횡방향 철근은 기둥의 상부와 하부에 설치함
③ 횡방향 철근은 인접 부재와의 연결면으로부터 기둥치수의 0.5배까지 연장 설치 해야 하나 그 길이가 380mm보다 작아서는 안 됨
④ 설치구간은 기둥의 최대 단면치수, 기둥 순높이의 1/6, 450mm 중 가장 큰 값 이상
⑤ 철근의 최대 간격은 부재 최소 단면치수의 1/4 또는 축방향 철근지름의 6배 중 작은 값을 초과해서는 안 됨
⑥ 나선철근 겹이음은 허용되지 않으며, 연결은 완전 용접 또는 기계적 연결로 함

10 온도철근

Ⅰ. 정의

① 콘크리트에 배치하여 온도변화, 건조수축, 기타 원인에 의하여 콘크리트에 일어나는 인장응력에 대비하여 가외로 보조적으로 더 넣는 철근을 말한다.

② 온도철근은 콘크리트구조물에서 구조적으로 응력에 저항하는 철근이기보다 콘크리트구조물에서 온도변화 또는 콘크리트 건조수축 등에 의해 발생되는 균열발생을 제어할 목적으로 사용되는 철근이다.

Ⅱ. 배치목적

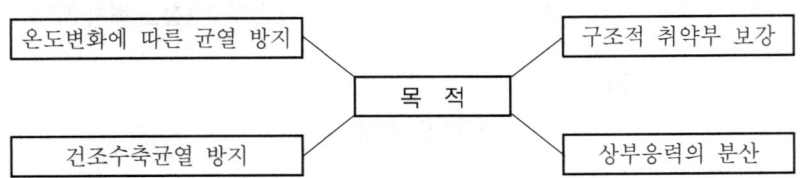

Ⅲ. 1방향 슬래브에서 온도철근 배치

1) 배치기준

바닥 슬래브와 지붕 슬래브에서 휨철근이 1방향으로만 배치되는 경우에는 이 휨철근에 직각방향으로 온도철근을 둔다.

2) 사용량

항복강도	콘크리트 총단면적에 대한 철근비(P)
350MPa 이하 이형철근	0.0020
400MPa인 이형철근 또는 용접 강선망	0.0018
0.0035의 항복변형률에서 항복강도 400MPa 초과할 때	$\dfrac{0.0018 \times 4,500}{f_y}$

※ 다만 철근비(P)는 0.0014 이상이어야 한다.

3) 배치간격

슬래브두께의 3배 이하 또는 400mm 이하라야 한다.

4) 정착

온도철근은 철근이 항복강도(f_y)를 받을 수 있도록 정착시킨다.

Ⅳ. 1방향 PSC슬래브

건조수축 및 온도변화에 대한 보강으로 PS긴장재를 배치하는 경우 다음 규정을 따라야 한다.

1) 배치기준
유효Prestress에 의해 전단면에 평균압축응력이 0.7MPa 이상 되도록 긴장재를 배치한다.

2) 배치간격
① 긴장재의 배치간격은 1,800mm를 넘지 않아야 한다.

② 긴장재간격이 1,300mm를 초과하는 경우에는 건조수축 및 온도철근을 추가로 배근해야 하다.

③ 추가하여 보강하는 철근은 양단 가장자리로부터 긴장재간격과 같은 거리까지 연장 배치해야 한다.

Ⅴ. 슬래브의 배근형태

1) 1방향 슬래브
① 변장비 : $\lambda = \dfrac{l_y}{l_x} > 2$

② 단변방향 : 주근

③ 장변방향 : 온도철근

2) 2방향 슬래브
① 변장비 : $\lambda = \dfrac{l_y}{l_x} \leq 2$

② 단변방향 : 주근

③ 장변방향 : 부근(배력철근)

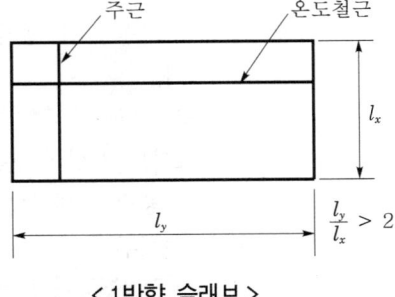

< 1방향 슬래브 >

Ⅵ. 슬래브 철근의 종류

1) 주근(主筋)
1방향 슬래브나 2방향 슬래브에서 단변방향에 배근되어 하중을 크게 받는 철근

2) 부근(副筋)
2방향 슬래브에 장변방향에 배근되어 응력을 분산시키는 보조철근으로 배력근

3) 온도철근
1방향 슬래브에서 장변방향에 배근되어 콘크리트의 건조수축균열을 방지하는 철근

4) Slip Bar
콘크리트 슬래브의 팽창줄눈에서 두 슬래브의 수평 유지를 목적으로 삽입한 철근

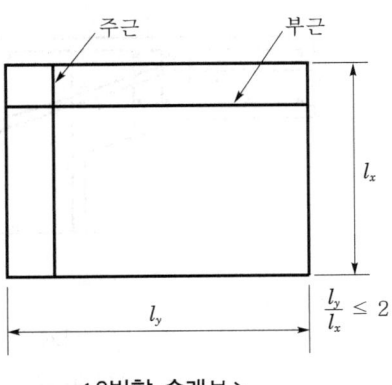

< 2방향 슬래브 >

11 가외철근

[98중후(20), 18후(10)]

Ⅰ. 정의

가외철근이란 콘크리트의 온도변화, 건조수축, 기타의 원인에 의하여 콘크리트에 일어나는 인장응력에 대비하여 가외로 더 넣는 보조적인 철근을 말한다.

Ⅱ. 가외철근 배치목적

① 온도변화에 의한 균열 방지
② 건조수축에 의한 변형 방지
③ 취약 부위 보강

Ⅲ. 가외철근 배치

1) Ⅰ형 Precast보
   플랜지의 폭이 작고 가는 Ⅰ형보의 지간, 중앙 부분의 상연단 모서리에는 가설할 때 생기는 인장응력에 대비하여 가외철근을 배치한다.

2) 시공이음부
   신·구콘크리트 사이의 온도차, 건조수축차 등에 의하여 발생되는 인장응력에 대비하여 가외철근을 배치한다.

3) 바닥판의 헌치부
   바닥판 등에서 PS강재를 배치할 때 PS강재의 인장력 분력에 의하여 콘크리트가 파손되지 않도록 가외철근을 배치한다.

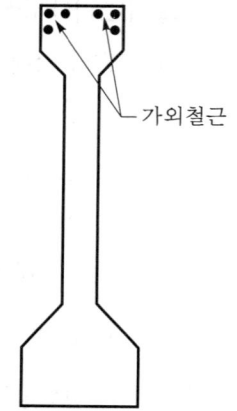

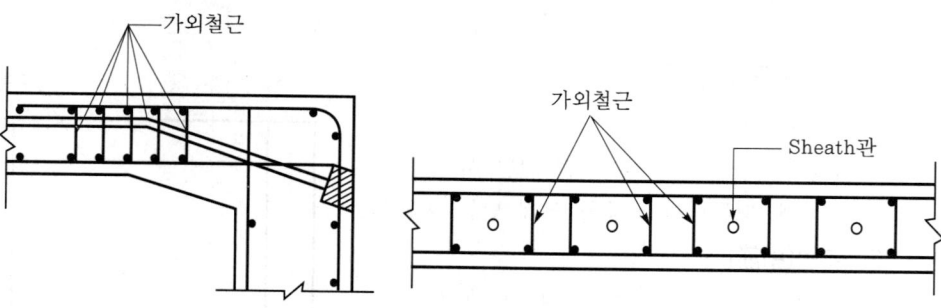

4) Con′c보
   현장치기 Con′c보에서 복부 양측면의 축방향으로 지름 13mm 이상 300mm 이하의 간격으로 가외철근을 배치한다.

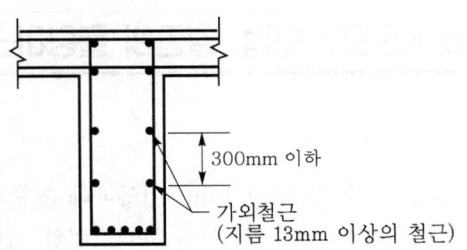

300mm 이하

가외철근
(지름 13mm 이상의 철근)

5) PS 콘크리트 T형보

　　PS 콘크리트 T형보의 아래 플랜지에 Prestress를 도입할 때에는 큰 압축응력을
받기 때문에 가외철근을 충분히 배치한다.

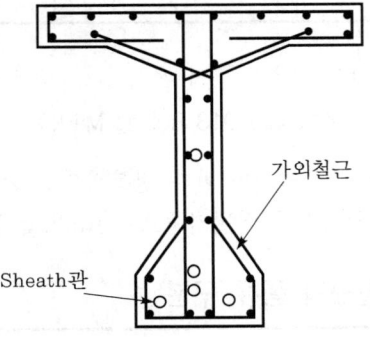

가외철근

Sheath관

6) 교량의 받침부

　　교량에서 받침부는 상부하중에 의한 반력을 받기 때문에 콘크리트에 지압응력 및
직각방향의 인장력이 생기므로 이에 대비한 가외철근을 배치한다.

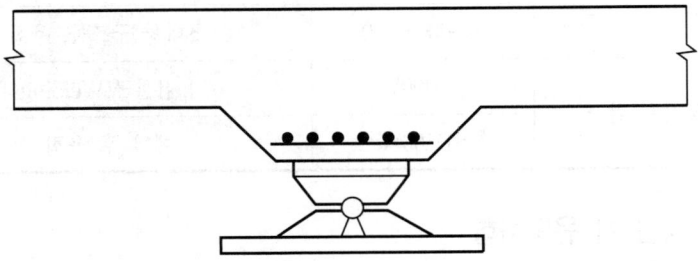

12 이형철근의 KS 표시방법, 철근의 롤링마크(Rolling Mark)

[15후(10), 19후(10)]

Ⅰ. 정의

① 제조업체 및 강종을 알 수 있게 1.5m 이하마다 영문과 숫자로 표기하는 것
② 불량철근 사용을 줄이고 품질 및 안전관리를 위한 이형철근의 KS분류기준

Ⅱ. Rolling Mark

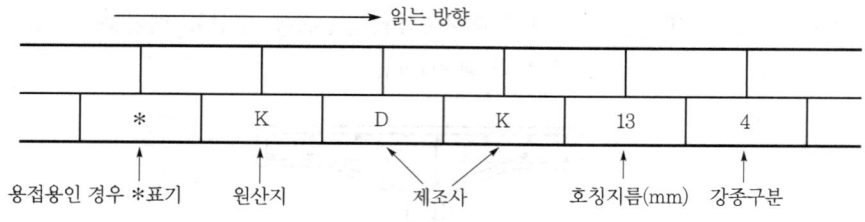

〈 SD400 D13 Rolling Mark 〉

① 이형철근은 1.5m 이하의 간격마다 반복적으로 철근 식별마크가 있어야 함
② KS기준에 따른 철근강종 식별기준으로 Rolling Mark를 사용

Ⅲ. KS기준에 대한 이형철근의 종류 구분

구분	기호	내용
일반 철근	SD300	일반 철근(Mild Bar)
	SD400	고강도 철근(Hi Bar)
	SD500	메가 블랙바
	SD600~700	초대형 구조물, 용접 불가
용접용 철근	SD400W	용접철근(Welding Bar)
	SD500W	예열 후 용접 실시

Ⅳ. 철근강종 식별 시 유의사항

① 회사로고 사용 가능
② 강종 SD350 폐지, D7(공칭지름 7mm) 추가
③ 강종 표시 명확화(숫자로 표시)
④ 내진용 철근 표기 추가(뒤에 S가 붙음)
  ㉠ 32mm 이하 KS인증 획득(SD400S, SD500S, SD600S, SD700S)
  ㉡ 지진 발생 시 충격 흡수 및 급작스런 붕괴를 막아 대피시간 확보 목적

13 철근의 기계가공

I. 개요

① 철근의 기계가공은 공장에서 철근을 가공하고 현장에서는 조립만 하는 이원화 방안으로 발전하여 최근 많이 이용되고 있다.

② 가공공정을 현장 내의 별도의 부지를 이용하거나 가급적 현장에 가까운 장소를 이용하여 관리하며 철근공사의 시공성 및 원가 절감의 효과를 가져온다.

II. 철근공사 Flow Chart

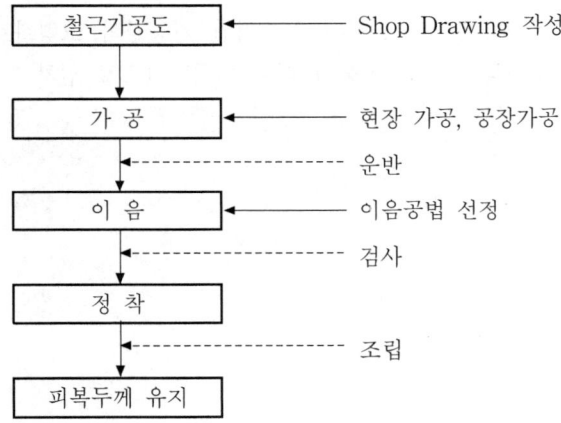

III. 철근공사의 문제점

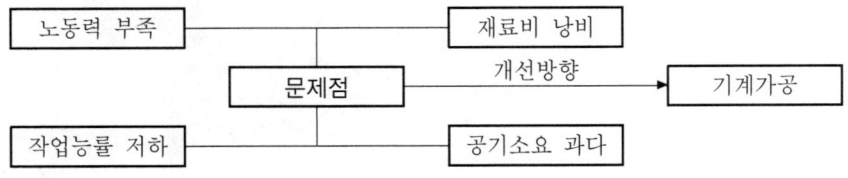

IV. 기계가공의 효과(개선방향)

1) 원가의 절감
   ① 자재비 및 현장 노무비의 절감
   ② 철근공사의 노무비비율은 50~60%로 매우 높음
   ③ 기능인력의 수요가 줄어듦으로 인한 노무비 절감

2) 기능인력난의 해소
   ① 가공공정이 공장에서 이루어지므로 기능인력의 감소
   ② 3D업종 기피로 인한 인력난의 해소

3) 품질 향상
① 설계도(Shop Drawing)에 의한 정확한 가공
② 시공이 간략화

4) 작업환경 개선
① 현장 내의 소운반이 줄어듦
② 철근가공장이 공장화되어 위험요소가 제거됨
③ 현장 안전관리가 용이

5) 공기 단축
가공, 조립의 이원화로 인한 현장 작업의 감소

V. 전망
철근의 기계가공은 철근공사의 문제점인 기능공의 고령화로 인한 인력난 해소에 기여하고 지속적인 노임 상승에 대한 대처방안으로 점차 확대 시행될 것이다.

14 철근 표준 갈고리

[03중(10), 14전(10)]

Ⅰ. 개요

① 철근의 표준 갈고리는 철근이 콘크리트에 매입되어 제 기능을 다할 수 있도록 갈고리의 형상 및 길이를 정해둔 것이다.

② 표준 갈고리의 시방규정에서는 주철근에 대한 표준 갈고리와 스터럽과 띠철근에 대한 표준 갈고리로 구분하고 있다.

Ⅱ. 분류

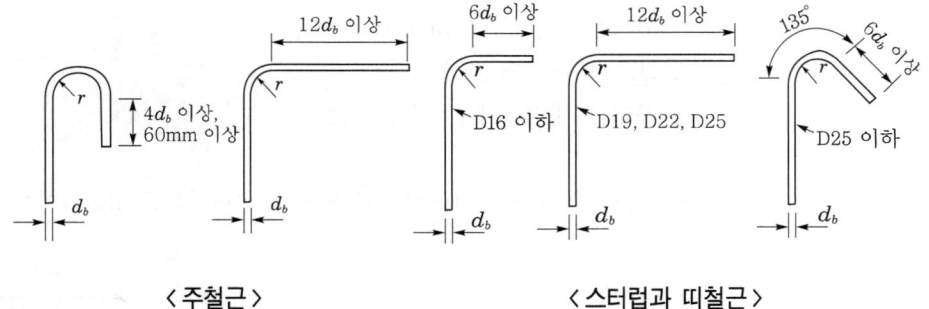

〈 주철근 〉   〈 스터럽과 띠철근 〉

1. 주철근

1) 180° 갈고리

반원 끝에서 $4d_b$ 이상 또는 60mm 이상 더 연장

2) 90° 갈고리

90° 원의 끝에서 $12d_b$ 이상 더 연장

2. 스터럽과 띠철근

1) 90° 갈고리

① D16 이하 철근은 90° 원 끝에서 $6d_b$ 이상 연장

② D19, D22, D25인 철근은 90° 원의 끝에서 $12d_b$ 이상 연장

2) 135° 갈고리

D25 이하 철근은 135° 구부린 끝에서 $6d_b$ 이상 연장

Ⅲ. 최소 내면반지름

1) 180° 갈고리와 90° 갈고리

2) 스터럽과 띠철근

① D10 이하 철근일 경우 : $2d_b$ 이상

② D10 초과 철근일 경우 : $3d_b \sim 5d_b$

철근의 지름	최소 반지름
D10~D25	$3d_b$
D29~D35	$4d_b$
D38 이상	$5d_b$

15 철근 구부리기

Ⅰ. 정의

철근의 구부리기는 표준 갈고리 이외의 철근을 가공할 때 구부리는 작업으로 절곡
철근의 구부리기 작업과 라멘형식의 모서리에 위치하는 철근의 구부리기 작업이
있다.

Ⅱ. 규정

1) 스터럽, 띠철근
구부리는 내면반지름은 철근지름(d_b) 이상

2) 절곡철근(굽힘철근, Bent Up Bar)
절곡철근의 구부리는 내면반지름은 $5d_b$ 이상

3) 라멘구조
모서리 부분의 외측에 연하는 철근의 구부리는 내면반지름은 $10d_b$ 이상

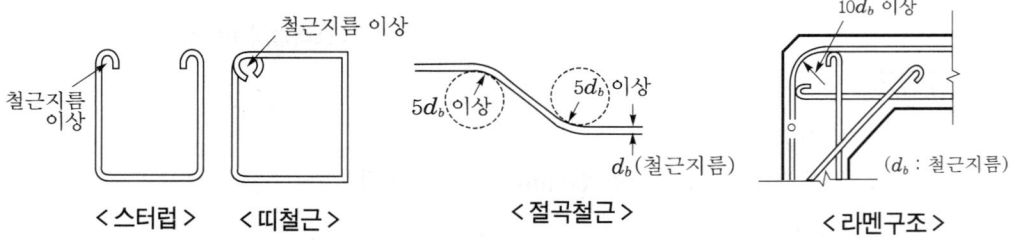

< 스터럽 >	< 띠철근 >	< 절곡철근 >	< 라멘구조 >

4) 기타
기타 철근의 구부리는 내면반지름은 표준 갈고리의 최소 내면반지름 이상

<표준 갈고리의 내면반지름>

철근의 지름	최소 반지름
D10~D25	$3d_b$
D29~D35	$4d_b$
D38 이상	$5d_b$

5) 큰 응력의 작용위치
큰 응력을 받는 곳에서 철근을 구부릴 때는 그 구부리는 반지름을 더 크게 하여
철근반지름 내부의 콘크리트가 부서지는 것을 방지해야 한다.

16 철근의 이음

Ⅰ. 개요

철근의 이음은 한 곳에 편중되지 않도록 하여야 하며, 사전에 구조도 등의 검토를 통하여 현장 여건에 적합한 이음공법을 채택하는 것이 무엇보다 중요하다.

Ⅱ. 이음공법

1) 겹침이음(Lap Joint)
   ① 철근이음할 1개소에 두 군데 이상 결속선으로 결속하는 이음
   ② D29 이상 철근은 겹침이음 금지

2) 용접이음
   금속의 야금적 성질(고열에 의해 융합되는 것)을 이용한 이음

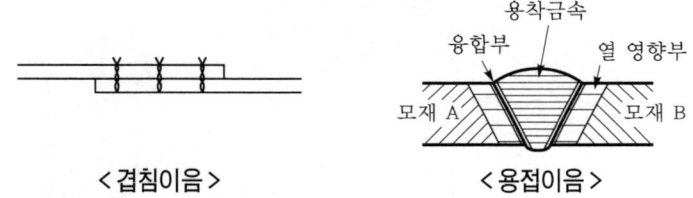

< 겹침이음 >   < 용접이음 >

3) 가스(Gas)압접
   철근의 접합면을 맞대고 압력을 가하면 Oxy Acethylene Gas의 중성염으로 두 부재를 부풀어 오르게 하여 접합

4) Sleeve Joint(슬리브압착)
   접합부재를 Sleeve 속에 넣고 유압Jack으로 압착

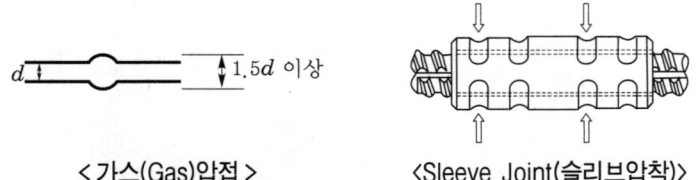

< 가스(Gas)압접 >   <Sleeve Joint(슬리브압착)>

5) 슬리브(Sleeve) 충전공법
   Sleeve구멍을 통하여 에폭시나 모르타르 등의 Grout재를 주입하여 이음

6) 나사이음
   철근에 수나사를 만들고 Coupler 양단을 Nut로 조여 이음

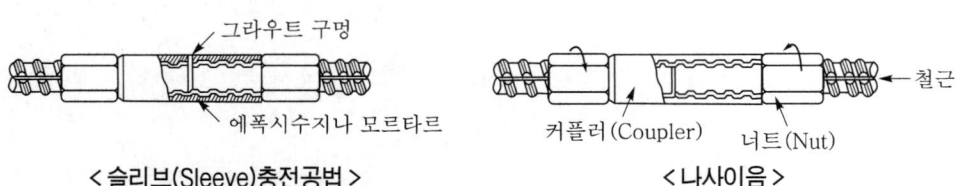

< 슬리브(Sleeve)충전공법 >   < 나사이음 >

7) Cad Welding

철근에 Sleeve를 끼우고 화약과 합금의 혼합물을 넣고 순간 폭발로 녹은 합금이 공간 충진

8) G-loc Splice

깔때기모양의 G-loc Sleeve를 끼우고 G-loc Wedge를 망치로 쳐서 이음

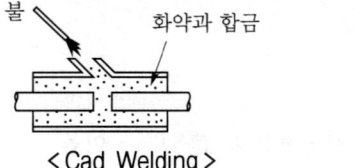

< Cad Welding >

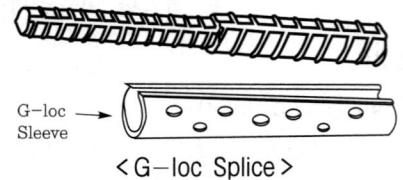

< G-loc Splice >

17 철근의 Gas압접

Ⅰ. 정의

① 철근의 접합면을 직각으로 절단하여 줄로 연마한 후, 서로 맞대고 압력을 가하면서 맞댄 부위를 산소-아세틸렌가스(Oxy Acethylene Gas)의 중성염으로 가열하면 1,200~1,300℃에서 접합부가 부풀어 오르면서 접합되는 것이다.

② 19mm 이상의 굵은 철근을 압접할 때는 겹침이음에 비해 경제적이고 콘크리트 타설이 용이하다.

Ⅱ. 시공도

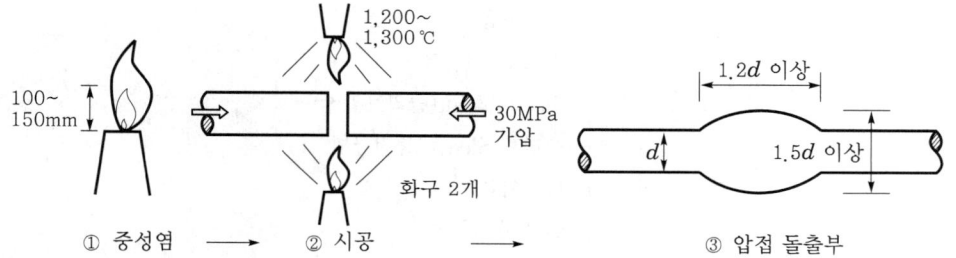

① 중성염 → ② 시공 → ③ 압접 돌출부

① 화구는 2개를 사용하고 불꽃 끝에서 100~150mm 안의 중성염으로 가열

② 압접면에 대해 30MPa 이상의 압력 유지

③ 불꽃이 접합 부위를 완전히 감싸게 하고 20mm 이상 떨어지지 않게 함

Ⅲ. 압접기준

① 용접돌출부의 직경은 철근직경의 1.5배 이상

② 용접돌출부의 길이는 철근직경의 1.2배 이상

③ 철근 중심축의 편심량은 철근직경의 $1/5d$ 이하

④ 용접돌출부의 단부에서 용접면 엇갈림은 철근직경의 $1/4d$ 이하

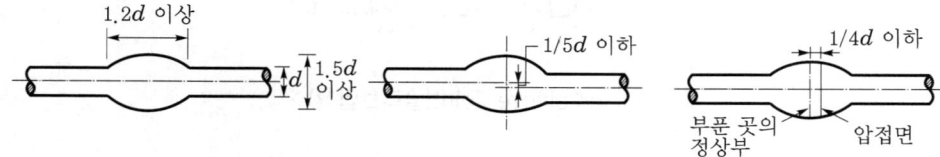

Ⅳ. 압접 시공 Flow Chart

압접면 연마 → 압접기 Setting → 가열 및 가압 → 계 측

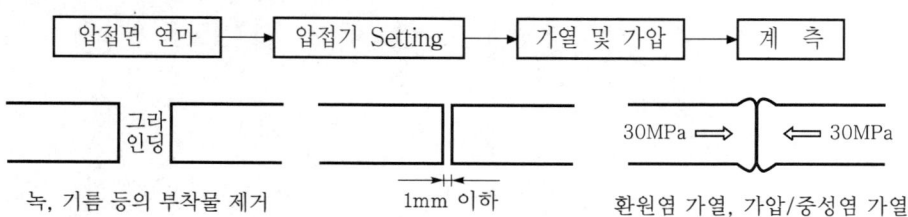

녹, 기름 등의 부착물 제거   1mm 이하   환원염 가열, 가압/중성염 가열

18 슬리브조인트(Sleeve Joint, 슬리브압착)

Ⅰ. 정의

① 철근의 이음은 한 곳에 편중되지 않도록 하여야 하며, 사전에 구조도 등의 검토를 통하여 현장 여건에 적합한 이음공법을 채택하는 것이 무엇보다 중요하다.

② 접합부재를 Sleeve 속에 넣고 유압Jack으로 압착하여 이음하는 공법이다.

Ⅱ. 철근이음공법의 분류

```
                 ┌─ 겹침이음
                 │
                 │           ┌─ 용접이음
                 ├─ 용접이음 ┤
이음공법 ────────┤           └─ 가스(Gas)압접
                 │           ┌─ Sleeve Joint(슬리브압착)
                 │           ├─ 슬리브(Sleeve)충전공법
                 └─ 기계적 이음┤─ 나사이음
                             ├─ Cad Welding
                             └─ G-loc Splice
```

Ⅲ. Sleeve Joint의 특성

① 접합할 부재를 Sleeve 속에 넣고 유압잭으로 압착

② 인장·압축에 대한 내력 확보

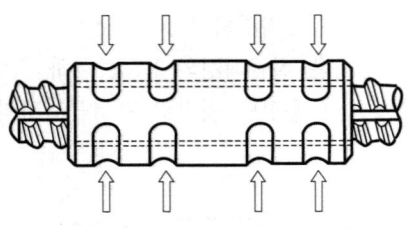

< Sleeve Joint(슬리브압착) >

19 나사이음

Ⅰ. 정의

① 나사이음은 철근에 수나사를 만들고 Coupler 양단을 Nut로 조여서 이음하는 방식으로 이음 후 조임 확인 시험을 실시하여야 한다.

② 철근의 이음은 한 곳에 편중되지 않도록 하여야 하며, 사전에 구조도 등의 검토를 통하여 현장 여건에 적합한 이음공법을 채택하는 것이 무엇보다 중요하다.

Ⅱ. 철근이음공법의 분류

이음공법
- 겹침이음
- 용접이음
  - 용접이음
  - 가스(Gas)압접
- 기계적 이음
  - Sleeve Joint(슬리브압착)
  - 슬리브(Sleeve)충전공법
  - 나사이음
  - Cad Welding
  - G-loc Splice

Ⅲ. 나사이음구조

철근을 커플러에 끼운 후 양단부에 있는 너트를 조여서 철근에 인장력을 준다.

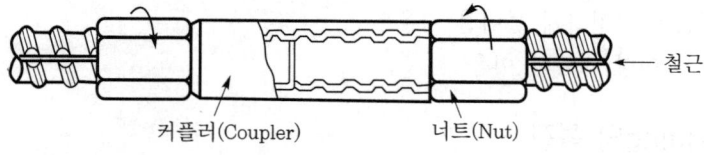

커플러(Coupler) 너트(Nut) 철근

< 나사이음 >

Ⅳ. 특징

① 시공이 간편하다.

② 누구나 시공할 수 있다.

③ 굵은 철근이음에 적당하다.

④ 열을 사용하지 않으므로 철근의 변화가 없다.

⑤ 나선이 커플러에 잘 물리도록 주의한다.

20 | Cad Welding

Ⅰ. 정의

① 철근에 Sleeve를 끼우고 Sleeve구멍을 통하여 화약과 합금을 섞은 혼합물을 넣고 순간 폭발시키면 합금이 녹아 공간을 충진하여 이음되는 공법이다.

② Cad Welding은 기성제 철근보다 인장강도가 큰 부착응력을 가지게 해주는 이음공법이다.

Ⅱ. 철근이음공법의 분류

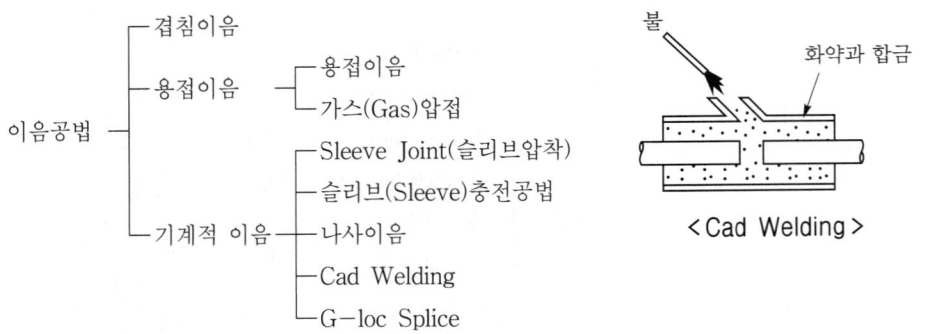

```
                  ┌─ 겹침이음
                  │
                  │                    ┌─ 용접이음
                  ├─ 용접이음 ─────────┤
                  │                    └─ 가스(Gas)압접
이음공법 ─────────┤                    ┌─ Sleeve Joint(슬리브압착)
                  │                    ├─ 슬리브(Sleeve)충전공법
                  │                    ├─ 나사이음
                  └─ 기계적 이음 ──────┤
                                       ├─ Cad Welding
                                       └─ G-loc Splice
```

< Cad Welding >

Ⅲ. Cad Welding의 적용 대상

① 단면이 적은 구조체

② 철근이 복잡하게 들어갈 경우

③ D35 이상 철근의 이음

Ⅳ. Cad Welding의 특징

1) 장점

① 기후에 영향이 적고 화재위험 감소

② 예열 및 냉각이 필요 없고 용접시간이 짧음

③ 인장 및 압축에 대한 전달내력 확보 용이

④ 각종 이형철근에 적용 범위가 넓음

⑤ 철근량(이음길이 감소) 감소 및 콘크리트 타설 용이

2) 단점

① 육안검사가 불가능

② 철근의 규격이 다른 경우 사용 불가

③ X-Ray, 방사선투과법 등의 특수 검사 필요

21 | G-loc Splice

I. 정의

① 깔때기모양의 G-loc Sleeve를 이음할 두 철근 사이에 끼우고 G-loc Wedge를 망치로 쳐서 이음하는 공법이다.

② 철근의 규격이 다른 경우는 Reducer Insert를 사용하면 시공이 가능하다.

II. G-loc Splice의 사용재료

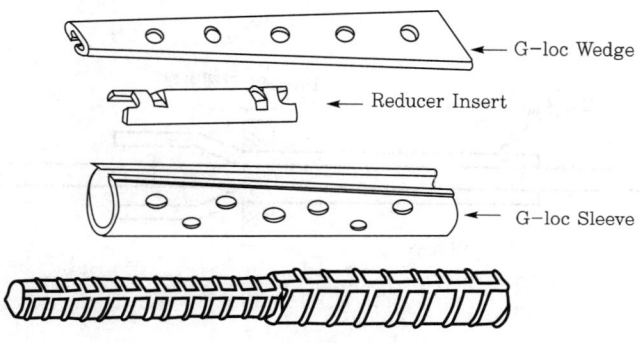

← G-loc Wedge

← Reducer Insert

← G-loc Sleeve

< G-loc Splice >

① G-loc Wedge

② Reducer Insert

③ G-loc Sleeve

III. 철근이음공법의 분류

① 겹침이음(Lap Joint) ② 용접이음

③ 가스(Gas)압접 ④ Sleeve Joint(슬리브압착)

⑤ 슬리브(Sleeve)충전공법 ⑥ 나사이음

⑦ Cad Welding ⑧ G-loc Splice

IV. 시공순서 Flow Chart

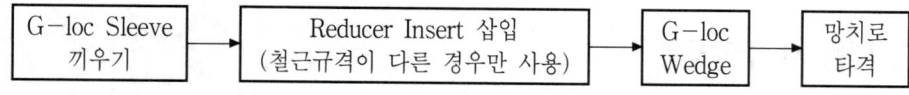

| G-loc Sleeve 끼우기 | → | Reducer Insert 삽입 (철근규격이 다른 경우만 사용) | → | G-loc Wedge | → | 망치로 타격 |

V. 시공 시 유의사항

① 수직철근에 전용으로 사용된다.

② 철근의 단부는 평평해야 한다.

③ Sleeve나 Wedge는 철근규격에 맞는 것을 사용한다.

22 Grip Joint공법

I. 정의

① Grip Joint란 철근과 철근의 이음부에 철제 Sleeve를 이용하여 유압펌프·고압Press기 등으로 Sleeve를 조여서 맞댄 철근을 이음하는 공법을 말한다.

② 재래 공법과 달리 고압Press기에 압력을 가하게 되면 가압시간이 자동 Control되므로 어떤 기계의 이형철근이라도 똑같은 기계 조작으로 손쉽게 이음할 수 있는 공법이다.

II. 도해

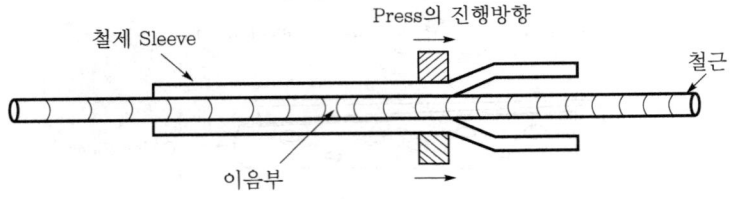

III. 특징

1) 장점
   ① 철근의 굵기에 상관없이 작업이 가능하다.
   ② 접합부의 신뢰도가 높다.
   ③ 기계의 운반 및 조작이 간단하다.
   ④ 배근이 진행된 천장에서도 작업이 가능하다.
   ⑤ 기상조건에 제약을 받지 않는다.
   ⑥ 화재의 위험이 없다.
   ⑦ 작업의 능률면에서도 우수하다.

2) 단점
   ① 부주의 시 부상의 우려가 있다.
   ② 에폭시 코팅철근을 사용할 때 코팅이 벗겨지므로 보수가 필요하다.
   ③ 일반 결속선을 이용한 이음보다 시간적 소요가 많다.

IV. 이음 시 주의사항

① 응력이 큰 곳을 피한다.
② Hook은 이음길이에 포함하지 않는다.
③ 철근규격 상이 시 가는 철근지름을 기준으로 한다.
④ 엇갈리게 이음하고, 이음이 1/2 이상을 한 곳에 집중시키지 않는다.
⑤ 이음길이의 오차는 10% 이내이다.

23 철근의 정착(Anchorage)

[07전(10)]

Ⅰ. 개요

① 철근콘크리트 부재 각 단면의 철근에서 계산된 인장력 또는 압축력이 매입길이, 갈고리, 기계적 정착 또는 이들의 조합에 의한 단면의 양측에서 충분히 발휘될 수 있도록 철근을 정착하여야 한다.

② 정착길이는 구조물에 발생되는 인장응력을 콘크리트에 전달하는데 필요한 매입길이이다.

Ⅱ. 철근의 정착

1. 정착길이

1) 압축철근의 정착길이

① 정착길이$(l_d) = l_{db} \times$ 보정계수 $= \dfrac{0.25 d f_y}{\lambda \sqrt{f_{ck}}} \times$ 보정계수 $\geq 0.043 d_b f_y$

여기서, l_{db} : 기본정착길이(mm)
d : 철근의 공칭지름(mm)
f_y : 철근의 설계기준 항복강도(MPa)
λ : 경량 콘크리트계수
f_{ck} : 콘크리트의 설계기준강도(MPa)

조건	보정계수
요구되는 철근량을 초과하여 배근된 경우의 보정계수	소요철근량/실제 철근량
지름 6mm 이상, 간격 10mm 이하인 나선철근이나 중심간격 100mm 이하인 D13 띠철근으로 횡보강된 경우의 보정계수	0.75

② 압축철근의 정착길이(l_d)는 200mm 이상이어야 한다.

2) 인장철근의 정착길이

① 정착길이$(l_d) = l_{db} \times$ 보정계수 $= \dfrac{0.6 d f_y}{\lambda \sqrt{f_{ck}}} \alpha \beta \lambda \gamma$

여기서, l_{db} : 기본정착길이(mm)
$\alpha,\ \beta,\ \lambda,\ \gamma$: 보정계수

〈 보정계수 〉

철근배치위치계수(α)	상부철근	$\alpha=1.3$
	기타 철근	$\alpha=1.0$
에폭시도막계수(β)	에폭시도막철근	$\beta=1.2\sim1.5$
	일반 철근	$\beta=1.0$
경량 콘크리트계수(λ)	경량 콘크리트	$\lambda=1.0\sim1.3$
	일반 콘크리트	$\lambda=1.0$
철근굵기계수(γ)	D19 이하의 철근	$\gamma=0.8$
	D22 이상의 철근	$\gamma=1.0$

② 인장철근의 정착길이는(l_d)는 300mm 이상이어야 한다.

2. 정착 시 주의사항

① 부재 중심선을 넘겨 정착한다.
② Hook은 정착길이에 포함하지 않는다.
③ 정착길이의 허용오차는 10% 이내이다.

24 철근의 정착길이와 부착길이

I. 개요

① 철근콘크리트 부재 각 단면의 철근에서 계산된 인장력 또는 압축력이 매입길이, 갈고리, 기계적 정착 또는 이들의 조합에 의한 단면의 양측에서 충분히 발휘될 수 있도록 철근을 정착하여야 한다.

② 정착길이는 구조물에 발생되는 인장응력을 콘크리트에 전달하는데 필요한 매입길이로서, 갈고리는 인장철근을 정착하는 데만 사용하여도 좋다.

II. 정착길이

1) 정의

정착길이란 철근에 작용하는 인장응력을 콘크리트에 충분히 전달하는데 필요한 매입길이를 말한다.

2) 정착길이

① 압축철근의 정착길이

㉠ 정착길이$(l_d) = l_{db} \times$ 보정계수 $= \dfrac{0.25 df_y}{\lambda \sqrt{f_{ck}}} \times$ 보정계수 $\geq 0.043 d_b f_y$

여기서, l_{db} : 기본정착길이(mm), d : 철근의 공칭지름(mm)

f_y : 철근의 설계기준 항복강도(MPa), λ : 경량 콘크리트계수

f_{ck} : 콘크리트의 설계기준강도(MPa)

조건	보정계수
요구되는 철근량을 초과하여 배근된 경우의 보정계수	소요철근량/실제 철근량
지름 6mm 이상, 간격 10mm 이하인 나선철근이나 중심간격 100mm 이하인 D13 띠철근으로 횡보강된 경우의 보정계수	0.75

㉡ 압축철근의 정착길이(l_d)는 200mm 이상이어야 한다.

② 인장철근의 정착길이

㉠ 정착길이$(l_d) = l_{db} \times$ 보정계수 $= \dfrac{0.6 df_y}{\lambda \sqrt{f_{ck}}} \alpha \beta \gamma$

여기서, l_{db} : 기본정착길이(mm)

$\alpha, \beta, \lambda, \gamma$: 보정계수

〈 보정계수 〉

철근배치위치계수(α)	상부철근	$\alpha = 1.3$
	기타 철근	$\alpha = 1.0$
에폭시도막계수(β)	에폭시도막철근	$\beta = 1.2 \sim 1.5$
	일반 철근	$\beta = 1.0$
경량 콘크리트계수(λ)	경량 콘크리트	$\lambda = 1.0 \sim 1.3$
	일반 콘크리트	$\lambda = 1.0$
철근굵기계수(γ)	D19 이하의 철근	$\gamma = 0.8$
	D22 이상의 철근	$\gamma = 1.0$

㉡ 인장철근의 정착길이(l_d)는 300mm 이상이어야 한다.

Ⅲ. 부착길이

1) 정의

철근이 콘크리트 속에서 응력 전달을 할 때 철근과 콘크리트의 부착에 의해 전달되어지는데, 이에 필요한 길이를 부착길이라 한다.

2) 철근 부착의 영향요인

① 철근의 표면상태　　　　　② 철근덮개
③ 콘크리트 강도　　　　　　④ 다짐상태
⑤ 철근의 위치방향

3) 허용부착응력

조건	허용부착응력
이형철근을 인장철근으로 사용한 경우	$\tau_{oa} = 0.64\sqrt{f_{ck}}$
이형철근을 압축철근으로 사용한 경우	$\tau_{oa} = 1.72\sqrt{f_{ck}} \leq 2.8\text{MPa}$
300mm 이상의 유효높이를 가진 상부철근	$\tau_{oa} = 0.45\sqrt{f_{ck}}$

4) 부착길이

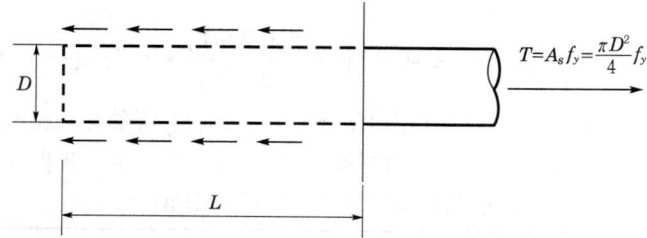

① 위 그림과 같이 콘크리트 속에 묻어둔 철근을 한쪽 끝에서 $T = A_s f_y$만큼의 인장력으로 항복은 되지만 콘크리트에서 뽑혀 나오지 않아야 한다.

② 이때 묻힌 최소 길이를 정착길이 또는 최소 매설길이라 하며, 철근의 부착길이가 된다.

③ 매설된 철근의 표면적(πDL)에 일어나는 평균부착력(부착강도)

$$U = \tau_o \pi DL$$

④ 철근의 인장력

$$T = A_s f_y = \frac{\pi D^2}{4} f_y$$

⑤ 부착길이(L)의 산정은 $U > T$를 만족해야 한다. 즉 $\tau_o \pi DL > \dfrac{\pi D^2}{4} f_y$에서

$$L = \frac{\pi D^2}{4\pi D \tau_o} f_y = \frac{D}{4\tau_o} f_y$$

25 철근의 부착강도

Ⅰ. 정의

① 부착강도란 철근이 빠져나오는 현상에 대해 저항하는 힘으로 콘크리트 경화와 그로 인한 철근표면 사이의 화학적 접착력을 말한다.

② 부착강도의 크기는 피복두께, 콘크리트강도, 철근의 표면상태 등으로부터 영향을 받는다.

Ⅱ. 부착응력도

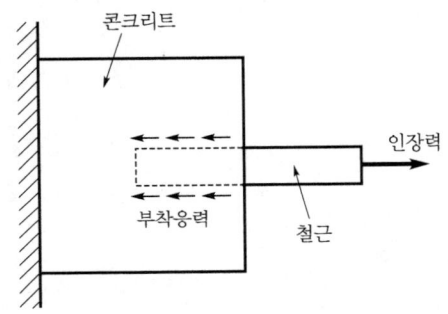

$$U \leq U_c$$

여기서, U : 부착응력$\left(= \dfrac{V}{\sum jd} \text{(단, } j = 0.87)\right)$(MPa), $\sum$: 인장철근 총주장

V : 최대 전단력(kg), d : 유효춤(mm), U_c : 허용부착응력(MPa)

① 부착응력도는 허용부착응력보다 작아야 한다.

② 철근주장(周長)이 클수록 부착응력은 작아지고, 부착력은 커진다.

③ 그러므로 철근직경이 굵은 철근보다 가는 철근 여러 개를 사용하는 것이 유리하다.

Ⅲ. 부착강도에 영향을 주는 요인

1) 피복두께
   ① 콘크리트의 피복두께가 부착강도에 미치는 영향이 큼
   ② 피복두께가 두꺼울수록 부착강도 증가

2) 철근의 표면상태
   ① 철근에 녹이 있을 경우 부착강도 증가
   ② 이형철근이 원형철근보다 부착강도가 2배 정도 증가
   ③ 콘크리트가 철근에 면하는 면적이 많을수록 부착강도 증가
   ④ 철근의 직경이 굵은 철근보다 가는 철근을 여러 개 사용하는 것이 유리

3) 콘크리트의 강도

　　콘크리트의 강도가 높을수록 부착강도 증가

4) 물결합재비

　　① 물결합재비가 낮을수록 부착강도 증가

　　② 콘크리트 속의 공극이 적을수록 부착강도 증가

5) 다짐

　　① 손다짐보다 진동다짐이 유리

　　② 다짐으로 콘크리트 속의 공기 및 잉여수 제거로 부착강도 증가

26 철근의 피복두께(Covering Depth)

[99중(20), 13전(10), 16전(10)]

Ⅰ. 정의

철근콘크리트 구조체에서 철근을 보호할 목적으로 철근을 콘크리트로 감싼 두께를 말하며, 철근표면과 콘크리트 표면의 최단거리를 피복두께(덮개)라 한다.

Ⅱ. 철근 피복의 목적

① 내구성 확보
② 부착성 확보
③ 내화성
④ 방청성 확보
⑤ 콘크리트의 유동성 확보

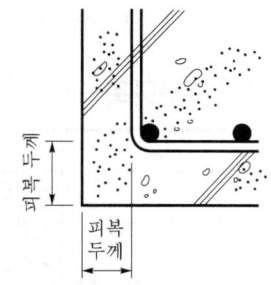

〈 철근의 피복두께 〉

Ⅲ. 피복두께 결정 시 고려사항

① 부재의 종류별 마무리 유무 고려
② 환경조건 파악
③ 시공 정도 검토
④ 소요내화성·내구성·구조내력 등의 확보범위 고려

Ⅳ. 최소 피복두께

부위			피복두께
흙, 옥외공기에 접하지 않는 부위	슬래브, 장선, 벽체	D35 이하	20mm
		D35 초과	40mm
	보, 기둥		40mm
흙, 옥외공기에 접하는 부위	노출되는 콘크리트	D16 이하, 지름 16mm 이하	40mm
		D19 이상	50mm
	영구히 묻혀있는 콘크리트		75mm
수중에서 타설하는 콘크리트			100mm

Ⅴ. 검사

1) 외관검사
   육안검사

2) 외관검사결과의 확인검사
   외관검사에 의해 피복두께가 의심 가는 곳 검사

3) 실 외면의 피복두께검사
   각 층마다 바닥 및 지붕 슬래브의 모서리면검사

27 | 철근 배근검사항목

Ⅰ. 정의

① 철근은 구조도면에 의해 현장 또는 공장에서 가공하여 현장에서 조립한다.

② 철근의 배근검사는 현장에서 철근의 배근(조립)이 완료된 후, 콘크리트 타설 전에 실시하는 검사로 현장 담당자 및 감리측에서 정확하게 검사하여 품질 시공이 되게 하여야 한다.

Ⅱ. 철근 배근검사항목

구분	검사항목
형상 및 간격	• 철근의 종류(일반철근, 고강도 철근) • 철근의 공칭지름 • 철근의 수량으로 간격조사
이음	• 겹침이음의 이음길이 및 위치 • 기계적 이음인 경우 시방서 확인 • 결속선의 결속 여부(결속률)
철근의 품질	• 녹 발생 여부 • 시공 전후 철근의 휘어짐 • 보, 철근의 경우 콘크리트의 밀실 충전 여부
피복두께	• 보, Slab기둥, 벽 등 각 부위별 최소 피복두께 확보 여부
간격재	• 간격재의 종류 확인 • 간격재의 수량 및 배치
이물질	• 철근에 이물질 부착 여부

Ⅲ. 철근의 품질관리

검사항목	검사방법	판정기준
철근 반입 시	납품서 및 육안검사	설계도서 규정
가공	치수 및 육안검사	설계도서 규정
이음 및 정착	치수 및 육안검사	설계도·시공도 규정
철근간격	치수 및 육안검사	설계도서 규정

28 | 콘크리트에 매입된 강재의 방식공법

[97전(20)]

I. 정의

① Con'c 속에 매입한 강재의 부식은 Con'c의 강도와 내구성에 크게 영향을 미치는 요인 중 하나이다.

② 강재의 부식에 의하여 Con'c에 균열이 발생하고, 열화를 촉진하여 Con'c의 수명을 단축시키는 결과를 초래한다.

II. 부식의 형태

1) 전면 장기부식

2) 국부 단기부식
   ① 공간(간극)
   ② 틈간부식
   ③ 박리부식

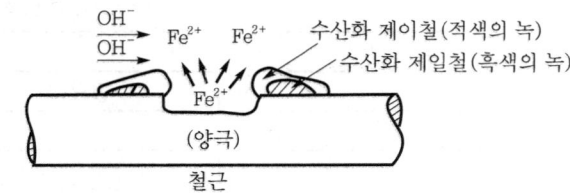

< 강재의 부식 >

III. 강재방식공법

공법	방식방법
Con'c 표면 라이닝	합성수지재료를 이용하여 Con'c 표면을 라이닝 또는 도장하여 유해물질의 침투로부터 보호하는 방법
강재도금	강재를 아연도금으로 피복하여 강재의 부식을 원천적으로 봉쇄하는 방법
전기방식	외부 전원방식, 유전양극방식 등을 이용하여 강재의 부식을 방지하는 방법
방청제	Con'c 속에 강재부식을 방지하기 위하여 아질산계 등의 혼화제를 사용하는 방법
방식성 강재	염류에 대한 영향을 최소화하기 위해 내염성 강재를 사용하는 방법
염소이온량	Con'c 중의 염소이온량을 적게 하여 강재의 부식을 방지하는 방법
피복두께	강재 외부의 피복두께를 두껍게 하여 균열폭을 적게 하는 방법
밀실 Con'c	Con'c의 물결합재비를 될 수 있는 한 작게 하고 고로슬래그, 미분말 등의 포졸란을 사용
특수 Con'c 사용	레진 Con'c(REC), 폴리머시멘트 Con'c(PCC), 에폭시 등의 사용으로 Con'c의 수밀성을 크게 향상시켜 강재의 부식을 방지하는 방법

29 | 콘크리트 방식공법

[97전(20)]

Ⅰ. 정의

① 콘크리트 구조물이 외부의 산, 염기, CO_2 등으로부터 크게 영향을 받아 콘크리트의 열화가 우려될 경우가 생긴다.

② 콘크리트 표면을 특수한 공법으로 처리하여 외부의 악영향으로부터 보호하기 위하여 시공하는 것을 콘크리트방식공법이라 한다.

Ⅱ. 방식의 필요성

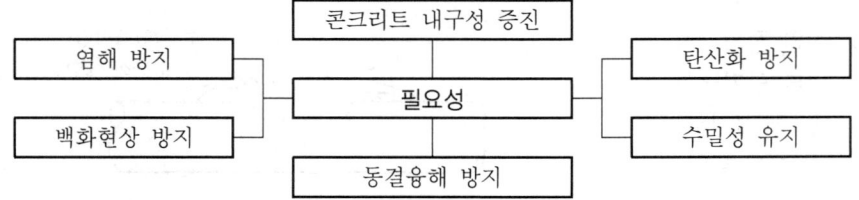

Ⅲ. 방식공법

1) 방수막 형성

   ① 콘크리트 외부면에 역청제 또는 고분자계를 이용하여 방수 처리함으로써 외기와 차단시키는 공법이다.

   ② 방수공법은 시트방수와 도막방수로 나누어진다.

2) 미장

   구조물의 콘크리트를 보호하기 위하여 외벽에 시멘트모르타르로 피복하는 방법이다.

3) 도장

   ① 도료를 이용하여 콘크리트 외부에 도장 처리하여 외기로부터 콘크리트를 보호하는 방법이다.

   ② 도료의 종류에는 수용성 도료, 에폭시, 우레탄, 염화비닐 등이 있다.

4) 뿜어 붙이기

   구조물의 표면에 고성능 방수제를 혼입한 모르타르를 뿜어 붙이기 하여 외기로부터 콘크리트를 보호하는 방법이다.

5) 침투액 도포

   콘크리트 표면에 침투성이 강한 폴리우레탄 에멀션 등을 직접 바탕면에 분사시켜 콘크리트면을 보호하는 공법이다.

6) 방수물질혼합공법

   콘크리트 시공 시 분말 또는 용액의 방수물질을 혼입하여 콘크리트의 간극을 적게 하여 외기로부터 보호하는 방법이다.

7) 팽창재 사용

   콘크리트에 $25\sim60\text{kg/m}^3$ 정도의 팽창재를 혼입하여 건조수축을 감소시키고 균열을 억제시켜 콘크리트의 열화를 방지한다.

30 철근부식도 시험방법 및 평가방법

[16중(10), 20전(10)]

I. 철근부식 Mechanism

철근과 철근의 표면에 접하는 물질 사이에 생기는 화학반응에 의해 철근의 표면이 소모해가는 현상

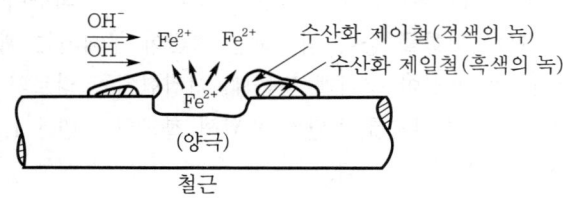

① $Fe + H_2O + \frac{1}{2}O_2 \rightarrow Fe(OH)_2$(수산화 제일철)

② $Fe + \frac{1}{2}H_2O + \frac{1}{4}O_2 \rightarrow Fe(OH)_3$(수산화 제이철)

II. 철근부식도 시험방법

시험종류	시험방법
무게감량법	철근시편을 채취하여 중량손실량을 계량
자연전위법	철근의 자연전위값을 측정하여 부식 가능성 판단
콘크리트의 비저항법	전극 사이의 전위차(potential)를 바탕으로 전기저항 측정
선형분극저항법	직류분극(전극전위의 변화)으로 부식률 추정
교류 임피던스법	교류분극으로 부식률 추정
정전류 펄스법	정전류로 인한 부식전위의 변화곡선 산정

III. 철근부식도 평가방법

$$부식도 = \left(1 - \frac{녹을\ 제거한\ 철근의\ 단위길이당\ 중량}{녹이\ 없는\ 철근의\ 단위길이당\ 중량}\right) \times 100[\%]$$

① 부식도가 2% 이상인 경우는 부착응력 감소
② 부식도가 2% 미만인 경우는 부착응력이 증가하는 순기능작용
③ 떨어질 정도의 녹 발생 시 손브러쉬 등으로 처리

IV. 철근 보관 시 유의사항

① 녹 발생이 촉진되지 않는 환경조성
② Sheet 등으로 보양 시 통풍 불량의 우려
③ 보관소 내 통풍을 통한 습기 제거
④ 현장의 녹 발생 과다 시 전문기술자의 기술검토 필요

31 Epoxy수지도장철근(Epoxy Coated Re-bar)

Ⅰ. 정의

① 콘크리트 중의 철근은 강알칼리성(pH12~13)의 부동태 피막으로 보호되어 있지만 외부로부터 콘크리트에 침투한 염화물 등에 의하여 철근에 녹이 발생한다.

② 콘크리트에 염화물 등이 침투하면 철근이 부식되는 과정에서 철근이 팽창하여 콘크리트에 균열이 생기게 되는데, 이러한 콘크리트의 열화를 방지하는 대책으로 철근의 부식인자를 차단하기 위해 철근의 표면에 Epoxy수지를 피복한 것이 Epoxy수지도장철근이다.

Ⅱ. 탄산화로 인한 철근부식과정

① $Ca(OH)_2 + CO_2 \rightarrow CaCO_3 + H_2O$

② 도해

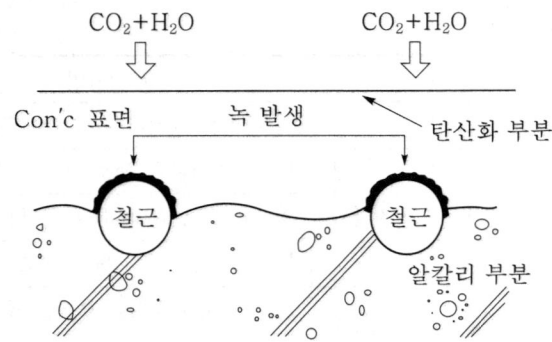

Ⅲ. Epoxy수지도장철근의 특성

1) 내식성

   일정한 막두께(200μm) 이상 코팅할 경우 우수한 내식성을 가진다.

2) 부착성

   ① 일반 철근과 차이가 없다.

   ② 겹침이음 시에는 일반 철근의 허용부착응력도의 80%만 적용한다.

3) 휨 가공성

   일반 철근과 차이가 없다.

4) 내약품성

5) 내염성

6) 내알칼리성

Ⅳ. 시공 시 유의사항

1) 운반

　① Wire Rope 등을 사용하여 양중 시에는 고무판 등을 사용하여 피막을 보호한다.

　② 소운반 시에도 보호Cover를 사용한다.

　③ 접촉으로 인한 피막 손상에 유의한다.

2) 가공

　① Cutter 또는 Shear Machine을 사용한다.

　② 절단 후에 절단부에 보수용 도료를 바른다.

　③ 휨가공 시는 도막과 접촉 부위에 보호Cover를 사용한다.

3) 조립

　① Hammer 등의 충격을 피한다.

　② 비닐피복결속선으로 결속한다.

4) 이음

　① 허용부착응력도값을 일반 철근의 80%만 적용한다.

　② 따라서 이음 부분을 보강한다.

5) 콘크리트 타설

　① 타설높이를 1.5 m이하로 한다.

　② 봉상 Vibrator를 사용한다.

32 유리섬유폴리머보강근(glass fiber reinforced polymer bar)

[14후(10), 20후(10), 24후(10)]

Ⅰ. 정의

① 가격경쟁력이 우수한 유리섬유를 주요 강화섬유로 사용하고 유리섬유 이외에, 재료의 물성과 내구성이 우수한 탄소섬유를 표면에 배치하여 재료의 물성과 내구성을 향상시킨 철근이다.

② 섬유강화폴리머(FRP : Fiber Reinforced Polymer)보강근이라고도 한다.

Ⅱ. FRP보강근 단면도

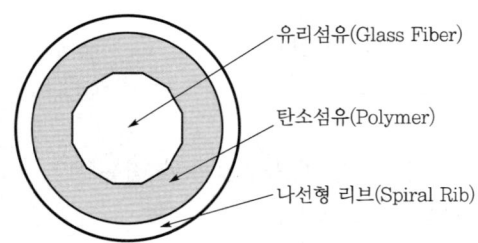

유리섬유(Glass Fiber)

탄소섬유(Polymer)

나선형 리브(Spiral Rib)

Ⅲ. 특징

① 철근을 사용하지 않아 부식의 우려가 없음

② 구조물의 내구성 향상

③ 중량 대비 고강도 발현

④ 다양한 섬유의 조합을 통한 강도 및 연성의 조절 가능

Ⅳ. FRP보강근과 일반 철근의 비교

구분	FRP보강근	일반 철근
부식	미발생	발생
비용	고가	보통
가공	현장 가공 난해	현장 가공 용이
경제성	장기적으로 우수	장기적으로 보통

33 철근의 부동태막

Ⅰ. 정의

① 부식할 가능성을 가진 금속이 그 활성을 잃고 부식하기 어려운 성질을 가진 상태를 부동태라 하며, 콘크리트에 매설된 철근표면에는 이러한 성질의 막이 형성되는데, 이를 부동태막이라고 한다.

② 부동태막은 일반적으로 강재표면에 산소가 화학 흡착하고 그 위에 치밀한 산화물층이 생성되는 것으로, 두께 20~60Å 정도의 막을 형성하게 되는 것이다.

Ⅱ. 도해

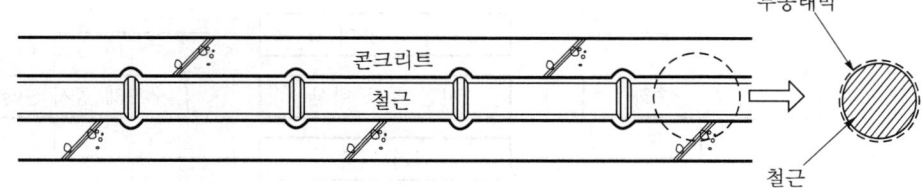

Ⅲ. 철근의 부동태막 파괴원인

① $CaO + H_2O \rightarrow Ca(OH)_2 + CO_2 \rightarrow CaCO_3 + H_2O$

② 탄산화반응으로 pH의 농도가 8.5~9.5 이하가 될 때 부동태막이 파괴된다.

③ 탄산화속도가 빠를수록 부동태막 파괴가 빠르다.

④ 피복이 두꺼울수록 부동태막 파괴속도가 느리다.

⑤ 콘크리트 타설이 밀실할수록 파괴속도가 느리다.

Ⅳ. 부동태막 파괴 시 피해

① 콘크리트 내부철근부식으로 녹 발생

② 녹 발생 시 철근체적 2.5~4배 정도 팽창

③ 콘크리트 표면균열 발생

④ 균열로 인한 물과 공기의 침입이 급속히 진행

⑤ 구조물의 붕괴상태로 발전

⑥ 부동태막의 파괴 시 구조물의 내용연한에 다다른 것으로 간주

Ⅴ. 염해에 의한 콘크리트 손상형태

노후화도	외관 특징	강재부식
0	이상 없음	내부강재의 부식이 없음
1	녹물에 의한 얼룩이 있음	스터럽 등 철근의 부식
2	바늘모양의 박리가 있음(녹물은 볼 수 없는 경우가 있다.)	
3	종(축방향)균열이 있음(녹물은 볼 수 없는 경우가 많다.)	시스, PS강선까지도 부식됨
4	3이 진행된 상태 전면에 종(축방향)균열이 있음(콘크리트가 박락하고 철근이 노출)	

34 | 철근의 Pre-fab공법(철근의 선조립공법, 조립식 철근공법)

Ⅰ. 정의

① 철근콘크리트공사에 사용하는 철근을 기둥·보·바닥·벽 등의 부위별로 미리 공장에서 조립하여 현장에서 이 부재를 접합하는 공법이다.

② 공기 단축, 작업환경 개선, 안전성 확보를 위한 공사의 합리화 추구 및 건설의 공업화 발전에 필요한 공법이라고 본다.

Ⅱ. 목적

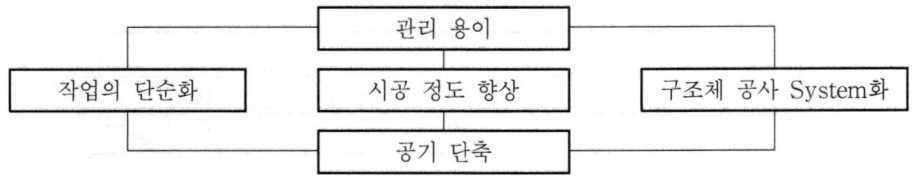

```
                    ┌──────────────┐
            ┌───────│   관리 용이    │───────┐
            │       └──────────────┘        │
    ┌──────────────┐ ┌──────────────┐ ┌──────────────────┐
    │  작업의 단순화  │ │  시공 정도 향상  │ │  구조체 공사 System화 │
    └──────────────┘ └──────────────┘ └──────────────────┘
            │       ┌──────────────┐        │
            └───────│   공기 단축    │───────┘
                    └──────────────┘
```

Ⅲ. 분류

1) **구조물 철근 선조립공법**
   ① 교량 Box Girder 철근
   ② 현장 타설 콘크리트 말뚝 철근 등
2) **기둥·보 철근의 Pre-fab화**
3) **벽·바닥 철근의 Pre-fab화(용접철망 사용)**

Ⅳ. 문제점

① 접합부의 취약   ② 기술 개발 미비 및 초기 투자 과다
③ 공장 생산의 호환성 미비   ④ 운반비 증가로 실질적인 원가 상승

Ⅴ. 대책

① 철근이음 및 가설방법의 표준화   ② 정착방법 개발 및 표준화
③ Pre-stress 적용 시 구조적 해석   ④ 작업여건에 적합한 방법 선정

Ⅵ. 철근의 이음공법

① 겹침이음(Lap Joint)   ② 용접이음
③ 가스(Gas)압접   ④ Sleeve Joint(슬리브압착)
⑤ 슬리브(Sleeve)충전공법   ⑥ 나사이음
⑦ Cad Welding   ⑧ G-loc Splice

35 강도(Strength)와 응력(Stress)

[14전(10)]

Ⅰ. 강도(Strength)

① 구조물의 강도란 작용하는 외력에 저항할 수 있는 내력의 정도로 재료가 받을 수 있는 면적당 힘을 의미한다.

② 강도의 크기와 단위는 외력(하중)을 받는 구조물에 파괴가 발생할 때의 내력 (응력)의 크기와 단위와 동일하다.

③ 강도의 종류 : 압축강도, 인장강도, 전단강도, 휨강도, 비틀림강도 등

Ⅱ. 응력(Stress)

① 부재에 외력이 작용하면 단면 내에서 외력에 저항하려는 내력이 발생하게 되는데, 이 힘을 응력이라 한다.

② 응력은 단위면적당 작용하는 힘의 크기(MPa)로 나타내며 수직응력·휨응력·전단응력 등이 있다.

Ⅲ. 응력의 종류

1) 수직응력

① 부재를 축방향으로 인장 또는 압축할 때 생기는 응력

② 축방향력에 따라 인장응력과 압축응력이 있다.

③ $\sigma = \dfrac{N}{A}$

여기서, N : 축력, A : 단면적

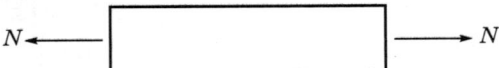

2) 휨응력

① 부재에 휨모멘트가 작용할 때 생기는 응력

② 중립축을 중심으로 상부에는 휨압축응력이, 하부에는 휨인장응력이 동시에 발생한다.

③ $\sigma_b = \dfrac{M}{I}y$

여기서, M : 모멘트, I : 단면 2차 모멘트, y : 중립축까지의 거리

3) 전단응력

① 부재에 전단력이 작용할 때 생기는 응력

② 수직전단응력과 수평전단응력이 동시에 발생한다.

③ $\tau = \dfrac{S}{A}$

여기서, S : 전단력, A : 단면적

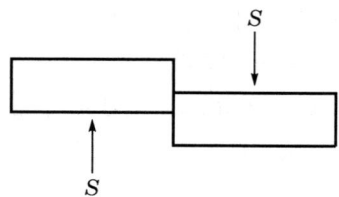

36 철근의 응력 – 변형도곡선(Stress – Strain Curve)

Ⅰ. 정의

철근의 기계적인 성질을 파악하기 위하여 인장시험을 실시하여 공시체(철근)의 응력과 변형도와의 관계를 직각좌표에 나타낸 곡선을 응력–변형도곡선(Stress–Strain Curve)이라 한다.

Ⅱ. 응력–변형도곡선(Stress–Strain Curve)

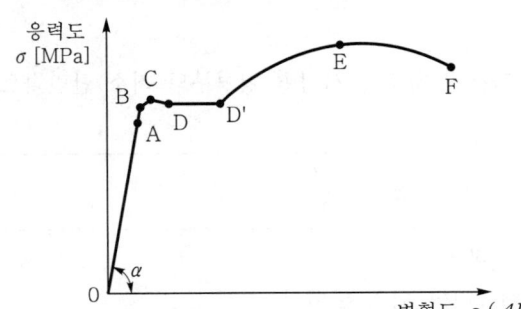

A : 비례한계점
B : 탄성한계점
C : 상위항복점
D : 하위항복점
D' : 항복종지점
E : 최대 강도점(극한강도점)
F : 파괴강도점

$\tan \alpha = \dfrac{\sigma}{\varepsilon} = E$(탄성계수)

Ⅲ. 한계점 · 항복점 · 종지점 · 강도점

1) A점(비례한계점)
   ① 이 점에 도달할 때까지의 응력도(σ)와 변형도(ε)는 직선
   ② 철근의 응력과 변형이 비례하는 한계점

2) B점(탄성한계점)
   ① 탄성한계점에 가해진 외력이 제거되면 변형은 원점으로 복귀됨
   ② 이 점을 벗어나면 응력도가 커지면서 소성변형하게 됨
   ③ 외력이 제거되어도 계속 변형하는 상태를 소성변형이라 함

3) C점(상위항복점)
   응력의 증가가 없음에도 불구하고 변형이 급속히 진행되는 시작점

4) D점(하위항복점)
   이 항복점을 넘으면 하중은 증가하나, 응력도는 변화하지 않음

5) D′점(항복종지점)
   응력에 비해 변형이 큰 종지점

6) E점(최대 강도점)
   철근은 파괴하지 않으나, 응력도는 저하하면서 변형도는 증대되는 점

7) F점(파괴강도점)
   철근의 단면 일부가 가늘어지면서 파괴됨

37 강재에 축하중 작용 시의 진응력과 공칭응력

[03후(10)]

I. 정의

① 강재에 인장력을 가하면 응력(σ)이 발생하게 된다. 이때의 응력을 단면적으로 나눈 값으로 진응력과 공칭응력으로 구분한다.

② 진응력은 실응력(Actual Stress)이라고 하고, 공칭응력은 공학응력(Engineering Stress)이라고 한다.

II. 진응력

① 어떤 단계에서 시험편에 가해진 하중을 시험편 평형부의 최소 단면적으로 나눈 값이 진응력이다.

$$\sigma_t = \frac{P}{A'}$$

여기서, σ_t : 진응력, P : 하중

　　　 A' : 변형을 가했을때의 최소 단면적

② 곡선변화된 단면적 A'을 사용할 경우를 진응력이라 한다.

③ 일반적으로는 진응력을 사용한다.

III. 공칭응력

① 강재의 인장시험편에 인장력을 가하던 축방향 응력이 발생할 때 최초 단면적으로 나눈값을 말한다.

$$\sigma_t = \frac{P}{A}$$

여기서, σ : 공칭응력, P : 하중

　　　 A : 응력을 가하기 전의 단면적

② A값에 최초 단면적을 사용할 때의 응력을 공칭응력이라 한다.

③ 하중을 하중방향에 수직한 원래의 단면적으로 나눈 값이다.

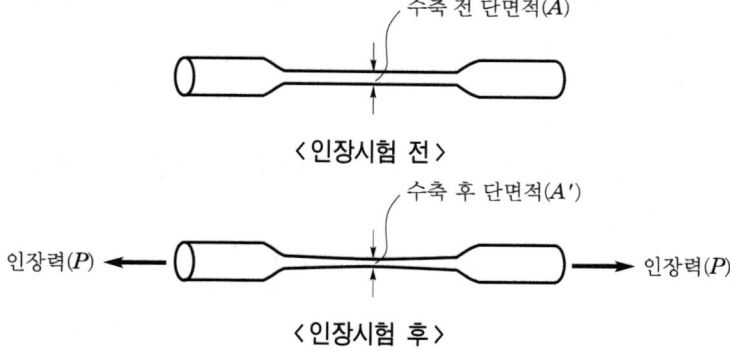

〈인장시험 전〉

〈인장시험 후〉

Ⅳ. 진응력(True Stress)과 공칭응력(Normal Stress) 사이의 관계

① 진응력은 실제 인장시험 시 단면이 변하는 값으로 하중을 나눈 값이고, 공칭응력은 시편의 초기 단면적으로 나눈 값이다.

② 공칭응력은 실제 응력이 아니라 명목상의 응력이다.

③ 공칭응력은 초기 단면적을 이용하여 구한 응력이므로 실제로 존재하는 응력은 아니다.

④ 초기 바의 단면적이 인장력에 의하여 감소하게 되는데, 이때의 면적을 이용하여 구해낸 응력값이 진짜 응력값이다.

38 철근콘크리트보의 철근비규정

Ⅰ. 철근비(steel ratio)

철근콘크리트부재의 단면에서 철근의 단면적과 콘크리트 단면적의 비로 다음과 같이 표현한다.

$$\rho = \frac{A_s}{bd}$$

여기서, A_s : 철근의 단면적, b : 단면의 폭, d : 단면의 유효깊이

Ⅱ. 최대 철근비(ρ_{max})

① 균형철근비보다 적게 철근을 배치하여 철근콘크리트가 파괴될 때 철근이 먼저 항복하여 연성파괴가 되도록 하기 위한 철근비

② 인장철근비의 상한값으로 최소 허용인장변형률에 해당하는 철근비

③ 철근이 휨재료로서 작용하기 위해 허용인장변형률을 0.005 이상이 되게 하려면 균형철근비의 0.625 이하로 배근하여야 함

Ⅲ. 최소 철근비(ρ_{min})

① 단면의 치수가 크게 설계되는 경우 너무 적은 철근이 배근되어 철근이 예상보다 일찍 파괴되는 것을 막기 위한 최소 한계의 철근비

② 강도감소계수가 고려된 설계휨강도가 균열휨모멘트의 1.2배 이상이 되도록 철근을 배근함

$$\phi M_n \geq 1.2 M_{cr}$$

여기서, ϕ : 강도감소계수, M_n : 설계휨강도, M_{cr} : 균열휨모멘트

Ⅳ. 연성파괴 거동기준

$\rho_{min} < \rho < \rho_{max}$

〈 단면과 변형률도 〉

V. 철근비에 따른 보의 종류

1. 저보강보($\rho < \rho_b$인 상태)

1) 정의

평형철근비보다 적은 철근을 사용한 보로 저보강보 또는 과소 철근보라 한다. 이 상태에서는 철근이 먼저 항복한 후에 콘크리트가 큰 변형을 일으키며 서서히 파괴되는데, 이를 연성파괴라 한다.

2) 특징

① $\rho < \rho_b$인 상태로 '$\rho_{min} \leq \rho \leq \rho_{max}$'를 갖는다.
② 철근이 먼저 항복한다(콘크리트변형률 $\varepsilon_c = 0.0033$일 때 $\varepsilon_s > \varepsilon_y$).
③ 파괴가 서서히 진행되는 연성파괴가 발생한다.
④ 중립축이 상승한다.
⑤ 유효깊이(d)가 증가한다.
⑥ 인장지배 단면으로 인장파괴(연성파괴)가 발생한다.
⑦ 강도설계법이 추구하는 바람직한 설계조건이다.

2. 균형보($\rho = \rho_b$인 상태)

1) 정의

평형철근비와 같은 철근비를 갖는 보로 평형보 또는 균형보라 한다. 이때는 철근과 콘크리트가 동시에 파괴된다. 따라서 과소 철근보에 비해 많은 철근이 필요하므로 비경제적인 설계라고 할 수 있다.

2) 특징

① $\rho = \rho_b$인 상태이다.
② 철근과 콘크리트가 동시에 파괴된다(평형파괴).
③ 가장 이상적인 설계조건이나 실제 설계에 적용할 때는 연성파괴를 위해 과소 철근보로 설계한다.

3. 과보강보($\rho > \rho_b$인 상태)

1) 정의

평형철근비보다 많은 철근을 사용한 보로 과보강보 또는 과다 철근보라 한다. 이때는 철근이 항복하기 전에 콘크리트가 극한응력에 도달하여 갑작스런 파괴가 발생하며, 이를 취성파괴라고 한다.

2) 특징

① $\rho > \rho_b$인 상태이다.
② 콘크리트가 먼저 항복한다.
③ 갑작스런 파괴가 진행되는 취성파괴가 발생한다.
④ 중립축이 하강한다.
⑤ 유효깊이(d)가 감소한다.
⑥ 압축지배 단면으로 압축파괴(취성파괴)가 발생한다.
⑦ 현행 설계법에서 금지하고 있는 설계조건이다.

39 | 평형철근비(Balance Steel Ratio)

Ⅰ. 정의

① 평형철근비(P_b)는 콘크리트의 압축응력과 철근의 인장응력이 동시에 허용응력에 도달할 때의 철근비를 말하고, 이때의 인장철근 단면적을 평형철근 단면적이라 한다.

② 콘크리트에 대한 철근비는 콘크리트의 취성파괴보다 철근의 연성파괴가 일어나도록 평형철근비 이하가 되게 설계하는 것이 안전하다.

③ 철근콘크리트보의 철근비 규정은 Slab나 보 등 휨재의 철근비가 평형철근비의 0.75배를 초과하지 않도록 규정하고 있는 것을 말한다.

Ⅱ. 인장철근비(P_t)와의 관계

1) 평형철근비 이하($P_t < P_b$)
   ① 인장측 철근이 먼저 허용응력에 도달
   ② 과소철근비이므로 중립축이 압축측으로 상향
   ③ 인장철근의 연성파괴 발생

2) 평형철근비 이상($P_t > P_b$)
   ① 압축측 콘크리트가 먼저 허용응력에 도달
   ② 과대철근비이므로 중립축이 인장측으로 하향
   ③ 콘크리트의 취성파괴가 일어나므로 위험

3) 평형철근비($P_t = P_b$)
   ① 인장측 철근과 압축측 콘크리트가 동시에 허용응력에 도달
   ② 철근의 허용저항모멘트나 콘크리트의 허용저항모멘트 중 어느 것이나 적용 가능
   ③ 각 재료를 최대한 활용하므로 가장 경제적이다.

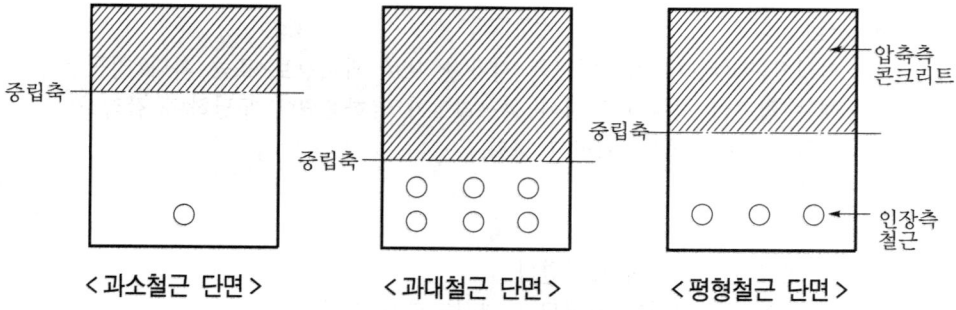

<과소철근 단면>　　<과대철근 단면>　　<평형철근 단면>

40 철근콘크리트보의 내하력과 유효높이

[12전(10)]

Ⅰ. 정의

① 철근콘크리트의 보는 Slab의 하중을 받아 기둥에 전달하는 구조체로써 철근콘크리트조 라멘구조에서 적용되는 주요 구조체이다.

② 철근콘크리트보의 내하력은 철근콘크리트보가 상부하중인 Slab의 하중을 지탱하고 안전하게 기둥에 전달될 수 있는 힘을 말한다.

Ⅱ. 철근콘크리트보의 내하력에 영향을 미치는 요소

1) 보의 철근량

① 보 단면철근량의 면적이 클수록 유리

② 굵은 철근보다 가는 철근을 많이 배치할수록 유리

2) 보의 폭

보의 폭이 넓을수록 유리

3) 보의 유효높이

보의 유효높이가 클수록 유리

Ⅲ. 철근콘크리트보의 유효높이

1) 보의 단면계수(z)

$$z = \frac{1}{6}bh^2$$

보의 유효높이(h)가 클수록 보의 단면계수가 커지므로 상부에 작용하는 응력에 대한 저항성이 높아진다.

2) 보의 응력저항성

보의 폭(b)과 유효높이(h)가 클수록 응력에 대한 저항성이 증가한다.

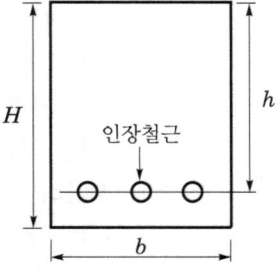

Ⅳ. 철근콘크리트보의 평형철근비

① 평형철근비(P_b)는 콘크리트의 압축응력과 철근의 응력이 동시에 허용응력에 도달할 때의 철근비를 말하고, 이때의 인장철근 단면적을 평형철근 단면적이라 한다.

② 콘크리트에 대한 철근비는 콘크리트의 취성파괴보다 철근의 연성파괴가 일어나도록 평형철근비 이하가 되도록 설계하는 것이 안전하다.

③ 철근콘크리트보의 철근비 규정은 Slab나 보 등 휨재의 철근비가 평형철근비의 0.75배를 초과하지 않도록 규정하고 있는 것을 말한다.

41 보의 유효높이와 철근량

Ⅰ. 정의

① 보의 유효높이는 보의 콘크리트 상부에서 하부 인장철근 중심까지의 거리를 말한다.

② 보의 철근량은 보가 파괴 시 콘크리트의 취성파괴보다 철근의 연성파괴가 일어나도록 평형철근비 이하로 설계하는 것이 안전하다.

Ⅱ. 보의 유효높이

1) 보의 단면계수(z)

$$z = \frac{1}{6}bh^2$$

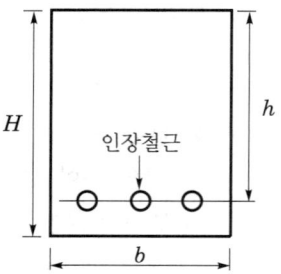

보의 유효높이(h)가 클수록 보의 단면계수가 커지므로 상부에 작용하는 응력에 대한 저항성이 높아진다.

인장철근

2) 보의 응력저항성

보의 폭(b)과 유효높이(h)가 클수록 응력에 대한 저항성이 증가한다.

Ⅲ. 보의 철근량

1) 최소 철근비

① 인장측 철근이 먼저 허용응력에 도달

② 과소철근비이므로 중립축이 압축측으로 상향

③ 인장철근의 연성파괴 발생

2) 최대 철근비

① 압축측 콘크리트가 먼저 허용응력에 도달

② 과대철근비이므로 중립축이 인장측으로 하향

③ 콘크리트의 취성파괴가 일어나므로 위험

3) 균형철근비

① 인장측 철근과 압축측 콘크리트가 동시에 허용응력에 도달

② 철근의 허용저항모멘트나 콘크리트의 허용저항모멘트 중 어느 것이나 적용 가능

③ 각 재료를 최대한 활용하므로 가장 경제적

42 철근의 유효높이와 피복두께

[00후(10), 04중(10)]

Ⅰ. 정의

① 철근의 유효높이란 철근콘크리트 직사각형 단면보 설계 시 응력을 계산할 때 적용시키는 보의 높이로, 인장철근 도심에서 압축측 상단까지의 거리를 말한다.

② 피복두께란 철근을 보호할 목적으로 철근을 콘크리트로 감싼 두께로, 철근 표면과 콘크리트 표면의 최단거리를 말한다.

Ⅱ. 유효높이 및 피복두께

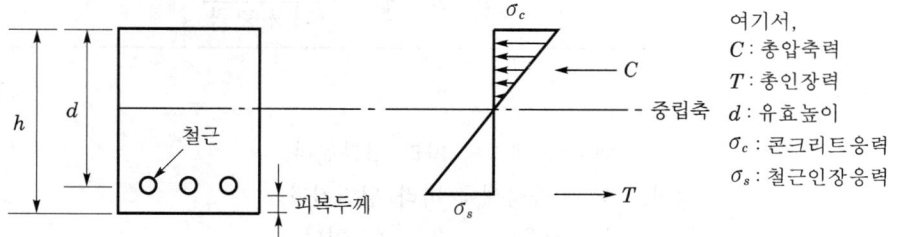

여기서,
C : 총압축력
T : 총인장력
d : 유효높이
σ_c : 콘크리트응력
σ_s : 철근인장응력

Ⅲ. 유효높이를 사용하는 이유

① 철근콘크리트보는 정(+)의 모멘트를 받는다면 중립축을 경계로, 위쪽은 압축을 받고, 아래쪽은 인장을 받는다.

② 콘크리트와 철근의 합성부재로서 콘크리트의 인장응력은 무시한다.

③ 응력 해석 시 단면높이 h를 사용하지 않고 철근 도심에서 압축측 표면까지의 거리 d를 사용한다.

④ 이때 d를 단면의 유효높이(Effective Depth)라 한다.

Ⅳ. 피복두께 확보이유

① 철근의 부식 방지   ② 부재의 내화구조
③ 부착응력 확보   ④ 내구성 향상
⑤ 철근과 콘크리트의 일체 거동

Ⅴ. 피복두께규정(최소 피복두께)

부위			피복두께
흙, 옥외공기에 접하지 않는 부위	슬래브, 장선, 벽체	D35 이하	20mm
		D35 초과	40mm
	보, 기둥		40mm
흙, 옥외공기에 접하는 부위	노출되는 콘크리트	D16 이하, 지름 16mm 이하	40mm
		D19 이상	50mm
	영구히 묻혀있는 콘크리트		75mm
수중에서 타설하는 콘크리트			100mm

43 안전율(Safety Factor)

I. 정의

① 구조물은 장기적으로 작용하는 고정하중 및 적재하중에 대하여 안전해야 하며, 적설하중·풍하중 및 지진력 등의 단기하중에 대해서도 안전해야 한다.

② 안전율이란 재료가 파괴될 때까지의 최대 응력으로 극한강도를 허용응력으로 나눈 값을 말한다.

$$F_s(\text{안전율}) = \frac{\text{극한강도}}{\text{허용응력}}$$

II. 특징

① 하중, 응력 및 재료의 성질에 따라 달라진다.

② 시공의 정밀도 및 사용상태에 따라 달라진다.

③ 일반적인 강재의 안전율은 3~3.5 정도이다.

④ 콘크리트의 안전율은 3~4 정도이다.

⑤ 구조안전율 $= \dfrac{\text{붕괴하중}}{\text{설계하중}}$

⑥ 재료안전율 $= \dfrac{\text{재료의 강도}}{\text{허용응력도}}$

III. 실례

1) 기성Pile의 지지력

① $R_a(\text{허용지지력}) = \dfrac{R_u(\text{극한지지력})}{F_s(\text{안전율})}$

② $F_s(\text{안전율}) = \dfrac{R_u(\text{극한지지력})}{R_a(\text{허용지지력})}$

③ 안전율 산정

㉠ 정역학 : $F_s = 3$

㉡ 동역학 : $F_s = 6\text{~}8$

2) 콘크리트

① f_b (허용휨압축응력도) $= 0.4 f_{cu}$ (압축강도)

② $F_s(\text{안전율}) = \dfrac{f_{cu}}{f_b} = 2.5$

44 인장철근에 의한 콘크리트 할렬균열

I. 정의

철근콘크리트공사에서 인장철근의 덮개, 철근간격이 시방규정의 최소값 이하가 될 때 인장철근 주위에 콘크리트가 철근을 따라 철근 배근방향 또는 콘크리트 외부방향으로 생기는 균열을 할렬균열이라 한다.

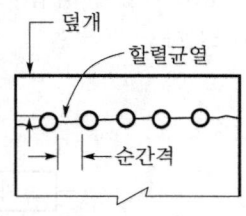 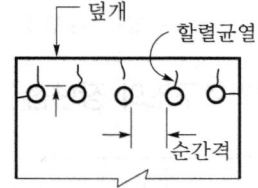

II. 발생원인

① 철근덮개 부족
② 철근간격이 시방규정보다 좁을 때

III. 방지대책

① 철근덮개 확보
② 할렬을 억제하는 횡방향 철근 배치

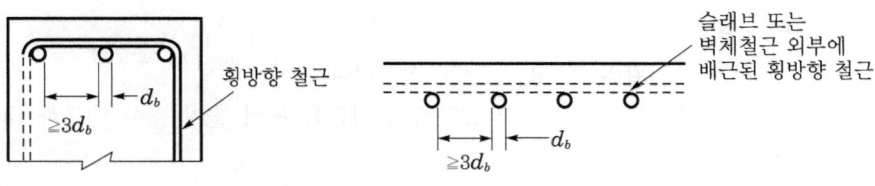

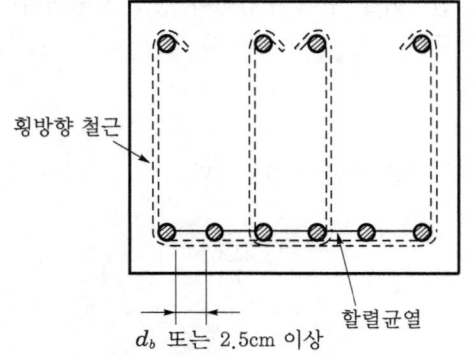 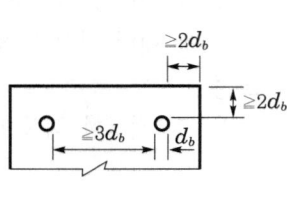

45 | 철근콘크리트구조의 성립이유

Ⅰ. 개요

① 인장력에 취약한 콘크리트를 인성이 큰 재료인 철근으로 보강하여 일체화시킨 구조를 철근콘크리트구조라 한다.

② 철근콘크리트구조는 콘크리트와 철근의 부착강도가 높아 복합구조로서 외력에 저항할 수 있는 대단히 합리적인 일체성 구조이다.

Ⅱ. 철근콘크리트구조의 장단점

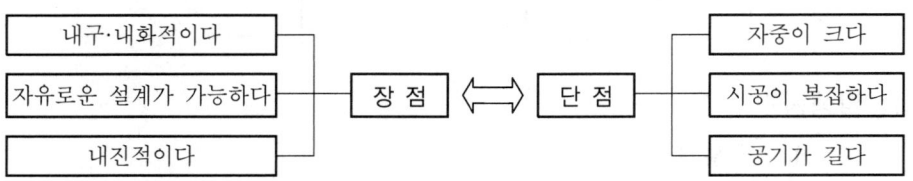

Ⅲ. 철근콘크리트구조의 성립이유

1) 선(열)팽창계수 동일

① 선팽창계수 : $1 \times 10^{-5}/℃$

② 온도변화에 따른 선팽창계수의 차이가 없다.

2) 철근부식 방지

① 콘크리트는 알칼리성이고, 철근은 산성이다.

② 알칼리성(pH12~13)인 콘크리트 속의 철근은 녹이 슬지 않아 충분한 내구성을 확보하게 된다.

3) 일체성 확보

① 콘크리트는 압축력을 철근은 인장력을 주로 부담하여 상호 보완적이다.

② 콘크리트와 철근은 부착성이 좋다.

③ 외력에 대해 일체로 작용한다.

4) 내화성

콘크리트의 적당한 피복으로 열에 약한 철근을 보호한다.

46 철근공사 관련 용어

1) 강재(鋼材)

   철을 주성분으로 한 구조용 탄소강의 총칭으로서 철근콘크리트용 봉강(棒鋼), P강재, 형강, 강판 등을 포함

2) 조립용 철근

   철근을 조립할 때 철근의 위치를 확보하기 위하여 쓰는 보조적인 철근

3) 슬립 바(Slip Bar)

   콘크리트 Slab의 팽창줄눈에서 두 Slab의 수평 유지를 목적으로 Slab 중심선방향으로 이동할 수 있도록 삽입한 철근

4) 간격재(Spacer)

   ① 철근과 거푸집 또는 철근과 철근의 간격을 유지하기 위한 철제·철근제 또는 모르타르제 등으로 괴거나 끼움

   ② 조립한 철근의 위치 확보 및 콘크리트 시공 중에 철근의 위치 이동을 방지

5) 도막

   에폭시 분체 도장에 의해 철근표면에 형성된 에폭시수지 피막

제3장 ▶ 콘크리트

제2절 거푸집공사

거푸집공사 과년도 문제

1. SCF(Self Climbing Form) [96중(20)]

2. SCF(Self Climbing Form) [10후(20)]

3. Sliding Form [82전(10)]

4. Sliding Form과 Self Climbing Form의 특징 [15중(10)]

5. 교각의 슬립폼(Slip Form) [11후(10)]

6. 슬립폼공법 [13전(10)]

7. LB(Lattice Bar) Deck [09전(10)]

8. 거푸집과 동바리공의 안전성 및 시공상 주의점 [96중(20)]

9. 거푸집 동바리 시공시 고려사항 [15후(10)]

10. 거푸집 존치기간 및 시공시 유의사항 [20중(10)]

11. 콘크리트의 거푸집 및 동바리 해체시기(KCS 14 20 12) [24전(10)]

1 | Metal Form

Ⅰ. 정의

① 기계적으로 만든 강철제 형틀에 맞추어 콘크리트를 타설하는 것으로서 거푸집의 전용성을 높이고, 공기 단축 및 시공의 정확성을 높인 거푸집공법이다.

② 구조체의 형상이 단순하고 반복성이 높은 토목공사에 많이 적용되고 있었으나, 최근 들어서는 건축공사에서 평면의 형상이 단순한 곳에 많이 적용되고 있다.

Ⅱ. 구성 및 시공도

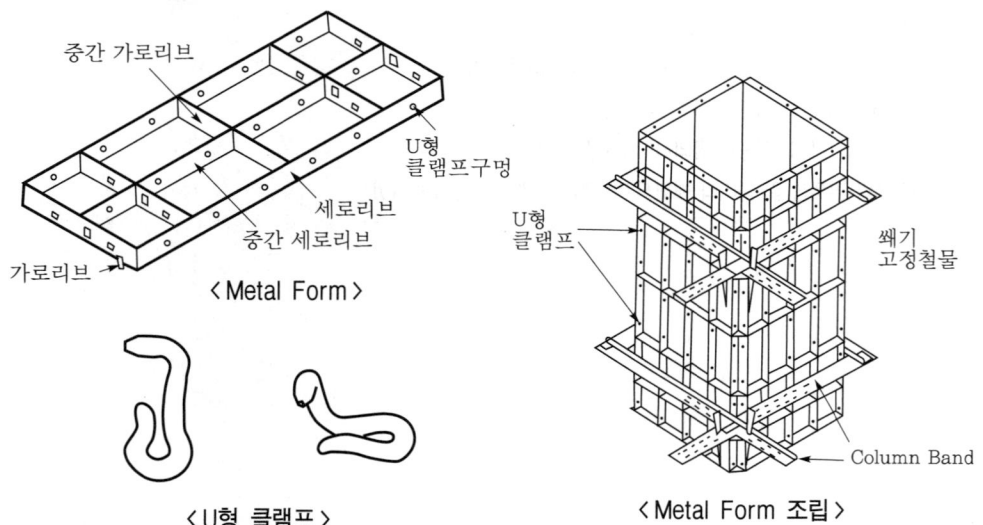

〈 Metal Form 〉

〈 U형 클램프 〉

〈 Metal Form 조립 〉

Ⅲ. 거푸집의 분류

1) 재료별
   ① 철제 Metal Form
   ② 알루미늄제 Metal Form

2) 사용형태별
   ① Corner용 Metal Form
   ② 곡면형 Metal Form
   ③ Dam용 Metal Form
   ④ Road용 Metal Form

Ⅳ. 특징

① 내구성 우수
② 콘크리트 타설 정밀도 우수
③ 수밀성 우수
④ 조립 및 해체 용이
⑤ 제치장 Con'c에 유리
⑥ 거푸집의 전용 횟수 증가
⑦ 중량이므로 취급이 곤란함
⑧ 평면의 형상이 복잡하면 불리

Ⅴ. 개발방향

① 성력화(省力化, Labour Saving)
② 고강도의 경량재료 개발
③ 거푸집작업의 System화
④ 거푸집의 정밀도 향상

2 Gang Form(대형 Panel Form)

Ⅰ. 정의

① 주로 외벽에 사용되는 거푸집으로서 대형 Panel 및 멍에, 장선 등을 일체화시켜 해체하지 않고 반복 사용하도록 한 것이 Gang Form 또는 대형 Panel Form이라 한다.

② 구조물의 고층화 및 양중기계의 발달로 Gang Form의 사용이 늘어나고 있으며, 재래식 공법에 비하여 경제성 및 안전성이 유리하다.

Ⅱ. Gang Form의 구성

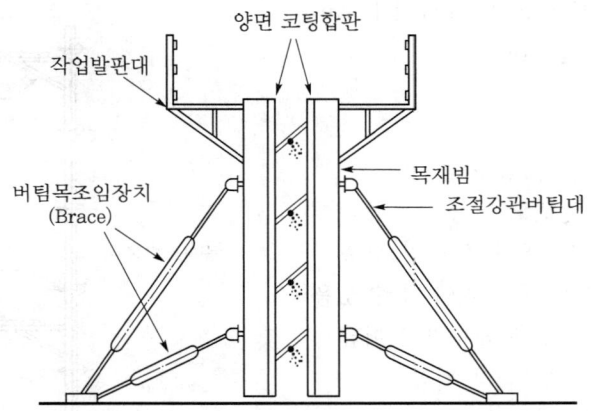

Ⅲ. 벽 전용 거푸집의 분류

① Gang Form(대형 Panel Form) ② Climbing Form

Ⅳ. 특징

① 시공능률 향상 ② 노동력 절감 및 공기 단축

③ 초기 투자비가 재래식보다 높음 ④ 양중장치를 필요로 하나 소형도 가능

⑤ 제작장소 및 해체 후 보관장소 필요

Ⅴ. 시공 시 유의사항

① 양중장비를 고려한 Panel 제작

② 바람에 의한 안전성 검토

③ 낙하 및 추락 방지를 위한 안전시설 점검

④ 양중, 이동 시 변형되지 않도록 강성 확보

3 | Climbing Form

Ⅰ. 정의

① Climbing Form이란 벽체용 거푸집으로서 갱폼에 거푸집 설치를 위한 비계틀과 기타설된 콘크리트의 마감작업용 비계를 일체로 조립·제작한 거푸집을 말하며, 한꺼번에 인양시켜 거푸집의 설치·해체가 가능한 공법이다.

② 보통 Climbing Form이란 측벽 거푸집인 Gang Form에 비계를 일체화(Unit화)하여 외부의 마감을 별도의 비계 설치 없이 마무리할 수 있다.

Ⅱ. 벽 전용 거푸집의 분류

① Gang Form(대형 Panel Form)
② Climbing Form

Ⅲ. 특징

① 성력화(省力化) 가능
② 시공의 정밀도 향상
③ 연속 반복작업으로 공기 단축
④ 외부마감공사를 동시에 할 수 있음
⑤ 거푸집의 전용 횟수가 늘어남
⑥ 설치 및 해체품의 절감
⑦ 대형 양중장비가 필요
⑧ 외부마감공사의 Timing이 중요

Ⅳ. 시공 시 유의사항

① 박리제 도포계획을 철저히 이행
② 장비 고장 시 대비책 마련
③ 낙하 방지를 위한 안전시설 점검
④ 가설비계가 없으므로 후속 공정과의 관계 철저히 검토
⑤ 바람에 의한 안전성 검토
⑥ 양중 등 이동 시 변형되지 않도록 충분한 강성 확보

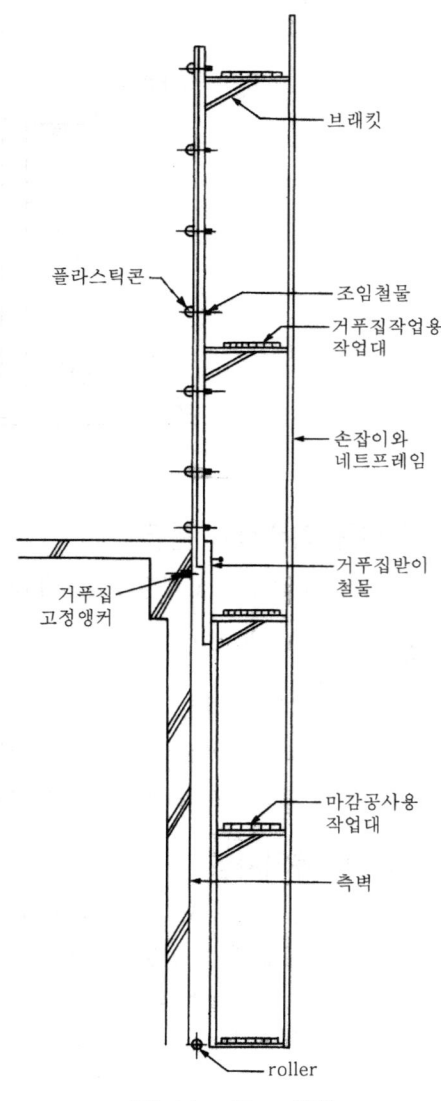

< Climbing Form공법 >

4 SCF(Self Climbing Form)

[96중(20), 10후(10), 15중(10)]

Ⅰ. 정의

① Self Climbing Form은 1개를 높이로 제작된 System Form을 자체 유압기 (Hydraulic Jack)와 인양레일(Climbing Profile)을 이용하여 상승시키는 벽체시스템 거푸집공법이다.

② 양중장비가 필요 없고 스스로 상승하므로 Auto Climbing Form이라고도 한다.

Ⅱ. Self Climbing Form 시공순서

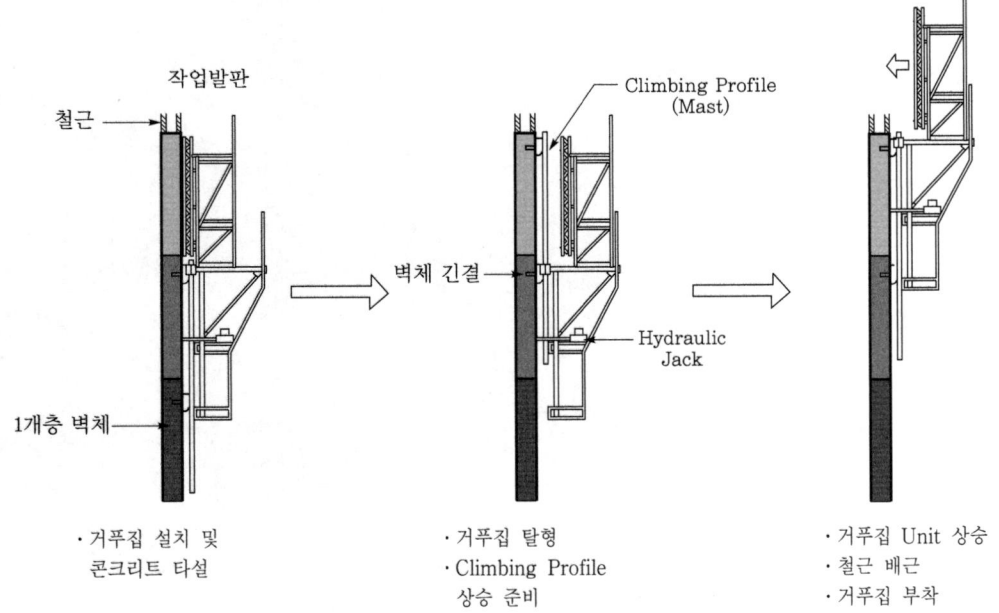

·거푸집 설치 및 콘크리트 타설	·거푸집 탈형 ·Climbing Profile 상승 준비	·거푸집 Unit 상승 ·철근 배근 ·거푸집 부착

Ⅲ. 특징

① 양중장비 없이 스스로 상승하므로 Auto Climbing Form이라고도 함
② 벽체의 변형(두께, 평면 등)에 대처 가능
③ Embed Plate 설치가 자유로움
④ Stock Yard에서 선조립 후 설치
⑤ 1개층 분으로 제작되므로 거푸집길이가 길어짐
⑥ RC구조물의 Core 부분에 많이 채택

Ⅳ. 시공 시 유의사항

① 벽체강도 10MPa 이상

② 1, 2층은 일반 거푸집 필요

③ 초기 Setting시간 과다

④ 벽체 최소 두께 250mm 이상 필요

⑤ 허용풍속 35m/sec 이하

5 Sliding Form

[82전(10)]

Ⅰ. 정의

일정한 평면을 가진 구조물에 적용되면 연속하여 Con'c를 타설하므로 Joint가 발생하지 않는 수직활동 거푸집공법이다.

Ⅱ. 대형 거푸집 연속공법의 분류

1) 수직
   Sliding Form, Slip Form
2) 수평
   Traveling Form

Ⅲ. 목적

① 공기 단축
② 연속 타설로 Con'c의 수밀성 확보
③ 자재 및 노무의 절약

Ⅳ. 특성

① 단면의 변화가 없는 구조물에 적용
② 거푸집의 높이 1~1.2m 정도
③ 1일 상승높이 5~8m
④ Con'c 연속 타설로 Joint 발생 감소

< Sliding Form >

Ⅴ. 시공순서 Flow Chart

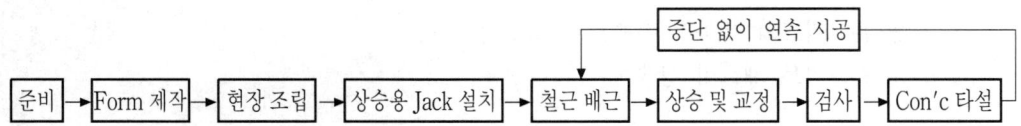

준비 → Form 제작 → 현장 조립 → 상승용 Jack 설치 → 철근 배근 → 상승 및 교정 → 검사 → Con'c 타설

중단 없이 연속 시공

Ⅵ. 시공 시 유의사항

① 거푸집 제작 시 내·외벽 마감작업발판 설치
② 주·야간 연속작업으로 충분한 기능공 확보
③ Con'c의 연속 공급 및 문제 발생 시 대처방안
④ 연직상태를 수시로 점검
⑤ Jack의 여유용량 및 Rod에 가해지는 하중 계산
⑥ 야간작업 및 고소작업이므로 안전 대비 철저

6 Slip Form

[11후(10), 13전(10), 15중(10)]

Ⅰ. 정의

① Slip Form은 교각과 같은 수직구조물에 이음 부분 없이 연속적으로 콘크리트를 타설할 수 있는 거푸집이다.

② 거푸집을 해체하지 않고 천천히 상승시키며, 구조물 완성 후에 거푸집을 해체하는 연속 수직활동 거푸집의 일종이다.

Ⅱ. 연속 수직활동 거푸집의 종류

1) Sliding Form

   구조물 단면의 변화가 없는 곳에 적용

2) Slip Form

   ① 구조물 단면의 변화가 있는 곳에 적용

   ② 교각과 같이 Taper져서 올라가는 구조물에 적용

Ⅲ. 특징

1) 장점

   ① 연속 콘크리트 타설로 공기 단축(2배 이상)

   ② Cold Joint 및 시공 Joint 미발생

   ③ 거푸집의 전용성 우수

   ④ 정확한 공기예측 가능

   ⑤ 구조물의 조기강도 확보

2) 단점

   ① 콘크리트 건조수축 발생 우려

   ② 콘크리트의 유동성 부족으로 밀실성 우려

   ③ 콘크리트 재료비 상승

Ⅳ. 시공 시 유의사항

① 24시간 연속작업으로 인한 시공의 안전성 저하

② 거푸집의 상승속도에 따라 콘크리트의 품질에 영향

③ 콘크리트 타설 직후 차양막, 막양생제 등이 필요

④ 콘크리트 재료분리 발생에 유의

7 Traveling Form

I. 정의

① 콘크리트공사에서 동일 단면의 작업이 연속적으로 이루어질 때 사용하는 거푸집으로 Traveler라는 가동골조 또는 발판 위에 지지된 이동형 거푸집을 말한다.

② Traveling Form은 토목공사현장에서 여러 공종에서 이용되고 있는 실정이며, 특히 터널 라이닝공사, 교량 교각공사, 케이슨공사, 암거공사 등 연속되는 동일 단면형상구조물에 사용된다.

II. 도해

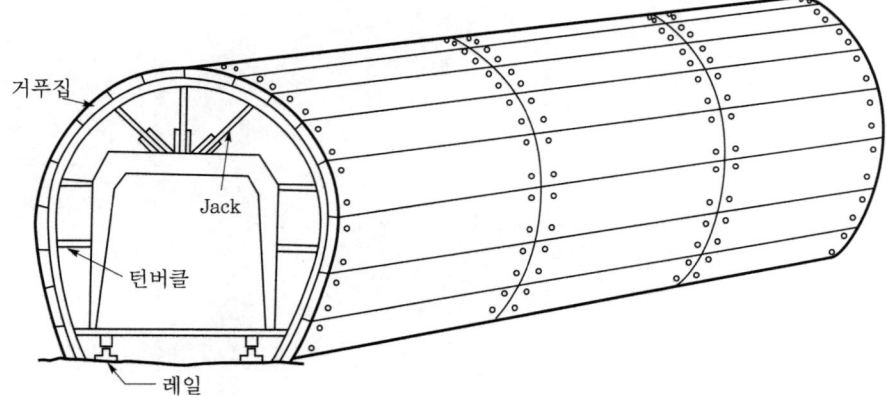

III. 시공순서 Flow Chart

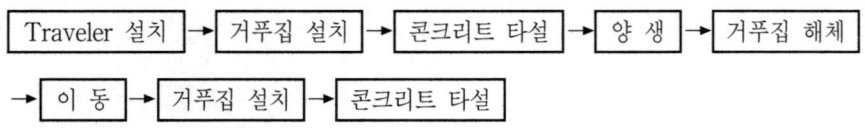

IV. 구성요소

① Traveler   ② 거푸집
③ Jack   ④ 지지 Block
⑤ 턴버클   ⑥ Rail

V. 특징

① 공기 단축   ② 거푸집 반복 사용으로 공비 절감
③ 공정 단순   ④ 경제적인 시공
⑤ 시공성 향상   ⑥ 품질 향상
⑦ 노무 절감

VER

Ⅵ. 용도
① 터널공사　　　　　② 교량공사
③ 항만공사　　　　　④ 구조물공사

Ⅶ. 연속공법의 거푸집 분류
1) 수직
　Sliding Form, Slip Form
2) 수평
　Traveling Form

8 Bow Beam과 Pecco Beam

Ⅰ. 정의

① Bow Beam은 하층의 작업공간을 확보하기 위하여 철골트러스와 유사한 경량 가설보를 설치하여 바닥콘크리트를 타설하는 공법이다.

② Pecco Beam은 Bow Beam과 같이 하층의 작업공간을 확보하기 위한 무지주 공법으로, 내부보가 있어 Span의 조절이 자유로운 공법이다.

Ⅱ. 시공 상세도

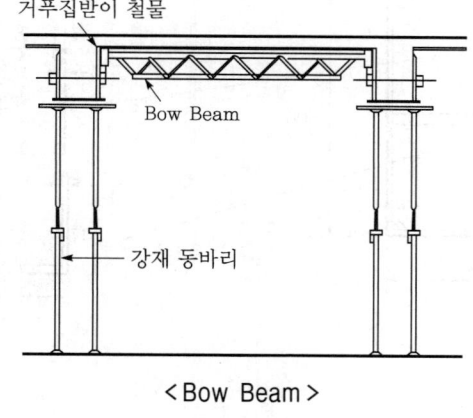

\< Bow Beam \>

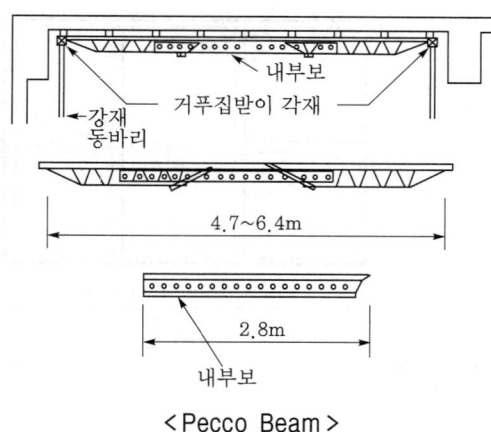

\< Pecco Beam \>

Ⅲ. 목적

① 하층의 작업공간 확보
② 기능인력의 절감효과
③ 노무비 절감효과
④ 연속 반복작업으로 공기 단축

Ⅳ. 무지주공법의 종류별 특성

1) Bow Beam
   ① 층고가 높고 큰 Span에 유리   ② 하층의 작업공간 확보에 유리
   ③ 구조적으로 안전성 확보   ④ Span이 일정한 경우만 적용

2) Pecco Beam
   ① 내부보로서 Span 조정이 자유로움
   ② 전용 횟수가 100회 이상
   ③ 최대 허용모멘트는 1.5tf · m
   ④ 4.7~6.4m까지 Span 조정 가능

9 | Euro Form

Ⅰ. 정의

① 콘크리트 거푸집용 코팅합판과 강재틀로 구성된 규격화된 거푸집을 말한다.

② Euro Form은 독일을 중심으로 개발된 규격화된 거푸집공법으로 원래의 이름은 Modular Form이라 하여 규격화된 표준 타입의 구조물에 적용함으로써 생산성을 향상시키고 전용 횟수를 증대시키는 것을 목적으로 개발되었다.

Ⅱ. 구성

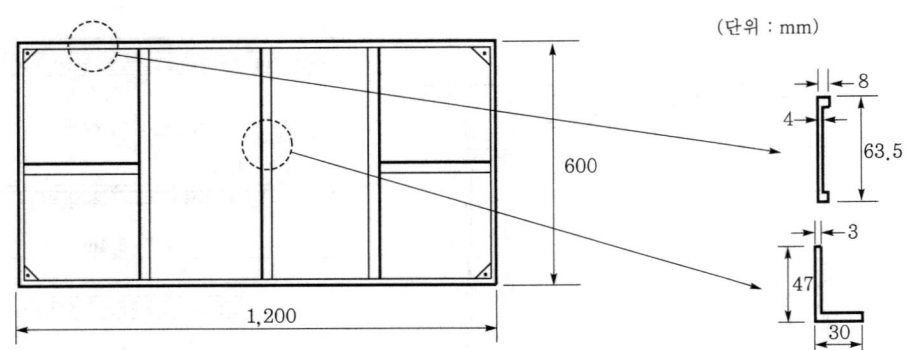

(단위 : mm)

Ⅲ. 분류

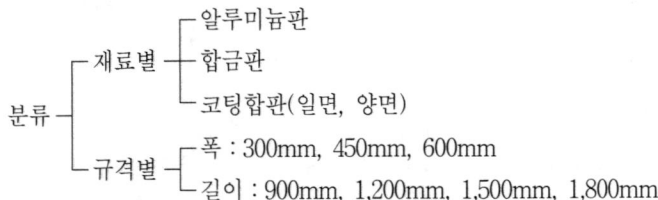

Ⅳ. 장점

① 목재 거푸집에 비하여 전용 횟수가 크다(20회 이상).

② 조립 및 해체가 간단하다.

③ 공기 단축 및 노무 절감효과가 있다.

④ 숙련도를 요하지 않는다.

⑤ 목재 거푸집과의 혼용이 가능하다.

Ⅴ. 단점

① 목재에 비하여 무게가 무겁다.

② 인력을 이용하여 운반할 경우 인력 소모가 크다.

③ 장비를 사용할 경우 초기 투자비가 비싸다.

10 Ferro Deck[LB(Lattice Bar)]

[09전(10)]

Ⅰ. 정의

① 공장에서 일체화된 바닥구성재(거푸집 대용 아연도강판+Slab용 철근 주근)를 현장에서는 배력근·연결근만 시공함으로써 철근과 거푸집공사를 동시에 Pre -fab화한 공법이다.

② 철근작업을 공장에서 대신하고 현장에서는 설치작업만 하므로 노무 절감 및 공기 단축을 할 수 있는 공법이다.

Ⅱ. 시공 상세도

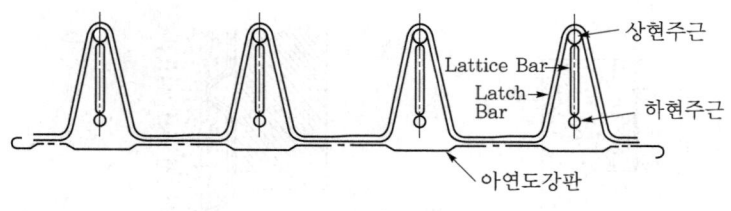

<Ferro Deck>

Ⅲ. 특징

① 시공의 정밀도 향상
② 공기 단축(생산성 향상)
③ 공사비 절감
④ 시공이 단순
⑤ 안전성이 높음
⑥ 설계범위가 넓음

Ⅳ. 시공순서 Flow Chart

자재 반입 및 양중 → 설치 → 단부 못질 또는 용접 → 철근 연결(배력근, 연결근 등) → 콘크리트 타설

Ⅴ. 적용 대상구조

① 철근콘크리트구조의 바닥판
② 철골철근콘크리트구조의 바닥판
③ 철골구조의 바닥판
④ PC구조의 바닥판

Ⅵ. 재료

① 상·하현주근 : D13 또는 D10
② Lattice Bar : $\phi6$
③ Latch Bar : $\phi4$
④ 연결근·배력근·보강근 : D13 또는 D10
⑤ 강판 : 용융아연도강판 0.4~0.5mm

11 Textile Form(특수 거푸집)

Ⅰ. 정의

① 종래의 거푸집에 직경 3~5mm, 간격 5~10mm의 작은 구멍을 뚫고, 그 위에 특수 직포를 부착시켜 통기·투수성을 갖도록 만든 것을 Textile Form 또는 Filter Sheet Form Method, Dry Form공법이라고 한다.

② 특수 직포는 Polyester계 섬유를 사용하며, 콘크리트면에 접하여 잉여수나 공기를 배출하는 반면, 시멘트입자는 차단시키는 필터기능을 가지고 있다.

Ⅱ. Mechanism

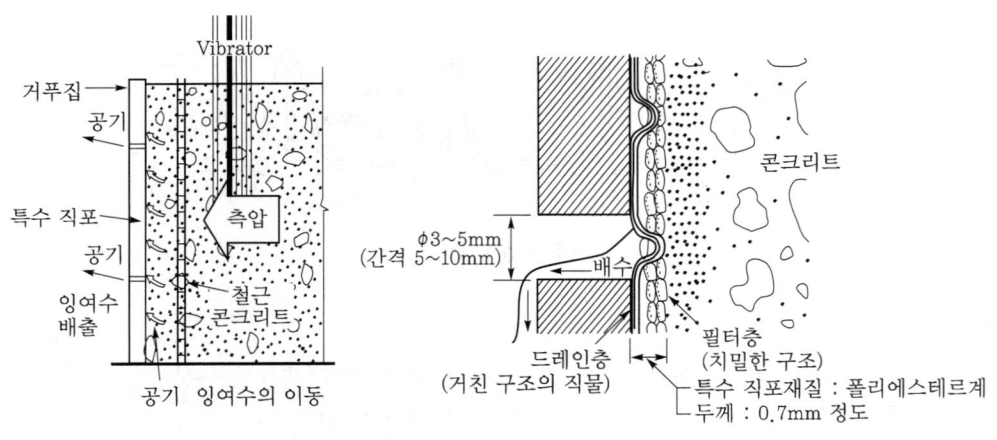

< Textile Form의 원리 >   < 특수 직포의 구조 >

Ⅲ. 목적

① Bleeding, Laitance 방지, 염해·탄산화 등에 대한 저항성 증대
② 표층부의 미관 확보 및 품질(강도, 내구성 등) 향상

Ⅳ. 공법의 효과

① 통기효과로 인한 Bleeding 감소 및 잉여수의 배출로 미관이 좋아짐
② 탈수효과로 표면강도가 증대되어 28일 강도가 종래 공법의 2배 이상 높아짐
③ 탄산화깊이 1/4, 염분침투깊이 1/5, 동결융해깊이 1/10 정도로 각각 감소
④ 별도의 마감공사가 필요 없음(제치장콘크리트에 유리)
⑤ 필터는 5~10회 정도 사용 가능

Ⅴ. 시공 시 유의사항

① 못, 철근 등에 의해 직포를 손상시키지 않도록 한다.
② 배수된 물의 처리는 거푸집 하단에 홈통을 설치하여 집수한다.
③ 종래 거푸집에 비해 접착력이 좋아지므로 장선 및 지보공의 설치를 충분히 한다.

12 제물치장 거푸집

Ⅰ. 정의

① 제물치장 거푸집은 거푸집을 제거한 후 노출되는 콘크리트면을 그대로 마감면
으로 하는데 사용되는 거푸집으로 자연 그대로의 미를 살려보자는 이념에서 출
발한 것이다.

② 제물치장 거푸집은 마감재의 절약, 구체의 자중 감소, 공종의 감소 및 경제적
으로 공사비가 절감되는 효과가 있다.

Ⅱ. 시공 도해

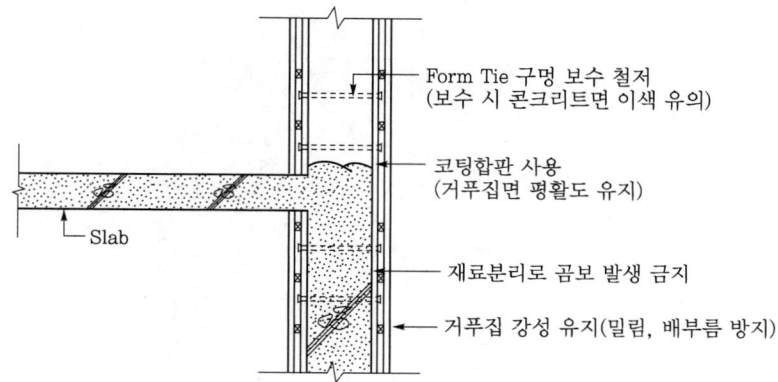

- Form Tie 구멍 보수 철저
  (보수 시 콘크리트면 이색 유의)
- 코팅합판 사용
  (거푸집면 평활도 유지)
- 재료분리로 곰보 발생 금지
- 거푸집 강성 유지(밀림, 배부름 방지)
- Slab

Ⅲ. 특징

① 구조물의 자중이 감소한다.

② 고강도 콘크리트를 추구한다.

③ 공사내용의 단일화로 경제적이다.

④ 거푸집 설치의 비용이 증가한다.

⑤ 구조체의 정확도 확보가 힘들고 보수가 어렵다.

Ⅳ. 콘크리트면의 보수

① 구조적인 결함의 재료분리는 콘크리트면이 건조하기 전에 보수한다.

② 보수면이 거친 경우 2일 정도 경과 후 연마기계로 갈아낸다.

③ 작은 결함은 Mortar에 석고를 혼합(된비빔)하여 보수한다.

④ 작은 흠집은 나무주걱(도장 공용)으로 땜질한다.

⑤ 결함 부분을 발라서 살려내는 것은 삼가한다.

⑥ 빛깔은 본체와 유사하게 하고 광택이 부분적으로 나지 않도록 유의한다.

V. 시공 시 유의사항

① 콘크리트 균열에 대해 적극적인 제어대책이 필요하다.

② 철근의 피복두께는 규정보다 1cm 정도 더 확보한다.

③ 박리제 선정 시 콘크리트면에 오염이나 경화 불량 등이 생기지 않는 것을 선택한다.

④ 거푸집 시공 시 정밀도에 특히 유념하여 시공한다.

⑤ 거푸집 재료는 낡은 고체를 즉시 교체하고 전용률을 낮게 측정한다.

⑥ 콘크리트 타설 시 Cold Joint가 생기지 않도록 한다.

13 긴결재(緊結材) 및 격리재(隔離材, Separator)

Ⅰ. 개요

① 콘크리트 타설 시 거푸집의 변형·터짐 등을 방지하고, 거푸집 설치 시 형상 그대로를 유지하기 위한 재료를 말한다.

② 거푸집의 공간(간격)을 유지하기 위한 재료이다.

Ⅱ. 현장 시공도

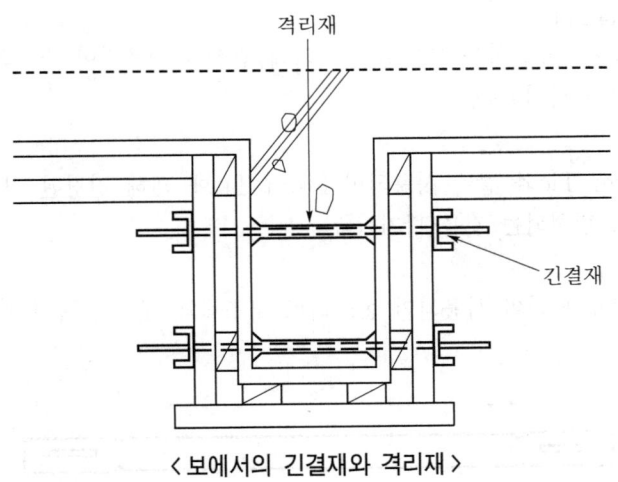

〈 보에서의 긴결재와 격리재 〉

Ⅲ. 긴결재(緊結材)

1) Form Tie(Form Tie Bolt, Form Tie Rod, 긴장재)

① Form Tie는 벽체와 기둥의 거푸집이 굳지 않은 콘크리트 측압에 저항할 수 있도록 최종적으로 잡아주는 부재이다.

② 관통형(Through Type), 매입형(Embedded Type), Flat Tie Bar 등이 있다.

2) 철선(Steel Wire)

① 철선은 Form Tie 등이 사용될 수 없는 곳 및 기타 보조역할로 사용된다.

② #8, #10 철선이 주로 사용되며, 철선인장강도의 40%를 허용하중으로 계산한다.

3) Wire Rope 및 Turn Buckle

① 수평하중에 저항하는 부재로서 거푸집에 버팀대를 설치하기 어려운 곳에 설치하여 인장저항하는 긴결재이다.

② 구성부재로는 Wire Rope, Turn Buckle, Turn Buckle Bolt, Shackle 등이 있다.

4) Column Band

① 기둥 체결재로서 기둥의 측압에 저항하는 역할을 한다.

② 종류에는 평형(Flat Bar Type), 각형(Angle Bar Type), 채널형(Channel Type)이 있다.

Ⅳ. 격리재(隔離材, Separator)

〈 격리재 〉

1) 철근 및 철판재

철선과 같이 주로 사용되며 철선에 의해 긴장한 거푸집이 소정의 간격 이하로 변형하는 것을 방지한다.

2) Pipe재

주로 Form Tie와 같이 사용되며 Form Tie에 의해 긴장된 거푸집이 소정의 간격 이하로 변형되는 것을 방지한다.

3) 모르타르재

주로 기성제가 많이 사용되며 콘크리트 구조체와 재료의 특성이 같아 유리하다.

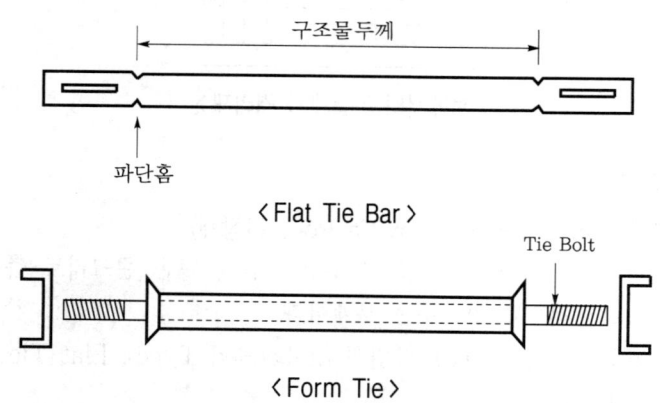

〈 Flat Tie Bar 〉

〈 Form Tie 〉

14 박리제(剝離濟, Form Oil)

Ⅰ. 정의

① 박리제란 거푸집과 콘크리트의 부착을 감소시켜 탈형을 쉽게 하고, 거푸집의 전용률을 높이기 위한 거푸집 도포제를 말한다.

② 거푸집의 종류, 콘크리트의 종류, 콘크리트 타설방법, 마무리 공사의 시방 등의 조건을 충분히 고려하여 선정하여야 한다.

Ⅱ. 시공 상세도

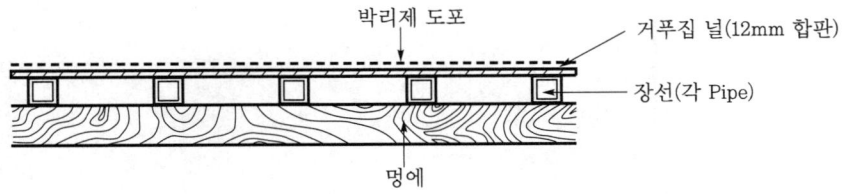

박리제 도포 / 거푸집 널(12mm 합판) / 장선(각 Pipe) / 멍에

Ⅲ. 분류

① 비눗물·지방산 유제(脂肪酸乳劑)

② 유성계(油性系) : 광물유(鑛物油)에 각종의 첨가제 배합

③ 폐유(廢油)·경유(輕油) : 지방유(脂肪維) 첨가

④ 합성수지 : 우레탄(Urethane), 에폭시(Epoxy), 스티렌(Styrene), 알키드(Alkyd)계

⑤ 왁스(Wax) : 파라핀(Paraffin), 천연 왁스

Ⅳ. 요구성능

1) 목제 거푸집(생목, 합판)

① 흡수를 방지하고, 거푸집의 치수변화를 방지

② 마감공사에 영향을 주지 않을 것

2) 금속제 거푸집(강제, 아연제, 알루미늄제)

① 방청효과가 있을 것

② 아연·알루미늄은 양성(兩性)금속이므로 내알칼리성과 피막성이 높을 것

Ⅴ. 효과

① 거푸집의 탈형을 용이하게 함

② 거푸집의 전용 횟수를 증가시킴

③ 콘크리트의 경화 불량 방지

④ 수분 흡수 방지 및 방청효과

제3장 콘크리트

VI. 시공 시 유의사항

① 거푸집 종류에 상응한 박리제를 선택 사용
② 박리제 도포 전에 거푸집면의 청소 철저
③ 균일하며 적정량의 박리제 도포
④ 금속제 거푸집의 방청제가 굳어지면서 건조피막이 형성되지 않도록 유의
⑤ 콘크리트 타설 시 거푸집의 온도, 탈형시간 준수
⑥ 철근에 묻지 않도록 유의(부착강도 저하)
⑦ 콘크리트 색조에 영향이 없는지를 시험 사용

15　거푸집공사 시공계획

Ⅰ. 개요

① 거푸집공사는 콘크리트를 타설하기 위해 설계도서에 명시된 형상을 동일하게 형성시켜 주고 콘크리트가 경화될 때까지 외기영향을 최소화하여 콘크리트의 품질을 확보하는 데 목적이 있다.

② 거푸집공사는 구조체공사비의 20~30%를 차지하므로 사전조사에서부터 설계도서 검토 및 시공성, 경제성, 안전성이 있는 공법을 선택하는 것이 무엇보다 중요하다.

Ⅱ. 거푸집공사 Flow Chart

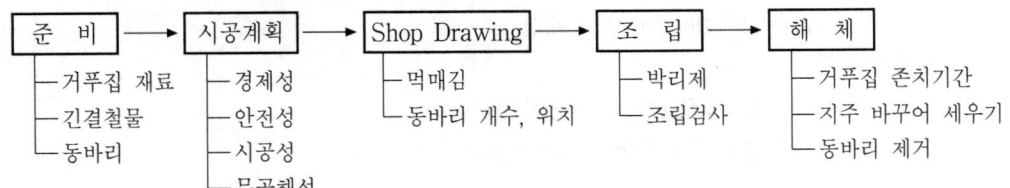

Ⅲ. 거푸집의 구비조건

① 가공 용이, 치수 정확　　　　② 수밀성 확보, 내수성 유리

③ 가격 저렴, 경제성　　　　　　④ 외력에 강하고 청소·보수 용이

Ⅳ. 시공계획

1) 사전조사

① 설계도서 및 계약조건 검토　　② 공해, 기상, 관계 법규의 검토

2) 공법 선정

시공성, 경제성, 안전성, 무공해성

3) 6요소

① 공정관리(공기 단축)　　　　　② 품질관리(질 우수)

③ 원가관리(경제적)　　　　　　④ 안전관리

⑤ 공해　　　　　　　　　　　　⑥ 기상

4) 6M

Man, Machine, Material, Money, Method, Memory

5) 관리

하도급관리, 실행예산, 현장원 편성, 사무관리, 대외업무관리

6) 가설

동력, 용수, 수송, 양중

16 │ 거푸집과 동바리공의 안전성 및 시공상 주의점

[96중(20), 15후(10)]

Ⅰ. 개요

① 거푸집이란 콘크리트를 일정한 형상과 치수로 유지시켜 원하는 구조물을 얻도록 해주는 가설구조체이다.

② 동바리는 거푸집을 유지시켜 콘크리트가 소요강도를 얻을 때까지 안전하게 받쳐주는 것을 말한다.

Ⅱ. 안전성

1. 하중(외력)

1) 생Con′c의 중량

$22.5\text{kN/m}^3 (=2,300\text{kgf/m}^3)$로 계산

2) 작업하중

① 강도 계산용 : $3.53\text{kN/m}^2 (=360\text{kgf/m}^2)$

② 처짐 계산용 : $1.76\text{kN/m}^2 (=180\text{kgf/m}^2)$

3) 충격하중

① 강도 계산용 : $11.27\text{kN/m}^2 (=1,150\text{kgf/m}^2)\left(\text{Con′c 중량의 } \dfrac{1}{2}\right)$

② 처짐 계산용 : $5.64\text{kN/m}^2 (=575\text{kgf/m}^2)\left(\text{Con′c 중량의 } \dfrac{1}{4}\right)$

4) 생Con′c의 측압 고려

벽, 기둥, 보 옆의 거푸집 설계 시 측압 고려

2. 강도

1) 휨강도

$$① \ M_{\max} = \frac{wl^2}{8}$$

여기서, $M_{\max}$: 최대 휨모멘트

$$② \ \sigma = \frac{M_{\max}}{Z}$$

여기서, σ : 휨응력

2) 전단강도

$$Q_{\max} = \frac{wl}{2}$$

여기서, $Q_{\max}$: 최대 전단력

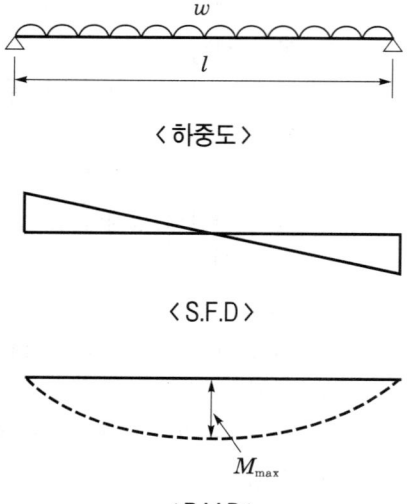

〈 하중도 〉

〈 S.F.D 〉

〈 B.M.D 〉

3) 처짐

$$\delta_{\max}(\text{최대 처짐}) = \frac{5wl^4}{384EI} \leqq 허용처짐량$$

$$\theta_{\max}(\text{최대 처짐각}) = \frac{wl^3}{24EI} \leqq 허용처짐각$$

Ⅲ. 시공상의 유의점

1. 거푸집

1) 강성 및 강도 확보
   Con′c 타설 시 거푸집의 변형 및 파열이 일어나지 않도록 강도 유지

2) 거푸집 수밀성 유지
   ① 타설 시 모르타르나 시멘트 Paste가 유출되면 품질 저하
   ② 조립 후 간극, 틈을 최소화

3) 거푸집의 조임
   ① 조임은 볼트나 강봉을 사용하며 철선은 사용하지 않음
   ② 볼트의 간격, 배치, 강도 등을 파악한 후 등일하고 균등하게 설치

4) 박리제
   ① Con′c에 오염되지 않는 재료 사용
   ② 철근 등에 묻지 않도록 거푸집 내면에 바름

2. 동바리

1) 균등한 응력 유지
   ① 버팀대, 장선, 멍에를 완전 고정하고 위치, 간격은 동일 조건하에 같은 치수 유지
   ② 부등침하 방지

2) 동바리의 조립
   충분한 강도와 안전성을 가지도록 경사, 높이 등에 주의하여 시공

3) 동바리 전도 방지
   ① 버팀대, 로프, 체인, 턴버클 등에 의해 좌굴 및 전도 방지
   ② 연결 부위의 강도 확보

4) 동바리 교체 원칙적으로 불가
   ① 큰 보 하부의 동바리
   ② 작업하중, 집중하중 등 큰 하중이 있을 때

5) 동바리 이음
   동바리의 이음은 하중을 충분히 전달할 수 있는 구조로 함

17 거푸집공사의 안전성 검토

Ⅰ. 개요
① 거푸집은 철근콘크리트 구조체를 설계도의 형상대로 만들기 위한 가설공작물로 서 거푸집 널, 동바리, 체결철물 등으로 이루어졌다.
② 거푸집은 콘크리트 타설 시 발생하는 각종 하중(Con'c 중량, 작업하중, 충격 하중, 측압 등)으로부터 안전한 구조여야 한다.

Ⅱ. 안전성 검토 Flow Chart

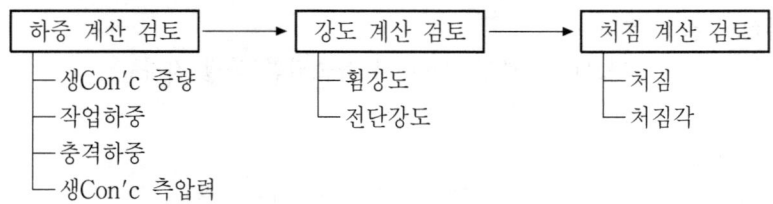

```
┌─────────────┐      ┌─────────────┐      ┌─────────────┐
│ 하중 계산 검토 │ ───→ │ 강도 계산 검토 │ ───→ │ 처짐 계산 검토 │
└─────────────┘      └─────────────┘      └─────────────┘
 ├ 생Con'c 중량        ├ 휨강도              ├ 처짐
 ├ 작업하중            └ 전단강도            └ 처짐각
 ├ 충격하중
 └ 생Con'c 측압력
```

Ⅲ. 안전성 검토
1) 하중(외력) 계산 검토
   ① 생Con'c 중량 : 미경화 Con'c 중량은 22.5kN/m^3
   ② 작업하중(바닥판, 보 밑 거푸집만 고려)
      ㉠ 강도 계산용 : 3.53kN/m^2
      ㉡ 처짐 계산용 : 1.76kN/m^2
   ③ 충격하중(바닥판, 보 밑 거푸집만 고려)
      ㉠ 강도 계산용 : 11.27kN/m^2(Con'c 중량의 1/2)
      ㉡ 처짐 계산용 : 5.64kN/m^2(Con'c 중량의 1/4)
   ④ 생Con'c 측압력 : Con'c 측압의 최대값
      ㉠ 벽 : $0.5 \text{m} \times 2.3 \text{tf/m}^3 = $ 약 1.0tf/m^2
      ㉡ 기둥 : $1.0 \text{m} \times 2.3 \text{tf/m}^3 = $ 약 2.5tf/m^2
2) 강도 계산 검토
   ① 휨강도 검토
   ② 전단강도 검토
3) 처짐 계산 검토
   ① 처짐 검토
   ② 처짐각 검토

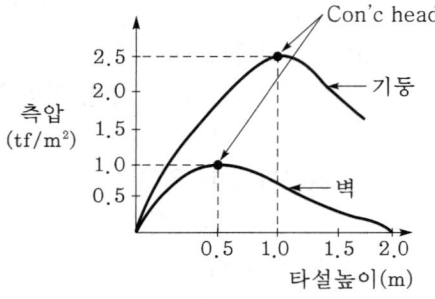

< 최대 측압 및 Concrete Head >

18 콘크리트 측압

Ⅰ. 정의

① 미경화 콘크리트를 타설하게 되면 거푸집의 수직부재(거푸집 널 등)는 유동성을 가진 콘크리트의 수평방향 압력을 받게 되는데, 이것을 측압이라 한다.

② 측압은 미경화 콘크리트의 윗면으로부터 거리(m)와 단위용적중량(tf/m^3)의 곱으로 표시하며, 단위는 tf/m^2이다.

Ⅱ. 인력다짐 시 측압(Lateral Pressure)

1) Concrete Head

① 콘크리트 타설 윗면에서부터 최대 측압이 생기는 지점까지의 거리를 말한다.

② 콘크리트의 타설된 높이에 따라 측압이 증가되다가, 일정한 높이에 도달하면 측압은 오히려 감소하게 된다.

2) 측압

① Concrete Head의 최대값

　㉠ 벽 : 0.5m

　㉡ 기둥 : 1.0m

② 콘크리트의 최대 측압

　㉠ 벽 : $0.5m \times 2.3tf/m^3 ≒ 1.0tf/m^2$

　㉡ 기둥 : $1.0m \times 2.3tf/m^3 ≒ 2.5tf/m^2$

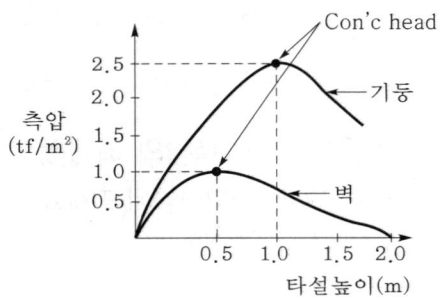

< 최대 측압 및 Concrete Head >

Ⅲ. 진동다짐 시 측압의 표준치

(단위 : tf/m^2)

분류	기둥	벽
진동기 미사용	3	2
진동기 사용	4	3

Ⅳ. 측압에 영향을 주는 요인(큰 경우)

① Form의 간격이 넓을 경우　② Form의 표면이 평활할수록

③ 콘크리트의 Slump치가 클수록　④ 콘크리트의 시공연도가 좋을수록

⑤ 철골·철근량이 적을수록　⑥ 외기의 온·습도가 낮을수록

⑦ 부배합일수록　⑧ 타설속도가 빠를수록

⑨ 다짐이 충분할수록　⑩ 상부에서 직접 낙하할 경우

19 Concrete Head

Ⅰ. 정의

콘크리트 타설 윗면에서부터 최대 측압이 생기는 지점까지의 거리를 Concrete Head라 하며, 타설속도·타설높이 등에 따라 Concrete Head의 높이는 달라지며 측압도 같이 변화하게 된다.

Ⅱ. Concrete Head와 측압의 관계

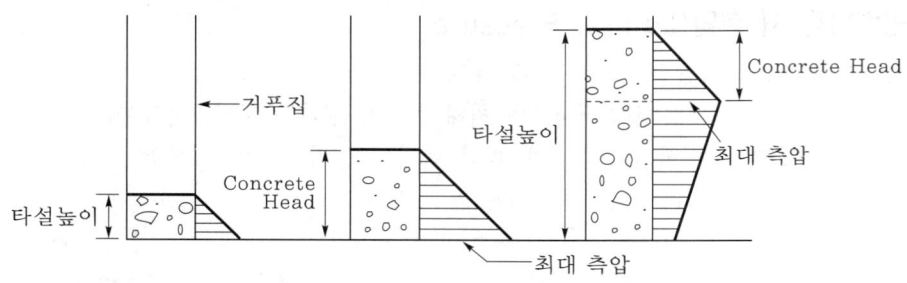

① 타설 시작   ② Concrete Head 도달   ③ Concrete Head 초과

Ⅲ. 인력다짐 시 측압의 최대값

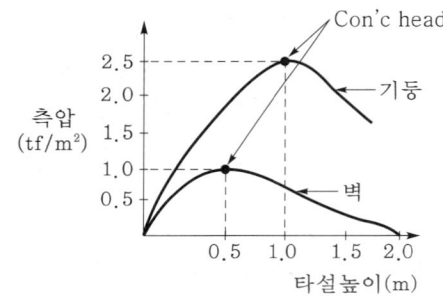

1) Concrete Head의 최대값
   ① 벽 : 0.5m
   ② 기둥 : 1.0m
2) 콘크리트의 최대 측압
   ① 벽 : $0.5m \times 2.3tf/m^3 ≒ 1.0tf/m^2$
   ② 기둥 : $0.1m \times 2.3tf/m^3 ≒ 2.5tf/m^2$

< 최대 측압 및 Concrete Head >

Ⅳ. 측압의 측정방법

1) 수압판에 의한 방법
   금속재 수압판을 거푸집면 바로 아래에 장착하고, 콘크리트와 직접 접촉시켜 측압에 의한 탄성변형에서 측압력을 측정하는 방법
2) 수압계를 이용하는 방법
   수압판에 직접 스트레인게이지를 부착하여 수압판의 탄성변형량을 정기적으로 측정하여 실제 수치를 파악하는 방법
3) 조임철물의 변형에 의한 방법
   거푸집 조임철물(Separator)이나 조임 본체인 Bolt에 Strain Gauge를 부착시켜 응력변형을 일으킨 양을 정기적으로 파악하여 측압으로 환산하는 방법
4) OK식 측압계
   거푸집 조임철물 본체에 유압Jack을 장착하여 전달된 측압을 Bourdom Gauge에 의해 측정하는 방법

20 거푸집의 합리화방안

Ⅰ. 개요

① 거푸집공사는 철근콘크리트 공사비의 20~30% 정도를 차지하며, 마감작업의 바탕인 구조체의 품질에 영향이 크므로 합리적인 재료 및 공법 선정이 필요하다.

② 합리적인 시공계획을 위해서는 재료·장비·공법에 대한 충분한 지식과 풍부한 경험이 필요하며, 시공계획을 수행할 능력이 있는 기능인력의 확보가 중요하다.

Ⅱ. 합리화를 위한 공법

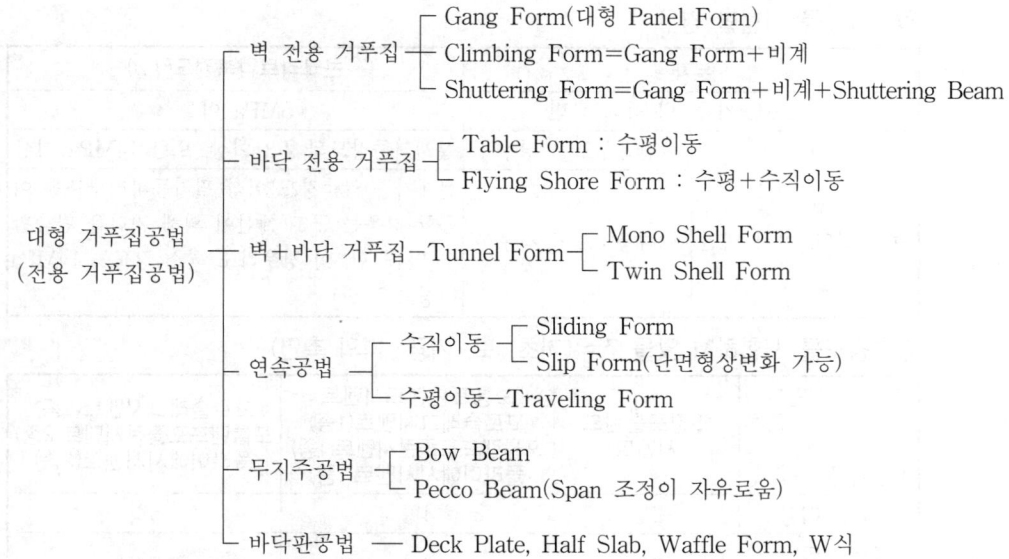

```
                           ┌ Gang Form(대형 Panel Form)
               벽 전용 거푸집 ┤ Climbing Form＝Gang Form＋비계
                           └ Shuttering Form＝Gang Form＋비계＋Shuttering Beam

               바닥 전용 거푸집 ┬ Table Form : 수평이동
                            └ Flying Shore Form : 수평＋수직이동

대형 거푸집공법    벽＋바닥 거푸집─Tunnel Form ┬ Mono Shell Form
(전용 거푸집공법)                           └ Twin Shell Form

               연속공법 ┬ 수직이동 ┬ Sliding Form
                       │         └ Slip Form(단면형상변화 가능)
                       └ 수평이동─Traveling Form

               무지주공법 ┬ Bow Beam
                        └ Pecco Beam(Span 조정이 자유로움)

               바닥판공법 ─ Deck Plate, Half Slab, Waffle Form, W식
```

Ⅲ. 문제점

① 기능인력 확보 및 양성 노력 부족

② 전용 횟수의 부족

③ 시공오차가 크고 대량 생산의 어려움

④ 기업체의 신공법 기피현상

Ⅳ. 합리화방안

① 성력화 : 대형 System 거푸집의 사용으로 인력 절감

② 업체의 의식 개혁 : 전문 기능인력 양성 노력과 전문 하도급업체 육성

③ 공법의 개발 : 부재의 공업화·재료의 건식화·시공의 기계화

④ 합리적인 현장 품질관리 : 경험·직감에서 탈피하여 과정을 중시하는 합리적인 사고의 정착

⑤ 모듈화(Module化) : 모듈화된 치수의 사용으로 전용 횟수 증가 및 재료의 손실 감소

21 거푸집 존치기간

[20중(10), 24전(10)]

Ⅰ. 개요

① 거푸집은 콘크리트가 상당히 경화하여 거푸집에 압력을 받지 않게 될 때까지 그 상태로 두는 것이 원칙이다.

② 구조물의 콘크리트가 자중 및 시공 중에 가해지는 하중을 받는데 필요한 강도에 도달할 때 될 수 있는 대로 빨리 거푸집 및 동바리를 떼어내는 것이 좋다.

Ⅱ. 존치기간

1) 압축강도를 시험할 경우

부재		콘크리트압축강도(f_{cu})
기초, 보, 기둥, 벽 등의 측면		5MPa 이상
슬래브 및 보의 밑면, 아치 내면	단층구조인 경우	설계기준강도의 2/3 이상, 또한 14MPa 이상
	다층구조인 경우	설계기준 압축강도 이상(필러동바리구조를 이용할 경우는 구조 계산에 의해 기간을 단축할 수 있음. 단, 이 경우라도 최소 강도는 14MPa 이상으로 함)

2) 압축강도를 시험하지 않을 경우(기초, 보, 기둥, 벽의 측면)

시멘트의 종류 평균기온	조강포틀랜드 시멘트	보통포틀랜드시멘트 고로슬래그시멘트(1종) 포틀랜드포졸란시멘트(1종) 플라이애시시멘트(1종)	고로슬래그시멘트(2종) 포틀랜드포졸란시멘트(2종) 플라이애시시멘트(2종)
20℃ 이상	2일	4일	5일
20℃ 미만 10℃ 이상	3일	6일	8일

Ⅲ. 해체 시 유의사항

① 거푸집의 강성은 해체 시까지 유지할 것

② Con′c의 양생에 지장이 없도록 진동·충격 등에 유의할 것

③ 해체의 순서는 조립의 역순으로 실시할 것

④ 공법의 선정 시 해체가 용이하고 안전한 공법을 채택할 것

⑤ 숙련공에 의한 작업이 실시되어야 안전사고가 예방됨

⑥ 안전사고 방지를 위한 사전교육 실시 및 해체 시 감시자를 둘 것

⑦ 상부층의 콘크리트 타설 후 하부층의 동바리 해체를 실시할 것

22 시스템동바리(System support)

[17중(25)]

I. 정의

① 시스템동바리란 수직재, 수평재, 가새 및 U-head 등의 부재를 규격화·단순화한 가설동바리이다.

② 작업의 시공성 및 안정성 향상과 부재의 단순화로 설치와 해체작업이 용이하도록 시스템화한 구조로 층고가 높거나 하중이 크게 작용하는 장소에 설치할 수 있는 가설동바리이다.

II. System Support 시공도해

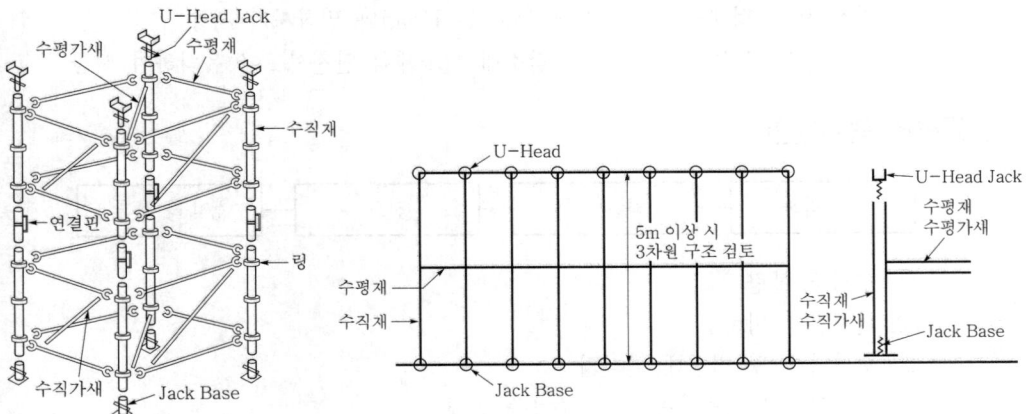

III. 특징

장점	단점
• 수직·수평재의 완전한 체결로 좌굴 방지 • 수직재 허용내력에 따른 수평재 간격조절 용이 • 부재의 단순화로 시공 용이 • 작업의 안정성 확보 및 안전성 향상	• 초기 투자비용이 Pipe Support 대비 고가 • 고소작업에 따른 추락위험 우려 • 설치기준 미준수 시 좌굴 발생 우려 • 과다한 신뢰로 인한 안전사고 발생

IV. 설치기준

① 구조설계에 의한 조립도에 따라 정확히 설치

② 초기 설치 시 깔목을 사용하고 잭 스크루를 조절하여 침하 방지 및 수평 확보

③ 설치높이는 단변길이의 3배를 초과하지 말아야 하며, 초과 시에는 주변 구조물에 지지하는 등 붕괴방지조치를 하여야 함

④ Support 설치높이 기준

설치높이	4m 이하	4~5m	5m 이상
Pipe Support	V0~V4 사용 가능	V5 사용 가능하나 3차원 구조 해석 실시	V6 사용 금지
System Support	수계산 구조 검토	수계산 구조 검토	3차원 구조 해석 실시

⑤ 수직재와 수평재는 90°로 하며 흔들리지 않도록 견고하게 고정할 것

⑥ 높이 2m 이내마다 수평연결재를 2개 방향으로 만들어 수평연결재가 변형되지 않도록 함

⑦ 강관틀과 강관틀과의 사이에 교차가새를 설치하여 좌굴안정성 확보

⑧ 장선 또는 멍에는 중심선에 맞추고 U-Head와 밀착시켜 시공

⑨ 유해위험요인을 사전검토 및 감소대책을 세워 안전사고에 유의하여 시공

V. 동바리 붕괴원인

① 수직도 불량
② 설치간격 미준수
③ 수평가새 및 버팀대 미설치
④ 상재하중과 재하하중 및 집중하중 발생
⑤ 설치높이 미준수

VI. 동바리 붕괴 방지대책

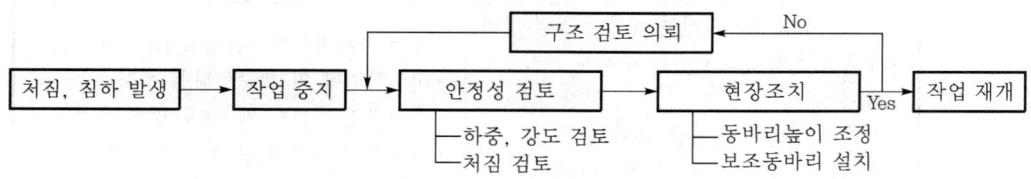

처짐 및 침하 발생 시 즉각 작업을 중지하고 안정성이 확인된 후 작업을 재개함

23 거푸집공사 관련 용어

1) 와이어 클리퍼(Wire Cliper)
   거푸집 긴장철선을 콘크리트 경화 후 절단하는 절단기
2) 요크(York)
   슬라이딩폼공법에서 거푸집을 수직으로 끌어올리는 장비
3) 클램프(Clamp)
   ① 강재로서 나무구조의 이음 · 접합 등의 보강에 사용하는 철물
   ② 강관 비계의 조립에 사용되는 파이프 상호를 결합하는 철물
4) 스페이서(Spacer)
   철근과 거푸집의 간격 유지로 피복두께를 확보하는 간격제(굄재)
5) 인서트(Insert)
   ① 콘크리트에 달대와 같은 설치물을 고정하기 위하여 매입하는 철물
   ② 콘크리트 타설 전에 설치하는 선설치방법과 콘크리트 타설 후에 설치하는 후설
      치방법이 있음
   ③ 선설치방법이 견고하고 안전하므로 주로 선설치방법을 사용
6) 거푸집진동기
   PC공장에서 거푸집의 외부에 진동을 가하는 것
7) 즉시 탈형
   반죽이 매우 된 콘크리트에 강력한 진동다짐이나 압력 등을 가하여 성형시킨 후
   즉시 거푸집의 일부 또는 전부를 떼어내는 것
8) Drop Head
   철재 거푸집(Euro Form)에서 지주를 제거하지 않고 Slab 거푸집만 제거할 수 있
   도록 사용되는 철물

제3장 ▶ 콘크리트

제3절 일반 콘크리트

일반 콘크리트공사 과년도 문제

1. 조강Cement의 특성 [75(10)]
2. 콘크리트 수화열관리방안 [06후(10)]
3. 시멘트의 풍화 [06전(10)]
4. 경량골재의 종류 [96후(20)]
5. 경량골재의 특성과 경량골재계수 [13후(10)]
6. 개정된 콘크리트 표준 시방서상 부순 굵은 골재의 물리적 성질 [06전(10)]
7. 골재의 조립률(Fineness Modulus) [01전(10)]
8. 골재의 유효흡수율과 흡수율 [04전(10)]
9. 골재의 흡수율과 유효흡수율 [16전(10)]
10. 골재의 유효흡수율 [94후(10)]
11. 골재의 유효흡수율 [01후(10)]
12. Concrete 혼화재와 혼화제의 차이점과 종류 [97중전(20)]
13. 동결융해저항제 [15전(10)]
14. 수화조절제 [13전(10)]
15. 콘크리트 혼화재료로서의 촉진제 [95중(20)]
16. 유동화제 [95전(20)]
17. 유동화제 [01전(10)]
18. 고성능 감수제와 유동화제의 차이 [03후(10)]
19. 유동화제와 고성능 감수제 [18후(10)]
20. 실리카퓸(Silica Fume) [04전(10)]
21. 잠재수경성과 포졸란(Pozzolan)반응 [03후(10)]
22. 잠재적 수경성과 포졸란반응 [17전(10)]
23. 플라이애시(Fly Ash) [01후(10)]
24. 펌퍼빌리티(Pumpability) [04전(10)]
25. 진동다짐공법의 상세 [77(10)]
26. 콘크리트구조물 줄눈 [97중후(20)]
27. 옹벽의 이음(Joint) [22중(10)]
28. 콘크리트의 시공이음 [97후(20)]
29. 콘크리트포장의 시공조인트(Joint) [07후(10)]
30. Cold Joint [85(10)]
31. Cold Joint [90후(10)]
32. Cold Joint [92전(10)]
33. 콜드 조인트(Cold Joint) [94후(10)]
34. 콜드 조인트(Cold Joint) [01후(10)]
35. 콜드 조인트(Cold Joint) [02중(10)]
36. 콜드 조인트(Cold Joint) [21중(10)]
37. 신축장치(Expansion Joint) [00중(10)]
38. 분리이음(Isolation Joint) [05전(10)]
39. 균열유발줄눈의 설치목적 및 지수대책과 시공관리시 고려해야 할 내용 [98중전(20)]
40. 균열유발줄눈 [99전(20)]
41. 균열유발줄눈 [08중(10)]
42. 구조물의 신축이음과 균열유발이음 [13후(10)]
43. 지연줄눈(Delay Joint, Shrinkage Strip, Pour strip) [13전(10)]
44. 역타설 콘크리트 이음방법 [20후(10)]
45. 습윤양생방법 [77(10)]
46. 막(膜)양생 [19중(10)]
47. 촉진양생 [04후(10)]
48. Con'c 온도제어 양생방법 중 Pipe Cooling공법 [03후(10)]
49. 콘크리트의 적산온도 [02중(10)]
50. 콘크리트의 적산온도(Maturity) [06중(10)]
51. 불량레미콘 처리 [06전(10)]
52. 레미콘 현장반입검사 [06후(10)]
53. 워커빌리티(Workability) 측정방법 [04중(10)]
54. 비파괴시험(Non—Destructive Test) [07전(10)]
55. 슈미트해머를 이용한 콘크리트 압축강도 추정방법 [18후(10)]
56. 콘크리트의 초음파검사 [15전(10)]
57. 콘크리트 배합 결정에 필요한 항목 [12후(10)]
58. 시방배합과 현장배합 [79(10)]
59. 시방배합과 현장배합 [86(20)]
60. 콘크리트 시방배합과 현장배합 [98중후(20)]
61. 현장배합 [82전(10)]
62. 현장배합 [05후(10)]
63. 설계기준강도와 배합강도 [79(10)]
64. 콘크리트의 설계기준강도와 배합강도 [02후(10)]
65. 콘크리트 배합강도와 설계기준강도 [16중(10)]
66. 배합강도 [92전(10)]
67. 콘크리트의 배합강도 [01전(10)]
68. 콘크리트 배합강도 [24후(10)]
69. 배합강도를 정하는 방법 [03전(10)]
70. 콘크리트 배합강도 결정방법 2가지 [04후(10)]
71. 변동계수와 증가계수 [93후(20)]
72. 변동계수 [92전(10)]

일반 콘크리트공사 과년도 문제

일반 콘크리트공사 과년도 문제

141. 프리스트레스트콘크리트(PSC)의 긴장(Prestressing) [22전(10)]
142. 강선 긴장순서와 순서 결정이유 [12전(10)]
143. PC강재의 Relaxation [94후(20)]
144. PC인장재의 Relaxation [96후(20)]
145. PC강재의 Relaxation [00후(10)]
146. 강재의 Relaxation [08중(10)]
147. PS강연선의 릴렉세이션(Relaxation) [17전(10)]
148. Prestress의 손실 [11중(10)]
149. 유효프리스트레스(Effective Prestress) [17중(10)]
150. 응력부식 [99전(20)]
151. 응력부식(Stress Corrosion) [04후(10)]
152. Pre－stressed Concrete(PSC) Grout 재료의 품질조건 및 주입시 유의사항 [98중전(20)]

1   Cement의 종류

Ⅰ. 개요

① Portland Cement는 석회질의 원료와 점토질의 원료를 혼합하여 소성한 Clinker
에 석고를 가하여 분쇄한 것이다.

② 중요한 성분으로는 석회(CaO), 이산화규소(SiO_2), 삼산화 알루미늄(Al_2O_3), 산
화철(Fe_2O_3 : 산화 제2철)과 석고를 첨가한 무수황산(SO_3 : 삼산화유황) 등이
있다.

Ⅱ. Cement의 종류

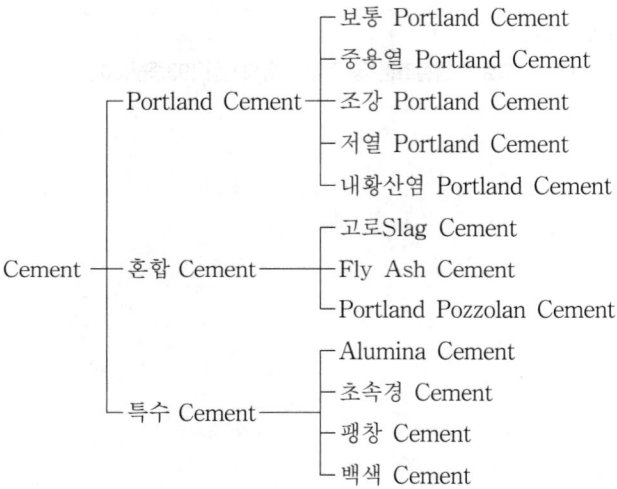

```
                          ┌ 보통 Portland Cement
                          ├ 중용열 Portland Cement
         ┌ Portland Cement ┤ 조강 Portland Cement
         │                ├ 저열 Portland Cement
         │                └ 내황산염 Portland Cement
         │                ┌ 고로Slag Cement
Cement ──┤ 혼합 Cement ────┤ Fly Ash Cement
         │                └ Portland Pozzolan Cement
         │                ┌ Alumina Cement
         │                ├ 초속경 Cement
         └ 특수 Cement ────┤ 팽창 Cement
                          └ 백색 Cement
```

Ⅲ. Cement의 선정 및 저장 시 유의사항

① 풍화된 Cement는 비중이 작아지고 응결을 지연시킴

② 풍화된 Cement는 초기 강도가 작아지고, 특히 압축강도를 저하시킴

③ 방습설비가 완전하고 검사가 쉬운 곳에 품종별로 구분하여 저장할 것

④ Cement창고는 통풍이 되지 않도록 할 것

⑤ 바닥은 지면으로부터 300mm 이상 띄워야 방습에 유리함

⑥ 반입한 순서대로 꺼내 쓰도록 할 것

⑦ 13포대 이상 쌓지 않도록 하며, 장기간 저장 시는 7포대 이상 쌓으면 안 됨

⑧ 3개월 이상 저장한 Cement는 사용 전에 시험을 거쳐야 함

⑨ Cement의 온도가 너무 높을 때는 온도를 낮추어 사용할 것

Ⅳ. Cement의 수화반응(hydration)

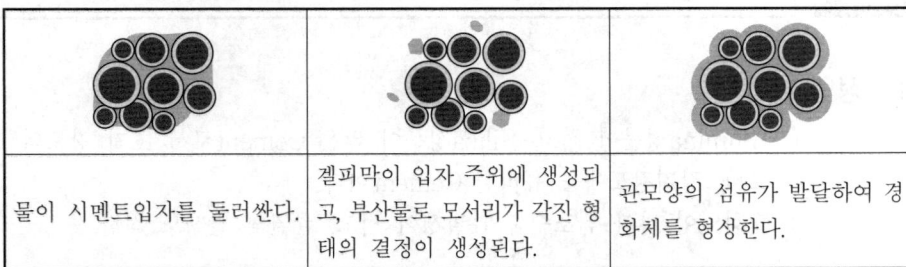

물이 시멘트입자를 둘러싼다.	겔피막이 입자 주위에 생성되고, 부산물로 모서리가 각진 형태의 결정이 생성된다.	관모양의 섬유가 발달하여 경화체를 형성한다.

Ⅴ. 시멘트 주요 광물의 특성

광물명	단기강도	장기강도	수화열
C_3S(Alite)	大	大	中
C_2S(Belite)	小	大	小
C_3A(Aluminate)	中	小	大
C_4AF(Ferrite)	小	小	中

※ 수화속도 : C_3S(Alite) → C_3A(Aluminate) → C_4AF(Ferrite) → C_2S(Belite) 순

제3장 콘크리트

2 중용열 Portland Cement

Ⅰ. 정의

① Alumina성분이 적고, Silica성분이 많은 Cement로서 초기 강도의 발현은 늦으나, 장기강도에는 유리한 Cement이다.

② 수화열이 낮아 건조수축의 발생이 적고, 균열의 발생도 적다.

Ⅱ. 중용열 Portland Cement의 강도 발현곡선

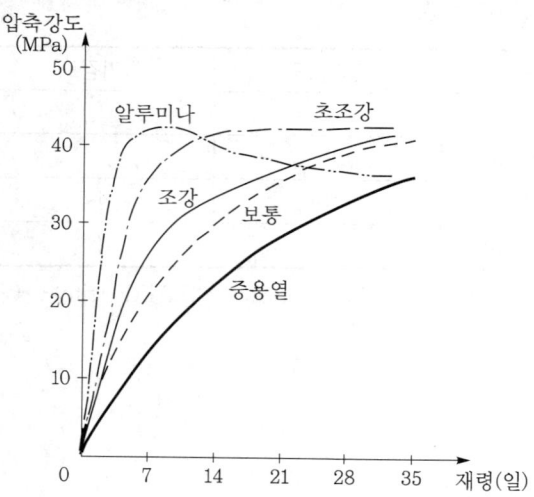

Ⅲ. 적용 대상

① Mass Con′c   ② 수밀 Con′c

③ 차폐(중량) Con′c   ④ 서중 Con′c

⑤ Dam 및 기초와 같은 Massive한 구조물

Ⅳ. 특성

① 내침식성 및 내구성이 크다.

② 장기강도 및 내화학성의 확보에 유리하다.

③ 모르타르의 간극충진효과가 크다.

④ Bleeding현상이 적어진다.

⑤ 수화발열량이 낮아 균열의 발생이 적다.

Ⅴ. 사용 시 유의사항

① 콘크리트의 단위수량이 증가하여 강도상 불리할 수 있으므로 유의

② Silica성분은 탄산가스에 의한 탄산화가 쉬우므로 유의

③ 동결융해에 대한 저항성은 보통 Cement보다 불리한 경우가 많으므로 유의

3　조강 Portland Cement의 특성

[75(10)]

Ⅰ. 개요

① 석회와 Alumina성분을 많이 포함한 Cement로서, 보통 Portland Cement의 7일 강도를 3일만에 발현시킬 수 있다.

② 조강 Portland Cement의 사용 시 7일이면 보통 Portland Cement의 28일 강도를 확보할 수 있으나 수화발열량이 많아 건조수축균열에 대비하여야 한다.

Ⅱ. 조강 Portland Cement의 강도 발현곡선

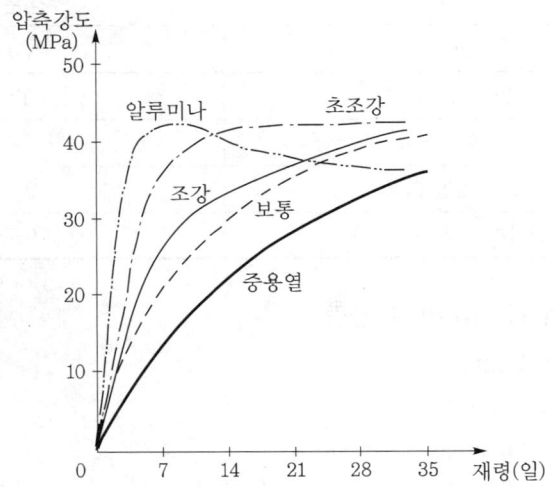

Ⅲ. 적용 대상

① 긴급공사　　　　　　　　　　　② 한중 Con'c공사
③ 조기 고강도를 요하는 공사　　　④ 수중공사
⑤ 콘크리트 2차 제품

Ⅳ. 특성

① 조기강도의 발현이 빠르다.　　　② 응결할 때 수화발열량이 많다.
③ 낮은 온도에서도 강도 저하가 적다.　④ 분말도가 높다.
⑤ 건조수축에 의한 균열이 생기기 쉽다.
⑥ 보통 Portland Cement보다 Slump의 감소가 크다.

Ⅴ. 사용 시 유의사항

① 치수가 큰 구조물의 타설 시 1회의 타설량이 너무 커서는 안 됨
② 치수가 큰 구조물의 타설 시는 냉각방법의 고려가 필요함
③ 재령이 경과한 후에도 구조체에 고온의 영향(강도 저하의 원인)이 없을 것
④ 타설할 때까지의 소요온도를 최대한 짧게 유지할 것

4 고로Slag Cement

Ⅰ. 정의

① Portland Cement의 Clinker와 고로Slag에 석고를 가하여 혼합 분쇄하여 만들거나 Clinker · 고로Slag · 석고를 따로 조합 분쇄하여 만든 Cement이다.

② Slag의 주성분은 Silica, Alumina, 석회를 주성분으로 하고 있다.

Ⅱ. 고로Slag의 성분 분석

구분	성분율(%)
Silica(SiO_2)	30~35
Alumina(Al_2O_3)	13~18
석회(CaO)	38~45
산화 제2철(Fe_2O_3)	0.5~1.0
산화마그네슘(MgO)	0.5~1.5

Ⅲ. 혼합 Portland Cement의 분류

① 고로Slag Cement

② Fly Ash Cement

③ Portland Pozzolan Cement

Ⅳ. 분쇄방식

① 동시분쇄방식 : 건조Slag · Clinker · 석고를 동시에 분쇄

② 분리분쇄방식 : 건조Slag · Clinker · 석고를 따로 분쇄하여 혼합

③ Slurry혼합방식 : 물을 가한 Slag(Slurry)를 Portland Cement와 혼합

Ⅴ. 특징

① 구조체의 장기강도를 좋게 한다.

② 해수 · 하수 · 지하수 · 광천 등의 내침투성이 우수하다.

③ 수화열이 낮다.

④ 분말도가 낮다.

Ⅵ. 사용 시 유의사항

① 응결시간이 다소 늦어지므로 유의할 것

② Silica성분의 탄산가스에 의한 탄산화가 쉬우므로 유의할 것

③ 동결융해에 대한 저항성이 약하므로 유의할 것

④ Pump의 압송 시 저항성이 크므로 유의할 것

5 | Portland Pozzolan Cement

Ⅰ. 정의

① 포틀랜드시멘트에 포졸란을 첨가하여 혼합한 시멘트를 Portland Pozzolan Cement 라고 하며 Pozzolan Cement라고도 한다.

② Cement의 수화과정에서 발생하는 수산화칼슘과 결합(Pozzolan반응), 불용성 화합물을 생성하는데, 이때의 Silica질의 재료를 Pozzolan이라 한다.

Ⅱ. Silica질 재료(Pozzolan)의 분류

분류	토사
천연 Pozzolan	규조토, 응회암, 규산백토, 화산재 등
인공 Pozzolan	Fly Ash, 소점토 등

Ⅲ. 혼합 Cement의 분류

① 고로Slag Cement

② Fly Ash Cement

③ Portland Pozzolan Cement

Ⅳ. 특징

① 콘크리트의 화학저항성이 향상되며, Workability가 좋아짐

② Portland Pozzolan Cement 중 Alumina가 많으면 초기 강도가 높아지고, Silica가 많으면 장기강도가 높아짐

③ 모르타르 내의 간극을 충진하는 효과가 크고 투수성이 줄어듦

④ 성형성이 좋고 보수성이 좋음

⑤ Bleeding이 감소하고 백화현상이 적어짐

⑥ 수화발열량이 적고 온도응력에 의한 균열을 방지하는 역할을 함

Ⅴ. 사용 시 유의사항

① 콘크리트의 단위수량이 증가하여 강도상 불리할 수 있으므로 유의해야 한다.

② Portland Pozzolan Cement는 탄산가스에 의한 탄산화가 쉬우므로 유의해야 한다.

③ 동결융해에 대한 저항성이 약하므로 유의해야 한다.

④ 표면활성제 등의 혼화제는 Pozzolan에 흡착되어 사용량이 많아질 수 있으므로 유의해야 한다.

6 　Alumina Cement

Ⅰ. 정의

① Aluminium의 원광석인 Bauxite 같은 Alumina성분을 석회석과 균일하게 혼합될 때까지 소성(Burning)하여 급격히 냉각시켜 분쇄한 Cement이다.

② 알루민산 석회를 주광물로 한 Cement이다.

Ⅱ. Alumina Cement의 강도 발현곡선

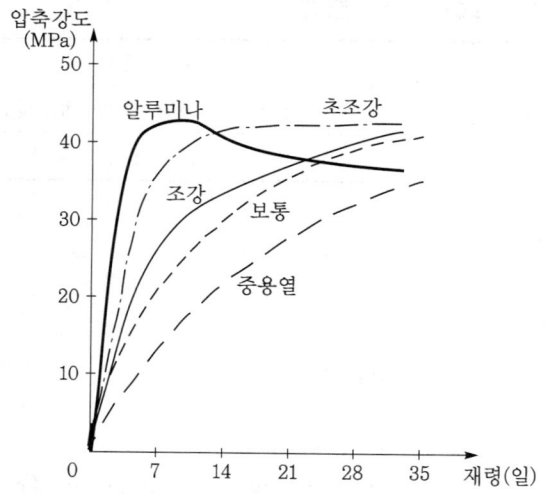

Ⅲ. 적용 대상

① 구조체의 조강성이 필요한 공사

② 내화 Con′c공사

③ 긴급공사

④ 내화학성이 필요한 공사

⑤ 저온에서의 공사

Ⅳ. 특징

① 조기강도가 커서 보통 Portland Cement의 28일 강도를 24시간만에 발현

② 해수에 대한 저항성과 내화성이 커지나, 가격이 고가

③ 응결·경화 시 발열량이 큼

④ 한랭기 공사 시 수화열로 인해 응결에 필요한 정상적인 온도를 유지할 수 있음

⑤ 콘크리트 타설 후 4시간 만에 10MPa 이상의 강도가 생김

⑥ Alumina Gel이 Cement입자를 피복하여 내침식성(耐侵食性)이 좋아짐

V. 사용 시 유의사항

① 초기에는 고강도를 발현하나 불안정적이고, 시간이 경과함에 따라 안정적이 되므로 강도 저하에 유의해야 한다.

② 물결합재비는 40~50%가 적당하며, 타설 후 온도가 높아지는 것에 유의해야 한다.

③ 큰 구조물의 시공 시 1회의 타설량이 너무 커서는 안 되며, 별도의 냉각방법 등을 고려해야 한다.

④ 보통 Portland Cement보다 Slump의 감소가 빠르므로 타설까지의 소요시간을 짧게 하고, 재령이 경과한 후에도 구조체에 높은 온도가 있으면 강도 저하가 있으므로 유의해야 한다.

7 | 팽창 Cement

Ⅰ. 정의
① 물과 반응하여 경화의 과정에서 팽창하는 성질을 가진 Cement를 말한다.
② 팽창방법으로는 Ettringite(석회, Bauxite, 석고가 주원료)를 많이 생성시키는 방법과 수산화칼슘의 결정에 의하여 팽창시키는 방법이 있다.

Ⅱ. 팽창 콘크리트와 보통 콘크리트의 팽창성

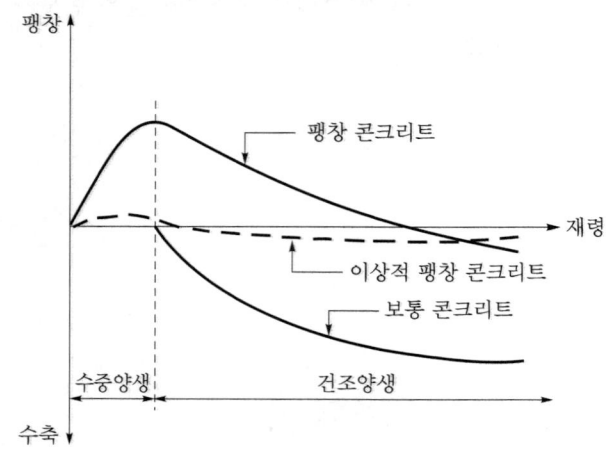

Ⅲ. 적용 대상
① 균열 보수공사
② 장Span의 구조물공사
③ Pre-cast 대형 Panel부재 제작
④ 강구조물 기초면 처리
⑤ Grout재로 사용
⑥ 무(無)Joint의 도로 포장공사

Ⅳ. 특징
① 콘크리트의 결점인 수축성을 개선
② 28일간 습도 약 50%로 기건 양생했을 때 0.05% 팽창하였고, 수중양생한 경우는 0.15% 정도의 팽창을 함(공시체시험)
③ 응결·Bleeding·Workability는 보통 Portland Cement와 비슷함
④ 수축률은 보통 콘크리트에 비해 20~30% 낮음
⑤ 균열 발생이 보통 Portland Cement에 비해 현저히 감소
⑥ 콘크리트가 수밀화되므로 강도가 커짐
⑦ 콘크리트가 팽창하여 압축응력을 발생시키므로 Prestress가 도입되는 효과 발생

V. 시공 시 유의사항

① 팽창 Con′c는 양생에 의한 품질변화가 많으므로 유의해야 한다.

② 비빔시간이 길어지면 팽창률이 저하하므로 유의해야 한다.

③ 개발단계에 있으므로 적용 시 신중한 검토가 필요하다.

8 백색 Portland Cement

Ⅰ. 정의

① 산화철성분을 작게 하고, Cement의 주성분인 석회석 및 점토의 선정 시 착색 성분이 없는 것을 사용하여 백색으로 만든 Cement이다.

② 백색 Portland Cement는 내구성이 필요한 구조체보다는 장식용, 미장용, 인조 대리석 제작 등에 주로 사용된다.

Ⅱ. 포틀랜드시멘트의 품질기준

구분	분말도 (cm²/g)	안정도 (%)	초결 (분)	종결 (시간)	압축강도(MPa)		
					3일	7일	28일
KS규격	2,800 이상	0.8 이하	60 이상	10 이하	13 이상	20 이상	29 이상

Ⅲ. 용도

① Slate, 인조석, Terrazzo, 연석, Tile 등의 콘크리트 2차 제품

② 구조물, 기념탑, 공원시설 등의 도장에 사용

③ 안전지대, 횡단보도, 중앙분리대, 교통관계 표식용 등에 사용

④ 실내의 Hall, 공장, 창고, 지하실 등의 밝기가 필요한 곳

Ⅳ. 특징

① 물과 비빈 후 2~3시간이 경과하면 흰 정도가 10% 감소, 1주 후 원상태로 됨

② 산화철분을 극도로 줄인 Cement임

③ 보통 Portland Cement보다 높은 강도를 발휘하며, 단기강도는 조강 Portland Cement와 거의 비슷함

④ 강도가 높기 때문에 물, 풍우, 서리, 동결 등에 강함

Ⅴ. 사용 시 유의사항

① 습기에 약하므로 건조상태로 보관하여야 한다.

② 골재가 오염되거나 다른 재료와 혼합되면 Cement의 순백이 떨어지므로 유의해야 한다.

③ 안료의 첨가량은 시멘트중량의 10% 이하가 적당하고, 많이 첨가하면 강도 저하나 경화 불량의 원인이 된다.

④ 시공 후 2일 이내에 외기온도가 5℃ 이하로 저하할 경우는 시공을 피해야 한다.

9 MDF(Macro Defect Free) Cement

I. 정의

① 1981년 영국에서 처음 개발되었으며, Cement입자가 대단히 미세한 분말구조로 되어 있어 고수밀성의 Con'c를 얻을 수 있다.

② 콘크리트에 큰 기공이나 결함이 없게 하여 MDF(Macro Defect Free)라고 불려지게 되었다.

II. 성능 및 효과

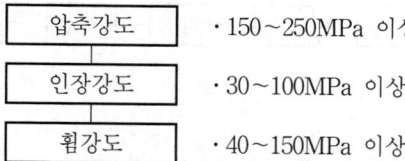

압축강도	·150~250MPa 이상
인장강도	·30~100MPa 이상
휨강도	·40~150MPa 이상

① 물결합재비 10% 이하의 Cement Paste 제조 가능

② Cement 중의 큰 결함이나 기공($2\sim15\mu$m 정도)을 추출해내어 응력집중에 의한 파괴 방지

III. 적용 대상

① 고수밀성·고강도성이 요구되는 구조

② 공업용 선반의 Plate 등

③ 콘크리트제품(Tile, 창문틀 등)

④ 건설용 구조재, 공장 생산제품 등

IV. 특성

① 낮은 물결합재비로 저기공의 Con'c를 얻을 수 있음

② 충전 및 보강효과가 뛰어남

③ 철의 강도의 1/2 정도

④ 치밀한 미수화(未水和) Clinker효과

⑤ 유동성과 분산성을 높이기 위한 혼화재료를 사용함

V. 사용 시 유의사항

① 건조한 곳에 보관하여 10단 이하로 적재할 것

② 공기 중의 수분과 반응하며, 풍화하기 쉽고 Gel Time과 강도가 저하될 것

③ 현장 반입 후 빠른 시간에 사용할 것

10 콘크리트 품질관리와 품질검사

Ⅰ. 개요
① Con′c공사는 비빔·운반 도중 재료 분리가 없게 하고, 타설·다짐은 균일하고 밀실히 하여 양생을 충분히 함으로써 좋은 품질의 Con′c를 얻을 수 있다고 본다.
② Con′c 품질검사는 재료에 대한 시험(Cement, 골재)과 타설 전후의 시기적 시험으로 구분할 수 있다.

Ⅱ. 품질관리 Flow Chart

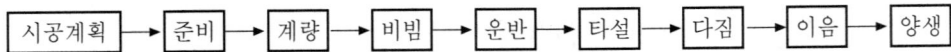

시공계획 → 준비 → 계량 → 비빔 → 운반 → 타설 → 다짐 → 이음 → 양생

Ⅲ. 품질검사

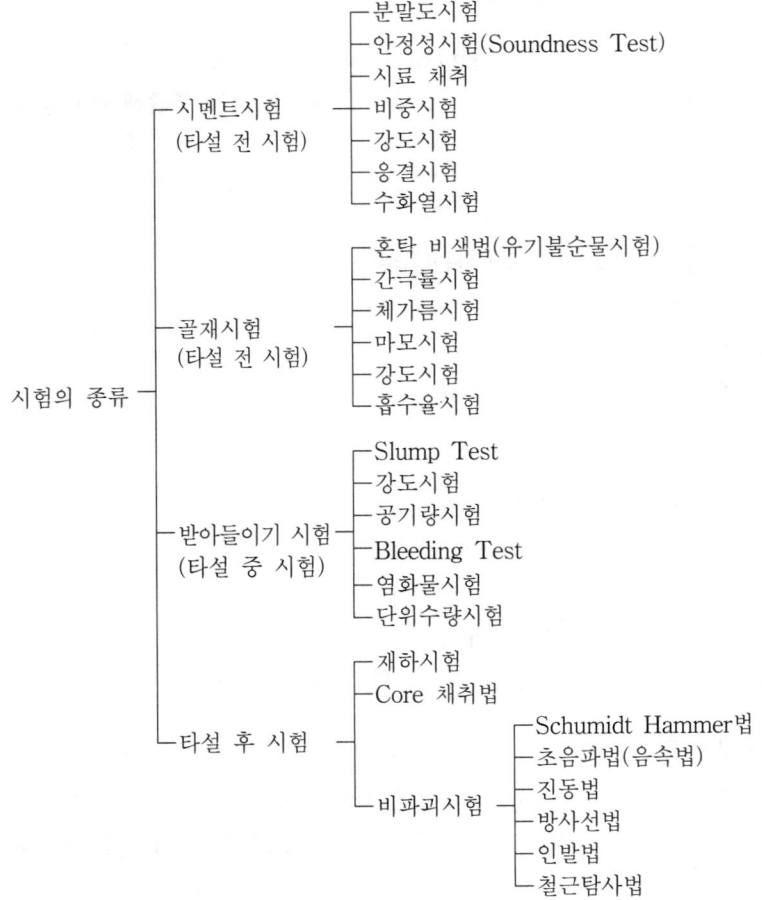

시험의 종류
- 시멘트시험 (타설 전 시험)
  - 분말도시험
  - 안정성시험(Soundness Test)
  - 시료 채취
  - 비중시험
  - 강도시험
  - 응결시험
  - 수화열시험
- 골재시험 (타설 전 시험)
  - 혼탁 비색법(유기불순물시험)
  - 간극률시험
  - 체가름시험
  - 마모시험
  - 강도시험
  - 흡수율시험
- 받아들이기 시험 (타설 중 시험)
  - Slump Test
  - 강도시험
  - 공기량시험
  - Bleeding Test
  - 염화물시험
  - 단위수량시험
- 타설 후 시험
  - 재하시험
  - Core 채취법
  - 비파괴시험
    - Schumidt Hammer법
    - 초음파법(음속법)
    - 진동법
    - 방사선법
    - 인발법
    - 철근탐사법

Ⅳ. 품질관리

① 시공계획 : 입지조건, 설계도서 검토 등 공사 전반에 대한 관리

② 준비 : 기상조건, 레미콘공장 선정, 인력 등에 대한 관리

③ 계량 : 계량오차, 동력오차 등에 대한 관리

④ 비빔 : 기계비빔일 경우 회전속도, 시간 등에 대한 관리

⑤ 운반 : 레미콘의 운반거리, 도로교통량, 정체시간 등에 대한 관리

⑥ 타설 : 철근 배근, 거푸집, 매설물, 타설순서, 높이, 타설기계 등에 대한 관리

⑦ 다짐 : 진동방법, 진동시간, 간격, 깊이 등에 대한 관리

⑧ 이음 : Cold Joint 방지, 신축이음, 수축이음에 대한 관리

⑨ 양생 : 양생방법, 기간, 진동·충격 방지 등에 대한 관리

11 시멘트분말도

Ⅰ. 정의

① 분말도시험은 시멘트의 수화작용과 강도를 측정하기 위한 것이다.

② 분말도시험법에는 체가름시험법과 비표면적시험(브레인공기투과장치에 의한 시험)법 등이 있다.

Ⅱ. 분말도의 성질

종류	성질
분말도가 큰 시멘트	• 시멘트입자의 크기가 작아 표면적이 커진다. • 수화열이 많아지고 응결이 빠르다. • 건조수축이 커지므로 균열이 발생하기 쉽다.
분말도가 작은 시멘트	• 시멘트입자가 크므로 표면적이 작아진다. • 시공연도가 저하되고 2차 반응이 크다. • 수화반응속도가 느리고 수화열이 비교적 적다.

Ⅲ. 시험방법

1) 체가름시험(표준체시험)

① 시료 50g을 표준체($88\mu m$)에 넣고 한 손으로 1분간 150번의 속도로 체를 두드려 치며, 25회 두드릴 때마다 체를 약 1/6회전시킨다.

② 1분간 통과량이 0.1g 이하가 되면 그치고, 남은 것을 측정하여 분말도를 산정한다.

2) 비표면적시험(브레인투과장치에 의한 시험)

① 비표면적시험에는 단위는 cm^2/g로 표시되며 보통 시멘트의 경우 $2,800 \sim 3,200 cm^2/g$ 이다.

② 비표면적이란 1g의 시멘트가 가지고 있는 전체 입자의 면적을 말한다.

③ 분말도가 클수록, 즉 미세할수록 표면적은 증가되고 수화작용이 빨라진다.

Ⅳ. 포틀랜드시멘트의 분말도

① 보통 포틀랜드시멘트 : $3,000 cm^2/g$

② 중용열 포틀랜드시멘트 : $2,800 cm^2/g$

③ 조강 포틀랜드시멘트 : $3,200 cm^2/g$

12 응결(Setting) 및 경화(Hardening)

Ⅰ. 정의

① Cement가 물과 접촉하여 수화반응에 따라 점점 굳어져 유동성을 잃기 시작해서부터 형상을 그대로 유지할 정도로 굳어질 때까지의 과정을 응결(Setting)이라 한다.

② 응결과정 이후의 강도 발현과정을 경화(Hardening)라 한다.

Ⅱ. 응결·경화과정(수화과정)

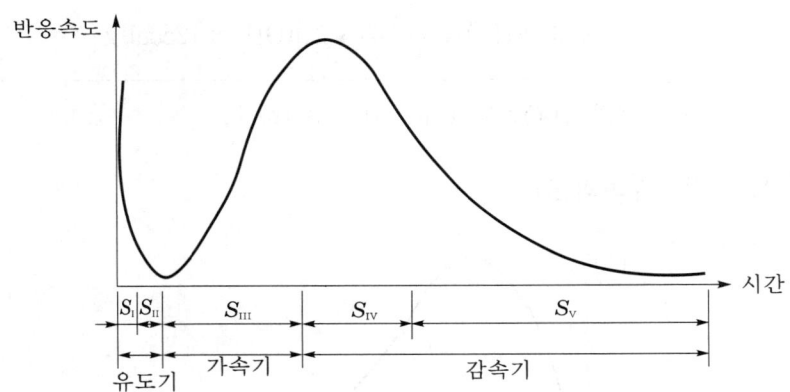

Ⅲ. 응결에 영향을 주는 요인

① Cement의 품질
② Con′c의 배합
③ 골재 및 혼합수 내의 성분
④ 고온·저습·일사·바람 등에 의해 응결이 빨라짐
⑤ Cement의 분말도가 높을수록 빨라짐
⑥ Slump가 작을수록 응결이 빠름
⑦ 물결합재비가 작을수록 응결이 빠름
⑧ 장시간 비빈 Con′c가 비빔이 정지되면 급격히 응결됨

Ⅳ. 유의사항

① 응결이 진행되고 이어치기 할 경우 Cold Joint가 발생할 수 있음
② 응결과정 중에 Bleeding, 침하 등에 유의할 것
③ 응결과정 중에 초기 수축, Cement의 수화발열량으로 초기 균열이 발생하거나 장기재령에서의 균열의 원인이 되므로 유의할 것

13 수화반응과 수화과정

Ⅰ. 정의

① Cement에 물을 부어 자극하면 다량의 열을 방출하면서 굳어지게 되는데, 이때에 수산화칼슘(가성소다)이 생성된다.

② 이러한 현상을 수화반응이라고 하고, 이때 발생되는 열을 수화열이라고 하며, Cement가 응결되는 과정을 수화과정이라 한다.

Ⅱ. 수화반응 화학식

$$CaO + H_2O \xrightarrow[\text{수화열 발생}]{\text{수화반응}} Ca(OH)_2 + 125cal/g$$

여기서, CaO : 석회, H_2O : 물, $Ca(OH)_2$: 수산화칼슘

Ⅲ. 수화과정(응결·경화과정)

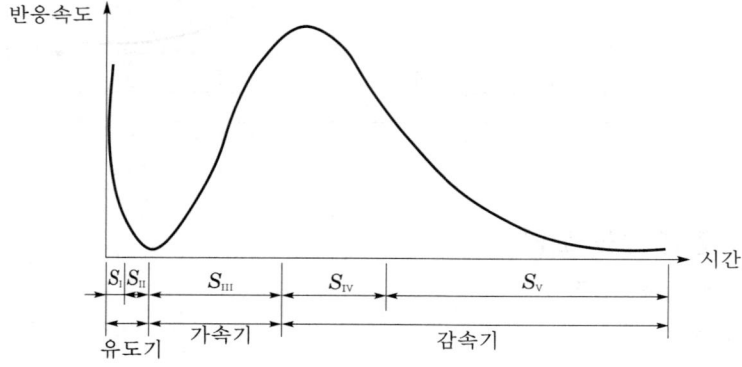

Ⅳ. 수화반응이 지연되는 원인

① 수화반응에 필요한 물이 충분하지 않을 경우

② 온도가 현저히 낮을 경우(한중 시)

③ 경화 초기에 진동, 충격, 급격한 온도변화를 줄 경우

14 False Set(헛응결, 이상응결, 이중응결)

Ⅰ. 정의

① Cement에 물을 주입한 후 Cement Paste가 10~20분에 굳어지고 → 다시 묽어지고 → 이후 순조롭게 응결되어 가는 현상을 헛응결이라 한다.

② Cement에 석고의 양이 충분하지 않아 발생하는 현상이다.

Ⅱ. 응결 · 경화과정(수화과정)

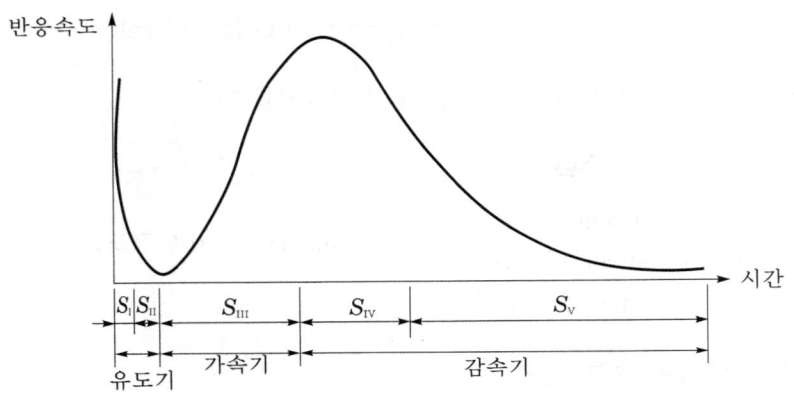

1) 유도기

① S_I : Cement에 물을 부어 비비면 짧은 시간 내에 반응

② S_{II} : 물을 부은 후 30분~2시간 동안 계속됨(유도기, 휴식기, 잠복기)

2) 가속기

• S_{III} : Cement의 구성화합물 Alit에 의해 급속히 반응

3) 감속기

① S_{IV} : 수화 생성물의 양이 늘어나 입자 간극이 메워지면서 반응속도가 늦어짐

② S_V : S_{IV} 기보다 더 늦어짐

Ⅲ. False Set

① 알루민산 3칼슘(C_3A)의 수화반응으로 나타나는 현상

② S_I 기에서 Cement에 포함된 석고가 C_2A와의 수화반응으로 소진되었을 때 S_{IV} 기에서 수화를 억제하는 기능이 없어져 C_3A의 수화반응이 진행되면서 나타나는 현상임

③ Cement에 석고의 첨가량이 적기 때문에 발생하는 현상

15 콘크리트의 수화열

[06후(10)]

Ⅰ. 정의

① Cement에 물을 부어 혼합하면 다량의 열을 방출하면서 굳어지게 되는데, 이때에 수산화칼슘(가성소다)이 생성된다.

② 이러한 현상을 수화반응이라고 하며, 이때 발생되는 열을 수화열이라고 한다.

Ⅱ. 수화반응 화학식

$$CaO + H_2O \xrightarrow[\text{수화열 발생}]{\text{수화반응}} Ca(OH)_2 + 125cal/g$$

여기서, CaO : 석회, H_2O : 물, $Ca(OH)_2$: 수산화칼슘

Ⅲ. 수화반응에 필요한 수량

① 결합수 : Cement량의 25%
② Gel수 : Cement량의 15% | 합계 : Cement량의 40% 정도
③ 경험치 : Cement량의 50% 정도

Ⅳ. 수화열에 영향을 주는 요인

① Cement의 품질
② Con'c의 배합
③ 시공방법
④ 고온·저습·일사·바람 등
⑤ Cement의 분말도
⑥ Cement 중의 석고혼입량
⑦ Portland Cement와 고로Slag와의 치환율
⑧ Portland Cement에 포함된 클링커광물

Ⅴ. 수화열(클 경우)에 의한 피해

① 균열 발생의 원인
② 누수에 의한 철근부식
③ 구조체의 강도 저하
④ 열화의 원인

Ⅵ. 억제대책

① 분말도가 낮은 Cement를 사용
② 저열용 Cement의 사용
③ 골재의 입도가 좋은 것 사용
④ Slump 감소 방지
⑤ 적당한 배합 설계(Slump, 물결합재비 등이 너무 적지 않게)일 것

16 시멘트의 풍화

Ⅰ. 정의

① 시멘트는 저장 시 공기 중에 방치해두면 수분을 흡수하여 경미한 수화반응을 일으킨다.

② 수화반응에 의해 형성된 수산화칼슘($Ca(OH)_2$)이 이산화탄소(CO_2)와 반응하여 탄산칼슘($CaCO_3$)을 생성하는 현상을 풍화라 한다.

> ㉠ 수화반응 : $CaO + H_2O \rightarrow Ca(OH)_2$
> ㉡ 풍화 : $Ca(OH)_2 + CO_2 \rightarrow CaCO_3 + H_2O$

Ⅱ. 풍화시험방법

① 시멘트의 풍화시험은 강열감량(强熱減量)시험으로 한다.

② 강열감량은 시멘트에 900~1,000℃에서 60분 강열(强熱)을 가했을 때 감량(減量)이다.

③ 시멘트의 강열감량은 보통 0.5~0.8% 정도이다.

Ⅲ. 풍화시멘트의 문제점

① 강도(초기 강도, 압축강도) 발현이 저하된다.
② 내구성이 저하된다.
③ 강열감량이 증가한다.
④ 응결이 지연된다.
⑤ 비중이 작아진다.

Ⅳ. 시멘트 풍화 방지방법(저장방법)

① 창고의 바닥높이는 지면에서 300mm 이상 유지
② 채광창 이외는 밀폐
③ 우수의 침입 방지
④ 지붕 누수 방지
⑤ 시멘트 쌓기의 높이는 13포(1.5m) 이내

17 경량골재의 종류

[96후(20), 13후(10)]

Ⅰ. 정의

① 경량골재란 골재의 비중이 세골재는 2.0 미만, 조골재는 1.6 이하를 말하며, 천연경량골재 · 인공경량골재 등으로 나뉜다.

② Con′c 구조체를 경량화할 목적으로 개발되었으며, 초기에는 비내력용으로 사용되었으나 점차적으로 구조용의 목적으로 그 활용도가 넓어지고 있다.

Ⅱ. 골재의 분류

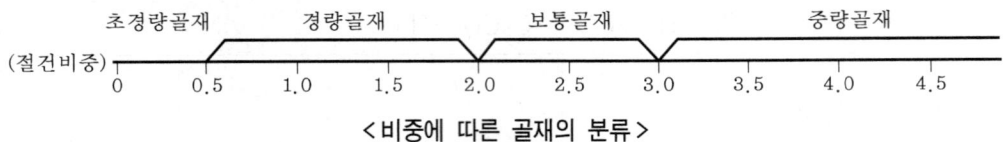

<비중에 따른 골재의 분류>

Ⅲ. 종류

1) 천연경량골재

천연에서 얻을 수 있는 골재로서 입형이 불안정하고 흡수율이 크며 퇴적 · 화산암을 채굴한 뒤 체가름 또는 입도 조정하여 사용되며, 대표적인 것은 다음과 같다.

① 화산암(Volcanic Rock)

② 화산암재(Scoria)

③ 화산재(Volcanic Ash)

④ 응회암(Tuff)

⑤ 규조토(Ditomaceous Earth)

2) 인공경량골재

원료를 미분쇄한 후 입자상으로 가공한 것을 건조 · 소성 · 팽창시킨 조립형과 원료를 적당한 크기로 분쇄하여 소성 · 팽창시킨 비조립형이 있으며, 대표적인 것으로 다음과 같은 것이 있다.

① 혈암 · 점판암(Shale Clay · Clay Slate Stone)

② 팽창질석(Expanded Vermicuite)

③ Fly Ash

④ 용융광재(Expanded Slag)

⑤ 석탄재(Cinder Ash)

Ⅳ. 적용성

① 경량 Con′c

② Precast Panel

③ 교량공사

④ 초고층 구조물공사

⑤ 콘크리트 2차 제품(경량벽돌, 경량블록, 경량석재 등)

Ⅴ. 특징

① 비중이 가볍고 강도가 낮다.

② 단열·방음성이 좋다.

③ 내동해성, 시공연도가 향상된다.

④ 부재중량을 감소시킬 수 있다.

Ⅵ. 종류별 단위중량

종류	건조된 상태의 최대 단위중량(tf/m^3)
잔골재	1.12
굵은 골재	0.88
잔골재와 굵은 골재의 혼합물	1.04

Ⅶ. 개발방향

① 고강도 경량골재 개발

② 비중 0.5~0.6의 초경량골재 개발

③ 경량골재와 사용하는 고성능 감수제, 혼화제 개발

Ⅷ. 골재종류에 따른 특성 비교

구분	특성	문제점	대책
경량골재	흡수율이 큼, 저강도	탄산화	Prewetting
순환골재	흡수율이 큼, 저강도	AAR, 동해	Prewetting
중량골재	재료분리, 취성파괴	AAR	고로slag
부순 골재	Workability 저하	AAR	고로slag

18 고로슬래그골재(Blast Furnace Slag Aggregate)

Ⅰ. 개요

① 건설분야의 급속한 성장으로 인해 골재수요를 급격히 증가시켜, 강자갈·강모래를 거의 소진시킴으로써 해사와 쇄석 및 쇄석사 사용이 늘어나고 있다.

② 그러나 해사와 쇄석의 사용은 환경 및 자연을 파괴하므로, 이에 대한 대체자원으로써 철광석 제조 시 부산물로 산출되는 슬래그의 적극적인 활용이 시급한 실정이다.

③ 고로슬래그는 철광석과 석회석 중, 철 이외의 성분이 용해되어 철 위에 뜨는 광재로서 비중의 차이로 철과 분리되므로 채취할 수 있고, 콘크리트의 건조수축에 의한 균열 발생을 감소시키며 휨강도 및 장기 강도를 증대시킨다.

Ⅱ. 종류별 용도

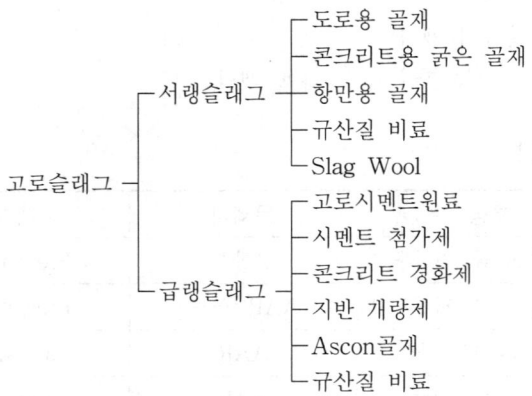

Ⅲ. 고로슬래그골재의 성질

1) 세골재로 사용할 때(일반 콘크리트와 비교)
   ① 초기 압축강도가 10% 정도 낮다.
   ② 장기강도는 증가한다.
   ③ 인장강도와 휨강도는 유사하다.
   ④ 건조수축량은 10~30% 적다.

2) 조골재로 사용할 때(일반 콘크리트와 비교)
   ① 물결합재비가 낮을수록 조기강도가 높다.
   ② 인장강도는 유사하나 휨강도는 높다.
   ③ 건조수축이 작다.
   ④ 동결융해 저항성은 좋은 품질의 쇄석 및 자갈을 사용할 때와 동등하다.
   ⑤ 내열성이 우수하다.

19 부순 굵은 골재의 물리적 성질

[06전(10)]

Ⅰ. 정의

① 부순 굵은 골재는 쇄석을 의미하는 바, 반응성의 광물질에 대해서는 지역마다 암질이 다르고 동일 지역에서의 사용실적이 적은 원석을 채집하기 때문에 사전에 충분한 조사가 필요하다.

② 쇄석은 모가 나 있어서 시공연도가 떨어지나 강자갈보다 6~8% 단위수량이 증가하며, 강도는 10% 정도 증가하는 장점이 있다.

Ⅱ. 부순 굵은 골재의 물리적 성질

시험항목	품질기준
절대건조밀도(g/cm^3)	2.5 이상
흡수율(%)	3.0 이하
안정성(%)	12 이하
마모율(%)	40 이하
0.08mm체 통과량(%)	1.0 이하

Ⅲ. 골재의 저장

① 골재는 각 치수별 또는 종류별로 저장
② 같은 치수의 골재라도 종류별로 나누어 저장
③ 골재 저장은 배수가 잘 되는 곳에 저장

Ⅳ. 부순 굵은 골재 선정 시 유의사항

① 파쇄되지 않은 골재의 사용 엄금
② 골재의 청결상태 및 유해물 혼입 여부
③ 세장하거나 얇은 석편 사용 금지
④ 골재의 비중은 규정 이내
⑤ 흡수량이 큰 골재 사용 금지

20 골재의 실적률(實積率)과 공극률(空隙率)

Ⅰ. 정의
① 실적률이란 골재의 단위용적(m^3) 중의 실적용적을 백분율(%)로 나타낸 값을 말한다.
② 공극률(간극률)이란 골재의 단위용적(m^3) 중의 공극(간극)을 백분율(%)로 나타낸 값을 말한다.

Ⅱ. 실적률(實積率)

$$d = \frac{W}{\rho} \times 100 \, [\%]$$

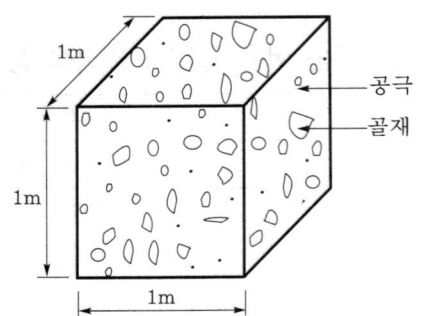

Ⅲ. 공극률(空隙率)

$$v = \left(1 - \frac{W}{\rho}\right) \times 100 \, [\%]$$

여기서, d : 실적률(%)
v : 공극률(%)
ρ : 비중
W : 단위용적중량(kg/l)

Ⅳ. 실적률이 클 경우(공극률이 작을 경우) Con'c에 주는 영향
① Cement Paste량이 감소함
② 건조수축을 감소시킴
③ 수화발열량을 감소시킴
④ 단위수량을 감소시킴
⑤ 콘크리트의 내구성 및 강도가 증가함
⑥ 콘크리트의 수밀성이 커짐
⑦ 콘크리트의 마모 저항성이 커짐
⑧ 콘크리트의 투수성 및 흡수성이 작아짐
⑨ 경제적으로도 유리함

Ⅴ. 표준 실적률 및 공극률
① 굵은 골재 최대 치수 20mm의 깬자갈의 실적률 : 55% 이상
② 고강도 및 고내구성 콘크리트에 사용되는 골재의 실적률 : 59% 이상
③ 잔골재의 공극률 : 30~45%
④ 굵은 골재의 공극률 : 27~45%

21 조립률(FM : Fineness Modulus)

[01전(10), 10전(10)]

Ⅰ. 정의

① 콘크리트에 사용되는 골재의 입도를 수치적으로 나타내는 지표로서 체의 치수 80mm, 40mm, 20mm, 10mm, 5mm, 2.5mm, 1.2mm, 0.6mm, 0.3mm, 0.15mm의 10개의 체를 한 조로 체가름시험을 하여 각 체의 통과하지 않은 잔류 시료의 중량백분율의 합(가적잔류율 누계)을 100으로 나눈 값으로 나타낸다.

② 조립률(FM)$= \dfrac{\text{각 체의 통과하지 않은 잔류시료의 중량백분율의 합(가적잔류율 누계)}}{100}$

Ⅱ. 용도

① Con′c의 경제적인 배합 결정
② 골재입도의 균등성 판단
③ 골재 사용 적부 판단

Ⅲ. Con′c 에 사용되는 골재의 최적 조립률

1) 세골재
   모래와 같이 잔골재에서 조립률 FM=2.3~3.1
2) 조골재
   자갈 등으로 굵은 골재에서 조립률 FM=6~8

Ⅳ. 조립률 계산방법

체번호	잔류량(g)	잔류율(%)	가적잔류율(%)
80mm		0	0
40mm	20	10	10
20mm	60	30	40
10mm	60	30	70
5mm	40	20	90
2.5mm	20	10	100
1.2mm			100
0.6mm			100
0.3mm			100
0.15mm			100
소계	200	100	710

$$\therefore \ FM = \frac{10+40+70+90+(100 \times 5)}{100} = 7.1$$

① 골재입자의 지름이 클수록 조립률이 크다.
② 일반적으로 골재의 조립률은 잔골재는 2.3~3.1, 굵은 골재는 6~8 정도가 좋다.

V. 조립률이 Con′c에 미치는 영향

① 단위수량
② 단위시멘트량
③ 건조수축
④ Con′c 품질
⑤ 물결합재비
⑥ Con′c 강도 및 내구성
⑦ 재료 분리

22 골재의 함수상태

[04전(10)]

Ⅰ. 개요

① 콘크리트에 사용되는 골재가 수분을 포함하고 있는 상태에 따라 각각이 다른 상태를 나타내며 그에 따라 비중도 달리하게 된다.

② 콘크리트 배합의 시방배합에서 골재상태는 표면건조포화상태(표건상태)로 하며, 현장배합은 현장에 따른 재료의 함수상태에 따라 배합을 조정하게 된다.

Ⅱ. 골재의 함수상태

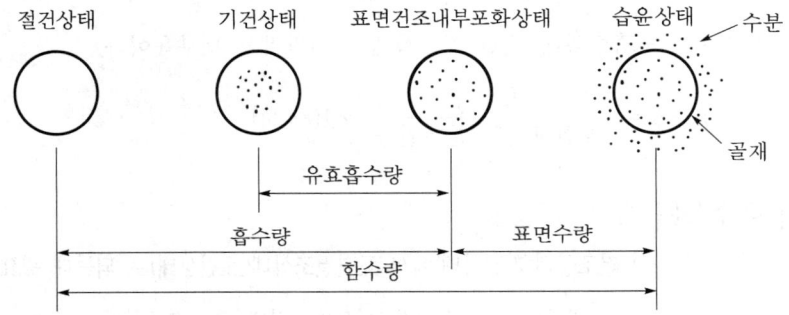

1) **절건상태(절대건조상태)**

노 건조상태라고도 하며 건조로에서 105±5℃의 온도로 골재가 일정한 무게가 될 때까지 완전 건조된 상태이다.

2) **기건상태**

건조한 실내에서 골재의 무게가 일정해질 때까지 건조시킨 상태이며 공기 중 건조상태라고 한다.

3) **표건상태(표면건조내부포화상태)**

골재입자의 표면에는 물기가 없고 입자 내부의 빈틈은 물로 채워진 상태이며 Con′c 배합설계에 있어서 기준이 되는 상태이다.

4) **습윤상태**

골재입자의 내부가 물로 채워져 있고 표면에도 물기가 있는 상태이다.

5) **함수량**

골재의 내부 및 외부에 함유하고 있는 수분의 전체 수량(물의 무게)을 뜻한다.

6) **흡수량**

절건상태에서 표면건조내부포화상태까지 단계에서 흡수한 수량(물의 무게)이다.

7) **유효흡수량**

기건상태의 골재가 표면건조내부포화상태까지 흡수된 수량이다.

8) **표면수량**

① 표면건조포화상태에서 습윤상태까지의 수량으로 함수량에서 흡수량을 뺀 값으로 나타낸다.

② 표면수량＝함수량－흡수량

23 골재의 유효흡수율

[94후(10), 01후(10), 16전(10)]

Ⅰ. 정의

① 골재의 기건상태로부터 표건상태(표면건조내부포화상태)가 되기까지 흡수할 수 있는 수량(물의 질량)을 유효흡수량이라 하고, 골재의 절건상태로부터 표건상태가 되기까지 흡수할 수 있는 수량을 흡수량이라 한다.

② 유효흡수율이란 유효흡수량에 대한 기건상태 골재질량의 백분율이다.

$$유효흡수율 = \frac{유효흡수량}{기건상태의\ 골재질량} \times 100[\%]$$

③ 흡수율이란 흡수량에 대한 절건상태 골재질량의 백분율이다.

$$흡수율 = \frac{흡수량}{절건상태의\ 골재질량} \times 100[\%]$$

Ⅱ. 골재의 함수상태

골재가 공기 중의 건조상태(기건상태)에서 표면건조상태(표건상태)로 되는데 필요한 수량

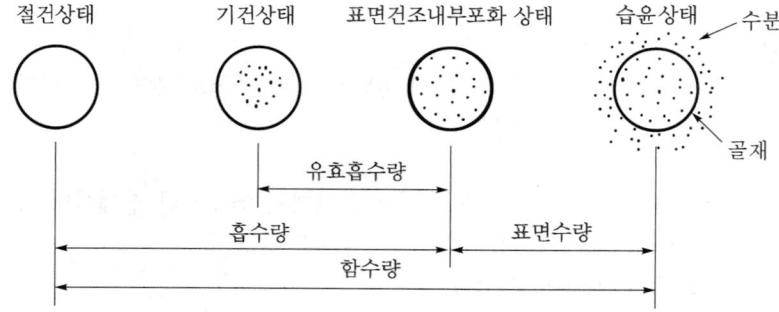

1) 골재의 함수율

골재 습윤상태의 전체 물의 무게에 대한 절건상태 골재질량의 백분율

$$함수율 = \frac{함수량}{절건상태의\ 골재무게} \times 100[\%]$$

2) 골재의 표면수율

골재의 표면에 붙어있는 물의 무게에 대한 표건상태 골재질량의 백분율

$$표면수율 = \frac{표면수량}{표건상태의\ 골재무게} \times 100[\%]$$

Ⅲ. 골재 흡수율 영향요인

① 골재의 석질　　② 골재의 보관상태　　③ 골재의 흡수능력
④ 비중　　　　　② 골재의 간극률

24 골재 중의 유해물

Ⅰ. 개요

① Con′c에 사용하는 골재로 깨끗한 강자갈, 강모래를 사용할 때는 별다른 문제가 없으나, 최근 강모래, 강자갈의 고갈로 육지 자갈, 산모래, 바닷모래 등을 사용하면서 Con′c의 강도 및 보강용 강재에 해를 끼치는 물질에 대해 문제가 많아졌다.

② 골재 중에 함유된 유해물에 의해 콘크리트의 강도 저하, 내구성 저하, 체적 수축, 건조수축 증가, 균열 발생, 응결 촉진, 장기강도 저하 등 콘크리트에 많은 결함을 초래하게 된다.

Ⅱ. 유해물에 의한 문제점

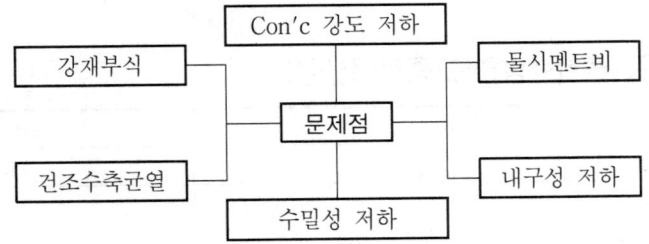

Ⅲ. 유해물의 종류

1) 유기불순물
   ① 정의
      ㉠ 골재 중에 유기불순물로서는 식물이 땅속에서 부식하여 생기는 푸민산과 탄닌산을 들 수 있다.
      ㉡ 식물이 땅속에서 부식되어 생긴 것으로 육지 모래, 산모래에 많이 포함된다.
   ② Con′c에 미치는 영향
      ㉠ 시멘트 응결, 경화 지연
      ㉡ 양이 증가되면 경화 불량
   ③ 탄닌산을 첨가한 표준액의 색상변화

색	사용 여부	강도 저하율 (1 : 3 모르타르의 경우)
무색 아닌 담황색	양호	0%
농황색	사용 가능	10~20%
적색	콘크리트의 소요강도가 작을 때만 사용 가능	15~30%
담청색	사용 불가	25~50%
암적색	사용 불가	50~100%

2) 니분(泥粉)

① 정의 : 육지 모래와 산모래에 많이 포함되는 실트와 점토질의 미세한 가루를 말한다.

② Con'c에 미치는 영향

　　　㉠ 단위수량 증가　　　　　　　㉡ Con'c 체적 수축

　　　㉢ 건조수축 증가　　　　　　　㉣ 균열 발생

　　　㉤ 강도 및 내구성 저하

3) 염분

① 정의 : 강자갈, 강모래의 고갈로 대체 사용되는 세척되지 않은 바닷모래에 함유된 염분을 말한다.

② Con'c에 미치는 영향

　　　㉠ 철근부식　　　　　　　　　㉡ Con'c 응결 촉진

　　　㉢ 장기강도 저하　　　　　　　㉣ 건조수축 증가

　　　㉤ 수밀성 저하

Ⅳ. 잔골재의 유해물함유량한도(중량백분율)

종류	최대치
점토덩어리	1.0[1]
0.08mm체 통과	
• 콘크리트 표면이 마모작용을 받는 경우	3.0[2]
• 기타의 경우	5.0[2]
석탄, 갈탄 등으로 비중 2.0의 액체에 뜨는 것	
• 콘크리트의 외관이 중요한 경우	0.5[3]
• 기타의 경우	1.0[3]

[주] 1) 시료는 KS F 2511에 의한 골재 씻기 시험(0.08mm체 통과량)을 한 후에 체에 남는 것을 사용한다.

　　2) 부순 모래 및 고로슬래그 잔골재의 경우 0.08mm체를 통과하는 재료가 점토나 조개껍질이 아닌 돌가루인 경우에는 그 최대치를 각각 5%와 7%로 하여도 좋다.

　　3) 고로슬래그 잔골재에는 적용하지 않는다.

Ⅴ. 굵은 골재의 유해물함유량한도(중량백분율)

종류	최대치
점토덩어리	0.25
연한 석편	5.0[1]
0.08mm체 통과량	1.0[2]
석탄, 갈탄 등으로 비중이 2.0의 액체에 뜨는 것	
• 콘크리트의 외관이 중요한 경우	0.5[3]
• 기타의 경우	1.0[3]

[주] 1) 교통이 심한 슬래브 또는 경도가 특히 요구되는 경우에 적용한다.

　　2) 부순 돌의 경우 0.08mm체 통과량(씻기 시험에서 없어지는 것)이 돌가루인 경우에는 최대치를 1.5%로 해도 좋다. 다만, 고로슬래그 굵은 골재의 경우에는 최대치를 5.0%로 해도 좋다.

　　3) 고로슬래그 굵은 골재에는 적용하지 않는다.

25 혼탁 비색법(混濁比色法, 유기불순물시험)

Ⅰ. 정의

① 모르타르 또는 콘크리트에 사용되는 천연골재 중에 함유되어 있는 유기불순물의 해로운 양을 대략 결정하는데 사용되는 시험법이다.

② 골재의 사용 여부를 결정하고 더 정밀한 시험이 필요한지 여부를 결정하는데 사용되어진다.

Ⅱ. 골재시험의 분류

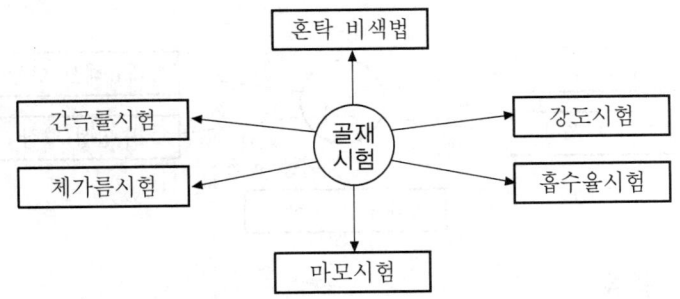

Ⅲ. 시험기구

1) 시험용 유리병
   ① 고무마개가 있고 눈금이 있는 400ml 용량의 무색 유리병 2개
   ② 그 중 1개는 130ml와 200ml 의 눈금이 있어야 함

2) 수산화나트륨용액
   물 97%에 수산화나트륨 3%의 무게비로 용해한 것임

3) 식별용 표준색용액
   알코올용액 10%, 탄닌산용액 2%를 만들고, 그것의 2.5ml 를 수산화나트륨용액 3%의 97.5ml 에 타서 400ml 의 유리병에 넣고 잘 흔들어 24시간 동안 놓아둔 것

4) 시료
   4분법 또는 시료분취기를 사용, 450ml 를 채취

Ⅳ. 시험방법

① 시료를 시험용 유리병에 130ml 되는 눈금까지 채움

② 수산화나트륨용액 3%를 합하여 골재와 합한 용액 전량이 200ml 가 되게 함

③ 병마개를 닫고 잘 흔든 후 24시간 동안 가만히 놓아둠

④ 표준색용액보다 진할 경우 유기불순물의 양이 해로운 것으로 판단되며, 더 정밀한 시험이 필요하게 됨

26 | Con′c에 사용되는 혼화재료

Ⅰ. 개요

① Con′c의 구성재료인 Cement, 골재 등에 첨가하여 콘크리트에 특별한 품질을 부여하고 성질을 개선하기 위한 재료이다.

② 혼화재료에는 시멘트중량의 5% 미만으로서 약품적 성질만 가지고 있는 혼화제와, 시멘트중량의 5% 이상으로서 Cement의 성질을 개량하는 혼화재로 구분된다.

Ⅱ. 목적

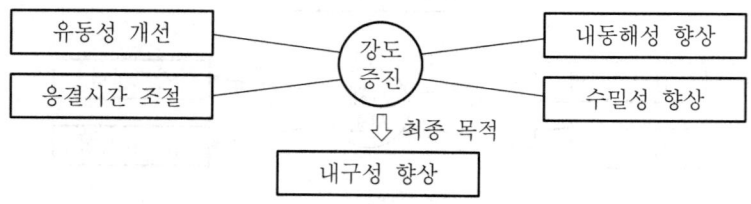

Ⅲ. 혼화재료의 종류

1) 혼화제(混和劑)

① 표면활성제(AE제, 감수제, AE감수제, 고성능 감수제, 고성능 AE감수제)

② 응결경화조절제(촉진제, 지연제, 급결제, 초지연제)

③ 방수제

④ 방청제

⑤ 발포제, 기포제

⑥ 수중 불분리성 혼화제

⑦ 유동화제(流動化劑)

⑧ 방동제

2) 혼화재(混和材)

① 고로Slag   ② Fly Ash

③ Pozzolan   ④ 팽창재

⑤ 착색재(着色材)

Ⅳ. 선정 시 고려사항

① 설계기준강도는 그대로 유지될 것

② 시공연도를 향상시킬 것

③ 콘크리트의 고강도화

④ 경화 후 콘크리트에 유해한 성질이 없을 것

27 | Concrete 혼화재와 혼화제의 차이점과 종류

[97중전(20)]

Ⅰ. 개요

혼화재료란 콘크리트 구성재료인 시멘트, 물, 골재 등에 첨가하여 콘크리트에 특별한 성질을 부여하거나 성질을 개선하기 위한 재료를 말한다.

Ⅱ. 혼화재료의 사용목적

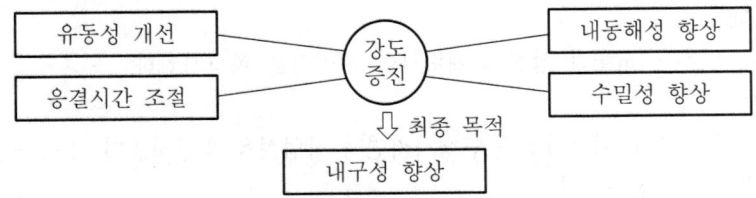

Ⅲ. 혼화재와 혼화제의 차이점

1) 혼화재
   ① 첨가량이 시멘트중량의 5% 이상으로 시멘트성질을 개량한다.
   ② 사용량이 많아서 배합 설계 시 중량 계산에 포함한다.
   ③ 종류로는 고로Slag, Fly Ash, 포졸란 등이 있다.

2) 혼화제
   ① 첨가량이 시멘트중량의 5% 미만으로 약품적 성질이다.
   ② 사용량이 적어 설계 시 중량 계산에서 제외된다.
   ③ 종류로는 표면활성제, 응결경화조절제, 방수제, 방청제, 발포제, 수중 불분리성 혼화제, 유동화제, 방동제 등이 있다.

3) 차이점

구분	혼화재	혼화제
첨가사용량	시멘트중량의 5% 이상	시멘트중량의 5% 미만
배합 설계 시 고려사항	중량 계산에 포함	중량 계산에서 제외
사용조건	첨가재료적 성질	약품적 성질
종류	Fly Ash, 고로Slag, 포졸란	AE제, AE감수제, 경화제, 응결제, 방동제

Ⅳ. 종류별 특징

1. 혼화재

1) 고로Slag

제철소에서 얻어지는 슬래그분말을 Con′c에 혼합하여 Con′c의 화학저항성을 개선한다.

2) Fly Ash

일종의 석탄재로서 특정 입도범위의 입상 잔사를 말하며, Con'c 속에서 골재와 시멘트 사이에서 볼베어링작용으로 Workability를 향상시킨다.

3) Pozzolan

시멘트가 수화할 때 수산화칼슘과 화합하여 강도, 화학적 저항성, 수밀성 등을 개선시킨다.

2. 혼화제

1) AE제

굳지 않은 Con'c의 성질을 개량하여 시공성을 향상시킨다.

2) AE감수제

콘크리트 중에 미세기포를 연행시키면서 작업성을 향상시키며 응결을 촉진하고 조기강도를 증진시킨다.

3) 경화촉진제

염화칼슘의 적당량을 Con'c에 혼입하여 응결을 촉진하고 조기강도를 증진시킨다.

4) 응결지연제

시멘트와 물 사이에서 수화작용을 지연시켜서 콘크리트의 응결시간을 조절한다.

5) 방동제

콘크리트 동결을 방지하기 위하여 염화칼슘, 식염이 쓰이지만, 철근콘크리트에서는 식염을 사용해서는 안 된다.

28 표면활성제(동결융해저항제)

[15전(10)]

Ⅰ. 정의

① 혼화제는 물리적, 화학적 혹은 물리·화학적 작용에 의해 경화 전후의 콘크리트 및 경화 중의 콘크리트의 성질을 개선하거나 경제성 향상 등의 목적으로 사용된다.

② 표면활성제(계면활성제, Surface Active Agent)는 기름에 녹기 쉽고 물에 녹기 어려운 친유기(親油基)와, 물에 잘 녹고 기름에 녹기 어려운 친수기(親水基)로 구성되어 있고, 이 양쪽의 종류나 함유량에 따라 계면활성제로서의 기포·분산·습윤작용이 정해진다.

③ 연행공기를 증가시키거나 단위수량을 감소시켜 내동해성을 향상시키므로 동결융해저항제라고도 한다.

Ⅱ. 작용

1) 기포작용(주로 AE제)

① 계면활성제의 용액에 기계적 수단을 가하여 공기를 혼입시키면 용액에 둘러싸인 기포가 생긴다.

② 발생한 기포 가운데 기포성이 뛰어나고 안정된 것을 콘크리트에 이용한다.

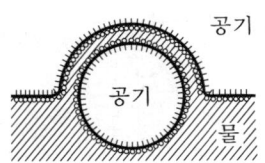

2) 분산작용(주로 감수제, AE감수제, 고성능 감수제, 고성능 AE감수제)

응집해 있던 시멘트입자 간의 물과 공기를 분산제를 첨가하여 해방시키기 때문에 시멘트에 유동성이 생기게 된다.

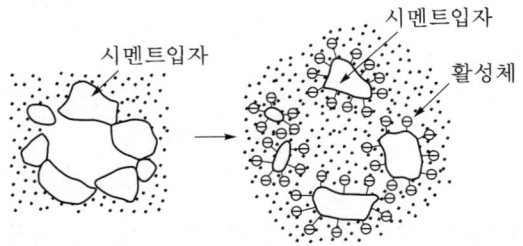

3) 습윤작용(주로 감수제, AE감수제)

계면활성제의 용액은 물보다 표면장력이 작아 침투성이 좋으므로, 그 용액은 각각의 시멘트입자의 표면을 적셔 시멘트입자와 물을 충분히 접촉시켜 수화작용이 쉬워지게 된다.

Ⅲ. 표면활성제(동결융해저항제)의 종류

AE제, 감수제, AE감수제, 고성능 감수제, 고성능 AE감수제

29 | AE제(Air Entraining Admixture)

Ⅰ. 정의

① 독립된 공기기포를 균일하게 분포시킴으로써 콘크리트의 시공성을 향상시키고, 동결융해에 대한 저항성을 증대시키기 위한 목적으로 사용된다.

② AE제에 의하여 생성된 0.025~0.25mm 정도의 지름을 가진 기포를 Entrained Air라 하고, 3~5% 정도 증가하면 시공연도에 도움이 된다.

Ⅱ. AE제의 사용량과 공기량

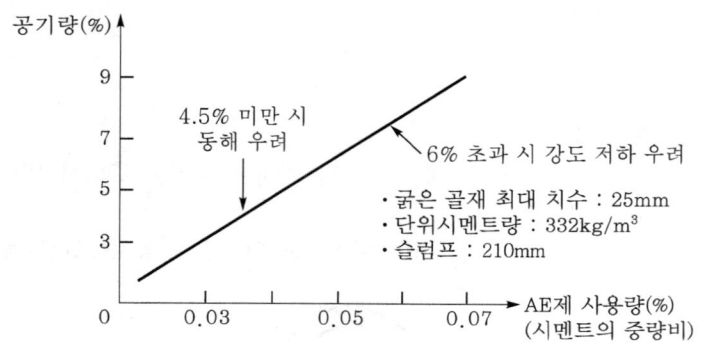

Ⅲ. AE제의 특징

1) 장점
   ① Workability 개선
   ② 단위수량 감소
   ③ 동결융해에 대한 저항성 증대
   ④ Bleeding 감소
   ⑤ 알칼리골재반응 감소
   ⑥ 재료 분리 감소
   ⑦ 수밀성 증대

2) 단점
   ① Entrained Air의 양이 6% 이상 증가하면 내구성 저하
   ② Entrained Air의 양이 1% 증가하면 콘크리트강도 3~5% 감소
   ③ 철근과의 부착력 감소

Ⅳ. 유의사항

① AE제는 소량이므로 계량에 주의하고, 계량오차는 3% 이내일 것
② 운반 및 진동다짐 시는 공기량이 감소하므로 소요공기량의 1/4~1/6 정도 많게 할 것
③ Entrained Air의 변동을 적게 하기 위해 잔골재의 입도를 균일하게 할 것
④ 공기량이 많아지면 시공성은 좋아지나 강도가 저하되므로 유의할 것
⑤ 조립률의 변동은 ±0.1 이하로 억제하는 것이 바람직함
⑥ 비빔시간과 온도는 공기량에 영향을 주므로 유의할 것
⑦ 사전에 충분한 시험을 통해 콘크리트 내구성에 지장이 없도록 할 것

30 Entrapped Air와 Entrained Air

Ⅰ. 정의

① 일반적으로 콘크리트에는 혼화제를 첨가하지 않아도 큰 입경의 공기(1% 정도)가 불규칙적으로 존재하는데, 이것을 Entrapped Air(갇힌 공기)라 한다.

② AE제에 의하여 생성된 0.025~0.25mm 정도의 지름을 가진 기포를 Entrained Air(연행공기)라 하고, 3~5% 정도 증가하면 시공연도에 도움이 된다.

Ⅱ. 공기량과 내구성지수

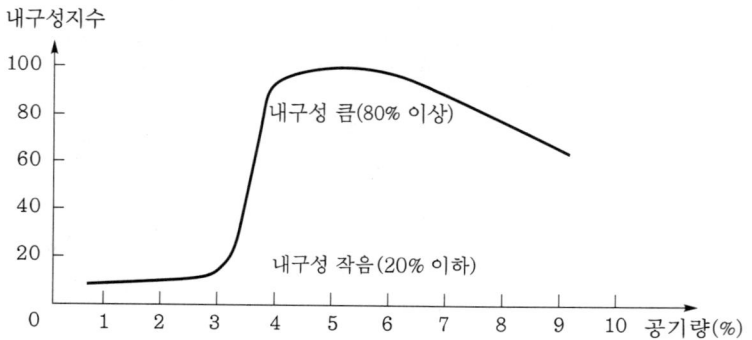

Ⅲ. Entrained Air의 목적

① Workability의 증대
② 동결융해에 대한 저항성 증대
③ 단위수량의 증대
④ 재료 분리 및 Bleeding 감소

Ⅳ. Entrained Air의 특징

① Entrained Air의 양이 7% 이상 증가하면 내구성 저하
② Entrained Air의 양이 1% 증가하면 콘크리트 강도 3~5% 감소
③ Entrained Air의 양이 2% 이하에서는 내동결융해성을 기대할 수 없음
④ Ball Bearing적인 역할로 Workability 개선
⑤ Entrained Air 1%는 단위수량 3%에 상당하는 효과

Ⅴ. Entrained Air의 양이 감소되는 요인

① 단위시멘트량의 증가 및 시멘트분말도가 높을 경우
② Fly Ash의 미연소 Carbon이 많을 경우
③ 골재의 형상이 편평하고 잔골재 중 0.15mm 이하의 골재가 많을 경우
④ 잔골재의 조립률 및 굵은 골재의 최대 치수가 클 경우
⑤ 사용되는 물의 pH가 낮거나 불순물이 많을 때

⑥ Slump가 작거나 비비기 온도가 높을 경우
⑦ 비비기 Mixer의 능력이 저하된 경우
⑧ 수송시간이 길어졌거나 Pump 압송력과 거리가 클 경우

VI. 유의사항

① Entrained Air의 변동을 적게 하기 위해 잔골재의 입도를 균일하게 할 것
② 조립률의 변동은 ±0.1 이하로 억제하는 것이 바람직함
③ 운반 및 진동다짐 시는 공기량이 감소하므로 소요공기량의 1/4~1/6 정도 많게 할 것
④ 비빔시간과 온도는 공기량에 영향을 주므로 유의할 것

31 감수제 및 AE감수제

Ⅰ. 정의

① 감수제란 계면활성작용에 의해 Cement입자를 분산시켜 Workability를 향상 시킴으로써 단위수량을 감소할 수 있는 혼화제이다.

② AE감수제란 AE제의 성능과 더불어 감수효과를 증대시킨 혼화제이다.

Ⅱ. 감수제의 감수성능

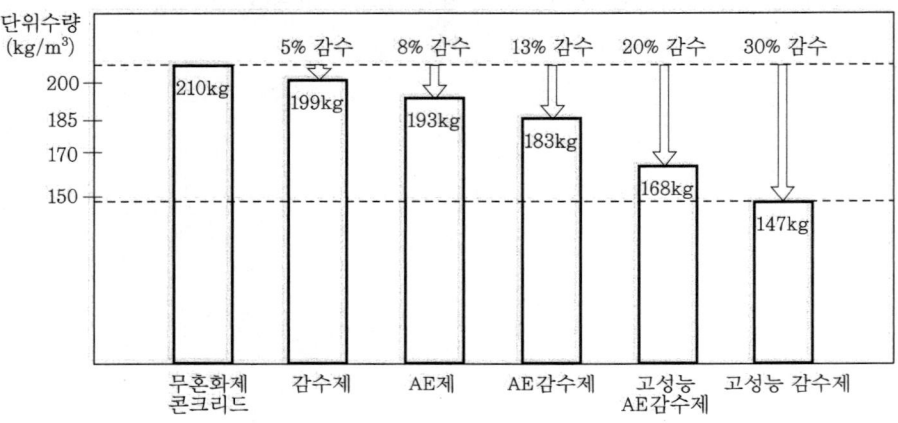

Ⅲ. 감수제의 분류

1) 음이온계

시판되는 Con'c AE제의 대부분이 음이온계임

2) 양이온계

AE제가 양이온을 띤 것으로 최근에는 사용되지 않음

3) 비이온계

수용액 중에서 이온성분을 띤 것은 아니나 분자 자체가 계면활성작용을 함

Ⅳ. 특징

① 감수효과가 뛰어남(감수제 : 4~6%, AE감수제 : 12~16%)

② 단위시멘트량 6~10% 감소

③ Bleeding 감소

④ 응결시간 조절 가능

⑤ 수화발열량 감소

⑥ 콘크리트의 수밀성 향상

⑦ 동결융해 저항성 향상

V. 시공 시 유의사항

① 과잉 사용으로 응결 지연 및 강도 저하에 유의
② 공사에 사용하는 재료와 시공조건하에서 혼화제의 성능을 미리 시험할 것
③ 보관 시 종류 및 품종별로 구분하여 서로 혼합되지 않도록 관리할 것
④ 장기간 방치로 품질 및 특성을 확인할 수 없는 것은 사용하지 말 것
⑤ 계량장치는 정기검사를 통하여 정확하게 작동되도록 할 것
⑥ 소량의 염화물이 함유되어 있으므로 염화물량이 문제시되는 곳은 사용하지 말 것

32 응결·경화조절제

Ⅰ. 정의

① 혼화제는 물리적, 화학적 혹은 물리·화학적 작용에 의해 경화 전후의 콘크리트 및 경화 중의 콘크리트성질을 개선하거나 경제성 향상 등의 목적으로 사용된다.

② 응결·경화조절제는 콘크리트가 수화반응이 시작되어 응결이 진행됨에 따라 유동성은 점차 떨어져 곧 경화하게 되는데 이 속도를 임의로 조정하는 혼화제로서 속도를 지연시키는 것을 지연제, 속도를 촉진시키는 것을 촉진제라 한다.

Ⅱ. 촉진제 및 지연제

구분		내용
촉진제	성분	• 이전에는 염화칼슘을 사용하였다. • 최근에는 질산염, 아질산계의 무기염, 규산칼슘 등의 성분이 개발되어 사용한다.
	특징	• 한중콘크리트의 초기 강도 발현에 유효하다. • 시멘트수화에 있어 칼슘이온강도를 높인다.
지연제	성분	• 유기질계 : 리그닌설폰산염계, 옥시칼폰산염계 • 무기질계 : 규불화 마그네슘
	특징	• 서중콘크리트의 발열 억제나 Cold Joint 방지에 유효하다. • 공기연행성이 있기 때문에 다량으로 사용할 수 없다. • 응결시간을 24~36시간 연장하는 초지연제도 있다.

Ⅲ. 용도에 따른 혼화제의 종류

① 작업성능이나 동결융해 저항성능의 향상 : AE제, AE감수제

② 단위수량, 단위시멘트량의 감소 : 감수제, AE감수제

③ 강력한 감수효과와 강도의 대폭적인 증가 : 고성능 감수제

④ 강력한 감수효과를 이용한 유동성의 대폭적인 개선 : 유동화제

⑤ 응결·경화시간의 조절 : 촉진제, 지연제, 초지연제, 급결제

⑥ 염화물에 의한 강재의 부식 억제 : 방청제

⑦ 기포를 발생시켜 충진성, 경량화 등에 이용 : 기포제, 발포제

⑧ 점성, 응집작용 등을 향상시켜 재료 분리를 억제 : 증점제, 수중콘크리트용 혼화제

33 수화조절제

Ⅰ. 정의

① 국내뿐 아니라 특히 더운 지방에서 콘크리트 타설 시 계절 및 현장의 거리제한에 따라 콘크리트 물성변화가 발생하여 폐기되는 콘크리트가 빈번히 발생되고 있다.

② 수화조절제는 일정 시간 동안 콘크리트의 수화반응을 지연 및 억제시킬 수 있는 제품으로 사용량에 따라 6시간에서 14일까지 응결 지연이 가능한 제품이다.

Ⅱ. 수화조절제의 물성

구분	물성	비고
색상	연노란색	투명 액상
비중	1.1±0.11	20℃에서 측정
pH	3±1	
사용량	시멘트중량의 0.1~3%	시험배합 후 결정
유동성 유지시간	6시간~14일	0.5% 사용 시 12시간 유동성 유지

Ⅲ. 특징

① 장시간 유동성 확보로 운송거리에 제한이 없음
② 시간경과에 따른 폐콘크리트 발생이 없음
③ 급결제 첨가 시 콘크리트 본연의 응결 및 경화 진행
④ 콘크리트의 단기강도 및 장기강도 증가

Ⅳ. 첨가방법

1) 공장 첨가

콘크리트 배합 시 혼합수에 첨가

2) 현장 첨가

현장에서 콘크리트에 직접 첨가

Ⅴ. 적용(필요성)

① 장시간 운반이 필요한 경우
② Cold Joint 발생을 억제할 경우
③ 습식 shotcreat
④ 서중 콘크리트 타설 시
⑤ 유동성의 지속성이 필요한 콘크리트

VI. 사용 시 유의사항

① 사용량은 운송거리 등 현장 여건을 감안

② 사용 전에 시험배합 실시

③ 첨가 후 저속 교반

④ 유동성 손실을 방지하기 위하여 공기 차단

34 콘크리트 혼화재료로서의 촉진제

[95중(20)]

Ⅰ. 개요

거푸집의 조기 탈형에 의한 거푸집 사용, 회전율의 제고, 한랭 시 콘크리트 응결, 경화 촉진과 양생기간 단축을 목적으로 사용하는 혼화제를 말한다.

Ⅱ. 시멘트수화반응을 촉진시키는 물질

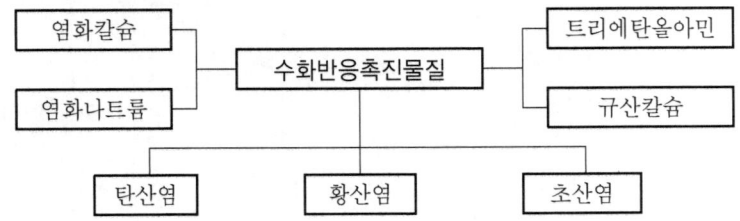

Ⅲ. 촉진제의 효과

1) 응결 촉진
   Con'c의 수화반응을 촉진시켜 조기에 콘크리트를 응결시킨다.

2) 측압 감소
   동절기 Con'c 타설 시 발생하는 측압을 감소시킬 수 있다.

3) 초기 동해 방지
   Con'c의 조기강도 발현으로 초기 동해를 입을 시간이 줄어들어 동해 방지효과가 크다.

4) 거푸집 조기 해체
   Con'c의 조기강도 발현으로 거푸집 해체시기를 앞당길 수 있다.

5) 초기 강도 증대
   Con'c 응결속도가 빠르므로 조기응결을 요구하는 구조물의 시공에 이용한다.

Ⅳ. 사용 시 유의사항

1) 철근부식
   ① 염화칼슘($CaCl_2$)에 의한 Con'c 내의 염화물함유량 증가로 철근부식이 우려된다.
   ② 염화물규제치가 $0.3kg/m^3$ 이하로 규제되어 염화칼슘 촉진제는 사용이 제한된다.

2) 한중 Con'c 타설
   한중 콘크리트에 사용하면 초기 강도가 발현하여 초기 동해를 방지하고 측압 감소 등의 효과는 있으나 다량 사용 시 Con'c 품질 저하 우려가 있다.

3) 타설속도
   Con'c 응결이 빠른 시간 내에 이루어지므로 Con'c 운반과정과 시공과정에서 신속한 작업이 되어야 한다.

4) 혼합 사용

타 혼화제와 혼합 사용 시 Con'c에 미치는 영향을 고려하여 시험을 통하여 혼합 사용한다.

5) 혼화제의 저장

직사광선을 피하고 서늘한 곳에 저장하여야 하며 타 혼화제와 분리하여 저장한다.

6) 사용방법

제조회사의 시방규정에 따른 사용량, 시공방법 등을 준수하여 사용한다.

35 내한촉진제

Ⅰ. 정의

한중 콘크리트 타설 시 콘크리트 중의 수분이 −3℃ 정도까지 동결하지 않게 하고 저온환경하에서 응결지연을 일으키지 않고 경화를 촉진시키는 혼화제를 내한촉진제라고 한다.

Ⅱ. 내한촉진제에 의한 초기 동해 방지 개념도

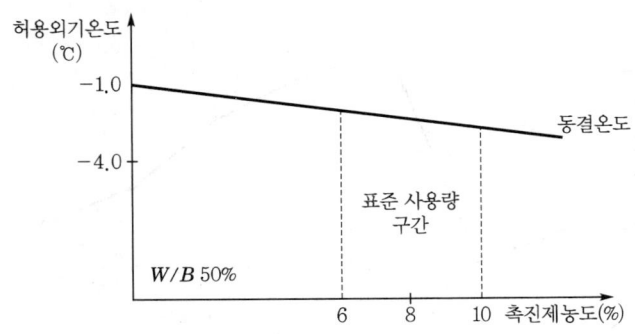

Ⅲ. 특징

① 콘크리트의 초기 동해 방지효과
② 일반적으로 시멘트 100kg당 내한촉진제 4L가 가장 우수한 효과 발현
③ 동결온도 저하효과 유발
④ 콘크리트 경화 촉진효과 발현

Ⅳ. 현장 적용 시 유의사항

① 일평균 4℃ 이하의 한중 콘크리트 적용 시 사용
② 온도에 따른 적정량 혼입
③ 내한촉진제 혼입 후 보양양생관리 철저
④ 적용 대상구조물의 환경조건을 사전검토

36 유동화제

[95전(20), 01전(10)]

Ⅰ. 개요

보통 콘크리트와 동일한 작업성으로 물시멘트비를 감소할 목적인 경우는 고성능 감수제를 사용하고, 물시멘트비는 같으나 Workability 향상을 목적으로 할 때는 유동화제를 사용하나 재료의 특성은 모두 같다.

Ⅱ. 유동화제를 사용한 Con´c Slump변화

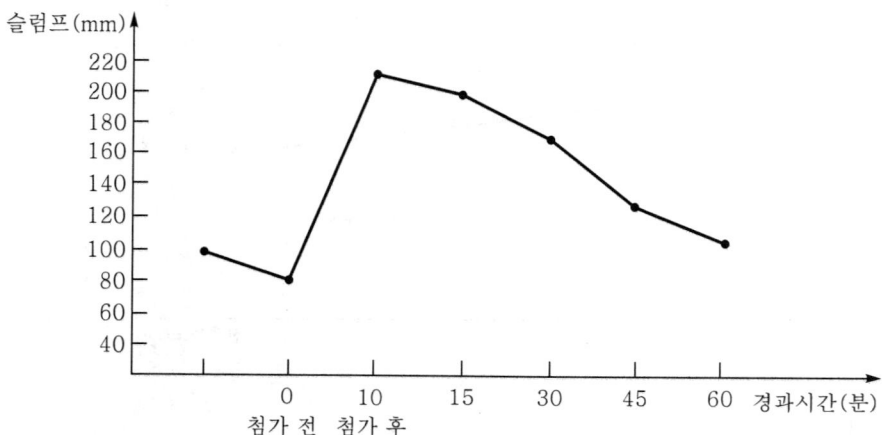

Ⅲ. 유동화제의 분류

① 나프탈렌 설폰산염계   ② 멜라민 설폰산염계
③ 변성 리그린 설폰산염계

Ⅳ. 유동화제의 효과

① Workability 개선   ② 적은 공기연행성
③ 응결 지연효과   ④ 강재의 비부식성
⑤ 시공연도 개선   ⑥ 자기충전성 강화

Ⅴ. 특징

① Slump가 80~120mm까지 직선적으로 상승
② 분산효과가 커짐
③ 건조수축이 적음
④ 구조체의 내구성 향상
⑤ 감수율이 20~30% 정도
⑥ 저기포성, 저응결 지연성
⑦ 콘크리트의 수밀성 향상
⑧ 사용할 시간은 첨가 후 30분까지

VI. 적용 대상

① Prestress Con'c
② Con'c Pile 및 흄관
③ 고강도 콘크리트
④ 유동화 콘크리트

VII. 유동화 콘크리트의 제조방법

제조 방법	콘크리트 플랜트			운반	공사현장		
①	베이스 콘크리트 제조			애지테이터	유동화제 첨가	교반 (유동화)	콘크리트 분배기
②	베이스 콘크리트 제조	유동화제 첨가	교반 (유동화)	애지테이터			콘크리트 분배기
③	베이스 콘크리트 제조	유동화제 첨가		애지테이터		교반 (유동화)	콘크리트 분배기

VIII. 시공 시 유의사항

① 첨가량이 0.75%를 넘으면 재료 분리가 생기므로 유의할 것
② 리그린계는 첨가량이 증가하면 공기량도 증가하므로 유의할 것
③ 리그린계는 0.25% 이상 첨가하면 응결지연현상이 생기므로 유의할 것
④ 강도는 증가하나 탄성계수는 오히려 둔화되므로 유의할 것
⑤ 콘크리트가 가열되면 큰 기공이 생겨 물 침투가 쉬워지므로 유의할 것

37 고성능 감수제와 유동화제의 차이

[03후(10), 18후(10)]

Ⅰ. 개요

① 고성능 감수제와 유동화제는 혼화제의 일종으로 강도 및 유동성 향상을 위하여 사용한다.

② 사용목적에 따라 적절한 혼화제를 선정하고 물결합재비를 감소하여 콘크리트의 품질을 개선하여야 한다.

Ⅱ. 고성능 감수제

1) 정의

고성능 감수제는 일반적인 감수제의 기능을 더욱 향상시켜 시멘트를 효과적으로 분산시키고 응결지연, 강도 저하, 지나친 공기연행 등의 악영향 없이 단위수량을 대폭 감소시킬 수 있는 혼화제를 말한다.

2) 효과

① 20~30%의 대폭적인 단위수량 감소

② Cement Paste의 유동성 증대

③ 내구성 증진

ㄱ 건조수축, 투수성 감소

ㄴ 탄산화, 내동결융해성에 유리

ㄷ 피로, 크리프현상 감소

④ 고강도 콘크리트 제조

3) 감수성능

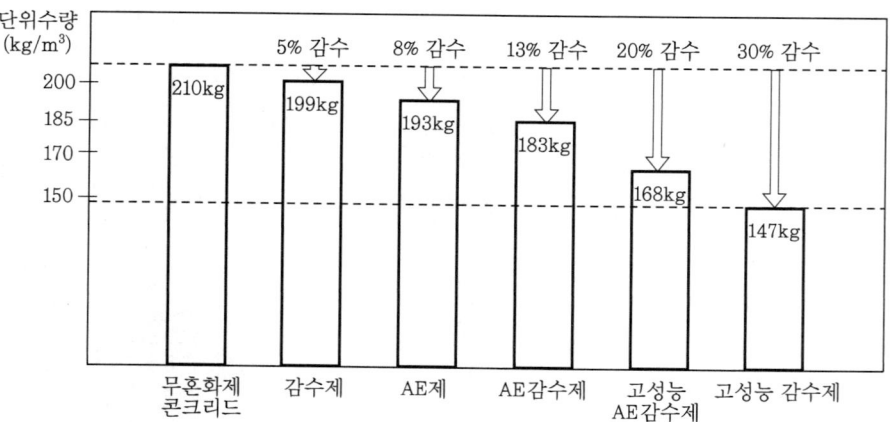

Ⅲ. 유동화제

1) 정의
유동화제는 일반적으로 단위수량을 증가시키지 않고 유동성을 증진시키는 것으로 콘크리트품질의 저하 없이 타설 및 다짐작업을 용이하게 함으로써 인건비의 절감 등 경제적인 이점을 얻을 수 있다.

2) 유동화제의 분류
① 나프탈렌 설포산염계
② 멜라민 설폰산염계
③ 변성 리그린 설포산염계

3) 특징
① Slump가 120mm에서 210mm까지 일시적 상승
② 감수율이 20~30% 정도
③ 분산효과가 커짐
④ 저기포성, 저응결 지연성
⑤ 건조수축이 적고 수밀성이 증대되고 구조체의 내구성이 향상

Ⅳ. 고성능 감수제와 유동화제의 차이점

구분	고성능 감수제	유동화제
효과	물결합재비 감소로 고강도화	타설 및 다짐성 향상
물결합재비	감소	변동 없음
유동성	증대	개선
Workability	양호	향상

38 방청제

Ⅰ. 정의

① 방청제란 철근콘크리트 중의 철근이 해수에 포함되어 있는 염류에 의해 녹이 발생하는 것을 방지하기 위해 사용되는 혼화제이다.

② 철근콘크리트 속의 철근은 콘크리트의 탄산화, 전류의 흐름, 균열의 발생 및 염해에 의해 녹이 발생하며, 그 중 염해에 대한 대책으로 콘크리트의 배합 시 방청제를 첨가하여 사용한다.

Ⅱ. 철근의 부식 Mechanism

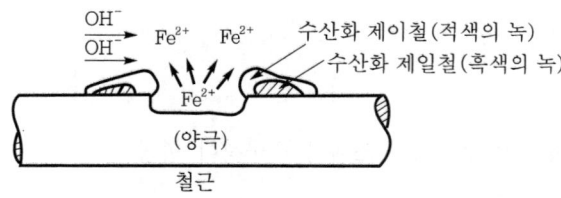

철근과 철근의 표면에 접하는 물질 사이에 생기는 화학반응에 의해 철근의 표면이 소모해가는 현상

Ⅲ. 방청제의 구분

① 1급 : 세골재의 염분(NaCl)함유량이 0.02% 이하인 경우 사용

② 2급 : 세골재의 염분(NaCl)함유량이 0.02% 초과하는 경우 사용

Ⅳ. 해사 사용 콘크리트의 문제점

① 하천사 사용 콘크리트에 비해 철근의 녹 발생률이 현저하다.

② 시공 후 2년이 경과하면 피복콘크리트에 영향이 나타난다.

③ 시공 후 15~20년 후에 콘크리트 내구성이 현저히 저하된다.

Ⅴ. 철근의 방청조치

① 물결합재비를 적게 하고 밀실한 콘크리트를 만든다.

② 피복두께를 증가시킨다.

③ 양질의 방청제를 사용한다.

④ 아연도금철근을 사용한다.

⑤ 수밀성이 높은 표면마감을 한다.

Ⅵ. 방청제 사용 시 유의사항

① 시행 가능한 방청조치를 가능한 한 병용한다.

② 방청제 선택 시 충분한 연구자료 및 사용실적이 있는 것을 사용한다.

③ 방청제의 사용방법 · 사용량을 준수한다.

④ 콘크리트에 방청제를 투입 시 반드시 확인한다.

⑤ 양질의 AE감수제와의 병용은 특히 효과적이다.

39 수중 불분리성 혼화제

[11전(10)]

I. 정의

① 수중 불분리성 혼화제(Non-dispersible Underwater Concrete Admixture)
란 일반 콘크리트에 첨가하여 콘크리트를 수중에 타설할 때 재료분리 방지목적
으로 독일에서 개발된 콘크리트 혼화제를 말한다.

② 수중 콘크리트로서 트레미관, 밑열림상자, 펌프 압송 등으로 수중에 콘크리트
를 타설할 때 수중에서 물에 의해 콘크리트 성분이 분해되지 않게 하고 높은
유동성으로 시공성을 향상시키는 혼화제이다.

II. 수중 불분리성 혼화제의 효과

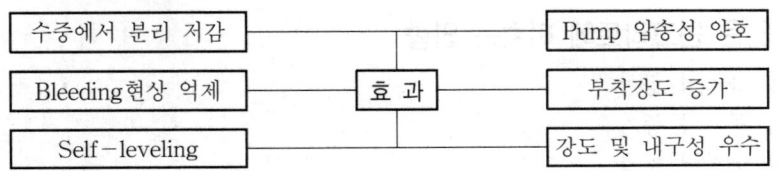

III. 종류

1) 셀룰로오스계
   ① 메틸셀룰로오스
   ② 히드록시 셀룰로오스
   ③ 히드록시 프로필셀룰로오스
   ④ 히드록시 에틸메틸셀룰로오스

2) 아크릴계
   ① 폴리아크릴아미드
   ② 폴리아크릴아미드와 아크릴산소다와의 공중합물
   ③ 폴리아크릴아미드 부분 가수분해물

IV. 사용량

일반 콘크리트에서 사용량
① 셀룰로오스계 : 2~3kg/m^3
② 아크릴계 : 3~4kg/m^3

V. 품질규정

항목		표준형	지연형
블리딩률(%)		0.01 이하	
공기량(%)		4.5 이하	
슬럼프플로의 시간적 감소량(mm)	30분 후	30 이하	-
	2시간 후	-	30 이하
수중분리도	현탁물질량(mg/l)	50 이하	
	pH	12.0 이하	
응결시간(시간)	초결	5 이상	18 이상
	종결	24 이내	48 이내
수중 제작 공시체의 압축강도(MPa)	재령 7일	15.0 이상	
	재령 28일	25.0 이상	

VI. 굳지 않은 콘크리트에 미치는 영향

① 유동성 향상
② 공기량 증가
③ 블리딩 저감
④ 응결시간 지연
⑤ 재료분리 저항성

VII. 사용 시 유의사항

① 혼합 시 혼합믹서의 혼합능력이 큰 것을 사용
② 감수제, AE감수제 등 추가 혼화제 사용
③ 높은 압송저항성 고려
④ 적정 사용으로 환경 보존

40 Silica Fume

[04전(10)]

Ⅰ. 정의

① Silicon 또는 페로Silicon 등의 규소합금 제조 시 발생하는 폐가스를 집진하여 얻어진 부산물로서 초미립자($1\mu m$ 이하)이다.

② 이산화규소(SiO_2)가 주성분으로 고강도 Con'c를 제조하는 데 사용된다.

Ⅱ. 물리적 성질

① 90% 이상이 구형의 형상을 하고 있음

② 입경이 $1\mu m$ 이하, 평균입경이 $0.1\mu m$ 정도, 비표면적은 약 $20m^2/g$ 정도

③ 비중이 약 2.1~2.2 정도이고, 단위용적중량은 $250 \sim 300kg/m^3$ 정도

시멘트페이스트   고성능 감수제를 사용한   시멘트페이스트
             시멘트페이스트   실리카퓸+고성능 감수제

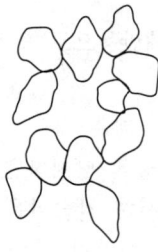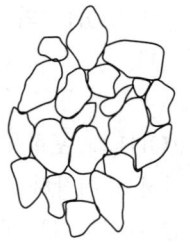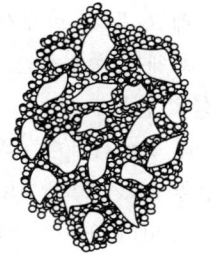

< 실리카퓸의 효과 >

Ⅲ. 장점

① 고강도 및 투수성이 작은 콘크리트를 만듦 ② Bleeding 감소

③ 고성능 감수제의 사용으로 단위수량 감소 ④ 강도 및 내화학성 증대

⑤ 수화 초기에 발열량 감소 ⑥ 수밀성 및 기밀성 증대

⑦ Pozzolan반응에 따른 알칼리 감소

Ⅳ. 단점

① 단위수량(고성능 감수제 미사용)의 증가 ② 탄산화깊이의 증대

③ 건조수축의 증대 ④ 소성수축균열의 증가

Ⅴ. 유의사항

① 고성능 감수제의 사용은 필수적이므로 유의할 것

② 고강도·고내구성의 콘크리트를 제조하기 위해서는 물결합재비 30% 이하 유지

③ 혼합률은 5~15% 정도가 적당하며, 너무 많아지면 소성수축균열이 발생하므로 유의할 것

41 잠재수경성과 포졸란(Pozzolan)반응

[03후(10), 17전(10)]

I. 개요

① 잠재수경성과 포졸란반응은 혼화재의 대표적인 성질이며, 포졸란반응을 일으키는 혼화재에는 Fly Ash와 Silica Fume 등이 있다.

② 잠재적 수경성은 고로슬래그에 나타나는 기본적인 성질이다.

II. 잠재수경성

1) 정의

① 잠재수경성(潛在水硬性)이란 물과 접촉하면 수경성을 나타나지 않으나, 자극제란 물질이 물속에 존재하면 수경성을 나타내는 성질을 말한다.

② 자극제란 잠재하고 있는 성질을 불러 깨우기 위한 촉매적인 작용을 하는 첨가제이다.

③ 고로슬래그 등 혼화재가 수산화기(OH^-)의 촉매반응으로 인해 물과 반응하여 미소경화체를 형성하는 현상이다.

2) 잠재수경성의 반응

① 분말슬래그 pH12 이상의 $Ca(OH)_2$의 포화용액 중에 방치하면 슬래그의 알루미나규산염구조가 절단되어 수화하기 시작하고 서서히 칼슘이온이 소모된다.

② 그러나 $Ca(OH)_2$의 공급을 중단하고 어느 정도 이하의 알칼리량이 되면 반응은 진행되지 않는다.

③ 슬래그의 잠재수경성을 자극함으로서 수화반응을 촉진시키는 자극제로 클링커와 석고를 사용한다.

3) 특징

① Con'c의 수밀성 증대

② Con'c의 강도 증진

③ 내구성 향상

④ 해수에 대한 저항성 우수

⑤ 수화반응에 의해 생기는 조직 치밀

III. 포졸란(Pozzolan)반응

1) 정의

① 자체의 수경성은 없으나 Cement 수화반응 시 발생하는 수산화칼슘($Ca(OH)_2$)과 화합하여 불용성의 화합물을 만드는 반응을 포졸란반응이라 한다.

② 포졸란은 콘크리트에 혼합하여 경화 전 콘크리트 Workability를 향상시키고 콘크리트 수화열을 감소시키며, 경화 후 콘크리트 장기강도가 증가되고 수밀성이 향상되는 효과를 가져오는 혼화재이다.

2) 포졸란의 종류

    ① 천연포졸란 : 화산재, 규조토, 응회암

    ② 인공포졸란 : Fly Ash, 소점토

3) 특징

    ① Workability 향상

    ② 수화열 감소

    ③ 장기강도 증진

    ④ 내황산염 화학저항성 향상

    ⑤ 수밀성 향상

    ⑥ 알칼리골재반응 억제

    ⑦ 동결융해 저항성 저하

    ⑧ 단위수량 증가현상 발생

4) 사용 시 유의사항

    ① 단위수량 증가에 유의해야 한다.

    ② 강도 저하요인이 있다.

    ③ 과다 사용 시 탄산화 및 응결 지연을 초래한다.

42 고로Slag

Ⅰ. 정의

① 용광로방식의 제철작업에서 선철과 동시에 주로 알루미나규산염으로 구성된 Slag가 생성되며, 용융상태의 고온Slag를 물·공기 등으로 급랭하여 입상화한 것을 고로Slag라 한다.

② Slag는 Silica, Alumina, 석회를 주성분으로 하고 있다.

Ⅱ. 냉각방법에 따른 고로Slag의 분류

종류	용도
서랭슬래그	도로용(표층, 노반, 충전), 콘크리트용 골재, 항만재료, 지반 개량재 시멘트, 클링커원료, 규산석회비료 등
급랭슬래그	고로시멘트용(시멘트혼합제), 시멘트클링커원료, 콘크리트 혼합재, 경량기포 콘크리트 원료(ALC), 지반 개량재, 콘크리트용 세골재, 아스팔트용 세골재, 노반 안정 치환, 규산석회비료, 항만재료, 토목 공용
반급랭슬래그	경량 콘크리트용 골재, 경량매립재, 기타 보온재

Ⅲ. 고로Slag가 Con′c에 미치는 영향

① 콘크리트 구조체의 장기강도 증진
② 해수·하수·지하수·광천 등에 대한 내침투성이 우수해짐
③ 단위수량과 세골재율이 조금 커짐
④ 재료 분리 및 Bleeding이 조금 많아짐
⑤ 건조수축률은 조금 작아짐
⑥ 수화발열량에 의한 온도 상승
⑦ 초기강도는 적게 나오지만 장기강도가 커짐

Ⅳ. 유의사항

① Entrapped Air가 많으므로 AE제 첨가 시 약간 적게 할 것
② 응결시간이 다소 빨라지므로 유의해야 함
③ Pump 압송 시 저항성이 크므로 유의해야 함
④ Silica성분이 탄산가스에 의한 탄산화가 쉬우므로 유의해야 함
⑤ 연행공기를 확보하지 못하면 동결융해에 대한 저항성이 떨어지므로 유의할 것

43 Fly Ash

[01후(10)]

Ⅰ. 정의

① 화력발전소 등의 연소보일러에서 부산되는 석탄재로서 연소폐가스 중에 포함되어 있는 재를 집진기에 의해 회수한 미세한 입상의 잔사를 말한다.

② Pozzolan계를 대표하는 혼화제로서 Workability를 개선하고 수화발열량을 감소시키는 효과가 있다.

Ⅱ. Fly Ash 혼합률에 따른 콘크리트 압축강도

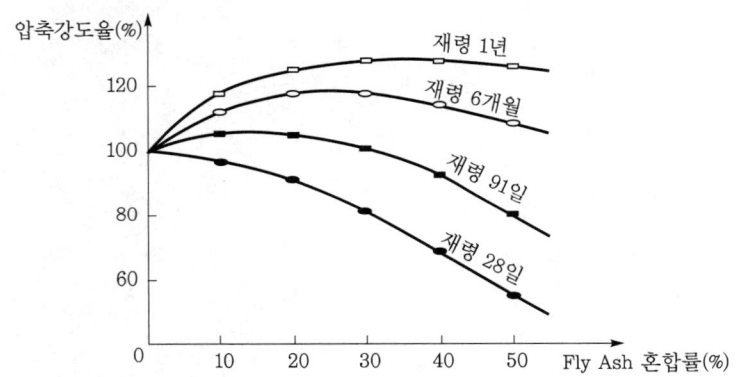

Ⅲ. Fly Ash가 Con'c에 미치는 영향

① Con'c의 유동성 개선

② 단위수량 감소

③ Bleeding현상 감소

④ 장기강도의 개선

⑤ 수화발열량의 감소

⑥ 알칼리골재반응 억제효과

⑦ 황산염에 대한 저항성 증대효과

⑧ 콘크리트의 수밀성 향상

Ⅳ. 삼성분계 콘크리트 품질관리기준

① 시멘트량 : $200kg/m^3$ 이상

② 단위수량 : $185kg/m^3$ 이하

③ 혼화재 치환율

  ㉠ 고로Slag 미분말 : 10~50%

  ㉡ Fly Ash : 10~25%

V. 유의사항

① 초기 강도는 일반 콘크리트보다 낮으므로 유의할 것

② 온도가 높을수록 강도 증진효과는 저하하므로 유의할 것

③ 혼합률이 20% 이상 늘어나면 피복두께를 1cm 정도 늘리는 것이 바람직

④ 초기 습윤양생이 대단히 중요하며 양생온도에도 유의할 것

⑤ AE 콘크리트의 경우는 AE제가 Fly Ash에 흡착되기 때문에 사용량을 증가할 필요가 있으므로 유의할 것

⑥ Fly Ash는 일반적으로 응결시간이 늦어지므로 유의할 것

⑦ 공기 중의 수분과 반응하면 응집현상이 일어날 수 있으므로 유의할 것

44 현장 콘크리트공사의 단계적 시공관리(품질관리)

Ⅰ. 개요

① 현장 콘크리트의 시공관리는 구조물의 강도·내구성·수밀성 등을 향상시키면서 경제적인 시공을 하는 데 그 목적이 있다.

② 콘크리트의 단계적 시공관리는 비빔·운반은 재료 분리를 방지하고, 타설·다짐은 균일하게 하여 충분한 양생을 함으로써 우수한 콘크리트를 생산하는 데 있다.

Ⅱ. 단계적 시공관리 Flow Chart

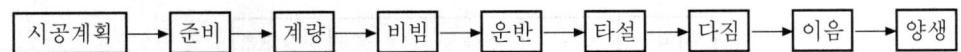

시공계획 → 준비 → 계량 → 비빔 → 운반 → 타설 → 다짐 → 이음 → 양생

Ⅲ. 단계적 시공관리

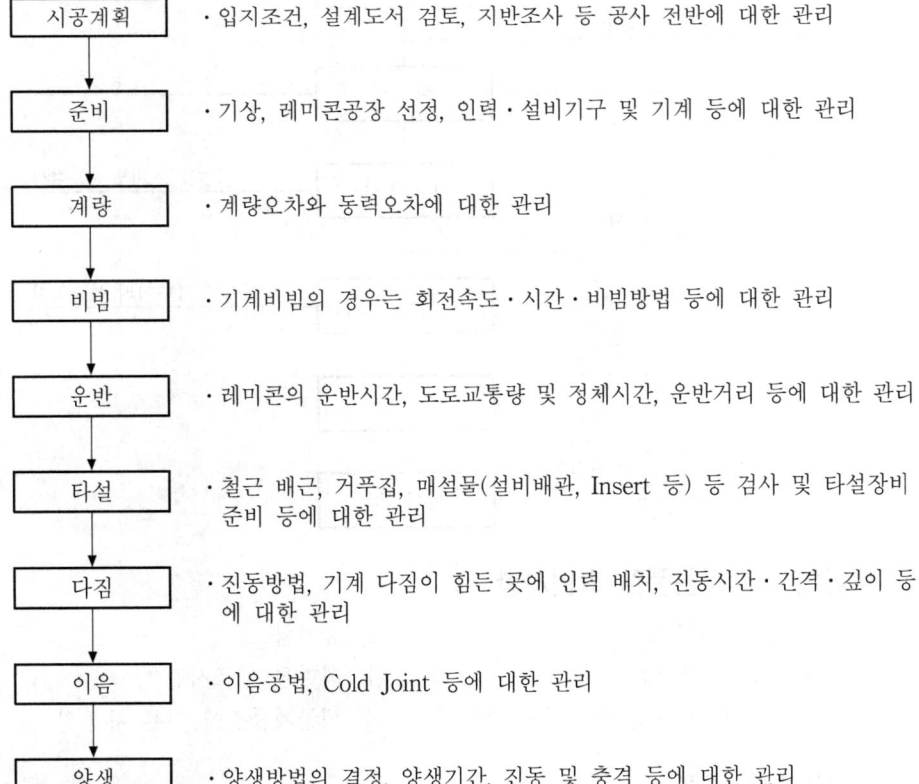

시공계획	·입지조건, 설계도서 검토, 지반조사 등 공사 전반에 대한 관리
준비	·기상, 레미콘공장 선정, 인력·설비기구 및 기계 등에 대한 관리
계량	·계량오차와 동력오차에 대한 관리
비빔	·기계비빔의 경우는 회전속도·시간·비빔방법 등에 대한 관리
운반	·레미콘의 운반시간, 도로교통량 및 정체시간, 운반거리 등에 대한 관리
타설	·철근 배근, 거푸집, 매설물(설비배관, Insert 등) 등 검사 및 타설장비 준비 등에 대한 관리
다짐	·진동방법, 기계 다짐이 힘든 곳에 인력 배치, 진동시간·간격·깊이 등에 대한 관리
이음	·이음공법, Cold Joint 등에 대한 관리
양생	·양생방법의 결정, 양생기간, 진동 및 충격 등에 대한 관리

45 콘크리트 제조

Ⅰ. 개요

① 현장타설 콘크리트의 거의 대부분이 레미콘공장에서 제조되고 있으며, 현재 현장 비빔으로 제조된 콘크리트는 찾아보기 힘들다.

② 콘크리트의 배합계획은 레미콘공장측에서 담당하며, 시공자는 콘크리트에 필요한 품질을 지정하고 필요에 따라 배합내용을 생산자와 협의하여 제조한다.

Ⅱ. 레미콘공장의 제조공정

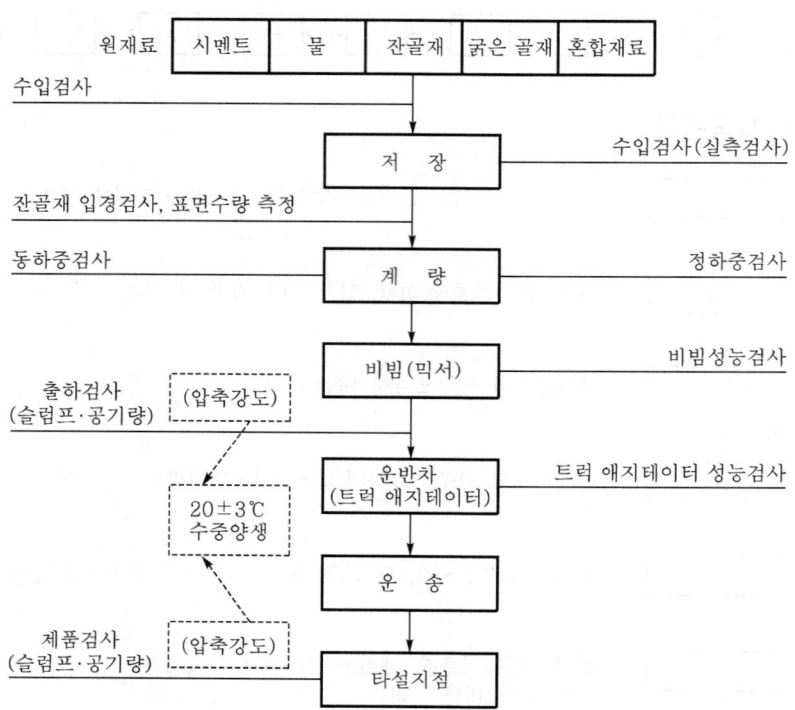

Ⅲ. 현장에서 레미콘품질 확인사항

① 염화물함유량 ② 공기량
③ Slump Test ④ 레미콘 제조시간
⑤ 공시체를 통한 압축강도시험 ⑥ 세골재품질에 따른 유동성

Ⅳ. 운반방법별 종류

① Central Mixed Concrete ② Shrink Mixed Concrete
③ Transit Mixed Concrete

46 레미콘(Ready Mixed Concrete)

Ⅰ. 정의

① 레미콘이란 Con'c 제조설비를 갖춘 곳(레미콘공장)에서 생산하여 굳지 않은
상태로 현장에 운반되는 Concrete를 말한다.

② 도심지 공사에서 Batcher Plant나 골재의 저장 없이 좋은 품질의 Con'c를 주
문만 하면 Mixer Truck으로 공급받을 수 있으므로 안전하다.

Ⅱ. 운반방법별 종류

종류	종류별 특성
Central Mixed Concrete	Plant에 설치된 Mixer에서 반죽 완료된 Con'c를 Truck Agitator로 휘저으면서 현장까지 운반되며, 근거리에 사용됨
Shrink Mixed Concrete	Plant의 Mixer에서 약간 혼합된 Con'c를 Truck Mixer로 운반 도중에 비비기를 끝내는 방법으로, 중거리에 사용됨
Transit Mixed Concrete	Plant에서 재료만 계량하여 Truck Mixer로 운반하는 중에 완전히 비비기를 끝내는 방법으로, 장거리에 사용됨

Ⅲ. 특징

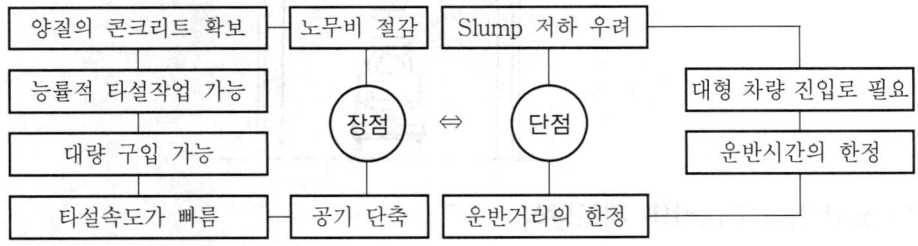

Ⅳ. 시공 시 유의사항

① 현장까지의 운반시간 및 배출시간
② Con'c 제조능력
③ 운반차의 대수
④ 공장의 제조설비
⑤ 품질관리상태
⑥ Cement의 종류
⑦ 골재의 입도·입형·크기 등
⑧ 염화물함유량의 한도

47 배치플랜트(Batcher Plant)

Ⅰ. 정의

① Con′c를 만드는 데 필요한 재료(물, Cement, 골재, 혼화재료 등)를 넣고(1회분) Mixing하여 Con′c를 생산하는 설비이다.

② Batcher Plant는 재료를 정확히 계량하는 Batching Plant와 재료를 비빔하는 Mixing Plant로 구성되어 있다.

Ⅱ. Batcher Plant의 구조

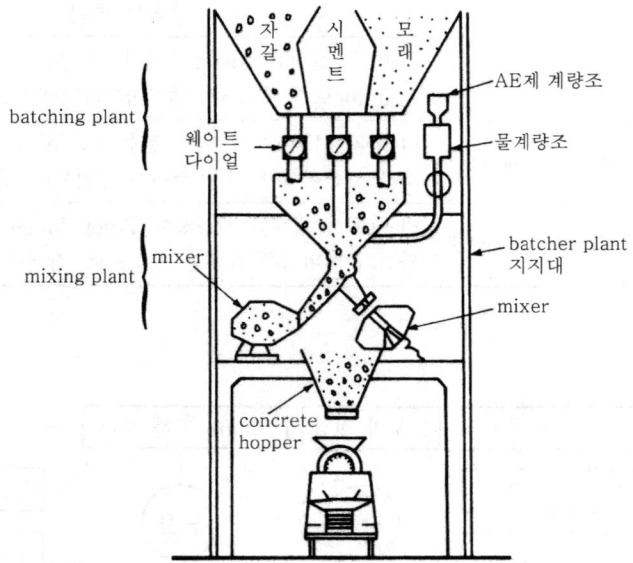

Ⅲ. Batcher Plant의 제조방식

① 수동식

② 반자동식

③ 자동식

④ 전자동식

Ⅳ. Batching Plant의 분류

① 간이 Batching Plant : 각 재료를 정확하고 능률적으로 계량하기 위한 것으로써 현장에 주로 이용

② Concrete Batching Plant : 전문 공장제품을 생산하기 위한 것으로써 강도의 편차가 적고 고급 Con′c를 얻는 데 유리

V. 현장 배치플랜트 설치조건

① 콘크리트 비빔 후 90분 이내에 운반이 불가능한 경우

② 압축강도가 40MPa 이상 소요 시

③ 슬럼프값이 50mm 이하 레미콘 생산 시

④ 특수 콘크리트를 생산해야 하는 경우

매스 콘크리트	경량골재 콘크리트	해양 콘크리트
숏크리트	Prepacked Con'c	수중 콘크리트

⑤ 소요량의 100%까지 현장 배치플랜트로 생산·공급 가능

⑥ 설치할 수 있는 자 : 시공자, 발주자

⑦ 발주자 또는 시공자가 시행하는 인근의 건설공사현장까지 레미콘을 반출 가능

48 레미콘공장 선정 시 고려사항

Ⅰ. 개요

① Con'c 제조설비를 갖춘 곳(레미콘공장)에서 생산하여 굳지 않은 상태로 현장에서 운반되는 Concrete를 Ready Mixed Concrete라 한다.

② 운반하는 과정에서의 품질변화가 많고, 레미콘공장의 선정이 Con'c 구조체의 품질을 결정하므로 유의해야 한다.

Ⅱ. 운반과정 Flow Chart

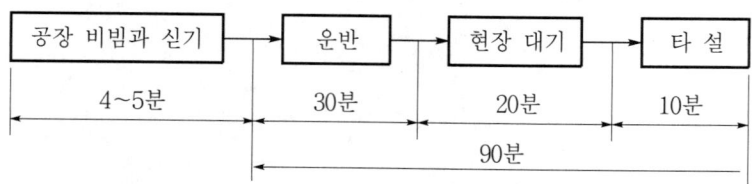

Ⅲ. 운반방법별 분류

① Central Mixed Concrete
② Shrink Mixed Concrete
③ Transit Mixed Concrete

Ⅳ. 특징

① 균질하고 양질의 Con'c 확보
② 노무비 절감
③ 타설작업이 능률적
④ 공기 단축
⑤ 운반이나 공급범위가 한정
⑥ 돌발적인 사고에 의해 품질 저하

Ⅴ. 선정 시 고려사항

① 현장까지의 운반시간 및 배출시간　② KS 표시 허가공장
③ Con'c 제조능력　　　　　　　　　④ 타설 종료까지의 시간한도
⑤ 운반차의 대수　　　　　　　　　⑥ 공장의 제조설비
⑦ 품질관리상태　　　　　　　　　⑧ 운반차의 성능 검토
⑨ 타설량·타설시기·기간 등　　　　⑩ 특수 Con'c 제조 가능 여부
⑪ 공장 출발 시와 현장 도착 시의 품질변화 한도·대책·검사방법 등

49 트럭 애지테이터(Truck Agitator)

Ⅰ. 정의

① Ready Mixed Concrete 중에 Central Mixed Concrete를 운반하는 트럭으로서, 이미 비빈 Con'c의 재료분리를 방지하기 위한 목적으로 사용된다.

② Ready Mixed Concrete란 아직 굳지 않은 상태로 현장에 운반되는 Concrete를 말한다.

Ⅱ. Truck Agitator의 구조

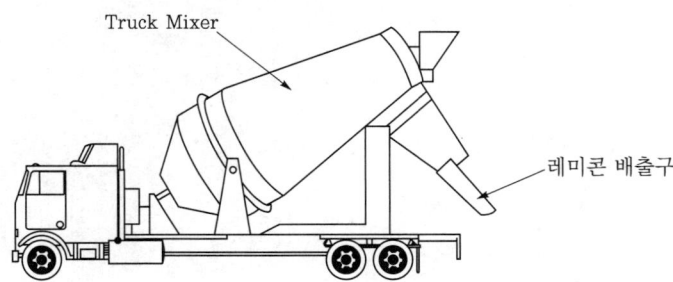

Truck Mixer

레미콘 배출구

Ⅲ. 운반Truck의 종류

종류	설명
Truck agitator	• Central Mixed Concrete에 사용된다. • Plant에 설치된 Mixer에서 반죽 완료된 Con'c를 휘저으며 현장까지 운반한다.
Truck mixer	• Shrink Mixed Concrete 및 Transit Mixed Concrete에 사용된다. • Plant의 Mixed에 약간 혼합되었거나 계량만 된 Con'c를 운반하는 중에 비빔한다.

Ⅳ. 특징

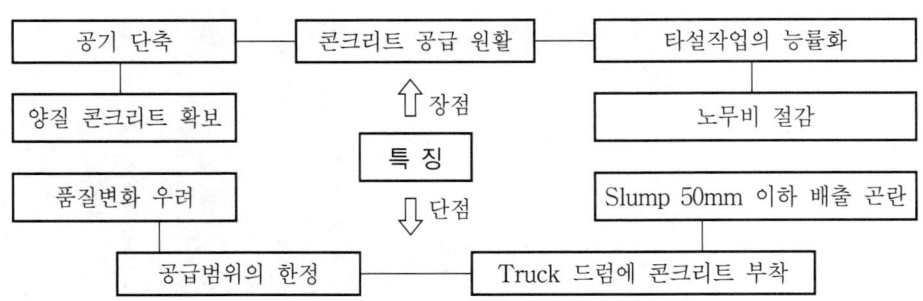

제3절 일반 콘크리트 · **747**

V. 유의사항

① 현장까지의 운반거리

② 운반차의 성능

③ Con'c 타설량·타설시기 등

④ 공장 출발 시와 현장 도착 시의 품질변화 한도·대책 등

⑤ 운반능률에 대한 관리 및 배차관리

⑥ 돌발사고(교통사고, 교통량 증가 등)에 대한 충분한 사전조사 및 대책 수립

50 Dry Mixing Remicon

[90후(10)]

I. 정의

① 공장에서 모르타르 또는 콘크리트에 물을 가하지 않고 시멘트와 골재만 비빔하여 현장에 운반한 후 현장에서 물을 혼합하는 방법을 Dry Mixing Remicon 라 한다.

② 콘크리트 타설현장에서 콘크리트 생산공장과의 소요시간이 규정시간을 초과할 때 사용되는 공법으로 품질관리가 요구된다.

II. Dry Mix의 원리

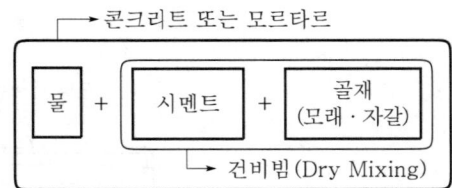

III. 특징

1) 장점
   ① 공장과 현장과의 거리가 너무 멀 경우에 채택된다.
   ② 노무비가 절감된다.
   ③ 공기가 단축된다.
   ④ 균질하고 양질의 제품을 얻을 수 있다.

2) 단점
   ① 운반이나 공급범위가 한정된다.
   ② 중차량 진입으로 운반로의 정비가 필요하다.

IV. 용도

① 도서지역 콘크리트공사
② 긴급을 요하는 공사
③ 사용에 대한 예측이 불가한 공사 등

V. 시공 시 유의사항

① 물의 정확한 계량이 Con'c의 품질을 좌우한다.
② Dry Mix에 사용되는 골재는 완전히 건조된 것을 사용해야 한다.
③ 골재의 습윤상태를 정확히 파악하고, 시멘트와의 화학반응(수화반응)이 발생되기 전에 시공하도록 하여야 한다.

51 Remicon의 가수(加水)

Ⅰ. 정의

① Remicon의 가수란 레미콘을 현장에서 타설 전에 작업성을 용이하게 하기 위해서 레미콘에 물을 첨가하여 된 비빔 콘크리트를 묽은 비빔으로 만드는 것을 말한다.

② Remicon의 가수로 작업성이 용이해지고 Pump배관의 수송능력은 향상되나 구조물 자체에 강도, 내구성, 수밀성 등에 큰 악영향을 미쳐 부실 시공의 원인이 된다.

Ⅱ. 가수 실례

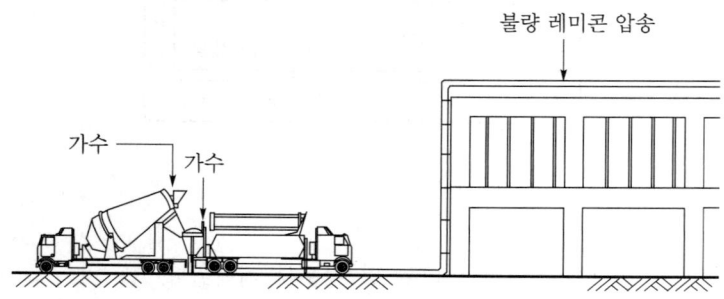

Ⅲ. 가수를 하는 경우

① 콘크리트가 시간이 경과하여 굳기 시작할 때

② 콘크리트 Slump의 부족으로 벽·기둥 등의 수직부재에 밀실한 충진이 어려울 때

③ Pump배관이 길어서 콘크리트가 배관을 통과하는 동안 Slump의 저하가 일어날 때

④ 콘크리트 중의 재료(모래)가 불량하여 콘크리트 유동성이 저하될 때

⑤ 야간작업으로 인하여 타설속도를 지나치게 빠르게 할 때

Ⅳ. 문제점

① 강도 및 내구성 저하

② 재료분리 발생

③ 수밀성, 방수성 저하

④ 내마모성 저하로 건물수명 단축

⑤ 동결융해에 대한 저항성 감소

V. 가수 방지대책

① 기능공 교육 및 의식의 전환

② 시공의 기계화

③ 표준 품셈의 보완

④ 품질관리 및 품질검사기준 확립

⑤ 레미콘의 성능 향상 및 적정한 혼화제의 사용

⑥ 고성능 콘크리트 개발 및 사용 확대

52 Remixing(다시 비빔)과 Retempering(되비빔)

Ⅰ. 정의

① Remixing이란 모르타르 또는 콘크리트가 아직 굳기 시작하지 않았으나 일정 시간이 경과하여 재료분리가 발생했을 때 다시 비빔을 하여 재료를 혼합하는 것이다.

② Retempering이란 모르타르 또는 콘크리트가 Slump 저하로 인해 굳기 시작할 때 물 또는 유동화제를 첨가하여 되비빔하는 것을 말한다.

Ⅱ. Remixing(다시 비빔)

1) 정의
아직 굳지 않은 콘크리트가 재료 분리된 경우 다시 비빔하는 것

2) 재료분리 시 문제점
① 콘크리트 강도 및 내구성이 저하된다.
② 철근과의 부착강도가 저하된다.
③ 재료분리 발생으로 미관이 손상된다.
④ Bleeding 및 Laitance 발생으로 콘크리트 부재 간의 이음부강도가 저하된다.

3) 대책
① 적정한 타설속도를 유지한다.
② 슈트에서 직접 타설하지 않고 중간에 받아서 타설한다.
③ 철근 배근 시 굵은 골재의 유입이 쉽도록 배근한다.
④ 브러시 등으로 Laitance를 제거한다.
⑤ 가능한 한 재료 분리가 발생하기 전에 타설할 수 있도록 계획한다.

Ⅲ. Retempering(되비빔)

1) 정의
굳기 시작한 콘크리트에 물과 유동화제 등을 첨가하여 재비빔하는 것

2) 물 첨가(가수)의 경우
① 4시간 경과한 콘크리트의 경우 W/B비 10% 증가로 Slump가 같아진다.
② 강도 저하 여부를 확인한다.

3) 유동화제를 사용한 경우
① 유동화제 첨가 30분 후가 Slump 최대치가 된다.
② 유동화제 첨가 60분 후에는 효력이 상실되므로 이전에 작업을 완료한다.
③ Slump 120mm인 경우 시간이 90분 경과하면 Slump가 55mm로 저하되므로 유동화제 1,300cc/m^{3}를 첨가하면 Slump가 80~100mm 정도 증가된다.

④ 유동화제 사용의 목적은 강도와 관계없이 Slump치의 회복으로 시공성을 좋게 하는 것이다.

Ⅳ. Remixing과 Retempering 방지법

① 일정 시간 내에 사용한다.

구분	동절기	하절기
모르타르	90분	60분
콘크리트	120분	90분

② 건비빔 후 사용 직전에 물을 첨가하여 비빔 후 사용한다.

③ 일정 시간이 경과한 재료는 폐기 처분한다.

53 콘크리트 타설공법

Ⅰ. 개요

① 콘크리트의 요구성능(강도, 내구성 등)이 확보될 수 있는 타설계획·타설구획·1일 타설량·인원·기계 및 기구 등을 충분히 검토하여 타설공법을 결정한다.

② 타설공법은 크게 운반방법과 타설방법에 의한 것으로 나눌 수 있다.

Ⅱ. 현장 콘크리트 타설 전경(포장용 콘크리트 직접 타설)

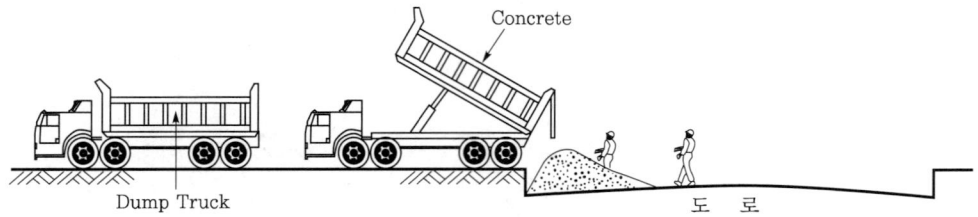

Ⅲ. 공법별 유의사항

종류		종류별 특징
운반 방법에 의한 분류	Bucket공법	Crane을 이용하여 Bucket에 Con'c를 담아 직접 타설
	Chute공법	콘크리트 타설용 철제판(반원모양)을 통해 높은 곳에서 중력 타설
	Cart공법	손수레를 이용한 인력 소운반 타설
	Pump공법	Con'c 수송용 Pump(Piston식, Squeeze식)를 이용하여 타설
	Press공법	Pump공법과 비슷하며 좁은 장소에서의 운반에 사용
타설 방법에 의한 분류	Pocket 타설공법	수직거푸집 측면에 투입구 Pocket을 만들어 타설
	VH(Vertical Horizontal) 분리 타설공법	주로 Half PC Slab공법에 적용하여 기둥·벽 등 수직부재를 먼저 타설하고, PC판과 맞물리게 Topping Con'c 타설
	Tremie Pipe 타설공법	Con'c 타설 시 Tremie Pipe를 통해 Con'c의 중력으로 안정액을 치환하면서 타설
	Concrete Distributor 공법	콘크리트 타설장소 바닥에 Rail을 설치하여 콘크리트 분배기를 직선으로 이동시키면서 타설
	CPB(Concrete Placing Boom)공법	별도의 수직 상승용 Mast에 연결된 Boom을 통해 콘크리트 타설

54 | 콘크리트 펌프(Concrete Pump)

I. 개요

① Concrete 수송용 Pump를 이용하여 콘크리트를 타설하는 방법으로서 정치식(定置式)과 트럭 탑재식(Concrete Pump Car)이 있다.

② 최근 구조물이 대형화·고층화되고 있어 Concrete Pump공법에 대한 활용이 일반화되어 있다.

II. 분류

1) 가설장치에 따른 분류
   ① 정치식(定置式)
   ② 트럭 탑재식(Concrete Pump Car)

2) 압송방식에 따른 분류
   ① Piston type Pump
      ㉠ 기계식
      ㉡ 수압식 또는 유압식
   ② Squeeze Type Pump

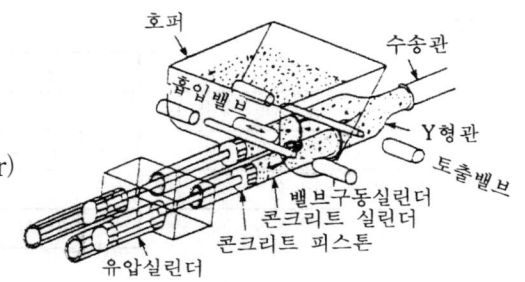

< Piston type Pump >

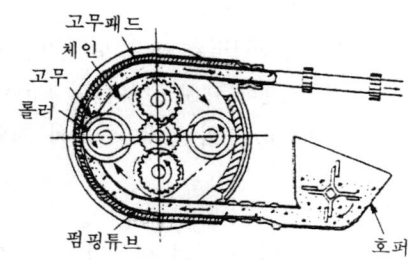

< Squeeze type Pump >

III. 성능

① 수평거리 : 200~300m
② 수직거리 : 40~60m
③ 압송량 : 30~50m^3/h

IV. 특징

1) 장점
   ① 타설속도가 빨라 공기 단축   ② 노무비 절감
   ③ 품질 향상 기대   ④ 성력화기능

2) 단점
   ① Slump 저하   ② 압송관의 Plug현상

V. 시공 시 유의사항

① 거푸집 측압 발생
② Con'c 연속 공급
③ 배관의 수평거리는 최소화
④ 호퍼 내의 가수 금지
⑤ 모르타르를 먼저 압송하여 콘크리트의 윤활성 향상

55 Plug현상(Pipe 막힘현상, 폐색현상)

Ⅰ. 정의
① Con'c Pump공법에 의한 Con'c 타설 시 Pipe Line의 청소 불량, 최소 혼합 시간 미준수 등에 의해 Pipe가 막히는 현상을 말한다.
② 극한 상황(서중, 한중)하에서의 Con'c 타설 시 주로 발생하며, 주로 시공자 및 감독자의 부주의에 의해 발생한다.

Ⅱ. 고려사항

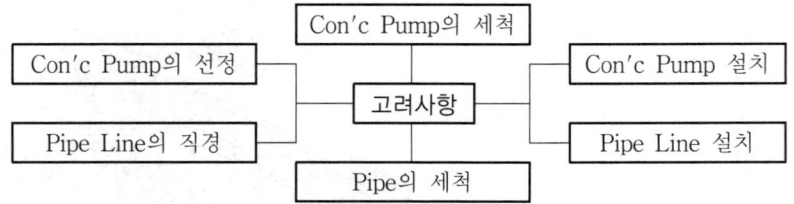

Ⅲ. Con'c Pump공법의 문제점
① 수작업에 의한 세척
② 막힘원인(Pipe 연결 부위, Pipe의 노후 등)을 내포하고 있음
③ 한번 막히면 보수해야 할 Pipe량이 엄청남
④ Cold Joint의 발생, 공기의 지연 등의 원인이 됨

Ⅳ. 원인
① Pipe Line 내의 이물질 및 쇄석 등의 거친 골재 사용
② 윤활Grout량의 부족 및 공기압력의 부족
③ Con'c Bleeding 및 Pipe Line의 수밀성 부족
④ 동절기 Pipe 내에 결빙 발생
⑤ 서중기 Con'c의 급격한 Slump 저하
⑥ 낡은 Pipe의 사용 및 장기간 Pumping 중단

Ⅴ. 대책
① Slump 저하가 예상될 때는 적절한 혼화제(지연제 등) 사용
② 장비는 철저히 정비하고 유지관리할 것
③ Pipe Line의 직경·두께·청소상태 등을 철저히 점검할 것
④ Con'c Pumping 가능성에 대한 충분한 검사(Slump Test 등)
⑤ 동절기 Pipe 내 물축임작업 시 내벽의 결빙 방지를 위해 부동액 첨가
⑥ 서중기의 Con'c 타설 시는 Pumping 중단시간을 가급적 단축할 것
⑦ 서중기의 Con'c 타설시기는 하루 중 비교적 시원한 시간을 택할 것

56 콘크리트 분배기(Concrete Distributor)

Ⅰ. 정의

① 건설현장에서 콘크리트 타설 시 Pump 압송에 의한 타설공법이 타설시간 단축, 타설작업의 용이성으로 인해 많은 건설현장에서 채택되고 있다.

② 콘크리트 타설 시 압송력에 의해 철근과 거푸집에 충격을 주어 구조체에 악영향을 미치고 있다.

③ 콘크리트 분배기는 콘크리트 타설장소에 Rail을 설치하여 이동하면서 타설하므로 철근과 거푸집에 미치는 영향을 최소화하기 위한 콘크리트 타설공법이다.

Ⅱ. 현장 시공도

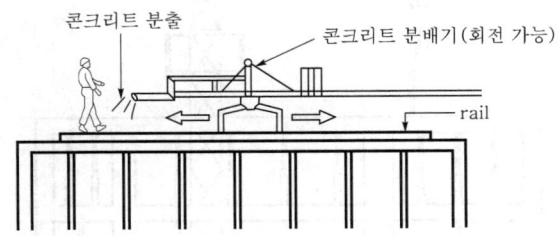

Ⅲ. 특징

① 바닥에 Rail을 설치하여 분배기를 직선이동시킴

② 분배기는 회전이동이 가능

③ Pump의 압송력이 철근에 직접 닿지 않으므로 콘크리트 타설 시 철근에 영향을 최소화

④ 분배기의 이동은 Tower Crane을 이용

⑤ 분배기의 타설영역은 15m 내외

57 CPB(Concrete Placing Boom)

Ⅰ. 정의

① 고층 구조물에서의 고강도 콘크리트 사용이 증가되고 있으며, 콘크리트의 품질과 공정관리를 위해 CPB(Concrete Placing Boom)를 사용한다.

② CPB는 수직 상승용 Mast를 별도로 설치하여야 하며, 콘크리트 타설 Boom을 연결하여 철근에 영향을 주지 않고 적은 인원으로 빠르게 콘크리트를 타설할 수 있다.

Ⅱ. CPB에 의한 콘크리트 타설

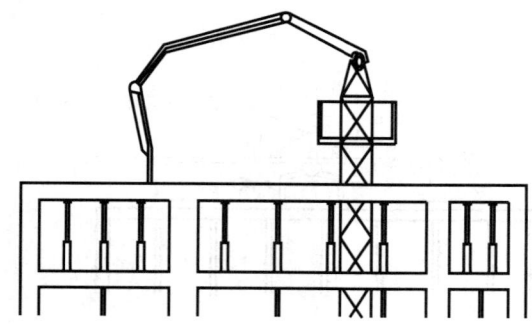

Ⅲ. 특징

① 고층 구조물의 고강도 콘크리트 타설 시 주로 이용

② 콘크리트 타설 시 철근에 영향이 전혀 없음

③ 적은 인원으로 신속한 타설 가능

④ 수직 상승용 Mast 별도 설치

⑤ 초기 구입비나 임대료가 고가

Ⅳ. 레미콘 타설 Flow Chart

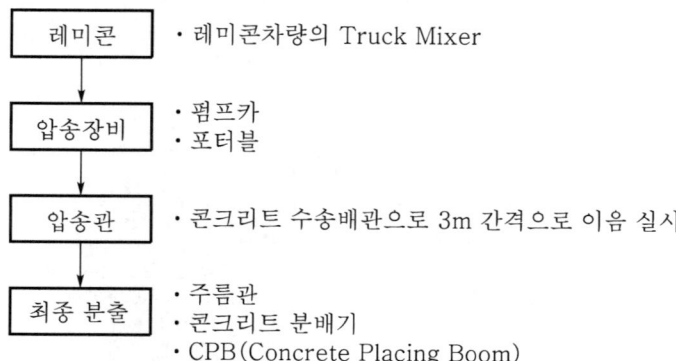

레미콘	· 레미콘차량의 Truck Mixer
압송장비	· 펌프카 · 포터블
압송관	· 콘크리트 수송배관으로 3m 간격으로 이음 실시
최종 분출	· 주름관 · 콘크리트 분배기 · CPB(Concrete Placing Boom)

58 펌퍼빌리티(Pumpability)

[04전(10)]

Ⅰ. 정의

① Concrete의 수송용 Pump를 이용하여 Concrete를 타설하는 방법으로서 정치식과 트럭 탑재식(Concrete Pump Car)이 있다.

② Pumpability란 Concrete Pump Car의 작업성능을 말하는 것으로 폐색현상을 방지하기 위해 적절한 작업상태를 유지해야 한다.

Ⅱ. 펌퍼빌리티의 영향요인

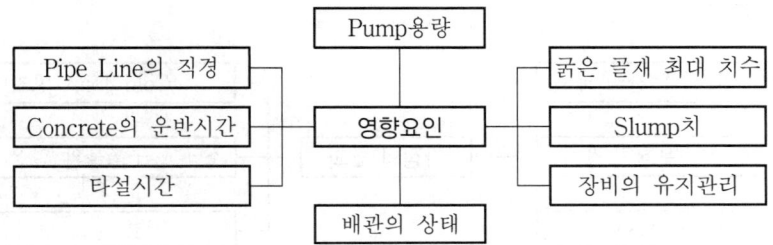

Ⅲ. 펌퍼빌리티의 향상방안

1) Concrete 배합설계 시
 ① Slump치 100~180mm 이상
 ② 단위Cement량 250kg/m^3 이상
 ③ S/a 35~80%
 ④ 굵은 골재 최대 치수 25mm 이하

2) 시공 시 유의사항
 ① 수송관 배관 시 굴곡을 적게 배관
 ② 서중·한중 시 수송관 보온·단열덮개 설치
 ③ 수송관 일정 간격으로 Air Compressor의 공기주입구 설치하여 압송 불능 시 대처
 ④ 사용 전후 청소 철저
 ⑤ 수송관 이음 부분 확인 철저

59 | 콘크리트 진동다짐공법

[77(10)]

Ⅰ. 정의

① 진동다짐은 콘크리트 내용물을 밀실하게 하고 간극을 배제하여 철근 및 매설물과의 부착력을 향상시키고 거푸집의 구석구석까지 Con′c를 균일하고도 치밀하게 채우는 작업을 말한다.

② 다짐작업에 사용되는 장비는 대나무, 나무망치, 진동봉, 거푸집진동기, 진동대 등 여러 가지가 사용되며 콘크리트 품질 향상을 위한 필수 작업이다.

Ⅱ. 다짐의 효과

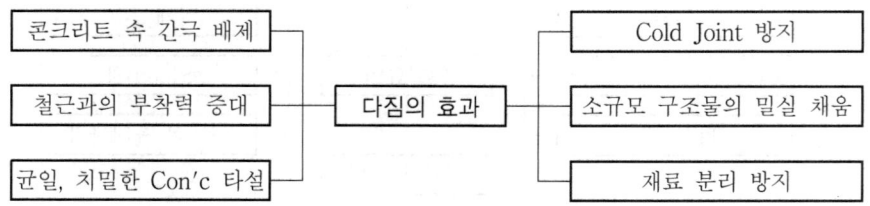

Ⅲ. 진동다짐기

1) 내부진동기(봉형 진동기)

강제 봉 속에 진동체를 넣어서 공기모터 또는 전동모터의 회전력을 이용하여 강제 봉을 진동시켜 콘크리트 속에 넣어서 Con′c를 다짐하는 방법이다.

2) 외부진동기

얇은 벽, 깊은 곳 등의 내부진동기 사용이 곤란한 장소에서 외부거푸집에 진동을 주어 다짐하는 방법으로 거푸집진동기를 사용한다.

3) 평면진동기

콘크리트 포장과 같이 두께가 얇은 평면구조물에 사용하는 진동기이다.

4) 진동대

Precast Con′c제품 생산 또는 공시체 제작에 이용되는 형식으로 작업Mold받침대에 장착하여 다짐하는 방법이다.

Ⅳ. 슬럼프 및 진동시간과의 관계

슬럼프(mm)	0~30	40~70	80~120	130~170	180~200	200 이상
진동시간(초)	22~28	17~22	13~17	10~13	7~10	5~7
진동유효반경(mm)	250	250~300		300~350	350~400	

V. 다짐 시 주의사항

① 진동기 사용 시 다짐은 연직으로 한다.

② 진동기 삽입간격은 일반적으로 500mm 이내로 한다.

③ 충분한 진동으로 콘크리트와 거푸집판과의 접속면에 시멘트풀선이 나타나게 한다.

④ 봉형 진동기를 뺄 때는 간극이 생기지 않게 천천히 뺀다.

⑤ 내부진동기의 횡방향으로 이동해서는 안 된다.

⑥ 진동기의 형식, 수량 등은 시공 Con′c량을 고려하여 선정한다.

⑦ 콘크리트의 재진동은 콘크리트가 유동화될 수 있는 범위 내에서 실시한다.

60 재진동다짐

Ⅰ. 정의

① 타설 및 다짐이 완료된 콘크리트는 경화하는 과정에서 수분과 기포가 발생하게 되는데, 특히 상부수평철근 밑으로 집중되어 철근과의 부착력을 감소시키므로, 이를 개선하기 위하여 실시하는 것이 재진동다짐이다.

② 재진동다짐은 아직 굳지 않은 콘크리트에 내부진동기로 다져서 콘크리트 속의 수분·기포를 제거하여 콘크리트의 품질을 향상시키고, 거푸집의 부실로 물이 과다 손실된 부분의 콘크리트를 균질성 있게 만들기 위해서 실시한다.

Ⅱ. 시공법

구분	내용
시기	• 가동 중인 진동기가 자중만의 힘으로 콘크리트를 액상화할 수 있을 때 가능한 늦게 한다. • 일반적으로 초기 다짐 후 1~2시간 후에 실시한다.
깊이	• 상부표면에서 0.5~1m 정도
방법	• 일반적인 것은 진동다짐 시와 동일하나 진동기를 뽑을 때 천천히 뽑아 내부와 표면에 구멍이 남지 않도록 한다.

Ⅲ. 효과

① 경화과정의 콘크리트 상부표면으로 떠오른 수포와 기포를 제거하므로 콘크리트 품질이 향상된다.

② 거푸집의 부실로 인하여 물이 과다 손실된 부분을 재다짐하여 콘크리트의 균질성을 유지한다.

③ 콘크리트 자체의 강도가 증가하게 된다.

④ 철근과의 부착력이 증대된다.

Ⅳ. 활용방안

① 콘크리트 재료 및 재질에 따라 달라지는 재진동다짐의 효과와 적정 다짐시기 및 방법에 대해서 많은 연구와 노력이 필요하다.

② 재진동 시에는 상부철근의 부착응력 감소규정의 적용을 완화 또는 폐지하여 공사 진행 시 실제로 이득을 얻을 수 있는 근거가 마련되어야 한다.

61 콘크리트 구조물 줄눈

[97중후(20), 22중(10)]

Ⅰ. 개요

① 콘크리트 구조물은 외기의 온도변화 및 건조수축 등의 영향으로 균열이 발생되어 강도 저하의 원인이 된다.

② 시공계획 시 줄눈재료 및 공법의 선정에 주의하고 철저한 시공관리로 균열을 사전에 예방해야 한다.

Ⅱ. 줄눈의 종류

줄눈의 종류 ┬ 시공줄눈(Construction Joint)
├ 신축줄눈[Expansion Joint, 분리이음(Isolation Joint), 분리줄눈]
└ 수축줄눈(Contraction Joint, 균열유발줄눈)

Ⅲ. 시공줄눈(Construction Joint)

1) 정의

시공줄눈이란 콘크리트 타설 시 경화한 콘크리트 또는 경화하기 시작한 콘크리트에 접하여 새로운 콘크리트를 칠 때 생기는 신·구콘크리트의 이음매에서 발생하는 Joint를 의미한다.

2) 설치위치

① 강도상 지장이 적은 곳

② 이음길이와 면적이 최소가 되는 곳

③ 1회 타설량과 시공순서에 무리가 없는 곳

3) Cold Joint

Con'c치기 중에 장비의 변화, 레미콘 수급 불량, 일기변화 등으로 시공계획에 의한 이음이 아닌 이음

Ⅳ. 신축줄눈(Expansion Joint)

1) 정의

구조물의 온도변화에 따른 팽창·수축 혹은 부등침하·진동 등에 의해 균열 발생이 예상되는 위치에 설치하는 Joint이다.

2) 기능

① 온도변화 및 신축활동

② 균열 방지

③ 부등침하

3) 유의사항
    ① 연속되는 철근을 절단시킨다.
    ② 전단력이 작용하는 곳에서 전단Key 설치
    ③ 수밀을 요하는 구조물에서는 지수판 사용

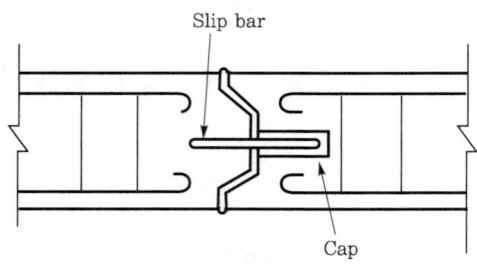

V. 수축줄눈(Contraction Joint, 균열유발줄눈)

1) 정의
    ① 콘크리트 구조물은 내부의 수화열과 외부의 온도변화·건조수축·외력에 의한 변형 등에 의해 균열이 발생하여 구조물의 강도 및 내구성 저하의 원인이 된다.
    ② 균열유발줄눈이란 미리 정해진 장소에 균열을 집중시킬 목적으로 소정의 간격으로 단면결손부를 설치하여 균열을 강제적으로 생기게 하는 줄눈을 말하며 수축줄눈이라고도 한다.

2) 기능
    ① 건조수축
    ② 균열제어
    ③ 변형 억제

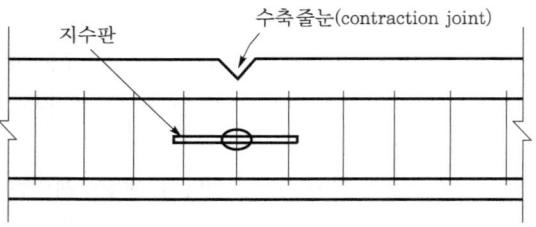

3) 유의사항
    ① 철근은 단락시키지 않고 연속시킨다.
    ② 단면을 감소시켜서 균열을 유도한다.
    ③ 수밀을 요하는 구조물은 지수판을 사용한다.
    ④ 수축줄눈은 수평 또는 수직으로 설치하여 외관을 고려한다.

VI. 개선방향

    ① Joint보강재 선정 시 신축성 고려
    ② 줄눈의 위치는 계획단계에서 선정
    ③ 이음부 하자 발생 방지대책 수립

62 | 콘크리트의 시공이음

[97후(20), 07후(10)]

Ⅰ. 정의

시공이음이란 콘크리트 타설 시 경화한 콘크리트 또는 경화하기 시작한 콘크리트
에 접하여 새로운 콘크리트를 칠 때 생기는 신·구콘크리트의 이음매에서 발생하
는 터짐 혹은 균열을 의미한다.

Ⅱ. 시공이음

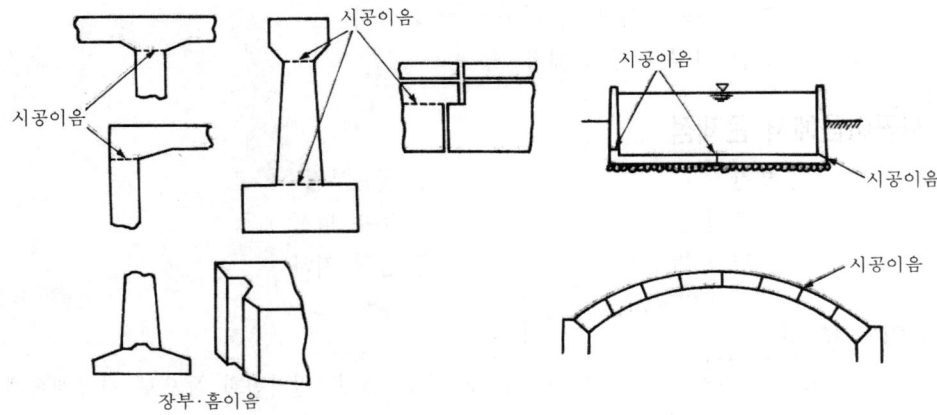

장부·홈이음

Ⅲ. 설치위치

① 구조물의 강도상 영향이 적은 곳
② 이음길이와 면적이 최소가 되는 곳
③ 1회 타설량과 시공순서에 무리가 없는 곳
④ 충격, 균열이 발생되지 않는 곳
⑤ 시공 중 1일 마무리 지점
⑥ 부재의 압축이 작용하는 방향과 직각으로 설치

Ⅳ. 시공방법

1) 수평시공이음
① 거푸집에 접하는 선은 평행한 직선이 되도록 한다.
② 이어치기 콘크리트 표면은 Laitance, 노출된 굵은 골재 등을 제거한 후 흡습시
킨다.
③ 다짐을 철저히 하여 접착을 좋게 한다.
④ 수밀을 요하는 구조물에서는 지수판 설치 후 타설한다.

2) 연직시공이음

① 거푸집을 견고하게 설치하고 진동다짐한다.

② 구콘크리트의 시공이음면은 Wire Brush로 청소하고, Chipping한 후에 시공한다.

③ 진동다짐으로 밀실 시공한다.

V. 시공 시 유의사항

① 이어치기면 주변 거푸집 청소

② 이어치기면 거칠게 하고 물청소

③ 이어치기면 레이턴스, 먼지, 유지 제거

④ 구콘크리트 응결 시작 시 진동봉 삽입 금지

⑤ 구콘크리트면 분리골재 제거

VI. 시공이음에서 문제점

① 균열 발생　　　　　　② 철근부식

③ 탄산화 촉진　　　　　④ 누수 발생

⑤ 구조물 단차 발생　　　⑥ 응력 저하

VII. Cold Joint

① 콘크리트치기 중 온도변화, 레미콘 수급 불량, 일기변화 등으로 시공계획에 의한 이음이 아닌 이음을 뜻한다.

② Con'c 내에 생긴 불연속층으로 전콘크리트와 후콘크리트의 경계가 생기는 것이다.

③ 서중 Con'c에 많이 발생한다.

④ 구조물의 강도, 내구성, 수밀성 저하 및 외관을 저해시키는 요인이 된다.

63 콜드 조인트(Cold Joint)

[85(10), 90후(10), 92전(10), 94후(10), 01후(10), 02중(10), 21중(10)]

Ⅰ. 정의

① 콜드 조인트란 콘크리트 타설온도가 25℃ 초과에서 2시간 이상, 25℃ 이하에서는 2.5시간이 지난 후 이어붓기할 경우에 콘크리트 이어치기 부분에서 시공 부주의에 의해 발생하는 Joint이다.
② 압축강도 3.5MPa 발현 이후 발생한다.
③ 시공계획에 의한 Joint가 아닌 시공 불량에 의해 발생한 Joint이다.

Ⅱ. Cold Joint에 의한 피해

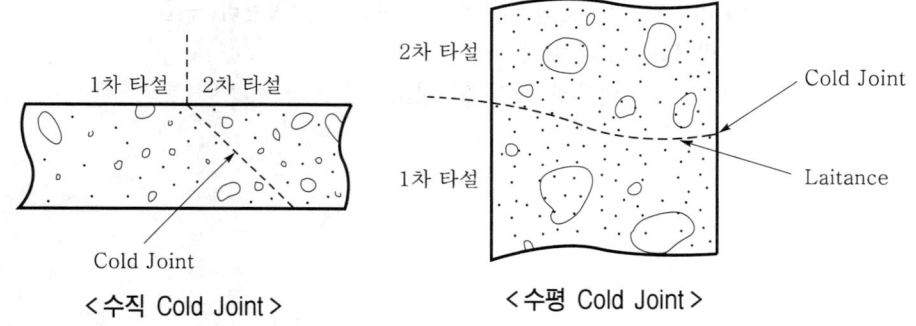

<수직 Cold Joint>   <수평 Cold Joint>

① Con′c 구조체의 내구성 저하
② 철근의 부식
③ 탄산화의 요인
④ 콘크리트의 수밀성 저하
⑤ 누수의 원인
⑥ 마감재의 균열

Ⅲ. 원인

① 넓은 지역의 순환 타설 시 돌아오는 시간이 2시간을 초과할 때
② 장시간 운반 및 대기로 재료분리가 된 콘크리트를 사용할 때
③ Massive한 구조물에서 과도한 수화발열량 발생
④ 계획설계 시 Movement Joint의 누락 및 미시공
⑤ 여름철 콘크리트 타설계획이 불충분할 때
⑥ 분말도가 높은 Cement를 사용할 때

Ⅳ. 대책

① 사전에 콘크리트 운반계획을 철저히 수립

② 레미콘 배차계획 및 간격을 철저히 엄수

③ 타설구획의 순서를 철저히 엄수

④ 여름철 콘크리트는 응결지연제 등의 혼화제 계획 필요

⑤ 큰 구조물의 콘크리트 타설 시 Pipe Cooling계획 필요

⑥ 레미콘의 운반 및 대기시간을 검사하여 이전에 Remixing

Ⅴ. Cold Joint 감소방안

① 콘크리트 수평 타설

② Bleeding수 및 빗물 신속히 제거

③ Slip Form공법에서 올리기 작업 시 치밀한 계획관리 수립

④ 이어치기면 Laitance 제거

⑤ 콘크리트 타설면 이물질 제거 및 청소

64 신축줄눈(Expansion Joint)

[00중(10), 05전(10), 13후(10)]

Ⅰ. 정의

① 신축줄눈이란 구조물의 온도변화에 따른 팽창·수축 혹은 부등침하·진동 등에 의해 균열 발생이 예상되는 위치에 설치하는 균열 방지를 위한 Joint를 말한다.
② 콘크리트 구조체의 단면을 완전히 분리시키므로 분리이음(Isolation Joint) 또는 분리줄눈이라고도 한다.

Ⅱ. 신축줄눈(분리이음) 도해

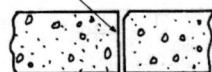
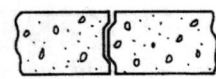

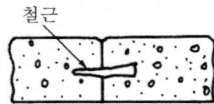

아스팔트 등을 바른다.   철근

< 벽체 신축이음 >

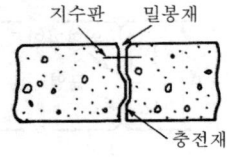
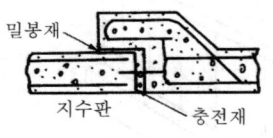

지수판 밀봉재   밀봉재
충전재   지수판 충전재

< 벽 또는 판의 수밀 신축이음 >

Ⅲ. 설치목적

① 양생기간 및 사용 중 안전성 확보
② 콘크리트의 팽창과 수축 조절
③ 콘크리트 구조물의 변형 수용
④ 부등침하·진동 방지

Ⅳ. 유의사항

① 온도변화가 큰 지역은 60m 이내, 적은 지역은 90m 이내마다 설치 고려
② 구조체의 형식, 기초의 연결형식, 횡방향 변위 등에 대한 고려
③ 구조물의 규모와 형태
④ 온도변화 및 온도조절방식

65 균열유발줄눈의 설치목적 · 지수대책 · 시공관리

[98중전(20), 99전(20), 08중(10), 13후(10)]

Ⅰ. 개요

① 콘크리트 구조물은 내부의 수화열과 외부의 온도변화 · 건조수축 · 외력에 의한 변형 등에 의해 균열이 발생하여 구조물의 강도 및 내구성 저하의 원인이 된다.

② 균열유발줄눈이란 미리 정해진 장소에 균열을 집중시킬 목적으로 소정의 간격으로 단면결손부를 설치하여 균열을 강제적으로 생기게 하는 줄눈을 말하며 수축줄눈이라고 한다.

Ⅱ. 균열유발줄눈의 도해

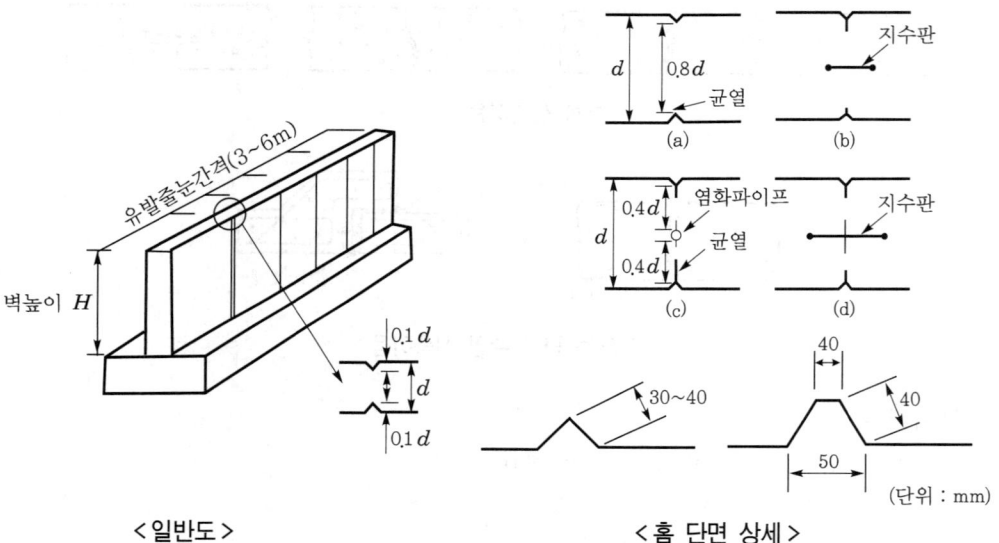

< 일반도 >

< 홈 단면 상세 >

Ⅲ. 설치목적

① 건조수축제어   ② 균열 유도

③ 온도변화에 대응   ④ 외관 고려

⑤ 구조물 보호   ⑥ 내구성 증진

⑦ 열화 방지   ⑧ 부등침하 방지

Ⅳ. 지수대책

1) 지수판 설치

지수를 요하는 구조물의 지수대책으로 균열유발줄눈 중앙부에 신축성 있는 지수판 등을 설치한다.

2) 도해

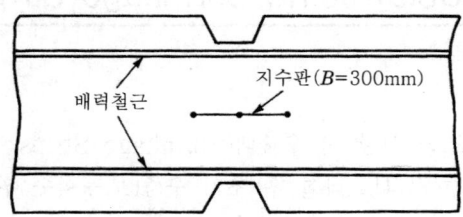

배력철근　지수판(B=300mm)

3) 설치방법

① 균열유발줄눈 설치구간 중앙부에 신축성 있는 지수판을 설치한다.

② 지수판은 콘크리트 타설 시 이동되지 않게 견고하게 고정시켜야 한다.

③ 지수판은 구조물의 규격을 고려하여 적정 치수 이상이 되는 것을 사용한다.

V. 시공관리 시 고려해야 할 내용

① 연직 배치　　② 보강철근 삽입

③ 외관 고려　　④ 철근 연속 배치

⑤ 단면 축소　　⑥ 등간격 준수

⑦ 밀실 다짐

66 지연줄눈(Delay Joint, Shrinkage Strip, Pour Strip)

[13전(10)]

Ⅰ. 정의

① 장span의 구조물 시공 시 수축대(Shrinkage Strips, 폭 1m 정도 남겨 놓음)만 설치하고, 콘크리트 타설 후 초기 수축(보통 4주 후)을 기다렸다가 그 부분을 콘크리트 타설하여 일체화한다.

② 100m를 초과하는 구조물에 Expansion Joint의 설치 없이 시공이 가능하다.

Ⅱ. Delay Joint의 시공

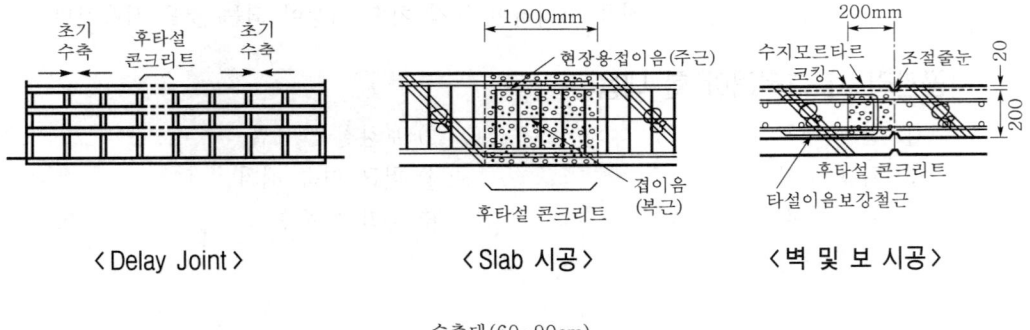

〈 Delay Joint 〉　　　　〈 Slab 시공 〉　　　　〈 벽 및 보 시공 〉

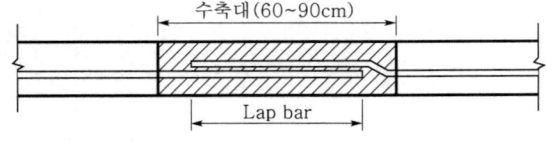

※ 수축대는 Lap bar길이보다 길게 시공

Ⅲ. 특징

① 100m가 넘는 구조물에 유리　　② 이중기둥이 없어짐

③ 구조체 및 마감비용 절감　　　　④ 구조체의 일부가 후공사가 됨

⑤ Joint가 1개소 증가함　　　　　 ⑥ 거푸집 존치기간이 길어짐

Ⅳ. 시공 시 유의사항

① Delay Joint 부분은 4주 후 타설

② Delay Joint의 폭은 Slab는 1m 정도 벽 및 보는 20cm 정도

③ 온도응력이 문제가 될 경우는 완전히 끊어 시공할 것

④ 옥상부는 방수에 유의할 것

⑤ 타단은 Control Joint 설치

⑥ 폭 20~100cm 정도는 보통 Con'c를 사용하나, 폭이 넓은 경우는 무수축 Con'c 사용

67 역타설 콘크리트 이음방법

[20후(10)]

I. 역타설 콘크리트

① 아래에서 위로 타설해 올라가는 방식이 아닌 후타설 콘크리트가 선타설 콘크리트 아래에 위치하게 되는 콘크리트 타설

② Top Down공사 시 지하층으로 슬래브 타설을 하며 역타설 실시

II. 역타설 콘크리트 이음방법

1) 직접법

① 선타설 콘크리트 하부에 이음을 위한 타설 실시

② 이음부에 각도를 두어 헌치 설치, 경화 후 증타부 제거

③ 후타설부의 수축블리딩을 적게 하기 위해 단위수량을 적게 하고 충분히 Vibrator를 가함

2) 충전법

① 후타설 콘크리트를 5~10cm 낮게 타설 후 콘크리트면의 Laitance를 청소하고 충전재를 채움

② 충전재로 무수축 모르타르 또는 팽창성 모르타르를 사용

③ 충전재는 콘크리트와 동등 이상의 강도일 것

④ 선타설 콘크리트 저부는 조금 구배를 두는 편이 충전성에 유리

3) 주입법

① 조인트 부분에 시멘트 또는 에폭시수지 주입재를 주입

② 조인트의 외주를 확실하게 Sealing

③ 시멘트계 주입재는 1mm 이하의 간격에 주입 곤란

④ 수지계 주입재는 0.1mm 이하의 공극에 사용 가능

⑤ 주입압 : 0.4~0.8MPa

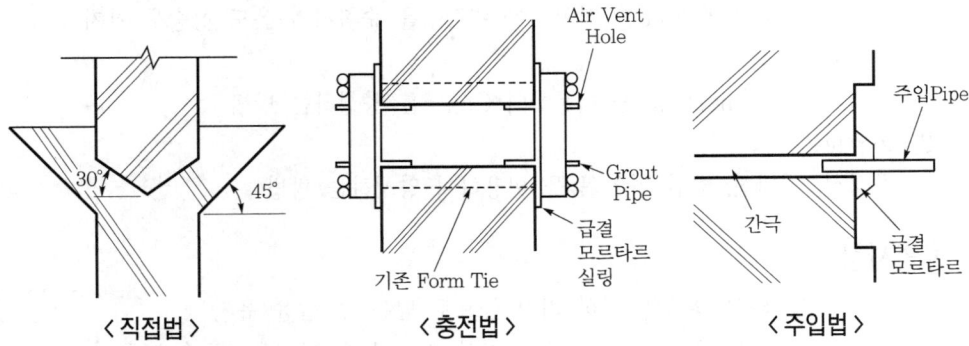

| 〈 직접법 〉 | 〈 충전법 〉 | 〈 주입법 〉 |

68 콘크리트공사의 양생(보양, Curing)

Ⅰ. 정의

① Cement의 수화반응을 촉진시키기 위한 조치로서, 알맞게 배합된 Con′c를 타설한 후 경화의 초기 단계에서부터 적절한 환경을 만드는 것을 말한다.

② 양생의 목적은 미경화 콘크리트에서 원래 물로 채워져 있던 공간을 Cement의 수화 생성물로 채워질 때까지 Con′c를 포수상태로 유지하는 것이다.

Ⅱ. 양생에 영향을 주는 요소

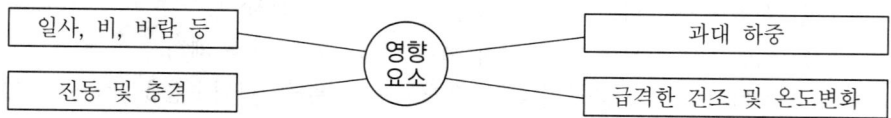

Ⅲ. 양생의 분류

1) 습윤양생(Wet Curing)
   보양 Sheet, 거적 및 Springkler 등을 이용하여 습윤상태 유지

2) 증기양생(Steam Curing)
   단시일 내에 강도를 발현시키기 위해 고온의 수증기로 양생

3) 전기양생(Electric Curing)
   저압교류를 Con′c로 보낸 전기저항으로 발생하는 열을 이용한 양생

4) 피막양생(Membrane Curing)
   Con′c 표면에 피막양생제를 뿌려 수분 증발을 방지하는 양생

5) Precooling
   Con′c 재료의 일부 또는 전부를 냉각시켜 온도 상승을 방지

6) Pipe Cooling
   Con′c 타설 전에 Pipe를 설치하여 냉각수를 순환시켜 온도 상승을 방지

7) 단열보온양생
   단열재(보온 Sheet 등)를 이용하여 Con′c를 양생하는 방법

8) 가열보온양생
   온상선, 적외선, 공간 가열 등을 이용하여 양생하는 방법

Ⅳ. 유의사항

① Con′c 타설 후 7일 이상 거적 등으로 덮은 후 습윤 유지

② 조강 Portland Cement는 5일 이상 거적 등으로 덮은 후 습윤 유지

③ Con′c 타설 후 3일간은 보행 및 작업 금함

69 습윤양생(Wet Curing)방법

[77(10)]

Ⅰ. 정의

① 습윤양생이란 콘크리트 타설 후 콘크리트 속의 물 증발로 콘크리트의 경화에 영향을 주거나, 소성수축에 의한 콘크리트 표면에 균열의 발생이 예상될 때 실시하는 양생방법이다.

② 습윤양생은 주로 서중 콘크리트 타설 시 실시하며, 방법으로는 콘크리트 위에 Sheet 및 거적으로 보양한 후 물을 뿌리는 방법과 스프링클러로 살수하는 방법 및 콘크리트 타설 전 거푸집에 물축임하는 방법 등이 있다.

Ⅱ. 양생방법의 종류

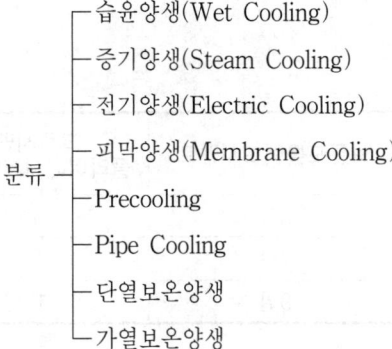

분류
- 습윤양생(Wet Cooling)
- 증기양생(Steam Cooling)
- 전기양생(Electric Cooling)
- 피막양생(Membrane Cooling)
- Precooling
- Pipe Cooling
- 단열보온양생
- 가열보온양생

Ⅲ. 습윤양생방법

1) Sheet 보양 후 살수

① Sheet나 거적 등으로 콘크리트를 보양 후 살수한다.

② 살수 시 Sheet가 항상 습윤상태를 유지하도록 한다.

③ 여름철 주간에는 2시간 간격으로 살수하며 야간에도 수시로 점검하여 Sheet가 마르지 않도록 한다.

2) 스프링클러 살수

① 콘크리트 타설 전에 미리 스프링클러를 설치한다.

② 타설 중 기타설된 콘크리트는 굳기 시작하므로, 타설 후 1시간 경과되면 살수를 시작한다.

③ 타설 후 Sheet 등으로 보양하여 살수하면 더욱 효과적이다.

3) 거푸집 물축임

① 콘크리트 타설 전 콘크리트 수분이 거푸집으로 흡수되는 것을 방지하기 위해 실시한다.

② 거푸집에 충분히 물축임을 한다.
③ 거푸집에 고인 물은 콘크리트 타설 전에 제거한다.

Ⅳ. 목적
① 콘크리트의 급격한 건조 방지
② 콘크리트 균열 방지
③ 마감공사를 위한 콘크리트면 보호
④ 콘크리트의 강도 및 내구성 증대

Ⅴ. 습윤양생 시 주의사항
① 기온이 높거나 직사광선을 받는 경우에는 콘크리트면이 건조하지 않게 충분히 양생
② 타설 후 3일 동안 보행 금지 및 중량물 적재 금지
③ 경화 중 충격·진동 방지

Ⅵ. 표준 습윤양생기간

일평균기온	조강포틀랜드시멘트	보통포틀랜드시멘트	고로시멘트, 플라이애시시멘트 2종
15℃ 이상	3일	5일	7일
10℃ 이상	4일	7일	9일
5℃ 이상	5일	9일	12일

70 증기양생(고온촉진양생)

Ⅰ. 정의

① 양생(Curing)이란 시멘트의 수화반응을 촉진시키기 위한 조치로서 양질의 콘크리트를 얻기 위해서는 알맞게 배합된 콘크리트를 타설한 후 경화의 초기 단계에서 적절한 양생법을 채택하여야 한다.

② 증기양생이란 거푸집을 빨리 제거하고 단시일 내에 소요강도를 발현시키기 위해 고온의 증기로 양생하는 방법으로 고온촉진양생이라고 한다.

Ⅱ. 증기양생된 콘크리트의 초기 강도

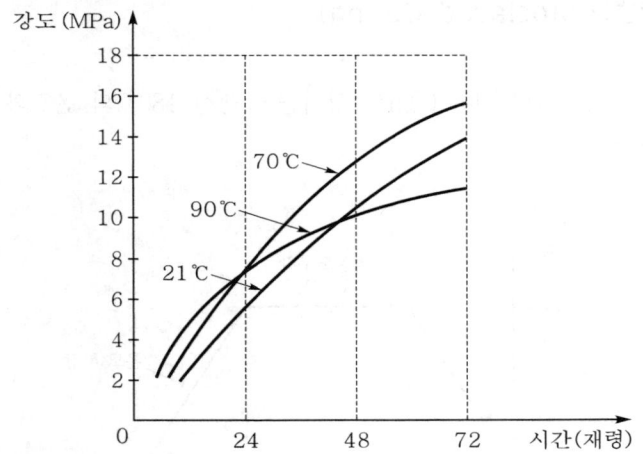

① 온도 21℃에서 3일 양생 후의 강도는 14MPa

② 온도 90℃에서 3일 양생 후의 강도는 11.2MPa

③ 온도 70℃에서 3일 양생 후의 강도는 15.6MPa

Ⅲ. 양생에 영향을 주는 요소

① 양생온도

② 습도

③ 양생 중의 진동·충격

④ 과대 하중

Ⅳ. 증기양생의 종류

① 상압증기양생

② 고압증기양생(Autoclaved Curing)

V. 상압증기양생(Normal Pressure Steam Curing)

1) 순서
① 거푸집 그대로 증기양생실에 넣어 양생실온도를 균등하게 상승시킨다.
② 혼합 후 2~3시간 지난 후 증기양생을 개시한다.
③ 온도 상승속도는 1시간에 20℃ 이하로 하고, 최고온도는 65℃로 한다.
④ 양생이 끝난 후 양생실의 온도를 서서히 낮추고 외기와의 온도차가 없도록 한
다음 제품을 꺼낸다.

2) 특징
① 초기 강도는 매우 커지나 그 후의 강도 증진은 적다.
② 양생온도는 55~75℃이며, 85℃ 이상은 유해하다.

VI. 고압증기양생(Autoclaved Curing)

1) 방법
내경 2.5~4m, 길이 40~60m의 압력솥에 통상 180℃의 온도와 1MPa의 압력으
로 양생한다.

2) 양생과정

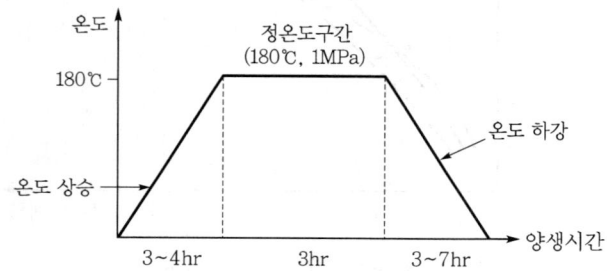

전양생시간	온도 상승시간	정온도시간	온도 하강시간
1~4시간	3~4시간	3시간	3~7시간

3) 특징
① 단시간에 압축강도 60~100MPa를 얻는다.
② 내동해성, 황산염에 대한 저항성이 커진다.
③ 백화가 발생하지 않는다.

71 | Autoclave Curing(고압증기양생, High-Pressure Steam Curing)

Ⅰ. 정의

① 고온·고압(대기압을 초과하는 압력)의 탱크(압력용기방식) 내에서 하는 콘크리트 양생방법이다.

② 압력용기를 Autoclave라고 하며, 압력용기와 고압증기를 이용한 양생을 Autoclave Curing이라고 한다.

Ⅱ. 특징

구분	특징
장점	• 초기 강도가 높음 • 내구성이 좋고 황산염반응에 대한 저항성이 큼 • 내동결융해성 및 백화(Efflorescence)현상이 감소함 • 건조수축 감소(표준 온도양생 Con'c의 약 1/6~1/3 정도) 및 수분이동 감소 • Creep변형 감소 및 석회-실리카반응으로 Cement Paste 중의 석회 감소
단점	• 철근의 부착강도 감소(표준 양생 콘크리크의 1/2 정도) • 고압증기를 양생한 콘크리트는 어느 정도의 취성(脆性)이 있음

Ⅲ. 적용 대상

① 규산석회벽돌   ② Precast Concrete

③ 콘크리트 2차 제품   ④ 특수 교량

⑤ PC Beam

Ⅳ. 품질기준

① 최적 양생온도는 0.82MPa의 증기압에 약 177℃ 정도임

② Silica의 최적량은 Cement 중량의 0.4~0.7 정도임

③ 182℃의 최고온도가 될 때까지 3시간에 걸쳐 천천히 상승시킬 것

④ 최고온도를 5~8시간 유지한 후 20~30분 내에서 압력을 풀어줌

⑤ 급속히 감압시키면 콘크리트의 건조를 촉진하여 건조수축을 감소함

Ⅴ. 유의사항

① 과열증기가 콘크리트에 접촉해서는 안 되며 여분의 물이 필요함

② Silica를 첨가하면 수축률은 커지나 콘크리트와의 화학반응으로 양생에는 유리

③ 고압증기양생은 Portland Cement에만 적용(알루미나 및 내황산시멘트는 불리)

④ Silica는 Cement와 분말도를 같게 하고, 양생 후 Con'c 표면은 흰색을 띰

72 　봉함양생(Sealed Curing)

Ⅰ. 정의

　① 콘크리트 표면으로부터 수분의 증발을 방지하기 위한 양생방법이다.

　② 봉함양생법으로는 방수지나 Plastic Sheet 또는 피막양생제 등이 가장 많이 사용되고 있다.

Ⅱ. 현장 시공도

〈 Sheet양생 〉　　　　　　　　　　〈 피막양생 〉

Ⅲ. 재료

　1) Plastic Sheet

　　① 콘크리트 양생용 시트재

　　② 농업용 폴리에틸렌필름

　　③ 농업용 염화비닐필름

　2) 피막양생제

　　① 합성수지계 : 비닐수지, 페놀수지, 멜라민수지, 에폭시수지 등

　　② 유지계 : 아마인유, 대두유, 보일유, 합성건유 등

Ⅳ. 요구성능

　① 습기가 통하지 않을 것

　② 살포 또는 도포가 용이할 것

　③ 콘크리트면에 부착성이 좋을 것

　④ 풍우·일사 등에 내구적일 것

V. 종류별 특성

1) Plastic Sheet양생

① 콘크리트 표면이 손상되지 않을 정도가 되었을 때 콘크리트 표면을 충분히 습윤한 후 Sheet를 덮어 양생

② Plastic Sheet는 유연성이 있고 복잡한 모양에도 적용이 가능

③ 콘크리트로부터 증발하는 수분을 보유하여 재분배함으로써 양생효과 증대

2) 피막양생(Membrane Curing)

① 콘크리트 표면에 피막양생제를 뿌려 콘크리트 중의 수분 증발을 방지하는 양생

② 습윤양생이 안 되거나 습윤양생 후 장기양생이 필요한 경우

③ Cement의 수화에 필요한 습도를 유지시켜 줌

VI. 시공 시 유의사항

① 진동 및 충격에 유의하여 Plastic Sheet 덮을 것

② 콘크리트 표면의 Bleeding수가 없어진 후(타설 후 약 2시간 경과) 살포할 것

③ 살포 시 피막양생제가 철근에 묻지 않도록 유의할 것

73 | 피막양생(Membrane Curing)

[19중(10)]

I. 정의

① 콘크리트 표면에 피막양생제(Curing Compound)를 뿌려 콘크리트 중의 수분 증발을 방지하는 양생방법이다.

② 습윤양생이 안 되는 경우나 습윤양생이 끝난 후 장기양생이 필요한 경우에 많이 사용된다.

II. 현장 시공도

III. 요구성능

① 습기가 통하지 않을 것   ② 살포 또는 도포가 용이할 것
③ 콘크리트면에 부착성이 좋을 것   ④ 풍우·일사 등에 내구적일 것

IV. 재료

1) 합성수지계
   ① 비닐수지   ② 페놀수지
   ③ 멜라민수지   ④ 에폭시수지

2) 유지계
   ① 아마인유   ② 대두유
   ③ 보일유   ④ 합성건유

V. 시공 시 유의사항

① 열흡수 방지를 위해 백색 도료를 혼합하여 백색 또는 회백색으로 할 것
② 터널 내와 같이 통풍이 안 되는 장소는 휘발성분에 의한 화재에 유의할 것
③ 콘크리트 표면의 Bleeding수가 없어진 후(타설 후 약 2시간 경과) 살포할 것
④ 살포는 방향을 바꾸어 2회 이상 실시할 것
⑤ 살포시기가 지연될 때는 콘크리트를 습윤상태로 유지할 것
⑥ 살포 시 피막양생제가 철근에 묻지 않도록 유의할 것

74 온도제어양생

Ⅰ. 정의

① 온도제어양생이란 콘크리트가 충분히 경화가 진행될 때까지 필요한 온도조건을 일정하게 유지하여 저온·고온 등의 급격한 온도변화에 의한 유해한 영향을 받지 않도록 하는 양생을 말한다.

② 온도제어양생은 외부기온과 콘크리트와의 온도차를 줄이고 초기 동해 및 온도응력 발생을 방지하기 위해서 실시한다.

Ⅱ. 습윤양생 시공도

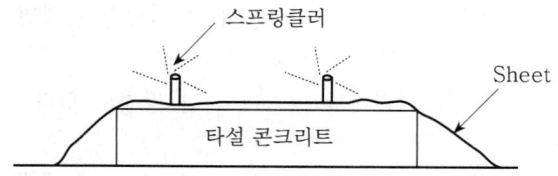

Ⅲ. 종류

① 습윤양생
② 증기양생
③ Pipe Cooling
④ 단열보온양생
⑤ 가열보온양생

Ⅳ. 목적

① 초기 동해로부터의 보호
② 급격한 건조수축균열 방지
③ 온도응력 발생 방지
④ 콘크리트와 외부기온과의 차이를 최소화

Ⅴ. 종류별 특징

1) 습윤양생

① 기온이 높고 습기가 낮은 경우에는 표면이 갑자기 건조하여 균열이 발생하기 쉬우므로 살수, 또는 덮개 등의 적절한 조치를 하여 표면의 건조를 최대한 억제하는 것이다.

② 기온이 높거나 직사광선을 받을 경우에는 콘크리트면이 건조하지 않도록 충분히 양생한다.

2) 증기양생
    ① 증기양생이란 거푸집을 빨리 제거하고 단시일 내에 소요강도를 발현시키기 위해 고온의 증기로 양생하는 방법이다.
    ② 한중 Con′c에는 증기보양이 유리하다.
    ③ 종류
        ㉠ 저압증기양생(Low Pressure Steam Curing) : 상압증기양생
        ㉡ 고압증기양생(High Pressure Steam Curing) : Autoclaved Curing

3) Pipe Cooling
    ① Mass Con′c에 이용한다.
    ② Pipe의 지름·간격·통수의 온도와 양생기간 등에 대하여 충분히 검토해서 정해야 한다.
    ③ 통수방법(냉각속도, 냉각기간, 냉각순서)이 적당치 못하면 부피 내 온도차가 크게 되어 균열 발생이 원인이 된다.
    ④ Pipe Cooling은 물 이외에도 냉기에 의한 방법도 있다.

4) 단열보온양생
    ① 한중 콘크리트에서 온도 저하 방지를 위한 양생방법이다.
    ② Sheet나 단열재 등으로 콘크리트 표면을 보양한다.

5) 가열보온양생
    ① 콘크리트 타설 후 초기 양생 동안 콘크리트가 동해를 입지 않게 하기 위하여 가열하고 주위 온도를 높이는 양생법이다.
    ② 종류에는 공간가열, 표면가열, 내부가열 등이 있다.

75 Pipe Cooling공법

[03후(10)]

Ⅰ. 정의

① 콘크리트 내부의 온도 상승을 방지하기 위하여 타설 전에 미리 냉각관을 배치하고 그 속으로 냉기 또는 냉각수를 통과시켜 콘크리트의 내부온도를 저하시키는 방법이다.

② 서중 Con'c 또는 Mass Con'c의 시공에 있어서는 콘크리트 내·외부온도차에 의한 균열(온도균열)의 발생을 제어하기 위한 양생방법이다.

Ⅱ. Pipe Cooling 현장 시공도

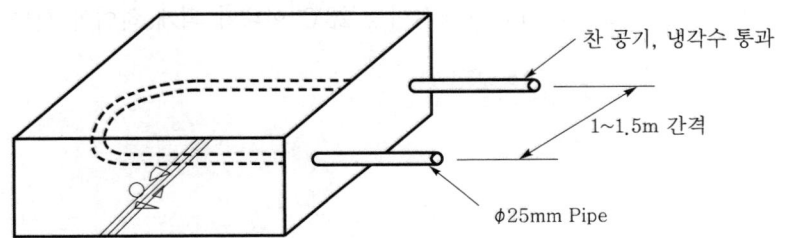

찬 공기, 냉각수 통과

1~1.5m 간격

φ25mm Pipe

Ⅲ. 특징

① 수화열을 억제시키는 효과가 크다.

② 장기간에 걸쳐 발열이 일어나는 경우에 적용한다.

③ Con'c 내부온도제어가 용이하다.

④ 일반적으로 Dam구조물에 많이 사용된다.

⑤ 시공이 번거롭고 냉각 Pipe Grouting에 비용이 많이 소요된다.

Ⅳ. 시공방법

1) 배관 설치

새로운 콘크리트를 타설하기 전에 쿨링용 파이프를 수평으로 배치한다.

2) 배관규격

① 직경 25mm 강관 사용

② 1코일길이는 200~300m 정도

③ 토수량은 매분 13~16ℓ 정도

④ 파이프 표준 간격은 1.5m이나, 경우에 따라 1m로 함

3) 냉각수온도

① Pipe Cooling을 할 때는 냉각관 주위에 급격한 온도변화는 Con'c를 균열시킬 우려가 있으므로 주의하여야 한다.

② 냉각수의 온도는 콘크리트 온도차가 20℃ 이하가 되게 한다.

4) 통수방법

① Pipe Cooling에 배출되는 냉각수의 온도가 20℃ 이하로 내려갈 때까지 통수시킨다.

② 콘크리트 타설과 동시에 시작하여 2~4주 정도 지속한다.

③ 콘크리트 온도의 균등한 저하를 위해 흐름방향을 1~2일마다 바꾸어준다.

V. 유의사항

① 급격한 온도변화가 생기지 않도록 한다.

② 냉각관은 Con'c 타설 전에 누수검사를 하여야 한다.

③ Pipe Cooling 완료 후 Pipe 내에는 Grouting을 실시한다.

④ 장외배관은 단열처리한다.

⑤ 냉각관의 온도와 Con'c 온도차이는 20℃ 이내가 되게 하여야 한다.

76 콘크리트 타설 중 시험

[06후(10)]

Ⅰ. 개요

Con'c공사는 사용재료 선정에서 최종 마무리까지 그 품질에 대한 시험을 행하여야 하며, 특히 타설 중 콘크리트에 대한 시험은 제작하는 구조물의 품질을 예측할 수 있는 중요한 과정이다.

Ⅱ. 타설 중 시험

1. Slump시험

1) 정의

미경화 Con'c의 반죽질기(Consistency)를 측정하여 시공연도(Workability)를 판단하고자 실시하는 시험이다.

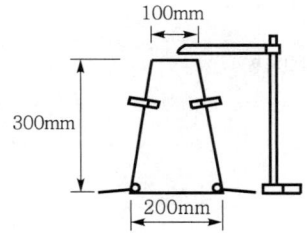 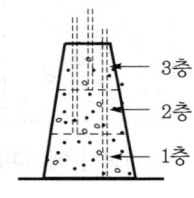 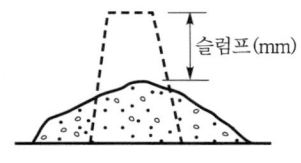

2) 시험방법

① 수밀성 평판 위에 철제몰드를 중앙에 설치한다.

② 비빈 Con'c를 거의 같은 양의 3층으로 나누어 채우고 각 층마다 다짐봉으로 25회씩 고르게 다진다.

③ 상단까지 다짐이 마무리되면 몰드를 빼 올린다.

④ 몰드를 빼 올린 다음 공시체가 충분히 주저앉은 후 그 높이를 측정하여 당초 몰드의 높이차를 5mm 단위로 측정하여 슬럼프값으로 한다.

2. 콘크리트 압축강도시험

Con'c 품질을 확인하기 위하여 사용하는 Con'c에서 시료를 채취하여 공시체를 제작하여 양생시킨 다음 7일, 14일, 28일 강도를 측정하여 Con'c 품질 및 공정관리에 반영하는 중요한 사항이다.

3. 공기량시험

1) 정의

AE 콘크리트에서는 동일 재료로 동일 배합일지라도 골재의 입도 및 기타 재료의 변화에 의해서 공기량이 상당히 변화되는데 공기량이 적절한가를 확인하기 위하여 공기량시험을 해야 한다.

2) 시험방법

① 공기량측정기(워싱턴 에어미터) 용기 내에 3층으로 나누어 각 층을 25회로 나누어 다진다.

② 윗면을 용기 상단까지 고르게 한 후 뚜껑을 밀실하게 닫는다.

③ 공기실의 압력을 초압력까지 올린 다음 5초가 지난 후의 안정된 압력계의 눈금을 읽어 이 값을 콘크리트의 겉보기 공기량으로 한다.

④ 공기량 계산

$$A(공기량) = A_1(겉보기\ 공기량) - G(골재수정계수)[\%]$$

3) 도해

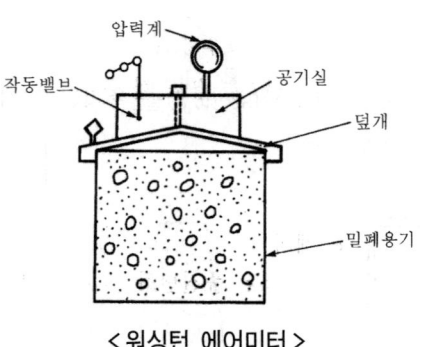

압력계

작동밸브

공기실

덮개

밀폐용기

< 워싱턴 에어미터 >

4. Bleeding Test

① Bleeding이란 콘크리트 타설 후 혼합수가 시멘트입자와 골재의 침강에 의해 위로 떠오르는 현상이다.

② 처음 60분은 10분 간격으로, 그 후로는 30분 간격으로 혼합수를 빨아낸다.

③ Bleeding양의 측정

$$Bleeding양 = \frac{V}{A}[cm^3/cm^2]$$

여기서, V : 혼합수의 부피(cm^3)

A : 시험표면적(cm^2)

④ Bleeding 양이 많으면 레이턴스의 발생이 많아지고 굵은 골재가 모르타르로부터 분리된다.

⑤ Bleeding양을 줄이기 위해서는 단위수량을 줄이거나 혼화재(포졸란)를 사용한다.

5. 염화물함유량시험

① Con′c 속에 염화물은 바닷자갈, 바닷모래, 사용수 등의 영향이 가장 크다.

② 공사현장에서의 측정법으로 간이측정기법, 이온전극법, 시험지법 등이 널리 이용된다.

③ Con′c 속에 염화물함유량 총량규제치는 $0.3kg/m^3$이다.

6. 콘크리트 온도

① 콘크리트 온도는 굳지 않은 Con'c의 품질, 수화열에 의한 온도변화, 강도 발현성, 경화 후의 품질 등에 영향을 주게 된다.

② Mass Con'c, 한중 Con'c 또는 서중 Con'c의 시공에 있어서는 중요한 관리 항목이다.

7. 콘크리트 단위용적중량시험

콘크리트 중량이 구조물에 미치는 영향이 큰 경량 콘크리트 또는 해양 콘크리트에서 구조물이 예인되어 설치된 경우와 같이 단위용적중량의 대폭적인 변동이 구조물의 성질에 현저한 영향을 줄 경우 실시하는 시험이다.

Ⅲ. 타설 중 시험의 목적

① 경제적인 Con'c 제작

② 소요품질의 Con'c 제작

③ 생산에서 타설까지의 Con'c 품질변화 정도 확인

④ Con'c Workability 확인

77 콘크리트 압축강도시험

Ⅰ. 정의

① 콘크리트의 압축강도는 구조물의 구조적 성능과 직결되므로 레미콘을 받아들일 시 철저한 품질관리가 필요하다.

② 현장에서의 레미콘 받아들이기 시험은 Slump시험, 압축강도시험, 공기량시험, Bleeding시험, 염화물시험, 단위수량시험 등이 있다.

Ⅱ. 압축강도시험

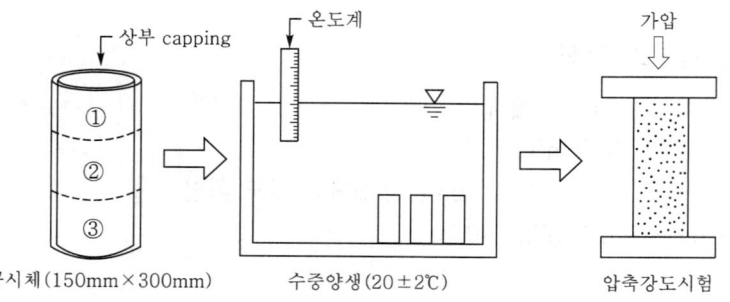

공시체(150mm×300mm)　　수중양생(20±2℃)　　압축강도시험

Ⅲ. 압축강도시험방법

1) 시료 채취(KS F 2401)

① 채취 전 재료분리 여부 확인

② 트럭 Agitator에서 규칙적인 간격으로 3회 이상 채취

③ 강도

ㄱ 28일 강도(보통 Con'c) : 콘크리트 배출량의 25%, 50%, 75% 배출시점에서 채취

ㄴ 7일 강도(중간 확인용) : 콘크리트 배출량의 50% 배출시점에서 채취

④ 채취 시 기재사항 : 일시, 날짜, 기온, 채취방법, 채취위치, 배치번호, 운반차번호, 배합, 온도, 채취자명

2) 공시체 제작(KS F 2403)

① 공시체의 지름은 굵은 골재 최대 치수($G_{\max}$)의 3배 이상 및 100mm 이상으로 함

② 공시체의 높이는 공시체 지름의 2배 이상으로 함

③ 몰드는 비흡수성으로 시멘트에 의해 침식이 되지 않는 재료로 제작

④ 공시체 규격

ㄱ 150mm×300mm : 3층 25회 다짐 실시

ㄴ 100mm×200mm : 2층 25회 다짐 실시

⑤ 28일 강도시험용 공시체는 1개조에 3개씩, 3개조 9개를 제작

⑥ 7일 강도시험용 공시체는 1개조 3개 제작

⑦ 3일 강도시험용(거푸집 탈형시기 확인) 공시체는 수직부재용 1개조 3개, 수평 부재용 1개조 3개, 예비용 1개조 3개 제작

3) 몰드 제거 및 양생

① 몰드 콘크리트를 채운 직후 16시간 이상 3일 이내에 제거

② 수중양생 또는 상대습도 95% 이상의 장소에서 양생하며 양생온도는 20±2℃로 함

③ 수중양생 시 표면이 건조되지 않고 온습도관리가 용이

4) 압축강도시험(KS F 2405)

① 시기 : 1회/일

② 횟수 : 120m³마다 1회

③ 배합설계 변경 시 시험 실시

④ 시험방법

㉠ 공시체를 가압판의 중심과 일치

㉡ 공시체와 가압판을 밀착시키고 그 사이에 쿠션재를 넣어서는 안 됨(언본드 캡핑 시에는 강제캡 안에 고무패드를 삽입함)

㉢ 동일한 속도(0.6±0.4MPa/sec)로 하중 가압

㉣ 공시체가 급격한 변형을 시작한 후에는 속도조정을 중지하고 하중을 계속 가하며, 파괴 시 최대 하중을 유효숫자 3자리까지 읽음

$$f_{cu} = \frac{P}{\pi \left(\dfrac{d}{2} \right)^2}$$

여기서 f_{cu} : 압축강도(MPa), P : 최대 하중(N), d : 공시체 지름(mm)

Ⅳ. 압축강도(f_{cu}) 판정기준(KS F 4009)

① 360m³(1Lot)의 3회 실시한 공시체 9개의 압축강도 평균값 ≥ 호칭강도

② 120m³의 1회 실시한 공시체 3개의 압축강도 평균값 ≥ 호칭강도−3.5MPa

Ⅴ. 불합격 시의 조치

① 시료의 적절성, 시험기기・시험방법의 적절성 검토

② 관리재령을 28일에서 56일, 90일로 연장하여 강도시험 검토

③ 3개의 시험Core를 채취하여 강도시험 실시

㉠ 3개의 Core강도 평균값 > 0.85×설계기준강도(f_{ck})

㉡ 각각의 Core강도 > 0.75×설계기준강도(f_{ck})

④ 구조물의 비파괴시험 실시

⑤ 보수・보강으로 구조체의 성능을 회복해야 하며 회복 불능 시 재시공조치

78 | 콘크리트 조기강도평가

Ⅰ. 정의

콘크리트 공사현장에서 콘크리트 강도는 일반적으로 제작공시체의 28일 압축강도로 하지만, 공사관리상 보다 빨리 콘크리트 강도를 추정하기 위한 것으로 사용하는 방법을 조기강도평가라 한다.

Ⅱ. 조기강도평가방법의 분류

① 굳지 않은 콘크리트의 분석시험결과 이용
② 촉진 경화시킨 콘크리트 조기강도시험결과 이용
③ 동일 양생조건의 공시체 조기강도시험결과 이용

Ⅲ. 조기강도평가방법

1. 분석시험

1) 정의

굳지 않은 콘크리트에서 사용시멘트량과 사용수량을 측정하여 물결합재비를 추정하여 콘크리트 강도를 조기에 판정하는 것이다.

2) 특성

① 시험장치 및 기구 간편
② 조작 간편
③ 시험소요시간 짧음
④ 시험결과 판정 용이

2. 촉진시험

1) 정의

콘크리트의 경화를 온수·증기·수화열·급결제 등을 이용하여 경화를 촉진시킨 후 압축강도시험을 하는 방법이다.

2) 분류

① 급속경화법 : 굳지 않은 콘크리트에서 채취한 시료 중에서 일정량의 모르타르에 급결제를 첨가하여 공시체 제작한 다음 1~1.5시간 양생 후 압축시험을 하여 강도 추정하는 방법이다.
② 55℃ 온수법 : 굳지 않은 콘크리트에서 채취한 시료를 공시체를 만들어 55℃ 항온수조에서 20.5시간 양생한 후 30분간 냉각하여 압축시험을 하여 28일 강도를 추정하는 방법이다.

3. 7일 강도 추정

1) 정의

   현장에서 제작한 공시체를 20±3℃의 수조에서 7일간 양생하여 구한 7일 강도를 28일 압축강도로 추정하는 방법이다.

2) 관계식(외부기온이 15℃ 이상일 경우)

   ① 조강포틀랜드시멘트인 경우 : $f_{28} = f_7 + 8[\text{MPa}]$

   ② 보통 포틀랜드 또는 혼합시멘트인 경우 : $f_{28} = 1.35f_7 + 3[\text{MPa}]$

79 워커빌리티(Workability) 측정방법

[04중(10)]

Ⅰ. 정의

콘크리트 Consistency는 콘크리트의 시공연도를 말하는 것으로 Workability의 성질 중 하나이며, Workability는 콘크리트의 연도, 유동성, 소성, 비분리성, 시공의 난이도 및 마감성을 포함하는 성질이다.

Ⅱ. Workability 측정방법의 분류(일반 콘크리트)

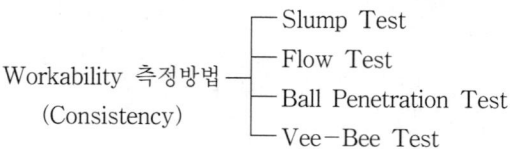

Workability 측정방법
(Consistency)
- Slump Test
- Flow Test
- Ball Penetration Test
- Vee-Bee Test

Ⅲ. 분류별 특성

1. Slump Test

1) 도해 설명

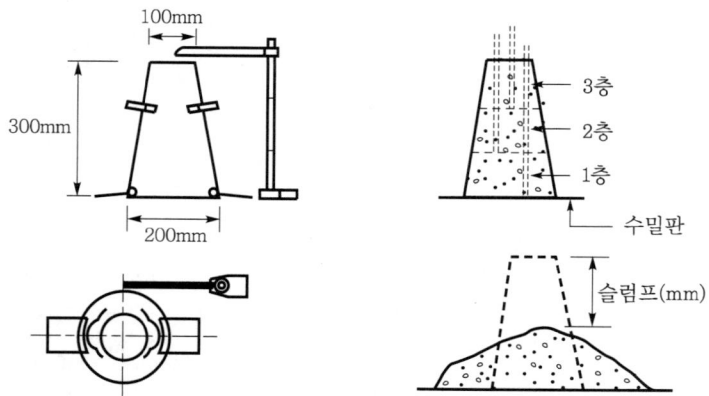

수밀성 평판 위의 시험통 속에 콘크리트를 채우고, 시험통을 제거하여 콘크리트의 무너진 높이를 측정하고 시험

2) 시험방법

① 수밀성 평판 위에 시험통을 중앙에 설치함

② 비빈 콘크리트를 3층으로 나누어 부어넣고 다짐막대로 윗면을 각 층마다 25회 다짐

③ ②를 두 번 되풀이하여 실시함

2. Flow Test

1) 도해 설명

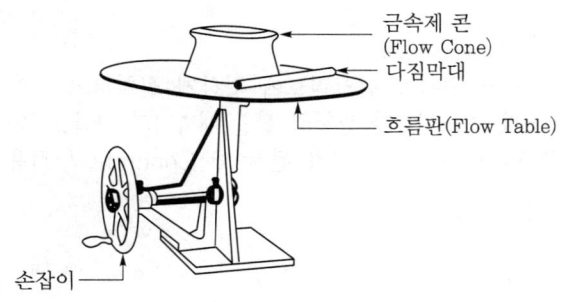

금속제 콘
(Flow Cone)
다짐막대
흐름판(Flow Table)
손잡이

< 흐름시험기 >

흐름판을 상하운동시켜 금속제 콘 속에 있는 콘크리트의 흐름값을 구하는 시험

2) 시험방법

① 흐름판의 중앙에 금속제 콘을 놓고 콘크리트를 2등분하여 넣은 다음, 각각 25회 다짐한 후 연직으로 들어 올린다.

② 흐름판을 10초에 15회 상하운동시켜 콘크리트의 반죽직경을 측정하여 다음 식으로 흐름값(flow value)을 구한다.

$$흐름값 = \frac{시험 후의 \ 직경(cm) - 25.4cm}{25.4cm} \times 100[\%]$$

3. Ball Penetration Test(구관입시험)

① 구관입시험기를 콘크리트 표면에 놓아 구(Ball)의 자중에 의해 콘크리트 속으로 가라앉은 관입깊이 측정

② 포장 콘크리트 등 평면 타설된 콘크리트 반죽질기 측정

③ 관입값의 1.5~2배가 Slump값과 거의 비슷

4. Vee−Bee Test

1) 도해 설명

진동으로 인해 콘크리트가 퍼져서 자유낙하하는 투명한 플라스틱원판에 완전히 접하는 시간 측정

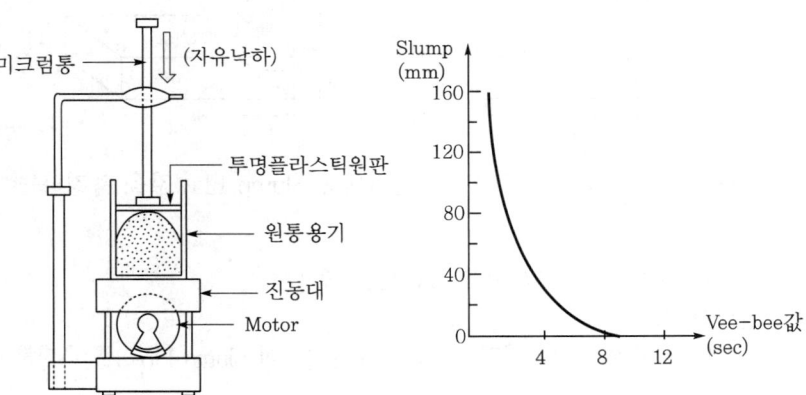

미크럼통
(자유낙하)
투명플라스틱원판
원통용기
진동대
Motor

Slump
(mm)
160
120
80
40
0
4 8 12
Vee−bee값
(sec)

2) 시험방법

    ① 진동대 위에 원통용기 고정

    ② 원통용기 속에 콘크리트 채움

    ③ 투명한 플라스틱원판을 콘크리트에 접하게 설치하고 진동 가함(침하도)

    ④ 원판의 전면에 콘크리트가 완전히 접할 때까지의 시간을 측정한 값(퍼짐시간 측정)

    ⑤ Slump Test가 어려운 비교적 된 비빔 Concrete에 적용

5. Slump Flow Test

1) 도해 설명

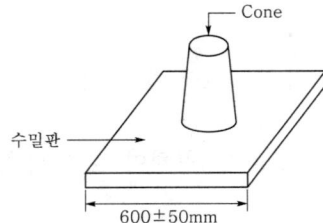

수밀판 위의 수밀Cone 속에 콘크리트를 넣고 Slump Flow값을 측정하는 시험

2) 시험방법

    ① 콘크리트의 퍼진 지름이 500mm가 될 때까지의 시간Check

    ② 5±2초이면 합격

3) Slump Flow의 허용오차

Slump Flow	허용오차
500mm	±75mm
600mm	±100mm
700mm	±100mm

6. L자형 Flow Test

1) 도해 설명

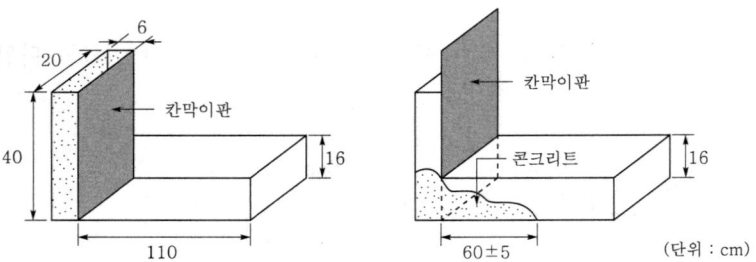

L-type의 Form 속에 콘크리트를 흘러내려 Slump Flow값을 측정하는 시험

2) 시험방법

    ① L형 Form의 수직 부위에 콘크리트를 채움

    ② 칸막이 제거

    ③ L형 Form 속으로 흘러내린 콘크리트의 수평길이(Slump Flow)를 측정하여 60±5cm 이면 유동성 우수

80 | Slump Test

Ⅰ. 정의

미경화 Con'c의 반죽질기(Consistency)를 측정하여 시공연도(Workability)를 판단하고자 실시하는 시험이다.

Ⅱ. 시험방법

< 표준 슬럼프값 >

(단위 : mm)

구분	일반적인 경우	단면이 큰 경우
철근콘크리트	80~150	60~120
무근콘크리트	50~150	50~100

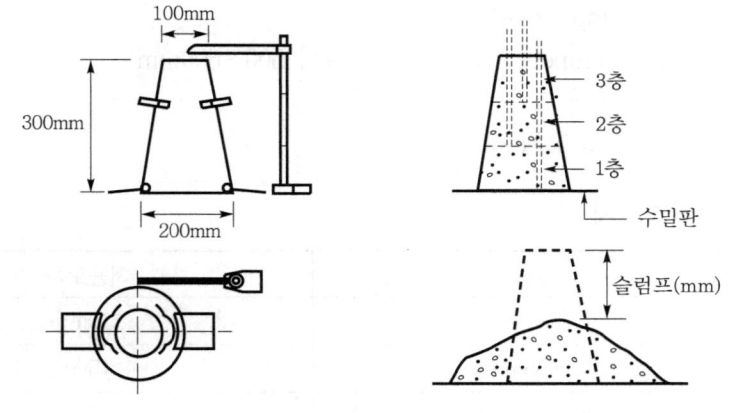

< 슬럼프시험 >

① 수밀성 평판 위에 시험통을 설치(중앙에)한다.
② 비빈 Con'c를 3층으로 나누어 부어넣고 다짐막대로 윗면을 각 층마다 25회 다짐한다.
③ ②의 과정을 두 번 되풀이하여 실시한다.
④ 상단까지 다짐이 마무리되면 몰드를 빼 올린다.
⑤ 몰드를 빼 올린 다음 공시체가 충분히 주저앉은 후 그 높이를 측정하며, 당초 몰드의 높이차를 5mm 단위로 측정하여 슬럼프값으로 한다.

< 슬럼프 판정 >

슬럼프	좋음		나쁨	
150~180mm		균등한 슬럼프는 충분한 끈기가 있다.		끈기가 없고 부분적으로 무너진다.
		덤핑하여 내리지만 끈기가 있다.		덤핑으로 터슬터슬 허물어진다.
200~220mm		미끈하게 넓혀지고 골재의 분리가 없다.		밑기슭은 시멘트풀이 흘러내린다.
				골재가 분리되어 위에 뜬다.

Ⅲ. 시험기구

① 수밀성 평판
② 시험통(Slump Cone)
③ 다짐막대(Tamper) : 지름 16mm, 길이 500~600mm
④ Slump 측정용 자
⑤ 소형 삽, 혼합기(Mixer), 흙손 등

Ⅳ. 슬럼프의 허용오차

Slump	허용오차
25mm	±10mm
50~65mm	±15mm
80mm 이상	±25mm

Ⅴ. Con′c 타설 중 시험의 분류

① Slump Test
② 강도시험
③ 공기량시험
④ Bleeding Test
⑤ 염화물시험
⑥ 단위수량시험

81 흐름시험(Flow Test)

Ⅰ. 정의

미경화 Con′c를 시험기의 흐름판 위에 놓고 상하로 운동시켜 그 변형을 측정하여 Con′c의 유동성과 시공연도(Workability)를 측정하는 시험이다.

Ⅱ. Workability 측정시험 분류

Workability 측정시험
(Consistency)
- 일반 콘크리트
  - Slump Test
  - Flow Test
  - Ball Penetration Test
  - Vee-Bee Test
- 초유동화 콘크리트
  - Slump Flow Test
  - L형 Flow Test

Ⅲ. 시험기구

① 흐름판(Flow Table) : 직경 76.2cm, 밑면지름 25.4cm, 운동높이 1.27cm
② 금속제 콘(Flow Cone) : 하면직경 17.1cm
③ 다짐막대 : 지름 16mm

Ⅳ. 시험방법

① 흐름판의 중앙에 금속제 콘을 놓고 Con′c를 2등분하여 넣은 다음, 각각 25회 다짐한 후 연직으로 들어 올린다.
② 흐름판을 10초에 15회 상하운동시켜 Con′c의 반죽직경을 측정하여 다음 식으로 흐름값(flow value)을 구한다.

$$흐름값 = \frac{시험 후의 직경(cm) - 25.4cm}{25.4cm} \times 100[\%]$$

Ⅴ. 특징

① 일정 배합의 Con′c는 단위수량과 흐름의 관계가 비례함
② 충격을 가하여 시험을 실시하므로 굵은 골재가 분리되기 쉬움

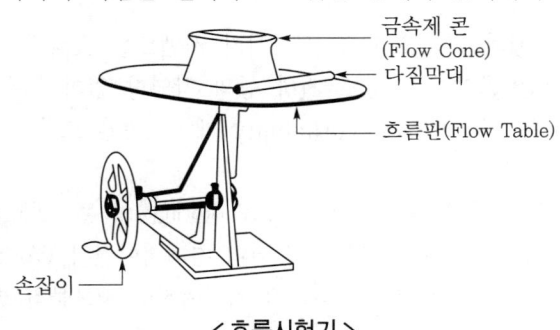

금속제 콘
(Flow Cone)
다짐막대
흐름판(Flow Table)
손잡이

< 흐름시험기 >

82 │ W/B비가 작은 Con'c 배합에서 Slump 증가방법

Ⅰ. 개요

① 콘크리트는 구조물의 형상, 규격 등에 따라 작업성 확보를 위하여 적정의 반죽질기
가 요구되는데, W/B비가 작을수록 콘크리트의 Slump가 작게 되고 Workability
가 저하된다.

② 현장에서 좋은 콘크리트를 만들기 위하여 W/B비를 작게 하여 콘크리트를 제조
하면서 Slump를 증가시키기 위해서는 AE제, 감수제, AE감수제, 분산제 등의
혼화제를 사용하여 구조물에 요구되는 Workability를 확보하는 것이 중요하다.

Ⅱ. W/B비가 작을 경우

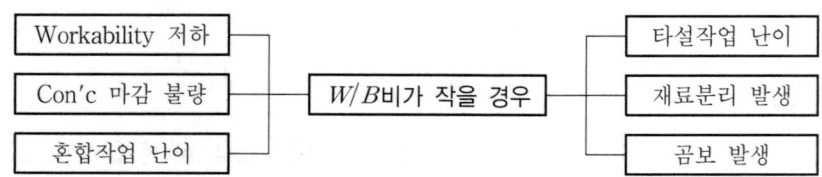

Ⅲ. Slump 증가방법

1) AE제

① 콘크리트 내부에서 독립된 미세기포를 발생시켜 콘크리트 Workability를 개선
시키며 동결융해에 대한 저항성도 크게 한다.

② 콘크리트 중에 연행된 공기(Entrained Air)의 입경이 $10 \sim 100 \mu m$ 정도의 구
상으로서 균등하게 분포되어 골재와 골재 사이에서 윤활역할을 하게 된다.

2) 감수제, AE감수제

① 콘크리트에 혼입되어 콘크리트 중의 시멘트입자를 분산시킴으로써 콘크리트의
Workability가 크게 개선되는 효과가 있다.

② 감수제, AE감수제는 계면활성작용 중 시멘트입자에 대한 습윤분산작용이 특히
강한 것으로 기포성이 큰 AE제와는 달리 Workability 증가효과가 크다.

3) 유동화제

일반적인 감수제의 기능을 더욱 향상시켜 시멘트를 효과적으로 분산시키고 응결
지연 및 지나친 공기연행, 강도 저하 등의 악영향 없이 높은 첨가율로 사용하여
W/B비가 작은 콘크리트의 Workability 개선효과가 크다.

4) 잔골재율 적게

① 배합 시 잔골재율을 작게 하면 소요Workability의 콘크리트를 얻기 위한 단위수
량이 감소되고 단위시멘트가 적게 되어 경제적이면서 Workability가 개선된다.

② 잔골재율이 너무 작으면 콘크리트가 거칠어지고 재료분리 발생 및 Workability
가 도리어 더 나빠진다.

5) 입도 및 입형이 좋은 골재 사용

굵은 골재로 부순 돌, 고로슬래그 등을 사용하는 것보다 입도 및 입형이 좋은 강
자갈을 사용함으로써 콘크리트의 Workability가 개선된다.

Ⅳ. 혼화제 사용 시 유의사항

① KS규정품 사용

② 소량의 혼화제는 희석하여 사용

③ 사용 전 충분한 시험을 거친 후 사용

④ 혼합시간, 온도 등에 유의 시공

⑤ 지정된 사용량 준수

⑥ 염화물총량 규제범위 내 사용

⑦ 보관 저장 시 섞임 없이 종류별 보관

⑧ 일사광선, 열, 동해 등의 피해 입지 않게 보관

⑨ 계량오차 발생 방지

83 불량 레미콘 처리

[06전(10)]

Ⅰ. 정의

① 불량 레미콘이란 레미콘의 Slump 저하, 공기량변화, 염화물함유량기준 초과 및 운반시간이 경과한 레미콘을 말한다.

② 또한 현장 도착 전후 레미콘에 가수를 하였거나 기타 레미콘에 사용된 자재(시멘트, 골재 등)가 규정치를 벗어난 경우에도 불량 레미콘에 해당된다.

Ⅱ. 불량 레미콘의 유형

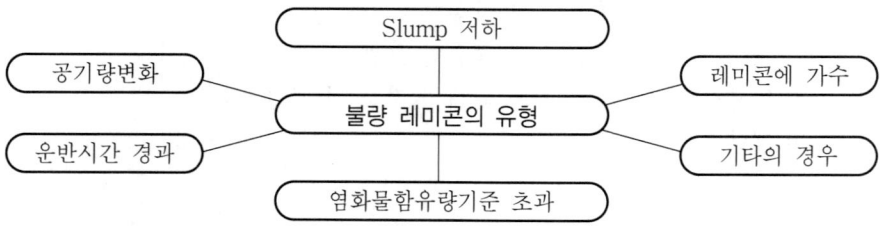

Ⅲ. 불량 레미콘 처리

① 감리원과 시공자는 불량 레미콘이 발생한 경우 즉시 반품 처리하고, 불량 레미콘 폐기처리사항을 확인하여 기록을 비치하여야 하며, 발주자에게 매월 말 그 결과를 보고하여야 한다.

② 반품 처리된 레미콘의 타 현장 반입을 방지하기 위해 불량자재폐기확인서를 운전자, 공장장 등이 서명하고 준공 시까지 보관하여야 한다.

Ⅳ. 폐기확인서

① 반품된 레미콘의 타 현장 반입을 방지하기 위해 불량 레미콘 폐기확인서를 징구

② 폐기확인서가 허위로 판명될 경우는 한국건설감리협회로 하여금 회원사에 통보

③ 일간 건설지 등에 게재하는 등 해당 제품의 사용 금지

Ⅴ. 불량 레미콘의 사용 시 조치

① 해당 제품 사용 중지

② 정밀 안전진단 실시

③ 사용된 구조물 재시공

84 콘크리트 구조물의 비파괴시험(Concrete Non−destructive Test)

[07전(10)]

Ⅰ. 정의

콘크리트 구조물의 압축강도를 추정하고 내구성 진단, 균열의 위치, 철근의 위치 등을 파악하는 데 있어서 구조체를 파괴(재하시험, Core채취법 등)하지 않고 비파괴적인 방법으로 측정하는 검사방법이다.

Ⅱ. 필요성(비파괴적 방법)

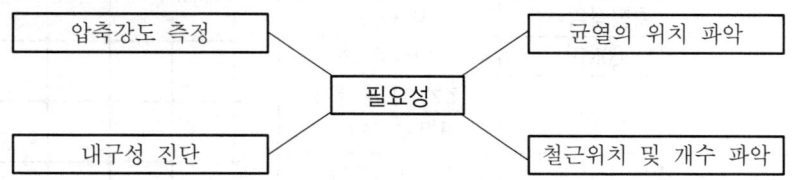

Ⅲ. 비파괴시험의 종류별 특성

1) Schumidt Hammer(타격법, 반발경도법)

   Con′c 표면을 타격하여 반발계수를 계측하여 Con′c의 강도를 추정하는 검사방법

2) 방사선법

   X선 발생장치 또는 방사선동위원소에서 방사되는 X선, γ선을 이용하여 철근의 위치・크기 또는 내부결함 등을 조사하는 시험

3) 초음파법(음속법)

   발신자와 수신자 사이를 음파가 통과하는 시간을 측정하여 음속의 크기에 의해 강도를 측정하는 검사방법

4) 진동법

   Con′c 공시체에 진동을 주어 그때의 공명・진동 등으로 Con′c 탄성계수를 측정하는 검사방법

5) 인발법

   철근을 종류별로 배치한 후 콘크리트를 타설하여 경화시킨 후 잡아당겨서 철근과 Con′c의 부착력을 검사하는 시험

6) 철근탐사법

   전자유도에 의한 병렬공진회로의 진폭 감소를 응용한 것으로서 콘크리트 구조물의 철근탐사를 위한 시험

85 슈미트 해머(Schumidt Hammer, 타격법, 반발경도법)

[18후(10)]

Ⅰ. 정의

① Con'c 표면을 타격하여 반발계수를 계측하여 Con'c의 강도를 추정하는 것으로써 비파괴검사의 일종이다.

② 검사장비가 소형·경량이고 조작이 용이하여 광범위하게 사용될 전망이다.

Ⅱ. 슈미트 해머의 종류

종류	측정범위	사용용도
N형	11~60MPa	일반 구조물
P형	5~15MPa	초기 강도 측정 저강도 구조물
L형	10~60MPa	경량 콘크리트
M형	60~100MPa	매스 콘크리트

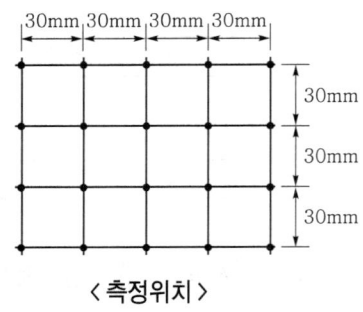

〈 측정위치 〉

Ⅲ. 특징

① 구조가 간단하고 사용하기 편리하다.

② 비용이 비교적 저렴하다.

③ 구조체의 습윤 정도에 따라 시험결과가 달라진다.

④ 신뢰성이 부족하다.

Ⅳ. 시험방법

1) 측정위치

벽, 기둥, 보 등의 측면

2) 측정지점

간격 30mm로 가로 5개, 세로 4개의 선을 그어 만나는 교점 20곳 측정

Ⅴ. 시험 시 유의사항

① 앤빌(Test Anvil)을 이용하여 측정 전 강도보정을 실시할 것

② 두께 100mm 이하의 판재, 1변이 150mm 이하 단면의 기둥·보 등은 피할 것

③ 가장자리 100mm 이상 기격, 타격범위간격 30mm 이상일 것

④ 측정면을 평탄하게 연마한 후 측정을 실시할 것

⑤ 표면이 미장·도장 등의 표피가 있는 경우 제거한 후 실시할 것

⑥ 재령, 타격각도, 표면습윤상태에 대한 보정값을 입력할 것

⑦ 타격면과 키는 수직이 되게 하여 서서히 힘을 가하여 타격할 것

⑧ 화재로 소실되었던 구조체는 강도를 정확히 계측하기 어려우므로 유의해야 함

86 초음파법(음속법)

[15전(10)]

Ⅰ. 정의

① 초음파법은 콘크리트 중의 음속의 크기에 의해 강도를 추정하는 것으로, 음속은 피측정물의 소정의 개소에 붙인 발진자와 수신자의 사이를 음파가 전하는 시간을 측정하여 식에 의해 정한다.

② 콘크리트 구조물의 비파괴시험은 압축강도를 추정함은 물론 내구성 진단, 균열의 위치, 철근의 위치 등을 구조체의 파괴 없이 파악할 수 있는 시험이다.

Ⅱ. 음속을 측정하는 공식

$$V_t = \frac{L}{T}$$

V_t : 음속(m/sec)
L : 측정거리(m)
T : 음파의 전달시간(sec)

Ⅲ. 측정순서 Flow Chart

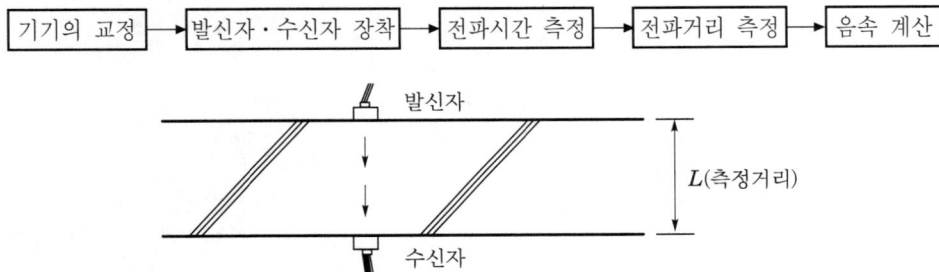

기기의 교정 → 발신자·수신자 장착 → 전파시간 측정 → 전파거리 측정 → 음속 계산

발신자
L(측정거리)
수신자

Ⅳ. 특징

① 콘크리트의 내부강도 측정이 가능하다.
② 타설 후 6~9시간 지난 후 측정이 가능하다.
③ 강도가 작을 경우 오차가 크고, 철근의 영향이 크다.
④ 음속측정장치는 50~100kHz 정도의 초음파를 이용한다.

Ⅴ. 시험

1) 측정 부위 선정
① 콘크리트 품질을 대표할 수 있는 곳
② 비교적 측정이 용이한 곳

2) 표면 처리
① 콘크리트 표면은 평활하고, 불순물은 깨끗이 제거
② 콘크리트 표면에 마감재 제거 후 시험

3) 측정거리

    100mm 이상, 10m 이내

4) 측정점

    ① 같은 측정을 2회 이상 실시

    ② 가능한 많은 측정점 선정

87 Con'c의 배합설계

[12후(10)]

Ⅰ. 정의

강도, 내구성, 수밀성 등을 가진 콘크리트를 경제적으로 얻기 위해서 Cement, 골재 등을 적당한 비율로 배합하는 것을 말한다.

Ⅱ. 배합의 요구조건

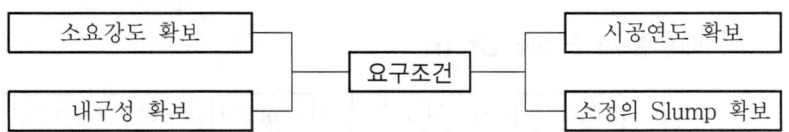

Ⅲ. 배합설계순서

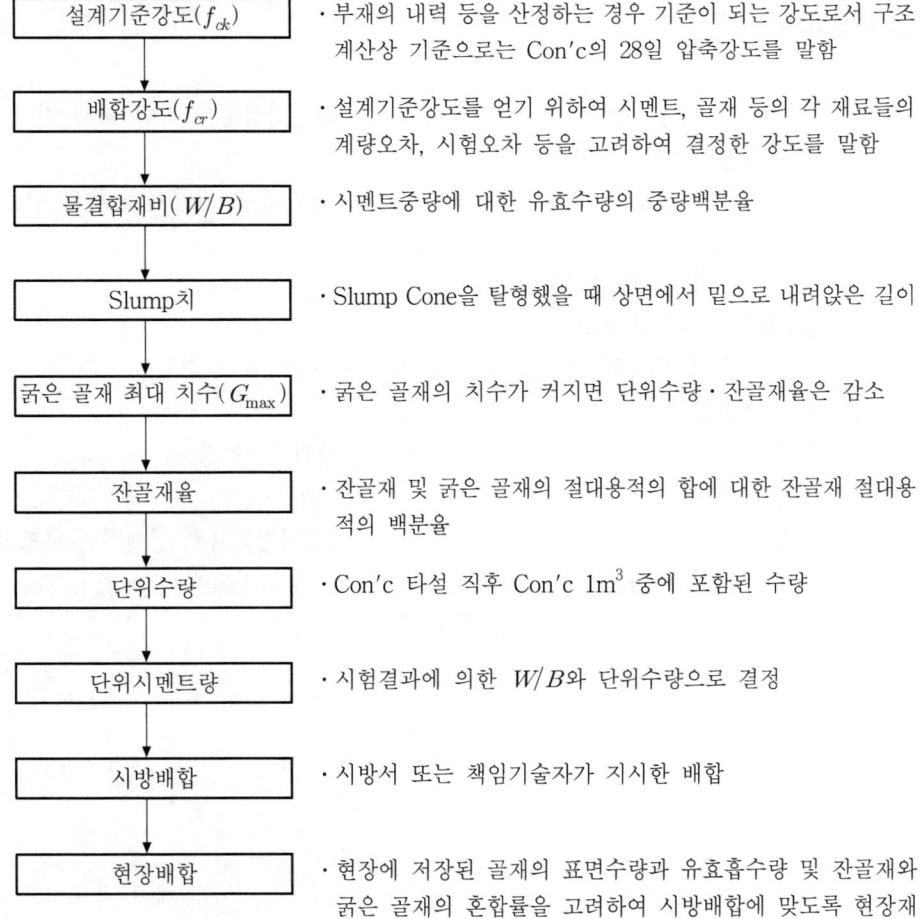

| 설계기준강도(f_{ck}) | ·부재의 내력 등을 산정하는 경우 기준이 되는 강도로서 구조 계산상 기준으로는 Con'c의 28일 압축강도를 말함 |

| 배합강도(f_{cr}) | ·설계기준강도를 얻기 위하여 시멘트, 골재 등의 각 재료들의 계량오차, 시험오차 등을 고려하여 결정한 강도를 말함 |

| 물결합재비(W/B) | ·시멘트중량에 대한 유효수량의 중량백분율 |

| Slump치 | ·Slump Cone을 탈형했을 때 상면에서 밑으로 내려앉은 길이 |

| 굵은 골재 최대 치수(G_{max}) | ·굵은 골재의 치수가 커지면 단위수량·잔골재율은 감소 |

| 잔골재율 | ·잔골재 및 굵은 골재의 절대용적의 합에 대한 잔골재 절대용적의 백분율 |

| 단위수량 | ·Con'c 타설 직후 Con'c $1m^3$ 중에 포함된 수량 |

| 단위시멘트량 | ·시험결과에 의한 W/B와 단위수량으로 결정 |

| 시방배합 | ·시방서 또는 책임기술자가 지시한 배합 |

| 현장배합 | ·현장에 저장된 골재의 표면수량과 유효흡수량 및 잔골재와 굵은 골재의 혼합률을 고려하여 시방배합에 맞도록 현장재료의 상태 및 계량방법에 따라 정한 배합 |

88 콘크리트 배합에서 주안점

Ⅰ. 정의

① 콘크리트 배합이란 강도, 내구성, 수밀성 등을 가진 콘크리트를 경제적으로 얻기 위해서 Cement, 골재, 물 등을 적절한 비율로 배합하는 것을 말한다.

② 현장에서 콘크리트 공사 시공 전에 사용할 콘크리트에 대해 배합설계를 할 때 콘크리트가 악영향을 받지 않게 설계하는 것이 무엇보다 중요하다.

Ⅱ. 콘크리트의 배합설계 Flow Chart

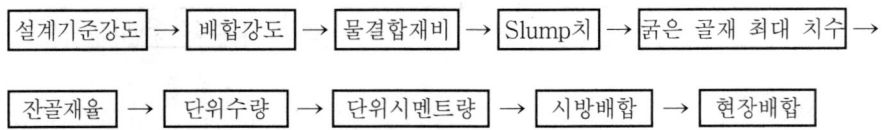

설계기준강도 → 배합강도 → 물결합재비 → Slump치 → 굵은 골재 최대 치수 →

잔골재율 → 단위수량 → 단위시멘트량 → 시방배합 → 현장배합

Ⅲ. 배합에서 주안점

1) 적은 시멘트량

   가능한 한 적은 시멘트 사용으로 시멘트의 알칼리성분에 의한 피해 저감

2) 많은 굵은 골재 사용량

   굵은 골재 사용량을 많게 하여 단위시멘트, 단위수량, 잔골재율 등의 감소효과

3) 적은 단위수량

   사용수량 저감으로 W/B비 감소효과 증대

4) 염화물혼입량의 최소화

   잔골재, 물에 함유된 염화물혼입량은 염화물총량규제치 허용한도 이내

5) 낮은 슬럼프값

   슬럼프값을 작게 하여 단위수량, 잔골재율, 단위시멘트량 등의 저감효과

6) 적정 혼화제량

   적정한 혼화제 사용으로 Con'c 품질 향상, 재료절감효과로 경제적인 콘크리트 생산

7) Fly Ash나 고로슬래그 사용

   콘크리트의 내구성, 내화학성, 내동해성 향상 기대

89 콘크리트 시방배합과 현장배합

[79(10), 86(20), 98중후(20), 10중(10)]

I. 정의

① 콘크리트 배합이란 시멘트, 물, 골재, 혼화재료 등을 적정한 비율로 배합하여 강도, 내구성, 수밀성을 가진 경제적인 콘크리트를 얻기 위한 설계를 말한다.

② 배합에는 시방배합과 현장배합이 있으며, 시방배합을 기준으로 하여 현장에서 사용골재, 시공조건 등을 고려하여 배합을 수정하여 사용한다.

II. 배합의 요구조건

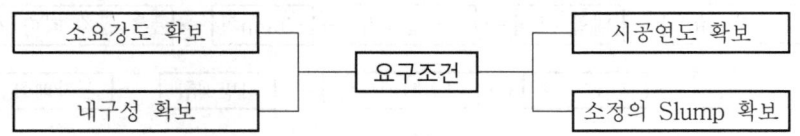

III. 배합설계 Flow Chart

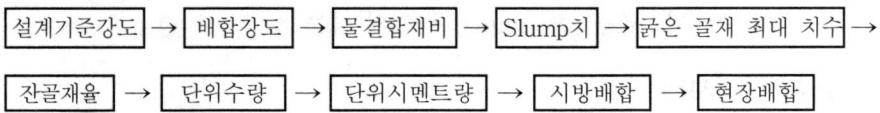

IV. 시방배합

1) 시방서 또는 책임기술자가 지시한 배합

2) 골재입도

① 5mm체를 100% 통과하는 것은 잔골재

② 5mm체를 100% 남는 것은 굵은 골재

3) 골재의 함수상태 : 표면건조내부포화상태

4) 단위량 : $1m^3$당

V. 현장배합

1) 현장 골재의 함수량, 입도상태를 고려하여 시방배합의 결과에 가깝게 현장에서 하는 배합

2) 골재입도

① 5mm체를 거의 통과하고, 일부만 남아 있을 때는 잔골재

② 5mm체를 거의 남게 되고, 일부만 통과되었을 때는 굵은 골재

3) 골재의 함수상태

기건상태 또는 습윤상태

4) 단위량

Mixer용량에 의해 1batch량으로 표시

90 현장배합

[82전(10), 05후(10)]

I. 정의

① 배합에는 시방배합과 현장배합이 있으며, 시방배합을 기준으로 하여 현장에서 시공골재, 시공조건 등을 고려하여 배합을 수정하여 사용한다.

② 현장배합이란 현장 골재의 표면수량, 흡수량, 입도상태를 고려하여 시방배합에 가깝게 현장에서 배합하는 것을 말한다.

II. 배합설계 Flow Chart

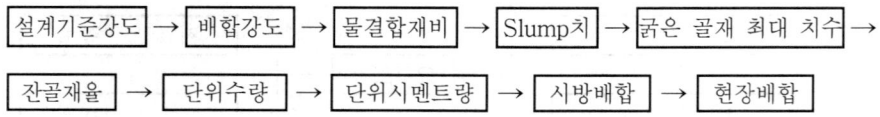

설계기준강도 → 배합강도 → 물결합재비 → Slump치 → 굵은 골재 최대 치수 →

잔골재율 → 단위수량 → 단위시멘트량 → 시방배합 → 현장배합

III. 골재의 입도

① 잔골재 : 표준망체 5mm체를 거의 통과하는 것

② 굵은 골재 : 표준망체 5mm체에 거의 남는 것

IV. 골재의 함수상태

기건상태 또는 습윤상태

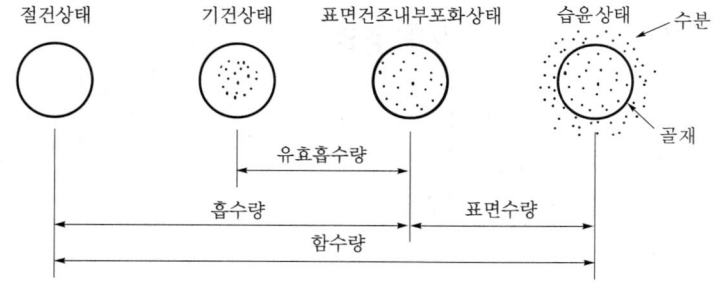

1) 기건상태

골재를 공기 중에 건조하여 내부는 수분을 포함하고 있는 상태

2) 습윤상태

골재의 내부는 이미 포화상태이고 표면에도 물이 묻어 있는 상태

V. 단위량 표시 및 계량방법

1) 단위량 표시

Mixer용량에 의해 1batch량으로 변경

2) 계량방법

중량 또는 부피

91 설계기준강도와 배합강도

[79(10), 02후(10), 09후(10), 16중(10)]

Ⅰ. 정의

① 설계기준강도란 Con'c 부재의 설계 시 계산의 기준이 되는 Con'c 강도로서, 일반적으로 재령 28일의 압축강도를 기준으로 한다.

② 배합강도란 설계기준강도에 적당한 계수를 곱하여 할증한 압축강도를 말하며, 배합설계 시 소요강도로부터 물결합재비를 정할 경우에 쓰인다.

Ⅱ. 설계기준강도(Specified Compressive Strength, f_{ck})

1) 정의

콘크리트 부재설계에 있어서 기준으로 한 압축강도를 말하며 일반적으로 재령 28일의 압축강도를 기준으로 한다.

2) 주요 공종별 설계기준강도 규정

구분	기준
일반 철근콘크리트	재령 28일 압축강도
댐 콘크리트	재령 91일 압축강도
도로 포장 콘크리트	재령 28일 휨강도

3) 재령 28일 강도를 기준하는 이유

실제 구조물에 있어서는 표준 양생한 시험공시체의 재령 28일의 압축강도에 비하여 그 콘크리트 강도를 크게 증가시킬 수 있을 정도의 양생을 기대할 수 없기 때문이다.

Ⅲ. 배합강도(Required Average Strength, f_{cr})

1) 정의

콘크리트 배합을 정하는 경우에 목표로 하는 압축강도를 말하며 일반적으로 재령 28일의 압축강도를 기준으로 한다.

2) 결정방법

① 구조물에 사용된 콘크리트의 압축강도가 설계기준강도보다 작아지지 않도록 현장 콘크리트의 품질변동을 고려하여 콘크리트의 배합강도(f_{cr})를 설계기준강도(f_{ck})보다 충분히 크게 정해야 한다.

② 현장 콘크리트의 압축강도시험값(배합강도)이 설계기준강도 이하로 되는 확률은 5% 이하여야 하고, 또한 압축강도시험값이 설계기준강도보다 3.5MPa 이하로 되는 확률은 1% 이하여야 한다.

③ 배합강도의 결정은 ②의 조건을 충족시키도록 다음의 두 식에 의한 값 중 큰 값을 적용한다.

$$f_{cr} \geq f_{ck} + 1.34s \, [\text{MPa}]$$

$$f_{cr} \geq (f_{ck} - 3.5) + 2.33s \, [\text{MPa}]$$

여기서, s : 압축강도의 표준편차(MPa)

Ⅳ. 설계기준강도와 배합강도와의 관계

1) 관계식

$$f_{cr} \geq f_{ck} + ks$$

여기서, k : f_{ck} 이하로 되는 확률이 5% 이하로 될 때 정해지는 계수로 표에 의해 1.64

s : 표준편차

그러므로 위의 식은

$$f_{cr} \geq f_{ck} + 1.64s$$

$$f_{cr} - 1.64s \geq f_{ck}$$

이 식을 양변에 f_{cr}로 나누면

$$\frac{f_{cr} - 1.64s}{f_{cr}} \geq \frac{f_{ck}}{f_{cr}}$$

양변을 정리하면

$$\frac{f_{cr}}{f_{ck}} \geq \frac{1}{1 - 1.64\dfrac{s}{f_{cr}}}$$

2) 변동계수

압축강도의 변동계수 $V = \dfrac{s}{x} \times 100$에서 배합강도 f_{cr}은 평균강도 $\bar{x}$와 같으므로 위의 식은 다음과 같이 된다.

$$\frac{f_{cr}}{f_{ck}} \geq \frac{1}{1 - 1.64 \times \dfrac{V}{100}}$$

여기서, $\alpha = \dfrac{f_{cr}}{f_{ck}} = \dfrac{1}{1 - 1.64 \times \dfrac{V}{100}}$

3) 설계기준강도와 배합강도와의 관계

$$\frac{f_{cr}}{f_{ck}} = \alpha$$에서 $f_{cr} = \alpha f_{ck}$가 된다.

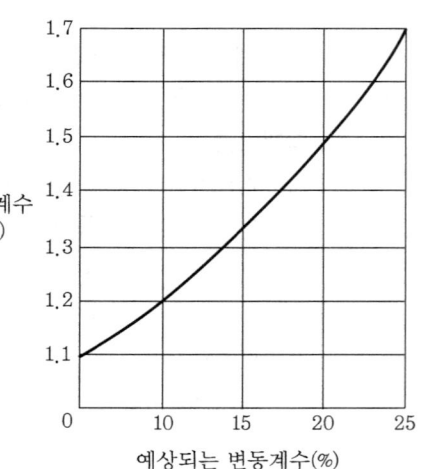

증가계수 (α)

예상되는 변동계수(%)

92 | 배합강도(Required Average Strength, f_{cr})

[92전(10), 01전(10), 03전(10), 04후(10)]

I. 정의

① 배합강도란 콘크리트의 배합을 정하는 경우에 목표로 하는 압축강도를 말하며, 일반적으로 재령 28일의 압축강도를 기준으로 한다.

② 일반적으로 현장 콘크리트 압축강도시험값이 설계기준강도 이하로 되는 확률이 5% 이하가 되도록 정해야 한다.

Ⅱ. 배합강도 결정방법

① 구조물에 사용된 콘크리트의 압축강도가 설계기준강도보다 작아지지 않도록 현장 콘크리트의 품질변동을 고려하여 콘크리트의 배합강도(f_{cr})를 설계기준강도 (f_{ck})보다 충분히 크게 정해야 한다.

② 현장 콘크리트의 압축강도시험값(배합강도)이 설계기준강도 이하로 되는 확률은 5% 이하여야 하고, 또한 압축강도시험값이 설계기준강도보다 3.5MPa 이하로 되는 확률은 1% 이하여야 한다.

③ 콘크리트의 압축강도시험값이란 굳지 않은 콘크리트에서 채취하여 제작한 공시체를 표준 양생하여 얻은 압축강도의 평균값을 말한다.

④ 배합강도의 결정은 ②의 조건을 충족시키도록 다음의 두 식에 의한 값 중 큰 값을 적용한다.

$$f_{cr} \geq f_{ck} + 1.34s [\text{MPa}]$$
$$f_{cr} \geq (f_{ck} - 3.5) + 2.33s [\text{MPa}]$$

여기서, s : 압축강도의 표준편차(MPa)

⑤ 콘크리트 압축강도의 표준편차는 실제 사용한 콘크리트의 실적으로부터 결정한다. 다만, 공사 초기에 그 값을 추정하기가 불가능하거나 중요하지 않은 소규모의 공사에서는 $0.15f_{ck}$를 적용한다.

93 품질기준강도(f_{cq})

Ⅰ. 정의

① 품질기준강도(f_{cq})란 현장타설 콘크리트의 시간에 따른 품질변동이 고려된 강도기준이다.

② 구조 계산에서 정해진 설계기준강도(f_{ck})와 내구성 저하를 반영한 내구성기준 압축강도(f_{cd}) 중 큰 값으로 결정된다.

③ 배합설계 시 적용되는 배합강도(f_{cr})는 품질기준강도(f_{cq})보다 크게 한다.

Ⅱ. 품질기준강도(f_{cq})를 이용한 배합강도(f_{cr}) 결정방법

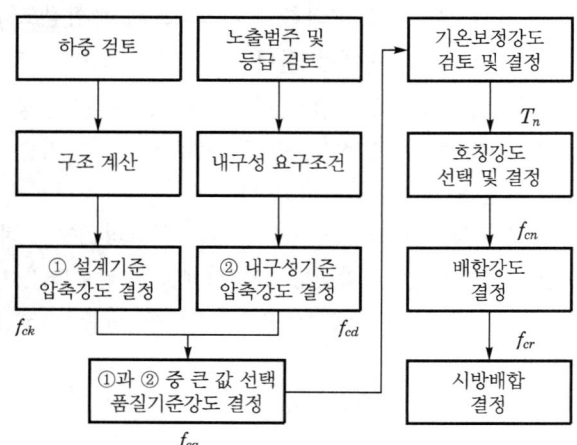

여기서, f_{ck} : 설계기준강도(하중 고려)

f_{cd} : 내구성기준강도(노출등급 고려)

f_{cq} : 품질기준강도($= \max(f_{ck}, f_{cd})$)

f_{cn} : 호칭강도(생산자에게의 주문강도)($= f_{cq} + T_n$)

T_n : 기온보정강도

f_{cr} : 배합강도(호칭강도보다 크게)

Ⅲ. 내구성기준 압축강도(f_{cd})

① 콘크리트의 내구성 저하를 고려한 강도를 의미하며 최소 설계기준 압축강도라고도 한다.

② 구조용 콘크리트부재에 대해 예측되는 노출 정도를 고려하여 노출등급 및 내구성기준 압축강도(f_{cd})를 결정한다.

③ 예를 들어 비를 맞는 외부 콘크리트는 30MPa(EC4) 이상으로 설계해야 하나, 아파트와 같이 도장으로 표면방수 처리된 경우는 27MPa(EC3) 이상으로 설계할 수 있다.

④ 내구성 저하의 우려가 없는 경우 또는 내용연수 30년 미만의 구조물은 21MPa 이상, 내용연수 65년 이상의 구조물은 27MPa 이상, 내용연수 100년 이상의 구조물은 30MPa 이상으로 한다.

구분		탄산화	염해	동결융해	황산염
노출등급		EC1~EC4	ES1~ES4	EF1~EF4	EA1~EA3
적용	f_{cd}	30MPa 이상	35MPa 이상	30MPa 이상	30MPa 이상
	환경	비를 맞는 외벽 (EC4)	비말대 및 간만대 (ES4)	비와 동결에 노출되는 수평 Con'c (EF3)	토양·지하수· 하수·오폐수에 노출 (EA3)

Ⅳ. 배합강도(f_{cr}) 산정방법

① 각각의 두 식에 의한 값 중 큰 값으로 정함

조건	관계식
$f_{cq} \leq 35\text{MPa}$	• $f_{cr} = f_{cq} + 1.34s\,[\text{MPa}]$ • $f_{cr} = (f_{cq} - 3.5) + 2.33s\,[\text{MPa}]$
$f_{cq} > 35\text{MPa}$	• $f_{cr} = f_{cq} + 1.34s\,[\text{MPa}]$ • $f_{cr} = 0.9f_{cq} + 2.33s\,[\text{MPa}]$

② 여기서, 품질기준강도(f_{cq})는 기온보정강도(T_n)를 더한 값으로 함

94 물결합재비(W/B : Water Binder Ratio)

[10중(10), 14중(10)]

Ⅰ. 정의

① 물결합재비란 굳지 않은 콘크리트(또는 모르타르)에 포함되어 있는 시멘트풀(Cement Paste) 속의 물과 결합재의 중량비이다.

② 결합재는 시멘트와 혼화재를 합한 것으로, 혼화재는 시멘트의 단점을 보완하는 역할을 하기 위해 사용된다.

Ⅱ. 사용되는 혼화재

① 고로Slag

② Fly Ash

③ Silica fume

Ⅲ. 혼화재의 목적

① 시멘트사용량의 감소효과로 이산화탄소(CO_2) 발생 저감

② 수화열 저감

③ 콘크리트의 밀실화

④ 콘크리트의 장기강도 증대

⑤ 고강도 콘크리트의 제조

Ⅳ. 물시멘트비와 물결합재비의 비교

구분		물시멘트비	물결합재비
정의		시멘트풀 속의 물과 시멘트의 중량비	시멘트풀 속의 물과 결합재의 중량비
기호		W/C	W/B
수화열		높음	낮음
강도	단기강도	보통	다소 낮음
	장기강도	보통	높음

95 물결합재비 선정방법 및 적정 범위

[01후(10)]

Ⅰ. 개요

① Cement의 중량에 대한 유효수량의 중량백분율로서 Cement Paste의 농도를 말하는 것이다.

② 물결합재비의 선정방법에는 압축강도, 내구성, 수밀성 등이 있다.

Ⅱ. 선정방법

시멘트의 종류		W/B 범위(%)	W/B 산출공식(%)
포틀랜드시멘트	보통	40~65	$W/B=\dfrac{51}{f_{28}/k+0.31}$
	조강	40~65	$W/B=\dfrac{41}{f_{28}/k+0.17}$
	중용열	40~65	$W/B=\dfrac{66}{f_{28}/k+0.64}$
고로시멘트	A종	40~65	$W/B=\dfrac{46}{f_{28}/k+0.23}$
	B종	40~60	$W/B=\dfrac{51}{f_{28}/k+0.29}$
	C종	40~60	$W/B=\dfrac{44}{f_{28}/k+0.29}$

Ⅲ. 특성

① Con′c 강도 및 내구성을 결정하는 중요한 요인이다.

② 물결합재비 1%는 Con′c 1m^{3}에 대한 물의 양 3~4l 정도이다.

③ 물결합재비가 커지면 강도·내구성·수밀성이 떨어진다.

④ 적정한 Workability 내에서 가능한 한 적게 해야 한다.

Ⅳ. 적정 범위

① 경량골재 Con′c : 45~60% 이하 ② 한중 Con′c : 60% 이하

③ 수밀 Con′c : 55% 이하 ④ 수중 Con′c : 50% 이하

⑤ 해양 Con′c : 45~50% 이하 ⑥ 고강도 Con′c : 50% 이하

⑦ 이 외의 일반 Con′c : 60% 이하

Ⅴ. 최소화대책(배합설계 시)

① 굵은 골재 최대 치수를 크게 ② 잔골재율은 작게

③ 단위수량은 작게 ④ 혼화제 중 감수제 사용 검토

96 | 콘크리트 운반 중의 슬럼프 및 공기량변화

[00후(10)]

Ⅰ. 정의

① 콘크리트는 운반에 소요되는 시간에 따라 품질이 변화되며, 특히 배치플랜트에서 타설현장까지 운반하는 과정에서 Slump 손실과 공기량 손실이 발생된다.

② 운반 중에 발생된 슬럼프 및 공기량변화는 콘크리트 품질에 아주 나쁜 영향을 주게 되며, 특히 Workability가 저하되어 시공성이 떨어지게 된다.

Ⅱ. 콘크리트 시방서상의 품질규정

1) 슬럼프의 허용차

슬럼프	슬럼프의 허용차
25mm	±10mm
50~65mm	±15mm
80mm 이상	±25mm

2) 공기량규정치

콘크리트	공기량규정치
고강도 콘크리트	3.5±1.5%
보통 콘크리트, 포장 콘크리트	4.5±1.5%
경량 콘크리트	5.5±1.5%
순환골재 콘크리트	5.0±1.5%

Ⅲ. 슬럼프 손실요인

① 운반시간 초과
② 외부기온
③ 콘크리트 온도
④ 혼화제 사용 유무

Ⅳ. 슬럼프 및 공기량변화 시 문제점

① 콘크리트 압송성 저하
② 재료분리 발생
③ 구조물 마감성 불량
④ 수밀성 저하
⑤ 철근과의 부착력 저하
⑥ 강도, 내구성 저하

Ⅴ. 레미콘공장 선정 시 고려사항

① 운반거리
② 품질관리상태
③ 생산설비 및 운반차량
④ 품질관리기술자 보유 여부

97 굵은 골재 최대 치수

Ⅰ. 개요

① 굵은 골재는 체규격 5mm 표준망체를 이용하여 100% 남는 골재로 한다.
② 굵은 골재의 치수가 커지면 단위수량과 잔골재율은 감소하여 강도는 증가하나, 시공연도는 나빠진다.

Ⅱ. 배합 설계 Flow Chart

설계기준강도 → 배합강도 → 물결합재비 → Slump치 → 굵은 골재 최대 치수 →

잔골재율 → 단위수량 → 단위시멘트량 → 시방배합 → 현장배합

Ⅲ. 골재의 구비조건

① 견고해야 하며, 모양이 구형에 가까울 것
② 밀도가 높고 물리적·화학적 성질이 안정될 것
③ 풍화되지 않고 Cement Paste와 부착력이 좋을 것
④ 내구성·내화학성이 클 것

Ⅳ. 굵은 골재 최대 치수의 결정

구조물의 종류	굵은 골재의 최대 치수(mm)
매시브한 콘크리트 (큰 교각, 큰 기초 따위)	80~100
어느 정도 매시브한 콘크리트 (교각, 두꺼운 벽, 기초 큰 아치 따위)	50~80
두꺼운 슬래브	4~50
슬래브, 기둥, 보, 벽	25
확대기초	40
지하벽, 케이슨	50

Ⅴ. 콘크리트에 미치는 영향

① 굵은 골재치수가 커지면 단위수량이 감소하여 콘크리트 강도 증가
② 굵은 골재치수가 커지면 단위시멘트량의 감소로 건조수축 감소
③ 굵은 골재치수가 커지면 물시멘트비가 감소하여 콘크리트 강도 증가
④ 40mm를 초과하면 오히려 콘크리트의 부착강도 감소

98 잔골재율(세골재율, S/a)

[96전(20), 11중(10)]

Ⅰ. 정의

① 잔골재 및 굵은 골재의 절대용적의 합에 대한 잔골재의 절대용적의 백분율을 잔골재율이라 한다.

② 잔골재율이 작아지면 단위수량, 단위시멘트량이 감소한다.

Ⅱ. 배합설계 Flow Chart

설계기준강도 → 배합강도 → 물결합재비 → Slump치 → 굵은 골재 최대 치수 →

잔골재율 → 단위수량 → 단위시멘트량 → 시방배합 → 현장배합

Ⅲ. 잔골재율 산정식

$$\frac{S}{a} = \frac{\text{Sand용적}}{\text{Aggregate용적}} \times 100 = \frac{\text{Sand용적}}{\text{Gravel용적} + \text{Sand용적}} \times 100 [\%]$$

1) 잔골재

   표준망체 5mm체를 100% 통과하는 것

2) 굵은 골재

   표준망체 5mm체에 100% 남는 것

Ⅳ. 잔골재율에 영향을 주는 요인

① 잔골재의 입도

② 콘크리트의 공기량

③ 단위시멘트량

④ 혼화재료의 종류

Ⅴ. 콘크리트에 미치는 영향

① 잔골재율을 적게 하면 단위수량이 감소하여 콘크리트 강도 증가

② 잔골재율을 적게 하면 단위시멘트량이 감소하여 장기강도 증가

③ 잔골재율을 적게 하면 Workability가 나빠짐

④ 잔골재율을 너무 적게 하면 오히려 콘크리트가 거칠어지고 재료분리가 발생됨

⑤ Con'c Pump 시공 시 잔골재율이 큰 콘크리트는 Plug현상이 발생됨

⑥ 잔골재율이 클수록 건조수축 증가

⑦ 잔골재율이 클수록 침하균열 증가

⑧ 잔골재율이 클수록 소성수축 증가

99 | 빈배합(Poor Mix)과 부배합(Rich Mix)

Ⅰ. 정의

① 빈배합이란 콘크리트의 배합 시 단위시멘트량이 비교적 적은 $150 \sim 250 \text{kg/m}^3$ 정도의 배합을 가리키며, 부배합이란 단위시멘트량이 300kg/m^3 이상의 배합을 말한다.

② 콘크리트 배합 시 부배합일수록 경화하는 과정에서 수화열의 발생이 많게 되어 균열이 가기 쉽고, 또 빈배합일수록 점성(Viscosity)이 떨어지므로 최적의 배합이 중요하다.

Ⅱ. 배합의 요구성능

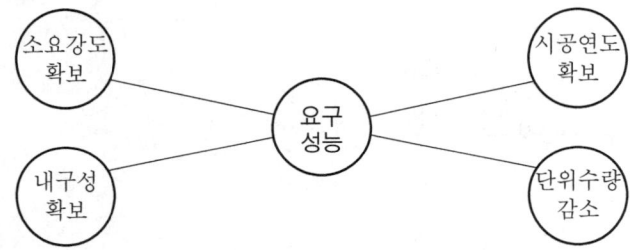

Ⅲ. 배합설계 Flow Chart

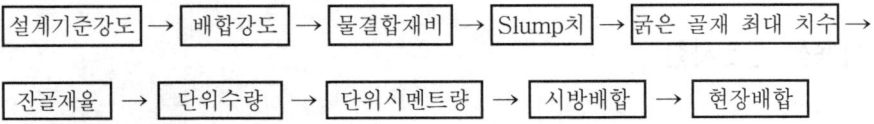

Ⅳ. 빈배합의 특징

① 수화열이 적어 균열의 발생이 적어진다.
② 알칼리골재반응이 줄어든다.
③ 경화 시 콘크리트의 온도 상승이 적으므로 서중 콘크리트 타설 시 유리하다.
④ 배합 시 비빔시간이 길어진다.
⑤ 구조체강도의 저하가 우려된다.
⑥ 재료분리현상이 발생하기 쉽다.

Ⅴ. 부배합의 특징

① 경화 시 수화열의 과다 발생으로 구조체에 균열이 많이 생긴다.
② 수밀성・강도・내구성이 떨어진다.
③ 콘크리트의 온도가 높아져 Precooling 또는 Pipe Cooling 등의 양생이 필요하다.
④ 조기강도가 높아 한중 콘크리트 타설 시 유리하다.
⑤ 비경제적인 배합이 된다.

100 철근콘크리트 시방서상의 사용성과 내구성

[00후(10)]

Ⅰ. 정의

① 사용성이란 구조물에 외력이 작용할 때 구조물의 안전에 지장이 없는 범위에서 구조물에 대한 신뢰가 있어야 하는데, 이를 사용성이라 한다.

② 내구성이란 구조물이 주어진 환경조건하에서 설계공용기간 동안에 안정성, 사용성, 미관을 갖도록 유지되어져야 하는데, 이를 내구성이라 한다.

③ 예컨대 구조 계산상 처짐량이 10cm 발생하더라도 구조상으로는 하자가 없지만 구조물 사용에 위험을 느낀다면 사용상 위험을 느끼지 않을 정도로 처짐량을 허용침하량 이하가 되게 하여 사용성을 크게 하여야 한다.

Ⅱ. 검토사항

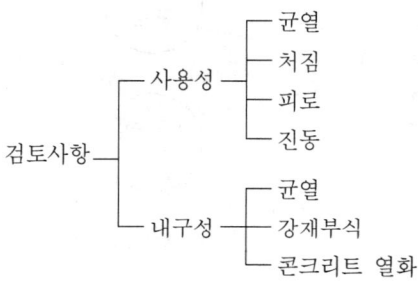

Ⅲ. 사용성 검토사항

1) 균열

① 구조물의 기능, 내구성 및 미관 등의 사용목적에 손상을 주는가에 대하여 검토

② 휨모멘트, 전단, 비틀림모멘트, 축방향력에 의하여 발생되는 균열 검토

③ 수밀성이 요구되는 구조에서는 소요수밀성을 갖는 허용균열폭으로 검토

④ 미관이 중요시되는 미관상의 허용균열폭을 설정하여 균열 검토

2) 처짐

① 휨을 받는 구조물이나 부재의 처짐 및 변형이 구조의 강도, 기능, 사용성, 내구성 및 미관에 손상을 주지 않는 충분한 강성 보유

② 하중작용 시에 순간적으로 발생하는 단기처짐과 변형 및 장기간에 걸쳐 지속적으로 발생하는 장기처짐과 변형

③ 구조물이나 부재의 단기 및 장기처짐량은 허용침하량 이하

3) 피로

① 충격을 포함한 사용활하중에 의한 철근의 응력범위에 따른 피로에 대하여 검토

② 반복하중에 의한 철근의 응력이 규정값을 초과하는 경우에 피로의 안정성 검토

③ 피로 검토가 필요한 구조부재에서 철근은 구부리지 않고 사용

4) 진동

내진설계의 기준에 의한 검토

Ⅳ. 내구성 검토사항

1) 균열

① 콘크리트 표면의 균열폭을 환경조건, 덮개, 강재부식에 대한 균열폭 이하로 제어하는 것이 원칙

② 공용기간이 짧은 구조 또는 콘크리트 내에 강재가 부식하지 않도록 표면이 잘 보호되어 있는 구조 및 가설구조물 등은 균열 검토하지 않음

2) 강재부식

① 내구성에 관한 균열폭을 검토할 경우에는 구조물이 놓이는 환경조건 고려

② 강재부식에 대한 환경조건은 건조한 환경, 습윤환경, 부식성환경, 극심한 부식성환경의 4종류로 분류

3) 콘크리트 열화

① 초기 단계 기간에 환경영향으로 탄산화, 염분 침투, 황산염 축적 등의 현상으로 표면보호층 손상 발생

② 구조기능의 현저한 약화가 나타나는 전파단계

101 안전성(Safety)과 사용성(Serviceability)

[93후(20)]

Ⅰ. 개요

① 철근콘크리트 구조물은 사용기간 중 작용하는 모든 외력에 대하여 안정성이 확보될 수 있도록 안전하게 설계되어야 하고 사용성(Serviceability)도 확보되게 설계되어야 한다.

② 예를 들면 육교에서의 어느 정도의 처짐은 구조물의 파괴에는 전혀 지장이 없으나 사용자가 그 처짐에 대하여 위험을 느낀다면 사용성에 문제가 발생하므로 구조적인 안전성에는 무리가 없는 설계일지라도 사용성 때문에 처짐을 작게 해야 한다.

Ⅱ. 안전성(安全性, Safety)

1) 정의

① 안전성이란 구조물이 파괴를 일으키는 하중의 크기와 구조물의 강도, 작용외력 등에 의해 사용성을 확보한 상태에서 안전해야 되는데, 이를 안전성이라 한다.

② 구조물의 안전성 검토는 극한하중으로 검토한다.

2) 설계 적용

콘크리트 강도설계법은 안전성에 중점을 둔 설계법이다.

3) 안전성평가

① 구조물의 강도 검토   ② 구조물에 작용하중 및 파괴하중 검토

4) 극한한계상태

구조물 또는 부재가 안전성한계를 벗어나서 파괴 또는 파괴에 가까운 상태를 말한다.

Ⅲ. 사용성(使用性, Serviceability)

1) 정의

① 사용성이란 구조물에 외력이 작용할 때 구조물의 안전에 지장이 없는 범위 내에서 구조물 사용에 대한 신뢰가 있어야 하는데, 이를 사용성이라 한다.

② 구조물의 처짐이나 균열 등 사용성 검토는 사용하중에 의하여 검토한다.

2) 설계 적용

콘크리트 허용응력설계법은 사용성에 중점을 둔 설계법이다.

3) 사용성평가

① 부재에 발생하는 처짐 정도   ② 부재균열

③ 사용 중에 진동 발생   ④ 구조물기능 저하

⑤ 주위 미관을 해치고 사용자에게 불안감을 주게 될 때 사용성이 좋지 않음

4) 사용한계상태

처짐, 균열, 진동 등이 과대하게 일어나서 정상적인 사용상태의 필요조건을 만족하지 않게 된 상태를 말한다.

102　환경지수와 내구지수

Ⅰ. 개요

구조물의 정밀안전진단에서 구조물에 대한 평가를 기존의 구조성능 위주의 평가가 아닌 시공, 구조, 내구성능의 독립적이고 유기체적인 성능평가를 하는 것으로 환경지수와 내구지수가 쓰여지고 있다.

Ⅱ. 환경지수

1) 정의

구조물이 노출된 환경에 따라 콘크리트의 열화인자의 영향을 정량적으로 나타내는 것으로 구조물이 노출환경에 따라 발생하는 열화 정도 또는 내구 저하 정도를 나타낸다.

2) 산정방법

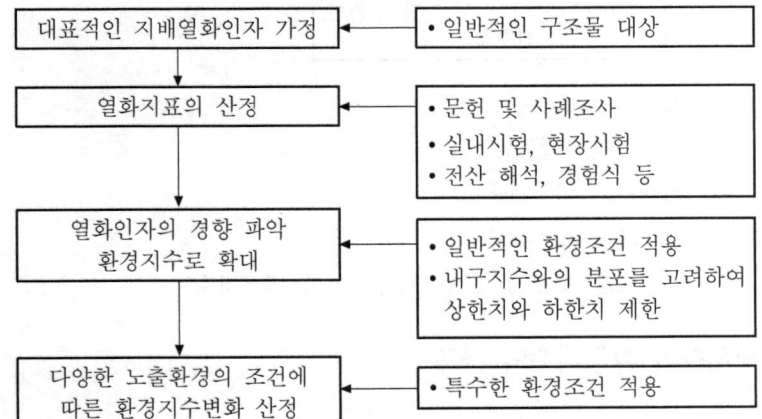

3) 산정식

$$E_T = (100 + \Delta E_T)\frac{\sqrt{t-10}}{40}$$

여기서, E_T : 환경지수

ΔE_T : 환경지수 증가치

t : 사용기간

Ⅲ. 내구지수

1) 정의

구조물의 내구저항성을 재료, 설계, 시공의 3개 분야로 나누어 정량적으로 나타내는 것으로 구조물의 내구 저하에 저항하는 정도를 나타낸다.

2) 산정방법

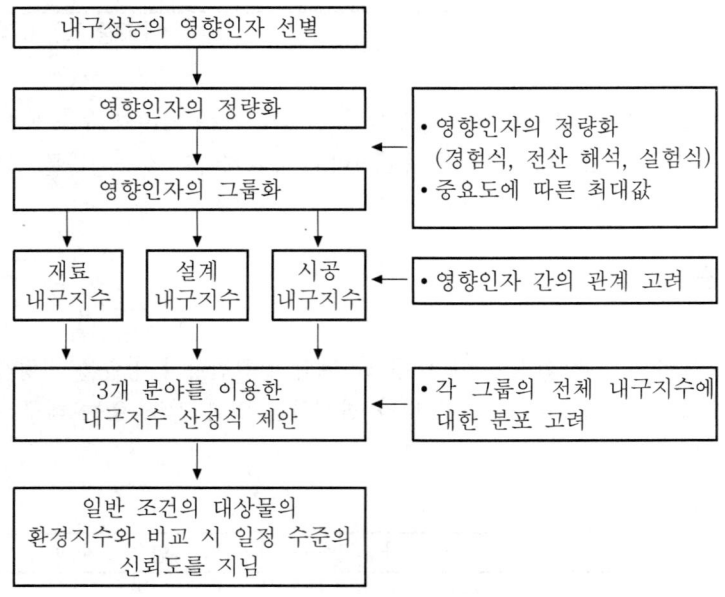

3) 산정식

$$D_T = D_o + \sum \Delta D_T$$

여기서, D_T : 내구지수

D_o : 기본내구지수

ΔD_T : 재료, 설계, 시공분야의 내구지수

Ⅳ. 내구지수와 환경지수의 관계

$$\frac{D_T}{E_T} \geq \gamma_T$$

$$\therefore D_T \geq E_T$$

여기서, D_T : 내구지수(Durability Factor)

E_T : 환경지수(Environment Factor)

γ_T : 구조물계수(1.0)

103 Con'c의 내구성 저하원인과 방지대책(열화원인과 방지대책)

[01중(10)]

I. 정의

내구성이란 Con'c 구조물이 구성하는 재료(Cement, 골재 등)가 파손·노후·부식·균열 등이 생기지 않고 오랜 시간 동안 사용연한을 유지하는 것을 말한다.

II. 내구성 저하원인(열화원인)

1) 물리·화학적 작용
   ① 염해 : Con'c 중에 염화물($CaCl$)이나 대기 중의 염화물이온(Cl^-)의 침입으로 철근을 부식시켜 구조체에 손상을 입히는 현상
   ② 탄산화 : 탄산가스, 산성비 등의 영향으로 Con'c가 수산화칼슘(강알칼리)상태에서 탄산칼슘(약알칼리)상태로 변화하는 현상
   ③ 알칼리골재반응 : Con'c 중의 수산화알칼리와 골재 중의 알칼리반응성 물질(Silica, 황산염) 등과의 사이에서 일어나는 화학반응현상

2) 기상작용
   ① 동결융해 : 미경화 Con'c의 온도가 0℃ 이하일 때 Con'c 중의 물이 얼어 있다가 외기온도가 따뜻해지면 얼었던 물이 녹으면서 구조물에 피해를 준다.
   ② 온도변화 : Con'c가 급격히 건조하게 되면 Con'c 표면과 Con'c 내부의 건조수축차에 의해 Con'c 표면의 인장응력으로 균열을 유발시킨다.
   ③ 건조수축 : Con'c 타설 후 수분이 증발하면서 Con'c의 체적 감소로 수축이 발생하게 되는 현상을 말한다.

3) 기계적 작용
   ① 진동·충격 : Con'c 타설 후(7일 이상 양생, 3일간 진동·충격 방지) 유해한 진동·충격은 내구성 저하의 원인이 된다.
   ② 마모·파손 : Con'c 재령이 경과한 후에도 과하중, 운동하중(대형 장비 운행) 등은 구조체를 마모·파손시켜 내구성을 저하시킨다.

III. 방지(예방)대책

1) 염해 방지
   ① 염해에 강한 Cement 및 혼화제(AE제, AE감수제 등) 사용
   ② 철근은 아연도금, Epoxy Coating 등을 하여 사용

2) 탄산화 방지
   ① 혼화제(AE제, AE감수제 등)를 사용하고 기공률을 적게 할 것
   ② 부재 단면을 크게 하고 피복두께는 두껍게 하며 탄산가스의 영향을 적게 할 것

3) 알칼리골재반응 방지
   ① 알칼리골재반응에 무해한 골재 및 저알칼리형의 Cement 사용
   ② Con'c $1m^3$당 알칼리총량(Na_2O당량)으로 0.3kg 이하로 사용

4) 동결융해 방지
   ① AE제, AE감수제를 사용하여 적당량(4~5%)의 연행공기를 둠
   ② Con'c의 수밀성을 좋게 하고 단위수량을 작게 할 것

5) 온도변화 방지
   ① 수화열이 작은 중용열 Portland Cement 및 Fly Ash 등의 사용
   ② 냉각공법(Precooling, Pipe Cooling)의 적용 검토

6) 건조수축 방지
   ① 중용열 Portland Cement 사용 및 증기양생을 실시함
   ② 골재는 흡수율이 적고 입도가 양호하며 탄성계수 및 치수가 클수록 유리

7) 양생
   ① Con'c 타설 후 7일 이상 거적 등으로 덮고 습윤양생 실시
   ② 수화열에 의해 부재 중심부의 온도가 외기온도보다 25℃ 이상 될 우려가 있을
   경우는 거푸집을 장기 존치

8) 진동·충격·마모·파손 금지
   ① Con'c 타설 후 3일간(부득이한 경우는 1일간)은 원칙적으로 보행, 공사기구 및
   중량물의 적치 금지
   ② 물결합재비를 작게 하고 충분한 양생으로 압축강도를 높임
   ③ 표면은 평활하게 하고 마모저항성이 큰 골재를 사용

9) 기타
   ① 소성수축균열의 방지를 위해 초기에 외기로부터의 노출을 피함
   ② 침하균열을 방지하기 위해 충분한 다짐 실시

104 해사의 염해대책

[95전(20), 07전(10)]

I. 정의

① 염해란 콘크리트 중에 염화물(CaCl)이 철근을 부식시킴으로써 Con′c 구조체에 손상을 입히는 현상을 말한다.

② 염해에 대한 피해를 줄이기 위해서는 배합수, 골재, 시멘트 등에 대한 철저한 품질시험이 필요하며, 현장에서도 염도 측정을 통한 지속적인 관리가 필요하다.

II. 염분함유량 규제치

구분	철근콘크리트	무근콘크리트
해사	0.02% 이하	0.1% 이하
레미콘	$0.3kg/m^3$ 이하	$0.6kg/m^3$ 이하

철근
(Fe^{2+})
+ $2Cl^-$ =
철근 녹 발생
$(FeCl_2$, 제1염화철)

III. 염해의 문제점

① 강도 저하   ② Con′c의 열화

③ 균열   ④ 내구성 저하

IV. 염해대책

1) 재료
   ① 유기불순물이 함유되지 않은 물 사용
   ② 중용열 Portland Cement 사용
   ③ 잔골재의 염분함유량 규정 이내
   ④ AE혼화제 사용

2) 철근보강
   ① 철근아연도금
   ② 철근 Epoxy Coating
   ③ 방청제 사용
   ④ 철근 부동태막 보호

3) 배합
   ① W/B비 적게
   ② Slump치 적게
   ③ 혼화재 치환율 높게
   ④ 잔골재율 적게

4) 시공
① 콘크리트 표면 Coating
② 피복두께 유지
③ 밀실 다짐
④ 양생 철저

5) 골재의 염분 제거
① 자연강우에 의한 제거
② Sprinkler 살수
③ 하천모래와 혼합 사용
④ 제염제 사용
⑤ 준설 직후 세척
⑥ 제염Plant에서 세척

Ⅴ. 염분함유량 측정방법
① 질산은 측정법
② 이온전극법
③ 시험지법

105 염분과 철근 방청

[03전(10)]

I. 정의

① 철근콘크리트에서 철근의 방청은 구조물의 내구성을 저하시키는 가장 큰 요인으로 염분에 의한 철근의 방청을 막아야 한다.

② 철근의 방청을 방지하기 위하여 아연도금 및 에폭시 피복 등으로 철근을 방청해야 한다.

II. 염분함유량 규제치

구분	철근콘크리트	무근콘크리트
해사	0.02% 이하	0.1% 이하
레미콘	$0.3 kg/m^3$ 이하	$0.6 kg/m^3$ 이하

III. 염해로 인한 철근부식반응

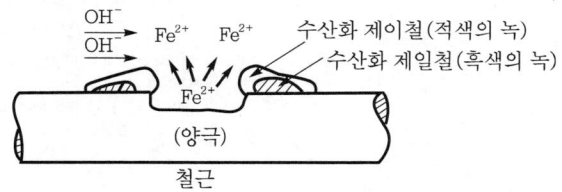

철근과 철근의 표면에 접하는 물질 사이에 생기는 화학반응에 의해 철근의 표면이 소모해가는 현상

① $Fe^{2+} + 2Cl^- \rightarrow FeCl_2$

② $FeCl_2 + 2H_2O \rightarrow \underline{Fe(OH)_2} + 2H^+ + 2Cl^-$
  수산화 제일철

③ $Fe(OH)_2 + \frac{1}{2}H_2O + \frac{1}{4}O_2 \rightarrow \underline{Fe(OH)_3}$
  수산화 제이철

IV. 철근부식으로 인한 문제점

① 철근 단면의 손실 : 구조물의 내하력 감소

② 철근의 체적 팽창 : 콘크리트 균열 발생

③ 균열 발생으로 유해성분의 침투

④ 구조물의 급속한 내구성 저하

V. 철근 방청

1) 아연도금
   ① 철근아연도금은 염해에 대한 저항력이 높다.
   ② 철근의 염화물이온반응을 억제한다.

2) Epoxy Coating
   ① Epoxy Coating은 철근의 방식성을 높인다.
   ② Spray를 사용하여 평균도막두께를 $150 \sim 300 \mu m$ 정도로 유지시킨다.

3) 방청제
   ① 콘크리트에 방청제를 사용하여 철근의 부식을 억제한다.
   ② 아질산계 방청제를 사용한다.

4) 철근의 부동태막 보호
   ① 강알칼리(pH12.5~13) 속의 철근표면에 얇은 태막(수산화 제이철)이 형성되는 것을 철근의 부동태막이라 한다.
   ② 철근의 부동태막은 강알칼리성에서만 유지되며 철근부식을 막아준다.

106 Con'c 탄산화(Carbonation)

[08중(10), 21전(10)]

Ⅰ. 정의

① 탄산가스, 산성비 등의 영향으로 Con'c가 수산화칼슘(강알칼리)상태에서 탄산칼슘(약알칼리)상태로 변화하는 현상이다.

② 탄산화를 방지하기 위해서는 양질의 재료와 적당한 강도와 확보되는 배합설계를 통하여 철저한 시공관리를 하는 데 있다.

Ⅱ. 탄산화이론

① 화학식

$$Ca(OH)_2 + CO_2 \rightarrow CaCO_3 + H_2O$$

② 내구성 저하

철근의 부식 → 부피 팽창 → Con'c 균열 → Con'c 열화

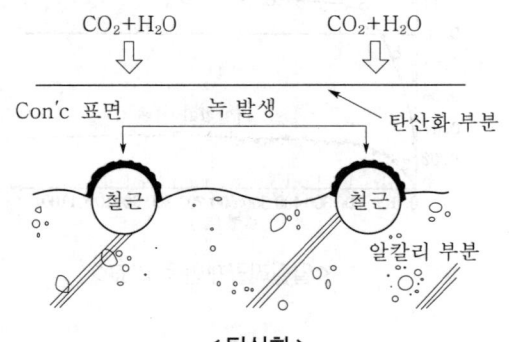

< 탄산화 >

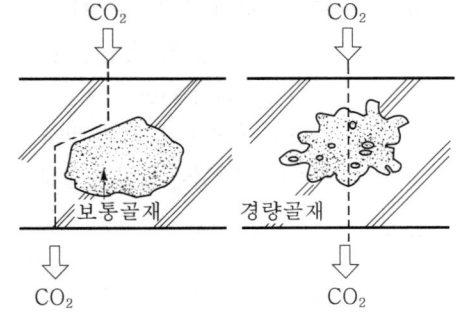

< 보통골재와 경량골재의 탄산화 비교 >

Ⅲ. 원인

① 탄산가스의 농도가 클 경우   ② Cement의 분말도가 클 경우
③ 물결합재비가 클 경우   ④ 습도가 낮을 경우
⑤ 경량골재의 사용   ⑥ 온도가 높을수록
⑦ 혼합시멘트의 사용   ⑧ 산성비의 영향 또는 단기재령일 때

Ⅳ. 대책

① 혼화제(AE제, AE감수제 등) 사용   ② 타일, 돌붙임 등의 마감
③ 피복두께를 두껍게 할 것   ④ 부재 단면을 크게 할 것
⑤ 장기재령을 유지할 것   ⑥ 기공률을 적게 할 것
⑦ 습도는 높고, 온도는 낮게 유지   ⑧ 탄산가스의 영향이 적도록 표면 보호
⑨ 다짐 및 양생을 충분히 할 것   ⑩ 재료분리 방지

107 콘크리트의 알칼리골재반응(AAR : Alkali Aggregate Reaction)

[95전(20), 97전(20), 09중(10)]

Ⅰ. 정의

① Cement 중의 수산화알칼리와 골재 중의 알칼리반응성물질(Silica, 황산염 등)과의 사이에서 일어나는 화학반응으로 골재가 팽창되는 현상을 말한다.

② 알칼리골재반응을 방지하기 위해서는 알칼리반응성물질이 적은 재료를 선정하고 배합설계를 철저히 하여야 한다.

Ⅱ. 알칼리골재반응의 분류

① 알칼리실리카반응(알칼리골재반응이라 하면 주로 이 반응을 말함)

② 알칼리탄산염반응

③ 알칼리실리게이트반응

Ⅲ. 알칼리골재반응에 의한 피해

① Con'c 구조물의 균열원인

② 알칼리실리카 Gel의 석출

③ Con'c 구조물의 백화 발생

④ 부재의 엇갈림이나 이동 발생

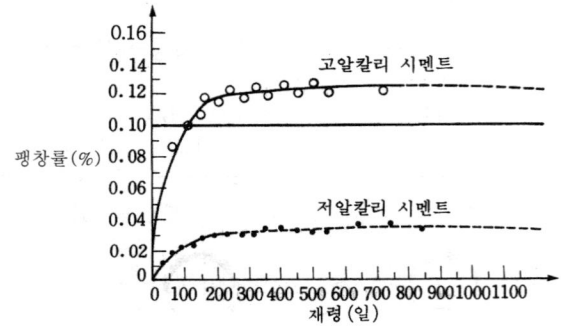

< 알칼리골재반응 비교 >

Ⅳ. 원인

① 알칼리반응성물질(Silica, 황산염 등)의 양이 많은 경우

② Con'c 중의 수산화알칼리용액의 양이 많은 경우

③ 습도가 높거나 습윤상태일 경우

④ Con'c 중의 수분의 이동으로 알칼리가 농축되었을 경우

⑤ 단위시멘트량이 너무 많은 경우

⑥ 제치장 Con'c인 경우

Ⅴ. 대책

① 알칼리골재반응에 무해한 골재 사용

② 저알칼리형의 Cement(Na_2O당량)로 0.6% 이하로 사용

③ Con'c $1m^3$당 알칼리총량(Na_2O당량)으로 0.3kg 이하로 사용

④ 2차 반응재(고로Slag, Fly Ash, Silica Fume 등) 사용

⑤ 습도를 낮추고 Con'c 중의 수분이동 방지

⑥ 단위시멘트량을 낮추어 배합설계할 것

⑦ Con'c 표면은 마감재(타일, 돌붙임) 시공하는 것이 유리함

108 동결융해(凍結融解)

I. 정의

① 미경화 Con'c의 온도가 0℃ 이하일 때 Con'c 중의 물이 얼어 있다가 외기온도가 따뜻해지면 얼었던 물이 녹는 현상을 말한다.

② 한번 동결되었던 Con'c는 양생을 한다 하더라도 소요강도가 확보되기 어려우므로 사전준비에 의한 철저한 시공관리가 필요하다.

II. 동결융해에 의한 피해

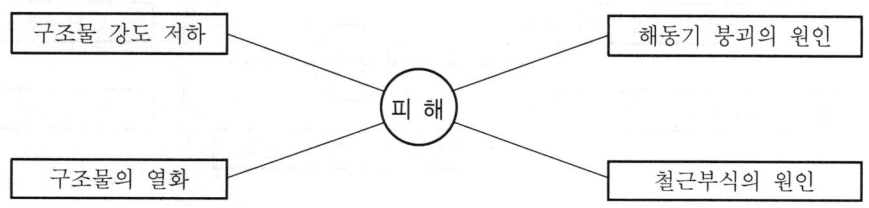

III. 원인

① 콘크리트 중의 자유수
② 흡수율이 큰 골재 사용(연석 등)
③ 물결합재비가 클 경우
④ 적당한 혼화제를 사용하지 않은 경우
⑤ Con'c에 수분(눈, 비 등) 침투

IV. 대책

① Con'c에 적당량의 연행공기(4~5%가 적당) 사용
② 단위수량을 작게 할 것
③ AE제, AE감수제 사용(동결융해 300회 반복에 90% 이상 강도 유지)
④ 물의 침입을 방지하기 위해 물끊기, 물흐름구배 및 제설제 등을 사용
⑤ 최소 양생기간의 준수
⑥ 기포간격계수가 작을수록(기포가 작아짐) 유리
⑦ Entrained Air는 동결 시 자유수의 피난처가 됨
⑧ 물결합재비를 작게 할 것
⑨ Con'c의 수밀성을 좋게 할 것
⑩ 배합 시 방동제 사용

109 온도변화(溫度變化)

I. 정의

① Con'c가 급격히 건조하게 되면 Con'c 표면과 Con'c 내부의 온도차에 의해 Con'c 표면에 인장응력이 발생되는 현상을 말한다.

② 이때 발생되는 인장응력으로 인해 균열이 발생되기도 하며, 구조체의 강도를 저하시키는 원인이 된다.

II. 온도변화에 영향을 주는 요인

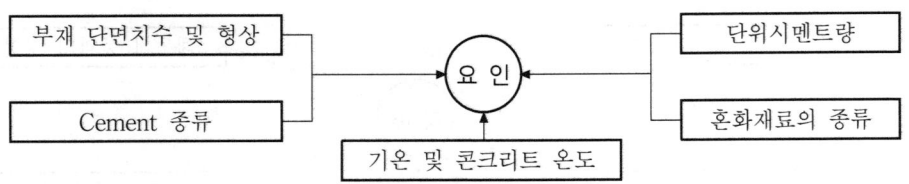

III. 온도변화에 의한 피해

① Plastic Cracks의 발생   ② 누수에 의한 철근부식
③ 구조체의 강도 저하   ④ 열화의 원인

IV. 원인

① 콘크리트의 온도와 외기온의 차가 클수록
② 단면치수가 클수록
③ 콘크리트의 탄성계수가 클수록
④ 수화발열량이 클수록
⑤ 단위시멘트의 양이 많을수록

V. 대책

① 수화열이 적은 중용열 Portland Cement 사용
② Fly Ash 등의 혼화재 사용
③ 굵은 골재 최대 치수를 가능한 한 크게 할 것
④ 단위시멘트량을 감소할 것
⑤ 냉각공법(Precooling, Pipe Cooling 등) 적용
⑥ 적당한 간격의 Expansion Joint 설치
⑦ 인장변형에 저항력이 큰 콘크리트 사용
⑧ Con'c의 타설온도를 낮출 것

110 콘크리트 흡수방지재

Ⅰ. 정의

콘크리트 표면의 흡수 방지를 위하여 콘크리트 표면에 도포하여 침투시키는 콘크리트 표면보호재

Ⅱ. 종류

종류	작용원리
액상형 콘크리트 침투성 흡수방지재	도포 및 침투(10mm) → 내부에 막 형성
액상형 콘크리트 표면강화코팅재	표면 도포 → 흡수방지층 형성

표면보호재 시공 후 자외선이나 산성비에 의한 분해나 증발 없이 반영구적으로 유지

Ⅲ. 콘크리트 내구성 열화인자

물(H_2O), CO_2, 산성비, 염화물, 가스, 자외선, 해수 등

Ⅳ. 흡수방지재의 효과

① 콘크리트 표면의 수분흡수 방지
② 염화물이온 침투 억제로 염화 방지
③ 탄산화 억제
④ 알칼리골재반응 억제
⑤ 동결융해에 대한 저항성 증가(−25도까지 시공 가능, 보온양생 불필요)

Ⅴ. 흡수방지재의 적용

① 철도, 도로 교량의 교면방수
② 해안도로, 항만·해안구조물의 염해 방지
③ 해수면 통과 연육교
④ 콘크리트구조물 탄산화 방지
⑤ 오염된 하천 인근 구조물
⑥ 정수장, 배수지, 댐의 방수
⑦ 농수로, 여수로 등 농업시설물
⑧ 노출 콘크리트 백태 방지

111 콘크리트의 수축(Shrinkage)

[24전(10)]

Ⅰ. 정의

콘크리트는 타설 직후부터 수축이 발생하며, 이를 분류하면 경화과정에서 발생하는 소성수축과 자기수축, 그리고 경화 후 발생하는 건조수축 및 탄산화수축이 있다.

Ⅱ. 콘크리트 수축 Mechanism

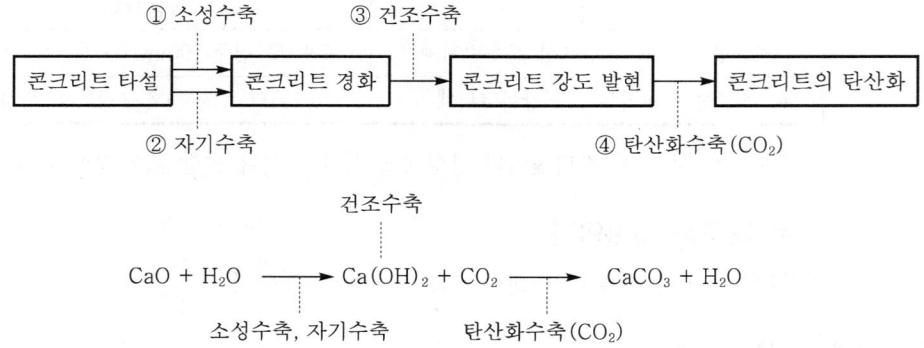

Ⅲ. 수축의 분류

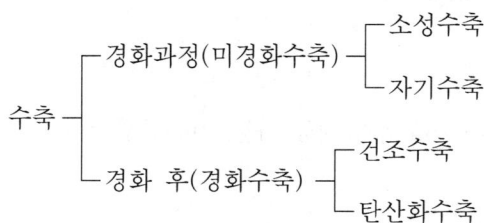

1) 소성수축(Plastic Shrinkage)
   ① 미경화 콘크리트가 건조한 바람이나 고온 저습한 외기에 노출되었을 경우 급격한 증발건조에 의해 콘크리트의 체적이 감소하는 현상
   ② 일반적으로 콘크리트 내 수분 증발이 Bleeding속도보다 빠를 때 발생
2) 자기수축(自己收縮)
   ① 미경화 콘크리트의 경화과정에서 시멘트의 수화반응에 의한 초결 이후 발생하는 체적 감소현상
   ② 수화반응에 의한 수화과정에서 콘크리트 속의 배합수가 소비되어 콘크리트의 체적이 감소하는 현상

3) 건조수축(Drying Shrinkage)
   ① 콘크리트 경화 후 콘크리트 속의 잉여수가 증발하면서 콘크리트의 체적이 감소하는 현상
   ② 콘크리트의 수화반응에서 소비되고 남은 물을 잉여수라 함
4) 탄산화수축(Carbonation Shrinkage)
   ① 콘크리트 경화 후 어느 정도 시간이 경과하면 공기 중의 탄산가스(CO_2)에 의한 시멘트수화물의 탄산화작용으로 콘크리트의 체적이 감소하는 현상
   ② 오랜 시간에 걸쳐 발생되며 구조체의 내구성에 큰 영향을 미침

112 콘크리트 자기수축(自己收縮)

[10후(10), 14후(10), 17후(10)]

Ⅰ. 정의

① 콘크리트의 자기수축(Autogenous Shrinkage)이란 콘크리트 타설 후 시멘트의 수화반응에 의한 경화과정에서 초결 이후 발생하는 체적 감소현상을 말한다.

② 외부로부터의 수분이동, 하중, 온도변화, 구속 등이 아닌 내부의 물리적, 화학적인 구조가 변화하여 콘크리트의 체적이 감소하는 현상이다.

③ 시멘트의 수화과정에서 콘크리트 속의 배합수가 소비되어 콘크리트의 체적이 감소하는 현상으로 수화수축이라고도 한다.

Ⅱ. 콘크리트 자기수축 Mechanism

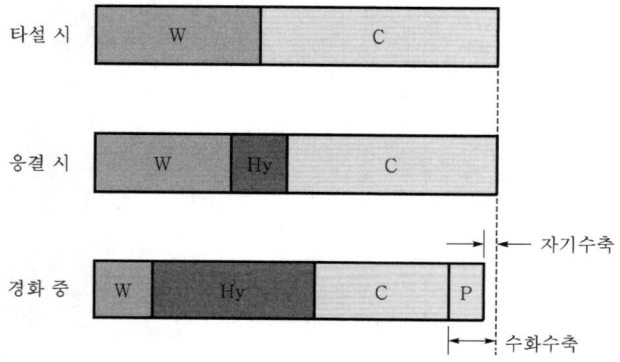

여기서, W : 물, C : 시멘트, Hy : 수화 생성물, P : 공극

수화반응 → 배합수 소비 → 공극 형성 → Con'c 내부건조 → 자기수축 → 균열

Ⅲ. 특징

① 시멘트의 수화반응에 의해 배합수가 소비되면서 콘크리트 내부의 상대습도 감소

② 건조수축은 수분이 외부로 증발하면서 발생하지만, 자기수축은 수화반응에 의한 수분의 소비에 의해 발생

③ 배합수가 상대적으로 적은 고강도 콘크리트에서 자기수축이 크게 발생

④ 고강도 콘크리트에서 자기수축으로 인한 균열 발생 우려가 높음

⑤ Mass 콘크리트에서는 건조수축에 자기수축이 포함됨

Ⅳ. 영향인자

① 시멘트의 종류
② W/B, S/a
③ 혼화재료
④ 콘크리트의 압축강도
⑤ 콘크리트의 인장강도
⑥ 탄성계수
⑦ Creep

V. 자기수축으로 인한 콘크리트의 피해
① 콘크리트 내부의 응력 발생
② 콘크리트의 균열 발생

VI. 저감방안
① 저발열시멘트 사용 : 중용열시멘트, 저발열시멘트는 콘크리트 자기수축을 억제함
② 혼화재료 혼입
　㉠ 수축저감제 : 콘크리트 경화 후 수분 증발 시 표면장력을 저하시켜 수축 저감 효과
　㉡ 팽창제 : 콘크리트 경화 중 팽창성의 수화물을 형성시켜 수축을 보상함
③ 최적의 배합설계
④ 습윤양생 실시

113 소성수축균열

[96전(20), 04전(10)]

Ⅰ. 정의

① 미경화 Con'c가 건조한 바람이나 고온 저습한 외기에 노출되면 급격히 증발, 건조되어 증발속도가 Bleeding속도보다 빠를 때 발생하는 균열을 말한다.

② 균열의 모양이 불규칙하고 균열폭은 0.1mm 이하이며, 노출면적이 넓은 Slab 등에서 타설 직후 많이 발생한다.

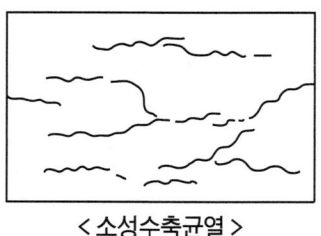

< 소성수축균열 >

Ⅱ. 소성수축균열 발생 Mechanism

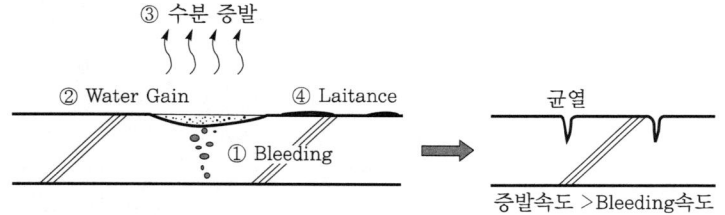

Bleeding속도보다 수분 증발속도가 빠를 경우 소성수축균열 발생

Ⅲ. 발생원인

① 물의 증발속도가 $1kg/m^2/h$ 이상일 때

② Bleeding이 적은 된 비빔의 Con'c일 경우

③ 건조한 바람이 심하게 불 경우

④ 거푸집 누수가 심한 경우

⑤ 시멘트 이상응결 발생 시

⑥ 고온 저습한 기온인 경우

⑦ 단위시멘트량 과다

⑧ 잔골재율(S/a) 과다

Ⅳ. 발생시기

① Con'c 타설 직후

② 양생이 시작되기 전

V. 방지대책

1) 단위수량 감소

   콘크리트를 배합할 때 Workability가 허용되는 범위 내에서 가능한 단위수량을 감소시킨다.

2) 습윤양생 유지

   콘크리트 타설 직후 수분 증발을 막고 습윤상태로 Con'c가 경화될 수 있게 충분히 양생한다.

3) 비반응성 골재

   ① 골재는 사용 전 시험을 통하여 화학반응성 골재의 사용을 금하고 입도분포가 양호한 골재를 사용한다.

   ② 부순 골재는 흡수율관리기준 내 재료를 사용한다.

4) 피복두께

   시방규정에 규정된 철근의 피복두께를 준수하여 초기 수축균열을 방지한다.

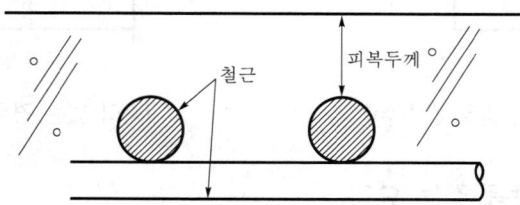

5) 차양막 설치

   콘크리트 타설 직후 직사광선으로부터 Con'c면을 보호하고 수분 증발을 방지하기 위하여 차양막을 설치한다.

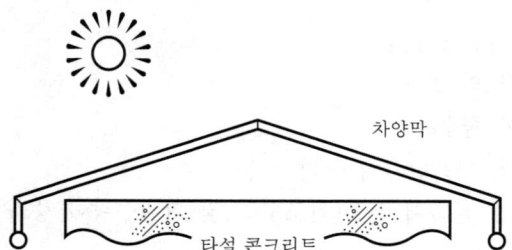

6) 바람막이 사용

   강한 바람이 불 때 콘크리트의 수분 증발을 억제하기 위하여 강한 바람으로부터 바람막이를 이용하여 Con'c를 보호한다.

114 건조수축(Drying Shrinkage)

[87(10), 02전(10)]

Ⅰ. 정의

① Con'c 타설 후 수분이 증발하면서 Con'c의 체적 감소로 수축이 발생하게 되는 현상을 말한다.

② 건조수축은 균열을 발생시키며, 그로 인한 물의 침입으로 철근이 부식하여 구조체의 강도를 저하시킬 수 있으므로 유의해야 한다.

Ⅱ. 건조수축균열 Mechanism

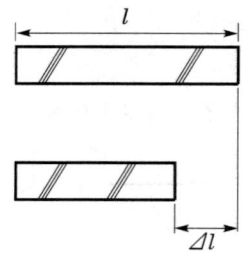

〈 구속이 없는 경우 건조수축 〉

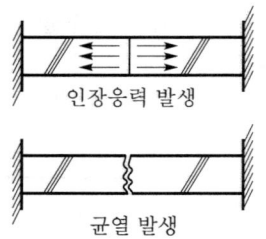

〈 구속이 있는 경우 건조수축 〉

Ⅲ. 건조수축에 영향을 주는 요인

① Cement의 종류   ② 골재의 형태 및 크기
③ 함수비 및 배합비   ④ 혼화재료
⑤ 증기양생   ⑥ 부재의 크기

Ⅳ. 원인

① 분말도가 높은 Cement
② 불량한 입도의 골재
③ 단위수량이 클수록
④ 경화촉진제, 염화칼슘제 등의 사용
⑤ Pozzolan계 혼화재 사용(건조수축 및 단위수량이 증가함)

Ⅴ. 대책(건조수축 감소)

① 중용열 Portland Cement 사용   ② 수축줄눈(Contraction Joint) 설치
③ 골재의 흡수율이 작을수록   ④ 굵은 골재 최대 치수가 클수록
⑤ 단위수량은 작을수록   ⑥ 증기양생은 건조수축을 감소시킴
⑦ 부재의 크기가 클수록   ⑧ 입도가 양호한 골재 사용
⑨ 철근의 배치 및 시공이 좋을수록   ⑩ 팽창 Cement의 사용

115 | 탄산화수축(Carbonation Shrinkage)

Ⅰ. 정의

① 탄산화수축이란 공기 중 탄산가스(CO_2)에 의한 시멘트수화물의 탄산염화작용에 의하여 콘크리트 등 시멘트수화물이 수축하는 성질을 말한다.

② 건조수축의 종류에는 경화수축, 건조수축, 탄산화수축이 있으며 균열을 발생시켜 구조체의 수밀성 저하로 인한 강도·내구성에 영향을 미치게 된다.

Ⅱ. 탄산화수축 Mechanism

① 수화작용 : $CaO + H_2O \rightarrow Ca(OH)_2$

② 탄산화수축(탄산화) : $Ca(OH)_2 + CO_2 \rightarrow CaCO_3 + H_2O$

③ 탄산화과정이 탄산화를 의미한다.

④ 탄산화수축으로 균열이 발생되어 구조체의 내구성을 저하시킨다.

Ⅲ. 특징

① 콘크리트의 응결 및 경화 촉진을 위해 배합 시 염화물($CaCl_2$)을 첨가하는 경우 발생한다.

② 염화칼슘의 혼합비율이 많을수록 건조수축이 커진다.

③ 골재의 형태 및 크기에 따라 수축 정도가 차이가 난다.

④ 증기양생 시 건조수축이 감소된다.

Ⅳ. 원인

① 분말도가 높은 시멘트

② 불량한 입도의 골재

③ 단위수량이 클수록

④ 경화촉진제, 염화칼슘제 등의 사용

⑤ 균열, 열화, 철근부식 발생

Ⅴ. 대책

① 중용열 Portland Cement를 사용한다.

② 수축줄눈(Contraction Joint)을 설치한다.

③ 흡수율이 작은 골재를 사용한다.

④ 굵은 골재의 최대 치수를 크게 한다.

⑤ 증기양생을 실시한다.

116 콘크리트의 초기 균열

[97후(20)]

Ⅰ. 정의

① 콘크리트를 거푸집에 타설한 후부터 종료하기까지에 발생하는 균열을 일반적으로 초기 균열이라고 한다.

② 초기 균열은 그 원인에 따라 소성수축균열, 침하균열, 거푸집 변형에 의한 균열, 진동·재하에 의한 균열 등으로 크게 나눌 수가 있다.

Ⅱ. 소성수축균열

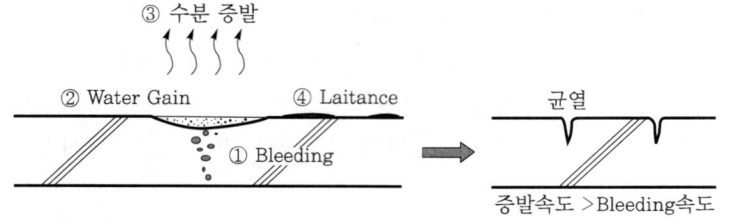

Bleeding속도보다 수분 증발속도가 빠를 경우 소성수축균열 발생

1) 원인

① 수분 증발속도 > Bleeding속도

② 거푸집으로부터의 누수

③ 초기 콘크리트 표면의 수분 부족

④ 시멘트의 급격한 응결

2) 대책

① 타설 종료 후에 콘크리트 표면 피복

② 직사광선이나 바람에 대한 노출 금지

③ 습윤양생 철저

Ⅲ. 침하균열

1) 원인

① 묽은 비빔 콘크리트에서의 Bleeding

② 부재의 두께차 및 콘크리트 타설높이차

2) 대책

① 단위수량 및 Slump값 저감

② 타설속도 및 1회 타설높이 조절

③ 다짐 철저

④ 침하 종료 이전에 굳어져 점착력을 잃지 않는 시멘트혼화제 선정

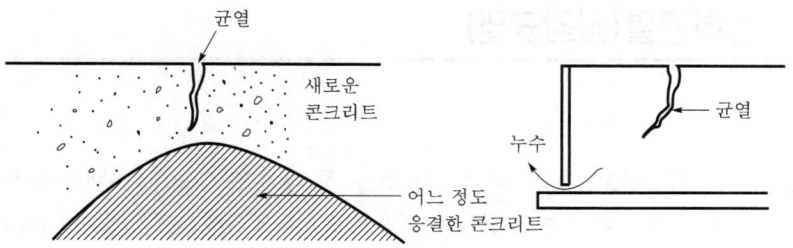

Ⅳ. 거푸집 변형에 의한 균열

1) 원인
   ① 거푸집 긴결철물의 부족
   ② 동바리 불량에 의한 부등침하
   ③ 콘크리트 측압에 의한 거푸집 변형

2) 대책
   ① 거푸집은 볼트나 강봉으로 조임
   ② 동바리는 충분한 강도와 안정성 확보
   ③ 콘크리트 타설속도 및 순서 준수

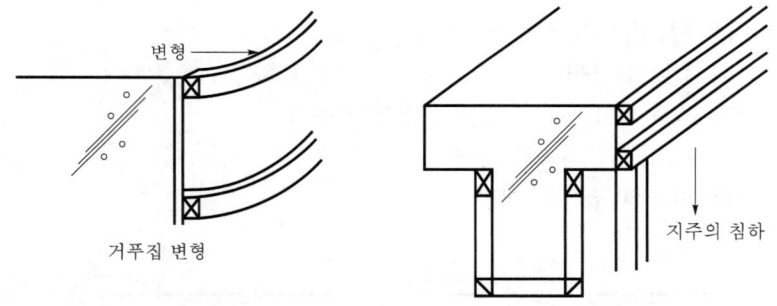

Ⅴ. 진동 · 재하에 의한 균열

1) 원인
   ① 타설 완료 시 콘크리트 근처에서의 말뚝박기
   ② 기계류의 진동

2) 대책
   ① 거푸집의 강성 증대
   ② 초기 재령 시 재하 금지

117 침하균열(침강균열)

Ⅰ. 정의

Con'c를 타설하고 다짐하여 마감작업을 한 후에도 Con'c 자체가 침하하게 된다. 이 경우 철근의 위치는 고정되어 있으므로 철근 위에 놓여 있는 Con'c가 부등침 하로 인해 균열이 발생되는데, 이를 침하균열이라 한다.

Ⅱ. 침하균열 발생도해

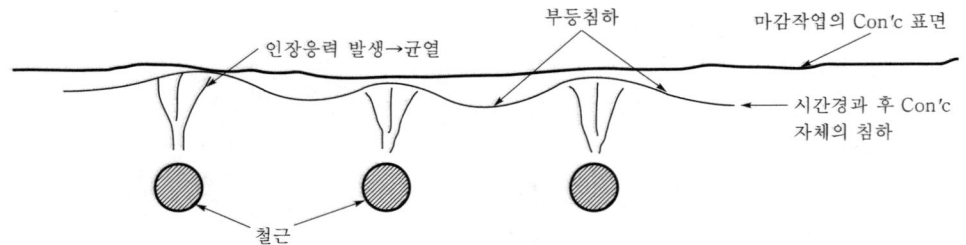

Ⅲ. 발생위치

① Slab에서 상부철근 부위
② 보의 스터럽 부위
③ 기타 Con'c 표면에 가까운 수평철근 부위
④ 기둥과 Slab의 접속부 상단
⑤ 보와 Slab의 접속부 상단

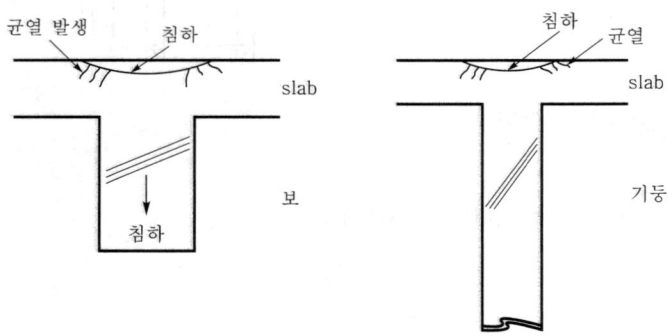

Ⅳ. 침하균열 영향요소

① 철근직경이 클수록 침하 증가
② Slump가 클수록 침하 증가
③ 잔골재율이 클수록 침하 증가
④ 다짐이 불충분하여 침하 증가
⑤ W/B비가 클수록 침하 증가
⑥ 거푸집이 밀실하지 않을 때 침하 증가
⑦ Bleeding이 많을 때 침하 증가

V. 발생원인

① 거푸집 누수

② 잔골재율 과다

③ 불충분한 다짐

④ 과도한 W/B비

⑤ 양생과정에서 진동·충격

⑥ 철근 배근의 이동

VI. 침하균열 방지책

① Con'c 배합설계 조정

② 충분한 다짐

③ W/B비 가능한 한 적게

④ 2차 진동다지기

⑤ 타설속도 및 1회 타설량의 조절

⑥ 단위수량 및 Slump값 적게

⑦ 보, 기둥은 침하 완료 후 Slab 타설

⑧ Refloating(재마무리)

118 화학적 침식

Ⅰ. 정의

Con′c 구조체를 구성하는 재료들이 서로 화학반응하거나 외부환경의 영향 등에 의해 화학반응을 일으켜 구조체의 강도 저하 및 열화되는 것을 화학적 침식이라고 한다.

Ⅱ. 화학적 침식에 의한 피해

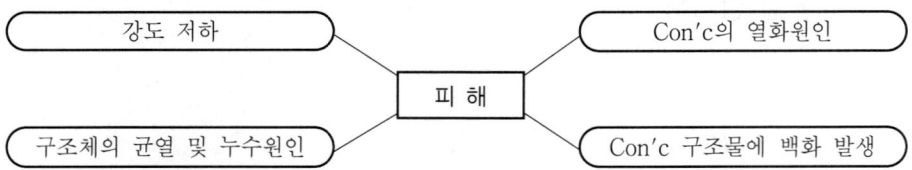

Ⅲ. 원인별 분류

1) 염해
   염화물(CaCl), 염화물이온(Cl^-) 등에 의한 침식
2) 탄산화
   탄산가스, 산성비 등에 의한 침식
3) 알칼리골재반응
   수산화알칼리와 알칼리반응성 골재의 화학반응으로 침식
4) 황산염반응
   배합수 중의 황산염이 Cement 중의 칼슘알루미나와 접촉하여 칼슘설포알루미나를 형성하여 체적팽창
5) 전식
   고압전류가 철근에서 Con′c를 향해 흐르게 되면 철근이 산화, 부식되어 Con′c가 체적팽창하는 현상

Ⅳ. 대책

① 염해에 강한 Cement 및 혼화제(AE제, AE감수제 등) 사용
② 철근은 아연도금, Epoxy Coating 등을 하여 사용
③ 탄산화는 습도는 높고, 온도는 낮게 유지하며 탄산가스의 영향을 적게 함
④ 부재 단면을 크게 하고 피복두께는 두껍게 하며, 기공률을 적게 할 것
⑤ 알칼리골재반응에 무해한 골재 및 저알칼리형의 Cement 사용
⑥ Con′c $1m^3$당 알칼리총량(Na_2O당량)으로 0.3kg 이하로 사용
⑦ 내황산염·중용열·고로Slag·Fly Ash Cement를 사용함
⑧ 전식을 막기 위해서는 항상 건조상태 유지

119 황산염과 에트린가이트(Ettringite)

[06전(10), 13중(10)]

Ⅰ. 황산염

1) 정의
   ① 황산염은 시멘트의 수화에 의해 발생한 수산화칼슘과 반응하여 황산칼슘(석고)를 생성하여 체적을 증대시킨다.
   ② 황산칼슘(석고)은 시멘트 중의 칼슘알루미나와 반응하여 칼슘설포알루미네이트를 생성하여 체적팽창에 의해 콘크리트를 붕괴하게 한다.

2) 황산염의 영향
   ① 체적팽창 발생   ② 조직의 다공질화
   ③ 철근의 부식 촉진   ④ 화학작용을 일으켜 동결융해
   ⑤ 마모 촉진   ⑥ 균열 발생, 열화 촉진

Ⅱ. 에트린가이트(Ettringite)

1) 정의
   ① 에트린가이트란 시멘트가 수화할 때 시멘트 중의 알루미네이트와 석고와의 반응으로 침상결정의 광물을 말한다.
   ② 에트린가이트는 팽창시멘트에서 팽창을 촉진시키는 인자로서 많이 실용화되고 있는 실정이다.

2) 특징
   ① 보통 포틀랜드시멘트에 적당량을 혼합한 후 수화 시 팽창하며 건조수축을 보상한다.
   ② 과다 혼합 시 팽창균열이 발생하므로 유의한다.
   ③ 팽창시멘트용으로 사용된다.

3) 수축보상(shrinkage compensation)
   ① 치밀한 구조를 형성하여 수밀성 향상
   ② 동결융해 저항성 향상
   ③ 균열 억제, 재료분리 방지, 내구성 향상

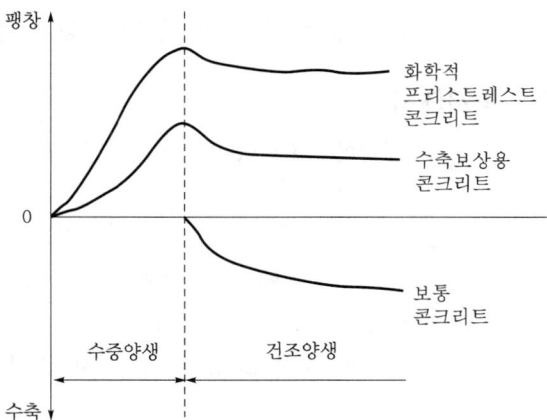

120 콘크리트 황산염 침식

[05중(10)]

Ⅰ. 정의

① 콘크리트 구조체를 구성하는 재료들이 서로 화학반응을 하거나 외부환경의 영향 등에 의해 화학반응을 일으켜 구조체의 강도 저하 및 열화되는 것을 화학적 침식이라고 한다.

② 황산염 침식은 배합수 중의 황산염이 시멘트 중의 칼슘알루미나와 접촉하여 칼슘설포알루미네이트(CSA)를 형성하여 체적이 팽창하게 되는 현상을 말한다.

Ⅱ. 침식 Mechanism

$$Ca(OH)_2 + SO_4 \rightarrow CaSO_4 + H_2O + \frac{1}{2}O_2$$

Ⅲ. 황산염 침식에 의한 피해

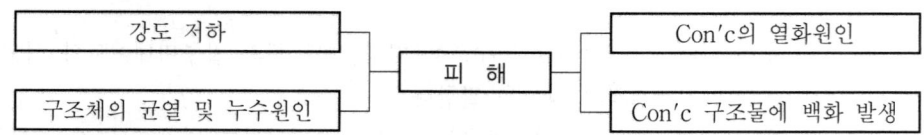

Ⅳ. 원인

1) 황산염(SO_4)반응

① 황산염은 해수층에 존재

② 시멘트 중의 칼슘알루미나와 접촉하여 칼슘설포알루미네이트를 형성하여 체적 팽창

③ 체적팽창으로 인한 구조체 균열 발생 및 내부철근부식

2) 염해

염화물(NaCl), 염화물이온(Cl^-) 등에 의한 침식

Ⅴ. 방지대책

① 내황산염 Cement, 중용열 Cement, 고로Slag Cement, Fly Ash Cement를 사용함

② 부재 단면을 크게하고 피복두께는 두껍게 함

③ 콘크리트 내부의 기공률을 적게 할 것

④ Con'c 표면 방식 처리

⑤ 염해에 강한 Cement 및 혼화제(AE제, AE감수제 등) 사용

121 | 콘크리트 표면에 발생하는 결함

I. 정의

① 콘크리트 표면의 결함은 곰보, 백태, 이색, 균열 및 시공관리 부족에 따른 재료 분리 등이 있다.

② 콘크리트 표면에 발생하는 결함은 재료, 시공, 양생과정에서 품질관리 부족으로 발생하며, 이를 방지하기 위해서는 제조과정에서 양생에 이르는 전과정을 통해 철저한 품질계획이 필요하다.

II. 콘크리트 표면에 발생하는 결함

1) Honey Comb(곰보)

콘크리트 표면에 조골재가 노출되고 그 주위에 모르타르가 없는 상태

2) 백태

콘크리트의 노출 표면에 흰색의 가루가 발생하는 현상

3) Dusting

① 콘크리트 표면이 먼지와 같이 부서지고 먼지의 흔적이 표면에 남아있는 현상

② 콘크리트의 껍질이 벗겨지는 현상

4) Air Pocket(기포)

① 수직이나 경사진 콘크리트의 표면에 10mm 이하의 구멍이 발생하는 현상

② 콘크리트가 조금씩 파여 보임

5) 얼룩 및 색 차이

콘크리트 표면에 거푸집 조임철물 등에 의한 녹물이 흘러내리는 현상

6) Cold Joint

① 콘크리트 표면에 길게 불규칙한 선의 발생

② 콘크리트 간의 접착 불량

7) 균열

콘크리트면에 전체적으로 또는 부분적으로 불규칙적인 균열 발생

III. 결함의 처리

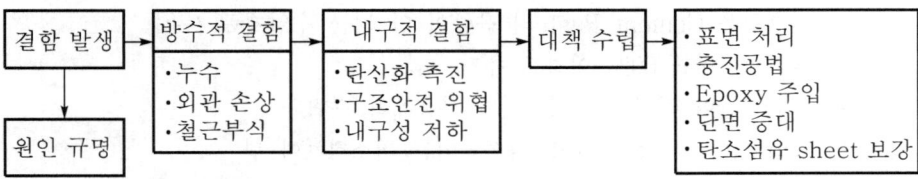

122 콘크리트의 재료분리 원인 및 방지대책

[77(10)]

Ⅰ. 정의

① 콘크리트의 구성요소(시멘트, 물, 잔골재, 굵은 골재)가 골고루 분포되어 있지 않고 균질성을 상실한 상태를 재료분리라 한다.

② 재료분리 방지를 위해서는 배합설계·운반·타설·다짐·거푸집·배근 등의 여러 측면에서의 대책이 필요하다.

Ⅱ. 재료분리에 의한 피해

Ⅲ. 원인

① 최소 단위시멘트량 부족

② 굵은 골재치수가 40mm 초과 및 입형(편평한 것 불리)

③ Slump치가 높은 경우

④ 골재의 비중차(굵은 골재, 잔골재) 및 특수 골재(중량골재, 경량골재)

⑤ 비빔시간의 지연

⑥ 단위수량이 클 경우

⑦ 물결합재비가 크고 점성이 떨어질 때

⑧ Bleeding현상

Ⅳ. 방지대책

① 단위시멘트량이 너무 적지 않게 배합설계

② 굵은 골재 최대 치수는 피복두께나 철근의 간격을 고려하여 선정

③ 적정한 혼화제 사용으로 Slump는 낮추되 재료분리는 방지

④ 적정한 입도 및 입형의 골재 선정

⑤ AE제나 Pozzolan은 콘크리트의 응집을 증가시켜 재료분리 방지

⑥ 거푸집은 Cement Paste의 유출이 안 되는 수밀재료 사용

⑦ 물결합재비는 60% 이하로 유지

⑧ 운반시간이 길어지면 지연제의 사용계획 수립

⑨ Con′c는 직타를 피하고, 타설높이는 최소화해야 함

⑩ 다짐은 철근 및 매설물 주위도 빠짐없이 철저히 해야 함

123 블리딩(Bleeding)현상

[77(10), 90후(10), 05중(10), 08중(10)]

Ⅰ. 정의

① 콘크리트 타설 후 물과 미세한 물질(석고, 불순물 등) 등은 상승하고, 무거운 골재나 Cement 등은 침하하게 되는 현상을 Bleeding이라 한다.

② Bleeding현상은 일종의 재료분리현상으로서 Water Gain 및 Laitance현상을 유발시켜 콘크리트의 품질을 저하시키는 원인이 되기도 한다.

Ⅱ. Bleeding에 의한 피해

① 철근과 Con′c의 부착 강도 저하

② Slump 및 강도 저하

③ Con′c의 수밀성 저하

④ Con′c의 이방성(異方性)의 원인

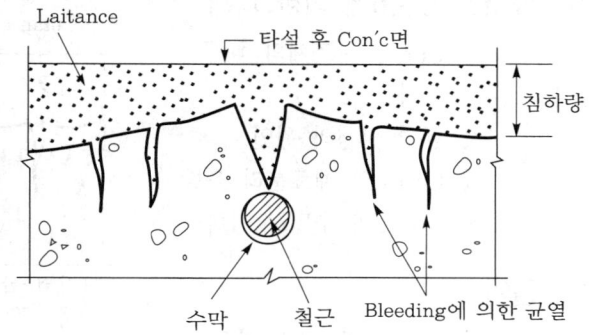

〈 Bleeding현상 〉

Ⅲ. 원인

① 물결합재비가 클수록

② 반죽질기가 클수록

③ 굵은 골재 최대 치수가 클수록

④ 타설높이가 클수록

⑤ 타설속도가 빠를수록

⑥ 분말도가 낮은 Cement의 사용

⑦ 쇄석 Con′c는 일반 Con′c에 비해 Bleeding이 큼

⑧ 단위수량, 다짐, 부재의 단면치수 등이 클수록

Ⅳ. 대책

① 1회 타설높이를 작게 하고 과도한 다짐은 방지할 것

② 적당한 혼화제(AE제, AE감수제 등)를 사용함

③ 단위수량이 적은 된 비빔의 Con′c를 사용함

④ 분말도가 높은 Cement의 단위시멘트량을 크게 하여 사용함

⑤ 거푸집은 Cement Paste의 유출이 없는 수밀성 거푸집 사용

⑥ 굵은 골재는 쇄석보다 강자갈을 사용함

⑦ 초속경 Cement는 응결시간이 빨라 Bleeding이 적음

⑧ 굵은 골재의 치수는 작게 하여 사용할 것

124 Water Gain현상

Ⅰ. 정의

① 콘크리트 타설 후 물과 미세한 물질(석고, 불순물 등) 등은 상승하고, 무거운 골재나 Cement 등은 침하하게 되는 현상을 Bleeding이라 한다.

② 미경화 Con'c에 있어서 물이 상승하여 표면에 고이는 현상을 Water Gain현상이라 하며, Bleeding현상에 의해 발생된다.

Ⅱ. Water Gain에 의한 피해

① Con'c 구조체의 내구성 저하

② 균열 발생의 원인

③ Con'c의 재료분리 유발

④ Con'c의 수밀성 저하

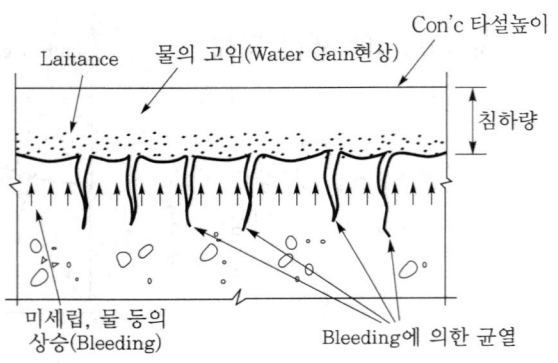

< Water Gain현상 >

Ⅲ. 원인

① 굵은 골재 최대 치수가 클수록

② 단위수량이 클수록

③ 분말도가 낮은 Cement의 사용

④ 다짐 및 부재의 단면치수가 클수록

⑤ 물결합재비 및 반죽질기가 클수록

⑥ 쇄석 Con'c일 경우

⑦ 타설높이가 클수록

⑧ 타설속도가 빠를수록

Ⅳ. 대책

① 굵은 골재의 치수는 작게 하고, 균일한 입도 조정

② 분말도가 높은 Cement 사용

③ 단위수량을 적게 할 것

④ 단위시멘트량을 많게 할 것

⑤ 된 비빔의 Con'c 사용

⑥ 적당한 혼화제(AE제, AE감수제 등)를 사용함

⑦ 1회 타설높이를 작게 하고 과도한 다짐은 방지할 것

⑧ 굵은 골재는 쇄석보다 강자갈을 사용함

⑨ 초속경 Cement는 응결시간이 빨라 Water Gain현상이 적음

125 | Laitance(Scaling)

[05중(10)]

Ⅰ. 정의

① 콘크리트 타설 후 물과 미세한 물질(석고, 불순물 등)은 상승하고, 무거운 골재나 Cement 등은 침하하게 되는 현상을 Bleeding이라 한다.

② Bleeding에 상승된 물과 미세한 물질 중 물은 증발해버리고 남은 미세한 물질인 찌꺼기를 Laitance라 하며 Scaling이라고도 한다.

Ⅱ. Laitance에 의한 피해

① 이어치기 부분의 부착강도 저하

② Con′c 구조체의 내구성 저하

③ Cold Joint 발생

④ 철근의 부식

⑤ 탄산화요인

< Laitance >

Ⅲ. 원인

① 물결합재비가 클수록

② 반죽질기가 클수록

③ 굵은 골재 최대 치수가 작을수록

④ 타설높이가 클수록

⑤ 단위수량이 많을수록

⑥ 묽은 비빔일수록

Ⅳ. 대책

① 1회 타설높이를 작게

② 과도한 다짐 방지

③ 된 비빔 콘크리트 타설

④ 거푸집은 누수가 적은 재료 선정

⑤ 고성능 감수제 등 사용

⑥ 쇄석보다는 강자갈을 사용

⑦ 분말도가 높은 Cement 사용

⑧ 잔골재율은 작게

⑨ 굵은 골재 최대 치수는 크게

126 허니콤(Honey Comb)

[05전(10)]

Ⅰ. 정의

① 허니콤이란 콘크리트의 타설 및 양생된 후 거푸집을 해체하면 콘크리트 표면에 모르타르가 부족하여 조골재만 노출된 상태를 말한다.

② 콘크리트 표면에 자갈만 모여서 곰보모양을 이루고 있어 잔골재 및 Cement Paste가 적절히 혼합되지 않은 부분이다.

Ⅱ. 콘크리트 표면에 발생하는 결함

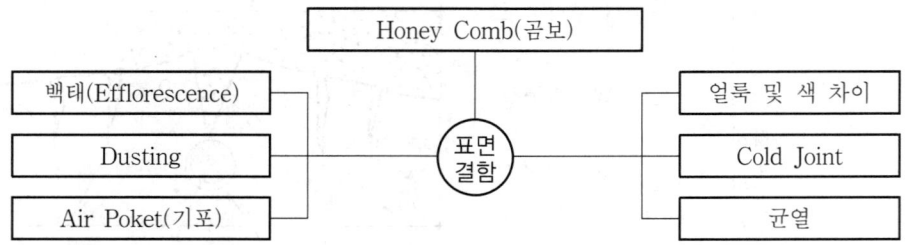

Ⅲ. 허니콤의 원인

① 다짐 부족

② 시공연도 불량

③ 거푸집 사이로 Mortar 누출

④ 재료분리 발생

Ⅳ. 허니콤의 대책

① 거푸집의 밀실 시공

② 거푸집 및 동바리 강성 유지

③ 운반 및 타설 중 재료분리 방지

④ 진동기 사용규정 준수

⑤ 피복두께 확보

127 | Channeling현상과 Sand Streak현상

Ⅰ. 정의

① Channeling현상이란 W/B비가 높은 콘크리트 타설 시 거푸집과 콘크리트 사이에 생기는 수로를 통해 일시적으로 물과 Cement Paste가 함께 위로 떠올라가는 현상이다.

② Sand Streak이란 Channeling현상의 결과로 모래가 지나가는 자리에 선(Line, Streak)이 남게 되는 현상을 말한다.

③ Channeling현상과 Sand Streak현상은 단위수량이 큰 콘크리트에서 발생하며 재료분리의 주원인이 되고 Laitance의 과다 발생으로 콘크리트 부착력이 감소하게 된다.

Ⅱ. 도해

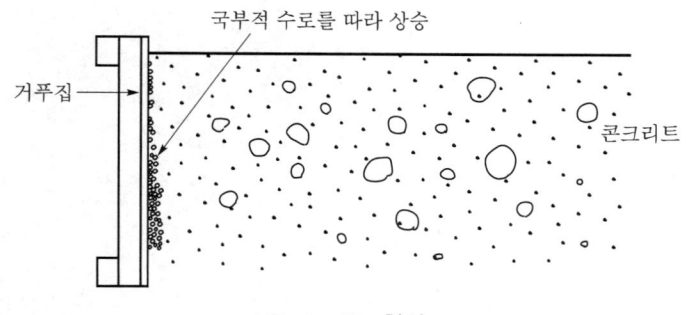

< Channeling현상 >

Ⅲ. Channeling현상의 피해

① Laitance의 과다 발생으로 콘크리트 간의 부착력 감소

② 간극의 발생으로 수밀성 저하

③ 구조체의 강도 및 내구성 저하

④ 재료분리현상의 주원인

Ⅳ. Sand Streak현상의 피해

① 콘크리트 타설 후 비중이 큰 골재는 침하하므로 콘크리트 부분적 강도차이 발생

② 비중차에 의해 물과 Cement Paste가 상승하여 Bleeding 및 Laitance 과다 발생

③ 콘크리트 표면에 모래가 지나간 선(Streak)이 발생

Ⅴ. Channeling과 Sand Streak의 발생원인

① W/B비가 높은 콘크리트를 사용할 때
② 단위수량이 높은 콘크리트를 사용할 때
③ 콘크리트 타설 시 가수 등 물을 첨가할 때
④ 타설 시 다짐이 충분하지 못할 때

Ⅵ. 방지대책

① 타설 시 노무자교육을 통하여 가수 등 물의 첨가를 하지 않게 한다.
② 배합이 W/B비와 단위수량은 최소화한다.
③ 콘크리트 타설 시 다짐을 철저히 한다.
④ 유동화제 등 적정한 혼화제를 사용한다.
⑤ 재진동다짐을 실시하여 콘크리트 내의 과다 수분을 제거한다.
⑥ 시멘트나 혼화재의 분말도를 높인다.

128 콘크리트 속의 간극

I. 개요

① 콘크리트는 물과 시멘트, 골재 등을 혼합하여 경화시켜서 만드는 것으로서 여러 가지의 보조적인 재료를 사용하여 성질을 개선시킨 복합체이다.

② 완성된 콘크리트 속의 간극은 콘크리트의 강도, 내구성, 수밀성 등에 크게 영향을 미치는 요소로서 콘크리트를 만드는 과정에서 간극 발생을 최대한 억제시켜 품질 좋은 콘크리트를 만들어야 할 것이다.

II. 콘크리트 속의 간극과 강도와의 관계

경화된 시멘트풀의 강도는 간극이 차지하는 부피에 반비례하여 감소한다.

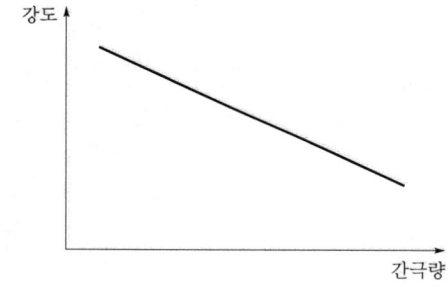

III. 간극에 의한 피해

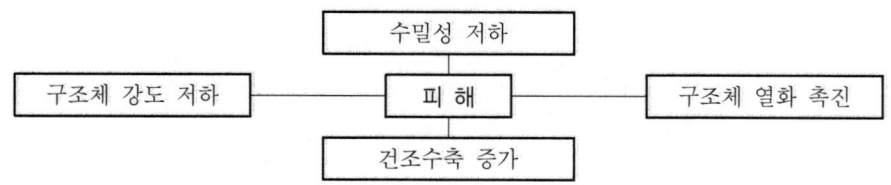

IV. 간극 형성과정

1) 수화작용

시멘트는 물과 만나면 수화작용을 하게 되며 그 관계식은 다음과 같다.

$$CaO + H_2O \rightarrow Ca(OH)_2$$

2) 수화에 필요한 최소 수량

시멘트가 완전히 수화하는데 필요한 물의 양은 시멘트량의 25% 정도이다.

3) 작업성

시멘트가 수화를 위해서는 물이 시멘트입자에 도달할 수 있어야 하며, 그러기 위하여 시멘트와 물이 충분히 유동성을 가지는데 필요한 수량은 10~15% 정도 더 요구된다.

4) 소요물결합재비

① 결국 시멘트가 충분한 수화를 위하여 필요로 하는 최소 물결합재비는 35~40%가 필요하게 된다.

② 실제 콘크리트 시공에서 콘크리트의 워커빌리티를 얻기 위하여 일반적으로 보다 많은 물결합재비가 요구된다.

5) 간극 형성

콘크리트를 타설한 후 수화에 쓰이고 남은 콘크리트 속의 물은 시간경과에 따라 증발하게 되는데 증발되기까지 물이 차지하던 곳이 간극으로 남게 되어 콘크리트 속의 간극을 형성하게 된다.

V. 간극 감소대책

① 물결합재비는 적게

② 밀실 다짐

③ 단위수량 적게

④ 최적의 양생 실시

⑤ 입도분포 좋은 골재 사용

129 Air Pocket이 콘크리트 내구성에 미치는 영향

[14중(10)]

Ⅰ. 정의

① Air Pocket이란 콘크리트 타설 시 다짐이 충분하지 않을 경우 콘크리트 내부에 기포가 형성되는 현상으로 구조물의 강도 저하원인 중 하나로써 외부에는 곰보현상 등의 표면결함을 동반한다.

② 콘크리트구조물의 내구성이란 기상작용, 물리적·화학적 및 기계적 작용 등 성능 저하로 외력에 저항하여 역학적·기능적인 성능을 보유할 수 있는 능력을 말한다.

Ⅱ. 발생원인

① 거푸집 박리제 도포 불량
② 거푸집 불량으로 물 흡수·수출 방해
③ 접합면의 공기 제거 불량
④ 콘크리트 배합 및 타설방법 불량
⑤ 다짐 불충분

Ⅲ. 콘크리트 내구성에 미치는 영향(성능 저하)

1) 기상작용
① 동결융해
② 기온의 변화(온도변화)
③ 건조수축

2) 물리·화학적 작용
① 중성화
② 알칼리골재반응(AAR : Alkali Aggregate Reaction)
③ 염해(Salt Damage)

3) 기계적 작용
① 진동·충격
② 마모·손상
③ 전류에 의한 작용

Ⅳ. 콘크리트 Air Pocket 감소방안

1) 거푸집표면관리
① 표면이 매끄러운 코팅합판이나 내수합판 사용
② 거푸집의 재사용 시 이물질 제거 및 표면보수 실시

2) 박리제 도포관리
① 전용 박리제로 롤러, 붓 등을 사용하여 매끄럽게 도포함
② 박리제 과다 도포 시 헝겊 등으로 제거함

3) 콘크리트 배합 및 타설관리
① 배합 시 공기량, 물결합재비 및 골재관리
② 거푸집과 접하는 면이 평활하도록 관리

4) 다짐 철저
내부진동기를 통하여 밀실한 콘크리트가 되도록 관리 철저

130 콘크리트 균열원인

Ⅰ. 개요

① 콘크리트 구조물의 균열은 미경화 콘크리트에서 소성수축균열·침하균열·거푸집 변형에 의한 균열·진동 및 재하에 의한 균열 등이 있으며, 경화 콘크리트에서는 재료·배합·시공 및 내구성 저하요인에 의한 균열이 있다.

② 콘크리트의 균열 발생을 방지하기 위해서는 설계에서부터 재료·배합·타설·양생에 이르기까지 전과정에서의 품질 확보가 중요하다.

Ⅱ. 균열의 분류

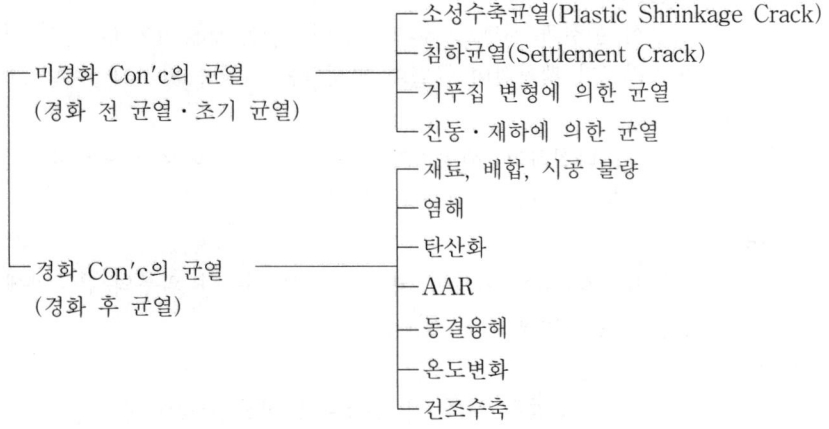

- 미경화 Con'c의 균열
  (경화 전 균열·초기 균열)
  - 소성수축균열(Plastic Shrinkage Crack)
  - 침하균열(Settlement Crack)
  - 거푸집 변형에 의한 균열
  - 진동·재하에 의한 균열
- 경화 Con'c의 균열
  (경화 후 균열)
  - 재료, 배합, 시공 불량
  - 염해
  - 탄산화
  - AAR
  - 동결융해
  - 온도변화
  - 건조수축

Ⅲ. 균열원인

1) **소성수축균열**
   노출면적이 넓은 Slab에서 타설 직후에 Bleeding속도보다 증발속도가 빠를 때 발생하는 균열이다.

2) **침하균열**
   Con'c를 타설하고 다짐하여 마감작업을 한 이후에도 계속하여 침하하게 되는데, 이것을 침하균열이라 한다.

3) **거푸집 변형에 의한 균열**
   거푸집, 동바리 및 콘크리트 측압 등에 의한 거푸집 변형에서 오는 Con'c 균열이다.

4) **진동·재하에 의한 균열**
   Con'c 타설 완료 시 콘크리트 근처에서의 파일항타, 시공기계의 진동 등에 의한 균열이다.

5) **재료 불량**
   시멘트는 풍화한 것을 사용하면 동결융해에 대한 저항력이 떨어져 균열이 발생한다.

6) 배합 불량

물결합재비가 너무 크면 Con′c 균열의 원인이 된다.

7) 시공 불량

운반 시 재료분리가 발생하면 균열의 원인이 된다.

8) 염해

염분은 Con′c 내의 철근을 부식시켜 부피가 팽창하게 되어 균열을 일으킨다.

9) 탄산화

① $CaO(석회)+H_2O \xrightarrow{\text{수화반응}} Ca(OH)_2$: 수산화칼슘(강알칼리성분)

② $Ca(OH)_2+CO_2(탄산가스) \xrightarrow{\text{탄산화반응}} CaCO_3+H_2O \rightarrow$ 수분 침투 $\rightarrow$ 철근부식
$\rightarrow$ 팽창 $\rightarrow$ 균열

10) 알칼리골재반응(AAR : Alkali Aggregate Reaction)

골재 중의 반응성 물질과 시멘트 중의 알칼리성분이 반응하여 Gel상의 불용성화합물이 생겨 콘크리트가 팽창하여 균열이 발생하는 현상을 알칼리골재반응이라 한다.

11) 동결융해

동절기에 Con′c가 타설하고, 해빙기가 되면 콘크리트 내부의 수분이 녹으면서 표면이 가라앉게 된다. 이것을 동결융해현상이라 한다.

12) 온도변화

콘크리트의 두께가 800mm 이상이 되면 구조체 내부와 외부의 온도차에 의한 온도구배가 생겨 균열이 발생할 수 있다.

13) 건조수축

① Con′c는 타설 후 급격한 건조 시 수축으로 인한 균열이 발생한다.
② 재료 선정 시 분말도가 큰 시멘트를 사용할 경우 균열이 발생한다.

131 철근콘크리트 구조물의 허용균열폭

[17중(10)]

Ⅰ. 정의

① 철근콘크리트 구조물은 재료적 요인, 구조적 요인, 기타 요인 등에 의해 발생한 인장응력이 콘크리트 인장강도를 초과하며 균열이 발생하다.

② 콘크리트설계기준은 균열폭을 기준으로 균열을 제어하며 강재부식에 유해한 환경조건에 따라 허용균열폭을 규정하고 있다.

Ⅱ. 허용균열폭

1) 구조부재인 경우

강재의 종류	강재의 부식에 대한 환경조건			
	건조환경	습윤환경	부식성환경	고부식성환경
철근	$0.006t_c$	$0.005t_c$	$0.004t_c$	$0.0035t_c$
PS강재	$0.005t_c$	$0.004t_c$	–	–

여기서, t_c : 최외단 철근표면에서 콘크리트 표면 사이의 거리, 피복두께(mm)

2) 내구성 확보를 위한 경우

조건	환경	허용균열폭
건조환경	• 보통 주거 및 사무실 건물 내부(일반 옥내)	0.40mm
습윤환경	• 일반 옥외의 경우, 흙 속의 경우	0.30mm
부식성환경	• 건습의 반복작용이 많은 경우 • 지하수위 이하의 흙 속 작용이 있는 경우 • 동상방지제를 사용하는 경우	0.20mm
고부식성환경	• 강재부식에 현저하게 해로운 영향을 주는 경우 • 간만조위의 영향을 받는 해양구조물 • 비말대에 있는 경우	0.15mm

3) 수밀성 구조를 위한 경우 : 0.1mm

Ⅲ. 균열의 평가방법

1) 육안점검

① 균열폭은 휴대용 균열폭측정기를 이용하여 측정

② 육안검사 시 구간별로 표시하고 스케치 및 사진촬영자료 수집

③ 균열관리대장을 작성하며 측정시기·균열폭·길이 등을 기입

④ 진행성 균열과 비진행성 균열을 구분

2) 비파괴검사(NDT : Non Destructive Test)
 ① 초음파법, 자기법 등의 방법 이용
 ② 균열위치, 내부균열, 철근위치, 철근방향 및 직경
3) 코어(core)검사
 ① 의심이 되는 부분의 코어를 채취하여 검사
 ② 비교적 정확하게 조사
4) 설계도면 및 시공자료의 검토

Ⅳ. 균열폭에 따른 보수공법 적정성 비교

보수목적	균열현상·원인	균열폭 (mm)	보수공법		
			표면처리 공법	주입공법	충전공법
방수성	균열폭 변동이 작음	0.2 이하	○	△	-
		0.2~1.0	△	○	○
	균열폭 변동이 큼	0.2 이하	△	△	-
		0.2~1.0	○	○	○
내구성	균열폭 변동이 작음	0.2 이하	○	△	△
		0.2~1.0	△	○	○
		1.0 이상	-	△	○
	균열폭 변동이 큼	0.2 이하	△	△	△
		0.2~1.0	△	○	○
		1.0 이상	-	△	○

① 균열폭 3.0mm 이상의 균열은 구조적인 결함을 수반하는 일이 많으므로 여기에 표시하는 보수공법뿐만 아니라 구조내력의 보강을 포함하여 실시하는 일이 보통이다
② ○ : 적당, △ : 조건에 따라 적당

132 균열관리대장

[18전(10)]

Ⅰ. 정의

① 균열관리대장이란 콘크리트구조물의 균열을 관리하기 위해 기록하는 문서서식을 말한다.

② 관찰주기와 횟수는 최초 관찰 이후 2개월 간격으로 2회 이상 관찰하여 총 3회 이상 관찰 및 대장을 작성한다.

③ 타설 전 균열관리계획서 작성 및 승인이 필요하다.

Ⅱ. 균열관리대장 예시

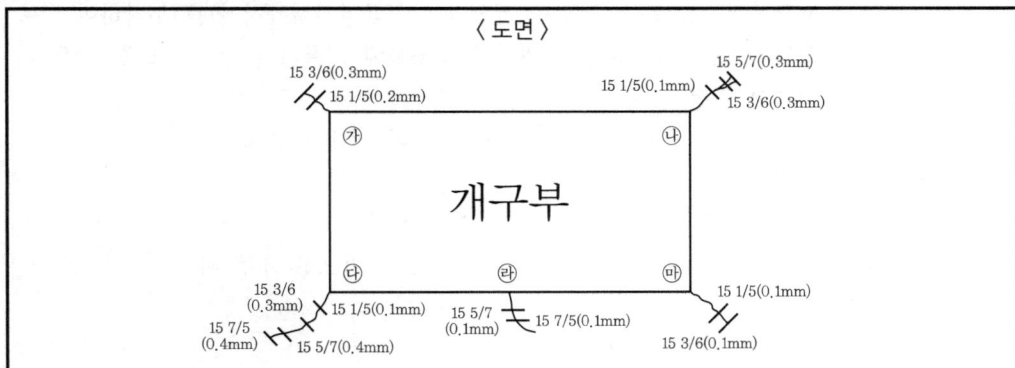

〈도면〉

콘크리트 타설일 : 　.　.　.　　　　콘크리트 제조업체 :

균열 번호 ①	균열크기(m[mm]) ②							보수 필요 유무 ③	원인 분석 ④	보수·보강 내용 ⑤	보수 후 조치 ⑥	확인 ⑦	
	회차	1	2	3	4	5	6					담당	감독
가	일자	'15. 1/5	3/6					유	건조 수축	에폭시 주입 (15. 3. 10)		○○○	○○○
	길이	1.5	1.5										
	폭	0.2	0.3										
나	일자	'15. 1/5	3/6	5/7				유	건조 수축	에폭시 주입 (15. 5. 10)		○○○	○○○
	길이	1.5	1.9	1.9									
	폭	0.1	0.3	0.3									
다	일자	'15. 1/5	3/6	5/7	7/5			유	건조 수축	• 에폭시 주입 (15. 7. 9) • 에폭시 재주입 (16. 1. 5)	균열 재발 (15. 12. 8)	○○○	○○○
	길이	1.5	1.9	2.5	2.5								
	폭	0.1	0.3	0.4	0.4								
라	일자	'15. 1/5	3/6					무	건조 수축			○○○	○○○
	길이	1.5	1.5										
	폭	0.1	0.1										
마	일자			5/7	7/5			무	건조 수축			○○○	○○○
	길이			1.5	1.5								
	폭			0.1	0.1								

Ⅲ. 작성요령

1) 균열번호

현장에서 관리가 용이한 방법으로 균열번호 부여

2) 균열크기

① 해당 균열에 대한 길이 및 폭을 수치로 기입하고 도면상에 위치 또는 형태를 표기함

② 균열의 조사

㉠ 균열길이 : 균열 최초 발견 시 균열 양 끝단에 표시하고 번호 및 날짜 표기 후 진행 유무 관찰

㉡ 균열폭

• 균열폭 측정 : 균열스케일, 균열현미경

• 균열폭변동을 측정할 경우 균열게이지(균열진행측정기)를 부착하여 사용하거나 초기값을 측정한 위치를 구조물에 기록하여 두고, 그 후 같은 위치에서 측정

• 균열폭은 발생구간 내 표면에서 관찰된 최대폭 표기

3) 보수 필요 유무

① 관찰 중 보수균열폭 이상인 균열은 '유'로 표기

② 관찰 종료 후 보수균열폭 미만인 균열의 보수 필요성 유무 판정

4) 원인 분석

균열의 원인을 간략하게 기입

5) 보수·보강내용

균열보수방법 및 재료를 기입하고 보수일자를 기록(균열 재발생 시에도 동일)

6) 보수 후 조치

보수 후 균열이 재발했을 경우에만 기록

7) 확인

① 보수를 요하는 균열 : 1차 보수 완료 후 확인란에 서명

② 보수가 불필요한 균열 : 보수 필요 유무 판단 후 확인란에 서명

Ⅳ. 보수처리시점

① 균열진행이 종료될 경우 보수진행

② 후속공정 등의 영향으로 균열보수가 필요한 경우

133 슬래브의 개구부 보강

[11전(10)]

Ⅰ. 개요

① Slab란 연직하중을 받는 부재로서 하중을 고루 전달하는 역할을 하며 일방향, 이방향 Slab 등으로 분류된다.

② H형 강말뚝에 의한 슬래브의 주위에는 Punching Shear에 의한 균열 등이 발생하므로, 이를 대비하여 구조기준에 따른 보강을 해야 한다.

Ⅱ. H형 강말뚝에 의한 Slab에서의 Crack 및 위험 단면

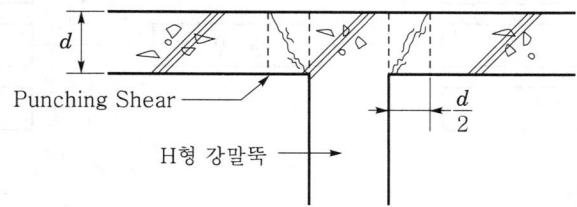

Ⅲ. 개구부의 전단보강철근 배근방법

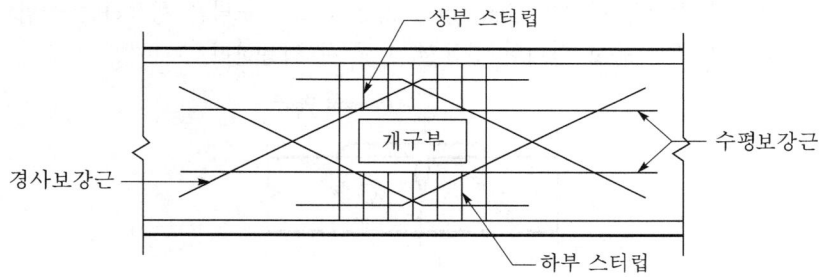

Ⅳ. 시공 시 주의사항

① 주근 절단을 최소화하도록 개구부 단변을 주근방향으로 배치

② 개구부 시공 전 철근탐사로 주근 절단을 최소화

③ 개구부 시공으로 단면내력의 감소가 우려될 경우 강재보 등으로 보강

134 콘크리트 구조물의 균열 보수·보강대책

[21후(10)]

Ⅰ. 개요

균열은 배합설계에서부터 현장 시공에 이르는 철저한 관리로 예방하는 것이 관건이나, 시공상 어쩔 수 없이 발생하는 균열도 있으므로 적절한 보수·보강대책이 필요하다.

Ⅱ. 원인

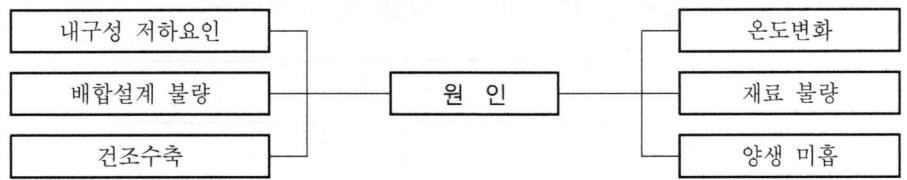

Ⅲ. 보수·보강대책

품질을 원래 수준으로 유지하는 것이 보수이고, 더 좋게 하는 것이 보강이다.

1) 표면처리공법
   ① 균열이 발생한 부위에 Cement Paste 등으로 도막을 형성하는 공법이다.
   ② 균열의 폭이 좁고 경미한 잔균열 발생 시 적용한다.

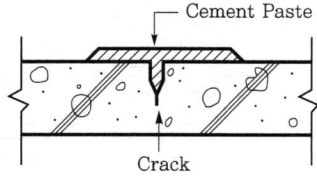

2) 충전공법(V-cut)
   ① 균열의 폭이 대단히 작고(약 0.3mm 이하) 주입이 곤란한 경우 균열의 상태에 따라 폭, 깊이가 10mm 되게 V-cut, U-cut을 한다.
   ② 잘라낸 면을 청소한 후 팽창모르타르 또는 Epoxy수지를 충전하는 공법이다.

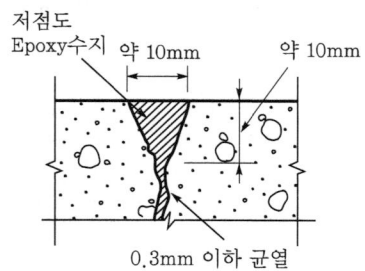

3) 주입공법
  ① 에폭시수지그라우팅공법이라고도 한다.
  ② 균열의 표면뿐만 아니라 내부까지 충전시키는 공법이다.

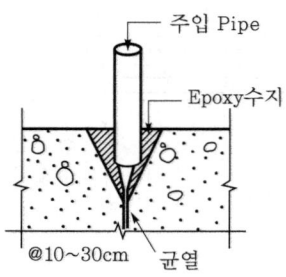

4) 강재Anchor공법
  ① 꺾쇠형의 Anchor체로 보강하는 공법이다.
  ② 균열이 더 이상 진행되는 것을 방지한다.

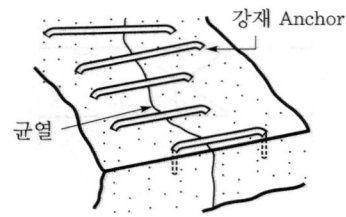

5) 강판부착공법
  ① 부재치수가 작은 구조의 보강공법이다.
  ② 균열 부위에 강판을 대고 Anchor로 고정한 후 접촉 부위를 Epoxy수지로 접착한다.

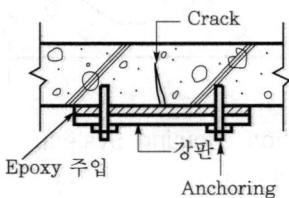

6) 탄소섬유Sheet공법
  ① 강화섬유Sheet인 탄소섬유Sheet를 접착제로 콘크리트 표면에 접착시켜 보강하는 공법이다.
  ② 시공이 편리하며 복잡한 형상의 구조물에 적용 가능하다.

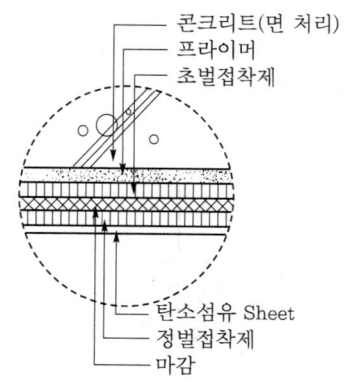

7) Prestress공법

① 균열의 깊이가 깊고 구조체가 절단될 염려가 있는 경우에 적용한다.

② 구조체의 균열방향에 직각되게 PS강선을 넣어 주입공법 등과 병행하여 사용된다.

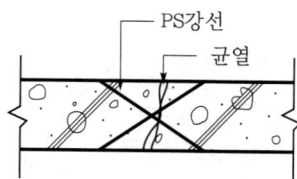

8) 치환공법

① 열화 또는 손상 부위가 적고 경미할 때 적용한다.

② Con'c 국부를 제거하고 깨끗이 청소한 후에 접착성이 좋은 무기질 · 유기질 접착제를 이용하여 치환한다.

9) BIGS공법(Balloon Injection Grouting System)

① 고무튜브에 압력을 가하여 균열 심층부까지 충전 주입하는 공법이다.

② 균일한 압력관리가 용이하다.

135 | 콘크리트 보수재료 선정기준

Ⅰ. 정의

① 콘크리트 구조물은 시간이 경과함에 따라 여러 요인으로 인하여 내구성이 저하되므로 적정한 보수공사를 시행하는 유지관리가 필요하다.

② 콘크리트의 보수재료는 콘크리트의 손상 정도와 부위에 따라 적정 재료를 선정하여야 하며 정밀 시공으로 구조물의 내구성을 증대시켜야 한다.

Ⅱ. 콘크리트 보수재료 선정기준

보수재료	선정기준
Cement Paste	• 균열이 경미한 잔균열 • 균열의 폭이 좁아 구조적인 영향이 없을 경우 • 보수 후 도장 등으로 마무리
주입용 보수재	• 균열의 폭이 0.2mm 이상인 경우 • 주로 천장이나 벽체 부위에 선정 • 균열의 폭이나 깊이에 따라 주입압 조절 • 균열보수에 가장 광범위하게 활용됨
Epoxy수지	• 균열폭이 작고 깊은 경우 선정 • 균열폭에 따라 V-cut 후에 Epoxy수지 충전 • 구조물의 바닥 부위에 많이 적용
탄소섬유Sheet	• Slab나 보 등 전면적으로 보수·보강할 경우 선정 • 경량으로 시공이 용이하며 보수효과가 큼 • 구조물의 자중이 크게 증가하지 않음
강재	• 구조물의 기둥이나 보 등의 내력 증대가 필요할 경우 • 보수효과가 높으나 자중 증대 우려 • 부분적으로 활용

Ⅲ. 보수 후 처리

① 콘크리트 구조물의 보수 후에는 보수재료의 보호를 위해 적절한 처리 실시

② Cement계 재료인 경우 탄산화를 지연시키기 위한 재료 선정

③ 강재의 경우 방청과 내화성에 유의하여 재료 선정

④ 보수 후 직접 외기에 닿는 부분은 미관 고려

136 Con'c의 성질

[22중(10)]

Ⅰ. 개요

Con'c의 성능은 경화한 Con'c에 대한 품질(압축강도, 내구성 등에 의해)로 판단되며, 경화한 Con'c의 품질은 미경화 Con'c에 의해 결정되므로 Con'c의 성질을 잘 파악하여 좋은 Con'c가 될 수 있도록 품질관리하여야 한다.

Ⅱ. 미경화 Con'c의 성질

① Workability : Con'c의 작업성의 정도를 나타냄

② Consistency : Con'c의 변형능력(유동성 등)을 나타냄

③ Plasticity : 변형 속도와 저항력에 의해 결정되는 점성의 강하기를 말함

④ Finishability : 마감작업의 용이성을 나타냄

⑤ Compactability : 다짐의 용이성을 나타냄

⑥ Mobility : 점성, 응집력 등에 대한 유동의 용이성을 나타냄

⑦ Viscosity : 마찰저항(전단응력)이 일어나는 찰진 성질을 말함

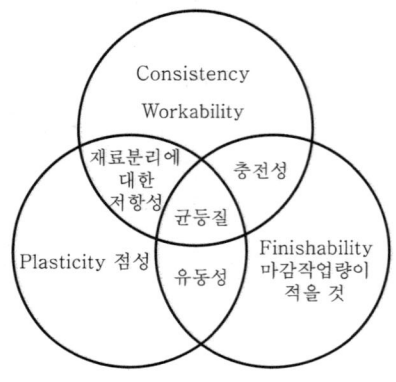

< 미경화 콘크리트의 성질 >

Ⅲ. 경화 Con'c의 성질

① 탄성변형 : 탄성범위 내에서 생기는 변형으로 탄성한도 내의 상태

② 압축강도 : 부재의 축방향에서 누르는 힘에 견디는 강도

③ 인장강도 : 부재의 축방향에서 잡아당기는 힘에 견디는 강도

④ 휨강도 : 휨Moment가 가해질 때의 강도

⑤ 전단강도 : 부재의 직각방향에서 생기는 힘에 견디는 강도

⑥ 부착강도 : 재료와 재료 간에 분리되지 않는 강도를 나타냄

⑦ 피로강도 : 무한 반복되는 일정 하중에도 파괴되지 않는 강도

⑧ 체적변화 : 건조수축, 온도변화 등에 의해 체적이 변화함

⑨ 내구성 : 노후·파손·부식 등이 없이 사용연한을 길게 유지하는 성질

⑩ Creep : 일정 하중에 대한 응력의 변화 없이 변형은 증가되는 현상

137 시공연도에 영향을 주는 요인

Ⅰ. 정의

굳지 않은 Con'c가 재료분리의 발생을 적게 하고 밀실하게 채워지기 위해서는 유동성이 필요하게 되는데, 이것을 시공연도라 한다.

Ⅱ. 특성

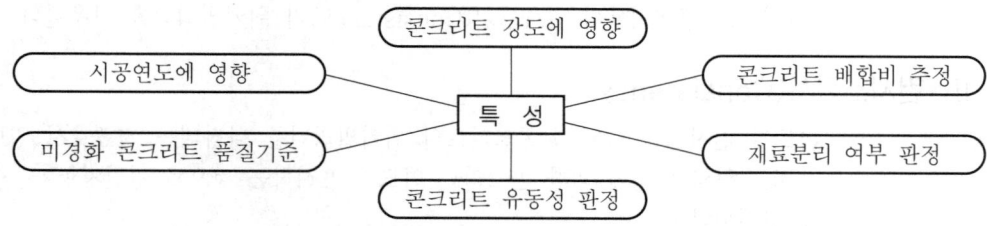

Ⅲ. 시공연도에 영향을 주는 요인

요인	요인별 특성
시멘트의 성질	시멘트의 종류, 분말도, 풍화의 정도에 의한 영향
골재의 입형	입자가 둥근 강자갈은 시공연도가 좋아지고, 평평한 입형의 골재는 불리함
혼화재료	AE제·AE감수제·감수제 등은 단위수량을 감소시키고 시공연도를 향상
물결합재비	물결합재비가 높으면 시공연도는 좋으나 강도가 저하됨
굵은 골재 최대 치수	굵은 골재의 치수가 작으면 시공연도는 좋으나 강도가 저하됨
잔골재율	잔골재율이 클수록 시공연도는 좋으나 강도가 저하됨
단위수량	단위수량이 많으면 시공연도는 좋으나 재료분리가 발생
공기량	공기량 1% 증가 시 Slump 20mm 정도 커지게 됨
비빔시간	비빔이 불충분하거나 과도하면 시공연도가 나빠짐
온도	콘크리트의 온도가 높을수록 시공연도는 저하됨

138 워커빌리티(Workability)와 컨시스턴시(Consistency)

[18중(10), 21후(10)]

Ⅰ. 워커빌리티(Workability)

① 재료분리를 일으키지 않고 부어넣기·다짐·마감 등의 작업이 용이할 수 있는 정도를 나타내는 굳지 않은 콘크리트의 성질이다.

② 굳지 않은 콘크리트의 품질을 판정하는 필수 성질이다.

③ 워커빌리티의 평가 시 경험을 기초로 한 판정이 일반적이다.

④ 일반적으로 콘크리트의 반죽질기(Consistency)가 워커빌리티를 좌우한다.

Ⅱ. 컨시스턴시(Consistency)

콘크리트의 컨시스턴시는 그 콘크리트의 워커빌리티를 나타내는 지표로서 일반적으로 단위수량의 다소에 의한 콘크리트 연도를 표시하는 것으로 전단저항 및 유동속도에 관계된다.

Ⅲ. 굳지 않은 콘크리트의 영향요인

1) 단위수량

① 단위수량이 크게 될수록 컨시스턴시는 크게 되나, 너무 많으면 재료분리가 쉽게 되고 워커빌리티가 나빠진다.

② 단위수량이 약 1.2% 증가에 슬럼프 10mm 증가한다.

2) 단위시멘트량

단위시멘트가 많아질수록 Plasticity가 증가하고 빈배합보다는 부배합에서 컨시스턴시가 좋아진다.

3) 시멘트의 성질

시멘트의 종류, 분말도, 풍화의 정도에 따라 영향이 있으며 분말도가 높은 시멘트의 경우 시멘트 Paste의 점성이 높아지므로 컨시스턴시는 적게 된다.

4) 골재의 입도, 입형

골재 중에 포함된 0.3mm 이하의 세립분은 콘크리트에 점성을 주고 Plasticity를 좋게 하나, 세립분이 많으면 컨시스턴시가 적게 되므로 골재의 입도는 조립한 것부터 세립한 것이 적당한 비율로 혼합된 것이 좋다.

5) 공기량

① AE제나 감수제에 의해서 Con'c 속에 연행된 미세기포의 Ball Bearing작용에 의해 Con'c의 컨시스턴시가 좋아진다.

② 공기량 1% 증가에 슬럼프 20mm 정도 크게 되며 슬럼프를 일정하게 할 경우 단위수량을 약 3% 저감할 수 있다.

6) 혼화재료

양질의 포졸란을 사용하면 워커빌리티가 개선되는데, 특히 Fly Ash는 미분의 둥근 형상으로 Ball Bearing작용에 의해 컨시스턴시를 좋게 한다.

7) 혼합시간

    Con'c 혼합시간이 불충분하고 불균질한 상태의 콘크리트는 반죽질기가 나빠진다.

8) 온도

    콘크리트 온도가 높을수록 반죽질기가 저하된다.

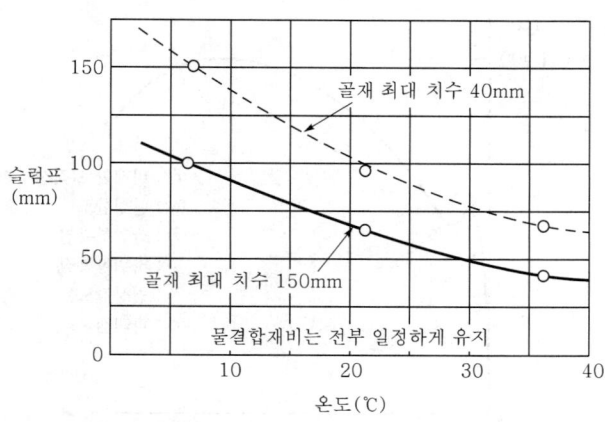

< 콘크리트 비빔온도와 슬럼프 >

IV. Workability 측정방법

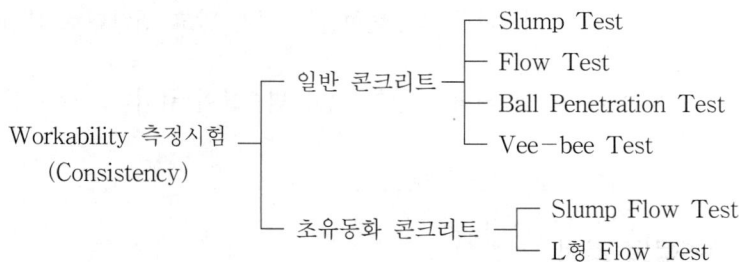

139 강 또는 콘크리트 구조물의 강성

[15중(10)]

Ⅰ. 강 구조물의 강성

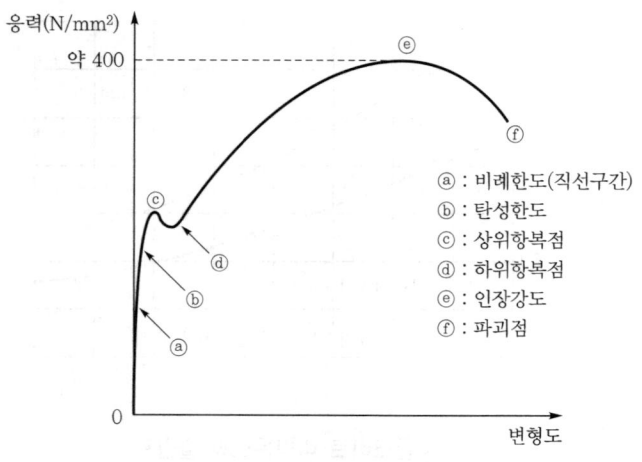

〈 SS400강재의 응력-변형률선도 〉

① 비례한도까지는 변형률이 직선비례하는 Hooke의 법칙($F = kx$)이 성립된다.
② 탄성한도란 외력을 제거하면 영구변형을 남기지 않고 원상태로 복귀되는 응력의 최고한계이다.
③ 상·하항복점을 지나면 외력의 증가 없이 변형률이 급격히 증가하고 잔류변형이 발생한다.
④ 철근의 탄성계수 : $E_s = 200,000$MPa

Ⅱ. 콘크리트 구조물의 강성

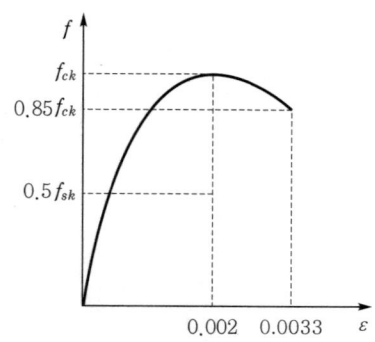

① 초기에 탄성적으로 거동하다가 변형률 0.002에서 최대 응력을 나타낸다.
② 파괴 시 변형률은 0.003~0.005 범위에 있다.
③ 변형률 0.002에서의 최대 응력을 콘크리트 재령 28일 압축강도(f_{28}) 또는 콘크리트의 설계기준강도(f_{ck})로 한다.
④ 콘크리트의 극한변형률(ε_{cu})은 f_{ck}가 40MPa 이하 시 0.0033이다.

⑤ 이후 f_{ck}가 10MPa 증가 시마다 ε_{cu}는 0.001씩 감소한다(90MPa까지).

⑥ 콘크리트의 탄성계수 : $E_c = 8,500 \sqrt[3]{f_{cu}}$ [MPa]

⑦ 콘크리트의 극한강도 : $f_{cu} = f_{ck} + 4$ [MPa]($f_{ck} \leq 40$MPa인 보통중량골재를 사용한 콘크리트의 경우)

Ⅲ. 강성과 강도

구분	강성(rigidity, stiffness)	강도(strength)
정의	재료가 변형에 저항하는 정도	재료가 파괴되기까지의 저항의 최대치
종류	탄성계수, 지지력계수, 아스콘 스티프니스	압축강도, 인장강도, 전단강도, 휨강도, 비틀림강도

Ⅳ. 탄성과 소성

구분	탄성(elasticity)	소성(plasticity)
정의	물체에 하중을 가하면 변형되고 하중을 제거하면 원형으로 되돌아가는 성질	물체에 하중을 제거하여도 변형이 원상태로 회복되지 않고 그대로 남아있는 성질
관련 용어	탄성계수비(n) $= \dfrac{E_s(철근의\ 탄성계수)}{E_c(콘크리트의\ 탄성계수)}$	소성힌지, 소성모멘트

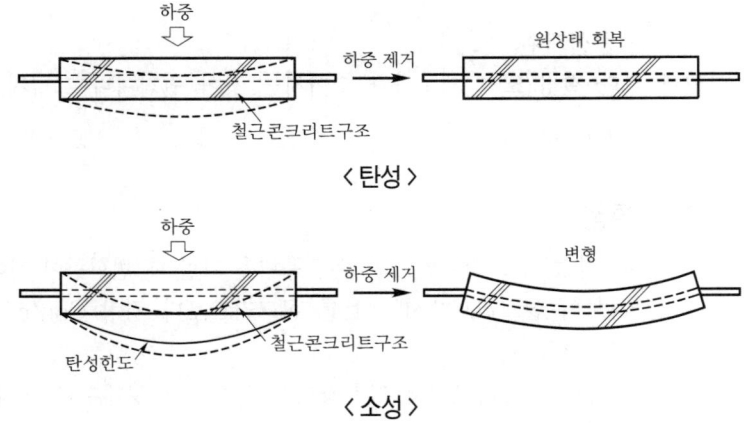

〈 탄성 〉

〈 소성 〉

140 탄성계수(Modulus of Elasticity)

[15중(10)]

Ⅰ. 정의

① 탄성이란 물체에 응력을 가하면 변형되고, 응력을 제거하면 변형도 없어져서 원형으로 되돌아가는 성질을 말한다.

② 탄성계수란 응력과 변형 사이에 1차원 관계식으로 나타낼 때 두 관계를 맺는 정수계수를 말한다.

Ⅱ. 탄성계수

$$E(탄성계수) = \frac{\sigma(응력)}{\varepsilon(변형)}$$

1) 콘크리트 탄성계수

$f_{ck} \leq 40\text{MPa}$인 보통중량골재를 사용한 콘크리트인 경우

$E_c = 8,500 \sqrt[3]{f_{cu}}\,[\text{MPa}]$

여기서, $f_{cu} = f_{ck} + 4\,[\text{MPa}]$

2) 철근의 탄성계수

$E_s = 200,000\text{MPa}$

3) PS강재의 탄성계수

실험에 의한 결정 또는 제조자가 주어지는 것이 원칙이나 그렇지 않을 경우

$E_{ps} = 200,000\text{MPa}$

Ⅲ. 탄성계수의 특성

① 탄성계수가 큰 콘크리트일수록 같은 응력을 가할 때 변형량이 적다는 것을 뜻한다.

② 같은 강도의 콘크리트에서는 보통 콘크리트보다 경량 Con′c 쪽이 탄성계수가 작은 값을 나타낸다.

③ 같은 종류의 콘크리트에서 압축강도가 클수록 탄성계수가 크다.

④ 강재의 탄성계수는 재질이나 강도특성에 관계없이 $2.1 \times 10^5\text{MPa}$으로 일정한 값을 나타낸다.

Ⅳ. 푸아송비(Poisson′s ratio)

1) 정의

① 보통의 재료에 축방향으로 하중을 가할 경우 부재의 축방향과 횡방향에 대한 변형이 발생하는데, 이때 횡방향의 변형과 축방향의 변형의 비를 푸아송비라 한다.

$$푸아송비(Poisson's\ Ratio) = \frac{횡방향의\ 변형률}{축방향의\ 변형률}$$

② 푸아송비의 역수를 푸아송수라 한다.

$$푸아송수(Poisson's\ Number) = \frac{축방향의\ 변형률}{횡방향의\ 변형률}$$

2) 변형률과 푸아송비

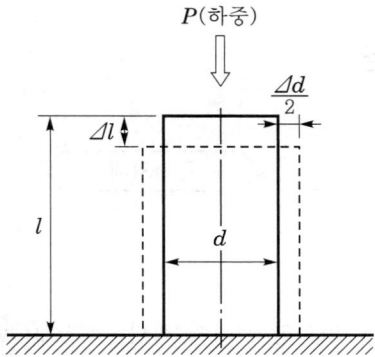

① 축방향의 변형률(세로방향의 변형률, ε_l)

$$\varepsilon_l = \frac{\Delta l}{l}$$

② 횡방향의 변형률(가로방향의 변형률, ε_d)

$$\varepsilon_d = \frac{\Delta d}{d}$$

③ 푸아송비(Poisson's Ratio, ν)

$$\nu = \frac{횡방향의\ 변형률}{축방향의\ 변형률} = \frac{\varepsilon_d}{\varepsilon_l}$$

④ 푸아송수(Poisson's Number, m)

$$m = \frac{1}{\nu} = \frac{\varepsilon_l}{\varepsilon_d}$$

3) 탄성계수와 푸아송비의 관계

① $G = \dfrac{1}{2(1+\nu)}E$

② $K = \dfrac{1}{3(1-2\nu)}E$

　　여기서, G : 전단탄성계수, K : 체적탄성계수, E : 영계수(탄성계수), ν : 푸아송비

4) 콘크리트 푸아송비

① 일반적으로 고강도 콘크리트일 때 : 약 0.11

② 빈배합 콘크리트일 때 : 약 0.21

141 취성파괴와 연성파괴

[15중(10), 23전(10)]

I. 개요

① 철근콘크리트란 콘크리트의 약한 인장응력을 보강하기 위하여 인장측에 보강용 철근을 사용하는 것으로 설계 시 콘크리트에 사용되는 철근량을 산정하게 된다.

② 철근콘크리트가 파괴될 때 철근사용량에 따라 철근콘크리트 파괴형상이 취성파괴 또는 연성파괴현상을 보이게 된다.

II. 건축자재의 기계적 성질

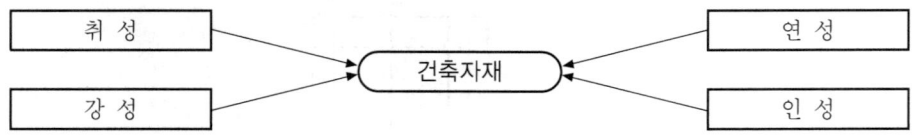

III. 취성파괴

철근비가 어느 한계값 이상인 보, 즉 과다 철근보(Over Reinforced Beam)에서 인장철근이 항복하기 전에 압축측 콘크리트가 파괴되어 사전 징후 없이 갑작스럽게 일어나는 파괴를 취성파괴라 한다.

IV. 연성파괴

인장철근이 항복함으로써 균열과 처짐이 크게 발달하여 중립축이 압축측으로 이동하면서 콘크리트의 압축변형률이 극한변형률에 이르러 보가 파괴된다. 이때 철근이 항복한 후 상당한 연성을 나타내기 때문에 갑작스런 파괴가 되지 않는데, 이러한 파괴를 연성파괴라 한다.

V. 평형철근비

1) 정의

인장철근의 항복과 Con′c 압축파괴가 동시에 일어났을 때의 철근비를 말하며, 철근이 항복할 때 콘크리트의 압축변형률이 0.0033에 도달할 때의 철근비를 말한다.

2) 산정식

$$P_b = k_1 \left(0.85 \frac{f_{ck}}{f_y} \right) \frac{6,120}{f_y + 6,120}$$

여기서, P_b : 평형철근비, f_y : 철근의 항복응력
f_{ck} : 설계기준강도, k_1 : 계수

VI. 과소 철근보

철근비가 어느 한계값, 즉 균형철근비 이하가 되어 콘크리트보가 상당한 연성을 나타내며 연성파괴를 일으키는 보를 뜻한다.

VII. 과다 철근보

철근비가 어느 한계값, 즉 균형철근비 이상이 되어 콘크리트보가 갑작스런 취성파괴를 일으키는 보를 뜻한다.

142 취도계수(脆渡係數)

[04중(10)]

I. 정의

① 취도계수란 압축강도에 대한 인장강도의 비율을 말한다.

$$취도계수 = \frac{압축강도}{인장강도}$$

② 취도계수가 클수록 취성성질을 가지고 있다.

II. 취성의 정의

① 여리게 파괴되는 성질

② 외력의 작용에 의해 파괴에 이르기까지 변형능력이 적은 재료의 성질

③ 취성재료 : 주철, 유리

III. 콘크리트의 취도계수

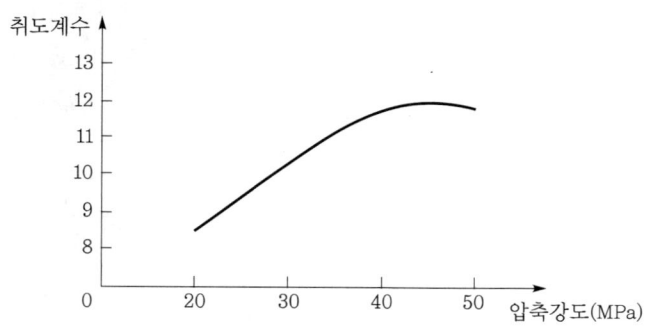

〈 콘크리트의 압축강도와 취도계수 〉

① 콘크리트의 인장강도는 압축강도와 비교해서 매우 적다.

② 콘크리트의 취도계수는 압축강도가 클수록 크다.

③ 일반적으로 철근콘크리트부재 설계 시 인장강도는 무시하나, 보의 사인장응력 슬래브구조의 설계 등에서는 콘크리트 인장강도는 중요하며 직접 영향을 미친다.

IV. 암석의 취도계수

① 암석은 전형적인 취도계수가 큰 취성재료이다.

② 압축강도가 비교적 큰 것에 비해 휨강도, 인장강도, 전단강도 등이 적고, 특히 인장강도는 압축강도의 1/10~1/30 정도이다.

③ 일반적으로 강도가 큰 것은 화강암, 안산암, 대리석이고, 약한 것은 사암, 응회암이다.

143 콘크리트의 인장강도

Ⅰ. 정의

① 콘크리트의 인장강도란 콘크리트가 인장하중에 의해 파괴될 때까지의 최대 응력을 말한다.

② 콘크리트의 인장강도는 콘크리트 압축강도의 1/10~1/14 정도로 아주 낮으므로 보통 철근콘크리트 설계에서는 이를 무시하고 있다.

③ 콘크리트 인장강도는 도로 포장, 수조 등의 설계와 건조수축균열이나 온도균열의 저감 및 방지를 도모하는 경우에서는 중요하게 다루어지고 있다.

Ⅱ. 인장강도의 적용

① 콘크리트 도로 포장

② 콘크리트 수조의 설계

③ 건조수축균열 저감

④ 콘크리트 온도균열의 저감 및 방지

Ⅲ. 인장강도의 계산

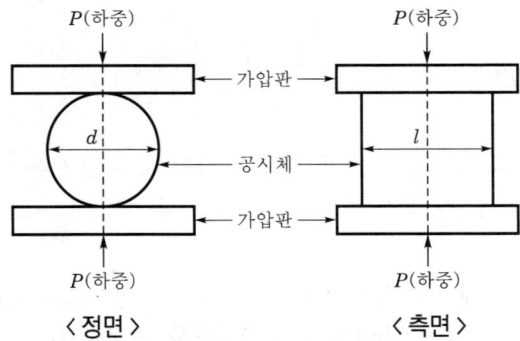

$$T = \frac{2P}{\pi l d} [\text{kgf/cm}^2]$$

여기서, P : 시험기에 나타난 최대 하중(kgf)

　　　　l : 공시체의 길이(cm)

　　　　d : 공시체의 직경(cm)

144 피로한도, 피로강도, 피로파괴

[96전(20), 99전(20), 99후(20), 06중(10)]

Ⅰ. 개요

콘크리트 구조물에 하중이 계속적으로 반복하여 작용하게 되면 콘크리트가 피로하게 되어 피로한도에 도달하며, 이 한도를 초과할 시 구조물이 파괴된다.

Ⅱ. 피로 발생요인

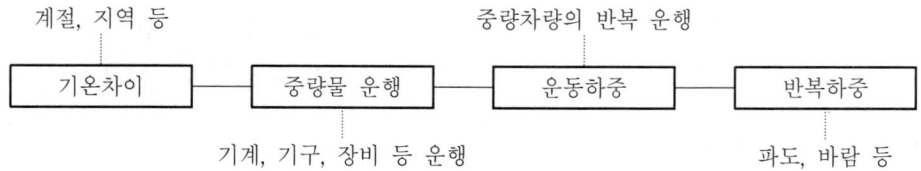

Ⅲ. 피로에 영향을 받는 구조물

① 해양 구조물
② 도로, 교량, 송신탑
③ 고속철도 구조물
④ 공장의 크레인 거더, 연돌
⑤ 기계기초

Ⅳ. 피로한도(疲勞限度)

1) 정의

반복되는 하중의 응력이 일정한 수준 이하일 때 구조물은 파괴되지 않으므로, 이 때의 하중을 피로한도라고 한다.

2) 특징

① 피로한도보다 낮은 반복하중은 10% 내외의 정적강도를 증가시킨다.
② 피로한도보다 낮은 반복하중은 피로강도를 개선시킨다.
③ 일반적으로 콘크리트 구조물에는 피로한도가 없다.
④ 피로한도 이상의 하중을 되풀이하면 구조물이 붕괴된다.

Ⅴ. 피로강도(疲勞强度)

1) 정의

구조물이 무한 반복하중에 대해 파괴되지 않는 강도의 최대치를 피로강도라고 한다.

2) 특징

① 일반 콘크리트에서 10,000회의 반복하중에 견디는 한계이다.
② 피로강도는 하중의 반복횟수, 응력변동범위에 의해 결정된다.
③ 반복하중의 응력진폭이 일정한 경우와 변화하는 경우에 따라 피로강도는 변한다.
④ 콘크리트는 건조상태가 양호할수록 피로강도가 크다.

Ⅵ. 피로파괴(疲勞破壞)

1) 정의
구조물에 하중이 반복적으로 작용하여 구조물에 피로가 적재되어 정적파괴하중보다 작은 하중에도 구조물이 파괴될 때를 피로파괴라 한다.

2) 특징
① 콘크리트의 비탄성변형률이 클수록 피로파괴에 유리하다.
② 횡방향의 압력이 적을수록 피로파괴에 유리하다.
③ 낮은 반복하중은 콘크리트의 강도를 증가시킨다.
④ 피로파괴는 콘크리트의 재령 및 강도와는 관계가 없다.

Ⅶ. 유의사항

① 피로균열은 정적파괴의 경우보다 파괴변형률이 크고 광범위하므로 유의
② 일반적으로 Con'c는 피로한도가 없으므로 유의
③ 최소 응력값이 낮을수록 피로수명은 낮아지므로 유의
④ 피로파괴는 콘크리트의 재령이나 강도의 크기와 무관하므로 유의
⑤ 편심하중을 받는 Con'c는 최대 응력보다 낮은 응력을 받는 부분이 있으므로 응력을 균등하게 받는 Con'c보다 유리할 수 있음
⑥ 변동진폭하중(Variable Amplitude Loading)이 일정 진폭하중(Constant Amplitude Loading)의 경우보다 해로우므로 유의

145 콘크리트 피로균열(Fatigue Cracking)

[08전(10)]

Ⅰ. 정의

① 피로균열은 반복하중에 의하여 발생하며, 콘크리트가 피로한도를 초과할 경우 콘크리트 포장체에 균열이 발생하게 된다.

② 콘크리트 포장의 피로균열은 일반적으로 교통하중이 주로 영향을 미치나, 온도에 의한 변형 혹은 지반의 지지력 약화나 다른 형태의 변형을 포함할 수도 있다.

Ⅱ. 콘크리트 포장의 균열종류

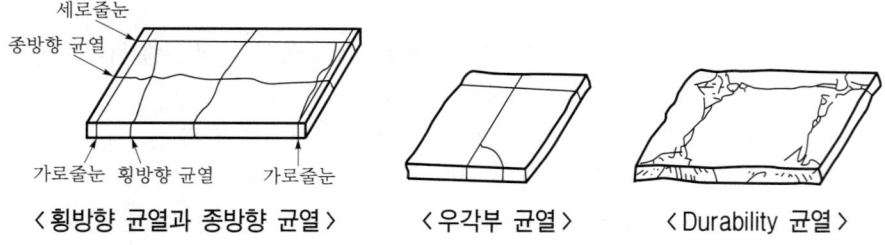

〈 횡방향 균열과 종방향 균열 〉　　〈 우각부 균열 〉　　〈 Durability 균열 〉

Ⅲ. 피로균열을 유발하는 요소

1) 포장의 하중이력

콘크리트 포장도로의 차량하중의 중량, 통행횟수, 통행대수, 과적 여부에 따라 피로균열을 일으킨다.

2) 기온차

기온차가 많은 지역이나 계절의 변화가 심한 지역에서는 피로균열에 의한 피로파괴의 발생이 크다.

3) 상세 부위의 형태

콘크리트 포장의 두께변화가 많은 지역에 중차량의 반복운행으로 피로균열의 유발이 심해진다.

4) 시공상태 및 품질

콘크리트 포설 시의 콘크리트의 품질이나 다짐상태, 양생방법에 따라서 피로균열의 변화가 심하다.

5) 콘크리트의 건조상태

① 콘크리트의 건조상태가 양호할수록 피로강도가 커진다.

② 피로강도가 커짐으로 인해 피로균열이 저감된다.

6) 하중의 반복횟수

① 피로균열은 하중의 반복횟수, 응력변동범위에 의해 피로강도가 결정된다.

② 피로강도에 따라 피로균열이 발생한다.

146 콘크리트의 크리프(Creep)

[94후(10), 01전(10), 04중(10)]

Ⅰ. 정의

① 일정한 지속하중하에 있는 Con'c가 하중은 변함이 없는데도 불구하고 시간이 지나면서 변형이 점차로 증가하는 현상을 말한다.

② Creep변형은 탄성변형보다 크며, 지속응력의 크기가 정적강도의 80% 이상이 되면 파괴현상이 발생하는데, 이것을 Creep파괴라 한다.

Ⅱ. 변형과 시간과의 관계

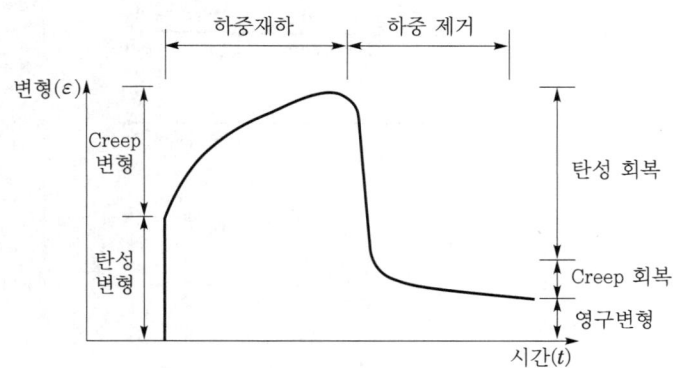

Ⅲ. 특징

① 같은 Con'c에서 응력에 대한 Creep의 진행은 일정함

② 재하기간 3개월에 전 크리프의 50%, 1년에 약 80%가 완료됨

③ 온도 20~80℃ 범위에서는 온도의 상승에 비례함

④ 정상 Creep(2차 Creep)속도가 느리면 Creep파괴시간이 길어짐

⑤ Creep변형이 일정하게 되어 파괴하지 않을 때의 지속응력 또는 지속응력의 정적강도에 대한 비율(응력비)을 Creep한도(정적강도의 75~90% 정도)라고 하며, 피로한도에 해당하는 것임

Ⅳ. 영향을 주는 요인(커질 경우)

① 재령이 짧을수록   ② 응력이 클수록

③ 부재의 치수가 작을수록   ④ 대기 중 습도가 낮을수록

⑤ 대기의 온도가 높을수록   ⑥ 물결합재비가 클수록

⑦ 단위시멘트량이 많을수록   ⑧ 다짐이 나쁠수록

V. Creep파괴

① 변천 Creep(1차 Creep) : 변형속도가 시간이 지나면서 감소
② 정상 Creep(2차 Creep) : 변형속도가 일정하거나 최소로 변형
③ 가속 Creep(3차 Creep) : 변형속도가 차차 증가하여 파괴

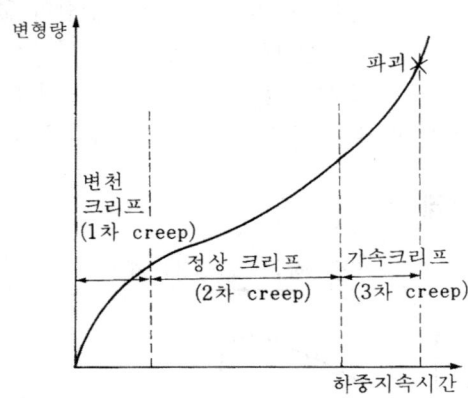

147 허용응력설계법과 강도설계법

Ⅰ. 개요

① 구조물의 설계는 일반적으로 구조 해석과 단면 계산으로 이루어지는데, 작용하는 하중에 의해 구조물에 발생되는 응력과 변형을 알아내고 부재 단면의 안전은 검토하에 주어진 하중작용에 대해 안전하고 경제적인 단면을 결정하는 것이 설계의 기본이다.

② 허용응력설계법이란 탄성설계법이라 하며 종래 방법으로 콘크리트 설계법의 유일한 방법이었으며, 강도설계법은 1960년도 초반부터 부재의 파괴에 가까운 상태에 기초를 둔 강도설계법이 있다.

Ⅱ. 응력-변형도곡선(Stress-strain curve)

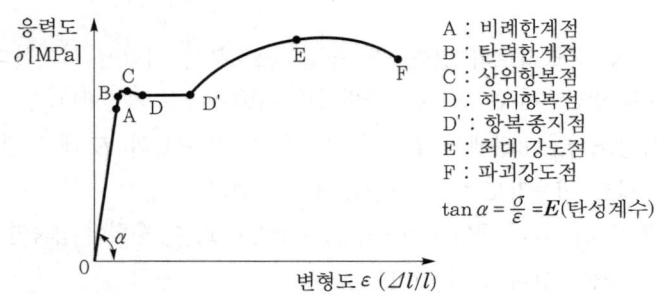

A : 비례한계점
B : 탄력한계점
C : 상위항복점
D : 하위항복점
D' : 항복종지점
E : 최대 강도점
F : 파괴강도점

$\tan \alpha = \dfrac{\sigma}{\varepsilon} = E$(탄성계수)

Ⅲ. 허용응력설계법(탄성설계법, WSD : Working Stress Design Method)

1) 정의

철근Con'c를 탄성체로 보고 탄성이론에 의해 구한 콘크리트의 응력(f_c) 및 철근의 응력(f_s)이 각각 그 허용응력 f_{sa} 및 f_{ca}를 넘지 않도록 설계하는 방법으로 탄성설계법이라고 한다.

2) 허용응력설계법에서의 가정

① 변형은 중립축에서부터 거리에 비례한다.

② Con'c의 탄성계수는 정수이다.

③ Con'c의 휨인장응력은 무시한다.

3) 철근과 Con'c의 탄성계수비(n)

① 허용응력설계법은 탄성이론으로 응력을 해석하기 때문에 철근과 Con'c의 탄성계수비 n의 값이 필요하다.

② 보통 골재를 사용하는 콘크리트 탄성계수

$$E_c = 8,500 \sqrt[3]{f_{ck}} \, [\text{MPa}]$$

③ 철근의 탄성계수

$$E_s = 200,000\text{MPa}$$

④ 탄성계수비

$$n = \frac{E_s}{E_c} = \frac{200,000}{8,500\sqrt[3]{f_{ck}}}$$

Ⅳ. 강도설계법(극한하중설계법, SDM : Strength Design Method)

1) 정의

철근콘크리트 부재가 파괴상태 또는 파괴에 가까운 상태에 기초를 두며, 그때의 부재강도를 극한강도라 하고 구조체부재가 안전하기 위해서 강도 결함을 고려한 감소계수와 작용하중은 초과하중을 고려한 하중계수를 접하여 설계하는 것을 강도 설계법이라 한다.

2) 가정

① 철근 및 콘크리트의 변형률은 중립축으로부터 거리에 비례한다.
② 압축측 연단에서 콘크리트 극한변형률은 0.0033으로 가정한다($f_{ck} \le 40\text{MPa}$일 때).
③ 항복강도 f_y 이하에서 철근의 응력은 그 변형률의 E_s배로 본다.
④ 콘크리트 인장강도는 휨 계산에서 무시한다.
⑤ 콘크리트의 압축응력이 $\eta(0.85f_{ck})$로 균등하고, 이 응력이 압축연단으로부터 $a = k_i$ 까지 등분포한다고 가정한다.

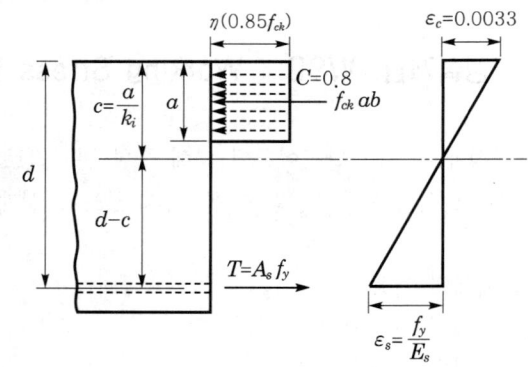

㉠ C : 압축연단에서 중립축까지 거리
㉡ 등분포 응력크기(η) : $0.85f_{ck}$
㉢ 등분포범위계수(β_1)

f_{ck}[MPa]	η	β_1	f_{ck}[MPa]	η	β_1
≤40	1.00	0.80	70	0.91	0.74
50	0.97	0.80	80	0.87	0.72
60	0.95	0.76	90	0.84	0.70

148 극한한계상태와 사용한계상태

[97전(20)]

Ⅰ. 개요

① 콘크리트 구조물의 설계방법은 종래에는 허용응력설계법이었으나 1960년대 초반부터 극한강도설계법이 시방서에 채택되기 시작했다.

② 극한한계상태란 구조물 또는 부재가 안전성을 벗어나서 파괴 또는 파괴에 가까운 상태를 말하며 강도설계법에서 안전성에 중점을 두었을 때의 한계상태를 말한다.

③ 사용한계상태란 구조물 또는 부재가 처짐, 균열, 진동 등이 과대하게 일어나서 정상적인 사용상태가 아닌 상태를 말하며 허용응력설계법에서 사용성에 중점을 두었을 때의 한계상태를 말한다.

Ⅱ. 극한한계상태(Ultimate Limit State)

① 구조물 또는 부재가 파괴되어 전도, 좌굴, 큰 변형 등을 야기시킴으로써 불안정을 초래하는 상태로서 최대 내하응력에 대응하는 한계상태를 말한다.

② 다시 말해서 구조물 또는 부재가 파손 또는 파손에 가까운 상태가 되어 그 기능을 완전히 상실한 상태를 말한다.

Ⅲ. 사용한계상태(Serviceability Limit State)

① 구조물 또는 부재가 과도한 처짐, 균열, 진동, 피로균열 발생 등에 의해 사용측면에서 건전성을 상실하는 상태로서 통상의 사용되는 내구성에 관련된 한계상태를 말한다.

② 처짐, 균열, 진동 등이 과대하게 일어나서 정상적인 사용상태의 필요조건을 만족하지 않게 된 상태를 사용한계상태라 한다.

Ⅳ. 극한한계상태와 사용한계상태의 비교

구분	극한한계상태	사용한계상태
정의	파괴 또는 파손에 이르는 상태로서 최대 내하응력에 대응하는 한계상태	파괴는 되지 않으나 사용하기에 위험을 느끼는 사용한계상태
구조물상태	파괴, 전도, 좌굴, 큰 변형	과도한 처짐, 균열, 진동, 피로균열 발생
구조물의 사용	사용 불가	보수·보강조치 후 사용
적용 설계법	극한강도설계법	허용응력설계법
평가방법	안전성한계	사용성한계

Ⅴ. 한계상태

① 안전성의 척도를 구조물이 파괴될 확률(파괴확률), 또는 구조물이 파괴되지 않을 확률(신뢰성)로 나타내려 한다.

② 현재 영국에서 채택하고 있는 한계상태설계법으로 하중작용과 재료강도에 대한 부분안전계수(Partial safety factor)를 도입하여 사용하고 있다.

149 | 한계상태설계법과 하중저항계수설계법

Ⅰ. 한계상태설계법(LSD : Limit State Design Method)

1) 정의

구조물에 작용하는 하중과 재료의 실제 값은 어떤 형태의 분포를 가지는 확률량이다. 따라서 하중작용 및 재료강도의 변동을 고려하여 확률론적으로 구조물의 안전성을 평가하는 것이 가장 이상적인 설계법이다.

2) 설계개념

한계상태설계법은 안전성의 척도를 구조물이 파괴될 확률(파괴확률) 또는 신뢰성이론에 의해 구조물이 파괴되지 않을 확률(신뢰성)로 나타내는 설계법이다. 즉 구조물이 한계상태로 되는 확률을 구조물의 모든 부재에 대하여 일정한 값이 되도록하려는 설계법이다.

3) 종류

① 사용한계상태 : 처짐, 균열, 진동 등
② 극한한계상태 : 재료강도 초과, 부재의 피로파괴, 좌굴 등
③ 피로한계상태

4) 적용

신뢰성이론에 의한 확률론을 적용하려면 하중작용이나 재료강도 등에 대한 충분한 통계자료가 있어야 한다. 그러나 현 단계에서 그런 자료가 충분하지 못하므로 영국의 경우 부분안전계수를 도입하여 만든 한계상태설계법을 적용하고 있다.

5) 장단점

① 하중과 재료의 특성 모두를 설계에 반영하는 것이 가능하다.
② 안전성과 사용성을 극한한계상태와 사용한계상태로 검토할 수 있다.
③ 하중의 특성과 재료의 특성에 대한 통계자료 불충분하다.

Ⅱ. 하중저항계수설계법(LRFD : Load and Resistance Factor Design Method)

한계상태설계법과 동일한 설계원리로서, 구조신뢰성이론에 근거한 확률론적 한계상태설계법으로 구조물에 작용하는 하중과 재료의 저항과 관련된 모든 불확실성을 신뢰성이론으로 보정함으로써 적정한 안전율을 갖도록 하는 설계법이다.

150 Con'c의 기술 개발방향

Ⅰ. 개요

최근의 구조물이 고층화·복잡화·다양화·대공간 필요 등의 요구성능을 만족시키기 위해서는 Con'c의 고강도화·경량화·고수밀성화 등의 성질이 필요하게 되었다.

Ⅱ. Con'c의 문제점

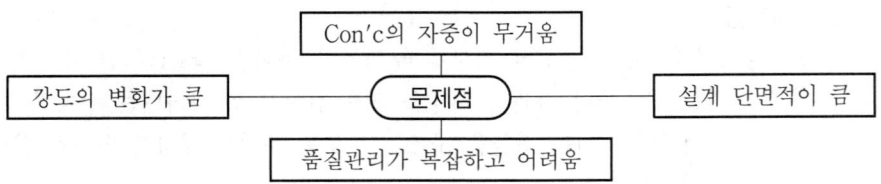

Ⅲ. 기술 개발방향

1) **고강도화**

특수한 기능의 혼화재료(Silica Fume, 고성능 감수제 등)를 사용하고 철저한 품질관리로 고강도화

2) **고품질화**

고성능 Emulsion수지를 사용하여 Con'c의 인장강도를 증가시켜 균열을 방지하고, 고성능 팽창Cement 등 가격이 저렴한 고품질의 재료 개발

3) **혼화재**

혼화재(Fly Ash, 고로Slag, Silica Fume 등)를 사용하여 Workability를 개선하고 고강도·고품질의 경량 Con'c 제조

4) **경량화**

경량골재를 사용하지 않고 첨단 화학에 의한 고분자 수지를 이용하여 Con'c에 기포를 혼입한 것만으로도 고강도·고품질의 경량 Con'c 제조

5) **Ceramic화**

종래의 Con'c는 500℃의 내열한도를 가지고 있었으나, Con'c 표면에 유약을 발라 소성할 수 있게 되어 1,000℃ 이상에도 견딜 수 있게 함

6) **Con'c의 시공성 개선**

Con'c의 다짐이 필요 없는 Self-leveling기능을 가진 High-performance Con'c (초유동화 Con'c)의 개발

7) **고성능 감수제, MDF Cement, Silica Fume, Autoclave양생 등**

Con'c의 시공성을 높이고(고성능 감수제), 고수밀성을 갖는(MDF Cement), 고강도(Silica Fume, Autoclave양생 등)의 Con'c 개발

151 헌치(Haunch)

Ⅰ. 정의

① 콘크리트 구조물에서 부재의 두께나 높이가 급격하게 변화되는 부분에서 응력의 집중 등에 의하여 구조물이 국부적인 손상을 입는 것을 방지하기 위하여 단면을 서서히 증감시키는 것을 Haunch라 한다.

② 특히 수평부재와 수직부재가 접하는 부위에 연결부를 보강할 목적으로 단면을 크게 하고 철근으로 보강한 부위로서 슬래브와 보, 기둥과 보, Box Girder, 라멘구조 등에 설치한다.

Ⅱ. 각종 Haunch의 예

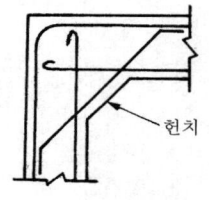

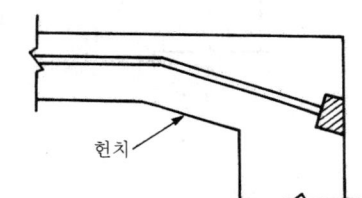

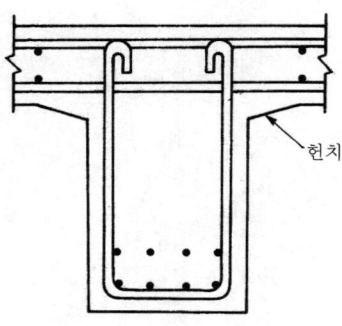

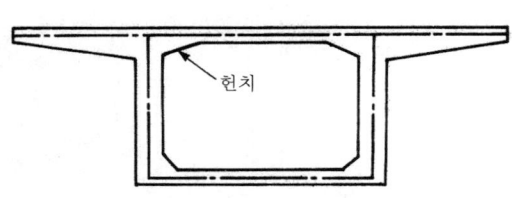

Ⅲ. Haunch 설치목적

① 연속적인 응력 전달

② 응력집중 방지

③ 균열 발생 방지

④ 구조물 보강

Ⅳ. Haunch 설치

① 바닥판에는 지지보 위에 헌치를 두는 것을 원칙으로 한다.

② 헌치의 기울기는 1 : 3보다 완만하게 한다.

③ 기울기가 1 : 3보다 급할 경우에는 기울기 1 : 3까지의 두께를 바닥판의 유효두
께로 간주한다.

④ 헌치에는 그 안쪽에 연하여 철근을 배치하는 것을 원칙으로 한다.

⑤ 헌치에 배치하는 철근은 13mm 이상으로 한다.

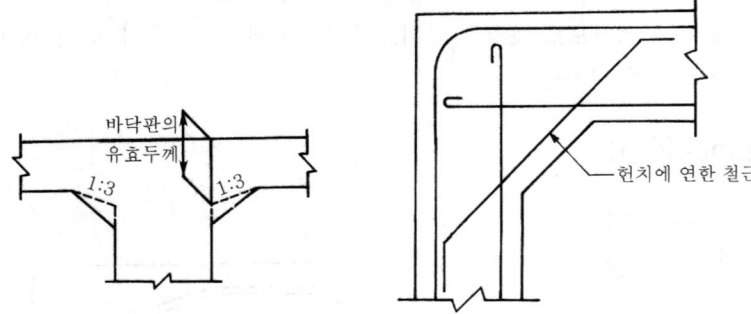

152 Prestressed Con'c

[22전(10)]

I. 개요

① 콘크리트가 압축에 대해서는 큰 강도를 발휘하는데 비해 인장력에 대한 응력이 압축강도의 1/10~1/13 정도로 약하게 나타낸다.

② 이를 보강하기 위하여 하중에 의하여 콘크리트에 일어나는 인장응력을 상대하기 위해 미리 콘크리트 부재에서 인장응력이 작용하는 곳에 PS강선을 이용하여 압축응력을 준 콘크리트를 Prestressed Con'c라 한다.

II. Prestressing방법

1) Pretension방식

미리 PS강선에 인장력을 가하여 긴장해 놓은 채 콘크리트를 치고 Con'c가 경화한 후에 PS강재의 인장력을 풀어 Con'c에 Prestress가 도입되는 방식이다.

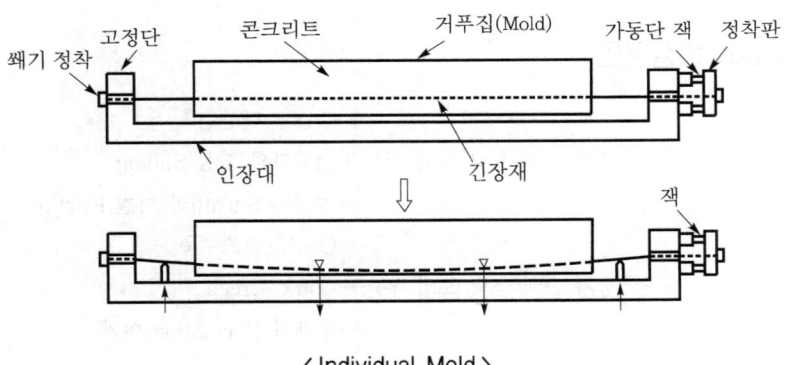

〈 Individual Mold 〉

2) Post-tension방식

콘크리트 타설 전에 덕트(Duct)를 설치한 후 Con'c를 타설하고 콘크리트를 경화한 후, PS강재에 양단 Jack으로 긴장하고 그 끝을 Con'c 부재 끝에 정착하여 Prestress를 도입하는 방식이다.

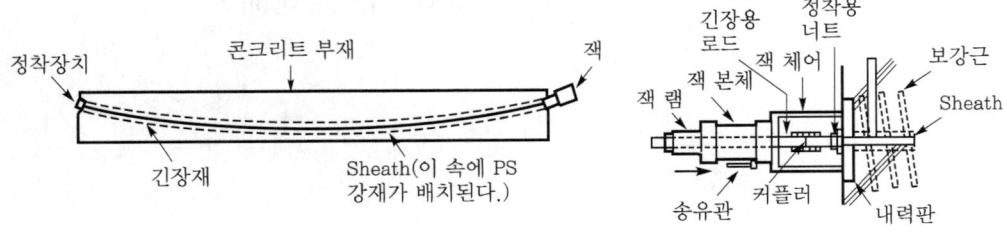

Ⅲ. PS Con'c의 특징

1) 장점

① 내구성 및 수밀성이 좋다.

② 충격, 반복하중에 대한 저항성이 크다.

③ 전단면을 유효하게 사용한다.

④ 처짐, 자중, 체적이 감소한다.

⑤ 안전성이 확보된다.

⑥ 분할 시공이 가능하다.

2) 단점

① 공사비가 비싸다.

② 진동이 크다.

③ 내화성이 적다.

④ 숙련공을 요구한다.

⑤ 세심한 시공관리가 요구된다.

Ⅳ. Prestress 손실원인

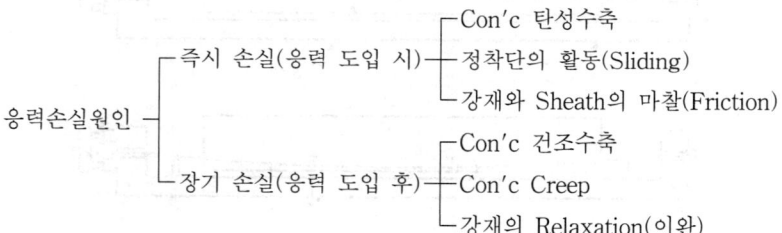

Ⅴ. PSC의 용도

① 장대교량   ② 철도 침목

③ PSC보(Beam)   ④ 대형 유류Tank

⑤ 도로 포장   ⑥ 원자력시설

⑦ PSC흄관   ⑧ PSC널말뚝

⑨ 건축 외장   ⑩ 터널 Lining Con'c

153 │ Pretension공법과 Post−tension공법

[79(10), 02후(10)]

Ⅰ. 프리텐션(Pretension)공법

1) 정의
① PS강재를 긴장한 상태에서 Con′c를 타설하고, 경화 후 긴장을 해제하여 부재
내에 압축력이 생기게 한 것으로 인장강도가 증가한다.
② 설계기준강도가 30MPa 이상이며, 제조방법으로는 Long Line공법과 Indivi-
dual Mold공법이 있다.

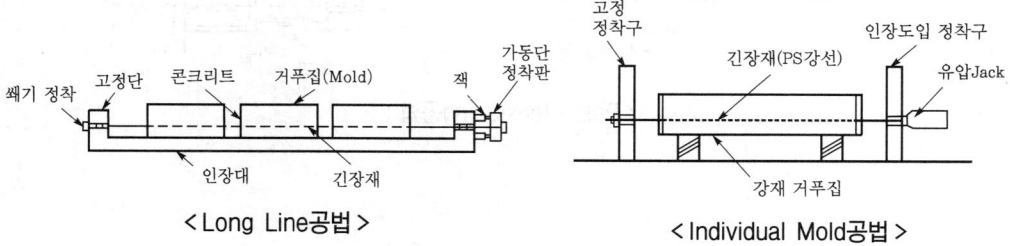

< Long Line공법 >　　　　　< Individual Mold공법 >

2) 특징
① 설계하중하에서 구조물의 균열이 방지되고 내구성이 증대됨
② 장Span의 설계가 가능함
③ 부재에 확실한 강도와 안전성이 보장됨
④ 탄성 및 복원성이 큼
⑤ 거푸집공사, 가설공사 등이 축소됨

3) 제조방법
① Long Line공법 : 여러 개의 부재를 한 번에 생산
② Individual Mold공법(단독 몰드공법, 단독식) : 한 번에 1개의 부재 생산

Ⅱ. 포스트텐션(Post−tension)공법

1) 정의
① Sheath관을 배치하고 Con′c를 타설하여 경화한 후(공장 제작)에 PS강재를
긴장하여 Grout재를 주입한 다음 2차 경화 후 긴장을 해제하는 방법(현장 설
치 및 긴장)이다.
② 현장에 시공하는 방법으로 PS강재를 여러 차례에 걸쳐 긴장시키는 공법으로
토목에서는 교량 등에 많이 사용하고 있다.

2) 특징
① Sheath관을 이용함
② 탄력성 및 복원성이 뛰어남
③ 장Span의 설계가 가능함

④ 가설공사 등이 축소됨

⑤ 설계하중하에서 구조물의 균열 방지

⑥ 현장에서 Prestress 도입 가능

3) 공법의 분류

① Freyssinet   ② BBRV

③ Dywidag   ④ VSL

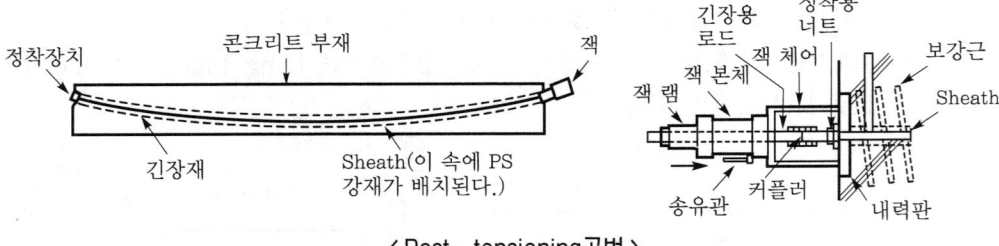

< Post-tensioning공법 >

154 Pretension공법

Ⅰ. 정의

① PS강재를 긴장한 상태에서 Con′c를 타설하고, 경화 후 긴장을 해제하여 부재 내에 압축력이 생기게 한 것으로 인장강도가 증가한다.

② 설계기준강도가 30MPa 이상이며, 제조방법으로는 Long Line공법과 Individual Mold공법이 있다.

Ⅱ. 시공도해

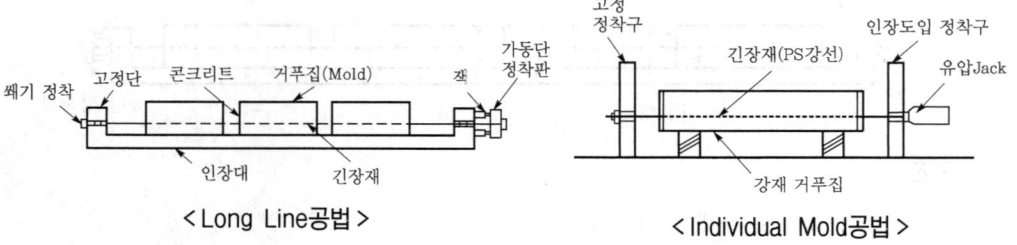

< Long Line공법 >   < Individual Mold공법 >

Ⅲ. 특징

① 설계하중하에서 구조물의 균열이 방지되고 내구성이 증대된다.
② 장Span의 설계가 가능하다.
③ 부재에 확실한 강도와 안전성이 보장된다.
④ 탄성 및 복원성이 크다.
⑤ 거푸집공사, 가설공사 등이 축소된다.

Ⅳ. Prestressed Con′c의 제조방법

① Pretension공법
　㉠ Long Line공법 : 여러 개의 부재를 한 번에 생산
　㉡ Individual Mold공법(단독 몰드공법, 단독식) : 한 번에 1개의 부재 생산
② Post-tension공법 : 설계기준강도 30MPa 이상

Ⅴ. 재료의 선정

① Cement : 보통 Portland Cement, 고로Slag Cement, Fly Ash Cement 등
② 골재 : 잔골재의 염화물량 0.02~0.04% 이하
③ Concrete : 염소이온량은 $0.3kg/m^3$ 이하
④ 강재 : 규격품을 사용하고 용접철망은 4mm 이상의 것 사용

155 | Prestress공법 중 Long Line공법

Ⅰ. 정의

① Prestress공법이란 인장응력이 생기는 부분에 미리 압축의 Prestress를 주어 Con′c의 인장강도를 증가하도록 한 것이다.

② Pretension공법에 의한 제조방법 중 대표적인 공법으로서 1회의 Prestressing으로 여러 개의 부재를 제조할 수 있는 방법을 Long Line공법이라 한다.

Ⅱ. Long Line공법의 도해

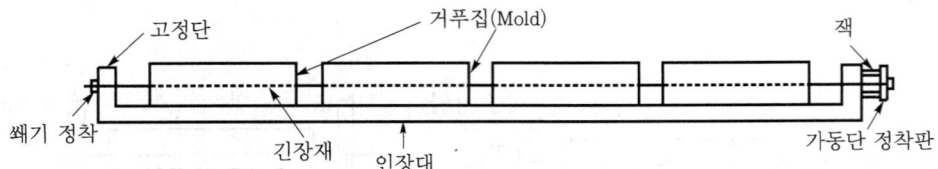

고정단　　거푸집(Mold)　　잭

쐐기 정착　　긴장재　인장대　　가동단 정착판

Ⅲ. 특징

① 장Span의 설계가 가능하다.

② 설계하중에서 구조물의 균열이 방지되고 내구성이 증대된다.

③ 탄성 및 복원성이 크다.

④ 부재에 확실한 강도와 안전성이 보장된다.

⑤ 거푸집공사, 가설공사 등이 축소된다.

Ⅳ. Prestressed Con′c의 제조방법

① Pretension공법 : 설계기준강도 30MPa 이상

　　㉠ Long Line공법 : PS강재를 긴장배치하고 그 사이에 여러 개의 거푸집을 두어 타설 후 긴장을 해제하는 방법으로 한 번에 여러 개의 부재를 얻을 수 있다.

　　㉡ Individual Mold공법(단일 몰드공법, 단독식) : 거푸집 자체를 인장대로 하고 PSC부재를 제조하는 방법으로서 1회의 Prestressing으로 1개의 부재밖에 만들지 못한다.

② Post-tension공법 : 설계기준강도 30MPa 이상

Ⅴ. 취급 및 가공 시 유의사항

① PS강재는 창고 또는 덮개로 덮어 저장

② PS강봉의 나사 부분은 녹막이 도장

③ PS강봉의 나사부 여장 절단 시 PS강재의 공칭직경의 1.5배 남기고 가스절단

④ 현장에서 PS강재의 시공 시 가열 및 용접해서는 안 됨

156 Post-tension공법

Ⅰ. 정의

① Sheath관을 배치하고, Con′c 타설하여 경화한 후(공장 제작)에 PS강재를 긴장하여 Grout재를 주입한 다음 2차 경화 후 긴장을 해제하는 방법(현장 설치 및 긴장)이다.

② 현장에 시공하는 방법으로 PS강재를 여러 차례에 걸쳐 긴장시키는 공법으로 토목에서는 교량 등에 많이 사용하고 있다.

Ⅱ. 시공도해

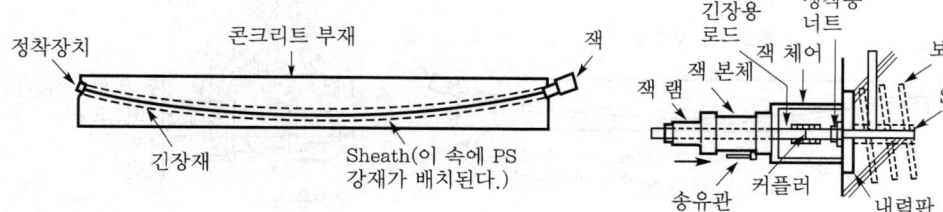

Ⅲ. 특징

① Sheath관을 이용
② 탄력성 및 복원성이 뛰어남
③ 장Span의 설계가 가능
④ 가설공사 등이 축소됨
⑤ 설계하중하에서 구조물의 균열 방지
⑥ 현장에서 Prestress 도입 가능

Ⅳ. Prestressed Con′c의 제조방법

① Pretension공법 : 설계기준강도 30MPa 이상

　㉠ Long Line공법 : 여러 개의 부재를 한 번에 생산

　㉡ Individual Mold공법(단일 몰드공법, 단독식) : 한 번에 1개의 부재 생산

② Post-tension공법 : 설계기준강도 30MPa 이상

Ⅴ. 재료의 선정

① Cement : 보통 Portland Cement, 고로Slag Cement, Fly Ash Cement 등
② 골재 : 잔골재의 염화물량 0.02~0.04% 이하
③ Concrete : 염소이온량은 $2 \sim 3MN/m^3$ 이하
④ Grout재 : 물결합재비가 40% 이하로 하고, 긴장 후 즉시 실시하되 빈틈이 생기지 않도록 함
⑤ 강재 : 규격품을 사용하고 용접철망은 4mm 이상의 것 사용

157 언본드 포스트텐션(Unbond Post-tension)공법

Ⅰ. 정의

① 언본드 포스트텐션공법이란 PS강재에 방청윤활제를 바르고 Sheath관에 삽입하여 방습보강지의 테이프를 감은 긴장재(Unbond-tendon)를 콘크리트에 매입하는 포스트텐션공법이다.

② 부착이 없기 때문에 파괴내력이 저하되는 불리한 점도 있으나, 번잡한 그라우트작업을 생략할 수 있는 시공상의 이점이 있다.

Ⅱ. 시공도해

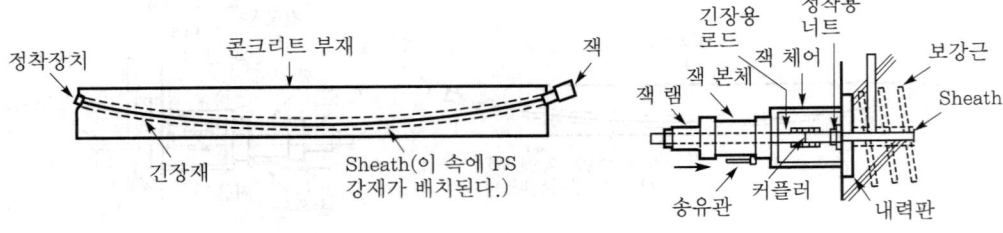

< Post-tensioning공법 >

Ⅲ. 특징

① 방청윤활유를 도포한 PS강재의 사용으로 No Grouting공법이다.

② 콘크리트와의 부착이 없기 때문에 파괴내력이 저하된다.

③ 그라우팅작업을 생략할 수 있어 시공상의 이점이 많이 있다.

④ 미국·캐나다 등에서 주차장이나 사무실 건물의 슬래브에 많이 사용된다.

⑤ 일본에도 Flat Slab나 소규모 보, 물탱크에 실용화되어 있다.

⑥ 기존 구조물을 보강하는 경우에 사용된다(단, 내화상의 배려가 필요하다).

Ⅳ. Prestressed 콘크리트의 제조방법

1) Pretension공법 : 설계기준강도 30MPa 이상

   ① Long Line공법 : 여러 개의 부재를 한 번에 생산

   ② Individual Mold공법(단일 몰드공법, 단독식) : 한 번에 1개의 부재 생산

2) Post-tension공법 : 설계기준강도 30MPa 이상

Ⅴ. 재료의 선정

① Cement : 보통 Portland Cement, 고로Slag Cement, Fly Ash Cement 등

② 골재 : 잔골재의 염화물량 0.02~0.04% 이하

③ Concrete : 염소이온량은 $2\sim3MN/m^3$ 이하

④ 강재 : 규격품을 사용하고 용접철망은 4mm 이상의 것 사용

158 Prestressed Con'c에 사용되는 재료의 품질

Ⅰ. 개요

① 인장응력이 생기는 부분에 미리 압축의 Prestress를 주어 Con'c의 인장강도를 증가하도록 한 것이다.

② 제작방법으로는 Pretension공법과 Post-tension공법이 있다.

Ⅱ. 재료의 품질(시멘트, 골재, 콘크리트, 강재)

재료	품질기준
Cement	• 보통 Portland Cement, 고로Slag Cement, Fly Ash Cement 등이 주로 사용 • 압축강도가 크고, 건조수축이 적은 것을 선정
골재	• 골재는 유해량의 흙·먼지 등이 적고, 내화성 및 내구성이 좋은 것을 선정 • Pretension부재(잔골재의 염화물량)는 0.02% 이하 • Post-tension부재(잔골재의 염화물량)는 0.04% 이하
Concrete	• 설계기준강도가 Pretension방식과 Post-tension방식 모두 30MPa 이상으로 규정 • Slump값은 180mm 이하로 하고, PSC그라우트 중의 염화물이온의 총량은 $0.3kg/m^3$ 이하로 한다.
강재	• PS강선, 이형PS강선, PS 꼬은 선은 KS D 7002의 규격품 사용 • PS강봉, 이형PS강봉은 KS D 3505의 규격품 사용 • 용접철망은 직경이 4mm 이상의 것으로 함

Ⅲ. 특징

① 하중에 대한 균열, 수축에 의한 균열이 적다.

② 탄성 및 복원성이 크다.

③ 장Span 시공이 가능하다.

④ 내화성능에 대한 주의 및 제작 시공에 고도의 기술과 세심한 주의가 필요하다.

Ⅳ. 취급 및 가공 시 유의사항

① PS강재는 창고 또는 덮개로 덮어 저장

② PS강봉의 나사 부분은 녹막이 도장

③ PS강봉의 나사부 여장절단 시 PS강재의 공칭직경에 1.5배를 띄우고 가스절단

④ 현장에서 PS강재 시공 시 가열 및 용접해서는 안 됨

159 PS강재

Ⅰ. 정의

① Prestressed Con'c 부재에 고강도의 인장강도를 가진 강선으로 콘크리트 부재에 Prestress를 도입하게 되는데, 이때 사용하는 강선을 PS강재라 한다.

② PS강재로는 PS강봉, PS강선, PS강연선, 이형PS강봉 등이 사용되고 있으며 구조물의 종류에 따라 적절히 사용된다.

Ⅱ. PS강재가 요구하는 성질

① 인장강도가 높아야 한다.

② 응력부식에 대한 저항성이 커야 한다.

③ 항복비가 커야 한다.

④ 콘크리트와의 부착성이 좋아야 한다.

⑤ Relaxation이 적어야 한다.

⑥ 어느 정도의 피로강도를 가져야 한다.

⑦ 적당한 연성과 인성이 있어야 한다.

⑧ 직진성이 좋아야 한다.

Ⅲ. 종류별 특성

1) PS강선

① 지름 2.9~9mm 정도의 원형의 고강도 강선을 말한다.

② 원형PS강선과 이형PS강선의 두 종류가 있다.

③ PS강선은 하나 또는 여러 개를 나란히 놓아 한 다발로 사용하기도 한다.

④ 이형PS강선은 콘크리트와의 부착강도를 높이기 위해 표면에 요철을 일정한 간격으로 두는 것이다.

⑤ 이형PS강선은 주로 Pretension방식에 많이 사용한다.

2) PS강연선(PS연선 : PS Strand)

① 2개 이상의 PS강선을 꽈배기모양으로 꼬아서 사용하는 것을 PS강연선이라 한다.

② 2개를 꼬아서 사용하는 2연선(2 Strand)과 한 개의 심선에 6개의 측선을 꼬아서 만든 7연선(7 Strand) 등이 있으며 그 밖에 3연선, 19연선 등이 있다.

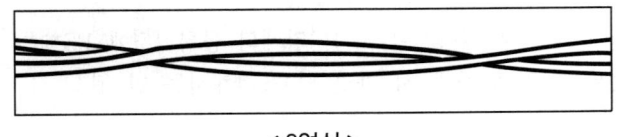

< 2연선 >

③ 심선은 측선보다 지름이 약간 큰 것을 사용한다.

④ 작은 지름의 PS강연선은 Pretension과 Post-tension방식 양쪽에 다 쓰인다.

⑤ PS강연선은 가소성이 있기 때문에 곡선배치가 쉽고 시공성이 좋다.

3) PS강봉

① 지름이 9.2~32mm 정도이며 주로 Post-tension방식에 쓰인다.

② 이형PS강봉은 지름이 7.4~13mm 정도로 표면에 요철의 돌기를 일정한 간격을 붙인 것이다.

③ PS강봉은 PS강선이나 PS강연선보다 강도는 떨어지지만 머리가공 또는 나사가공으로 쉽게 정착이 가능하다.

④ PS강선과 PS강연선보다 Relaxation이 적다.

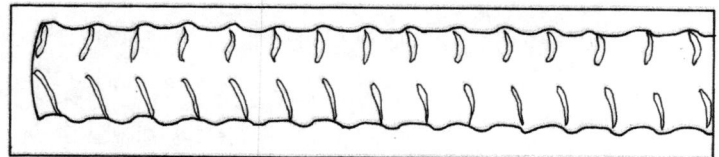

4) 기타

① 피복PS강재 : PS그라우트를 주입하지 않고 부착시키지 않는 상태로 사용해도 부식되지 않게 도금 또는 플라스틱으로 피복한 것이 있다.

② 저Relaxation PS강재 : 보통의 PS강선, PS강연선보다 Relaxation이 적은 강재를 말한다.

③ 특수 PS강연선 : 3개의 소선을 꼬아 만든 3연선 또는 많은 수의 소선을 꼬아서 만든 다층 PS강연선, 다중 PS강연선 등이 있다.

④ PS경강선 : PS전주, PS관과 같은 공장제품에 쓰이며, PS탱크에서는 냉간인발가공을 하면서 감아가는 데 사용된다.

 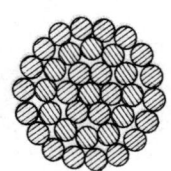 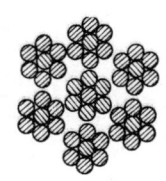

< 다층 19강연선 >　< 다층 37강연선 >　< 다층 7강연선 >

⑤ FRP Rod : PS강선 대신에 최근에 사용되는 것으로 아라미드섬유(Aramid Fiber), 탄소섬유(Carbon Fiber), 유리섬유(Glass Fiber) 등의 긴 섬유를 다발로 하여 에폭시수지 등으로 결합시킨 봉상복합재인 FRP(Fiber Reinforce Plastic) Rod가 긴장재로 사용되는 것을 말한다.

Ⅳ. 기타 용어

1) Tendon

긴장재라는 의미로 PS강재를 한 개 또는 여러 개를 다발로 하여 Prestressing할 수 있는 상태로 해놓은 것을 Prestressing Tendon이라 한다.

2) Sheath

① Post-tension방식의 PS부재에서 긴장재를 수용하기 위하여 미리 콘크리트 속에 뚫어두는 구멍을 덕트(Duct)라 하며, 덕트를 형성하기 위하여 사용되는 주름진 관을 시스(Sheath)라 한다.

② Grouting에 의해 부착시킬 경우에는 0.2~0.4mm 정도의 강제Sheath가 사용된다.

160 강선 긴장순서와 순서 결정이유

[12전(10)]

Ⅰ. 정의

① PS강선은 콘크리트 부재에 발생하는 인장응력을 상쇄하기 위하여 인장측에 미리 압축응력을 도입한 PS(Prestressed) 콘크리트에 적용된다.

② PS강선의 긴장하는 방식에 따라 Prestressing방식과 Post-tension방식으로 PS(Prestressed) 콘크리트를 구분한다.

Ⅱ. 강선 긴장순서

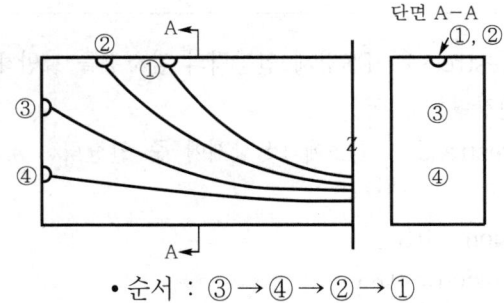

• 순서 : ③ → ④ → ② → ①

부재단에서 가장 멀리 정착된 것부터, 긴장하여 상하, 좌우대칭이 되도록 긴장한다.

Ⅲ. 순서 결정이유

PS강선의 응력손실을 최소화하기 위해 순서를 결정

1) 응력 도입 시 손실(즉시 손실)

① 콘크리트의 탄성수축

② 정착단의 활동(Sliding)

③ 강재와 sheath관의 마찰

2) 응력 도입 후 손실(장기 손실)

① 콘크리트의 건조수축

② 콘크리트의 Creep

③ 강재의 이완(Relaxation)

161 유효프리스트레스(Effective Prestress)

[11중(10), 17중(10)]

Ⅰ. 정의

유효프리스트레스란 프리스트레싱에 의한 콘크리트 내 응력 중 자중과 외력의 영향을 제외하고 모든 손실이 발생한 후에 프리스트레스트 긴장재 내에 남아 있는 응력을 말한다.

Ⅱ. 유효율

$$P_e = RP_i$$

① P_e(유효 Prestress) : PS강재 인장력의 감소량을 감안해 최종적으로 긴장재에 작용하는 인장력
② P_i(초기 Prestress) : 최초에 PS강재에 준 인장력
③ R(유효율)
  ㉠ Pretension > 0.8
  ㉡ Post-tension > 0.85

Ⅲ. Prestress의 응력손실(Loss of Prestress)

① PS강재에 인장응력이 감소하면 콘크리트에 도입된 Prestress가 감소한다.
② 즉 유효 Prestress를 결정하기 위해서 Prestress손실을 고려해야 한다.

즉시 손실(PS 도입 시 손실)	장기 손실(PS 도입 후 시간적 손실)
• 정착장치의 활동으로 인한 손실 • 강재와 Sheath관의 마찰손실 • 콘크리트 탄성변형에 의한 손실	• 콘크리트 Creep에 의한 손실 • 콘크리트 건조수축에 의한 손실 • PS강재의 Relaxation으로 인한 손실

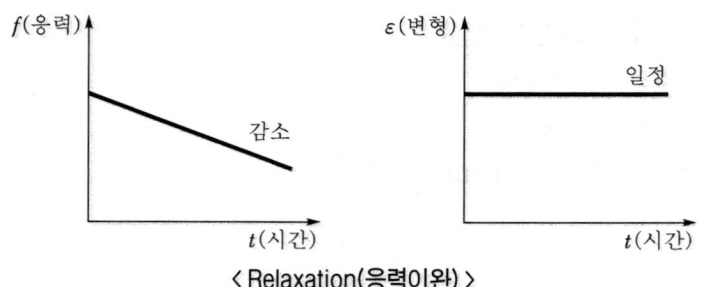

〈 Relaxation(응력이완) 〉

162 PS강재의 Relaxation

[94후(20), 96후(20), 00후(10), 08중(10), 17전(10)]

Ⅰ. 정의

① PS강재를 긴장하여 응력이 도입된 후 시간경과에 따라 인장응력이 감소하는데, 이러한 현상을 강재의 Relaxation이라고 한다.

② PSC 부재에서는 도입된 Prestress힘이 시간과 더불어 감소하기 때문에 Creep로 취급하기보다는 Relaxation으로 취급하는 것이 타당하다.

Ⅱ. 순Relaxation

1) 정의

일정한 변형하에서 일어나는 것으로 최초 도입된 인장응력에 대한 인장응력 감소량의 백분율을 말한다.

2) 관계식

$$순Relaxation = \frac{인장응력\ 감소량}{최초\ 도입된\ 인장응력} \times 100[\%]$$

Ⅲ. 겉보기 Relaxation

1) 정의

콘크리트의 건조수축이나 Creep의 영향에 의하여 콘크리트가 수축함에 따라 보통의 Relaxation값보다 적은 값이 되는 것을 말한다.

2) 결정방법

겉보기 Relaxation값은 순Relaxation값으로부터 콘크리트 건조수축 Creep 등의 영향을 고려하여 정해야 한다.

Ⅳ. PS강재의 겉보기 Relaxation값

PS강재의 종류	겉보기 Relaxation값(r)
PS강선, 강연선	5%
PS강봉	3%
저Relaxation PS강재	1.5%

Ⅴ. PS강재의 Relaxation이 PSC부재에 미치는 영향

① Prestress손실에 의한 구조물의 변형 ② 부재의 균열 발생
③ 내구성 저하 ④ 수밀성 저하
⑤ 구조물의 처짐 발생 ⑥ 사용성 및 안전성 저하

Ⅵ. PS강재의 종류
① PS강선
② 이형PS강선
③ PS강연선(PS Strand)
④ PS강봉
⑤ 이형PS강봉
⑥ 기타

Ⅶ. PS응력손실

```
            ┌ Con'c 탄성수축
   ┌ 즉시 손실(응력 도입 시)─┼ 정착단의 활동(Sliding)
   │         └ 강재와 Sheath의 마찰(Friction)
   │         ┌ Con'c 건조수축
   └ 장기 손실(응력 도입 후)─┼ Con'c Creep
             └ 강재의 Relaxation(이완)
```

163 응력부식(應力腐蝕)

[99전(20), 04후(10)]

I. 정의
① 응력부식(Stress Corrosion)이란 Prestress Concrete에서 높은 응력을 받는 PS강재는 급속하게 녹스는 경우가 있으며, 또는 표면에 녹이 보이지 않더라도 조직이 취약해지는 현상을 말한다.
② 응력부식 발생은 응력을 받는 PS강선, 집중응력을 받는 강구조물, 강재의 용접 부위에서 많이 발생된다.

II. 응력부식 촉진요인

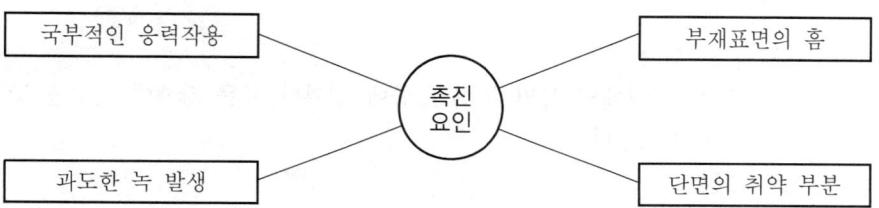

```
   국부적인 응력작용                      부재표면의 홈
                        촉진
                        요인
   과도한 녹 발생                        단면의 취약 부분
```

III. 응력부식 발생장소
① 긴장한 PS강선
② 강구조가공에 따른 이상응력 발생 부위
③ 강구조의 용접 부위
④ 응력집중이 큰 강구조물

IV. 응력부식 발생원인
1) 용접 후 잔류응력 존재
   강구조물에서 각 부재 간의 이음을 용접으로 할 때 용접에 의해 발생된 응력이 잔류응력으로 남을 경우
2) PS강재 긴장
   Prestress Con'c 부재에서 긴장으로 PS강재에 응력이 도입되었을 때 PS강재에 급격한 녹 발생
3) 응력집중
   강구조물에서 어느 취약한 부재가 집중적으로 응력을 받게 되었을 때 많은 녹을 발생시킴
4) 강재변형
   강재가 급격하게 변형을 일으킬 때 그 부위에서 강재의 허용응력 이상의 응력 발생으로 응력부식 발생

V. 방지대책

1) Grouting

   PS부재에 Prestress를 도입하고 난 후 강재가 긴장해 있을 때 부식 발생이 생기기 전에 시멘트모르타르로 Grouting을 실시한다.

2) 에폭시 도장

   강재를 가공 또는 용접작업이 끝났을 때 바탕처리 후 에폭시로 표면을 밀실하게 도장한다.

3) 잔류응력 제거

   용접 부위에서 잔류응력이 있을 경우 열처리공법으로 잔류응력을 제거한다.

4) 응력 분산

   강구조물의 부재에 응력이 집중되지 않고 분산작용될 수 있게 압축재와 인장재의 배치를 한다.

5) 표면의 흠 제거

   강재 또는 PS강재의 표면에 취급 중에 생겨난 흠은 강재에 영향을 되도록 적게 하기 위해 제거한다.

6) 단면 보강

   단면 취약부 등에서 발생되는 응력부식을 막기 위해 단면을 보강한다.

164 PSC Grout재료의 품질조건 및 주입 시 유의사항

[98중전(20), 10중(10)]

I. 개요

① PSC(Prestressed Concrete)공법에서 사용되는 재료는 PS강재, 콘크리트, Grouting 등이 있으며, 긴장방법에 따라 Pretension방식과 Post-tension방식으로 나누어진다.

② PS강선을 긴장한 후 Sheath 내에 시멘트풀을 이용하여 강선과 콘크리트 부재가 일체가 될 수 있도록 가압장치를 이용하여 주입하는 것을 Grouting이라고 한다.

II. Grouting의 목적

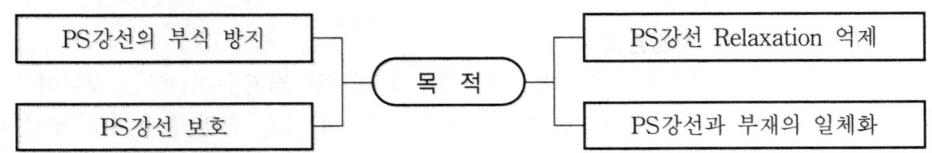

| PS강선의 부식 방지 | 목 적 | PS강선 Relaxation 억제 |
| PS강선 보호 | | PS강선과 부재의 일체화 |

III. 품질조건

1) W/B

   45% 이하

2) 팽창률

   10% 이하

3) 강도

   20MPa 이상(일반), 35MPa 이상(고강도)

4) 사용골재

   세립 잔모래

5) 혼화제

   유동성, 지연제, 감수제, 알루미늄분말

6) 유동성

   포틀랜드시멘트 사용으로 시공에 적합한 반죽질기 선정

IV. 주입 시 유의사항

1) 주입시기

   ① 긴장이 끝난 PS부재를 방치하게 되면 긴장재의 튀어나오는 사고, PS강선의 녹 발생 또는 부재의 파손을 가져올 우려가 있다.

   ② 긴장재와 부재를 일체화하고 PS강재의 부식 발생 방지목적으로 Prestressing 끝난 직후 될 수 있는 한 빨리 해야 한다.

2) 주입

주입 중 너무 압력을 높이는 것은 바람직하지 못하므로 주의해야 하며 일반적으로 그라우팅압력은 최소 0.3MPa 이상으로 한다.

3) 주입방법

① 주입은 그라우트펌프로 천천히 해야 한다.

② 그라우트재료는 그라우트펌프에 넣기 전에 적당한 체를 사용하여 걸러야 한다.

③ 덕트가 긴 경우 주입구는 적당한 간격으로 두는 것이 좋다.

4) 사용믹서

① 5분 이내에 충분히 비빌 수 있는 것이며 충분한 용량을 갖는 것이어야 한다.

② 시멘트입자를 분산시키는 강력한 것을 쓰는 것이 바람직하다.

5) 공기유입 방지

압축공기로 직접 그라우트에 압력을 가하는 방식은 공기혼입 우려가 있으므로 사용해서는 안 된다.

6) 애지테이터 사용방법

① 그라우팅재료는 주입이 끝날 때까지 천천히 휘저을 수 있는 것이어야 한다.

② 혼입순서는 물 및 감수제, 시멘트, 기타의 고운 분말의 순서로 투입하는 것을 표준으로 한다.

7) 주입량

유출구로부터 균일한 반죽질기의 주입재가 충분히 유출될 때까지 중단해서는 안 된다.

8) 한중 시공

① 한중에 시공할 경우에는 주입 전에 깨끗한 물로 씻고 충분히 흡습시킨다.

② 주입재의 온도는 $10\sim25℃$ 표준 주입 후 적어도 5일간은 $5℃$ 이상 유지하는 것을 원칙으로 한다.

9) 주입 전 청소

Sheath관 내는 주입작업 전에 깨끗한 물로 씻고 충분히 흡습시킨다.

10) 그라우트펌프

주입재를 천천히 공기가 혼입되지 않게 주입할 수 있는 것이어야 한다.

11) 서중 시공

① 주입재의 온도가 상승되지 않고 그라우트가 급결되지 않게 해야 한다.

② 주입 전에 Sheath관에 물을 흘려보내 충분히 적셔준다.

165 일반 콘크리트 관련 용어

1) 단위 굵은 골재용적

   단위 굵은 골재량을 그 굵은 골재의 단위용적중량으로 나눈 값

2) 단위량

   콘크리트 $1m^3$를 만들 때 쓰이는 각 재료의 양으로 단위시멘트량(C), 단위수량(W), 단위골재량, 단위잔골재량(S), 단위 굵은 골재량(G), 단위AE제량, 단위포졸란량 등과 같이 사용한다.

3) Ettringite

   ① Ettringite란 석회와 석고 및 알루미나를 조합한 광물로서, 보통시멘트에 적당량을 혼합하여 팽창시멘트로 이용된다.

   ② 용도는 균열보수공사, 장Span구조물공사, 철골세우기의 기초 상부고름질, Grout재, 무(無)Joint의 도로 포장공사 등에 사용한다.

   ③ 양생에 의한 품질변화가 없고, 비빔시간이 길어지면 팽창률이 저하되며, 아직 개발단계에 있으므로 적용 시 신중한 검토가 필요하다.

4) 바라이트(Barite)모르타르

   중원소 바륨원료로 한 분말재료, 모래, 시멘트를 혼합한 방사선 차단재료로 쓰인다.

5) 연속 믹서

   콘크리트용 재료의 계량, 공급 및 비비기를 하는 각 기구를 일체화하여 굳지 않은 콘크리트를 연속해서 제조하는 장치

6) 원심력다지기

   몰드를 고속으로 회전시켜서 원심력을 이용하여 콘크리트를 다지는 것

7) 절대용적

   부어 넣은 직후 콘크리트 속에 공기를 제외한 각 재료가 순수하게 차지하고 있는 용적

8) 제조책임자

   공장제품의 제조에 책임을 가진 공장의 기술자

9) 이넌데이터(Inundator)

   콘크리트 재료의 계량장치의 일종으로 시멘트량에 대한 수량을 정확하게 하여 강도가 일정한 콘크리트를 만들기 위한 장치

10) 워세크리터(wa-ce-creter)

    물결합재비를 일정하게 유지시키면서 골재를 계량하는 장치

11) Air meter(Washington Air Meter)

    아직 굳지 않은 콘크리트 속의 공기량을 재는 압력식의 기계로서 수압식과 기압식이 있다.

12) 시멘트강도(k)
   ① 시멘트강도(k)는 현장에 반입된 시멘트에 대하여 KS L 5105에 규정한 시멘트시험을 행하여 시멘트의 28일 압축강도를 정한다.
   ② 현장에서는 28일의 시간적 여유가 없으므로 3일 또는 7일 강도로서 추정한다.

13) 표면진동기
   도로공사 등에서 콘크리트 상면에 진동을 가하는 것

14) 말대형(꽂이식) 진동기
   보통 공사에 많이 사용되는 것으로 콘크리트에 삽입시켜 사용하는 것

15) 성형(Molding)
   콘크리트를 몰드에 채워 넣고 다져서 제품의 모양을 만드는 것

16) Slump cone-Slump
   시험에 사용되는 원뿔모양의 강철제 용기

17) Slump손실(Slump Loss)
   타설 전 콘크리트의 Slump가 시멘트의 응결 또는 공기 중의 수분에 없어져서 저하하는 것

18) 모세관 간극(Capillary Cavity)
   ① 콘크리트 입자들 사이에서 발생하는 모세관모양의 불연속 간극
   ② 불포화상태의 토립자 사이에 있는 물이 표면장력 상승 시로 인하여 발생한 흙 중의 공간(간극)

19) 테크노 체카
   ① 콘크리트 구조물의 균열을 자동 계측하는 차량
   ② 전장 10.25m의 차량에 신축회전자재의 다관절 팔을 가진 로봇과 레이저 계측 장치를 탑재한 것으로 콘크리트 상판의 균열 점검을 신속·간단하게 행할 수 있어서 보수기간, 보수방법 등의 판정이 정확하고 효율적이다.

20) 무근콘크리트
   강재로 보강하지 않은 콘크리트

21) 배합
   콘크리트 또는 모르타르를 만들 때 소요되는 각 재료의 비율이나 사용량

22) Punching Shear
   ① 철근콘크리트 기초판에 기둥의 축력이 가해지는 경우나 Slab에 집중하중이 작용하는 경우에 발생
   ② 직접 전단에 해당되는 상태 또는 그때의 전단력

God For Health

1. 충분한 음식과 수면은 보약이다.

2. 과로를 피하고 시간은 낭비하지 않는다.

3. 스트레스는 그때 그때 풀어준다.

4. 매일 가벼운 운동(어느 정도 숨가쁜)과 산책을 한다.

5. 당당하고 활기찬 표정과 자세를 만든다.

6. 창조주를 기억하고 매 순간 의뢰한다.

7. 과음, 과식은 절대 금하고 감사한 마음으로 음식을 먹는다.

8. 담배를 끊는다.

9. 체질 개선을 위해 녹황색 채소, 신선한 과일, 등푸른 생선, 해조류를 많이 먹는다.

10. 고단백, 비타민, 저칼로리, 미네랄을 함유한 균형있는 영양식품을 섭취한다.

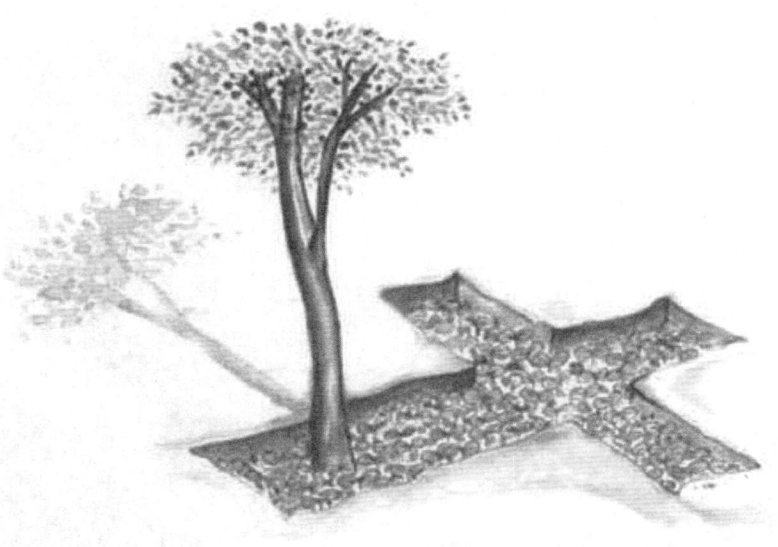

제3장 ▶ 콘크리트

제4절 특수 콘크리트

특수 콘크리트공사 과년도 문제

1. Dry Mixing Remicon [90후(10)]
2. 서중 콘크리트 [77(10)]
3. 서중 콘크리트 [15후(10)]
4. 서중 콘크리트의 품질관리 [25후(10)]
5. 서중(롯中) Concrete의 양생 [97전중(20)]
6. 양생지연(curing delay) [13후(10)]
7. Mass Concrete에서의 온도균열 [08후(10)]
8. 매스 콘크리트의 온도균열지수 [98전(20)]
9. 온도균열지수 [99전(20)]
10. 온도균열제어수준에 따른 온도균열지수 [18중(10)]
11. 온도균열지수 [24중(10)]
12. 수중 콘크리트 [13후(10)]
13. 수중불분리성 콘크리트 [11전(10)]
14. Tremie Concrete [75(10)]
15. Prepacked Concrete [75(10)]
16. 수밀 콘크리트와 수중 콘크리트 [11중(10)]
17. Pre-Wetting [04중(10)]
18. 포러스 콘크리트(Porous Concrete) [19전(10)]
19. 콘크리트 폭열현상 [12전(10)]
20. 콘크리트 폭열현상 [18후(10)]
21. 고성능 콘크리트 [03후(10)]
22. UHPC(ultra high performance concrete : 초고성능 콘크리트) [15전(10)]
23. 고유동 콘크리트 [09전(10)]
24. 고유동 콘크리트의 분류 [22후(10)]
25. 굳지 않은 콘크리트의 성질 [03전(10)]
26. 해양 콘크리트 [03중(10)]
27. 물보라지역(Splash Zone)의 해양 콘크리트 타설 [12중(10)]
28. 강섬유 보강 콘크리트 [98후(20)]
29. 진공 콘크리트(Vacuum Processed Concrete) [11후(10)]
30. 진공 콘크리트(Vacuum Concrete) [23후(10)]
31. 저탄소 콘크리트(Low Carbon Concrete) [18중(10)]
32. 폴리머 콘크리트 [05후(10)]
33. 폴리머시멘트 콘크리트(Polymer-Modified Concrete, PMC) [09중(10)]
34. 폴리머함침 콘크리트(Polymer Impregnated Concrete) [06전(10)]
35. 순환골재 콘크리트 [10후(10)]
36. 순환골재 콘크리트 [24중(10)]
37. 순환골재 [18전(10)]
38. 순환골재의 특성 [21중(10)]
39. 순환골재와 순환토사 [18중(10)]
40. 에코 콘크리트(ECO Concrete) [05중(10)]
41. 에코 콘크리트(Eco-Concrete) [25전(10)]
42. 팽창 콘크리트 [98중후(20)]
43. 팽창 콘크리트 [02중(10)]
44. 팽창 콘크리트 [10후(10)]
45. 화학적 프리스트레스트 콘크리트(Chemical Prestressed Concrete) [06중(10)]
46. 내식 콘크리트 [19중(10)]

1 한중 콘크리트(Winter Concrete)

Ⅰ. 정의

① 일평균기온 4℃ 이하, 타설 후 24시간 동안 일최저기온 0℃ 이하, 그 이후라도 초기 동해 발생 우려 시 한중 콘크리트의 적용을 받도록 규정하고 있으며 초기 동해 방지가 가장 중요하다.

② Con'c 타설 후 0℃ 이하가 되면 동해가 발생될 수 있으므로 초기 양생을 철저히 하여 소요강도 확보 이후 2일 동안 Con'c의 어느 부분도 0℃ 이하가 되지 않도록 한다.

Ⅱ. 한중 콘크리트 준비사항

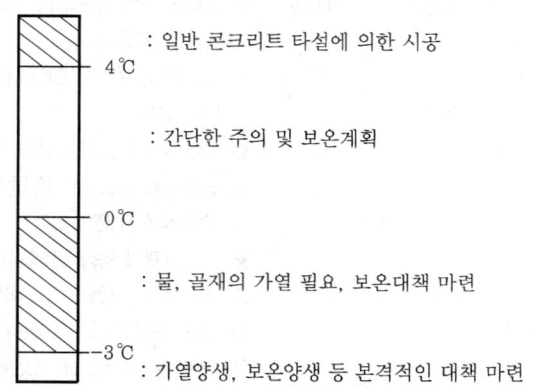

4℃ : 일반 콘크리트 타설에 의한 시공

: 간단한 주의 및 보온계획

0℃

: 물, 골재의 가열 필요, 보온대책 마련

-3℃

: 가열양생, 보온양생 등 본격적인 대책 마련

Ⅲ. 특징

① 물결합재비는 60% 이하　　② 단위수량은 최소화할 것
③ 경화가 빠른 Cement 사용　　④ 적절한 혼화제를 사용할 것

Ⅳ. 동해의 원인

① 콘크리트 중의 자유수　　② 흡수율이 큰 골재 사용(연석 등)
③ 물결합재비가 클 경우　　④ Con'c에 수분(눈, 비 등) 침투

Ⅴ. 방지대책

① AE제, AE감수제, 고성능 AE제 등을 사용한다.
② Con'c 타설 시 온도는 5~20℃ 미만 정도로 한다.
③ 물의 온도는 40℃ 이하로 유지한다.
④ 단열보온양생, 가열보온양생 등을 실시한다.
⑤ 단위수량을 적게 배합설계한다.
⑥ 물의 침입을 방지하기 위하여 물끊기, 물흐름구배, 제설제 등의 방법을 사용한다.
⑦ Con'c 내부에 적당량의 연행공기(4~5% 정도)를 둔다.

2 한중 콘크리트의 양생

Ⅰ. 정의

① 일평균기온 4℃ 이하, 타설 후 24시간 동안 일최저기온 0℃ 이하, 그 이후라도 초기 동해 발생 우려 시 한중 콘크리트의 적용을 받도록 규정하고 있으며 초기 동해 방지가 가장 중요하다.

② Con′c 타설 후 0℃ 이하가 되면 동해가 발생될 수 있으므로 초기 양생을 철저히 하여 소요강도 확보 이후 2일 동안 Con′c의 어느 부분도 0℃ 이하가 되지 않도록 한다.

Ⅱ. 양생방법

1) 초기 양생

① 타설 후 압축강도 5MPa가 될 동안 5℃ 이상 유지하고, 이후 2일간 구조물 어느 부분이라도 0℃ 이상 유지한다.

② 양생온도와 양생기간을 미리 계획한다.

③ 보온양생방법을 결정한다.

2) 단열보온양생

① 수화열을 보존하기 위해서 비닐, 시트, 단열재 등으로 표면을 보호한다.

② 2가지 이상의 방법을 병용하면 더욱 효과적 이다.

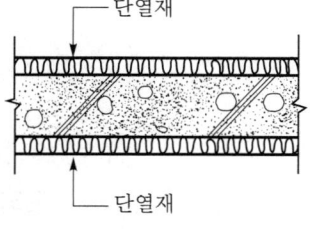

< 단열보온양생 >

3) 가열보온양생

① 콘크리트 타설 후 인위적으로 가열한다.

② 급격한 건조를 방지하며 시험가열을 실시한다.

③ 종류에는 공간가열양생, 표면가열양생, 내부가열양생 등이 있다.

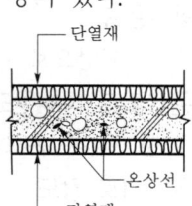

< 공간가열양생 >   < 표면가열양생 >   < 내부가열양생 >

Ⅲ. 유의사항

① Cement는 가열하지 않는다.

② 타설에 앞서 이어붓기면 또는 철근, 거푸집에 있는 얼음, 눈 등을 제거한다.

③ 소요강도 확보 후 2일간 콘크리트 구조물 어느 부분도 0℃ 이하가 되지 않도록 초기 양생을 한다.

④ 타설 시 단면두께 300mm 이하인 경우 콘크리트의 최저온도를 10℃ 이상 확보하여야 한다.

3 한중 콘크리트의 적외선 Lamp양생

Ⅰ. 정의

① 일평균기온 4℃ 이하, 타설 후 24시간 동안 일최저기온 0℃ 이하, 그 이후라도 초기 동해 발생 우려 시 한중 콘크리트의 적용을 받도록 규정하고 있으며 초기 동해 방지가 가장 중요하다.

② 적외선 Lamp양생은 Lamp의 열을 이용하여 콘크리트 주변의 기온을 10℃ 이상으로 유지하여 양생하는 방법이다.

Ⅱ. 현장 시공도

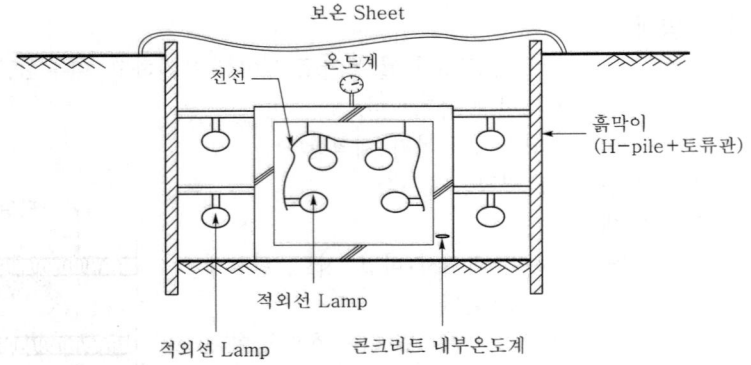

< 콘크리트의 외기양생온도를 10℃ 이상으로 유지 >

Ⅲ. 양생관리

1) 양생온도

   10℃ 이상으로 관리

2) 콘크리트 내부온도

   타설 3일째 콘크리트 내부온도 24℃ 내외

3) 콘크리트 강도

   타설 3일째 콘크리트 강도 7MPa 이상

Ⅳ. 특징

① 작은 단면의 구조물 양생에 적합

② 지하공동구 등의 지하구조물에 유리

③ 콘크리트의 품질 확보 가능

④ 전기세 등 경제성 파악 필요

4 콘크리트의 적산온도(積算溫度, Maturity)

[02중(10), 06중(10)]

Ⅰ. 정의

① 한중 Con'c의 강도 발현을 비빈 후부터의 경과시간과 양생온도의 곱의 적분함수[∑(경과시간×양생온도)]로 나타낸 것을 말한다.

② 초기의 Con'c 경화 정도를 평가하는 지표가 된다.

Ⅱ. 적산온도

1) 적산온도와 압축강도와의 관계

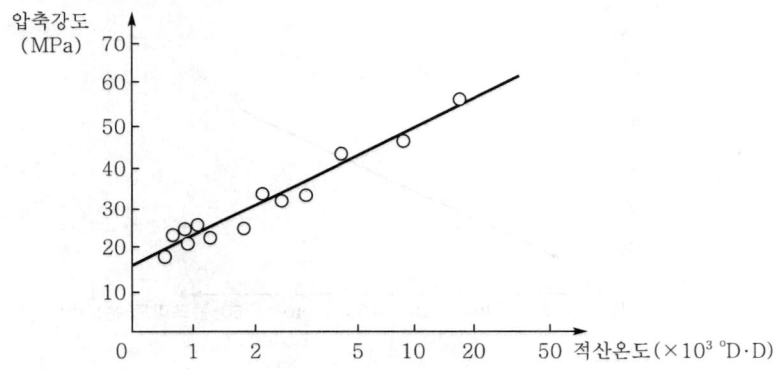

2) 산정식

$$M = \sum_{z=1}^{n} (\theta z + 10)[°\text{D} \cdot \text{D}]$$

여기서, M : 적산온도(°D · D 또는 °D · 일)

z : 재령(일, day)

θ : 콘크리트의 일평균양생온도(℃, °D, degree)

n : 구조체 콘크리트의 강도관리 재령(일)

θz : 재령 z[일]에 있어서 콘크리트의 일평균양생온도(°D · D 또는 °D · 일)

Ⅲ. 양생온도의 영향

① 양생온도를 높이면 수화반응을 촉진시켜 콘크리트 조기강도에 유리

② 응결기간에 온도를 높이면 조기강도는 증가하나, 7일 이후 강도는 불리함

③ 급속한 수화반응은 다공질의 빈약 구조를 형성하여 강도상 불리함

Ⅳ. 사용현황

① 일반현장 : 15℃ 이상으로 48시간 이상 초기 양생을 실시해야 한다.

② PC 제작 시 : 100℃로 6~8시간 정도 초기 양생을 실시해야 한다.

5 서중 콘크리트(Hot Weather Concrete)

[77(10), 15후(10), 25후(10)]

Ⅰ. 정의

① 일평균기온이 25℃ 초과 또는 일최고기온이 30℃를 초과하는 시기에 혼합·운반·타설 및 양생을 하는 경우 서중 콘크리트의 적용을 받도록 규정하고 있다.

② 급격한 수분 증발로 Cold Joint가 발생할 우려가 있으므로 Precooling 등의 냉각공법 등을 사전에 검토한다.

Ⅱ. 서중 콘크리트 온도에 따른 단위수량

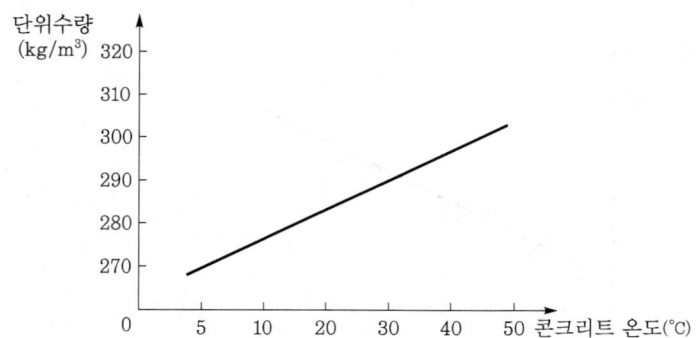

Ⅲ. 특징

① Precooling 등의 냉각공법을 검토한다.

② 타설 시 온도는 35℃ 이하로 한다.

③ Slump는 180mm 이하에서 정한다.

④ 단위수량 및 단위시멘트량은 최소화한다.

Ⅳ. Cold Joint의 원인

① 장시간 운반 및 대기로 재료분리된 Con'c를 사용할 때

② Massive한 구조물의 수화열

③ 설계 시 각종 Movement Joint의 누락 및 미시공

④ 넓은 지역의 순환 타설 시 돌아오는 시간이 2시간을 초과할 때

Ⅴ. 대책

① Precooling 등의 냉각공법을 검토

② 혼화제는 지연형 AE감수제, 지연형 감수제 등을 사용

③ 사전에 콘크리트 운반계획을 철저히 수립

④ 중용열 Portland Cement 등 분말도가 낮은 Cement 사용

⑤ Dry Mixing한 재료를 현장 반입하여 사용하는 방법

6 서중 콘크리트의 양생

[97중전(20)]

Ⅰ. 정의

① 서중 콘크리트란 일평균기온이 25℃ 초과 또는 일최고기온이 30℃를 초과하는 시기에 시공하는 콘크리트로서 Slump의 저하, 수분의 급격한 증발 등으로 인하여 시공상의 결함이 발생된다.

② 그러므로 습윤양생, 피막양생, Precooling, Pipe Cooling, 차양막 설치, 덮개 사용 등의 양생법 적용을 검토하고 혼화제를 사용하여 시공성 및 지연성을 확보한다.

Ⅱ. 습윤상태 유지

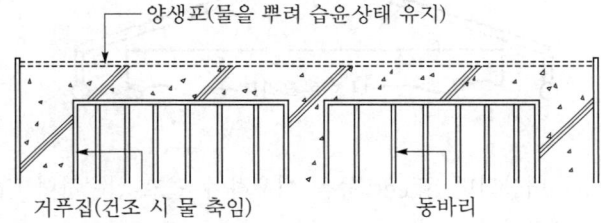

양생포(물을 뿌려 습윤상태 유지)

거푸집(건조 시 물 축임)   동바리

습윤양생상태가 오랫동안 지속될수록 콘크리트의 강도 및 내구성 증대

Ⅲ. 서중 콘크리트 타설 시 문제점

① 콘크리트 온도 10℃ 상승에 단위수량이 2~5% 증가되므로 강도 및 내구성이 저하된다.

② 콘크리트 온도가 10℃ 상승하면 Slump가 25mm 감소한다.

③ 공기량 감소로 시공연도 및 내구성이 저하된다.

④ 응결시간의 단축으로 Cold Joint 발생이 많아진다.

⑤ 물결합재비 증가로 강도 및 내구성이 저하된다.

⑥ Bleeding의 증발속도보다 수분의 증발이 빨라 소성수축균열이 발생한다.

Ⅳ. 양생

1) 습윤양생

① 타설 전 거푸집에 살수하여 건조를 방지한다.

② Sheet나 거적 등으로 보양 후 살수한다.

③ 타설 후 7일 이상 습윤양생을 실시한다.

2) 피막양생

① 콘크리트 표면에 피막양생제를 뿌려 콘크리트의 수분 증발을 방지하는 방법이다.

② 피막양생제로는 검은색, 흰색, 담색이 있다.

③ 검은색은 직사광선이 없는 곳에 사용한다.

3) Pipe Cooling

① 콘크리트 타설 전에 25mm Pipe를 수평으로 배치하고 냉각수를 통과시킨다.

② 냉각Pipe는 타설 전에 누수검사를 실시하고, 2~3주간은 콘크리트의 소요온도를 유지한다.

③ Pipe Cooling이 끝나면 구멍을 그라우팅재로 마무리한다.

4) 차양막 설치

타설 후 콘크리트 표면을 직사광선에 의한 건조로부터 보호하기 위하여 차양막시설을 미리 해둔다.

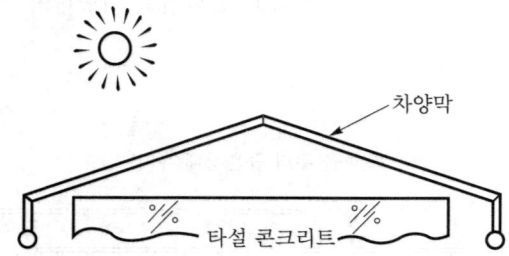

5) 덮개 사용

표면의 건조가 예상되면 Sheet 등을 이용하여 덮고 살수하여 Con'c 표면의 건조를 최대한 억제하여야 한다.

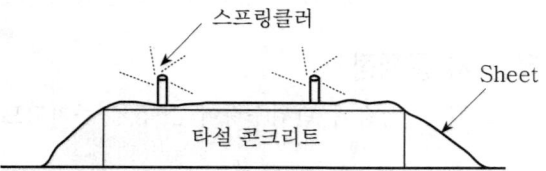

V. 시공 시 주의사항

① 거푸집에 물을 뿌려 콘크리트에 수분이 흡수되지 않게 한다.

② 콘크리트의 비빔에서 타설까지의 시간을 90분 이내로 한다.

③ 콘크리트의 응결을 지연시킨다.

7 양생지연(curing delay)

Ⅰ. 정의

① 콘크리트 타설에서 콘크리트 경화에 이르는 동안 강도 발현을 위해 인위적으로 양생을 늦추는 것을 말한다.

② 서중 시 높은 기온으로 양생이 급속 발현되지 않도록 지연시키며 Cold Joint 또한 방지한다.

Ⅱ. 양생지연의 목적

① 수화반응 억제

② 서중 콘크리트 강도 발현

③ Cold Joint 방지

④ 균열 발생 방지

Ⅲ. 양생지연(curing delay)방법

1) 초기 양생

① 콘크리트 표면의 수분손실을 감소시키기 위해 분무 또는 증발 억제제 사용

② 초기 양생 시 반드시 습윤상태를 유지하여 소성수축 등의 미경화 균열 방지

2) 중간양생

① 마감이 완료된 후 종결에 이르기 전에 수행되는 양생과정

② 직접 물을 뿌리거나 표면에 비닐 등을 덮을 경우 콘크리트의 손상 우려

③ 표면양생지연제를 뿜칠에 의해 살포하여 피막 형성

④ 콘크리트가 충분히 경화할 때까지 충격 및 하중 유의(3일간 진동 방지, 24시간 내 하중부과 방지)

3) 최종 양생

① 종결에 도달한 이후 시행되는 양생과정으로 습윤양생을 통해 마무리함

② 표준 습윤양생기간 이상 준수

일평균기온	조강포틀랜드시멘트	보통포틀랜드시멘트	고로시멘트, 플라이애시시멘트 2종
15℃ 이상	3일	5일	7일
10℃ 이상	4일	7일	9일
5℃ 이상	5일	9일	12일

8 서중 콘크리트와 한중 콘크리트

Ⅰ. 개요

① 일평균기온이 25℃ 초과 또는 일최고기온이 30℃를 초과하는 시기에 혼합·운반·타설 및 양생을 하는 경우 서중 콘크리트의 적용 대상이며, 부어 넣을 때 온도는 35℃ 이하로 유지한다.

② 일평균기온이 4℃ 이하, 타설 후 0℃ 이하, 동해 우려가 있는 경우 한중 콘크리트의 적용을 받도록 규정하고 있으며 초기 양생기간 내에 5MPa가 얻어지도록 양생계획한다.

Ⅱ. 기온별 콘크리트 분류

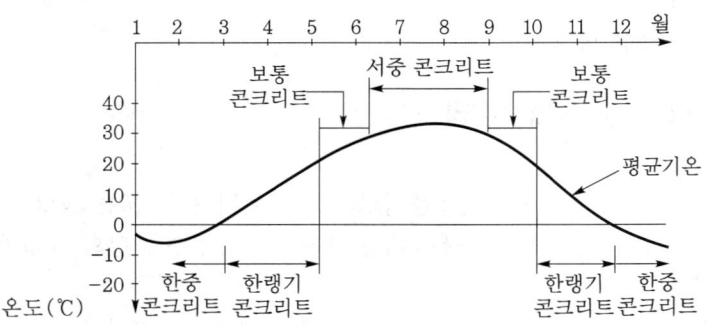

Ⅲ. 서중 콘크리트

1) 특징
   ① 적절한 혼화제 사용
   ② Precooling 등의 냉각공법 검토
   ③ 단위수량과 단위시멘트량은 최소화할 것
   ④ Slump는 180mm 이하에서 정함
   ⑤ 타설 시 온도는 35℃ 이하

2) 유의사항
   ① 고온의 Cement는 사용을 삼가할 것
   ② 물, 골재 등은 낮은 온도의 것을 사용할 것
   ③ 혼화제는 지연형 AE감수제, 지연형 감수제 등을 사용할 것
   ④ 거푸집에 물을 뿌려 Con′c의 수분이 거푸집에 흡수되지 않게 할 것

Ⅳ. 한중 콘크리트

1) 특징
   ① 물결합재비는 60% 이하
   ② 단위수량은 최소화할 것
   ③ 적절한 혼화제를 사용할 것
   ④ 경화가 빠른 Cement를 사용할 것

2) 유의사항
   ① AE제, AE감수제 및 고성능 AE제 중 한 가지는 반드시 사용할 것
   ② Cement는 가열해서는 안 되며, 골재는 직접 불꽃에 대고 가열해서는 안 됨
   ③ 타설 시 온도 15~20℃ 미만
   ④ 물의 온도는 40℃ 이하
   ⑤ 단열보온양생, 가열보온양생 등을 실시할 것

Ⅴ. 서중 콘크리트와 한중 콘크리트의 비교

구분 \ 종류	서중 Concrete	한중 Concrete
기온	일평균기온 25℃ 초과, 일최고기온 30℃ 초과	일평균기온 4℃ 이하, 타설 후 0℃ 이하, 동해 우려 시
Cement	중용열 Portland Cement	조강 Portland Cement
혼화제	응결지연제	응결경화촉진제
양생	Pre Cooling, Pipe Cooling	가열보온양생(공간, 표면, 내부가열 등)

9 매스 콘크리트(Mass Concrete)

Ⅰ. 정의

① 보통 부재 단면의 최소 치수가 800mm 이상이고(하부구속상태일 경우 최소 치수 500mm 이상), 내부최고온도와 외기온도의 차가 25℃ 이상이 예상되는 경우의 Con′c를 말한다.

② Con′c 표면과 Con′c 내부의 건조수축의 차에 의한 온도균열에 유의하고, 방지대책으로는 냉각공법(Precooling, Pipe Cooling) 등이 있다.

Ⅱ. Mass Con′c의 온도관리

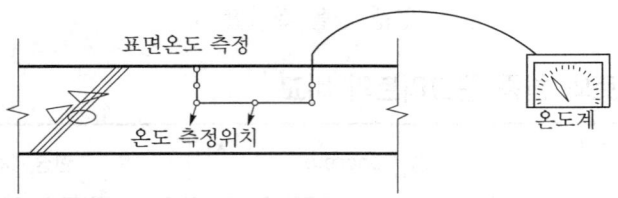

내·외부의 온도차가 25℃ 이하가 되도록 관리하여 온도균열을 억제

Ⅲ. 온도균열의 원인

① Con′c의 탄성계수가 클수록

② 수화발열량이 클수록

③ Con′c의 온도와 외부기온의 차가 클수록

④ 부재의 단면이 클수록

⑤ 단위시멘트량이 많을수록

⑥ 온도변화가 클수록

Ⅳ. 냉각공법(온도균열제어 양생방법)

공법	양생방법
Precooling	• Con′c 재료의 일부 또는 전부를 냉각시켜 콘크리트의 온도를 낮추는 방법 • 저열용 Portland Cement를 사용하고, 얼음은 물량의 10~40% 정도로 하며, 각 재료(Cement, 골재 등)는 온도를 낮추어 사용
Pipe Cooling	• Con′c 타설 전에 Pipe를 배관하고, Pipe 내로 냉각수나 찬 공기를 순환시켜 콘크리트의 온도를 낮추는 방법 • ϕ25mm 흑색 Gas Pipe를 사용하며, 간격은 1.0~1.5m 정도로 하고, 냉각수 대신 찬 공기를 넣기도 함

10 온도구배

Ⅰ. 정의

① 온도구배란 Mass 콘크리트나 한중 콘크리트의 타설 시 콘크리트 부재의 내·외부온도차를 말하며, 주원인은 Cement Paste의 수화열에 의해 발생한다.

② 온도구배를 방지하기 위해서는 배합 시 재료를 냉각시키는 방법과 양생 시 내·외부온도차를 줄이는 방법 등이 있다.

Ⅱ. 도해

내·외부온도차에 의해 발생

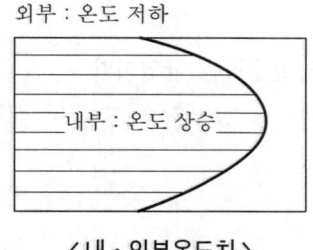

외부 : 온도 저하

내부 : 온도 상승

〈 내·외부온도차 〉

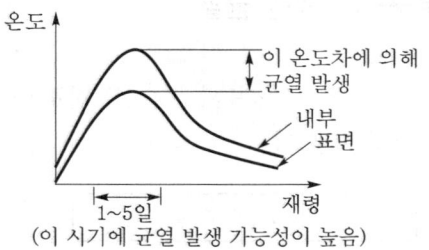

온도

이 온도차에 의해 균열 발생

내부

표면

1~5일

재령

(이 시기에 균열 발생 가능성이 높음)

〈 균열 발생시기 〉

Ⅲ. 원인

① Cement Paste의 수화열이 클수록 크다.

② 콘크리트의 온도와 외기온도의 차이가 클수록 크다.

③ 단위시멘트량이 많을수록 크다.

④ 콘크리트 타설온도와 타설높이가 클수록 크다.

⑤ 타설부재의 두께가 두꺼울수록 크다.

⑥ 외기온도가 낮을수록 크다.

Ⅳ. 대책

① 배합 시 골재량을 늘인다.

② 내·외부의 온도차를 줄인다.

③ 혼화재를 사용하여 응결·경화를 지연시킨다.

④ 재료를 냉각하여 사용한다.

⑤ 단열성이 있는 거푸집의 사용 및 해체기간을 연장한다.

⑥ 콘크리트의 인장강도를 크게 한다.

11 온도균열

[08후(10)]

I. 정의

① 콘크리트가 수화반응을 할 때 발생되는 고온의 내부온도와 콘크리트 표면의 온도차가 25℃ 이상일 때 발생되는 균열로 매스 콘크리트, 한중 콘크리트, 댐 콘크리트 등에서 발생된다.

② 콘크리트 타설 후 시공 초기에 발생하며 콘크리트 강도 발현이 충분치 않은 시점에서 발생하므로 콘크리트의 강도, 내구성, 수밀성 등에 악영향을 미치는 요인이 된다.

II. 내부구속에 의한 균열

1) 정의

구조체의 내부와 외부의 온도분포차이에 의해 발생하는 균열이다.

2) 균열 발생과정

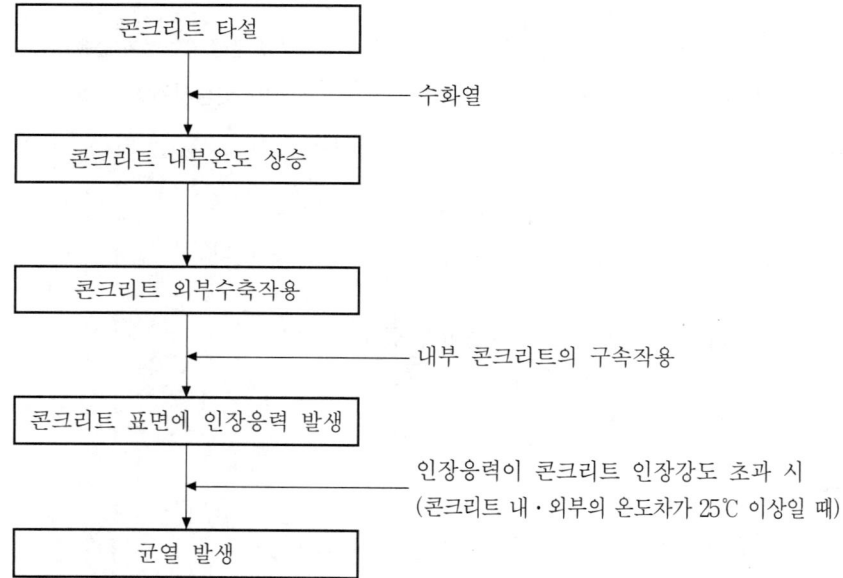

3) 발생시기

① 재령 1~5일 정도에서 Con'c 내부온도가 최고가 될 때

② 거푸집 탈형 직후

4) 발생양상

① 폭 0.1~0.3mm 정도로 발생

② 규칙성이 없는 발생분포

③ 단면 관통균열이 아님

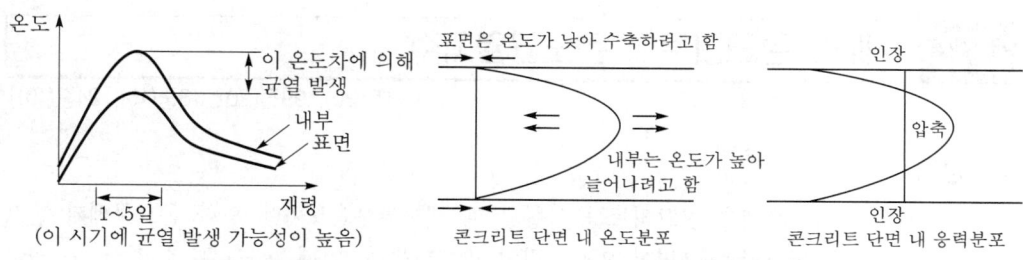

〈 내부구속 시 온도균열 발생시기 〉　　　　〈 내부구속응력의 발생기구 〉

Ⅲ. 외부구속에 의한 균열

1) 정의
구조체가 온도 상승에 의해 팽창되었다가 온도 하강 시 수축될 때 지반 또는 이미 타설된 Con′c에 의해 구속되어 발생하는 균열이다.

2) 균열 발생과정

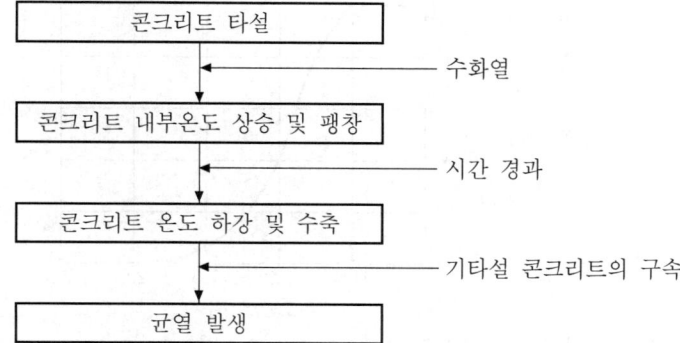

3) 발생시기
내부 Con′c 온도가 하강하여 외기온도와 같아질 때까지 발생

4) 발생양상
① 폭 0.2~0.5mm 또는 그 이상
② 구속이 있는 단면에서 발생
③ 세로로 곧장 뻗은 단면 관통균열형태

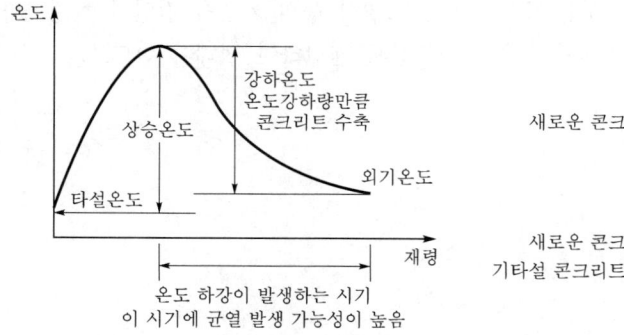

〈 외부구속 시 온도균열 발생시기 〉

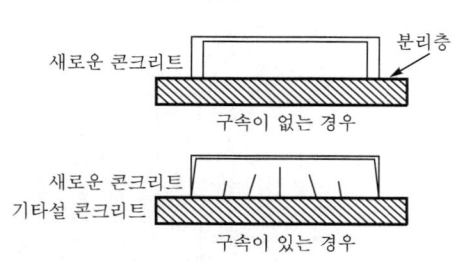

〈 외부구속응력의 발생기구 〉

12 | 매스 콘크리트의 온도균열지수

[98전(20), 99전(20), 18중(10), 24중(10)]

Ⅰ. 정의

① 두꺼운 부재에 콘크리트를 타설할 때 내·외부온도차에 의한 온도구배가 발생하여 콘크리트 표면에 인장응력이 발생되는데, 이때 콘크리트가 견딜 수 있는 인장강도를 온도에 의한 인장응력으로 나눈 값을 온도균열지수라고 한다.

② 온도균열지수는 다음의 식으로 나타낸다.

$$온도균열지수(I_{cr}) = \frac{인장강도}{온도인장응력}$$

Ⅱ. 온도균열지수(I_{cr})의 적용

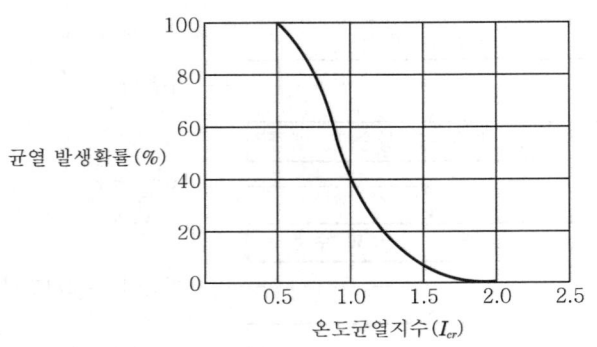

① 균열을 방지할 경우 : 1.5 이상
② 균열 발생을 제한할 경우 : 1.2 이상 1.5 미만
③ 유해한 균열 발생을 제한할 경우 : 0.7 이상 1.2 미만

Ⅲ. 특징

① 온도균열지수가 커질수록 균열 방지에 대한 안전성이 높아진다.
② 온도균열지수가 작아질수록 안정성은 낮아지도록 되어 있다.
③ 목표값은 구조물에 요구되는 수밀성이나 기밀성 등의 기능을 감안하여 정한다.
④ 균열의 내구성이나 내력에의 영향, 환경 등도 감안하여 정해야 한다.

Ⅳ. 최대 균열폭과 온도균열지수와의 관계

1) 최대 균열폭과 온도균열지수

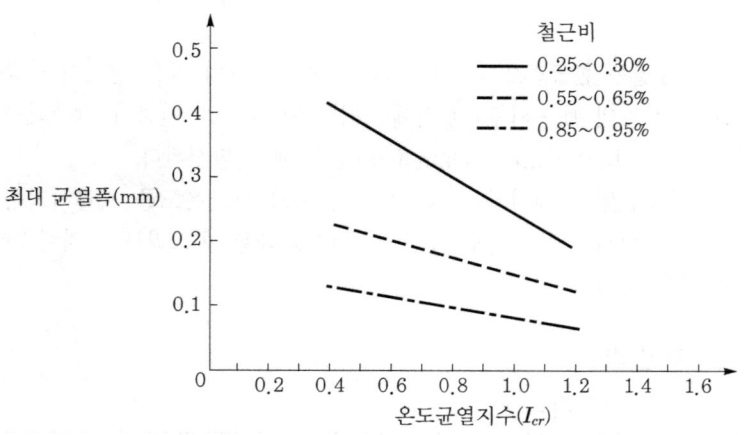

2) 온도균열지수와 철근비의 상호 관계

① 아직 명확히 밝혀져 있지 않다.

② 예측방법도 확립되어 있지 않다.

③ 균열폭을 예측하기 위해서는 과거의 사례 등을 참고하는 것이 좋다.

3) 온도균열폭의 제어

① 온도균열지수를 높인다.

② 철근비를 높인다.

③ 가는 철근을 분산시켜 배근한다.

13 온도균열제어방법

I. 정의

① 온도균열은 콘크리트의 타설 초기에 콘크리트의 강도 발현이 충분치 않은 시점에서 부재의 내·외부온도차에 의한 온도구배로 인하여 발생되는 균열로 한중 Con′c, Mass Con′c, Dam Con′c 등에서 발생된다.

② 이 온도균열을 제어하는 방법으로는 콘크리트 온도를 저감시키는 방법과 온도응력을 완화시키는 방법 및 온도응력에 대한 콘크리트의 저항력을 증대시키는 방법이 있다.

II. 온도균열제어방법

1) 콘크리트의 온도 저감방법

1st Level	2nd Level	3rd Level
• 단위시멘트량 감소	• 단위수량 감소 • 설계기준강도 저하	• Slump 및 잔골재율의 저하 • 굵은 골재의 최대 치수 증대 • 고성능 AE감수제 사용
• 저열성 시멘트 사용	• 설계재령의 장기화	
• 타설온도 저하	• Precooling • 낮은 기온 시 타설	
• 타설높이 저하		
• 강제적 온도 저하	• Pipe Cooling (냉수, 냉동, 액체질소)	• 콘크리트 구성재료(물, 골재)의 온도 저하 후 배합

2) 온도응력 완화방법

1st Level	2nd Level	3rd Level
• 외부구속의 저하	• 부재두께의 감소	• 수축줄눈 및 신축줄눈 설치
• 신·구콘크리트의 온도차이 감소	• 타설시간 단축 • 구콘크리트 가열	
• 부재의 내·외부온도차이 감소	• 보온양생	• 보온성 거푸집으로 부재표면 보호(Sheet, 단열재, 물) • 양생기간을 길게

3) 온도응력에 대한 저항력 증대방법

1st Level	2nd Level	3rd Level
• Prestress 도입	• 팽창제 • 기계적 Prestress	• 강섬유, 유리섬유 사용
• 인장저항력 증가	• 섬유보강 • Polymer보강	

14 온도균열을 막기 위한 시공상 유의점

Ⅰ. 정의

① Con'c가 급격히 건조하게 되면 Con'c 표면과 Con'c 내부의 건조수축의 차에 의해 Con'c 표면에 인장응력이 발생하게 된다.

② 이때 발생되는 인장응력으로 인해 균열이 발생되는데, 이것을 온도균열이라고 하며 구조체의 강도를 저하시키는 원인이 된다.

Ⅱ. 분할 타설

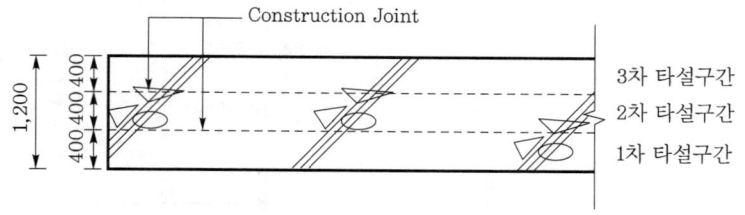

온도균열을 방지하기 위해서는 분할 타설을 하는 바, 1차 타설 후 2차 타설까지의 시간간격은 수화열이 저감되는 5일 이후 타설

Ⅲ. 피해

① 누수에 의한 철근부식

② 구조체의 강도 저하

③ 열화의 원인

Ⅳ. 시공상의 유의점

① Con'c의 타설온도를 낮출 것

② 인장변형에 저항이 큰 콘크리트를 사용할 것

③ 수화열이 적은 중용열 Portland Cement를 사용할 것

④ 굵은 골재의 최대 치수를 가능한 크게 할 것

⑤ Fly Ash 등의 혼화재를 사용할 것

⑥ 적당한 간격의 Expansion Joint를 설치할 것

⑦ 냉각공법(Precooling, Pipe Cooling 등)을 적용할 것

⑧ 단위시멘트량을 감소할 것

⑨ 적당한 타설속도를 유지할 것

⑩ Con'c의 1회 타설높이를 적게 할 것

15 수중 콘크리트(Underwater Concrete)

[11전(10), 13후(10)]

Ⅰ. 정의

① 수중 콘크리트란 물이 많이 나고 배수가 불가능한 지하층공사 및 호안·하천변의 기초공사 또는 가물막이 공사 등에 적용되는 콘크리트이다.

② 수중 콘크리트에는 일반 수중 콘크리트와 수중 불분리성 혼화제를 사용하는 수중 불분리성 콘크리트, 현장치기 말뚝과 지하 연속벽에 사용되는 수중 콘크리트 및 Prepacked 콘크리트공법 등이 있다.

Ⅱ. 현장 시공도

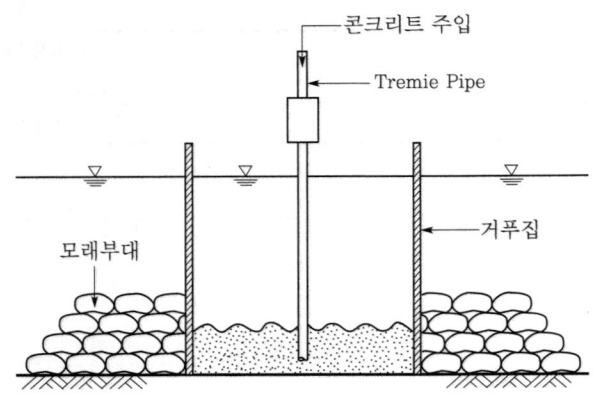

Tremie Pipe의 출구를 막고 수중에 투입하여 물과 치환하면서 콘크리트 타설

Ⅲ. 수중 콘크리트의 분류

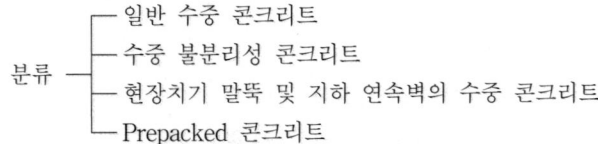

분류
┌ 일반 수중 콘크리트
├ 수중 불분리성 콘크리트
├ 현장치기 말뚝 및 지하 연속벽의 수중 콘크리트
└ Prepacked 콘크리트

Ⅳ. 문제점 및 대책

문제점	• 철근과 콘크리트의 부착강도 불량 • 재료분리 발생 • 콘크리트의 균질성 확보가 어려움 • 시공 후 품질검사가 어려움
대책	• 가물막이 공사에 의한 Dry Work • 기성 Con'c 제품 사용 • 배합강도를 높임 • 수중에서 분리가 적은 특수 혼화재료 사용

16 Tremie Concrete

[75(10)]

Ⅰ. 정의

① Tremie Concrete란 콘크리트를 타설할 때 수중 시공 또는 타설높이가 높은 경우 콘크리트 재료분리 및 성질변화를 방지할 목적으로 Tremie Pipe를 사용하는 콘크리트를 말한다.

② 수중 콘크리트 시공 및 현장타설 콘크리트 말뚝공사에 많이 사용되는 공법으로 타설 시 특별한 관리를 요구한다.

Ⅱ. 특징

① 수중공사에서 재료분리 방지   ② 콘크리트 수화열 억제

③ 콘크리트와 안정액 혼합 방지   ④ 타설 시 철저한 품질관리 필요

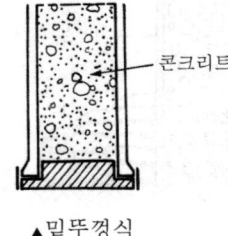
▲밑뚜껑식

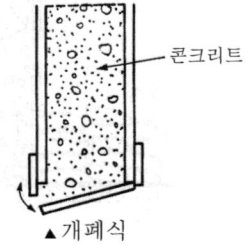
▲개폐식

< Tremie Pipe 하부구조 >

Ⅲ. Tremie 콘크리트 시공법

1) Tremie 설치

Tremie의 출구를 막고 수중에 투입하여 소정 위치까지 Tremie Pipe를 설치한다.

2) 콘크리트 타설

Tremie Pipe 내에 콘크리트를 채우고 난 후 아랫부분 출구를 열고 콘크리트를 배출한다.

3) Tremie 인발

Tremie Pipe의 선단이 항상 콘크리트 속에 2m 이상 묻히게 유지하며 Tremie Pipe를 서서히 빼 올린다.

Ⅳ. 시공 시 유의사항

① Tremie Pipe 내에는 콘크리트 이외에 공기·물·불순물이 있어서는 안 된다.

② Tremie Pipe의 내경은 굵은 골재치수의 8배 이상이어야 한다.

③ 타설 중에 수평이동은 금한다(휘젓기 금지).

④ 타설은 좌우가 수평되게 서서히 진행한다.

⑤ 별도의 다짐을 하지 않는다.

17 Prepacked Concrete

[75(10)]

Ⅰ. 정의

거푸집 안에 미리 굵은 골재를 채워 넣은 후 주입관을 통하여 간극 속으로 특수한 모르타르를 주입하여 Con'c를 만드는 공법이다.

Ⅱ. 시공 상세도

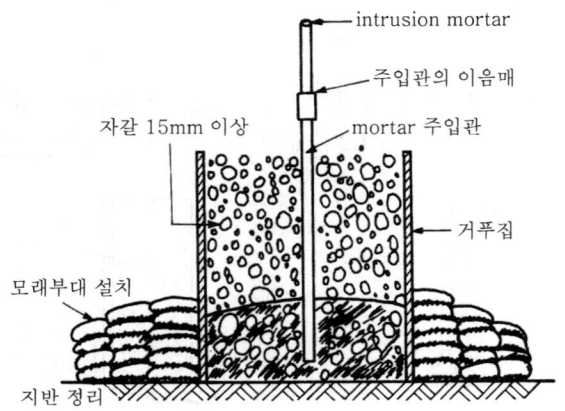

Ⅲ. 특징

① 건조수축 및 침하량이 적음
② 수중에서의 팽창이 적음
③ 내구성·수밀성·동결융해성이 좋음
④ 수화발열량이 적음

Ⅳ. 재료 및 배합

① 굵은 골재의 최대 치수는 15mm 이상의 입도가 좋은 것을 사용하되 가능한 큰 것이 좋음
② Intrusion Aid를 사용하고 보통 Cement를 사용함
③ 잔골재는 1.2mm체에 100%, 0.6mm체에 90% 통과한 것

Ⅴ. 적용 대상

① 기존 구조물의 보수·보강공사
② 수중 Con'c 공사
③ 기초공사 및 주열식의 현장타설 흙막이공사
④ 해수의 영향을 받는 곳

Ⅵ. 시공순서 Flow Chart

| 거푸집공사 | → | 철근망 설치 | → | Mortar 주입관 설치 | → | 굵은 골재 | → | Intrusion Mortar 주입 |

Ⅶ. 시공 시 유의사항

① Mortar Mixer는 주입 Mortar를 5분 이내에 비빔할 수 있는 것으로 할 것
② 거푸집의 강도는 주입 Mortar의 측압을 견디며, 이음부에서 Cement Paste의 유출이 없도록 할 것
③ Mortar 주입압은 골재 사이의 간극을 충분히 메울 수 있도록 하고 연속 시공할 것

18 수밀 콘크리트(Watertight Concrete)

Ⅰ. 정의

① 지하실, 수중구조물, 정수장, 수영장, 수조, 지붕 Slab 등의 수밀성을 필요로 하는 공사에 사용되는 Con'c를 말한다.

② 물·시멘트·Slump는 최소화하고, 분말도가 높은 Cement를 사용하되, 적절한 혼화제(고성능 감수제 등)를 사용함으로써 수밀성을 높인다.

Ⅱ. 수밀성 저해요인

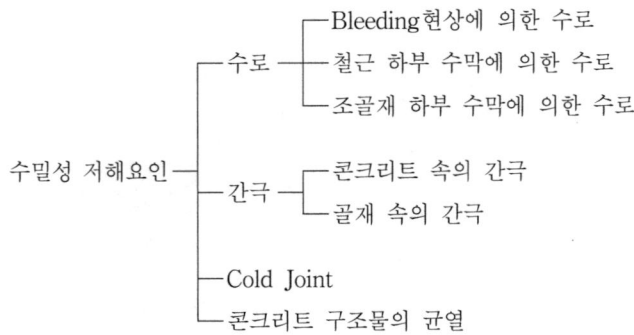

Ⅲ. 특성

① 내화학적 저항력이 크다.

② 강도·내구성 등이 같이 좋아진다.

③ 유동성 및 분산성을 높이기 위해 적절한 혼화재료를 사용한다.

Ⅳ. 재료 및 배합

재료	Cement	분말도가 높은 Cement(미세한 분말구조)를 사용하는 것이 바람직함
	골재	골재는 구형의 입도가 균일한 것을 사용하는 것이 좋음
	혼화재료	미세한 재료의 응집현상을 막기 위해 고성능 감수제 사용
배합	물결합재비	55% 이하로 하며 시공연도의 범위 내에서 가능한 작게 할 것
	Slump치	180mm 이하로 하고 콘크리트 타설이 용이할 때에는 120mm 이하로 함
	공기량	4% 이하로 하며 적당한 혼화제를 사용할 것
	단위수량	시공연도의 범위 내에서 가능한 적게 하는 것이 좋음
	단위 굵은 골재량	소요의 품질이 얻어지는 범위 내에서 가급적 크게 할 것

V. 시공 시 유의사항

① 타설 시 Con′c의 온도는 30℃ 이하로 유지할 것
② 이어붓기의 시간간격은 외기온도 25℃ 미만일 때 90분 이하로 할 것
③ 타설 후 1일, 가능하다면 3일간은 중량물의 적재나 보행을 삼갈 것
④ 수밀성 재료에 의한 거푸집공사로 Cement Paste의 유출을 방지할 것

19 수밀 콘크리트와 수중 콘크리트

[11중(10)]

Ⅰ. 수밀 콘크리트

1) 정의
① 지하실, 수중구조물, 정수장, 수영장, 수조, 지붕 Slab 등의 수밀성을 필요로 하는 공사에 사용되는 Con'c를 말한다.
② 물·시멘트·Slump는 최소화하고, 분말도가 높은 Cement를 사용하되, 적절한 혼화제(고성능 감수제 등)를 사용함으로써 수밀성을 높인다.

2) 특성
① 내화학적 저항력이 크다.
② 강도·내구성 등이 같이 좋아진다.
③ 유동성 및 분산성을 높이기 위해 적절한 혼화재료를 사용한다.

3) 시공 시 유의사항
① 타설 시 Con'c의 온도는 30℃ 이하로 유지할 것
② 이어붓기의 시간간격은 외기온도 25℃ 미만일 때 90분 이하로 할 것
③ 타설 후 1일, 가능하다면 3일간은 중량물의 적재나 보행을 삼갈 것
④ 수밀성 재료에 의한 거푸집공사로 Cement Paste의 유출을 방지할 것

Ⅱ. 수중 콘크리트

1) 정의
① 수중 콘크리트란 물이 많이 나고 배수가 불가능한 지하층공사 및 호안·하천변의 기초공사 또는 가물막이 공사 등에 적용되는 콘크리트이다.
② 수중 콘크리트에는 일반 수중 콘크리트와 수중 불분리성 혼화제를 사용하는 수중 불분리성 콘크리트, 현장치기 말뚝과 지하 연속벽에 사용되는 수중 콘크리트 및 Prepacked 콘크리트공법 등이 있다.

2) 문제점 및 대책

문제점	• 철근과 콘크리트의 부착강도 불량 • 재료분리 발생 • 콘크리트의 균질성 확보가 어려움 • 시공 후 품질검사가 어려움
대책	• 가물막이 공사에 의한 Dry Work • 기성 Con'c 제품 사용 • 배합강도를 높임 • 수중에서 분리가 적은 특수 혼화재료 사용

3) 수중 콘크리트의 분류

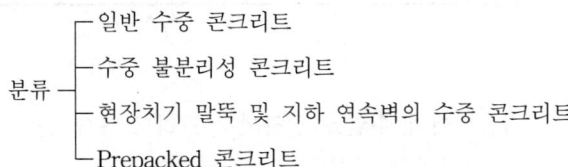

분류 ┬ 일반 수중 콘크리트
     ├ 수중 불분리성 콘크리트
     ├ 현장치기 말뚝 및 지하 연속벽의 수중 콘크리트
     └ Prepacked 콘크리트

20 지수판(Water Stop, Cut−Off Plate)

Ⅰ. 정의

① 지수판은 콘크리트의 이음부에서 수밀을 위하여 콘크리트 속에 묻어서 누수 방지나 지수효과를 얻는 판모양의 재료이다.

② 지수판은 내구성과 변형성능이 있어야 하고, 콘크리트와의 부착력이 좋은 형상의 것이어야 한다.

Ⅱ. 종류

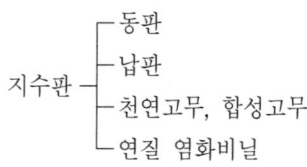

지수판 ─┬─ 동판
      ├─ 납판
      ├─ 천연고무, 합성고무
      └─ 연질 염화비닐

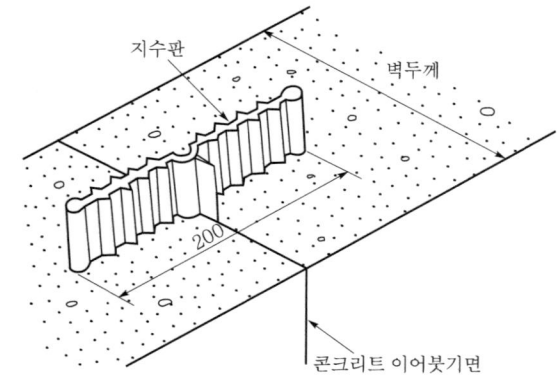

< 지수판 시공 >

Ⅲ. 요구성능

① 인장강도 및 인열강도가 크고, 유연성이 풍부할 것

② 흡수 및 투수에 대한 저항성이 클 것

③ 내알칼리성·내구성 및 내약품성이 양호할 것

④ 노화되지 않고, 내구성이 좋을 것

⑤ 시공 시에 용접 등의 가공이 용이할 것

Ⅳ. 시공 시 유의사항

① 재료 선정 시 콘크리트에 대한 밀착성이 좋은 것을 선정한다.

② 철근이 있는 곳은 피하고, 구조체 중앙부에 설치한다.

③ 미리 콘크리트 타설높이를 설정 후 수평에 맞춰서 설치한다.

④ 콘크리트 타설 시 구부러지지 않게 보조철물로 고정한다.

⑤ 타설 직후, 양생 전에 충격을 주면 지수성능이 저하된다.

<폴리염화비닐 지수판의 규격(KS M 3805)>

시험항목	단위	규정값
인장강도	MPa	11.8 이상
인장변형	%	250 이상
노화성(무게변화율)	%	±5 이내
유연온도	℃	−30 이하

21 방수 콘크리트(구체방수, Waterproofed Concrete)

Ⅰ. 정의

① Con'c의 방수를 목적으로 방수제를 첨가하거나 도포하는 방법으로써 Con'c를 수분의 침투로부터 보호하기 위한 Con'c를 말한다.

② 방수방법은 혼합법과 도포법으로 나뉜다.

Ⅱ. 원리

① 미세물질을 혼입하여 Con'c 속의 간극 채움

② 발수성 물질을 혼입하여 흡수 차단

③ Con'c 내부에 수밀성의 막을 형성함

④ 가용성 물질을 침투 및 도포시켜 방수성 확보

Ⅲ. 공법별 종류 및 특성

1) 혼합법(Con'c에 혼합시킴)

① 염화칼슘계($CaCl_2$ 또는 $CaCl_2 \cdot 6H_2O$) : 수화반응을 촉진시켜 경화가 빨라지면서 Con'c를 치밀하게 함

② 규산소다(물유리)계 : Con'c 중의 수산화칼슘과 반응하여 Con'c를 치밀하게 함(급결제)

③ 규산질(Silica)분말계 : Fly Ash, Silica Fume 등을 사용하여 Con'c의 간극을 채움

④ 지방산계 : Con'c 중의 수산화칼슘과 고급 지방산이 결합하여 Con'c 속의 모세관 간극을 충진하며, 발수성의 고급 지방산 칼슘을 생성함

⑤ Paraffin Emulsion 및 Asphalt Emulsion : Con'c에 혼입하면 발수작용으로 인해 흡수성을 감소시킴으로써 방수성을 개선하는 방법으로 계면활성제와 함께 사용됨

2) 도포법(침투성 도포제계, Sylvester Method)

① Con'c에 명반과 비눗물을 섞은 뜨거운 물을 여러 차례 바르는 방법

② 1차는 침투하여 수밀화하고, 2차는 표면에 보호피막을 형성함

22 경량 콘크리트(Light Weight Concrete)

[13후(10)]

Ⅰ. 정의

① 설계기준강도가 15MPa 이상 24MPa 이하이고, 기건 단위용적 중량이 $1.4 \sim 2.0tf/m^3$ 범위 내에 들어가는 Con'c를 말한다.

② 경량골재, 톱밥, 석탄재 등 경량의 재료를 이용하거나 기포를 Con'c 중에 형성하여 Con'c 부재를 경량화하였다.

Ⅱ. 경량 콘크리트의 열적 성능

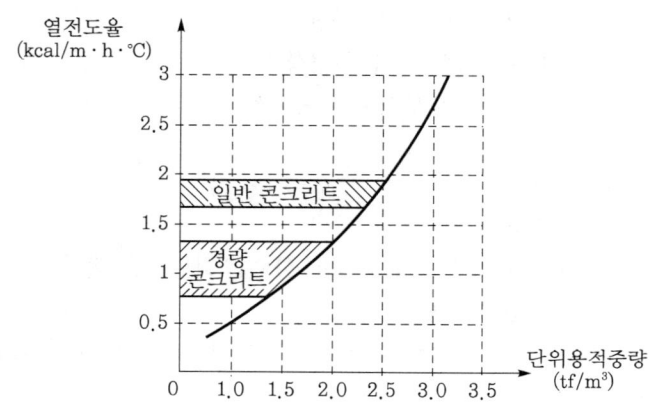

콘크리트의 열전도율은 단위용적중량에 의한 영향이 큼

Ⅲ. 종류

종류	제조방법
보통 경량 Con'c	골재의 비중이 세골재는 2.0 미만, 조골재는 1.6 이하의 경량골재를 사용
기포 Con'c (Cellular Concrete)	기포제를 이용하여 물리적 반응에 의해 기포를 발생시키거나, 발포제를 사용하여 Gas기포를 발생
다공질 Con'c (Porous Concrete)	입경이 작은 굵은 골재와 Cement Paste만 사용하여 다공질의 Filter 형성
톱밥 Con'c	톱밥을 골재로 사용하여 못을 박을 수 있게 한 Con'c
신더 Con'c (Cinder Concrete)	석탄재를 골재로 사용한 Con'c

Ⅳ. 특징

① 자중 경감효과
② 단열 및 방음성이 좋음
③ 흡수성·creep·건조수축 등이 큼
④ 열전도율이 일반 Con'c의 1/10 정도
⑤ 철근과의 부착강도 저하

Ⅴ. 시공 시 유의사항

① Slump는 180mm 이하, 단위시멘트량은 300kg/m³ 이하, 물결합재비는 60% 이하
② 굵은 골재 최대 치수는 15~20mm(인공경량골재를 사용할 때)
③ 경량골재는 배합 전에 충분히 습윤하여 표면건조내부포화상태로 유지할 것
④ 혼화제는 AE제·AE감수제를 쓰고, 공기량은 5%를 표준으로 함
⑤ 피복두께는 보통 콘크리트의 피복두께에 10mm를 더한 값으로 함
⑥ 비중이 1.0 이하의 골재는 압축강도와 탄성계수가 현저히 저하하므로 유의해야 함
⑦ 염소가스는 철근부식을 촉진하고, 질소가스는 독성이므로 취급상 유의해야 함
⑧ 경량골재 사용 시 골재를 관통하여 균열 발생(일반 콘크리트는 골재 주변을 따라 균열 발생)

Ⅵ. 경량 콘크리트 계수(λ)

① 쪼갬인장강도(f_{sp})값이 주어진 경우

$$\lambda = \frac{f_{sp}}{0.56\sqrt{f_{ck}}} \le 1.0$$

② f_{sp}값이 규정되어 있지 않은 경우

구분	전경량 콘크리트	모래경량 콘크리트	보통중량 콘크리트
λ	0.75	0.85	1.0

23 Prewetting

[04중(10)]

Ⅰ. 정의

① 경량골재를 사용하기 전에 골재에 미리 물을 흡수시키는 작업을 Prewetting이라 말한다.

② 골재의 Prewetting은 함수량이 큰 경량골재의 경우 콘크리트 비빔 및 운반 중에 골재 흡수가 일어나지 않도록 하기 위하여 사용 전에 미리 골재에 살수하여 흡수하게 하여야 한다.

Ⅱ. 경량골재의 Prewetting

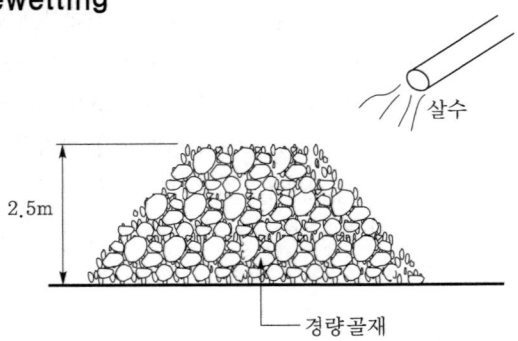

사전에 골재를 충분히 흡수시켜 콘크리트 비빔이나 운반 도중의 흡수 방지

Ⅲ. 골재의 적용

팽창혈암을 사용한 조골재의 경우는 1시간 이상, 세골재는 24시간 이상 Prewetting을 실시한다.

Ⅳ. 경량골재 콘크리트의 문제점

① 시공이 복잡   ② 다공질이고 투수성이 큼
③ 건조수축이 큼   ④ 탄산화속도가 빠름

Ⅴ. 경량골재 콘크리트 시공 시 유의사항

① 골재의 흡수율이 크므로 콘크리트 배합 전 충분히 물을 흡수시킨다.

② 콘크리트 운반거리는 가능한 짧게 한다.

③ 흙 또는 물과 접촉되는 부위는 사용을 금지한다.

④ 콘크리트 타설 시 침하가 크므로 다짐, 시공이음에 주의한다.

⑤ 타설 후 7일 이상 습윤상태의 양생을 유지한다.

⑥ 콘크리트 다짐은 고성능 진동기를 사용하여 충분히 다짐한다.

⑦ 콘크리트 타설 시 재료분리가 생기지 않도록 각별히 주의한다.

⑧ 건조수축이 크게 일어나므로 조기 건조를 방지한다.

24 보통경량 콘크리트

Ⅰ. 정의

① 골재의 비중이 세골재는 2.0 미만, 조골재는 1.6 이하의 경량골재를 이용하여 만든 Con′c를 말한다.
② 경량골재로는 크게 천연경량골재와 인공경량골재로 나눈다.

Ⅱ. 경량골재의 종류

종류	경량골재
천연경량골재	• 화산암(Volcanic Rock), 화산암재(Scoria), 화산재(Volcanic Ash) • 응회암(Tuff), 규조토(Diatomaceous Earth)
인공경량골재	• 혈암, 점판암(Shale Clay, Clay Slate Stone) • 팽창질석(Expanded Vermiculite) • Fly Ash • 용융광재(Expeaded Slag) • 석탄재(Cinder Ash)

Ⅲ. 적용 대상

① Precast Panel제품   ② 부재의 자중 경감
③ 초고층 구조물공사   ④ 콘크리트 2차 제품(경량벽돌 등)

Ⅳ. 특징

① 비중이 가벼움   ② 단열 및 방음성이 좋음
③ 내동해성, 시공연도가 향상됨

Ⅴ. 시공 시 유의사항

① 굵은 골재의 최대 치수는 15~20mm로 함(인공경량골재를 사용할 때)
② 비중이 1.0 이하의 골재는 압축강도와 탄성계수가 현저히 저하되므로 유의해야 함
③ 부립률은 10% 이하로 함
④ 경량 콘크리트의 피복두께는 보통 콘크리트의 피복두께에 10mm를 더한 값
⑤ 배합은 소요강도·시공연도·비중·균일성·내구성 등을 충분히 검토할 것
⑥ 배합 전에 충분히 흡수시키고 표면건조내부포화상태로 유지할 것
⑦ Slump값은 180mm 이하, 단위시멘트량은 $300kg/m^3$ 이상, 물결합재비는 60% 이하로 할 것

25 기포 콘크리트(Cellular Concrete)

Ⅰ. 정의

① 기포제를 Cement에 혼합하는 경우 물리적 반응에 의해 기포를 발생시키거나 발포제를 사용하여 화학적 반응에 의한 Gas를 발생시켜 경량화한 Con′c를 기포 콘크리트라고 한다.

② 경량성·단열성·내화성 등이 좋아진다.

Ⅱ. 현장 시공도

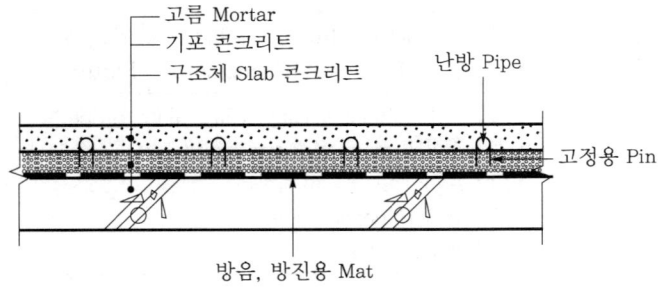

주거용 구조물의 보온 바닥재 시공 시 적용

Ⅲ. 요구성능

① 경량성

② 내화성

③ 단열성

④ 방음성

Ⅳ. 적용 대상

① 바닥 단열 및 흡음재

② 경량 Precast제품

③ ALC(Autoclaved Light-weight Concrete)

Ⅴ. 기포 도입방법별 분류

구분	설명
기포법	• 기포제 사용 • 물리적인 방법(표면활성제 사용, AE제 등)으로 기포 발생
발포법	• 발포제 사용 • 화학반응(알루미늄 분말 등을 사용)으로 기포 발생

VI. 특징

① 구조물의 자중 경감효과가 큼
② Con'c 타설 시 시공성이 좋고 노동력이 절감됨
③ 수밀도가 $1,500 \sim 1,600 \text{kg/m}^3$ 정도임
④ 흡수성, 건조수축 등이 큼
⑤ 열전도율은 일반 콘크리트의 1/10 정도임

VII. 시공 시 유의사항

① 염소가스는 철근의 부식을 촉진시킬 수 있으므로 유의해야 함
② 질소가스는 약품 자체의 독성으로 취급상 주의가 필요함
③ 질소가스는 고가이므로 적용 시 충분한 검토가 필요함
④ 현재는 수소가스(금속알루미늄분말+Cement 중 알칼리=가스 발생)가 비용면 과 반응성에서 유리하여 많이 채택하고 있음

26 포러스 콘크리트(Porous Concrete)

[19전(10)]

Ⅰ. 정의

① 입경이 작은 굵은 골재만을 사용한 다공질의 투수성이 있는 콘크리트를 말한다.
② 내부에 많은 작은 구멍을 가지고 있어서 수로의 Filter로 사용되고 있으며 경량이다.

Ⅱ. 경량골재 콘크리트의 설계기준강도

골재에 의한 콘크리트 종류	사용골재		설계기준강도 (MPa)	단위용적중량 (kg/m³)
	잔골재	굵은 골재		
1종 경량골재 콘크리트	모래, 부순 모래 고로슬래그 잔골재	인공경량골재	18~24	1,700~2,000
2종 경량골재 콘크리트	인공경량 잔골재 또는 인공경량 잔골재 일부 사용		15~21	1,400~1,700

Ⅲ. 적용 대상

① 배수용 수로
② 식수의 여과장치
③ 구조물에 적용(하중 경감)

Ⅳ. 특징

① 잔골재(모래 등)는 사용하지 않음
② 굵은 골재의 치수는 5~10mm 정도의 것을 사용
③ 기포는 골재를 둘러싼 시멘트풀로 만듦

Ⅴ. 시공 시 유의사항

① 중량배합비 1(시멘트) : 5(골재)로 시공할 것
② 물결합재비는 33% 정도로 할 것
③ 압축강도가 7MPa 이상의 것을 사용할 것

27 Thermo – Con'c(Thermo Concrete)

Ⅰ. 정의

① Con'c 제작 시 골재는 전혀 사용하지 않고 물, Cement, 발포제만으로 만든 경량 Con'c를 말한다.

② 기포 Con'c의 일종이며 발포방식(발포제 사용)에 의해 만든 Con'c를 말한다.

Ⅱ. Thermo – Con'c의 다짐

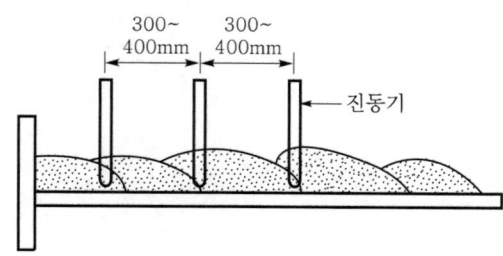

구분	기준
진동기 간격	300~400mm
진동시간	15초
진동수	8,000rpm

① 경량 콘크리트 타설 시 진동기 사용이 원칙

② 진동수 7,200~8,000rpm 시 다짐효과 최대

Ⅲ. 적용 대상

① 경량 Precast제품

② 바닥 단열 및 흡음재

③ ALC(Autoclaved Light-weight Concrete)

Ⅳ. 품질 및 특성

① 물결합재비 : 43% 이하

② 압축강도 : 4~5MPa 정도

③ 인장강도 : 0.43~0.5MPa

④ 휨강도 : 1.7~1.9MPa 정도

⑤ 흡수율 : 10~14%

⑥ 열전도율 : 0.19~0.21W/m·℃ 정도

⑦ 비중 : 0.8~0.9 정도

Ⅴ. 발포가스의 종류(발포제 사용)

① 수소가스

② 산소가스

③ 아세틸렌가스

④ 탄산가스

⑤ 암모늄가스

⑥ 염소가스

Ⅵ. 요구성능

① 경량성

② 방음성

③ 단열성

④ 내화성

Ⅶ. 시공 시 유의사항

① 건조수축(일반 Con'c의 5배 정도)에 의한 균열 발생
② 발포제를 사용할 때 염소가스는 철근의 부식을 촉진시킴
③ 발포제를 사용할 때 질소가스는 독성으로 인해 취급상 불리함
④ 질소가스는 고가이므로 선정 시 신중을 가해야 함

28 중량 콘크리트(Heavy Concrete, 차폐 Con′c)

I. 정의

① 중량골재를 사용하여 방사선(X선, γ선, 중성자선)을 차폐할 목적으로 비중(3.2~4.0)이 큰 중량골재를 사용한 Con′c를 말한다.

② 중량골재로는 철광석, 중정석, 자철광 등을 사용한다.

II. 중량 콘크리트의 개념도

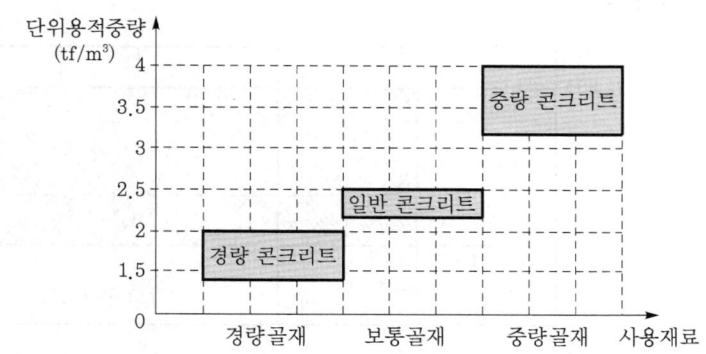

III. 재료 및 배합

재료	Cement	보통 Portland Cement, 고로 Slag Cement, Pozzolan Cement 등 사용
	골재	철광석·중정석·자철광·철편 등 비중이 3.2~4.0의 골재 사용
	혼화재료	단위수량, 단위시멘트량을 작게 할 목적으로 감수제 및 수화열을 작게 하기 위해 Fly Ash 등을 사용
배합	물결합재비	50% 이하를 원칙으로 함
	Slump치	150mm 이하로 하며, 100mm 이하가 바람직
	굵은 골재 최대 치수	중량골재를 사용하므로 치수가 작고 균일해야 재료분리가 적음
	단위수량	단위용적중량의 저하, 수축균열의 발생, 수밀성·내구성 저하를 가져올 수 있으므로 시공연도가 확보되는 범위 내에서 가능한 작게 함

IV. 시공 시 유의사항

① 초기 보양기간은 5일 이상으로 하며 습윤양생을 실시한다.

② 타설 후 1일, 가능하다면 3일간은 중량물의 적재나 보행을 삼가한다.

③ 혼화재료 중의 염소나 황산성분은 철근을 부식시키므로 유의한다.

④ 단위시멘트량의 최소치를 270kg/m^3 이상으로 하고, 가능한 적게 하여야 한다.

⑤ 재료의 계량오차는 Cement 1%, 골재 3%, 물 1%, 혼화재 2~3% 정도가 바람직하다.

29 고강도 콘크리트(High Strength Concrete)

Ⅰ. 정의

① Con′c의 설계기준강도가 보통 Con′c에서 40MPa 이상, 경량 Con′c에서는 27MPa 이상의 Con′c를 말한다.

② 고성능 감수제(유동화제) 등을 사용하여 된 비빔의 Con′c를 타설할 수 있게 하였고, Silica Fume 등의 미세분말을 사용하여 강도·내구성을 높인 Con′c이다.

Ⅱ. 고강도 콘크리트의 제조

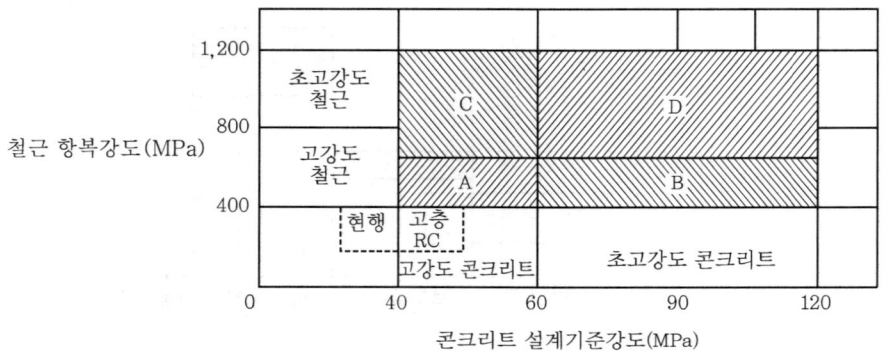

① A : 고강도 철근과 고강도 콘크리트를 사용한 RC조
② B : 고강도 철근과 초고강도 콘크리트를 사용한 RC조
③ C : 초고강도 철근과 고강도 콘크리트를 사용한 RC조
④ D : 초고강도 철근과 초고강도 콘크리트를 사용한 RC조

Ⅲ. 특징

① 작업성 향상
② 강도 증진
③ 부재의 경량화 가능
④ 균질한 Con′c 확보
⑤ 물결합재비 감소
⑥ 취성파괴의 우려가 있음

Ⅳ. 재료

① 고성능 감수제(유동화제) : 물결합재비를 감소시키며, Workability를 향상시킨다.
② 혼화재 : Fly Ash, Silica Fume 등의 미분말 사용으로 강도·수밀성이 증대된다.
③ 골재 : 조골재와 세골재가 골고루 섞이고, 간극률 및 시멘트량을 감소시킨다.

V. 배합

① 물결합재비는 55% 이하로 하고, 가능한 적게 한다.

② Slump치는 150mm 이하로 하고, 유동화제·첨가 콘크리트는 210mm 이하로 한다.

③ 굵은 골재의 최대 치수는 40mm 이하로서 보통은 25mm 이하로 하며, 철근의 수평간격의 3/4, 부재 최소 치수의 1/5 이내로 한다.

④ 단위수량은 175kg/m³ 이하로 하고, 가능한 작게 설계한다.

⑤ 단위시멘트량은 Workability범위 내에서 가능한 작게 한다.

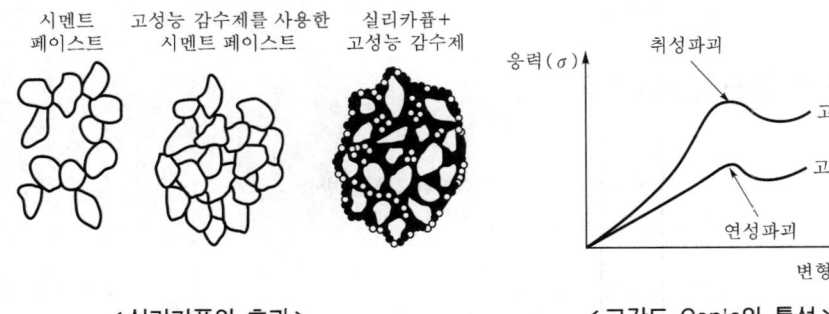

<실리카퓸의 효과>   <고강도 Con'c의 특성>

30 | 콘크리트 폭렬현상(Spalling Failure)

[12전(10), 14중(25), 18후(10), 19전(25)]

Ⅰ. 정의

① 콘크리트 폭렬현상이란 화재 시 콘크리트 구조물에 물리적·화학적 영향을 주어 파괴시키는 현상으로서 여러 요인이 복합해서 작용된다.

② 화재 시 영향을 주는 요인은 화재의 강도, 화재의 형태, 화재 지속시간, 구조물의 형태, 콘크리트의 종류, 골재의 종류, 강재의 종류 및 화재 시 발생하는 가스 등의 영향을 받는다.

Ⅱ. 화재에 의한 콘크리트의 손상

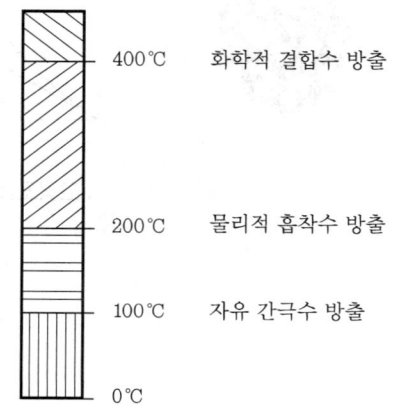

- 400℃ — 화학적 결합수 방출
- 200℃ — 물리적 흡착수 방출
- 100℃ — 자유 간극수 방출
- 0℃

Ⅲ. 폭렬 발생원인

① 흡수율이 큰 골재의 사용

② 내화성이 약한 골재의 사용

③ 콘크리트 내부함수율이 높을 때

④ 치밀한 조직으로 화재 시 수증기 배출이 안 될 때

Ⅳ. 영향을 주는 요인

1) 화재의 강도(최대 온도)

화재의 최대 온도가 300℃까지는 콘크리트의 손상이 거의 없다.

2) 화재의 형태

① 부분적인 것과 전면적인 것이 있다.

② 구조물의 변형 및 구속력의 강도에 의해 결정된다.

3) 화재 지속시간

화재 지속시간(화재온도)	콘크리트 파손깊이
80분 후(800℃)	0~5mm
90분 후(900℃)	15~25mm
180분 후(1100℃)	30~50mm

4) 구조형태
   ① 보의 단면 및 Slab의 두께가 작을수록 위험하다.
   ② 부정정구조물에는 변형이 억제되어 있으므로 구속력이 크다.

5) **콘크리트 및 골재의 종류**
   석회암을 골재로 사용한 콘크리트는 화재 시 높은 열에 의해 발생되는 증기압으로
   파멸된다.

6) 강재종류
   ① 냉간가공강재 : 500℃ 이상에서 강도 상실
   ② 일반자연강재 : 900℃ 이상에서 강도 상실

7) 화재 시 발생하는 가스에 의해 영향을 받는다.

V. 대책

1) 간접적인 대책
   ① 화재·가스경보기 설치
   ② 소화기 설치
   ③ 누전방지대책 강구
   ④ 방화조직·기구 설치

2) 직접적인 대책
   ① 내화Coating 도포
   ② 방화System 강구 및 스프링클러 가동
   ③ 내화Paint 도포

31 | 비폭렬성 콘크리트

I. 정의

① 콘크리트의 폭렬이란 화재 시 콘크리트 내부가 고열로 인하여 온도가 상승하면서 생성된 수증기가 자연스럽게 밖으로 유출되지 못해 높은 압력(수증기압)으로 인하여 폭발적인 음과 함께 콘크리트 조각이 떨어져 나가는 현상을 말한다.

② 최근에는 콘크리트 강도를 높이기 위하여 조직이 치밀해져 콘크리트 폭렬현상이 매우 염려되는데, 이를 방지하기 위한 콘크리트가 비폭렬성 콘크리트이다.

③ 가장 효과적인 비폭렬성 콘크리트의 제조방법은 내열성이 낮은 유기질 섬유를 혼합하여 화재 시 섬유가 녹음으로써 그 공간으로 내부수증기압이 빠져나갈 수 있도록 하는 것이다.

II. 화재 지속에 따른 내부철근의 온도변화

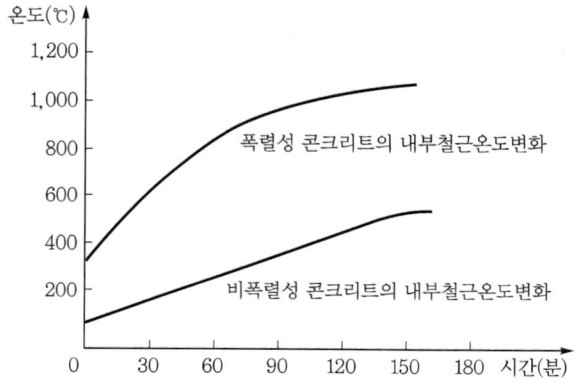

III. 폭렬 발생원인

① 흡수율이 큰 골재의 사용
② 내화성이 약한 골재의 사용
③ 콘크리트 내부함수율이 높을 때
④ 치밀한 조직으로 인해 화재 시 수증기 배출이 안 될 때

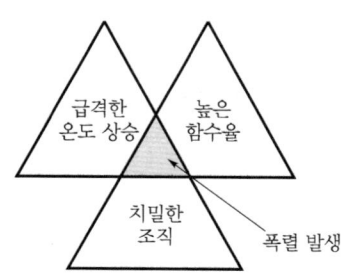

IV. 방지대책

① 가연성(可燃性) 유기질 섬유 사용
② 급격한 온도 상승 방지를 위해 내화피복 및 내화도료 도포
③ 함수율(3.5% 이하)이 낮은 골재 사용
④ 피복두께 증대
⑤ 콘크리트 조각(파편)의 비산 방지를 위해 Metal lath 사용

32 고내구성 콘크리트

Ⅰ. 정의

① 내구성이란 Con′c 구조물을 구성하는 재료(Cement, 골재 등)가 파손·노후·균열 등이 생기지 않고 오랜 기간 동안 사용연한을 유지하는 것을 말한다.

② 장기강도가 중요시되는 Con′c이며, 배합설계를 통한 적당한 재료를 선정하여 철저한 품질관리가 먼저 선행되어야 한다.

Ⅱ. 내구성에 영향을 주는 요인

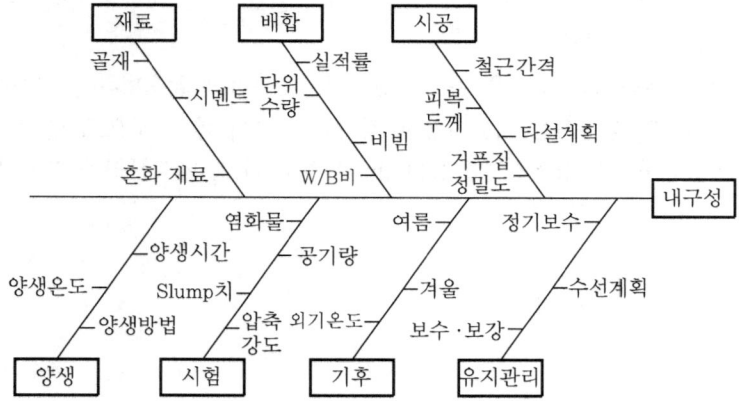

Ⅲ. 내구성 저하원인

① 염해(鹽害)

② 탄산화

③ 알칼리골재반응(Alkali Aggregate Reaction)

④ 동결융해(凍結融解)

⑤ 온도변화(溫度變化)

⑥ 건조수축(Drying Shrinkage)

Ⅳ. 품질 및 배합(대책)

① 설계기준강도 : 보통 Con′c는 21~36MPa 이하, 경량 Con′c는 21~27MPa 이하

② Slump값 : 120mm 이하, 유동화제를 사용할 경우는 180mm 이하(Base Con′c 120mm 이하)

③ 단위수량 : 175kg/m³ 이하

④ 단위시멘트량 : 보통 Con′c는 300kg/m³ 이상, 경량 Con′c는 330kg/m³ 이상

⑤ 물결합재는 다음 표의 값 이하로 함

콘크리트의 종류 시멘트의 종류	보통 콘크리트	경량 콘크리트
포틀랜드시멘트, 고로슬래그시멘트 1종 실리카시멘트 1종, 플라이애시시멘트 1종	60%	55%
고로슬래그시멘트 2종, 실리카시멘트 2종, 플라이애시시멘트 2종	55%	55%

V. 시공 시 대책(유의사항)

① 콘크리트에 함유된 염화물량은 염소이온량 $0.2 kg/m^3$ 이하로 유지
② 타설 시 Con′c의 온도는 3℃ 이상, 30℃ 이하로 유지
③ 비빔에서 타설 종료까지의 시간은 외기온도 25℃ 미만은 90분 이하, 25℃ 이상은 60분 이하
④ 철근, 금속제 거푸집은 온도가 50℃를 초과하면 살수냉각을 실시함
⑤ Con′c의 봉상진동기는 가능한 직경과 성능이 좋은 것으로 할 것
⑥ 봉상진동기의 삽입간격은 500mm 이하로 하고, 재료분리가 생기지 않게 함

33 고성능 콘크리트(High Performance Concrete)

[03후(10)]

Ⅰ. 정의

① 고성능 콘크리트는 고강도 콘크리트의 한 단계 위인 Con'c로서, 유동성 증진 이외에도 고강도·고내구성·고수밀성을 갖는 Con'c를 괄한다.

② 고성능 콘크리트는 고강도화 및 고유동화함에 따라 시공성을 향상시킬 수 있을 뿐 아니라, 최근에는 무다짐(자체 충진형) Con'c 방향으로 발전되고 있다.

Ⅱ. 국내외 콘크리트 시장전망

(단위 : 억원)

구분	2010년	2015년	2020년	2030년
콘크리트	500,000	520,000	550,000	570,000
고성능 콘크리트	2,400	12,000	120,000	300,000
점유율(%)	0.48	2.31	21.82	52.63

Ⅲ. 특징

① 시공능률 향상

② 작업량 감소

③ 진동다짐의 감소

④ 처짐(변형) 감소

⑤ 재료분리 감소

⑥ 공사기간 단축

Ⅳ. 고성능 재료

① 고성능 감수제 : 보통 Con'c와 동일한 작업성으로 물시멘트비를 대폭 감소할 목적인 경우에 사용되며, 감수율이 20~30% 정도이고 수밀성도 향상됨

② Silica Fume : Silicon 등의 규산합금 제조 시 발생하는 폐가스를 집진하여 얻어진 초미립자($1\mu m$ 이하)이며, 고성능 감수제와 같이 사용하면 수밀성·강도 등이 향상

③ MDF Cement : 콘크리트의 큰 기공($2\sim15\mu m$ 정도)이나 결함을 없게 함으로써 고수밀성 및 고강도화를 실현하는 Cement

④ Autoclave 양생 : 고온·고압의 탱크 안에서 하는 고압증기양생으로서, 이 방법에 의해 Con'c를 양생하면 최고 100~120MPa까지의 고강도가 가능함

34 초고성능 콘크리트(UHPC : Ultra High Performance Concrete)

[15전(10)]

Ⅰ. 정의

① 초고성능 콘크리트(UHPC)란 강도가 매우 높고 낮은 흡수율로 인해 내구성이 아주 좋은 콘크리트를 말한다.

② 압축강도 150MPa 이상, 인장강도 15MPa 이상의 초고강이면서 단섬유를 적용하여 인장강도, 연성 및 내구성 등을 향상시킨 콘크리트이다.

Ⅱ. 제작원리

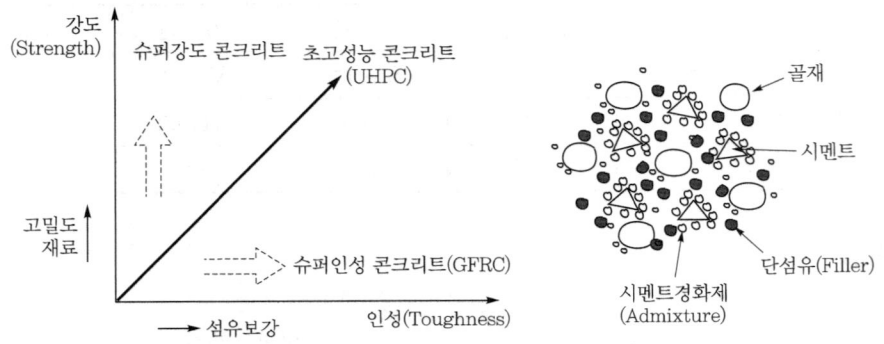

Ⅲ. 특징

① 높은 강도(압축강도 : 150~230MPa, 휨인장강도 : 15~60MPa)

② 염해저항성, 탄산화, 수밀성 등 내구성이 큼

③ 초기 강도가 큼

④ 팽창제 및 수축저감제 함께 사용함

⑤ 취성파괴 방지(1.5~2.0% 정도 섬유 혼입)

Ⅳ. 종류

1) 반응성분체 콘크리트(RPC : Reactive Powder Concrete)

① 고강도, 고연성 및 고유동성까지 확보한 콘크리트

② 반응성분체 : 0.5mm 이하 크기 미세 석영 및 낮은 W/C 0.2 이하

③ 강섬유(금속섬유) 혼입

④ 고성능 감수제 함께 사용(유동성 확보)

⑤ 압축강도

㉠ RPC200 : 170~230MPa

㉡ RPC800 : 650~810MPa

2) 고연성 섬유보강 복합체(ECC : Engineered Cementitious Composite)

① 휘어지는 콘크리트 : 유기섬유+강섬유 혼합

② 보수·보강재료나 강재의 피복재로로 사용

③ 인장변형률 : 일반 콘크리트에 비해 100~1,000배

④ 균열에 대한 자기치유현상

⑤ 압축강도 : 70MPa

3) CRC(Compact Reinforced Composite)

① 고강도, 고인성 콘크리트 : 마이크로 실리카+강섬유 혼합

② 해양구조물 및 군사시설에 사용

③ 압축강도 : 130~400MPa

4) SIFCON & SIMCON(Slurry Infiltrated Fiber(또는 Mat) Concrete)

① | Form형틀 | → | 강섬유, 섬유매트 설치 | → | 슬러리 주입·침투 | → | 보강 |

② 강섬유, 섬유매트+슬러리(고인성)

③ 내진, 포장용 재료 및 Precast구조물에 사용

④ 압축강도 : 210MPa

5) 초고강도 섬유보강 콘크리트(SUQCEM : Super High-Quality Cementitious Material)

① 특수 강섬유(고강도, 고인성)를 혼입한 콘크리트

② 보강재 사용의 최소화

③ 설계기준강도 : 180MPa

V. UHPC, GFRC, PC의 비교

구분	초고성능 콘크리트 (UHPC)	슈퍼인성 콘크리트 (GFRC)	일반 콘크리트 (PC)
개요	초고강도, 고인성 및 고유동성을 갖는 콘크리트	유리섬유를 넣어 인장강도 및 연성을 향상시킨 콘크리트	일반적인 재료를 사용하여 일반적인 구조물에 적용
재료	시멘트, Admixture, Fine Aggregate, Filler	시멘트, 강섬유, 경화제, Fine Aggregate	시멘트, 굵은 골재, 잔골재
강도	• 압축강도 : 120MPa 이상 • 휨강도 : 20MPa 이상	• 압축강도 : 40~60MPa • 휨강도 : 10~15MPa	• 압축강도 : 18~40MPa • 휨강도 : 2~5MPa
특징	• 비정형, 휘어진 면 연출 • 고내구성 및 구조적 안정성	• 노출 콘크리트, 뿜칠로 사용 • 뒷면 마감이 거침	• 일반적인 콘크리트 구조물 사용 • 가격 저렴 • 노출면 시공관리 용이함

35 유동화 콘크리트(Super Plasticized Concrete)

Ⅰ. 정의

① 미리 비빔한 Con′c에 유동화제를 첨가하여 일정 시간 동안만 유동성을 증대시켜 작업성을 좋게 한 Con′c를 말한다.

② 물결합재비는 같게 하고, Workability를 향상시킴으로써 된 비빔의 Con′c도 쉽게 시공할 수 있다.

Ⅱ. 유동 Con′c의 Slump변화

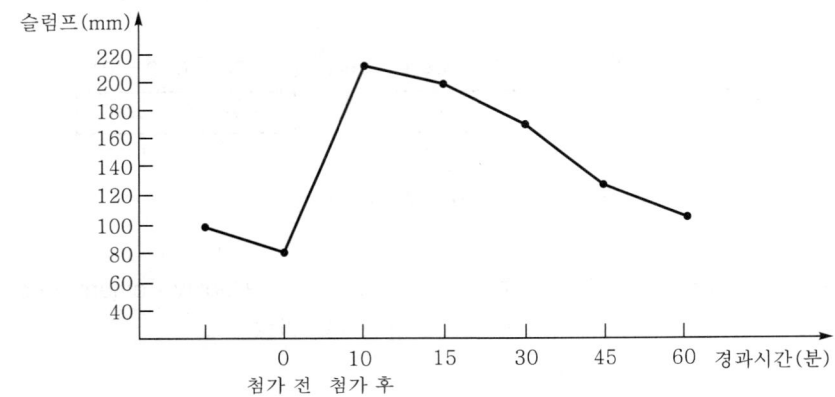

Ⅲ. 유동화 콘크리트의 유동성

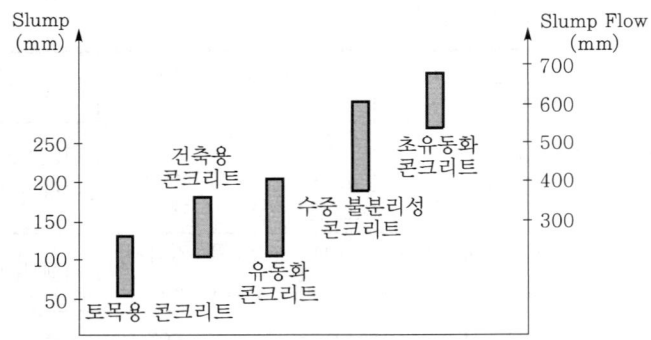

Ⅳ. 특징

① Slump가 120mm에서 220mm까지 직선 상승

② 분산효과가 커짐

③ 수밀성·내구성 등이 향상됨

④ 건조수축이 적음

⑤ 감수율이 20~30% 정도이나 사용시간의 엄수(첨가 후 1시간)가 중요함

⑥ Slump의 상승은 50~80mm가 표준이며 최대 100mm임

⑦ Slump의 최대치는 210mm로 함

V. 유동화제의 분류
① 나프탈렌 설폰산염계
② 멜라민 설폰산염계
③ 변성 리그닌 설폰산염계

VI. 제조방법

제조 방법	콘크리트 플랜트		운반	공사현장		
①	베이스 콘크리트 제조		애지테이터	유동화제 첨가	교반 (유동화)	콘크리트 분배기
②	베이스 콘크리트 제조	유동화제 첨가 → 교반 (유동화)	애지테이터			콘크리트 분배기
③	베이스 콘크리트 제조	유동화제 첨가	애지테이터		교반 (유동화)	콘크리트 분배기

VII. 배합
① 배합강도 : 유동화 첨가 전 Con′c의 압축강도에 따라 정함
② 물결합재비 : 55% 이하 정도로 함
③ Slump

콘크리트의 종류	베이스 콘크리트	유동화 콘크리트
보통 콘크리트	150mm 이하	210mm 이하

④ Base Con′c의 단위수량 : $185kg/m^3$ 이하로 함
⑤ 공기량 : 보통 Con′c는 4%, 경량 Con′c는 5% 이하를 표준으로 함

VIII. 시공 시 유의사항
① Base Con′c와 유동화 Con′c의 Slump값, 유동화제 첨가량 등을 기재할 것
② 유동화제 첨가는 제조공장 이외에는 현장에서 실시하는 것이 원칙임
③ 계량오차는 1회 계량분의 3% 이내로 함
④ 유동화제 첨가량은 보통 시멘트중량의 0.5~1% 정도
⑤ 리그닌계를 0.25% 이상 첨가하면 응결지연현상이 일어나므로 유의할 것
⑥ 강도는 증가되나, 탄성계수는 오히려 둔화되므로 유의할 것

36 고유동 콘크리트

[09전(10)]

Ⅰ. 정의

① 현장 다짐이 불가능하거나 작업공간이 협소하여 다짐효과를 기대할 수 없는 경우 품질 향상을 위해 유동성, 충전성, 재료분리 저항성 등을 겸비하여 타설되는 콘크리트이다.

② 고유동 콘크리트는 자중에 의한 유동성과 다짐 없이 충전될 수 있는 충전성 및 Cement Paste와 골재의 결합력을 높이는 재료분리 저항성이 중요한 특성이다.

Ⅱ. 사용혼화재료

혼화재료	용도
고성능 AE감수제	• 물시멘트비의 대폭 감소(약 20% 감소)
Fly Ash	• 결합재의 구속수 및 경화 시 발열 감소
고로Slag미분말	• 시멘트경화 시 발열 감소
분리저감제	• Cement Paste, Mortar의 점성 증대 • 콘크리트의 유동성, 충전성 개선

Ⅲ. 특성

① 배합적 특성
② 유동성 우수
③ 재료분리 저항성 겸비
④ 충전성 겸비
⑤ 시공성(Workability) 우수
⑥ 고내구성 확보

Ⅳ. 유동화 콘크리트와 고유동 콘크리트의 비교

구분	유동화 콘크리트	고유동 콘크리트
혼화재료	유동화제	고성능 AE감수제, Fly Ash, 고로Slag 미분말, 분리저감제
다짐 여부	다짐 필요	자중에 의한 다짐(다짐 필요 없음)
목적	시공연도 개선	• 다짐이 불가능한 부분 • 다짐효과를 기대할 수 없는 부분
효과	고강도 콘크리트 제조 (40MPa 이상)	초고강도 콘크리트 제조 (60MPa 이상)
유동성 평가	Slump Test	Slump Flow
주요 특성	시공연도 향상, 균열 방지, Bleeding 감소	우수한 유동성, 재료분리 저항성, 충전성

37 고유동 콘크리트의 자기충전(Self-Compacting)

[20중(25), 22후(10)]

Ⅰ. 정의

① 고유동 콘크리트란 굳지 않은 상태에서 재료분리 없이 높은 유동성을 가지면서 다짐작업 없이 자기충전성이 가능한 콘크리트를 말한다.

② 고유동 콘크리트의 자기충전성등급은 거푸집에 타설하기 직전의 콘크리트에 대하여 타설대상구조물의 형상, 치수, 배근상태를 고려하여 적절히 설정한다.

Ⅱ. 고유동 콘크리트의 품질특성

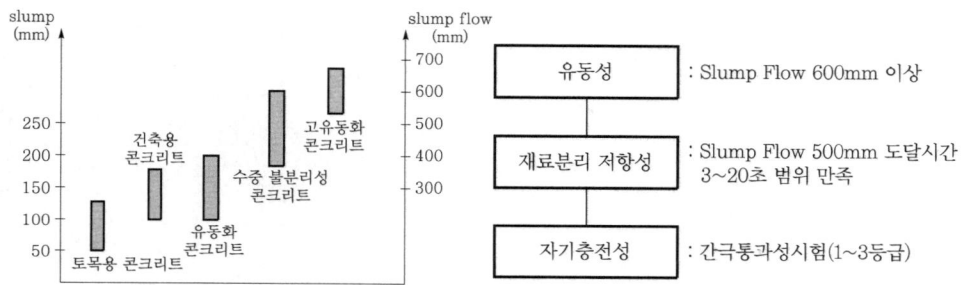

Ⅲ. 고유동 콘크리트의 자기충전성등급

등급	성능
1등급	• 최소 철근 순간격 35~60mm 복잡 단면형상 • 단면치수 적은 부재에서 자기충전성 확보
2등급	최소 철근 순간격 60~200mm 정도의 구조물과 부재에서 자기충전성 확보
3등급	최소 철근 순간격 200mm 이상의 단면치수 큰 부재 또는 부위 무근콘크리트 구조물에서 자기충전성 확보

일반적으로 철근콘크리트 구조물 또는 부재는 자기충전성등급 2등급을 표준으로 함

Ⅳ. 고유동 콘크리트 품질관리 유의사항

① 시험관리 : Slump Flow시험(유동성, 재료분리 저항성), 간극통과성시험(자기충전성)

② 현장 타설관리방안 검토

압송관길이	최대 자유낙하높이	최대 수평유동거리
수평거리 300m 이하	5m 이하	8~15m 이하

③ 초기 강도 발현 조치 : 경화 시 온도 및 습도 유지, 외력 방지

④ 표면마무리 시 표면건조 방지 : 습윤양생, 방풍시설 적용 검토

⑤ 고유동 콘크리트의 자기충전성 현장 품질관리

자기충전성 등급	시험방법	시기/횟수	판정기준
1등급	간극통과성시험	1회/50m³	충전높이 300mm 이상
2~3등급	간극통과성시험	1회/50m³	충전높이 300mm 이상
	간극통과성시험 +품질관리자 관찰	전량 대상	전량 시험장치를 통과 +육안 관찰로 재료분리 확인

38 고유동 콘크리트의 유동성 평가방법

Ⅰ. 정의

① 고유동 콘크리트는 현장 다짐이 불가능하거나 작업공간이 협소해 다짐효과를 기대할 수 없는 경우 콘크리트의 품질을 향상시키기 위해 유동성·충전성·재료분리 저항성을 향상시켜 타설되는 콘크리트이다.

② 고유동 콘크리트의 유동성 평가방법에는 slump flow test, L형 flow test, 깔때기 유하시험 등이 있다

Ⅱ. 유동성 평가방법

1. Slump flow test

1) 도해 설명

수밀판 위의 cone 속에 콘크리트를 넣고 slump flow값을 측정하는 시험

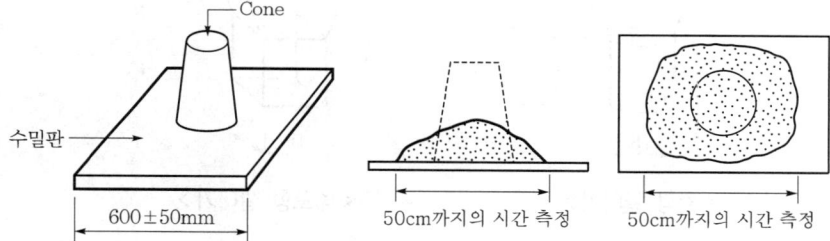

2) 시험방법

① 콘크리트의 퍼진 지름이 50cm가 될 때까지의 시간 check

② 5±2초이면 합격

3) 특징

① 가장 간편한 시험법

② 현장 관리시험에 적용 가능

2. L형 flow test

1) 도해 설명

L-type의 form 속에 콘크리트를 흘러내려 slump flow값을 측정하는 시험

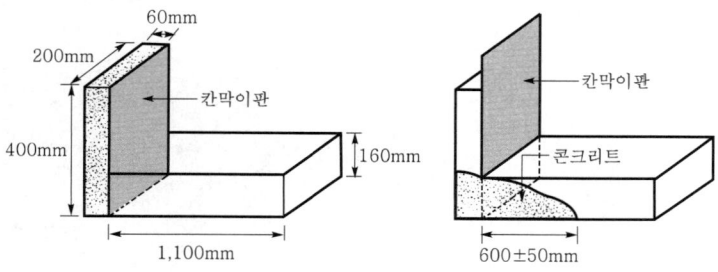

2) 시험방법

    ① L형 form의 수직 부위에 콘크리트를 채운 후

    ② 칸막이판을 끌어 올릴 때

    ③ L형 form 속으로 흘러내린 콘크리트의 수평길이(slump flow)를 측정하여 60±5cm이면 유동성 우수

3. 깔때기 유하시험

1) 도해 설명

    시험장치는 형상에 따라 ○형 및 □형으로 구분되지만 형상에 관계없이 기본적으로 유동속도에 따른 콘크리트의 겉보기 점도를 평가한다.

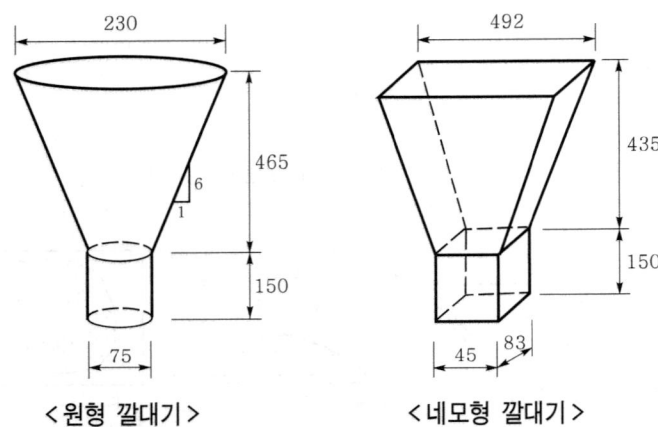

< 원형 깔대기 >   < 네모형 깔대기 >

2) 특징

    ① Mortar의 점성에 따른 유동특성 파악

    ② Mortar의 간극통과성 평가

39 Base Concrete

Ⅰ. 정의

① Base Concrete에 유동화제를 첨가하게 되면 유동화 콘크리트가 된다.
② Base Concrete는 유동화제를 첨가하기 전의 콘크리트를 말하며, Base Concrete의 품질은 유동화 콘크리트의 품질에 직접적인 영향을 준다.

Ⅱ. 재료

구분	사용재료
Cement	• 보통 Portland Cement, 고로 Slag Cement, Pozzolan Cement, Fly Ash Cement 등이 사용됨
골재	• 유해량의 먼지·흙·유기불순물을 포함하지 않고, 내화성 및 내구성이 있을 것 • 절건비중이 2.4 이상, 흡수율 4% 이하
염화물함유량	• 0.04~0.1% 이하인 것을 사용할 것

Ⅲ. 배합

① Slump

콘크리트의 종류	베이스 콘크리트	유동화 콘크리트
보통 콘크리트	150mm 이하	210mm 이하

② 굵은 골재 최대 치수는 20~40mm 범위 내에서 철근간격의 4/5 이하, 피복두께 이하가 되도록 정함
③ 단위수량은 $185kg/m^3$ 이하로 함
④ 단위시멘트량은 $270kg/m^3$ 이상으로 함

Ⅳ. 유의사항

① Base Concrete와 유동화 콘크리트의 Slump, 유동화제 첨가량을 기재할 것
② 타설 중 이어붓기의 시간간격 : 외기온도 25℃ 미만은 150분, 25℃ 이상은 120분으로 하고, 유동성의 저하를 고려하여 정할 것
③ 콘크리트 비빔에서 타설 종료까지의 시간한도 : 외기온도 25℃ 미만은 120분, 25℃ 이상은 90분을 한도로 하고, 유동화제의 경과시간을 고려하여 정할 것
④ 콘크리트 타설 후 7일 이상 포장 등으로 덮고 충분히 습윤할 것
⑤ 타설 후 3일간(부득이한 경우 1일간)은 중량물 적치 및 보행을 금함

40 Fresh Concrete(미경화 콘크리트)의 성질

[03전(10)]

Ⅰ. 정의

① 좋은 Con'c를 얻기 위해서는 적당한 시공성·반죽질기·성형성·마감성 등이 Fresh Concrete(生콘크리트)의 성질을 만족시켜야 한다.

② 경화 Con'c의 품질은 미경화 Con'c에 의해 결정되는데, Fresh Concrete의 성질은 Con'c의 품질(미경화·경화)에 영향을 주므로 유의해야 한다.

Ⅱ. 성질

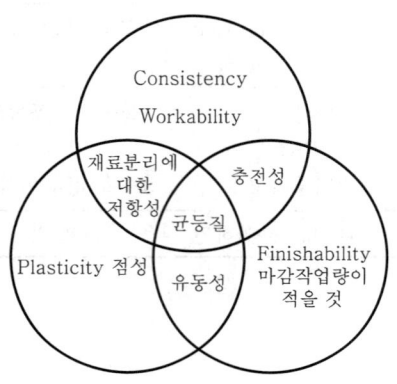

< 미경화 콘크리트의 성질 >

① Workability(시공성) : Con'c 작업성의 정도(시공성)를 나타냄

② Consistency(반죽질기) : Con'c의 변형능력(유동성 등)을 나타냄

③ Plasticity(성형성) : Con'c의 변형속도와 저항력에 의해 결정되는 점성의 강도를 나타냄

④ Finishability(마감성) : Con'c의 마감작업 시 용이성 정도를 나타냄

⑤ Compactability(다짐성) : Con'c의 다짐 시 용이성 정도를 나타냄

⑥ Mobility(유동성) : Con'c의 점성, 응집력 등에 대한 유동의 용이성 정도를 나타냄

⑦ Viscosity(점성) : Con'c의 마찰저항(전단응력)이 일어나는 찰진 성질을 말함

Ⅲ. Fresh Concrete의 성질에 영향을 주는 요인

① Cement의 품질 및 성질   ② 단위시멘트량

③ 단위수량 및 비빔시간   ④ 골재의 입도와 형상

⑤ 공기량 및 온도   ⑥ 혼화재료

41 해양 콘크리트(Off-Shore Concrete)

Ⅰ. 정의

① 해수에 접하는 Con'c 및 해안 부근에서 해수의 물거품이나 해풍 등을 받을 우려가 있는 Con'c를 말한다.

② 해수의 물리적·화학적 작용이나 기상작용, 그리고 파랑이나 표류 고형물에 의한 마모나 충격 등에 충분히 견딜 수 있어야 한다.

Ⅱ. 해양 콘크리트의 시공이음

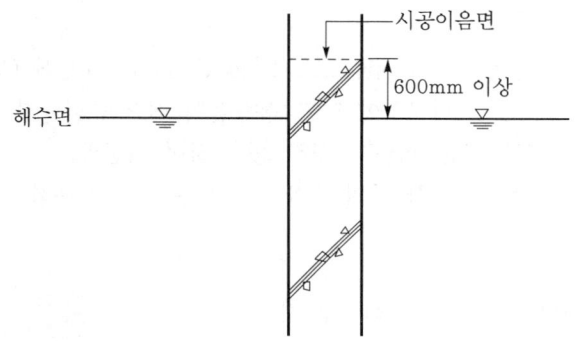

시공이음(Construction Joint)은 만조 시 해수면으로부터 600mm 이상 높은 곳에 설치한다.

Ⅲ. 적용 대상

① 대형 해양구조물

② 해안에 접한 구조물

③ 방파제 및 선착장

④ 해안 제방 등

Ⅳ. 해양 콘크리트의 침식작용

구분	내용
물리적 작용	• 건조습윤의 반복 • 파도에 의한 마모 • 동결융해
화학적 작용	• 해수 중의 황산마그네슘과 수화 생성물이 반응하여 체적팽창

V. 요구성능

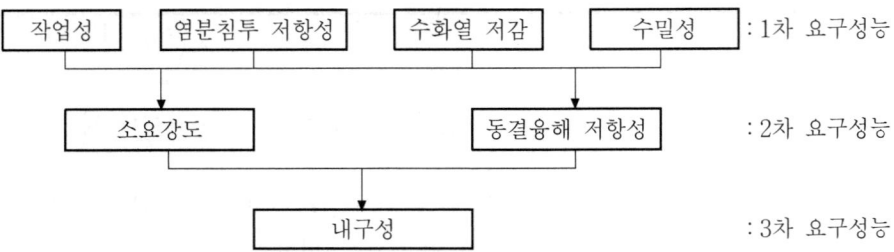

해양 콘크리트의 경우 작업성과 염해에 대한 대책을 마련한 후 시공한다.

VI. 재료

① Cement는 중용열 Cement, 고로 Slag Cement, 내황산 Cement 등을 사용함
② 골재는 내구성·내마모성이 있고, 흡수율이 적으며 균일한 입도의 것을 사용함
③ 철근은 아연도금, Epoxy수지도장 등을 하여 시공함
④ 물은 염류·유기물·산 등의 함유물이 적은 것을 사용함

VII. 배합

① 물결합재비는 45~50% 이하로 함
② 단위시멘트량은 $300kg/m^3$으로 함
③ 공기량은 4% 정도이며, 굵은 골재 최대 치수가 클수록 공기량은 적어짐
④ 혼화재료는 양질의 AE제, AE감수제, 고성능 감수제 등을 사용함

VIII. 유의사항

① 보통 철근을 사용할 경우 70~90mm 이상의 피복두께가 필요함
② Cold Joint가 생기지 않도록 하여야 함(연속 타설)
③ 마모·충격 등이 심한 곳은 고무방충제, 석재, 강재, 고분자재료 등으로 보강하거나 철근의 피복두께를 증가시킴

42 섬유보강 콘크리트(FRC : Fiber Reinforced Concrete)

Ⅰ. 정의

① Con′c의 인장강도와 균열에 대한 저항성을 높이고, 인성을 개선시킬 목적으로 Con′c 중에 각종 섬유를 보강시켜 만든 Con′c를 말한다.

② 섬유재료를 Con′c 중에 혼입함으로써 Con′c의 변형성, 강도 등을 개선하고 여러 형태의 Con′c 제품의 생산이 용이하게 되었다.

Ⅱ. 섬유보강 콘크리트의 Mechanism

섬유의 평균간격(s) 유지

$$s = 5\sqrt{\frac{\pi}{\beta}}\frac{d}{\sqrt{V}} = 13.8d\sqrt{\frac{1}{V}}$$

여기서, s : 섬유의 평균간격

β : 섬유의 축방향 투영길이(=0.405)

d : 섬유의 길이

V : 섬유의 절대용적비(%)

Ⅲ. Con′c의 문제점

① 인장강도에 약함

② 휨강도에 약함

③ 하중의 흡수능력이 작고 취성적 성질이 있음

④ 충격강도가 낮음

Ⅳ. 종류별 특성

종류	종류별 특성
강섬유보강 Con′c(SFRC)	• 강선 절단, 박판 절단 등의 방법을 통해 얻어진 강섬유(길이 20~30mm, 지름 0.3~0.9mm 정도)를 용적비의 1~2% 혼입한 Con′c • 인장강도 · 휨강도 · 전단강도 · 내열성 · 내구성 등이 크게 향상됨
유리섬유보강 Con′c(GFRC)	• 고온의 용융유리에서 만든 무기섬유(길이 25~40mm 정도)를 Cement Paste나 Con′c 중에 혼입하여 만든 Con′c • 인장강도, 초기 재령의 충격강도 · 내화성 등이 향상됨
탄소섬유보강 Con′c(CFRC)	• Acrylic섬유를 소성하여 만든 Poly-Acrylonitrile(PAN)계 섬유와 석탄 Pitch를 원료로 만든 Pitch계 섬유 등을 특수 Mixer로 혼합한 Con′c • 인장강도 · 휨강도 등이 향상됨
비닐론섬유보강 Con′c(VFRC)	• 합성섬유 Vinylon을 보강재로 한 섬유보강 Con′c임 • 다른 합성수지에 비해 가격이 저렴하고, 고강도 · 고탄성 · 내후성(내자외선) · 내산 · 내알칼리성 등이 우수함

V. 유의사항

① 섬유가 분산되지 않고 모여서 둥글둥글한 형상(Fiberball)이 되면 강도에 불리하다.

② 섬유혼입률 3% 이상 혼입 시 압축강도가 감소하며, 일반적으로 섬유길이 12mm, 혼입률 2%일 때 가장 높은 휨강도를 얻을 수 있다.

③ 비빔 중의 분산상태가 타설·다짐 중에도 그대로 유지되도록 한다.

④ 강섬유는 부식이 표면에 노출된 경우 건물의 외벽 등 미관상 문제가 있을 수 있다.

⑤ SFRC는 일반 Con'c에 비해 열전도율이 높아지므로 유의한다.

43 강섬유보강 콘크리트(SFRC : Steel Fiber Reinforced Con'c, SRC)

[98후(20)]

I. 정의

① 강선 절단, 박판 절단 등의 방법을 통하여 얻어진 강섬유(두께 0.1~0.5mm, 길이 20~30mm 정도)를 용적비의 1~2% 혼입한 Con'c이다.

② 인장강도 · 휨강도 · 전단강도 · 내열성 · 내구성 등이 크게 향상된다.

II. 강섬유혼입률과 휨강도

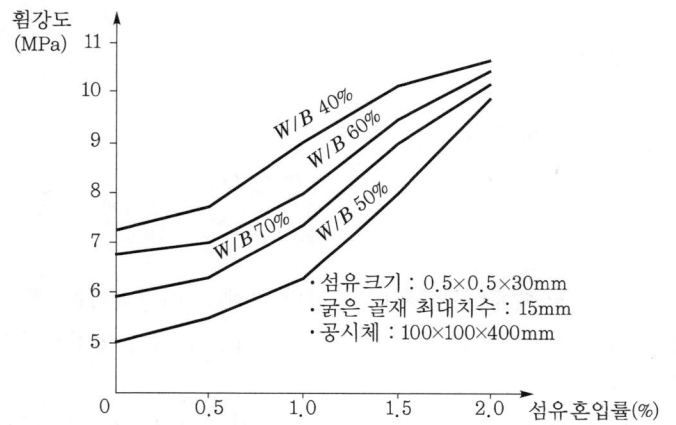

III. 적용 대상

① 도로 포장 및 터널공사

② 콘크리트 2차 생산제품(Hume Pipe 등)

③ 마무리용 모르타르

④ 내화재료 및 기계기초 등

IV. 강섬유 제조방법

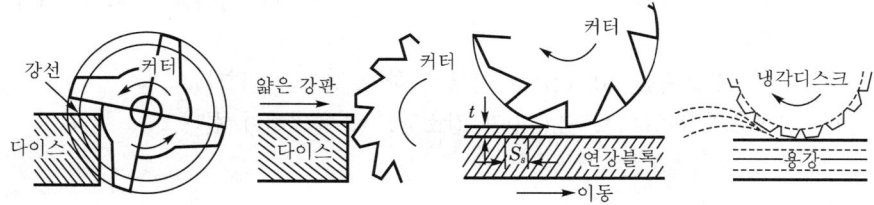

V. 섬유의 종류

① Steel Fiber(강섬유)
② Glass Fiber(유리섬유)
③ Nylon, Rayon, Cotton Fiber
④ Propylene, Polyethylene Fiber
⑤ Cabon Fiber(탄소섬유)

VI. 섬유보강의 효과

① 인장강도 증진
② 인성 증진
③ 내마모성 증진
④ 내충격성 향상
⑤ 균열의 확대, 발전 억제
⑥ 휨·압축·할렬·인장강도 등이 약간 증가

VII. 특성

① 콘크리트 구조체에 큰 변형이 일어난 후에도 취성파괴는 생기지 않는다.
② 섬유혼입률이 1~2% 정도이면 보통 Con′c에 비해 인장강도가 30~60% 정도 증가한다.
③ 에너지흡수능력(휨, 인성)은 1.5% 혼입 시 보통 Con′c의 100배 정도 증가한다.
④ 내충격성은 0.5% 혼입 시 50배, 1% 혼입 시 100배 정도 증가한다.
⑤ 내열성은 2% 혼입 시 보통 Con′c에 비해 80~120% 정도 증가한다.

VIII. 유의사항

① 강섬유의 혼입으로 발생하는 반죽질기의 저하와 재료분리 등에 유의해야 한다.
② 강섬유의 부식이 표면에 노출될 경우 미관상 문제(스테인리스강 또는 방청 처리)가 발생되므로 유의해야 한다.
③ 세골재율은 60% 정도로 하고, 굵은 골재의 최대 치수는 15mm 이하 정도가 유리하다.
④ 단위시멘트량은 $400kg/m^3$ 정도로 하는 것이 유리하다.
⑤ 강섬유의 혼입으로 Slump가 감소되므로 유의해야 한다.

44 유리섬유보강 콘크리트(GFRC : Glass Fiber Reinforced Con'c, GRC)

Ⅰ. 정의

① 고온의 용융유리에서 만든 무기섬유(길이 25~40mm 정도)를 Cement Paste나 Con'c 중에 혼입하여 만든 Con'c를 말한다.

② 인장강도, 초기 재령의 충격강도, 내화성 등이 향상된다.

Ⅱ. 적용 대상

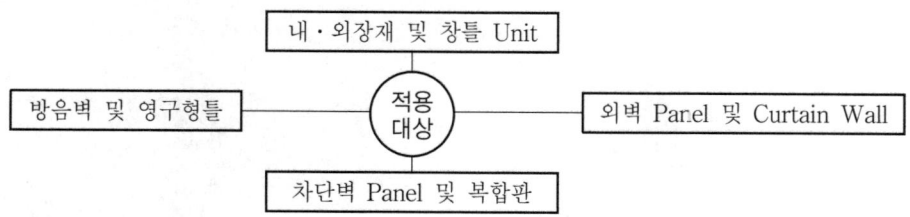

Ⅲ. 제조방법별 분류

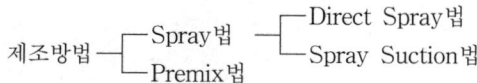

Ⅳ. 특성

① 인장강도, 초기 재령의 충격강도, 내화성 등이 우수함

② Design이 자유로움

③ 섬유길이가 40mm까지는 길수록 휨강도가 증가함

④ Cement량이 많을수록 강도는 커지나, 안전성은 오히려 작아짐(최근에는 모래를 많이 사용함)

⑤ 양생조건에 구애를 받지 않고, 최대 인장강도와 변형성능이 개선됨

⑥ 섬유혼입량 및 섬유길이가 증가할수록 충격강도는 증가함

Ⅴ. 유의사항

① 제조방법(타설, 다짐, 양생 등)에 따라 역학적 성질이 크게 변화하므로 유의해야 함

② 장기 휨강도가 2년만에 초기 강도의 1/2까지 저하했다가 2년 후부터 일정하게 되므로 유의해야 함

③ 섬유혼입이 6% 이상되면 다공성이 증대되어 인장강도가 다소 저하할 수 있음

④ 작업성 및 경제성 등을 감안하여 길이는 25~38mm, 혼입률은 5~6% 정도가 적당함

⑤ 섬유길이 및 섬유혼입률은 일정 혼입률 이상이 되면 인장강도 및 휨강도가 오히려 저하됨

⑥ GRC의 탄성계수, 비례한계강도, Poisson's Ratio(푸아송비) 등은 섬유혼입률보다 Matrix에 의해 결정됨

45 탄소섬유보강 콘크리트(CFRC : Carbon Fiber Reinforced Con'c)

Ⅰ. 정의

① Acrylic섬유를 소성하여 만든 Poly−Acrylonitrile(PAN)계 섬유와 석탄Pitch를 원료로 만든 Pitch계 섬유 등을 특수 Mixer로 혼합한 Con'c이다.

② 가격이 비교적 저렴하고, 역학적 특성·내알칼리성·내수성·내화학적 안전성 및 내열성·내마모성 등이 우수하다.

Ⅱ. 탄소섬유의 혼입률과 인장강도

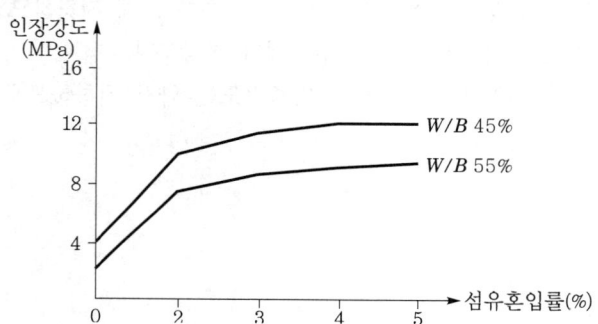

물결합재비가 낮을 경우 탄소섬유혼입률이 많을수록 콘크리트 인장강도 증가

Ⅲ. 적용 대상

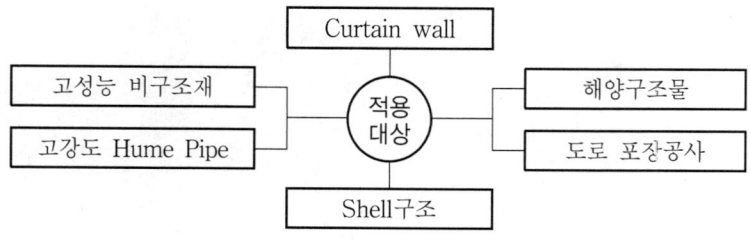

Ⅳ. 특성

① 인장강도는 PAN계를 사용할 때 1.7~2.4배, Pitch계가 1.5~1.9배 정도 증가 된다.

② 휨강도는 PAN계를 사용할 때 2.6~3.5배, Pitch계가 2.2~3.0배 정도 증가 된다.

③ GRC의 경우에 비해 내충격성이 크다.

④ 보통 Con'c보다 동결융해에 대한 저항성이 개선된다.

⑤ Silica Fume을 사용하면 질량 감소는 5% 이내, 상대동탄성계수는 95% 이상이다.

⑥ Silica Fume 사용과 함께 Autoclave Curing을 하게 되면 질량 감소, 상대동탄성계수 등의 변화도 크며, 내구성지수도 80 이상을 나타낸다.

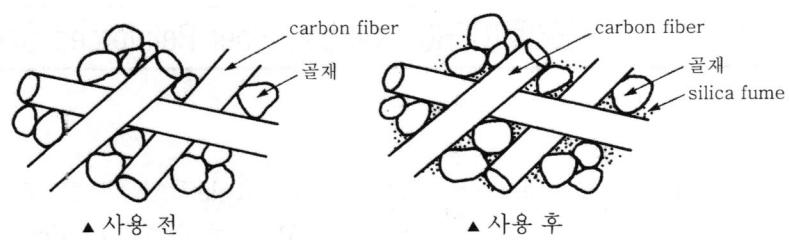

< CFRC에서 Silica Fume 충진재의 사용 >

V. 유의사항

① 탄소섬유의 혼입량과 섬유길이가 증가하면 Flow값은 저하하므로 유의해야 한다.
② 단위용적당 중량은 섬유혼입률이 증가할수록 크게 저하하므로 유의해야 한다.
③ 골재는 8호 규사 이하의 미세립골재가 적당하다.
④ 탄소섬유의 혼입량이 증가하면 압축강도는 약간 저하하므로 유의해야 한다.

46 │ 비닐론섬유보강 콘크리트(VFRC : Vinylon Fiber Reinforced Con'c)

Ⅰ. 정의

① 합성섬유 Vinylon을 보강재로 한 섬유보강 Con'c이다.
② 다른 합성수지에 비해 가격이 저렴하고, 고강도성·고탄성·내후성(내자외선)·내산성·내알칼리성 등이 우수하다.

Ⅱ. 비닐론섬유보강 콘크리트의 휨응력-처짐곡선

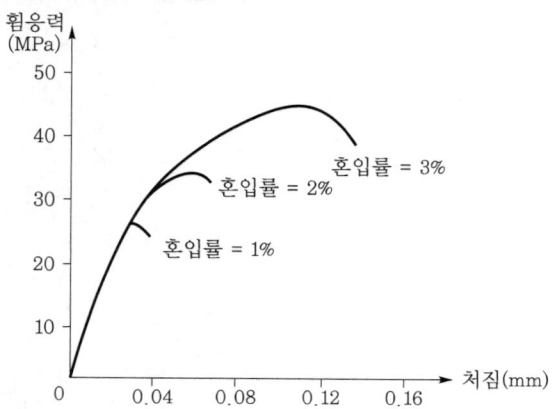

Ⅲ. 적용 대상

① 석면 대체의 고급 슬레이트 및 균열 방지를 위한 Mortar보강
② 경량 VFRC Panel 및 영구 거푸집
③ 토목공사용 법면보강재 및 측도블록

Ⅳ. 비닐론섬유의 특성

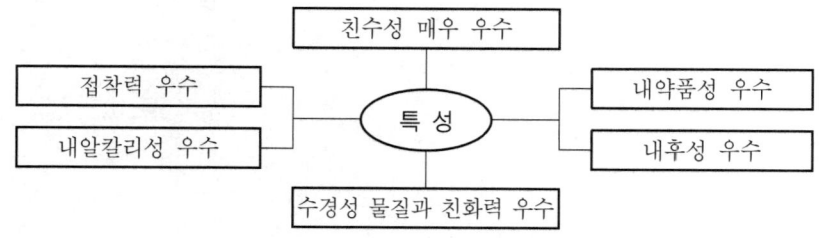

Ⅴ. 특성

① 휨강도 및 동결융해에 대한 저항성이 크다.
② 섬유혼입률이 증가할수록 파괴응력은 크게 향상된다.
③ 균열응력(인장응력)이 발생하면 분산시키는 능력이 있다.
④ 비닐론섬유를 일축방향으로 배치했을 경우 균열강도는 보통 Mortar의 2배 이상, 파단강도는 4배 이상, 인성도 크게 향상된다.

⑤ 보통 Con'c에 비해 파단 시까지의 처짐이 크다(연성파괴).

⑥ 경량Mortar의 휨강도 및 인성의 보강효과가 크다.

VI. 유의사항

① 비닐론섬유를 일축방향이 아닌 직각방향으로 배치하면 보강효과를 기대할 수 없다.

② 비닐론섬유 시공 시 Con'c 중에 균등히 분포시키고 Fiber Ball을 형성하지 않도록 하는 것이 무엇보다 중요하다.

③ 비빔 중의 분산상태가 타설·다짐 중에도 그대로 유지되도록 한다.

47 제치장 Con'c(Exposed Concrete)

Ⅰ. 정의

① 거푸집을 제거한 후 노출된 Con'c면 그대로를 마감면으로 하는 Con'c를 말한다.
② 마감재가 절약되고 구조체의 자중이 감소되며, 공정이 줄어들어서 공사비의 절감효과가 있다.

Ⅱ. 외벽 제치장 콘크리트 시공도

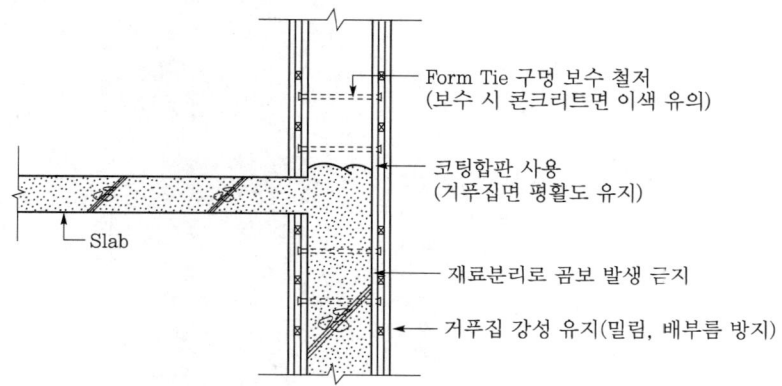

- Form Tie 구멍 보수 철저
  (보수 시 콘크리트면 이색 유의)
- 코팅합판 사용
  (거푸집면 평활도 유지)
- Slab
- 재료분리로 곰보 발생 근지
- 거푸집 강성 유지(밀림, 배부름 방지)

Ⅲ. 특징

① 구조체의 자중이 감소함
② 고강도 Con'c를 추구함
③ 건설자재가 절감됨
④ 거푸집공사의 정밀성이 요구됨
⑤ 구조체의 정확도 확보가 힘들며, 보수가 어려움

Ⅳ. 재료 및 배합

구분	내용
재료	• 물은 유해량의 유기 불순물 등이 적은 것으로 하고, 특히 염분함유량은 철저히 관리함 • Cement는 동일 회사, 동일 공장의 제품을 사용할 것(시멘트공장마다 빛깔이 다름) • 골재는 입도가 균일하고 가능한 적은 치수의 것을 사용함 • 혼화재료는 Fly Ash 등 미세분말을 사용하며 표면활성제의 채택도 고려할 것
배합	• 물결합재비는 된비빔의 Con'c를 사용하므로 가능한 적게 할 것 • Slump는 기초에서는 50~100mm 정도로 하고, 기타는 100~150mm 정도로 하며, 보통 가경식(可傾式) Mixer를 사용함 • 굵은 골재의 최대 치수는 25mm 이하로 하며, 가능한 작은 치수로 함 • 세골재의 크기는 5mm 이하로 하고, 보통은 2.5mm 이하로 함 • 단위시멘트량은 크게 하며, 강도는 20MPa 이상일 때 마무리가 용이함

V. 유의사항

① 구조적으로 결함이 될 수 있는 곰보는 Con′c면이 건조하기 전에 보수할 것

② 보수면이 거칠 경우 2일 정도 경과 후 연마기계로 갈아냄

③ 결함 부위를 발라서 살려내는 것은 삼감

④ Form tie 제거 후 발생한 구멍은 된 비빔 방수Mortar로 2회 이상 사춤할 것

⑤ Form 이음자국은 망치와 정으로 고른 후 연마기계로 마무리함

48 진공 콘크리트(Vacuum Concrete)

[11후(10), 23후(10)]

Ⅰ. 정의

Con'c 타설 후 진공Mat, Vacuum Pump 등을 이용하여 Con'c 속에 잔류해 있는 잉여수 및 기포 등을 제거함으로써 콘크리트 강도를 증대시킨다.

Ⅱ. Flow Chart 및 시공장치도

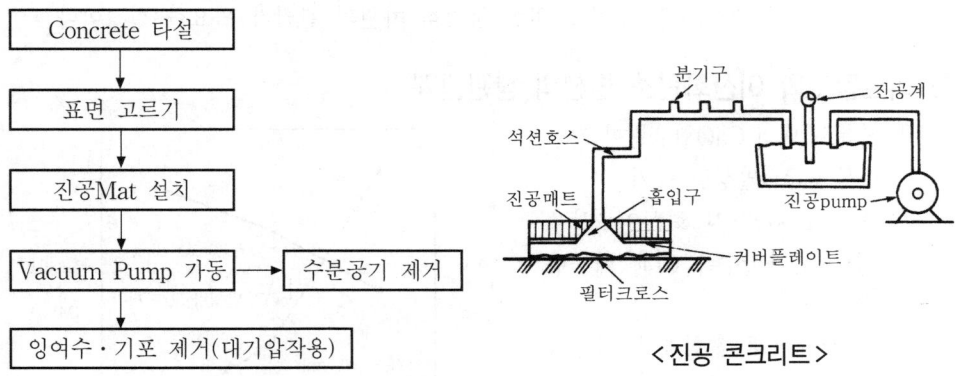

```
┌──────────────────┐
│  Concrete 타설    │
└────────┬─────────┘
         ▼
┌──────────────────┐
│   표면 고르기      │
└────────┬─────────┘
         ▼
┌──────────────────┐
│   진공Mat 설치     │
└────────┬─────────┘
         ▼
┌──────────────────┐      ┌──────────────┐
│ Vacuum Pump 가동  │─────▶│  수분공기 제거  │
└────────┬─────────┘      └──────────────┘
         ▼
┌────────────────────────────┐
│ 잉여수·기포 제거(대기압작용)  │
└────────────────────────────┘
```

< 진공 콘크리트 >

Ⅲ. 특성

① 초기 강도 및 장기 강도 증대   ② 경화수축 등이 감소
③ 표면경도와 마모 저항성 증대   ④ 동해에 대한 저항성 증대

Ⅳ. 적용 대상

① 한중 콘크리트 공사   ② 포장 콘크리트
③ Precast Panel 제작 시   ④ Slab부재 타설용

Ⅴ. 시공

① 표면에 약 $9tf/m^2$이 대기압이 작용하여 내마모성·내동결융해성이 증대됨
② 타설 후 20분 내에 혼합용수의 30%를 흡수하여 물시멘트비가 작아짐
③ 진공 처리하면 수축이 일반 Con'c의 약 20% 정도 감소함

Ⅵ. 유의사항

① 진공 처리기간은 타설 직후, 경화 직전까지로 함
② Slump은 150mm 이하, 공기량은 3~4% 정도로 유지함
③ 수화반응에 필요한 W/B비 25%, gel수 15~20% 정도는 유지할 것
④ 200mm 이상 부재(단면)는 서중기 시 20~25분, 한중기 시 30~40분 내에 실시

49 친환경 콘크리트

[18중(10)]

Ⅰ. 정의

① 친환경 콘크리트는 지구환경부하 저감에 기여하고 생태계와의 조화 또는 공생을 기할 수 있어 쾌적한 환경을 창조하는 데 유용한 콘크리트이다.

② 건설현장의 시멘트산업은 연소과정을 필히 거쳐야 하는 온실가스 대량 배출산업으로 시멘트 1톤당 약 1.15톤의 석회석을 소비하고, 0.8톤의 이산화탄소를 배출하므로 녹색산업 추진을 위한 국가적 차원의 관리가 필요한 실정이다.

Ⅱ. 콘크리트강도와 이산화탄소 발생의 상관관계

① 시멘트 내의 CaO함유량이 커질수록 CO_2 발생량 증가

② 시멘트 제조 시 화석연료사용량이 증가할수록 CO_2 배출량은 증가

③ Pozzolan계 혼화재를 사용할수록 CO_2 발생량 감소

④ 콘크리트압축강도와 CO_2 발생량은 무관하나, 고로 Slag나 Fly Ash 등의 혼화재의 치환율을 높이면 압축강도가 증가되고 CO_2 발생량도 감소함

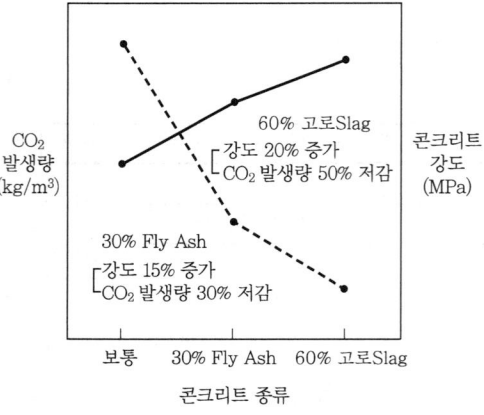

Ⅲ. 친환경 콘크리트 종류별 특징

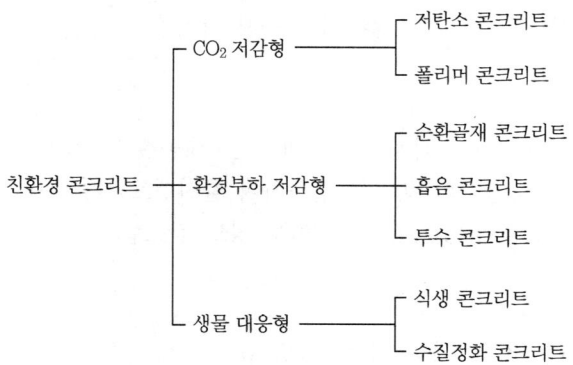

1) 저탄소 콘크리트(Low Carbon Concrete)

① 시멘트를 혼화재로 다량 치환하여 콘크리트를 제조

② Fly Ash 및 고로 Slag 활용

③ CO_2 저감효과 및 콘크리트의 장기강도 증가 가능

④ 초기 강도가 부족하고 탄산화 저항성이 감소

⑤ 일반 콘크리트와 동일한 시공성을 확보하면서 강도 증가, 블리딩 감소, 균열 저감 및 온실가스 발생량 저감 가능

구분	일반 콘크리트	저탄소 콘크리트
구성요소	고로슬래그미분말 ─ ┌ 시멘트 플라이애시	고로슬래그미분말 ─ ┌ 시멘트 └ 플라이애시
특징	별도 기능성 재료 없음	초기 강도 및 내구성 개선재료

2) 폴리머 콘크리트(Polymer Concrete, Geopolymer Concrete)
  ① 무기질 Cement를 사용하지 않고 유기질 Polymer만으로 콘크리트 제조
  ② 종류 : 폴리머, 폴리머시멘트, 폴리머함침 콘크리트
  ③ 골재와의 접착성, 동결융해 저항성, 방수성 우수
  ④ 시멘트 사용이 줄어 건조수축량 감소 및 이산화탄소 배출량 감소

3) 순환골재 콘크리트(Recycled Aggregate Concrete)
  ① 폐콘크리트의 재활용골재(순환골재)를 사용한 콘크리트
  ② 순환골재 사용은 전체 골재용적의 30% 이하로 천연골재와 혼합 사용
  ③ 순환골재 콘크리트의 최대 설계기준강도 : 27MPa 이하
  ④ 비구조체 등 강도가 요구되지 않는 콘크리트에 사용

4) 흡음 콘크리트(吸音 Concrete)
  일반 콘크리트와 동일한 시공성을 확보하면서 강도 증가, 블리딩 감소, 균열 저감 및 온실가스 발생량 저감 가능

5) 투수 콘크리트(Porous Concrete)
  ① 입경이 작은 굵은 골재만을 사용한 다공질의 투수성이 있는 콘크리트
  ② 주차장 바닥 및 보도블록의 재료로 활용 가능
  ③ 우수의 지중 침투를 유도하여 도시의 배수시설의 부담을 경감시키고 도시 하천의 범람 방지

6) 식생 콘크리트(Eco Concrete)
  ① 식물이 자랄 수 있는 환경을 조성한 콘크리트
  ② 법면 시공 시 안정화 및 녹지화 도모
  ③ 옥상, 벽면, 실내, 옥외시설 등 구조물의 녹지화 활용

7) 수질정화 콘크리트(Porous Zeolite Concrete)
  ① 공극표면에 미생물을 부착시켜 수질정화기능을 하는 콘크리트
  ② 하천 바닥 및 수처리시설에 활용 가능

Ⅳ. 건설현장의 이산화탄소 발생 저감방안

① 현장의 콘크리트 사용을 지양하고 친환경 자재 사용 유도

② LCA를 통한 CO_2 배출량 및 환경영향평가 실시

③ 혼합시멘트 사용량 증대, 혼화재 다량 치환 콘크리트로 전환

④ 용융고로슬래그로 시멘트클링커 제조(석회석 대체, 연소열량 저감 가능)

⑤ 청정연료 사용 확대 : 천연가스, 수소에너지, 태양광 등

⑥ 폐콘크리트 재활용으로 이산화탄소 저감(순환골재 사용)

⑦ 친환경 콘크리트 사용 : 폴리머·지오폴리머 콘크리트, 저탄소 콘크리트 등

Ⅴ. 산업별 매출액당 이산화탄소 발생량

산업종류	시멘트	에너지	철강	유리	석유	전기
CO_2 발생량 (단위 : ton/억원)	498	135	117	24	19	3

50 Polymer 콘크리트(Plastic Concrete, Resin Concrete)

[05후(10)]

I. 정의

① Cement와 같은 무기질 Cement를 전혀 사용하지 않고, Polymer만으로 골재를 결합시켜 제조한 Con'c를 말한다.

② Plastic Concrete 또는 Resin Concrete라고 부르기도 했으나, 최근에는 관련 국제기구에서 용어를 통일하여 Polymer Concrete라고 부르고 있다.

II. 콘크리트−폴리머 복합체의 분류

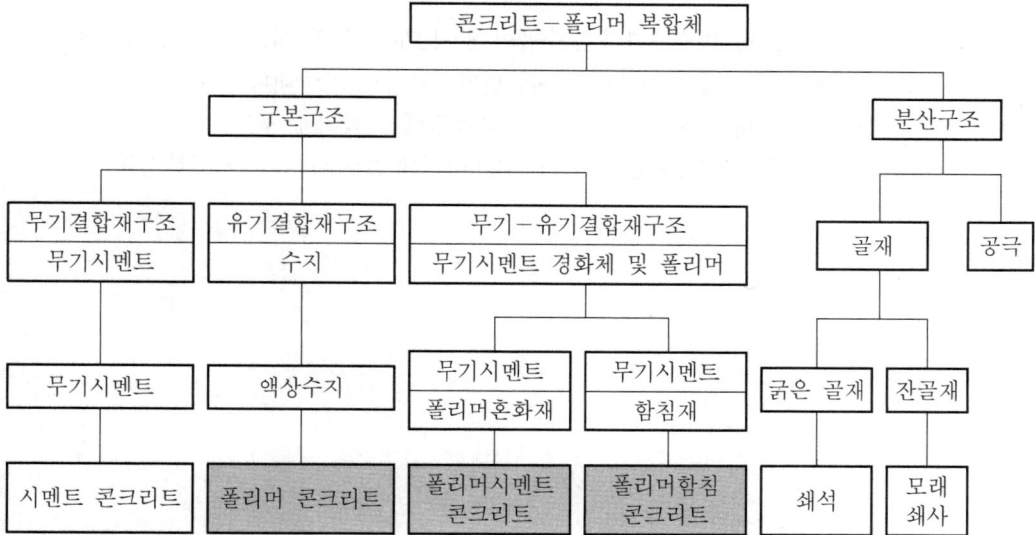

III. 콘크리트−폴리머 복합체(Concrete−Polymer Composite)의 종류

① Polymer Concrete
② Polymer Cement Concrete
③ Polymer Impregnated Concrete

IV. 특징

① 부재 단면의 축소 및 경량화 가능

② 골재와의 접착성이 좋고, 한랭지·동절기 공사에 유리(시공시간이 빠름)

③ 기밀·수밀하여 방수성 및 내동결융해성이 좋음

④ 우수한 내약품성이 있고, 타설 후 1~3시간 이내에 거푸집 해체 가능

⑤ 내열성이 약하고(50℃ 이상에서부터 변형) 경화 시 수축이 큼

⑥ 탄성계수는 작기 때문에 변형도가 증대됨

V. 제조 및 품질

① 골재와 충진재를 강제믹서 속에서 충분히 섞음

② 소정량의 Polymer결합제에 경화제·경화촉진제 등을 첨가해 1~3분간 혼합한 후 믹서 속에 넣고 계속적으로 3~5분간 작동시킴

③ 비빔한 Polymer Concrete는 짧은 시간 내에 사용해야 함

④ 골재는 고강도 골재를 사용하고, 함수율은 0.5% 이하로 함

⑤ 충진재는 입경이 1~30μm 정도의 탄산칼슘, Silica, Fly Ash 등을 사용하고, 함수율은 0.5% 이하로 할 것

⑥ 경화제와 경화촉진제를 사용함으로써 경화시간을 제어함

VI. 유의사항

① 현장 시공 시 바닥표면의 함수율이 8~10% 이하가 되도록 건조시킬 것

② 한랭지나 동절기 공사에서는 시공면의 온도를 50℃ 내외로 유지할 것

③ 빠른 시간 내에 시공하여야 하며, 거푸집에는 박리제 도포

④ Con'c 1회 타설깊이는 보통 5~10cm(최대 30cm) 이하가 바람직함

51 Polymer Cement Concrete

[09중(10)]

I. 정의

① 결합재를 Cement와 Polymer를 사용하여 만든 Con'c를 말하며, PMC (Polymer Modified Concrete)라고도 한다.

② Polymer Cement Concrete는 일반 콘크리트의 배합설계(시공연도 및 압축강도 위주)에 인장강도·휨강도·접착성·수밀성·기밀성·내약품성·내마모성 등도 고려해서 배합설계가 이루어지며, 제조방법은 일반 Con'c와 동일하다.

II. Polymer Cement 콘크리트의 재령에 따른 압축강도

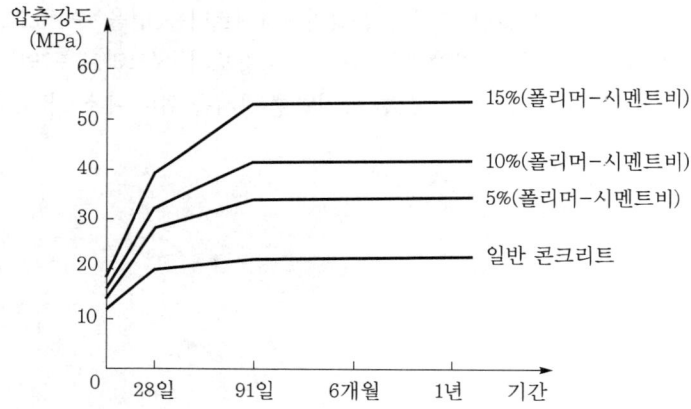

일반적으로 폴리머-시멘트비가 15% 내외에서 압축강도의 최대값이 나타난다.

III. 적용 대상

① 보수 및 개수공사   ② 타일 등의 접착용 Mortar
③ 방수재·보강재·방식재 등   ④ 도로 포장 및 바닥재

IV. 특징

① 시공연도 향상(Polymer의 Ball Bearing작용, Polymer Dispersion의 분산작용 등)
② 물결합재비 감소
③ 고강도 및 건조수축 감소
④ 반죽질기 향상 및 내동결융해성 개선
⑤ Bleeding 및 재료분리 감소
⑥ 단위수량 대폭 감소
⑦ 건조수축 및 탄성계수 감소

Ⅴ. 재료 및 품질

① Cement는 각종 Polymer Cement, 혼합 Cement, 알루미나 Cement 등 사용

② 혼화제로는 주로 Polymer Dispersion(과도한 공기연행을 방지할 것)을 사용

③ 물결합재비보다도 폴리머-시멘트비가 Con'c에 미치는 영향이 큼

④ 물결합재비는 30~60% 정도로 작게 할 것

⑤ 폴리머-시멘트비는 5~30% 정도로 하고, 증가할수록 인장·휨·접착·수밀 등은 큼

⑥ 비빔은 Cement와 골재를 넣고 비빈 다음 Polymer Dispersion을 넣고(3~5분간) 비빔

Ⅵ. 유의사항

① 폴리머-시멘트비가 너무 크면 표면경도가 작아지므로 유의할 것

② 골재는 흡수율이 크면 소정의 폴리머-시멘트비를 얻을 수 없으므로 유의할 것

③ 초기 습윤양생 후 기건양생을 하여야 고강도의 콘크리트를 얻을 수 있을 것

④ Polymer Dispersion은 과도한 공기연행 방지를 위해 제조 시 소포제를 첨가할 것

52 Polymer Impregnated Concrete(폴리머함침 콘크리트)

[06전(10)]

Ⅰ. 정의

① Cement계의 재료를 건조시켜 미세한 간극에 액상 Monomer를 함침·중합시켜 일체화시킨 Concrete를 Polymer Impregnated Concrete라 한다.

② 기존의 Con'c 표면을 충분히 건조한 후 적당한 방법으로 그 위에 함침용 Monomer를 저유하여 자연 함침시키고 열중합한다.

Ⅱ. 적용 대상

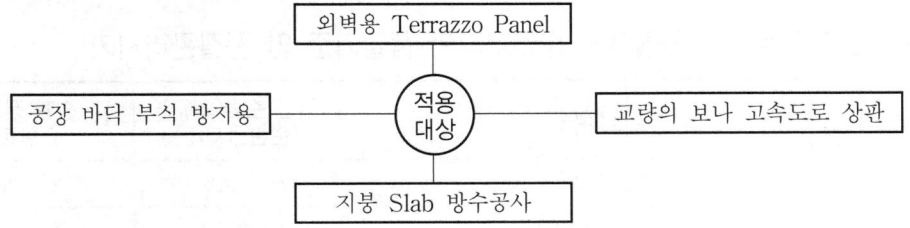

Ⅲ. 목적

① 기존 Con'c 구조물의 강도 향상

② 수밀성 및 내약품성 증대

③ 염화물이온의 침투나 탄산화에 대한 저항성 증대

④ 내마모성 향상

Ⅳ. 시공순서 Flow Chart

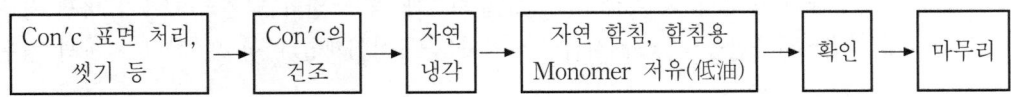

Ⅴ. 시공 시 유의사항

① 기존 Con'c의 건조 정도가 시공 후 Polymer Impregnated Concrete의 성질에 큰 영향을 주므로 충분히 건조시킬 것

② 열풍히터, 적외선히터 등을 이용하여 120~150℃ 정도, 6hr 이상으로 건조시킴

③ 함침용 Monomer의 저유는 건조시킨 Con'c를 상온까지 냉각한 후 실시할 것

④ 함침용 Monomer의 양은 3~5kg/m², 저유시간은 4~10hr로 함

⑤ 시공 후 코어 채취로 함침깊이(20~30mm 정도)를 확인할 것

53 순환골재 콘크리트

[10후(10), 24중(10)]

Ⅰ. 정의

① 순환골재 콘크리트는 폐콘크리트의 파쇄·처리에 의하여 생산되는 재활용골재를 사용한 콘크리트를 말하며 물리적 또는 화학적 처리과정을 거쳐 품질기준을 준수하여 적용하여야 한다.

② 친환경적인 측면과 환경부하적인 측면, 경제적인 측면에서 볼 때 순환골재의 적극적인 활용이 필요하나, 이에 따른 순환골재의 품질 확보 및 골재품질 향상을 위한 지속적인 연구 개발이 필요하다.

Ⅱ. 콘크리트용 순환골재와 순환토사의 품질기준 및 품질관리시기

품질기준		굵은 순환골재 (순환골재)	순환 잔골재 (순환토사)
절대건조밀도(g/cm^3)		2.5 이상	2.2 이상
흡수율(%)		3.0 이하	5.0 이하
마모감량(%)		40 이하	–
점토덩어리량(%)		0.2 이하	1.0 이하
알칼리골재반응		무해할 것	
이물질함유량(%)	유기이물질	1.0 이하(용적)	
	무기이물질	1.0 이하(질량)	

① 절대건조밀도, 흡수율, 마모감량, 점토덩어리량, 이물질함유량, 입도 : 공사 시작 전, 공사 중 1회/월 이상 및 산지(순환골재 제조 전의 폐콘크리트)가 바뀐 경우

② 알칼리골재반응 : 공사 시작 전, 공사 중 1회/6개월 이상 및 산지가 바뀐 경우

Ⅲ. 적용 가능 부위

① 기둥, 보, 슬래브, 내력벽, 건축물의 비구조체 콘크리트

② 도로구조물 기초, 측구, 집수받이 기초, 콘크리트 블록, 옹벽, 중력식 옹벽

③ 교량 하부공, 교각, 교대, 중력식 교대

④ 터널 라이닝공

⑤ 강도가 요구되지 않는 채움재 콘크리트

Ⅳ. 적용 시 유의사항

1) 천연골재와 혼합 사용

① 천연골재와 혼합하여 사용하는 것을 원칙

② 담당원의 승인 후 적용

2) 계량오차 준수

    ① 계량오차 이내 설계

    ② 1회 계량분량에 대한 계량오차는 ±4%

3) 콘크리트 설계기준강도 이내 설계

    ① 콘크리트의 최대 설계기준강도는 27MPa 이하

    ② 최대 설계기준강도 이내 설계

4) 공기량 규정 준수

    ① 공기량 규정은 5.0±1.5%

    ② 경량 콘크리트의 공기량 규정 준수

5) 골재의 치환율 준수

설계기준 압축강도(MPa)	사용골재	
	순환골재(굵은 순환골재)	순환토사(순환 잔골재)
27% 이하	굵은 골재용적의 60% 이하	잔골재용적의 30% 이하
	혼합 사용 시 총골재용적의 30% 이하	

공공발주 및 산업단지개발사업(15만m^2 이상)은 골재소요량의 40% 이상을 순환골재로 사용

6) 적정 시멘트와 혼화재 사용 검토

    ① 시멘트는 포틀랜드시멘트, 고로슬래그시멘트, 플라이애시시멘트에서 규정한 시멘트 사용

    ② 플라이애시, 고로슬래그미분말 등을 혼합 사용

7) 시공 일반 및 운반, 타설, 양생은 일반 콘크리트와 동일

54 순환골재

[18전(10), 18중(10), 21중(10)]

Ⅰ. 정의

① 순환골재는 폐콘크리트의 파쇄·처리에 의하여 생산되는 재활용골재 중에서 콘크리트용으로 사용이 가능한 골재를 말하며, 이에 대한 품질기준을 준수하여 적용하여야 한다.

② 친환경적인 측면과 환경부하적인 측면, 경제적인 측면에서 볼 때 순환골재의 적극적인 활용이 필요하나, 이에 따른 순환골재의 품질 확보 및 골재품질 향상을 위한 지속적인 연구 개발이 필요하다.

Ⅱ. 콘크리트용 순환골재와 순환토사의 품질기준 및 품질관리시기

품질기준		굵은 순환골재 (순환골재)	순환 잔골재 (순환토사)
절대건조밀도(g/cm³)		2.5 이상	2.2 이상
흡수율(%)		3.0 이하	5.0 이하
마모감량(%)		40 이하	–
점토덩어리량(%)		0.2 이하	1.0 이하
알칼리골재반응		무해할 것	
이물질함유량(%)	유기이물질	1.0 이하(용적)	
	무기이물질	1.0 이하(질량)	

① 절대건조밀도, 흡수율, 마모감량, 점토덩어리량, 이물질함유량, 입도 : 공사 시작 전, 공사 중 1회/월 이상, 산지(순환골재 제조 전의 폐콘크리트)가 바뀐 경우

② 알칼리골재반응 : 공사 시작 전, 공사 중 1회/6개월 이상, 산지가 바뀐 경우

Ⅲ. 순환골재 제조공정

순환골재의 제조는 해체현장에서 1차 분쇄된 콘크리트 폐재를 중간처리시설에서 150mm 정도로 분쇄 후, 분쇄물에 섞여 있는 흙·목재·금속류·플라스틱 등의 이물질을 분리·제거한 다음 2~3차로 분쇄하고, 체가름을 통하여 골재크기별로 분리하여 재활용골재로 이용한다.

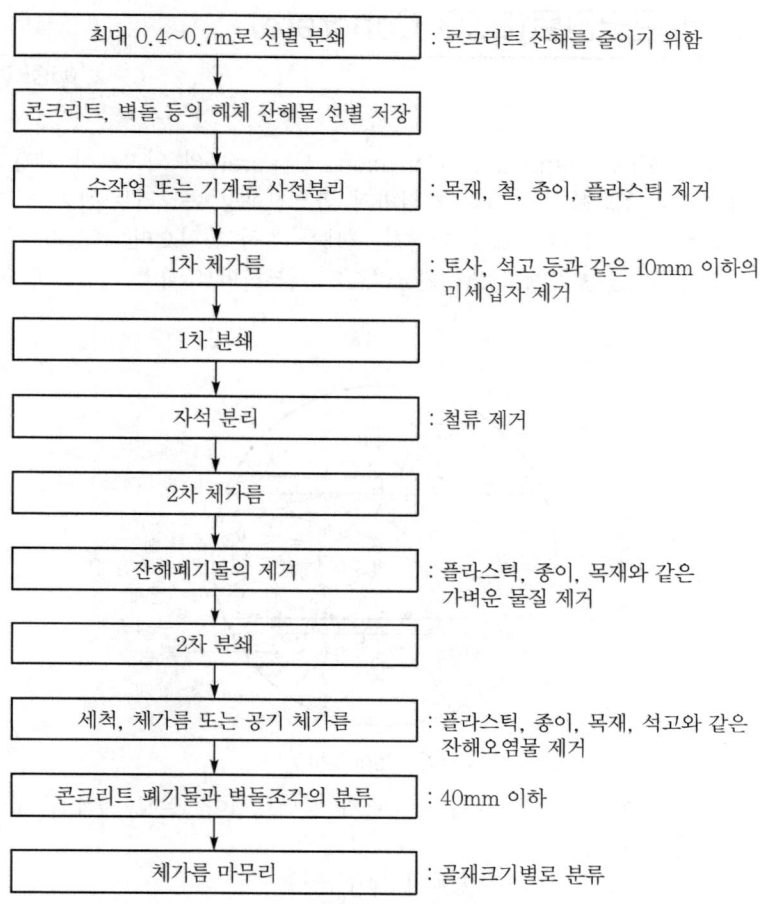

최대 0.4~0.7m로 선별 분쇄	: 콘크리트 잔해를 줄이기 위함
콘크리트, 벽돌 등의 해체 잔해물 선별 저장	
수작업 또는 기계로 사전분리	: 목재, 철, 종이, 플라스틱 제거
1차 체가름	: 토사, 석고 등과 같은 10mm 이하의 미세입자 제거
1차 분쇄	
자석 분리	: 철류 제거
2차 체가름	
잔해폐기물의 제거	: 플라스틱, 종이, 목재와 같은 가벼운 물질 제거
2차 분쇄	
세척, 체가름 또는 공기 체가름	: 플라스틱, 종이, 목재, 석고와 같은 잔해오염물 제거
콘크리트 폐기물과 벽돌조각의 분류	: 40mm 이하
체가름 마무리	: 골재크기별로 분류

〈 순환골재 제조공정 〉

55 에코 콘크리트(ECO Concrete)

[05중(10), 25전(10)]

I. 정의

① ECO란 Environmentally Conscious Concrete의 약자로서 환경 보존 및 생태계와의 조화를 도모한다는 의미의 환경친화형 콘크리트이다.

② 다공성 콘크리트에 식물을 배양한 형태를 취하고 있으며, 콘크리트 내에 식물이 성장할 수 있는 식생기능과 콘크리트의 기본적인 역학적 성질과의 공존에 있다.

II. 구성

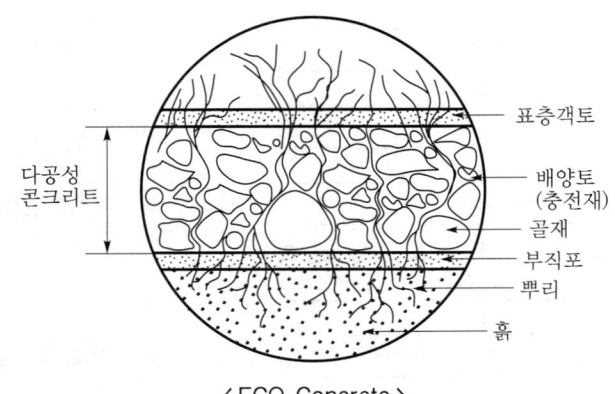

〈 ECO Concrete 〉

① 입도 조성이 된 굵은 골재를 소량의 시멘트페이스트로 골재를 서로 접착시켜 형성된 것이다.

② 콘크리트의 비중은 1.6~2.0 정도이다.

③ 물결합재비는 30~40% 정도이다.

④ 간극률은 5~35% 정도이다.

III. 용도

① 불안정한 토양의 조기 녹지화 　② 일반 녹지화기능

③ 수질 및 대기오염 정화블록 　④ 도로 주변의 방음벽

⑤ 해양 양식용 인공어초

IV. 일반 콘크리트와 배합의 용적비 비교

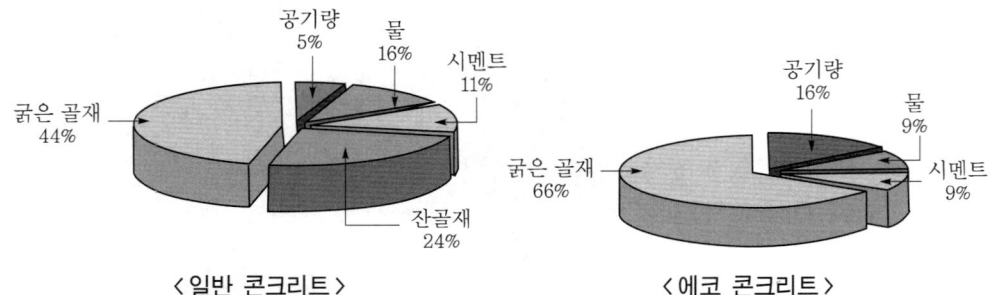

〈 일반 콘크리트 〉　　　　　　〈 에코 콘크리트 〉

56 초속경 콘크리트

Ⅰ. 정의

① 초조강 Con'c보다도 더욱 빠른 강도 발현성능이 있고, 또 성분조성에 따라 응결·경화시간을 조절할 수 있다는 특징이 있다.

② 초속경 Cement를 사용하며, Autoclave양생을 실시한다.

Ⅱ. 적용 대상

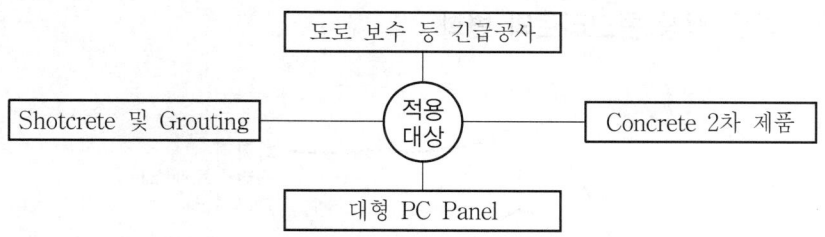

Ⅲ. 사용재료 및 양생방법

① 초속경 Cement

② 초속경 혼화제

③ Autoclave 양생

Ⅳ. 특징

1) 장점

① 저온에서도 강도 발현이 쉽게 됨

② Bleeding 등의 재료분리가 적어짐

③ 온도의 고저에 상관없이 강도 발현함

④ 타설 후 침하량이 적어 침하균열 등의 발생이 적음

2) 단점

① Autoclave양생을 할 경우는 장기 극한강도가 다소 작아질 수 있음

② Shotcrete(초속경 혼화제 사용)공사 시 Creep변형 및 건조수축이 증가함

Ⅴ. 유의사항

① 초속경 Cement는 응결이 빨라 표면 처리 시 주의를 요함

② Autoclave양생 시 온도는 40~100℃(적정치 : 60~80℃)로 관리

③ Autoclave양생 시 건조수축 및 Creep변형을 일반 Con'c보다 60% 정도 감소시킬 수 있으나, 장기 극한강도는 저하할 수 있으므로 유의할 것

④ 초속경 혼화제는 철근을 부식($CaCl_2$)시킬 수 있으나, 알칼리골재반응(AAR)은 억제함

57 | 팽창 콘크리트

[98중후(20), 02중(10), 10후(10)]

Ⅰ. 정의

① 팽창 콘크리트란 팽창재를 시멘트, 물, 잔골재, 굵은 골재 등과 같이 비빈 것으로 경화한 후에도 체적팽창을 일으키는 모든 콘크리트를 말한다.

② 팽창효과에 따라 건조수축 등에 의한 균열을 줄일 수 있으며 균열내력이 향상되므로 정수설비, 터널 등에 많이 사용한다.

Ⅱ. 양생에 따른 팽창 콘크리트의 변화

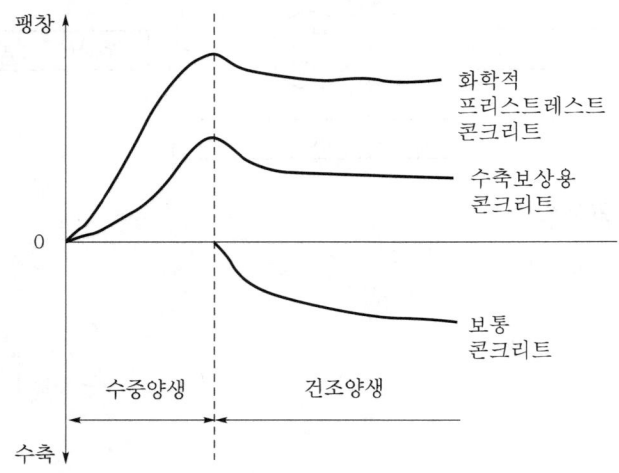

Ⅲ. 특징

① 강도 증대
② 수밀성 증대
③ 균열 발생 억제
④ 건조수축 방지
⑤ Prestress 도입효과

Ⅳ. 적용성

① 수밀을 요하는 구조물
② 정수장시설 등 지하구조물
③ 교량의 바닥틀
④ 터널 복공
⑤ 도로 포장공사

Ⅴ. 팽창재의 분류

1) 에트린가이트계

산화칼슘, 알루미나, 무수황산을 주성분으로 하고 팽창속도와 팽창량을 억제하기 위하여 주성분의 비율, 분말도, 제조 시의 소성도 등을 변화시킨 것이다.

2) 석회계

유리된 산화칼슘을 주성분으로 하며 시멘트의 수화반응을 이용한 것으로 제조과정
에서 소결, 피복, 점도 조정 등의 특별한 제조방법으로 제조된 것이다.

Ⅵ. 팽창 콘크리트의 분류

1) 수축 보상용 콘크리트

건조수축균열을 줄이는 데 주목적으로 사용되는 것으로서 콘크리트의 팽창을 철근
등에 의해 구속하여 건조수축에 의한 인장응력을 상쇄시키거나 줄이는 정도의 작
은 팽창력을 갖는 콘크리트이다.

2) 화학적 프리스트레스트 콘크리트

수축보상용 콘크리트보다 큰 팽창력을 갖는 것으로서 구속한 콘크리트에 건조수축
이 생긴 후에도 큰 화학적 Prestress가 남기 때문에 외력에 의한 인장응력에 저항
시키는 것을 목적으로 하는 콘크리트이다.

Ⅶ. 시공 시 유의사항

① 팽창재 및 팽창 콘크리트의 성질을 충분히 파악한다.
② 팽창성능강도, 내구성, 수밀성, 강재보호기능 및 품질변동이 적어야 한다.
③ 팽창재의 저장 및 취급 시 품질변화에 유의한다.
④ 팽창재의 사용량은 소요팽창률이 얻어지도록 시험에 의해 결정한다.
⑤ 팽창재의 믹서 투입은 시멘트와 동시 투입 또는 단독 투입 시 충분히 비벼지는
  것은 시험을 통하여 미리 확인한다.
⑥ 팽창 콘크리트의 양생은 적어도 5일간은 습윤상태를 유지한다.
⑦ 증기양생, 촉진양생을 실시할 경우 미리 시험을 통하여 확인하는 것이 원칙이다.
⑧ 포대가 파손되거나 저장기간이 길어진 경우에는 사용 전 품질시험으로 확인 후
  사용한다.

Ⅷ. 팽창 콘크리트 규정

① 팽창률시험치는 재령 7일 시험치를 기준으로 한다.
② 수축보상용 콘크리트 팽창률은 100×10^{-6} 이상, 250×10^{-6} 이하인 값을 표준
  으로 한다.
③ 화학적 Prestress용 콘크리트 팽창률은 200×10^{-6} 이상, 700×10^{-6} 이하인
  값을 표준으로 한다.
④ 팽창 콘크리트 강도는 재령 28일의 압축강도를 기준으로 한다.
⑤ 팽창재의 저장은 습기 침투 방지를 위해 사일로 또는 창고에 저장한다.
⑥ 포대팽창재는 지상 300mm 이상의 마루 위에 13포대 이상 적재를 금지한다.
⑦ 화학적 Prestress용 콘크리트의 단위시멘트량은 260kg/m^3 이상으로 한다.

58 | 화학적 프리스트레스트 콘크리트(Chemical Prestressed Concrete)

[06중(10)]

I. 정의

① 팽창시멘트를 사용하여 만든 콘크리트를 팽창 콘크리트라 하며, 그 종류에는 수축보상용 콘크리트와 화학적 프리스트레스트 콘크리트가 있다.

② 화학적 프리스트레스트 콘크리트는 큰 팽창력을 가진 콘크리트로서, 콘크리트 타설 후 큰 팽창력으로 프리스트레스트를 준 콘크리트이다.

③ 프랑스의 Lossier가 제안한 것으로 콘크리트관이나 콘크리트 포장과 같이 2방향으로 프리스트레싱을 필요로 하는 구조물에 이용되고 있다.

II. 화학적 프리스트레스트 콘크리트의 팽창 정도

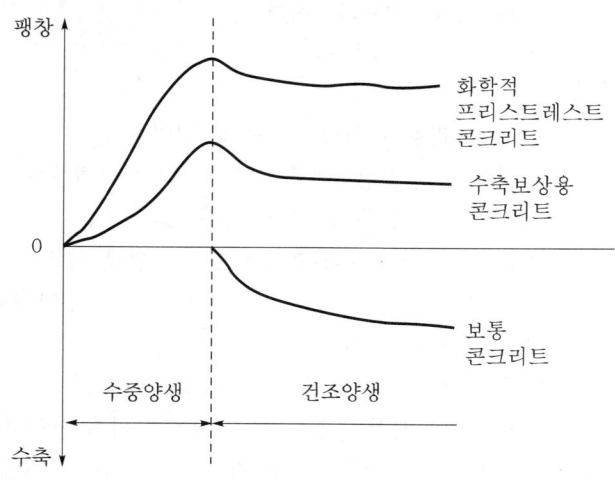

수축보상용 콘크리트보다 더 큰 팽창력을 가지고 있다.

III. 팽창 콘크리트의 분류

1) 수축보상용 콘크리트

건조수축균열을 줄이는 데 주목적으로 사용되는 것으로서 콘크리트의 팽창을 철근 등에 의해 구속하여 건조수축에 의한 인장응력을 상쇄시키거나 줄이는 정도의 작은 팽창력을 갖는 콘크리트이다.

2) 화학적 프리스트레스트 콘크리트

수축보상용 콘크리트보다 큰 팽창력을 갖는 것으로서 구속한 콘크리트에 건조수축이 생긴 후에도 큰 화학적 프리스트레스가 남기 때문에 외력에 의한 인장응력에 저항시키는 것을 목적으로 하는 콘크리트이다.

Ⅳ. 특징

    ① 강도 증대

    ② 수밀성 증대

    ③ 균열 발생 억제

    ④ 건조수축 방지

    ⑤ Prestress 도입효과

Ⅴ. 용도

  1) 수축보상용

    ① Grouting용

    ② 교량의 교각 상부 Shoe 부분

    ③ 콘크리트 구조물의 보수 · 보강용

    ④ 저수조, 수중구조물 등

  2) 프리스트레스트 도입분야

    ① 콘크리트 포장도로

    ② 콘크리트 흄관, 암거박스 등

59 내식(耐蝕) Concrete

[19중(10)]

I. 정의

Con'c 구조물이 대기 중에 수분·기온의 영향·화학약품·부식·침식 등에 대하여 충분히 견딜 수 있도록 한 Con'c를 말한다.

II. 철근의 부식과정

1) pH농도에 따른 철근의 부식속도

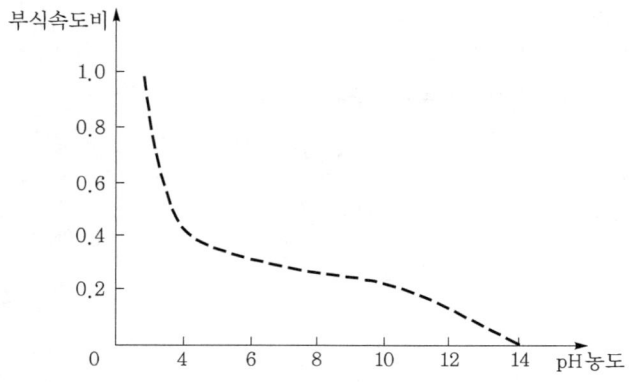

① 강알칼리(pH12~14)에서 철근부식 저하
② pH농도 10 이상 시 철근의 부동태막 형성

2) 철근의 부식

철근과 철근의 표면에 접하는 물질 사이에 생기는 화학반응에 의해 철근의 표면이 소모해가는 현상

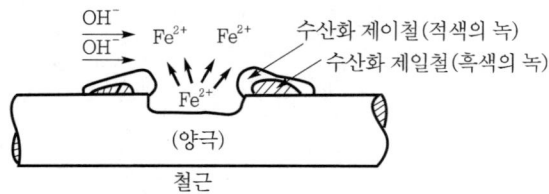

III. 화학적 침식에 의한 피해

① 구조체의 강도 저하
② 구조체의 균열 및 누수원인
③ Ccn'c의 열화원인
④ Ccn'c 구조물의 백화 발생

Ⅳ. 부식의 원인

① 염해   ② 탄산화

③ 알칼리골재반응   ④ 동결융해

⑤ 온도변화   ⑥ 건조수축

⑦ 황산염반응   ⑧ 전식

Ⅴ. 부식 방지대책(내식 Con′c)

① Polymer Concrete는 수밀성이 좋아 염해 및 탄산화에 강함

② 철근은 아연도금, Epoxy Coating 등을 하여 사용할 것

③ 알칼리골재반응이 적은 골재를 사용하고, 저알칼리형의 Cement를 사용

④ Pozzolan(고로Slag, Fly Ash, Silica Fume 등) 사용

⑤ 동결융해 방지를 위해 AE제, AE감수제 등의 혼화제 사용

⑥ 온도변화를 최소화하기 위해서는 중용열 Portland Cement(저열용 Cement) 사용

⑦ 건조수축을 방지하기 위해 분말도가 낮은 Cement와 입도가 좋은 골재 사용

⑧ 부재의 단면을 크게 하고, 피복두께는 두껍게 하며, 기공률을 적게 할 것

⑨ 전식을 방지하기 위해서는 항상 건조상태를 유지할 것

60 깬자갈(쇄석) 콘크리트

Ⅰ. 정의

① 최근에 골재수요의 증가는 하천골재의 부족현상을 가져와 굵은 골재가 깬자갈 (쇄석)로 대체되고 있는 실정에 있다.

② 깬자갈(쇄석)을 사용한 Con′c를 말하며, 강자갈 콘크리트에 비해 단위수량이 약간 커지지만 동일 물시멘트일 경우 강도가 커지는 장점이 있다.

Ⅱ. 파쇄공정 Flow Chart

1차 파쇄(粗碎)	→	2차 파쇄(中碎)	→	3차 파쇄(細碎)

Ⅲ. 깬자갈의 종류

① 현무암

② 안산암

③ 경질사암

④ 화강암 및 석회암 등

Ⅳ. 배합

① 강자갈 Con′c와 동일한 Slump를 얻기 위해서는 단위수량이 $10 \sim 20 \text{kg/m}^3$ 증가함

② 깬자갈골재는 강골재에 비해 실적률이 3~5% 적으므로 실적률이 1% 저하할 때마다 단위수량이 4% 증가됨

③ 실적률 1% 증가에 대한 잔골재율의 증가는 1%로 하고 있음

④ 잔골재율은 강골재 Con′c보다 3~5% 증가됨

Ⅴ. 품질 및 유의사항

① 화강암은 부술 때 균열이 남아 있을 우려가 있으므로 바람직하지 못함

② 알칼리골재반응시험을 거쳐 무해하다고 판정된 골재만 사용할 것

③ 깬자갈은 깨끗하고 내구적이며, 먼지·흙·유기 불순물 등의 유해량을 함유하지 않은 것 사용

④ 깬자갈의 실적률은 55% 이상이어야 함

⑤ 혼화제는 AE제 등의 표면활성제를 사용하고, 골재의 입형 조절, 시공연도를 개선할 필요가 있음

⑥ 강자갈보다 표면적이 크기 때문에 부착강도가 크게 됨

61 SEC(Sand Enveloped Cement) 콘크리트

I. 정의

① SEC는 모래표면에 시멘트입자를 부착시켜 골재의 표면부착강도를 증대하여 콘크리트의 강도·내구성을 향상시키는 방법이다.

② 골재의 수요 증가에 따른 양질의 골재가 고갈되어 석산골재·해안골재의 사용이 증가하고 있으나, 이에 대한 품질기준의 미확보로 콘크리트 강도 확보에 어려움이 생겨 개발된 것이다.

II. 원리도

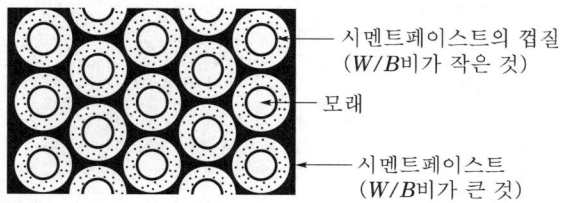

— 시멘트페이스트의 껍질 (W/B비가 작은 것)
— 모래
— 시멘트페이스트 (W/B비가 큰 것)

III. 공법원리

① 표면수량을 조절한 모래와 시멘트의 혼합으로 모래의 표면에 시멘트입자가 부착되어 W/B비가 적은 강한 겉껍질이 형성된다.

② 겉껍질 상호 간의 접촉으로 골재가 튼튼하게 연결된다.

③ 소량의 시멘트로 고강도 콘크리트 제조가 가능하다.

④ 세골재와 시멘트페이스트 표면 부착을 향상시켜 콘크리트 강도가 증대된다.

IV. 효과

① 골재의 재료분리현상 방지

② 강도의 확보로 구조물의 품질 향상

③ Bleeding 및 Laitance 감소

④ 콘크리트 응결·경화 시 체적변화 감소

⑤ 천연자원(석산골재, 해안골재 등)의 활용 가능

V. 제조과정 Flow Chart

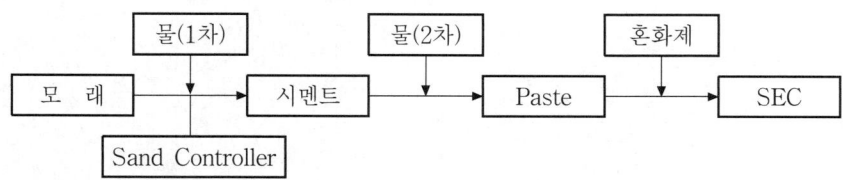

VI. 용도

① Tunnel공사의 Shotcrete용 콘크리트
② 콘크리트 Pile의 제조
③ 기타 기성 콘크리트 제품의 제조

62 무 세골재 콘크리트

Ⅰ. 정의

① 무 세골재 콘크리트는 배합에서 잔골재를 넣지 않고 10~20mm의 굵은 골재와 시멘트와 물만으로 만들어진 콘크리트이다.

② 내부에는 다량의 큰 간극이 형성되게 되는데, 이 간극이 무 세골재 콘크리트의 물리적 특성에 크게 영향을 끼치므로 무 세골재 콘크리트의 압축강도는 5~15MPa 정도로 보통 콘크리트보다 낮다.

Ⅱ. 제조원리

$$\boxed{\text{시멘트+굵은 골재(10~20mm)+물}} \xrightarrow{\text{제조}} \boxed{\text{콘크리트}} + \boxed{\text{간극}}$$

잔골재(모래)를 사용하지 않으므로 내부에 다량의 큰 간극이 형성됨

Ⅲ. 제조

구분	사용재료
골재의 입도	• 입도는 10~20mm 이내로, 20mm 이상은 최대 5% 이내이다. • 10mm를 통과하는 것도 최대 10% 이내가 되면 적합하다.
골재형상	• 구형에 가까운 형상의 골재를 선택한다. • 골재의 표면조직은 다소 거친 것이 부착에 좋다.
물시멘트비	• 반죽질기나 워커빌리티에 크게 좌우됨이 없이 단지 시멘트페이스트의 골재 피복 및 점착력 증진에 기인한다. • 보통 콘크리트의 물결합재비범위보다 상당히 낮은 수준에서 범위가 한정되어져야 한다.
단위시멘트량	• 큰 자갈이나 쇄석을 사용하고 시멘트골재 용적배합비가 1 : 8일 때 약 180kg/m^3 정도 소요된다. • 경량골재인 경우에는 1 : 6 배합비에 250kg/m^3 정도 시멘트량이 소요된다.

Ⅳ. 특성

1) 압축강도

① 일반적으로 무 세골재 콘크리트는 시멘트와 용적비로 1 : 6~1 : 10까지, 물시멘트비 40% 제조될 때 압축강도 5~15MPa 정도의 값을 갖는다.

② 무 세골재 콘크리트의 강도를 좌우하는 요인은 콘크리트의 밀실도에 따른 단위용적중량과 단위시멘트량, 골재용적배합비에 따른 시멘트페이스트의 골재피복 두께에 밀접한 관계가 있다.

2) 부착강도

① 일반적으로 무 세골재 콘크리트는 철근과의 부착이 약하기 때문에 철근콘크리트로는 사용하지 않는 것이 상례이다.

② 만일 철근을 사용할 경우 부착강도를 높이고, 부식을 막기 위해 약 2~3mm 정도의 시멘트페이스트를 피복하여 사용한다.

3) 건조수축

① 무 세골재 콘크리트의 건조수축은 같은 골재를 사용한 보통 콘크리트에 비하여 현저히 작은 약 60% 정도이다.

② 무 세골재의 건조수축은 그 전체의 80%가 타설 10일 이내에 발현되며, 보통 콘크리트는 같은 기간에 60% 정도이다.

63 방오(防汚, Antifouling) 콘크리트

Ⅰ. 정의

① 방오란 대기 중에서 구조물이 화학물의 부착으로 인해 변화나 노화되는 것을 방지하고, 다습한 환경에서 박테리아나 곰팡이 등의 부착 및 번식을 방지하며, 특히 해수 중에서 해양생물들의 부착 및 서식을 방지하는 것이다.

② 방오 콘크리트란 방오제(Antifouling Agent)를 콘크리트에 혼합하므로 장기간에 걸쳐 방오성능을 발휘하여 해양오염을 대폭 줄이는 것을 목적으로 한 콘크리트이다.

Ⅱ. 개발배경(문제점)

① 해양생물들이 선박 하부에 부착·서식으로 인한 선박 항속의 저하

② 항속 유지를 위한 에너지 소비의 증가

③ 해양구조물 외관의 손상

④ 구조물의 내구성 및 기능 저하

⑤ 원자력 및 화력발전소의 냉각설비계통이 해양생물에 의해 냉각효율이 저하되는 점

⑥ 발전소에서 이물질 제거를 위한 과다한 유지관리비 소요

⑦ 이물질 제거 시 설비가동 중단으로 인한 경제적 손실

Ⅲ. 방오 콘크리트 제조

폴리머시멘트 콘크리트 및 폴리머 콘크리트에 방오제를 혼합하여 제조한다.

1) 방오제

유기주석계와 구리계가 있다.

2) 결합재

폴리머시멘트 콘크리트와 폴리머 콘크리트가 있다.

3) 충전재 및 골재

① 충전재 : 중탄산칼슘, Fly Ash

② 골재 : 강모래 등의 일반 골재

Ⅳ. 방오제의 용출형태 및 방오성능

1) 용출형태

① 비마모성 용해형 : 방오페인트도막이 해수에 용해되면서 방오제를 용출시키는 형태

② 비용해형 : 고농도의 방오제를 함유하여 도막이 용해되지 않고, 방오제 상호 접촉으로 내부방오제가 용출되는 형태

③ 자기 마모형 : 도막이 가수분해와 용해작용이 일어나면서 방오제가 용출되는 형태

2) 방오성능
  ① 용출특성
    ㉠ 방오제의 용출특성은 비용해형 용출이다.
    ㉡ 용출속도는 초기에는 빠르고 30일 경과 후는 거의 일정하다.
  ② 해양폭로
    ㉠ 구리계 방오 콘크리트가 유기주석계보다 방오성능이 우수하다.
    ㉡ 폴리머 콘크리트가 폴리머시멘트 콘크리트보다 장기간에 걸쳐 일정한 방오
      성능을 나타낸다.

64 조습(燥濕) 콘크리트(Humidity Controlling Concrete)

I. 정의

① 최근 철근콘크리트 구조물의 보급과 알루미늄새시 등의 사용에 따른 실내의 기밀성이 높아진 결과 결로에 대한 많은 문제가 발생하게 되었다.

② 다공성이 뛰어난 제올라이트를 콘크리트에 혼합함으로써 습기를 흡착하는 우수한 조습성을 발휘하며, 습기에 의해 문제가 되는 병원, 미술관, 박물관 등에 습기에 대한 피해를 줄일 수 있다.

③ 이러한 천연 제올라이트를 이용하여 제조한 콘크리트를 조습 콘크리트라고 한다.

II. 제올라이트(zeolite)의 특징

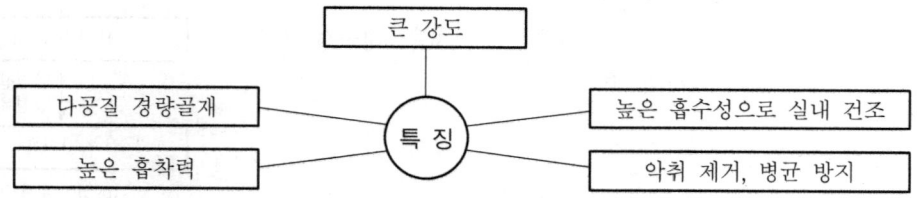

III. 천연 제올라이트의 조습성 재료로서의 성질

① 물을 우선적으로 흡착한다.
② 온도의 상승·하강에 대한 조습성의 영향이 크다.
③ 수증기압이 저하 시 흡습용량이 커진다.
④ 온도 의존성이 높다.

IV. 제올라이트 혼합 콘크리트의 효과

① 콘크리트 압축강도 증가
② 다공질 경량 콘크리트 제조
③ 알칼리함유량의 증가
④ 알칼리골재반응에 대한 억제효과
⑤ 질소산화물 같은 유해가스 흡수

V. 천연 제올라이트 주요 생산국

① 한국
② 중국
③ 일본

65 스마트 콘크리트

[16후(25)]

Ⅰ. 정의

① 스마트 콘크리트란 콘크리트 내부에 압전센서 및 광섬유센서를 내장시켜 온도 및 습도를 조절하거나 파괴에 저항하는 등 환경변화에 스스로 대응하는 콘크리트이다.

② 스마트 콘크리트 중 콘크리트에 발생한 균열을 스스로 감지하여 보수 및 복구를 하는 기능을 가진 콘크리트를 균열 자기치유(自己治癒) 콘크리트라고 한다.

Ⅱ. 스마트 콘크리트의 구성원리

① 유지관리에 효율적

② 구즈물 장수명화

③ Con'c 균열 저감대책 : 자기치유, 내구성 증대

④ 초기 공사비 증대

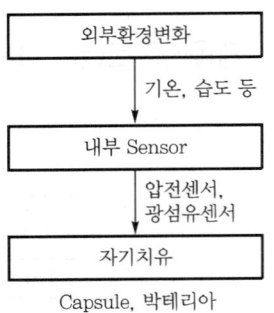

Ⅲ. 스마트 콘크리트의 특징

장점	단점
• 다양한 기능	• 초기 공사비 증가
• 효율적 관리	• 시공실적 적음
• 수명 연장	• 다양한 특성 개발 필요
• 내구성 확보	• 연구 개발 미흡

Ⅳ. 스마트 콘크리트의 종류

1) 내장형 광섬유센서 Smart Con'c

① 광감도센서, 간섭형 센서, 광섬유격자센서 등

② 보, 기둥접합부의 반복하중에 대한 안전성 및 내진성능 강화

③ 제작이 쉽고 견고하며 신호처리가 단순

④ 측정감도가 낮은 것이 단점

2) 캡슐형 Smart Con'c

① 캡슐에 기능성 물질을 내장하여 외부환경에 스스로 대응하는 콘크리트

② 항균캡슐 : 곰팡이에 대한 저항

③ 방충캡슐 : 방충성능 발휘

④ 에폭시캡슐 : 자기보수기능 강화

⑤ 조습제캡슐 : 습도조절기능 강화

3) 광촉매를 적용한 Smart Con'c
  ① 빛을 받아 산화작용을 일으킴으로써 각종 물질을 분해하는 콘크리트
  ② 수질 및 대기오염물질 제거
  ③ 살균, 탈취, 자기정화기능

Ⅴ. 스마트 콘크리트 사용 시 유의사항
  ① 품질의 균일성 사전 확인
  ② 혼화재료와의 상호 작용에 의한 부작용 확인
  ③ 사전에 충분한 시험을 거칠 것
  ④ 과다 사용 시 문제점에 대한 사전검토

Ⅵ. 균열 자기치유 콘크리트

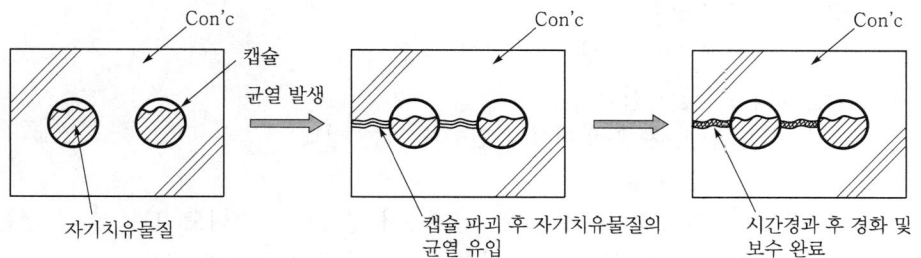

  ① 균열 발생 시 캡슐, 튜브, 형상기억합금 등으로 자기보수 및 치유하는 콘크리트
  ② 자기치유물질 배합 → 균열 발생 → 자기치유물질 균열부 유입 → 강도 발현

Ⅶ. 균열 자기치유 콘크리트의 종류

캡슐혼입형	튜브혼입형	형상기억합금방법
미세 균열보수용	대형 균열보수용	온도에 민감한 구조물

66 특수 콘크리트 관련 용어

1) PS강재
프리스트레스를 주기 위하여 사용하는 고강도의 강재

2) 초기 동해
응결경화의 초기에 받는 콘크리트의 동해

3) 내부구속응력
콘크리트 단면 내의 온도차에 의해 발생하는 내부구속작용에 의한 응력

4) 외부구속응력
새로 친 콘크리트 부재의 자유로운 열변형이 외부적으로 구속을 받을 때 발생하는 응력

5) 경량골재의 표건비중
표면건조상태에 있는 경량골재입자의 비중

6) 경량골재의 표면건조상태
습윤상쾌의 경량골재에 있어서 표면수가 없는 상태

7) 굵은 골재의 최소 치수
프리팩트 콘크리트에 쓰이는 굵은 골재에서 중량으로 적어도 95% 이상 남는 체 중에서 최대 치수의 체눈의 호칭치수로 나타낸 굵은 골재의 치수

8) 기건단위용적중량
경량골재가 대기 중의 자연건조상태에서의 단위용적중량

9) 부립률(浮粒率)
경량 굵은 골재 중 물에 뜨는 입자의 전경량 굵은 골재에 대한 중량백분율

10) 진공매트(Vaccum Mat)
① 콘크리트 표면을 진공으로 하여 물·공기를 제거하고, 대기의 압력으로 콘크리트를 가압하는 공법
② 진공 처리한 Concrete는 조기강도·내구성·마모성이 커지고, 건조수축이 적게 되므로 콘크리트 기성재의 제조에 사용

11) 물결합재비(W/B)
프리팩트 콘크리트에 있어서 Fly Ash 또는 기타의 혼화재를 사용하여 비빈 모르터 또는 콘크리트에서 골재가 표면건조포화상태에 있다고 보았을 때 풀(Paste) 속에 있는 물과 시멘트 및 Fly Ash, 기타 혼화재와의 중량비

12) 주입모르타르
프리팩트 콘크리트의 주입에 쓰는 모르타르로서 시멘트, Fly Ash 또는 기타의 혼화재료, 모래, 감수제, 알루미늄분말, 물 등을 혼합하여 만든 것

인생 안내

인간은 어디서 와서, 어디로 가며, 왜 사는가? 이 세 가지는 가장 보편적이고 근본적이며 본질적인 물음이다.

우연히 만난 남녀의 성 행위에서 수십억 중의 정자 하나가 난자 하나를 만나서 생긴 것이 인간이다.

인간을 형성하고 있는 화학적 요소를 분석하면 약간의 지방, 철분, 당분, 석회분, 마그네슘, 인, 유황, 칼륨 등과 염분과 대부분의 수분이 전부이다.

아마 화학 약품점에서 몇 천 원이면 살 수 있을 것이다. 거기다 고도로 발달한 동식물의 생명체가 들어 있다고 생각해 본다.

그러나 그런 사고로는 인간의 의미와 목적은 모른다. 자연에게 물어봐도 답이 없고 자신이나 과학이나 철학이나 종교에게 물어봐도 대답할 수 없다.

나를 만든 분만 알고 있다. 사람은 하나님의 형상으로 만들어 졌고, 천하보다 소중한 사랑의 대상이라고 성경이 가르쳐 준다.

성경은 인생의 안내도이고 예수님은 그 길의 안내자이자 이 세상은 우리의 영원한 주소가 아니다.

호출이 오면 언제라도 떠나야 하는 출생과 사망 사이의 다리를 통과하는 나그네이며, 예수가 그 길이요, 생명이다.

부록

과년도
출제경향
분석표

과년도 출제경향 분석표

구 분 / 연 도		12회[1975년]	13회[1976년]	14회[1977년]	15회[1978년(전반기)]	16회[1978년(후반기)]
토공	일반토공					
	연약지반					
	사면안정					
	옹벽, 보강토					
	건설기계					
기 초						
콘크리트	일반 콘크리트	⑩조강 Cement의 특성 ⑩Pozzoith Concrete		⑩ W/C와 σ_{28}의 관계 ⑩콘크리트 분리와 Bleeding 방지법 ⑩진동다짐공법 ⑩습윤양생방법		
	특수 콘크리트			⑩서중 콘크리트		
도 로		⑩Tremie Con'c ⑩Prepacked Con'c				
교 량						
터 널						
댐						
항 만						
하 천						
총 론						
구조계산 기타			※ 13회는 용어문제 미출제		※ 15회는 용어문제 미출제	※ 16회는 용어문제 미출제

구 분		17회[1979년]	18회[1980년]	19회[1981년(전반기)]	20회[1981년(후반기)]	21회[1982년(전반기)]
토 공	일반토공					⑩ 다짐관리방법
	연약지반					
	사면안정					
	옹벽, 보강토					⑩ 정지토압
	건설기계					⑩ 토공운반기계
기 초						
콘크리트	일반 콘크리트	⑩ 설계기준강도와 배합강도 ⑩ 조철근과 부철근 ⑩ 스트럽과 절곡철근 ⑩ 시방배합과 현장배합 ⑩ 포스트텐션과 프리텐션			⑩ Fly Ash ⑩ AE제 ⑩ 감수제 ⑩ 염화칼슘	⑩ Sliding Form ⑩ 현장배합
	특수 콘크리트					
도 로						
교 량						⑩ 고장력볼트 사용 교량가설 시공순서
터 널						⑩ 지발뇌관
댐						
항 만						
하 천						
총 론						
구조계산 기타			※ 18회는 용어문제 미출제	※ 19회는 용어문제 미출제		

구분 \ 연도		22회[1982년(후반기)]	23회[1983년]	24회[1984년]	26회[1985년]	28회[1986년]
토공	일반토공				⑩다짐밀도	
	연약지반			⑩Paper Drain		
	사면안정					
	옹벽, 보강토					⑳보강토공법
	건설기계					
기초		⑰Earth Anchor		⑩Underpinning		
콘크리트	일반 콘크리트				⑩Cold joint ⑩Creter Crane	⑳시방배합, 현장배합
	특수 콘크리트					
도로						
교량						
터널		⑩Smooth Blasting ⑩건축한계 차량한계 터널		⑩Bench Cut ⑩역라이닝공법	⑩Calmmite ⑩Jumbo Drill	⑳전단면 굴착공법 ⑳Pipe Messer
댐						
항만						
하천				⑩Crib Wall		
총론						
구조계산 기타			※ 23회는 용어문제 미출제			

구 분	연 도	29회[1987년]	31회[1988년]	32회[1989년]	33회[1990년(전반기)]	34회[1990년(후반기)]
토공	일반토공	⑫동결심도				⑩흙의 압축과 압밀
	연약지반					
	사면안정					
	옹벽, 보강토					
	건설기계				⑩Ripper Bility	
기 초		⑫Boiling 현상				
콘크리트	일반 콘크리트	⑫콘크리트 Shrinkage				⑩Dry Mixing Remicon ⑩Bleeding ⑩Cold Joint
	특수 콘크리트					
도 로		⑫CBR과 SN ⑫Feflection Crack			⑩Proof Rolling	
교 량					⑩Precast Block	⑩Preflex Beam
터 널					⑩지불선(Pay Line)	
댐					⑩Grout Lift	
항 만						
하 천						
총 론						
구조계산 기타			※ 31회는 용어문제 미출제	※ 32회는 용어문제 미출제		

구 분 \ 연 도		35회[1991년(전반기)]	36회[1991(후반기)]	37회[1992년(전반기)]	38회[1992년(후반기)]	39회[1993년(전반기)]
토공	일반토공					
	연약지반					
	사면안정					
	옹벽, 보강토					
	건설기계					
기 초						
콘크리트	일반 콘크리트			⑩ Cold Joint ⑩ 굵은 골재 최대치수 ⑩ 배합강도 ⑩ 변동계수		
	특수 콘크리트					
도 로						
교 량				⑩ 활하중 합성형		
터 널						
댐						
항 만						
하 천						
총 론						
구조계산 기타		※ 35회는 용어문제 미출제	※ 36회는 용어문제 미출제		※ 38회는 용어문제 미출제	※ 39회는 용어문제 미출제

연 도 / 구 분		40회[1993년(후반기)]	41회[1994년(전반기)]	42회[1994년(후반기)]	43회[1995년(전반기)]	44회[1995년(중반기)]
토공	일반토공			⑩토량환산의 L 및 C 값		⑳토공장비 운반거리 ⑳동결심도
	연약지반	⑳초하량 측정방법 ⑳연약지반 개량공법		⑩Preloading		
	사면안정					⑳Seed spray
	옹벽, 보강토					⑳정지토압
	건설기계			⑩불도저 작업원칙 ⑩Trafficability		
기 초				⑩말뚝의 부마찰력 ⑩진공케이슨 침하공법 ⑩Guide Wall의 역할	⑳Cap Beam concrete	⑳기초의 허용지내력
콘크리트	일반 콘크리트	⑳지름, 공칭지름 ⑳변동계수, 증가계수 ⑳안전성과 사용성		⑩PC강재의 Relaxation ⑩Creep ⑩철근 공칭단면적 ⑩골재의 유효흡수율 ⑩Cold Joint	⑳유동화제 ⑳해사사용 염해대책 ⑳알칼리 골재반응	⑳혼화제의 촉진제
	특수 콘크리트					
도 로				⑩CBR의 정의	⑳평판재하시험	⑳콘크리트포장 수축이음 ⑳Repaver와 Remixer
교 량				⑩FCM		⑳용접의 비파괴검사
터 널				⑩터널굴진시 Cycle 작업 종류 ⑩Shotcrete Rebound ⑩암반의 파쇄대	⑳NATM 계측종류, 설치장소 ⑳RQD ⑳규암의 시공상 특성	⑳암반발파시 자유면 ⑳암반 균열계수
댐				⑩Curtain Grouting	⑳Con'c 표면 차수댐	
항 만						
하 천						
총 론				⑩PERT · CPM에서 Total Float		⑳공정관리상의 비용구배
구조계산 기타			※ 41회는 용어문제 미출제			

구분	연도	45회[1995년(후반기)]	46회[1996년(전반기)]	47회[1996년(중반기)]	48회[1996년(후반기)]	49회[1997년(전반기)]
토공	일반토공		⑳흙의 동상		⑳점토지반, 모래지반, 전단특성	⑳흙쌓기의 노상재료 구비조건 ⑳토취장 선정조건
	연약지반		⑳동다짐공법 ⑳연약점토층의 1차 압밀, 2차 압밀	⑳약액주입공법		
	사면안정					
	옹벽, 보강토					
	건설기계				⑳서블계 굴착장비	
기초					⑳Slurry Wall ⑳유압 Hammer의 특징 ⑳개단말뚝과 폐단말뚝	
콘크리트	일반 콘크리트		⑳정착길이, 부착길이 ⑳소성수축균열 ⑳피로파괴, 피로강도 ⑳잔골재율	⑳SCF(Self Climbing Form) ⑳거푸집 동바리의 안정성 및 시공성 ⑳Preflex Beam	⑳경량골재 종류 ⑳PC의 Relaxation	⑳중공 Slab 균열원인대책 ⑳알칼리 골재반응 ⑳콘크리트 방식 ⑳극한한계 상태, 사용한계 상태
	특수 콘크리트		⑳온도제어 양생			
도로				⑳아스팔트포장 장비조합 ⑳콘크리트포장 이음	⑳아스팔트 혼합물에 석분을 넣는 이유	
교량				⑳용접결함 원인		⑳강구조 압축부재, 휨부재 연결 ⑳강재방식 공법 ⑳연속곡선교의 교좌배치
터널				⑳지발뇌관		
댐			⑳기초 Grouting		⑳흙댐의 Piping 현상과 원인	
항만			⑳자주승강식 바지			
하천						
총론				⑳통계적 품질관리	⑳$\bar{x} - R$ 품질관리기법 ⑳공정관리기법	
구조계산 기타		※ 45회는 용어문제 미출제				

구분		연도 / 50회[1997년(중·전반기)]	51회[1997년(중·후반기)]	52회[1997년(후반기)]	53회[1998년(전반기)]	54회[1998년(중·전반기)]
토공	일반토공	⑳유토곡선	㉑토공 정규			
	연약지반			㉙연약지반 치환공법		㉚침하 압밀도 관리방법
	사면안정			㉚산사태 원인		
	옹벽, 보강토					
	건설기계		㉑건설기계 경제수명	㉛불도저 작업원칙		
기초		㉒깊은 기초의 종류와 특징 ㉓말뚝의 지지력 산정방법	㉒지하연속벽	㉛개단, 폐단 말뚝	㉑말뚝 하중전이 함수	
콘크리트	일반 콘크리트	㉔호화재와 혼화제의 차이	㉓콘크리트구조물, 줄눈	㉒철근의 이음 ㉓Con'c 시공이음 ㉔콘크리트 초기균열		㉒균열유발 줄눈의 설치목적
	특수 콘크리트	㉕서중콘크리트의 양생			㉒매스콘크리트 온도, 균열지수	㉓PSC Grout 재료의 품질조건
도로		㉖Asphalt 포장파손 원인과 대책				
교량		㉗균순, 연속, 겔버교의 비교			㉓2경간 연속합성교 슬래브 시공순서 ㉔포트받침과 탄성고무받침 비교	
터널		㉘터널의 삼각지보	㉔NATM 계측	㉕심빼기 발파		
댐					㉕록필댐 심벽재료, 성토시험 ㉖석괴댐 유수전환	㉔표면 차수벽 석괴댐 ㉕커튼 Grouting의 목적
항만		㉙Caisson 진수방법			㉗케이슨 진수공법 ㉘방조제 최종물막이 시공계획	
하천						
총론			㉕클레임(Claim) ㉖Lead Time ㉗ISO 9000 시리즈	㉖크리티컬 패스(Critical Path)	㉙국제 입찰방법	㉖공사비 내역체계 통일 이유 ㉗품질통제 Q/C와 품질보증 Q/A ㉘안전공학 검토의 필요성 ㉙공사관리의 4대 요소
구조계산 기타						

구분		55회[1998년(중·후반기)]	56회[1998년(후반기)]	57회[1999년(전반기)]	58회[1999년(중반기)]	59회[1999년(후반기)]
토공	일반토공	다짐도 판정 / 국부전단파괴와 전반전단 파괴	CBR과 N치의 관계 / 퀵샌드	Sounding		반절토, 반성토 단면의 축조시 유의사항
	연약지반	연약지반 개량공법 선정기준		Pack Drain		동압밀공법
	사면안정					
	옹벽, 보강토					
	건설기계		건설기계의 작업효율		크랏샤 장비조합	
기초		정보화 시공		유선망 / SIP	Boiling / 얕은 기초와 깊은 기초	Underpinning / 정적 재하시험과 동적 재하시험
콘크리트	일반 콘크리트	가외철근 / 시방배합과 현장배합		균열유발줄눈 / 피로한도 / 온도균열지수	콘크리트 피복두께 / 환경지수와 내구지수	피로파괴
	특수 콘크리트	팽창콘크리트	강섬유보강 콘크리트			
도로		완성노면 검사항목	반사균열			
교량				응력부식		
터널			지불선 / Pre Splitting	RQD와 판정 / 도폭선	RQD와 판정 / 도폭선	Smooth Blasting / Swellex Rock Bolting
댐						Consolidation Grouting / Lugeon치
항만						
하천						
총론		비용구배	공동계약 / 공정관리곡선		GIS	
구조계산 기타						

구분		60회[2000년(전반기)]	61회[2000년(중반기)]	62회[2000년(후반기)]	63회[2001년(전반기)]	64회[2001년(중반기)]
토공	일반토공	⑩토량환산계수	⑩최적함수비 설명 ⑩동결깊이 ⑩상대밀도	⑩Bulking 현상	⑩평판재하시험	⑩소성지수 ⑩Over Compaction ⑩흙의 다짐원리 ⑩하수관의 시공검사 ⑩N값의 수정
	연약지반					
	사면안정					
	옹벽, 보강토	⑩옹벽의 안정조건				
	건설기계	⑩건설기계의 작업효율	⑩준설선의 종류	⑩건설기계 마력	⑩Trafficability	
기초		⑩무리말뚝	⑩벤토나이트 ⑩배토말뚝과 비배토말뚝			⑩지하연속벽의 Guide Wall
콘크리트	일반 콘크리트	⑩조기강도 평가	⑩Expansion Joint	⑩철근콘크리트의 사용성과 내구성 ⑩유효높이와 피복두께 ⑩철근의 정착길이 ⑩운반중의 슬럼프 및 공기량 변화 ⑩PC강재의 Relaxation	⑩유동화제 ⑩배합강도 ⑩Creep 현상 ⑩골재의 조립률	⑩열화현상
	특수 콘크리트					
도로		⑩교면포장공법 ⑩아스팔트 포장의 석분	⑩분리막의 역할 ⑩평탄성 지주	⑩Marshall 시험	⑩Reflection Crack ⑩Guss Asphalt ⑩Proof Rolling	⑩아스팔트포장용 굵은 골재 ⑩라텍스 콘크리트포장
교량		⑩강재 비파괴시험 방법		⑩강구조물의 수명과 내용년수	⑩Preflex Blasting	
터널		⑩Bench Cut 발파 ⑩터널의 여굴 ⑩숏크리트의 특성	⑩Smooth Blasting	⑩불연속면	⑩Cushion Blasting	⑩가축지보공 ⑩암반반응곡선
댐			⑩Piping 현상	⑩양압력 방지대책	⑩Curtain Wall Grouting	
항만			⑩혼성방파제의 구성요소	⑩소파공		⑩해안구조물에 작용하는 잔류수압
하천		⑩제방의 침윤선		⑩Cavitation		
총론		⑩Critical Path	⑩Value Engineering		⑩공사의 진도관리지수	⑩건설사업관리 중 Life Cycle Cost
구조계산 기타						

구분		65회[2001년(후반기)]	66회[2002년(전반기)]	67회[2002년(중반기)]	68회[2002년(후반기)]	69회[2003년(전반기)]
토공	일반토공		⑩최적함수비 ⑩내부마찰각과 안식각 ⑩Ice Lense 현상	⑩N치 활용법 ⑩동결심도 결정방법 ⑩토량환산계수 ⑩액상화	⑩흙의 다짐특성 ⑩노체성토부의 배수대책	
	연약지반		⑩압성토공법 ⑩진공압밀공법		⑩RJP 공법	⑩Preloading
	사면안정		⑩Land Creep		⑩낙석방지공	
	옹벽,보강토			⑩보강토공법		
	건설기계			⑩장비의 주행성		
기 초		⑩무리말뚝	⑩Earth Drill 공법 ⑩유선망 ⑩Quick Sand 현상 ⑩Pile Lock	⑩PHC 파일	⑩콘크리트구조물 기초의 필요조건	⑩부마찰력
콘크리트	일반콘크리트	⑩정철근과 부철근 ⑩W/C비 선정방식 ⑩Cold Joint ⑩Fly Ash ⑩골재의 유효흡수율	⑩콘크리트의 건조수축	⑩콜드조인트 ⑩콘크리트의 적산온도	⑩주철근과 전단철근 ⑩설계기준강도와 배합강도 ⑩프리텐션과 포스트텐션 공법	⑩굳지 않은 콘크리트의 성질 ⑩배합강도 ⑩염분과 철근방청
	특수콘크리트			⑩팽창콘크리트		
도 로		⑩Dowel Bar ⑩Emulsified Asphalt ⑩콘크리트포장 보조기층의 역할	⑩교면포장		⑩소성변형	⑩포장 평탄성 관리기준 ⑩타이바와 다웰바 ⑩투수성 콘크리트포장
교 량					⑩교좌가동받침 ⑩프리플렉스보	
터 널		⑩팽창성 파쇄공법 ⑩숏크리트 응력측정		⑩숏크리트의 특성	⑩심빼기 발파	⑩침매공법 ⑩Face Mapping
댐		⑩Curtain Grouting			⑩Lugeon치	
항 만						⑩Dolphin
하 천						
총 론		⑩비용구배	⑩건설 CALS	⑩공정의 경계속도 ⑩가치공학		⑩PDM 공정표 작성방식 ⑩공정, 공사비 통합관리체계
구조계산 기타						

구분		70호[2003년(중반기)]	71회[2003년(후반기)]	72회[2004년(전반기)]	73회[2004년(중반기)]	74회[2004년(후반기)]
토공	일반토공	⑩흙의 연경도 ⑩들밀도시험	⑩평판재하시험		⑩모래밀도별 N값과 내부 마찰각	
	연약지반	⑩패드레인공법 시공순서		⑩지진파(지반 진동파)		⑩압밀과 다짐의 차이
	사면안정					
	옹벽, 보강토					
	건설기계			⑩Impact Crusher ⑩시공효율		⑩유압식 Back Hoe 작업량
기초			⑩Open Caisson 마찰력 감소 방법 ⑩양압력	⑩Pile Cushion		⑩Prepacked Concrete 말뚝 ⑩G.P.R(Ground Penetrating Radar)
콘크리트	일반 콘크리트	⑩할렬시험법 ⑩철근의 표준갈고리	⑩강재의 전응력과 공칭응력 ⑩잠재 수경성과 포촐란 반응 ⑩고성능 감수제와 유동화제	⑩Pumpability ⑩유효흡수율과 흡수율 ⑩Silica fume ⑩소성수축균열	⑩피복두께와 유효높이 ⑩워커빌리티 측정방법 ⑩취도계수 ⑩Creep ⑩비말대와 강재부식속도 ⑩POP Out 현상 ⑩Pre-Wetting	⑩촉진양생 ⑩배합강도 결정방법 ⑩응력부식
	특수 콘크리트	⑩해안콘크리트	⑩고성능 콘크리트 ⑩Pipe Cooling			
도로		⑩상온 유화아스팔트 콘크리트	⑩Proof Rolling ⑩분리막	⑩투수성포장	⑩Pr.I	⑩Surface Recycling
교량				⑩공중작업비계		
터널			⑩미진동 발파공법 ⑩RQD	⑩RMR ⑩도막방수	⑩2차 폭파 ⑩Spring Line	⑩Line Drilling Method
댐			⑩Consolidation Grouting		⑩Lugeon치	
항만		⑩대안거리				
하천		⑩제방널선 ⑩설계 강우강도				⑩유출계수
총론		⑩공정관리곡선 ⑩GIS ⑩패스트트랙방식		⑩건설공사 위험도 관리	⑩Fast Track Construction	⑩교량의 L.C.C ⑩Project Financing ⑩Risk 관리 3단계
구조계산 기타						

연도 / 구분		75회[2005년(전반기)]	76회[2005년(중반기)]	77회[2005년(하반기)]	78회[2006년(전반기)]	79회[2006년(중반기)]
토공	일반토공	⑩최적함수비(O.M.C) ⑩통일분류법, 흙의 성질 ⑩슬레이킹현상	⑩토량의 체적환산계수(f) ⑩트래피커빌리티 ⑩영공기 간극곡선 ⑩흙의 다짐도	⑩Trench cut 공법 ⑩Atterberg 한계	⑩점토의 예민비	
	연약지반	⑩한계성 토고				⑩점성토지반의 교란효과
	사면안정		⑩평사투영법			
	옹벽, 보강토					
	건설기계		⑩건설기계 경비의 구성			⑩건설기계의 경제적 사용기간
기 초		⑩부마찰력		⑩Pier 기초공법 ⑩잔류수압		⑩말뚝의 동재하시험
콘크리트	일반 콘크리트	⑩분리이음(Isolation Joint) ⑩허니콤(Honeycomb)	⑩콘크리트 블리딩 및 레이턴스 ⑩에코 콘크리트 ⑩콘크리트 황산염 침식	⑩현장배합 ⑩철근콘크리트 보의 철근비 규정	⑩시멘트의 풍화 ⑩불량 레미콘 처리 ⑩황산염과 에트린가이트(Ettringite) ⑩폴리머함침 콘크리트 ⑩개정된 콘크리트 표준 시방서상 부순 굵은 골재의 물리적 성질	⑩화학적 프리스트레스트 콘크리트 ⑩콘크리트의 피로강도
	특수 콘크리트			⑩폴리머콘크리트		⑩콘크리트의 적산온도
도 로		⑩도로지반의 동상 및 융해	⑩콘크리트 포장의 스폴링현상 ⑩배수포장		⑩그루빙(Grooving)	⑩도로포장의 반사균열
교 량				⑩표준트럭 하중	⑩강재의 저온균열, 고온균열	
터 널		⑩조절발파(제어발파) ⑩지불선(Pay Line)		⑩Smooth Blasting		⑩암반의 취성파괴 ⑩터널지반의 현지응력
댐		⑩커튼 그라우팅		⑩Consolidation Grouting	⑩유수지(流水池)와 조절지(調節池) ⑩흙댐의 유선망과 침윤선	⑩가능 최대홍수량
항 만				⑩소파공	⑩피복석(Armor Stone)	
하 천						
총 론		⑩프로젝트 퍼포먼스 스테터스 ⑩WBS(Work Breakdown Structure)	⑩건설 CITIS	⑩건설기술관리법에 의한 감리원의 기본임무 ⑩비용구배	⑩비용 편익비(B/C Ratio) ⑩공사원가 계산시 경비의 세비목(細費目)	⑩내부 수익률 ⑩가치공학에서 기능계통도 ⑩공정원가 통합관리에서 변경 추정예산
구조계산 기타			⑩무도장 내후성 강재			

구분 / 연도		80회[2006년(후반기)]	81회[2007년(전반기)]	82회[2007년(중반기)]	83회[2007년(후반기)]	84회[2008년(전반기)]
토공	일반토공	⑩딕소트로피(Thixotropy)현상 ⑩유토곡선(Mass Curve)	⑩콘관입시험 ⑩진동다짐공법 ⑩트래버스측량	⑩최적 함수비(OMC)	⑩최대건조밀도	⑩Atterberg Limits ⑩다짐도 판정방법
	연약지반			⑩측방유동	⑩연약지반 정의와 판단기준	
	사면안정	⑩사면거동 예측방법				
	옹벽, 보강토					⑩침투수가 옹벽에 미치는 영향
	건설기계		⑩호퍼준설선			
기 초		⑩분사현상(Quick Sand) ⑩말뚝의 부마찰력 ⑩직접기초에서의 지반파괴 형태	⑩히빙(Heaving)현상 ⑩말뚝의 부마찰력	⑩지하연속벽(Diaphram Wall) ⑩하이브리드 Caisson ⑩타입말뚝 지지력의 시간경과 효과(Time Effect)		⑩파일벤트공법 ⑩부력과 양압력 차이점
콘크리트	일반 콘크리트	⑩보의 유효높이와 철근량 ⑩레미콘 현장반입검사	⑩철근의 정착 ⑩콘크리트의 염해		⑩콘크리트 내구성지수	
	특수 콘크리트	⑩콘크리트 수화열 관리방안				
도 로			⑩재생포장	⑩Concrete 포장의 분리막	⑩콘크리트포장의 시공조인트 ⑩아스팔트포장에서 러팅	⑩피로균열
교 량			⑩비파괴시험	⑩FCM 공법 ⑩자정식 현수교 ⑩현장 용접부 비파괴검사 방법	⑩강재의 용접결함	⑩FSLM
터 널		⑩암반의 SMR 분류법 ⑩암반에서의 현장투수시험 ⑩암굴착시 시험발파	⑩프리스플리팅	⑩RMR(Rock Mass Rating) ⑩Slurry Shield TBM 공법 ⑩침매터널	⑩페이스 매핑(Face Mapping) ⑩콘크리트 라이닝의 기능 ⑩발파진동의 지배요소	⑩강관다단 그라우팅
댐		⑩Dam의 감쇄공 종류 및 특성	⑩비상여수로		⑩필댐의 수압할열 ⑩석괴댐의 프린스	
항 만						⑩방파제의 피해원인
하 천						
총 론			⑩위험도 분석	⑩BTL과 BTO	⑩최소비용 촉진법 ⑩최고가치 낙찰제	⑩국가 DGPS 서비스시스템 ⑩VE의 정의 ⑩클레임 유형 및 해결방법 ⑩LCC활용과 구성항목
구조계산 기타						

구분 \ 연도		85회[2008년(중반기)]	86회[2008년(후반기)]	87회[2009년(전반기)]	88회[2009년(중반기)]	89회[2009년(후반기)]
토공	일반토공	⑩최적함수비(OMC) ⑩N값의 수정		⑩Thixotropy현상(예민비)	⑩GBR탐사	⑩표준관입시험(SPT) ⑩과소압밀(Under Consolidation) 점토
	연약지반	⑩경량성토공법		⑩폭파치환공법	⑩압성토공법	
	사면안정					
	옹벽, 보강토					
	건설기계	⑩건설기계의 손료				
기초			⑩Suction Pile ⑩지수벽	⑩평판재하시험 결과 이용시 주의사항 ⑩보상기초 ⑩돗바늘공법	⑩사항(斜杭)	⑩말뚝시공방법 중 타입공법과 매입공법 ⑩RBM(Raised Boring Machine)
콘크리트	일반콘크리트	⑩콘크리트 블리딩 및 레이턴스 ⑩콘크리트의 탄성화 ⑩균열유발줄눈		⑩LB(Lattice Bar) Deck	⑩알칼리골재반응	⑩설계기준강도와 배합강도
	특수콘크리트		⑩온도균열	⑩고유동콘크리트	⑩폴리머 시멘트 콘크리트	⑩고내구성 콘크리트
도로			⑩장수명 포장 ⑩철도의 강화노반		⑩폴리다짐콘크리트포장 ⑩포장의 그루빙	⑩저탄소 중온 아스팔트콘크리트 포장
교량		⑩강제의 릴랙세이션	⑩IPC 거더교량 가설공법 ⑩교량의 내진과 면진설계 ⑩측방유동	⑩교량의 교면방수 ⑩소수 주형(girder)교	⑩FCM	⑩하이브리드(Hybrid) 중로 아치교
터널				⑩Discontinuity(불연속면)	⑩Smooth Blasting ⑩프런트잭킹 공벌	⑩피암터널 ⑩TSP(Tunnel Seismic Profiling) 탐사
댐		⑩콘크리트 표면차수벽댐				
항만				⑩Cell 공법에 의한 가물막이 ⑩부잔교		⑩유보율(항만공사시)
하천		⑩부영양화	⑩하천생태호안	⑩Siphon	⑩하천의 고정보 및 가동보	
총론		⑩물가변동률 ⑩순수형 CM 계약방식 ⑩BOT	⑩GIS기법 ⑩가상건설시스템 ⑩건설분야 LCA ⑩수급인의 하자담보책임		⑩총 공사비 구성요소 ⑩건설분야 RFID	⑩비상주 감리원 ⑩비용편익비(B/C Ratio)
구조계산 기타						

구분		90회[2010년(전반기)]	91회[2010년(중반기)]	92회[2010년(후반기)]	93회[2011년(전반기)]	94회[2011년(중반기)]
토공	일반토공	⑩ 흙의 연경도(Consistency) ⑩ CBR(California Bearing Ratio) ⑩ 흙의 액상화(Liquefaction)		⑩ 내부마찰각과 N값의 상관관계 ⑩ 토량환산계수	⑩ 최적함수비(OMC)	⑩ 흙의 통일분류법 ⑩ 유토곡선(mass curve)
	연약지반			⑩ SCP(Sand Compaction Pile)	⑩ 선재하(Pre-Loading) 압밀공법 ⑩ 심층혼합처리(Deep Chemical Mixing) 공법	
	사면안정	⑩ 랜드크리프(Land Creep)				
	옹벽, 보강토					
	건설기계	⑩ 건설기계의 시공효율			⑩ 건설기계의 조합 원칙	⑩ 준설토 재활용방안 ⑩ 흙의 입도분포에 의한 주행성
기 초		⑩ 유선망(Flow Net)	⑩ 앵커체의 최소심도와 간격(토사지반) ⑩ 말뚝의 시간효과(Time Effect)	⑩ 소일네일링(Soil Nailing) 공법	⑩ 히빙(Heaving) 현상	⑩ 말뚝의 주변마찰력
콘크리트	일반콘크리트	⑩ 골재의 조립률(FM)	⑩ 물-결합재비 ⑩ 현장배합과 시방배합 ⑩ PSC 강재 그라우팅	⑩ SCF(Self Climbing Form) ⑩ 콘크리트 자기수축 현상 ⑩ 환경지수와 내구지수	⑩ 철근과 콘크리트의 부착강도 ⑩ 강재의 전기방식 ⑩ H형 강말뚝에 의한 슬래브의 개구부 보강	⑩ 잔골재율(s/a) ⑩ Prestress의 손실
	특수콘크리트		⑩ 콘크리트의 인장강도	⑩ 팽창콘크리트	⑩ 수중불분리성 콘크리트	⑩ 수밀콘크리트와 수중콘크리트
도 로		⑩ 개질아스팔트 ⑩ 줄눈 콘크리트포장 ⑩ 도로의 평탄성측정방법(PRI)				⑩ 포스트텐션 도로포장
교 량		⑩ TMC(Thermo-Mechanical Control)강	⑩ 하천의 교량 경간장 ⑩ 측방유동	⑩ 풍동시험		⑩ 사장교와 현수교의 특징 비교
터 널		⑩ 일체식 교대교량(Intergral Abutment Bridge)	⑩ Air Spinning 공법 ⑩ Segment의 이음방식(쉴드터널)	⑩ 벤치컷(Bench Cut) 공법	⑩ 터널의 페이스매핑(Face Mapping) ⑩ 계측터널의 계측빈도	⑩ 터널의 여굴발생 원인 및 방지대책 ⑩ 터널의 인버트 정의 및 역할
댐				⑩ 필댐(Fill Dam)의 수압과 쇄현상		
항 만			⑩ 약최고고조위(AHHWL)			
하 천			⑩ 계획홍수량에 따른 여유고		⑩ 설계강우강도	
총 론		⑩ 용역형 건설사업관리(CM for fee)	⑩ 실적공사비	⑩ 순환골재 콘크리트 ⑩ 공정비용 통합시스템	⑩ 공정관리의 주요 기능	⑩ 건설 자동화(construction automation)
구조계산 기타						

구분	연도	95회[2011년(후반기)]	96회[2012년(전반기)]	97회[2012년(중반기)]	98회[2012년(후반기)]	99회[2013년(전반기)]
토공	일반토공	⑩흙의 다짐원리 ⑩토공의 다짐도 판정방법 ⑩평판재하시험(PBT) 적용시 유의사항		⑩평판재하시험결과 적용시 고려사항	⑩영공기 간극곡선(zero air void curve) ⑩흙의 소성도(Plasticity chart)	⑩도로동결융해
	연약지반				⑩연약지반에서 발생하는 공학적 문제	
	사면안정		⑩토석류(debris flow) ⑩Land slide와 Land creep			
	옹벽, 보강토		⑩토류벽의 아칭현상			
	건설기계	⑩건설기계의 주행저항(trafficabillty) 판단	⑩흙의 입도분포에 의한 기계화 시공방법 판단기준	⑩건설기계의 트래피커빌리티(trafficability)		
기초			⑩침투수력(seepage force)	⑩내부 굴착 말뚝	⑩폐단말뚝과 계단말뚝	⑩토사지반에서의 앵커의 정착길이 ⑩말뚝의 폐색효과(plugging)
콘크리트	일반콘크리트	⑩교각의 슬립폼(slip form) ⑩공칭강도와 설계강도	⑩철근콘크리트 보의 내하력과 유효높이 ⑩강선 긴장순서와 순서 결정이유	⑩철근배근의 검사항목 ⑩콘크리트의 보수재로 선정기준	⑩강관 말뚝의 부식원인과 방지대책 ⑩콘크리트 배합 결정에 필요한 항목	⑩콘크리트의 철근 최소피복두께 ⑩슬립폼 공법 ⑩수화조절제 ⑩지연줄눈(delay joint)
	특수콘크리트	⑩진공 콘크리트	⑩콘크리트 폭열현상	⑩물보라지역(splash zone)의 해양 콘크리트 타설		
도로		⑩아스팔트(asphalt)의 소성변형 ⑩포장콘크리트의 배합기준 ⑩아스팔트 콘크리트의 반사균열		⑩공용 중의 아스팔트 포장 균열		⑩철도공사시 캔트(cant)
교량			⑩부체교(floating bridge) ⑩PCT(Prestressed Composite Truss) 거더교 ⑩사장교와 엑스트라도즈교의 구조특성	⑩현수교의 지중정착식 앵커리지(anchorage) ⑩교량받침의 손상원인	⑩홈(groove) 용접에 대한 설명과 그림에서의 용접 기호 설명 ⑩PSC 거더(girder)의 현장 제작장 선정요건	
터널			⑩지불선(pay line)	⑩막장 지지코어공법 ⑩터널 발파시의 진동 저감대책	⑩양반의 Q-system 분류 ⑩수직갱에서의 RC(raise climber) 공법	⑩인공지반(터널의 갱구부) ⑩산성암배수(acid rack drainage)
댐		⑩블랭킷 그라우팅(blanket grouting)			⑩확장레이어공법(ELCM : Extended Layer Contruction Method)	⑩검사랑(檢査廊, Inspection Gallery)
항만						⑩케이슨 안벽
하천		⑩용존공기부상(DAF : Dissolved Air Floatation)		⑩하천의 역행 침식(두부침식)	⑩하천공사에서 지층별 수리특성 파악을 위한 조사내용	
총론		⑩비용경사(cost slopre)	⑩시공상세도 필요성	⑩시공속도와 공사비의 관계	⑩추가공사에서 additional work와 extra work의 비교	⑩안전관리계획 수립대상공사의 종류
구조계산 기타						

구 분		100회[2013년(중반기)]	101회[2013년(후반기)]	102회[2014년(전반기)]	103회[2014년(중반기)]	104회[2014년(후반기)]
토공	일반토공	⑩ 한계성토고 ⑩ 용적팽창현상(Bulking) ⑩ 비화작용(Slacking)	⑩ 공사 착수 전 확인측량	⑩ 압밀도 ⑩ 유선망 ⑩ 표면장력	⑩ 분니현상(Mud Pumping) ⑩ 도로공사에서 노상의 지내력을 구하는 시험법	⑩ 입도분포곡선
	연약지반					⑩ 연약지반의 계측 ⑩ 스미어존(Smear Zone)
	사면안정					
	옹벽, 보강토				⑩ 3경간 연속보, 캔틸레버 옹벽의 주철근 배근도 작성	
	건설기계					
기 초				⑩ 도심지 흙막이 계측 ⑩ 주동말뚝과 수동말뚝		
콘크리트	일반 콘크리트	⑩ 콘크리트의 수축보상 (Shrinkage Compensation)	⑩ 구조물의 신축이음과 균열유발이음 ⑩ 가로좌굴(Lateral Buckling) ⑩ 양생지연(Curing Delay) ⑩ 경량골재의 특성과 경량골재계수	⑩ 강도와 응력 ⑩ 철근갈고리의 종류	⑩ W/C와 W/B ⑩ Air Pocket이 콘크리트 내구성에 미치는 현상	⑩ 자기수축균열 ⑩ 유리섬유폴리머보강근
	특수 콘크리트		⑩ 수중콘크리트			
도 로		⑩ Fop Out 현상 ⑩ 다쉘시험에 의한 설계 아스팔트량 결정방법	⑩ 콘크리트 포장의 소음저감		⑩ 콘크리트 포장의 분리막 ⑩ 아스팔트 콘크리트의 시험포장	
교 량		⑩ 앵커볼트매입공법	⑩ 침윤세굴 ⑩ 현수교의 무강성 가설공법	⑩ 교량 하부공의 시공관리를 위한 조사항목	⑩ 교량에 작용하는 주하중, 부하중, 특수하중의 종류	⑩ 교량 신축이음장치 ⑩ 2중합성교량
터 널			⑩ 침매공법	⑩ 암반의 불연속면	⑩ 피암터널	⑩ 터널 미기압파 ⑩ Shield TBM 굴진시의 체적손실 ⑩ 터널 막장의 주향과 경사
댐		⑩ 가중크리프비(Weight Creep Ratio)	⑩ 댐의 프린스(Plinth)			
항 만					⑩ 잔교식 안벽	⑩ 돌핀(Dolphin)
하 천			⑩ 제방의 측단 ⑩ 호안구조의 종류 및 특징	⑩ 도수(Hydraulic Jump)		
총 론		⑩ 토석정보시스템(EIS) ⑩ 현장안전관리를 위한 현장소장의 직무 ⑩ 프로젝트금융(PF) ⑩ 물량내역수정입찰제		⑩ 자원배당 ⑩ 대체적 분쟁해결제도	⑩ 수도권 대심도 지하철도(GTX)의 계획과 전망 ⑩ PMIS ⑩ 공사계약보증금이 담보하는 손해의 종류	⑩ 바나나곡선
구조계산 기타		⑩ 중첩보와 합성보의 역학적 차이점		⑩ 표준안전난간		⑩ 완전합성보와 부분합성보

구분	연도	105회[2015년(전반기)]	106회[2015년(중반기)]	107회[2015년(후반기)]	108회[2016년(전반기)]	109회[2016년(중반기)]
토공	일반토공	⑩ 지반조사방법 중 사운딩의 종류 ⑩ 토공의 시공기면	⑩ 평판재하시험시 유의사항	⑩ 도로(지반) 함몰 ⑩ 시공상세도(Shop Drawing) 목록	⑩ 지하레이더탐사(GPR) ⑩ 부력과 양압력	⑩ 흙의 연경도(consistency)
	연약지반				⑩ GCP(Gravel Compaction Pile)	
	사면안정	⑩ SMR(Slope Mass Rating)				
	옹벽, 보강토	⑩ 흙의 안식각		⑩ EPS공법		
	건설기계			⑩ 교량등급에 따른 DL, DB 하중 ⑩ 건설기계의 주행저항	⑩ 건설공사용 크레인 중 이동식 크레인의 종류 및 특징	⑩ 교량의 설계차량활하중 (KL-510)
기 초				⑩ 얕은 기초의 전단파괴		⑩ 합성PHC말뚝
콘크리트	일반 콘크리트	⑩ 콘크리트의 초음파검사	⑩ 상수도 수처리구조물 방수 공법의 종류 ⑩ Slip Form과 Self Climbing Form의 특징 ⑩ 철근콘크리트 휨부재의 대표적인 2가지 파괴유형 ⑩ 강 또는 콘크리트 구조물의 강성	⑩ 거푸집 동바리 시공시 고려사항 ⑩ 이형철근의 KS 표시방법	⑩ 철근 콘크리트 구조물의 철근 피복두께 ⑩ 골재의 흡수율과 유효흡수율	⑩ 철근 부식도 조사방법과 부식 판정기준
	특수 콘크리트	⑩ UHPC(초고성능 콘크리트) ⑩ 동결융해저항제		⑩ 서중콘크리트		
도 로		⑩ 아스팔트 도로포장에 사용되는 토목섬유의 종류		⑩ 교면포장의 역할		⑩ 반사균열 ⑩ 암반구간 포장
교 량		⑩ 탄성받침이 롤러의 기능을 하는 이유 ⑩ 라멘교(Rahmen)	⑩ 교량에서의 부반력	⑩ 자정식 현수교	⑩ 일반구조용 압연강재(SS재) 와 용접구조용 압연강재(SM 재)의 특성	⑩ 사장교 케이블의 단면형상 및 요구조건
터 널			⑩ TCR과 RQD ⑩ 터널 라이닝과 인버트	⑩ 터널의 Pace Mapping	⑩ 장대터널의 정량적 위험도 분석(QRA) ⑩ 숏크리트의 리바운드 최소화 방안	⑩ RMR과 Q-시스템 ⑩ 근접병설터널
댐		⑩ 비상여수로		⑩ 확장레이어공법(ELCM)		
항 만			⑩ 항만공사시 유보율		⑩ 항만구조물 기초사석의 역할	⑩ 소파블럭
하 천					⑩ 유수지와 조절지의 기능	
총 론		⑩ 종합심사낙찰제(종심제) ⑩ 공정관리에서 자유여유	⑩ WBS(작업분류체계) ⑩ LCC분석법		⑩ 주계약자 공동도급방식 ⑩ 공사비 수행지수(CPI)	⑩ 공사의 모듈화
구조계산 기타			⑩ 안전관리계획 수립대상공사			

구분	연도	110회[2016년(후반기)]	111회[2017년(전반기)]	112회[2017년(중반기)]	113회[2017년(후반기)]	114회[2018년(전반기)]
토공	일반토공	⑩ 전응력과 유효응력 ⑩ 과다짐 ⑩ 토량변화율과 토량환산계수 ⑩ 노상토 동결관입허용법	⑩ 액상화 검토가 필요한 지반	⑩ 공극수압 ⑩ Bulking 현상 ⑩ 잔류토(Residual Soil)		⑩ 액상화 ⑩ 토량변화율
토공	연약지반	⑩ 토목섬유보강재 감소계수	⑩ 한계성토고	⑩ 흙의 압밀특징과 침하종류		⑩ 선행재하(Preloading)공법
토공	사면안정					
토공	옹벽, 보강토					
토공	건설기계				⑩ 준설매립선의 종류 및 특징	
기초	흙막이공	⑩ Cap Beam 콘크리트 ⑩ 보일링현상		⑩ 약액 주입에서의 용탈현상		⑩ 소일네일링 ⑩ 지하안전관리에 관한 특별법
기초	기초	⑩ 포인트 기초공법	⑩ 보상기초 ⑩ 말뚝재하시험의 목적과 종류		⑩ 말뚝의 동재하시험	⑩ 얕은 기초의 부력 방지대책
기초	상하수도		⑩ 상수도관 갱생공법			
콘크리트	일반 콘크리트		⑩ 주철근	⑩ 전단철근	⑩ 휨부재의 최소철근비 ⑩ 철근의 부착강도	⑩ 주철근과 배력철근
콘크리트	특수 콘크리트					⑩ 순환골재
도로		⑩ 콘크리트 Pop Out	⑩ 블록포장	⑩ 시멘트 콘크리트포장의 구성 및 종류	⑩ 아스팔트 감온성	⑩ 타이바와 다웰바 ⑩ Tining과 Grooving
교량		⑩ 덜시트	⑩ 사장현수교	⑩ H형강 버팀보의 강축과 약축 ⑩ 콘크리트교와 강교의 장단점		
터널			⑩ Forepoling보강공법	⑩ BHTV와 BIPS	⑩ 단층파쇄대 ⑩ 병렬터널 필러 ⑩ 암발파 누두지수	⑩ RQD와 RMR
댐			⑩ 댐의 종단이음		⑩ 여수로의 감세공	
항만		⑩ 파랑의 변형파		⑩ 특수 방파제의 종류		⑩ 방파제
하천					⑩ 굴입하도	
총론		⑩ ISO 9000 ⑩ GPS측량	⑩ BTO-rs와 BTO-a		⑩ 순수내역입찰제도 ⑩ 건설공사비지수	

구 분	연 도	115회[2018년(중반기)]	116회[2018년(후반기)]	117회[2019년(전반기)]	118회[2019년(중반기)]	119회[2019년(후반기)]
토 공	일반토공	⑩ 유토곡선(Mass Curve)	⑩ 확산이중층		⑩ 과다짐	⑩ 토량변화율 ⑩ 시추주상도
	연약지반			⑩ 통수능(discharge capacity)		
	사면안정					
	옹벽, 보강토	⑩ 절토부 판넬식 옹벽				
	건설기계			⑩ 준설선의 종류 및 특징		
기 초	흙막이공			⑩ 히빙과 보일링	⑩ 어스앵커	
	기초			⑩ 부마찰력	⑩ 피어기초	⑩ 무리말뚝효과
	상하수도			⑩ 관로의 수압시험		⑩ 토질별 하수관거 기초의 종류 및 특성
콘크리트	일반 콘크리트		⑩ 가외철근		⑩ 막양생	⑩ 철근의 롤링마크
	특수 콘크리트	⑩ 온도균열제어수준에 따른 온도균열지수 ⑩ 순환골재와 순환토사 ⑩ 저탄소 콘크리트	⑩ 콘크리트 폭열현상	⑩ 포러스 콘크리트	⑩ 내식 콘크리트	
도 로		⑩ 아스팔트혼합물의 온도관리			⑩ 개질아스팔트	⑩ 철도선로의 분니현상
교 량		⑩ 엑스트라도즈드교	⑩ 고장력볼트 조임검사 ⑩ 교량받침과 신축이음 Presetting	⑩ Arch교의 Lowering공법 ⑩ 스트레스리본교량 ⑩ 교량 내진성능 향상공법	⑩ 일체식 교대교량 ⑩ 용접부의 비파괴시험 ⑩ 교량의 새들	⑩ 합성교에서 전단연결재 ⑩ SM 355 B W ZN ZC의 의미
터 널		⑩ 리바운드 영향인자 및 감소대책 ⑩ 불연속면 ⑩ 절토부 표준발파공법	⑩ 실드터널의 테일보이드	⑩ 터널의 편평율 ⑩ 터널변상의 원인	⑩ 수팽창지수재	⑩ 습식 숏크리트
댐						⑩ 수압파쇄
항 만		⑩ 가토제(Temporary Bank)	⑩ 부잔교			
하 천			⑩ 하상계수			
총 론		⑩ 유해위험방지계획서	⑩ 시설물의 성능평가 ⑩ ADR제도 ⑩ 5D BIM	⑩ 민간투자사업의 추진방식 ⑩ 건설공사의 사후평가	⑩ 비용분류체계(CBS) ⑩ 마일스톤공정표	⑩ 비용구배(Cost Slope) ⑩ 중대한 결함의 종류

구분 / 연도		120회[2020년(전반기)]	121회[2020년(중반기)]	122회[2020년(후반기)]	123회[2021년(전반기)]	124회[2021년(중반기)]
토공	일반토공			⑩ 용적팽창현상(Bulking) ⑩ 붕적토(Colluvial Soil)	⑩ 액상화(Liquefaction) ⑩ 유토곡선(Mass Curve)	⑩ 비탈면의 소단 설치기준
	연약지반					
	사면안정					
	옹벽, 보강토					⑩ 보강토옹벽의 장점 및 단점
	건설기계				⑩ 펌프준설선 작업효율의 결정방법	
기초	흙막이공	⑩ 굴대공 초음파 검층(CSL) 시험			⑩ 히빙(Heaving) 방지대책	
	기초	⑩ 현타말뚝 시공 시 슬라임 처리	⑩ 부주면마찰력 검토조건, 문제점, 대책 ⑩ 순극한지지력과 보상기초			
	상하수도	⑩ 도수로 및 송수관로 결정 시 고려사항	⑩ 하수배제방식(합류식, 분류식)	⑩ 상수도관의 부단수공법		⑩ 상수도관의 접합방법
콘크리트	일반 콘크리트	⑩ 철근부식도 시험방법 및 평가방법	⑩ 거푸집 존치기간 및 시공 시 유의사항	⑩ 역타설콘크리트 이음방법 ⑩ 섬유강화폴리머(FRP)보강근	⑩ 콘크리트탄산화현상 ⑩ 전해부식과 부식 방지대책	⑩ 콜드조인트(Cold Joint)
	특수 콘크리트					⑩ 순환골재의 특성
도 로		⑩ 아스팔트의 스티프니스	⑩ 차선도색 휘도기준 ⑩ 횡단보도 시각장애인 유도블록		⑩ 긴어깨포장	
교 량		⑩ 사장교의 케이블형상에 따른 분류 ⑩ PSC Box 거더제작장 선정시 고려사항	⑩ FCM Key Segment 시공시 유의사항	⑩ 일부 타정식 또는 부분정착식 사장교	⑩ 거더교의 종류 ⑩ 용접부의 잔류응력	⑩ 교량의 면진설계
터 널		⑩ 터널 인버트 종류 및 기능	⑩ 숏크리트 및 락볼트의 기능과 효과	⑩ 터널막장전방탐사(TSP) ⑩ 제어발파(Control Blasting)		⑩ 암석 발파시 비산석 경감대책
댐		⑩ 필댐의 트랜지션존	⑩ 댐관리시설 분류 및 시설내용	⑩ RCCD의 확장레이어공법(ELCM)		
항 만		⑩ 소파공		⑩ 연안시설에서의 복합방호방식	⑩ 물양장(Lighters wharf)	⑩ 항만공사 시 토사의 매립방법 ⑩ 방파제 종류
하 천			⑩ 빗물 저류조			⑩ 하천 횡단교량의 여유고
총 론		⑩ ISO 14000 ⑩ 공정관리 3단계 절차 ⑩ 하도급계약의 적정성 심사	⑩ 1, 2종 시설물의 초기치 ⑩ 건설공사비지수 ⑩ 시설물의 성능평가항목	⑩ LCC분석법 중 순현가법(NPV) ⑩ 건설통합시스템(CIC) ⑩ 국가계약법령상의 추정가격	⑩ 건설기술진흥법에 의한 시방서 ⑩ 건설공사 시 업무조정회의 ⑩ 공기단축기법	⑩ 건설공사의 시공계획서 ⑩ 구조적 안전성확인대상 가설구조물 ⑩ 안전관리비비용항목

구분 / 연도		125회[2021년(후반기)]	126회[2022년(전반기)]	127회[2022년(중반기)]	128회[2022년(후반기)]	129회[2023년(전반기)]
토공	일반토공	⑩ 설계와 시공의 지반조사의 순서	⑩ 표준관입시험(SPT)	⑩ 토취장의 선정조건		⑩ 암(버력)쌓기 시 유의사항 ⑩ 과다짐(Over Compaction)
	연약지반			⑩ PTM공법	⑩ Smear Effect 문제점 및 대책	
	사면안정					⑩ 사면붕괴의 내·외적 발생원인
	옹벽, 보강토			⑩ 옹벽의 이음(Joint)	⑩ 기대기옹벽의 정의와 고려하중	
	건설기계					
기초	흙막이공		⑩ 버팀보공법과 어스앵커공법의 비교 ⑩ 유선망(Flow Net)	⑩ BSCW공법		
	기초	⑩ 말뚝의 시간효과(time effect)		⑩ 말뚝머리와 기초의 결합방법	⑩ 항타기 및 항발기 시공 시 주의사항	
	상하수도	⑩ 하수관로검사방법			⑩ 하수의 배제방식	⑩ 도복장강관의 용접접합
콘크리트	일반 콘크리트	⑩ 워커빌리티(workability) ⑩ 콘크리트구조물의 보강방법	⑩ PSC의 긴장(Prestressing)	⑩ 굳지 않은 콘크리트의 구비조건		⑩ 철근콘크리트의 연성파괴와 취성파괴
	특수 콘크리트				⑩ 고유동콘크리트의 분류	
도로		⑩ 배수성 포장 ⑩ 도로의 배수시설	⑩ 교면포장 ⑩ CCP 줄눈 종류와 특징			⑩ SMA아스팔트 포장
교량		⑩ 교량의 등급 ⑩ 교좌장치(shoe)		⑩ 교량받침의 유지관리 ⑩ PSC교량의 솟음관리		⑩ 사장현수교
터널		⑩ Q-system	⑩ 터널의 배수형식 ⑩ 숏크리트 리바운드(NATM)	⑩ 카린시안공법	⑩ 피암터널	⑩ 근접 터널 시공에 따른 기존 터널의 안전영역 (Safe Zone) ⑩ 숏크리트(Shotcrete) 시공관리
댐		⑩ 콘크리트 중력식 댐의 이음	⑩ 댐관리시설 분류와 시설내용 ⑩ 사방댐	⑩ 댐 감쇄공		⑩ 감압우물(Relief Well)
항만				⑩ 방파제의 종류 및 특징	⑩ 부잔교	
하천				⑩ 제방의 파이핑 검토방법	⑩ 호안의 종류와 구조 ⑩ 공동현상(Cavitation)	⑩ 하천 수제(水制)
총론		⑩ 토목시설물의 내용연수 ⑩ 총비용과 직접비, 간접비 관계	⑩ 시설물의 성능평가방법 ⑩ 건설공사의 위험성평가 ⑩ 가설구조물 설계변경 요청 대상 및 절차	⑩ 시공상세도	⑩ 단계별 스마트건설기술 ⑩ 시안법상 안전점검의 종류 ⑩ 전문시방서와 표준시방서의 비교	⑩ 건설사업관리자의 시공단계 예산검증 및 지원업무 ⑩ 공동도급의 종류 및 책임 한계

구분		130회[2023년(중반기)]	131회[2023년(후반기)]	132회[2024년(전반기)]	133회[2024년(중반기)]	134회[2024년(후반기)]
토공	일반토공	⑩ 사공기면(Formation Level)		⑩ 수정CBR(California Bearing Ratio) ⑩ SPT결과로 파악 및 추정할 수 있는 사항 ⑩ 토사의 성토 시 다짐효과에 영향을 주는 요소		⑩ 체적환산계수의 활용용도 ⑩ 토석정보시스템
	연약지반			⑩ 연약지반 성토 시 주요 계측항목과 계측기의 종류		⑩ 연약지반의 계측
	사면안정	⑩ 암반의 불연속면				
	옹벽, 보강토					
	건설기계	⑩ 흔설매립선의 종류 및 특징				
기초	흙막이공					
	기초		⑩ 부주면마찰력		⑩ 항타보조말뚝 ⑩ 마이크로파일(Micro Pile)	⑩ 시험항타 목적 및 기록관리항목
	상하수도	⑩ 도수 및 송수관로의 매설 위치와 깊이	⑩ 노후 상수도관 갱생공법			⑩ 관로의 수압시험
콘크리트	일반콘크리트		⑩ 철근의 이음종류	⑩ 콘크리트의 거푸집 및 동바리 해체시기 ⑩ 콘크리트 타설 시 초기체적 변화	⑩ 온도균열지수	⑩ 콘크리트 배합강도 ⑩ 유리섬유강화폴리머보강근(GFRP)
	특수콘크리트		⑩ 진공 콘크리트		⑩ 순환골재콘크리트	
도로		⑩ 도로의 예방적 유지보수	⑩ ACP 포설 및 다짐장비 종류와 특징	⑩ 콘크리트 교면포장의 쏘컷 그루빙 ⑩ 포장관리체계(PMS)	⑩ 하중전달계수(J)	⑩ 아스팔트 포장의 플러싱(Flushing)
교량		⑩ 철근콘크리트 교량 바닥판 손상의 종류 ⑩ 교좌장치의 기능 및 설치 시 주의사항	⑩ 지진격리받침	⑩ 교량배수시설		⑩ 사장교의 가설공법
터널			⑩ 터널 콘크리트 라이닝의 역할 ⑩ 발파장약 판정 ⑩ NATM과 Shield TBM공법 비교	⑩ 암발파 시 뇌관의 종류	⑩ 숏크리트의 응력측정 ⑩ 진행성 여굴	⑩ 숏크리트 리바운드(Rebound) 최소화방안
댐					⑩ 댐체재료 중 필터(filter)재의 요구조건	⑩ 커튼그라우팅(Curtain Grouting)
항만		⑩ 계류시설(繫留施設)	⑩ 방파제의 구조형식과 기능에 따른 분류		⑩ 널말뚝식 안벽 ⑩ 선박 충돌방지공	⑩ 상치 콘크리트 타설
하천		⑩ 하천관리유량	⑩ 사방 호안공	⑩ 가능최대홍수량(PMF)		
총론		⑩ 마일스톤공정표 ⑩ 공공건설공사 공사기간 산정 및 연장 검토사항 ⑩ MG와 MC ⑩ 시방서 종류 및 작성방법	8D BIM ⑩ Digital Twin 필요성, 적용방안	⑩ 데밍사이클(Deming Cycle)의 품질관리 4단계 ⑩ 중대산업재해와 중대시민재해	⑩ 건설자동화기술 ⑩ 비용분류체계(Cost Breakdown System) ⑩ 분류체계를 고려한 스마트 안전장비	⑩ 경제적 타당성분석방법 중 비용편익분석

연 도 구 분		135회[2025년(전반기)]	136회[2025년(중반기)]	137회[2025년(후반기)]
토 공	일반토공		⑩ 군지수(GI, Group Index) ⑩ 시공기면(Formation Level)	⑩ 시험성토의 목적과 유의사항 ⑩ 표준관입시험(SPT)에서의 N값 보정
	연약지반		⑩ 연약지반 치환공법의 종류	
	사면안정			
	옹벽, 보강토			
	건설기계			
기 초	흙막이공			⑩ 어스앵커공의 시방기준 및 시공순서 ⑩ 흙막이공사의 계측관리
	기초		⑩ 하이브리드 케이슨(Hybrid Caisson)	
	상하수도			⑩ 상수관로공사시 하천횡단방법 및 시공시 주의사항 ⑩ 상수관로 공기밸브(Air Valve)의 기능 및 필요성 ⑩ 맨홀 설치계획시 안전사고방지방법
콘 크 리 트	일반 콘크리트			
	특수 콘크리트	⑩ 에코 콘크리트(Eco-Concrete)		⑩ 서중 콘크리트의 품질관리
도 로		⑩ 교량 신축이음장치 ⑩ 라멘(Rahmen)형 교량 여유고	⑩ PTCP(Post-Tensioned Concrete Pavement) 공법	⑩ 아스팔트 콘크리트 포장 소성변형의 종류
교 량			⑩ 런칭거더 PSC거더 가설공법 ⑩ 하천교량의 세굴 평가기준	⑩ 댐퍼를 이용한 케이블의 진동저감방법 ⑩ 교량 신축이음의 유간조정
터 널		⑩ 숏크리트(Shotcrete) ⑩ 터널 공용 중 환기방식 종류		⑩ 도심지 도로터널 굴착 전 시행하는 연도변 조사
댐		⑩ 여수로 감세공의 형식별 특징	⑩ 댐 유수전환방식의 종류	
항 만		⑩ 항만의 유보율 ⑩ 부잔교		
하 천			⑩ 대규격 제방(대제방)	
총 론		⑩ 건설사업관리(CM) ⑩ SASW(Spectral Analysis of Surface Waves)시험 ⑩ 저영향개발(LID) ⑩ BIM의 정보표현수준 중 BIL 50 ⑩ 건설사업정보화(CALS)	⑩ 여유(Float)시간의 4가지 형태 ⑩ CPI와 SPI ⑩ 성능평가항목 ⑩ 위험성평가	⑩ 건설기술진흥법에 의한 스마트 건설기술

MEMO

[저자소개]

권유동(權裕炯)

- 서울대학교 공과대학 토목공학과 졸업
- (주)현대건설 토목환경사업본부 근무
- 와이제이건설 근무
- 종로기술사학원 부원장
- 클래스원 대표
- **자격사항**
  토목시공기술사
  토목품질시험기술사

- **저서**
  길잡이 토목시공기술사
  길잡이 토목시공기술사 [용어설명]
  길잡이 토목시공기술사 [핵심120제]
  길잡이 토목시공기술사 [장판지랑 암기법]
  길잡이 토목품질시험기술사
  길잡이 건축품질시험기술사
  건축물에너지평가사 [필기] 3과목(건축설비시스템)
  건축물에너지평가사 [실기]
  만화로 보는 토질역학(감역)

이맹교(李孟敎)

- 동아대학교 공과대학 건축공학과 졸업
- 국내 현장소장 근무
- 해외 현장소장 근무
- 국토교통부장관상, 고용노동부장관상,
  부산광역시시장상, 건설기술교육원원장상 수상
- 부산건축토목학원 원장
- **자격사항**
  토목시공기술사
  건설안전기술사
  품질시험기술사
  건축시공기술사

- **저서**
  길잡이 토목시공기술사
  길잡이 토목시공기술사 [용어설명]
  길잡이 토목시공기술사 [핵심120제]
  길잡이 토목시공기술사 [장판지랑 암기법]
  길잡이 토목품질시험기술사
  길잡이 건축품질시험기술사
  길잡이 건축시공기술사 그림·도해
  길잡이 건축시공기술사 [용어설명 上]
  길잡이 건축시공기술사 [용어설명 下]
  건축물에너지평가사 [필기] 2과목(건축환경)
  100억 인생설계도(자기계발도서)

[길잡이]
토목시공기술사 용어설명 ①

1993. 5. 7. 초 판 1쇄 발행
2025. 10. 15. 개정증보 11판 1쇄 발행

지은이 | 권우동, 이맹교
펴낸이 | 이종춘
펴낸곳 | **BM** ㈜도서출판 **성안당**

주소 | 04032 서울시 마포구 양화로 127 첨단빌딩 3층(출판기획 및 편집)
10881 경기도 파주시 문발로 112 파주 출판 문화도시(제작 및 물류)

전화 | 02) 3142-0036
031) 950-6300
팩스 | 031) 955-0510
등록 | 1973. 2. 1. 제406-2005-000046호
출판사 홈페이지 | **www.cyber.co.kr**
ISBN | 978-89-315-1228-1 (14530)
978-89-315-1227-4 (전2권)

정가 | 75,000원

이 책을 만든 사람들
기획 | 최옥현
진행 | 이희영
교정·교열 | 문 황
전산편집 | 오정은
표지 디자인 | 임흥순
홍보 | 김계향, 임진성, 김주승, 최정민, 이해솜
국제부 | 이선민, 조혜란
마케팅 | 구본철, 차정욱, 오영일, 나진호, 강호묵
마케팅 지원 | 장상범
제작 | 김유석

www.cyber.co.kr
성안당 Web 사이트

🎧 본 서적과 관련하여 의문점이나 이해하기 어려운 부분이 있으실 경우, 저자가 직접 성심껏 답변해 드리겠습니다.

- **서울 지역 :** ☎ 02) 749-0010(종로기술사학원)　　📠 02) 749-0076
　　　　　　☎ 02) 522-5070(기술사선생)
- **부산 지역 :** ☎ 051) 644-0010(부산토목·건축학원)　📠 051) 643-1074
- **대전 지역 :** ☎ 042) 254-2535(현대토목·건축학원)　📠 042) 252-2249
　*특히, 팩스로 문의하시는 경우에는 독자의 **성명, 전화번호** 및 **팩스번호**를 꼭 **기록**해 주시기 바랍니다.
- 종로기술사학원 http://www.jr3.co.kr
- NAVER 카페 http://cafe.naver.com/civilpass (카페명 : 종로 토목시공기술사 공부방)
- E-mail : acpass@daum.net